2025 NCS 기준 출제기준 완벽 반영

산업안전
산업기사
필기

신우균 편저

INDUSTRIAL ENGINEER
INDUSTRIAL SAFETY
INDUSTRIAL SAFETY

예문사

머리말(PREFACE)

지금 우리 사회는 모든 분야에서 선진사회로 도약을 하고 있습니다. 그러나 산업현장에서는 아직도 끼임(협착), 떨어짐(추락), 넘어짐(전도) 등 반복형 재해와 화재ㆍ폭발 등 중대산업사고, 유해화학물질로 인한 직업병 문제 등으로 하루에 약 6명, 일 년이면 2,100여 명의 근로자가 귀중한 목숨을 잃고 있으며 연간 약 9만여 명의 재해자와 연간 17조 원의 경제적 손실을 초래하고 있습니다.

산업재해를 줄이지 않고는 선진사회가 될 수 없습니다. 그러므로 각 기업체에서 안전관리자의 역할은 커질 수밖에 없는 상황이고 산업안전은 더욱더 강조될 수밖에 없는 상황입니다.

이 책으로 인해 재해 감소와 앞으로 안전 관련 업무에 조금이나마 보탬이 되기를 희망하는 마음으로 집필하였습니다.
산업안전산업기사는 다른 자격시험과는 달리 안전, 인간공학, 기계, 전기, 화학, 건설 등의 여러 과목으로 구성되어 있어 수험생들이 공부하기 힘든 과목입니다. 그래서 다른 자격시험과 똑같은 방법으로 공부하면 시험에 합격하기 어려운 시험입니다.

이런 배경을 가지고 기획된 이 책은 이론정리를 이해 및 시험 위주로 강화하였고, 시험과목을 체계적으로 정리하여 전공자가 아닌 처음 자격시험을 준비하는 수험생들도 어려움 없이 접근할 수 있도록 책 내용을 구성하였습니다.

산업안전산업기사 자격시험을 준비하기 위한 수험서로서 본서의 특징은 다음과 같습니다.

1. NCS기준으로 전면 개편된 출제기준에 따른 이론 및 예상문제를 수록하였습니다.
2. 각 과목의 이론내용은 시험에 자주 나오는 문제가 포함되도록 핵심만 수록하였고, 시험에 출제된 이론은 별색으로 표시하여 수험생들의 집중도를 높였습니다.
3. 자격시험의 특성상 기존에 출제되었던 문제가 반복해서 나올 수밖에 없는 관계로 기출문제 풀이에 대한 설명을 상세히 하였습니다.
4. 수험생들의 이해도를 높이기 위하여 최대한 그림 및 삽화를 넣어서 책의 이해도를 높였습니다.
5. 안전분야의 오랜 현장경험을 가지고 있는 최고의 전문가가 집필하여 책의 완성도를 높였습니다.

오랫동안 정리한 자료를 다듬어 출간하였지만, 그럼에도 미흡한 부분이 많을 것입니다. 이에 대해서는 독자 여러분의 애정어린 충고를 겸허히 수용해 계속 보완해나갈 것을 약속드립니다.
수험생들한테 한발 가까이 가는 수험서가 되도록 노력하였습니다.

저자 일동

산업안전산업기사 시험에서 각 과목별 특징

1과목 산업재해 예방 및 안전보건교육

> 산업안전 분야에 입문하는 수험생이 기초적으로 알아야 할 이론을 정리하였습니다. 안전관리론의 경우 산업안전보건법의 내용을 이해하여야 하는 관계로 관련 법령의 내용을 수록해 놓았습니다.

2과목 인간공학 및 위험성 평가 · 관리

> 과거 기출문제를 분석하여 시험에 출제가능한 부분의 핵심이론을 정리해놓았습니다. 또한, 최근 이슈가 되고 있는 근골격계질환 관련분야에 대해서 상세히 기술하여 수험생이 향후 안전관리자가 된 후에도 활용이 가능토록 구성하였습니다.

3과목 기계 · 기구 및 설비 안전관리

> 처음 기계를 접하는 수험생들을 위하여 최대한 그림을 많이 넣었습니다. 이 과목은 기출문제가 계속 반복해서 출제되므로 수험생들이 조금만 주의를 기울이면 80점은 얻을 수 있을 것이라 생각됩니다. 매번 시험에서 기출문제의 반복 출제율이 80% 정도입니다.

4과목 전기 및 화학설비 안전관리

> - **전기** : 전기안전 관련 기초지식이 없더라도 쉽게 이해할 수 있고 단시간에 많은 내용을 보고 보다 더 쉽게 접근할 수 있도록 표와 그림을 많이 사용하여 기출문제 위주로 정리하였습니다. 비전공자가 과락이 가장 많이 나는 과목이기 때문에 기출문제 위주로 공부하면 되겠습니다.
> - **화학설비** : 화학 관련 계통의 전공자가 아닌 수험생들을 위하여 전문용어나 복잡한 서술은 배제하고, 최대한 이해하기 쉽도록 간단명료하게 설명하였습니다. 본 과목은 기출문제가 반복 출제되기 보다는 매회 새로운 문제가 약 20~30% 출제되고 있으므로 수험생들의 주의를 요하는 과목입니다.

5과목 건설공사 안전관리

> 건설안전을 처음 접하는 수험생들에게 다소 생소한 건설용어는 물론 이론을 쉽게 이해할 수 있도록 기출문제를 중심으로 삽화 및 그림을 첨부하였으므로 짧은 시간에 건설안전에 대한 지식을 습득할 수 있을 것이라 판단됩니다.

출제기준

• 직무분야 : 안전관리	• 중직무분야 : 안전관리	• 자격종목 : 산업안전산업기사	• 적용기간 : 2024.1.1.~2026.12.31.

• 직무내용 : 제조 및 서비스업 등 각 산업현장에 소속되어 산업재해 예방계획 수립에 관한 사항을 수행 하여 작업환경의 점검 및 개선에 관한 사항, 사고 사례 분석 및 개선에 관한 사항, 근로자의 안전교육 및 훈련 등을 수행하는 직무이다.

• 필기검정방법 : 객관식	• 문제수 : 100	• 시험시간 : 2시간 30분

필기과목명	주요항목	세부항목	
산업재해 예방 및 안전보건교육	산업재해예방 계획수립	• 안전관리	• 안전보건관리 체제 및 운용
	안전보호구 관리	• 보호구 및 안전장구 관리	
	산업안전심리	• 산업심리와 심리검사 • 인간의 특성과 안전과의 관계	• 직업적성과 배치
	인간의 행동과학	• 조직과 인간행동 • 집단관리와 리더십	• 재해 빈발성 및 행동과학 • 생체리듬과 피로
	안전보건교육의 내용 및 방법	• 교육의 필요성과 목적 • 교육실시 방법 • 교육내용	• 교육방법 • 안전보건교육계획 수립 및 실시
	산업안전 관계법규	• 산업안전보건법령	
인간공학 및 위험성 평가 · 관리	안전과 인간공학	• 인간공학의 정의 • 체계설계와 인간요소	• 인간 – 기계체계 • 인간요소와 휴먼에러
	위험성 파악 · 결정	• 위험성 평가	• 시스템 위험성 추정 및 결정
	위험성 감소 대책 수립 · 실행	• 위험성 감소대책 수립 및 실행	
	근골격계질환 예방관리	• 근골격계 유해요인 • 근골격계 유해요인 관리	• 인간공학적 유해요인 평가
	유해요인 관리	• 물리적 유해요인 관리 • 생물학적 유해요인 관리	• 화학적 유해요인 관리
	작업환경 관리	• 인체계측 및 체계제어 • 작업 공간 및 작업자세 • 작업환경과 인간공학	• 신체활동의 생리학적 측정법 • 작업측정 • 중량물 취급 작업
기계 · 기구 및 설비 안전관리	기계안전시설 관리	• 안전시설 관리 계획하기 • 안전시설 유지 · 관리하기	• 안전시설 설치하기
	기계분야산업재해 조사	• 재해조사	
	기계설비 위험요인 분석	• 공작기계의 안전 • 기타 산업용 기계 기구	• 프레스 및 전단기의 안전 • 운반기계 및 양중기
	기계안전점검	• 안전점검계획 수립 • 안전점검 평가	• 안전점검 실행
	기계설비 유지 · 관리	• 기계설비 위험요인 대책 제시	• 기계설비 유지 · 관리

필기과목명	주요항목	세부항목	
전기 및 화학설비 안전관리	전기작업 안전관리	• 전기작업의 위험성 파악	• 전기작업 안전 수행
	감전재해 및 방지대책	• 감전재해 예방 및 조치 • 절연용 안전장구	• 감전재해의 요인
	정전기 장 · 재해 관리	• 정전기 위험요소 파악	• 정전기 위험요소 제거
	전기 화재 관리	• 전기화재의 원인	
	화재 · 폭발 검토	• 화재 · 폭발 이론 및 발생 이해 • 소화 원리 이해 • 폭발방지대책 수립	
	화학물질 안전관리 실행	• 화학물질(위험물, 유해화학물질) 확인 • 화학물질(위험물, 유해화학물질) 유해 위험성 확인 • 화학물질 취급설비 개념 확인	
	화공 안전운전 · 점검	• 안전점검계획 수립 • 안전점검 평가	• 설비 및 공정 안전
건설공사 안전관리	건설현장 안전점검	• 안전점검 계획 수립	• 안전점검 고려사항
	건설현장 유해 · 위험요인관리	• 건설공사 유해 · 위험요인 확인	
	건설업 산업안전보건관리비 관리	• 건설업 산업안전보건관리비 규정	
	건설현장 안전시설 관리	• 안전시설 설치 및 관리	• 건설공구 및 기계
	비계 · 거푸집 가시설 위험방지	• 건설 가시설물 설치 및 관리	
	공사 및 작업 종류별 안전	• 양중 및 해체 공사 • 운반 및 하역작업	• 콘크리트 및 PC 공사

국가기술자격시험 안내

1 자격검정절차안내

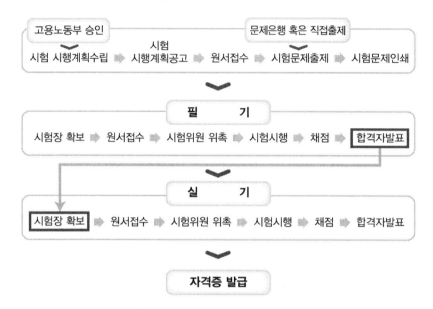

1	필기원서접수	Q-net을 통한 인터넷 원서접수
		필기접수 기간 내 수험원서 인터넷 제출
		사진(6개월 이내에 촬영한 3.5cm*4.5cm, 120*160픽셀 사진파일 JPG), 수수료 전자결제
		시험장소 본인 선택(선착순)
2	필기시험	수험표, 신분증, 필기구(흑색 싸인펜 등) 지참
3	합격자 발표	Q-net을 통한 합격확인(마이페이지 등)
		응시자격 제한종목(기술사, 기능장, 기사, 산업기사, 서비스 분야 일부종목)은 사전에 공지한 시행계획 내 응시자격 서류제출 기간 이내에 반드시 응시자격 서류를 제출하여야 함
4	실기원서접수	실기접수 기간 내 수험원서 인터넷(www.Q-net.or.kr) 제출
		사진(6개월 이내에 촬영한 3.5cm*4.5cm픽셀 사진파일 JPG), 수수료(정액)
		시험일시, 장소 본인 선택(선착순)
5	실기시험	수험표, 신분증, 필기구 지참
6	최종합격자발표	Q-net을 통한 합격확인(마이페이지 등)
7	자격증 발급	(인터넷)공인인증 등을 통한 발급, 택배가능
		(방문수령)사진(6개월 이내에 촬영한 3.5cm*4.5cm 사진) 및 신분확인서류

2 응시자격 조건체계

기술사

- 기사 취득 후+실무능력 4년
- 산업기사 취득 후+실무능력 5년
- 4년제 대졸(관력학과)후+실무경력 6년
- 동일 및 유사직무분야의 다른 종목 기술사 등급 취득자

기사

- 산업기사 취득 후+실무능력 1년
- 기능사 취득 후+실무경력 3년
- 대졸(관련학과)
- 2년제 전문대졸(관련학과)후+실무경력 2년
- 3년제 전문대졸(관련학과)+실무경력 1년
- 실무경력 4년 등
- 동일 및 유사직무분야의 다른 종목 기사 등급 이상 취득자

가능장

- 산업기사(기능사)취득 후+기능대
- 기능장 과정 이수
- 산업기사등급이상 취득 후+실무능력 5년
- 기능사 취득 후+실무능력 7년
- 실무능력 9년 등
- 동일 및 유사직무분야의 다른 종목 기능장 등급 취득자

산업기사

- 기능사 취득 후+실무능력 1년
- 대졸(관련학과)
- 전문대졸(관련학과)
- 실무능력 2년 등
- 동일 및 유사직무분야의 다른 종목 산업기사 등급 이상 취득자

기능사

- 자격제한 없음

3 검정기준 및 방법

(1) 검정기준

자격등급	검정기준
기술사	해당 국가기술자격의 종목에 관한 고도의 전문지식과 실무경험에 입각한 계획 · 연구 · 설계 · 분석 · 조사 · 시험 · 시공 · 감리 · 평가 · 진단 · 사업관리 · 기술관리 등의 업무를 수행할 수 있는 능력 보유
기능장	해당 국가기술자격의 종목에 관한 최상급 숙련기능을 가지고 산업현장에서 작업관리, 소속 기능인력의 지도 및 감독, 현장훈련, 경영자와 기능인력을 유기적으로 연계시켜 주는 현장관리 등의 업무를 수행할 수 있는 능력 보유
기 사	해당 국가기술자격의 종목에 관한 공학적 기술이론 지식을 가지고 설계 · 시공 · 분석 등의 업무를 수행할 수 있는 능력 보유
산업기사	해당 국가기술자격의 관한 기술기초이론 지식 또는 숙련기능을 바탕으로 복합적인 기초기술 및 기능업무를 수행할 수 있는 능력 보유
기능사	해당 국가기술자격의 종목에 관한 숙련기능을 가지고 제작 · 제조 · 조작 · 운전 · 보수 · 정비 · 채취 · 검사 또는 작업관리 및 이에 관련되는 업무를 수행할 수 잇는 능력 보유

(2) 검정방법

자격등급	검정방법	
	필기시험	면접시험 또는 실기시험
기술사	단답형 또는 주관식 논문형 (100점 만점에 60점 이상)	구술형 면접시험 (100점 만점에 60점 이상)
기능장	객관식 4지 택일형(60문항) (100점 만점에 60점 이상)	작업형 실기시험 (100점 만점에 60점 이상)
기 사	객관식 4지 택일형 • 과목당 20문항(100점 만점에 60점 이상) • 과목당 40점 이상(전과목 평균 60점 이상)	작업형 실기시험 (100점 만점에 60점 이상)
산업기사	객관식 4지 택일형 • 과목당 20문항(100점 만점에 60점 이상) • 과목당 40점 이상(전과목 평균 60점 이상)	작업형 실기시험 (100점 만점에 60점 이상)
기능사	객관식 4지 택일형(60문항) (100점 만점에 60점 이상)	작업형 실기시험 (100점 만점에 60점 이상)

4 국가자격종목별 상세정보

(1) 진로 및 전망

- 기계, 금속, 전기, 화학, 목재 등 모든 제조업체, 안전관리 대행업체, 산업안전관리 정부기관, 한국산업안전공단 등이 진출할 수 있다.
- 선진국의 척도는 안전수준으로 우리나라의 경우 재해율이 아직 후진국 수준에 머물러 있어 이에 대한 계속적 투자의 사회적 인식이 높아가고, 안전인증 대상을 확대하여 프레스, 용접기 등 기계 · 기구에서 이러한 기계 · 기구의 각종 방호장치까지 안전인증을 취득하도록 산업안전보건법 시행규칙의 개정에 따른 고용창출 효과가 기대되고 있다. 또한, 경제회복국면과 안전보건조직 축소가 맞물림에 따라 산업재해의 증가가 우려되고 있다. 특히 제조업의 경우 이미 올해 초부터 전년도의 재해율을 상회하고 있어 정부는 적극적인 재해 예방정책 등으로 이 자격증 취득자에 대한 인력 수요는 증가할 것이다.

(2) 종목별 검정현황

종목명	연도	필기			실기		
		응시	합격	합격률(%)	응시	합격	합격률(%)
산업안전 산업기사	2023	38,901	17,308	44.5%	22,925	10,746	46.9%
	2022	29,934	13,490	45.1%	17,989	7,886	43.8%
	2021	25,952	12,497	48.2%	17,961	7,728	43%
	2020	22,849	11,731	51.3%	15,996	5,473	34.2%
	2019	24,237	11,470	47.3%	13,559	6,485	47.5%
	2018	19,298	8,596	44.5%	9,305	4,547	48.9%
	2017	17,042	5,932	34.8%	7,567	3,620	47.8%
	2016	15,575	4,688	30.1%	6,061	2,675	44.1%
	2015	14,102	4,238	30.1%	5,435	2,811	51.7%
	2014	10,596	3,208	30.3%	4,239	1,371	32.3%
	2013	8,714	2,184	25.1%	3,705	960	25.9%
	2012	8,866	2,384	26.9%	3,451	644	18.7%
	2011	7,943	2,249	28.3%	3,409	719	21.1%
	2010	9,252	2,422	26.2%	3,939	852	21.6%
	2009	9,192	2,777	30.2%	3,842	1,344	35%
	2008	6,984	2,213	31.7%	3,416	756	22.1%
	2007	7,278	2,220	30.5%	3,108	595	19.1%
	2006	6,697	2,074	31%	2,805	1,534	54.7%
	2005	5,012	1,693	33.8%	2,441	621	25.4%
	2004	4,165	1,144	27.5%	1,626	575	35.4%
	2003	4,130	828	20%	1,319	252	19.1%
	2002	3,638	590	16.2%	1,180	481	40.8%
	2001	4,398	719	16.3%	1,541	126	8.2%
	1977~2000	268,581	74,763	27.8%	86,858	23,188	26.7%
소 계		573,336	191,418	33.4%	243,677	85,989	35.3%

이 책의 차례(CONTENTS)

3과목
기계 · 기구 및 설비 안전 관리

4과목(전기편)
전기 및 화학설비 안전관리

부록
과년도 기출문제

과년도 기출문제

산업안전산업기사 필기　INDUSTRIAL ENGINEER INDUSTRIAL SAFETY

PART 01

산업재해 예방 및 산업안전보건교육

CHAPTER 01 산업재해예방 계획 수립

PART 01

SECTION 01
안전관리

1 안전과 위험의 개념

1) 안전관리(안전경영, Safety Management)

기업의 지속가능한 경영과 생산성 향상을 위하여 재해로부터의 손실(Loss)을 최소화하기 위한 활동으로 사고(Accident)를 사전에 예방하기 위한 예방대책의 추진, 재해의 원인규명 및 재발방지 대책수립 등 인간의 생명과 재산을 보호하기 위한 계획적이고 체계적인 관리

2) 용어의 정의

(1) 사고(Accident)

불안전한 행동과 불안전한 상태가 원인이 되어 재산상의 손실을 가져오는 사건

(2) 산업재해

근로자가 업무에 관계되는 건설물·설비·원재료·가스·증기·분진 등에 의하거나 작업 또는 그 밖의 업무로 인하여 사망 또는 부상하거나 질병에 걸리는 것

(3) 중대재해

산업재해 중 사망 등 재해의 정도가 심한 것으로서 다음에 정하는 재해 중 하나 이상에 해당되는 재해
① 사망자가 1명 이상 발생한 재해
② 3개월 이상의 요양이 필요한 부상자가 동시에 2명 이상 발생한 재해
③ 부상자 또는 직업성 질병자가 동시에 10명 이상 발생한 재해

2 안전보건관리 제이론

1) 산업재해 발생모델

(1) 불안전한 행동 : 작업자의 부주의, 실수, 착오, 안전조치 미이행 등

(2) 불안전한 상태 : 기계·설비 결함, 방호장치 결함, 작업환경 결함 등

2) 재해발생의 메커니즘

(1) 하인리히(H. W. Heinrich)의 도미노 이론(사고발생의 연쇄성)

제1단계 : 사회적 환경 및 유전적 요소(기초원인)
제2단계 : 개인의 결함(간접원인)
제3단계 : 불안전한 행동 및 불안전한 상태(직접원인)
　　　　⇒ 제거(효과적임)
제4단계 : 사고
제5단계 : 재해

제3단계 요인인 불안전한 행동과 불안전한 상태의 중추적 요인을 제거하면 사고와 재해로 이어지지 않음

(2) 버드(Frank Bird)의 신도미노이론

제1단계 : 통제의 부족(관리소홀), 재해발생의 근원적 요인
제2단계 : 기본원인(기원), 개인적 또는 과업과 관련된 요인
제3단계 : 직접원인(징후), 불안전한 행동 및 불안전한 상태
제4단계 : 사고(접촉)
제5단계 : 상해(손해)

3) 재해구성비율

(1) 하인리히의 법칙

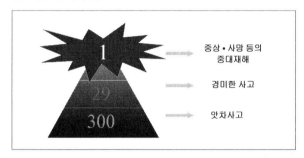

1 : 29 : 300
① 1 : 중상 또는 사망
② 29 : 경상
③ 300 : 무상해사고

(2) 버드의 법칙

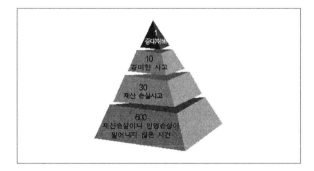

1 : 10 : 30 : 600
① 1 : 중상 또는 폐질
② 10 : 경상(인적, 물적 상해)
③ 30 : 무상해사고(물적 손실 발생)
④ 600 : 무상해, 무사고 고장(위험순간)

(3) 아담스의 이론

① 관리구조
② 작전적 에러
③ 전술적 에러(불안전행동, 불안전동작)
④ 사고
⑤ 상해, 손해

(4) 웨버의 이론

① 유전과 환경
② 인간의 실수
③ 불안전한 행동＋불안전한 상태
④ 사고
⑤ 상해

4) 재해예방의 4원칙

하인리히는 재해를 예방하기 위한 "재해예방 4원칙"이란 예방
이론을 제시. 사고는 손실우연의 법칙에 의하여 반복적으로
발생할 수 있으므로 사고발생 자체를 예방해야 한다고 주장
(1) 손실우연의 원칙 : 재해손실은 사고발생시 사고대상의
조건에 따라 달라지므로, 한 사고의 결과로서 생긴 재
해손실은 우연성에 의해서 결정됨
(2) 원인계기의 원칙 : 재해발생은 반드시 원인이 있음
(3) 예방가능의 원칙 : 재해는 원칙적으로 원인만 제거하면
예방할 수 있음
(4) 대책선정의 원칙 : 재해예방을 위한 가능한 안전대책은
반드시 존재함

5) 사고예방대책의 기본원리 5단계(사고예방원리 : 하인리히)

(1) 1단계 : 조직(안전관리조직)

① 경영층의 안전목표 설정
② 안전관리 조직(안전관리자 선임 등)
③ 안전활동 및 계획수립

(2) 2단계 : 사실의 발견(현상파악)

① 사고 및 안전활동의 기록 검토

② 작업분석

③ 안전점검

④ 사고조사

⑤ 각종 안전회의 및 토의

⑥ 근로자의 건의 및 애로 조사

(3) 3단계 : 분석·평가(원인규명)

① 사고조사 결과의 분석

② 불안전상태, 불안전행동 분석

③ 작업공정, 작업형태 분석

④ 교육 및 훈련의 분석

⑤ 안전수칙 및 안전기준 분석

(4) 4단계 : 시정책의 선정

① 기술의 개선

② 인사조정

③ 교육 및 훈련 개선

④ 안전규정 및 수칙의 개선

⑤ 이행의 감독과 제재강화

(5) 5단계 : 시정책의 적용

① 목표 설정

② 3E(기술, 교육, 관리)의 적용

6) 재해원인과 대책을 위한 기법

(1) 4M 분석기법

① 인간(Man) : 잘못된 사용, 오조작, 착오, 실수, 불안심리

② 기계(Machine) : 설계·제작 착오, 재료 피로·열화, 고장, 배치·공사 착오

③ 작업매체(Media) : 작업정보 부족·부적절, 작업환경 불량

④ 관리(Management) : 안전조직 미비, 교육·훈련 부족, 계획 불량, 잘못된 지시

(2) 3E 기법(하비, Harvey)

① 관리적 측면(Enforcement) : 안전관리조직 정비 및 적정 인원 배치, 적합한 기준설정 및 각종 수칙의 준수 등

② 기술적 측면(Engineering) : 안전설계(안전기준)의 선정, 작업행정의 개선 및 환경설비의 개선

③ 교육적 측면(Education) : 안전지식 교육 및 안전교육 실시, 안전훈련 및 경험훈련 실시

3 생산성과 경제적 안전도

안전관리란 생산성의 향상과 손실(Loss)의 최소화를 위하여 행하는 것으로 비능률적 요소인 사고가 발생하지 않는 상태를 유지하기 위한 활동으로 생산성 측면에서는 다음과 같은 효과를 가져옴

(1) 근로자의 사기진작

(2) 생산성 향상

(3) 사회적 신뢰성 유지 및 확보

(4) 비용절감(손실감소)

(5) 이윤증대

4 KOSHA GUIDE

법령에서 정한 최소한의 수준이 아니라, 좀더 높은 수준의 안전보건 향상을 위해 참고할 광범위한 기술적 사항에 대해 기술하고 있으며 사업장의 자율적 안전보건 수준향상을 지원하기 위한 기술지침

기술지침에는 GUIDE 표시, 분야별 또는 업종별 분류기호, 공표순서, 제·개정 년도의 순으로 번호를 부여함

〈예시〉 KOSHA GUIDE   M-1-2009

－분류기호

1. 안전설계지침 : D	8. 작업환경 관리지침 : W
2. 공정안전지침 : P	9. 건강진단 및 관리지침 : H
3. 화재보호지침 : F	10. 건설안전지침 : C
4. 점검·정비·유지관리지침 : O	11. 안전·보건 일반지침 : G
5. 기계일반지침 : M	12. 조선·항만하역지침 : B
6. 전기·계장일반지침 : E	13. 화학공업지침 : K
7. 시료 채취 및 분석지침 : A	14. 리스크관리지침 : X

5 안전보건예산 편성 및 계상

1) 편성범위

① 재해 예방을 위해 필요한 안전 · 보건에 관한 인력, 시설 및 장비의 구비
② 사업 또는 사업장의 특성에 따른 유해 · 위험요인을 확인하여 개선하는 업무절차를 마련하고, 해당 업무절차에 따라 확인된 유해 · 위험요인의 개선 등

2) 기본원칙

예산의 편성 시에는 단순히 규모를 크게 편성하는 것보다는 유해 · 위험요인 분석 및 평가에 따른 합리적 실행가능한 수준만큼 개선하는 데 필요한 규모의 편성이 중요

SECTION 02
안전보건관리 체제 및 운용

1 안전보건관리조직

1) 안전보건조직의 목적

기업 내에서 안전관리조직을 구성하는 목적은 근로자의 안전과 설비의 안전을 확보하여 생산합리화를 기함에 있음

(1) 안전관리조직의 3대 기능

① 위험제거기능
② 생산관리기능
③ 손실방지기능

2) 라인(LINE)형 조직

소규모(100명 이하) 기업에 적합한 조직으로서 안전관리에 관한 계획에서부터 실시에 이르기까지 모든 안전업무를 생산라인을 통하여 수직적으로 이루어지도록 편성된 조직

(1) 장점

① 안전에 관한 지시 및 명령계통 철저
② 안전대책의 실시 신속
③ 명령과 보고가 상하관계 뿐으로 간단 명료

(2) 단점

① 안전에 대한 지식 및 기술축적이 어려움
② 안전에 대한 정보수집 및 신기술 개발 미흡
③ 라인에 과중한 책임 부여

3) 스태프(STAFF)형 조직

중소규모(100~1,000명 이하) 사업장에 적합한 조직으로서 안전업무를 관장하는 참모(STAFF)를 두고 안전관리에 관한 계획 조정 · 조사 · 검토 · 보고 등의 업무와 현장에 대한 기술지원을 담당하도록 편성된 조직

(1) 장점

① 사업장 특성에 맞는 전문적인 기술연구 가능
② 경영자에게 조언과 자문역할 가능
③ 안전정보 수집 신속

(2) 단점

① 안전지시나 명령이 작업자에게까지 신속 정확하게 전달되지 못함
② 생산부분은 안전에 대한 책임과 권한이 없음
③ 권한다툼이나 조정 때문에 시간과 노력이 소모

4) 라인 · 스태프(LINE-STAFF)형 조직(직계참모조직)

대규모(1,000명 이상) 사업장에 적합한 조직으로서 라인형과 스태프형의 장점만을 채택한 형태이며 안전업무를 전담하는 스태프를 두고 생산라인의 각 계층에서도 각 부서장으로 하여금 안전업무를 수행하도록 하여 스태프에서 안전에 관한사항이 결정되면 라인을 통하여 실천하도록 편성된 조직

(1) 장점

① 안전에 대한 기술 및 경험축적 용이
② 사업장에 맞는 독자적인 안전개선책을 강구 가능
③ 안전지시나 안전대책이 신속하고 정확하게 하달 가능

(2) 단점

명령계통과 조언의 권고적 참여가 혼동되기 쉬움

2 산업안전보건위원회(노사협의체) 등의 법적 체제 및 운용방법

1) 산업안전보건위원회 설치대상(규모)

(1) (2), (3), (4)의 업종을 제외한 상시 근로자 100명 이상인 사업장

(2) 상시근로자 50명 이상 규모의 업종

토사석 광업, 목재 및 나무제품 제조업(가구제외), 화학물질 및 화학제품 제조업(의약품 제외), 비금속 광물제품 제조업, 1차 금속 제조업, 금속가공제품 제조업(기계 및 가구 제외), 자동차 및 트레일러 제조업, 기타 기계 및 장비 제조업(사무용 기계 및 장비 제조업 제외), 기타 운송장비 제조업(전투용 차량 제조업 제외)

(3) 상시근로자 300명 이상 규모의 업종

농업, 어업, 소프트웨어 개발 및 공급업, 컴퓨터 프로그래밍, 시스템 통합 및 관리업, 정보서비스업, 금융 및 보험업, 임대업(부동산 제외), 전문·과학 및 기술 서비스업(연구개발업은 제외), 사업지원 서비스업, 사회복지 서비스업

(4) 공사금액 120억 원 이상의 건설업(토목공사업에 해당하는 공사의 경우에는 150억 원 이상)

2) 구성

(1) 근로자 위원

① 근로자대표
② 근로자대표가 지명하는 1명 이상의 명예산업안전감독관
③ 근로자대표가 지명하는 9명 이내의 해당 사업장의 근로자

(2) 사용자 위원

① 해당 사업의 대표자
② 안전관리자
③ 보건관리자
④ 산업보건의
⑤ 해당 사업의 대표자가 지명하는 9명 이내의 해당 사업장 부서의 장

3 안전보건경영시스템

안전보건경영시스템이란 사업주가 자율적으로 자사의 산업재해 예방을 위해 안전보건체제를 구축하고 정기적으로 유해·위험 정도를 평가하여 잠재 유해·위험 요인을 지속적으로 개선하는 등 산업재해예방을 위한 조치사항을 체계적으로 관리하는 제반활동

4 안전보건관리규정

※ 안전보건관리규정 작성대상 : 상시근로자 100명 이상을 사용하는 사업

1) 작성내용

(1) 안전·보건관리조직과 그 직무에 관한 사항
(2) 안전·보건교육에 관한 사항
(3) 작업장 안전관리에 관한 사항
(4) 작업장 보건관리에 관한 사항
(5) 사고조사 및 대책수립에 관한 사항
(6) 위협성 평가에 관한 사항 등

5 안전보건관리체제

1) 안전관리자의 직무

(1) 안전관리자의 업무 등

① 산업안전보건위원회 또는 안전 및 보건에 관한 노사협의체에서 심의·의결한 업무와 해당 사업장의 안전보건관리규정 및 취업규칙에서 정한 업무
② 위험성평가에 관한 보좌 및 지도·조언
③ 안전인증대상기계등과 자율안전확인대상기계등 구입 시 적격품의 선정에 관한 보좌 및 지도·조언
④ 해당 사업장 안전교육계획의 수립 및 안전교육 실시에 관한 보좌 및 지도·조언
⑤ 사업장 순회점검, 지도 및 조치 건의
⑥ 산업재해 발생의 원인 조사·분석 및 재발 방지를 위한 기술적 보좌 및 지도·조언
⑦ 산업재해에 관한 통계의 유지·관리·분석을 위한 보좌 및 지도·조언
⑧ 법 또는 법에 따른 명령으로 정한 안전에 관한 사항의 이행에 관한 보좌 및 지도·조언
⑨ 업무 수행 내용의 기록·유지 등

□ 안전관리자 등의 증원·교체임명 명령

1. 해당 사업장의 연간재해율이 같은 업종의 평균재해율의 2배 이상인 경우
2. 중대재해가 연간 2건 이상 발생한 경우. 다만, 해당 사업장의 전년도 사망만인율이 같은 업종의 평균 사망만인율 이하인 경우는 제외한다.
3. 관리자가 질병이나 그 밖의 사유로 3개월 이상 직무를 수행할 수 없게 된 경우
4. 화학적 인자로 인한 직업성질병자가 연간 3명 이상 발생한 경우(해당 화학적 인자 사용의 경우만 해당)

(2) 안전보건관리책임자의 업무

① 사업장의 산업재해 예방계획의 수립에 관한 사항
② 안전보건관리규정의 작성 및 변경에 관한 사항
③ 안전보건교육에 관한 사항
④ 작업환경측정 등 작업환경의 점검 및 개선에 관한 사항
⑤ 근로자의 건강진단 등 건강관리에 관한 사항
⑥ 산업재해의 원인 조사 및 재발 방지대책 수립에 관한 사항
⑦ 산업재해에 관한 통계의 기록 및 유지에 관한 사항
⑧ 안전장치 및 보호구 구입 시 적격품 여부 확인에 관한 사항
⑨ 위험성평가의 실시에 관한 사항과 안전보건규칙에서 정하는 근로자의 위험 또는 건강장해의 방지에 관한 사항

(3) 관리감독자의 업무내용

① 사업장 내 관리감독자가 지휘·감독하는 작업과 관련된 기계·기구 또는 설비의 안전·보건 점검 및 이상 유무의 확인
② 관리감독자에게 소속된 근로자의 작업복·보호구 및 방호장치의 점검과 그 착용·사용에 관한 교육·지도
③ 해당 작업에서 발생한 산업재해에 관한 보고 및 이에 대한 응급조치
④ 해당 작업의 작업장 정리·정돈 및 통로확보에 대한 확인·감독
⑤ 산업보건의, 안전관리자, 보건관리자 및 안전보건관리담당자의 지도·조언에 대한 협조
⑥ 위험성평가를 위한 업무에 기인하는 유해·위험요인의 파악 및 그 결과에 따른 개선조치의 시행
⑦ 그 밖에 해당 작업의 안전·보건에 관한 사항으로서 고용노동부령으로 정하는 사항

(4) 산업보건의의 직무

① 건강진단 실시결과의 검토 및 그 결과에 따른 작업배치, 작업전환 또는 근로시간의 단축 등 근로자의 건강보호 조치
② 근로자의 건강장해의 원인조사와 재발방지를 위한 의학적 조치
③ 그밖에 근로자의 건강 유지 및 증진을 위하여 필요한 의학적 조치에 관하여 고용노동부장관이 정하는 사항

SECTION 03

위험예지훈련 및 안전활동 기법 등

1 위험예지훈련 및 진행방법

1) 위험예지훈련의 종류

(1) 감수성 훈련
(2) 단시간 미팅훈련
(3) 문제해결 훈련

2) 위험예지훈련의 추진을 위한 문제해결 4단계(4라운드)

(1) 1라운드 : 현상파악(사실의 파악) - 어떤 위험이 잠재하고 있는가?
(2) 2라운드 : 본질추구(원인조사) - 이것이 위험의 포인트다.
(3) 3라운드 : 대책수립(대책을 세운다) - 당신이라면 어떻게 하겠는가?
(4) 4라운드 : 목표설정(행동계획 작성) - 우리는 이렇게 하자!

2 무재해의 정의(산업재해)

무재해란 근로자가 상해를 입지 않을 뿐만 아니라 상해를 입을 수 있는 위험요소가 없는 상태

3 무재해 운동 이론

1) 무재해 운동의 3원칙

(1) 무의 원칙 : 모든 잠재위험요인을 사전에 발견 · 파악 · 해결함으로써 근원적으로 산업재해 제거
(2) 참여의 원칙(참가의 원칙) : 작업에 따르는 잠재적인 위험요인을 발견 · 해결하기 위하여 전원이 협력하여 문제해결 운동 실천
(3) 안전제일의 원칙(선취의 원칙) : 직장의 위험요인을 행동하기 전에 발견 · 파악 · 해결하여 재해 예방

2) 무재해 운동의 3기둥(3요소)

(1) 직장의 자율활동의 활성화
(2) 라인(관리감독자)화의 철저
(3) 최고경영자의 안전경영철학(인간존중의 결의)

4 무재해 소집단 활동

1) 지적확인

작업의 정확성이나 안전을 확인하기 위해 눈, 손, 입 그리고 귀를 이용하여 작업 시작 전에 뇌를 자극시켜 안전을 확보하기 위한 기법으로 작업을 안전하게 오조작 없이 작업공정의 요소요소에서 자신의 행동을 「⋯, 좋아!」하고 대상을 지적하여 큰소리로 확인

2) 터치앤콜(Touch and Call)

피부를 맞대고 같이 소리치는 것으로 전원이 스킨십(Skinship)을 느끼도록 하는 것으로 팀의 일체감, 연대감을 조성할 수 있고 동시에 대뇌 구피질에 좋은 이미지를 불어넣어 안전행동을 하도록 함

3) 원포인트 위험예지훈련

위험예지훈련 4라운드 중 2R, 3R, 4R를 모두 원포인트로 요약하여 실시하는 기법으로 2~3분이면 실시가 가능한 현장 활동용 기법

4) 브레인스토밍(Brain Storming)

소집단 활동의 하나로서 수명의 멤버가 마음을 터놓고 편안한 분위기 속에서 공상, 연상의 연쇄반응을 일으키면서 자유분방하게 아이디어를 대량으로 발언하여 나가는 발상법(오스본에 의해 창안)

① 비판금지 : "좋다, 나쁘다" 등의 비평을 하지 않음
② 자유분방 : 자유로운 분위기에서 발표
③ 대량발언 : 무엇이든지 좋으니 많이 발언
④ 수정발언 : 자유자재로 변하는 아이디어를 개발(타인 의견의 수정발언)

5) TBM(Tool Box Meeting) 위험예지훈련

작업 개시 전, 종료 후 같은 작업원 5~6명이 리더를 중심으로 둘러앉아(또는 서서) 3~5분에 걸쳐 작업 중 발생할 수 있는 위험을 예측하고 사전에 점검하여 대책을 수립하는 등 단시간 내에 의논하는 문제해결 기법

6) 롤플레잉(Role Playing)

작업 전 5분간 미팅의 시나리오를 작성하여 그 시나리오를 보고 멤버들이 연기함으로써 체험학습을 시키는 기법

SECTION 01
보호구 및 안전장구 관리

1 보호구의 개요 및 구비조건

1) 보호구 개요

(1) 보호구는 산업재해 예방을 위해 작업자 개인이 착용하고 작업하는 것

(2) 유해 · 위험상황에 따라 발생할 수 있는 재해를 예방하거나 그 유해 · 위험의 영향이나 재해의 정도를 감소시키기 위한 것

(3) 보호구에 완전히 의존하여 기계 · 기구 설비의 보완이나 작업환경 개선을 소홀히 해서는 안 됨

(4) 보호구는 어디까지나 보조수단으로 사용함을 원칙으로 해야 함

2) 보호구가 갖추어야 할 구비요건

(1) 착용이 간편할 것

(2) 작업에 방해를 주지 않을 것

(3) 유해 · 위험요소에 대한 방호가 확실할 것

(4) 재료의 품질이 우수할 것

(5) 외관상 보기가 좋을 것

(6) 구조 및 표면가공이 우수할 것

2 보호구의 종류

[안전인증, 자율안전확인신고 표시]

1) 안전인증 대상 보호구

(1) 추락 및 감전 위험방지용 안전모

(2) 안전화

(3) 안전장갑

(4) 방진마스크

(5) 방독마스크

(6) 송기마스크

(7) 전동식 호흡보호구

(8) 보호복

(9) 안전대 등

2) 자율 안전확인 대상 보호구

(1) 안전모(추락 및 감전 위험방지용 안전모 제외)

(2) 보안경(차광 및 비산물 위험방지용 보안경 제외)

(3) 보안면(용접용 보안면 제외)

3) 자율안전확인 제품표시의 붙임

자율안전확인 제품에는 산업안전보건법에 따른 표시 외에 다음 각 목의 사항을 표시

(1) 형식 또는 모델명

(2) 규격 또는 등급 등

(3) 제조자명

(4) 제조번호 및 제조연월

(5) 자율안전확인 번호

3 보호구의 성능기준 및 시험방법

1) 안전모

(1) 안전인증대상 안전모의 종류 및 사용 구분

종류(기호)	사용 구분	비고
AB	물체의 낙하 또는 비래 및 추락에 의한 위험을 방지 또는 경감시키기 위한 것	
AE	물체의 낙하 또는 비래에 의한 위험을 방지 또는 경감하고, 머리부위 감전에 의한 위험을 방지하기 위한 것	내전압성 (주1)
ABE	물체의 낙하 또는 비래에 의한 위험을 방지 또는 경감하고, 머리부위 감전에 의한 위험을 방지하기 위한 것	내전압성

(주1) 내전압성이란 7,000V 이하의 전압에 견디는 것을 말한다.

(2) 안전모의 구비조건

① 일반구조
- 안전모는 모체, 착장체(머리고정대, 머리받침고리, 머리받침끈) 및 턱끈을 가질 것
- 턱끈은 사용 중 탈락되지 않도록 확실히 고정되는 구조일 것
- 안전모의 수평간격은 5mm 이상일 것
- 턱끈의 폭은 10mm 이상일 것 등

(3) 안전인증 대상 안전모의 성능시험방법

항목	시험성능기준
내관통성	AE, ABE종 안전모는 관통거리가 9.5mm 이하이고, AB종 안전모는 관통거리가 11.1mm 이하이어야 한다.
충격흡수성	최고전달충격력이 4,450N을 초과해서는 안 되며, 모체와 착장체의 기능이 상실되지 않아야 한다.
내전압성	AE, ABE종 안전모는 교류 20kV에서 1분간 절연파괴 없이 견뎌야 하고, 이때 누설되는 충전전류는 10mA 이하이어야 한다.
내수성	AE, ABE종 안전모는 질량증가율이 1% 미만이어야 한다.
난연성	모체가 불꽃을 내며 5초 이상 연소되지 않아야 한다.
턱끈풀림	150N 이상 250N 이하에서 턱끈이 풀려야 한다.

2) 안전화

(1) 안전화의 종류

종류	성능구분
가죽제 안전화	물체의 낙하, 충격 또는 날카로운 물체에 의한 찔림 위험으로부터 발을 보호하기 위한 것 성능시험 : 내답발성, 내압박성, 내충격성, 박리저항, 내부식성, 내유성 시험 등
고무제 안전화	물체의 낙하, 충격 또는 날카로운 물체에 의한 찔림 위험으로부터 발을 보호하고 내수성을 겸한 것 성능시험 : 압박, 충격, 침수
정전기 안전화	물체의 낙하, 충격 또는 날카로운 물체에 의한 찔림 위험으로부터 발을 보호하고 정전기의 인체대전을 방지하기 위한 것

기타 발등안전화, 절연화, 절연장화, 화학물질용 안전화가 있음

3) 방진마스크

(1) 방진마스크의 등급 및 사용장소

등급	특급	1급	2급
사용장소	• 베릴륨 등과 같이 독성이 강한 물질들을 함유한 분진 등 발생장소 • 석면 취급장소	• 특급마스크 착용장소를 제외한 분진 등 발생장소 • 금속흄 등과 같이 열적으로 생기는 분진 등 발생장소 • 기계적으로 생기는 분진 등 발생장소(규소 등과 같이 2급 방진마스크를 착용하여도 무방한 경우는 제외한다)	특급 및 1급 마스크 착용장소를 제외한 분진 등 발생장소

배기밸브가 없는 안면부 여과식 마스크는 특급 및 1급 장소에 사용해서는 안 된다.

① 여과재 분진 등 포집효율

형태 및 등급		염화나트륨(NaCl) 및 파라핀 오일(Paraffin oil) 시험(%)
분리식 / 안면부 여과식	특급	99.95 이상(분리식) / 99.0 이상(안면부 여과식)
	1급	94.0 이상
	2급	80.0 이상

(2) 전면형 방진마스크의 항목별 유효시야

형태		시야(%)	
		유효시야	겹침시야
전동식	1안식	70 이상	80 이상
	2안식	70 이상	20 이상

(3) 방진마스크의 재료 조건

① 여과재는 여과성능이 우수하고 인체에 장해를 주지 않을 것
② 방진마스크에 사용하는 금속부품은 내식성을 갖거나 부식 방지를 위한 조치가 되어 있을 것
③ 전면형의 경우 사용할 때 충격을 받을 수 있는 부품은 충격 시에 마찰 스파크를 발생되어 가연성의 가스혼합물을 점화시킬 수 있는 알루미늄, 마그네슘, 티타늄 또는 이외 합금을 사용하지 않을 것(반면형의 경우 알루미늄 등의 합금 사용을 최소화 할 것) 등

(4) 방진마스크 선정기준(구비조건)

① 분진포집효율(여과효율)이 좋을 것
② 흡기, 배기저항이 낮을 것
③ 사용 후 손질이 간단할 것
④ 중량이 가벼울 것
⑤ 시야가 넓을 것
⑥ 안면밀착성이 좋을 것

4) 방독마스크

(1) 방독마스크의 종류별 시험가스

종류	시험가스
유기화합물용	시클로헥산(C_6H_{12}), 디메틸에테르 (CH_3OCH_3), 이소부탄(C_4H_{10})
할로겐용	염소가스 또는 증기(Cl_2)
황화수소용	황화수소가스(H_2S)
시안화수소용	시안화수소가스(HCN)
아황산용	아황산가스(SO_2)
암모니아용	암모니아가스(NH_3)

(2) 방독마스크의 등급

등급	사용 장소
고농도	가스 또는 증기의 농도가 100분의 2(암모니아에 있어서는 100분의 3) 이하의 대기 중에서 사용하는 것
중농도	가스 또는 증기의 농도가 100분의 1(암모니아에 있어서는 100분의 1.5) 이하의 대기 중에서 사용하는 것
저농도 및 최저농도	가스 또는 증기의 농도가 100분의 0.1 이하의 대기 중에서 사용하는 것으로서 긴급용이 아닌 것

비고 : 방독마스크는 산소농도가 18% 이상인 장소에서 사용하여야 하고, 고농도와 중농도에서 사용하는 방독마스크는 전면형 (격리식, 직결식)을 사용해야 한다.

(3) 방독마스크의 형태

① 격리식 전면형   ② 격리식 반면형
③ 직결식 전면형   ④ 직결식 반면형

(4) 방독마스크 표시사항

안전인증 방독마스크에는 다음 각목의 내용을 표시
① 파과곡선도
② 사용시간 기록카드
③ 사용상의 주의사항
④ 정화통의 외부측면의 표시색

종류	표시 색
유기화합물용 정화통	갈색
할로겐용 정화통	회색
황화수소용 정화통	
시안화수소용 정화통	
아황산용 정화통	노랑색
암모니아용(유기가스) 정화통	녹색
복합용 및 겸용의 정화통	• 복합용의 경우 : 해당가스 모두 표시(2층 분리) • 겸용의 경우 : 백색과 해당가스 모두 표시(2층 분리)

5) 송기마스크

(1) 송기마스크의 종류 : 호스 마스크, 에어라인마스크, 복합식 에어라인마스크

6) 전동식 호흡보호구

(1) 전동식 호흡보호구의 분류 : 전동식 방진마스크, 전동식 방독마스크, 전동식 후드 및 전동식 보안면
(2) 전동식 방진마스크 사용조건 : 산소농도 18% 이상인 장소에서 사용

7) 보호복

(1) 방열복의 종류 : 방열상의, 방열하의, 방열일체복, 방열장갑, 방열두건

8) 안전대

(1) 안전대의 종류

[안전인증 대상 안전대의 종류]

종류	사용구분
벨트식 안전그네식	1개 걸이용
	U자 걸이용
	추락방지대
	안전블록

(2) 안전대 부품의 재료

부품	재료
벨트, 안전그네, 지탱벨트	나일론, 폴리에스테르 및 비닐론 등의 합성섬유
죔줄, 보조죔줄, 수직구명줄 및 D링 등 부착부분의 봉합사	합성섬유(로프, 웨빙 등) 및 스틸(와이어로프 등)

9) 차광 및 비산물 위험방지용 보안경

(1) 차광보안경의 종류

자외선용, 적외선용, 복합용(자외선 및 적외선용 복합), 용접용(산소용접작업 등과 같이 자외선, 적외선 및 강렬한 가시광선용)

10) 용접용 보안면

(1) 용접용 보안면의 형태

형태	구조
헬멧형	안전모나 착용자의 머리에 지지대나 헤드밴드 등을 이용하여 적정위치에 고정, 사용하는 형태(자동용접필터형, 일반용접필터형)
핸드실드형	손에 들고 이용하는 보안면으로 적절한 필터를 장착하여 눈 및 안면을 보호하는 형태

11) 방음용 귀마개 또는 귀덮개

(1) 방음용 귀마개 또는 귀덮개의 종류 · 등급

종류	등급	기호	성능	비고
귀마개	1종	EP-1	저음부터 고음까지 차음하는 것	귀마개의 경우 재사용 여부를 제조특성으로 표기
	2종	EP-2	주로 고음을 차음하고 저음(회화음영역)은 차음하지 않는 것	
귀덮개	—	EM		

◢4 안전보건표지의 종류 · 용도 및 적용

1) 안전보건표지의 종류와 형태

(1) 종류 및 색채

① 금지표지 : 위험한 행동을 금지하는 데 사용되며 8개 종류가 있음(바탕은 흰색, 기본모형은 빨간색, 관련 부호 및 그림은 검은색)
② 경고표지 : 직접 위험한 것 및 장소 또는 상태에 대한 경고로서 사용되며 15개 종류가 있음(바탕은 노란색, 기본모형, 관련 부호 및 그림은 검은색)
   ※ 다만, 인화성 물질 경고 · 산화성 물질 경고, 폭발성물질 경고, 급성독성 물질 경고 부식성 물질 경고 및 발암성 · 변이원성 · 생식독성 · 전신독성 · 호흡기과민성 물질 경고의 경우 바탕은 무색, 기본모형은 빨간색(검은색도 가능)
③ 지시표지 : 작업에 관한 지시 즉, 안전 · 보건 보호구의 착용에 사용되며 9개 종류가 있음(바탕은 파란색, 관련 그림은 흰색)
④ 안내표지 : 구명, 구호, 피난의 방향 등을 분명히 하는 데 사용되며 8개 종류가 있음(바탕은 흰색, 기본모형 및 관련 부호는 녹색, 바탕은 녹색, 관련 부호 및 그림은 흰색)

(2) 종류와 형태

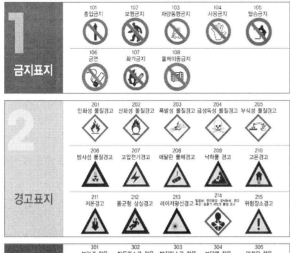

2) 안전 · 보건표지의 설치

(1) 근로자가 쉽게 알아볼 수 있는 장소 · 시설 또는 물체에 설치
(2) 흔들리거나 쉽게 파손되지 아니하도록 견고하게 설치하거나 부착
(3) 설치하거나 부착하는 것이 곤란한 경우에는 해당 물체에 직접 도장

3) 제작 및 재료

(1) 표시내용을 근로자가 빠르고 쉽게 알아볼 수 있는 크기로 제작
(2) 표지 속의 그림 또는 부호의 크기는 안전 · 보건표지의 크기와 비례하여야 하며, 안전 · 보건표지 전체 규격의 30 퍼센트 이상이 되어야 함

(3) 야간에 필요한 안전 · 보건 표지는 야광물질을 사용하는 등 쉽게 식별 가능하도록 제작
(4) 표지의 재료는 쉽게 파손되거나 변질되지 아니하는 것으로 제작

SECTION 02
안전 · 보건표지

1 안전 · 보건표지의 색채 및 색도기준

1) 안전 · 보건표지의 색채, 색도기준 및 용도

색채	색도기준	용도	사용 예
빨간색	7.5R 4/14	금지	정지신호, 소화설비 및 그 장소, 유해행위의 금지
		경고	화학물질 취급장소에서의 유해 · 위험 경고
노란색	5Y 8.5/12	경고	화학물질 취급장소에서의 유해 · 위험 경고 이외의 위험 경고, 주의표지 또는 기계방호물
파란색	2.5PB 4/10	지시	특정 행위의 지시 및 사실의 고지
녹색	2.5G 4/10	안내	비상구 및 피난소, 사람 또는 차량의 통행표지
흰색	N9.5		파란색 또는 녹색에 대한 보조색
검은색	N0.5		문자 및 빨간색 또는 노란색에 대한 보조색

03 산업안전심리

SECTION 01
산업심리와 심리검사

1 심리검사의 종류

1) 산업심리 정의

산업활동에 종사하는 인간의 문제 특히, 산업현장 근로자들의 심리적 특성 그리고 이와 연관된 조직의 특성 등을 연구, 고찰, 해결하려는 응용심리학의 한 분야. 산업 및 조직심리학(Industrial and Organizational Psychology)이라고 불림

2) 심리검사의 종류

(1) 계산에 의한 검사 : 계산검사, 기록검사, 수학응용검사
(2) 시각적 판단검사 : 형태비교검사, 입체도 판단검사, 언어식별검사 등
(3) 운동능력검사(Motor Ability Test) : 추적, 두드리기, 점찍기, 복사, 위치, 블록 등
(4) 정밀도검사(정확성 및 기민성) : 교환검사, 회전검사, 조립검사, 분해검사
(5) 안전검사 : 건강진단, 실시시험, 학과시험, 감각기능검사, 전직조사 및 면접
(6) 창조성검사(상상력을 발동시켜 창조성 개발능력을 점검하는 검사)

2 심리검사의 특성(= 좋은 심리검사의 요건, 표준화 검사의 요건)

(1) 표준화 : 절차의 일관성과 동일성에 대한 표준화 마련
(2) 타당도 : 사람 간 척도를 상호 연관시키는 예언적 타당성 필요

(3) 신뢰도 : 응답의 일관성
(4) 객관도 : 채점의 객관성
(5) 실용도 : 실시가 쉬운 검사

4 스트레스(Stress)

1) 스트레스의 정의

스트레스란, 적응하기 어려운 환경에 처할 때 느끼는 심리적·신체적 긴장 상태로 직무몰입과 생산성 감소의 직접적인 원인이 된다. 직무특성 스트레스 요인은 작업속도, 근무시간, 업무의 반복성이 있음

2) 스트레스의 자극요인

(1) 자존심의 손상(내적요인)
(2) 업무상의 죄책감(내적요인)
(3) 현실에서의 부적응(내적요인)
(4) 직장에서의 대인 관계상의 갈등과 대립(외적요인)

SECTION 02
직업적성과 배치

1 직업적성의 분류

(1) 기계적 적성(기계작업에 성공하기 쉬운 특성) : 손과 팔의 솜씨, 공간 시각화, 기계적 이해
(2) 사무적 적성 : 지능, 지각속도, 정확성

2 적성검사의 종류

시각적 판단검사, 정확도 및 기민성 검사(정밀성 검사), 계산 검사, 속도 검사

3 직무분석방법

(1) 면접법   (2) 설문지법
(3) 직접관찰법   (4) 일지작성법
(5) 결정사건기법

4 적성배치의 효과

(1) 근로의욕 고취   (2) 재해의 예방
(3) 근로자 자신의 자아실현   (4) 생산성 및 능률 향상
(5) 적성배치에 있어서 고려되어야 할 기본사항
① 적성검사를 실시하여 개인의 능력 파악
② 직무평가를 통하여 자격수준을 정함
③ 객관적인 감정 요소에 따름
④ 인사관리의 기준원칙 고수

5 인사관리의 중요한 기능

(1) 조직과 리더십(Leadership)
(2) 선발(적성검사 및 시험)
(3) 배치
(4) 작업분석과 업무평가
(5) 상담 및 노사 간의 이해

SECTION 03
인간의 특성과 안전과의 관계

1 안전사고 요인

1) 정신적 요소

(1) 안전의식의 부족   (2) 주의력의 부족
(3) 방심, 공상   (4) 판단력 부족

2) 생리적 요소

(1) 극도의 피로   (2) 시력 및 청각기능의 이상
(3) 근육운동의 부적합   (4) 생리 및 신경계통의 이상

3) 불안전행동

(1) 직접적인 원인

지식의 부족, 기능 미숙, 태도불량, 인간에러 등

(2) 간접적인 원인

① 망각 : 학습된 행동이 지속되지 않고 소멸되는 것, 기억된 내용의 망각은 시간의 경과에 비례하여 급격히 진행
② 의식의 우회 : 공상, 회상 등
③ 생략행위 : 정해진 순서를 빠뜨리는 것
④ 억측판단 : 자기 멋대로 하는 주관적인 판단
⑤ 4M 요인 : 인간관계(Man), 설비(Machine), 작업환경 (Media), 관리(Management)

2 산업안전심리의 5대 요소

(1) 동기(Motive) : 능동력은 감각에 의한 자극에서 일어나는 사고의 결과로서 사람의 마음을 움직이는 원동력
(2) 기질(Temper) : 인간의 성격, 능력 등 개인적인 특성을 말하는 것으로 생활환경에 영향을 받음
(3) 감정(Emotion) : 희로애락의 의식
(4) 습성(Habits) : 동기, 기질, 감정 등이 밀접한 관계를 형성하여 인간의 행동에 영향을 미칠 수 있도록 하는 것
(5) 습관(Custom) : 자신도 모르게 습관화된 현상. 습관에 영향을 미치는 요소는 동기, 기질, 감정, 습성

3 착오의 종류 및 원인

1) 착오의 종류

(1) 위치착오   (2) 순서착오
(3) 패턴의 착오   (4) 기억의 착오
(5) 형(모양)의 착오

2) 착오의 원인

(1) 인지과정 착오의 요인

① 심리적 능력한계   ② 감각차단현상
③ 정보량의 한계   ④ 정서불안정

(2) 판단과정 착오의 요인

① 합리화   ② 작업조건불량
③ 정보부족   ④ 능력부족
⑤ 과신(자신 과잉)

4 착시

물체의 물리적인 구조가 인간의 감각기관인 시각을 통해 인지한 구조와 일치되지 않게 보이는 현상

학설	그림	현상
Zoller의 착시		세로의 선이 굽어보인다.
Orbigon의 착시		안쪽 원이 찌그러져 보인다.
Sander의 착시		두 점선의 길이가 다르게 보인다.
Ponzo의 착시		두 수평선부의 길이가 다르게 보인다.
Müler-Lyer 의 착시	 (a) (b)	a가 b보다 길게 보인다. 실제는 a=b이다.

학설	그림	현상
Helmholz의 착시	 (a) (b)	a는 세로로 길어 보이고, b는 가로로 길어 보인다.
Hering의 착시	 (a) (b)	a는 양단이 벌어져 보이고, b는 중앙이 벌어져 보인다.
Köhler의 착시 (윤곽착오)		우선 평형의 호를 본 후 즉시 직선을 본 경우에 직선은 호의 반대방향으로 굽어 보인다.
Poggendorf 의 착시		a와 c가 일직선으로 보인다. 실제는 a와 b가 일직선이다.

5 착각현상

착각은 물리현상을 왜곡하는 지각현상

(1) 자동운동 : 암실 내에서 정지된 작은 광점을 응시하면 움직이는 것처럼 보이는 현상
    [자동운동이 생기기 쉬운 조건]
    ① 광점이 작을 것
    ② 시야의 다른 부분이 어두울 것
    ③ 광의 강도가 작을 것
    ④ 대상이 단순할 것
(2) 유도운동 : 실제로는 정지한 물체가 어느 기준물체의 이동에 따라 움직이는 것처럼 보이는 현상
(3) 가현운동 : 영화처럼 물체가 빨리 나타나거나 사라짐으로 인해 운동하는 것처럼 보이는 현상

04 인간의 행동과학

PART 01

SECTION 01
조직과 인간행동

1 인간관계

인간관계 관리방식 : 종업원의 경영참여기회 제공 및 자율적인 협력체계 형성, 종업원의 윤리경영의식 함양 및 동기부여

2 사회행동의 기초

1) 적응

개인의 심리적 요인과 환경적 요인이 작용하여 조화를 이룬 상태(신체적 · 사회적 환경과 조화로운 관계를 수립)

2) 부적응

대인관계나 사회생활에 조화를 잘 이루지 못하는 행동이나 상태(긴장, 스트레스, 압박, 갈등 등 발생)

3) 인간의 의식 Level의 단계별 신뢰성

단계	의식의 상태	신뢰성	의식의 작용
Phase 0	무의식, 실신	0	없음
Phase I	의식의 둔화	0.9 이하	부주의
Phase II	이완상태	0.99~0.99999	마음이 안쪽으로 향함(Passive)
Phase III	명료한 상태	0.99999 이상	전향적(Active)
Phase IV	과긴장 상태	0.9 이하	한점에 집중, 판단 정지

3 인간관계 메커니즘

(1) 동일화(Identification) : 다른 사람의 행동양식이나 태도를 투입시키거나 다른 사람 가운데서 자기와 비슷한 점을 발견하는 것

(2) 투사(Projection) : 자기 속의 억압된 것을 다른 사람의 것으로 생각하는 것

(3) 커뮤니케이션(Communication) : 갖가지 행동양식이나 기호를 매개로 하여 어떤 사람으로부터 다른 사람에게 전달하는 과정

(4) 모방(Imitation) : 남의 행동이나 판단을 표본으로 하여 그것과 같거나 또는 그것에 가까운 행동 또는 판단을 취하려는 것

(5) 암시(Suggestion) : 다른 사람으로부터의 판단이나 행동을 무비판적으로 논리적, 사실적 근거 없이 받아들이는 것

4 집단행동

1) 통제가 있는 집단행동(규칙이나 규율이 존재한다)

(1) 관습 : 풍습(Folkways), 예의(Ritual), 금기(Taboo) 등으로 나누어짐

(2) 제도적 행동(Institutional Behavior) : 합리적으로 성원의 행동을 통제하고 표준화함으로써 집단의 안정을 유지시킴

(3) 유행(Fashion) : 공통적인 행동양식이나 태도 등을 말함

2) 통제가 없는 집단행동(성원의 감정, 정서에 의해 좌우되고 연속성이 희박하다)

(1) 군중(Crowd) : 구성원 각자는 책임감을 가지지 않으며 비판력도 가지지 않음

(2) 모브(Mob) : 폭동과 같은 것을 말하며 군중보다 합의성이 없고 감정에 의해 행동하는 것

(3) 패닉(Panic) : 모브가 공격적인 데 반해 패닉은 방어적인 특징이 있음

(4) 심리적 전염(Mental Epidemic)

5 인간의 일반적인 행동특성

1) 레빈(Lewin · K)의 법칙

레빈은 인간의 행동(B)은 그 사람이 가진 자질. 즉, 개체(P)와 심리적 환경(E)과의 상호함수관계에 있다고 함

$$B = f(P \cdot E)$$

여기서, B : Behavior(인간의 행동),

f : Function(함수관계),

P : Person(개체 : 연령, 경험, 심신상태, 성격, 지능 등),

E : Environment(심리적 환경 : 인간관계, 작업환경 등)

2) 인간의 심리

(1) 간결성의 원리 : 최소에너지로 빨리 가려고 함(생략행위)

(2) 주의의 일점집중현상 : 어떤 돌발사태에 직면했을 때 멍한 상태

(3) 억측판단(Risk Taking) : 위험을 부담하고 행동으로 옮김

3) 억측판단이 발생하는 배경

(1) 희망적인 관측 : '그때도 그랬으니까 괜찮겠지' 하는 관측

(2) 정보나 지식의 불확실 : 위험에 대한 정보의 불확실 및 지식의 부족

(3) 과거의 선입관 : 과거에 그 행위로 성공한 경험의 선입관

(4) 초조한 심정 : 일을 빨리 끝내고 싶은 초조한 심정

4) 작업자가 작업 중 실수나 과오로 사고를 유발시키는 원인

능력부족, 주의부족, 환경조건 부적합

재해 빈발성 및 행동과학

1 사고 경향설(Greenwood)

사고의 대부분은 소수에 의해 발생되고 있으며 사고를 낸 사람이 또다시 사고를 발생시키는 경향이 있음(사고경향성이 있는 사람 → 소심한 사람)

2 성격의 유형(재해누발자 유형)

(1) 미숙성 누발자 : 환경에 익숙하지 못하거나 기능 미숙으로 인한 재해 누발자

(2) 상황성 누발자 : 작업이 어렵거나, 기계설비의 결함, 환경상 주의력의 집중이 혼란된 경우, 심신의 근심으로 사고 경향자가 되는 경우(상황이 변하면 안전한 성향으로 바뀜)

(3) 습관성 누발자 : 재해의 경험으로 신경과민이 되거나 슬럼프에 빠지기 때문에 사고경향자가 되는 경우

(4) 소질성 누발자 : 지능, 성격, 감각운동 등에 의한 소질적 요소에 의해서 결정되는 특수성격 소유자

3 재해빈발설

(1) 기회설 : 개인의 문제가 아니라 작업 자체에 문제가 있어 재해가 빈발

(2) 암시설 : 재해를 한번 경험한 사람은 심리적 압박을 받게 되어 대처능력이 떨어져 재해가 빈발

(3) 빈발경향자설 : 재해를 자주 일으키는 소질을 가진 근로자가 있다는 설

4 동기부여(Motivation)

동기부여란 동기를 불러일으키게 하고 일어난 행동을 유지시켜 일정한 목표로 이끌어 가는 과정

1) 매슬로(Maslow)의 욕구단계이론

(1) 생리적 욕구(제1단계) : 기아, 갈증, 호흡, 배설, 성욕 등

(2) 안전의 욕구(제2단계) : 안전을 기하려는 욕구

(3) 사회적 욕구(제3단계) : 소속 및 애정에 대한 욕구(친화
　　욕구)

(4) 자기존경의 욕구(제4단계) : 자기존경의 욕구로 자존심,
　　명예, 성취, 지위에 대한 욕구(승인의 욕구)

(5) 자아실현의 욕구(제5단계) : 잠재적인 능력을 실현하고자
　　하는 욕구(성취욕구)

2) 알더퍼(Alderfer)의 ERG 이론

(1) E(Existence) : 존재의 욕구(생리적 욕구, 안전욕구, 물
　　질적 욕구 등 포함)

(2) R(Relatedness) : 관계 욕구(매슬로 욕구단계 중 사회적
　　욕구에 해당)

(3) G(Growth) : 성장욕구(매슬로의 자존의 욕구와 자아실현
　　의 욕구를 포함하는 것으로서, 개인의 잠재력 개발과 관
　　련되는 욕구)

3) 맥그리거(Mcgregor)의 X이론과 Y이론

(1) X이론에 대한 가정

① 원래 종업원들은 일하기 싫어하며 가능하면 일하는 것을
　　피하려고 함

② 종업원들은 일하는 것을 싫어하므로 바람직한 목표를 달성
　　하기 위해서는 그들을 통제하고 위협하여야 함

③ 종업원들은 책임을 회피하고 가능하면 공식적인 지시를
　　바람

④ 인간은 명령되는 쪽을 좋아하며 무엇보다 안전을 바라고
　　있다는 인간관이다.
　　⇒ X이론에 대한 관리 처방
　　　　㉠ 경제적 보상체계의 강화
　　　　㉡ 권위주의적 리더십의 확립
　　　　㉢ 면밀한 감독과 엄격한 통제
　　　　㉣ 상부책임제도의 강화
　　　　㉤ 통제에 의한 관리

(2) Y이론에 대한 가정

① 종업원들은 일하는 것을 놀이나 휴식과 동일한 것으로 볼
　　수 있음

② 종업원들은 조직의 목표에 관여하는 경우에 자기지향과
　　자기통제를 행함

③ 보통 인간들은 책임을 수용하고 심지어는 구하는 것을
　　배울 수 있음

④ 작업에서 몸과 마음을 구사하는 것은 인간의 본성이라는
　　인간관

⑤ 인간은 조건에 따라 자발적으로 책임을 지려고 한다는
　　인간관

⑥ 매슬로의 욕구체계 중 자아실현의 욕구에 해당
　　⇒ Y이론에 대한 관리 처방
　　　　㉠ 민주적 리더십의 확립
　　　　㉡ 분권화와 권한의 위임
　　　　㉢ 직무확장
　　　　㉣ 자율적인 통제

4) 허즈버그(Herzberg)의 2요인 이론(위생요인, 동기요인)

(1) 위생요인(Hygiene)

작업조건, 급여, 직무환경, 감독 등 일의 조건, 보상에서 오는
욕구(충족되지 않을 경우 조직의 성과가 떨어지나, 충족되었
다고 성과가 향상되지 않음)

(2) 동기요인(Motivation)

책임감, 성취 인정, 개인발전 등 일 자체에서 오는 심리적 욕구
(충족될 경우 조직의 성과가 향상되며 충족되지 않아도 성과가
떨어지지 않음)

(3) Herzberg의 일을 통한 동기부여 원칙

① 직무에 따라 자유와 권한를 부여

② 개인적 책임이나 책무를 증가시킴

③ 더욱 새롭고 어려운 업무수행을 하도록 과업을 부여

④ 완전하고 자연스러운 작업단위를 제공

⑤ 특정의 직무에 전문가가 될 수 있도록 전문화된 임무를
　　배당

5) 데이비스(K. Davis)의 동기부여 이론

(1) 지식(Knowledge)×기능(Skill)=능력(Ability)

(2) 상황(Situation)×태도(Attitude)
　　=동기유발(Motivation)

(3) 능력(Ability)×동기유발(Motivation)
　　=인간의 성과(Human Performance)

(4) 인간의 성과×물질적 성과=경영의 성과

6) 작업동기와 직무수행과의 관계 및 수행과정에서 느끼는 직무 만족의 내용을 중심으로 하는 이론

(1) 콜만의 일관성 이론 : 자기존중을 높이는 사람은 더 높은 성과를 올리며 일관성을 유지하여 사회적으로 존경받는 직업을 선택

(2) 브룸의 기대이론 : 3가지의 요인 기대(Expectancy), 수단성(Instrumentality), 유인도(Valence)의 3가지 요소의 값이 각각 최대값이 되면 최대의 동기부여가 된다는 이론

(3) 록크의 목표설정 이론 : 인간은 이성적이며 의식적으로 행동한다는 가정에 근거한 동기이론

7) 안전에 대한 동기 유발방법

(1) 안전의 근본이념을 인식

(2) 상벌제도 합리적 시행

(3) 동기유발의 최적수준 유지

(4) 목표 설정

(5) 결과 공유 · 공지

(6) 경쟁과 협동 유발

5 주의와 부주의

1) 주의의 특성

(1) 선택성(소수의 특정한 것에만 반응)

인간의 정보처리능력은 한계가 있으므로 모든 정보가 단기기억으로 입력될 수는 없다. 따라서 입력정보들 중 필요한 것만을 골라내는 주의의 특성을 선택적 주의(Selective Attention)라 함

(2) 방향성(시선의 초점이 맞았을 때 쉽게 인지)

정보를 입수할 때에 중요한 정보의 발생방향을 선택하여 그곳으로부터 중점적인 정보를 입수하고 그 이외의 것을 무시하는 이러한 주의의 특성을 집중적 주의(Focused Attention)라고 하기도 함

(3) 변동성(계속된 주의 사이 자신도 모르게 다른 일을 생각 (의식의 우회))

인간은 한 점에 계속하여 주의를 집중할 수는 없다. 주의를 계속하는 사이에 언제인가 자신도 모르게 다른 일을 생각하며 변동됨

2) 부주의의 원인

(1) 의식의 우회 : 의식의 흐름이 옆으로 빗나가 발생하는 것 (걱정, 고민, 욕구불만 등에 의하여 정신을 빼앗기는 것)

(2) 의식수준의 저하 : 혼미한 정신상태에서 심신이 피로할 경우나 단조로운 반복작업 등의 경우에 일어나기 쉬움

(3) 의식의 단절 : 지속적인 의식의 흐름에 단절이 생기고 공백의 상태가 나타나는 것. 주로 질병의 경우에 나타남

(4) 의식의 과잉 : 지나친 의욕에 의해서 생기는 부주의 현상 (일점 집중현상)

(5) 부주의 발생원인 및 대책

① 내적 원인 및 대책 : ㉠ 소질적 조건(적성배치), ㉡ 경험 및 미경험(교육), ㉢ 의식의 우회(상담)

② 외적 원인 및 대책 : ㉠ 작업환경조건 불량(환경정비), ㉡ 작업순서의 부적당(작업순서정비)

SECTION 03
집단관리와 리더십

1 리더십의 유형

1) 리더십의 정의 : 어떤 특정한 목표달성을 지향하고 있는 상황에서 행사되는 대인 간의 영향력, 공통된 목표달성을 지향하도록 사람에게 영향을 미치는 것

2) 리더십의 유형

(1) 선출방식에 의한 분류

① 헤드십(Headship) : 집단 구성원이 아닌 외부에 의해 선출(임명)된 지도자로 권한을 행사

② 리더십(Leadership) : 집단 구성원에 의해 내부적으로 선출된 지도자로 권한을 대행

(2) 업무추진 방식에 의한 분류

① 독재형(권위형, 권력형, 맥그리거의 X이론 중심) : 지도자가 모든 권한행사를 독단적으로 처리(개인중심)

② 민주형(맥그리거의 Y이론 중심) : 집단의 토론, 회의 등을 통해 정책을 결정(집단중심), 리더와 부하직원 간의 협동과 의사소통

③ 자유방임형(개방적) : 리더는 명목상 리더의 자리만을 지킴(종업원 중심)

2 리더십의 기법

1) 리더십에 있어서의 권한

(1) 합법적 권한 : 군대, 교사, 정부기관 등 법적으로 부여된 권한
(2) 보상적 권한 : 부하에게 노력에 대한 보상을 할 수 있는 권한
(3) 강압적 권한 : 부하에게 명령할 수 있는 권한
(4) 전문성의 권한 : 지도자가 전문지식을 가지고 있는가와 관련된 권한
(5) 위임된 권한 : 부하직원이 지도자의 생각과 목표를 얼마나 잘 따르는지와 관련된 권한

2) 리더십의 변화 4단계

1단계 : 지식의 변용 ⇒ 2단계 : 태도의 변용 ⇒ 3단계 : 행동의 변용 ⇒ 4단계 : 집단 또는 조직에 대한 성과

3) 리더십의 특성

(1) 대인적 숙련   (2) 혁신적 능력
(3) 기술적 능력   (4) 협상적 능력
(5) 표현 능력   (6) 교육훈련 능력

4) 리더십의 기법

(1) 독재형(권위형) : 부하직원을 강압적으로 통제, 의사결정권은 경영자가 가지고 있음
(2) 민주형 : 발생 가능한 갈등은 의사소통을 통해 조정, 부하직원의 고충을 해결할 수 있도록 지원
(3) 자유방임형(개방적) : 의사결정의 책임을 부하직원에게 전가, 업무회피 현상

3 헤드십(Headship)

1) 외부로부터 임명된 헤드(head)가 조직 체계나 직위를 이용, 권한을 행사하는 것. 지도자와 집단 구성원 사이에 공통의 감정이 생기기 어려우며 항상 일정한 거리가 있음

2) 권한

(1) 부하직원의 활동을 감독
(2) 상사와 부하와의 관계가 종속적
(3) 부하와의 사회적 간격이 넓음
(4) 지휘형태가 권위적

4 사기(Morale)와 집단역학

1) 집단의 적응

(1) 집단의 기능 : 행동규범, 목표

(2) 슈퍼(Super)의 역할이론

① 역할 갈등(Role Conflict) : 작업 중에 상반된 역할이 기대되는 경우가 있으며, 그럴 때 갈등 발생
② 역할 기대(Role Expectation) : 자기의 역할을 기대하고 감수하는 수단
③ 역할 조성(Role Shaping) : 개인에게 여러 개의 역할 기대가 있을 경우 그중의 어떤 역할 기대는 불응, 거부할 수도 있으며 혹은 다른 역할을 해내기 위해 다른 일을 구할 때도 있다.
④ 역할 연기(Role Playing) : 자아탐색인 동시에 자아실현의 수단이다.

2) 모랄 서베이(Morale Survey, 근로의욕조사)

근로자의 감정과 기분을 과학적으로 고려하고 이에 따른 경영의 관리활동 개선

(1) 실시방법

① 통계에 의한 방법 : 사고 상해율, 생산성, 지각, 조퇴, 이직 등을 분석하여 파악하는 방법
② 사례연구(Case Study)법 : 관리상의 여러 가지 제도에 나타나는 사례에 대해 연구함으로써 현상을 파악하는 방법
③ 관찰법 : 종업원의 근무 실태를 계속 관찰함으로써 문제점을 찾아내는 방법
④ 실험연구법 : 실험그룹과 통제그룹으로 나누고 정황, 자극을 주어 태도 변화를 조사하는 방법
⑤ 태도조사 : 질문지법, 면접법, 집단토의법, 투사법 등에 의해 의견을 조사하는 방법

(2) 모랄 서베이의 효용

① 근로자의 심리 요구를 파악하여 불만을 해소하고 노동 의욕 고취
② 경영관리를 개선하는 데 필요한 자료를 얻음
③ 종업원의 정화작용 촉진
- ㉠ 소셜 스킬즈(Social Skills) : 모랄을 앙양시키는 능력
- ㉡ 테크니컬 스킬즈 : 사물을 인간에 유익하도록 처리하는 능력

3) 관리 그리드(Managerial Grid)

(1) 무관심형(1,1) : 생산과 인간에 대한 관심이 모두 낮은 무관심한 유형으로서, 리더 자신의 직분을 유지하는 데 필요한 최소의 노력만을 투입하는 리더 유형
(2) 인기형(1,9) : 인간에 대한 관심은 매우 높고 생산에 대한 관심은 매우 낮아서 부서원들과의 만족스런 관계와 친밀한 분위기를 조성하는 데 역점을 기울이는 리더 유형
(3) 과업형(9,1) : 생산에 대한 관심은 매우 높지만, 인간에 대한 관심은 매우 낮아서, 인간적인 요소보다도 과업수행에 대한 능력을 중요시하는 리더 유형
(4) 타협형(5,5) : 중간형으로 과업의 생산성과 인간적 요소를 절충하여 적당한 수준의 성과를 지향하는 리더 유형
(5) 이상형(9,9) : 팀형으로 인간에 대한 관심과 생산에 대한 관심이 모두 높으며, 구성원들에게 공동목표 및 상호의존관계를 강조하고, 상호신뢰적이고 상호존중관계 속에서 구성원들의 몰입을 통하여 과업을 달성하는 리더 유형

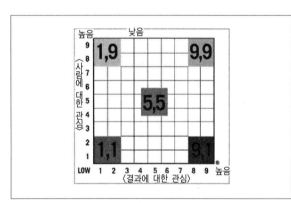

[관리 그리드]

생체리듬과 피로

1 피로의 증상과 대책

1) 피로의 정의

신체적 또는 정신적으로 지치거나 약해진 상태로서 작업능률의 저하, 신체기능의 저하 등의 증상이 나타나는 상태

2) 피로의 종류

(1) 정신적(주관적) 피로 : 피로감을 느끼는 자각증세
(2) 육체적(객관적) 피로 : 작업피로가 질적, 양적 생산성의 저하로 나타남
(3) 생리적 피로 : 작업능력 또는 생리적 기능의 저하

3) 피로의 발생원인

(1) 피로의 요인 : 작업조건(강도, 속도, 시간 등), 환경조건(온도, 습도, 소음 등), 생활조건(수면, 식사, 취미생활 등), 사회적 조건, 신체적/정신적 조건 등

(2) 기계적 요인과 인간적 요인

① 기계적 요인 : 기계의 종류, 조작부분의 배치, 색채, 조작부분의 감촉 등
② 인간적 요인 : 신체상태, 정신상태, 작업내용, 작업시간, 사회환경, 작업환경 등

4) 피로의 예방과 회복대책

(1) 작업부하를 적게 할 것
(2) 정적동작을 피할 것
(3) 작업속도를 적절하게 할 것
(4) 근로시간과 휴식을 적절하게 할 것
(5) 목욕이나 가벼운 체조를 할 것
(6) 수면을 충분히 취할 것

2 피로의 측정방법

1) 신체활동의 생리학적 측정분류

(1) 근전도(EMG) : 근육활동의 전위차를 기록하여 측정
(2) 심전도(ECG) : 심장의 근육활동의 전위차를 기록하여 측정
(3) 산소소비량
(4) 정신적 작업부하에 관한 생리적 측정치
① 점멸융합주파수(플리커법) : 사이가 벌어져 회전하는 원판으로 들어오는 광원의 빛을 단속시켜 연속광으로 보이는지 단속광으로 보이는지 경계에서의 빛의 단속주기를 플리커치라 함. 정신적으로 피로한 경우에는 주파수 값이 내려가는 것으로 알려짐
② 기타 정신부하에 관한 생리적 측정치 : 눈꺼풀의 깜박임률(Blink rate), 동공지름(Pupil diameter), 뇌의 활동전위를 측정하는 뇌파도(EEG ; ElecroEncephaloGram)

2) 피로의 측정방법

(1) 생리학적 측정 : 근력 및 근활동(EMG), 대뇌활동(EEG), 호흡(산소소비량), 순환기(ECG)
(2) 생화학적 측정 : 혈액농도 측정, 혈액수분 측정, 요전해질, 요단백질 측정
(3) 심리학적 측정 : 피부저항, 동작분석, 연속반응시간, 집중력

3 작업강도와 피로

1) 작업강도(RMR ; Relative Metabolic Rate) : 에너지 대사율

$$R = \frac{\text{작업 시 소비에너지} - \text{안정 시 소비에너지}}{\text{기초대사 시 소비에너지}}$$

$$= \frac{\text{작업대사량}}{\text{기초대사량}}$$

(1) 작업 시 소비에너지 : 작업 중 소비한 산소량
(2) 안정 시 소비에너지 : 의자에 앉아서 호흡하는 동안 소비한 산소량
(3) 기초대사량 : 기초대사량 표에 의해 산출

2) 에너지 대사율(RMR)에 의한 작업강도

(1) 경작업(0~2 RMR) : 사무실 작업, 정신작업 등
(2) 중(中)등작업(2~4 RMR) : 힘이나 동작, 속도가 작은 하체작업 등
(3) 중(重)작업(4~7 RMR) : 전신작업 등
(4) 초중(超重)작업(7 RMR 이상) : 과격한 전신작업

4 생체리듬(바이오리듬, Biorhythm)의 종류

(1) 육체적(신체적) 리듬(P. Physical Cycle) : 신체의 물리적인 상태를 나타내는 리듬, 청색 실선으로 표시하며 23일의 주기
(2) 감성적 리듬(S, Sensitivity) : 기분이나 신경계통의 상태를 나타내는 리듬, 적색 점선으로 표시하며 28일의 주기
(3) 지성적 리듬(I, Intellectual) : 기억력, 인지력, 판단력 등을 나타내는 리듬, 녹색 일점쇄선으로 표시하며 33일의 주기

1) 위험일

3가지 생체리듬은 안정기(+)와 불안정기(−)를 반복하면서 사인(sine) 곡선을 그리며 반복되는데(+) → (−) 또는 (−) → (+)로 변하는 지점을 영(zero) 또는 위험일이라 함. 위험일에는 평소보다 뇌졸중이 5.4배, 심장질환이 5.1배, 자살이 6.8배나 높게 나타남

(1) 사고발생률이 가장 높은 시간대
① 24시간 중 : 03~05시 사이
② 주간업무 중 : 오전 10~11시, 오후 15~16시

2) 생체리듬(바이오리듬)의 변화

(1) 야간에는 체중 감소
(2) 야간에 말초운동 기능 저하, 피로의 자각증상 증가
(3) 혈액의 수분, 염분량은 주간에 감소, 야간에 증가
(4) 체온, 혈압, 맥박은 주간에 상승, 야간에 감소

05 안전보건교육의 내용 및 방법

PART 01

교육의 필요성과 목적

1 교육의 목적

피교육자의 발달을 효과적으로 도와줌으로써 이상적인 상태가 되도록 하는 것

2 교육의 개념(효과)

(1) 신입직원은 기업의 내용 그 방침과 규정을 파악함으로써 친근과 안정감을 가짐
(2) 직무에 대한 지도를 받아 질과 양이 모두 표준에 도달하고 임금의 증가를 도모
(3) 재해, 기계설비의 소모 등의 감소에 유효하며 산업재해를 예방
(4) 직원의 불만과 결근, 이동을 방지
(5) 내부 이동에 대비하여 능력의 다양화, 승진에 대비한 능력 향상을 도모
(6) 새로 도입된 신기술에 대한 종업원의 적응을 원활하게 함

3 학습지도 이론

(1) 자발성의 원리 : 학습자 스스로 학습에 참여해야 한다는 원리
(2) 개별화의 원리 : 학습자가 가지고 있는 각각의 요구 및 능력에 맞게 지도해야 한다는 원리
(3) 사회화의 원리 : 공동학습을 통해 협력과 사회화를 도와준다는 원리
(4) 통합의 원리 : 학습을 종합적으로 지도하는 것으로 학습자의 능력을 조화있게 발달시키는 원리

(5) 직관의 원리 : 구체적인 사물을 제시하거나 경험 등을 통해 학습효과를 거둘 수 있다는 원리

교육심리학

1 교육심리학의 정의

교육의 과정에서 일어나는 여러 문제를 심리학적 측면에서 연구하여 원리를 정립하고 방법을 제시함으로써 교육의 효과를 극대화하려는 교육학의 한 분야

2 교육심리학의 연구방법

1) 연구방법
관찰법, 실험법, 면접법, 질문지법, 투사법, 사례연구법(단점 : 원칙과 규정의 체계적 습득이 어려움), 카운슬링

2) 카운슬링의 순서
장면구성 ⇒ 내담자와의 대화 ⇒ 의견 재분석 ⇒ 감정 표출 ⇒ 감정의 명확화

3 학습이론

1) 자극과 반응(S−R, Stimulus & Response) 이론
(1) 손다이크(Thorndike)의 시행착오설

인간과 동물은 차이가 없다고 보고 동물연구를 통해 인간심리를 발견하고자 했으며 동물의 행동이 자극 S와 반응 R의 연합에 의해 결정된다고 하는 것(학습 또한 지식의 습득이 아니라 새로운 환경에 적응하는 행동의 변화임)

① 준비성의 법칙 : 학습이 이루어지기 전의 학습자의 상태에 따라 그것이 만족스러운가 불만족스러운가에 관한 것
② 연습의 법칙 : 일정한 목적을 가지고 있는 작업을 반복하는 과정 및 효과를 포함한 전체과정
③ 효과의 법칙 : 목표에 도달했을 때 만족스러운 보상을 주면 반응과 결합이 강해져 조건화가 잘 이루어짐

(2) 파블로프(Pavlov)의 조건반사설

훈련을 통해 반응이나 새로운 행동에 적응할 수 있음(종소리를 통해 개의 소화작용에 대한 실험을 실시)
① 계속성의 원리(The Continuity Principle) : 자극과 반응의 관계는 횟수가 거듭될 수록 강화가 잘됨
② 일관성의 원리(The Consistency Principle) : 일관된 자극을 사용하여야 함
③ 강도의 원리(The Intensity Principle) : 먼저 준 자극보다 같거나 강한 자극을 주어야 강화가 잘됨
④ 시간의 원리(The Time Principle) : 조건자극을 무조건자극보다 조금 앞서거나 동시에 주어야 강화가 잘됨

(3) 파블로프의 계속성의 원리와 손다이크의 연습의 원리 비교

① 파블로프의 계속성의 원리 : 같은 행동을 단순히 반복함, 행동의 양적측면에 관심
② 손다이크의 연습의 원리 : 단순동일행동의 반복이 아님, 최종행동의 형성을 위해 점차적인 변화를 꾀하는 목적 있는 진보의 의미

2) 인지이론

(1) 톨만(Tolman)의 기호형태설 : 학습자의 머리 속에 인지적 지도와 같은 인지구조를 바탕으로 학습하려는 것
(2) 쾰러(Köhler)의 통찰설
(3) 레빈(Lewin)의 장이론(Field Theory)

4 적응기제(適應機制, Adjustment Mechanism)

욕구 불만에서 합리적인 반응을 하기가 곤란할 때 일어나는 여러 가지의 비합리적인 행동으로 자신을 보호하려고 하는 것. 문제의 직접적인 해결을 시도하지 않고, 현실을 왜곡시켜 자기를 보호함으로써 심리적 균형을 유지하려는 '행동' 기제

1) 방어적 기제(Defense Mechanism)

자신의 약점을 위장하여 유리하게 보임으로써 자기를 보호하려는 기제
(1) 보상 : 계획한 일을 성공하는 데서 오는 자존감
(2) 합리화(변명) : 너무 고통스럽기 때문에 인정할 수 없는 실제 이유 대신에 자기 행동에 그럴듯한 이유를 붙이는 방법
(3) 승화 : 억압당한 욕구가 사회적·문화적으로 가치있게 목적으로 향하도록 노력함으로써 욕구를 충족하는 방법
(4) 동일시 : 자기가 되고자 하는 인물을 찾아내어 동일시하여 만족을 얻는 행동

2) 도피적 기제(Escape Mechanism)

욕구불만이나 압박으로부터 벗어나기 위해 현실을 벗어나 마음의 안정을 찾으려는 것
(1) 고립 : 자기의 열등감을 의식하여 다른 사람과의 접촉을 피해 자기의 내적 세계로 들어가 현실의 억압에서 피하려는 기제
(2) 퇴행 : 신체적으로나 정신적으로 정상 발달되어 있으면서도 위협이나 불안을 일으키는 상황에는 생애 초기에 만족했던 시절을 생각하는 것
(3) 억압 : 나쁜 무엇을 잊고 더 이상 행하지 않겠다는 해결 방어기제
(4) 백일몽 : 현실에서 만족할 수 없는 욕구를 상상의 세계에서 얻으려는 행동

3) 공격적 기제(Aggressive Mechanism)

욕구불만이나 압박에 대해 반항하여 적대시하는 감정이나 태도를 취하는 것
(1) 직접적 공격기제 : 폭행, 싸움, 기물파손
(2) 간접적 공격기제 : 욕설, 비난, 조소 등

5 기억과 망각

1) 기억

과거의 경험이 어떠한 형태로 미래의 행동에 영향을 주는 작용

2) 기억의 4단계

기명(Memorizing) → 파지(Retention) → 재생(Recall) → 재인(Recognition)

(1) 기명 : 사물, 현상, 정보 등을 마음에 간직하는 것
(2) 파지 : 사물, 현상, 정보 등이 보존되는 것
(3) 재생 : 보존된 인상이 다시 의식으로 떠오르는 것
(4) 재인 : 과거에 경험했던 것과 비슷한 상태에 부딪혔을 때 떠오르는 것

3) 망각

학습경험이 시간의 경과와 불사용 등으로 약화되고 소멸되어 재생 또는 재인되지 않는 현상(현재의 학습경험과 결합되지 않아 생각해 낼 수 없는 상태)

4) 망각방지법

(1) 학습자료는 학습자에게 의미를 알게 학습시킬 것
(2) 학습직후에 반복학습 시키고 간격을 두고 때때로 연습시킬 것
(3) 분산학습이 집중학습보다 유리

SECTION 03
교육방법

1 교육훈련 기법

1) 강의법

안전지식을 강의식으로 전달하는 방법(초보적인 단계에서 효과적)

① 강사의 입장에서 시간의 조정이 가능하다.
② 전체적인 교육내용을 제시하는데 유리하다.
③ 비교적 많은 인원을 대상으로 단시간에 지식을 부여할 수 있다.

2) 토의법

10~20인 정도가 모여서 토의하는 방법(안전지식을 가진 사람에게 효과적)으로 태도교육의 효과를 높이기 위한 교육방법. 집단을 대상으로 한 안전교육 중 가장 효율적인 교육방법

3) 시범

필요한 내용을 직접 제시하는 방법

4) 모의법

실제 상황을 만들어 두고 학습하는 방법

(1) 제약조건
① 단위 교육비가 비싸고 시간의 소비가 많음
② 시설의 유지비 과다
③ 다른 방법에 비하여 학생 대 교사의 비가 높음

5) 시청각 교육법

시청각 교육자료를 가지고 학습하는 방법

6) 실연법

학습자가 이미 설명을 듣거나 시범을 보고 알게 된 지식이나 기능을 강사의 감독 아래 직접적으로 연습해 적용해 보게 하는 교육방법. 다른 방법보다 교사 대 학습자수의 비율이 높음

7) 프로그램 학습법(Programmed Self-instruction Method)

학습자가 프로그램을 통해 단독으로 학습하는 방법으로 개발된 프로그램은 변경이 어려움

8) 존 듀이(Jone Dewey)의 5단계 사고과정

존 듀이는 미국 실용주의 철학자 · 교육자로서 대표적인 형식적 교육은 학교안전교육이 있음

① 제1단계 : 시사(Suggestion)를 받는다.
② 제2단계 : 지식화(Intellectualization)한다.
③ 제3단계 : 가설(Hypothesis)을 설정한다.
④ 제4단계 : 추론(Reasoning)한다.
⑤ 제5단계 : 행동에 의하여 가설을 검토한다.

2 안전보건 교육방법

1) 하버드 학파의 5단계 교수법(사례연구 중심)

(1) 1단계 : 준비시킨다.(Preparation)
(2) 2단계 : 교시하다.(Presentation)
(3) 3단계 : 연합한다.(Association)
(4) 4단계 : 총괄한다.(Generalization)
(5) 5단계 : 응용시킨다.(Application)

2) 수업단계별 최적의 수업방법

(1) 도입단계 : 강의법, 시범

(2) 전개단계 : 토의법, 실연법

(3) 정리단계 : 자율학습법

(4) 도입 · 전개 · 정리단계 : 프로그램 학습법, 모의법

3 TWI(Training Within Industry)

주로 관리감독자를 대상으로 하며 전체 교육시간은 10시간(1일 2시간씩 5일 교육)으로 실시한다. 한 그룹에 10명 내외로 토의법과 실연법 중심으로 강의가 실시되며 훈련의 종류는 다음과 같음

(1) 작업지도훈련(JIT ; Job Instruction Training)

(2) 작업방법훈련(JMT ; Job Method Training)

(3) 인간관계훈련(JRT ; Job Relations Training)

(4) 작업안전훈련(JST ; Job Safety Training)

4 O.J.T 및 OFF J.T

1) O.J.T(직장 내 교육훈련)

직속 상사가 직장 내에서 작업표준을 가지고 업무상의 개별교육이나 지도훈련을 하는 것(개별교육에 적합)

(1) 개인 개인에게 적절한 지도훈련 가능

(2) 직장의 실정에 맞게 실제적 훈련 가능

(3) 효과가 곧 업무에 나타나며 훈련의 좋고 나쁨에 따라 개선이 쉬움

2) OFF J.T(직장 외 교육훈련)

계층별 직능별로 공통된 교육대상자를 현장 이외의 한 장소에 모아 집합교육을 실시하는 교육형태(집단교육에 적합)

(1) 다수의 근로자에게 조직적 훈련을 행하는 것이 가능

(2) 훈련에만 전념

(3) 각각 전문가를 강사로 초청하는 것이 가능

5 학습목적의 3요소

1) 교육의 3요소

(1) 주체 : 강사

(2) 객체 : 수강자(학생)

(3) 매개체 : 교재(교육내용)

2) 학습의 구성 3요소

(1) 목표 : 학습의 목적, 지표

(2) 주제 : 목표 달성을 위한 주제

(3) 학습정도 : 주제를 학습시킬 범위와 내용의 정도

6 교육훈련평가

1) 학습평가의 기본적인 기준

(1) 타당성 (2) 신뢰성 (3) 객관성 (4) 실용성

2) 교육훈련평가의 4단계

(1) 반응 → (2) 학습 → (3) 행동 → (4) 결과

3) 교육훈련의 평가방법

(1) 관찰 (2) 면접 (3) 자료분석법 (4) 과제

(5) 설문 (6) 감상문 (7) 실험평가 (8) 시험

SECTION 04
교육실시방법

1 강의법

(1) 강의식 : 집단교육방법으로 많은 인원을 단시간에 교육할 수 있으며 교육내용이 많을 때 효과적인 방법

(2) 문제 제시식 : 주어진 과제에 대처하는 문제해결방법

(3) 문답식 : 서로 묻고 대답하는 방식

2 토의법

1) 토의 운영방식에 따른 유형

(1) 일제문답식 토의 : 교수가 학습자 전원을 대상으로 문답을 통하여 전개해 나가는 방식

(2) 공개식 토의 : 1~2명의 발표자가 규정된 시간(5~10분) 내에 발표하고 발표내용을 중심으로 질의, 응답으로 진행

(3) 원탁식 토의 : 10명 내외 인원이 원탁에 둘러앉아 자유롭게 토론하는 방식

(4) 워크숍(Workshop) : 학습자를 몇 개의 그룹으로 나눠 자주적으로 토론하는 전개 방식

(5) 버즈법(Buzz Session Discussion) : 참가자가 다수인 경우에 전원을 토의에 참가시키기 위한 방법으로 소집단을 구성하여 회의를 진행시키며 일명 6-6회의라고 불림

(6) 자유토의 : 학습자 전체가 관심있는 주제를 가지고 자유롭게 토의하는 형태

(7) 롤 플레잉(Role Playing) : 참가자에게 일정한 역할을 주어서 실제적으로 연기를 시켜봄으로써 자기의 역할을 보다 확실히 인식시키는 방법

2) 집단 크기에 따른 유형

(1) 대집단 토의

① 패널토의(Panel Discussion) : 사회자의 진행에 의해 특정 주제에 대해 구성원 3~6명이 대립된 견해를 가지고 청중 앞에서 논쟁을 벌이는 것

② 포럼(The Forum) : 1~2명의 전문가가 10~20분 동안 공개 연설을 한 다음 사회자의 진행하에 질의응답의 과정을 통해 토론하는 형식

③ 심포지엄(The Symposium) : 몇 사람의 전문가에 의하여 과제에 관한 견해를 발표한 뒤에 참가자로 하여금 의견이나 질문을 하게 하여 토의하는 방법

(2) 소집단 토의

① 브레인스토밍　　　　　② 개별지도 토의

3 안전교육 시 피교육자를 위해 해야 할 일

(1) 긴장감을 제거해 줄 것

(2) 피교육자의 입장에서 가르칠 것

(3) 안심감을 줄 것

(4) 믿을 수 있는 내용으로 쉽게 할 것

4 먼저 실시한 학습이 뒤의 학습을 방해하는 조건

(1) 앞의 학습이 불완전한 경우

(2) 앞의 학습 내용과 뒤의 학습 내용이 같은 경우

(3) 뒤의 학습을 앞의 학습 직후에 실시하는 경우

(4) 앞의 학습에 대한 내용을 재생(再生)하기 직전에 실시하는 경우

5 학습의 전이

어떤 내용을 학습한 결과가 다른 학습이나 반응에 영향을 주는 현상이다. 학습전이의 조건으로는 학습정도의 요인, 학습자의 지능요인, 학습자의 태도 요인, 유사성의 요인, 시간적 간격의 요인이 있다.

SECTION 05
안전교육계획 수립 및 실시

1 안전보건교육의 기본방향

1) 안전보건교육계획 수립 시 고려사항

(1) 필요한 정보를 수집

(2) 현장의 의견을 충분히 반영

(3) 안전교육 시행체계와의 관련을 고려

(4) 법 규정에 의한 교육에만 그치지 않음

2) 안전교육의 내용(안전교육계획 수립시 포함되어야 할 사항)

(1) 교육대상(가장 먼저 고려)

(2) 교육의 종류

(3) 교육과목 및 교육내용

(4) 교육기간 및 시간

(5) 교육장소

(6) 교육방법

(7) 교육담당자 및 강사

2 안전보건교육의 단계별 교육과정

1) 안전교육의 3단계

(1) 지식교육(1단계) : 지식의 전달과 이해

(2) 기능교육(2단계) : 실습, 시범을 통한 이해

① 준비 철저

② 위험작업의 규제

③ 안전작업의 표준화

(3) 태도교육(3단계) : 안전의 습관화(가치관 형성)

① 청취(들어본다) → ② 이해, 납득(이해시킨다) → ③ 모범(시범을 보인다) → ④ 권장(평가한다)

2) 교육법의 4단계

(1) 도입(1단계) : 학습할 준비를 시킨다.(배우고자 하는 마음가짐을 일으키는 단계)

(2) 제시(2단계) : 작업을 설명한다.(내용을 확실하게 이해시키고 납득시키는 단계)

(3) 적용(3단계) : 작업을 지휘한다.(이해시킨 내용을 활용시키거나 응용시키는 단계)

(4) 확인(4단계) : 가르친 뒤 살펴본다.(교육 내용을 정확하게 이해하였는가를 테스트하는 단계)

[교육방법에 따른 교육시간]

교육법의 4단계	강의식	토의식
제1단계 – 도입(준비)	5분	5분
제2단계 – 제시(설명)	40분	10분
제3단계 – 적용(응용)	10분	40분
제4단계 – 확인(총괄)	5분	5분

3 안전보건교육 계획

1) 학습목적과 학습성과의 설정

(1) 교육의 3요소 : 주제(학습의 목적, 지표), 학습정도(주제를 학습시킬 범위와 내용의 정도), 목표

(2) 학습성과 : 학습목적을 세분하여 구체적으로 결정하는 것

2) 학습자료의 수집 및 체계화

3) 교수방법의 선정

4) 강의안 작성

교육내용

1 산업안전 · 보건 관련교육과정별 교육시간

1) 근로자 안전 · 보건교육

교육과정	교육대상		교육시간
가. 정기교육	1) 사무직 종사 근로자		매반기 6시간 이상
	2) 그 밖의 근로자	가) 판매업무에 직접 종사하는 근로자	매반기 6시간 이상
		나) 판매업무에 직접 종사하는 근로자 외의 근로자	매반기 12시간 이상
나. 채용 시 교육	1) 일용근로자 및 근로계약기간이 1주일 이하인 기간제근로자		1시간 이상
	2) 근로계약기간이 1주일 초과 1개월 이하인 기간제근로자		4시간 이상
	3) 그 밖의 근로자		8시간 이상
다. 작업내용 변경 시 교육	1) 일용근로자 및 근로계약기간이 1주일 이하인 기간제근로자		1시간 이상
	2) 그 밖의 근로자		2시간 이상
라. 특별교육	1) 일용근로자 및 근로계약기간이 1주일 이하인 기간제근로자: 별표 5 제1호라목(제39호는 제외한다)에 해당하는 작업에 종사하는 근로자에 한정한다.		2시간 이상
	2) 일용근로자 및 근로계약기간이 1주일 이하인 기간제근로자: 별표 5 제1호라목제39호에 해당하는 작업에 종사하는 근로자에 한정한다.		8시간 이상
	3) 일용근로자 및 근로계약기간이 1주일 이하인 기간제근로자를 제외한 근로자: 별표 5 제1호라목에 해당하는 작업에 종사하는 근로자에 한정한다.		가) 16시간 이상 나) 단기간 작업 또는 간헐적 작업인 경우에는 2시간 이상
마. 건설업 기초안전 · 보건교육	건설 일용근로자		4시간 이상

PART 01
PART 02
PART 03
PART 04
PART 05
부록

2) 관리감독자의 안전보건교육

교육과정	교육시간
가. 정기교육	연간 16시간 이상
나. 채용 시 교육	8시간 이상
다. 작업내용 변경 시 교육	2시간 이상
라. 특별교육	16시간 이상(최초 작업에 종사하기 전 4시간 이상 실시하고, 12시간은 3개월 이내에서 분할하여 실시 가능)
	단기간 작업 또는 간헐적 작업인 경우에는 2시간 이상

3) 안전보건관리책임자 등에 대한 교육(제29조제2항 관련)

교육대상	교육시간	
	신규교육	보수교육
가. 안전보건관리책임자	6시간 이상	6시간 이상
나. 안전관리자, 안전관리전문기관의 종사자	34시간 이상	24시간 이상
다. 보건관리자, 보건관리전문기관의 종사자	34시간 이상	24시간 이상
라. 건설재해예방 전문지도기관의 종사자	34시간 이상	24시간 이상
마. 석면조사기관의 종사자	34시간 이상	24시간 이상
바. 안전보건관리담당자	–	8시간 이상
사. 안전검사기관, 자율안전검사기관의 종사자	34시간 이상	24시간 이상

4) 특수형태근로종사자에 대한 교육

교육과정	교육시간
가. 최초 노무 제공 시 교육	2시간 이상(단기간 작업 또는 간헐적 작업에 노무를 제공하는 경우에는 1시간 이상 실시, 특별교육을 실시한 경우는 면제)
나. 특별교육	16시간 이상(최초 작업 종사 전 4시간 이상 실시 / 12시간은 3개월 이내에서 분할 실시가능)
	단기간 작업 또는 간헐적 작업인 경우에는 2시간 이상

5) 검사원 성능검사 교육

교육과정	교육대상	교육시간
양성 교육	–	28시간 이상

2 교육대상별 교육내용

1) 근로자 안전보건교육

(1) 정기교육

교육내용
• 산업안전 및 사고 예방에 관한 사항 • 산업보건 및 직업병 예방에 관한 사항 • 위험성 평가에 관한 사항 • 건강증진 및 질병 예방에 관한 사항 • 유해 · 위험 작업환경 관리에 관한 사항 • 산업안전보건법령 및 산업재해보상보험 제도에 관한 사항 • 직무스트레스 예방 및 관리에 관한 사항 • 직장 내 괴롭힘, 고객의 폭언 등으로 인한 건강장해 예방 및 관리에 관한 사항

(2) 채용 시 교육 및 작업내용 변경 시 교육

교육내용
• 산업안전 및 사고 예방에 관한 사항 • 산업보건 및 직업병 예방에 관한 사항 • 위험성 평가에 관한 사항 • 산업안전보건법령 및 산업재해보상보험 제도에 관한 사항 • 직무스트레스 예방 및 관리에 관한 사항 • 직장 내 괴롭힘, 고객의 폭언 등으로 인한 건강장해 예방 및 관리에 관한 사항 • 기계 · 기구의 위험성과 작업의 순서 및 동선에 관한 사항 • 작업 개시 전 점검에 관한 사항 • 정리정돈 및 청소에 관한 사항 • 사고 발생 시 긴급조치에 관한 사항 • 물질안전보건자료에 관한 사항

2) 관리감독자 안전보건교육

(1) 정기교육

교육내용
• 산업안전 및 사고 예방에 관한 사항
• 산업보건 및 직업병 예방에 관한 사항
• 위험성평가에 관한 사항
• 유해 · 위험 작업환경 관리에 관한 사항
• 산업안전보건법령 및 산업재해보상보험 제도에 관한 사항
• 직무스트레스 예방 및 관리에 관한 사항
• 직장 내 괴롭힘, 고객의 폭언 등으로 인한 건강장해 예방 및 관리에 관한 사항
• 작업공정의 유해 · 위험과 재해 예방대책에 관한 사항
• 사업장 내 안전보건관리체제 및 안전 · 보건조치 현황에 관한 사항
• 표준안전 작업방법 결정 및 지도 · 감독 요령에 관한 사항
• 현장근로자와의 의사소통능력 및 강의능력 등 안전보건교육 능력 배양에 관한 사항
• 비상시 또는 재해 발생 시 긴급조치에 관한 사항
• 그 밖의 관리감독자의 직무에 관한 사항

(2) 채용 시 교육 및 작업내용 변경 시 교육

교육내용
• 산업안전 및 사고 예방에 관한 사항
• 산업보건 및 직업병 예방에 관한 사항
• 위험성평가에 관한 사항
• 산업안전보건법령 및 산업재해보상보험 제도에 관한 사항
• 직무스트레스 예방 및 관리에 관한 사항
• 직장 내 괴롭힘, 고객의 폭언 등으로 인한 건강장해 예방 및 관리에 관한 사항
• 기계 · 기구의 위험성과 작업의 순서 및 동선에 관한 사항
• 작업 개시 전 점검에 관한 사항
• 물질안전보건자료에 관한 사항
• 사업장 내 안전보건관리체제 및 안전 · 보건조치 현황에 관한 사항
• 표준안전 작업방법 결정 및 지도 · 감독 요령에 관한 사항
• 비상시 또는 재해 발생 시 긴급조치에 관한 사항
• 그 밖의 관리감독자의 직무에 관한 사항

(3) 특별교육 대상 작업별 교육내용(40개 중 일부)

작업명	교육내용
〈개별내용〉 1. 고압실 내 작업(잠함공법이나 그 밖의 압기공법으로 대기압을 넘는 기압인 작업실 또는 수갱 내부에서 하는 작업만 해당한다)	• 고기압 장해의 인체에 미치는 영향에 관한 사항 • 작업의 시간 · 작업 방법 및 절차에 관한 사항 • 압기공법에 관한 기초지식 및 보호구 착용에 관한 사항 • 이상 발생 시 응급조치에 관한 사항 등
2. 아세틸렌 용접장치 또는 가스집합 용접장치를 사용하는 금속의 용접 · 용단 또는 가열 작업(발생기 · 도관 등에 의하여 구성되는 용접장치만 해당한다)	• 용접 흄, 분진 및 유해광선 등의 유해성에 관한 사항 • 가스용접기, 압력조정기, 호스 및 취관두 등의 기기점검에 관한 사항 • 작업방법 · 순서 및 응급처치에 관한 사항 • 안전기 및 보호구 취급에 관한 사항 • 화재예방 및 초기대응에 관한사항 등
3. 밀폐된 장소(탱크 내 또는 환기가 극히 불량한 좁은 장소를 말한다)에서 하는 용접 작업 또는 습한 장소에서 하는 전기용접 작업	• 작업순서, 안전작업방법 및 수칙에 관한 사항 • 환기설비에 관한 사항 • 전격 방지 및 보호구 착용에 관한 사항 • 질식 시 응급조치에 관한 사항 • 작업환경 점검에 관한 사항 • 그 밖에 안전 · 보건관리에 필요한 사항

(4) 건설업 기초안전보건교육에 대한 내용 및 시간

교육내용	시간
가. 건설공사의 종류(건축 · 토목 등) 및 시공 절차	1시간
나. 산업재해 유형별 위험요인 및 안전보건조치	2시간
다. 안전보건관리체제 현황 및 산업안전보건 관련 근로자 권리 · 의무	1시간

06 산업안전 관계법규

SECTION 01
산업안전 관계법규

산업안전보건법령은 1개의 법률과 1개의 시행령 및 3개의 시행규칙으로 이루어져 있으며, 하위규정으로서 60여 개의 고시, 17개의 예규, 3개의 훈령 및 각종 기술상의 지침 및 작업환경 표준 등이 있음

1 산업안전보건법

산업재해예방을 위한 각종 제도를 설정하고 그 시행근거를 확보하며 정부의 산업재해예방정책 및 사업수행의 근거를 설정한 것으로써 80여 개 조문과 부칙으로 구성

2 산업안전보건법 시행령

산업안전보건법 시행령은 법에서 위임된 사항. 즉, 제도의 대상·범위·절차 등을 설정

3 산업안전보건법 시행규칙

산업안전보건법 시행규칙은 크게 법에 부속된 시행규칙과 산업안전보건기준에 관한 규칙, 유해·위험작업 취업제한 규칙 등의 규칙으로 구분되며 법률과 시행령에서 위임된 사항을 규정

4 유해·위험작업 취업제한에 관한 규칙

유해 또는 위험한 작업에 필요한 자격·면허·경험에 관한 사항을 규정

5 산업안전보건에 관한 고시·예규·훈령

일반사항분야, 검사·인증분야, 기계·전기분야, 화학분야, 건설분야, 보건·위생분야 및 교육 분야별로 70여 개가 있다.

고시는 각종 검사·검정 등에 필요한 일반적이고 객관적인 사항을 널리 알리어 활용할 수 있는 수치적·표준적 내용이고 예규는 정부와 실시기관 및 의무대상자간에 일상적·반복적으로 이루어지는 업무절차 등을 모델화하여 조문형식으로 규정화한 내용이며 훈령은 상급기관, 즉 고용노동부장관이 하급기관 즉 지방고용노동관서의 장에게 어떤 업무 수행을 위한 훈시·지침 등을 시달할 때 조문의 형식으로 알리는 내용임

1과목 예상문제

01 다음 중 위험예지훈련 기초 4라운드(4R)에서 라운드별 내용이 옳게 연결된 것은?

① 1라운드 : 현상파악
② 2라운드 : 대책수립
③ 3라운드 : 목표설정
④ 4라운드 : 본질추구

해설 **위험예지훈련의 추진을 위한 문제해결 4단계(4라운드)**
- 1라운드 : 현상파악
- 2라운드 : 본질추구
- 3라운드 : 대책수립
- 4라운드 : 목표설정

02 다음 중 주의(Attention)의 특징이 아닌 것은?

① 선택성
② 양립성
③ 방향성
④ 변동성

해설 주의의 특성 : 선택성, 방향성, 변동성

03 재해예방의 4원칙이 아닌 것은?

① 손실우연의 원칙
② 사실확인의 원칙
③ 원인계기의 원칙
④ 대책선정의 원칙

해설 ①, ③, ④ 이외에 '예방가능의 원칙'이 있다.

04 리더십에 있어서 권한의 역할 중 조직이 지도자에게 부여한 권한이 아닌 것은?

① 보상적 권한
② 강압적 권한
③ 합법적 권한
④ 전문성의 권한

해설 **조직이 지도자에게 부여한 권한**
1. 합법적 권한
2. 보상적 권한
3. 강압적 권한

05 안전교육 3단계 중 2단계인 기능교육의 효과를 높이기 위해 가장 바람직한 교육방법은?

① 토의식
② 강의식
③ 문답식
④ 시범식

해설 시범 : 필요한 내용을 직접 제시하는 방법(기능교육의 효과를 높이기 위해 바람직)

06 다음 중 상황성 누발자 재해유발 원인과 거리가 먼 것은?

① 작업이 어렵기 때문에
② 주의력이 산만하기 때문에
③ 기계설비에 결함이 있기 때문에
④ 심신에 근심이 있기 때문에

해설 상황성 누발자 : 작업이 어렵거나, 기계설비의 결함, 환경상 주의력의 집중이 혼란된 경우, 심신의 근심으로 사고 경향자가 되는 경우(상황이 변하면 안전한 성향으로 바뀜)

07 안전교육의 단계 중 표준작업방법의 습관을 위한 교육은?

① 태도교육
② 지식교육
③ 기능교육
④ 기술교육

해설 태도교육(3단계) : 안전의 습관화(가치관 형성)

정답 | 01 ① 02 ② 03 ② 04 ④ 05 ④ 06 ② 07 ①

08 산업안전보건법상 사업 내 안전 · 보건 교육 중 근로자 정기안전 · 보건교육 내용과 거리가 먼 것은? (단, 산업안전보건법 및 일반관리에 관한 사항은 제외한다.)

① 산업안전 및 사고 예방에 관한 사항
② 산업보건 및 직업병 예방에 관한 사항
③ 유해 · 위험 작업환경 관리에 관한 사항
④ 작업공정의 유해 · 위험과 재해 예방대책에 관한 사항

해설 ④은 관리감독자 정기교육내용에 해당한다.

09 다음 중 안전보건관리책임자에 대한 설명과 거리가 먼 것은?

① 해당 사업장에서 사업을 실질적으로 총괄관리하는 자이다.
② 해당 사업장의 안전교육 계획을 수립 및 실시한다.
③ 선임사유가 발생한 때에는 지체없이 선임하고 지정하여야 한다.
④ 안전관리자와 보건관리자를 지휘, 감독하는 책임을 가진다.

해설 해당 사업장의 안전교육 계획 수립 및 실시는 안전관리자의 직무이다.

10 다음 중 산업안전보건법상 안전 · 보건 표지에서 기본모형의 색상이 빨강이 아닌 것은?

① 산화성 물질 경고   ② 화기금지
③ 탑승금지   ④ 고온경고

해설 고온경고의 바탕은 노란색 기본모형에 관련부호 및 그림은 검은색이다.

11 허즈버그(Herzberg)의 동기 · 위생이론 중에서 위생이론에 해당하지 않는 것은?

① 보수   ② 책임감
③ 작업조건   ④ 관리감독

해설 위생요인(Hygiene) : 작업조건, 급여, 직무환경, 감독 등 일의 조건, 보상에서 오는 욕구(충족되지 않을 경우 조직의 성과가 떨어지나, 충족되었다고 성과가 향상되지 않음)

12 다음 중 산업안전심리의 5요소와 가장 거리가 먼 것은?

① 동기   ② 기질
③ 감정   ④ 기능

해설 **산업안전심리의 5대 요소**
1. 습관   2. 동기   3. 기질
4. 감정   5. 습성

13 안전교육계획 수립 시 고려하여야 할 사항과 관계가 가장 먼 것은?

① 필요한 정보를 수집한다.
② 현장의 의견을 충분히 반영한다.
③ 안전교육 시행체계와의 관련을 고려한다.
④ 법 규정에 의한 교육에 한정한다.

해설 법 규정이 모든 안전교육 내용을 포함할 수 없다.

14 산업안전보건법상 안전관리자의 직무에 해당하는 것은?

① 해당 작업과 관련된 기계 · 기구 또는 설비의 안전 · 보건 점검 및 이상 유무의 확인
② 소속된 근로자의 작업복 · 보호구 및 방호장치의 점검과 그 착용 · 사용에 관한 교육 · 지도
③ 사업장 순회점검, 지도 및 조치의 건의
④ 해당작업의 작업장 정리 · 정돈 및 통로 확보에 대한 확인 · 감독

해설 ①, ②, ④은 관리감독자의 직무에 해당한다.

15 다음 중 사고예방대책의 기본원리를 단계적으로 나열한 것은?

① 조직 → 사실의 발견 → 평가분석 → 시정책의 적용 → 시정책의 선정
② 조직 → 사실의 발견 → 평가분석 → 시정책의 선정 → 시정책의 적용
③ 사실의 발견 → 조직 → 평가분석 → 시정책의 적용 → 시정책의 선정
④ 사실의 발견 → 조직 → 평가분석 → 시정책의 선정 → 시정책의 적용

하인리히의 사고방지 원리 5단계

(1단계) 조직 → (2단계) 사실의 발견 → (3단계) 분석 → (4단계) 시정책의 선정 → (5단계) 시정책의 적용

16 다음 중 생체리듬(Biorhythm)의 종류에 속하지 않는 것은?

① 육체적 리듬   ② 지성적 리듬
③ 감성적 리듬   ④ 정서적 리듬

생체리듬(바이오리듬)의 종류 : 육체적(신체적) 리듬, 감성적 리듬, 지성적 리듬

17 다음 중 TBM(Tool Box Meeting) 방법에 관한 설명으로 옳지 않은 것은?

① 단시간 통상 작업시작 전 · 후 10분 정도 시간으로 미팅한다.
② 토의는 10인 이상에서 20인 단위 중규모가 모여서 한다.
③ 작업개시 전 작업 장소에서 원을 만들어서 한다.
④ 근로자 모두가 말하고 스스로 생각하고 "이렇게 하자."라고 합의한 내용이 되어야 한다.

TBM 위험예지훈련

작업원 5~6명이 리더를 중심으로 둘러앉아(또는 서서) 3~5분에 걸쳐 작업 중 발생할 수 있는 위험을 예측하고 사전에 점검하여 대책을 수립하는 등 단시간 내에 의논하는 문제해결 기법

18 다음 중 방진마스크 선택 시 주의사항으로 틀린 것은?

① 포집률이 좋아야 한다.
② 흡기저항 상승률이 높아야 한다.
③ 시야가 넓을수록 좋다.
④ 안면부에 밀착성이 좋아야 한다.

흡기, 배기저항은 낮아야 한다.

19 재해손실비 중 직접 손실비에 해당하지 않는 것은?

① 요양급여   ② 휴업급여
③ 간병급여   ④ 생산손실급여

생산손실에 의한 비용은 간접비에 해당한다.

20 다음 중 산업안전보건법령상 관리감독자 정기안전 · 보건교육의 내용에 포함되지 않는 것은? (단, 기타 산업안전보건법 및 일반관리에 관한 사항은 제외한다.)

① 인원활용 및 생산성 향상에 관한 사항
② 작업공정의 유해 · 위험과 재해 예방대책에 관한 사항
③ 표준안전작업방법 및 지도 요령에 관한 사항
④ 유해 · 위험 작업환경 관리에 관한 사항

①은 관리감독자의 정기안전 · 보건교육의 내용에 해당하지 않는다.

21 다음 중 직무적성검사에 있어 갖추어야 할 요건으로 볼 수 없는 것은?

① 신뢰도   ② 타당성
③ 표준화   ④ 융통성

직무적성검사에 있어 갖추어야 할 요건으로는 표준화, 타당도, 신뢰도, 객관도 등이다.

22 의식수준 5단계 중 의식수준의 저하로 인한 피로와 단조로움의 생리적 상태가 일어나는 단계는?

① Phase I   ② Phase II
③ Phase III   ④ Phase IV

의식수준 레벨의 단계

단계	의식의 상태	신뢰성	의식의 작용
Phase I	의식의 둔화	0.9 이하	부주의

23 다음 중 인간이 자기의 실패나 약점을 그럴듯한 이유를 들어 남의 비난을 받지 않도록 하며 또한 자위도 하는 방어기제를 무엇이라 하는가?

① 보상   ② 투사
③ 합리화   ④ 전이

합리화(변명) : 너무 고통스럽기 때문에 인정할 수 없는 실제상의 이유 대신에 자기 행동에 그럴듯한 이유를 붙이는 방법

24 O.J.T(On the Job Training)의 장점과 가장 거리가 먼 것은?

① 훈련에만 전념할 수 있다.
② 직장의 실정에 맞게 실제적 훈련이 가능하다.
③ 개개인의 업무능력에 적합하고 자세한 교육이 가능하다.
④ 교육을 통하여 상사와 부하 간의 의사소통과 신뢰감이 깊게 된다.

해설 훈련에만 전념할 수 있는 교육은 Off J.T.(직장 외 교육훈련)이다.

25 다음 중 재해의 기본원인을 4M으로 분류할 때 작업의 정보, 작업방법, 환경 등의 요인이 속하는 것은?

① Man
② Machine
③ Media
④ Method

해설 작업매체(Media) : 작업정보 부족 · 부적절, 협조 미흡, 작업환경 불량, 불안전한 접촉

26 기억의 과정 중 과거의 학습경험을 통해서 학습된 행동이 현재와 미래에 지속되는 것을 무엇이라 하는가?

① 기명(Memorizing)
② 파지(Retention)
③ 재생(Recall)
④ 재인(Recognition)

해설 파지(Retention)는 과거의 학습경험이 어떠한 형태로 현재와 미래의 행동에 영향을 주는 작용이다.

27 스트레스 주요 원인 중 마음속에서 일어나는 내적 자극 요인으로 볼 수 없는 것은?

① 자손심의 손상
② 업무상 죄책감
③ 현실에서의 부적응
④ 대인 관계상의 갈등

해설 직장에서의 대인 관계상의 갈등과 대립은 외적요인이다.

28 하인리히의 재해손실비용 평가방식에서 총재해손실비용을 직접비와 간접비로 구분하였을 때 그 비율로 옳은 것은? (단, 순서는 직접비 : 간접비다.)

① 1 : 4
② 4 : 1
③ 3 : 2
④ 2 : 3

해설 **하인리히의 재해 cost**
직접비 : 간접비＝1 : 4

29 인간의 착각현상 중 버스나 전동차의 움직임으로 인하여 자신이 승차하고 있는 정지된 자가용이 움직이는 것 같은 느낌을 받거나 구름 사이의 달 관찰 시 구름이 움직일 때 구름은 정지되어 있고, 달이 움직이는 것처럼 느껴지는 현상을 무엇이라 하는가?

① 자동운동
② 유도운동
③ 가현운동
④ 플리커현상

해설 유도운동 : 실제로는 움직이지 않는 것이 어느 기준의 이동에 유도되어 움직이는 것처럼 느껴지는 현상

30 다음 중 '학습지도의 원리'에서 학습자가 지니고 있는 각자의 요구와 능력 등에 알맞은 학습활동이 기회를 마련해 주어야 한다는 원리는?

① 자기활동의 원리
② 개별화의 원리
③ 사회화의 원리
④ 통합의 원리

해설 개별화의 원리 : 학습자가 가지고 있는 각각의 요구 및 능력에 맞게 지도해야 한다는 원리

31 인간의 안전교육 형태에서 행위나 난이도가 점차적으로 높아지는 순서를 옳게 표시한 것은?

① 지식 → 태도변형 → 개인행위 → 집단행위
② 태도변형 → 지식 → 집단행위 → 개인행위
③ 개인행위 → 태도변형 → 집단행위 → 지식
④ 개인행위 → 집단행위 → 지식 → 태도변형

해설 **행동변화의 4단계**
1. 제1단계 : 지식변화
2. 제2단계 : 태도변화
3. 제3단계 : 개인적 행동변화
4. 제4단계 : 집단성취변화

32 지도자가 추구하는 계획과 목표를 부하직원이 자신의 것으로 받아들여 자발적으로 참여하게 하는 리더십의 권한은?

① 보상적 권한
② 강압적 권한
③ 위임된 권한
④ 합법적 권한

해설 **위임된 권한의 특성**
진정한 리더십과 흡사한 것으로서 부하직원들이 지도자가 정한 목표를 자신의 것으로 받아들이고 목표를 성취하기 위해 지도자와 함께 일하는 것이다.

33 다음 중 맥그리거(McGregor)의 X · Y이론에서 Y이론의 관리처방에 해당하는 것은?

① 분권화와 권한의 위임
② 경제적 보상체제의 강화
③ 권위주의적 리더십의 확립
④ 면밀한 감독과 엄격한 통제

해설 **Y이론에 대한 관리처방**
1. 민주적 리더십의 확립
2. 분권화와 권한의 위임
3. 직무확장
4. 자율적인 통제

34 근로자의 작업 수행 중 나타나는 불안전한 행동의 종류로 볼 수 없는 것은?

① 인간 과오로 인한 불안전한 행동
② 태도 불량으로 인한 불안전한 행동
③ 시스템 과오로 인한 불안전한 행동
④ 지식 부족으로 인한 불안전한 행동

해설 시스템 과오로 인한 불안정한 행동은 불안전 상태(물적 원인)를 나타내는 것이다.

35 다음 중 재해 통계적 원인 분석 시 특성과 요인관계를 도표로 하여 어골 상으로 세분화한 것은?

① 파레토도
② 특성요인도
③ 크로스도
④ 관리도

해설 **특성요인도**
특성과 요인관계를 도표로 하여 어골 상으로 세분화한 분석법(원인과 결과를 연계하여 상호관계를 파악)

36 강의의 성과는 강의계획의 준비정도에 따라 일반적으로 결정되는데 다음 중 강의계획의 4단계를 올바르게 나열한 것은?

> ㉠ 교수방법의 선정
> ㉡ 학습 자료의 수집 및 체계화
> ㉢ 학습목적과 학습 성과의 선정
> ㉣ 강의안 작성

① ㉢ → ㉡ → ㉠ → ㉣
② ㉡ → ㉢ → ㉠ → ㉣
③ ㉡ → ㉠ → ㉢ → ㉣
④ ㉡ → ㉢ → ㉣ → ㉠

해설 **강의계획의 4단계**
1단계 학습목적과 학습 성과의 설정 → 2단계 학습 자료의 수집 및 체계화 → 3단계 교수방법의 선정 → 4단계 강의안 작성

37 버드(Bird)는 사고가 5개의 연쇄반응에 의하여 발생되는 것으로 보았다. 다음 중 발생의 첫 단계에 해당하는 것은?

① 개인적 결함
② 사회적 환경
③ 전문적 관리의 부족
④ 불안전한 행동 및 불안전한 상태

해설 1단계 – 통제의 부족(관리) : 관리의 소홀, 전문기능 결함

38 인간관계 매커니즘 중에서 다른 사람으로부터의 판단이나 행동을 무비판적으로 논리적 · 사실적 근거 없이 받아들이는 것을 무엇이라 하는가?

① 모방(Imitation)
② 암시(Suggestion)
③ 투사(Projection)
④ 동일화(Identification)

해설 **암시(Suggestion)**
다른 사람으로부터의 판단이나 행동을 무비판적으로 논리적 · 사실적 근거 없이 받아들이는 것

39 다음 중 산업안전보건법령에서 정한 안전보건관리규정의 세부내용으로 가장 적절하지 않은 것은?

① 산업안전보건위원회의 설치 · 운영에 관한 사항
② 사업주 및 근로자의 재해예방 책임 및 의무 등에 관한 사항
③ 근로자 건강진단, 작업환경측정의 실시 및 조치절차에 관한 사항
④ 산업재해 및 중대산업사고의 발생 시 손실비용 산정 및 보상에 관한 사항

해설 안전보건관리규정의 세부내용 중 산업재해 및 중대산업사고의 발생 시에는 처리 절차 및 긴급조치에 관한 사항을 규정하도록 되어 있다.

40 다음 중 산업안전심리의 5대 요소에 해당하는 것은?

① 기질(Temper)
② 지능(Intelligence)
③ 감각(Sense)
④ 환경(Environment)

해설 산업안전심리의 5대 요소는 습관, 동기, 기질, 감정, 습성이다.

41 알더퍼의 ERG(Existence Relation Growth) 이론에서 생리적 욕구, 물리적 측면의 안전욕구 등 저차원적 욕구에 해당하는 것은?

① 관계욕구
② 성장욕구
③ 존재욕구
④ 사회적욕구

해설 E(Existence) : 존재의 욕구

생리적 욕구나 안전욕구와 같이 인간이 자신의 존재를 확보하는 데 필요한 욕구이다. 또한, 여기에는 급여, 육체적 작업에 대한 욕구 그리고 물질적 욕구가 포함된다.

42 산업안전보건법상 특별교육에 있어 대상 작업별 교육내용 중 밀폐공간에서의 작업에 대한 교육내용과 가장 거리가 먼 것은? (단, 기타 안전보건관리에 필요한 사항은 제외한다.)

① 산소농도 측정 및 작업환경에 관한 사항
② 유해물질이 인체에 미치는 영향
③ 보호구 착용 및 사용방법에 관한 사항
④ 사고 시의 응급처치 및 비상시 구출에 관한 사항

해설 ②은 '허가 및 관리대상 유해물질의 제조 또는 취급작업'에 대한 특별교육내용에 해당한다.

43 다음 중 안전대의 각 부품(용어)에 관한 설명으로 틀린 것은?

① "안전그네"란 신체지지의 목적으로 전신에 착용하는 띠 모양의 것으로 상체 등 신체 일부분만 지지하는 것은 제외한다.
② "버클"이란 벨트 또는 안전그네와 신축조절기를 연결하기 위한 사각형의 금속 고리를 말한다.
③ "U자 걸이"란 안전대의 죔줄을 구조물 등에 U자 모양으로 돌린 뒤 훅 또는 카라비너를 D링에, 신축조절기를 각 링 등에 연결하는 걸이 방법을 말한다.
④ "1개 걸이"란 죔줄의 한쪽 끝을 D링에 고정시키고 훅 또는 카라비너를 구조물 또는 구명줄에 고정시키는 걸이 방법을 말한다.

해설 "버클"이란 벨트 또는 안전그네를 신체에 착용하기 위해 그 끝에 부착한 금속장치를 말한다.

44 다음 중 헤드십에 관한 내용으로 볼 수 없는 것은?

① 부하와의 사회적 간격이 좁다.
② 지휘의 형태는 권위주의적이다.
③ 권한의 부여는 조직으로부터 위임받는다.
④ 권한에 대한 근거는 법적 또는 규정에 의한다.

해설 **헤드십 권한**

1. 부하직원의 활동을 감독한다.
2. 상사와 부하와의 관계가 종속적이다.
3. 부하와의 사회적 간격이 넓다.
4. 지위형태가 권위적이다.

45 Line – Staff형 안전보건관리조직에 관한 특징이 아닌 것은?

① 조직원 전원을 자율적으로 안전활동에 참여시킬 수 있다.
② 스탭이 월권행위할 경우가 있으며 라인 · 스태프에 의존 또는 활용치 않는 경우가 있다.
③ 생산부문은 안전에 대한 책임과 권한이 없다.
④ 명령계통과 조언의 권고적 참여가 혼동되기 쉽다.

해설 **라인 · 스태프(LINE – STAFF)형 조직(직계참모조직)**

대규모사업장 적합한 조직으로서 라인형과 스태프형의 장점만을 채택한 형태이며, 안전업무를 전담하는 스태프를 두고 생산라인의 각 계층의 부서장이 안전업무를 수행하도록 하여 스태프에서 안전에 관한 사항이 결정되면 라인을 통하여 실천하도록 편성된 조직

46 다음 중 적성배치 시 작업자의 특성과 가장 관계가 적은 것은?

① 연령
② 작업조건
③ 태도
④ 업무경력

해설 작업조건은 작업자의 특성과 관계가 적다.

47 다음 중 안전태도교육의 원칙으로 적절하지 않은 것은?

① 적성배치를 한다.
② 이해하고 납득한다.
③ 항상 모범을 보인다.
④ 지적과 처벌 위주로 한다.

해설 태도교육(3단계) : 안전의 습관화(가치관 형성)

1. 청취(들어본다) → 2. 이해, 납득(이해시킨다) → 3. 모범(시범을 보인다) → 4. 권장(평가한다)

48 다음 중 매슬로의 욕구이론 5단계를 올바르게 나열한 것은?

① 생리적 욕구 → 사회적 욕구 → 안전의 욕구 → 존경의 욕구 → 자아실현의 욕구
② 안전의 욕구 → 생리적 욕구 → 사회적 욕구 → 존경의 욕구 → 자아실현의 욕구
③ 생리적 욕구 → 안전의 욕구 → 사회적 욕구 → 존경의 욕구 → 자아실현의 욕구
④ 사회적 욕구 → 생리적 욕구 → 안전의 욕구 → 자아실현의 욕구 → 존경의 욕구

해설 **매슬로(Maslow)의 욕구단계이론**

생리적 욕구 → 안전의 욕구 → 사회적 욕구 → 존경의 욕구 → 자아실현의 욕구

49 안전교육의 방법 중 TWI(Training Within Industry for Supervisor)의 교육내용에 해당하지 않는 것은?

① 작업지도기법(JIT)
② 작업개선기법(JMT)
③ 작업환경 개선기법(JET)
④ 인간관계 관리기법(JRT)

해설 작업환경 개선기법(JET)은 TWI의 교육내용에 해당하지 않는다.

50 산업안전보건법령상 사업 내 안전 · 보건교육에 있어 채용 시의 교육 및 작업내용 변경 시의 교육 내용에 포함되지 않는 것은? (단, 산업안전보건법 및 일반관리에 관한 사항은 제외한다.)

① 물질안전보건자료에 관한 사항
② 사고발생 시 긴급조치에 관한 사항
③ 작업 개시 전 점검에 관한 사항
④ 표준안전작업방법 및 지도요령에 관한 사항

해설 ④은 관리감독자의 정기 안전보건교육 내용에 해당한다.

51 다음 중 기억과 망각에 관한 내용으로 틀린 것은?

① 학습된 내용은 학습 직후의 망각률이 가장 낮다.
② 의미 없는 내용은 의미 있는 내용보다 빨리 망각한다.
③ 사고력을 요하는 내용이 단순한 지식보다 기억, 파지의 효과가 높다.
④ 연습은 학습한 직후에 지키는 것이 효과가 있다.

해설 에빙하우스의 망각곡선에 의하면 학습 직후의 망각률이 가장 높다.

52 다음 중 안전교육의 4단계를 올바르게 나열한 것은?

① 제시 → 확인 → 적용 → 도입
② 확인 → 도입 → 제시 → 적용
③ 도입 → 제시 → 적용 → 확인
④ 제시 → 도입 → 확인 → 적용

해설 교육훈련의 4단계 : 도입(1단계) → 제시(2단계) → 적용(3단계) → 확인(4단계)

53 다음 중 인간의 행동에 대한 레빈(K. Lewin)의 식 '$B = f(P \cdot E)$'에서 인간관계 요인을 나타내는 변수에 해당하는 것은?

① B(Behavior)
② f(Function)
③ P(Person)
④ E(Environment)

해설 E : Environment(심리적 환경 : 인간관계, 작업환경 등)

PART 01
PART 02
PART 03
PART 04
PART 05
부록

정답 | 46 ② 47 ④ 48 ③ 49 ③ 50 ④ 51 ① 52 ③ 53 ④

1과목 예상문제 **53**

54 리더십의 3가지 유형 중 지도자가 모든 정책을 단독으로 결정하기 때문에 부하직원들은 오로지 따르기만 하면 된다는 유형을 무엇이라 하는가?

① 민주형
② 자유방임형
③ 권위형
④ 강제형

해설 **리더십의 유형 – 독재형(권위형, 권력형)**
　1. 지도자가 모든 권한행사를 독단적으로 처리(개인 중심)
　2. 부하직원이 정책결정 참여 거부
　3. 집단구성원 간의 불신감 및 적대감

55 다음 중 피로(fatigue)에 관한 설명으로 가장 적절하지 않은 것은?

① 피로는 신체의 변화, 스스로 느끼는 권태감 및 작업능률의 저하 등을 총칭하는 말이다.
② 급성피로란 보통의 휴식으로는 회복이 불가능한 피로를 말한다.
③ 정신피로는 정신적 긴장에 의해 일어나는 중추신경계의 피로로 사고활동, 정서 등의 변화가 나타난다.
④ 만성피로란 오랜 기간에 걸쳐 축적되어 일어나는 피로를 말한다.

해설 급성피로는 통상 휴식에 의해서 회복되는 피로로, 정상피로 또는 건강피로라 한다.

56 기능(기술)교육의 진행방법 중 하버드 학파의 5단계 교수법의 순서로 옳은 것은?

① 준비 → 연합 → 교시 → 응용 → 총괄
② 준비 → 교시 → 연합 → 총괄 → 응용
③ 준비 → 총괄 → 연합 → 응용 → 교시
④ 준비 → 응용 → 총괄 → 교시 → 연합

해설 **하버드 학파의 5단계 교수법(사례연구 중심)**
　1단계 : 준비시킨다(Preparation).
　2단계 : 교시하다(Presentation).
　3단계 : 연합한다(Association).
　4단계 : 총괄한다(Generalization).
　5단계 : 응용시킨다(Application).

57 다음 중 칼날이나 뾰족한 물체 등 날카로운 물건에 찔린 상해를 무엇이라 하는가?

① 자상
② 창상
③ 절상
④ 찰과상

해설 자상(베임) : 칼날 등 날카로운 물건에 찔린 상해

58 산업안전보건법령상 사업 내 안전 · 보건교육과정 중 일용근로자의 채용 시 교육시간으로 옳은 것은?

① 1시간 이상
② 2시간 이상
③ 3시간 이상
④ 4시간 이상

해설 **사업 내 안전 · 보건교육**

교육과정	교육대상	교육시간
채용 시의 교육	일용근로자	1시간 이상
	일용근로자를 제외한 근로자	8시간 이상

59 다음 중 안전보건기술지침 분류기호가 잘못 연결된 것은?

① 화재보호지침 : F
② 리스크관리지침 : X
③ 작업환경 관리지침 : W
④ 시료 채취 및 분석지침 : E

해설 시료 채취 및 분석지침의 분류기호는 'A'이다.

60 다음 중 안전보건예산에 관한 설명 중 틀린 것은?

① 재해 예방을 위해 필요한 안전 · 보건에 관한 인력을 구성하는 데 집행 가능하다.
② 안전보건관리체계구축을 위해 분석한 유해 · 위험요인을 개선하는데 필요한 예산을 편성하는 것이 중요하다.
③ 사업장과에 현존하는 유해 · 위험요인을 개선하기 위해서는 무리한 예산편성 및 실행도 무관하다.
④ 재해 예방을 위해 필요한 인력 시설 및 장비를 구비하는 데 집행 가능하다.

해설 유해 · 위험요인 확인 절차 등에서 확인된 사항을 사업 또는 사업장의 재정 여건 등에 맞추어 제거, 대체, 통제 등 합리적으로 실행가능한 수준 만큼 개선하는데 필요한 예산을 편성하여야 한다.

memo

PART 02

인간공학 및
위험성 평가 · 관리

01 안전과 인간공학

PART 02

SECTION 01
인간공학의 정의

1 정의 및 목적

1) 정의

인간의 신체적, 정신적 능력 한계를 고려해 인간에게 적절한 형태로 작업을 맞추는 것

(1) 자스트러제보스키(Jastrzebowski)의 정의

Ergon(일 또는 작업)과 Nomos(자연의 원리 또는 법칙)로부터 인간공학(Ergonomics)의 용어를 얻음

(2) 차파니스(A. Chapanis)의 정의

기계와 환경조건을 인간의 특성, 능력 및 한계에 잘 조화되도록 설계하기 위한 방법을 연구하는 학문

2) 목적

(1) 작업장의 배치, 작업방법, 기계설비, 전반적인 작업환경 등에서 작업자의 신체적인 특성이나 행동하는 데 받는 제약조건 등이 고려된 시스템을 디자인함
(2) 건강, 안전, 만족 등과 같은 특정한 인생의 가치기준 (Human Values)을 유지하거나 높임.
(3) 인간과 기계 및 작업환경과의 조화가 잘 이루어질 수 있도록 하여 작업자의 안전, 작업능률, 편리성, 쾌적성(만족도)을 향상시킴

2 배경 및 필요성

1) 인간공학의 배경

(1) 초기(1940년 이전) : 기계 위주의 설계 철학
(2) 체계수립과정(1945~1960년) : 기계에 맞는 인간선발 또는 훈련을 통해 기계에 적합하도록 유도
(3) 급성장기(1960~1980년) : 우주경쟁과 더불어 군사, 산업분야에서 인간공학이 주요분야로 위치
(4) 성숙의 시기(1980년 이후) : 인간 요소를 고려한 기계 시스템의 중요성 부각 등

2) 필요성

(1) 산업재해 감소
(2) 생산원가 절감
(3) 재해로 인한 손실 감소
(4) 직무만족도 향상
(5) 기업의 이미지와 상품선호도 향상
(6) 노사 간 신뢰구축

3 사업장에서의 인간공학 적용 분야

(1) 작업관련 유해·위험 작업 분석
(2) 제품설계 시 인간에 대한 안전성평가
(3) 작업공간 설계
(4) 인간-기계 인터페이스 디자인

인간 – 기계 체계

1 인간 – 기계 체계의 정의 및 유형

1) 인간 – 기계 통합체계는 인간과 기계의 상호작용으로 인간의 역할에 중점을 두고 시스템을 설계하는 것이 바람직함

2) 인간 – 기계 체계의 기본기능

구분	인간	기계
감지기능	시각, 청각, 촉각 등의 감각기관	전자, 사진, 음파탐지기 등 기계적인 감지장치
정보저장기능	기억된 학습 내용	펀치카드(Punch Card), 자기테이프, 형판(Template), 기록, 자료표 등 물리적 기구
정보처리 및 의사결정기능	행동을 한다는 결심	모든 입력된 정보에 대해서 미리 정해진 방식으로 반응하게 하는 프로그램(Program)
행동기능	물리적인 조정행위 : 조종장치 작동, 물체나 물건을 취급, 이동, 변경, 개조 등	통신행위 : 음성(사람의 경우), 신호, 기록 등

3) 인간의 정보처리능력

인간이 신뢰성 있게 정보 전달을 할 수 있는 기억은 5가지 미만이며 감각에 따라 정보를 신뢰성 있게 전달할 수 있는 한계 개수는 5~9가지임

$$정보량 \ H = \log_2 n = \log_2 \frac{1}{p}, \ p = \frac{1}{n}$$

여기서, 정보량의 단위는 bit(Binary Digit)임,
p : 실현 확률, n : 대안 수

4) 시배분(Time–Sharing) : 사람이 주의를 번갈아 가며 두 가지 이상을 돌보아야 하는 상황

5) 자극과 반응에 관련된 정보량

그림은 정보전달과 관련된 자극 정보량(Stimulus Information) 및 반응정보량(Response Information)을 나타냄. 자극 정보량을 $H(x)$, 반응 정보량을 $H(y)$, 자극과 반응 정보량의 합집합을 결합 정보량 $H(x,y)$라 하면 전달된 정보량(Transmitted Information) $T(x,y)$, 소음 정보량과 손실 정보량은 다음 수식으로 표현

$$T(x,y) = H(x) + H(y) - H(x,y)$$
$$손실 \ 정보량 = H(x) - T(x,y) = H(x,y) - H(y)$$
$$소음 \ 정보량 = H(y) - T(x,y) = H(x,y) - H(x)$$

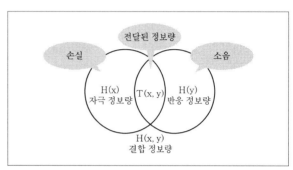

[자극과 반응 정보량]

2 인간 – 기계 통합체계의 특성

1) 수동체계 : 자신의 신체적인 힘을 동력원으로 사용하여 작업을 통제하는 인간 사용자와 결합(수공구 사용)
2) 기계화 또는 반자동체계 : 운전자가 조종장치를 사용하여 통제하며 동력은 전형적으로 기계가 제공
3) 자동체계 : 기계가 감지, 정보처리, 의사결정 등 행동을 포함한 모든 임무를 수행하고 인간은 감시, 프로그래밍, 정비유지 등의 기능을 수행하는 체계

(1) 입력정보의 코드화(Chunking)

(2) 암호(코드)체계 사용상의 일반적 지침

① 암호의 검출성 : 타 신호가 존재하더라도 검출이 가능해야 함
② 암호의 변별성 : 다른 암호표시와 구분이 되어야 함
③ 암호의 표준화 : 표준화되어야 함
④ 부호의 양립성 : 인간의 기대와 모순되지 않아야 함
⑤ 부호의 의미 : 사용자가 부호의 의미를 알 수 있어야 함
⑥ 다차원 암호의 사용 : 2가지 이상의 암호를 조합해서 사용하면 정보전달이 촉진됨

3 인간공학적 설계의 일반적인 원칙

(1) 인간의 특성을 고려
(2) 시스템을 인간의 예상과 양립
(3) 표시장치나 제어장치의 중요성, 사용빈도, 사용순서, 기능에 따라 배치

4 인간 – 기계시스템 설계과정 6가지 단계

(1) 목표 및 성능명세 결정 : 시스템 설계 전 그 목적이나 존재이유가 있어야 함
(2) 시스템 정의 : 목적을 달성하기 위한 특정한 기본기능들이 수행되어야 함
(3) 기본설계 : 시스템의 형태를 갖추기 시작하는 단계(직무분석, 작업설계, 기능할당)
(4) 인터페이스 설계 : 사용자 편의와 시스템 성능에 관여
(5) 촉진물 설계 : 인간의 성능을 증진시킬 보조물을 설계
(6) 시험 및 평가 : 시스템 개발과 관련된 평가와 인간적인 요소를 평가

SECTION 03
체계설계와 인간요소

1 체계기준의 구비조건(연구조사의 기준척도)

(1) 실제적 요건 : 객관적 · 정량적이며, 강요적이 아니고, 수집이 쉬우며, 특수한 자료 수집기법이나 기기가 필요 없고, 돈이나 실험자의 수고가 적게 드는 것
(2) 신뢰성(반복성) : 시간이나 대표적 표본의 선정과 관계없이, 변수 측정의 일관성이나 안정성
(3) 타당성(적절성) : 어느 것이나 공통적으로 변수가 실제로 의도하는 바를 어느 정도 측정하는가를 결정하는 것(시스템의 목표를 잘 반영하는가를 나타내는 척도)
(4) 순수성(무오염성) : 측정하는 구조 외적인 변수의 영향은 받지 않는 것
(5) 민감도 : 피검자 사이에서 볼 수 있는 예상 차이점에 비례하는 단위로 측정

2 인간과 기계의 상대적 기능

1) 인간이 현존하는 기계를 능가하는 기능

(1) 매우 낮은 수준의 시각, 청각, 촉각, 후각, 미각적인 자극 감지
(2) 주위의 이상하거나 예기치 못한 사건 감지
(3) 다양한 경험을 토대로 의사결정(상황에 따라 적절한 결정)
(4) 관찰을 통해 일반적으로 귀납적(Inductive)으로 추진 가능
(5) 주관적으로 추산하고 평가

2) 현존하는 기계가 인간을 능가하는 기능

(1) 인간의 정상적인 감지범위 밖에 있는 자극 감지
(2) 자극을 연역적(Deductive)으로 추리 가능
(3) 암호화(Coded)된 정보를 신속하게, 대량으로 보관 가능
(4) 반복적인 작업을 신뢰성 있게 추진
(5) 과부하시에도 효율적으로 작동

3) 인간 – 기계 시스템에서 유의하여야 할 사항

(1) 인간과 기계의 비교가 항상 적용되지는 않음. 컴퓨터는 단순반복 처리가 우수하나 일이 적은 양일 때는 사람의 암산 이용이 더 용이
(2) 과학기술의 발달로 인하여 현재 기계가 열세한 점 극복 가능
(3) 인간은 감성을 지닌 존재
(4) 인간이 기능적으로 기계보다 못하다고 해서 항상 기계가 선택되지는 않음

인간요소와 휴먼에러

1 휴먼에러(인간실수)

1) 휴먼에러의 관계

$$SP = K(HE) = f(HE)$$

여기서, SP : 시스템퍼포먼스(체계성능),
HE : 인간과오(Human Error), K : 상수,
f : 관수(함수)

(1) K≒1 : 중대한 영향
(2) K<1 : 위험
(3) K≒0 : 무시

2) 휴먼에러의 분류

(1) 심리적(행위에 의한) 분류(Swain)

① 생략에러(Omission Error) : 작업 혹은 필요한 절차를 수행하지 않는 데서 기인하는 에러
② 실행(작위적)에러(Commission Error) : 작업 혹은 절차를 수행했으나 잘못한 실수 – 선택착오, 순서착오, 시간착오
③ 과잉행동에러(Extraneous Error) : 불필요한 작업 혹은 절차를 수행함으로써 기인한 에러
④ 순서에러(Sequential Error) : 작업수행의 순서를 잘못한 실수
⑤ 시간에러(Timing Error) : 소정의 기간에 수행하지 못한 실수(너무 빨리 혹은 늦게)

(2) 원인 레벨(level)적 분류

① Primary Error : 작업자 자신으로부터 발생한 에러(안전교육을 통하여 제거)
② Secondary Error : 작업형태나 작업조건 중에서 다른 문제가 생겨 그 때문에 필요한 사항을 실행할 수 없는 오류나 어떤 결함으로부터 파생하여 발생하는 에러
③ Command Error : 요구되는 것을 실행하고자 하여도 필요한 정보, 에너지 등이 공급되지 않아 작업자가 움직이려 해도 움직이지 않는 에러

(3) 정보처리 과정에 의한 분류

① 인지확인 오류 : 외부의 정보를 받아들여 대뇌의 감각중추에서 인지할 때까지의 과정에서 일어나는 실수
② 판단, 기억오류 : 상황을 판단하고 수행하기 위한 행동을 의사결정하여 운동중추로부터 명령을 내릴 때까지 대뇌과정에서 일어나는 실수
③ 동작 및 조작오류 : 운동중추에서 명령을 내렸으나 조작을 잘못하는 실수

(4) 인간의 행동과정에 따른 분류

① 입력 에러 : 감각 또는 지각의 착오
② 정보처리 에러 : 정보처리 절차 착오
③ 의사결정 에러 : 주어진 의사결정의 착오
④ 출력 에러 : 신체반응 착오
⑤ 피드백 에러 : 인간제어 착오

(5) 제임스리즌(James Reason)의 불안전한 행동 분류

① 라스무센(Rasmussen)의 인간행동모델에 따른 원인기준에 의한 휴먼에러 분류 방법
② 인간의 불안전한 행동을 의도적인 경우와 비의도적인 경우로 나눔. 비의도적 행동은 모두 숙련기반의 에러, 의도적 행동은 규칙기반 에러와 지식기반에러, 고의사고로 분류

(6) 인간의 오류모형

① 착오(Mistake) : 상황해석을 잘못하거나 목표를 잘못 이해하고 착각하여 행하는 경우
② 실수(Slip) : 상황이나 목표의 해석을 제대로 했으나 의도와는 다른 행동을 하는 경우
③ 건망증(Lapse) : 여러 과정이 연계적으로 일어나는 행동 중에서 일부를 잊어버리고 하지 않거나 또는 기억의 실패에 의하여 발생하는 오류
④ 위반(Violation) : 정해진 규칙을 알고 있음에도 고의로 따르지 않거나 무시하는 행위

(7) 인간실수 확률(HEP, Human Error Probability)

특정 직무에서 하나의 착오가 발생할 확률

$$HEP = \frac{인간실수의\ 수}{실수발생의\ 전체\ 기회수}$$

$$인간의\ 신뢰도(R) = (1 - HEP) = 1 - P$$

3) 휴먼에러 대책

(1) 배타설계(Exclusion design)

설계 단계에서 사용하는 재료나 기계 작동 메커니즘 등 모든 면에서 휴먼에러 요소를 근원적으로 제거하도록 하는 디자인 원칙임. 예를 들어, 유아용 완구의 표면을 칠하는 도료는 위험한 화학물질일 수 있으며 이런 경우 도료를 먹어도 무해한 재료로 바꾸어 설계하였다면 이는 에러 제거 디자인의 원칙을 지킨 것이 됨

(2) 보호설계(Preventive design)

신체적 조건이나 정신적 능력이 낮은 사용자 하더라도 사고를 낼 확률을 낮게 설계해 주는 것을 에러 예방 디자인이며 풀-푸르프(Fool proof)디자인이라고 하고 세제나 약병의 뚜껑을 열기 위해서는 힘을 아래 방향으로 가해 돌려야 하는데 이것은 위험성을 모르는 아이들이 마실 확률을 낮추는 디자인이라 할 수 있음

(3) 안전설계(Fail-safe design)

안전장치 등의 부착을 통한 디자인 원칙을 페일-세이프(Fail safe)디자인이라고 하며, Fail-safe 설계를 위해서는 보통 시스템 설계 시 부품의 병렬체계설계나 대기체계설계와 같은 중복설계를 시행

병렬체계설계의 특징은 다음과 같다.
① 요소의 중복도가 증가할수록 계의 수명은 증가
② 요소의 수가 많을수록 고장의 기회는 감소
③ 요소의 어느 하나가 정상적이면 계는 정상
④ 시스템의 수명은 요소 중 수명이 가장 긴 것으로 정할 수 있음

4) 바이오리듬의 종류

(1) 육체리듬(주기 23일, 청색 실선표시) : 식욕, 소화력, 활동력, 지구력 등
(2) 지성리듬(주기 33일, 녹색 일점쇄선표시) : 상상력(추리력), 사고력, 기억력, 인지, 판단력 등
(3) 감성리듬(주기 28일, 적색 점선표시) : 감정, 주의력, 창조력, 예감 및 통찰력

02 위험성 파악 · 결정 및 감소 대책 수립 · 실행 PART 02

SECTION 01
위험성 평가

1 위험성 평가의 정의 및 개요

1) 정의

사업주가 스스로 사업장의 유해 · 위험 요인을 파악하고 해당 유해 · 위험요인의 위험성 수준을 결정하여, 위험성을 낮추기 위한 적절한 조치를 마련하고 실행하는 과정

2) 실시 주체

사업주 주도하에 안전보건관리책임자, 관리감독자, 안전관리자 등이 대상 작업의 근로자가 위험성평가 전 과정에 참여하여 각자의 역할에 따라 위험성평가를 실시하여야 함

※ 현장의 유해 · 위험요인을 제대로 파악하기 위해서는 관리감독자와 근로자의 적극적인 참여가 중요

3) 실시절차

(1) 1단계 사전준비 : 위험성평가 실시규정 작성, 위험성의 수준 등 확정, 평가에 필요한 각종 자료 수집 단계
(2) 2단계 유해 · 위험요인 파악 : 사업장 순회점검 및 근로자들의 상시적 제안 등을 활용하여 사업장 내 유해 · 위험요인 파악
(3) 3단계 위험성 결정 : 사업장에서 설정한 허용 가능한 위험성의 기준과 비교하여 판단된 위험성의 수준이 허용 가능한지 여부 결정
(4) 4단계 위험성 감소대책 수립 및 실행 : 위험성의 결정 결과 허용 불가능한 위험성을 합리적으로 실천 가능한 범위에서 가능한 낮은 수준으로 감소시키기 위한 대책을 수립 · 실행

(5) 5단계 위험성평가의 공유 : 근로자에게 위험성평가 결과를 게시, 주지 등의 방법으로 알리고, 작업 전 안전점검회의(TBM) 등을 통해 상시적으로 주지
(6) 6단계 기록 및 보존 : 위험성평가의 유해 · 위험요인 파악, 위험성 결정의 내용 및 그에 따른 조치 사항 등을 기록 및 보존(보존기간 3년)

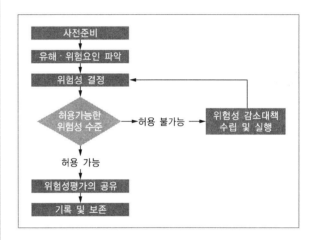

2 평가대상 선정

(1) 합리적으로 예견 가능한 모든 유해 · 위험요인
(2) 아차사고를 일으킨 유해 · 위험요인
(3) 중대재해가 발생한 경우

3 위험성 개선대책 종류 및 실행

(1) 각 유해 · 위험요인에 대해 위험성을 결정하고, 결정한 후 허용 가능하지 않은 수준의 위험성을 가진 유해 · 위험요인들에 대해서는 허용 가능한 수준으로 위험성을 낮추는 대책 필요

(2) 위험성 감소대책 고려순서

① 산업안전보건법령 등에 규정된 사항이 있는지를 검토하여 법령에 규정된 방법으로 조치

② 위험한 작업을 아예 폐지하거나, 기계·기구, 물질의 변경 또는 대체를 통해 위험을 본질적으로 제거하는 방안을 우선 고려

③ ①,② 방법으로 위험성을 줄이기 어렵다면, 인터록, 안전장치, 방호문, 국소배기장치 설치 등 유해·위험요인의 유해성이나 위험에의 접근 가능성을 줄이는 공학적 방법을 검토

④ ①,②,③ 방법들로도 위험이 다 줄어들지 않는다면, 작업매뉴얼을 정비하거나, 출입금지·작업허가 제도를 도입하고 근로자들에게 주의사항을 교육하는 등 관리적 방법 적용

⑤ 상기 모든 조치로도 줄이기 어려운 위험에 대해 최후의 방법으로 개인보호구의 사용 검토

4 4M 위험성 평가

작업공정 내 잠재하고 있는 위험요인을 Man(인간), Machine(기계), Media(작업매체), Management(관리) 등 4가지 분야로 위험성을 파악하여 위험제거대책을 제시하는 방법

(1) Man(인간) : 작업자의 불안전 행동을 유발시키는 인적 위험 평가

(2) Machine(기계) : 생산설비의 불안전 상태를 유발시키는 설계·제작·안전장치 등을 포함한 기계 자체 및 기계 주변의 위험 평가

(3) Media(작업매체) : 소음, 분진, 유해물질 등 작업환경 평가

(4) Management(관리) : 안전의식 해이로 사고를 유발시키는 관리적인 사항 평가

[4M의 항목별 위험요인(예시)]

항 목	위 험 요 인
Man (인간)	• 미숙련자 등 작업자 특성에 의한 불안전 행동 • 작업자세, 작업동작의 결함 • 작업방법의 부적절 등 • 휴먼에러(Human error) • 개인 보호구 미착용
Machine (기계)	• 기계·설비 구조상의 결함 • 위험 방호장치의 불량 • 위험기계의 본질안전 설계의 부족 • 비상시 또는 비정상 작업 시 안전연동장치 및 경고장치의 결함 • 사용 유틸리티(전기, 압축공기 및 물)의 결함 • 설비를 이용한 운반수단의 결함 등
Media (작업매체)	• 작업공간(작업장 상태 및 구조)의 불량 • 가스, 증기, 분진, 흄 및 미스트 발생 • 산소결핍, 병원체, 방사선, 유해광선, 고온, 저온, 초음파, 소음, 진동, 이상기압 등 • 취급 화학물질에 대한 중독 등 • 작업에 대한 안전보건 정보의 부적절
Management (관리)	• 관리조직의 결함 • 규정, 매뉴얼의 미작성 • 안전관리계획의 미흡 • 교육·훈련의 부족 • 부하에 대한 감독·지도의 결여 • 안전수칙 및 각종 표지판 미게시 • 건강검진 및 사후관리 미흡 • 고혈압 예방 등 건강관리 프로그램 운영 미흡

SECTION 02
시스템 위험성 추정 및 결정

1 시스템 정의

요소의 집합에 의해 구성되고 System 상호 간의 관계를 유지하면서 정해진 조건 아래서 어떤 목적을 위하여 작용하는 집합체

2 시스템의 안전성 확보방법

(1) 위험 상태의 존재 최소화

(2) 안전장치의 채용

(3) 경보 장치의 채택

(4) 특수 수단 개발과 표식 등의 규격화

(5) 중복(Redundancy)설계

(6) 부품의 단순화와 표준화

(7) 인간공학적 설계와 보전성 설계

3 작업위험분석 및 표준화

1) 작업표준의 목적

(1) 작업의 효율화

(2) 위험요인의 제거

(3) 손실요인의 제거

2) 작업표준의 작성절차

(1) 작업 분류정리

(2) 작업분해

(3) 작업분석 및 연구토의(동작순서 등을 정함)

(4) 작업표준안 작성

(5) 작업표준의 제정

3) 작업표준의 구비조건

(1) 작업의 실정에 적합할 것

(2) 표현은 구체적으로 나타낼 것

(3) 이상 시의 조치기준에 대해 정해둘 것

(4) 좋은 작업의 표준일 것

(5) 생산성과 품질의 특성에 적합할 것

(6) 다른 규정 등에 위배되지 않을 것

4) 작업표준 개정시의 검토사항

(1) 작업목적이 충분히 달성되고 있는가

(2) 생산흐름에 애로가 없는가

(3) 직장의 정리정돈 상태는 좋은가

(4) 작업속도는 적당한가

(5) 위험물 등의 취급장소는 일정한가

5) 작업개선의 4단계(표준 작업을 작성하기 위한 TWI 과정의 개선 4단계)

(1) 제1단계 : 작업분해

(2) 제2단계 : 요소작업의 세부내용 검토

(3) 제3단계 : 작업분석

(4) 제4단계 : 새로운 방법 적용

6) 작업분석(새로운 작업방법의 개발원칙) E. C. R. S

(1) 제거(Eliminate)

(2) 결합(Combine)

(3) 재조정(Rearrange)

(4) 단순화(Simplify)

SECTION 03
위험분석 기법

1 PHA(예비위험 분석, Preliminary Hazards Analysis)

시스템 내의 위험요소가 얼마나 위험상태에 있는가를 평가하는 시스템안전프로그램 최초단계의 분석 방식이다(정성적).

□ PHA에 의한 위험등급

　Class-1 : 파국(Catastrophic)

　Class-2 : 중대(Critical)

　Class-3 : 한계적(Marginal)

　Class-4 : 무시가능(Negligible)

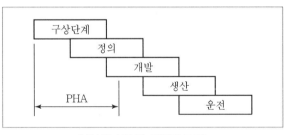

[시스템 수명 주기에서의 PHA]

2 FHA(결함위험분석, Fault Hazards Analysis)

분업에 의해 여럿이 분담 설계한 서브시스템 간의 인터페이스를 조정하여 각각의 서브시스템 및 전체 시스템에 악영향을 미치지 않게 하기 위한 분석방법

[FHA의 기재사항]

(1) 구성요소 명칭
(2) 구성요소 위험방식
(3) 시스템 작동방식
(4) 서브시스템에서의 위험영향
(5) 서브시스템, 대표적 시스템 위험영향
(6) 환경적 요인
(7) 위험영향을 받을 수 있는 2차 요인
(8) 위험수준
(9) 위험관리

3 FMEA(고장형태와 영향분석법, Failure Mode and Effect Analysis)

시스템에 영향을 미치는 모든 요소의 고장을 형별로 분석하고 그 고장이 미치는 영향을 분석하는 방법으로 치명도 해석(CA)을 추가(귀납적, 정성적)

1) 특징

(1) FTA보다 서식이 간단하고 적은 노력으로 분석 가능
(2) 논리성이 부족하고, 특히 각 요소 간의 영향을 분석하기 어렵기 때문에 동시에 두 가지 이상의 요소가 고장 날 경우에 분석 곤란
(3) 요소가 물체로 한정되어 있기 때문에 인적 원인을 분석하는 데 곤란

2) 시스템에 영향을 미치는 고장형태

(1) 폐로 또는 폐쇄된 고장
(2) 개로 또는 개방된 고장
(3) 기동 및 정지의 고장
(4) 운전계속의 고장
(5) 오동작

3) 순서

(1) 1단계 : 대상시스템의 분석

① 기본방침의 결정
② 시스템의 구성 및 기능의 확인
③ 분석레벨의 결정
④ 기능별 블록도와 신뢰성 블록도 작성

(2) 2단계 : 고장형태와 그 영향의 해석

① 고장형태의 예측과 설정
② 고장형태에 대한 추정원인 열거
③ 상위 아이템의 고장영향의 검토
④ 고장등급의 평가

(3) 3단계 : 치명도 해석과 그 개선책의 검토

① 치명도 해석
② 해석결과의 정리 및 설계개선으로 제안

4) 고장등급의 결정

(1) 고장 평점법

$$C = (C_1 \times C_2 \times C_3 \times C_4 \times C_5)^{\frac{1}{5}}$$

여기서, C_1 : 기능적 고장의 영향의 중요도,
C_2 : 영향을 미치는 시스템의 범위
C_3 : 고장발생의 빈도
C_4 : 고장방지의 가능성
C_5 : 신규 설계의 정도

(2) 고장등급의 결정

① 고장등급 Ⅰ(치명고장) : 임무수행 불능, 인명손실(설계변경 필요)
② 고장등급 Ⅱ(중대고장) : 임무의 중대부분 미달성(설계의 재검토 필요)
③ 고장등급 Ⅲ(경미고장) : 임무의 일부 미달성(설계변경 불필요)
④ 고장등급 Ⅳ(미소고장) : 영향 없음(설계변경 불필요)

5) 고장의 영향분류

영향	발생확률
실제의 손실	$\beta = 1.00$
예상되는 손실	$0.10 \leqq \beta < 1.00$
가능한 손실	$0 < \beta < 0.10$
영향 없음	$\beta = 0$

6) FMEA의 위험성 분류의 표시

(1) Category 1 : 생명 또는 가옥의 상실
(2) Category 2 : 사명(작업) 수행의 실패
(3) Category 3 : 활동의 지연
(3) Category 4 : 영향 없음

4 ETA(Event Tree Analysis)

정량적, 귀납적 기법으로 DT에서 변천해 온 것으로 설비의 설계, 심사, 제작, 검사, 보전, 운전, 안전대책의 과정에서 그 대응조치가 성공인가 실패인가를 확대해 가는 과정 검토

5 CA(Criticality Analysis, 위험성 분석법)

고장이 직접 시스템의 손해와 인원의 사상에 연결되는 높은 위험도를 가지는 경우에 위험도를 가져오는 요소 또는 고장의 형태에 따른 분석(정량적 분석)하는 것. 항공기의 안전성 평가에 널리 사용되는 기법으로서 각 중요 부품의 고장률, 운용 형태, 보정계수, 사용시간비율 등을 고려하여 정량적, 귀납적으로 부품의 위험도를 평가하는 분석기법

6 THERP(인간과오율 추정법, Techanique of Human Error Rate Prediction)

확률론적 안전기법으로서 인간의 과오에 기인된 사고원인을 분석하기 위하여 100만 운전시간당 과오도수를 기본 과오율로 하여 인간의 기본 과오율을 평가하는 기법

(1) 인간 실수율(HEP) 예측 기법
(2) 사건들을 일련의 Binary 의사결정 분기들로 모형화해서 예측
(3) 나무를 통한 각 경로의 확률 계산

7 MORT(Management Oversight and Risk Tree)

FTA와 같은 논리기법을 이용하여 관리, 설계, 생산, 보전 등에 대해서 광범위하게 안전성을 확보하기 위한 기법(원자력 산업에 이용, 미국의 W. G. Johnson에 의해 개발)

8 FTA(결함수분석법, Fault Tree Analysis)

기계, 설비 또는 Man-machine 시스템의 고장이나 재해의 발생요인을 논리적 도표에 의하여 분석하는 정량적, 연역적 기법

9 O&SHA(Operation and Support Hazard Analysis)

시스템의 모든 사용단계에서 생산, 보전, 시험, 저장, 구조 훈련 및 폐기 등에 사용되는 인원, 순서, 설비에 대한 위험을 평가하고 안전요건을 결정하기 위한 해석방법(운영 및 지원 위험해석)

10 DT(Decision Tree)

요소의 신뢰도를 이용하여 시스템의 신뢰도를 나타내는 시스템 모델의 하나로 귀납적이고 정량적인 분석방법

11 위험성 및 운전성 검토(Hazard and Operability Study)

1) 위험성 및 운전성 검토(HAZOP)

각각의 장비에 대해 잠재된 위험이나 기능저하, 운전, 잘못 등과 전체로서의 시설에 결과적으로 미칠 수 있는 영향 등을 평가하기 위해서 공정이나 설계도 등에 체계적이고 비판적인 검토를 행하는 것

2) 위험성 및 운전성 검토의 성패를 좌우하는 요인

(1) 팀의 기술능력과 통찰력
(2) 사용된 도면, 자료 등의 정확성
(3) 발견된 위험의 심각성을 평가할 때 팀의 균형감각 유지 능력

(4) 이상(Deviation), 원인(Cause), 결과(Consequence)들을 발견하기 위해 상상력을 동원하는 데 보조수단으로 사용할 수 있는 팀의 능력

3) 위험 및 운전성 검토절차

(1) 1단계 : 목적의 범위 결정

(2) 2단계 : 검토팀의 선정

(3) 3단계 : 검토 준비

(4) 4단계 : 검토 실시

(5) 5단계 : 후속 조치 후 결과기록

4) 위험 및 운전성 검토목적

(1) 기존시설(기계설비 등)의 안전도 향상

(2) 설비 구입 여부 결정

(3) 설계의 검사

(4) 작업수칙의 검토

(5) 공장 건설 여부와 건설장소의 결정

5) 위험 및 운전성 검토 시 고려해야 할 위험의 형태

(1) 공장 및 기계설비에 대한 위험

(2) 작업 중인 인원 및 일반대중에 대한 위험

(3) 제품 품질에 대한 위험

(4) 환경에 대한 위험

6) 위험을 억제하기 위한 일반적인 조치사항

(1) 공정의 변경(원료, 방법 등)

(2) 공정 조건의 변경(압력, 온도 등)

(3) 설계 외형의 변경

(4) 작업방법의 변경

※ 위험 및 운전성 검토를 수행하기 가장 좋은 시점은 설계 완료 단계로서 설계가 상당히 구체화된 시점

7) 유인어(Guide Words)

간단한 용어로서 창조적 사고를 유도하고 자극하여 이상을 발견하고 의도를 한정하기 위하여 사용

(1) NO 또는 NOT : 설계의도의 완전한 부정

(2) MORE 또는 LESS : 양(압력, 반응, 온도 등)의 증가 또는 감소

(3) AS WELL AS : 성질상의 증가(설계의도와 운전조건의 어떤 부가적인 행위)와 함께 일어남

(4) PART OF : 일부변경, 성질상의 감소(어떤 의도는 성취되나 어떤 의도는 성취되지 않음)

(5) REVERSE : 설계의도의 논리적인 역

(6) OTHER THAN : 완전한 대체(통상 운전과 다르게 되는 상태)

SECTION 04

결함수 분석

1 FTA의 정의 및 특징

1) FTA(Fault Tree Analysis) 정의

시스템의 고장을 논리게이트로 찾아가는 연역적, 정성적, 정량적 분석기법

(1) 1962년 미국 벨 연구소의 H. A. Watson에 의해 개발된 기법으로 최초에는 미사일 발사사고를 예측하는 데 활용해오다 점차 우주선, 원자력산업, 산업안전 분야에 소개

(2) 시스템의 고장을 발생시키는 사상(Event)과 그 원인과의 관계를 논리기호(AND 게이트, OR 게이트 등)를 활용하여 나뭇가지 모양(Tree)의 고장 계통도를 작성하고 이를 기초로 시스템의 고장확률을 구함

2) 특징

(1) Top down 형식(연역적)

(2) 정량적 해석기법(컴퓨터 처리가 가능)

(3) 논리기호를 사용한 특정사상에 대한 해석

(4) 서식이 간단해서 비전문가도 짧은 훈련으로 사용 가능

(5) Human Error의 검출이 어려움

3) FTA의 기본적인 가정

(1) 중복사상은 없어야 함

(2) 기본사상들의 발생은 독립적

(3) 모든 기본사상은 정상사상과 관련

4) FTA의 기대효과

(1) 사고원인 규명의 간편화

(2) 사고원인 분석의 일반화

(3) 사고원인 분석의 정량화

(4) 노력, 시간의 절감

(5) 시스템의 결함진단

(6) 안전점검 체크리스트 작성

2 FTA에 사용되는 논리기호 및 사상기호

번호	기호	명칭	설명
1		결함사상 (사상기호)	개별적인 결함사상
2		기본사상 (사상기호)	더 이상 전개되지 않는 기본사상
3		기본사상 (사상기호)	인간의 실수
4		생략사상 (최후사상)	정보부족, 해석기술 불충분으로 더 이상 전개할 수 없는 사상
5		통상사상 (사상기호)	통상발생이 예상되는 사상
6	출력 / 입력	AND게이트 (논리기호)	모든 입력사상이 공존할 때 출력사상이 발생한다.
7	출력 / 입력	OR게이트 (논리기호)	입력사상 중 어느 하나가 존재할 때 출력사상이 발생한다.
8	Ai Aj Ak 순으로	우선적 AND 게이트	입력사상 중 어떤 현상이 다른 현상보다 먼저 일어날 경우에만 출력사상이 발생
9	Ai, Aj, Ak / Ai Aj Ak	조합 AND 게이트	3개 이상의 입력현상 중 2개가 일어나면 출력현상이 발생
10	동시발생	배타적 OR 게이트	OR 게이트로 2개 이상의 입력이 동시에 존재할 때는 출력사상이 생기지 않는다.
11	out put (F) / P / in put	억제 게이트 (Inhibit 게이트)	하나 또는 하나 이상의 입력(Input)이 True이면 출력(Output)이 True가 되는 게이트

3 FTA의 순서 및 작성방법

1) FTA의 실시순서

(1) 대상으로 한 시스템의 파악

(2) 정상사상의 선정

(3) FT도의 작성과 단순화

(4) 정량적 평가

① 재해발생 확률 목표치 설정

② 실패 대수 표시

③ 고장발생 확률과 인간에러 확률

④ 재해발생 확률계산

⑤ 재검토

(5) 종결(평가 및 개선권고)

2) FTA에 의한 재해사례 연구순서(D. R. Cheriton)

(1) Top 사상의 선정

(2) 사상마다의 재해원인 규명

(3) FT도의 작성

(4) 개선계획의 작성

4 컷셋 및 패스셋

(1) 컷셋(Cut Set) : 정상사상을 발생시키는 기본사상의 집합으로 그 안에 포함되는 모든 기본사상이 발생할 때 정상사상을 발생시키는 기본사상의 집합

(2) 패스셋(Path Set) : 포함되어 있는 모든 기본사상이 일어나지 않을 때 처음으로 정상사상이 일어나지 않는 기본사상의 집합

정성적, 정량적 분석

1 확률사상의 계산

1) 논리곱의 확률(독립사상)

$$A(x_1 \cdot x_2 \cdot x_3) = Ax_1 \cdot Ax_2 \cdot Ax_3$$
$$G_1 = ① \times ② = 0.2 \times 0.1 = 0.02$$

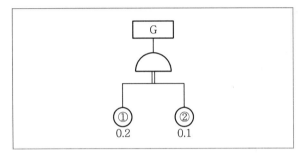

[논리곱의 예]

2) 논리합의 확률(독립사상)

$$A(x_1 + x_2 + x_3) = 1 - (1 - Ax_1)(1 - Ax_2)(1 - Ax_3)$$

3) 불 대수의 법칙

(1) 동정법칙 : $A + A = A,\ AA = A$

(2) 교환법칙 : $AB = BA,\ A + B = B + A$

(3) 흡수법칙 : $A(AB) = (AA)B = AB$
$$A + AB = A \cup (A \cap B)$$
$$= (A \cup A) \cap (A \cup B)$$
$$= A \cap (A \cup B) = A$$
$$\overline{A \cdot B} = \overline{A} + \overline{B}$$

(4) 분배법칙 : $A(B + C) = AB + AC,$
$$A + (BC) = (A + B) \cdot (A + C)$$

(5) 결합법칙 : $A(BC) = (AB)C,$
$$A + (B + C) = (A + B) + C$$

(6) 기타 : $A \cdot 0 = 0,\ A + 1 = 1,\ A \cdot 1 = A,$
$$A + \overline{A} = 1,\ A \cdot \overline{A} = 0$$

4) 드 모르간의 법칙

(1) $\overline{A + B} = \overline{A} \cdot \overline{B}$

(2) $A + \overline{A} \cdot B = A + B$

①의 발생확률은 0.3

②의 발생확률은 0.4

③의 발생확률은 0.3

④의 발생확률은 0.5

$$G_1 = G_2 \times G_3$$
$$= ① \times ② \times [1 - (1 - ③)(1 - ④)]$$
$$= 0.3 \times 0.4 \times [1 - (1 - 0.3)(1 - 0.5)] = 0.078$$

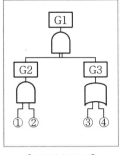

[FTA의 분석 예]

2 미니멀 컷셋과 미니멀 패스셋

(1) 컷셋과 미니멀 컷셋 : 컷셋이란 그 속에 포함되어 있는 모든 기본사상이 일어났을 때 정상사상을 일으키는 기본사상의 집합을 말하며, 미니멀 컷셋은 정상사상을 일으키기 위한 필요 최소한의 컷을 말함. 즉 미니멀 컷셋은 컷셋 중에 타 컷셋을 포함하고 있는 것을 배제하고 남은 컷셋들을 의미(시스템의 위험성 또는 안전성을 말함)

(2) 패스셋과 미니멀 패스셋 : 패스셋이란 그 속에 포함되어 있는 기본사상이 일어나지 않을 때 처음으로 정상사상이 일어나지 않는 기본사상의 집합으로서 미니멀 패스셋은 그 필요한 최소한의 컷을 의미(시스템의 신뢰성을 말함)

3 미니멀 컷셋 구하는 법

(1) 정상사상에서 차례로 하단의 사상으로 치환하면서 AND 게이트는 가로로 OR 게이트는 세로로 나열

(2) 중복사상이나 컷을 제거하면 미니멀 컷셋이 됨

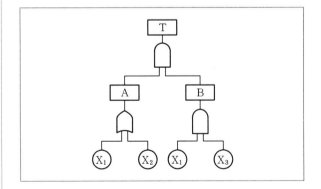

$$T = A \cdot B = \frac{X_1}{X_2} \cdot B = \frac{X_1 X_1 X_3}{X_1 X_2 X_3}$$

즉, 컷셋은 $(X_1 \ X_3)$, $(X_1 \ X_2 \ X_3)$ 미니멀 컷셋은 $(X_1 \ X_3)$ 이 됨

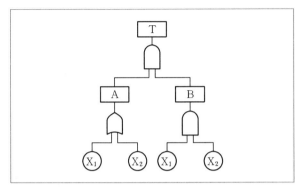

$$T = A \cdot B = \frac{X_1}{X_2} \cdot B = \frac{X_1 X_1 X_2}{X_2 X_1 X_2}$$

즉, 컷셋이 미니멀 컷셋과 동일하며 $(X_1 \ X_2)$임

SECTION 06
신뢰도 계산 등

1 신뢰도

체계 혹은 부품이 주어진 운용조건하에서 의도되는 사용기간 중에 의도한 목적에 만족스럽게 작동할 확률을 의미

2 기계의 신뢰도

$$R = e^{-\lambda t} = e^{-t/t_0}$$

여기서, λ : 고장률, t : 가동시간, t_0 : 평균수명

예 1시간 가동 시 고장발생확률이 0.004일 경우
① 평균고장간격(MTBF) $= 1/\lambda = 1/0.004 = 250(\text{hr})$
② 10시간 가동 시 신뢰도
  : $R(t) = e^{-\lambda t} = e^{-0.004 \times 10} = e^{-0.04}$
③ 고장 발생확률 : $F(t) = 1 - R(t)$

3 고장률의 유형

1) 초기고장(감소형)

제조가 불량하거나 생산과정에서 품질관리가 안 돼 생기는 고장 유형
(1) 디버깅(Debugging) 기간 : 결함을 찾아내어 고장률을 안정시키는 기간
(2) 번인(Burn−in) 기간 : 장시간 움직여보고 그동안에 고장난 것을 제거시키는 기간

2) 우발고장(일정형)

실제 사용하는 상태에서 발생하는 고장으로 예측할 수 없는 랜덤의 간격으로 생기는 고장 유형

신뢰도 : $R(t) = e^{-\lambda t}$

(평균수명이 t_0인 요소가 t 시간 동안 고장을 일으키지 않을 확률)

3) 마모고장(증가형)

설비 또는 장치가 수명을 다하여 생기는 고장 유형

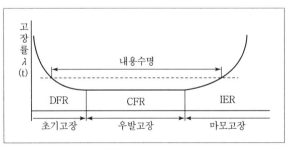

[기계의 고장률(욕조곡선, Bathtub curve)]

4 인간−기계 통제 시스템의 유형 4가지

(1) Fail−Safe   (2) Lock System
(3) 작업자 제어장치   (4) 비상 제어장치

5 Lock System의 종류

(1) Interlock System : 기계 설계 시 불안전한 요소에 대하여 통제를 가함
(2) Intralock System : 인간의 불안전한 요소에 대하여 통제를 가함
(3) Translock System : Interlock과 Intralock 사이에 두어 불안전한 요소에 대하여 통제를 가함

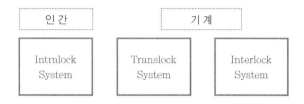

6 백업 시스템

(1) 인간이 작업하고 있을 때에 발생하는 위험 등에 대해서 경고를 발하여 지원하는 시스템
(2) 구체적으로 경보 장치, 감시 장치, 감시인 등
(3) 공동작업의 경우나 작업자가 언제나 위치를 이동하면서 작업을 하는 경우에도 백업의 필요 유무 검토
(4) 비정상 작업의 작업지휘자는 백업을 겸하고 있다고 생각할 수 있지만, 외부로부터 침입해 오는 위험 등 기타 감지하기 어려운 위험이 존재할 우려가 있는 경우는 특히 백업시스템을 구비할 필요가 있음
(5) 백업에 의한 경고는 청각에 의한 호소가 좋으며, 필요에 따라서 점멸 램프 등 시각에 호소하는 것을 병용하면 좋음

7 시스템 안전관리업무를 수행하기 위한 내용

(1) 다른 시스템 프로그램 영역과의 조정
(2) 시스템 안전에 필요한 사람의 동일성의 식별
(3) 시스템 안전에 대한 목표를 유효하게 실현하기 위한 프로그램의 해석검토
(4) 안전활동의 계획 조직 및 관리

8 인간에 대한 Monitoring 방식

(1) 셀프 모니터링(Self Monitoring) 방법(자기감지) : 자극, 고통, 피로, 권태, 이상감각 등의 지각에 의해서 자신의 상태를 알고 행동하는 감시방법
(2) 생리학적 모니터링(Monitoring) 방법 : 맥박수, 체온, 호흡 속도, 혈압, 뇌파 등으로 인간 자체의 상태를 생리적으로 모니터링하는 방법
(3) 비주얼 모니터링(Visual Monitoring) 방법(시각적 감지) : 작업자의 태도를 보고 작업자의 상태를 파악하는 방법
(4) 반응에 의한 모니터링(Monitoring) 방법 : 자극(청각 또는 시각에 의한 자극)을 가하여 이에 대한 반응을 보고 정상 또는 비정상을 판단하는 방법
(5) 환경의 모니터링(Monitoring) 방법 : 간접적인 감시방법으로서 환경조건의 개선으로 인체의 안락과 기분을 좋게 하여 정상작업을 할 수 있도록 만드는 방법

9 Fail safe 정의 및 기능면 3단계

1) 정의

(1) 기계나 그 부품에 고장이나 기능불량이 생겨도 항상 안전을 유지하는 구조와 기능
(2) 인간 또는 기계의 과오나 오작동이 있어도 사고 및 재해가 발생하지 않도록 2중, 3중으로 안전장치를 한 시스템(System)

2) Fail safe의 종류

(1) 다경로 하중구조　　　(2) 하중경감구조
(3) 교대구조　　　　　　(4) 중복구조

3) Fail safe의 기능분류

(1) Fail passive(자동감지) : 부품이 고장나면 통상 정지하는 방향으로 이동
(2) Fail active(자동제어) : 부품이 고장나면 기계는 경보를 울리며 짧은 시간 동안 운전이 가능
(3) Fail operational(차단 및 조정) : 부품에 고장이 있더라도 추후 보수가 있을 때까지 안전한 기능을 유지

4) Fail safe의 예시

(1) 승강기 정전시 마그네틱 브레이크가 작동하여 운전을 정지시키는 경우와 정격속도 이상의 주행시 조속기가 작동하여 긴급정지시키는 것
(2) 석유난로가 일정각도 이상 기울어지면 자동적으로 불이 꺼지도록 소화기구를 내장시킨 것
(3) 한쪽 밸브 고장시 다른 쪽 브레이크의 압축공기를 배출시켜 급정지시키도록 한 것

10 풀 프루프(Fool proof)

기계장치 설계단계에서 안전화를 도모하는 것으로 근로자가 기계 등의 취급을 잘못해도 사고로 연결되는 일이 없도록 하는 안전기구 즉, 인간과오(Human Error)를 방지하기 위한 것
예 (1) 가드   (2) 록(Lock, 시건) 장치   (3) 오버런 기구

11 템퍼 프루프(Temper – proof)

사용자가 고의로 안전장치(**예** 휴즈 등)를 제거할 경우 작동하지 않는 시스템

12 리던던시(Redundancy)의 정의 및 종류

시스템 일부에 고장이 나더라도 전체가 고장이 나지 않도록 기능적인 부분을 부가해서 신뢰도를 향상시키는 중복설계
예 병렬 리던던시(Redundancy), 대기 리던던시, M out of N 리던던시, 스페어에 의한 교환, Fail Safe

---

SECTION 07
안전성 평가의 개요

1 안전성 평가 정의

설비나 제품의 제조, 사용 등에 있어 안전성을 사전에 평가하고 적절한 대책을 강구하기 위한 평가행위

2 안전성 평가의 종류

(1) 테크놀로지 어세스먼트(Technology Assessment) : 기술 개발과정에서의 효율성과 위험성을 종합적으로 분석, 판단하는 프로세스
(2) 세이프티 어세스먼트(Safety Assessment) : 인적, 물적 손실을 방지하기 위한 설비 전 공정에 걸친 안전성 평가
(3) 리스크 어세스먼트(Risk Assessment) : 생산활동에 지장을 줄 수 있는 리스크(Risk)를 파악하고 제거하는 활동
(4) 휴먼 어세스먼트(Human Assessment)

3 안전성 평가 6단계

1) 제1단계 : 관계자료의 정비검토
(1) 입지조건
(2) 화학설비 배치도
(3) 제조공정 개요
(4) 공정 계통도
(5) 안전설비의 종류와 설치장소

2) 제2단계 : 정성적 평가(안전확보를 위한 기본적인 자료의 검토)
(1) 설계관계 : 공장 내 배치, 소방설비, 공장의 입지조건 등
(2) 운전관계 : 원재료, 운송, 저장 등

3) 제3단계 : 정량적 평가(재해중복 또는 가능성이 높은 것에 대한 위험도 평가)
(1) 평가항목(5가지 항목)
① 물질 ② 온도 ③ 압력 ④ 용량 ⑤ 조작
(2) 화학설비 정량평가 등급
① 위험등급 I : 합산점수 16점 이상
② 위험등급 II : 합산점수 11~15점
③ 위험등급 III : 합산점수 10점 이하

4) 제4단계 : 안전대책
(1) 설비대책 : 10종류의 안전장치 및 방재 장치에 관해서 대책 수립
(2) 관리적 대책 : 인원배치, 교육훈련 등에 관해서 대책 수립

5) 제5단계 : 재해정보에 의한 재평가

6) 제6단계 : FTA에 의한 재평가

위험등급 I(16점 이상)에 해당하는 화학설비에 대해 FTA에 의한 재평가 실시

4 안전성 평가 4가지 기법

(1) 위험의 예측평가(Layout의 검토)
(2) 체크리스트(Check-list)에 의한 방법
(3) 고장형태와 영향분석법(FMEA법)
(4) 결함수분석법(FTA법)

5 기계, 설비의 레이아웃(Lay Out)의 원칙

(1) 이동거리 단축 및 기계배치 집중화
(2) 인력활동이나 운반작업 기계화
(3) 중복부분 제거
(4) 인간과 기계의 흐름 라인화

SECTION 08
유해위험방지계획서(제조업)

1 유해위험방지계획서 제출대상(산업안전보건법 제42조)

1) 유해위험방지계획서를 제출하여야 할 사업의 종류

전기 계약용량이 300킬로와트(kW) 이상인 다음의 업종으로서 제품생산 공정과 직접적으로 관련된 건설물 · 기계 · 기구 및 설비 등 일체를 설치 · 이전하거나 그 주요 구조부를 변경하는 경우

① 금속가공제품(기계 및 가구는 제외) 제조업
② 비금속 광물제품 제조업
③ 기타 기계 및 장비제조업
④ 자동차 및 트레일러 제조업
⑤ 식료품 제조업
⑥ 고무제품 및 플라스틱제품 제조업

⑦ 목재 및 나무제품 제조업
⑧ 기타 제품 제조업
⑨ 1차 금속 제조업
⑩ 가구 제조업
⑪ 화학물질 및 화학제품 제조업
⑫ 반도체 제조업
⑬ 전자부품 제조업
   • 제출처 및 제출수량 : 한국산업안전보건공단에 2부 제출
   • 제출시기 : 작업시작 15일 전
   • 제출서류 : 건축물 각 층 평면도, 기계 · 설비의 개요를 나타내는 서류, 기계설비 배치도면, 원재료 및 제품의 취급 · 제조 등의 작업방법의 개요, 그 밖에 고용노동부장관이 정하는 도면 및 서류

2) 유해위험방지계획서를 제출하여야 할 기계 · 기구 및 설비

① 금속이나 그 밖의 광물의 용해로
② 화학설비
③ 건조설비
④ 가스집합용접장치
⑤ 근로자의 건강장해 우려물질로서 고용노동부령으로 정하는 물질의 밀폐 · 환기 · 배기를 위한 설비
   • 제출처 및 제출수량 : 한국산업안전보건공단에 2부 제출
   • 제출시기 : 작업시작 15일 전
   • 제출서류 : 설치장소의 개요를 나타내는 서류, 설비의 도면, 그 밖에 고용노동부장관이 정하는 도면 및 서류

2 유해위험방지계획서 제출 서류(「산업안전보건법 시행규칙」 제42조)

사업주가 유해 · 위험방지계획서를 제출하려면 사업장별로 제조업 등 유해 · 위험방지계획서에 다음 각 호의 서류를 첨부하여 해당 작업 시작 15일 전까지 한국산업안전보건공단에 2부를 제출하여야 함. 이 경우 유해위험방지계획서의 작성기준, 작성자, 심사기준, 그 밖에 심사에 필요한 사항은 고용노동부장관이 정하여 고시

(1) 건축물 각 층의 평면도
(2) 기계 · 설비의 개요를 나타내는 서류

(3) 기계 · 설비의 배치도면

(4) 원재료 및 제품의 취급, 제조 등의 작업방법의 개요 등

SECTION 09
설비관리의 개요

1 예방보전

1) 보전 정의

설비 또는 제품의 고장이나 결함을 회복시키기 위한 수리, 교체 등을 통해 시스템을 사용가능한 상태로 유지시키는 것

2) 보전의 종류

(1) 예방보전(Preventive Maintenance) : 설비를 항상 정상, 양호한 상태로 유지하기 위한 정기적인 검사와 초기의 단계에서 성능의 저하나 고장을 제거하던가 조정 또는 수복하기 위한 설비의 보수 활동을 의미

(2) 사후보전(Breakdown Maintenance) : 고장이 발생한 이후에 시스템을 원래 상태로 되돌리는 것

SECTION 10
설비의 운전 및 유지관리

1 교체주기

(1) 수명교체 : 부품고장 시 즉시 교체하고 고장이 발생하지 않을 경우에도 교체주기(수명)에 맞추어 교체하는 방법

(2) 일괄교체 : 부품이 고장나지 않아도 관련부품을 일괄적으로 교체하는 방법. 교체비용을 줄이기 위해 사용

2 청소 및 청결

(1) 청소 : 쓸데없는 것을 버리고 더러워진 것을 깨끗하게 하는 것

(2) 청결 : 청소 후 깨끗한 상태를 유지하는 것

3 평균고장간격(MTBF ; Mean Time Between Failure)

시스템, 부품 등의 고장 간(수리가능고장)의 동작시간 평균치이다.

(1) $MTBF = \dfrac{1}{\lambda}$, $\lambda(평균고장률) = \dfrac{고장건수}{총가동시간}$

(2) $MTBF = MTTF + MTTR$
$= 평균고장시간 + 평균수리시간$

4 평균고장시간(MTTF ; Mean Time To Failure)

시스템, 부품 등이 고장 나기(수리불가상태)까지 동작시간의 평균치. 평균수명이라고도 한다.

(1) 직렬계의 경우 : System의 수명은 $= \dfrac{MTTF}{n} = \dfrac{1}{\lambda}$

(2) 병렬계의 경우 : System의 수명은

$$= MTTF\left(1 + \dfrac{1}{2} + \dfrac{1}{3} + \cdots + \dfrac{1}{n}\right)$$

여기서, n : 직렬 또는 병렬계의 요소

5 평균수리시간(MTTR ; Mean Time To Repair)

총 수리시간을 그 기간의 수리 횟수로 나눈 시간. 즉 사후보전에 필요한 수리시간의 평균치를 나타낸다.

6 가용도(Availability, 이용률)

일정 기간에 시스템이 고장없이 가동될 확률을 말한다.

(1) $가용도(A) = \dfrac{MTTF}{MTTF + MTTR} = \dfrac{MTBF}{MTBF + MTTR}$
$= \dfrac{MTTF}{MTBF}$

(2) $가용도(A) = \dfrac{\mu}{\lambda + \mu}$

여기서, λ : 평균고장률, μ : 평균수리율

CHAPTER
03 근골격계질환 예방관리

PART 02

SECTION 01
근골격계 유해요인

1 근골격계질환

1) 정의(「안전보건규칙」 제656조)

반복적인 동작, 부적절한 작업자세, 무리한 힘의 사용, 날카로운 면과의 신체접촉, 진동 및 온도 등의 요인에 의하여 발생하는 건강장해로서 목, 어깨, 허리, 팔·다리의 신경·근육 및 그 주변 신체조직 등에 나타나는 질환

※ 근골격계질환 발생 원인 : 부적절한 작업자세, 과도한 힘(중량물취급·수공구취급), 접촉스트레스, 진동, 반복작업

2) 유해요인조사(「안전보건규칙」 제657조)

사업주는 근로자가 근골격계부담작업을 하는 경우에 3년마다 다음 각 호의 사항에 대한 유해요인조사를 하여야 함. 다만, 신설되는 사업장의 경우에는 신설일부터 1년 이내에 최초의 유해요인 조사를 하여야 함. ① 설비·작업공정·작업량·작업속도 등 작업장 상황 ② 작업시간·작업자세·작업방법 등 작업조건 ③ 작업과 관련된 근골격계질환 징후와 증상 유무 등

2 근골격계 부담작업의 범위

근골격계부담작업이란 다음 각 호의 어느 하나에 해당하는 작업. 다만, 단기간작업 또는 간헐적인 작업은 제외

※ "단기간 작업"이란 2개월 이내에 종료되는 1회성 작업 "간헐적인 작업"이란 연간 총 작업일수가 60일을 초과하지 않는 작업

(1) 하루에 4시간 이상 집중적으로 자료입력 등을 위해 키보드 또는 마우스를 조작하는 작업

(2) 하루에 총 2시간 이상 목, 어깨, 팔꿈치, 손목 또는 손을 사용하여 같은 동작을 반복하는 작업

(3) 하루에 총 2시간 이상 머리 위에 손이 있거나, 팔꿈치가 어깨 위에 있거나, 팔꿈치를 몸통으로부터 들거나, 팔꿈치를 몸통 뒤쪽에 위치하도록 하는 상태에서 이루어지는 작업

(4) 지지되지 않은 상태이거나 임의로 자세를 바꿀 수 없는 조건에서, 하루에 총 2시간 이상 목이나 허리를 구부리거나 트는 상태에서 이루어지는 작업

(5) 하루에 총 2시간 이상 쪼그리고 앉거나 무릎을 굽힌 자세에서 이루어지는 작업

(6) 하루에 총 2시간 이상 지지되지 않은 상태에서 1kg 이상의 물건을 한 손의 손가락으로 집어 옮기거나, 2kg 이상에 상응하는 힘을 가하여 한 손의 손가락으로 물건을 쥐는 작업

(7) 하루에 총 2시간 이상 지지되지 않은 상태에서 4.5kg 이상의 물건을 한 손으로 들거나 동일한 힘으로 쥐는 작업

(8) 하루에 10회 이상 25kg 이상의 물체를 드는 작업

(9) 하루에 25회 이상 10kg 이상의 물체를 무릎 아래에서 들거나, 어깨 위에서 들거나, 팔을 뻗은 상태에서 드는 작업

(10) 하루에 총 2시간 이상, 분당 2회 이상 4.5kg 이상의 물체를 드는 작업

(11) 하루에 총 2시간 이상 시간당 10회 이상 손 또는 무릎을 사용하여 반복적으로 충격을 가하는 작업

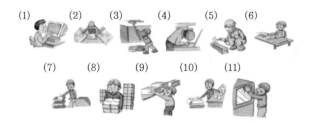

3 중량물 취급 방법

(1) 허리를 곧게 유지하고 무릎을 구부려서 들기
(2) 손가락만으로 잡아서 들지않고 손 전체로 잡아서 들기
(3) 중량물 밑을 잡고 앞으로 운반하기
(4) 중량물을 테이블이나 선반 위로 옮길 때 등을 곧게 펴고 옮기기
(5) 가능한 한 허리부분에서 중량물을 들어올리고, 무릎을 구부리고 양손을 중량물 밑에 넣어서 중량물을 지탱시키기

SECTION 02
인간공학적 유해요인 평가

1 작업유해요인 분석평가법

1) OWAS(Ovako Working-posture Analysis System)
OWAS 평가도구는 근력을 발휘하기에 부적절한 작업자세를 구별해내기 위한 목적으로 개발함. 평가는 상지, 하지, 허리, 하중을 이용해 실시

2) RULA(Rapid Upper Limb Assessment)
(1) RULA는 어깨, 팔목, 손목, 목 등 상지(Upper Limb)에 초점을 맞추어서 작업자세로 인한 작업부하를 쉽고 빠르게 평가하기 위하여 만들어진 기법
(2) 평가방법은 팔(상완 및 전완), 손목, 목, 몸통(허리), 다리 부위에 대해 각각의 기준에서 정한 값을 표에서 찾고 그런 다음, 근육의 사용 정도와 사용빈도를 정해진 표에서 찾아 점수를 더하여 최종적인 값을 산출

3) REBA(Rapid Entire Body Assessment)
(1) REBA는 전체적인 신체에 대한 부담정도와 위해인자에 의한 노출정도를 분석하는 데 적합
(2) REBA는 크게 신체부위별 작업자세를 나타내는 4개의 배점표로 구성되어 있음. 평가대상이 되는 주요 작업요소로는 반복성, 정적작업, 힘, 작업자세, 연속작업시간 등이 고려되어지게 되며, 평가방법은 크게 신체부위별로 A와 B 그룹으로 나누어지고 A, B의 각 그룹별로 작업자세, 그리고 근육과 힘에 대한 평가로 이루어짐

4) NIOSH Lifting Equation(NLE)
들기작업에 대한 권장무게한계(RWL, Recommended Weight Limit)를 쉽게 산출하도록 하여 작업자의 위험성을 예측하여 인간공학적인 작업방법의 개선을 통해 작업자의 직업성 요통을 사전에 예방

> 권장무게한계(RWL)
> $= 23 \times HM \times VM \times DM \times AM \times FM \times CM$
>
> 여기서, HM : 수평계수, VM : 수직계수,
> DM : 거리계수, AM : 비대칭계수,
> FM : 빈도계수, CM : 커플링계수

SECTION 03
근골격계 유해요인 관리

1 작업관리의 목적

(1) 최선의 방법모색(방법개선)
(2) 방법, 재료, 설비, 공구 등의 표준화
(3) 제품의 품질 균일화
(4) 생산비 절감
(5) 새로운 방법의 작업지도
(6) 안전성 향상

2 방법연구(작업방법의 개선)

작업 중에 포함된 불필요한 동작을 제거하기 위해 작업을 과학적으로 분석하여 필요한 동작만으로 구성된 효과적, 합리적 작업방법 설계기법
① 문제발견 → ② 현장분석 → ③ 중요도발견 → ④ 검토 → ⑤ 개선안 수립 및 실시 → ⑥ 결과평가 → ⑦ 표준작업과 표준시간 설정 → ⑧ 표준의 유지

3 문제해결절차(기본형 5단계)

(1) 연구대상 선정(경제성 기술 및 인간적인면 고려)
(2) 분석과 기록(차트와 도표사용)
(3) 자료의 검토(5W1H의 설문방식 도입, 개선의 ECRS)
(4) 개선안의 수립
(5) 개선안의 도입

SECTION 01
유해요인 관리

1 물리적 유해요인 관리

1) 소음

(1) 발생원 : 발생원 저감화, 제거, 차음, 방진, 운전 방법 개선 등

(2) 전파 경로 : 거리 이격, 차폐, 흡음, 지향성 등

(3) 수음자 : 작업방법의 개선, 보호구 착용 등

2) 진동

(1) 발생원 : 진동 댐핑, 진동 격리

(2) 작업 방법 개선 : 진동 공구의 적절한 유지 보수, 낮은 속력에서 공구 작동, 정기 휴식제공, 교육 등

(3) 방진 장갑 등 개인 보호구 착용

3) 유해 광선

방사선 노출 시간은 짧게, 방사선원으로부터 거리는 멀게 하며, 차폐 시설 설치 및 개인 보호구 착용 등

4) 이상 기압

(1) 고기압에 대한 대책(잠함 작업 시 시설 점검, 고압 하의 작업시간 규정 준수 철저 등)

(2) 저기압에 대한 대책(환기, 산소농도 측정, 보호구 착용, 근로자 건강을 고려한 작업배치 등)

5) 이상 기온

(1) 고열장해 : 방열, 환기, 복사열 차단, 냉방, 적성배치, 고온순화, 작업량/시간 조절, 물과 소금 공급 등

(2) 저열장해 : 전신온도 상승, 난방, 단열의복 착용, 작업량/시간 조절, 한랭순화 등

2 화학적 유해요인 관리

1) 화학적 유해요인

(1) 산업안전보건법상 화학적 인자의 종류

① 물리적 위험성 분류기준 : 폭발성 물질, 인화성 가스, 인화성 액체 등

② 건강 및 환경 유해성 분류기준 : 급성 독성 물질, 피부 부식성 또는 자극성 물질, 발암성 물질, 수생 환경 유해성 물질 등

③ 위험물질의 종류(「안전보건규칙」 [별표 1]) : 폭발성 물질 및 유기과산화물, 물반응성 물질 및 인화성 고체, 산화성 액체 및 산화성 고체 등

④ 관리대상 유해물질(「안전보건규칙」 [별표 12]) : 유기화합물(123종), 금속류(25종), 산·알칼리류(18종), 가스 상태 물질류(15종)

(2) 작업환경관리상 화학적 유해인자의 분류

① 입자상물질(분진, 미스트)

② 가스상물질(가스, 증기)

2) 화학적 유해요인 관리대책 수립

(1) 유해요인 제거 및 대체

(2) 공학적 대책 : 밀폐, 환기(전체환기, 국소배기)

(3) 관리적 대책 : 작업시간/휴식시간 조정, 교대근무, 작업 전환, 교육, 명칭 등의 게시, 출입금지 등

(4) 개인보호구 착용

3 생물학적 유해요인 관리

1) 생물학적 유해요인

(1) 공기매개 감염인자 : 비말핵, 인플루엔자, 유행성 수막염, 결핵, 수두, 홍역 등

(2) 곤충 및 동물매개 감염인자

① 동물의 배설물 등에 의한 전염 인자 : 쯔쯔가무시증, 렙토스피라증, 유행성 출혈열 등
② 가축 또는 야생동물로부터 감염되는 인자 : 탄저병, 브루셀라병 등

(3) 혈액매개 감염인자 : 인간면역결핍증, B형간염 및 C형간염, 매독 등

2) 생물학적 유해요인 관리대책 수립

(1) 감염병 예방을 위한 계획수립, 보호구 지급, 예방접종 등
(2) 감염병 예방을 위한 유해성 주지, 감염병의 종류와 원인, 전파 및 감염경로 파악 등
(3) 보안경, 보호마스크, 보호장갑, 보호앞치마 등 개인보호구 지급 및 착용

SECTION 01

인체 계측 및 체계제어

1 인체측정(계측)

1) 인체측정 방법

(1) 구조적 인체 치수 : 표준 자세에서 움직이지 않는 피측정 자를 인체 측정기로 측정

  예 마틴측정기, 실루엣 사진기

(2) 기능적 인체 치수 : 움직이는 몸의 자세로부터 측정

  예 사이클그래프, 마르티스트로브, 시네필름, VTR

2 인체계측자료의 응용원칙

1) 최대치수와 최소치수

특정한 설비를 설계할 때, 거의 모든 사람을 수용할 수 있는 경우(최대치수)가 필요하다. 문, 통로, 탈출구 등을 예로 들 수 있음

예 선반의 높이, 조종장치까지의 거리 등

(1) 최소치수 : 하위 백분위 수(퍼센타일, Percentile) 기준 1, 5, 10%

  예 선반의 높이, 조종장치까지의 거리 등

(2) 최대치수 : 상위 백분위 수(퍼센타일, Percentile) 기준 90, 95, 99%

  예 문, 통로, 탈출구 등

2) 조절 범위(5~95%)

체격이 다른 여러 사람에 맞도록 조절식으로 만드는 것이 바람직하다.

예 자동차 좌석의 전후 조절, 사무실 의자의 상하 조절 등

3) 평균치를 기준으로 한 설계

최대치수나 최소치수를 기준으로 설계하기도 부적절하고 조절식으로 하기도 불가능할 때, 평균치를 기준으로 설계를 한다.

예 손님의 평균 신장을 기준으로 만든 은행의 계산대 등

3 신체반응의 측정

1) 작업의 종류에 따른 측정

(1) 정적 근력작업 : 에너지 대사량과 심박수의 상관관계와 시간적 경과, 근전도 등

(2) 동적 근력작업 : 에너지 대사량과 산소소비량, CO_2 배출량, 호흡량, 심박수 등

(3) 신경적 작업 : 매회 평균호흡진폭, 맥박수, 피부전기반사(GSR) 등을 측정

(4) 심적작업 : 플리커 값 등을 측정

2) 심장활동의 측정 : 심장주기, 심박수, 심전도(ECG) 등

4 제어장치의 종류

1) 개폐에 의한 제어(On-Off 제어)

$\dfrac{C}{D}$ 비로 동작을 제어하는 제어장치

(1) 누름단추(Push Button)

(2) 발(Foot) 푸시

(3) 토글 스위치(Toggle Switch)

(4) 로터리 스위치(Rotary Switch)

※ 토글스위치(Toggle Switch), 누름단추(Push Botton)를 작동할 때에는 중심으로부터 30° 이하를 원칙으로 하며 25°쯤 되는 위치에 있을 때가 작동시간이 가장 짧음

2) 양의 조절에 의한 통제

연료량, 전기량 등으로 양을 조절하는 통제장치

예 노브(Knob), 핸들(Hand Wheel), 페달(Pedal), 크랭크

3) 반응에 의한 통제

계기, 신호, 감각에 의하여 통제 또는 자동경보 시스템

5 조정 – 반응 비율(통제비, C/D비, C/R비, Control Display, Ratio)

1) 통제표시비(선형조정장치)

$$\frac{X}{Y} = \frac{C}{D} = \frac{\text{통제기기의 변위량}}{\text{표시계기지침의 변위량}}$$

2) 조종구의 통제비

$$\frac{C}{D}\text{비} = \frac{\left(\frac{a}{360}\right) \times 2\pi L}{\text{표시계기지침의 이동거리}}$$

여기서, a : 조종장치가 움직인 각도,
L : 조종장치(노브)의 길이

3) 통제 표시비의 설계 시 고려해야 할 요소

(1) 계기의 크기 : 조절시간이 짧게 소요되는 사이즈를 선택하되 너무 작으면 오차가 클 수 있음
(2) 공차 : 짧은 주행시간 내에 공차의 인정범위를 초과하지 않은 계기를 마련
(3) 목시거리 : 목시거리(눈과 계기표 시간과의 거리)가 길수록 조절의 정확도는 적어지고 시간이 걸림
(4) 조작시간 : 조작시간이 지연되면 통제비가 크게 작용함
(5) 방향성 : 계기의 방향성은 안전과 능률에 영향을 미침

4) 통제비의 3요소

(1) 시각감지시간
(2) 조절시간
(3) 통제기기의 주행시간

5) 최적 C/D비

(1) C/D비가 증가함에 따라 조정시간은 급격히 감소하다가 안정되며 이동시간은 이와 반대가 됨
(2) C/D비가 적을수록 이동시간이 짧고 조정이 어려워 조정장치가 민감(최적통제비 : 1.18~2.42)

6 양립성(Compatibility)

안전을 근원적으로 확보하기 위한 전략으로서 외부의 자극과 인간의 기대가 서로 모순되지 않아야 하는 것. 제어장치와 표시장치 사이의 연관성이 인간의 예상과 어느 정도 일치 여부

1) 공간적 양립성

어떤 사물들, 특히 표시장치나 조정장치의 물리적 형태나 공간적인 배치의 양립성

2) 운동적 양립성

표시장치, 조정장치, 체계반응 등의 운동방향의 양립성을 말하는데, 예를 들어 그림에서는 오른 나사의 전진방향에 대한 기대가 해당

3) 개념적 양립성

외부로부터의 자극에 대해 인간이 가지고 있는 개념적 연상의 일관성을 말하는데, 예를 들어 파란색 수도꼭지와 빨간색 수도꼭지가 있는 경우 빨간색 수도꼭지를 보고 따뜻한 물이라고 연상하는 것을 말함

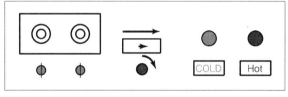

[공간 양립성]　　　[운동 양립성]　　　[개념 양립성]

4) 양식 양립성

기계가 특정 음성에 대해 정해진 반응을 하는 경우

7 수공구와 장치 설계의 원리

(1) 손목을 곧게 유지
(2) 조직의 압축응력을 피함
(3) 반복적인 손가락 움직임을 피함(모든 손가락 사용)
(4) 안전작동을 고려하여 설계
(5) 손잡이는 손바닥의 접촉면적이 크게 설계

신체활동의 생리학적 측정방법

1 신체역학

인간은 근육, 뼈, 신경, 에너지 대사 등을 바탕으로 물리적인 활동을 수행하게 되는데 이러한 활동에 대하여 생리적 조건과 역학적 특성을 고려한 접근방법

1) 신체부위의 운동

(1) 팔, 다리

① 외전(벌림, Abduction) : 몸의 중심선으로부터 멀리 떨어지게 하는 동작(예 팔을 옆으로 들기)
② 내전(모음, Adduction) : 몸의 중심선으로의 이동(예 팔을 수평으로 편 상태에서 수직위치로 내리는 것)

(2) 팔꿈치

① 굴곡(굽힘, Flexion) : 관절이 만드는 각도가 감소하는 동작 (예 팔꿈치 굽히기)
② 신전(폄, Extension) : 관절이 만드는 각도가 증가하는 동작 (예 굽힌 팔꿈치 펴기)

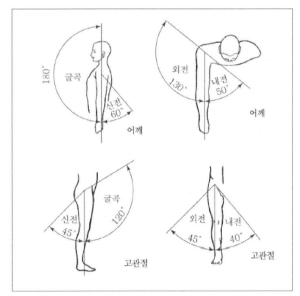

[신체부위의 운동]

2) 근력 및 지구력

(1) 근력 : 근육이 낼 수 있는 최대 힘으로 정적 조건에서 힘을 낼 수 있는 근육의 능력
(2) 지구력 : 근육을 사용하여 특정한 힘을 유지할 수 있는 시간

2 신체활동의 에너지 소비

1) 에너지 대사율(RMR, Relative Metabolic Rate)

$$RMR = \frac{운동\ 대사량}{기초\ 대사량}$$

$$= \frac{운동시\ 산소\ 소모량 - 안정시\ 산소\ 소모량}{기초\ 대사량(산소\ 소비량)}$$

2) 에너지 대사율(RMR)에 따른 작업의 분류

(1) 초경작업(初輕作業) : 0~1
(2) 경작업(輕作業) : 1~2
(3) 보통 작업(中作業) : 2~4
(4) 무거운 작업(重作業) : 4~7
(5) 초중작업(初重作業) : 7 이상

3) 휴식시간 산정

$$R(분) = \frac{60(E-5)}{E-1.5}(60분\ 기준)$$

여기서, E : 작업의 평균에너지(kcal/min),
에너지 값의 상한 : 5(kcal/min)

4) 에너지 소비량에 영향을 미치는 인자

작업방법, 작업자세, 작업속도, 도구설계

3 생리학적 측정방법

1) 근전도(EMG, Electromyogram)

근육활동의 전위차를 기록한 것으로 심장근의 근전도를 특히 심전도(ECG, Electrocardiogram)라 함(정신활동의 부담을 측정하는 방법이 아님)

2) 피부전기반사(GSR, Galvanic Skin Relex)

작업부하의 정신적 부담도가 피로와 함께 증대하는 양상을 전기저항의 변화에서 측정하는 방법

3) 플리커값(Flicker Frequency of Fusion light)

뇌의 피로값을 측정하기 위해 실시하며 빛의 성질을 이용하여 뇌의 기능을 측정. 저주파에서 차츰 주파수를 높이면 깜박거림이 없어지고 빛이 일정하게 보이는데, 이 성질을 이용하여 뇌가 피로한지 여부를 측정하는 방법. 일반적으로 피로도가 높을수록 주파수가 낮아짐

□ 적절한 온도에서 한랭 환경으로 변할 때의 신체의 조절작용
(저온스트레스)
1. 피부온도가 내려간다.
2. 혈액은 피부를 경유하는 순환량이 감소하고 많은 양의 혈액이 몸의 중심부를 순환한다.
3. 소름이 돋고 몸이 떨린다.
4. 직장(直腸)온도가 약간 올라간다.

SECTION 03
작업공간 및 작업자세

1 부품배치의 원칙

(1) 중요성의 원칙 : 부품의 작동성능이 목표달성에 긴요한 정도에 따라 우선순위 결정
(2) 사용빈도의 원칙 : 부품이 사용되는 빈도에 따른 우선순위를 결
(3) 기능별 배치의 원칙 : 기능적으로 관련된 부품을 모아서 배치
(4) 사용순서의 원칙 : 사용순서에 맞게 순차적으로 부품들을 배치

2 개별 작업공간 설계지침

1) 작업공간

(1) 작업공간 포락면(Envelope) : 한 장소에 앉아서 수행하는 작업활동에서 사람이 작업하는 데 사용하는 공간
(2) 파악한계(Grasping Reach) : 앉은 작업자가 특정한 수작업을 편히 수행할 수 있는 공간의 외곽한계
(3) 특수작업역 : 특정 공간에서 작업하는 구역

2) 수평작업대의 정상 작업역과 최대 작업역

(1) 정상 작업영역 : 상완을 자연스럽게 수직으로 늘어뜨린 채, 전완만으로 편하게 뻗어 파악할 수 있는 구역(34~45cm)
(2) 최대 작업영역 : 전완과 상완을 곧게 펴서 파악할 수 있는 구역(55~65cm)
(3) 파악한계 : 앉은 작업자가 특정한 수작업을 편히 수행할 수 있는 공간의 외곽한계

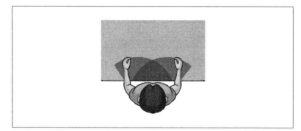

(a) 정상작업영역

(b) 최대작업영역]

3) 작업대 높이

(1) 최적높이 설계지침

작업대의 높이는 상완을 자연스럽게 수직으로 늘어뜨리고 전완은 수평 또는 약간 아래로 편안하게 유지할 수 있는 수준

(2) 착석식(의자식) 작업대 높이

① 의자의 높이를 조절할 수 있도록 설계하는 것이 바람직

② 섬세한 작업은 작업대를 약간 높게, 거친 작업은 작업대를 약간 낮게 설계

③ 작업면 하부 여유공간이 대퇴부가 가장 큰 사람이 자유롭게 움직일 수 있을 정도로 설계

(3) 입식 작업대 높이

① 정밀작업 : 팔꿈치 높이보다 5~10cm 높게 설계

② 일반작업 : 팔꿈치 높이보다 5~10cm 낮게 설계

③ 힘든작업(重작업) : 팔꿈치 높이보다 10~20cm 낮게 설계

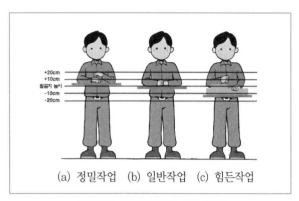

(a) 정밀작업 (b) 일반작업 (c) 힘든작업

[팔꿈치 높이와 작업대 높이의 관계]

3 의자설계 원칙

(1) 체중분포 : 의자에 앉았을 때 대부분의 체중이 골반뼈에 실려야 편안

(2) 의자 좌판의 높이 : 좌판 앞부분 오금 높이보다 높지 않게 설계(치수는 5% 되는 사람까지 수용할 수 있게 설계)

(3) 의자 좌판의 깊이와 폭 : 폭은 큰 사람에게 맞도록, 깊이는 대퇴를 압박하지 않도록 작은 사람에게 맞도록 설계

(4) 몸통의 안정 : 체중이 골반뼈에 실려야 몸통안정이 쉬워짐

(5) 요추의 전만곡선이 유지

4 동작경제의 3원칙

1) 신체 사용에 관한 원칙

(1) 두 손의 동작은 같이 시작하고 같이 끝나도록 함

(2) 휴식시간을 제외하고는 양손이 동시에 쉬지 않도록 함

(3) 두 팔의 동작은 동시에 서로 반대방향으로 대칭적으로 움직이도록 함

(4) 손과 신체의 동작은 작업을 원만하게 처리할 수 있는 범위 내에서 가장 낮은 동작등급을 사용하도록 함

(5) 가능한 한 관성(Momentum)을 이용하여 작업을 하도록 하되 작업자가 관성을 억제하여야 하는 경우에는 발생되는 관성을 최소한으로 줄임 등

2) 작업장 배치에 관한 원칙

(1) 모든 공구나 재료는 정해진 위치에 있도록 함

(2) 공구, 재료 및 제어장치는 사용위치에 가까이 두도록 함(정상작업영역, 최대작업영역)

(3) 중력이송원리를 이용한 부품상자(Gravity feed bath)나 용기를 이용하여 부품을 부품사용장소에 가까이 보낼 수 있도록 함

(4) 가능하다면 낙하식 운반(Drop Delivery)방법을 사용함

(5) 공구나 재료는 작업동작이 원활하게 수행되도록 그 위치를 정해줌. 등

3) 공구 및 설비 설계(디자인)에 관한 원칙

(1) 치구나 족답장치(Foot-operated Device)를 효과적으로 사용할 수 있는 작업에서는 이러한 장치를 사용하도록 하여 양손이 다른 일을 할 수 있도록 함

(2) 가능하면 공구 기능을 결합하여 사용하도록 함

(3) 공구와 자세는 가능한 한 사용하기 쉽도록 미리 위치를 잡아줌(Pre-position) 등

SECTION 04
작업측정

1 작업측정

1) 정의

제품과 서비스를 생산하는 작업 시스템을 과학적으로 계획·관리하기 위해 그 활동에 소요되는 시간과 자원을 측정 또는 추정하는 것

2) 목적

표준시간의 설정, 유휴시간의 제거, 작업성과의 측정

2 표준시간 및 연구

1) 표준시간의 계산

(1) 기본공식 : 표준시간(ST)＝정미시간(NT)＋여유시간(AT)

① 정미시간(NT, Normal Time) : 매회 또는 일정한 주기로 발생하는 작업요소의 수행시간

② 여유시간(AT, Allowance Time) : 작업지연이나 기계고장, 가공재료의 부족 등으로 작업을 중단할 경우, 이로 인한 소요시간을 정미시간에 더하는 형식으로 보상하는 시간값

(2) 외경법 : 정미시간에 대한 비율을 여유율로 사용

① 여유율(A)＝$\dfrac{\text{여유시간의 총계}}{\text{정미시간의 총계}} \times 100$

② 표준시간(ST)＝정미시간×(1＋여유율)

(3) 내경법 : 근무시간에 대한 비율을 여유율로 사용

① 여유율(A)＝$\dfrac{\text{(일반)여유시간}}{\text{정미시간의 총계}} \times 100$

$＝\dfrac{\text{여유시간}}{\text{정미시간＋여유시간}} \times 100$

② 표준시간(ST)＝정미시간×$\left(\dfrac{1}{1-\text{여유율}} \right)$

3 워크샘플링

1) 정의

관측대상을 무작위로 선정한 시점에서 작업자나 기계의 가동상태를 순간적으로 관측하여 그 상황을 비율로 추정(이항분포)하는 방법

2) 목적

여유율산정, 가동률산정, 표준시간의 산정, 업무개선과 정원설정 등

3) 단점

시간연구법보다 부정확하고 짧은 주기나 반복 작업인 경우 적절하지 않음

4 표준자료법

1) 정의

시간연구법 또는 PTS법 등 과거에 측정된 기록을 검토, 가공한 뒤 요소별 표준자료들을 다중회귀분석법을 이용하여 표준시간 산출하는 방법(＝합성법(synthetic method))

2) 단점

표준시간의 정도가 떨어지고, 초기비용이 크며, 작업조건이 불안정하거나 표준화가 곤란한 경우에는 표준자료 설정이 곤란함

5 PTS(Predetermined Time Standards)법

1) 정의

(1) 기본동작 요소(therblig)와 같은 요소동작이나 또는 운동에 대해 미리 정해 놓은 일정한 표준요소 시간값을 나타낸 표를 적용하여 개개의 작업을 수행하는데 소요되는 시간값을 합성하여 산출하는 방법(＝기정시간표준법)

(2) 기본원리(PTS법의 가정) : 언제, 어디서든 동작의 변동요인이 같으면 소요시간은 기준시간값과 동일함

2) 장점

(1) 표준시간 설정과정에 있어서 현재 방법보다 합리적인 개선 가능

(2) 정확한 원가의 견적이 용이

(3) 작업방법만 알고 있으면 그 작업을 행하기 전 표준시간 예측가능함

3) 단점

(1) 수작업에만 적용 가능하며, 분석에 많은 시간 소요

(2) 도입초기에 전문가의 자문 또는 적용을 위한 교육/훈련 비용이 큼

4) WF법(Work Factor System)

(1) 시간단위

① Detailed WF(DWF) : 1WFU(Work Factor Unit)
$$= 0.0001분(1/10,000분)$$

② Ready WF(RWF) : 1RU(Ready WF Unit)
$$= 0.001분(1/1,000분)$$

(2) 표준요소(8가지) : 동작-이동(T), 쥐기(Gr), 미리놓기(PP), 조립(Asy), 사용(US), 분해(Dsy), 내려놓기(RI), 해석(MP)

5) MTM(Method Time Measurement)법

(1) 1TMU(time measurement unit)
$$= 0.00001시간$$
$$= 0.0006분 = 0.036초$$

(2) 기본동작 : 손을 뻗음(R), 운반(M), 회전(T), 누름(AP), 쥐기(G), 위치(P), 놓음(RL), 떼어놓음(D), 크랭크(K), 눈의 이동(ET), 눈의 초점맞추기(eye focus, EF)

SECTION 05
작업조건과 환경조건

1 반사율과 휘광

1) 반사율(%)

단위면적당 표면에서 반사 또는 방출되는 빛의 양을 의미

$$반사율(\%) = \frac{휘도(fL)}{조도(fC)} \times 100 = \frac{cd/m^2 \times \pi}{lux}$$
$$= \frac{광속발산도}{소요조명} \times 100$$

□ 옥내 추천 반사율

1. 천장 : 80∼90% 2. 벽 : 40∼60%

3. 가구 : 25∼45% 4. 바닥 : 20∼40%
---

2) 휘광(Glare, 눈부심)

휘도가 높거나 휘도대비가 클 경우 생기는 눈부심을 의미

(1) 광원으로부터의 휘광(Glare)의 처리방법

① 광원의 휘도를 줄이고, 광원의 수를 늘림

② 광원을 시선에서 멀리 위치시킴

③ 휘광원 주위를 밝게 하여 광도비를 줄임

④ 가리개(Shield), 갓(Hood) 혹은 차양(Visor)을 사용

2 조도와 광도

(1) 조도 : 어떤 물체나 표면에 도달하는 빛의 밀도로서 단위는 fc와 lux가 있음

$$조도(lux) = \frac{광속(lumen)}{거리(m)^2}$$

(2) 광도 : 단위면적당 표면에서 반사 또는 방출되는 광량

(3) 대비 : 표적의 광속 발산도와 배경의 광속 발산도의 차

$$대비 = 100 \times \frac{L_b - L_t}{L_b}$$

여기서, L_b : 배경의 광속 발산도,
L_t : 표적의 광속 발산도

3 소요조명(fc)

$$소요조명(fc) = \frac{소요광속발산도(fL)}{반사율(\%)} \times 100$$

4 소음과 청력손실

1) 소음(Noise)

인간이 감각적으로 원하지 않는 소리, 불쾌감을 주거나 주의력을 상실케 하여 작업에 방해를 주며 청력손실을 가져옴

(1) 가청주파수 : 20~20,000Hz / 유해주파수 : 4,000Hz
(2) 소리은폐현상(Sound Masking) : 한쪽 음의 강도가 약할 때는 강한 음에 묻혀 들리지 않게 되는 현상

2) 소음의 영향

(1) 일반적인 영향 : 불쾌감을 주거나 대화, 마음의 집중, 수면, 휴식을 방해하며 피로를 가중시킴
(2) 청력손실 : 진동수가 높아짐에 따라 청력손실이 증가. 청력손실은 4,000Hz(C5−dip 현상)에서 크게 나타남
① 청력손실의 정도는 노출 소음수준에 따라 증가
② 약한 소음에 대해서는 노출기간과 청력손실의 관계가 없음
③ 강한 소음에 대해서는 노출기간에 따라 청력손실도 증가함

3) 소음을 통제하는 방법(소음대책)

(1) 소음원의 통제   (2) 소음의 격리
(3) 차폐장치 및 흡음재료 사용 (4) 음향처리제 사용
(5) 적절한 배치

5 열교환 과정과 열압박

(1) 열균형 방정식 : S(열축적)=M(대사율)−E(증발)±R(복사)±C(대류)−W(한 일)
(2) 열압박 지수(HSI)=$\dfrac{E_{req}(\text{요구되는 증발량})}{E_{\max}(\text{최대증발량})}\times 100$

6 실효온도(Effective temperature, 감각온도, 실감온도)

온도, 습도, 기류 등의 조건에 따라 인간의 감각을 통해 느껴지는 온도로 상대습도 100% 일 때의 건구온도에서 느끼는 것과 동일한 온도감을 말함

(1) 옥스퍼드(Oxford) 지수(습건지수)

$$W_D=0.85W(\text{습구온도})+0.15d(\text{건구온도})$$

(2) 작업환경의 온열요소 : 온도, 습도, 기류(공기유동), 복사열

7 진동과 가속도

1) 진동의 생리적 영향

(1) 단시간 노출 시 : 과도호흡, 혈액이나 내분비 성분은 불변
(2) 장기간 노출 시 : 근육긴장의 증가

2) 전신 진동이 인간성능에 끼치는 영향

(1) 시성능 : 진동은 진폭에 비례하여 시력을 손상하며, 10~25Hz의 경우에 가장 심함
(2) 운동성능 : 진동은 진폭에 비례하여 추적능력을 손상하며, 5Hz 이하의 낮은 진동수에서 가장 심함
(3) 신경계 : 반응시간, 감시, 형태식별 등 주로 중앙신경처리에 달린 임무는 진동의 영향을 덜 받음
(4) 안정되고, 정확한 근육조절을 요하는 작업은 진동에 의해서 저하됨

3) 가속도

물체의 운동변화율(변화속도)로서 기본단위는 g로 사용하며 중력에 의해 자유낙하하는 물체의 가속도인 9.8m/s^2을 1g라 함

PART 01
PART 02
PART 03
PART 04
PART 05
부록

SECTION 06
작업환경과 인간공학

1 작업별 조도기준 및 소음기준

1) 작업별 조도기준(「안전보건규칙」 제8조)

(1) 초정밀작업 : 750lux 이상
(2) 정밀작업 : 300lux 이상
(3) 보통작업 : 150lux 이상
(4) 기타작업 : 75lux 이상

2) VDT를 위한 조명

(1) 조명수준 : VDT 조명은 화면에서 반사하여 화면상의 정보를 더 어렵게 할 수 있으므로 대부분 $300 \sim 500 \mathrm{lux}$를 지정

(2) 화면반사 : 화면반사는 화면으로부터 정보를 읽기 어렵게 하므로 화면반사를 줄이는 방법에는 ① 창문 가리기, ② 반사원의 위치 변경, ③ 광도를 줄이기, ④ 산란된 간접 조명을 사용 등이 있음

3) 소음기준(「안전보건규칙」 제512조)

(1) 소음작업

1일 8시간 작업기준으로 85데시벨(dB) 이상의 소음이 발생하는 작업

(2) 강렬한 소음작업

① 90dB 이상의 소음이 1일 8시간 이상 발생하는 작업

② 소음의 크기가 5dB 증가할 때마다 노출시간 한계는 1/2로 감소(소음이 120dB를 초과해서는 안 됨)

(3) 충격 소음작업

① 120dB을 초과하는 소음이 1일 1만 회 이상 발생하는 작업

② 130dB을 초과하는 소음이 1일 1천 회 이상 발생하는 작업

③ 140dB을 초과하는 소음이 1일 1백 회 이상 발생하는 작업

SECTION 07
시각적 표시장치

1 시각과정

1) 눈의 구조

(1) 홍채 : 눈으로 들어가는 빛의 양을 조절(카메라 조리개 역할)

(2) 수정체 : 빛을 굴절시켜 망막에 상이 맺힘(카메라 렌즈 역할)

(3) 망막 : 상이 맺히는 곳, 감광세포가 존재한다(상이 상하 좌우 전환되어 맺힘)

(4) 맥락막 : 망막을 둘러싼 검은 막(어둠상자 역할)

2) 시력과 눈의 이상

(1) 시각(Visual Angle) : 보는 물체에 대한 눈의 대각

$$시각[분] = 60 \times \tan^{-1} \frac{L}{D} = L \times 57.3 \times \frac{60}{D}$$

(2) 시력 $= \dfrac{1}{시각}$

3) 눈의 이상

(1) 원시 : 가까운 물체의 상이 망막 뒤에 맺힘, 멀리 있는 물체는 잘 볼 수 있으나 가까운 물체는 보기 어려움

(2) 근시 : 먼 물체의 상이 망막 앞에 맺힘, 가까운 물체는 잘 볼 수 있으나 멀리 있는 물체는 보기 어려움

4) 순응(조응)

눈이 광도수준에 대한 적응하는 것을 순응(Adaption) 또는 조응이라고 함

(1) 암순응(암조응) : 우선 약 5분 정도 원추세포의 순응단계를 거쳐 약 30~35분 정도 걸리는 간상세포의 순응단계(완전 암순응)로 이어짐

(2) 명순응(명조응) : 어두운 곳에 있는 동안 빛에 민감하게 된 시각계통을 강한 광선이 압도하기 때문에 일시적으로 안 보이게 되나 명순응에는 길게 잡아 1~2분이면 충분함

2 정량적 표시장치

1) 정량적 표시장치

온도나 속도 같은 동적으로 변하는 변수나 자로 재는 길이 같은 계량치에 관한 정보를 제공하는 데 사용함

2) 정량적 동적 표시장치의 기본형

(1) 동침형(Moving Pointer)

고정된 눈금상에서 지침이 움직이면서 값을 나타내는 방법으로 지침의 위치가 일종의 인식상의 단서로 작용하는 이점이 있음

(2) 동목형(Moving Scale)

값의 범위가 클 경우 작은 계기판에 모두 나타낼 수 없는 동침형의 단점을 보완한 것으로 표시장치의 공간을 적게 차지하는 이점이 있음. 빠른 인식을 요구하는 작업장에서는 사용을 피하는 것이 좋음

(3) 계수형(Digital Display)

수치를 정확히 읽어야 할 경우 인접 눈금에 대한 지침의 위치를 추정할 필요가 없기 때문에 Analog Type(동침형, 동목형)보다 더욱 적합함. 값이 빨리 변하는 경우 읽기가 곤란할 뿐만 아니라 시각 피로를 많이 유발함

3 정성적 표시장치

(1) 온도, 압력, 속도와 같은 연속적으로 변하는 변수의 대략적인 값이나 변화추세 등을 알고자 할 때 사용함
(2) 나타내는 값이 정상인지 여부를 판정하는 등 상태점검을 하는 데 사용함

4 묘사적 표시장치

1) 항공기의 이동표시

배경이 변화하는 상황을 중첩하여 나타내는 표시장치로 효과적인 상황판단을 위해 사용한다.
(1) 항공기 이동형(외견형) : 지평선이 고정되고 항공기가 움직이는 형태
(2) 지평선 이동형(내견형) : 항공기가 고정되고 지평선이 이동되는 형태(대부분의 항공기의 표시장치가 이에 속함)
(3) 빈도 분리형 : 외견형과 내견형의 혼합형

5 시각적 암호, 부호, 기호

(1) 묘사적 부호 : 사물이나 행동을 단순하고 정확하게 묘사(도로표지판의 보행신호, 유해물질의 해골과 뼈 등)
(2) 추상적 부호 : 메시지(傳言)의 기본요소를 도식적으로 압축한 부호
(3) 임의적 부호 : 부호가 이미 고안되어 있으므로 이를 배워야 하는 것(산업안전표지의 원형 → 금지표지, 사각형 → 안내표지 등)

청각적 표시장치

1 청각과정

1) 귀의 구조

(1) 바깥귀(외이) : 소리를 모으는 역할
(2) 가운데귀(중이) : 고막의 진동을 속귀로 전달하는 역할
(3) 속귀(내이) : 달팽이관에 청세포가 분포되어 있어 소리자극을 청신경으로 전달

2) 음의 특성 및 측정

(1) 음파의 진동수(Frequency of Sound Wave) : 인간이 감지하는 음의 높낮이

소리굽쇠를 두드리면 고유진동수로 진동하게 되는데 소리굽쇠가 진동함에 따라 공기의 입자가 전후방으로 움직이며 이에 따라 공기의 압력은 증가 또는 감소함. 소리굽쇠와 같은 간단한 음원의 진동은 정현파(사인파)를 만들며 사인파는 계속 반복되는데 1초당 사이클 수를 음의 진동수(주파수)라 하며 Hz(herz) 또는 CPS(cycle/s)로 표시함

(2) 음의 강도(Sound intensity)

① SPL(dB)

$$SPL(dB) = 10\log\left(\frac{P_1^2}{P_0^2}\right)$$

여기서, P_1 : 측정하고자 하는 음압,
P_0 : 기준음압($20\mu N/m^2$)

② 거리에 따른 음의 변화는 d_1은 d_1거리에서 단위면적당 음이고 d_2는 d_2거리에서 단위면적당 음이라면 음압은 거리에 반비례하므로 식으로 나타내면 다음과 같음

$$dB2 = dB1 - 20\log\left(\frac{d_2}{d_1}\right)$$

3) 음량(Loudness)

(1) Phon 음량수준 : 정량적 평가를 위한 음량 수준 척도, Phon으로 표시한 음량 수준은 이 음과 같은 크기로 들리는 1,000Hz 순음의 음압수준(dB)

(2) Sone 음량수준 : 다른 음의 상대적인 주관적 크기 비교, 40dB의 1,000Hz 순음 크기(=40Phon)를 1sone으로 정의, 기준음보다 10배 크게 들리는 음이 있다면 이 음의 음량은 10sone임

$$sone치 = 2^{(Phon치 - 40)/10}$$

4) 은폐(Masking) 효과

음의 한 성분이 다른 성분에 대한 귀의 감수성을 감소시키는 상황으로 피은폐된 한 음의 가청 역치가 다른 은폐된 음 때문에 높아지는 현상을 말함

예 사무실의 자판소리 때문에 말소리가 묻히는 경우

5) 통화 이해도

음성 메시지를 수화자가 얼마나 정확하게 인지할 수 있는가를 의미함

예 통화 이해도 시험, 명료도 지수, 이해도 점수, 통화 간섭수준, 소음 기준 곡선

2 청각적 표시장치

1) 시각장치와 청각장치의 비교

시각장치 사용	청각장치 사용
• 경고나 메시지가 길거나 복잡할 때	• 경고나 메시지가 짧거나 간단할 때
• 경고니 메시지가 후에 재참조될 때	• 경고니 메시지가 후에 재참조되지 않을 때
• 경고나 메시지가 즉각적인 행동을 요구하지 않을 때	• 경고나 메시지가 즉각적인 행동을 요구될 때
• 수신자의 청각 계통이 과부하 상태일 때	• 수신자의 시각계통이 과부하 상태일 때
• 수신 장소가 너무 시끄러울 때	• 수신장소가 너무 밝거나 암조응 유지가 필요할 때
• 직무상 수신자가 한곳에 머무를 때	• 직무상 수신자가 자주 움직일 때

2) 청각적 표시장치가 시각적 표시장치보다 유리한 경우

(1) 신호음 자체가 음일 때

(2) 무선거리 신호, 항로정보 등과 같이 연속적으로 변하는 정보를 제시할 때

(3) 음성통신(전화 등) 경로가 전부 사용되고 있을 때

(4) 정보가 즉각적인 행동을 요구하는 경우

(5) 조명으로 인해 시각을 이용하기 어려운 경우

3) 경계 및 경보신호 선택 시 지침

(1) 귀는 중음역에 가장 민감하므로 500~3,000Hz가 좋음

(2) 300m 이상 장거리용 신호에는 1,000Hz 이하의 진동수를 사용함

(3) 칸막이를 돌아가는 신호는 500Hz 이하의 진동수를 사용함

(4) 배경소음과 다른 진동수를 갖는 신호를 사용하고 신호는 최소 0.5~1초 지속됨

(5) 주의를 끌기 위해서는 변조된 신호를 사용함

(6) 경보효과를 높이기 위해서는 개시시간이 짧은 고강도의 신호 사용함

SECTION 09
촉각 및 후각적 표시장치

1 피부감각

(1) 통각 : 아픔을 느끼는 감각

(2) 압각 : 압박이나 충격이 피부에 주어질 때 느끼는 감각

(3) 감각점의 분포량 순서 : ① 통점 → ② 압점 → ③ 냉점 → ④ 온점

2 조정장치의 촉각적 암호화

(1) 표면촉감을 사용하는 경우

(2) 형상을 구별하는 경우

(3) 크기를 구별하는 경우

3 동적인 촉각적 표시장치

(1) 기계적 진동(Mechanical Vibration) : 진동기를 사용하여 피부에 전달, 진동장치의 위치, 주파수, 세기, 지속시간 등 물리적 매개변수
(2) 전기적 임펄스(Electrical Impulse) : 전류자극을 사용하여 피부에 전달, 전극위치, 펄스속도, 지속시간, 강도 등

4 후각적 표시장치

후각은 사람의 감각기관 중 가장 예민하고 빨리 피로해지기 쉬운 기관으로 사람마다 개인차가 심하다. 코가 막히면 감도도 떨어지고 냄새에 순응하는 속도가 빠름

5 웨버(Weber)의 법칙

특정 감각의 변화감지역(ΔI)은 사용되는 표준자극(I)에 비례한다. 웨버(Weber)비가 작을수록 인간의 분별력이 좋아짐

$$웨버비 = \frac{\Delta I}{I}$$

여기서, I : 기준자극크기, ΔI : 변화감지역

SECTION 10
인간의 특성과 안전

1 인간성능

1) 인간성능(Human Performance) 연구에 사용되는 변수

(1) 독립변수 : 관찰하고자 하는 현상에 대한 변수
(2) 종속변수 : 평가척도나 기준이 되는 변수
(3) 통제변수 : 종속변수에 영향을 미칠 수 있지만, 독립변수에 포함되지 않은 변수

2 성능신뢰도

1) 인간의 신뢰성 요인

(1) 주의력수준
(2) 의식수준(경험, 지식, 기술)
(3) 긴장수준(에너지 대사율)

2) 신뢰도

(1) 인간과 기계의 직 · 병렬 작업

① 직렬 : $R_s = r_1 \times r_2$

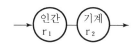

② 병렬 : $R_p = r_1 + r_2(1 - r_1) = 1 - (1 - r_1)(1 - r_2)$

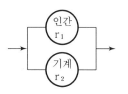

3 산업재해와 산업인간공학

1) 산업인간공학

인간의 능력과 관련된 특성이나 한계점을 체계적으로 응용하여 작업체계의 개선에 활용하는 연구분야

2) 산업인간공학의 가치

(1) 인력 이용률의 향상
(2) 훈련비용의 절감
(3) 사고 및 오용으로부터의 손실 감소
(4) 생산성의 향상
(5) 사용자의 수용도 향상
(6) 생산 및 정비유지의 경제성 증대

2과목 예상문제

01 다음 중 작업대에 관한 설명으로 틀린 것은?

① 경조립작업은 팔꿈치 높이보다 0~10cm 정도 낮게 한다.

② 중조립작업은 팔꿈치 높이보다 10~20cm 정도 낮게 한다.

③ 정밀작업은 팔꿈치 높이보다 0~10cm 정도 높게 한다.

④ 정밀한 작업이나 장기간 수행하여야 하는 작업은 입식 작업대가 바람직하다.

해설 정밀한 작업이나 장기간 수행하여야 하는 작업은 착석식 작업대가 바람직하다.

02 정보전달용 표시장치에서 청각적 표현이 좋은 경우가 아닌 것은?

① 메시지가 단순하다.

② 메시지가 복잡하다.

③ 메시지가 그때의 사건을 다룬다.

④ 시각장치가 지나치게 많다.

해설 메시지가 길거나 복잡한 경우에는 시각장치의 사용이 유리하다.

03 인터페이스 설계 시 고려해야 하는 인간과 기계와의 조화성에 해당되지 않는 것은?

① 지적 조화성 　　　② 신체적 조화성

③ 감성적 조화성 　　　④ 심미적 조화성

해설 **인간과 기계(환경) 인터페이스 설계 시 고려사항**
- 지적 조화성
- 감성적 조화성
- 신체적 조화성

04 다음 중 인간의 실수(Human Errors)를 감소시킬 수 있는 방법으로 가장 적절하지 않은 것은?

① 직무수행에 필요한 능력과 기령을 가진 사람을 선정함으로써 인간의 실수를 감소시킨다.

② 적절한 교육과 훈련을 통하여 인간의 실수를 감소시킨다.

③ 인간의 과오를 감소시킬 수 있도록 제품이나 시스템을 설계한다.

④ 실수를 발생한 사람에게 주의나 경고를 주어 재발생하지 않도록 한다.

해설 실수를 발생한 사람에게 주의나 경고를 주는 경우 실수가 재발할 위험이 있다.

05 다음 중 정성적(아날로그) 표시장치를 사용하기에 가장 적절하지 않은 것은?

① 전력계와 같이 신속 정확한 값을 알고자 할 때

② 비행기 고도의 변화율을 알고자 할 때

③ 자동차 시속을 일정한 수준으로 유지시키려 할 때

④ 색이나 형상을 암호화하여 설계할 때

해설 **정성적 표시장치**

전력계와 같이 신속 정확한 값을 알고자 할 때에는 계수형(Digital Display) 표시장치가 적절하다.

06 다음 중 FTA에 의한 재해사례연구의 순서를 올바르게 나열한 것은?

| A. 목표사상 선정 | B. FT도 작성 |
| C. 사상마다 재해원인 규명 | D. 개선계획 작성 |

① A→B→C→D 　　　② A→C→B→D

③ B→C→A→D 　　　④ B→A→C→D

정답 | 01 ④ 02 ② 03 ④ 04 ④ 05 ① 06 ②

FTA에 의한 재해사례 연구순서(D.R. Cheriton)

　　1. Top 사상의 선정
　　2. 사상마다의 재해원인 규명
　　3. FT도의 작성
　　4. 개선계획의 작성

07 스웨인(Swain)의 인적 오류(혹은 휴먼에러) 분류방법에 의할 때, 자동차 운전 중 습관적으로 손을 창문 밖으로 내어 놓았다가 다쳤다면, 다음 중 이때 운전자가 행한 에러의 종류로 옳은 것은?

① 실수(Slip)
② 작위 오류(Commission Error)
③ 불필요한 수행 오류(Extraneous Error)
④ 누락 오류(Omission Error)

손을 창문 밖으로 내어놓지 않아도 되는데 내어놓아서 다쳤으므로 불필요한 수행 오류이다.

08 다음 중 바닥의 추천 반사율로 가장 적당한 것은?

① 0~20%
② 20~40%
③ 40~60%
④ 60~80%

옥내 추천 반사율

　　1. 천장 : 80~90%
　　2. 벽 : 40~60%
　　3. 가구 : 25~45%
　　4. 바닥 : 20~40%

09 다음 중 지침이 고정되어 있고 눈금이 움직이는 형태의 정량적 표시장치는?

① 정목동침형 표시장치
② 정침동목형 표시장치
③ 계수형 표시장치
④ 점멸형 표시장치

정침동목형 표시장치 : 움직이는 눈금상에서 지침이 고정되어 값을 나타내는 방법

10 작업원 2인이 중복하여 작업하는 공정에서 작업자의 신뢰도는 0.85로 동일하며, 작업 중 50%는 작업자 1인이 수행하고 나머지 50%는 중복작업한다면 이 공정의 인간신뢰도는 약 얼마인가?

① 0.6694
② 0.7225
③ 0.9138
④ 0.9888

$$R = 1 - (1 - r_1)(1 - r_2)$$
$$= 1 - (1 - 0.85)(1 - 0.85 \times 0.5)$$
$$= 0.91375$$

11 다음 중 한 장소에 앉아서 수행하는 작업활동에 있어서의 작업에 사용하는 공간을 무엇이라 하는가?

① 작업공간 포락면
② 정상작업 포락면
③ 작업공간 파악한계
④ 정상작업 파악한계

작업공간 포락면(Envelope) : 한 장소에 앉아서 수행하는 작업활동에서 사람이 작업하는 데 사용하는 공간

12 다음 중 인간−기계시스템의 설계원칙으로 틀린 것은?

① 양립성이 적으면 적을수록 정보처리에서 재코드화 과정은 적어진다.
② 사용빈도, 사용순서, 기능에 따라 배치가 이루어져야 한다.
③ 인간의 기계적 성능에 부합되도록 설계해야 한다.
④ 인체특성에 적합해야 한다.

양립성이 클수록 정보처리에서 재코드화 과정은 적어진다.

13 러닝벨트(Treadmill) 위를 일정한 속도로 걷는 사람의 배기가스를 5분간 수집한 표본을 가스성분 분석기로 조사한 결과 산소 16%, 이산화탄소 4%로 나타났다. 배기가스 전부를 가스미터에 통과시킨 결과 배기량이 90L이었다면 분당 산소 소비량과 에너지가(價)는 약 얼마인가?

① 산소소비량 : 0.95L/분, 에너지가(價) : 4.75kcal/분
② 산소소비량 : 0.95L/분, 에너지가(價) : 4.80kcal/분
③ 산소소비량 : 0.95L/분, 에너지가(價) : 4.85kcal/분
④ 산소소비량 : 0.97L/분, 에너지가(價) : 4.90kcal/분

$V_{흡기} = V_{배기} \times (100 - O_2\% - CO_2\%)/79\% = (100 - 16 - 4) \times 18/79$
$\qquad = 18.228(L/min)$
산소소비량 $= 0.21 \times V_{흡기} - O_2\% \times V_{배기} = 0.21 \times 18.228 - 0.16 \times 18$
$\qquad = 0.9478$
$\qquad = 0.95(L/min)$
작업에너지가(kcal/min) = 분당산소소비량(L) × 5kcal = 0.95 × 5
$\qquad = 4.75$

14 다음 내용에 해당하는 양립성의 종류는?

> 자동차를 운전하는 과정에서 우측으로 회전하기 위하여 핸들을 우측으로 돌린다.

① 개념의 양립성　　　② 운동의 양립성
③ 공간의 양립성　　　④ 감성의 양립성

해설 운동양립성에 대한 설명이다

15 FT의 기호 중 더 이상 분석할 수 없거나 분석할 필요가 없는 생략사상을 나타내는 기호는?

① 　　　②
③ 　　　④

해설

기호	명칭	설명
◇	생략사상 (최후사상)	정보부족, 해석기술 불충분으로 더 이상 전개할 수 없는 사상

16 인간공학에 있어 시스템 설계 과정의 주요단계를 다음과 같이 6단계로 구분하였을 때 올바른 순서로 나열한 것은?

> ㉠ 기본설계
> ㉡ 계면(Interface)설계
> ㉢ 시험 및 평가
> ㉣ 목표 및 성능 명세 결정
> ㉤ 촉진물 설계
> ㉥ 체계의 정의

① ㉠→㉡→㉥→㉣→㉤→㉢
② ㉡→㉠→㉥→㉣→㉤→㉢
③ ㉣→㉥→㉠→㉡→㉤→㉢
④ ㉥→㉠→㉡→㉣→㉤→㉢

해설 **인간 – 기계시스템 설계과정 6가지 단계**
　1. 목표 및 성능명세 결정
　2. 시스템 정의
　3. 기본설계

　4. 인터페이스 설계
　5. 촉진물 설계
　6. 시험 및 평가

17 다음 중 위험처리 방법에 관한 설명으로 적절하지 않은 것은?

① 위험처리 대책 수립 시 비용문제는 제외된다.
② 재정적으로 처리하는 방법에는 보유와 전가 방법이 있다.
③ 위험의 제어 방법에는 회피, 손실제어, 위험분리, 책임 전가 등이 있다.
④ 위험처리 방법에는 위험을 제어하는 방법과 재정적으로 처리하는 방법이 있다.

해설 위험처리 대책 수립 시 비용문제는 제외되어서는 안 된다.

18 다음 중 부품배치의 원칙에 해당하지 않는 것은?

① 사용순서의 원칙　　　② 사용빈도의 원칙
③ 중요성의 원칙　　　　④ 신뢰성의 원칙

해설 **부품배치의 원칙**
　1. 중요성의 원칙
　2. 사용빈도의 원칙
　3. 기능별 배치의 원칙
　4. 사용순서의 원칙

19 시스템의 성능 저하가 인원의 부상이나 시스템 전체에 중대한 손해를 입히지 않고 제어가 가능한 상태의 위험강도는?

① 범주 Ⅰ : 파국적　　　② 범주 Ⅱ : 위기적
③ 범주 Ⅲ : 한계적　　　④ 범주 Ⅳ : 무시

해설 범주(Category) Ⅲ, 한계(Marginal) : 인원이 상해 또는 중대한 시스템의 손상없이 배제 또는 제거 가능

20 다음 중 FTA를 이용하여 사고원인의 분석 등 시스템의 위험을 분석할 경우 기대 효과와 관계없는 것은?

① 사고원인 분석의 정량화 가능
② 사고원인 규명의 귀납적 해석 가능
③ 안전점검을 위한 체크리스트 작성 가능
④ 복잡하고 대형화된 시스템의 신뢰성 분석 및 안전성 분석 가능

해설 결함수분석(FTA ; Fault Tree Analysis)은 연역적, 정량적 분석법이다.

정답 | 14 ② 15 ③ 16 ③ 17 ① 18 ④ 19 ③ 20 ②

21 다음은 1/100초 동안 발생한 3개의 음파를 나타낸 것이다. 음의 세기가 가장 큰 것과 가장 높은 음은 무엇인가?

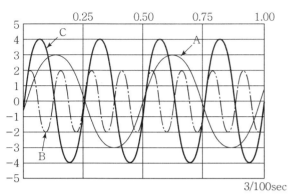

3/100sec

① 가장 큰 음의 세기 : A, 가장 높은 음 : B
② 가장 큰 음의 세기 : C, 가장 높은 음 : B
③ 가장 큰 음의 세기 : C, 가장 높은 음 : A
④ 가장 큰 음의 세기 : B, 가장 높은 음 : C

해설 진폭은 음의 세기를 나타내며, 주파수는 음의 높낮이를 나타내므로 가장 큰 음의 세기는 C, 가장 높은 음은 B이다.

22 40Phon이 1Sone일 때 60Phon은 몇 Sone인가?

① 2Sone
② 4Sone
③ 6Sone
④ 100Sone

해설 $Sone = 2^{\frac{phon-40}{10}} = 2^{\frac{60-40}{10}}$
$= 2^2 = 4[Sone]$

23 다음 중 소음의 크기에 대한 설명으로 틀린 것은?

① 저주파 음은 고주파 음만큼 크게 들리지 않는다.
② 사람의 귀는 모든 주파수의 음에 동일하게 반응한다.
③ 크기가 같아지려면 저주파 음은 고주파 음보다 강해야 한다.
④ 일반적으로 낮은 주파수(100Hz 이하)에 덜 민감하고, 높은 주파수에 더 민감하다.

해설 **플레처 먼슨 커브**(Fletcher – Munson Curve)
인간의 귀는 모든 주파수 대역(Bandwidth)에서 동일한 크기의 소리로 듣지 못한다.

24 다음 중 통제기기의 변위를 20mm를 움직였을 때 표시기기의 지침이 25mm 움직였다면 이 기기의 C/R비는 얼마인가?

① 0.3
② 0.4
③ 0.8
④ 0.9

해설 **통제표시비**(선형조정장치)

$\dfrac{X}{Y} = \dfrac{C}{D} = \dfrac{\text{통제기기의 변위량}}{\text{표시계기지침의 변위량}}$

$= \dfrac{20}{25} = 0.8$

25 다음 중 제조나 생산과정에서의 품질관리 미비로 생기는 고장으로, 점검작업이나 시운전으로 예방할 수 있는 고장은?

① 초기고장
② 마모고장
③ 우발고장
④ 평상고장

해설 초기고장은 시운전만으로도 예방가능하다.

26 다음 중 인간－기계시스템의 설계 단계를 6단계로 구분할 때 제3단계인 기본설계단계에 속하지 않는 것은?

① 직무분석
② 기능의 할당
③ 인터페이스 설계
④ 인간 성능 요건 명세

해설 제3단계(기본설계) : 시스템의 형태를 갖추기 시작하는 단계(직무분석, 작업설계, 기능할당, 인간성능 요건 명세)

27 FT도에 의한 컷셋(Cut set)이 다음과 같이 구해졌을 때 최소 컷셋(Minimal cut set)으로 옳은 것은?

$(X_1,\ X_3)\ (X_1,\ X_2,\ X_3)\ (X_1,\ X_3,\ X_4)$

① $(X_1,\ X_3)$
② $(X_1,\ X_2,\ X_3)$
③ $(X_1,\ X_3,\ X_4)$
④ $(X_1,\ X_2,\ X_3,\ X_4)$

해설 미니멀 컷셋은 정상사상을 일으키기 위한 필요 최소한의 컷을 말한다. 즉 미니멀 컷셋은 컷셋 중에 타 컷셋을 포함하고 있는 것을 배제하고 남은 컷셋들을 의미한다.

정답 | 21 ② 22 ② 23 ② 24 ③ 25 ① 26 ③ 27 ①

28 [보기]와 같은 위험관리의 단계를 순서대로 올바르게 나열한 것은?

┤보기├
ⓐ 위험의 분석   ⓒ 위험의 파악
ⓒ 위험의 처리   ⓓ 위험의 평가

① ⓐ → ⓒ → ⓓ → ⓒ
② ⓒ → ⓒ → ⓐ → ⓓ
③ ⓐ → ⓒ → ⓒ → ⓓ
④ ⓒ → ⓐ → ⓓ → ⓒ

해설 위험관리의 단계는 위험성의 파악 → 위험성의 분석 → 위험성의 평가 → 위험성의 처리 순으로 진행한다.

29 시스템의 수명주기를 구상, 정의, 개발, 생산, 운전의 5단계로 구분할 때 다음 중 시스템 안전성 위험분석(SSHA)은 어느 단계에서 수행되는 것이 가장 안전한가?

① 구상(Concept)단계   ② 운전(Deployment)단계
③ 생산(Production)단계   ④ 정의(Definition)단계

해설 제3단계(정의(Definitions)단계) : 예비설계와 생산기술을 확인하는 단계로 생산물의 적합성을 검토하고 시스템 안전성 위험분석(SSHA)을 한다.

30 다음 중 건구온도가 30℃, 습구온도가 27℃일 때 사람들이 느끼는 불쾌감의 정도를 설명한 것으로 가장 적절한 것은?

① 대부분의 사람이 불쾌감을 느낀다.
② 거의 모든 사람이 불쾌감을 느끼지 못한다.
③ 일부분의 사람이 불쾌감을 느끼기 시작한다.
④ 일부분의 사람이 쾌적함을 느끼기 시작한다.

해설 **불쾌지수(Discomfort Index)**
하절기의 보건지수(DI)
$= 0.72 \times$(건구온도 + 습구온도) + 40.6
$= 0.72 \times (30 + 27) + 40.6 = 81.64$

[불쾌지수의 분류]

불쾌지수 수준	불쾌감의 정도
80 이상	모든 사람이 불쾌감을 느낌

31 다음과 같은 FT도에서 minimal cut set으로 옳은 것은?

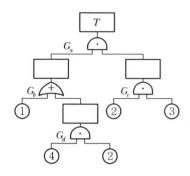

① (2, 3)
② (1, 2, 3)
③ (1, 2, 3) (2, 3, 4)
④ (1, 2, 3) (1, 3, 4)

해설 논리곱은 행으로 나열하고 논리합은 종으로 표시하면
T(G_a) → $G_b G_c$ → ① G_c → ①②③
　　　　　　　 G_d G_c → ④②②③
여기서 최소컷셋(미니멀컷셋, Minimal Cut Sets)은 (1, 2, 3) (2, 3, 4)가 된다.

32 안전성 평가의 기본원칙을 6단계로 나누었을 때 다음 중 가장 먼저 수행해야 되는 것은?

① 정성적 평가   ② 작업조건 측정
③ 정략적 평가   ④ 관계자료의 정비 검토

해설 **사업장 안전성 평가 1단계** – 관계자료의 정비 검토 : 입지조건, 제조공정 개요, 공정계통도 등 관계자료 검토

33 다음 중 제어장치에서 조종장치의 위치를 1cm 움직였을 때 표시장치의 지침이 4cm 움직였다면 이 기기의 C/R비는 약 얼마인가?

① 0.25   ② 0.6
③ 1.5   ④ 1.7

해설 **통제표시비(선형조정장치)**
$$\frac{X}{Y} = \frac{C}{D} = \frac{통제기기의\ 변위량}{표시계기지침의\ 변위량} = \frac{1}{4} = 0.25$$

34 다음 중 역치(Threshold value)의 설명으로 가장 적절한 것은?

① 표시장치의 설계와 역치는 아무런 관계가 없다.
② 에너지의 양이 증가할수록 차이 역치는 감소한다.
③ 역치는 감각에 필요한 최소량의 에너지를 말한다.
④ 표시장치를 설계할 때는 신호의 강도를 역치 이하로 설계하여야 한다.

해설 역치는 감각에 필요한 최소량의 에너지를 말하며 에너지의 양이 증가할수록 역치값도 증가한다.

35 다음 중 인간 – 기계 시스템을 설계하기 위해 고려해야할 사항으로 가장 적합하지 않은 것은?

① 동작경제의 원칙이 만족되도록 고려하여야 한다.
② 대상이 되는 시스템이 위치할 환경 조건이 인간에 대한 한계치를 만족하는가의 여부를 조사한다.
③ 인간과 기계가 모두 복수인 경우, 종합적인 효과보다 기계를 우선적으로 고려한다.
④ 인간이 수행해야 할 조직이 연속적인가 불연속적인가를 알아보기 위해 특성조사를 실시한다.

해설 인간과 기계가 모두 복수인 경우, 항상 기계가 우선적으로 고려되는 것은 아니다.

36 다음 중 결함수분석기법(FTA)에 관한 설명으로 틀린것은?

① 최초 Watson이 군용으로 고안하였다.
② 미니멀 패스셋(Minimal Path Set)을 구하기 위해서는 미니멀 컷셋(Minimal Cut Set)의 상대성을 이용한다.
③ 정상 사상의 발생확률을 구한 다음 FT를 작성한다.
④ AND 게이트의 확률 계산은 입력사상의 곱으로 한다.

해설 FT도를 작성한 다음 정상 사상의 발생확률을 구한다.

37 다음 통제용 조종장치의 형태 중 그 성격이 다른 것은?

① 노브(Knob)
② 푸시 버튼(Push Button)
③ 토글 스위치(Toggle Switch)
④ 로터리선택 스위치(Rotary Select Switch)

해설 노브(Knob)는 양에 의한 통제장치이다.

38 근골격계질환 작업분석 및 평가 방법인 OWAS의 평가요소를 모두 고른 것은?

ㄱ. 상지	ㄴ. 무게(하중)
ㄷ. 하지	ㄹ. 허리

① ㄱ, ㄴ
② ㄱ, ㄷ, ㄹ
③ ㄴ, ㄷ, ㄹ
④ ㄱ, ㄴ, ㄷ, ㄹ

해설 OWAS(Ovako Working – posture Analysis System)의 평가요소
　1. 허리
　2. 팔(상지)
　3. 다리(하지)
　4. 하중/힘

39 다음 중 신체와 환경 간의 열교환 과정을 가장 올바르게 나타낸 식은? (단, W는 일, M은 대사, S는 열 축적, R은 복사, C는 대류, E는 증발, Clo는 의복의 단열률이다.)

① $W = (M+S) \pm R \pm C - E$
② $S = (M-W) \pm R \pm C - E$
③ $W = Clo \times (M-S) \pm R \pm C - E$
④ $S = Clo \times (M-W) \pm R \pm C - E$

해설 **열균형 방정식**
　$S($열축적$) = M($대사율$) - E($증발$) \pm R($복사$) \pm C($대류$) - W($한 일$)$

PART
01

PART
02

PART
03

PART
04

PART
05

부록

40 작업기억(working memory)과 관련된 설명으로 옳지 않은 것은?

① 오랜 기간 정보를 기억하는 것이다.
② 작업기억 내의 정보는 시간이 흐름에 따라 쇠퇴할 수 있다.
③ 작업기억의 정보는 일반적으로 시각, 음성, 의미 코드의 3가지로 코드화된다.
④ 리허설(rehearsal)은 정보를 작업기억 내에 유지하는 유일한 방법이다.

해설 작업기억은 단기기억으로써, 작업기억 내의 정보는 시간이 흐름에 따라 쇠퇴할 수 있다.

41 조도가 400럭스인 위치에 놓인 흰색 종이 위에 짙은 회색의 글자가 쓰여 있다. 종이의 반사율은 80%이고 글자의 반사율은 40%라 할 때 종이와 글자의 대비는 얼마인가?

① −100%
② −50%
③ 50%
④ 100%

해설 대비(Luminance Contrast) : 표적의 과속발산속도(L_t)와 배경의 광속발산도(L_t)의 차를 나타내는 척도이다.

$$대비 = \frac{L_b - L_t}{L_b} \times 100$$
$$= \frac{80 - 40}{80} \times 100 = 50\%$$

42 다음 중 인간공학에 관련된 설명으로 옳지 않은 것은?

① 인간의 특성과 한계점을 고려하여 제품을 변경한다.
② 생산성을 높이기 위해 인간의 특성을 작업에 맞추는 것이다.
③ 사고를 방지하고 안전성·능률성을 높일 수 있다.
④ 편리성·쾌적성·효율성을 높일 수 있다.

해설 인간공학이란 인간의 신체적·심리적 능력 한계를 고려하여 인간에게 적절한 형태로 작업을 맞추는 것으로 개인이 시스템에서 효과적으로 기능을 하지 못하면 시스템의 수행이 변해야 한다.

43 다음 중 불대수(Boolean algebra)의 관계식으로 틀린 것은?

① $A(A \cdot B) = B$
② $A + B = A \cdot B$
③ $A + A \cdot B = A \cdot B$
④ $(A + B)(A + C) = A + B + C$

해설 $(A + B)(A + C) = A + AB + AC + BC$

44 다음 중 인체계측에 관한 설명으로 틀린 것은?

① 의자, 피복과 같이 신체모양과 치수와 관련성이 높은 설비의 설계에 중요하게 반영된다.
② 일반적으로 몸의 측정 치수는 구조적 치수(Structural Dimension)와 기능적 치수(Functional Dimension)로 나눌 수 있다.
③ 인체계측치의 활용 시에는 문화적 차이를 고려하여야 한다.
④ 인체계측치를 활용한 설계는 인간의 안락에는 영향을 미치지만, 성능 수행과는 관련성이 없다.

해설 ④ 인체계측치를 활용한 설계는 성능 수행과 관련성이 있다.

45 다음 중 작업방법의 개선원칙(ECRS)에 해당되지 않는 것은?

① 결합(Combine)
② 교육(Education)
③ 재배치(Rearrange)
④ 단순화(Simplify)

해설 **작업방법의 개선원칙(E.C.R.S)**
• 제거(Eliminate)
• 결합(Combine)
• 재조정(Rearrange)
• 단순화(Simplify)

46 시스템 안전성 평가기법에 대한 설명으로 틀린 것은?

① 가능성을 정량적으로 다룰 수 있다.
② 시각적 표현에 의해 정보전달이 용이하다.
③ 원인, 결과 및 모든 사상들의 관계가 명확해진다.
④ 연역적 추리를 통해 결함사상을 빠짐없이 도출하나, 귀납적 추리로는 불가능하다.

해설 FMEA의 경우 귀납적 추리도 가능하다.

47 다음 중 시스템의 수명곡선(욕조곡선)에서 우발고장 기간에 발생하는 고장의 원인으로 볼 수 없는 것은?

① 사용자의 과오 때문에
② 안전계수가 낮기 때문에
③ 부적절한 설치나 시동 때문에
④ 최선의 검사방법으로도 탐지되지 않는 결함 때문에

해설 부적절한 설치나 시동 때문에 발생하는 고장은 초기고장이다.

48 정보를 전송하기 위한 표시장치 중 시각장치보다 청각 장치를 사용하는 것이 더 좋은 경우는?

① 메시지가 나중에 재참조되는 경우
② 직무상 수신자가 자주 움직이는 경우
③ 메시지가 공간적인 위치를 다루는 경우
④ 수신자가 청각계통이 과부하상태인 경우

해설 직무상 수신자가 자주 움직이는 경우 청각적 표시장치가 유리하다.

49 FT도 작성에서 사용되는 기호 중 "시스템의 정상적인 가동상태에서 일어날 것이 기대되는 사상"을 나타내는 것은?

①   ②

③   ④

해설

기호	명칭	설명
	통상사상 (사상기호)	통상발생이 예상되는 사상

50 다음 중 결함수분석법에 관한 설명으로 틀린 것은?

① 잠재위험을 효율적으로 분석한다.
② 연역적 방법으로 원인을 규명한다.
③ 복잡하고 대형화된 시스템의 분석에 사용한다.
④ 정성적 평가보다 정량적 평가를 먼저 실시한다.

해설 **FTA(결함수분석법)**

기계, 설비 또는 Man–machine 시스템의 고장이나 재해의 발생요인을 논리적 도표에 의하여 분석하는 정량적·연역적 기법이다. FTA의 실시순서는 1. 정상사상의 선정, 2. FT도의 작성과 단순화, 3. 정량적 평가이다.

51 작업자가 100개의 부품을 육안 검사하여 20개의 불량품을 발견하였다. 실제 불량품이 40개라면 인간에러(human error) 확률은 약 얼마인가?

① 0.2   ② 0.3
③ 0.4   ④ 0.5

해설 **인간실수 확률 HEP**

$$= \frac{\text{인간실수의 수}}{\text{실수발생의 전체 기회수}} = \frac{40-20}{100} = 0.2$$

52 다음 중 눈의 구조 가운데 기능 결함이 발생할 경우 색맹 또는 색약이 되는 세포는?

① 간상세포   ② 원추세포
③ 수평세포   ④ 양극세포

해설 색을 지각하는 것은 망막의 원추세포에 의해 일어나는데 적, 녹, 황의 삼원색에 대응하는 빛의 파장 범위에 민감하다.

53 다음 설명에서 (   ) 안에 들어갈 단어를 순서적으로 올바르게 나타낸 것은?

> ㉠ 필요한 직무 또는 절차를 수행하지 않은 데 기인한 과오
> ㉡ 필요한 직무 또는 절차를 수행하였으나 잘못 수행한 과오

① ㉠ Sequential Error, ㉡ Extraneous Error
② ㉠ Extraneous Error, ㉡ Omission Error
③ ㉠ Omission Error, ㉡ Commission Error
④ ㉠ Commission Error, ㉡ Omission Error

해설 **심리적(행위에 의한) 분류(Swain)**

1. 생략에러(Omission Error) : 작업 내지 필요한 절차를 수행하지 않는 데서 기인하는 에러
2. 수행에러(Commission Error) : 작업 내지 절차를 수행했으나 잘못한 실수 – 선택착오, 순서착오, 시간착오

정답 | 47 ③ 48 ② 49 ③ 50 ④ 51 ① 52 ② 53 ③

54 다음 중 인간공학(Ergonomics)의 기원에 대한 설명으로 가장 적합한 것은?

① 차패니스(Chapanis, A.)에 의해서 처음 사용되었다.
② 민간기업에서 시작하여 군이나 군수회사로 전파되었다.
③ 'ergon(작업)+nomos(법칙)+ics(학문)'의 조합된 단어이다.
④ 관련 학회는 미국에서 처음 설립되었다.

[해설] 1. 자스트러제보스키(Jastrzebowski)의 정의 : Ergon(일 또는 작업)과 Nomos(자연의 원리 또는 법칙)로부터 인간공학(Ergonomics)의 용어를 얻었다.
2. 차패니스(A. Chapanis)의 정의 : 기계와 환경조건을 인간의 특성, 능력 및 한계에 잘 조화되도록 설계하기 위한 수법을 연구하는 학문

55 광원으로부터 2m 떨어진 곳에서 측정한 조도가 400 럭스이고, 다른 곳에서 동일한 광원에 의한 밝기를 측정하였더니 100럭스였다면, 두 번째로 측정한 지점은 광원으로부터 몇 m 떨어진 곳인가?

① 4
② 6
③ 8
④ 10

[해설] 광속=조도×(거리)^2
=400×2^2=1,600럭스

따라서, $100=\dfrac{1,600}{(거리)^2}$ 식을 풀면 거리가 광원으로부터 4m 떨어진 곳이다.

56 인간의 정보처리 기능 중 그 용량이 7개 내외로 작아, 순간적 망각 등 인적 오류의 원인이 되는 것은?

① 지각
② 작업기억
③ 주의력
④ 감각보관

[해설] 작업기억은 시간 흐름에 따라 쇠퇴하여 순간적 망각으로 인한 인적오류의 원인이 된다.

57 다음 중 위험과 운전성 연구(HAZOP)에 대한 설명으로 틀린 것은?

① 전기설비의 위험성을 주로 평가하는 방법이다.
② 처음에는 과거의 경험이 부족한 새로운 기술을 적용한 공정설비에 대하여 실시할 목적으로 개발되었다.
③ 설비 전체보다 단위별 또는 부문별로 나누어 검토하고 위험요소가 예상되는 부분에 상세하게 실시한다.
④ 장치 자체는 설계 및 제작사양에 맞게 제작된 것으로 간주하는 것이 전제 조건이다.

[해설] **위험 및 운전성 검토(HAZOP)**
각각의 장비에 대해 잠재된 위험이나 기능저하, 운전 잘못 등과 전체로서의 시설에 결과적으로 미칠 수 있는 영향 등을 평가하기 위해서 공정이나 설계 등에 체계적이고 비판적인 검토를 행하는 것을 말한다. HAZOP에서 안전장치는 필요할 때 정상 동작하는 것으로 간주한다.

58 산업안전보건법령상 위험성평가의 실시내용 및 결과의 기록 · 보존에 관한 설명으로 옳지 않은 것은?

① 위험성평가 대상의 유해 · 위험요인이 포함되어야 한다.
② 위험성 결정 및 결정에 따른 조치의 내용이 포함되어야 한다.
③ 위험성평가의 실시내용을 확인하기 위하여 필요한 사항으로서 고용노동부장관이 정하여 고시하는 사항이 포함되어야 한다.
④ 사업주는 위험성평가 실시내용 및 결과의 기록 · 보존에 따른 자료를 5년간 보존하여야 한다.

[해설] 위험성평가 실시내용 및 결과에 따른 자료 보존기간은 3년이다.

59 다음 중 작업관리의 내용과 거리가 먼 것은?

① 작업관리는 작업시간을 단축하는 것이 주목적이다.
② 작업관리는 방법연구와 작업측정을 주 영역으로 하는 경영기법의 하나이다.
③ 작업관리는 생산과정에서 인간이 관여하는 작업을 주 연구대상으로 한다.
④ 작업관리는 생산성과 함께 작업자의 안전과 건강을 함께 추구한다.

[해설] 각 생산작업을 가장 합리적이고 효율적으로 개선하여 표준화하여 제품의 품질 균일화, 생산비 절감, 안전성을 향상시키는 등의 목적이 있으며, 작업시간을 단축하는 것이 주목적은 아니다.

60 다음 중 5 TMU(Time Measurement Unit)를 초단위로 환산하면 몇 초인가?

① 1.8초
② 0.18초
③ 0.036초
④ 0.00036초

[해설] • 1 TMU=0.00001시간=0.0006분=0.036초
• 5 TMU=5×0.036초=0.18초 장치는 필요할 때 정상 동작하는 것으로 간주한다.

memo

산업안전산업기사 필기 INDUSTRIAL ENGINEER INDUSTRIAL SAFETY

PART 03

기계 · 기구 및 설비 안전 관리

CHAPTER

기계공정의 안전

PART 03

SECTION 01
기계공정의 특수성 분석

1 관련 공정 특성 분석(위험요인 도출)

1) 공정 설계(process design) 정의

공정에 투입하는 기계 설비, 인력 등과 같이 제품을 생산하기 위한 요소, 생산 활동, 작업순서 등을 선정하는 공정 선택과 생산 요소, 인력, 설비 등을 활용하여 제품을 어떻게 생산할 것인지 계획하는 공정계획으로 구분하며, 이러한 내용을 결정하는 것이다.

2) 공정관리의 정의

품질·수량·가격의 제품을 일정한 시간 동안 가장 효율적으로 생산하기 위해 총괄 관리하는 활동으로 협의의 생산관리인 생산통제로 쓰이기도 한다. 즉, 부품 조립의 흐름을 순서 정연하게 능률적 방법으로 계획하고, 처리하는 절차를 말한다.

3) 공정관리의 기능

(1) 계획 기능

생산계획을 통칭하는 것으로 공정계획을 행하여 작업의 순서와 방법을 결정하고, 일정계획을 통해 공정별 부하를 고려한 개개 작업의 착수 시기와 완성 일자를 결정하여 납기를 준수하고 유지하게 한다.

(2) 통제 기능

계획 기능에 따른 실제 과정의 지도, 조정 및 결과와 계획을 비교하고 측정, 통제하는 것을 말한다.

(3) 감사 기능

계획과 실행의 결과를 비교 검토하여 차이를 찾아내고 그 원인을 분석하여 적절한 조치를 취하며, 개선해 나감으로써 생산성을 향상하는 기능을 갖는다.

4) 공정(절차) 계획

(1) 절차 계획(Routing)

특정 제품을 만드는 데 필요한 공정순서를 정의한 것으로 작업의 순서, 표준시간, 각 작업이 행해질 장소를 결정하고 할당한다. 즉, 리드타임 및 자원의 양을 계산하고 원가 계산 시 기초자료로 활용할 수 있다.

(2) 공수 계획

① 부하 계획 : 일반적으로 할당된 작업에 관해, 최대 작업량과 평균 작업량의 비율인 부하율을 최적으로 유지할 수 있는 작업량의 할당 계획한다.
② 능력 계획 : 작업 수행상의 능력에 관해, 기준 조업도와 실제 조업도와의 비율을 최적으로 유지하기 위해 능력을 계획한다.

(3) 일정 계획

① 대일정 계획 : 납기에 따른 월별생산량이 예정되면 기준 일정표에 의거한 각 직장·제품·부분품별로 작업개시일과 작업시간 및 완성 기일을 지시할 수 있다.
② 중일정 계획 : 제작에 필요한 세부 작업 즉, 공정·부품별 일정계획으로, 일정계획의 기본이 된다.
③ 소일정 계획 : 특정 기계 내지 작업자에게 할당될 작업을 결정하고 그 작업의 개시일과 종료일을 나타내며, 이로 진도관리 및 작업분배가 이루어진다.

5) 공정 분석의 개요

(1) 공정 분석의 정의

원재료가 출고되면서부터 제품으로 출하될 때까지 다양한 경로에 따른 경과 시간과 이동 거리를 공정 도시 기호를 이용하여 계통적으로 나타냄으로써 공정계열의 합리화를 위한 개선 방안을 모색할 때 쓰는 방법이다.

(2) 요소 공정 분류

① 가공 공정 : O
　제조의 목적을 직접적으로 달성하는 공정이다.

② 운반 공정 : →
　제품이나 부품이 하나의 작업 장소에서 다른 작업 장소로 이동하기 위해 발생하는 작업이다.

③ 검사 공정 : ◇(품질 검사), □(수량 검사)
- 양의 검사 : 수량, 중량
- 질적 검사 : 가공부품의 가공정도, 품질, 등급별 분류

④ 정체 공정 : ▽(저장), D(대기, 정체)
- 대기 : 부품의 다음 가공, 조립을 일시 기다림
- 저장 : 계획적인 보관

2 표준안전작업절차서

1) 표준안전작업방법의 정의

현재 각종 표준안전작업을 위한 지침이 많이 정립되어 있다. 그러나 산업현장에 알맞은 표준안전작업 지침은 각 사업장에서 작성하여야 하므로, 대부분의 사업장에서는 자체적으로 마련한 표준안전작업 지침을 보유하고 있다. 즉, 현장의 크고 작은 위험요소로부터 근로자들을 보호하기 위하여 작업에 관한 표준방법을 정하고 그 기준에 따라 안전하게 행동하도록 제시한 것이 바로 표준안전작업방법이다.

2) 표준안전작업방법의 필요성

현장의 안전한 작업을 유지하고, 새로운 작업에 대해 학습·지도하기 위한 교재로 활용하기 위하여 표준안전작업 지침이 필요하다. 표준안전작업 지침은 현장에서 올바르게 작업하는 방법을 가장 쉽고 안전하게 실행할 수 있도록 제시한 것으로, 작업의 순서를 정해서 능률적으로 행할 수 있도록 단위 요소별 작업순서, 작업조건, 작업방법, 위험요소, 보수 방법 등을 제시하는 것이다. 그러므로 표준화된 작업순서는 근로자로서 반드시 지켜야 하는 것이다. 특히, 반복작업, 정확도를 요구하는 작업, 위험하거나 사고가 우려되는 작업, 개인에 따라 불규칙적인 방법을 취하고 있는 작업 등에는 사고 예방을 위해서 반드시 표준안전작업지침이 마련되어 있어야 한다.

3 KS 규격과 ISO 규격

1) KS 규격(Korean Industrial Standards)

한국공업규격의 기호이다. 산업표준화를 위해 제정된 산업규격을 활용 및 보급하여 생산능률 향상, 품질 개선, 소비자 보호 및 공정화를 위해서 만든 제도이다.

기호	부문	기호	부문
A	기본	G	일용품
B	기계	H	식료품
C	전기	K	섬유
D	금속	L	요업
E	광산	M	화학
F	토건		

2) ISO 규격

국제표준화기구(ISO)가 세계 공통적으로 제정한 품질 및 환경시스템 규격으로 ISO 9001(품질), ISO 14001(환경경영시스템), ISO 45001(안전보건경영시스템) 등이 있다.

4 파레토도, 특성요인도, 클로즈 분석, 관리도

(1) 파레토도 : 분류 항목을 큰 순서대로 도표화한 분석법

(2) 특성요인도 : 특성과 요인관계를 도표로 하여 어골상으로 세분화한 분석법(원인과 결과를 연계하여 상호관계를 파악)

(3) 클로즈(Close)분석도 : 데이터(Data)를 집계하고 표로 표시하여 요인별 결과 내역을 교차한 클로즈 그림을 작성하여 분석하는 방법

(4) 관리도 : 재해발생 건수 등의 추이를 파악하여 목표관리를 행하는 데 필요한 월별 재해발생수를 그래프화하여 관리선을 설정 관리하는 방법

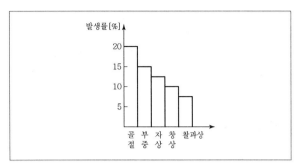

[파레토도]

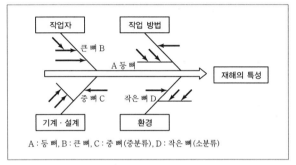

A : 등 뼈, B : 큰 뼈, C : 중 뼈(중분류), D : 작은 뼈(소분류)

[특성 요인도]

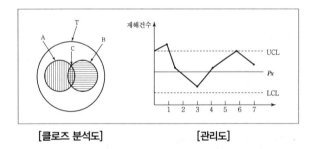

[클로즈 분석도]　　　　[관리도]

안전시설 관리 계획하기

1 작업 공정도 및 공정배관계장도

1) 작업 공정도(PFD ; Process Flow Diagram)

장치 설계 기준과 공정 계통을 표시하는 도면으로 중요한 장치 및 장치와 장치 간의 운전조건, 공정 연관성, 제어 설비, 운전변수, 연동장치 등의 기술적 정보를 파악할 수 있다. 또한, 작업의 진행 순서에 따라서 작업의 명칭과 내용, 사용 기계를 나타내는 부품가공용과 조립작업용이 있다.

2) 공정 도시 기호

(1) 기본 도시 기호

요소 공정을 도시하기 위하여 쓰이는 기호로서 가공, 운반, 저장, 지체, 수량 검사 및 품질 검사의 각 기호로 나눈다.

(2) 보조 도시 기호

공정 계열에서 계열의 상태를 도시하기 위하여 쓰이는 기호로서 흐름선, 구분 및 생략의 각 기호로 나눈다.

(3) 작업 공정도 흐름선 그리기

요소 공정 사이 내에서 재료, 원료, 부품 또는 제품이 합류 또는 분리되는 경우 사용한다.

(4) 작업 공정도 형태

① 직렬형 공정 분석도
② 합류형을 주로 하는 공정 계획도
③ 분리형을 주로 하는 공정도

3) 물질수지(Material balance)

공정 중에 사용하는 주원료와 부원료의 제품이나 양, 부산물의 양 또는 폐가스, 폐액 등으로 배출되는 손실량 간의 수지 계산이다.

4) 열수지(Heat balance)

원하는 공정 조건을 충족하기 위하여 냉각, 가열 또는 화학반응의 결과로 반응열이 발생하거나 또는 흡수되는 등 공정 중에서 물질계의 상태변화에 따른 열 및 에너지 변화량에 관한 수지계산이다.

5) 공정흐름도에 표시되어야 할 사항

제조공정의 공정 흐름, 개요, 공정제어의 원리, 제조설비의 기본사양 및 종류 등을 표기하며 아래의 사항을 포함한다.

6) 공정배관계장도(P&ID ; Piping & Instrument Diagram)

공정의 시운전, 정상운전, 운전정지 및 비상 운전에 필요한 모든 동력 기계, 공정장치, 공정제어, 배관과 계기등을 표기한다. 그리고 이러한 설비들 상호 간에 연관관계를 나타내 주며 건설, 상세 설계, 유지보수 및 운전, 변경을 하는 데 필요한 기술적 정보를 파악할 수 있다.

2 풀 프루프(Fool proof)

1) 정의

기계장치 설계단계에서 안전화를 도모하는 것으로 근로자가 기계 등의 취급을 잘못해도 사고로 연결되는 일이 없도록 하는 안전기구 즉, 인간과오(Human Error)를 방지하기 위한 것

2) Fool proof의 예

(1) 가드(안내, 조정, 고정)
(2) 록(Lock, 시건) 장치
(3) 오버런 기구

3 페일 세이프(Fail safe) 정의 및 기능면 3단계

1) 정의

(1) 기계나 그 부품에 고장이나 기능불량이 생겨도 항상 안전을 유지하는 구조와 기능

(2) 인간 또는 기계의 과오나 오작동이 있어도 사고 및 재해가 발생하지 않도록 2중, 3중으로 안전장치를 한 시스템(System)

2) 페일 세이프의 종류

(1) 다경로 하중구조
(2) 하중경감구조
(3) 교대구조
(4) 중복구조

3) 페일세이프의 기능분류

(1) Fail passive(자동감지) : 부품이 고장나면 통상 정지하는 방향으로 이동
(2) Fail active(자동제어) : 부품이 고장나면 기계는 경보를 울리며 짧은 시간 동안 운전이 가능
(3) Fail operational(차단 및 조정) : 부품에 고장이 있더라도 추후 보수가 있을 때까지 안전한 기능을 유지

4) Fail safe의 예

(1) 승강기 정전시 마그네틱 브레이크가 작동하여 운전을 정지시키는 경우와 정격속도 이상의 주행시 조속기가 작동하여 긴급 정지시키는 것
(2) 석유난로가 일정각도 이상 기울어지면 자동적으로 불이 꺼지도록 소화기구를 내장시킨 것
(3) 한쪽 밸브 고장시 다른 쪽 브레이크의 압축공기를 배출시켜 급정지시키도록 한 것

SECTION 03
기계의 위험 안전조건 분석

1 기계의 위험 안전조건 분석

1) 기계설비의 위험점 분류

(1) 협착점(Squeeze Point) : 기계의 왕복운동을 하는 운동부와 고정부 사이에 형성되는 위험점이다(왕복운동+고정부).

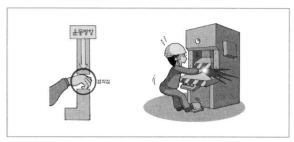

[프레스 상금형과 하금형 사이]

(2) 끼임점(Shear Point) : 기계가 회전운동을 하는 부분과 고정부 사이의 위험점이다. 예로서 연삭숫돌과 작업대, 교반기의 교반날개와 몸체사이 및 반복되는 링크기구 등이 있다(회전 또는 직선운동＋고정부).

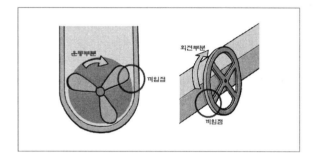

(3) 절단점(Cutting Point) : 회전하는 운동부 자체의 위험이나 운동하는 기계 부분 자체의 위험에서 초래되는 위험점이다. 예로서 밀링커터와 회전둥근톱날이 있다(회전운동 자체).

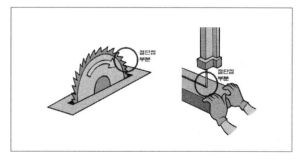

(4) 물림점(Nip Point) : 롤, 기어, 압연기와 같이 두 개의 회전체 사이에 신체가 물리는 위험점이다(회전운동＋회전운동).

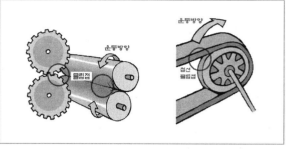

[물림점]　　　　[접선물림점]

(5) 접선물림점(Tangential Nip Point) : 회전하는 부분이 접선방향으로 물려 들어가 위험이 만들어지는 위험점이다(회전운동＋접선부).

(6) 회전말림점(Trapping Point) : 회전하는 물체(회전축, 커플링)의 길이, 굵기, 속도 등이 불규칙한 부위와 돌기 회전 부위에 장갑 및 작업복 등이 말려드는 위험점이다(돌기회전부).

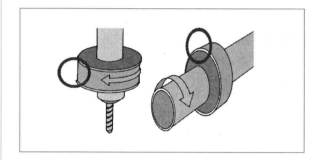

2) 위험점의 5요소

(1) 함정(Trap) : 기계 요소의 운동에 의해서 트랩점이 발생하지 않는가?
(2) 충격(Impact) : 움직이는 속도에 의해서 사람이 상해를 입을 수 있는 부분은 없는가?
(3) 접촉(Contact) : 날카로운 물체, 연마체, 뜨겁거나 차가운 물체 또는 흐르는 전류에 사람이 접촉함으로써 상해를 입을 수 있는 부분은 없는가?
(4) 말림, 얽힘(Entanglement) : 가공 중에 기계로부터 기계 요소나 가공물이 튀어나올 위험은 없는가?
(5) 튀어나옴(Ejection) : 기계요소와 피가공재가 튀어나올 위험이 있는가?

3) 기초역학

(1) 피로 한도(Fatigue Limit)

반복응력을 받게 되는 기계구조 부분의 설계에서 허용응력을 결정하기 위한 기초강도

(2) 크리프시험

금속이나 합금에 외력이 일정하게 작용할 경우 온도가 높은 상태에서는 시간이 경과함에 따라 연신율이 일정한도 늘어나다가 파괴된다. 금속재료를 고온에서 긴 시간 외력을 걸면 시간이 경과됨에 따라 서서히 변형이 증가하는 현상을 말한다.

(3) 인장시험

재료의 항복점, 인장강도, 신장 등을 알 수 있는 시험이다.

(4) 훅(Hooke)의 법칙

비례한도 이내에서 응력과 변형률은 비례한다. $\sigma = E\varepsilon$

2 통행과 통로

1) 작업장 내 통로의 안전

(1) 사다리식 통로의 구조(「안전보건규칙」 제24조)

① 발판과 벽과의 사이는 15센티미터 이상의 간격을 유지할 것
② 폭은 30센티미터 이상으로 할 것
③ 사다리의 상단은 걸쳐놓은 지점으로부터 60센티미터 이상 올라가도록 할 것
④ 사다리식 통로의 길이가 10미터 이상인 경우에는 5미터 이내마다 계단참을 설치할 것
⑤ 사다리식 통로의 기울기는 75도 이하로 할 것

(2) 통로의 조명(「안전보건규칙」 제21조)

근로자가 안전하게 통행할 수 있도록 통로에 75럭스 이상의 채광 또는 조명시설을 하여야 한다.

2) 계단의 안전

(1) 계단 및 계단참을 설치하는 경우 매제곱미터당 500킬로그램 이상의 하중에 견딜 수 있는 강도를 가진 구조로 설치하여야 하며, 안전율은 4 이상으로 하여야 한다(「안전보건규칙」 제26조).
(2) 높이가 3미터를 초과하는 계단에 높이 3미터 이내마다 너비 1.2미터 이상의 계단참을 설치하여야 한다(「안전보건규칙」 제28조).

3 기계의 안전조건

1) 외형의 안전화

(1) 묻힘형이나 덮개의 설치(「안전보건규칙」 제87조)

① 사업주는 기계의 원동기·회전축·기어·풀리·플라이휠·벨트 및 체인 등 근로자가 위험에 처할 우려가 있는 부위에 덮개·울·슬리브 및 건널다리 등을 설치하여야 한다.
② 사업주는 회전축·기어·풀리 및 플라이휠 등에 부속하는 키·핀 등의 기계요소는 묻힘형으로 하거나 해당 부위에 덮개를 설치하여야 한다.
③ 사업주는 벨트의 이음 부분에 돌출된 고정구를 사용하여서는 아니 된다.
④ 사업주는 제1항의 건널다리에는 안전난간 및 미끄러지지 아니하는 구조의 발판을 설치하여야 한다.

(2) 별실 또는 구획된 장소에의 격리

원동기 및 동력전달장치(벨트, 기어, 샤프트, 체인 등)

(3) 안전색채를 사용

기계설비의 위험 요소를 쉽게 인지할 수 있도록 주의를 요하는 안전색채를 사용
① 시동단추식 스위치 : 녹색
② 정지단추식 스위치 : 적색
③ 가스배관 : 황색
④ 물배관 : 청색

2) 작업의 안전화

작업 중의 안전은 그 기계설비가 자동, 반자동, 수동에 따라서 다르며 기계 또는 설비의 작업환경과 작업방법을 검토하고 작업위험분석을 하여 작업을 표준 작업화할 수 있도록 한다.

3) 작업점의 안전화

작업점이란 일이 물체에 행해지는 점 혹은 일감이 직접 가공되는 부분을 작업점(Point of Operation)이라 하며, 이와 같은 작업점은 특히 위험하므로 방호장치나 자동제어 및 원격장치를 설치할 필요가 있다.

4) 기능상의 안전화

기계설비가 이상이 있을 때 기계를 급정지시키거나 방호장치가 작동되도록 하는 것과 전기회로를 개선하여 오동작을 방지하거나 별도의 안전한 회로에 의해 정상기능을 찾을 수 있도록 하는 것

예 전압 강하시 기계의 자동정지, 안전장치의 일정방식

5) 구조적 안전(강도적 안전화)

(1) 재료에 있어서의 결함

(2) 설계에 있어서의 결함

(3) 가공에 있어서의 결함

(4) 안전율(Safety Factor), 안전계수

안전율은 응력계산 및 재료의 불균질 등에 대한 부정확을 보충하고 각 부분의 불충분한 안전율과 더불어 경제적 치수결정에 대단히 중요한 것으로서 다음과 같이 표시된다.

$$S = \frac{인장강고}{허용응력} = \frac{판단(최대)하중}{안전(정격)하중} = \frac{항복강도}{사용응력}$$

4 방호장치의 종류

1) 격리형 방호장치

작업자가 작업점에 접촉되어 재해를 당하지 않도록 기계설비 외부에 차단벽이나 방호망을 설치하는 것으로 작업장에서 가장 많이 사용하는 방식이다(덮개).

예 완전 차단형 방호장치, 덮개형 방호장치, 안전 울타리

2) 위치제한형 방호장치

조작자의 신체부위가 위험한계 밖에 있도록 기계의 조작장치를 위험구역에서 일정거리 이상 떨어지게 한 방호장치이다(양수조작식 안전장치).

3) 접근거부형 방호장치

작업자의 신체부위가 위험한계 내로 접근하면 기계의 동작위치에 설치해놓은 기구가 접근하는 신체부위를 안전한 위치로 되돌리는 것이다(손쳐내기식 안전장치).

4) 접근반응형 방호장치

작업자의 신체부위가 위험한계로 들어오게 되면 이를 감지하여 작동 중인 기계를 즉시 정지시키거나 스위치가 꺼지도록 하는 기능을 가지고 있다(광전자식 안전장치).

5) 포집형 방호장치

목재가공기의 반발예방장치와 같이 위험장소에 설치하여 위험원이 비산하거나 튀는 것을 방지하는 등 작업자로부터 위험원을 차단하는 방호장치이다.

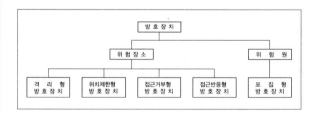

SECTION 01
재해조사

1 재해조사의 목적

1) 목적

(1) 동종재해의 재발 방지
(2) 유사재해의 재발 방지
(3) 재해원인의 규명 및 예방자료 수집

2) 재해조사에서 방지대책까지의 순서(재해사례연구)

(1) 1단계

사실의 확인(① 사람 ② 물건 ③ 관리 ④ 재해발생까지의 경과)

(2) 2단계

직접원인과 문제점의 확인

(3) 3단계

근본 문제점의 결정

(4) 4단계

대책의 수립
① 동종재해의 재발방지
② 유사재해의 재발방지
③ 재해원인의 규명 및 예방자료 수집

3) 사례연구 시 파악하여야 할 상해의 종류

(1) 상해의 부위
(2) 상해의 종류
(3) 상해의 성질

2 재해조사 시 유의사항

(1) 사실을 수집한다.
(2) 객관적인 입장에서 공정하게 조사하며 조사는 2인 이상이
한다.
(3) 책임추궁보다는 재발방지를 우선으로 한다.
(4) 조사는 신속하게 행하고 긴급 조치하여 2차 재해의 방지
를 도모한다.
(5) 피해자에 대한 구급조치를 우선한다.
(6) 사람, 기계 설비 등의 재해요인을 모두 도출한다.

3 재해발생 시 조치사항

1) 긴급처리

(1) 재해발생기계의 정지 및 피해확산 방지
(2) 재해자의 구조 및 응급조치(가장 먼저 해야 할 일)
(3) 관계자에게 통보
(4) 2차 재해방지
(5) 현장보존

2) 재해조사

누가, 언제, 어디서, 어떤 작업을 하고 있을 때, 어떤 환경에서,
불안전 행동이나 상태는 없었는지 등에 대한 조사 실시

3) 원인강구

인간(Man), 기계(Machine), 작업매체(Media),
관리(Management) 측면에서의 원인분석

4) 대책수립

유사한 재해를 예방하기 위한 3E 대책수립
3E : 기술적(Engineering), 교육적(Education), 관리적
(Enforcement)

5) 대책실시계획

6) 실시

7) 평가

4 재해발생의 원인분석 및 조사기법

1) 사고발생의 연쇄성(하인리히의 도미노 이론)

사고의 원인이 어떻게 연쇄반응(Accident Sequence)을 일으키는가를 설명하기 위해 흔히 도미노(Domino)를 세워놓고 어느 한쪽 끝을 쓰러뜨리면 연쇄적, 순차적으로 쓰러지는 현상을 비유. 도미노 골패가 연쇄적으로 넘어지려고 할 때 불안전한 행동이나 상태를 제거함으로써 연쇄성을 끊어 사고를 예방하게 된다. 하인리히는 사고의 발생과정을 다음과 같이 5단계로 정의했다.
(1) 1단계 사회적 환경 및 유전적 요소(기초원인)
(2) 2단계 개인의 결함 : 간접원인
(3) 3단계 불안전한 행동 및 불안전한 상태(직접원인)
　　　　 ⇒ 제거(효과적임)
(4) 4단계 사고
(5) 5단계 재해

2) 최신 도미노 이론(버드의 관리모델)

프랭크 버드 주니어(Frank Bird Jr.)는 하인리히와 같이 연쇄반응의 개별요인이라 할 수 있는 5개의 골패로 상징되는 손실요인이 연쇄적으로 반응되어 손실을 일으키는 것으로 보았는데 이를 다음과 같이 정리했다.
(1) 통제의 부족(관리) : 관리의 소홀, 전문기능 결함
(2) 기본원인(기원) : 개인적 또는 과업과 관련된 요인
(3) 직접원인(징후) : 불안전한 행동 및 불안전한 상태
(4) 사고(접촉)
(5) 상해(손해, 손실)

3) 재해예방의 4원칙

(1) 손실우연의 원칙 : 재해손실은 사고발생시 사고대상의 조건에 따라 달라지므로 한 사고의 결과로서 생긴 재해손실은 우연성에 의해서 결정
(2) 원인계기의 원칙 : 재해발생은 반드시 원인이 있음

(3) 예방가능의 원칙 : 재해는 원칙적으로 원인만 제거하면 예방이 가능
(4) 대책선정의 원칙 : 재해예방을 위한 가능한 안전대책은 반드시 존재

5 재해구성비율

1) 하인리히의 법칙

1 : 29 : 300

330회의 사고 가운데 중상 또는 사망 1회, 경상 29회, 무상해사고 300회의 비율로 사고가 발생한다.

2) 버드의 법칙

1 : 10 : 30 : 600
(1) 1 : 중상 또는 폐질
(2) 10 : 경상(인적, 물적 상해)
(3) 30 : 무상해사고(물적 손실 발생)
(4) 600 : 무상해, 무사고 고장(위험순간)

6 산업재해 발생과정

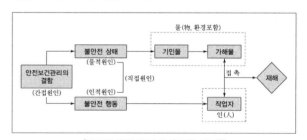

[재해발생의 메커니즘(모델, 구조)]

SECTION 02
산재분류 및 통계분석

1 재해율의 종류 및 계산

1) 재해율

임금근로자수 100명당 발생하는 재해자수의 비율을 의미한다.

$$재해율 = \frac{재해자수}{임금근로자수} \times 100$$

2) 사망만인율

임금근로자수 10,000명당 발생하는 사망자수의 비율을 의미한다.

3) 연천인율(年千人率)

1년간 발생하는 임금근로자 1,000명당 재해자수

$$연천인율 = \frac{재해자수}{연평균근로자수} \times 1,000$$

$$연천인율 = 도수율(빈도율) \times 2.4$$

4) 도수율(빈도율)(F.R ; Frequency Rate of Injury)

(1) 근로자 100만 명이 1시간 작업시 발생하는 재해건수
(2) 근로자 1명이 100만 시간 작업시 발생하는 재해건수

$$도수율 = \frac{재해발생건수}{연근로시간수} \times 1,000,000$$

연근로시간수 = 실근로자수 × 근로자 1인당 연간 근로시간수

여기서, 1년 : 300일, 2,400시간, 1월 : 25일, 200시간,
1일 : 8시간

5) 강도율(S.R ; Severity Rate of Injury)

연근로시간 1,000시간당 재해로 인해서 잃어버린 근로손실일수을 의미한다.

$$강도율 = \frac{근로손실일수}{연근로시간수} \times 1,000$$

근로손실일수

(1) 사망 및 영구 전노동 불능(장애등급 1~3급) : 7,500일
(2) 영구 일부노동 불능(4~14등급)

등급	4	5	6	7	8	9	10	11	12	13	14
일수	5500	4000	3000	2200	1500	1000	600	400	200	100	50

(3) 일시 전노동 불능(의사의 진단에 따라 일정기간 노동에 종사할 수 없는 상해)

$$휴직일수 \times \frac{300}{365}$$

6) 평균강도율

재해 1건당 평균 근로손실일수를 의미한다.

$$평균강도율 = \frac{강도율}{도수율} \times 1,000$$

7) 환산강도율

근로자가 입사하여 퇴직할 때까지 잃을 수 있는 근로손실일수를 의미한다.

$$환산강도율 = 강도율 \times 100$$

8) 환산도수율

근로자가 입사하여 퇴직할 때까지(40년=10만 시간) 당할 수 있는 재해건수를 의미한다.

$$환산도수율 = \frac{도수율}{10}$$

9) 종합재해지수(F.S.I ; Frequency Severity Indicator)

재해 빈도의 다수와 상해 정도의 강약을 종합을 의미한다.

$$종합재해지수(FSI) = \sqrt{도수율(FR) \times 강도율(SR)}$$

10) 세이프티스코어(Safe T. Score)

(1) 의미

과거와 현재의 안전성적을 비교, 평가하는 방법으로 단위가 없으며 계산결과가 (+)이면 나쁜 기록이, (−)이면 과거에 비해 좋은 기록으로 본다.

(2) 공식

$$\text{Safe T. Score} = \frac{\text{도수율(현재)} - \text{도수율(과거)}}{\sqrt{\dfrac{\text{도수율(과거)}}{\text{총 근로시간수}} \times 1,000,000}}$$

(3) 평가방법

① +2.0 이상인 경우 : 과거보다 심각하게 나쁨
② +2.0~-2.0인 경우 : 심각한 차이가 없음
③ -2.0 이하 : 과거보다 좋음

2 재해손실비의 종류 및 계산

업무상 재해로서 인적재해를 수반하는 재해에 의해 생기는 비용으로 재해가 발생하지 않았다면 발생하지 않아도 되는 직·간접 비용이다.

1) 하인리히 방식

> 총 재해코스트＝직접비＋간접비

(1) 직접비

법령으로 정한 피해자에게 지급되는 산재보험비를 말한다.
① 요양급여   ② 휴업급여
③ 장해급여   ④ 간병급여
⑤ 유족급여   ⑥ 상병보상연금
⑦ 장의비   ⑧ 직업재활급여
⑨ 기타비용

(2) 간접비

재산손실, 생산중단 등으로 기업이 입은 손실을 말한다.
① 인적손실 : 본인 및 제 3자에 관한 것을 포함한 시간손실
② 물적손실 : 기계, 공구, 재료, 시설의 복구에 소비된 시간손실 및 재산손실
③ 생산손실 : 생산감소, 생산중단, 판매감소 등에 의한 손실
④ 특수손실
⑤ 기타손실

(3) 직접비 : 간접비＝1 : 4

※ 우리나라의 재해손실비용은 「경제적 손실 추정액」이라 칭하며 하인리히 방식으로 산정한다.

2) 시몬즈 방식

> 총 재해비용＝산재보험비용＋비보험비용

비보험비용＝휴업상해건수×A＋통원상해건수×B＋응급조치건수×C＋무상해상고건수×D

A, B, C, D는 장해정도별에 의한 비보험비용의 평균치

3) 버드의 방식

> 총 재해비용＝보험비(1)＋비보험비(5~50)＋비보험 기타비용(1~3)

(1) 보험비 : 의료, 보상금
(2) 비보험 재산비용 : 건물손실, 기구 및 장비손실, 조업중단 및 지연
(3) 비보험 기타비용 : 조사시간, 교육 등

3 재해통계 분류방법

1) 상해정도별 구분

(1) 사망
(2) 영구 전노동 불능 상해(신체장애 등급 1~3등급)
(3) 영구 일부노동 불능 상해(신체장애 등급 4~14등급)
(4) 일시 전노동 불능 상해 : 장해가 남지 않는 휴업상해
(5) 일시 일부노동 불능 상해 : 일시 근무 중에 업무를 떠나 치료를 받는 정도의 상해
(6) 구급처치상해 : 응급처치 후 정상작업을 할 수 있는 정도의 상해

2) 통계적 분류

(1) 사망 : 노동손실일수 7,500일

(2) 중상해 : 부상으로 8일 이상 노동손실을 가져온 상해

(3) 경상해 : 부상으로 1일 이상 7일 이하의 노동손실을 가져온 상해

(4) 경미상해 : 8시간 이하의 휴무 또는 작업에 종사하면서 치료를 받는 상해(통원치료)

3) 상해의 종류

(1) 골절 : 뼈에 금이 가거나 부러진 상해

(2) 동상 : 저온물 접촉으로 생긴 동상상해

(3) 부종 : 국부의 혈액순환 이상으로 몸이 퉁퉁 부어오르는 상해

(4) 중독, 질식 : 음식, 약물, 가스 등에 의해 중독이나 질식된 상태

4 재해사례 분석절차

1) 재해통계 목적 및 역할

(1) 재해원인을 분석하고 위험한 작업 및 여건을 도출

(2) 합리적이고 경제적인 재해예방 정책방향 설정

(3) 재해실태를 파악하여 예방활동에 필요한 기초자료 및 지표 제공

(4) 재해예방사업 추진실적을 평가하는 측정 수단

2) 재해의 통계적 원인분석 방법

(1) 파레토도 : 분류 항목을 큰 순서대로 도표화한 분석법

(2) 특성요인도 : 특성과 요인관계를 도표로 하여 어골상으로 세분화한 분석법(원인과 결과를 연계하여 상호관계를 파악)

(3) 클로즈(Close)분석도 : 데이터(Data)를 집계하고 표로 표시하여 요인별 결과 내역을 교차한 클로즈 그림을 작성하여 분석하는 방법

(4) 관리도 : 재해발생 건수 등의 추이를 파악하여 목표관리를 행하는 데 필요한 월별 재해발생수를 그래프화하여 관리선을 설정 관리하는 방법

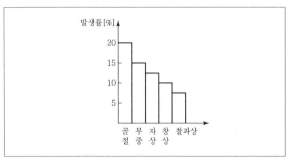

[파레토도]

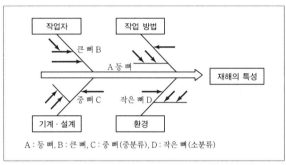

A : 등 뼈, B : 큰 뼈, C : 중 뼈(중분류), D : 작은 뼈(소분류)

[특성 요인도]

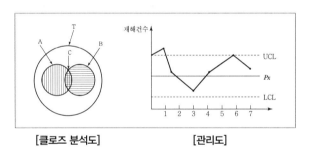

[클로즈 분석도]   [관리도]

3) 재해통계 작성 시 유의할 점

(1) 활용목적을 수행할 수 있도록 충분한 내용이 포함되어야 한다.

(2) 재해통계는 구체적으로 표시되고 그 내용은 용이하게 이해되며 이용할 수 있을 것

(3) 재해통계는 항목 내용 등 재해요소가 정확히 파악될 수 있도록 예방대책이 수립될 것

(4) 재해통계는 정량적으로 정확하게 수치적으로 표시되어야 한다.

4) 재해발생 원인의 구분

(1) 기술적 원인

① 건물, 기계장치의 설계불량 ② 구조, 재료의 부적합
③ 생산방법의 부적합 ④ 점검, 정비, 보존불량

(2) 교육적 원인

① 안전지식의 부족 ② 안전수칙의 오해
③ 경험, 훈련의 미숙

(3) 관리적 원인

① 안전관리조직의 결함 ② 안전수칙 미제정
③ 작업준비 불충분 ④ 인원배치 부적당

(4) 정신적 원인

① 안전의식의 부족
② 주의력의 부족
③ 방심 및 공상
④ 개성적 결함 요소 : 도전적인 마음, 과도한 집착, 다혈질 및 인내심 부족
⑤ 판단력 부족 또는 그릇된 판단

(5) 신체적 원인

① 피로
② 시력 및 청각기능의 이상
③ 근육운동의 부적합
④ 육체적 능력 초과

5 산업재해

1) 산업재해의 정의

노무를 제공하는 사람이 업무에 관계되는 건설물 · 설비 · 원재료 · 가스 · 증기 · 분진 등에 의하거나 작업 또는 그 밖의 업무로 인하여 사망 또는 부상하거나 질병에 걸리는 재해이다.

2) 조사보고서 제출

사업주는 산업재해로 사망자가 발생하거나 3일 이상의 휴업이 필요한 부상을 입거나 질병에 걸린 사람이 발생한 경우에는 해당 산업재해가 발생한 날부터 1개월 이내에 산업재해조사표를 작성하여 관할 지방고용노동청장 또는 지청장에게 제출해야 한다.

3) 사업주는 산업재해가 발생한 때에는 고용노동부령이 정하는 바에 따라 재해발생원인 등을 기록하여야 하며 이를 3년간 보존하여야 한다.

□ **산업재해 기록 · 보존해야 할 사항**
① 사업장의 개요 및 근로자의 인적사항
② 재해발생의 일시 및 장소
③ 재해발생의 원인 및 과정
④ 재해 재발방지 계획

---

6 중대재해

(1) 사망자가 1명 이상 발생한 재해
(2) 3개월 이상의 요양이 필요한 부상자가 동시에 2명 이상 발생한 재해
(3) 부상자 또는 직업성 질병자가 동시에 10명 이상 발생한 재해

7 산업재해의 직접원인

1) 불안전한 행동(인적 원인, 전체 재해발생 원인의 88% 정도)

사고를 가져오게 한 작업자 자신의 행동에 대한 불안전한 요소를 말한다.

(1) 불안전한 행동의 예

① 위험장소 접근
② 안전장치의 기능 제거
③ 복장 · 보호구의 잘못된 사용
④ 기계 · 기구의 잘못된 사용

(2) 불안전한 행동을 일으키는 내적요인과 외적요인의 발생 형태 및 대책

① 내적요인
  ㉠ 소질적 조건 : 적성배치
  ㉡ 의식의 우회 : 상담
  ㉢ 경험 및 미경험 : 교육

② 외적요인
  ㉠ 작업 및 환경조건 불량 : 환경정비
  ㉡ 작업순서의 부적당 : 작업순서정비

③ 적성배치에 있어서 고려되어야 할 기본사항
  ㉠ 적성검사를 실시하여 개인의 능력을 파악할 것
  ㉡ 직무평가를 통하여 자격수준을 정할 것
  ㉢ 인사관리의 기준원칙을 고수할 것

2) 불안전한 상태(물적 원인, 전체 재해발생 원인의 10% 정도)

직접 상해를 가져오게 한 사고에 직접관계가 있는 위험한 물리적 조건 또는 환경을 말한다.

(1) 불안전한 상태의 예

① 물(物) 자체 결함
② 안전방호장치의 결함
③ 복장 · 보호구의 결함

8 사고의 본질적 특성

(1) 사고의 시간성
(2) 우연성 중의 법칙성
(3) 필연성 중의 우연성
(4) 사고의 재현 불가능성

9 재해(사고) 발생 시의 유형(모델)

1) 단순자극형(집중형)

상호자극에 의하여 순간적으로 재해가 발생하는 유형으로 재해가 일어난 장소나 그 시점에 일시적으로 요인이 집중한다.

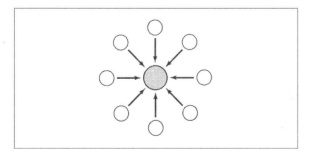

2) 연쇄형(사슬형)

하나의 사고요인이 또 다른 요인을 발생시키면서 재해를 발생시키는 유형이다. 단순 연쇄형과 복합 연쇄형이 있다.

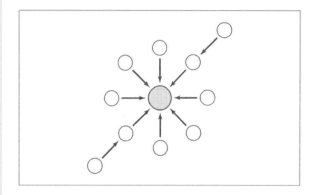

3) 복합형

단순 자극형과 연쇄형의 복합적인 발생유형이다. 일반적으로 대부분의 산업재해는 재해원인들이 복잡하게 결합되어 있는 복합형이다. 연쇄형의 경우에는 원인 중에 하나를 제거하면 재해가 일어나지 않는다. 그러나 단순 자극형이나 복합형은 하나를 제거하더라도 재해가 일어나지 않는다는 보장이 없으므로, 도미노 이론은 적용되지 않는다.

SECTION 03
안전점검 · 검사 · 인증 및 진단

1 안전점검의 정의, 목적, 종류

1) 정의

안전점검은 설비의 불안전상태나 인간의 불안전행동으로부터 일어나는 결함을 발견하여 안전대책을 세우기 위한 활동을 말한다.

2) 안전점검의 목적

(1) 기기 및 설비의 결함이나 불안전한 상태의 제거로 사전에 안전성을 확보하기 위함이다.
(2) 기기 및 설비의 안전상태 유지 및 본래의 성능을 유지하기 위함이다.
(3) 재해 방지를 위하여 그 재해 요인의 대책과 실시를 계획적으로 하기 위함이다.

3) 종류

(1) 일상점검(수시점검) : 작업 전·중·후 수시로 실시하는 점검
(2) 정기점검 : 정해진 기간에 정기적으로 실시하는 점검
(3) 특별점검 : 기계 기구의 신설 및 변경 시 고장, 수리 등에 의해 부정기적으로 실시하는 점검, 안전강조기간에 실시하는 점검 등
(4) 임시점검 : 이상 발견 시 또는 재해발생 시 임시로 실시하는 점검

2 안전점검표(체크리스트)의 작성

1) 안전점검표(체크리스트)에 포함되어야 할 사항

(1) 점검대상
(2) 점검부분(점검개소)
(3) 점검항목(점검내용 : 마모, 균열, 부식, 파손, 변형 등)
(4) 점검주기 또는 기간(점검시기)
(5) 점검방법(육안점검, 기능점검, 기기점검, 정밀점검)
(6) 판정기준(법령에 의한 기준 등)
(7) 조치사항(점검결과에 따른 결과의 시정)

2) 안전점검표(체크리스트) 작성 시 유의사항

(1) 위험성이 높은 순이나 긴급을 요하는 순으로 작성할 것
(2) 정기적으로 검토하여 재해예방에 실효성이 있는 내용일 것
(3) 내용은 이해하기 쉽고 표현이 구체적일 것

■ 작업 시작 전 점검사항

작업의 종류	점검내용
1. 프레스등을 사용하여 작업을 할 때	가. 클러치 및 브레이크의 기능 나. 크랭크축·플라이휠·슬라이드·연결봉 및 연결 나사의 풀림 여부 다. 1행정 1정지기구·급정지장치 및 비상정지장치의 기능 라. 슬라이드 또는 칼날에 의한 위험방지 기구의 기능 마. 프레스의 금형 및 고정볼트 상태 바. 방호장치의 기능 사. 전단기(剪斷機)의 칼날 및 테이블의 상태
2. 로봇의 작동 범위에서 그 로봇에 관하여 교시 등의 작업을 할 때	가. 외부 전선의 피복 또는 외장의 손상 유무 나. 매니퓰레이터(Manipulator) 작동의 이상 유무 다. 제동장치 및 비상정지장치의 기능
4. 크레인을 사용하여 작업을 할 때	가. 권과방지장치·브레이크·클러치 및 운전장치의 기능 나. 주행로의 상측 및 트롤리(Trolley)가 횡행하는 레일의 상태 다. 와이어로프가 통하고 있는 곳의 상태
5. 이동식 크레인을 사용하여 작업을 할 때	가. 권과방지장치나 그 밖의 경보장치의 기능 나. 브레이크·클러치 및 조정장치의 기능 다. 와이어로프가 통하고 있는 곳 및 작업장소의 지반상태
9. 지게차를 사용하여 작업을 할 때	가. 제동장치 및 조종장치 기능의 이상 유무 나. 하역장치 및 유압장치 기능의 이상 유무 다. 바퀴의 이상 유무 라. 전조등·후미등·방향지시기 및 경보장치 기능의 이상 유무
13. 컨베이어등을 사용하여 작업을 할 때	가. 원동기 및 풀리(Pulley) 기능의 이상 유무 나. 이탈 등의 방지장치 기능의 이상 유무 다. 비상정지장치 기능의 이상 유무 라. 원동기·회전축·기어 및 풀리 등의 덮개 또는 울 등의 이상 유무

3 안전검사 및 안전인증

1) 안전인증대상 기계·기구

(1) 안전인증대상기계·기구

① 프레스
② 전단기 및 절곡기
③ 크레인
④ 리프트
⑤ 압력용기
⑥ 롤러기
⑦ 사출성형기(射出成形機)
⑧ 고소(高所) 작업대
⑨ 곤돌라

(2) 안전인증대상 방호장치

① 프레스 및 전단기 방호장치
② 양중기용(揚重機用) 과부하방지장치
③ 보일러 압력방출용 안전밸브
④ 압력용기 압력방출용 안전밸브
⑤ 압력용기 압력방출용 파열판
⑥ 절연용 방호구 및 활선작업용(活線作業用) 기구
⑦ 방폭구조(防爆構造) 전기기계 · 기구 및 부품

(3) 안전인증대상 보호구

① 추락 및 감전 위험방지용 안전모
② 안전화　　　　　　③ 안전장갑
④ 방진마스크　　　　⑤ 방독마스크
⑥ 송기마스크　　　　⑦ 전동식 호흡보호구
⑧ 보호복　　　　　　⑨ 안전대
⑩ 차광(遮光) 및 비산물(飛散物) 위험방지용 보안경
⑪ 용접용 보안면
⑫ 방음용 귀마개 또는 귀덮개

2) 자율안전확인의 신고

(1) 자율안전확인대상 기계 · 기구

① 연삭기 또는 연마기(휴대용은 제외한다)
② 산업용 로봇
③ 혼합기
④ 파쇄기 또는 분쇄기
⑤ 식품가공용 기계(파쇄 · 절단 · 혼합 · 제면기만 해당한다)
⑥ 컨베이어
⑦ 자동차 정비용 리프트
⑧ 공작기계(선반, 드릴기, 평삭 · 형삭기, 밀링만 해당한다)
⑨ 고정형 목재가공용 기계(둥근톱, 대패, 루타기, 띠톱, 모떼기 기계만 해당한다)
⑩ 인쇄기

(2) 자율안전확인대상 기계 · 기구의 방호장치

① 아세틸렌 용접장치용 또는 가스집합 용접장치용 안전기
② 교류 아크용접기용 자동전격방지기
③ 롤러기 급정지장치
④ 연삭기(研削機) 덮개
⑤ 목재 가공용 둥근톱 반발 예방장치와 날 접촉 예방장치

⑥ 동력식 수동대패용 칼날 접촉 방지장치
⑦ 추락 · 낙하 및 붕괴 등의 위험 방지 및 보호에 필요한 가설기자재

(3) 자율안전확인대상 보호구

① 안전모(추락 및 감전 위험방지용 안전모 제외)
② 보안경(차광 및 비산물 위험방지용 보안경 제외)
③ 보안면(용접용 보안면 제외)

3) 안전검사

(1) 안전검사 대상 유해 · 위험기계 등

① 프레스
② 전단기
③ 크레인(정격하중이 2톤 미만인 것은 제외한다)
④ 리프트
⑤ 압력용기
⑥ 곤돌라
⑦ 국소배기장치(이동식은 제외한다)
⑧ 원심기(산업용만 해당한다)
⑨ 롤러기(밀폐형 구조는 제외한다)
⑩ 사출성형기[형 체결력(型 締結力) 294킬로뉴턴(kN) 미만은 제외한다]
⑪ 고소작업대(화물자동차 또는 특수자동차에 탑재한 고소작업대로 한정한다)
⑫ 컨베이어　　　　　　⑬ 산업용 로봇

(2) 안전검사의 주기 및 합격표시 · 표시방법

안전검사대상 유해 · 위험기계 등의 검사주기는 다음과 같다.

① 크레인, 리프트 및 곤돌라 : 사업장에 설치가 끝난 날부터 3년 이내에 최초 안전검사를 실시하되, 그 이후부터 2년마다(건설현장에서 사용하는 것은 최초로 설치한 날부터 6개월마다)
② 이동식 크레인, 이삿짐운반용 리프트 및 고소작업대 : 「자동차관리법」 제8조에 따른 신규등록 이후 3년 이내에 최초 안전검사를 실시하되, 그 이후부터 2년마다
③ 프레스, 전단기, 압력용기, 국소배기장치, 원심기, 롤러기, 사출성형기, 컨베이어 및 산업용 로봇 : 사업장에 설치가 끝난 날부터 3년 이내에 최초 안전검사를 실시하되, 그 이후부터 2년마다(공정안전보고서를 제출하여 확인을 받은 압력용기는 4년마다)

PART 01　PART 02　PART 03　PART 04　PART 05　부록

(3) 안전검사 실적보고

안전검사기관은 분기마다 다음 달 10일까지 분기별 실적과, 매년 1월 20일까지 전년도 실적을 고용노동부장관에게 제출하여야 하며, 공단은 분기마다 다음 달 10일까지 분기별 실적과, 매년 1월 20일까지 전년도 실적을 고용노동부장관에게 제출하여야 한다.

4 안전 · 보건진단

1) 종류
(1) 안전진단
(2) 보건진단
(3) 종합진단(안전진단과 보건진단을 동시에 진행하는 것)

2) 대상사업장
(1) 산업재해율이 같은 업종 평균 산업재해율의 2배 이상인 사업장
(2) 사업주가 필요한 안전조치 또는 보건조치를 이행하지 아니하여 중대재해가 발생한 사업장
(3) 직업성 질병자가 연간 2명 이상(상시근로자 1천 명 이상 사업장의 경우 3명 이상) 발생한 사업장

03 기계설비 위험요인 분석

PART 03

SECTION 01
공작기계의 안전

1 선반의 안전장치 및 작업시 유의사항

1) 선반의 안전장치

(1) 칩브레이커(Chip Breaker)

칩을 짧게 끊어지도록 하는 장치

(2) 덮개(Shield)

가공재료의 칩이나 절삭유 등이 비산되어 나오는 위험으로 작업자의 보호를 위하여 이동이 가능한 덮개 설치

2) 선반작업시 유의사항

(1) 긴 물건 가공시 주축대쪽으로 돌출된 회전가공물에는 덮개 설치
(2) 바이트는 짧게 장치하고 일감의 길이가 직경의 12배 이상일 때 방진구 사용
(3) 절삭 중 일감에 손을 대서는 안되며 면장갑 착용금지
(4) 바이트에는 칩 브레이크를 설치하고 보안경 착용
(5) 치수 측정, 주유, 청소 시에는 반드시 기계 정지
(6) 기계 운전 중 백기어 사용금지
(7) 절삭 칩 제거는 반드시 브러시 사용
(8) 가공물장착 후에는 척 렌치를 바로 벗겨 놓기

2 밀링머신작업

1) 밀링작업의 절삭속도

$$v = \frac{\pi d N}{1,000}$$

여기서, v : 절삭속도(m/min), d : 밀링커터의 지름(mm)
N : 밀링커터의 회전수(rpm)

2) 밀링작업시 안전대책

(1) 밀링커터에 작업복의 소매나 작업모가 말려 들어가지 않도록 할 것
(2) 칩은 기계를 정지시킨 다음에 브러시로 제거할 것
(3) 일감, 커터 및 부속장치 등을 제거할 때 시동레버를 건드리지 않도록 할 것
(4) 상하 이송장치의 핸들은 사용 후, 반드시 빼 둘 것
(5) 일감 또는 부속장치 등을 설치하거나 제거시킬 때, 또는 일감을 측정할 때에는 반드시 정지시킨 다음에 측정할 것
(6) 커터를 교환할 때는 반드시 테이블 위에 목재를 받쳐 놓을 것
(7) 강력절삭을 할 때는 일감을 바이스에 깊게 물릴 것
(8) 면장갑을 끼지 말 것
(9) 밀링작업에서 생기는 칩은 가늘고 예리하며 부상을 입히기 쉬우므로 보안경을 착용할 것
(10) 급송이송은 백래시 제거장치를 작동 안 시킬 때 이송한다.

3 플레이너와 셰이퍼의 방호장치 및 안전수칙

1) 플레이너(Planer)

(1) 플레이너의 안전작업수칙

① 바이트는 되도록 짧게 설치할 것
② 테이블과 고정벽 또는 다른 기계와의 최소 거리가 40cm 이하가 될 때는 기계의 양쪽에 울타리를 설치하여 통행을 차단할 것

(2) 절삭속도

$$v_m = \frac{2L}{t} = \frac{2v_s}{1+1/n}\,(\text{m/min}), \quad t = \frac{L}{v_s} + \frac{L}{v_r}$$

여기서, v_m : 평균속도(m/min),

v_r : 귀환속도(m/min)

v_s : 절삭속도(m/min), L : 행정(m)

t : 1회 왕복시간(min),

n : 속도비=v_r/v_s (보통 3~4)

$$\therefore v_s = \left(1 + \frac{1}{n}\right) \times \frac{L}{t} = \left(1 + \frac{1}{n}\right) \times N \times L$$

2) 셰이퍼(Shaper, 형삭기)

(1) 셰이퍼 안전작업수칙

① 램 행정은 공작물 길이보다 20~30mm 길게 할 것
② 시동하기 전에 행정조정용 핸들을 빼놓을 것

(2) 셰이퍼의 안전장치

① 울타리
② 칩받이
③ 칸막이(방호울)

(3) 위험요인

① 가공칩(Chip) 비산
② 램(Ram) 말단부 충돌
③ 바이트(Bite)의 이탈

(4) Shaper Bite의 설치

가능한 범위 내에서 짧게 고정하고, 날 끝은 샹크의 뒷면과 일직선상에 있게 한다.

4 드릴링 머신(Drilling Machine)

1) 드릴의 절삭속도

$$v = \frac{\pi dN}{1,000} = \frac{\pi d}{1,000} \times \frac{tT}{S}$$

여기서, v : 절삭속도(m/min), d : 드릴의 직경(mm)

N : 1분간 회전수(rpm), S : 이송(mm)

t : 길이(mm), T : 공구수명(min)

2) 드릴링 머신의 안전작업수칙(드릴의 작업안전수칙)

(1) 일감은 견고하게 고정시켜야 하며 손으로 쥐고 구멍을 뚫지 말 것
(2) 드릴을 끼운 후에 척렌치(Chuck Wrench)를 반드시 뺄 것
(3) 장갑을 끼고 작업을 하지 말 것
(4) 구멍을 뚫을 때 관통된 것을 확인하기 위하여 손을 집어넣지 말 것
(5) 드릴작업에서 칩은 회전을 중지시킨 후 솔로 제거할 것

5 연삭기(Grinding Machine)

1) 연삭숫돌의 구성

〈표시의 보기〉

WA	60	K	m	V
(숫돌입자)	(입도)	(결합도)	(조직)	(결합제)
1호	A	203	× 16 ×	19.1
(모양)	(연삭면모양)	(바깥지름)	(두께)	(구멍지름)

300m/min	1,700~2,000m/min
(회전시험 원주속도)	(사용원주 속도범위)

2) 숫돌의 원주속도 및 플랜지의 지름

(1) 숫돌의 원주속도

$$\text{원주속도} : v = \frac{\pi DN}{1,000}\,(\text{m/min}) = \pi DN(\text{mm/min})$$

여기서, 지름 : D(mm), 회전수 : N(rpm)

(2) 플랜지의 지름

플랜지의 지름은 숫돌 직경의 1/3 이상인 것이 적당하다.

3) 연삭기 숫돌의 파괴 및 재해원인

(1) 숫돌이 고속으로 회전하는 경우
(2) 현저하게 플랜지 지름이 적을 때(플랜지 지름은 숫돌직경의 1/3 이상)

4) 연삭숫돌의 수정

(1) 드레싱(Dressing)

숫돌면의 표면층을 깎아내어 절삭성이 나빠진 숫돌의 면에 새롭고 날카로운 날끝을 발생시켜 주는 방법이다.

① 눈메움(Loading) : 결합도가 높은 숫돌에 구리와 같이 연한 금속을 연삭하였을 때 숫돌 표면의 기공에 칩이 메워져 연삭이 잘 안 되는 현상
② 글레이징(Glazing) : 숫돌의 결합도가 높아 무디어진 입자가 탈락하지 않아 절삭이 어렵고, 일감을 상하게 하고 표면이 변질되는 현상

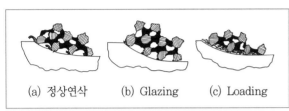

    (a) 정상연삭   (b) Glazing   (c) Loading

[숫돌의 결합도와 연삭상태]

③ 입자탈락 : 숫돌바퀴의 결합도가 그 작업에 대하여 지나치게 낮을 경우 숫돌입자의 파쇄가 일어나기 전에 결합체가 파쇄되어 숫돌입자가 입자 그대로 떨어져 나가는 것

(2) 트루잉(Truing)

숫돌의 연삭면을 숫돌과 축에 대하여 평행 또는 정확한 모양으로 성형시켜 주는 방법이다.

① 크러시롤러(Crush Roller) : 총형 연삭을 할 때 숫돌을 일감의 반대모양으로 성형하며 드레싱하기 위한 강철롤러로 저속회전하는 숫돌바퀴에 접촉시켜 숫돌면을 부수며 총형으로 드레싱과 트루잉을 진행
② 자생작용 : 연삭작업을 할 때 연삭숫돌의 입자가 무디어졌을 때 떨어져 나가고 새로운 입자가 나타나 연삭을 함으로써 마모, 파쇄, 탈락, 생성이 숫돌 스스로 반복하면서 연삭하여 주는 현상

5) 연삭기의 방호장치

(1) 연삭숫돌의 덮개 등(「안전보건규칙」 제122조)

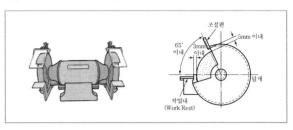

① 회전 중인 연삭숫돌(지름이 5센티미터 이상인 것으로 한정한다)이 근로자에게 위험을 미칠 우려가 있는 경우에 그 부위에 덮개를 설치하여야 한다.
② 연삭숫돌을 사용하는 작업의 경우 작업을 시작하기 전에는 1분 이상, 연삭숫돌을 교체한 후에는 3분 이상 시험운전을 하고 해당 기계에 이상이 있는지를 확인하여야 한다.
③ 시험운전에 사용하는 연삭숫돌은 작업시작 전에 결함이 있는지를 확인한 후 사용하여야 한다.
④ 연삭숫돌의 최고 사용회전속도를 초과하여 사용하도록 해서는 아니 된다.
⑤ 측면을 사용하는 것을 목적으로 하지 않는 연삭숫돌을 사용하는 경우 측면을 사용하도록 해서는 아니 된다.

(2) 안전덮개의 각도

① 탁상용 연삭기의 덮개
    ㉠ 일반 연삭작업 등에 사용하는 것을 목적으로 하는 경우의 노출각도 : 125° 이내
    ㉡ 연삭숫돌의 상부사용을 목적으로 할 경우의 노출각도 : 60° 이내
② 원통연삭기, 만능연삭기 덮개의 노출각도 : 180° 이내
③ 휴대용 연삭기, 스윙(Swing) 연삭기 덮개의 노출각도 : 180° 이내
④ 평면연삭기, 절단연삭기 덮개의 노출각도 : 150° 이내
    숫돌의 주축에서 수평면 밑으로 이루는 덮개의 각도 : 15° 이상

6 목재가공용 둥근톱 기계

1) 둥근톱 기계의 방호장치

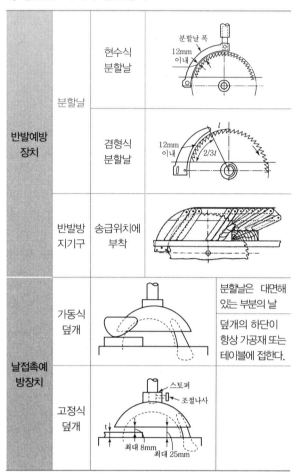

반발예방장치	분할날	현수식 분할날	분할날 폭 12mm 이내
		겸형식 분할날	12mm 이내 l $2/3l$
	반발방지기구	송급위치에 부착	
날접촉예방장치	가동식 덮개		분할날은 대면해 있는 부분의 날 덮개의 하단이 항상 가공재 또는 테이블에 접한다.
	고정식 덮개		스토퍼 조절나사 t 최대 8mm 최대 25mm

2) 톱날접촉예방장치의 구조

(1) 둥근톱기계의 톱날접촉예방장치(「안전보건규칙」 제106조)

목재가공용 둥근톱기계(휴대용 둥근톱을 포함하되, 원목제재용 둥근톱기계 및 자동이송장치를 부착한 둥근톱기계를 제외한다)에는 톱날접촉예방장치를 설치하여야 한다.

톱날접촉 예방장치 설치해야!!

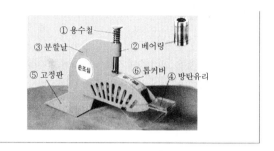

① 용수철
③ 분할날
⑤ 고정판
② 베어링
⑥ 톱커버
④ 방탄유리
톱조절

(2) 고정식 접촉예방장치

박판가공의 경우에만 사용할 수 있는 것이다.

(3) 가동식 접촉예방장치

본체덮개 또는 보조덮개가 항상 가공재에 자동적으로 접촉되어 톱니를 덮을 수 있도록 되어 있는 것이다.

3) 반발예방장치의 구조 및 기능

(1) 둥근톱기계의 반발예방장치(「안전보건규칙」 제105조)

목재가공용 둥근톱기계(가로절단용 둥근톱기계 및 반발에 의하여 근로자에게 위험을 미칠 우려가 없는 것은 제외한다)에 분할날 등 반발예방장치를 설치하여야 한다.

(2) 분할날(Spreader)

① 분할날의 두께

분할날은 톱 뒷(back)날 바로 가까이에 설치되고 절삭된 가공재의 홈 사이로 들어가면서 가공재의 모든 두께에 걸쳐서 쐐기작용을 하여 가공재가 톱날을 조이지 않게 하는 것을 말한다.

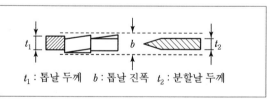

t_1 : 톱날 두께 b : 톱날 진폭 t_2 : 분할날 두께

분할날의 두께는 톱날 두께 1.1배 이상이고 톱날의 치진폭 미만으로 할 것

$$1.1t_1 \leq t_2 < b$$

② 분할날의 길이

$$l = \frac{\pi D}{4} \times \frac{2}{3} = \frac{\pi D}{6}$$

③ 톱의 후면 날과 12mm 이내가 되도록 설치함
④ 재료는 탄성이 큰 탄소공구강 5종에 상당하는 재질이어야 함
⑤ 표준 테이블 위 톱의 후면날 2/3 이상을 커버해야 함
⑥ 설치부는 둥근톱니와 분할날과의 간격 조절이 가능한 구조여야 함
⑦ 둥근톱 직경이 610mm 이상일 때의 분할날은 양단 고정식의 현수식이어야 함

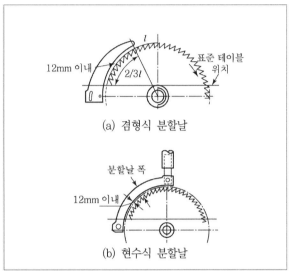

(a) 겸형식 분할날

(b) 현수식 분할날

[둥근톱 분할날의 종류]

(3) 반발방지기구(Finger)

가공재가 톱날 후면에서 조금 들뜨고 역행하려고 할 때에 가공재면 사이에서 쐐기작용을 하여 반발을 방지하기 위한 기구를 반발방지기구(Finger)라고 한다.

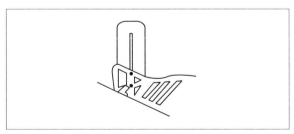

[반발방지기구]

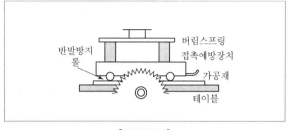

[반발방지롤]

(4) 반발방지롤(Roll)

(5) 보조안내판

주안내판과 톱날 사이의 공간에서 나무가 퍼질 수 있게 하여 죄임으로 인한 반발을 방지하도록 한다.

(6) 반발예방장치의 설치요령

① 분할날에 대면하고 있는 부분과 가공재를 절단하는 부분 이외의 톱날을 덮을 수 있는 구조로 날접촉 예방장치를 설치할 것
② 목재의 반발을 충분히 방지할 수 있도록 반발방지기구를 설치할 것
③ 두께가 1.1mm 이상이 되게 분할날을 설치할 것(톱날과의 간격 12mm 이내)
④ 표준 테이블 위의 톱 후면 날을 2/3 이상 덮을 수 있도록 분할날을 설치할 것

4) 둥근톱기계의 안전작업수칙

(1) 장갑을 끼고 작업하지 않아야 한다.
(2) 작업자는 작업 중에 톱날 회전방향의 정면에 서지 않아야 한다.
(3) 두께가 얇은 재료의 절단에는 압목 등의 적당한 도구를 사용하여야 한다.

5) 모떼기기계의 날접촉예방장치(「안전보건규칙」 제110조)

모떼기기계(자동이송장치를 부착한 것은 제외한다)에 날접촉예방장치를 설치하여야 한다.

7 동력식 수동대패

1) 대패기계의 날접촉예방장치(안전보건규칙 제109조)

작업대상물이 수동으로 공급되는 동력식 수동대패기계에 날접촉예방장치를 설치하여야 한다.

2) 동력식 수동대패의 방호장치의 구비조건

(1) 대패날을 항상 덮을 수 있는 덮개를 설치하고 그 덮개는 가공재를 자유롭게 통과시킬 수 있어야 한다.

(2) 대패기의 테이블 개구부는 가능한 작게 하고, 또한 테이블 개구단과 대패날 선단과의 빈틈은 3mm 이하로 해야 한다.

(3) 수동대패기에서 테이블 하방에 노출된 날부분에도 방호덮개를 설치하여야 한다.

3) 방호장치(날접촉예방장치)의 구조

(1) 가동식 날 접촉예방장치

① 가공재의 절삭에 필요하지 않은 부분은 항상 자동적으로 덮고 있는 구조를 말한다.

② 소량 다품종 생산에 적합하다.

(2) 고정식 날 접촉예방장치

① 가공재의 폭에 따라서 그때마다 덮개의 위치를 조절하여 절삭에 필요한 대패날만을 남기고 덮는 구조를 말한다.

② 동일한 폭의 가공재를 대량생산하는 데 적합하다.

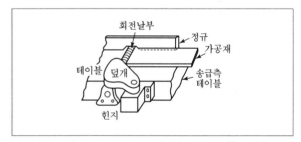

[가동식 접촉예방장치(덮개의 수평이동)]

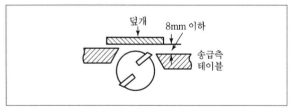

[덮개와 테이블과의 간격]

8 공작기계(「안전보건규칙」 제100조~제102조)

(1) 사업주는 띠톱기계(목재가공용 띠톱기계를 제외한다)의 절단에 필요한 톱날 부위 외의 위험한 톱날 부위에 덮개 또는 울 등을 설치하여야 한다.

(2) 사업주는 원형톱기계(목재가공용 둥근톱기계를 제외한다)에는 톱날접촉예방장치를 설치하여야 한다.

9 소성가공의 종류

1) 작업 방법에 따른 분류

(1) 단조가공(Forging)

보통 열간가공에서 적당한 단조기계로 재료를 소성가공하여 조직을 미세화시키고, 균질상태에서 성형하며 자유단조와 형단조(Die Forging)가 있다.

(2) 압연가공(Rolling)

재료를 열간 또는 냉간 가공하기 위하여 회전하는 롤러 사이를 통과시켜 예정된 두께, 폭 또는 직경으로 가공한다.

(3) 인발가공(Drawing)

금속 파이프 또는 봉재를 다이(Die)를 통과시켜, 축방향으로 인발하여 외경을 감소시키면서 일정한 단면을 가진 소재로 가공하는 방법이다.

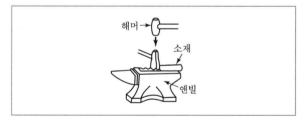

단조가공

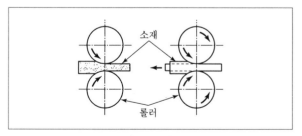

[압연가공]

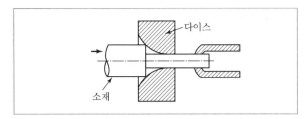

[인발가공]

(4) 압출가공(Extruding)

상온 또는 가열된 금속을 실린더 형상을 한 컨테이너에 넣고, 한쪽에 있는 램에 압력을 가하여 압출한다.

(5) 판금가공(Sheet Metal Working)

판상 금속재료를 형틀로써 프레스(Press), 펀칭, 압축, 인장 등으로 가공하여 목적하는 형상으로 변형 가공한다.

(6) 전조가공

작업은 압연과 유사하나 전조 공구를 이용하여 나사(Thread), 기어(Gear) 등을 성형하는 방법이다.

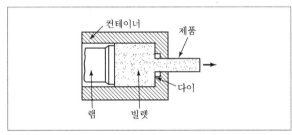

[압출가공]

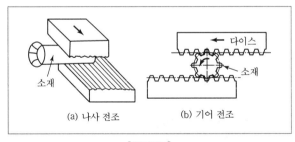

(a) 나사 전조   (b) 기어 전조

[전조가공]

2) 냉간가공 및 열간가공

(1) 냉간가공(상온가공 : Cold Working)

재결정온도 이하에서 금속의 인장강도, 항복점, 탄성한계, 경도, 연율, 단면수축률 등과 같은 기계적 성질을 변화시키는 가공 방법이다.

(2) 열간가공(고온가공 : Hot Working)

재결정온도 이상에서 하는 가공 방법이다.

SECTION 02
프레스 및 전단기의 안전

1 프레스 작업점에 대한 방호방법

1) No-hand In Die 방식(금형 안에 손이 들어가지 않는 구조)

(1) 안전울 설치
(2) 안전금형
(3) 자동화 또는 전용 프레스

2) Hand In Die 방식(금형 안에 손이 들어가는 구조)

(1) 가드식   (2) 수인식
(3) 손쳐내기식   (4) 양수조작식
(5) 광전자식

2 프레스 방호장치

1) 게이트가드(Gate Guard)식 방호장치

가드의 개폐를 이용한 방호장치로서 기계의 작동을 서로 연동하여 가드가 열려 있는 상태에서는 기계의 위험부분이 가동되지 않고, 또한 기계가 작동하여 위험한 상태로 있을 때에는 가드를 열 수 없게 한 장치를 말한다.

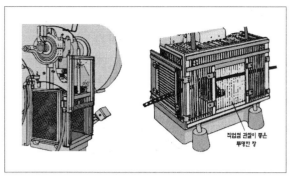

[게이트가드식 방호장치]

2) 양수조작식 방호장치(Two-hand Control Safety Device)

(1) 양수조작식

기계의 조작을 양손으로 동시에 하지 않으면 기계가 가동하지 않으며 한 손이라도 떼어내면 기계가 급정지 또는 급상승하게 하는 장치를 말한다(급정지기구가 있는 마찰프레스에 적합).

(2) 안전거리

$$D = 1,600 \times (T_c + T_s)\,(\text{mm})$$

여기서, T_c : 방호장치의 작동시간[즉 누름버튼으로부터 한 손이 떨어질 때부터 급정지기구가 작동을 개시할 때까지의 시간(초)]

T_s : 프레스의 급정지시간[즉 급정지 기구가 작동을 개시할 때부터 슬라이드가 정지할 때까지의 시간(초)]

(3) 양수조작식 방호장치 설치 및 사용

① 양수조작식 방호장치는 안전거리를 확보하여 설치하여야 한다.
② 누름버튼의 상호 간 내측거리는 300mm 이상으로 한다.
③ 누름버튼 윗면이 버튼케이스 또는 보호링의 상면보다 25mm 낮은 매립형으로 한다.
④ SPM(Stroke Per Minute : 매분 행정수) 120 이상의 것에 사용한다.

3) 손쳐내기식(Push Away, Sweep Guard) 방호장치

(1) 기계의 작동에 연동시켜 위험상태로 되기 전에 손을 위험영역에서 밀어내거나 쳐냄으로써 위험을 배재하는 장치를 말한다.
(2) 방호장치의 설치기준 : SPM이 120 이하이고 슬라이드의 행정길이가 40mm 이상의 것에 사용한다.

3 수인식(Pull Out) 방호장치

슬라이드와 작업자 손을 끈으로 연결하여 슬라이드 하강 시 작업자 손을 당겨 위험영역에서 빼낼 수 있도록 한 장치를 말한다.

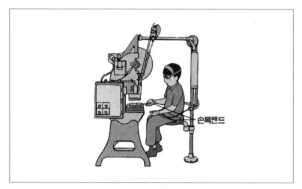

[수인식 방호장치]

4 광전자식(감응식) 방호장치(Photosensor Type Safety Device)

광선 검출트립기구를 이용한 방호장치로서 신체의 일부가 광선을 차단하면 기계를 급정지 또는 급상승시켜 안전을 확보하는 장치를 말한다.

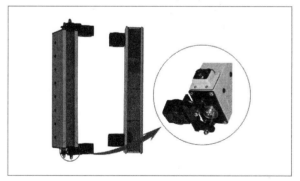

[광전자식 안전장치]

(1) 방호장치의 설치방법

$$D = 1,600(T_c + T_s)$$

여기서, D : 안전거리(mm)
        T_c : 방호장치의 작동시간(초)
        T_s : 프레스의 최대정지시간(초)

5 금형의 안전화

1) 안전금형의 채용

(1) 금형의 사이에 신체의 일부가 들어가지 않도록 안전망을 설치한다.
(2) 상사점에 있어서 상형과 하형과의 간격, 가이드 포스트와 부쉬의 간격이 8mm 이하가 되도록 설치하여 손가락이 들어가지 않도록 한다.
(3) 금형 사이에 손을 넣을 필요가 없도록 강구한다.

2) 금형파손에 의한 위험방지방법

(1) 금형의 조립에 이용하는 볼트 또는 너트는 스프링와셔, 조립너트 등에 의해 이완방지를 하여야 한다.
(2) 금형은 그 하중중심이 원칙적으로 프레스 기계의 하중중심에 맞는 것으로 하여야 한다.
(3) 캠 기타 충격이 반복해서 가해지는 부품에는 완충장치를 하여야 한다.
(4) 금형에서 사용하는 스프링은 압축형으로 하여야 한다.

6 프레스 작업 시 안전수칙

1) 금형조정작업의 위험 방지(「안전보건규칙」 제104조)

프레스 등의 금형을 부착·해체 또는 조정하는 작업을 할 때에 해당 작업에 종사하는 근로자의 신체가 위험한계 내에 있는 경우 슬라이드가 갑자기 작동함으로써 근로자에게 발생할 우려가 있는 위험을 방지하기 위하여 안전블록을 사용하는 등 필요한 조치를 하여야 한다.

2) 프레스기계의 위험을 방지하기 위한 본질안전화

(1) 금형에 안전울 설치
(2) 안전금형의 사용
(3) 전용프레스 사용

기타 산업용 기계 기구

1 롤러기

1) 울(Guard)의 설치(개구부 간격)

가드를 설치할 때 일반적인 개구부의 간격은 다음의 식으로 계산한다.

$$Y = 6 + 0.15X \, (X < 160\text{mm})$$
(단, $X \geq 160\text{mm}$ 이면 $Y = 30$)

여기서, Y : 개구부의 간격(mm)
        X : 개구부에서 위험점까지의 최단거리(mm)

다만, 위험점이 전동체인 경우 개구부의 간격은 다음 식으로 계산한다.

$$Y = 6 + X/10 \ (단, \ X < 760\text{mm} \text{에서 유효})$$

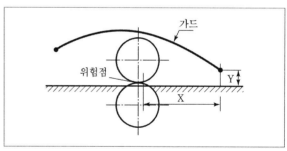

[안전개구부]

2) 롤러기 급정지 거리

(1) 급정지장치의 성능

앞면 롤러의 표면속도(m/min)	급정지 거리
30 미만	앞면 롤러 원주의 1/3
30 이상	앞면 롤러 원주의 1/2.5

(2) 앞면 롤러의 표면속도

$$V = \frac{\pi DN}{1,000} \, (\text{m/min})$$

3) 롤러기 방호장치의 종류

(1) 급정지장치

① 손조작식 : 비상안전제어로프(Safety Trip Wire Cable) 장치는 송급 및 인출 컨베이어, 슈트 및 호퍼 등에 의해서 제한이 되는 밀기에 사용한다.

② 복부조작식

③ 무릎조작식

④ 급정지장치 조작부의 위치

급정지장치조작부의 종류	위치	비고
손조작식	밑면으로부터 1.8m 이내	위치는 급정지장치 조작부의 중심점을 기준으로 한다.
복부조작식	밑면에서 0.8m 이상 1.1m 이내	
무릎조작식	밑면으로부터 0.4m 이상 0.6m 이내	

(2) 가드

공간함정(Trap)을 막기 위한 가드와 손가락과의 최소 틈새 : 25mm

2 원심기

1) 덮개의 설치(「안전보건규칙」 제87조)

원심기에는 덮개를 설치하여야 한다.

2) 안전검사 내용

원심기의 표면 및 내면, 작업용 발판, 금속부분, 도장, 원심기의 구조, 회전차, 변속장치, 원심기의 덮개 등 안전장치, 과부하 안전장치, 안전표지의 부착 등

3 아세틸렌 용접장치 및 가스집합 용접장치

1) 압력의 제한(「안전보건규칙」 제285조)

아세틸렌 용접장치를 사용하여 금속의 용접·용단 또는 가열 작업을 하는 경우에는 게이지압력이 127킬로파스칼(kPa)(매 제곱센티미터당 1.3킬로그램)을 초과하는 압력의 아세틸렌을 발생시켜 사용해서는 아니 된다.

2) 발생기실의 설치장소 및 발생기실의 구조

(1) 발생기실의 설치장소(「안전보건규칙」 제286조)

① 사업주는 아세틸렌 용접장치의 아세틸렌 발생기를 설치하는 경우에는 전용의 발생기실에 설치하여야 한다.

② 제1항의 발생기실은 건물의 최상층에 위치하여야 하며, 화기를 사용하는 설비로부터 3미터를 초과하는 장소에 설치하여야 한다.

③ 제1항의 발생기실을 옥외에 설치한 경우에는 그 개구부를 다른 건축물로부터 1.5미터 이상 떨어지도록 하여야 한다.

(2) 발생기실의 구조(「안전보건규칙」 제287조)

① 벽은 불연성의 재료로 하고 철근콘크리트 또는 그 밖에 이와 동등하거나 그 이상의 강도를 가진 구조로 할 것

② 지붕과 천장에는 얇은 철판이나 가벼운 불연성 재료를 사용할 것

③ 바닥면적의 16분의 1 이상의 단면적을 가진 배기통을 옥상으로 돌출시키고 그 개구부를 창이나 출입구로부터 1.5미터 이상 떨어지도록 할 것

3) 안전기의 설치(「안전보건규칙」 제289조)

(1) 사업주는 아세틸렌 용접장치의 취관마다 안전기를 설치하여야 한다.

(2) 사업주는 가스용기가 발생기와 분리되어 있는 아세틸렌 용접장치에 대하여 발생기와 가스용기 사이에 안전기를 설치하여야 한다.

4) 아세틸렌 용접장치의 관리(「안전보건규칙」 제290조)

(1) 발생기의 종류·형식·제작업체명·매 시 평균 가스발생량 및 1회의 카바이드 공급량을 발생기실 내의 보기 쉬운 장소에 게시할 것

(2) 발생기실에는 관계근로자가 아닌 사람이 출입하는 것을 금지할 것

(3) 발생기에서 5미터 이내 또는 발생기실에서 3미터 이내의 장소에서는 흡연, 화기의 사용 또는 불꽃이 발생할 위험한 행위를 금지시킬 것

4 보일러 및 압력용기

1) 보일러의 구조

보일러는 일반적으로 연료를 연소시켜 얻어진 열을 이용해서 보일러 내의 물을 가열하여 필요한 증기 또는 온수를 얻는 장치로서 본체, 연소장치와 연소실, 과열기(Superheater), 절탄기(Economizer)(급수를 예열하는 부속장치), 공기예열기(Air Preheater), 급수장치 등으로 구성되어 있다.

2) 보일러의 사고형태 및 원리

(1) 사고형태

수위의 이상(저수위일 때)

(2) 발생증기의 이상

① 프라이밍(Priming) : 보일러가 과부하로 사용될 경우에 수위가 올라가던가 드럼 내의 부착품에 기계적 결함이 있으면 보일러수가 극심하게 끓어서 수면에서 끊임없이 격심한 물방울이 비산하고 증기부가 물방울로 충만하여 수위가 불안정하게 되는 현상을 말한다.

② 포밍(Foaming) : 보일러수에 불순물이 많이 포함되었을 경우 보일러수의 비등과 함께 수면부위에 거품층을 형성하여 수위가 불안정하게 되는 현상을 말한다.

③ 캐리오버(Carry Over) : 보일러 증기관쪽에 보내는 증기에 대량의 물방울이 포함되는 수가 있는데 이것을 캐리오버라 하며, 프라이밍이나 포밍이 생기면 필연적으로 캐리오버가 일어난다.

3) 보일러 안전장치의 종류(「안전보건규칙」 제119조)

보일러의 폭발 사고를 예방하기 위하여 압력방출장치 · 압력제한스위치 · 고저수위조절장치 · 화염검출기 등의 기능이 정상적으로 작동될 수 있도록 유지 · 관리하여야 한다.

(1) 고저수위 조절장치(「안전보건규칙」 제118조)

사업주는 고저수위 조절장치의 동작상태를 작업자가 쉽게 감시하도록 하기 위하여 고저수위지점을 알리는 경보등 · 경보음장치 등을 설치하여야 하며, 자동으로 급수되거나 단수되도록 설치하여야 한다.

(2) 압력방출장치(안전밸브)(「안전보건규칙」 제116조)

사업주는 보일러의 안전한 가동을 위하여 보일러 규격에 맞는 압력방출장치를 1개 또는 2개 이상 설치하고 최고사용압력(설계압력 또는 최고허용압력을 말한다) 이하에서 작동되도록 하여야 한다. 다만, 압력방출장치가 2개 이상 설치된 경우에는 최고사용압력 이하에서 1개가 작동되고, 다른 압력방출장치는 최고사용압력 1.05배 이하에서 작동되도록 부착하여야 한다.

(3) 압력제한스위치(「안전보건규칙」 제117조)

사업주는 보일러의 안전한 가동을 위하여 최고사용압력과 상용압력 사이에서 보일러의 버너연소를 차단할 수 있도록 압력제한스위치를 부착하여 사용하여야 한다. 압력제한 스위치는 상용운전압력 이상으로 압력이 상승할 경우 보일러의 파열을 방지하기 위하여 버너의 연소를 차단하여 열원을 제거함으로써 정상압력으로 유도하는 장치이다.

4) 압력방출장치(안전밸브)의 설치(「안전보건규칙」 제261조)

(1) 압력용기 등에 대해서는 과압에 따른 폭발을 방지하기 위하여 폭발방지 성능과 규격을 갖춘 안전밸브 또는 파열판을 설치하여야 한다.

(2) 다단형 압축기 또는 직렬로 접속된 공기압축기에 대해서는 각 단 또는 각 공기압축기별로 안전밸브 등을 설치하여야 한다.

(3) 안전밸브에 대해서는 다음의 구분에 따른 검사주기마다 국가교정기관에서 교정을 받은 압력계를 이용하여 설정압력에서 안전밸브가 적정하게 작동하는지를 검사한 후 납으로 봉인하여 사용하여야 한다.

① 화학공정 유체와 안전밸브의 디스크 또는 시트가 직접 접촉될 수 있도록 설치된 경우 : 2년마다 1회 이상

② 안전밸브 전단에 파열판이 설치된 경우 : 3년마다 1회 이상

③ 공정안전보고서 제출대상으로서 고용노동부장관이 실시하는 공정안전보고서 이행상태 평가결과가 우수한 사업장의 안전밸브의 경우 : 4년마다 1회 이상

5) 압력용기의 두께

(1) 원주방향의 응력(Circumferential Stress)

$$\sigma_t = \frac{P}{A} = \frac{pDl}{2tl} = \frac{pD}{2t} \, (\text{kg/cm}^2)$$

여기서, p : 단위면적당 압력(최대허용 내부압)

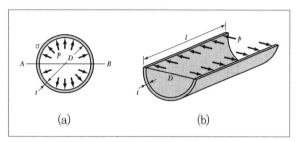

[원주방향의 응력]

(2) 축방향의 응력(Longitudinal Stress)

$$\text{세로방향응력} : \sigma_z = \frac{\frac{\pi}{4}D^2 p}{\pi Dt} = \frac{pD}{4t} \, (\text{kg/cm}^2)$$

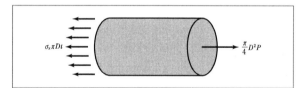

[축방향의 응력]

압력용기의 원주방향응력은 축방향응력의 2배이다.

(3) 동판의 두께

$$\sigma_a \eta = \frac{pd}{2t}, \quad t = \frac{pd}{2\eta\sigma_t}$$

여기서, σ_t : 허용응력, η : 용접효율

(4) 압력용기에 표시하여야 할 사항(이름판)

압력용기에는 제조자, 설계압력 또는 최대허용사용압력, 설계온도, 제조연도, 비파괴시험, 적용규격 등이 표시된 이름판이 붙어 있어야 한다.

5 산업용 로봇

1) 기능수준에 따른 분류

구분	특징
매니퓰레이터형	인간의 팔이나 손의 기능과 유사한 기능을 가지고 대상물을 공간적으로 이동시킬 수 있는 로봇
수동 매니퓰레이터형	사람이 직접 조작하는 매니퓰레이터
시퀀스 로봇	미리 설정된 순서와 조건 및 위치에 따라 동작의 각 단계를 점차 진행해 가는 로봇
플레이백 로봇	미리 사람이 작업의 순서, 위치 등의 정보를 기억시켜 그것을 필요에 따라 읽어내어 작업을 할 수 있는 로봇
수치제어(NC) 로봇	로봇을 움직이지 않고 순서, 조건, 위치 및 기타 정보를 수치, 언어 등에 의해 교시하고, 그 정보에 따라 작업을 할 수 있는 로봇
지능로봇	감상기능 및 인식기능에 의해 행동 결정을 할 수 있는 로봇

2) 매니퓰레이터와 가동범위

산업용 로봇에 있어서 인간의 팔에 해당하는 암(Arm)이 기계 본체의 외부에 조립되어 암의 끝부분으로 물건을 잡기도 하고 도구를 잡고 작업을 행하기도 하는데, 이와 같은 기능을 갖는 암을 매니퓰레이터라고 한다.

3) 방호장치

(1) 동력차단장치

(2) 비상정지기능

(3) 안전방호 울타리(방책)

(4) 안전매트 : 위험한계 내에 근로자가 들어갈 때 압력 등을 감지할 수 있는 방호조치

4) 교시등(「안전보건규칙」 제222조)

(1) 사업주는 산업용 로봇의 작동범위에서 해당 로봇에 대하여 교시 등(매니퓰레이터(manipulator)의 작동순서, 위치·속도의 설정·변경 또는 그 결과를 확인하는 것을 말한다)의 작업을 하는 경우에는 해당 로봇의 예기치 못한 작동 또는 오(誤)조작에 의한 위험을 방지하기 위하여 다음 각 호의 조치를 하여야 한다.

① 로봇의 조작방법 및 순서

② 작업 중의 매니퓰레이터의 속도

③ 2명 이상의 근로자에게 작업을 시킬 경우의 신호방법

④ 이상을 발견한 경우의 조치
⑤ 이상을 발견하여 로봇의 운전을 정지시킨 후 이를 재가동시킬 경우의 조치
⑥ 그 밖의 로봇의 예기치 못한 작동 또는 오조작에 의한 위험을 방지하기 위하여 필요한 조치
(2) 작업에 종사하고 있는 근로자 또는 그 근로자를 감시하는 사람은 이상을 발견하면 즉시 로봇의 운전을 정지시키기 위한 조치를 할 것
(3) 작업을 하고 있는 동안 로봇의 기동스위치 등에 작업 중이라는 표시를 하는 등 작업에 종사하고 있는 근로자가 아닌 사람이 그 스위치 등을 조작할 수 없도록 필요한 조치를 할 것

5) 운전 중 위험방지(「안전보건규칙」 제223조)

사업주는 로봇의 운전으로 인하여 근로자에게 발생할 수 있는 부상 등의 위험을 방지하기 위하여 높이 1.8미터 이상의 울타리를 설치하여야 하며, 컨베이어 시스템의 설치 등으로 울타리를 설치할 수 없는 일부 구간에 대해서는 안전매트 또는 광전자식 방호장치 등 감응형(感應形) 방호장치를 설치하여야 한다.

SECTION 04
운반기계 및 양중기

1 지게차(Fork Lift)

1) 지게차 안정도

지게차는 화물 적재시에 지게차 균형추(Counter Balance) 무게에 의하여 안정된 상태를 유지할 수 있도록 아래 그림과 같이 최대하중 이하로 적재하여야 한다.

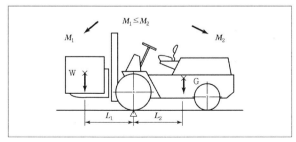

[지게차의 안정조건]

$$M_1 < M_2$$

화물의 모멘트 $M_1 = W \times L_1$,

지게차의 모멘트 $M_2 = G \times L_2$

여기서, W : 화물중심에서의 화물의 중량,
G : 지게차 중심에서의 지게차 중량,
L_1 : 앞바퀴에서 화물 중심까지의 최단거리,
L_2 : 앞바퀴에서 지게차 중심까지의 최단거리

안정도	지게차의 상태	
	옆에서 본 경우	앞에서 본 경우
하역작업시의 전후 안정도 : 4% (5톤 이상은 3.5%)	A ⊕ ⊕ B	Y ⊕ ⊕ A ⊕ ⊕ B X
주행시의 전후 안정도 : 18%	A ⊕ ⊕ B	
하역 작업시의 좌우 안정도 : 6%	X ⊕ ⊕ Y	
주행시의 좌우 안정도 : (15+1.1V)% V는 최고 속도 (km/h)	X ⊕ ⊕ Y	

$$안정도 = \frac{높이(h)}{수평거리(l)} \times 100(\%)$$

전도구배 h/l

2) 헤드가드(Head Guard)(「안전보건규칙」 제180조)

(1) 강도는 지게차의 최대하중의 2배의 값(4톤을 넘는 값에 대해서는 4톤으로 한다)의 등분포정하중에 견딜 수 있는 것일 것
(2) 상부틀의 각 개구의 폭 또는 길이가 16센티미터 미만일 것

(3) 운전자가 앉아서 조작하거나 서서 조작하는 지게차의 헤드가드는 「산업표준화법」 제12조에 따른 한국산업표준에서 정하는 높이 기준 이상일 것(좌석식 : 좌석기준점(SIP)으로부터 903mm 이상, 입승식 : 조종사가 서 있는 플랫폼으로부터 1,880mm 이상)

2 컨베이어(Conveyor)

1) 컨베이어의 종류 및 용도

(1) 롤러(Roller) 컨베이어 : 나란히 배열한 여러 개의 롤을 비스듬히 놓거나 기어를 회전시켜 그 위에 실려 있는 물건을 운반하는 기계이다.
(2) 스크루(Screw) 컨베이어 : 반원통 속에서 나선 모양의 날개가 달린 축이 돌면서 물건을 나르는 컨베이어이다.
(3) 벨트(Belt) 컨베이어 : 두 개의 바퀴에 벨트를 걸어 돌리면서 그 위에 물건을 올려 연속적으로 운반하는 장치이다.
(4) 체인(Chain) 컨베이어 : 체인을 사용하여 물품을 운반하는 기계 장치를 통틀어 이르는 말. 버킷 컨베이어, 에이프런 컨베이어, 슬롯 컨베이어가 있다.

2) 컨베이어의 안전조치 사항

(1) 인력으로 적하하는 컨베이어에는 하중 제한 표시를 하여야 한다.
(2) 기어 · 체인 또는 이동 부위에는 덮개를 설치하여야 한다.
(3) 지면으로부터 2m 이상 높이에 설치된 컨베이어에는 승강 계단을 설치하여야 한다.
(4) 컨베이어는 마지막 쪽의 컨베이어부터 시동하고, 처음 쪽의 컨베이어부터 정지하여야 한다.

3) 컨베이어 안전장치의 종류

(1) 비상정지장치(「안전보건규칙」 제192조) : 컨베이어 등에 해당 근로자의 신체의 일부가 말려드는 등 근로자가 위험해질 우려가 있는 경우 및 비상시에는 즉시 컨베이어 등의 운전을 정지시킬 수 있는 장치를 설치하여야 한다.
(2) 덮개 또는 울(「안전보건규칙」 제193조) : 컨베이어 등으로부터 화물이 떨어져 근로자가 위험에 처할 우려가 있는 경우에는 해당 컨베이어 등에 덮개 또는 울을 설치하는 등 낙하방지를 위한 조치를 하여야 한다.

(3) 건널다리(「안전보건규칙」 제195조) : 운전 중인 컨베이어 등의 위로 근로자를 넘어가도록 하는 경우에는 위험을 방지하기 위하여 건널다리를 설치하는 등 필요한 조치를 하여야 한다.
(4) 역전방지장치(「안전보건규칙」 제191조) : 컨베이어, 이송용 롤러 등을 사용하는 경우에는 정전 · 전압강하 등에 따른 화물 또는 운반구의 이탈 및 역주행을 방지하는 장치를 갖추어야 한다. 역전방지장치의 형식으로는 롤러식, 라쳇식, 전기브레이크가 있다.

3 양중기

1) 크레인의 방호장치(「안전보건규칙」 제134조)

양중기에 과부하방지장치 · 권과방지장치 · 비상정지장치 및 제동장치, 그 밖의 방호장치(승강기의 파이널 리미트 스위치, 속도조절기, 출입문 인터록 등을 말한다)가 정상적으로 작동될 수 있도록 미리 조정하여 두어야 한다.

(1) 권과방지장치 : 양중기에 설치된 권상용 와이어로프 또는 지브 등의 붐 권상용 와이어로프의 권과를 방지하기 위한 장치이다. 리밋스위치를 사용하여 권과를 방지한다.
(2) 과부하방지장치 : 하중이 정격을 초과하였을 때 자동적으로 상승이 정지되는 장치이다.
(3) 훅해지장치 : 훅걸이용 와이어로프 등이 훅으로부터 벗겨지는 것을 방지하는 방호장치이다.

2) 크레인 작업 시의 조치(「안전보건규칙」 제146조)

(1) 인양할 하물(荷物)을 바닥에서 끌어당기거나 밀어내는 작업을 하지 아니할 것
(2) 유류드럼이나 가스통 등 운반 도중에 떨어져 폭발하거나 누출될 가능성이 있는 위험물용기는 보관함(또는 보관고)에 담아 안전하게 매달아 운반할 것
(3) 고정된 물체를 직접 분리 · 제거하는 작업을 하지 아니할 것

3) 와이어로프

(1) 와이어로프의 구성

① 와이어로프는 강선(이것을 소선이라 한다)을 여러 개 합하여 꼬아 작은 줄(Strand)을 만들고, 이 줄을 꼬아 로프를 만드는데 그 중심에 심(대마를 꼬아 윤활유를 침투시킨 것)을 넣는다.

② 로프의 구성은 로프의 "스트랜드 수×소선의 개수"로 표시하며, 크기는 단면 외접원의 지름으로 나타낸다.

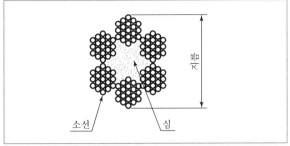

[로프의 지름 표시]

(2) 와이어로프의 꼬임모양과 꼬임방향

① 보통 꼬임(Regular Lay) : 스트랜드의 꼬임방향과 소선의 꼬임방향이 반대인 것
② 랭 꼬임(Lang's Lay) : 스트랜드의 꼬임방향과 소선의 꼬임방향이 같은 것. 킹크 또는 풀림이 쉽다.

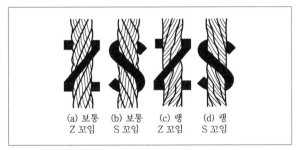

(a) 보통 Z 꼬임 (b) 보통 S 꼬임 (c) 랭 Z 꼬임 (d) 랭 S 꼬임

[와이어로프의 꼬임명칭]

(3) 와이어로프에 걸리는 하중의 변화

와이어로프에 걸리는 하중은 매다는 각도에 따라서 로프에 걸리는 장력이 달라진다.
아래 그림을 예로 T'에 걸리는 하중을 계산하면
평행법칙에 의해서 : $2 \times T' \times \cos 30 = 500$, ∴ $T' = 288 \mathrm{kg}$

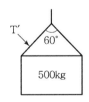

와이어로프로 중량물을 달아 올릴 때 각도가 클수록 힘이 크게 걸린다.

(4) 와이어로프 등 달기구의 안전계수(「안전보건규칙」제163조)

사업주는 양중기의 와이어로프 등 달기구의 안전계수(달기구 절단하중의 값을 그 달기구에 걸리는 하중의 최대값으로 나눈 값을 말한다)가 다음 각 호의 구분에 따른 기준에 맞지 아니한 경우에는 이를 사용해서는 아니 된다.

① 근로자가 탑승하는 운반구를 지지하는 달기와이어로프 또는 달기체인의 경우 : 10 이상
② 화물의 하중을 직접 지지하는 달기와이어로프 또는 달기체인의 경우 : 5 이상
③ 훅, 샤클, 클램프, 리프팅 빔의 경우 : 3 이상
④ 그 밖의 경우 : 4 이상

(5) 와이어로프의 사용금지기준(「안전보건규칙」제166조)

① 이음매가 있는 것
② 와이어로프의 한 꼬임(Strand)에서 끊어진 소선의 수가 10퍼센트 이상인 것
③ 지름의 감소가 공칭지름의 7퍼센트를 초과하는 것
④ 꼬인 것
⑤ 심하게 변형되거나 부식된 것
⑥ 열과 전기충격에 의해 손상된 것

(6) 늘어난 체인 등의 사용금지(「안전보건규칙」제167조)

① 달기체인의 길이가 달기체인이 제조된 때의 길이의 5퍼센트를 초과한 것
② 링의 단면지름이 달기체인이 제조된 때의 해당 링의 지름의 10퍼센트를 초과하여 감소한 것
③ 균열이 있거나 심하게 변형된 것

(7) 와이어로프의 절단 등(「안전보건규칙」제165조)

① 사업주는 와이어로프를 절단하여 양중(揚重)작업용구를 제작하는 경우 반드시 기계적인 방법으로 절단하여야 하며, 가스용단(熔斷) 등 열에 의한 방법으로 절단해서는 아니 된다.
② 사업주는 아크, 화염, 고온부 접촉 등으로 인하여 열영향을 받은 와이어로프를 사용하여서는 아니 된다.

4) 리프트

(1) 리프트의 안전장치

① 권과방지장치(「안전보건규칙」 제151조)

리프트의 운반구 이탈 등의 위험을 방지하기 위하여 권과방지장치, 과부하방지장치, 비상정지장치 등을 설치하는 등 필요한 조치를 하여야 한다.

② 과부하방지장치(「안전보건규칙」 제135조)

리프트에 그 적재하중을 초과하는 하중을 걸어서 사용하도록 해서는 아니 된다.

③ 비상정지장치 및 제동장치

(2) 리프트의 종류

① 건설용 리프트
② 산업용 리프트
③ 자동차정비용 리프트
④ 이삿짐운반용 리프트

5) 승강기

(1) 승강기의 종류(「안전보건규칙」 제132조)

① 승객용 엘리베이터 : 사람의 운송에 적합하게 제조·설치된 엘리베이터
② 승객화물용 엘리베이터 : 사람의 운송과 화물 운반을 겸용하는 데 적합하게 제조·설치된 엘리베이터
③ 화물용 엘리베이터 : 화물 운반에 적합하게 제조·설치된 엘리베이터로서 조작자 또는 화물취급자 1명은 탑승할 수 있는 것(적재용량이 300킬로그램 미만인 것은 제외한다)
④ 소형화물용 엘리베이터 : 음식물이나 서적 등 소형 화물의 운반에 적합하게 제조·설치된 엘리베이터로서 사람의 탑승이 금지된 것
⑤ 에스컬레이터 : 일정한 경사로 또는 수평로를 따라 위·아래 또는 옆으로 움직이는 디딤판을 통해 사람이나 화물을 승강장으로 운송시키는 설비

(2) 승강기 방호장치(「안전보건규칙」 제134조)

① 양중기에 과부하방지장치, 권과방지장치, 비상정지장치 및 제동장치, 그 밖의 방호장치[(승강기의 파이널 리미트 스위치(final limit switch), 속도조절기, 출입문 인터록(interlock) 등을 말한다)가 정상적으로 작동될 수 있도록 미리 조정해 두어야 한다.
② 속도조절기는 카의 속도가 정격속도의 1.3배(카의 정격속도가 45m/min 이하의 엘리베이터에 있어서는 60m/min)를 초과하지 않는 범위 내에서 과속 스위치가 동작하여 전원을 끊고 브레이크를 작동시킨다.

04 설비진단 및 검사

SECTION 01
비파괴검사의 종류 및 특징

1 개요

용접부의 검사 실시 후 정확한 해석 및 올바른 판단을 내리는 것은 공사의 시공 및 품질관리 측면에서 매우 중요하다. 일반적으로 사용되는 용접부 검사방법으로는 외관검사가 주로 사용되나 필요시에는 비파괴검사를 실시해야 한다.

2 비파괴검사

1) 비파괴검사의 의의

비파괴검사는 금속재료 내부의 기공·균열 등의 결함이나 용접 부위의 내부결함 등을 재료가 갖고 있는 물리적 성질을 이용해서 제품을 파괴하지 않고 외부에서 검사하는 방법이다.

2) 비파괴시험의 종류

(1) 표면결함 검출을 위한 비파괴시험방법

① 외관검사 : 확대경, 치수측정, 형상확인
② 침투탐상시험 : 금속, 비금속 적용가능, 표면개구 결함 확인
③ 자분탐상시험 : 강자성체에 적용, 표면, 표면의 저부결함 확인
④ 와전류탐상법 : 도체 표층부 탐상, 봉, 관의 결함 확인

(2) 내부결함 검출을 위한 비파괴시험방법

① 초음파 탐상시험 : 균열 등 면상 결함 검출능력이 우수하다.
② 방사선 투과시험 : 결함종류, 형상판별 우수, 구상결함을 검출한다.

3) 비파괴검사의 종류 및 특징

(1) 방사선에 의한 투과검사(RT ; Radiographic Testing)

① 재료 및 용접부의 내부 결함 검사에 활용. X-ray 촬영검사와 γ-ray 촬영검사가 있다.
② 방사선 투과검사에서 투과사진에 영향을 미치는 인자는 크게 콘트라스트(명암도)와 명료도로 나누어 검토할 수 있다. 콘크라스트에 영향을 주는 인자는 필름의 종류, 스크린의 종류, 방사선의 선질, 현상액의 강도가 있다.

(2) 초음파 탐상검사(UT ; Ultrasonic Testing)

설비의 내부에 균열 결함 및 용접부에 발생한 미세균열, 용입부족, 융합불량의 검출에 가장 적합한 검사방법. 초음파탐상법의 종류는 원리에 따라 크게 반사식, 투과식, 공진식으로 분류된다.

(3) 액체침투탐상검사(LPT ; Liquid Penetrant Testing)

① 물체의 표면에 침투력이 강한 적색 또는 형광성의 침투액을 표면 개구 결함에 침투시켜 직접 또는 자외선 등으로 관찰하여 결함장소와 크기를 판별하는 비파괴시험. 검사물 표면의 균열이나 피트 등의 결함을 비교적 간단하고 신속하게 검출할 수 있고, 특히 비자성 금속재료의 검사에 자주 이용된다.
② 전처리 → 침투처리 → 세척처리 → 현상처리 → 관찰 → 후처리 순서로 작업함

(4) 자분탐상검사(MT ; Magnetic Particle Testing)

강자성체의 결함을 찾을 때 사용하는 비파괴시험법으로 표면 또는 표층에 결함이 있을 경우 누설자속을 이용하여 육안으로 결함을 검출하는 시험법. 자화방법으로는 축통전법, 전류관통법, 극간법 등이 있다.

(5) 와전류탐상검사(Eddy Current Test)

금속 등의 도체에 교류를 통한 코일을 접근시 켰을 때, 결함이 존재하면 코일에 유기되는 전압이나 전류가 변하는 것을 이용한 검사방법. 비접촉으로 고속탐상이 가능하므로 튜브, 파이프, 봉 등의 자동탐상에 많이 이용된다. 검사 대상 이외의 재료적 인자(투과율, 열처리, 운동 등)에 대한 영향이 크다.

(6) 음향방출시험(AE ; Acoustic Emission Exam)

재료가 변형 시에 외부응력이나 내부의 변형과정에서 방출되는 낮은 응력파(Stress Wave)를 감지하여 측정하는 비파괴시험. AE란 재료가 변형을 일으킬 때나 균열이 발생하여 성장할 때 원자의 재배열이 일어나며 이때 탄성파를 방출하게 된다. 따라서 재료의 종류나 물성 등의 특성과 관계가 있다.

3 비파괴검사의 실시(「안전보건규칙」 제115조)

사업주는 고속회전체(회전축의 중량이 1톤을 초과하고 원주속도가 초당 120미터 이상인 것으로 한정한다)의 회전시험을 하는 경우 미리 회전축의 재질 및 형상 등에 상응하는 종류의 비파괴검사를 해서 결함 유무를 확인하여야 한다.

SECTION 02
소음 · 진동 방지 기술

1 소음방지 방법

1) 소음작업의 정의

"소음작업"이란 1일 8시간 작업을 기준으로 85데시벨 이상의 소음이 발생하는 작업을 말한다.

2) 강렬한 소음작업

(1) 90데시벨 이상의 소음이 1일 8시간 이상 발생하는 작업
(2) 95데시벨 이상의 소음이 1일 4시간 이상 발생하는 작업
(3) 100데시벨 이상의 소음이 1일 2시간 이상 발생하는 작업
(4) 105데시벨 이상의 소음이 1일 1시간 이상 발생하는 작업
(5) 110데시벨 이상의 소음이 1일 30분 이상 발생하는 작업
(6) 115데시벨 이상의 소음이 1일 15분 이상 발생하는 작업

3) 충격소음작업

(1) 120데시벨을 초과하는 소음이 1일 1만회 이상 발생하는 작업
(2) 130데시벨을 초과하는 소음이 1일 1천회 이상 발생하는 작업
(3) 140데시벨을 초과하는 소음이 1일 1백회 이상 발생하는 작업

4) 소음감소 조치(「안전보건규칙」 제513조)

사업주는 강렬한 소음작업이나 충격소음작업 장소에 대하여 기계 · 기구 등의 대체, 시설의 밀폐 · 흡음 또는 격리 등 소음감소를 위한 조치를 하여야 한다.

5) 소음수준의 주지 등(「안전보건규칙」 제514조)

사업주는 근로자가 소음작업, 강렬한 소음작업 또는 충격소음작업에 종사하는 경우에 다음 각호의 관한 사항을 근로자에게 널리 알려야 한다.
(1) 해당 작업장소의 소음 수준
(2) 인체에 미치는 영향과 증상
(3) 보호구의 선정과 착용방법
(4) 그 밖에 소음으로 인한 건강장해 방지에 필요한 사항

2 진동방지 방법

1) 진동작업의 정의

"진동작업"이라 함은 다음에 해당하는 기계 · 기구를 사용하는 작업을 말한다.
(1) 착암기   (2) 동력을 이용한 해머
(3) 체인톱   (4) 엔진 커터
(5) 동력을 이용한 연삭기   (6) 임팩트 렌치

2) 진동보호구의 지급 등(「안전보건규칙」 제518조)

사업주는 진동작업에 근로자를 종사하도록 하는 경우에 방진장갑 등 진동보호구를 지급하여 착용하도록 하여야 한다.

3) 유해성 등의 주지(「안전보건규칙」 제519조)

사업주는 근로자가 진동작업에 종사하는 경우에 다음 각호의
사항을 근로자에게 충분히 알려야 한다.

(1) 인체에 미치는 영향과 증상
(2) 보호구의 선정과 착용방법
(3) 진동 기계 · 기구 관리방법
(4) 진동 장해 예방방법

4) 진동장애의 예방대책

(1) 저진동공구를 사용한다.
(2) 진동업무를 자동화한다.
(3) 방진장갑과 귀마개를 한다.

3과목 예상문제

01 전단기 개구부의 가드 간격이 12mm일 때 가드와 전단 지점 간의 거리는?

① 30mm 이상
② 40mm 이상
③ 50mm 이상
④ 60mm 이상

해설 **가드의 개구부 간격**

가드를 설치할 때 일반적인 개구부의 간격은 다음의 식으로 계산한다.
$Y = 6 + 0.15X (X < 160mm)$,
$12 = 6 + 0.15 \times X$, $X = 40mm$
(단, $X \geq 160mm$이면 $Y = 30$)

02 산업안전보건법상 양중기에서 하중을 직접 지지하는 와이어로프 또는 달기체인의 안전계수로 옳은 것은?

① 1 이상
② 3 이상
③ 5 이상
④ 7 이상

해설 **와이어로프 등 달기구의 안전계수(「안전보건규칙」 제163조)**

1. 근로자가 탑승하는 운반구를 지지하는 달기와이어로프 또는 달기체인의 경우 : 10 이상
2. 화물의 하중을 직접 지지하는 달기와이어로프 또는 달기체인의 경우 : 5 이상
3. 훅, 샤클, 클램프, 리프팅 빔의 경우 : 3 이상
4. 그 밖의 경우 : 4 이상

03 다음 중 산업안전보건법상 컨베이어 작업시작 전 점검 사항이 아닌 것은?

① 원동기 및 풀리 기능의 이상 유무
② 이탈 등의 방지장치 기능의 이상 유무
③ 비상정지장치 기능의 이상 유무
④ 건널다리의 이상 유무

해설 **컨베이어 작업시작 전 점검사항**

1. 원동기 및 풀리(pulley) 기능의 이상 유무
2. 이탈 등의 방지장치 기능의 이상 유무
3. 비상정지장치 기능의 이상 유무
4. 원동기 · 회전축 · 기어 및 풀리 등의 덮개 또는 울 등의 이상 유무

04 다음 중 연삭기를 이용한 작업을 할 경우 연삭숫돌을 교체한 후에는 얼마동안 시험운전을 하여야 하는가?

① 1분 이상
② 3분 이상
③ 10분 이상
④ 15분 이상

해설 **연삭숫돌의 덮개 등(「안전보건규칙」 제122조)**

연삭숫돌을 사용하는 작업의 경우 작업을 시작하기 전에는 1분 이상, 연삭숫돌을 교체한 후에는 3분 이상 시험운전을 하고 해당 기계에 이상이 있는지를 확인하여야 한다.

05 목재 가공용 기계별 방호장치가 틀린 것은?

① 목재 가공용 둥근톱기계 – 반발예방장치
② 동력시 수동대패기계 – 날접촉예방장치
③ 목재 가공용 띠톱기계 – 날접촉예방장치
④ 모떼기 기계 – 반발예방장치

해설 **모떼기 기계의 날접촉예방장치(「안전보건규칙」 제110조)**

사업주는 모떼기기계에 날접촉예방장치를 설치하여야 한다.

06 숫돌 축의 회전수 3,000rpm인 연삭기에 외측 지름 200mm의 연삭숫돌을 장착하여 운전하면 연삭숫돌의 원주 속도는 약 얼마인가?

① 188.4m/min
② 1,884m/min
③ 314m/min
④ 3,140m/min

해설 **숫돌의 원주속도**

$$v = \frac{\pi DN}{1,000}(m/min) = \frac{\pi \times 200 \times 3,000}{1,000} = 1,884(m/min)$$

정답 | 01 ② 02 ③ 03 ④ 04 ② 05 ④ 06 ②

07 페일세이프(fail safe) 기능의 3단계 중 페일 액티브(fail active)에 관한 내용으로 옳은 것은?

① 부품고장 시 기계는 경보를 울리나 짧은 시간 내 운전이 가능하다.
② 부품고장 시 기계는 정지방향으로 이동한다.
③ 부품고장 시 추후 보수까지는 안전기능을 유지한다.
④ 부품고장 시 병렬계통방식이 작동되어 안전기능이 유지된다.

해설 **Fail safe의 기능분류**
1. Fail passive(자동감지) : 부품이 고장 나면 통상 정지하는 방향으로 이동
2. Fail active(자동제어) : 부품이 고장 나면 기계는 경보를 울리며, 짧은 시간 동안 운전이 가능
3. Fail operational(차단 및 조정) : 부품에 고장이 있더라도 추후 보수가 있을 때까지 안전한 기능을 유지

08 선반작업에서 가공물의 길이가 외경에 비하여 과도하게 길 때, 절삭저항에 의한 떨림을 방지하기 위한 장치는?

① 센터
② 방진구
③ 돌리개
④ 심봉

해설 **방진구(Center Rest)**
가늘고 긴 일감은 절삭력과 자중으로 휘거나 처짐이 일어나므로 이를 방지하기 위한 장치. 일감의 길이가 직경의 12배부터 방진구를 사용한다. 탁상용 연삭기에서 사용한다.

09 아세틸렌 용접 시 역화를 방지하기 위하여 설치하는 것은?

① 압력기
② 청정기
③ 안전기
④ 발생기

해설 **안전기의 설치(「안전보건규칙」 제289조)**
1. 사업주는 아세틸렌 용접장치에 대하여 그 취관마다 안전기를 설치하여야 한다. 다만, 주관 및 취관에 가장 근접한 분기관마다 안전기를 부착한 경우에는 그러하지 아니하다.
2. 사업주는 가스용기가 발생기와 분리되어 있는 아세틸렌 용접장치에 대하여 발생기와 가스용기 사이에 안전기를 설치하여야 한다.

10 목재 가공용 둥근톱의 두께가 3mm일 때, 분할날의 두께는?

① 3.3mm 이상
② 3.6mm 이상
③ 4.5 mm 이상
④ 4.8mm 이상

해설 분할날의 두께는 톱날두께 1.1배 이상이므로 3mm의 1.1배인 3.3mm이다.

11 다음 중 기계설비에 의해 형성되는 위험점이 아닌 것은?

① 회전 말림점
② 접선 분리점
③ 협착점
④ 끼임점

해설 **기계설비의 위험점 분류**
1. 협착점(Squeeze Point)
2. 끼임점(Shear Point)
3. 절단점
4. 물림점
5. 접선물림점
6. 회전말림점

12 산업안전보건법상 산업용 로봇의 교시작업 시작 전 점검하여야 할 부위가 아닌 것은?

① 제동장치
② 매니퓰레이터
③ 지그
④ 전선의 피복상태

해설 **작업시작 전 점검사항(로봇의 작동범위 내에서 그 로봇에 관하여 교시 등의 작업을 하는 때)(「안전보건규칙」 [별표 3])**
1. 외부전선의 피복 또는 외장의 손상 유무
2. 매니퓰레이터(Manipulator) 작동의 이상 유무
3. 제동장치 및 비상정지장치의 기능

13 프레스의 일반적인 방호장치가 아닌 것은?

① 광전자식 방호장치
② 포집형 방호장치
③ 게이트 가드식 방호장치
④ 양수 조작식 방호장치

해설 **프레스의 방호장치**
1. 게이트가드식(Gate Guard) 방호장치
2. 양수조작식 방호장치
3. 손쳐내기식(Push Away, Sweep Guard) 방호장치
4. 수인식(Pull Out) 방호장치
5. 광전자식(감응식) 방호장치

PART 01 PART 02 **PART 03** PART 04 PART 05 부록

정답 | 07 ① 08 ② 09 ③ 10 ① 11 ② 12 ③ 13 ②

14 위험기계에 조작자의 신체부위가 의도적으로 위험점 밖에 있도록 하는 방호장치는?

① 덮개형 방호장치　　② 차단형 방호장치
③ 위치제한형 방호장치　　④ 접근반응형 방호장치

해설　**위치제한형 방호장치**

　　조작자의 신체부위가 위험한계 밖에 있도록 기계의 조작장치를 위험구역에서 일정거리 이상 떨어지게 한 방호장치

15 무부하 상태 기준으로 구내 최고속도가 20km/h인 지게차의 주행 시 좌우 안정도 기준은?

① 4% 이내　　② 20% 이내
③ 37% 이내　　④ 40% 이내

해설　**지게차 안정도**

　　주행 시의 좌우안정도
　　$= (15 + 1.1V) = 15 + 1.1 \times 20 = 37\%$

16 안전계수 6인 와이어로프의 파단하중이 300kgf인 경우, 매달기 안전하중은 얼마인가?

① 50kgf 이하　　② 60kgf 이하
③ 100kgf 이하　　④ 150kgf 이하

해설　**안전율(Safety Factor), 안전계수**

　　$S = \dfrac{\text{파단하중}}{\text{안전하중}}, \; 6 = \dfrac{300}{\text{안전하중}}$
　　안전하중 = 50kgf

17 동력 프레스기의 No-Hand In Die 방식의 방호대책이 아닌 것은?

① 방호물이 부착된 프레스
② 가드식 방호장치 도입
③ 전용 프레스의 도입
④ 안전금형을 부착한 프레스

해설　No-Hand In Die 방식(금형 안에 손이 들어가지 않는 구조)은 안전울(방호물) 설치, 안전금형, 자동화 또는 전용 프레스가 있다.

18 정(Chisel) 작업의 일반적인 안전수칙으로 틀린 것은?

① 따내기 및 칩이 튀는 가공에서는 보안경을 착용하여야 한다.
② 절단 작업 시 절단된 끝이 튀는 것을 조심하여야 한다.
③ 작업을 시작할 때는 가급적 정을 세게 타격하고 점차 힘을 줄여나간다.
④ 절단이 끝날 무렵에는 정을 세게 타격해서는 안 된다.

해설　**정작업 시 안전수칙**

　　1. 칩이 튀는 작업에는 보호안경 착용
　　2. 처음에는 가볍게 때리고 점차 힘을 가함
　　3. 절단된 가공물의 끝이 튕길 위험 발생 방지

19 프레스의 광전자식 방호장치의 관선에 신체의 일부가 감지된 후로부터 급정지기구 작동시까지의 시간이 30ms이고, 급정지기구의 작동 직후로부터 프레스기가 정지될 때까지의 시간이 20ms라면 광축의 최소 설치거리는?

① 75mm 이상　　② 80mm 이상
③ 100mm 이상　　④ 150mm 이상

해설　**안전거리**

　　$D = 1{,}600 \times (T_c + T_s) \,(\text{mm})$
　　$= 1{,}600 \times (0.03 + 0.02) = 80\text{mm 이상}$

20 일반연삭작업 등에 사용하는 것을 목적으로 하는 탁상용 연삭기의 덮개의 노출 각도로 옳은 것은?

① 30° 이내　　② 45° 이내
③ 125° 이내　　④ 150° 이내

해설　일반 연삭작업 등에 사용하는 것을 목적으로 하는 탁상용 연삭기의 노출각도

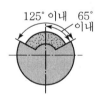

125° 이내　　65° 이내

21 다음 중 산업안전보건법상 크레인의 방호장치에 해당하지 않는 것은?

① 권과방지장치
② 주위감시장치
③ 비상정지장치
④ 과부하방지장치

해설 **크레인의 방호장치**

양중기(크레인)에 과부하방지장치·권과방지장치·비상정지장치 및 브레이크장치 등의 방호장치가 정상적으로 작동될 수 있도록 미리 조정하여 두어야 한다(「안전보건규칙」 제134조).

22 프레스의 양수조작식 방호장치에서 양쪽버튼의 작동시간 차이는 최대 얼마 이내일 때 프레스가 동작되도록 해야 하는가?

① 0.1초
② 0.5초
③ 1.0초
④ 1.5초

해설 누름버튼을 양손으로 동시에 조작하지 않으면 작동시킬 수 없는 구조이어야 하며, 양쪽버튼의 작동시간 차이는 최대 0.5초 이내일 때 프레스가 동작되도록 해야 한다.

23 다음 중 연삭숫돌 구성의 3요소가 아닌 것은?

① 조직
② 입자
③ 기공
④ 결합제

해설 연삭숫돌 구성의 3요소는 숫돌입자, 기공, 결합제이다.

[연삭숫돌의 표시]
WA   60   K   m   V
(숫돌입자) (입도) (결합도) (조직) (결합제)

24 다음 중 목재가공용 둥근톱에 설치해야 하는 분할날의 두께에 관한 설명으로 옳은 것은?

① 톱날 두께의 1.1배 이상이고, 톱날의 치진폭보다 커야 한다.
② 톱날 두께의 1.1배 이상이고, 톱날의 치진폭보다 작아야 한다.
③ 톱날 두께의 1.1배 이내이고, 톱날의 치진폭보다 커야 한다.
④ 톱날 두께의 1.1배 이내이고, 톱날의 치진폭보다 작아야 한다.

해설 **분할날의 두께**

분할날의 두께는 톱날두께 1.1배 이상이고, 톱날의 치진폭 미만으로 할 것

25 선반 작업의 안전사항으로 틀린 것은?

① 베드 위에 공구를 올려놓지 않아야 한다.
② 바이트를 교환할 때는 기계를 정지시키고 한다.
③ 바이트는 끝을 길게 장치한다.
④ 반드시 보안경을 착용한다.

해설 **선반작업 시 유의사항**

바이트는 짧게 장치하고 일감의 길이가 직경의 12배 이상일 때 방진구 사용

26 크레인 작업 시 2t 크기의 화물을 걸어 25m/s² 가속도로 감아올릴 때 로프에 걸리는 총하중은 몇 약 kN인가?

① 16.9
② 50.0
③ 69.6
④ 94.8

해설 동하중 $= \dfrac{정하중}{중력가속도(g)} \times 가속도$

$= \dfrac{2,000}{9.8} \times 25 = 5,102$kg

총하중 = 정하중 + 동하중 = 2,000 + 5,102 = 7,102kg
∴ 하중(N) = 총하중(kg) × 중력가속도(g)
= 7,102 × 9.8 = 69,599.6N
≒ 69.6kN

27 연삭기 숫돌의 파괴원인으로 볼 수 없는 것은?

① 숫돌의 회전속도가 너무 빠를 때
② 숫돌 자체에 균열이 있을 때
③ 숫돌의 정면을 사용할 때
④ 숫돌에 과대한 충격을 주게 되는 때

해설 숫돌의 측면을 일감으로써 심하게 가압했을 경우 숫돌이 파괴되어 재해 발생 우려가 있다.

28 롤러기 방호장치의 무부하 동작시험 시 앞면 롤러의 지름이 150mm이고, 회전수가 30rpm인 롤러기의 급정지거리는 몇 mm 이내이어야 하는가?

① 157
② 188
③ 207
④ 237

앞면 롤의 표면속도(m/min)	급정지거리
30 미만	앞면 롤 원주의 1/3
30 이상	앞면 롤 원주의 1/2.5

$$V = \frac{\pi DN}{1,000} = \frac{\pi \times 150 \times 30}{1,000} = 14.13 \text{m/min}$$

$$\text{급정지거리} = \frac{\text{앞면 롤 원주}}{3} = \frac{\pi \times 150}{3} = 157 \text{mm}$$

29 산업안전보건법령에 따라 보일러에서 압력방출장치가 2개 이상 설치될 경우, 최고사용압력 이하에서 1개가 작동하고, 다른 압력방출장치는 최고사용압력의 얼마 이하에서 작동되도록 부착하여야 하는가?

① 1.03배　　　　　② 1.05배
③ 1.3배　　　　　④ 1.5배

해설 **압력방출장치(안전밸브)의 설치(「안전보건규칙」 제116조)**

사업주는 보일러의 안전한 가동을 위하여 보일러 규격에 맞는 압력방출장치를 1개 또는 2개 이상 설치하고 최고사용압력 이하에서 작동되도록 하여야 한다. 다만, 압력방출장치가 2개 이상 설치된 경우에는 최고사용압력 이하에서 1개가 작동되고, 다른 압력방출장치는 최고사용압력 1.05배 이하에서 작동되도록 부착하여야 한다.

30 다음 중 양중기에서 사용하는 와이어로프에 관한 설명으로 틀린 것은?

① 달기 체인의 길이 증가는 제조 당시의 7%까지 허용된다.
② 와이어로프의 지름감소가 공칭지름의 7% 초과 시 사용할 수 없다.
③ 훅, 샤클 등의 철구로서 변형된 것은 크레인의 고리걸이용구로 사용하여서는 아니 된다.
④ 양중기에서 사용되는 와이어로프는 화물 하중을 직접 지지하는 경우 안전계수를 5 이상으로 해야 한다.

해설 **늘어난 체인 등의 사용금지(「안전보건규칙」 제167조)**

1. 달기체인의 길이가 달기체인이 제조된 때의 길이의 5퍼센트를 초과한 것
2. 링의 단면지름이 달기체인이 제조된 때의 해당 링의 지름의 10퍼센트를 초과하여 감소한 것
3. 균열이 있거나 심하게 변형된 것

31 다음 중 작업장에 대한 안전조치 사항으로 틀린 것은?

① 상시통행을 하는 통로에는 75럭스 이상의 채광 또는 조명시설을 하여야 한다.
② 산업안전보건법으로 규정된 위험물질을 취급하는 작업장에 설치하여야 하는 비상구는 너비 0.75m 이상, 높이 1.5m 이상이어야 한다.
③ 높이가 3m를 초과하는 계단에는 높이 3m 이내마다 너비 90cm 이상의 계단참을 설치하여야 한다.
④ 상시 50명 이상의 근로자가 작업하는 옥내 작업장에는 비상시 근로자에게 신속하게 알리기 위한 경보용 설비를 설치하여야 한다.

해설 높이가 3미터를 초과하는 계단에 높이 3미터 이내마다 너비 1.2미터 이상의 계단참을 설치하여야 한다(「안전보건규칙」 제28조).

32 다음 중 기계의 회전 운동하는 부분과 고정부 사이에 위험이 형성되는 위험점으로 예를 들어 연삭숫돌과 작업받침대, 교반기의 날개와 하우스 등에서 발생되는 위험점은?

① 물림점(Nip Point)
② 끼임점(Shear Point)
③ 절단점(Cutting Point)
④ 접선물림점(Tangential Point)

해설 **끼임점(Shear Point)**

기계의 회전운동하는 부분과 고정부 사이에 위험점이다. 예로서 연삭숫돌과 작업대, 교반기의 교반날개와 몸체 사이 및 반복되는 링크기구 등이 있다.

33 다음 중 산업용 로봇을 운전하는 경우 산업안전보건법에 따라 설치하여야 하는 방호장치에 해당하는 것은?

① 출입문 도어록
② 안전매트 및 울타리
③ 광전자식 방호장치
④ 과부하방지장치

해설 **운전 중 위험방지(「안전보건규칙」 제223조)**

사업주는 로봇의 운전으로 인하여 근로자에게 발생할 수 있는 부상 등의 위험을 방지하기 위하여 높이 1.8미터 이상의 울타리를 설치하여야 하며, 컨베이어 시스템의 설치 등으로 울타리를 설치할 수 없는 일부 구간에 대해서는 안전매트 또는 광전자식 방호장치 등 감응형(感應形) 방호장치를 설치하여야 한다.

34 다음 중 프레스 및 전단기의 양수조작식 방호장치의 누름버튼의 최소 내측거리로 옳은 것은?

① 100mm
② 150mm
③ 300mm
④ 500mm

해설 **양수조작식 방호장치 설치 및 사용**

1. 양수조작식 방호장치는 안전거리를 확보하여 설치하여야 한다.
2. 누름버튼의 상호 간 내측거리는 300mm 이상으로 한다.
3. 누름버튼 윗면이 버튼케이스 또는 보호 링의 상면보다 25mm 낮은 매립형으로 한다.
4. SPM(Stroke Per Minute : 매분 행정수) 120 이상의 것에 사용한다.

35 다음 중 프레스기에 사용되는 손쳐내기식 방호장치에 대한 설명으로 틀린 것은?

① 분당 행정수가 120번 이상인 경우에 적합하다.
② 방호판의 폭은 금형폭의 1/2 이상이어야 한다.
③ 행정길이가 300mm 이상의 프레스 기계에는 방호판 폭을 300mm로 해야 한다.
④ 손쳐내기봉의 행정(Stroke) 길이를 금형의 높이에 따라 조정할 수 있고, 진동폭은 금형폭 이상이어야 한다.

해설 **손쳐내기식 방호장치의 설치기준**

1. SPM이 120 이하이고 슬라이드의 행정길이가 40mm 이상의 것에 사용한다.
2. 손쳐내기식 막대는 그 길이 및 진폭을 조정할 수 있는 구조이어야 한다.
3. 금형 크기의 절반 이상의 크기를 가진 손쳐내기판을 손쳐내기 막대에 부착한다.

36 다음 중 목재 가공용 둥근톱 기계에서 분할날의 설치에 관한 사항으로 옳지 않은 것은?

① 분할날 조임볼트는 이완방지조치가 되어 있어야 한다.
② 분할날과 톱날 원주면과의 거리는 12mm 이내로 조정, 유지할 수 있어야 한다.
③ 둥근톱의 두께가 1.20mm이라면 분할날의 두께는 1.32mm 이상이어야 한다.
④ 분할날은 표준테이블면(승강반에 있어서도 테이블을 최하로 내릴 때의 면)상의 톱의 후면날의 1/3 이상을 덮도록 하여야 한다.

해설 **분할날의 설치조건**

표준 테이블 위 톱의 후면날 2/3 이상을 커버해야 한다.

37 다음 중 기계 구조부분의 안전화에 대한 결함에 해당되지 않는 것은?

① 재료의 결함
② 기계설계의 결함
③ 가공상의 결함
④ 작업환경상의 결함

해설 **구조부분의 안전화(강도적 안전화)**

1. 재료의 결함
2. 설계 시의 잘못
3. 가공의 잘못

38 다음 중 접근반응형 방호장치에 해당되는 것은?

① 손쳐내기식 방호장치
② 광전자식 방호장치
③ 가드식 방호장치
④ 양수조작식 방호장치

해설 **접근반응형 방호장치**

작업자의 신체부위가 위험한계로 들어오게 되면 이를 감지하여 작동 중인 기계를 즉시 정지시키거나 스위치가 꺼지도록 하는 기능을 가지고 있다(광전자식 안전장치).

39 다음 중 선반 작업 시 주의사항으로 틀린 것은?

① 회전 중에 가공품을 직접 만지지 않는다.
② 공작물의 설치가 끝나면, 척에서 렌치류는 곧바로 제거한다.
③ 칩(Chip)이 비산할 때는 보안경을 쓰고 방호판을 설치하여 사용한다.
④ 돌리개는 적정 크기의 것을 선택하고, 심압대 스핀들은 가능하면 길게 나오도록 한다.

해설 **선반작업 시 유의사항**

돌리개는 적당한 것을 선택하고, 심압대 스핀들은 지나치게 길게 나오지 않도록 한다.

40 산업안전보건법에서 정한 양중기의 종류에 해당하지 않는 것은?

① 리프트
② 호이스트
③ 곤돌라
④ 체인블럭

해설 양중기란 다음 각 호의 기계를 말한다.

1. 크레인[호이스트(Hoist)를 포함한다]
2. 이동식 크레인
3. 리프트(이삿짐운반용 리프트의 경우에는 적재하중이 0.1톤 이상인 것으로 한정한다)
4. 곤돌라
5. 승강기

정답 | 34 ③ 35 ① 36 ④ 37 ④ 38 ② 39 ④ 40 ④

41 산업안전보건법령에 따라 양중기용 와이어로프의 사용금지 기준으로 옳은 것은?

① 지름의 감소가 공칭지름의 3%를 초과하는 것
② 지름의 감소가 공칭지름의 5%를 초과하는 것
③ 와이어로프의 한 꼬임(Strand)에서 끊어진 소선의 수가 7% 이상인 것
④ 와이어로프의 한 꼬임(Strand)에서 끊어진 소선의 수가 10% 이상인 것

해설 **와이어로프의 사용금지기준(「안전보건규칙」 제166조)**

1. 이음매가 있는 것
2. 와이어로프의 한 꼬임(Strand)에서 끊어진 소선의 수가 10퍼센트 이상인 것
3. 지름의 감소가 공칭지름의 7퍼센트를 초과하는 것
4. 꼬인 것
5. 심하게 변형되거나 부식된 것
6. 열과 전기충격에 의해 손상된 것

42 다음 중 산업안전보건법령상 컨베이어에 부착해야 하는 안전장치와 가장 거리가 먼 것은?

① 해지장치
② 비상정지장치
③ 덮개 또는 울
④ 역주행방지장치

해설 **컨베이어 안전장치의 종류**

1. 비상정지장치
2. 덮개 또는 울
3. 건널다리
4. 역전방지장치

43 다음은 목재가공용 둥근톱에서 분할날에 관한 설명이다. ( ) 안의 내용을 올바르게 나타낸 것은?

- 분할날의 두께는 둥근톱 두께의 (㉠) 이상일 것
- 견고히 고정할 수 있으며 분할날과 톱날 원주면과의 거리는 (㉡) 이내로 조정, 유지할 수 있어야 한다.

① ㉠ : 1.5배   ㉡ : 10mm
② ㉠ : 1.1배   ㉡ : 12mm
③ ㉠ : 1.1배   ㉡ : 15mm
④ ㉠ : 2배   ㉡ : 20mm

해설 **분할날의 설치조건**

1. 분할날의 두께 : 분할날의 두께는 톱날두께 1.1배 이상이고 톱날의 치진폭 미만으로 할 것
2. 톱의 후면 날과 12mm 이내가 되도록 설치

44 다음은 지게차의 헤드가드에 관한 기준이다. ( ) 안에 들어갈 내용으로 옳은 것은?

지게차 사용 시 화물 낙하 위험의 방호조치 사항으로 헤드가드를 갖추어야 한다. 그 강도는 지게차 최대하중의 ( )의 값의 등분포하중에 견딜 수 있어야 한다. 단, 그 값이 4톤을 넘는 것에 대하여서는 4톤으로 한다.

① 1배
② 2배
③ 3배
④ 4배

해설 **헤드가드(Head Guard, 「안전보건규칙」 제180조)**

1. 강도는 지게차의 최대하중의 2배의 값(4톤을 넘는 값에 대해서는 4톤으로 한다)의 등분포정하중에 견딜 수 있는 것일 것
2. 상부틀의 각 개구의 폭 또는 길이가 16센티미터 미만일 것
3. 운전자가 앉아서 조작하거나 서서 조작하는 지게차의 헤드가드는 「산업표준화법」 제12조에 따른 한국산업표준에서 정하는 높이 기준 이상일 것(좌승식 : 좌석기준점(SIP)으로부터 903mm 이상, 입승식 : 조종사가 서 있는 플랫폼으로부터 1,880mm 이상)

45 다음 중 산업안전보건법령상 안전난간의 구조 및 설치요건에서 상부 난간대의 높이는 바닥면으로부터 얼마 지점에 설치하여야 하는가?

① 30cm 이상
② 60cm 이상
③ 90cm 이상
④ 120cm 이상

해설 **안전난간의 구조 및 설치요건(「안전보건규칙」 제13조)**

상부 난간대는 바닥면·발판 또는 경사로의 표면으로부터 90센티미터 이상 지점에 설치하고, 상부 난간대를 120센티미터 이하에 설치하는 경우에는 중간 난간대는 상부 난간대와 바닥면 등의 중간에 설치하여야 하며, 120센티미터 이상 지점에 설치하는 경우에는 중간 난간대를 2단 이상으로 균등하게 설치하고 난간의 상하 간격은 60센티미터 이하가 되도록 할 것

46 기계의 안전조건 중 외형의 안전화로 가장 적합한 것은?

① 기계의 회전부에 덮개를 설치하였다.
② 강도의 열화를 고려해 안전율을 최대로 설계하였다.
③ 정전 시 오동작을 방지하기 위하여 자동제어장치를 설치하였다.
④ 사용압력 변동 시의 오동작 방지를 위하여 자동제어 장치를 설치하였다.

해설 **기계의 안전조건(외형의 안전화)**

1. 묻힘형이나 덮개의 설치
2. 별실 또는 구획된 장소에의 격리
3. 안전색채 사용

정답 | 41 ④ 42 ① 43 ② 44 ② 45 ③ 46 ①

47 다음 중 기계설비 안전화의 기본 개념으로서 적절하지 않은 것은?

① Fail—safe의 기능을 갖추도록 한다.
② Fool proof의 기능을 갖추도록 한다.
③ 안전상 필요한 장치는 단일 구조로 한다.
④ 안전 기능은 기계 장치에 내장되도록 한다.

해설 **기계설비 안전화의 기본개념**

1. 가능한 한 조작상 위험이 없도록 설계할 것
2. 안전기능이 기계설비에 내장되어 있을 것
3. 풀 프루프(Fool Proof)의 기능을 가질 것
4. 페일 세이프(Fail Safe)의 기능을 가질 것
5. 안전상 필요한 장치는 단일 구조로 하지 않을 것

48 클러치 프레스에 부착된 양수조작식 방호장치에 있어서 클러치의 맞물린 개소 수가 4군데, 매분 행정 수가 300 SPM일 때 양수조작식 조작부의 최소 안전거리는? (단, 인간의 손의 기준속도는 1.6m/s로 한다.)

① 240mm
② 260mm
③ 340mm
④ 360mm

해설 **양수기동식 안전거리**

$$D_m = 1,600 \times T_m$$
$$= 1,600 \times \left(\frac{1}{4} + \frac{1}{2}\right) \times \frac{60}{300} = 240\text{mm}$$
$$T_m = \left(\frac{1}{\text{클러치 개소 수}} + \frac{1}{2}\right) \times \frac{60}{\text{매분 행정 수(SPM)}}$$

49 다음 중 보일러의 부식원인과 가장 거리가 먼 것은?

① 증기 발생이 과다할 때
② 급수 처리를 하지 않은 물을 사용할 때
③ 급수에 해로운 불순물이 혼입되었을 때
④ 불순물을 사용하여 수관이 부식되었을 때

해설 **보일러 부식의 원인**

1. 급수 처리를 하지 않은 물을 사용할 때
2. 불순물을 사용하여 수관이 부식되었을 때
3. 급수에 해로운 불순물이 혼입되었을 때

50 다음 중 선반의 안전장치로 볼 수 없는 것은?

① 울
② 급정지브레이크
③ 안전블록
④ 칩비산 방지 투명판

해설 **선반의 안전장치**

1. 칩 브레이커(Chip Breaker) : 칩을 짧게 끊어지도록 하는 장치
2. 덮개(Shield) : 가공재료의 칩이나 절삭유 등이 비산되어 나오는 위험으로부터 작업자의 보호를 위하여 이동이 가능한 덮개 설치
3. 브레이크(Brake) : 가공 작업 중 선반을 급정지시킬 수 있는 장치
4. 척 커버(Chuck Cover) : 척이나 척에 물건 가공물의 돌출부에 작업복이 말려 들어가는 것을 방지

51 롤러기 조작부의 설치 위치에 따른 급정지장치의 종류에서 손조작식 급정지장치의 설치 위치로 옳은 것은?

① 밑면에서 0.5m 이내
② 밑면에서 0.6m 이상 1.0m 이내
③ 밑면에서 1.8m 이내
④ 밑면에서 1.0m 이상, 2.0m 이내

해설 **급정지장치 조작부의 위치**

급정지장치 조작부의 종류	위치
손으로 조작(로프식)하는 것	밑면으로부터 1.8m 이하
복부로 조작하는 것	밑면으로부터 0.8m 이상 1.1m 이하
무릎으로 조작하는 것	밑면으로부터 0.4m 이상 0.6m 이하

52 산업안전보건법령에 따라 아세틸렌—산소 용접기의 아세틸렌 발생기실에 설치해야 할 배기통은 얼마 이상의 단면적을 가져야 하는가?

① 바닥면적의 1/16
② 바닥면적의 1/20
③ 바닥면적의 1/24
④ 바닥면적의 1/30

해설 **발생기실의 구조**

바닥면적의 16분의 1 이상의 단면적을 가진 배기통을 옥상으로 돌출시키고 그 개구부를 창 또는 출입구로부터 1.5미터 이상 떨어지도록 할 것

53 다음 중 취급·운반의 5원칙으로 틀린 것은?

① 연속 운반으로 할 것

② 직선 운반으로 할 것

③ 운반 작업을 집중화시킬 것

④ 생산을 최소로 하는 운반을 생각할 것

해설 **취급·운반의 5원칙**

1. 직선 운반을 할 것
2. 연속 운반을 할 것
3. 운반 작업을 집중화시킬 것
4. 생산성을 가장 효율적으로 하는 운반을 택할 것
5. 최대한 시간과 경비를 절약할 수 있는 운전방법을 고려할 것

54 연삭기에서 숫돌의 바깥지름이 180mm라면, 플랜지의 바깥지름은 몇 mm 이상이어야 하는가?

① 30

② 36

③ 45

④ 60

해설 플랜지의 지름은 숫돌 직경의 1/3 이상인 것이 적당하다.

$$플랜지 지름 = 연삭숫돌바깥지름 \times \frac{1}{3}$$

$$= 180 \times \frac{1}{3} = 60mm \ 이상$$

55 산업안전보건법령상 리프트의 종류로 틀린 것은?

① 건설용 리프트

② 자동차정비용 리프트

③ 이삿짐운반용 리프트

④ 간이 리프트

해설 **리프트의 종류(「안전보건규칙」 제132조)**

1. 건설용 리프트
2. 산업용 리프트
3. 자동차정비용 리프트
4. 이삿짐운반용 리프트

56 그림과 같이 2개의 슬링 와이어로프로 무게 1,000N의 화물을 인양하고 있다. 로프 TAB에 발생하는 장력의 크기는 얼마인가?

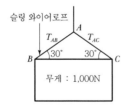

① 500N

② 707N

③ 1,000N

④ 1,414N

해설 슬링 와이어에 걸리는 하중(TAB)을 구하면 평형법칙에 의해서

$$2 \times T_{AB} \times \cos(120/2) = 1,000N,$$

$$T_{AB} = \frac{1,000N}{2 \times \cos(120/2)} = 1,000N$$

여기서, 2는 2줄로 매단 것이 되고, 각도 120/2는 하나의 하중에 걸리는 힘을 계산하기 위해 각도(∠A = 180° − (30° + 30°) = 120°)를 반으로 나눈 것이다.

57 다음 중 공정관리의 기능이 아닌 것은?

① 계획기능

② 실행기능

③ 통제기능

④ 감사기능

해설 공정관리의 기능으로는 계획기능, 통제기능, 감사기능이 있다.

58 다음 중 산업안전보건법령상 보일러 및 압력용기에 관한 사항으로 틀린 것은?

① 보일러의 안전한 가동을 위하여 보일러 규격에 맞는 압력방출장치를 1개 또는 2개 이상 설치하고 최고 사용압력 이하에서 작동되도록 하여야 한다.

② 공정안전보고서 제출 대상으로서 이행수준 평가결과가 우수한 사업장의 경우 보일러의 압력방출장치에 대하여 5년에 1회 이상으로 설정압력에서 압력방출장치가 적정하게 작동하는지를 검사할 수 있다.

③ 보일러의 과열을 방지하기 위하여 최고사용압력과 상용압력 사이에서 보일러의 버너 연소를 차단할 수 있도록 압력제한스위치를 부착하여 사용하여야 한다.

④ 압력용기 등을 식별할 수 있도록 하기 위하여 그 압력용기 등의 최고사용압력, 제조연월일, 제조회사명 등이 지워지지 않도록 각인(刻印) 표시된 것을 사용하여야 한다.

해설 **압력방출장치(안전밸브)의 설치(「안전보건규칙」 제116조)**

압력방출장치는 매년 1회 이상 국가교정업무 전담기관에서 교정을 받은 압력계를 이용하여 설정압력에서 압력방출장치가 적정하게 작동하는지를 검사한 후 납으로 봉인하여 사용하여야 한다. 다만, 공정안전보고서 제출 대상으로서 고용노동부장관이 실시하는 공정안전보고서 이행상태 평가결과가 우수한 사업장은 압력방출장치에 대하여 4년마다 1회 이상 설정압력에서 압력방출장치가 적정하게 작동하는지를 검사할 수 있다.

59 다음 중 프레스의 방호장치에 관한 설명으로 틀린 것은?

① 양수조작식 방호장치는 1행정 1정지 기구에 사용할 수 있어야 한다.

② 손쳐내기식 방호장치는 슬라이드 하행정거리의 3/4 위치에서 손을 완전히 밀어내야 한다.

③ 광전자식 방호장치의 정상동작표시램프는 붉은색, 위험표시램프는 녹색으로 하며, 쉽게 근로자가 볼 수 있는 곳에 설치해야 한다.

④ 게이트 가드 방호장치는 가드가 열린 상태에서 슬라이드를 동작시킬 수 없고 또한 슬라이드 작동 중에는 게이트 가드를 열 수 없어야 한다.

해설 **광전자식 방호장치의 일반구조**

정상동작표시램프는 녹색, 위험표시램프는 붉은색으로 하며, 쉽게 근로자가 볼 수 있는 곳에 설치해야 한다.

60 보일러의 방호장치로 적절하지 않은 것은?

① 압력방출장치 ② 과부하방지장치
③ 압력제한 스위치 ④ 고저수위 조절장치

해설 **보일러의 방호장치**

압력방출장치, 압력제한스위치, 고저수위 조절장치

산업안전산업기사 필기　INDUSTRIAL ENGINEER INDUSTRIAL SAFETY

PART 04

전기 및 화학설비 안전관리

SECTION 01
전기안전관리

1 배(분)전반

(1) 전기사용 장소에서 임시 분전반을 설치하여 반드시 콘센트에서 플러그로 전원을 인출한다.
(2) 분기회로에는 감전보호용 지락과 과부하 겸용의 누전차단기를 설치한다.
(3) 충전부가 노출되지 않도록 내부 보호판을 설치하고 콘센트에 220V, 380V 등의 전압을 표시한다.
(4) 철제 분전함의 외함은 반드시 접지 실시한다.
(5) 외함에 회로도 및 회로명, 점검일지를 비치하고 주 1회 이상 절연 및 접지상태 등을 점검한다.
(6) 분전함 Door에 시건장치를 하고 "취급자 외 조작금지" 표지를 부착한다.

2 개폐기

개폐기는 전로의 개폐에만 사용되고, 통전상태에서 차단능력이 없다.

1) 개폐기의 시설

(1) 전로 중에 개폐기를 시설하는 경우에는 그곳의 각극에 설치하여야 한다.
(2) 고압용 또는 특별고압용의 개폐기는 그 작동에 따라 그 개폐상태를 표시하는 장치가 되어 있는 것이어야 한다(그 개폐상태를 쉽게 확인할 수 있는 것은 제외).
(3) 고압용 또는 특별고압용의 개폐기로서 중력 등에 의하여 자연히 작동할 우려가 있는 것은 자물쇠 장치 기타 이를 방지하는 장치를 시설하여야 한다.

(4) 고압용 또는 특별고압용의 개폐기로서 부하전류를 차단하기 위한 것이 아닌 개폐기는 부하전류가 통하고 있을 경우에는 개로할 수 없도록 시설하여야 한다(개폐기를 조작하는 곳의 보기 쉬운 위치에 부하전류의 유무를 표시한 장치 또는 전화기 기타의 지령장치를 시설하거나 테블렛 등을 사용함으로써 부하전류가 통하고 있을 때에 개로조작을 방지하기 위한 조치를 하는 경우는 제외).

2) 개폐기의 종류

(1) 주상유입개폐기(PCS ; Primary Cutout Switch 또는 COS ; Cut Out Switch)

① 고압컷아웃스위치라 부르고 있는 기기로서 주로 3kV 또는 6kV용 300kVA까지 용량의 1차측 개폐기로 사용하고 있다.
② 개폐의 표시가 되어 있는 고압개폐기이다.
③ 배전선로의 개폐, 고장구간의 구분, 타 계통으로의 변환, 접지사고의 차단 및 콘덴서의 개폐 등에 사용한다.

(2) 단로기(DS ; Disconnection Switch)

① 단로기는 개폐기의 일종으로 수용가구 내 인입구에 설치하여 무부하 상태의 전로를 개폐하는 역할을 하거나 차단기, 변압기, 피뢰기 등 고전압 기기의 1차측에 설치하여 기기를 점검, 수리할 때 전원으로부터 이들 기기를 분리하기 위해 사용한다.
② 다른 개폐기가 전류 개폐 기능을 가지고 있는 반면에, 단로기는 전압 개폐 기능(부하전류 차단 능력 없음)만 가진다. 그러므로 부하전류가 흐르는 상태에서 차단(개방)하면 매우 위험함. 반드시 무부하 상태에서 개폐한다.
③ 단로기 및 차단기의 투입, 개방시의 조작순서

- 전원 투입 시 : 단로기를 투입한 후에 차단기 투입
  (㉠ ► ㉡ ► ㉢)
- 전원 개방 시 : 차단기를 개방한 후에 단로기 개방
  (㉢ ► ㉡ ► ㉠)

(3) 부하개폐기(LBS ; Load Breaker Switch)

① 수변전설비의 인입구 개폐기로 많이 사용되며 부하전류를 개폐할 수는 있으나, 고장전류는 차단할 수 없어 전력퓨즈를 함께 사용한다.
② LBS는 한류퓨즈가 있는 것과 한류퓨즈가 없는 것 2종류가 있다.
③ 3상이 동시에 개로되므로 결상의 우려가 없고, 단락사고 시 한류퓨즈가 고속도 차단이 되므로 사고의 피해범위가 작다.

(4) 자동개폐기(AS ; Automatic Switch)

(5) 저압개폐기(스위치 내에 퓨즈 삽입)

3 보호계전기

1) 기능

전력계통의 운전에 이상이 있을 때 즉시 이를 검출 동작하여 고장부분을 분리시킴으로써 전력 공급지장을 방지하고 고장 기기나 시설의 손상을 최소한으로 억제하는 기능을 갖는다.

2) 보호계전기의 종류

보호계전기	용도
과전류계전기	전류의 크기가 일정치 이상으로 되었을 때 동작하는 계전기
과전압계전기	전압의 크기가 일정치 이상으로 되었을 때 동작하는 계전기
차동계전기	피보호설비(또는 구간)에 유입하는 어떤 입력의 크기와 유출되는 출력의 크기 간의 차이가 일정치 이상이 되면 동작하는 계전기
비율차동계전기	총입력전류와 총출력전류 간의 차이가 총입력전류에 대하여 일정비율 이상으로 되었을 때 동작하는 계전기이며 많은 전력기기들의 주된 보호계전기로 사용(주변압기나 발전기 보호용)

4 과전류 차단기

1) 차단기의 개요

(1) 정상상태의 전로를 투입, 차단하고 단락과 같은 이상상태의 전로도 일정시간 개폐할 수 있도록 설계된 개폐장치이다.
(2) 차단기는 전선로에 전류가 흐르고 있는 상태에서 그 선로를 개폐하며, 차단기 부하측에서 과부하, 단락 및 지락사고가 발생했을 때 각종 계전기와의 조합으로 신속히 선로를 차단하는 역할을 한다.

2) 과전류의 종류

(1) 단락전류   (2) 과부하전류   (3) 과도전류

3) 차단기의 종류

차단기의 종류	사용장소
배선용 차단기(MCCB), 기중차단기(ACB)	저압전기설비
종래 : 유입차단기(OCB) 최근 : 진공차단기(VCB), 가스차단기(GCB)	변전소 및 자가용 고압 및 특고압 전기설비
공기차단기(ABB), 가스차단기(GCB)	특고압 및 대전류 차단용량을 필요로 하는 대규모 전기설비

[정격전류에 따른 배선용 차단기의 동작시간]

정격전류[A]	동작시간(분)		
	100% 전류	125% 전류	200% 전류
30 이하	연속 통전	60 이내	2
30 초과~ 50 이하		60 이내	4
50 초과~ 100 이하		120 이내	6
100 초과~ 225 이하		120 이내	8
225 초과~ 400 이하		120 이내	10
401 초과~ 600 이하		120 이내	12
600 초과~ 800 이하		120 이내	14

4) 차단기의 소호원리

구분	소호원리
진공차단기 (VCB)	10^{-4}Torr 이하의 진공 상태에서의 높은 절연특성과 Arc확대에 의한 소호
유입차단기 (OCB)	절연유의 절연성능과 발생 GAS압력 및 냉각효과에 의한 소호
가스차단기 (GCB)	SF6가스의 높은 절연성능과 소호성능을 이용
공기차단기 (ABB)	별도 설치한 압축공기 장치를 통해 Arc를 분산, 냉각시켜 소호
자기차단기 (MBB)	아크와 차단전류에 의해서 만들어진 자계사이의 전자력에 의해서 소호
기중차단기 (ACB)	공기 중에서 자연소호

5) 차단기의 작동(투입 및 차단)순서

(1) 차단기 작동순서

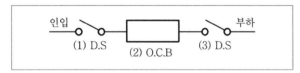

① 투입순서 : (3)−(1)−(2)
② 차단순서 : (2)−(3)−(1)

(2) 바이패스 회로 설치 시 차단기 작동순서

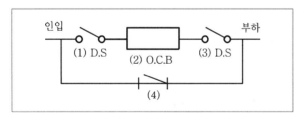

작동순서 : (4) 투입, (2)−(3)−(1) 차단

5 누전차단기

1) 개요

누전차단기는 저압 전로에 있어서 인체의 감전사고 및 누전에 의한 화재를 방지하기 위해 사용한다.

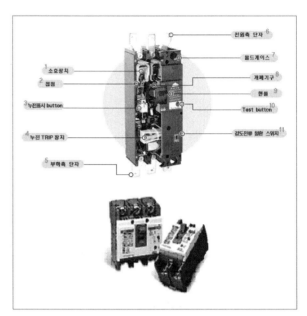

[누전차단기의 구조]

영상변류기, 누전검출부, 트립코일, 차단장치 및 시험버튼으로 구성되어 정상상태에서는 영상변류기의 유입(I_a) 및 유출전류(I_b)가 같기 때문에 차단기가 동작하지 않으나 지락사고 시는 영상변류기를 관통하는 유출입전류가 지락사고 전류(I_g)만큼 달라져 검출기가 이 차이를 검출하여 차단기를 차단시키므로 인체가 감전되는 것을 방지한다.

- 누전이 발생하지 않을 경우 : $I_a + I_b = 0$
- 누전이 발생할 경우 : $I_a + I_b = I_g$

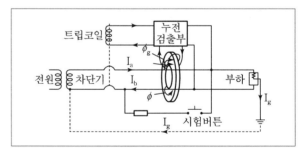

[누전차단기의 동작원리(전류동작형)]

2) 보호목적

지락보호, 과부하보호 및 단락보호 겸용

3) 감전보호용 누전차단기

감전보호용 누전차단기 : 정격감도전류 30mA 이하, 동작시간 0.03초 이내

4) 누전차단기의 적용범위(「안전보건규칙」 제304조)

적용 대상	적용 비대상
(1) 대지전압이 150볼트를 초과하는 이동형 또는 휴대형 전기기계·기구 (2) 물 등 도전성이 높은 액체가 있는 습윤장소에서 사용하는 저압(1,500볼트 이하 직류전압이나 1,000볼트 이하의 교류전압을 말한다)용 전기기계·기구 (3) 철판·철골 위 등 도전성이 높은 장소에서 사용하는 이동형 또는 휴대형 전기기계·기구 (4) 임시배선의 전로가 설치되는 장소에서 사용하는 이동형 또는 휴대형 전기기계·기구	(1) 「전기용품 및 생활용품 안전관리법」이 적용되는 이중절연 또는 이와 같은 수준 이상으로 보호되는 구조로 된 전기기계·기구 (2) 절연대 위 등과 같이 감전위험이 없는 장소에서 사용하는 전기기계·기구 (3) 비접지방식의 전로

5) 누전차단기의 설치 환경조건

(1) 주위온도($-10\sim40℃$ 범위 내)에 유의할 것

(2) 표고 1,000m 이하의 장소로 할 것

(3) 비나 이슬에 젖지 않는 장소로 할 것

(4) 먼지가 적은 장소로 할 것

(5) 이상한 진동 또는 충격을 받지 않는 장소

(6) 습도가 적은 장소로 할 것

(7) 전원전압의 변동(정격전압의 $85\sim110\%$ 사이)에 유의할 것

(8) 배선상태를 건전하게 유지할 것

(9) 불꽃 또는 아크에 의한 폭발의 위험이 없는 장소(비방폭지역)에 설치할 것

6 정격차단용량[kA](KEC 212.5.5)

정격차단용량은 단락전류 보호장치 설치 점에서 예상되는 최대 크기의 단락전류 보다 커야 한다. 다만, 전원측 전로에 단락고장전류 이상의 차단능력이 있는 과전류차단기가 설치되는 경우에는 그러하지 아니하다.

(1) 단상

정격차단용량 = 정격차단전압 × 정격차단전류

(2) 3상

정격차단용량 = $\sqrt{3}$ × 정격차단전압 × 정격차단전류

02 감전재해 및 방지대책

SECTION 01
감전재해 예방 및 조치

1 안전전압

(1) 회로의 정격전압이 일정 수준 이하의 낮은 전압으로 절연파괴 등의 사고시에도 인체에 위험을 주지 않게 되는 전압을 말하며 이 전압 이하를 사용하는 기기들은 제반 안전대책을 강구하지 않아도 된다.

(2) 안전전압은 주위의 작업환경과 밀접한 관계가 있다. 예를 들면 일반사업장과 농경사업장 또는 목욕탕 등의 수중에서의 안전전압은 각각 다를 수 밖에 없다.

(3) 일반사업장의 경우 안전전압은 「산업안전보건기준에 관한 규칙」 제324조에서 30[V]로 규정한다.

2 허용접촉 및 보폭 전압

1) 허용전압

(1) 접촉전압

대지에 접촉하고 있는 발과 발 이외의 다른 신체부분과의 사이에서 인가되는 전압을 말한다.

(2) 보폭전압

① 사람의 양발 사이에 인가되는 전압을 말한다.

② 접지극을 통하여 대지로 전류가 흘러갈 때 접지극 주위의 지표면에 형성되는 전위분포 때문에 양발 사이에 인가되는 전위차를 말한다.

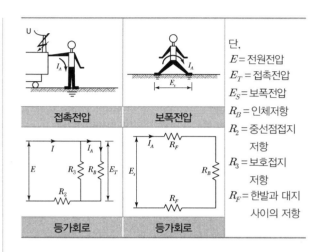

접촉전압	보폭전압
등가회로	등가회로

단,
E = 전원전압
E_T = 접촉전압
E_S = 보폭전압
R_B = 인체저항
R_2 = 중선점접지저항
R_3 = 보호접지저항
R_F = 한발과 대지 사이의 저항

2) 허용접촉전압

종별	접촉상태	허용접촉전압
제1종	• 인체의 대부분이 수중에 있는 상태	2.5[V] 이하
제2종	• 인체가 현저히 젖어 있는 상태 • 금속성의 전기 · 기계장치나 구조물에 인체의 일부가 상시 접촉되어 있는 상태	25[V] 이하
제3종	• 제1종, 제2종 이외의 경우로서 통상의 인체상태에서 접촉전압이 가해지면 위험성이 높은 상태	50[V] 이하
제4종	• 제1종, 제2종 이외의 경우로서 통상의 인체상태에 접촉전압이 가해지더라도 위험성이 낮은 상태 • 접촉전압이 가해질 우려가 없는 경우	제한 없음

3) 허용접촉전압과 허용보폭전압

허용접촉전압	허용보폭전압
$E = \left(R_b + \dfrac{3\rho_S}{2}\right) \times I_k$	$E = \left(R_b + 6\rho_S\right) \times I_k$

여기서, $I_k = \dfrac{0.165}{\sqrt{T}}$ [A], R_b =인체저항[Ω], ρ_S =지표상층 저항률 [Ω · m]

3 인체의 저항

통전전류의 크기는 인체의 전기저항 즉, 임피던스의 값에 의해 결정되며 임피던스는 인체의 각 부위(피부, 혈액 등)의 저항성분과 용량성분이 합성된 값이 되며, 이 값은 여러 인자 특히 습기, 접촉전압, 인가시간, 접촉면적 등에 따라 변화한다.

1) 인체임피던스의 등가회로

인체의 임피던스는 내부임피던스와 피부임피던스의 합성임피던스로 구성된다.

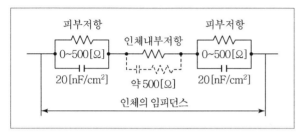

[인체임피던스의 등가회로]

2) 인체 각부의 저항

인체의 전기 저항	저항치[Ω]	비고
피부저항	약 2,500Ω	피부에 땀이 있을 경우 건조시의 1/12 ~1/20, 물에 젖어 있을 경우 1/25로 저항 감소
내부조직저항	약 300Ω	교류, 직류에 따라 거의 일정하지만 통전시간이 길어지면 인체의 온도상승에 의해 저항치 감소
발과 신발 사이의 저항	약 1,500Ω	–
신발과 대지 사이의 저항	약 700Ω	–
전체저항	약 5,000Ω	피부가 젖은 정도, 인가전압 등에 의해 크게 변화하며 인가전압이 커짐에 따라 약 500Ω까지 감소

□ 인체 부위별 저항률 및 피전점
1. 인체 부위별 저항률 : 피부>뼈>근육>혈액>내부 조직
2. 피전점 : 인체의 전기저항이 약한 부분(턱, 볼, 손등, 정강이 등)

감전재해의 요인

1 감전재해

1) 감전(感電, Electric Shock) 정의

인체의 일부 또는 전체에 전류가 흐르는 현상을 말하며 이에 의해 인체가 받게 되는 충격을 전격(電擊, Electric Shock)이라고 한다.

2) 감전(전격)에 의한 재해 정의

인체의 일부 또는 전체에 전류가 흘렀을 때 인체 내에서 일어나는 생리적인 현상으로 근육의 수축, 호흡곤란, 심실세동 등으로 부상·사망하거나 추락·전도 등의 2차적 재해가 일어나는 것을 말한다.

2 감전요소

1) 전격의 위험을 결정하는 주된 인자

(1) 통전전류의 크기(가장 근본적인 원인이며 감전피해의 위험도에 가장 큰 영향을 미침)
(2) 통전시간
(3) 통전경로
(4) 전원의 종류(교류 또는 직류)
(5) 주파수 및 파형
(6) 전격인가위상(심장 맥동주기의 어느 위상에서의 통전 여부)

심장의 맥동주기	구성
심장의 맥동주기 R R P T P Q S Q	① P : 심방수축에 따른 파형 ② Q-R-S파 : 심실수축에 따른 파형 ③ T파 : 심실의 수축 종료 후 심실의 휴식 시 발생하는 파형 ④ R-R : 심장의 맥동주기

※ 전격이 인가되면 심실세동을 일으키는 확률이 가장 크고 위험한 부분 : 심실이 수축종료하는 T파 부분

(7) 기타 간접적으로는 인체저항과 전압의 크기 등이 관계함
(8) 통전경로별 위험도

3. 1차적 감전요소

1) 통전전류의 크기

(1) 통전전류가 인체에 미치는 영향은 통전전류의 크기와 통전시간에 의해 결정된다(통전전류가 클수록 위험하고 감전피해의 위험도에 가장 큰 영향을 미침).

(2) 전류$(I) = \dfrac{전압(V)}{저항(R)}$

통전전류는 인가전압에 비례하고 인체저항에 반비례한다.

2) 통전경로

전류의 경로에 따라 그 위험성은 달라지며 전류가 심장 또는 그 주위를 통과하면 심장에 영향을 주어 더욱 위험하게 된다.

통전경로	위험도	통전경로	위험도
왼손 – 가슴	1.5	왼손 – 등	0.7
오른손 – 가슴	1.3	한 손 또는 양손 – 앉아 있는 자리	0.7
왼손 – 한발 또는 양발	1.0	왼손 – 오른손	0.4
양손 – 양발	1.0	오른손 – 등	0.3
오른손 – 한발 또는 양발	0.8	※ 숫자가 클수록 위험도가 높아짐	

3) 통전시간에 따른 위험

통전시간이 길수록 위험하다.

4) 전원의 종류에 따른 위험

(1) 전압이 동일한 경우 교류가 직류보다 위험(∵ 교착성)하다.
(2) 통전전류가 크고 장시간 흐르며 신체의 중요부분에 흐를수록 전격에 대한 위험성은 커진다.

4 2차적 감전요소

(1) 인체의 조건(인체의 저항) : 피부가 젖은 정도, 인가전압 등에 의해 크게 변화하며 인가전압이 커짐에 따라 약 500Ω까지 감소한다.
(2) 전압의 크기 : 전압의 크기가 클수록 위험하다.

(3) 계절 등 주위환경 : 계절, 작업장 등 주위환경에 따라 인체의 저항이 변화하므로 이 또한 전격에 대한 위험도에 영향을 준다.

5 전압의 구분

구분	(개정 전) 기술기준	(개정 후)KEC
저압	교류 : 600V 이하 직류 : 750V 이하	교류 : 1,000V 이하 직류 : 1,500V 이하
고압	교류 : 600V 초과 7kV 이하 직류 : 750V 초과 7kV 이하	교류 : 1,000V 초과 7kV 이하 직류 : 1,500V 초과 7kV 이하
특고압	7kV 초과	7kV 초과

6 통전전류의 세기 및 그에 따른 영향

1) 통전전류와 인체반응

□ 통전전류별 인체 반응

1mA	5mA	10mA	15mA	50~100mA
약간 느낄 정도	경련을 일으킨다.	불편해진다.(통증)	격렬한 경련을 일으킨다.	심실세동으로 사망위험

통전전류 구분	전격의 영향	통전전류(교류) 값
최소감지전류	고통을 느끼지 않으면서 짜릿하게 전기가 흐르는 것을 감지할 수 있는 최소전류	상용주파수 60Hz에서 성인남자의 경우 1mA
고통한계전류	통전전류가 최소감지전류보다 커지면 어느 순간부터 고통을 느끼게 되지만 이것을 참을 수 있는 전류	상용주파수 60Hz에서 7~8mA
가수전류 (이탈전류)	인체가 자력으로 이탈 가능한 전류(마비한계전류라고 하는 경우도 있음)	상용주파수 60Hz에서 10~15mA ▶ 최저가수전류치 • 남자 : 9mA • 여자 : 6mA

통전전류 구분	전격의 영향	통전전류(교류) 값
불수전류 (교착전류)	통전전류가 고통한계전류보다 커지면 인체 각 부의 근육이 수축현상을 일으키고 신경이 마비되어 신체를 자유로이 움직일 수 없는 전류(인체가 자력으로 이탈 불가능한 전류)	상용주파수 60Hz에서 20~50mA
심실세동전류 (치사전류)	심근의 미세한 진동으로 혈액을 송출하는 펌프의 기능이 장애를 받는 현상을 심실세동이라 하며 이때의 전류	$I = \dfrac{165}{\sqrt{T}}[\text{mA}]$ I : 심실세동전류(mA), T : 통전 시간(s)

2) 심실세동전류

(1) 통전전류가 더욱 증가되면 전류의 일부가 심장부분을 흐르게 된다. 이렇게 되면 심장이 정상적인 맥동을 하지 못하며 불규칙적으로 세동하게 되어 결국 혈액의 순환에 큰 장애를 가져오게 되며 이에 따라 산소의 공급 중지로 인해 뇌에 치명적인 손상을 입히게 된다. 이와 같이 심근의 미세한 진동으로 혈액을 송출하는 펌프의 기능이 장애를 받는 현상을 심실세동이라 하며 이때의 전류를 심실세동전류라 한다.

(2) 심실세동상태가 되면 전류를 제거하여도 자연적으로는 건강을 회복하지 못하며 그대로 방치하여 두면 수분 내에 사망한다.

(3) 심실세동전류와 통전시간과의 관계

$$I = \frac{165}{\sqrt{T}}[\text{mA}]\left(\frac{1}{120} \sim 5\text{초}\right)$$

여기서, 전류 I는 1,000명 중 5명 정도가 심실세동을 일으키는 값

3) 위험한계에너지

심실세동을 일으키는 위험한 전기에너지를 의미한다.

□ **위험한계에너지**

인체의 전기저항 R을 500[Ω]으로 보면

$$W = I^2RT = \left(\frac{165}{\sqrt{T}} \times 10^{-3}\right)^2 \times 500\,T$$
$$= (165^2 \times 10^{-6}) \times 500$$
$$= 13.6[\text{W}-\text{sec}] = 13.6[\text{J}] = 13.6 \times 0.24[\text{cal}] = 3.3[\text{cal}]$$

즉, 13.6[W]의 전력이 1sec간 공급되는 아주 미약한 전기에너지이지만 인체에 직접 가해지면 생명을 위험할 정도로 위험한 상태가 된다.

SECTION 03
절연용 안전장구

전기작업용(절연용) 안전장구에는 ① 절연용 보호구, ② 절연용 방호구, ③ 표시용구, ④ 검출용구, ⑤ 접지용구, ⑥ 활선장구 등이 있다.

1 절연용 안전보호구

절연용 보호구는 작업자가 전기작업에 임하여 위험으로부터 작업자가 자신을 보호하기 위하여 착용하는 것으로서 그 종류는 다음과 같다.

① 전기안전모(절연모)
② 절연고무장갑(절연장갑)
③ 절연고무장화
④ 절연복(절연상의 및 하의, 어깨받이 등) 및 절연화

1) 전기 안전모(절연모)

머리의 감전사고 및 물체의 낙하에 의한 머리의 상해를 방지하기 위해서 사용한다.

[안전모의 종류]

종류(기호)		사용 구분	모체의 재질	비 고
일반 작업용	A	물체의 낙하 및 비래에 의한 위험을 방지 또는 경감시키기 위한 것	합성수지 금속	비내 전압성
	AB	물체의 낙하 또는 비래 및 추락에 의한 위험을 방지 또는 경감시키기 위한 것	합성수지	비내 전압성
전기 작업용	AE	물체의 낙하 및 비래에 의한 위험을 방지 또는 경감하고, 머리부위 감전에 의한 위험을 방지하기 위한 것	합성수지	내전압성
	ABE	물체의 낙하 또는 비래 및 추락에 의한 위험을 방지 또는 경감하고, 머리부위 감전에 의한 위험을 방지하기 위한 것	합성수지	내전압성

• 내전압성 : 7[kV] 이하의 고압에 견딜 수 있는 것
• 추락 : 높이 2[m] 이상의 고소작업, 굴착작업, 하역작업 등에 있어서의 추락을 의미

2) 절연고무장갑(절연장갑)

7,000[V] 이하 전압의 전기작업 시 손이 활선 부위에 접촉되어 인체가 감전되는 것을 방지하기 위해 사용한다(고무장갑의 손상 우려시에는 반드시 가죽장갑을 외부에 착용하여야 함).

[절연장갑의 등급에 따른 최대사용전압]

등급	최대사용전압		최소내전압시험 (kV, 실효값)
	교류(V, 실효값)	직류(V)	
00	500	750	5
0	1,000	1,500	10
1	7,500	11,250	20
2	17,000	25,500	30
3	26,500	39,750	30
4	36,000	54,000	40

3) 절연고무장화(절연장화)

저압 및 고압(7,000[V])의 전기를 취급하는 작업시 전기에 의한 감전으로부터 인체를 보호하기 위해 사용한다.

2 절연용 안전방호구

절연용 방호구는 위험설비에 시설하여 작업자 및 공중에 대한 안전을 확보하기 위한 용구로서 그 종류는 다음과 같다.

(1) 방호관
(2) 점퍼호스
(3) 건축지장용 방호관
(4) 고무블랭킷
(5) 컷아웃 스위치 커버
(6) 애자후드
(7) 완금커버 등

3 접지(단락접지)용구

접지용구는 정전작업 착수 전 작업하고자 하는 전로의 정해진 개소에 설치하여 오송전 또는 근접활선의 유도에 의한 충전되는 경우 작업자가 감전되는 것을 방지하기 위한 용구로서 그 종류는 다음과 같다.

(1) 갑종 접지용구(발·변전소용)
(2) 을종 접지용구(송전선로용)
(3) 병종 접지용구(배전선로용)

4 활선장구

활선장구는 활선작업시 감전의 위험을 방지하고 안전한 작업을 하기 위한 공구 및 장치로서 그 종류는 다음과 같다.

(1) 활선시메라
(2) 활선커터
(3) 가완목
(4) 커트아웃 스위치 조작봉(배선용 후크봉)
(5) 디스콘스위치 조작봉(D·S조작봉)
(6) 활선작업대
(7) 주상작업대
(8) 점퍼선
(9) 활선애자 청소기
(10) 활선작업차
(11) 염해세제용 펌프
(12) 활선사다리
(13) 기타 활선공구 등

SECTION 01
정전기 위험요소 파악

1 정전기 발생원리

1) 정전기의 정의

구분	정의
문자적 정의 (협의의 정의)	공간의 모든 장소에서 전하의 이동이 전혀 없는 전기
구체적 정의 (광의의 정의)	전하의 공간적 이동이 적고 그 전류에 의한 자계의 효과가 정전기 자체가 보유하고 있는 전계의 효과에 비해 무시할 수 있을 만큼 적은 전기

2) 정전기 발생원리

(1) 물질의 작은 알갱이를 원자라 하며, 평상시 물질(원자) 내에는 전자와 양성자가 일정한 형태를 갖고 있다.

(2) 두 종의 다른 물질이 접촉할 때 한 물질에서 다른 물질로 전자의 이동이 일어나고, 그 결과 한 물질은 (+)전하, 다른 물질은 (−)전하가 발생한다(전하이중층 형성).

(3) 마찰 또는 분리를 가하면 전자의 이동이 발생되고 원자가 전자를 잃은 쪽은 양전하(+), 전자를 얻은 쪽은 음전하 (−)를 띠고 자유전자가 되며, 이러한 상태를 정전기라고 한다.

(4) 두 물체 접촉 시 정전기 발생원인(접촉전위 발생원인)
일반적으로 물질 내부에는 그 물질을 구성하는 입자 사이를 자유롭게 이동하는 자유전자가 있으며, 그 입자(원자)들 사이에서 전기적인 힘에 의하여 속박되어 있는 구속전자가 있다. 그러나 실제로 정전기 발생에 기여하는 전자는 자유전자로서 물체에 빛을 쪼이거나 가열하는 등 외부에서 물리적 힘을 가하면 이 자유전자는 입자 외부로 방출되는데 이때 필요한 최소에너지를 일함수(Work function)라 하며 물체의 종류에 따라 서로 다른 고유한 값을 가지는데

V(Volt)단위를 사용한다. 그리고 두 종류의 다른 물체를 접촉시키면 그 접촉면에는 두 물체의 일함수의 차로서 접촉전위가 발생한다.

∴ 전위차 $V = \phi_B - \phi_A$, $\phi_B > \phi_A$(ϕ_A : A금속의 일함수, ϕ_B : B금속의 일함수)

3) 정전기 발생에 영향을 주는 요인

(1) 물체의 특성

① 정전기 발생은 접촉 분리하는 두 가지 물체의 상호특성에 의하여 지배되며, 한 가지 물체만의 특성에는 전혀 영향을 받지 않는다.

② 일반적으로 대전량은 접촉이나 분리하는 두 가지 물체가 대전서열 내에서 가까운 위치에 있으면 적고 먼 위치에 있으면 대전량이 큰 경향이 있다.

③ 물체가 불순물을 포함하고 있으면 이 불순물로 인해 정전기 발생량은 커진다.

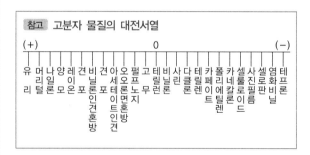

(2) 물체의 표면상태

물체의 표면이 원활하면 발생이 적고 수분이나 기름 등에 의해 오염되었을 때에는 산화, 부식에 의해 정전기가 발생이 크다.

(3) 물질의 이력

① 정전기 발생은 일반적으로 처음 접촉, 분리가 일어날 때 최대가 되면 이후 접촉, 분리가 반복됨에 따라 발생량도 점차 감소된다.

② 접촉, 분리가 처음으로 일어났을 때 재해발생 확률도 최대로 나타난다.

(4) 접촉면적 및 압력

접촉면적 및 압력이 클수록 정전기 발생량도 증가한다.

(5) 분리속도

① 분리과정에서는 전하의 완화시간에 따라 정전기 발생량이 좌우되며 전하의 완화시간이 길면 전하분리에 주는 에너지도 커져서 발생량이 증가한다.

② 일반적으로 분리속도가 빠를수록 정전기의 발생량은 커진다.

4) 정전기의 물리적 현상

(1) 역학현상

정전기는 전기적 작용인 쿨롱(Coulomb)력에 대전물체 가까이 있는 물체를 흡인하거나 반발하게 하는 성질이 있는데, 이를 정전기의 역학현상이라 한다. 이 현상은 일반적으로 대전물체의 표면저하에 의해 작용하기 때문에 무게에 비해 표면적이 큰 종이, 필름, 섬유분체, 미세 입자 등에 많이 발생되기 쉬워, 각종 생산장해의 원인이 된다.

(2) 유도현상

대전물체 부근에 절연된 도체가 있을 경우에는 정전계에 의해 대전물체에 가까운 쪽의 도체 표면에는 대전물체와 반대극성의 전하(電荷)가 반대쪽에는 같은 극성의 전하가 대전되게 되는데, 이를 정전유도현상이라고 한다. 정전유도의 크기는 전계에 비례하고 대전체로부터의 거리에 반비례하며, 도체의 형상에 의해서도 영향을 받는데, 이는 유도대전을 일으켜 각종 장·재해의 원인이 되기도 하며, 이 원리를 이용하여 대전전위, 전하량 등을 측정하기도 한다.

(3) 방전현상

정전기의 대전물체 주위에는 정전계가 형성된다. 이 정전계의 강도는 물체의 대전량에 비례하지만 이것이 점점 커지게 되어 결국, 공기의 절연파괴강도(약 30kV/cm)에 도달하게 되면 공기의 절연파괴현상, 즉 방전이 일어나게 된다.

2 정전기의 발생현상

발생(대전)종류	대전현상
마찰대전	롤러　필름·종이·천 ① 두 물체의 마찰이나 마찰에 의한 접촉위치의 이동으로 전하의 분리 및 재배열이 일어나서 정전기 발생 ② 고체, 액체류 또는 분체류에 의하여 발생하는 정전기
박리대전	필름, 접착지 ① 서로 밀착되어 있는 물체가 떨어질 때 전하의 분리가 일어나 정전기 발생 ② 접촉면적, 접촉면의 밀착력, 박리속도 등에 의해서 정전기 발생량이 변화하며 일반적으로 마찰에 의한 것보다 더 큰 정전기 발생
유동대전	파이프·호스·덕트 석유, 유기용제, 플라스틱 분체 ① 액체류가 파이프 등 내부에서 유동할 때 액체와 관벽 사이에 정전기 발생 ② 정전기 발생에 가장 크게 영향을 미치는 요인은 유동속도이나 흐름의 상태, 배관의 굴곡, 밸브 등과 관계가 있음
분출대전	고무호스　노즐 석유, 유기용제, 물, 분체 ① 분체류, 액체류, 기체류가 단면적이 작은 분출구를 통해 공기 중으로 분출될 때 분출하는 물질과 분출구와의 마찰로 정전기 발생 ② 분출되는 물질의 구성입자 상호 간의 충돌에 의해 더 큰 정전기 발생
충돌대전	분체류와 같은 입자상호 간이나 입자와 고체와의 충돌에 의해 빠른 접촉, 분리가 행하여짐으로써 정전기 발생
파괴대전	고체나 분체류와 같은 물체가 파괴되었을 때 전하분리 또는 부전하의 균형이 깨지면서 정전기 발생
교반(진동)이나 침강 대전	액체가 교반될 때 대전

3 방전의 형태 및 영향

구분(형태)	방전현상 및 대상	영향(위험성)
코로나 방전	 접지체 ① 돌기형 도체와 평판 도체 사이에 전압이 상승하면 그림과 같은 모양의 코로나 방전이 발생 ② 정코로나 > 부코로나 ③ 돌기부에서 발생하기 쉽고 이때 발광현상 ④ 직경 5mm 이하의 가는 도전체 코로나방전 발생시 공기 중에 생성되는 물질 : 오존(O_3)	방전에너지가 작기 때문에 재해원인이 될 확률이 비교적 적음 • 0.2mJ로 방전에너지가 적음 • 가스나 증기 미점화
스트리머 방전	 접지체 ① 일반적으로 브러시 코로나에서 다소 강해져서 파괴음과 발광을 수반하는 방전 ② 공기 중에서 나뭇가지 형태의 발광이 진전되어감 ③ 대전량을 많이 가진 부도체와 평편한 형상을 갖는 금속과의 기상 공간에서 발생하기 쉽다. ④ 직경 10mm 이상 곡률반경이 큰 도체, 절연물질	코로나 방전에 비해서 점화원이 되기도 하고 전격을 일으킬 확률이 높음 • 4mJ까지 방전에너지 발생 • 화재, 폭발 위험성이 높음

구분(형태)	방전현상 및 대상	영향(위험성)
불꽃방전	 접지체 ① 전극 간의 전압을 더욱 상승시키면 코로나방전에 의한 도전로를 통하여 강한 빛과 큰 소리를 발하며 공기 절연이 완전 파괴되거나 단락되는 과도현상 ② 대전체에 축적된 전하가 방전된 후 곧 중단되던가 글로우코로나로 이행되나 회로전압이 높으면 아크방전으로 발전 ③ 절연판, 도체의 표면전하밀도가 높게 축적	착화원 및 전격을 일으킬 확률이 대단히 높음 • 방전에너지가 높음 • 화재, 폭발의 원인이 됨
연면방전	 접근 / 대전물체 / 접지체 ① 정전기가 대전되어 있는 부도체에 접지체를 접근한 경우 대전물체와 접지체 사이에서 발생하는 방전과 거의 동시에 부도체 표면을 따라서 발생 ② 별표 마크를 가지는 나뭇가지 형태의 발광을 수반하는 방전 ③ 연면방전의 조건 • 부도체의 대전량이 극히 큰 경우 • 대전된 부도체의 표면 가까이에 접지체가 있는 경우 ④ 드럼이나 사일로의 분진이 높은 전하 보유	착화원 및 전격을 일으킬 확률이 대단히 높음 • 방전에너지가 높음 • 화재, 폭발의 원인이 됨
뇌상방전	공기 중에 뇌상으로 부유하는 대전입자의 규모가 커졌을 때 대전운에서 번개형의 발광을 수반하여 발생하는 방전	착화원 및 전격을 일으킬 확률이 대단히 높음 • 방전에너지가 높음 • 화재, 폭발의 원인이 됨

□ **코로나방전의 진행과정**
글로우코로나(Glow Corona) – 브러시코로나(Brush Corona) – 스트리머코로나(Streamer Corona)

4 정전기의 장해

1) 전격

대전된 인체에서 도체로 또는 대전물체에서 인체로 방전되는 현상에 의해 인체 내로 전류가 흘러 나타나는 전격현상으로, 그 대부분이 전격사로 이어질 만큼 강렬한 것은 아니나, 전격시 받는 충격으로 인해 고소에서의 추락 등이 2차적 재해를 일으키는 요인으로 작용하기도 하며, 또한 전격에 의한 불쾌감, 공포감 등으로 인해 생산성이 저하되는 원인이 되기도 한다.

2) 화재 및 폭발의 발생(정전기 방전에너지와 착화한계)

정전기에 의한 방전에너지가 최소 착화에너지보다 큰 경우에는 가연성 또는 폭발성 물질이 존재할 경우에 화재 및 폭발이 발생할 수 있다.

> □ **정전기에 의한 화재·폭발이 일어나기 위한 조건**
> - 가연성 물질이 폭발한계 이내일 것
> - 정전기에너지가 가연성 물질의 최소착화에너지 이상일 것
> - 방전하기에 충분한 전위차가 있을 것

3) 생산장해

생산장해는 역학현상에 의한 것과 방전현상에 의한 것이 있다.

(1) 역학현상에 의한 장해

정전기의 흡인력 또는 반발력에 의해 발생되는 것으로, 분진의 막힘, 실의 엉킴, 인쇄의 얼룩, 제품의 오염 등 그 예가 아주 많다.

(2) 방전현상에 의한 장해

정전기의 방전시 발생하는 방전전류, 전자파, 발광에 의한 것이 있다.
① 방전전류 : 반도체 소자 등의 전자부품의 파괴, 오동작 등
② 전자파 : 전자기기, 장치 등의 오동작, 잡음 발생
③ 발광 : 사진 필름 등의 감광

정전기 위험요소 제거

> □ **정전기재해 방지를 위한 기본 단계**
> 1. 정전기 발생 억제(방지)되어야 한다.
> 2. 발생된 전하의 대전방지되어야 한다.
> 3. 대전·축적된 전하의 위험분위기 하에서 방전이 방지되어야 한다.

1 정전기 발생방지 대책

정전기 발생을 방지·억제하는 것은 재료의 특성·성능 및 공정상의 제약 등에서 곤란한 경우가 많지만, 다음의 사항을 적용하여 설비를 설계하거나 물질을 취급하여야 한다.

(1) 설비와 물질 및 물질 상호 간의 접촉 면적 및 접촉압력 감소
(2) 접촉횟수의 감소
(3) 접촉·분리 속도의 저하(속도의 변화는 서서히)
(4) 접촉물의 급속 박리방지
(5) 표면상태의 청정·원활화
(6) 불순물 등의 이물질 혼입방지
(7) 정전기 발생이 적은 재료 사용(대전서열이 가까운 재료의 사용)

2 정전기 대전방지 대책

2-1 도체의 대전방지

정전기 장해·재해의 대부분은 도체가 대전된 결과로 인한 불꽃방전에 의해 발생되므로, 도체의 대전방지를 위해서는 도체와 대지 사이를 전기적으로 접속해서 대지와 등전위화(접지)함으로써, 정전기 축적을 방지하는 방법이다.

1) 접지에 의한 대전방지

(1) 정전기의 축적 및 대전방지
(2) 대전물체 주위의 물체 또는 이와 접촉되어 있는 물체 사이의 정전유도 방지
(3) 대전물체의 전위 상승 및 정전기방전 억제

2) 배관 내 액체의 유속제한

불활성화할 수 없는 탱크, 탱커, 탱크로리, 탱크차, 드럼통 등에 위험물을 주입하는 배관은 유속의 값 이하로 제한한다.

(1) 저항률이 $10^{10}\Omega \cdot cm$ 미만인 도전성 위험물의 배관유속은 7m/s 이하

(2) 에테르, 이황화탄소 등과 같이 유동대전이 심하고 폭발위험성이 높은 것은 배관 내 유속을 1m/s 이하

(3) 물이나 가스를 혼합한 비수성 위험물은 배관 내 유속을 1m/s 이하

(4) 저항률 $10^{10}\Omega \cdot cm$ 이상인 위험물의 배관 내 유속은 표[관경과 유속제한] 이하로 해야 한다. 단, 주입구가 액면 밑에 충분히 침하할 때까지의 배관 내 유속은 1m/s 이하

2-2 부도체의 대전방지

부도체의 대전방지는 부도체에 발생한 정전기는 다른 곳으로 이동하지 않기 때문에 접지에 의해서는 대전방지를 하기 어려우므로 다음과 같은 방법(도전성 향상)으로 대전을 방지할 수 있다.

1) 부도체의 사용제한

(1) 금속재료의 사용을 제한한다.
(2) 도전성 재료의 사용을 제한한다.

2) 대전방지제의 사용

대전방지제는 섬유나 수지의 표면에 흡습성과 이온성을 부여하여 도전성을 증가시키고 이것에 의하여 대전방지를 도모하는 것이며 대전방지제에 주로 많이 사용하는 물질은 계면활성제이다.

3) 가습

(1) 대부분의 물체는 습도가 증가하면 전기 저항치가 저하하고 이에 따라 대전성이 저하된다.

(2) 일반사업장에서는 작업장 내의 습도를 70% 정도로 유지하는 것이 바람직하다.

(3) 공기 중의 상대습도를 60~70% 정도로 유지하기 위한 가습방법으로는 물 또는 증기를 분무하는 방법과 증발법이 있다.

4) 도전성 섬유의 사용

5) 대전물체의 차폐

대전물체의 표면을 금속 또는 도전성 물질로 덮는 것을 차폐라 하며 차폐의 목적은 부도체의 정전기 대전을 방지하는 것보다는 대전에 의해 발생하는 대전물체 근방의 전기적 작용을 억제하는 것이 주목적이며 결과적으로는 부도체의 대전에 의해 대전물체 근방에 발생하는 역학현상 및 방전현상을 억제하는 것이다.

6) 제전기 사용

제전의 원리는 제전기를 대전체에 가까이 설치하면 제전기에서 생성된 이온(정, 부ion) 중 대전물체와 역극성의 이온이 대전물체의 방향으로 이동해서, 그 이온과 대전물체의 전하와 재결합 또는 중화됨으로써 대전물체의 정전기가 제전되어지는 것

2-3 인체의 대전방지

대전되어 있는 인체에서의 방전시에는 생체장애 등의 전격재해뿐만 아니라, 폭발위험 분위기에서는 점화원이 될 수도 있으며, 미소한 반도체 소재를 다루는 작업에서는 이들 부품을 파괴하거나 손상을 일으키는 등 생산장애를 가져올 수 있으므로 안전화, 손목접지대 등으로 인체의 접지를 하도록 한다.

1) 보호구 착용

(1) 손목 접지대(Wrist Strap)

이는 앉아서 작업할 때에 유효한 것으로 손목에 가요성이 있는 밴드를 차고 그 밴드는 도선을 이용하여 접지선에 연결함으로써 인체를 접지하는 기구로, 이 접지대에는 $1M\Omega$ $(10^6 \Omega)$ 정도의 저항을 직렬로 삽입하여 동전기의 누설로 인한 감전사고가 일어나지 않도록 하고 있다.

(2) 정전기 대전방지용 안전화

인체의 대전은 신고있는 구두와 밀접한 관련이 있는데, 보통 구두의 바닥저항이 약 $10^{12}\Omega$ 정도로 정전기 대전이 잘 일어난다. 대전방지용 안전화는 구두 바닥의 저항을 $10^8 \sim 10^5 \Omega$로 유지하여 도전성 바닥과 전기적으로 연결시킴으로써, 정전기의 발생방지는 물론 대전방지의 목적도 가하는 것으로 효과가 매우 크다.

(3) 발 접지대(Heelstrap)

서서 하는 작업자와 이동하면서 하는 작업자에게 적합한 인체 대전 방지기구로는, Heelstrap, Toestrap, Bootstrap과 같은 발 접지대가 있다. 발 접지대는 양발 모두에 착용하되, 발목 위의 피부가 접지될 수 있도록 하여야 한다.

(4) 대전방지용 작업복(제전복)

제전복은 폭발위험분위기(가연성 가스, 증기, 분진)의 발생 우려가 있는 작업장에서 작업복 대전에 의한 착화를 방지하기 위한 것으로, 인체 대전방지 효과도 있으며 이는 일반 화학섬유 중간에 일정한 간격으로 도전성 섬유를 짜 넣은 것이다.
※ 제전복을 착용하지 않아도 되는 장소 : 전산실 등 전자기계 취급 장소

2) 대전물체 차폐

3) 바닥의 재료 등 고유저항이 큰 물질의 사용 금지(작업장 바닥을 도전성을 갖추도록 할 것)

2-4 제전기에 의한 대전방지

1) 제전기에 의한 대전방지 일반

(1) 제전의 원리

제전기를 대전체에 가까이 설치하면 제전기에서 생성된 이온(정, 부 ion) 중 대전물체와 역극성의 이온이 대전물체의 방향으로 이동해서, 그 이온과 대전물체의 전하와 재결합 또는 중화됨으로써 대전물체의 정전기가 제전되어진다.

(2) 제전의 목적

① 주로 부도체의 정전기 대전을 방지
② 대전물체의 정전기를 완전히 제전하는 것은 아니고 방지하고자 하는 재해 및 장해가 발생하지 않을 정도까지만 제전하는 것

(3) 제전기의 제전효과에 영향을 미치는 요인

① 제전기의 이온 생성능력
② 제전기의 설치위치 및 설치각도
③ 대전물체의 대전전위 및 대전분포

2) 제전기의 종류 및 특성

제전기의 종류로는 제전에 필요한 이온의 생성방법에 따라 전압인가식 제전기, 자기방전식 제전기, 방사선식 제전기가 있다.

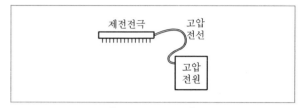

[전압인가식 제전기]

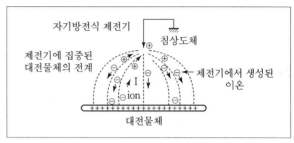

[자기방전식 제전기]

[방사선식 제전기]

(1) 전압인가식 제전기

① 이온(ion) 생성방법
금속세침이나 세선 등을 전극으로 하는 제전전극에 고전압을 인가하여 전극의 선단에 코로나 방전을 일으켜 제전에 필요한 이온을 발생시키는 것으로서 코로나 방전식 제전기라고도 한다.
② 특징(장·단점)
㉠ 제전전극의 형상, 구조 등에 따라 그 기종이 풍부하므로 대전물체, 사용목적 등에 따라 적절한 것 선택 가능함
㉡ 다른 제전기에 비해 제전능력이 크므로 단시간에 제전가능하며 이동하는 대전물체의 제전에 유효함

ⓒ 대전전하량, 발생전하량이 큰 대전물체의 제전에 유효함

ⓔ 설치 및 취급이 다른 제전기에 비해 복잡함

(2) 자기방전식 제전기

① 이온(ion) 생성방법

접지된 도전성의 침상이나 세선상의 전극에 제전하고자 하는 물체의 발산정전계를 모으고 이 정전계에 의해 제전에 필요한 이온을 만드는 제전기(코로나 방전을 일으켜 공기 이온화하는 방식)

② 특징(장·단점)

ⓐ 전원을 사용하지 않으며 간단한 구조의 제전전극만으로 구성되어 있으므로 설치가 용이하고 협소한 공간에서도 설치 가능함

ⓑ 전압인가식 제전기처럼 제전기로 인한 착화원이 되는 경우가 적어서 안정성이 높은 제전기

ⓒ 제전기의 설치방법에 따라 제전효율이 크게 변화하므로 설치하는 데에는 세심한 주의가 필요함

ⓓ 제전능력은 피제전물체의 대전전위에 크게 영향을 받으므로 만일 대전전위가 낮으면 제전 불가능함

(3) 방사선식 제전기

① 이온(ion) 생성방법

방사선 동위원소의 전리작용에 의해 제전에 필요한 이온을 만들어내는 제전기

② 특징(장·단점)

ⓐ 착화원으로 될 위험은 적지만 방사선 동위원소를 내장하고 있기 때문에 취급하는 데 있어서 충분한 주의를 요함

ⓑ 대전물체(피제전물체)가 방사선의 영향을 받아 변화할 위험이 있음

ⓒ 제전능력이 작기 때문에 제전에 시간을 요하며 이동하는 대전물체의 제전에 부적합함

SECTION 01
전기방폭설비

1 방폭화 이론

1) 폭발의 기본조건

폭발이 성립되기 위한 기본조건은 다음과 같은 3가지 요소가 동시에 존재하여야 하며, 이 중 한 가지라도 결핍되면 연소 혹은 폭발이 일어나지 않는다.

(1) 가연성 가스 또는 증기의 존재
(2) 폭발위험 분위기의 조성(가연성 물질+지연성 물질)
(3) 최소 착화에너지 이상의 점화원 존재

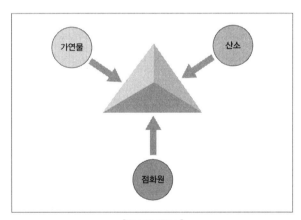

[연소의 3요소]

2) 방폭이론

전기설비로 인한 화재·폭발 방지를 위해서는 위험분위기 생성확률과 전기설비가 점화원으로 되는 확률과의 곱이 0이 되도록 해야 한다.

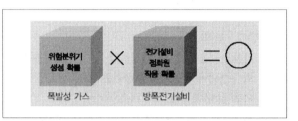

(1) 위험분위기 생성방지

① 가연성 물질 누설 및 방출방지
  ㉠ 가연성 물질의 사용량을 최대한 억제하고 개방상태에서 사용금지
  ㉡ 배관의 이음부분이나 펌프의 회전축 틈새 등에서 누설방지
  ㉢ 이상반응이나 장치의 열화, 파손, 오동작 등의 사고에 따른 누설 방지
② 가연성 물질의 체류방지
  ㉠ 가연성 물질이 누설되거나 방출되기 쉬운 설비는 옥외에 설치하거나 외벽이 개방된 건물에 설치
  ㉡ 환기가 불충분한 장소에서는 강제 환기를 하여 체류방지

(2) 전기설비의 점화원 억제

① 전기설비의 점화원

현재적(정상상태에서) 점화원	잠재적(이상상태에서) 점화원
• 직류전동기의 정류자, 권선형 유도전동기의 슬립링 등 • 고온부로서 전열기, 저항기, 전동기의 고온부 등 • 개폐기 및 차단기류의 접점, 제어기기 및 보호계전기의 전기 접점 등	전동기의 권선, 변압기의 권선, 마그넷 코일, 전기적 광원, 케이블, 기타 배선 등

② 전기설비 방폭화의 기본

방폭화의 기본	적요	방폭구조
점화원의 방폭적 격리	전기설비에서는 점화원으로 되는 부분을 가연성 물질과 격리시켜 서로 접촉하지 못하도록 하는 방법	압력방폭구조 유입방폭구조
	전기설비 내부에서 발생한 폭발이 설비 주변에 존재하는 가연성 물질로 파급되지 않도록 실질적으로 격리하는 방법	내압방폭구조
전기설비의 안전도 증강	정상상태에서 점화원으로 되는 전기불꽃의 발생부 및 고온부가 존재하지 않는 전기설비에 대하여 특히 안전도를 증가시켜 고장이 발생할 확률을 0에 가깝게 하는 방법	안전증방폭구조
점화능력의 본질적 억제	약전류회로의 전기설비와 같이 정상 상태 뿐만 아니라 사고시에도 발생하는 전기불꽃 고온부가 최소착화에너지 이하의 값으로 되어 가연물에 착화할 위험이 없는 것으로 충분히 확인된 것은 본질적으로 점화능력이 억제된 것으로 볼 수 있다.	본질안전방폭구조

2 방폭구조의 종류 및 특징

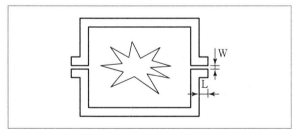

[내압방폭구조]

[압력방폭구조]

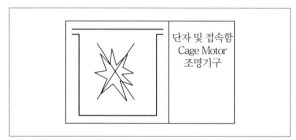

[유입방폭구조]

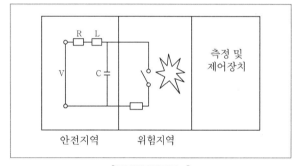

[안전증방폭구조]

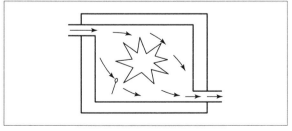

[본질안전방폭구조]

□ **내압방폭구조**
1. 내부에서 폭발할 경우 그 압력에 견딜 것
2. 폭발화염이 외부로 유출되지 않을 것
3. 외함 표면온도가 주위의 가연성 가스에 점화하지 않을 것

1) 본질안전방폭구조의 장·단점

(1) 본질안전구조는 전기기기의 에너지가 아주 적기 때문에 어떠한 이상시에도 절대로 점화원으로 작용하지 않도록 본질적으로 안전하게 된 것이다.

(2) 본질안전기기의 장·단점을 방폭구조 중 가장 성능이 뛰어난 내압 방폭구조와 비교하면 다음과 같다.

장점	단점
• 구조적으로 아주 경제적이며, 좁은 장소에 설치가능함 • 0종장소(Zone 0)에 유일하게 설치가능함 • 제품의 외관, 원가, 신뢰성 등이 우수함 • 유지 보수시 정전을 시키지 않아도 되므로 시간과 경비 절감 가능함	• 본질안전 장비로 활용할 수 있는 설비가 온도계, 유량계, 압력계 등으로 제한적임 • 배리어(Barrier)의 추가설치 등으로 설비 복잡함 • 케이블의 허용길이 제한됨

3 방폭구조 선정 및 유의사항

1) 방폭구조의 선정

[가스폭발 위험장소]

폭발위험장소 분류	방폭구조의 전기기계·기구
0종 장소	• 본질안전방폭구조(ia) • 그 밖에 관련 공인 인증기관이 0종 장소에서 사용이 가능한 방폭구조로 인증한 방폭구조
1종 장소	• 내압방폭구조(d) • 압력방폭구조(p) • 충전방폭구조(q) • 유입방폭구조(o) • 안전증방폭구조(e) • 본질안전방폭구조(ia, ib) • 몰드방폭구조(m) • 그 밖에 관련 공인 인증기관이 1종 장소에서 사용이 가능한 방폭구조로 인증한 방폭구조
2종 장소	• 0종 장소 및 1종 장소에 사용 가능한 방폭구조 • 비점화방폭구조(n) • 그 밖에 2종 장소에서 사용하도록 특별히 고안된 비방폭형 구조

2) 방폭구조의 선정 및 유의사항

(1) 방폭전기기기가 설치될 지역의 방폭지역 등급 구분

(2) 가스 등의 발화온도

(3) 내압방폭구조의 경우 최대 안전틈새

(4) 본질 안전방폭 구조의 경우 최소점화 전류

(5) 압력방폭구조, 유입방폭구조, 안전증 방폭구조의 경우 최고 표면온도

(6) 방폭전기기기가 설치될 장소의 주변온도, 표고 또는 상대습도, 먼지, 부식성 가스 또는 습기 등의 환경조건

(7) 모든 방폭전기기기는 가스 등의 발화온도의 분류와 적절히 대응하는 온도등급의 것을 선정하여야 한다.

(8) 사용장소에 가스 등의 2종류 이상 존재할 수 있는 경우에는 가장 위험도가 높은 물질의 위험특성과 적절히 대응하는 방폭전기기기를 선정하여야 한다. 단, 가스 등의 2종 이상의 혼합물인 경우에는 혼합물의 위험특성에 적절히 대응하는 방폭전기기기를 선정하여야 한다.

(9) 사용 중에 전기적 이상상태에 의하여 방폭성능에 영향을 줄 우려가 있는 전기기기는 사전에 적절한 전기적 보호장치를 설치하여야 한다.

4 방폭형 전기기기 선정

1) 폭발위험장소 방폭형 전기기기 선정 시 요구사항

(1) 폭발위험장소 구분도(기기보호등급 요구사항 포함)

(2) 요구되는 전기기기 그룹 또는 세부 그룹에 적용되는 가스·증기 또는 분진 등급 구분

(3) 가스나 증기의 온도등급 또는 최저발화온도

(4) 분진운의 최저발화온도, 분진 층의 최저발화온도

(5) 기기의 용도

(6) 외부 영향 및 주위온도

(7) 기타(피해결과에 대한 위험성 평가 등)

2) 기기보호등급(EPL)과 허용장소

[가스폭발 위험장소]

종별 장소	기기보호등급(EPL)
0	"Ga"
1	"Ga" 또는 "Gb"
2	"Ga" , "Gb" 또는 "Gc"
20	"Da"
21	"Da" 또는 "Db"
22	"Da" , "Db" 또는 "Dc"

3) 기기 그룹과 가스, 증기 또는 분진 간의 허용장소

[가스폭발 위험장소]

가스, 증기 또는 분진 분류 장소	허용 기기 그룹
IIA	II, IIA, IIB 또는 IIC
IIB	II, IIB 또는 IIC
IIC	II 또는 IIC
IIIA	IIIA, IIIB 또는 IIIC
IIIB	IIIB 또는 IIIC
IIIC	IIIC

SECTION 02

전기방폭 사고예방 및 대응

1 전기폭발등급

1) 폭발등급의 개요

(1) 혼합가스폭발에 의한 화염은 좁은 틈을 통과하면 냉각되어 소멸되게 되는데 이것은 틈의 폭, 길이, 혼합가스의 성질에 따라 달라진다.

표준용기에 의해 외부가스가 폭발하지 않는 값인 화염일주한계(화염이 소멸하는 한계, 최대안전틈새 ; MESG)값에 따라 폭발성 가스를 분류하여 등급을 정한 것을 폭발 등급이라고 한다.

> □ **화염일주한계[최대안전틈새(MESG : Maximum Experimental Safe Gap)]**
> 폭발성 분위기 내에 방치된 표준용기의 접합면 틈새를 통하여 폭발화염이 내부에서 외부로 전파되는 것을 저지(최소점화에너지 이하)할 수 있는 틈새의 최대간격치이며 폭발성 가스의 종류에 따라 다르다.

(2) 화염일주를 일으키지 않는 틈새의 최대치에 따라 3등급으로 구분하고 있다.

	폭발등급		
IEC, CENELEC, 한국	IIA	IIB	IIC
	W≧0.9	0.9 > W < 0.5	W≦0.5

(3) 안전간격(화염일주한계)에 따른 폭발등급

폭발등급	해당물질
I	메탄, 에탄, 프로판, n−부탄, 가솔린, 일산화탄소, 암모니아, 아세톤, 벤젠, 에틸에테르
II	에틸렌, 석탄가스
III	수소, 아세틸렌, 이황화탄소, 수성가스

2) 폭발성 가스와 방폭전기기기의 분류

(1) 내압방폭구조를 대상으로 하는 가스 또는 증기의 분류

최대안전틈새 (MESG)	가스 또는 증기의 분류	내압방폭구조 전기기기의 분류
0.9mm 이상	A	II A d
0.5mm 초과 0.9mm 미만	B	II B d
0.5mm 이하	C	II C d

(2) 본질안전방폭구조를 대상으로 하는 가스 또는 증기의 분류

최소점화전류비(MIC)	가스 또는 증기의 분류	본질안전방폭구조 전기기기의 분류
0.8 초과	A	II A ia(b)
0.45 이상 0.8 이하	B	II B ia(b)
0.45 미만	C	II C ia(b)

※ 최소점화전류비는 메탄(CH_4)가스의 최소점화전류를 기준으로 나타냄

3) 방폭구조 및 폭발성 분위기의 생성조건에 관계있는 위험특성

방폭구조에 관계있는 위험특성	폭발성 분위기의 생성조건에 관계있는 위험특성
발화온도	폭발한계
화염일주한계(최대안전틈새), 폭발등급	인화점
최소점화전류	증기밀도

4) 발화도

발화도는 폭발성 가스의 발화점에 따라 분류

KSC		IEC	
발화도	발화점의 범위 (℃)	Class	최대표면온도 (℃)
G1	450 초과	T1	300 초과 450 이하
G2	300 초과 450 이하	T2	200 초과 300 이하
G3	200 초과 300 이하	T3	135 초과 200 이하
G4	135 초과 200 이하	T4	100 초과 135 이하
G5	100 초과 135 이하	T5	85 초과 100 이하
		T6	85 이하

2 위험장소의 선정

위험분위기가 존재하는 시간과 빈도에 따라 구분한다.

1) 가스폭발 위험장소

폭발위험장소 분류	적요	예(장소)
0종 장소	인화성 액체의 증기 또는 가연성 가스에 의한 폭발위험이 지속적으로 또는 장기간 존재하는 장소	용기 · 장치 · 배관 등의 내부 등
1종 장소	정상 작동상태에서 인화성 액체의 증기 또는 가연성 가스에 의한 폭발위험분위기가 존재하기 쉬운 장소	맨홀 · 벤트 · 피트 등의 주위 등
2종 장소	정상작동상태에서 인화성 액체의 증기 또는 가연성가스에 의한 폭발위험분위기가 존재할 우려가 없으나, 존재할 경우 그 빈도가 아주 적고 단기간만 존재할 수 있는 장소	개스킷 · 패킹 등의 주위

2) 분진폭발 위험장소

분진위험장소란 공장 기타의 사업장에서 폭발을 일으킬 수 있는 충분한 양의 분진이 공기중에 부유하여 위험분위기가 생성될 우려가 있거나 분진이 퇴적되어 있어 부유할 우려가 있는 장소이다.

[위험장소 구분]

폭발위험장소 분류	적요	예(장소)
20종 장소	분진운 형태의 가연성 분진이 폭발농도를 형성할 정도로 충분한 양이 정상작동 중에 연속적으로 또는 자주 존재하거나, 제어할 수 없을 정도의 양 및 두께의 분진층이 형성될 수 있는 장소	호퍼 · 분진저장소 · 집진장치 · 필터 등의 내부
21종 장소	20종 장소 외의 장소로서 분진운 형태의 가연성 분진이 폭발농도를 형성할 정도의 충분한 양이 정상작동 중에 존재할 수 있는 장소	집진장치 · 백필터 · 배기구 등의 주위, 이송밸트의 샘플링 지역 등
22종 장소	20종 장소 외의 장소로서 가연성 분진운 형태가 드물게 발생 또는 단기간 존재할 우려가 있거나 이상작동 상태하에서 가연성 분진층이 형성될 수 있는 장소	21종 장소에서 예방조치가 취하여진 지역, 환기설비 등과 같은 안전장치 배출구 주위 등

CHAPTER
05 전기설비 위험요인 관리

PART 04

SECTION 01
전기설비 위험요인 파악

1 단락(합선)

전선의 피복이 벗겨지거나 전선에 압력이 가해지게 되면 두 가닥의 전선이 직접 또는 낮은 저항으로 접촉되는 경우에는 전류가 전선에 연결된 전기기기 쪽보다는 저항이 적은 접촉부분으로 집중적으로 흐르게 되는데 이러한 현상을 단락(Short, 합선)이라고 하며 저압전로에서의 단락전류는 대략 1,000[A] 이상으로 보고 있으며, 단락하는 순간 폭음과 함께 스파크가 발생하고 단락점이 용융된다.

2 누전(지락)

전선의 피복 또는 전기기기의 절연물이 열화되거나 기계적인 손상 등을 입게 되면 전류가 금속체를 통하여 대지로 새어나가게 되는데 이러한 현상을 누전이라 하며 이로 인하여 주위의 인화성 물질이 발화되는 현상을 누전화재라고 한다.

□ 누전화재의 요인 파악 시 중요사항
  1. 누전점(전류의 유입점)
  2. 발화점(발화된 장소)
  3. 접지점(접지점의 소재)

3 과전류

전선에 전류가 흐르면 전류의 제곱과 전선의 저항값의 곱(I^2R)에 비례하는 열(I^2RT)이 발생($H = I^2RT[J] = 0.24I^2RT[cal]$)하며 이때 발생하는 열량과 주위 공간에 빼앗기는 열량이 서로 같은 점에서 전선의 온도는 일정하게 된다. 이 일정하게 되는 온도(최고허용온도)는 전선의 피복을 상하지 않는 범위 이내로 제한되

어야 하며 그때의 전류를 전선의 허용전류라 하며 이 허용전류를 초과하는 전류를 과전류라 한다.

4 스파크(Spark, 전기불꽃)

개폐기로 전기회로를 개폐할 때 또는 퓨즈가 용단될 때 스파크가 발생하는데 특히 회로를 끊을 때 심하다. 직류인 경우는 더욱 심하며 또 아크가 연속되기 쉽다.

5 접촉부 과열

전선과 전선, 전선과 단자 또는 접속편 등의 도체에 있어서 접촉이 불완전한 상태에서 전류가 흐르면 접촉저항에 의해서 접촉부가 발열된다.

□ 아산화동 현상
  1. 동선과 단자의 접속부분에 접촉불량이 있을 때, 이 부분의 동이 산화 및 발열하여 주위의 동을 용해하여 들어가면서 아산화동(Cu_2O)이 증식되어 발열하는 현상
  2. 발생부위는 스위치 등 스파크 발생개소, 코일의 층간단락, 반단선 등이다.

6 절연열화에 의한 발열

배선 또는 기구의 절연체는 그 대부분이 유기질로 되어 있는데 일반적으로 유기질은 장시일이 경과하면 열화하여 그 절연저항이 떨어진다. 또한, 유기질 절연체는 고온상태에서 공기의 유통이 나쁜 곳에서 가열되면 탄화과정을 거쳐 도전성을 띠게 되며 이것에 전압이 걸리면 전류로 인한 발열로 탄화현상이 누진적으로 촉진되어 유기질 자체가 타거나 부근의 가연물에 착화하게 되는데 이 현상을 트래킹(Tracking)현상이라고 한다.

PART 01
PART 02
PART 03
PART 04
PART 05
부록

구분	가네하라 현상	트래킹 현상
개념	누전회로로 발생하는 스파크 등에 의하여 목재 등은 탄화도전로가 생성되어 도전로가 증식, 확대되어 발열량이 증대, 발화하는 현상	전기 제품 등에서 충전 전극 사이의 절연물 표면에 경년변화나 먼지 등 어떤 원인으로 탄화전로가 생성되어 결국은 지락, 단락으로 진전되어 발화하는 현상
발생대상물	유기물질의 전기절연체	전기기계·기구
발화 여부	• 저압 누전화재의 발화과정(기구) • 발화까지 포함한 의미	• 전기재료의 절연성능, 열화의 일종 • 발화 미포함

7 낙뢰

낙뢰는 일종의 정전기로서 구름과 대지 간의 방전현상으로 낙뢰가 생기면 전기회로에 이상전압이 유기되어 절연을 파괴시킬 뿐만 아니라 이때 흐르는 대전류가 화재의 원인이다.

8 정전기 스파크

정전기는 물질의 마찰에 의하여 발생되는 것으로서 정전기의 크기 및 구성은 대전서열에 의해 결정되며 대전된 도체 사이에서 방전이 생길 경우 스파크 발생한다. 정전기 방전 시 발생하는 스파크에 의하여 주위에 있던 가연성 가스 및 증기에 인화되는 경우 다음 조건이 만족되어야 한다.

(1) 가연성 가스 및 증기가 폭발한계 내에 있을 것
(2) 정전스파크의 에너지가 가연성 가스 및 증기의 최소착화에너지 이상일 것
(3) 방전하기에 충분한 전위가 나타나 있을 것 등

SECTION 02
전기설비 위험요인 점검 및 개선

1 전기설비 위험요인 예방대책

1) 전기기기 등의 대책

발화원 구분		화재예방대책
전기배선		① 코드의 연결금지 ② 코드의 고정사용 금지 ③ 사용전선의 적정 굵기 사용 : 허용전류 이하로 사용
전기기기 및 장치	개폐기 등 (아크를 발생하는 시설)	개폐기 계폐 시 발생하는 스파크에 의한 발열 등으로 발생하는 화재를 예방하기 위해서는 다음과 같이 하여야 한다. ① 개폐기를 설치할 경우 목재벽이나 천장으로부터 고압용은 1[m] 이상, 특고압은 2[m] 이상 떨어져야 한다. ② 가연성 증기 및 분진 등 위험한 물질이 있는 곳에서는 방폭형 개폐기 사용 ③ 개폐기를 불연성 박스 내에 내장하거나 통형 퓨즈를 사용한다. ④ 접촉부분의 변형이나 산화 또는 나사 풀림으로 인한 접촉저항 증가 방지 ⑤ 유입개폐기를 절연유의 열화 정도, 유량에 유의하고 주위에는 내화벽을 설치할 것

2) 출화의 경과에 의한 대책

구분	예방대책
단락 및 혼촉방지	① 이동전선의 관리 철저 ② 전선 인출부 보강 ③ 규격전선의 사용 ④ 전원스위치를 차단 후 작업할 것
누전방지	① 절연파괴의 원인 제거 □ **절연불량의(파괴)의 주요원인** 　1. 높은 이상전압 등에 의한 전기적 요인 　2. 진동, 충격 등에 의한 기계적 요인 　3. 산화 등에 의한 화학적 요인 　4. 온동상승에 의한 열적 요인 ② 퓨즈나 누전차단기를 설치하여 누전 시 전원차단 ③ 누전화재경보기 설치 등 □ **절연물의 절연계급** | 종별	Y	A	E	B	F	H	C
최고허용온도[℃]	90	105	120	130	155	180	180 이상	
과전류 방지	① 적정용량의 퓨즈 또는 배선용 차단기의 사용 ② 문어발식 배선사용 금지 ③ 스위치 등의 접촉부분 점검 ④ 고장난 전기기기 또는 누전되는 전기기기의 사용금지 ⑤ 동일전선관에 많은 전선 삽입금지

2 접지시스템 구분

1) 공통접지

고압 및 특고압 접지계통과 저압 접지계통이 등전위가 되도록 공통으로 접지하는 방식이다.

2) 통합접지

(1) 전기설비 접지, 통신설비 접지, 피뢰설비 접지 및 수도관, 가스관, 철근, 철골 등과 같이 전기설비와 무관한 계통외 도전부도 모두 함께 접지하여 그들 간에 전위차가 없도록 함으로써 인체의 감전우려를 최소화하는 방식을 말한다.

(2) 통합접지의 본질적 목적은 건물 내에 사람이 접촉할 수 있는 모든 도전부가 항상 같은 대지전위를 유지할 수 있도록 등전위를 형성하는 것이다.

(3) 하나의 접지이기 때문에 사고나 문제가 발생하면 접지선을 타고 들어가 모든 계통에 손상이 발생할 수 있으므로 반드시 과전압 보호장치나 서지보호장치(SPD)를 피뢰설비와 통신설비에 설치해야 한다.

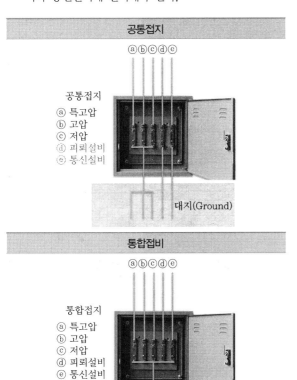

3 계통접지방식

1) 용어의 정의

(1) 계통외 도전부(Extraneous Conductive Part) : 전기설비의 일부는 아니지만, 지면에 전위 등을 전해줄 위험이 있는 도전성 부분을 말함

(2) 노출 도전부(Exposed Conductive Part) : 충전부는 아니지만, 고장 시에 충전될 위험이 있고, 사람이 쉽게 접촉할 수 있는 기기의 도전성 부분을 말함

(3) 등전위 본딩(Equipotential Bonding) : 등전위를 형성하기 위해 도전부 상호 간을 전기적으로 연결하는 것을 말함

(4) 보호 등전위 본딩(Protective Equipotential Bonding) : 감전에 대한 보호 등과 같은 안전을 목적으로 하는 등전위본딩을 말함

(5) 보호 본딩 도체(Protective Bonding Conductor) : 등전위본딩을 확실하게하기 위한 보호도체를 말함

(6) 보호접지/보호도체(Protective Earthing) : 고장 시 감전에 대한 보호를 목적으로 기기의 한 점 또는 여러 점을 접지하는 것을 말함

(7) PEN 도체[Combined Protective (Earthing) and Neutral (PEN) Conductor] : 중성선 겸용 보호도체를 말함

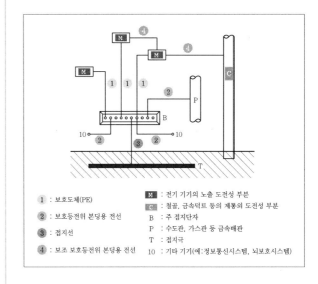

2) 문자의 의미

이니셜	영단어	뜻
T	Terra	땅, 대지, 흙
N	Netural	중성선
I	Insulation or Impedence	절연 또는 임피던스
C	Combine	결함
S	Seperator	구분, 분리

TT, TN, IT의 문자의미

• 첫 번째 문자 : 전원측 변압기의 접지상태
• 두 번째 문자 : 설비의 접지상태

3) 계통접지방식(TN방식, TT방식, IT방식)

(1) TN방식

대지(T)-중성선(N)을 연결하는 방식으로 다중접지방식이라고도 하며 TN방식은 보다 세분화되어 TN-S, TN-C, TN-C-S 방식으로 구분된다.

① TN-S

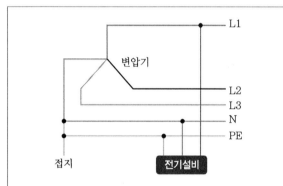

– 변압기(전원부)는 접지되어 있고 중성선과 보호도체는 각각 분리(S)되어 사용
– 통신기기나 전산센터, 병원 등 예민한 전기설비가 있는 경우 많이 사용

② TN-C

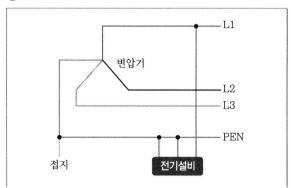

– 변압기(전원부)는 접지되어 있고 중성선과 보호도체는 각각 결합(C)되어 사용하므로 PE + N을 합해서 PEN으로 기재
– 접지선과 중성선을 공유하므로 누전차단기를 사용할 수 없고 배선용 차단기 사용(3상 불평형이 흐르면 중성선에도 전류가 흐르므로 이를 누전차단기가 정확히 판단하기 어렵기 때문)
– 현재 우리나라 배전선로에서 사용

③ TN-C-S

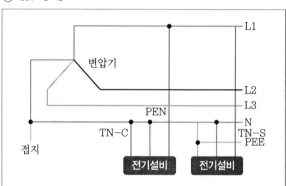

– TN-S방식과 TN-C방식의 결합형태로 계통의 중간에서 나누는데 이때 TN-C부분에서는 누전차단기를 사용할 수 없음
– 보통 자체 수변전실을 갖춘 대형 건축물에서는 이러한 방식을 사용하는데 전원부는 TN-C를 적용하고 간선계통에서는 TN-S를 사용함

(2) TT방식

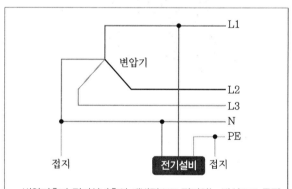

– 변압기측과 전기설비측이 개별적으로 접지하는 방식으로 독립 접지방식이라고도 함
– TT방식은 반드시 누전차단기를 설치

(3) IT방식

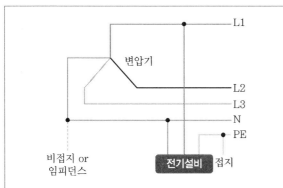

- 변압기(전원부)의 중성점 접지를 비접지로 하고 설비쪽은 접지를 실시함
- 병원과 같이 전원이 차단되어서는 안되는 곳에서 사용하며, 절연 또는 임피던스와 같이 전류가 흐르기 매우 어려운 상태이므로 변압기가 있는 전원분의 지락전류가 매우 작기 때문에 감전위험이 적음

4 변압기 중성점 접지

1) 중성점 접지 저항값

(1) 일반적으로 변압기의 고압·특고압측 전로 1선 지락전류로 150을 나눈 값과 같은 저항 값 이하이다.

(2) 변압기의 고압·특고압측 전로 또는 사용전압이 35kV 이하의 특고압전로가 저압측 전로와 혼촉하고 저압전로의 대지전압이 150V를 초과하는 경우는 저항값은 다음에 의한다.

① 1초 초과 2초 이내에 고압·특고압 전로를 자동으로 차단하는 장치를 설치할 때는 300을 나눈 값 이하여야 한다.

② 1초 이내에 고압·특고압 전로를 자동으로 차단하는 장치를 설치할 때는 600을 나눈 값 이하여야 한다.

(3) 전로의 1선 지락전류는 실측값에 의한다. 다만, 실측이 곤란한 경우에는 선로정수 등으로 계산한 값에 의한다.

2) 공통접지 및 통합접지

(1) 고압 및 특고압과 저압 전기설비의 접지극이 서로 근접하여 시설되어 있는 변전소 또는 이와 유사한 곳에서는 다음과 같이 공통접지시스템으로 할 수 있다.

① 저압 전기설비의 접지극이 고압 및 특고압 접지극의 접지저항 형성영역에 완전히 포함되어 있다면 위험전압이 발생하지 않도록 이들 접지극을 상호 접속하여야 한다.

② 접지시스템에서 고압 및 특고압 계통의 지락사고 시 저압계통에 가해지는 상용주파 과전압은 아래표에서 정한 값을 초과해서는 안 된다.

[저압설비 허용 상용주파 과전압]

고압계통에서 지락고장시간(초)	저압설비 허용 상용주파 과전압(V)	비고
>5	U_0 + 250	중성선 도체가 없는 계통에서 U_0는 선간전압을 말한다.
≤5	U_0 + 1,200	

[비고]
1. 순시 상용주파 과전압에 대한 저압기기의 절연 설계기준과 관련된다.
2. 중성선이 변전소 변압기의 접지계통에 접속된 계통에서, 건축물 외부에 설치한 외함이 접지되지 않은 기기의 절연에는 일시적 상용주파 과전압이 나타날 수 있다.

③ 기타 공통접지와 관련한 사항은 KS C IEC 61936-1(교류 1kV 초과 전력설비-제1부 : 공통규정)의 "10 접지시스템"에 의한다.

(2) 전기설비의 접지계통·건축물의 피뢰설비·전자통신설비 등의 접지극을 공용하는 통합접지시스템으로 하는 경우 다음과 같이 하여야 한다.

① 통합접지시스템은 제(1)에 의한다.

② 낙뢰에 의한 과전압 등으로부터 전기전자기기 등을 보호하기 위해 KEC 153.1의 규정에 따라 서지보호장치를 설치하여야 한다.

5 접지극의 시설

1) 접지극의 시설

토양 또는 콘크리트에 매입되는 접지극의 재료 및 최소 굵기 등은 KS C IEC 60364-5-54(저압전기설비-제5-54부 : 전기기기의 선정 및 설치-접지설비 및 보호도체)의 표54.1(토양 또는 콘크리트에 매설되는 접지극으로 부식방지 및 기계적 강도를 대비하여 일반적으로 사용되는 재질의 최소 굵기)에 따라야 한다.

2) 접지극의 매설

(1) 접지극은 매설하는 토양을 오염시키지 않아야 하며, 가능한 다습한 부분에 설치한다.

(2) 접지극은 지표면으로부터 지하 0.75m 이상으로 하되 동결 깊이를 감안하여 매설 깊이를 정해야 한다.

(3) 접지도체를 철주 기타의 금속체를 따라서 시설하는 경우에는 접지극을 철주의 밑면으로부터 0.3m 이상의 깊이에 매설하는 경우 이외에는 접지극을 지중에서 그 금속체로부터 1m 이상 떼어 매설하여야 한다.

☐ 접지저항 저감법	
물리적 저감법	화학적 저감법

① 접지극의 병렬 접속
② 접지극의 치수 확대
③ 접지봉 심타법
④ 매설지선 및 평판접지극 사용
⑤ 메시(Mesh)공법
⑥ 다중접지 시드
⑦ 보링 공법 등
	① 저감제의 종류
	  ㉠ 비반응형 : 염 황산암모니아 분말, 벤토나이트
	  ㉡ 반응형 : 화이트아스론, 티코겔
	② 저감제의 조건
	  ㉠ 저감효과가 크고 연속적일 것
	  ㉡ 접지극의 부식이 안될 것
	  ㉢ 공해가 없을 것
	  ㉣ 경제적이고 공법이 용이할 것

6 접지도체

1) 접지도체의 선정

(1) 접지도체의 단면적은 보호도체의 최소 단면적에 의하며 큰 고장전류가 접지도체를 통하여 흐르지 않을 경우 접지도체의 최소 단면적은 다음과 같다.

① 구리는 $6mm^2$ 이상

② 철제는 $50mm^2$ 이상

(2) 접지도체에 피뢰시스템이 접속되는 경우, 접지도체의 단면적은 구리 $16mm^2$ 또는 철 $50mm^2$ 이상으로 하여야 한다.

2) 접지도체 몰드 공사

접지도체는 지하 0.75m부터 지표 상 2m까지 부분은 합성수지관(두께 2mm 미만의 합성수지제 전선관 및 가연성 콤바인덕트관은 제외한다) 또는 이와 동등 이상의 절연효과와 강도를 가지는 몰드로 덮어야 한다.

3) 특고압 · 고압 전기설비 및 변압기 중성점 접지시스템의 경우

(1) 접지도체는 절연전선(옥외용 비닐절연전선은 제외) 또는 케이블(통신용 케이블은 제외)을 사용하여야 한다. 다만, 접지도체를 철주 기타의 금속체를 따라서 시설하는 경우 이외의 경우에는 접지도체의 지표상 0.6m를 초과하는 부분에 대하여는 절연전선을 사용하지 않을 수 있다.

(2) 접지극 매설은 4항(접지극의 매설)에 따른다.

4) 접지도체의 굵기

(1) 특고압 · 고압 전기설비용 접지도체는 단면적 $6mm^2$ 이상의 연동선 또는 동등 이상의 단면적 및 강도를 가져야 한다.

(2) 중성점 접지용 접지도체는 공칭단면적 $16mm^2$ 이상의 연동선 또는 동등 이상의 단면적 및 세기를 가져야 한다. 다만, 다음의 경우에는 공칭단면적 $6mm^2$ 이상의 연동선 또는 동등 이상의 단면적 및 강도를 가져야 한다.

① 7kV 이하의 전로

② 사용전압이 25kV 이하인 특고압 가공전선로. 다만, 중성선 다중접지식의 것으로서 전로에 지락이 생겼을 때 2초 이내에 자동적으로 이를 전로로부터 차단하는 장치가 되어 있는 것

(3) 이동하여 사용하는 전기기계기구의 금속제 외함 등의 접지시스템의 경우

① 특고압 · 고압 전기설비용 접지도체 및 중성점 접지용 접지도체는 클로로프렌캡타이어케이블(3종 및 4종) 또는 클로로설포네이트폴리에틸렌캡타이어케이블(3종 및 4종)의 1개 도체 또는 다심 캡타이어케이블의 차폐 또는 기타의 금속체로 단면적이 $10mm^2$ 이상인 것을 사용한다.

② 저압 전기설비용 접지도체는 다심 코드 또는 다심 캡타이어케이블의 1개 도체의 단면적이 $0.75mm^2$ 이상인 것을 사용한다. 다만, 기타 유연성이 있는 연동연선은 1개 도체의 단면적이 $1.5mm^2$ 이상인 것을 사용한다.

7 보호도체

1) 보호도체의 최소 단면적

(1) 보호도체의 최소 단면적은 아래 표에 따라 선정해야 하며, 보호도체용 단자도 이 도체의 크기에 적합하여야 한다. 다만, "(2)"에 따라 계산한 값 이상이어야 한다.

[보호도체의 최소 단면적]

상도체의 단면적 S (mm², 구리)	보호도체의 최소 단면적(mm², 구리)	
	보호도체의 재질	
	상도체와 같은 경우	상도체와 다른 경우
$S \leq 16$	S	$(k_1/k_2) \times S$
$16 < S \leq 35$	16(a)	$(k_1/k_2) \times 16$
$S > 35$	S(a)/2	$(k_1/k_2) \times (S/2)$

(2) 보호도체의 단면적은 다음의 계산 값 이상이어야 한다.

① 차단시간이 5초 이하인 경우에만 다음 계산식을 적용한다.

$$S = \frac{\sqrt{I^2 t}}{k}$$

여기서, S : 단면적(mm²)

I : 보호장치를 통해 흐를 수 있는 예상 고장전류 실효값(A)

t : 자동차단을 위한 보호장치의 동작시간(s)

k : 보호도체, 절연, 기타 부위의 재질 및 초기온도와 최종온도에 따라 정해지는 계수로 KS C IEC 60364-4-41(저압전기설비-제4-41부 : 안전을 위한 보호-감전에 대한 보호)의 부속서 A(기본보호에 관한 규정)에 의한다.

② 계산 결과가 위 표의 값 이상으로 산출된 경우, 계산 값 이상의 단면적을 가진 도체를 사용하여야 한다.

(3) 보호도체가 케이블의 일부가 아니거나 상도체와 동일 외함에 설치되지 않으면 단면적은 다음의 굵기 이상으로 하여야 한다.

① 기계적 손상에 대해 보호가 되는 경우는 구리 2.5mm², 알루미늄 16mm² 이상

② 기계적 손상에 대해 보호가 되지 않는 경우는 구리 4mm², 알루미늄 16mm² 이상

③ 케이블의 일부가 아니라도 전선관 및 트렁킹 내부에 설치되거나, 이와 유사한 방법으로 보호되는 경우 기계적으로 보호되는 것으로 간주한다.

8 피뢰기(LA ; Lightning Arrester)

피뢰기는 피보호기 근방의 선로와 대지 사이에 접속되어 평상시에는 직렬갭에 의해 대지절연되어 있으나 계통에 이상전압이 발생되면 직렬갭이 방전 이상 전압의 파고값을 내려서 기기의 속류를 신속히 차단하고 원상으로 복귀시키는 작용을 한다.

(1) 전력시스템에서 발생하는 이상전압에 대해 변전설비 자체의 절연을 높게 설계해서 운용하는 것은 경제적으로 불가능하기 때문에 이상전압의 파고값을 낮추어서(절연레벨을 낮게 잡음) 애자나 기기를 보호

(2) 구성요소 : 직렬갭+특성요소

피뢰기의 동작책무	피뢰기의 성능
① 이상전압의 내습으로 피뢰 단자전압이 어느 일정값 이상이 되면 즉시 방전해서 전압상승을 억제하여 기기를 보호한다. ② 이상전압이 소멸하여 피뢰기 단자전압이 일정값 이하가 되면 즉시 방전을 정지해서 원래의 송전 상태로 돌아가게 한다.	① 제한전압 또는 충격방전개시전압이 충분히 낮고 보호능력이 있을 것 ② 속류차단이 완전히 행해져 동작책무특성이 충분할 것 ③ 뇌전류 방전능력이 클 것 ④ 대전류의 방전, 속류차단의 반복동작에 대하여 장기간 사용에 견딜 수 있을 것 ⑤ 상용주파 방전개시전압은 회로전압보다 충분히 높아서 상용주파방전을 하지 않을 것

9 피뢰기의 설치장소

고압 및 특별고압 전로 중 다음의 장소에는 피뢰기를 설치하고 접지공사(접지저항 10Ω 이하)를 하여야 한다.

(1) 발전소, 변전소 또는 이에 준하는 장소의 가공전선 인입구 및 인출구

(2) 가공전선로가 접속하는 배전용 변압기의 고압측 및 특별고압측

(3) 고압 또는 특별고압의 가공전선로로부터 공급받는 수용장소의 인입구

(4) 가공전선로와 지중전선로가 접속되는 곳

10 피뢰설비의 설치

1) 외부 뇌보호(피뢰) 시스템(External lightning protection system)

외부 뇌보호(피뢰) 시스템은 수뢰부, 인하도선과 접지시스템으로 구성되며 뇌격이 피보호범위 내로 침입할 확률은 수뢰부 시스템을 적절하게 설계함으로써 상당히 감소된다.

(1) 수뢰부 시스템 구성요소

① 돌침(Air terminal)
② 수평도체(Catenary wires)
③ 메시도체(Mesh conductors)

(2) 수뢰부 시스템 설계방법

① 보호각 방법(Protection Angle Method ; PAM)
② 회전구체법(Rolling Sphere Method ; RSM)
③ 메시법(Mesh Method ; MM)

(3) 인하도선 시스템

① 다수의 병렬 전류통로를 형성할 것
② 전류통로의 길이는 최소로 유지할 것

(3) 접지시스템

위험한 과전압을 발생시키지 않고 뇌전류를 대지로 방류하기 위해서 접지시스템의 형상과 크기가 중요하다. 그러나 일반적으로 낮은 접지저항을 권장한다. 뇌보호의 관점에서 구조체를 사용한 통합 단일의 접지시스템이 바람직하며, 모든 접지목적 즉, 뇌보호, 저압 전력시스템, 통신시스템에도 적합하다.

06 화재 · 폭발 검토

PART 04

SECTION 01
화재 · 폭발 이론 및 발생 이해

1 연소(Combustion)의 정의

어떤 물질이 산소와 만나 급격히 산화(Oxidation)하면서 열과 빛을 동반하는 현상을 말한다.

2 연소의 3요소

물질이 연소하기 위해서는 가연성 물질(가연물), 산소공급원(공기 또는 산소), 점화원(불씨)이 필요하며, 이들을 연소의 3요소라 한다.

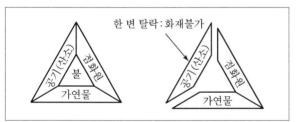

[연소의 3요소]

1) 가연물의 조건
(1) 산소와 화합이 잘 되며, 연소 시 연소열(발열량)이 커야 한다.
(2) 산소와 화합 시 열전도율이 작아야 한다(축적열량이 많아야 연소가 용이함).
(3) 산소와 접촉할 수 있는 입자의 표면적이 커야 한다(물질의 상태에 따른 표면적 : 기체＞액체＞고체).
(4) 산소와 화합하여 점화될 때 점화열이 작아야 한다.

2) 산소공급원 : 산화성 물질 또는 조연성 물질(연소 시 촉매작용을 하는 물질)
(1) 공기 중의 산소(약 21%)
(2) 자기연소성 물질(5류 위험물)
(3) 산화제
(4) 통풍이 불충분한 장소에서의 용접 등(「안전보건규칙」 제241조 관련)
① 통풍이나 환기가 충분하지 않은 장소에서 용접 · 용단 및 금속의 가열 등 화기를 사용하는 작업 또는 연삭숫돌에 의한 건식연마작업 등 그 밖에 불꽃이 튈 우려가 있는 작업 등을 하는 경우에 통풍 또는 환기를 위하여 산소를 사용하여서는 아니 된다.

3) 점화원
(1) 연소반응을 일으킬 수 있는 최소의 에너지(활성화 에너지)를 제공할 수 있는 것
(2) 점화원의 종이가 작고, 인화온도가 높은 액체에서는 그 차이가 커지는 경향을 보인다.

3 인화점(Flash Point)

(1) 가연성 증기를 발생하는 액체 또는 고체가 공기 중에서 점화원에 의해 표면 부근에서 연소하기에 충분한 농도(폭발하한계)를 발생시키는 최저의 온도를 인화점이라 한다. 즉, 가연성 액체 또는 고체가 공기 중에서 생성한 가연성 증기가 폭발(연소)범위의 하한계에 도달할 때의 온도를 말한다.
(2) 인화점은 가연성 물질의 위험성을 나타내는 대표적인 척도이며, 낮을수록 위험한 물질이라 할 수 있다.
(3) 밀폐용기에 인화성 액체가 저장되어 있는 경우 용기의 온도가 낮아 액체의 인화점 이하가 되면 용기 내부의 혼합가스는 인화의 위험이 없다.

4 발화점(AIT ; Auto Ignition Temperature)

1) 정의

가연성 물질을 외부에서 화염, 전기불꽃 등의 착화원을 주지 않고 물질을 공기 중 또는 산소 중에서 가열할 경우에 착화 또는 폭발을 일으키는 최저온도를 발화점(발화온도, 착화점, 착화온도)이라 한다.

이는 외부의 직접적인 점화원 없이 열의 축적에 의해 연소반응이 일어나는 것이다.

2) 발화점에 영향을 주는 인자

(1) 가연성 가스와 공기와의 혼합비
(2) 용기의 크기와 형태
(3) 용기벽의 재질
(4) 가열속도와 지속시간
(5) 압력
(6) 산소농도
(7) 유속 등

3) 발화점이 낮아질 수 있는 조건

(1) 물질의 반응성이 높은 경우
(2) 산소와의 친화력이 좋은 경우
(3) 물질의 발열량이 높은 경우
(4) 압력이 높은 경우

□ 주요물질 인화점

구분	품명	인화점(℃)
특수인화물 (-20℃ 이하)	디에틸에테르	-45
	산화프로필렌	-37
	이황화탄소	-30
제1석유류 (21℃ 미만)	아세톤	-20
	휘발유	-20~-43
알코올류	메탄올	11
	에탄올	13
제1석유류 (70℃ 미만)	등유	43~72
	경유	50~70
나프탈렌		80

□ 주요물질 발화점

물질	발화온도(℃)	물질	발화온도(℃)
황린	34	에틸알코올	363
황화린	100	종이류	405~410
이황화탄소	100	아세틸렌	406~440
셀룰로이드	180	목재	410~450
아세트알데히드	185	프로판	440~460
등유	257	톨루엔	480
적린	260	에탄	520~630
가솔린	300	메탄	537
역청탄	360	아세톤	560

5 연소의 분류

1) 가연물의 종류에 따른 연소 형태

기체	확산연소	가연성 가스가 공기(산소) 중에 확산되어 연소범위에 도달했을 때 연소하는 현상
	예혼합연소	연소되기 전에 미리 연소범위의 혼합가스를 만들어 연소하는 형태
액체	증발연소	액체 표면에서 가연성 증기가 발생하여 공기(산소)와 혼합하여 연소범위를 형성하게 되고, 점화원에 의해 연소하는 현상
	분무연소	점도가 높고 비휘발성인 액체의 경우 액체입자를 분무하여 연소하는 형태
고체	표면연소	연소물 표면에서 산소와의 급격한 산화반응으로 빛과 열을 수반하는 연소반응. 가연성 가스 발생이나 열분해 없이 진행되는 연소반응으로, 불꽃이 없는 것이 특징이다(코크스, 목탄, 금속분 등).
	분해연소	고체 가연물이 가열됨에 따라 가연성 증기가 발생하여, 공기와 가스의 혼합으로 연소범위를 형성하게 되어 연소하는 형태(목재, 종이, 석탄, 플라스틱 등)
	증발연소	고체 가연물이 가열되어 융해되며 가연성 증기가 발생, 공기와 혼합하여 연소하는 형태(황, 나프탈렌, 파라핀 등)
	자기연소	분자 내 산소를 함유하고 있는 고체 가연물이 외부 산소 공급원 없이 점화원에 의해 연소하는 형태(질산에스테르류, 셀룰로이드류, 니트로화합물 등의 폭발성물질)

2) 연소의 형태에 따른 분류

(1) 확산연소 : 가연성 가스가 공기 중의 지연성 가스와 접촉하여 접촉면에서 연소가 일어나는 현상

(2) 증발연소 : 알코올, 에테르, 가솔린, 벤젠 등 인화성 액체가 증발하여 증기를 형성하고, 공기 중에 확산, 혼합하여 연소범위에 이르고, 점화원에 의해 점화되어 연소하게 되는 현상

(3) 분해연소 : 석탄, 목재 등 고체 가연물이 온도 상승에 따른 열분해로 인해 가연성 가스가 방출되어 연소하는 현상

(4) 표면연소 : 고체 표면의 공기와 접촉하는 부분에서 착화하는 현상

(5) 수소-산소계 분기연쇄반응(Branching Chain Reaction) : 연소가 진행 중인 상황에서 열분해에 의해 수소와 산소가 생성되고, 그것에 의해 연쇄적으로 계속하여 연소가 진행되는 현상

① 연소가스에는 최종생성물, 중간생성물 및 반응물질이 포함되어 있다.
② 연쇄반응을 유지시키는 활성기는 OH · H · O이다.
③ 연소가스 중에 중간생성물이 들어있는 것은 1,700℃ 정도에서의 열해리에 의한 것이다.
④ 가열, 분해, 연소, 전파의 4단계 연소반응 중 분해단계 반응의 속도가 가장 빠르다.

6 연소범위

가연성 가스나 인화성 액체의 증기에 대한 연소범위는 밀폐식 측정장치에서 가스나 증기와 공기의 혼합기체를 실험장치에 주입하여 점화시키면서 폭발압력을 측정하는데, 가스나 증기의 농도를 변화시키면서 연소범위를 결정한다.

□ 주요 가스 연소범위

가스	하한계	상한계	위험도
이황화탄소	1.2	44.0	35.67
아세틸렌	2.5	81.0	31.40
수소	4.0	75.0	17.75
프로필렌	2.4	11.0	3.58
프로판	2.1	9.5	3.52
부탄	1.8	8.4	3.67

※ 디에틸에테르 연소범위 : 1.9~48(위험도 : 24.26)

1) 가스나 증기혼합물의 연소범위

(1) 혼합가스의 연소범위 : 르샤틀리에(Le Chatelier) 법칙. (KOSHA GUIDE)

$$L = \frac{100}{\dfrac{V_1}{L_1} + \dfrac{V_2}{L_2} + \cdots\cdots + \dfrac{V_n}{L_n}}$$

(순수한 혼합가스일 경우) 또는

$$L = \frac{V_1 + V_2 + \cdots + V_n}{\dfrac{V_1}{L_1} + \dfrac{V_2}{L_2} + \cdots + \dfrac{V_n}{L_n}}$$

(혼합가스가 공기와 섞여있을 경우)

여기서, L : 혼합가스의 연소한계(%) – 연소상한, 연소하한 모두 적용 가능
$L_1, L_2, L_3, \cdots, L_n$: 각 성분가스의 연소한계(%) – 연소상한계, 연소하한계
$V_1, V_2, V_3, \cdots, V_n$: 전체 혼합가스 중 각 성분가스의 비율(%) – 부피비

(2) 실험데이터가 없어서 연소한계를 추정하는 경우에는 다음 식을 이용한다(Jones 식).(KOSHA GUIDE)

$$LFL = 0.55C_{st}, \quad UFL = 3.50C_{st}$$

여기서, C_{st} : 완전연소가 일어나기 위한 연료, 공기의 혼합기체 중 연료의 부피(%)

$$C_{st}(\text{화학양론조성}) = \frac{\text{연료의 몰수}}{\text{연료의 몰수} + \text{공기의 몰수}} \times 100$$

(단일성분일 경우)

$$C_{st}(\text{화학양론조성}) = \frac{1}{\frac{V_1}{C_{st1}} + \frac{V_2}{C_{st2}} + \frac{V_n}{C_{stn}}} \times 100$$

(혼합가스일 경우)

여기서, C_{st1}, C_{st2}, $\cdots$, C_{stn}는 각 가스의 화학양론 조성, V_1, V_2, $\cdots$, V_n은 각 가스의 부피비

(3) 최소산소농도(MOC, C_m)(KOSHA GUIDE)

$$\text{최소산소농도}(C_m)$$
$$= \text{폭발하한}(\%) \times \frac{\text{산소mol수}}{\text{연소가스mol수}}$$

2) 연소범위에 대한 온도의 영향(KOSHA GUIDE)

(1) 연소범위는 온도에 따라 증감하는데 다음 식은 인화성 물질의 증기에 유용한 경험식이다.
(2) 연소하한계는 온도증가와 함께 감소하고, 연소상한계는 온도증가와 함께 증가한다.

3) 연소범위에 대한 압력의 영향(KOSHA GUIDE)

압력은 연소하한계에 거의 영향을 주지 않으며, 절대압력 50mmHg 이하에서는 화염이 전파되지 않는다.

4) 가스의 최대 연소속도 : 공기구멍에서 받아들인 공기량에 의해 결정

7 위험도

연소하한계 값과 연소상한계 값의 차이를 연소하한계 값으로 나눈 것으로, 기체의 연소 위험수준을 나타낸다. 일반적으로 위험도 값이 큰 가스는 연소상한계 값과 연소하한계 값의 차이가 크며, 위험도가 클수록 공기 중에서 연소 위험이 크다고 보면 된다.

$$H = \frac{U - L}{L}$$

여기서, H : 위험도, L : 연소하한계 값(%),
U : 연소상한계 값(%)

8 완전연소 조성농도(C_{st})(KOSHA GUIDE)

1) 정의

화학양론농도라고도 하며, 가연성 물질 1몰이 완전히 연소할 수 있는 공기와의 혼합비를 부피비(%)로 표현한 것이다. 화학양론에 따른 가연성 물질과 산소와의 결합 몰수를 기준으로 계산된다. 일반적으로 완전연소 시 발열량과 폭발력은 최대가 된다.

2) 계산식

유기물 $C_nH_xO_y$에 대하여 완전연소 시 반응식과 공기몰수, 양론농도는 다음과 같이 계산할 수 있다.

완전연소 반응식

$$: C_nH_xO_y + \left(n + \frac{x}{4} - \frac{y}{2}\right)O_2 \rightarrow nCO_2 + \left(\frac{x}{2}\right)H_2O$$

여기서, n : CO_2 몰수, $\frac{x}{2}$: H_2O 몰수

공기몰수
$$= \left(n + \frac{x}{4} - \frac{y}{2}\right) \times \frac{100}{21} = 4.77n + 1.19x - 2.38y$$

$\therefore$ 양론농도

$$C_{st} = \frac{1}{(4.77n + 1.19x - 2.38y) + 1} \times 100(\text{vol.\%})$$

9 화재의 종류(한국산업규격 KS B 6259)

구분	A급 화재	B급 화재	C급 화재	D급 화재
명칭	일반 화재	유류 · 가스 화재	전기 화재	금속 화재
가연물	목재, 종이, 섬유, 석탄 등	각종 유류 및 가스	전기기기, 기계, 전선 등	Mg 분말, Al 분말 등
표현색	백색	황색	청색	색표시 없음

1) 일반 화재(A급 화재)

(1) 목재, 종이 섬유 등의 일반 가열물에 의한 화재이다.

(2) 물 또는 물을 많이 함유한 용액에 의한 냉각소화, 산·알칼리, 강화액, 포말 소화기 등이 유효하다.

2) 유류 및 가스화재(B급 화재)

(1) 제4류 위험물(특수인화물, 석유류, 에스테르류, 케톤류, 알코올류, 동식물류 등)과 제4류 준위험물(고무풀, 나프탈렌, 송진, 파라핀, 제1종 및 제2종 인화물 등)에 의한 화재, 인화성 액체, 기체 등에 의한 화재이다.

(2) 연소 후에 재가 거의 없는 화재로 가연성 액체 등에 발생한다.

(3) 공기 차단에 의한 질식소화효과를 위해 포말소화기, CO_2 소화기, 분말소화기, 할로겐화물(할론) 소화기 등이 유효하다.

(4) 유류화재 시 발생할 수 있는 화재 현상

① 보일 오버(Boil Over) : 유류탱크 화재 시 유면에서부터 열파(Heat Wave)가 서서히 아래쪽으로 전파하여 탱크 저부의 물에 도달했을 때 이 물이 급히 증발하여 대량의 수증기가 되어 상층의 유류를 밀어올려 거대한 화염을 불러일으키는 동시에 다량의 기름을 탱크 밖으로 불이 붙은 채 방출시키는 현상

② 슬롭 오버(Slop Over) : 위험물 저장탱크 화재 시 물 또는 포를 화염이 왕성한 표면에 방사할 때 위험물과 함께 탱크 밖으로 흘러넘치는 현상

3) 전기화재(C급 화재)

(1) 전기를 이용하는 기계·기구 또는 전선 등 전기적 에너지에 의해서 발생하는 화재이다.

(2) 질식, 냉각효과에 의한 소화가 유효하며, 전기적 절연성을 가진 소화기로 소화해야 한다. 유기성 소화기, CO_2 소화기, 분말소화기, 할로겐화물(할론) 소화기 등이 유효하다.

4) 금속화재(D급 화재)

(1) Mg분말, Al분말 등 공기 중에 비산한 금속분진에 의한 화재이다.

(2) 소화에 물을 사용하면 안 되며, 건조사, 팽창 진주암 등 질식소화가 유효하다.

10 화재의 예방대책(KOSHA GUIDE)

화재를 예방하는 방법에는 위험물 관리, 점화원 관리 또는 산소 관리 등의 방법이 있다.

1) 위험물 관리

(1) 폭발성 물질 : 화기 기타 점화원이 될 우려가 있는 것에 접근시키거나 가열하거나 마찰시키거나 충격을 가하지 않는다.

(2) 발화성 물질 : 각각 그 특성에 따라 화기 기타 점화원이 될 우려가 있는 것에 접근시키거나 산화를 촉진하는 물질 또는 물에 접촉시키거나 가열하거나 충격을 가하지 않는다.

(3) 인화성 물질 : 화기 기타 점화원이 될 우려가 있는 것에 접근시키거나 주입 또는 가열하거나 증발시키지 않는다.

2) 점화원 관리

점화원의 종류 : 점화원의 종류에는 기계적 점화원(예 충격, 마찰, 단열압축 등), 전기적 점화원(예 전기적 스파크, 정전기 등), 열적 점화원(예 불꽃, 고열표면, 용융물 등) 및 자연발화 등으로 구분된다.

3) 산소 관리

(1) 최소산소농도

① 산소농도를 최소산소농도 이하로 관리하면 연소하지 않는다.

② 대부분 가연성 가스의 최소산소농도는 10% 정도이고, 가연성 분진인 경우에는 8% 정도이다.

③ 인화성 액체의 증기에 대한 최소산소농도는 12~16% 정도이고 고체화재 중에 표면화재는 약 5% 이하, 심부화재에 대해서는 약 2% 이하이다.

(2) 불활성화(Inerting)(KOSHA GUIDE)

① 불활성화란 가연성 혼합가스나 혼합분진에 불활성가스를 주입하여 희석(불활성 가스의 치환), 산소의 농도를 최소산소농도 이하로 낮게 유지하는 것이다.

② 불활성 가스는 질소, 이산화탄소, 수증기 또는 연소배기가스 등이 사용된다. 연소억제를 위하여 관리되어야 할 산소의 농도는 안전율을 고려하여 해당물질의 최소산소농도보다 4% 정도 낮게 관리되어야 한다.

③ 안정적이고 지속적인 불활성화를 유지하기 위해서 대상설비에 산소농도측정기를 설치하고 산소농도를 관리하여야 한다.

④ 산소농도측정기는 정확한 농도측정을 위하여 제조회사에서 제시하는 기간이 초과되기 전에 교정이 필요하며, 감지부(Sensor)를 주기적으로 교체해 주어야 한다.

(3) 불활성화방법

① 진공치환 : 압력용기류에 주로 적용하며 완전진공설계가 이루어진 용기류에 적용이 가능하고, 큰 용기에는 사용이 어렵다.

② 압력치환 : 용기류에 적용이 가능하며 가압시키는 압력은 설계압력 이내에서 결정되어야 한다. 목표로 하는 농도에 대한 치환횟수는 진공치환의 방법과 같다.

③ 스위프치환 : 한쪽의 개구부로 치환가스를 공급하고 다른 한쪽으로 배출시키는 방법으로, 주로 배관류에 적용하는 것이 바람직하다.

④ 사이폰치환 : 대상 기기에 물이나 적합한 액체를 채운 뒤 액체를 배출시키면서 치환가스를 주입하는 방법으로 이루어진다. 액체를 채웠을 때 하중에 문제가 되는 경우에는 적용이 불가능하다.

(4) 치환 요령

① 대상가스의 물성을 파악한다.
② 사용하는 불활성가스의 물성을 파악한다.
③ 장치내부를 물로 먼저 세정한 후 퍼지용 가스를 송입한다.
④ 퍼지용 가스는 장시간에 걸쳐 천천히 주입한다.

(5) 치환 시의 특징

① 진공퍼지가 압력퍼지에 비해 퍼지시간이 길다.
② 진공퍼지는 압력퍼지보다 불활성가스 소모가 적다.
③ 사이폰 퍼지가스의 부피는 용기의 부피와 같다.
④ 스위프퍼지는 용기나 장치에 압력을 가하거나 진공으로 할 수 없을 때 사용된다.

11 연소파와 폭굉파

1) 연소파

가연성 가스와 적당한 공기가 미리 혼합되어 폭발범위 내에 있을 경우, 확산의 과정이 생략되기 때문에 화염의 전파 속도가 매우 빠른데, 이러한 혼합 가스에 착화하게 되면 착화원에 국한된 반응영역이 형성되어 혼합가스 중으로 퍼져나간다. 그 진행 속도가 0.1~1.0m/s 정도 될 때, 이를 연소파(Combustion Wave)라 한다.

2) 폭굉파

연소파가 일정 거리를 진행한 후 연소 전파 속도가 1,000~3,500m/s 정도에 달할 경우 이를 폭굉현상(Detonation Phenomenon)이라 하며, 이때의 국한된 반응영역을 폭굉파(Detonation Wave)라 한다. 폭굉파의 속도는 음속을 앞지르므로, 진행후면에는 그에 따른 충격파가 있다.

(1) 폭발한계와 폭굉한계

폭굉은 폭발이 발생된 후에 일어나는 것이므로 폭굉한계는 폭발한계 내에 존재한다. 따라서 폭발한계는 폭굉한계보다 농도범위가 넓다.

(2) 폭굉 유도거리

최초의 완만한 연소속도가 격렬한 폭굉으로 변할 때까지의 시간. 다음의 경우 짧아진다.
① 정상 연소속도가 큰 혼합물일 경우
② 점화원의 에너지가 큰 경우
③ 고압일 경우
④ 관 속에 방해물이 있을 경우
⑤ 관경이 작을 경우

3) 폭발위력이 미치는 거리

$$r_2 = r_1 \times \left(\frac{W_2}{W_1} \right)^{1/3}$$

여기서, r_1, r_2 : 폭발점과의 거리,
W_1, W_2 : 폭발물의 양

12 폭발의 분류

1) 기상폭발

(1) 혼합가스의 폭발 : 가연성 가스와 조연성 가스의 혼합가스가 폭발범위 내에 있을 때

(2) 가스의 분해폭발 : 반응열이 큰 가스분자 분해시 단일성분이라도 점화원에 의해 폭발

(3) 분진폭발 : 가연성 고체의 미분이나 가연성 액체의 액적(mist)에 의한 폭발

2) 액상폭발(응상폭발)

(1) 혼합위험성에 의한 폭발 : 산화성 물질과 환원성 물질 혼합 시 폭발

(2) 혼합위험의 영향인자 : 온도, 압력, 농도

(3) 폭발성 화합물의 폭발 : 반응성 물질의 분자 내의 연소에 의한 폭발과 흡열화합물의 분해 반응에 의한 폭발

(4) 증기폭발 : 물, 유기액체 또는 액화가스 등의 과열 시 급속하게 증발된 증기에 의한 폭발

3) 분진폭발(KOSHA GUIDE)

(1) 정의 : 가연성 고체의 미분이나 가연성 액체의 액적에 의한 폭발

(2) 입자의 크기 : $75\mu m$ 이하의 고체입자가 공기 중에 부유하여 폭발분위기 형성

(3) 분진폭발의 순서 : 퇴적분진 → 비산 → 분산 → 발화원 → 전면폭발 → 2차 폭발

(4) 분진폭발의 특성

① 가스폭발보다 발생에너지가 크다.

② 폭발압력과 연소속도는 가스폭발보다 작다.

③ 불완전연소로 인한 가스중독의 위험성은 크다.

④ 화염의 파급속도보다 압력의 파급속도가 크다.

⑤ 가스폭발에 비하여 불완전 연소가 많이 발생한다.

⑥ 주위 분진에 의해 2차, 3차 폭발로 파급될 수 있다.

(5) 분진폭발에 영향을 주는 인자

① 분진의 입경이 작을수록 폭발하기 쉽다.

② 일반적으로 부유분진이 퇴적분진에 비해 발화온도가 높다.

③ 연소열이 큰 분진일 수록 저농도에서 폭발하고 폭발위력도 크다.

④ 분진의 비표면적이 클수록 폭발성이 높아진다.

(6) 분진폭발 시험장치 : 하트만(Hartmann)식 시험장치

(7) 분진폭발을 방지하기 위한 불활성 분진폭발 첨가물 : 탄산칼슘, 모래, 석분, 질석가루 등

4) 폭발형태 분류

(1) 증기운 폭발(UVCE ; Unconfined Vapor Cloud Explosion)

① 증기운 : 저온 액화가스의 저장탱크나 고압의 가연성 액체 용기가 파괴되어 다량의 가연성 증기가 폐쇄공간이 아닌 대기 중으로 급격히 방출되어 공기 중에 분산 확산되어 있는 상태

② 가연성 증기운에 착화원이 주어지면 폭발하여 Fire Ball을 형성하는데 이를 증기운 폭발이라고 한다.

③ 증기운 크기가 증가하면 점화 확률이 높아진다.

(2) 비등액팽창 증기폭발(BLEVE ; Boiling Liquid Expanding Vapor Explosion)(KOSHA GUIDE)

① 비점이 낮은 액체 저장탱크 주위에 화재가 발생했을 때 저장탱크 내부의 비등현상으로 인한 압력 상승으로 탱크가 파열되어 그 내용물이 증발, 팽창하면서 발생되는 폭발현상

② BLEVE 방지 대책

　㉠ 열의 침투 억제 : 보온조치 열의 침투속도를 느리게 한다(액의 이송시간 확보).

　㉡ 탱크의 과열방지 : 물분무 설치 냉각조치(살수장치)

　㉢ 탱크로 화염의 접근 금지 : 방액재 내부 경사조정. 화염차단 최대한 지연

13 가스폭발의 원리

1) 용어의 정의

(1) 폭발한계(Explosion Limit)

가스 등의 폭발현상이 일어날 수 있는 농도 범위. 농도가 지나치게 낮거나 지나치게 높아도 폭발은 일어나지 않는다.

(2) 폭발하한계(LEL ; Lower Explosive Limit)

가스 등이 공기 중에서 점화원에 의해 착화되어 화염이 전파되는 최소 농도이다.

(3) 폭발상한계(UEL ; Upper Explosive Limit)

가스 등이 공기 중에서 점화원에 의해 착화되어 화염이 전파되는 최대 농도이다.

[연소(폭발)범위의 정의]

2) 폭발압력(KOSHA GUIDE)

(1) 폭발압력과 가스농도 및 온도와의 관계

① 가스농도 및 온도와의 관계 : 폭발압력은 초기압력, 가스농도, 온도변화에 비례

$$P_m = P_1 \times \frac{n_2}{n_1} \times \frac{T_2}{T_1}$$

② 폭발압력과 가연성가스 농도와의 관계
  ㉠ 가연성 가스의 농도가 너무 희박하거나 진하여도 폭발압력은 낮아진다.
  ㉡ 폭발압력은 양론농도보다 약간 높은 농도에서 최대폭발압력이 된다.
  ㉢ 최대폭발압력의 크기는 공기보다 산소의 농도가 큰 혼합기체에서 더 높아진다.
  ㉣ 가연성 가스의 농도가 클수록 폭발압력은 비례하여 높아진다.

(2) 밀폐된 용기 내에서 최대폭발압력에 영향을 주는 요인

① 가연성 가스의 초기온도 : 온도 증가에 따라 최대폭발압력(P_m)은 감소
② 가연성 가스의 초기압력 : 압력 증가에 따라 최대폭발압력(P_m)은 증가
③ 가연성 가스의 농도 : 농도 증가에 따라 최대폭발압력(P_m)은 증가
④ 발화원의 강도 : 발화원의 강도가 클수록 최대폭발압력(P_m)은 증가
⑤ 용기의 형태 : 용기가 작을수록 최대폭발압력(P_m)은 증가
⑥ 가연성 가스의 유량 : 유량이 클수록 최대폭발압력(P_m)은 증가

3) 최소발화에너지(MIE ; Minimum Ignition Energy)
(KOSHA GUIDE)

(1) 정의 : 물질을 발화시키는 데 필요한 최저 에너지

(2) 최소발화에너지에 영향을 주는 인자

① 가연성 물질의 조성
② 발화 압력 : 압력에 반비례(압력이 클수록 최소발화에너지는 감소한다)
③ 혼입물 : 불활성 물질이 증가하면 최소발화에너지는 증가

(3) 최소발화에너지의 특징

① 일반적으로 분진의 최소발화에너지는 가연성 가스보다 큰 에너지 준위를 가진다.
② 온도의 변화에 따라 최소발화에너지는 변한다.
③ 유속이 커지면 발화에너지는 커진다.
④ 화학양론농도 보다도 조금 높은 농도일 때에 최소값이 된다.

(4) 전기(정전기)로서의 최소발화에너지

$$E = \frac{1}{2} CV^2 (\text{mJ})$$

여기서, E : 방전에너지, C : 전기용량, V : 불꽃전압

14 폭발등급

1) 안전간격(=화염일주한계)

내측의 가스점화 시 외측의 폭발성 혼합가스까지 화염이 전달되지 않는 한계의 틈이다. 8ℓ의 둥근 용기 안에 폭발성 혼합가스를 채우고 점화시켜 발생된 화염이 용기 외부의 폭발성 혼합가스에 전달 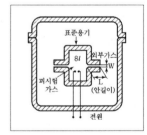 되는가의 여부를 측정하였을 때 화염을 전달시킬 수 없는 한계의 틈 사이를 말한다. 안전간격이 작은 가스일수록 폭발 위험이 크다. 가스폭발 한계 측정시 화염 방향이 상향일 때 가장 넓은 값을 나타낸다.

2) 폭발등급

안전간격(=화염일주한계) 값에 따라 폭발성 가스를 분류하여 등급을 정한다.

3) 폭발등급에 따른 안전간격과 해당물질

폭발등급	안전간격 (mm)	해당물질
1등급	0.6 이상	메탄, 에탄, 프로판, n-부탄, 가솔린, 일산화 탄소, 암모니아, 아세톤, 벤젠, 에틸에테르
2등급	0.6~0.4	에틸렌, 석탄가스, 이소프렌, 산화에틸렌
3등급	0.4 이하	수소, 아세틸렌, 이황화탄소, 수성가스

15 자연발화

1) 정의

물질이 공기(산소) 중에서 천천히 산화되며 축적된 열로 인해 온도가 상승하고, 발화온도에 도달하여 점화원 없이도 발화하는 현상이다.

2) 자연발화의 형태

산화열에 의한 발열, 분해열에 의한 발열, 흡착열에 의한 발열, 미생물발효에 의한 발열, 중합에 의한 발열 등이 있다.

3) 자연발화의 조건

(1) 표면적이 넓을 것
(2) 발열량이 클 것
(3) 물질의 열전도율이 작을 것
(4) 주변온도가 높을 것

4) 자연발화 방지대책

(1) 통풍이 잘 되게 할 것
(2) 주변온도를 낮출 것
(3) 습도가 높지 않도록 할 것
(4) 열전도가 잘 되는 용기에 보관할 것

SECTION 02
소화원리 이해

1 제거소화

1) 정의

가연물의 공급을 중단하여 소화하는 방법이다.

2) 제거소화의 예

(1) 가스의 화재 : 공급밸브를 차단하여 가스 공급을 중단
(2) 산불 : 화재 진행방향의 목재를 제거하여 진화

2 질식소화

1) 정의

산소(공기)공급을 차단하여 연소에 필요한 산소 농도 이하가 되게 하여 소화하는 방법이다.

2) 질식소화의 방법

(1) 포말(거품)을 사용하여 연소물을 감싸는 방법
(2) 소화분말을 이용하여 연소물을 감싸는 방법
(3) 이산화탄소로 산소 공급을 차단하는 방법
(4) 할로겐 화합물로 산소 공급을 차단하는 방법
(5) 물을 분무상으로 방사하는 방법

3) 질식소화를 이용한 소화기 종류

(1) 포말소화기
(2) 분말소화기
(3) 탄산가스 소화기
(4) 건조사, 팽창 진주암, 팽창 질석

3 냉각소화

1) 정의

물 등 액체의 증발잠열을 이용, 가연물을 인화점 및 발화점 이하로 낮추어 소화하는 방법이다.

2) 냉각소화를 이용한 소화기 종류

(1) 물   (2) 강화액 소화기   (3) 산·알칼리 소화기

4 억제소화

1) 정의

가연물 분자가 산화됨으로 인해 연소가 계속되는 과정을 억제하여 소화하는 방법이다.

2) 억제소화를 이용한 소화기 종류

(1) 사염화탄소(C.T.C) 소화기 : 할론 1040
(2) 일취화 일염화 메탄(C.B) 소화기 : 할론 1011
(3) 일취화 삼불화 메탄(B.M.T) 소화기 : 할론 1301 등

5 소화기의 종류

1) 포소화기

가연물의 표면을 포(거품)로 둘러싸고 덮는 질식소화를 이용한 소화기이다.

(1) 기계포

에어포(공기포)라고도 하며, 가수분해단백질, 계면활성제가 주성분인 소화제 원액을 발포기로 공기와 혼합하여 포를 만들어 방사한다.

① 저팽창형 포제 : 4~12배 팽창하며 내열성과 점성을 더하기 위해 철염 또는 방부제를 혼합한다. 주로 유류화재 소화 시 사용
② 고팽창형 포제 : 100배 이상 팽창하며 단시간에 빠르게 화염 표면을 덮을 수 있다. 고층 건물, 화학약품 공장 등의 화재 소화 시 사용
③ 혼합장치의 종류
　　㉠ 관로혼합장치 ㉡ 차압혼합장치 ㉢ 펌프혼합장치

(2) 화학포

중탄산나트륨과 황산알미늄의 화학반응에 의해 포말을 생성, 방사한다.

① 소화약제 화학 반응식

$$6NaHCO_3 + Al_2(SO_4)_4 + 18H_2O \rightarrow$$
$$3Na_2SO_4 + 2Al(OH)_3 + 6CO_2 + 18H_2O$$

② 구조에 따라 보통전도식, 내통밀폐식, 내통밀봉식 등이 있다.

2) 분말소화기

(1) 분말 입자로 가연물 표면을 덮어 소화하는 것으로, 질식소화 효과를 얻을 수 있다.
(2) 모든 화재에 사용할 수 있으며, 전기화재와 유류화재에 효과적이다.
(3) 구조에 따라 축압식과 가스가압식이 있다.

(4) 소화약제 종류와 화학반응식

① 제1종분말[중탄산나트륨(중조)] : 약제 분해에 의해 생긴 이산화탄소와 수증기로 소화한다.

$$2NaHCO_3 \rightarrow Na_2CO_3 + CO_2 + H_2O$$

② 제2종분말[중탄산칼륨] : 중탄산나트륨보다 소화력이 크다.

$$2KHCO_3 \rightarrow K_2CO_3 + CO_2 + H_2O$$

③ 제3종분말[인산암모늄] : 열분해에 의해 부착성이 좋은 메타인산을 생성하여 다른 소화분말보다 30% 이상 소화력이 좋다. 모든 화재에 효과적이다.

$$NH_4H_2PO_4 \rightarrow HPO_3 + NH_3 + H_2O$$

(5) 금속화재용으로는 염화바륨($BaCl_2$), 염화나트륨($NaCl$), 염화칼슘($CaCl_2$) 등을 사용한다.

3) 증발성 액체 소화기(할로겐 화합물 소화기)

(1) 소화원리

① 증발성 강한 액체를 화재표면에 뿌려 증발잠열을 이용해 온도를 낮추어 냉각소화 효과로 소화한다.
② 소화약제 중 할로겐 원소가 가연물이 산소와 결합하는 것을 방해하는 부촉매 효과로 연소가 계속되는 것을 억제하여 소화한다.

(2) 종류

① 사염화탄소(CCl_4)(할론1040) : 무색투명한 불연성 액체. 고온에서는 이산화탄소와 반응하여 포스겐 가스(발생
② 일취화 일염화 메탄(CH_2ClBrM)(할론 1011) : 무색투명하고 증발하기 쉬운 불연성 액체이다.
③ 일취화 삼불화 메탄(CF_3BrM)(할론 1301) : 비점이 $-57.7℃$로 할로겐화물 소화약제 중 비점이 가장 낮아 빠르게 증발한다.
④ 이취화 사불화 에탄($C_2F_4Br_2M$)(할론 2402) : 독성 및 부식성이 적어 안정도가 높으며, 증발성 액체 소화기 중 소화효과가 가장 크다.

⑤ 일취화 일염화 이불화 메탄(CF_2ClBrM)(할론 1211) : 무색, 무취이며 전기적으로 부도체여서, 전기화재 소화에 쓸 수 있다.

(3) 소화효과의 크기

① 할로겐 원소별 : $F_2 < Cl_2 < Br_2 < I_2$
② 소화기 종류별 : 1040 < 2402 < 1211 < 1301

4) 이산화탄소(탄산가스) 소화기

(1) 이산화탄소를 고압으로 압축, 액화하여 용기에 담아놓은 것으로 가스 상태로 방사된다. 연소 중 산소농도를 필요한 농도 이하로 낮추는 질식소화가 주된 소화효과이며, 냉각효과를 동반하여 상승적으로 작용하여 소화한다.

(2) 이산화탄소 소화기의 특징

① 용기 내 액화탄산가스를 기화하여 가스 형태로 방출한다.
② 불연성 기체로, 절연성이 높아 전기화재(C급)에 적당하며, 유류(B급) 화재에도 유효하다.
③ 방사 거리가 짧아 화재현장이 광범위할 경우 사용이 제한적이다.
④ 공기보다 무거우며, 기체상태이기 때문에 화재 심부까지 침투가 용이하다.
⑤ 반응성이 매우 낮아 부식성이 거의 없다.

5) 강화액 소화기

(1) 물 소화약제의 단점을 보완하기 위하여 물에 탄산칼륨(K_2CO_3) 등을 녹인 수용액으로서 부동성이 높은 알칼리성 소화약제이다.
(2) 탄산칼륨으로 인해 빙점이 −30℃까지 낮아져 한랭지 또는 겨울철에 사용할 수 있다.
(3) 유류 또는 전기 화재에 유효하다.

6) 간이 소화제

소화기 및 소화제가 없는 곳에서 초기소화에 사용하거나 소화를 보강하기 위해 간이로 사용할 수 있는 소화제를 말한다.

(1) 건조사

질식소화 효과로, 모든 화재(A급, B급, C급, D급)에 사용할 수 있다.

(2) 팽창질석, 팽창진주암

질식소화 효과의 간이소화제로 질석, 진주암 등 암석을 1,000 ~1,400℃로 가열, 10~15배 팽창시켜 분쇄한 분말이다. 비중이 매우 작고 가볍다. 발화점이 낮은 알킬알미늄류, 칼륨 등 금속분진 화재에 유효하다.

7) 가압방식에 의한 소화기 분류

(1) 축압식

① 소화기 용기 내부에 소화약제와 압축공기 또는 불연성 가스인 이산화탄소, 질소를 충전하여 그 압력에 의해 약제가 방출되는 방식이다.
② 이산화탄소 소화기, 할로겐화물 소화기 등이 해당한다.

(2) 가압식

① 수동펌프식 : 피스톤식 수동펌프에 의한 가압으로 소화약제 방출
② 화학반응식 : 소화약제의 화학반응에 의해 생성된 가스의 압력으로 소화약제 방출
③ 가스가압식 : 소화기 내부 또는 외부에 별도의 가압가스용기를 설치하여 그 압력에 의해 소화약제 방출

SECTION 03
폭발방지대책 수립

1 폭발방지대책

1) 예방대책

(1) 폭발을 일으킬 수 있는 위험성 물질과 발화원의 특성을 알고 그에 따른 폭발이 일어나지 않도록 관리해야 한다.
① 인화성 액체의 증기, 인화성 가스 또는 인화성 고체에 의한 폭발·화재 예방−폭발범위 이하로 농도를 관리하기 위한 방법(「안전보건규칙」 제232조 관련)
　㉠ 통풍　　㉡ 환기　　㉢ 분진제거
(2) 공정에 대하여 폭발 가능성을 충분히 검토하여 예방할 수 있도록 설계단계부터 페일 세이프(Fail Safe) 원칙을 적용해야 한다.

2) 국한대책

폭발의 피해를 최소화하기 위한 대책이다(안전장치, 방폭설비 설치 등).

3) 폭발방호(Explosion Protection)

(1) 폭발봉쇄   (2) 폭발억제
(3) 폭발방산   (4) 대기방출

4) 분진폭발의 방지(KOSHA GUIDE)

(1) 분진 생성 방지 : 보관, 작업장소의 통풍에 의한 분진 제거
(2) 발화원 제거 : 불꽃, 전기적 점화원(전원, 정전기 등) 제거
(3) 불활성물질 첨가 : 시멘트분, 석회, 모래, 질석 등 돌가루
(4) 2차 폭발방지

2 폭발하한계 및 폭발상한계의 계산 (KOSHA GUIDE)

1) 폭발하한계 계산

$$\text{LEL}_{\text{mix}} = \frac{1}{\sum_{n=1}^{n} \dfrac{y_i}{\text{LEL}_i}}$$

여기서, LEL_{mix} : 가스 등 혼합물의 폭발하한계(vol%)
LEL_i : 가스 등의 성분 중 i 성분의 폭발하한계(vol%)
y_i : 가스 등의 성분 중 i 성분의 mol 분율
n : 가스 등의 성분의 수

2) 폭발상한계 계산

$$\text{UEL}_{\text{mix}} = \frac{1}{\sum_{n=1}^{n} \dfrac{y_i}{\text{UEL}_i}}$$

여기서, UEL_{mix} : 가스 등 혼합물의 폭발상한계(vol%)
UEL_i : 가스 등의 성분 중 i 성분의 폭발상한계 (vol%)

3) 폭발(연소)한계에 영향을 주는 요인(KOSHA GUIDE)

(1) 온도

기준이 되는 25℃에서 100℃씩 증가할 때마다 폭발(연소) 하한계는 값의 8%가 감소하며, 폭발(연소)상한은 8% 증가한다.

① 폭발(연소)하한계

$$L_t = L_{25℃} - (0.8 L_{25℃} \times 10^{-3})(T - 25)$$

② 폭발(연소)상한계

$$U_t = U_{25℃} + (0.8 U_{25℃} \times 10^{-3})(T - 25)$$

(2) 압력

폭발(연소)하한계에는 영향이 경미하나 폭발(연소)상한계에는 크게 영향을 준다. 보통의 경우 가스압력이 높아질수록 폭발(연소)범위는 넓어진다.

(3) 산소

폭발(연소)하한계는 공기나 산소 중에서 변함이 없으나 폭발(연소)상한계는 산소농도와 비례하여 상승하게 된다.

(4) 화염의 진행 방향

4) 혼합가스의 폭발범위

(1) 르샤틀리에(Le Chatelier) 법칙(KOSHA GUIDE)

$$L = \frac{100}{\dfrac{V_1}{L_1} + \dfrac{V_2}{L_2} + \cdots + \dfrac{V_n}{L_n}}$$

(순수한 혼합가스일 경우) 또는,

$$L = \frac{V_1 + V_2 + \cdots + V_n}{\dfrac{V_1}{L_1} + \dfrac{V_2}{L_2} + \cdots + \dfrac{V_n}{L_n}}$$

(혼합가스가 공기와 섞여 있을 경우)

여기서, L : 혼합가스의 폭발한계(%) - 폭발상한, 폭발하한 모두 적용 가능
$L_1, L_2, L_3, \cdots, L_n$: 각 성분가스의 폭발한계(%) - 폭발상한계, 폭발하한계
$V_1, V_2, V_3, \cdots, V_n$: 전체 혼합가스 중 각 성분가스의 비율(%) - 부피비

(2) 실험데이터가 없어서 연소한계를 추정하는 경우에는 다음 식을 이용한다.(Jones 식)(KOSHA GUIDE)

$$LFL = 0.55C_{st}, \ UFL = 3.50C_{st}$$

여기서, C_{st} : 완전연소가 일어나기 위한 연료, 공기의 혼합기체 중 연료의 부피(%)

$$C_{st} = \frac{\text{연료의 몰수}}{\text{연료의 몰수} + \text{공기의 몰수}} \times 100$$

(단일성분일 경우)

$$C_{st} = \frac{1}{\dfrac{V_1}{C_{st1}} + \dfrac{V_2}{C_{st2}} + \dfrac{V_3}{C_{st3}} + \cdots + \dfrac{V_n}{C_{stn}}} \times 100$$

(혼합가스일 경우)

5) 위험도

(1) 폭발하한계 값과 폭발상한계 값의 차이를 폭발하한계 값으로 나눈 것이다.
(2) 기체의 폭발 위험수준을 나타낸다.
(3) 일반적으로 위험도 값이 클수록 공기 중에서 폭발 위험이 크다.

$$H = \frac{U - L}{L}$$

여기서, H : 위험도, L : 폭발하한계 값(%),
U : 폭발상한계 값(%)

6) Brugess-Wheeler의 법칙

포화탄화수소계의 가스에서는 폭발하한계의 농도 X(vol%)와 그의 연소열(kcal/mol) Q의 곱은 일정하다.

$$X \cdot \frac{Q}{100} \fallingdotseq 11 (\text{일정})$$

SECTION 01
화학물질(위험물, 유해화학물질) 확인

1 위험물의 기초화학

1) 물질의 상태

물질의 상태는 일반적으로 기체, 액체, 고체의 세 가지로 나눌 수 있다.

예 물의 경우, 기체 : 수증기, 액체 : 물, 고체 : 얼음으로 그 상태를 나눌 수 있다.

2) 물질의 종류

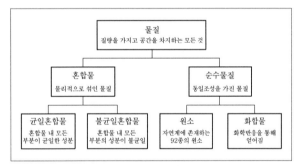

[물질의 분류]

3) 화학반응 기초

(1) 온도

① 상대온도 : 해면의 평균대기압하에서 물의 끓는점과 어는 점을 기준하여 정한 온도로써 섭씨온도(℃)와 화씨온도 (℉)가 해당한다.

② 절대온도 : 분자운동이 완전 정지하여 운동에너지가 0이 되는 온도로써 켈빈온도(K)와 랭킨온도(R)가 해당한다.

(2) 압력

단위면적에 미치는 힘으로, 그 단위는 kg/cm², lb/in², N/m², Pa 등이 있다.

(3) 기체반응 기초법칙

① 보일의 법칙

기체에 대한 부피 대 압력의 법칙. 온도가 일정할 때 기체의 부피는 주어진 압력에 반비례한다.

$$P_1 V_1 = P_2 V_2$$

② 샤를의 법칙

기체에 대한 부피 대 온도의 법칙. 압력이 일정할 때 기체의 부피는 주어진 온도에 비례한다.

$$\frac{V_1}{T_1} = \frac{V_2}{T_2}$$

③ 보일―샤를의 법칙

보일의 법칙과 샤를의 법칙을 수학적으로 합해놓은 연합 기체법칙

$$\frac{P_1 V_1}{T_1} = \frac{P_2 V_2}{T_2}$$

여기서, P : 압력, V : 부피, T : 온도

④ 이상기체 상태방정식

기체의 압력은 기체 몰수와 온도의 곱을 부피로 나눈 값에 비례한다는 것을 표현한 식

$$PV = nRT = \frac{W}{M}RT$$

여기서, P : 절대압력(atm), V : 부피(ℓ)
R : 0.082(ℓ · atm/mol · K), T : 절대온도(K)
n : 몰수(mol), M : 분자량, W : 질량(g)

⑤ 단열변화(단열압축, 단열팽창)

주변계와의 열교환이 없는 상태에서의 온도 변화시 기체의 부피와 압력의 변화

$$\frac{T_2}{T_1} = \left(\frac{V_1}{V_2}\right)^{r-1} = \left(\frac{P_2}{P_1}\right)^{\frac{(r-1)}{r}}$$

⑥ 부피변화에 따른 열량계산

$$Q = AP(V_2 - V_1)$$

여기서, Q : 열량(kcal), A : 열당량(kcal/kg.m)(=1/427)
P : 압력(kg/cm²), V : 비체적(m³/kg)

⑦ 액화가스의 부피

액화가스 무게(kg)×가스 정수=액화가스 부피

⑧ Flash율 : 엔탈피 변화에 따른 액체의 기화율

$$\text{Flash율} = \frac{e_1 - e_2}{\text{기화열/분자량}}$$

여기서, e_1 : 본래 엔탈피, e_2 : 변화된 엔탈피

⑨ 액화가스의 기화량 : 액화가스가 대기 중으로 방출될 때의 기화되는 양

$$\text{기화량(kg)} = \text{액화가스 질량(kg)} \times \frac{\text{비열(kJ/kg)}}{\text{증발잠열(kJ/kg)}}$$
$$\times [\text{외기온도(℃)} - \text{비점(℃)}]$$

⑩ 0℃, 1기압에서 기체 1몰의 부피 : 22.4ℓ

4) 화학반응의 분류

(1) 부가반응

① 둘이나 그 이상의 물질이 화합하여 하나의 화합물을 만드는 반응

② A+Z → AZ

(2) **분해반응** : 하나의 화합물이 둘 또는 그 이상의 물질로 분해되는 반응

(3) 단일치환반응

① 하나의 금속이 하나의 화합물 또는 수용액으로부터 다른 금속 또는 수소를 치환하는 반응

② 수소취성 : 수소는 고온, 고압에서 강(Fe₃C) 중의 탄소와 반응하여 메탄을 생성한다.

(4) 이중치환반응 : 두 화합물의 음이온이 서로 교환되어 완전히 다른 화합물을 생성하는 반응

(5) 중화반응 : 이중치환반응의 특별한 유형으로, 산과 염기가 반응하여 물을 생성하고 중화되는 반응

(6) 중합반응(Polymerization)

① 단량체(Monomer)가 촉매 등에 의해 반응하여 다량체(Polymer)를 만들어내는 반응이다.

② A+A+…+A → [A]ₙ

2 위험물의 종류

위험물 종류	물질의 구분
폭발성 물질 및 유기과산화물 ([별표 1] 제1호)	가. 질산에스테르류 나. 니트로 화합물 다. 니트로소 화합물 라. 아조 화합물 마. 디아조 화합물 바. 하이드라진 유도체 사. 유기과산화물 아. 그 밖에 가목부터 사목까지의 물질과 같은 정도의 폭발의 위험이 있는 물질 자. 가목부터 아목까지의 물질을 함유한 물질
부식성 물질 ([별표 1] 제6호)	가. 부식성 산류 (1) 농도가 20퍼센트 이상인 염산ㆍ황산ㆍ질산 그 밖에 이와 같은 정도 이상의 부식성을 가지는 물질 (2) 농도가 60퍼센트 이상인 인산ㆍ아세트산ㆍ불산 그 밖에 이와 같은 정도 이상의 부식성을 가지는 물질 나. 부식성 염기류 농도가 40퍼센트 이상인 수산화나트륨ㆍ수산화칼륨 그 밖에 이와 같은 정도 이상의 부식성을 가지는 염기류
급성 독성 물질 ([별표 1] 제7호)	가. 쥐에 대한 경구투입실험에 의하여 실험동물의 50퍼센트를 사망시킬 수 있는 물질의 양, 즉 LD50(경구, 쥐이) 킬로그램당 300밀리그램-(체중) 이하인 화학물질 나. 쥐 또는 토끼에 대한 경피흡수실험에 의하여 실험동물의 50퍼센트를 사망시킬 수 있는 물질의 양, 즉 LD50(경피, 토끼 또는 쥐)이 킬로그램당 1,000밀리그램-(체중) 이하인 화학물질

다. 쥐에 대한 4시간 동안의 흡입실험에 의하여 실험동물의 50퍼센트를 사망시킬 수 있는 물질의 농도. 즉 가스 LC50(쥐, 4시간 흡입)이 2,500ppm 이하인 화학물질, 증기 LC50(쥐, 4시간 흡입)이 10mg/ℓ 이하인 화학물질, 분진 또는 미스트 1mg/ℓ 이하인 화학물질

※ LD50 : 실험동물 한 무리(10마리 이상)에서 50%가 죽는 양,
LC50 : 실험동물 한 무리(10마리 이상)에서 50%가 죽는 농도

3 노출기준

1) 정의

유해·위험한 물질이 보통의 건강수준을 가진 사람에게 건강상 나쁜 영향을 미치지 않는 정도의 농도이다.

2) 표시단위

(1) 가스 및 증기 : ppm 또는 mg/m^3

(2) 분진 : mg/m^3(단, 석면은 개/cm^3)

(3) 단위환산 : $mg/l = \dfrac{체적\% \times 분자량}{24.45}$,

$$mg/m^3 = \dfrac{체적\% \times 분자량}{24.45}$$

3) 유독물의 종류와 성상

구분	성상	입자의 크기
흄 (Fume)	고체 상태의 물질이 액체화된 다음 증기화되고, 증기화된 물질의 응축 및 산화로 인하여 생기는 고체상의 미립자 (금속 또는 중금속 등)	$0.01 \sim 1\mu m$
미스트 (Mist)	공기 중에 분산된 액체의 작은 입자(기름, 도료, 액상 화학물질 등)	$0.1 \sim 100\mu m$
분진 (Dust)	공기 중 분산된 고체의 작은 입자(연마, 파쇄, 폭발 등에 의해 발생됨. 광물, 곡물, 목재 등)	$0.01 \sim 500\mu m$
가스 (Gas)	상온·상압(25℃, 1atm) 상태에서 기체인 물질	분자상
증기 (Vapor)	상온·상압(25℃, 1atm) 상태에서 액체로부터 증발되는 기체	분자상

4) 유해물질의 노출기준

(1) 시간가중 평균 노출기준(TWA ; Time Weighted Average)

1일 8시간 작업을 기준으로 하여 유해인자의 측정치에 발생시간을 곱하여 8시간으로 나눈 값이다.

$$TWA환산값 = \frac{C_1 T_1 + C_2 T_2 + \cdots + C_n T_n}{8}$$

여기서, C : 유해요인의 측정치(단위 : ppm 또는 mg/m^3)
T : 유해요인의 발생시간(단위 : 시간)

(2) 단시간 노출기준(STEL ; Short Time Exposure Limit)

15분간의 시간가중평균 노출값으로서 노출농도가 시간가중평균노출기준(TWA)을 초과하고 단시간노출기준(STEL) 이하인 경우에는 1회 노출 지속시간이 15분 미만이어야 하고, 이러한 상태가 1일 4회 이하로 발생하여야 하며, 각 노출의 간격은 60분 이상이어야 한다.

(3) 최고 노출기준(C ; Ceiling)

근로자가 1일 작업시간동안 잠시라도 노출되어서는 안 되는 기준

(4) 혼합물인 경우의 노출기준(위험도)

① 오염원이 여러 개인 경우, 각각의 물질 간의 유해성이 인체의 서로 다른 부위에 작용한다는 증거가 없는 한 유해작용은 가중되므로, 노출기준은 다음 식에서 산출되는 수치가 1을 초과하지 않아야 한다.

$$위험도 \ R = \frac{C_1}{T_1} + \frac{C_2}{T_2} + \cdots + \frac{C_n}{T_n}$$

여기서, C : 화학물질 각각의 측정치(위험물질에서는 취급 또는 저장량)
T : 화학물질 각각의 노출기준(위험물질에서는 규정수량)

㉠ 위험물질의 경우는 규정수량에 대한 취급 또는 저장량을 적용한다.

㉡ 화학설비에서 혼합 위험물의 R값이 1을 초과할 경우 특수화학설비로 분류된다.

② TLV(Threshold Limit Value) : 미국 산업위생전문가회의(ACGIH)에서 채택한 허용농도기준. 근로자가 유해인자에 노출되는 경우 노출기준 이하 수준에서는 거의 모든 근로자에게 건강상 나쁜 영향을 미치지 아니하는 기준

혼합물의 노출기준

$$= \cfrac{1}{\cfrac{f_1}{TLV_1} + \cfrac{f_2}{TLV_2} + \cdots + \cfrac{f_n}{TLV_n}}$$

여기서, f_x : 화학물질 각각의 측정치(위험물질에서는 취급 또는 저장량)

TLV_x : 화학물질 각각의 노출기준(위험물질에서는 규정수량)

---

4 유해화학물질의 유해요인

1) 방사선 물질의 유해성

(1) 투과력 : α선 $<\beta$선$<x$선$<\gamma$선

① 200~300rem 조사 시 : 탈모, 경도발적 등
② 450~500rem 조사 시 : 사망

(2) 인체 내 미치는 위험도에 영향을 주는 인자

① 반감기가 길수록 위험성이 작다.
② α입자를 방출하는 핵종일수록 위험성이 크다.
③ 방사선의 에너지가 높을수록 위험성이 크다.
④ 체내에 흡수되기 쉽고 잘 배설되지 않는 것일수록 위험성이 크다.

2) 중금속의 유해성

(1) 카드뮴 중독

① 이타이이타이 병 : 일본 도야마현 진쯔강 유역에서 1910년 경 발병 – 폐광에서 흘러나온 카드뮴이 원인
② 허리와 관절에 심한 통증, 골절 등의 증상을 보인다.

(2) 수은 중독

① 미나마타 병 : 1953년 이래 일본 미나마타만 연안에서 발생
② 흡인 시 인체의 구내염과 혈뇨, 손떨림 등의 증상을 일으킨다.

(3) 크롬 화합물(Cr 화합물) 중독

① 크롬 정련 공정에서 발생하는 6가 크롬에 의한 중독으로 비중격 천공증을 유발한다.

화학물질(위험물, 유해화학물질) 유해 위험성 확인

1 위험물의 성질 및 위험성

(1) 일반적으로 위험물은 폭발물, 독극물, 인화물, 방사선물질 등 그 종류가 많다.

(2) 위험물의 분류

물리적 성질에 따른 분류	가연성 가스, 가연성 액체, 가연성 고체, 가연성 분체
화학적 성질에 따른 분류	폭발성 물질, 산화성 물질, 금수성 물질, 자연발화성 물질

2 위험물의 저장 및 취급방법

1) 가연성 액체(인화성 액체)

(1) 가연성 액체는 액체의 표면에서 계속적으로 가연성 증기를 발산하여 점화원에 의해 인화 · 폭발의 위험성이 있다.
(2) 가연성 액체는 인화점 이하로 유지되도록 가열을 피해야 한다. 또한 액체나 증기의 누출을 방지하고 정전기 및 화기 등의 점화원에 대해서도 항상 관리해야 한다.
(3) 저장 탱크에 액체 가연성 물질이 인입될 때의 유체의 속도는 API 기준으로 1m/s 이하로 하여야 한다.

2) 가연성 고체

(1) 종이, 목재, 석탄 등 일반 가연물 및 연료류의 일부가 이 부류에 속한다.
(2) 가연성 고체에 의한 화재는 발화온도 이하로 냉각하든가, 공기를 차단시키면 연소를 막을 수 있다.

3) 가연성 분체

(1) 가연성 고체가 분체 또는 액적으로 되어, 공기 중에 분산하여 있는 상태에서 착화시키면 분진폭발을 일으킬 위험이 있다. 이와 같은 상태의 가연성 분체를 폭발성 분진이라고 한다. 공기 중에 분산된 분진으로는 석탄, 유황, 나무, 밀, 합성수지, 금속(알루미늄, 마그네슘, 칼슘실리콘 등의 분말) 등이 있다.

(2) 분진폭발이 발생하려면 공기 중에 적당한 농도로 분체가 분산되어 있어야 한다.

(3) 분진폭발의 위험성은 주로 분진의 폭발한계농도, 발화온도, 최소발화에너지, 연소열 그리고 분진폭발의 최고압력, 압력상승속도 및 분진폭발에 필요한 한계산소농도 등에 의해 정의되고, 분진폭발의 한계농도는 분진의 입자크기와 형상에 의해 형상을 받는다.

(4) 가연성 분체 중 금속분말(칼슘실리콘, 알루미늄, 마그네슘 등)은 다른 분진보다 화재발생 가능성이 크고 화재 시 화상을 심하게 입는다.

4) 폭발성 물질

(1) 폭발성 물질은 가연성 물질인 동시에 산소 함유물질이다.

(2) 자신의 산소를 소비하면서 연소하기 때문에 다른 가연성 물질과 달리 연소속도가 대단히 빠르며, 폭발적이다.

(3) 폭발성 물질은 분해에 의하여 산소가 공급되기 때문에 연소가 격렬하며 그 자체의 분해도 격렬하다.

(4) 니트로셀룰로오스

① 건조한 상태에서는 자연 분해되어 발화할 수 있다.

② 에틸알코올 또는 이소프로필 알코올로서 습면의 상태로 보관한다.

5) 산화성 물질

(1) 산화성 물질은 산화성 염류, 무기 과산화물, 산화성 산류, 산화성 액화가스 등으로 구분된다.

(2) 산화성 물질의 분류

산화성 산류	아염소산, 염소산, 과염소산, 브롬산(취소산), 질산, 황산(황과 혼합시 발화 또는 폭발 위험) 등
산화성 액화가스	아산화질소, 염소, 공기, 산소, 불소 등이 있으며, 산화성 가스에는 아산화질소, 공기, 산소, 이산화염소, 오존, 과산화수소 등

(3) 산화성 물질의 특징

① 일반적으로 자신은 불연성이지만 다른 물질을 산화시킬 수 있는 산소를 대량으로 함유하고 있는 강산화제이다.

② 반응성이 풍부하고 가열, 충격, 마찰 등에 의해 분해하여 산소 방출이 용이하다.

③ 가연물과 화합해 급격한 산화·환원반응에 따른 과격한 연소 및 폭발이 가능하다.

(4) 산화성 물질의 취급

① 가열, 충격, 마찰, 분해를 촉진하는 약품류와의 접촉을 피한다.

② 환기가 잘 되고 차가운 곳에 저장해야 한다.

③ 내용물이 누출되지 않도록 하며, 조해성이 있는 것은 습기를 피해 용기를 밀폐하는 것이 필요하다.

(5) 알칼리 금속의 과산화물(과산화칼륨, 과산화나트륨 등)은 물과 반응하여 발열하는 성질(공기 중의 수분에 의해서도 서서히 분해한다)이 있으므로 저장·취급시 특히 물이나 습기에 접촉되는 것을 방지해야 한다.

6) 금수성 물질

(1) 공기 중의 습기를 흡수하거나 수분이 접촉했을 때 발화 또는 발열을 일으킬 위험이 있는 물질이다.

(2) 금수성 물질은 수분과 반응하여 가연성 가스를 발생하여 발화하는 것과 발열하는 것이 있다.

7) 자연발화성 물질

(1) 외부로부터 어떠한 발화원도 없이 물질이 상온의 공기 중에서 자연발열하여 그 열이 오랜 시간 축적되면서 발화점에 도달하여 결과적으로 발화 연소에 이르는 현상을 일으키는 물질이다.

(2) 자연발열의 원인

① 분해열, 산화열, 흡착열, 중합열, 발효열 등

② 공기 중에서 고온과 다습은 자연발화를 촉진하는 효과를 가지게 된다.

③ 공기 중에서 조해성(스스로 공기 중의 수분을 흡수해 분해)을 가지는 물질 : $CuCl_2$, $Cu(NO_3)$, $Zn(NO_3)_2$ 등

(3) 자연발화성 물질의 분류

유류	식물유와 어유 등
금속분말류	아연, 알루미늄, 철, 마그네슘, 망간 등과 이들의 합금으로 된 분말
광물 및 섬유, 고무	황철광, 원면, 고무 및 석탄가루 등
중합반응으로 발열	액화시안화수소, 스티렌, 비닐아세틸렌 등

8) 「위험물안전관리법」상 위험물

(1) 위험물의 정의

① 「위험물안전관리법」상의 위험물은 화재 위험이 큰 것으로서 인화성 또는 발화성 등의 성질을 가진 물품을 말한다.

② 이들 물품은 그 자체가 인화 또는 발화하는 것과, 인화 또는 발화를 촉진하는 것들이 있으며, 이러한 물품들의 일반 성질, 화재예방방법 및 소화방법 등의 공통점을 묶어 제1 류에서 제6류까지 분류한다.

(2) 위험물의 분류(「위험물안전관리법 시행령」 [별표 1])

① 제1류 위험물(산화성 고체)

　　㉠ 산화성 고체의 정의 : 액체 또는 기체 이외의 고체로서 산화성 또는 충격에 민감한 것

　　㉡ 제1류 위험물의 종류 : 무기과산화물, 아염소산, 염소산, 과염소산 염류 등

　　㉢ 제1류 위험물은 열분해 시 산소를 발생시킨다.

　　㉣ 제1류 위험물의 종류 : 아염소산염류, 염소산염류(염소산칼륨), 과염소산염류(과염소산칼륨, 과염소산나트륨 등) 등

② 제2류 위험물(가연성 고체)

　　㉠ 가연성 고체의 정의 : 고체로서 화염에 의한 발화의 위험성 또는 인화의 위험성이 있는 것

　　㉡ 제2류 위험물(가연성 고체)의 종류 : 황화린, 적린, 유황, 철분, 금속분 등

　　㉢ 제2류 위험물(가연성 고체) 설명

　　　• 황린은 보통 인 또는 백린이라고도 불리며, 맹독성 물질이다. 자연발화성이 있어서 물속에 보관해야 한다.

　　　• 황화린은 3황화린(P_4S_3), 5황화린(P_4S_5), 7황화린 (P_4S_7)이 있으며, 자연발화성 물질이므로 통풍이 잘되는 냉암소에 보관한다.

　　　• 적린은 독성이 없고 공기 중에서 자연발화하지 않는다.

　• 황은 황산, 화약, 성냥 등의 제조원료로 사용된다. 황은 산화제, 목탄가루 등과 함께 있으면 약간의 가열, 충격, 마찰에 의해서도 폭발을 일으키므로, 산화제와 격리하여 저장하고, 분말이 비산되지 않도록 주의하고, 정전기의 축적을 방지해야 한다.

　• 마그네슘은 은백색의 경금속으로서, 공기 중에서 습기와 서서히 작용하여 발화한다. 일단 착화하면 발열량이 매우 크며, 고온에서 유황 및 할로겐, 산화제와 접촉하면 매우 격렬하게 발열한다.

③ 제3류 위험물(자연발화성 및 금수성 물질)

자연발화성 물질	고체 또는 액체로서 공기 중에서 발화의 위험성이 있는 것
금수성 물질	고체 또는 액체로서 물과 접촉하여 발화하거나 가연성 가스를 발생할 위험성이 있는 것

자연발화성 물질 및 금수성 물질의 종류 : 알킬리튬, 유기 금속화합물, 금속의 인화물 등

　㉠ 공통적 성질

　　• 물과 반응 시에 가연성 가스(수소)를 발생시키는 것이 많다.

　　• 생석회는 물과 반응하여 발열만을 한다.

　㉡ 저장 및 취급방법

　　저장용기의 부식을 막으며 수분의 접촉을 방지한다.

　㉢ 소화방법

　　• 소량의 초기화재는 건조사에 의해 질식 소화한다.

　　• 금속화재는 소화용 특수분말 소화약제(NaCl, $NH_4H_2PO_4$ 등)로 소화한다.

　㉣ 제3류 위험물(자연발화성 및 금수성 물질) 성질

　　• 칼륨 : 은백색의 무른 금속으로 상온에서 물과 격렬히 반응하여 수소를 발생시키므로 보호액(석유) 속에 저장한다.

　　• 금속나트륨 : 화학적 활성이 크고, 물과 심하게 반응하여 수소를 내며 열을 발생시키며, 찬물(냉수)과 반응하기도 쉽다.

　　• 알킬알루미늄 : 알킬기(R−)와 알루미늄의 화합물로서, 물과 접촉하면 폭발적으로 반응하여 에탄가스를 발생한다. 용기는 밀봉하고 질소 등 불활성가스를 봉입한다.

　　• 금속리튬 : 은백색의 고체로 물과는 심하게 발열반응을 하여 수소 가스를 발생시킨다.

- 금속마그네슘 : 은백색의 경금속으로 분말을 수중에서 끓이면 서서히 반응하여 수소를 발생한다.
- 금속칼슘 : 은백색의 고체로 연성이 있고 물과는 발열반응을 하여 수소 가스를 발생시킨다.
- CaC_2(탄화칼슘, 카바이드) : 백색 결정체로 자신은 불연성이나 물과 반응하여 아세틸렌을 발생시킨다.
- 인화칼슘 : 인화석회라고도 하며 적갈색의 고체로 수분(H_2O)과 반응하여 유독성 가스인 포스핀 가스를 발생시킨다.
- 칼슘실리콘 : 외관상 금속 상태이고, 물과 작용하여 수소를 방출하며, 공기 중에서 자연발화의 위험이 있다. 가연성 분체 중 다른 분진보다 화재발생 가능성이 크고 화재시 화상을 심하게 입을 수 있다.

④ 제4류 위험물(인화성 액체)
  ㉠ 제4류 위험물(인화성 액체) : 액체(제3석유류, 제4석유류 및 동식물유류에 있어서는 1기압과 20℃에서 액상인 것)로서 인화의 위험성이 있는 것
    ※ 주요 4류 위험물 인화점 : 벤젠(−11℃), 디에틸에테르(−45℃), 아세톤(−18℃), 아세트산(41.7℃)
  ㉡ 제4류 위험물(인화성 액체)의 종류 : 특수인화물, 제1석유류, 알코올류, 제2석유류, 제3석유류, 제4석유류, 동식물유류로 분류된다.

⑤ 제5류 위험물(자기반응성 물질)
  ㉠ 자기반응성 물질 : 고체 또는 액체로서 폭발의 위험성 또는 가열분해의 격렬함을 판단하기 위하여 고시로 정하는 시험에서 고시로 정하는 성질과 상태를 나타내는 것
  ㉡ 제5류 위험물(자기반응성 물질)의 종류 : 유기과산화물, 질산에스테르류(니트로글리세린, 니트로글리콜 등), 아조화합물, 디아조화합물 등(하이드라진은 위험물임)
  ㉢ 일반적 성질
    - 가연성으로서 산소를 함유하므로 자기연소가 용이하다.
    - 연소속도가 극히 빨라 폭발적인 연소를 하며 소화가 곤란하다.
    - 가열, 충격, 마찰 또는 접촉에 의해 착화·폭발이 용이하다.

  ㉢ 저장 및 취급방법
    - 가열, 마찰, 충격을 피한다.
    - 고온체와의 접근을 피한다.
    - 유기용제와의 접촉을 피한다.
  ㉣ 소화방법
    - 대량의 주수소화가 가능하다.
    - 자기 산소 함유 물질이므로 질식소화는 효과가 없다.

⑥ 제6류 위험물(산화성 액체)
  ㉠ 제6류 위험물(산화성 액체) : 액체로서 산화력의 잠재적인 위험성을 판단하기 위하여 고시로 정하는 시험에서 고시로 정하는 성질과 상태를 나타내는 것
  ㉡ 제6류 위험물(산화성 액체)의 종류 : 과염소산, 질산, 과산화수소(36 중량% 이상인 것) 등
  ㉢ 진한 질산이 공기 중에서 햇빛에 의해 분해되면 적갈색 이산화질소(NO_2) 가스가 발생한다.

■3 인화성 가스취급 시 주의사항

1) 가연성 가스에는 NPT(Normal Temp & Press)에서 기체 상태인 가연성 가스(수소, 아세틸렌, 메탄, 프로판 등) 및 가연성 액화가스(LPG, LNG, 액화수소 등)가 있다.
  지연성 가스인 산소, 염소, 불소, 산화질소, 이산화질소 등은 가연성 가스(아세틸렌 등)와 공존할 때, 가스폭발의 위험이 있다.
2) 가연성 가스 및 증기가 공기 또는 산소와 혼합하여 혼합가스의 조성이 어느 농도 범위에 있을 때, 점화원(발화원)에 의해 발화(착화)하면 화염은 순식간에 혼합가스에 전파하여 가스 폭발을 일으킨다.
3) 가연성 가스 중에는 공기의 공급 없이 분해폭발(폭발상한계 100%)을 일으키는 것이 있는데 이러한 물질로는 아세틸렌, 에틸렌, 산화에틸렌 등이 있으며, 고압일수록 분해폭발을 일으키기 쉽다.

(1) 아세틸렌(C_2H_2)의 폭발성

① 화합폭발 : C_2H_2는 Ag(은), Hg(수은), Cu(구리)와 반응하여 폭발성의 금속 아세틸리드를 생성한다.
② 분해폭발 : C_2H_2는 1기압 이상으로 가압하면 분해폭발을 일으킨다.
③ 산화폭발 : C_2H_2는 공기 중에서 산소와 반응하여 연소폭발을 일으킨다.

(2) 아세틸렌(C_2H_2)의 충전

아세틸렌은 가압하면 분해폭발을 하므로 아세톤 등에 침윤시켜 다공성물질이 들어있는 용기에 충전시킨다.

4) 가연성 가스가 고압상태이기 때문에 발생하는 사고형태로는 가스용기의 파열, 고압가스의 분출 및 그에 따른 폭발성 혼합가스의 폭발, 분출가스의 인화에 의한 화재 등을 들 수 있다.

4 물질안전보건자료(MSDS)

1) 물질안전보건자료에 포함되어야 할 사항(「산업안전보건법」 제110조)

화학물질 또는 이를 포함한 혼합물로서 제104조에 따른 분류기준에 해당하는 것(대통령령으로 정하는 것은 제외한다. 이하 "물질안전보건자료대상물질"이라 한다)을 제조하거나 수입하려는 자는 다음 각 호의 사항을 적은 자료(이하 "물질안전보건자료"라 한다)를 고용노동부령으로 정하는 바에 따라 작성하여 고용노동부장관에게 제출하여야 한다. 이 경우 고용노동부장관은 고용노동부령으로 물질안전보건자료의 기재 사항이나 작성 방법을 정할 때 「화학물질관리법」 및 「화학물질의 등록 및 평가 등에 관한 법률」과 관련된 사항에 대해서는 환경부장관과 협의하여야 한다.
(1) 제품명
(2) 물질안전보건자료대상물질을 구성하는 화학물질 중 제104조에 따른 분류기준에 해당하는 화학물질의 명칭 및 함유량
(3) 안전 및 보건상의 취급 주의사항
(4) 건강 및 환경에 대한 유해성, 물리적 위험성
(5) 물리·화학적 특성 등 고용노동부령으로 정하는 사항(「산업안전보건법」 제110조)

SECTION 03
화학물질 취급설비 개념 확인

1 각종 장치 종류

1) 화학설비(「안전보건규칙」 [별표7] 제1호)
(1) 반응기·혼합조 등 화학물질 반응 또는 혼합장치

(2) 증류탑·흡수탑·추출탑·감압탑 등 화학물질 분리장치
(3) 저장탱크·계량탱크·호퍼·사일로 등 화학물질 저장설비 또는 계량설비
(4) 응축기·냉각기·가열기·증발기 등 열교환기류
(5) 고로 등 점화기를 직접 사용하는 열교환기류
(6) 캘린더(Calender)·혼합기·발포기·인쇄기·압출기 등 화학제품 가공설비
(7) 분쇄기·분체분리기·용융기 등 분체화학물질 취급장치
(8) 결정조·유동탑·탈습기·건조기 등 분체화학물질 분리장치
(9) 펌프류·압축기·이젝터(Ejector) 등의 화학물질 이송 또는 압축설비

2) 화학설비의 부속설비(「안전보건규칙」 [별표7] 제2호)
(1) 배관·밸브·관·부속류 등 화학물질 이송 관련설비
(2) 온도·압력·유량 등을 지시·기록 등을 하는 자동제어 관련설비
(3) 안전밸브·안전판·긴급차단 또는 방출밸브 등 비상조치 관련설비
(4) 가스누출감지 및 경보관련 설비
(5) 세정기·응축기·벤트스택(Bent Stack)·플레어스택(Flare Stack) 등 폐가스처리설비
(6) 사이클론·백필터(Bag Filter)·전기집진기 등 분진처리설비
(7) (1)~(6)의 설비를 운전하기 위하여 부속된 전기관련 설비
(8) 정전기 제거장치·긴급 샤워설비 등 안전관련 설비

3) 특수화학설비(「안전보건규칙」 제273조 관련)
안전보건규칙에서 정한 기준량 이상으로 제조 또는 취급하는 다음 각 호의 어느 하나에 해당하는 화학설비이다.
(1) 발열반응이 일어나는 반응장치
(2) 증류·정류·증발·추출 등 분리를 하는 장치
(3) 가열시켜주는 물질의 온도가 가열되는 위험물질의 분해온도 또는 발화점보다 높은 상태에서 운전되는 설비
(4) 반응폭주 등 이상화학반응에 의하여 위험물질이 발생할 우려가 있는 설비
(5) 온도가 350℃ 이상이거나 게이지압력이 980킬로파스칼(제곱센티미터당 10킬로그램) 이상인 상태에서 운전되는 설비
(6) 가열로 또는 가열기

4) 화학설비 안전대책

(1) 화학설비 및 그 부속설비를 내부에 설치하는 건축물의 구조(「안전보건규칙」 제255조 관련) : 건축물의 바닥·벽·기둥·계단 및 지붕 등에 불연성 재료를 사용하여야 한다.

(2) 부식방지(「안전보건규칙」 제256조 관련) : 화학설비 또는 그 배관 중 위험물 또는 인화점이 섭씨 60도 이상인 물질이 접촉하는 부분에 대해서는 위험물질 등에 의하여 그 부분이 부식되어 폭발·화재 또는 누출되는 것을 방지하기 위하여 위험물질 등의 종류·온도·농도 등에 따라 부식이 잘되지 않는 재료를 사용하거나 도장 등의 조치를 하여야 한다.

① 부식이 잘 되지 않는 재료 : 티타늄, 유리, 도자기, 고무, 합성수지 등 내식성 재료

② 가스의 금속 부식성

   ㉠ 암모니아

     ⓐ 동, 동합금, 알루미늄 합금에 대해서는 심한 부식성을 나타내므로 사용해서는 안 된다.

     ⓑ 탄소강(Fe_3C)은 부식시키지 않는다.

   ㉡ 염화수소(HCl), 산화질소(NO_2), 염소(Cl_2) 등은 수분(H_2O) 존재 시 탄소강을 부식시키므로 사용할 수 없다.

(3) 안전밸브 등의 설치(「안전보건규칙」 제261조 관련)

다음에 해당하는 설비에는 안전밸브 또는 파열판을 설치하여야 한다.

① 압력용기(안지름이 150밀리미터 이하인 압력용기는 제외하며, 압력용기 중 관형 열교환기의 경우에는 관의 파열로 인하여 상승한 압력이 압력용기의 최고사용압력을 초과할 우려가 있는 경우에 한정한다)

② 정변위 압축기

③ 정변위 펌프(토출축에 차단밸브가 설치된 것만 해당한다)

④ 배관(2개 이상의 밸브에 의하여 차단되어 대기온도에서 액체의 열팽창에 의하여 파열될 우려가 있는 것으로 한정한다)

⑤ 그 밖에 화학설비 및 그 부속설비로서 해당 설비의 최고 사용압력을 초과할 우려가 있는 경우

(4) 안전거리(「안전보건규칙」 제271조 관련)

위험물을 저장·취급하는 화학설비 및 그 부속설비를 설치하는 경우에는 폭발이나 화재에 따른 피해를 줄일 수 있도록 충분한 안전거리를 유지하여야 한다.

[안전거리 기준(「안전보건규칙」 제271조, 「안전보건규칙」 [별표8]]

구분	안전거리
단위공정시설 및 설비로부터 다른 단위공정시설 및 설비의 사이	설비의 바깥 면으로부터 10m 이상
플레어스텍으로부터 단위공정시설 및 설비, 위험물질 저장탱크 또는 위험물질 하역설비의 사이	플레어스텍으로부터 반경 20m 이상 다만, 단위공정시설 등이 불연재로 시공된 지붕 아래에 설치된 경우는 그러하지 아니하다.
위험물질 저장탱크로부터 단위공정 시설 및 설비, 보일러 또는 가열로의 사이	저장탱크 외면으로부터 20m 이상. 다만, 저장탱크의 방호벽, 원격조정 소화설비 또는 살수설비를 설치한 경우에는 그러하지 아니하다.
사무실, 연구실, 실험실, 정비실 또는 식당으로부터 단위공정시설 및 설비, 위험물질 저장탱크, 위험물질 하역설비, 보일러 또는 가열로의 사이	사무실 등의 외면으로부터 20m 이상 다만, 난방용 보일러인 경우 또는 사무실 등의 벽을 방호구조로 설치한 경우 그러하지 아니하다.

(5) 특수화학설비 안전장치

① 계측장치(온도계·유량계·압력계 등)

② 자동경보장치

③ 긴급차단장치

④ 예비동력원

(6) 방유제 설치(「안전보건규칙」 제272조)

위험물을 액체상태로 저장하는 저장탱크를 설치하는 경우 위험물질의 누출 확산을 방지하기 위하여 방유제를 설치하여야 한다.

2 화학장치 특성

1) 반응기

반응기는 화학반응을 최적 조건에서 수율이 좋도록 행하는 기구이다. 화학반응은 물질, 온도, 농도, 압력, 시간, 촉매 등의 영향을 받으므로, 이런 인자들을 고려하여 설계·설치·운전하여야 안전한 작업을 할 수 있다.

(1) 반응기의 분류

① 조작방법에 의한 분류

   ㉠ 회분식 반응기   ㉡ 반회분식 반응기

   ㉢ 연속식 반응기

② 구조에 의한 분류
  ㉠ 교반조형 반응기　　　㉡ 관형 반응기
  ㉢ 탑형 반응기　　　　　㉣ 유동층형 반응기

(2) 반응기의 안전조치

① 폭발·화재 분위기 형성 방지
② 반응잔류물 등의 축적으로 인한 혼합 및 반응 폭주를 방지한다.
  • 반응폭주 : 온도, 압력 등 제어상태가 규정의 조건을 벗어나는 것에 의해 반응 속도가 지수 함수적으로 증대되고 반응 용기 내의 온도, 압력이 급격히 이상 상승되어 규정 조건을 벗어나고, 반응이 과격화되는 현상
③ 인화성 액체와 같은 위험물질을 드럼을 통해 주입하는 경우 드럼을 접지하고 전도성 파이프를 이용, 정전기 및 전하에 의한 점화에 주의한다.
④ 계측기 및 제어기의 점검을 통해 오류가 없도록 한다.
⑤ 환기설비, 가스누출 검지기 및 경보설비, 소화설비, 물분무설비, 비상조명설비, 통신설비 등을 갖춘다.
⑥ 이상반응 시 내부의 반응물을 안전하게 방출하기 위한 장치를 설치한다.
⑦ 잔류가스 제거 시에는 질소 등의 불활성가스를 이용한다.

2) 증류탑

증류탑은 두 개 또는 그 이상의 액체의 혼합물을 끓는점(비점) 차이를 이용하여 특정 성분을 분리하는 것을 목적으로 하는 장치이다. 기체와 액체를 접촉시켜 물질전달 및 열전달을 이용하여 분리해 내게 된다.

(1) 증류방식의 분류

① 단순 증류 : 끓는점 차이가 큰 액체 혼합물을 분리하는 가장 간단한 증류방법으로 기화된 기체를 응축기에서 액화시켜 분리하는 방법
② 평형 증류(플래시 증류, Flash Distillation) : 성분의 분리 또는 그 외의 목적으로 용액을 증기와 액체로 급속히 분리하는 방법이다. 고온으로 가열된 액체를 감압하면, 용액은 자신의 증기와 평형을 유지하면서 급속히 증발하는 원리를 이용하는 증류 방법
③ 감압 증류(또는 진공 증류) : 끓는점이 비교적 높은 액체 혼합물을 분리하기 위하여 증류공정의 압력을 감소시켜 증류 속도를 빠르게(끓는점을 낮게) 하여 증류하는 방법이

다. 상압 하에서 끓는점까지 가열하면 분해할 우려가 있는 물질 또는 감압 하에서는 물질의 끓는점이 낮아지는 현상을 이용하는 증류 방법
④ 공비 증류 : 일반적인 증류로는 분리하기 어려운 혼합물을 분리할 때 제3의 성분을 첨가해 공비혼합물을 만들어 증류에 의해 분리하는 방법

(2) 증류탑 점검항목

① 일상점검 항목
  ㉠ 도장의 열화 상태
  ㉡ 기초볼트 상태
  ㉢ 보온재 및 보냉재 상태
  ㉣ 배관 등 연결부 상태
  ㉤ 외부 부식 상태
  ㉥ 감시창, 출입구, 배기구 등 개구부의 이상 유무
② 자체검사(개방점검) 항목
  ㉠ 트레이 부식상태, 정도, 범위
  ㉡ 용접선의 상태, 내부 부식 및 오염 여부 등

3) 열교환기

열교환기는 열에너지 보유량이 서로 다른 두 유체가 그 사이에서 열에너지를 교환하게 해 주는 장치이다. 상대적으로 고온 또는 저온인 유체 간의 온도차에 의해 열교환이 이루어진다.

(1) 열교환기의 분류

① 기능에 따른 분류
  ㉠ 열교환기(Heat exchanger) : 두 공정흐름 사이의 열을 교환하는 장치
  ㉡ 냉각기(Cooler) : 냉각수 등을 이용하여 목적 공정흐름 유체를 냉각시키는 장치
  ㉢ 예열기(Preheater) : 공정에 유입되기 전 유체를 가열(예열)하는 장치
  ㉣ 기화기(Evaporator) : 저온측 유체에 열을 가하여 기화시키는 장치
  ㉤ 재비기(Reboiler) : 탑저액의 재증발을 위한 장치. 공정흐름을 거쳐 나온 유체를 다시 공정으로 투입하기 위해 증발시키는 장치
  ㉥ 응축기(Condenser) : 고온측 유체에서 열을 빼앗아 액화시키는 장치

② 구조에 의한 분류

코일식, 이중관식, 다관식(고정관판식, 유동관판식, U자형관식 등) 등으로 분류할 수 있다.

(2) 열교환기 점검항목

① 일상점검 항목
  ㉠ 도장부 결함 및 벗겨짐
  ㉡ 보온재 및 보냉재 상태
  ㉢ 기초부 및 기초 고정부 상태
  ㉣ 배관 등과의 접속부 상태

② 자체검사(개방점검) 항목
  ㉠ 내부 부식의 형태 및 정도
  ㉡ 내부 관의 부식 및 누설 유무
  ㉢ 용접부 상태
  ㉣ 라이닝, 코팅, 개스킷 손상 여부
  ㉤ 부착물에 의한 오염의 상황

3 건조설비 취급시 주의사항(「안전보건규칙」 제283조 관련)

(1) 위험물 건조설비를 사용하는 경우에는 미리 내부를 청소하거나 환기할 것
(2) 위험물 건조설비를 사용하는 경우에는 건조로 인하여 발생하는 가스·증기 또는 분진에 의하여 폭발·화재의 위험이 있는 물질을 안전한 장소로 배출시킬 것
(3) 위험물 건조설비를 사용하여 가열건조하는 건조물은 쉽게 이탈되지 않도록 할 것
(4) 고온으로 가열건조한 인화성 액체는 발화의 위험이 없는 온도로 냉각한 후에 격납시킬 것
(5) 건조설비(바깥이 현저히 고온이 되는 설비만 해당한다)에 가까운 장소에는 인화성 액체를 두지 않도록 할 것

4 건조설비의 구조

1) 위험물 건조설비를 설치하는 건축물 구조(「안전보건규칙」 제280조 관련)

다음 각 호의 어느 하나에 해당하는 위험물 건조설비 중 건조실을 설치하는 건축물의 구조는 독립된 단층건물로 하여야 한다. 다만, 해당 건조실을 건축물의 최상층에 설치하거나 건축물이 내화구조인 경우에는 그러하지 아니하다.

(1) 위험물 또는 위험물이 발생하는 물질을 가열·건조하는 경우 내용적이 1세제곱미터 이상인 건조설비
(2) 위험물이 아닌 물질을 가열·건조하는 경우로서 다음 각 목의 어느 하나의 용량에 해당하는 건조설비
① 고체 또는 액체연료의 최대사용량이 시간당 10킬로그램 이상
② 기체연료의 최대사용량이 시간당 1세제곱미터 이상
③ 전기사용 정격용량이 10킬로와트 이상

2) 건조설비의 구조(「안전보건규칙」 제281조 관련)

(1) 건조설비의 바깥 면은 불연성 재료로 만들 것
(2) 건조설비(유기과산화물을 가열 건조하는 것은 제외한다)의 내면과 내부의 선반이나 틀은 불연성 재료로 만들 것
(3) 위험물 건조설비의 측벽이나 바닥은 견고한 구조로 할 것
(4) 위험물 건조설비는 그 상부를 가벼운 재료로 만들고 주위 상황을 고려하여 폭발구를 설치할 것
(5) 위험물 건조설비는 건조하는 경우에 발생하는 가스·증기 또는 분진을 안전한 장소로 배출시킬 수 있는 구조로 할 것
(6) 액체연료 또는 인화성 가스를 열원의 연료로 사용하는 건조설비는 점화하는 경우에는 폭발이나 화재를 예방하기 위하여 연소실이나 그 밖에 점화하는 부분을 환기시킬 수 있는 구조로 할 것
(7) 건조설비의 내부는 청소하기 쉬운 구조로 할 것
(8) 건조설비의 감시창·출입구 및 배기구 등과 같은 개구부는 발화 시에 불이 다른 곳으로 번지지 아니하는 위치에 설치하고 필요한 경우에는 즉시 밀폐할 수 있는 구조로 할 것
(9) 건조설비는 내부의 온도가 국부적으로 상승되지 아니하는 구조로 설치할 것
(10) 위험물건조설비의 열원으로서 직화를 사용하지 아니할 것
(11) 위험물건조설비가 아닌 건조설비의 열원으로서 직화를 사용하는 경우에는 불꽃 등에 의한 화재를 예방하기 위하여 덮개를 설치하거나 격벽을 설치할 것

SECTION 01
비상조치계획 및 평가

1 비상조치계획(「산업안전보건법 시행규칙」 제50조)

(1) 비상조치를 위한 장비 · 인력보유현황
(2) 사고발생 시 각 부서 · 관련기관과의 비상연락체계
(3) 사고발생 시 비상조치를 위한 조직의 임무 및 수행절차
(4) 비상조치계획에 따른 교육계획
(5) 주민홍보계획
(6) 그 밖에 비상조치 관련사항

2 비상대응 교육 훈련 및 평가

비상조치계획에 따라 사고발생 시 신속하고 효과적으로 대응조치를 취할 수 있도록 계획에 규정된 인력들이 각자의 역할을 숙지하고 실행하는 교육훈련이 필요하다.

1) 평가

비상조치계획은 사고 발생을 가정하여 정기적으로 재검토하고, 미비점이 발견될 시 이를 보완한다. 이 평가는 현장 및 현장 외 비상조치 계획 모두 해당된다. 평가 대상은 다음과 같다.
(1) 비상조치계획의 정확성, 일관성 및 완성도와 실행 가능성 그리고 관련 문서 전반
(2) 사용 장비 및 시설의 적절성 및 사용 용이성
(3) 계획 실행자의 수행 능력 또는 장비 및 시설 사용 능력
(4) 현장 통제센터의 기능과 역할
(5) 경보시스템

2) 교육훈련 및 평가 방법

(1) 화재훈련, 경보 테스트, 소개 및 탐색, 통신 등에 대한 직접 점검
(2) 세미나 토의를 통한 평가
(3) 온라인을 통한 모의 훈련
(4) 비상조치계획의 수정 및 보완

3) 평가서 작성

교육훈련 및 평가 실행 후 참여자들의 의견을 반영하여 비상조치계획 전반에 대한 평가서를 작성한다. 이 평가내용은 해당 조직은 물론 관련기관들에 공지하고, 필요 시 개정 조치를 취한다. 계획의 개정이 필요한 경우는 다음과 같다.
(1) 조직 활동 부분의 변화
(2) 계획과 관련된 기관 부분의 변화
(3) 계획 및 대응조치에 있어서의 새로운 지식 혹은 기술 부분의 향상
(4) 인력자원 부분의 변화
(5) 유사 사고 사례로부터 획득한 새로운 지식
(6) 평가를 통해 얻은 지식과 교훈
(7) 수정조치계획에 대한 수정 및 보완

3 중대산업사고 사업장 자체 대응 매뉴얼

1) 사업장개요

2) 주요위험요인

(1) 주요공정
(2) 공정별 주요 위험요소
(3) 공정개요
(4) 유해위험물질 목록
(5) 장치 및 설비 명세

3) 유해위험설비 배치도

(1) 공장 배치 및 설비 위치도

(2) 폭발위험장소 구분도

4) 사업장 비상연락망

5) 유관기관 비상연락망

(1) 유관기관 비상 연락망

(2) 주변 사업장(주민) 비상연락망

(3) 주변 사업장(주민) 배치도

6) 자체 비상 대응체제

(1) 비상 시 대피절차와 비상대피로

(2) 대피 전 안전조치를 취해야 할 주요 공정설비 및 절차

(3) 비상대피 후 직원이 취해야 할 임무와 절차

(4) 비상사태 발생 시 통제조직 및 업무분장

(5) 사고 발생 시와 비상 대피 시의 보호구 착용 지침

(6) 비상 대응 장비 현황

7) 부록

(1) 피해예측결과

(2) 피해 영향 범위에 대한 도면

CHAPTER 09 화공 안전운전 · 점검

PART 04

공정안전 기술

1 공정안전의 개요(공정안전보고서)

1) 정의
공정안전보고서는 사업장의 공정안전관리 추진에 필요한 사항들을 규정한 것이다.

2) 공정안전보고서의 내용
(1) 공정안전자료   (2) 공정위험성 평가서
(3) 안전운전계획   (4) 비상조치계획
(5) 그 밖에 공정상의 안전과 관련하여 고용노동부장관이 필요하다고 인정하여 고시하는 사항

3) 공정안전보고서의 제출시기
유해 · 위험설비의 설치 · 이전 또는 주요 구조부분의 변경공사의 착공일 30일 전까지 공정안전보고서를 2부 작성하여 공단에 제출하여야 한다.

2 제어장치

1) 제어장치의 정의
공정의 제어는 장치의 운전 성패와 더불어 안전성 확보에 가장 중요한 역할을 하는 것이다. 수동제어는 사람이 직접 제어하는 반면, 자동제어는 기계 또는 장치의 운전을 사람 대신 기계에 의해 행하도록 하는 기술이다.

2) 제어장식

(1) 인터록 제어
어느 한쪽의 조건이 구비되지 않으면 다른 제어를 정지시키는 제어방식

(2) 피드백 제어
결과가 원인으로 되어 제어단계를 진행하는 제어방식

(3) 자동제어
① 일반적 자동제어 시스템 작동순서 : 공정상황→검출부 →조절계→조작부→공정설비
② 각 부분별 기능
    ㉠ 검출부 : 피드백(feedback)요소라고도 하며, 제어량(공정량)을 검출하여 신호를 만들어 조절부로 보내주는 장치
    ㉡ 조절부 : 검출부에서 신호를 받아 제어알고리즘을 이용하여 제어할 값을 결정하는 장치
    ㉢ 조작부 : 조절부의 신호에 의해 실제로 개폐 등의 동작을 하는 밸브 등의 장치

3 안전장치의 종류

1) 안전밸브(Safety Valve)
설비나 배관의 압력이 설정압력을 초과하는 경우 작동하여 내부압력을 분출하는 장치이다.

[안전밸브의 여러 가지 형상]

(1) 안전밸브의 종류

스프링식(화학설비에서 가장 많이 사용), 중추식, 지렛대식

(2) 차단밸브의 설치금지(「안전보건규칙」 제266조 관련)

안전밸브 등의 전·후단에 차단밸브를 설치해서는 아니 된다. 다만, 다음 각호의 어느 하나에 해당하는 경우에는 자물쇠형 또는 이에 준하는 형식의 차단밸브를 설치할 수 있다.

① 인접한 화학설비 및 그 부속설비에 안전밸브 등이 각각 설치되어 있고, 해당 화학설비 및 그 부속설비의 연결배관에 차단밸브가 없는 경우
② 안전밸브 등의 배출용량의 2분의 1 이상에 해당하는 용량의 자동압력조절밸브(구동용 동력원의 공급을 차단하는 경우 열리는 구조인 것에 한정한다)와 안전밸브 등이 병렬로 연결된 경우
③ 화학설비 및 그 부속설비에 안전밸브 등이 복수방식으로 설치되어 있는 경우
④ 예비용 설비를 설치하고 각각의 설비에 안전밸브 등이 설치되어 있는 경우
⑤ 열팽창에 의하여 상승된 압력을 낮추기 위한 목적으로 안전밸브가 설치된 경우
⑥ 하나의 플레어스택(flare stack)에 둘 이상의 단위공정의 플레어헤더(flare header)를 연결하여 사용하는 경우로서 각각의 단위공정의 플레어헤더에 설치된 차단밸브의 열림·닫힘상태를 중앙제어실에서 알 수 있도록 조치한 경우

2) 파열판(Rupture Disk)

밀폐된 압력용기나 화학설비 등이 설정압력 이상으로 급격하게 압력이 상승하면 파단되면서 압력을 토출하는 장치이다. 짧은 시간 내에 급격하게 압력이 변하는 경우 적합하다.

[파열판의 형태]

(1) 파열판 설치기준(「안전보건규칙」 제262조 관련)

① 반응폭주 등 급격한 압력상승의 우려가 있는 경우
② 급성 독성물질의 누출로 인하여 주위의 작업환경을 오염시킬 우려가 있는 경우
③ 운전 중 안전밸브에 이상물질이 누적되어 안전밸브가 작동되지 아니한 우려가 있는 경우

(2) 파열판과 스프링식 안전밸브를 병용하는 경우

① 부식물질로부터 스프링식 안전밸브를 보호하는 경우
② 스프링식 안전밸브에 막힘을 유발시킬 수 있는 슬러리를 방출시키는 경우
③ 독성이 매우 강한 물질을 완벽히 격리하는 경우
④ 압력방출장치가 작동된 후 방출구가 개방되지 않아야 하는 경우

(3) 파열판 설계기준식

$$P = 3.5\sigma_u \times \left(\frac{t}{d}\right) \times 100$$

여기서, P : 파열압력(kg/cm^2), d : 직경
σ_u : 재료의 인장강도(kg/mm^2),
t : 두께(mm)

(4) 파열판의 특징

① 압력 방출속도가 빠르며, 분출량이 많다.
② 높은 점성의 슬러리나 부식성 유체에 적용할 수 있다.
③ 설정 파열압력 이하에서 파열될 수 있다.
④ 한번 작동하면 파열되므로 교체하여야 한다.

(5) 파열판 및 안전밸브의 직렬설치(「안전보건규칙」 제263조 관련)

급성 독성물질이 지속적으로 외부에 유출될 수 있는 화학설비 및 그 부속설비에 파열판과 안전밸브를 직렬로 설치하고 그 사이에는 압력지시계 또는 자동경보장치를 설치하여야 한다.

① 부식물질로부터 스프링식 안전밸브를 보호할 때
② 독성이 매우 강한 물질을 취급 시 완벽하게 격리할 때
③ 스프링식 안전밸브에 막힘을 유발시킬 수 있는 슬러리를 방출시킬 때
④ 릴리프 장치가 작동 후 방출라인이 개방되지 않아야 할 때

3) 통기밸브(Breather Valve)(「안전보건규칙」 제268조 관련)

대기압 근처의 압력으로 운전되거나 저장되는 용기의 내부압력과 대기압 차이가 발생하였을 경우 대기를 탱크 내에 흡입 또는 탱크 내의 압력을 방출하여 항상 탱크 내부를 대기압과 평형한 상태로 유지하여 보호하는 밸브이다.

(1) 인화성 액체를 저장·취급하는 대기압탱크에는 통기관 또는 통기밸브(Breather Valve) 등(통기설비)을 설치하여야 한다.
(2) 통기설비는 정상운전 시에 대기압탱크 내부가 진공 또는 가압되지 않도록 충분한 용량의 것을 사용하여야 하며, 철저하게 유지·보수를 하여야 한다.

4) 역화방지기(Flame Arrester)(「안전보건규칙」 제269조)

(1) 비교적 저압 또는 상압에서 가연성 증기를 발생하는 인화성 물질 등을 저장하는 탱크에서 외부에 그 증기를 방출하거나 탱크 내에 외기를 흡입하는 부분에 설치하는 안전장치이다.
(2) 외기에서 흡입하는 대기 중의 불꽃이나 화염을 소염거리와 소염직경의 원리를 이용하여 막아주는 역할을 한다.
(3) 일반적으로 40mesh 이상의 가는 눈금의 철망을 여러 겹 겹친 구조이다.
(4) 대기로 연결된 통기관에 통기밸브가 설치되어 있거나, 인화점이 섭씨 38도 이상 60도 이하인 인화성 액체를 저장·취급할 때에 화염방지 기능을 가지는 인화방지망을 설치한 경우에는 제외한다.

5) 밴트스택(Ventstack)

(1) 탱크 내의 압력을 정상 상태로 유지하기 위한 안전장치이다.
(2) 상압탱크에서 직사광선에 의한 온도상승 시 탱크 내의 공기를 자동으로 대기에 방출하여 내부 압력의 상승을 막아주는 역할이다.
(3) 가연성 가스나 증기를 직접 방출할 경우 그 배출구는 지상보다 높고 안전한 장소에 설치하여야 한다.

4 송풍기

기체를 수송하는 장치로, 토출 압력이 $1kg/cm^2$ 이하의 저압을 요구하는 경우 사용한다.

1) 송풍기의 분류

구분	회전형	용적형
종류	원심식, 축류식	회전식, 왕복동식
원리	기계적 회전에너지를 이용하여 기체를 송풍	실린더 내에 기체를 흡입, 분출하여 송풍

2) 송풍기의 상사법칙(안전설계 시 고려할 사항)

(1) 송풍량(Q)은 회전수(N)와 비례한다.
(2) 정압(P)은 회전수(N)의 제곱에 비례한다. 또 직경의 제곱에 비례한다.
(3) 축동력(L)은 회전수(N)의 세제곱에 비례한다.

5 압축기

토출 압력이 $1kg/cm^2$ 이상의 공기 또는 기체를 수송하는 장치이다.

1) 압축기의 분류

구분	회전형	용적형
종류	원심식, 축류식	회전식, 왕복동식, 다이어프램식
원리	기계적 회전에너지를 이용하여 기체를 송풍	실린더 내에 기체를 흡입, 분출하여 송풍

2) 펌프의 이상현상

(1) 공동현상(캐비테이션 : Cavitation)

관 속에 물이 흐를 때 물속의 어느 부분이 증기압보다 낮은 부분이 생기면 물이 증발을 일으키고 또한 물속의 공기가 기포를 다수 발생하는 현상이다.

① 발생조건
  ㉠ 흡입양정이 지나치게 클 경우
  ㉡ 흡입관의 저항이 증대될 경우
  ㉢ 흡입액이 과속으로 유량이 증대될 경우
  ㉣ 관내의 온도가 상승할 경우

② 예방방법
  ㉠ 펌프의 회전수를 낮춘다.
  ㉡ 흡입비 속도를 작게 한다.
  ㉢ 펌프의 흡입관의 두(head) 손실을 줄인다.
  ㉣ 펌프의 설치위치를 되도록 낮추고 유효흡인 head를 크게 한다.

(2) 수격작용(Water hammering)

펌프에서 물의 압송 시 정전 등에 의해 펌프가 급히 멈춘 경우 또는 수량조절 밸브를 급히 개폐한 경우 관내 유속이 급변하면서 물에 심한 압력변화가 발생하는 현상이다.

(3) 서징(Surging)

펌프의 운전 시 특별한 변동을 주지 않아도 진동이 발생하여 주기적으로 운동, 양정, 토출량이 변동하는 현상

☐ 서징 방지법
① 풍량을 감소시킨다.
② 배관의 경사를 완만하게 한다.
③ 토출가스를 흡입측에 바이패스 시키거나 방출밸브에 의해 대기로 방출시킨다.
④ 교축밸브를 압축기 가까이에 설치한다.

(4) 베이퍼 록 현상(Vaporlock)

액체가 관 속을 흐를 때 유동하는 물속의 어느 부분의 정압이 그때의 액체의 증기압보다 낮을 경우 액체가 증발하여 부분적으로 증기가 발생되는 현상. 배관의 부식을 초래하는 경우가 있다.

3) 왕복식 압축기의 주요 이상현상 및 원인

실린더 주변 이상음	• 피스톤과 실린더 헤드와의 틈새가 너무 넓은 것 • 피스톤 링의 마모, 파손 • 실린더 내에 물 등 이물질이 들어가 있는 경우
크랭크 주변 이상음	• 베어링의 마모와 헐거움 • 크로스헤드의 마모와 헐거움
가스온도 상승	흡입, 토출 밸브의 불량
밸브 작동음 이상	
토출압력이 갑자기 증가	토출관 내에 저항 발생

6 배관 및 피팅류

1) 관이음 및 개스킷

(1) 관이음

고압관에서는 누설방지를 위해 용접이음이 좋고, 보수를 위해 분리하여야 할 필요가 있을 경우에는 플랜지 등 일시적 접합을 사용한다. 또한, 관이 길고 온도변화가 클 때에는 신축을 고려하여 신축 이음을 사용한다.

① 관 부속품(Pipe Joint)

② 용도에 따른 관 부속품

용도	관 부속품
관로를 연결할 때	플랜지(Flange), 유니온(Union), 커플링(Coupling), 니플(Nipple), 소켓(Socket)
관로의 방향을 변경할 때	엘보(Elbow), Y자관(Y-branch), 티(Tee), 십자관(Cross)
관의 지름을 변경할 때	리듀서(Reducer), 부싱(Bushing)
가지관을 설치할 때	티(Tee), Y자관(Y-branch), 십자관(Cross)
유로를 차단할 때	플러그(Plug), 캡(Cap), 밸브(Valve)
유량을 조절할 때	밸브(Valve)

③ 배관설계 시 배관특성을 결정하는 요소 : 설계압력, 온도, 유량

(2) 개스킷(Gasket)

관 플랜지 고정 접합면에 끼워 볼트 및 기타 방법으로 죄어 유체의 누설을 방지하는 부속품. 복원성, 유연성이 좋아야 하며, 금속 사이에 밀착되어야 하며, 기계적 강도가 강하고 가공성이 좋아야 한다.

2) 밸브(Valve)

유체의 흐름을 조절하는 장치. 크게 Stop 밸브와 Gate 밸브로 나눌 수 있다.

(1) Stop 밸브 : 배관에서 흐름 차단장치로 사용된다.

(2) Gate 밸브 : 유량의 가감 및 차단장치로 사용된다.

(3) 기능별로는 감압밸브, 조정밸브, 체크밸브, 안전밸브 등이 있다.

7 계측장치

1) 압력계

(1) 1차 압력계 : 압력과 힘의 물리적 관계로부터 압력을 직접 측정하는 압력계
예 자유피스톤형 압력계, 액주식 압력계(Manometer) 등

(2) 2차 압력계 : 탄성, 전기적 변화, 물질변화 등을 이용하여 압력을 측정하는 압력계
예 부르동관식(Bourdon), 압력계벨로스식(Bellows), 압력계다이어프램식(Diaphragm) 압력계 등

2) 유량계

(1) 직접식 유량계 : 유체의 부피나 질량을 직접 측정하는 유량계
(2) 간접식(가변류) 유량계 : 유량과 관계있는 다른 양을 측정하여 유량을 구하는 유량계
(3) 차압식: 유체가 흘러가는 배관에 장해물을 설치하고 그 전후 압력차를 측정하여 유량을 구하는 유량계
   예 피토관, 오리피스미터, 벤투리미터 등
(4) 면적식 : 유체의 면적과 시간의 함수를 이용하여 유량을 구하는 유량계
   예 로타미터(Rota Meter) 등

8 아세틸렌 용접장치 및 가스접합 용접장치

1) 안전기 설치 기준

(1) 아세틸렌 용접장치의 취관마다 안전기를 설치하여야 한다. 다만, 주관 및 취관에 가장 가까운 분기관마다 안전기를 부착한 경우에는 그러하지 아니하다.
(2) 가스용기가 발생기와 분리되어 있는 아세틸렌 용접장치에 대하여 발생기와 가스용기 사이에 안전기를 설치한다.
(3) 제조설비의 고압 건조기와 충전용 교체밸브 사이에는 역화방지장치를 설치한다.

2) 가스 등의 용기

금속의 용접 · 용단 또는 가열에 사용되는 가스 등의 용기를 취급하는 경우에 다음 각 호의 사항을 준수하여야 한다.
(1) 통풍이나 환기가 불충분한 장소, 화기를 사용 장소 등에서는 사용하거나 해당 장소에 설치 · 저장 또는 방치하지 않도록 할 것
(2) 용기의 온도를 40℃ 이하로 유지할 것
(3) 전도의 위험이 없도록 할 것

3) 압력의 제한

아세틸렌 용접장치를 사용하여 금속의 용접 · 용단 또는 가열 작업을 하는 경우에는 게이지압력이 127킬로파스칼을 초과하는 압력의 아세틸렌을 발생시켜 사용해서는 아니 된다.

9 가스누출감지경보기(KOSHA GUIDE)

가연성 또는 독성 물질의 가스를 감지하여 그 농도를 지시하고, 미리 설정해 놓은 가스 농도에서 자동적으로 경보가 울리도록 하는 장치이다.

1) 선정기준

(1) 감지대상 가스의 특성을 충분히 고려하여 가장 적절한 것을 선정한다.
(2) 감지대상 가스가 가연성이면서 독성인 경우에는 독성을 기준하여 가스누출감지경보기를 선정한다.

2) 경보 설정점검

감지대상 가스의 폭발하한계 25% 이하, 독성 가스누출감지경보기는 당해 독성 물질의 허용농도 이하에서 경보가 발하여지도록 설정한다. 다만, 독성 가스누출감지경보기로서 당해 독성 물질의 허용농도 이하에서 감지부가 감지할 수 없는 경우에는 그러하지 아니하다.

SECTION 02
안전 점검 계획 수립

1 안전운전계획

(1) 안전운전지침서
(2) 설비점검 · 검사 및 보수계획, 유지계획 및 지침서
(3) 안전작업허가
(4) 도급업체 안전관리계획
(5) 근로자 등 교육계획
(6) 가동 전 점검지침
(7) 변경요소 관리계획
(8) 자체감사 및 사고조사계획
(9) 그 밖에 안전운전에 필요한 사항

공정안전보고서 작성심사 · 확인

1 공정안전자료(「산업안전보건법 시행규칙」제 50조)

(1) 취급 · 저장하고 있거나 취급 · 저장하려는 유해 · 위험물질의 종류 및 수량

(2) 유해 · 위험물질에 대한 물질안전보건자료

(3) 유해 · 위험설비의 목록 및 사양

(4) 유해 · 위험설비의 운전방법을 알 수 있는 공정도면

(5) 각종 건물 · 설비의 배치도

(6) 폭발위험장소 구분도 및 전기단선도

(7) 위험설비의 안전설계 · 제작 및 설치 관련 지침서

2 공정위험성평가

공정의 특성 등을 고려하여 다음 위험성평가기법 중 한 가지 이상을 선정하여 위험성평가를 실시한 후 그 결과에 따라 작성하여야 하며, 사고예방 · 피해최소화대책의 작성은 위험성평가결과 잠재위험이 있다고 인정되는 경우만 해당한다.

(1) 체크리스트(Check List) : 공정 및 설비의 오류, 결함상태, 위험상황 등을 목록화한 형태로 작성하여 경험적으로 비교함으로써 위험성을 파악하는 방법이다. 기존 공장의 분리/이송 시스템, 전기/계측 시스템에 대한 위험성을 평가하는 데는 적절하지 않다.

(2) 상대위험순위 결정(Dow and Mond Indices)

(3) 작업자 실수 분석(HEA)

(4) 사고예상 질문 분석(What-if) : 공정에 잠재하고 있는 위험요소에 의해 야기될 수 있는 사고를 사전에 예상해 질문을 통하여 확인 · 예측하여 공정의 위험성 및 사고의 영향을 최소화하기 위한 대책을 제시하는 방법이다.

(5) 위험과 운전 분석(HAZOP) : 공정에 존재하는 위험 요소들과 공정의 효율을 떨어뜨릴 수 있는 운전상의 문제점을 찾아내어 그 원인을 제거하는 방법. 공정변수(Process Parameter)와 가이드 워드(Guide Word)를 사용하여 비정상상태(Deviation)가 일어날 수 있는 원인을 찾고 결과를 예측함과 동시에 대책을 세워나가는 방법이다.

(6) 이상위험도 분석(FMECA)

(7) 결함수 분석(FTA)

(8) 사건수 분석(ETA)

(9) 원인결과 분석(CCA)

(10) (1)~(9)까지의 규정과 같은 수준 이상의 기술적 평가기법

① 안전성 검토법 : 공장의 운전 및 유지 절차가 설계목적과 기준에 부합되는지를 확인하는 것을 그 목적으로 하며, 결과의 형태로 검사보고서를 제공한다.

② 예비위험분석 기법

4과목 예상문제

01 착화에너지가 0.1mJ인 가스가 있는 가스를 사용하는 사업장 전기설비의 정전용량이 0.6nF일 때 방전 시 착화 가능한 최소 대전 전위는 약 몇 V인가?

① 289
② 385
③ 577
④ 1,154

해설 $W = \frac{1}{2}CV^2 = \frac{1}{2}QV = \frac{1}{2}\frac{Q^2}{C}$ 에서

$0.1 \times 10^{-3} = \frac{1}{2} \times 0.6 \times 10^{-9} \times V^2$ ∴ $V = 577.4[V]$

여기서, C : 인체의 정전용량
Q : 대전전하량
V : 대전전위 ⇒ Q = CV

02 다음 중 전류밀도, 통전전류, 접촉면적과 피부저항과의 관계를 설명한 것으로 옳은 것은?

① 같은 크기의 전류가 흘러도 접촉면적이 커지면 피부저항은 작게 된다.
② 같은 크기의 전류가 흘러도 접촉면적이 커지면 전류밀도는 커진다.
③ 전류밀도와 접촉면적은 비례한다.
④ 전류밀도와 전류는 반비례한다.

해설 같은 크기의 전류가 흘러도 접촉면적이 커지면 피부저항은 작게 된다.

03 다음 중 방폭구조의 종류와 기호가 잘못 연결된 것은?

① 유입방폭구조 − o
② 압력방폭구조 − p
③ 내압방폭구조 − d
④ 본질안전방폭구조 − e

해설 본질안전방폭구조 : i, 안전증방폭구조 : e

04 누전에 의한 감전위험을 방지하기 위하여 감전방지용 누전차단기의 접속에 관한 사항으로 틀린 것은?

① 분기회로마다 누전차단기를 설치한다.
② 작동시간은 0.03초 이내이어야 한다.
③ 전기기계 · 기구에 설치되어 있는 누전차단기는 정격감도전류가 30mA 이하이어야 한다.
④ 누전차단기는 배전반 또는 분전반 내에 접속하지 않고 별도로 설치한다.

해설 누전차단기는 배전반 또는 분전반에 설치하는 것이 원칙이다.

05 어떤 도체에 20초 동안에 100 쿨롱(C)의 전하량이 이동하면 이때 흐르는 전류(A)는?

① 200
② 50
③ 10
④ 5

해설 $I = \frac{Q}{t} = \frac{100}{20} = 5[A]$

06 최대안전틈새(MESG)의 특성을 적용한 방폭구조는?

① 내압 방폭구조
② 유입 방폭구조
③ 안전증 방폭구조
④ 압력 방폭구조

해설 **방폭전기기기별 선정 시 고려사항**

내압 방폭구조(최대안전틈새), 본질안전 방폭구조(최소점화전류), 압력 방폭구조(최고표면온도)

07 다음 중 이상적인 피뢰기가 반드시 가져야 할 성능이 아닌 것은?

① 방전개시 전압이 높을 것
② 뇌전류 방전능력이 클 것
③ 속류 차단을 확실하게 할 수 있을 것
④ 반복 동작이 가능할 것

피뢰기의 성능
충격방전 개시전압은 낮아야 하며, 상용주파 방전개시전압은 높을 것

08 다음 중 전기기계 · 기구의 접지에 관한 설명으로 틀린 것은?

① 접지저항이 크면 클수록 좋다.
② 접지봉이나 접지극은 도전율이 좋아야 한다.
③ 접지판은 동판이나 아연판 등을 사용한다.
④ 접지극 대신 가스관을 사용해서는 안 된다.

전류와 저항은 반비례이므로 접지저항이 크면 클수록 누전전류가 대지로 흐르는 양이 적어 누전 시 감전사고의 위험이 커진다.

09 인체가 전격을 받았을 때 가장 위험한 경우는 심실세동이 발생하는 경우이다. 정현파 교류에 있어 인체의 전기저항이 500[Ω]일 경우 다음 중 심실세동을 일으키는 전기에너지의 한계로 가장 적합한 것은?

① 18.0~30.0[J]
② 15.0~27.0[J]
③ 6.5~17.0[J]
④ 2.5~8.0[J]

$$W = I^2RT = \left(\frac{165}{\sqrt{T}} \times 10^{-3}\right)^2 \times 500\,T$$
$$= (165^2 \times 10^{-6}) \times 500 = 13.6[\text{W} \cdot \text{sec}] = 13.6[\text{J}]$$

10 다음 중 산업안전보건법령상 방폭전기설비의 위험장소 분류에 있어 보통 상태에서 위험분위기를 발생할 염려가 있는 장소로서 폭발성 가스가 보통상태에서 집적되어 위험농도로 될 염려가 있는 장소를 몇 종 장소라 하는가?

① 0종 장소
② 1종 장소
③ 2종 장소
④ 3종 장소

문제에서 제시된 장소는 가스폭발 위험장소 분류 중 1종 장소에 해당한다.

11 다음 중 감전에 영향을 미치는 요인으로 통전경로별 위험도가 가장 높은 것은?

① 왼손－등
② 오른손－가슴
③ 왼손－가슴
④ 오른손－등

통전경로별 위험도
통전경로별 위험도는 '왼손－가슴'이 1.5로 가장 높다.

12 10[Ω]의 저항에 10A의 전류를 1분간 흘렸을 때의 발열량은 몇 cal인가?

① 1,800
② 3,600
③ 7,200
④ 14,400

$H = 0.24I^2RT = 0.24 \times 10^2 \times 10 \times 60 = 14,400\text{cal}$

13 다음 중 정전기 재해의 방지대책으로 가장 적절한 것은?

① 절연도가 높은 플라스틱을 사용한다.
② 대전하기 쉬운 금속은 접지를 실시한다.
③ 작업장 내의 온도를 낮게 해서 방전을 촉진시킨다.
④ (＋), (－)전하의 이동을 방해하기 위하여 주위의 습도를 낮춘다.

정지된 전하가 잘 이동할 수 있도록 접지를 실시하여 정전기 재해발생을 예방한다.

14 다음 중 220V 회로에서 인체 저항이 550[Ω]인 경우 안전 범위에 들어갈 수 있는 누전차단기의 정격으로 가장 적절한 것은?

① 30mA, 0.03초
② 30mA, 0.1초
③ 50mA, 0.2초
④ 50mA, 0.3초

감전보호용 누전차단기 : 정격감도전류 30mA 이하, 동작시간 0.03초 이내

15 다음 중 정전기의 발생에 영향을 주는 요인과 가장 관계가 먼 것은?

① 물질의 표면상태
② 물질의 분리속도
③ 물체의 표면온도
④ 물질의 접촉면적

해설 **정전기 발생에 영향을 주는 요인**
물체의 표면온도는 정전기 발생에 영향을 주는 요인과 관련 없다.

16 절연체에 발생한 정전기는 일정 장소에 축적되었다가 점차 소멸되는데 처음 값의 몇 %로 감소되는 시간을 그 물체의 "시정수" 또는 "완화시간"이라고 하는가?

① 25.8
② 36.8
③ 45.8
④ 67.8

해설 정전기 완화시간(시정수)은 발생한 정전기가 처음 값의 36.8%로 감소하는 시간을 말한다.

17 다음 중 인체의 접촉상태에 따른 최대 허용접촉접압의 연결이 올바르게 연결된 것은?

① 인체의 대부분이 수중에 있는 상태 : 10V 이하
② 인체가 현저하게 젖어 있는 상태 : 25V 이하
③ 통상의 인체상태에 있어서 접촉전압이 가해지더라도 위험성이 낮은 상태 : 30V 이하
④ 금속성의 전기기계장치나 구조물에 인체의 일부가 상시 접촉되어 있는 상태 : 50V 이하

해설 **허용접촉전압**

종별	접촉상태	허용접촉전압
제2종	• 인체가 현저히 젖어 있는 상태 • 금속성의 전기 · 기계장치나 구조물에 인체의 일부가 상시 접촉되어 있는 상태	25[V] 이하

18 방폭구조의 종류 중 전기기기의 과도한 온도 상승, 아크 또는 불꽃 발생의 위험을 방지하기 위하여 추가적인 안전 조치를 통한 안전도를 증가시킨 방폭구조를 무엇이라 하는가?

① 안전증 방폭구조
② 본질안전 방폭구조
③ 충전 방폭구조
④ 비점화 방폭구조

해설 **안전증 방폭구조**
기계적 · 전기적 구조상 또는 온도상승에 대해서 특히 안전도를 증가시킨 구조이다.

19 다음 중 일반적으로 인체에 1초 동안 전류가 흘렀을 때 정상적인 심장의 기능을 상실할 수 있는 전류의 크기는 어느 정도인가?

① 50mA
② 75mA
③ 125mA
④ 165mA

해설 **심실세동전류**

통전전류 구분	전격의 영향	통전전류(교류) 값
심실세동전류 (치사전류)	심근의 미세한 진동으로 혈액을 송출하는 펌프의 기능이 장애를 받는 현상을 심실세동이라 하며 이때의 전류	$I = \dfrac{165}{\sqrt{T}}$ [mA] I : 심실세동전류(mA) T : 통전 시간(s)

20 다음 중 제전기의 종류에 해당하지 않는 것은?

① 전류제어식
② 전압인가식
③ 자기방전식
④ 방사선식

해설 제전기의 종류는 제전에 필요한 이온의 생성방법에 따라 전압인가식 제전기, 자기방전식 제전기, 방사선식 제전기가 있다.

21 다음 중 전기기기의 절연의 종류와 최고허용온도가 잘못 연결된 것은?

① Y : 90℃
② A : 105℃
③ B : 130℃
④ F : 180℃

해설 **절연물의 절연계급**

종별	Y	A	E	B	F	H	C
최고허용온도 [℃]	90	105	120	130	155	180	180 이상

22 페인트를 스프레이로 뿌려 도장작업을 하는 중 발생하는 정전기 대전으로 짝지어진 것은?

① 분출대전 · 충돌대전
② 충돌대전 · 마찰대전
③ 유동대전 · 충돌대전
④ 분출대전 · 유동대전

정답 | 15 ③ 16 ② 17 ② 18 ① 19 ④ 20 ① 21 ④ 22 ①

해설 1. 충돌대전 : 분체류와 같은 입자상호 간이나 입자와 고체와의 충돌에 의해 빠른 접촉, 분리가 행하여짐으로써 정전기 발생
2. 분출대전 : 분체류, 액체류, 기체류가 단면적이 작은 분출구를 통해 공기 중으로 분출될 때 분출하는 물질과 분출구의 마찰로 정전기 발생

23 다음 중 방폭구조의 종류에 해당하지 않는 것은?

① 유출 방폭구조 ② 안전증 방폭구조
③ 압력 방폭구조 ④ 본질안전 방폭구조

해설 유출 방폭구조는 방폭구조의 종류가 아니다.

24 정전기 발생량과 관련된 내용으로 옳지 않은 것은?

① 분리속도가 빠를수록 정전기 발생량이 많아진다.
② 두 물질 간의 대전서열이 가까울수록 정전기 발생량이 많아진다.
③ 접촉면적이 넓을수록, 접촉압력이 증가할수록 정전기 발생량이 많아진다.
④ 물질의 표면이 수분이나 기름 등에 오염되어 있으면 정전기 발생량이 많아진다.

해설 두 가지 물체가 대전서열 내에서 가까운 위치에 있으면 적고 먼 위치에 있으면 대전량이 큰 경향이 있다.

25 전기설비의 접지저항을 감소시킬 수 있는 방법으로 가장 거리가 먼 것은?

① 접지극을 깊이 묻는다.
② 접지극을 병렬로 접속한다.
③ 접지극의 길이를 길게 한다.
④ 접지극과 대지 간의 접촉을 좋게 하기 위해서 모래를 사용한다.

해설 **접지저항 저감법**
모래를 사용하는 것은 접지저항을 감소시키는 방법과 관련 없다.

26 다음 정의에 해당하는 방폭구조는?

전기기기의 과도한 온도 상승, 아크 또는 스파크 발생의 위험을 방지하기 위해 추가적인 안전조치를 통한 안전도를 증가시킨 방폭구조

① 내압 방폭구조 ② 유입 방폭구조
③ 안전증 방폭구조 ④ 본질안전 방폭구조

해설 **안전증 방폭구조**
폭발분위기가 형성되지 않도록 기계적·전기적 구조상 또는 온도상승에 대해서 특히 안전도를 증가시킨 구조이다.

27 방폭구조 전기기계·기구의 선정기준에 있어 가스폭발 위험장소의 제1종 장소에 사용할 수 없는 방폭구조는?

① 내압방폭구조 ② 안전증방폭구조
③ 본질안전방폭구조 ④ 비점화방폭구조

해설 비점화방폭구조는 2종 장소에서 사용 가능하다.

28 3상용 차단기의 정격 차단용량은?

① $\sqrt{3}$ × 정격전압 × 정격차단전류
② $\sqrt{3}$ × 정격전압 × 정격전류
③ 3 × 정격전압 × 정격차단전류
④ 3 × 정격전압 × 정격전류

해설 **3상용 차단기의 정격용량**

$P_s = \sqrt{3}$ × 정격전압 × 정격차단전류[MVA]

29 전압전로의 보호도체 및 중성선의 접속 방식에 따른 접지계통의 분류가 아닌 것은?

① IT 계통 ② TN 계통
③ TT 계통 ④ TC 계통

해설 (KEC 203.1조) 계통접지 구성

전압전로의 보호도체 및 중성선의 접속 방식에 따른 분류
1. TN 계통
2. TT 계통
3. IT 계통

30 다음 중 기기보호등급(EPL)과 허용장소를 바르게 짝지은 것은?

① ZONE 0 − Ga ② ZONE 20 − Gc
③ ZONE 21 − DC ④ ZONE 22 − Dd

해설 기기보호등급(EPL)과 허용장소

종별 장소	기기보호등급(EPL)
0	"Ga"
1	"Ga" 또는 "Gb"
2	"Ga", "Gb" 또는 "Gc"
20	"Da"
21	"Da" 또는 "Db"
22	"Da", "Db" 또는 "Dc"

31 비상조치계획은 사고 발생을 가정하여 정기적으로 재검토하고, 미비점이 발견될 시 이를 보완한다. 다음 중 비상조치계획의 평가대상이 아닌 것은?

① 비상조치계획의 정확성, 일관성 및 완성도와 실행 가능성 및 관련 문서 전반
② 사용 장비 및 시설의 적절성 및 사용 용이성
③ 계획 실행자의 수행 능력 또는 장비 및 시설 사용 능력
④ 소방시스템

해설 경보시스템이 비상조치계획의 평가대상에 해당한다.

32 산업안전보건법상 인화성 액체를 수시로 사용하는 밀폐된 공간에서 해당 가스 등으로 폭발위험 분위기가 조성되지 않도록 하기 위해서는 해당 물질의 공기 중 농도는 인화 하한계 값의 얼마를 넘지 않도록 하여야 하는가?

① 10%   ② 15%
③ 20%   ④ 25%

해설 밀폐된 공간(지하작업장 등)에서 작업 시, 인화성 가스의 농도가 폭발하한계 값의 25% 이상으로 밝혀진 때에는 즉시 근로자를 안전한 장소에 대피시키고 화기 기타 점화원이 될 우려가 있는 기계·기구 등의 사용을 중지하며 통풍·환기 등의 조치를 하여야 한다.
[지하작업장 등의 폭발위험 방지(안전보건규칙 제296조 관련)]
1. 가스의 농도를 측정하는 사람을 지명하고 다음 각 목의 경우에 그로 하여금 해당 가스의 농도를 측정하도록 할 것
   가. 매일 작업을 시작하기 전
   나. 가스의 누출이 의심되는 경우
   다. 가스가 발생하거나 정체할 위험이 있는 장소가 있는 경우
   라. 장시간 작업을 계속하는 경우(이 경우 4시간마다 가스 농도를 측정하도록 하여야 한다)
2. 가스의 농도가 인화하한계 값의 25퍼센트 이상으로 밝혀진 경우에는 즉시 근로자를 안전한 장소에 대피시키고 화기나 그 밖에 점화원이 될 우려가 있는 기계·기구 등의 사용을 중지하며 통풍·환기 등을 할 것

33 다음 중 스파크 방전으로 인한 가연성 가스, 증기 등에 폭발을 일으킬 수 있는 조건이 아닌 것은?

① 가연성 물질이 공기와 혼합비를 형성, 가연범위 내에 있다.
② 방전 에너지가 가연 물질의 최소착화에너지 이상이다.
③ 방전에 충분한 전위차가 있다.
④ 대전 물체는 신뢰성과 안전성이 있다.

해설 화재 및 폭발의 발생(정전기 방전에너지와 착화한계)
정전기에 의한 화재·폭발이 일어나기 위해서는
1. 가연성 물질이 폭발한계 이내일 것
2. 정전기에너지가 가연성 물질의 최소착화에너지 이상일 것
3. 방전하기에 충분한 전위차가 있을 것

34 다음 중 분진폭발의 영향인자에 대한 설명으로 틀린 것은?

① 분진의 입경이 작을수록 폭발하기가 쉽다.
② 일반적으로 부유분진이 퇴적분진에 비해 발화 온도가 낮다.
③ 연소열이 큰 분진일수록 저농도에서 폭발하고 폭발 위력도 크다.
④ 분진의 비표면적이 클수록 폭발성이 높아진다.

해설 부유분진에 의한 폭발이 퇴적분진에 의한 폭발에 비해 발화온도가 높다.

35 다음 중 화재 및 폭발방지를 위하여 질소가스를 주입하는 불활성화 공정에서 적정 최소산소농도(MOC)는?

① 5%   ② 10%
③ 21%   ④ 25%

해설 화재 및 폭발방지를 위하여 산소농도를 최소산소농도 이하로 관리하면 연소하지 않는다. 대부분 가연성 가스의 최소산소농도는 10% 정도이고, 가연성 분진인 경우에는 8% 정도, 인화성 액체의 증기에 대한 최소산소농도는 12~16% 정도이다.

36 산업안전보건법상 공정안전보고서의 내용 중 공정안전자료에 포함되지 않는 것은?

① 유해·위험설비의 목록 및 사양
② 폭발위험장소 구분도 및 전기단선도
③ 안전운전지침
④ 각종 건물·설비의 배치도

37 다음 중 공정안전보고서에 관한 설명으로 틀린 것은?

① 사업주가 공정안전보고서를 작성한 후에는 별도의 심의 과정이 없다.

② 공정안전보고서를 제출한 사업주는 정하는 바에 따라 고용노동부장관의 확인을 받아야 한다.

③ 고용노동부장관은 공정안전보고서의 이행 상태를 평가하고 그 결과에 따라 공정안전보고서를 다시 제출하도록 명할 수 있다.

④ 고용노동부장관은 공정안전보고서를 심사한 후 필요하다고 인정하는 경우에는 그 공정안전보고서의 변경을 명할 수 있다.

[해설] 공정안전보고서는 공사 착공일 30일 전까지 공단에 2부 제출하여 심사를 받아야 한다.

38 다음 중 산화에틸렌의 분해 폭발반응에서 생성되는 가스가 아닌 것은? (단, 연소는 일어나지 않는다.)

① 메탄(CH_4)
② 일산화탄소(CO)
③ 에틸렌(C_2H_4)
④ 이산화탄소(CO_2)

[해설] 이산화탄소(CO_2)는 산화에틸렌의 분해 폭발반응 중에 생성되지 않는다.

아세틸렌(C_2H_2)의 폭발성

1. 화합폭발 : C_2H_2는 Ag(은), Hg(수은), Cu(구리)와 반응하여 폭발성의 금속 아세틸리드를 생성한다.
2. 분해폭발 : C_2H_2는 1기압 이상으로 가압하는 경우 연소반응 없이 자체 분해하여 폭발하는 현상. 메탄(CH_4), 일산화탄소(CO), 에틸렌(C_2H_4) 등이 생성된다.
3. 산화폭발 : C_2H_2는 공기 중에서 산소와 반응하여 연소폭발을 일으킨다.

39 다음 중 화재 발생 시 주수소화방법을 적용할 수 있는 물질은?

① 과산화칼륨
② 황산
③ 질산
④ 과산화수소

[해설] 과산화칼륨, 황산, 질산 등은 산화성 물질로, 물과 접촉 시 반응을 일으켜 열을 발생하므로, 주수소화는 적절하지 않다.

40 다음 중 물속에 저장이 가능한 물질은?

① 칼륨
② 황린
③ 인화칼슘
④ 탄화알루미늄

[해설] 황린은 자연발화성이 있어 물속에 보관하여야 한다.

41 다음 반응식에서 프로판 가스의 화학양론 농도는 약 얼마인가?

$$C_3H_8 + 5O_2 + 18.8N_2 \rightarrow 3CO_2 + 4H_2O + 18.8N_2$$
공기

① 8.04vol%
② 4.02vol%
③ 20.4vol%
④ 40.8vol%

[해설] **프로판(C_3H_8)의 연소식**

$C_3H_8 + 5O_2 \rightarrow 3CO_2 + 4H_2O$

$$C_{st} = \frac{1}{(4.77n + 1.19x - 2.38y) + 1} \times 100$$
$$= \frac{1}{(4.77 \times 3 + 1.19 \times 8 - 2.38 \times 0) + 1} \times 100$$
$$= 4.02(\%)$$

42 다음 중 유해 · 위험물질이 유출되는 사고가 발생했을 때의 대처요령으로 적절하지 않은 것은?

① 중화 또는 희석을 시킨다.
② 안전한 장소일 경우 소각시킨다.
③ 유출부분을 억제 또는 폐쇄시킨다.
④ 유출된 지역의 인원을 대피시킨다.

[해설] 유해 · 위험물질을 소각할 경우 화재 · 폭발 등의 위험이 있으며, 독성물질의 경우 확산 등에 의해 환경 또는 인체에 유해할 수 있으므로 적절하지 않다.

43 산업안전보건기준에 관한 규칙에서 규정하는 급성 독성 물질의 기준으로 틀린 것은?

① 쥐에 대한 경구투입실험에 의하여 실험동물의 50%를 사망시킬 수 있는 물질의 양이 kg당 300mg-(체중) 이하인 화학물질

② 쥐에 대한 경피흡수실험에 의하여 실험동물의 50%를 사망시킬 수 있는 물질의 양이 kg당 1,000mg-(체중) 이하인 화학물질

③ 토끼에 대한 경피흡수실험에 의하여 실험동물의 50%를 사망시킬 수 있는 물질의 양이 kg당 1,000mg-(체중) 이하인 화학물질

④ 쥐에 대한 4시간 동안의 흡입실험에 의하여 실험동물의 50%를 사망시킬 수 있는 가스의 농도가 3,000ppm 이상인 화학물질

해설 물질의 농도, 즉 LC50이 2,500ppm 이하인 화학물질

44 다음 중 분말소화약제에 대한 설명으로 틀린 것은?

① 소화약제의 종별로는 제1종~제4종까지 있다.
② 적응 화재에 따라 크게 BC 분말과 ABC 분말로 나누어진다.
③ 제3종 분말의 주성분은 제1인산암모늄으로 B급과 C급 화재에만 사용이 가능하다.
④ 제4종 분말소화약제는 제2종 분말을 개량한 것으로 분말소화약제 중 소화력이 가장 우수하다.

해설 인산암모늄($NH_4H_2PO_4$)은 모든 화재에 유효한 소화약제이다.

45 다음 중 최소발화에너지에 관한 설명으로 틀린 것은?

① 압력이 상승하면 작아진다.
② 온도가 상승하면 작아진다.
③ 산소농도가 높아지면 작아진다.
④ 유체의 유속이 높아지면 작아진다.

해설 혼합기체의 흐름이 있고, 유속이 커질수록 최소발화에너지는 커진다.

46 다음 중 자기반응성 물질에 관한 설명으로 틀린 것은?

① 가열·마찰·충격에 의해 폭발하기 쉽다.
② 연소속도가 대단히 빨라서 폭발적으로 반응한다.
③ 소화에는 이산화탄소, 할로겐화합물 소화약제를 사용한다.
④ 가연성 물질이면서 그 자체 산소를 함유하므로 자기 연소를 일으킨다.

해설 자기반응성 물질은 산소를 함유하고 있어 산소의 공급 없이 연소하기 때문에 이산화탄소, 할로겐화합물 소화약제는 유효하지 않다.

47 다음 중 충분히 높은 온도에서 혼합물(연료와 공기)이 점화원 없이 발화 또는 폭발을 일으키는 최저온도를 무엇이라 하는가?

① 착화점
② 연소점
③ 용융점
④ 인화점

해설 착화점은 점화원이 없어도 스스로 발화할 수 있는 온도를 말하며, 발화점이라고도 한다.

48 다음 중 분해 폭발하는 가스의 폭발방지를 위하여 첨가하는 불활성가스로 가장 적합한 것은?

① 산소
② 질소
③ 수소
④ 프로판

해설 질소는 화학공정에서 불활성화를 위해 사용되는 대표적인 불활성가스이다.

49 휘발유를 저장하던 이동저장탱크에 등유나 경유를 이동저장탱크의 밑 부분으로부터 주입할 때에 액표면의 높이가 주입관의 선단의 높이를 넘을 때까지 주입속도는 몇 m/s 이하로 하여야 하는가?

① 0.5
② 1.0
③ 1.5
④ 2.0

해설 정전기 방지, 증발로 인한 폭발 방지 등을 위해 주입속도는 1m/s 이하로 하여야 한다.

50 산업안전보건법령에 따라 인화성 액체를 저장·취급하는 대기압 탱크에 가압이나 진공 발생 시 압력을 일정하게 유지하기 위하여 설치하여야 하는 장치는?

① 통기밸브
② 체크밸브
③ 스팀트랩
④ 프레임어레스트

해설 Breather밸브(통기밸브)는 탱크 내의 압력을 일정하게 유지시켜 주는 역할을 한다.

51 이산화탄소 소화기에 관한 설명으로 옳지 않은 것은?

① 전기화재에 사용할 수 있다.

② 주된 소화 작용은 질식작용이다.

③ 소화약제 자체 압력으로 방출이 가능하다.

④ 전기전도성이 높아 사용 시 감전에 유의해야 한다.

해설 이산화탄소(CO_2) 소화기는 전기전도성이 높지 않다.

52 공기 중 산화성이 높아 반드시 석유, 경유 등의 보호액에 저장해야 하는 것은?

① Ca ② P_4

③ K ④ S

해설 칼륨(K)은 산업안전보건법상 자연발화성 및 금수성 물질에 해당하며, 공기 중 산화성이 높아 석유, 경유 등에 담가 보관한다.

53 25℃, 1기압에서 공기 중 벤젠(C_6H_6)의 허용농도가 10ppm 일 때 이를 mg/m^{3}의 단위로 환산하면 약 얼마인가? (단, C, H의 원자량은 각각 12, 1이다)

① 28.7 ② 31.9

③ 34.8 ④ 45.9

해설 $ppm = mg/m^3 \times \frac{22.4}{M} \times \frac{T+273}{273}$,

$10 = mg/m^3 \times \frac{22.4}{78} \times \frac{25+273}{273}$,

$mg/m^3 = 31.9$

※ M(분자량) $= 6 \times 12 + 6 \times 1 = 78$

54 다음 중 칼륨에 의한 화재 발생시 소화를 위해 가장 효과적인 것은?

① 건조사 사용

② 포소화기 사용

③ 이산화탄소 사용

④ 할로겐화합물소화기 사용

해설 칼륨(K)은 산업안전보건법상 자연발화성 및 금수성 물질에 해당하며, 공기 중 산화성이 높으며, 화재 발생 시 건조사를 사용한 질식 소화가 가장 효과적이다.

55 가스용기 파열사고의 주요 원인으로 가장 거리가 먼 것은?

① 용기 밸브의 이탈

② 용기의 내압력 부족

③ 용기 내압의 이상 상승

④ 용기 내 폭발성 혼합가스 발화

해설 용기 밸브의 이탈은 가스용기 파열사고의 주요 원인과는 거리가 멀다.

56 윤활유를 닦은 기름걸레를 햇빛이 잘 드는 작업장의 구석에 모아 두었을 때 가장 발생가능성이 높은 재해는?

① 분진폭발

② 자연발화에 의한 화재

③ 정전기 불꽃에 의한 화재

④ 기계의 마찰열에 의한 화재

해설 윤활유를 닦은 기름걸레가 햇빛에 열이 축적되어 자연발화할 가능성이 높다.

57 다음 중 소화(消火)방법에 있어 제거소화에 해당되지 않는 것은?

① 연료 탱크를 냉각하여 가연성 기체의 발생 속도를 작게 한다.

② 금속화재의 경우 불활성 물질로 가연물을 덮어 미연소 부분과 분리한다.

③ 가연성 기체의 분출 화재 시 주밸브를 잠그고 연료 공급을 중단시킨다.

④ 가연성 가스나 산소의 농도를 조절하여 혼합 기체의 농도를 연소 범위 밖으로 벗어나게 한다.

해설 제거소화는 가연성 물질을 제거하여 소화하는 것으로, 산소의 농도를 조절하여 연소범위 밖으로 벗어나게 하는 것은 질식소화에 해당한다.

58 환풍기가 고장 난 장소에서 인화성 액체를 취급하는 과정에서 부주의로 마개를 막지 않았다. 이 장소에서 작업자가 담배를 피우기 위해 불을 켜는 순간 인화성 액체에서 불꽃이 일어나는 사고가 발생하였다면 다음 중 이와 같은 사고의 발생 가능성이 가장 높은 물질은?

① 아세트산 ② 등유

③ 에틸에테르 ④ 경유

정답 | 51 ④ 52 ③ 53 ② 54 ① 55 ① 56 ② 57 ④ 58 ③

PART
01

PART
02

PART
03

PART
04

PART
05

부록

해설 ╱ 에틸에테르는 산업안전보건법상 보기의 인화성 액체 중 인화점 및 초기 끓는점이 가장 낮아 문제에서 설명한 사고의 발생 가능성이 가장 높다고 할 수 있으며, 산업안전보건법령상 인화성 액체의 기준은 다음과 같다.

1. 에틸에테르, 가솔린, 아세트알데히드, 산화프로필렌, 그 밖에 인화점이 섭씨 23도 미만이고 초기 끓는점이 섭씨 35도 이하인 물질
2. 노르말헥산, 아세톤, 메틸에틸케톤, 메틸알코올, 에틸알코올, 이황화탄소, 그 밖에 인화점이 섭씨 23도 미만이고 초기 끓는점이 섭씨 35도를 초과하는 물질
3. 크실렌, 아세트산아밀, 등유, 경유, 테레핀유, 이소아밀알코올, 아세트산, 하이드라진, 그 밖에 인화점이 섭씨 23도 이상 섭씨 60도 이하인 물질

59 낮은 압력에서 물질의 끓는점이 내려가는 현상을 이용하여 시행하는 분리법으로 온도를 높여서 가열할 경우 원료가 분해될 우려가 있는 물질을 증류할 때 사용하는 방법을 무엇이라 하는가?

① 진공증류   ② 추출증류
③ 공비증류   ④ 수증기증류

해설 ╱ **감압증류(또는 진공증류)**

끓는점이 비교적 높은 액체 혼합물을 분리하기 위하여 증류공정의 압력을 감소시켜 증류속도를 빠르게(끓는점을 낮게) 하여 증류하는 방법이다. 상압 하에서 끓는점까지 가열하면 분해할 우려가 있는 물질 또는 감압 하에서는 물질의 끓는점이 낮아지는 현상을 이용하는 증류 방법이다. 감압 증류와 진공 증류로 구분될 수 있다.

60 부피 조성이 메탄 65%, 에탄 20%, 프로판 15%인 혼합 가스의 공기 중 폭발하한계는 약 몇 vol%인가? (단, 메탄, 에탄, 프로판의 폭발하한계는 약 5.0vol%, 3.0vol%, 2.1vol%이다.)

① 6.3   ② 3.73
③ 4.83   ④ 5.93

해설 ╱ 폭발하한계 $= \dfrac{100}{\dfrac{V_1}{L_1} + \dfrac{V_2}{L_2} + \cdots + \dfrac{V_n}{L_n}}$

$= \dfrac{100}{\dfrac{65}{5.0} + \dfrac{20}{3.0} + \dfrac{15}{2.1}} = 3.73$

산업안전산업기사 필기 INDUSTRIAL ENGINEER INDUSTRIAL SAFETY

PART 05

건설공사 안전관리

CHAPTER 01 건설공사 특성분석

PART 05

SECTION 01
건설공사 특수성 분석

1 안전관리 계획 수립

1) 안전관리계획서 작성 내용

(1) 입지 및 환경조건 : 주변교통, 부지상황, 매설물 등의 현황
(2) 안전관리 중점 목표 : 착공에서 준공까지 각 단계의 중점 목표를 결정
(3) 공정, 공종별 위험요소 판단 : 공정, 공종별 유해위험요소를 판단하여 대책수립
(4) 안전관리조직 : 원활한 안전활동, 안전관리의 확립을 위해 필요한 조직
(5) 안전행사계획 : 일일, 주간, 월간계획
(6) 긴급연락망 : 긴급사태 발생시 연락할 경찰서, 소방서, 발주처, 병원 등의 연락처 게시

2) 공종별 안전관리계획

(1) 가설공사 : 가설구조물에 대한 도면, 자료, 기술대책
(2) 굴착 및 발파공사 : 공법개요, 굴착계획, 발파계획
(3) 콘크리트공사 : 콘크리트공사 공정에 대한 안전관리대책
(4) 강구조물공사 : 강구조물공사 공정에 대한 안전관리대책
(5) 성토 및 절도공사 : 자재, 장비 등에 대한 자료
(6) 해체공사 : 해체대상, 해체기계, 공법 등
(7) 건축설비공사 등

2 공사장 작업환경의 특수성

1) 건설공사 특수성

(1) 작업환경의 특수성
(2) 작업 자체 위험성

(3) 공사계약의 일방성
(4) 법적 규제 및 정책의 한계
(5) 신기술·신공법으로 인한 위험대처 미흡
(6) 원·하도급 간 관계의 복잡성
(7) 근로자의 안전의식 부족
(8) 근로자의 이동성
(9) 전문 기능 인력 수급 부족

2) 공사계획 시 고려사항

(1) 현장원 편성 : 공사계획 중 가장 우선
(2) 공정표의 작성 : 공사 착수 전 단계에서 작성
(3) 실행예산의 편성 : 재료비, 노무비, 경비
(4) 하도급 업체의 선정
(5) 가설 준비물 결정
(6) 재료, 설비 반입계획
(7) 재해방지계획
(8) 노무 동원계획

3 공사계약

1) 도급계약서에 첨부되는 서류

(1) 필요서류

① 계약서류 : 계약서, 공사도급 규정
② 설계도서 : 설계도, 시방서(공통시방서, 특기시방서)

(2) 참고서류

① 공사비 내역서
② 현장설명서, 질의 응답서
③ 공정표 등

안전관리 고려사항 확인

1 설계도서 검토

1) 안전관리 고려사항

(1) 설계도서 검토 : 현장설명서, 시방서, 내역서, 설계도면, 수량산출서, 설계보고서, 구조계산서 등
(2) 공정관리 계획 : 현황조사 및 자료분석, 작업분류체계 수립, 공사일정 및 자원투입계획, 공기분석 등
(3) 안전관리 조직 : 안전보건관리체계, 조직 구성원, 역할 등
(4) 재해사례 : 주요 공종별 재해사례 및 대책

2) 설계도서 검토

(1) 시방서의 종류

① 표준시방서 : 각종 공사에 쓰이는 표준적인 공법에 대해서 작성된 공통의 시방서
② 특기시방서 : 표준시방서에 기재되지 않은 특수공법, 재료 등에 대한 설계자의 상세한 기준 정리 및 해설(공사시방서)

(2) 시방서의 기재내용

① 재료의 품질　　　　② 공법내용 및 시공방법
③ 일반사항, 유의사항　④ 시험, 검사
⑤ 보충사항, 특기사항　⑥ 시공기계, 장비

(3) 시방서와 설계도면의 관계

① 시방서와 설계도면에 기재된 내용이 다를 때나 시공상 부적당하다고 판단될 경우 현장책임자는 공사 감리자와 협의한다.
② 시방서와 설계도면의 우선순위

　특기시방서 > 표준시방서 > 설계도면 > 내역명세서

2 안전보건관리조직

1) 안전보건조직의 목적

기업 내에서 안전관리조직을 구성하는 목적은 근로자의 안전과 설비의 안전을 확보하여 생산합리화를 기하는 데 있다.

2) 안전관리 조직의 3가지 형태

(1) 직계식 조직

① 안전의 모든 것을 생산조직을 통하여 행하는 방식이다.
② 근로자수 1,000명 이하의 소규모 사업장에 적합하다.

(2) 참모식 조직

① 안전관리를 담당하는 Staff(안전관리자)을 둔다.
② 근로자수 100명 이상 1,000명 이하의 중규모 사업장에 적합하다.

(3) 직계 · 참모식 조직

① 직계식과 참모식의 복합형이다.
② 근로자수 1,000명 이상의 대규모 사업장에 적합하다.

SECTION 01
건설공사 유해·위험요인

1 유해·위험방지계획서

1) 제출대상 공사(「산업안전보건법 시행규칙」 제120조 제2항)

(1) 지상높이가 31m 이상인 건축물 또는 인공구조물, 연면적 30,000m² 이상인 건축물 또는 연면적 5,000m² 이상의 문화 및 집회시설(전시장 및 동물원·식물원은 제외한다), 판매시설, 운수시설(고속철도의 역사 및 집배송시설은 제외한다), 종교시설, 의료시설 중 종합병원, 숙박시설 중 관광숙박시설, 지하도상가 또는 냉동·냉장창고시설의 건설·개조 또는 해체(이하 "건설 등"이라 한다)

(2) 연면적 5,000m² 이상의 냉동·냉장창고시설의 설비공사 및 단열공사

(3) 최대지간 길이가 50m 이상인 교량건설 등 공사

(4) 터널건설 등의 공사

(5) 다목적 댐, 발전용 댐 및 저수용량 2천만톤 이상의 용수전용 댐, 지방상수도 전용댐 건설 등의 공사

(6) 깊이가 10m 이상인 굴착공사

2) 제출시기

유해·위험방지계획서 작성 대상공사를 착공하려고 하는 사업주는 일정한 자격을 갖춘 자의 의견을 들은 후 동 계획서를 작성하여 공사착공 전일까지 한국산업안전보건공단 관할 지역본부 및 지사에 2부를 제출하여야 한다.

3) 제출 시 첨부서류

(1) 공사 개요 및 안전보건관리계획

① 공사 개요서(별지 제45호 서식)

② 공사현장의 주변 현황 및 주변과의 관계를 나타내는 도면 (매설물 현황을 포함한다.)

③ 건설물, 사용 기계설비 등의 배치를 나타내는 도면

④ 전체 공정표

⑤ 산업안전보건관리비 사용계획

⑥ 안전관리 조직표

⑦ 재해 발생 위험 시 연락 및 대피방법

(2) 작업공사 종류별 유해·위험방지계획

① 건축물, 인공구조물 건설 등의 공사

② 냉동·냉장창고시설의 설비공사 및 단열공사

③ 교량 건설 등의 공사

④ 터널 건설 등의 공사

⑤ 댐 건설 등의 공사

⑥ 굴착공사

SECTION 02
건설공사 위험성 평가

1 위험성 평가

1) 개요

(1) 정의

위험성평가란 사업주가 건설현장의 스스로 유해·위험요인을 파악하고 해당 유해·위험요인의 위험성 수준을 결정하여, 위험성을 낮추기 위한 적절한 조치를 마련하고 실행하는 과정

(2) 관련법령(「산업안전보건법」 제36조)

① 사업주는 건설물, 기계·기구·설비, 원재료, 가스, 증기, 분진, 근로자의 작업행동 또는 그 밖의 업무로 인한 유해·위험 요인을 찾아내어 부상 및 질병으로 이어질 수 있는 위험성의 크기가 허용 가능한 범위인지를 평가하여야 하고, 그 결과에 따라 이 법과 이 법에 따른 명령에 따른 조치를 하여야 하며, 근로자에 대한 위험 또는 건강장해를 방지하기 위하여 필요한 경우에는 추가적인 조치를 하여야 한다.

② 사업주는 제1항에 따른 평가 시 고용노동부장관이 정하여 고시하는 바에 따라 해당 작업장의 근로자를 참여시켜야 한다.

2) 실시주체

(1) 사업주는 스스로 사업장의 유해위험요인을 파악하고 이를 평가하여 관리 개선하는 등 위험성평가를 실시하여야 한다.

(2) 법 제63조에 따른 작업의 일부 또는 전부를 도급에 의하여 행하는 사업의 경우는 도급을 준 도급인(이하 "도급사업주"라 한다)과 도급을 받은 수급인(이하 "수급사업주"라 한다)은 각각 제1항에 따른 위험성평가를 실시하여야 한다.

(3) 제2항에 따른 도급사업주는 수급사업주가 실시한 위험성평가 결과를 검토하여 도급사업주가 개선할 사항이 있는 경우 이를 개선하여야 한다.

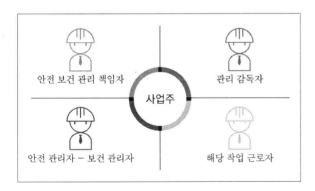

3) 실시 시기

사업주는 위험성평가를 실시할 때, 법 제36조제2항에 따라 다음 각 호에 해당하는 경우 해당 작업에 종사하는 근로자를 참여시켜야 한다.

(1) 유해·위험요인의 위험성 수준을 판단하는 기준을 마련하고, 유해·위험요인별로 허용 가능한 위험성 수준을 정하거나 변경하는 경우

(2) 해당 사업장의 유해·위험요인을 파악하는 경우

(3) 유해·위험요인의 위험성이 허용 가능한 수준인지 여부를 결정하는 경우

(4) 위험성 감소대책을 수립하여 실행하는 경우

(5) 위험성 감소대책 실행 여부를 확인하는 경우

4) 실시 절차

① 사전준비 : 사업주는 위험성평가를 효과적으로 실시하기 위하여 최초 위험성평가 시 평가 목적, 방법, 담당자, 시기, 절차 등이 포함된 위험성평가 실시규정을 작성하고, 지속적으로 관리

② 유해위험요인파악 : 사업주는 순회점검, 제안, 설문조사·인터뷰 등 청취조사, 물질안전보건자료, 작업환경측정·특수건강진단 결과 등 자료에 의한 방법들로 사업장 내 유해·위험요인 파악

③ 위험성결정 : 사업주는 파악된 유해·위험요인이 근로자에게 노출되었을 때의 허용 가능한 위험성 수준인지 판단

④ 위험성 감소대책 수립 및 실행 : 사업주는 허용 가능한 위험성이 아니라고 판단한 경우에는 위험성의 수준, 영향을 받는 근로자 수 및 개선대책 순서(제거−공학적 대책−관리적 대책−보호구)를 고려하여 위험성 감소를 위한 대책 수립·실행

03 건설업 산업안전보건관리비

PART 05

건설업 산업안전보건관리비 규정

1 건설업 산업안전보건관리비의 계상 및 사용

1) 적용범위

(1) 총공사금액 2천만 원 이상인 공사에 적용

(2) 「전기공사업법」 제2조에 따른 전기공사(고압 또는 특별고압작업) 및 「정보통신공사업법」 제2조에 따른 정보통신공사(지하맨홀, 관로 또는 통신주 작업)로서 단가계약에 의하여 행하는 공사에 대하여는 총계약금액을 기준으로 이를 적용

2) 계상기준

(1) 대상액이 5억 원 미만 또는 50억 원 이상일 경우 : 대상액 ×계상기준표의 비율(%)

(2) 대상액이 5억 원 이상 50억 원 미만일 경우 : 대상액×계상기준표의 비율(X)+기초액(C)

(3) 대상액이 구분되어 있지 않은 경우 : 도급계약 또는 자체 사업계획상의 총공사금액의 70%를 대상액으로 하여 안전관리비를 계상

(4) 발주자가 재료를 제공하거나 물품이 완제품의 형태로 제작 또는 납품되어 설치되는 경우 : ① 해당 재료비 또는 완제품의 가액을 대상액에 포함시킬 경우의 안전관리비는 ② 해당 재료비 또는 완제품의 가액을 포함시키지 않은 대상액을 기준으로 계상한 안전관리비의 1.2배를 초과할 수 없다. 즉, ①과 ②를 비교하여 적은 값으로 계상

[공사종류 및 규모별 안전관리비 계상기준표]

구분 공사종류	대상액 5억 원 미만인 경우 적용 비율(%)	대상액 5억 원 이상 50억 원 미만인 경우		대상액 50억 원 이상인 경우 적용 비율(%)	영 별표 5에 따른 보건관리자 선임 대상 건설공사의 적용비율(%)
		적용 비율(%)	기초액		
건축공사	2.93%	1.86%	5,349,000원	1.97%	2.15%
토목공사	3.09%	1.99%	5,499,000원	2.10%	2.29%
중건설공사	3.43%	2.35%	5,400,000원	2.44%	2.66%
특수건설공사	1.85%	1.20%	3,250,000원	1.27%	1.38%

2 건설업 산업안전보건관리비의 사용기준

1) 사용기준

(1) 안전관리자·보건관리자의 임금 등

(2) 안전시설비 등

① 산업재해 예방을 위한 안전난간, 추락방호망, 안전대 부착설비, 방호장치 등 안전시설의 구입·임대 및 설치를 위해 소요되는 비용

② 스마트안전장비 지원사업 및 스마트 안전장비 구입·임대 비용

③ 용접 작업 등 화재 위험작업 시 사용하는 소화기의 구입·임대 비용

(3) 보호구 등

(4) 안전보건진단비 등

(5) 안전보건교육비 등

(6) 근로자 건강장해예방비 등

(7) 건설재해예방전문지도기관의 지도에 대한 대가로 자기공사자가 지급하는 비용

(8) 「중대재해 처벌 등에 관한 법률 시행령」 제4조 제2호 나목에 해당하는 건설사업자가 아닌 자가 운영하는 사업에서 안전보건 업무를 총괄·관리하는 3명 이상으로 구성된 본사 전담조직에 소속된 근로자의 임금 및 업무수행 출장비 전액

(9) 법 제36조에 따른 위험성평가 또는 「중대재해 처벌 등에 관한 법률 시행령」 제4조제3호에 따라 유해·위험요인 개선을 위해 필요하다고 판단하여 산업안전보건위원회 또는 노사협의체에서 사용하기로 결정한 사항을 이행하기 위한 비용

[공사진척에 따른 안전관리비 사용기준]

공정률	50% 이상 70% 미만	70% 이상 90% 미만	90% 이상
사용기준	50% 이상	70% 이상	90% 이상

2) 사용불가 사항

(1) 「(계약예규)예정가격작성기준」 제19조 제3항 중 각 호 (단, 제14호는 제외한다)에 해당되는 비용

(2) 다른 법령에서 의무사항으로 규정한 사항을 이행하는 데 필요한 비용

(3) 근로자 재해예방 외의 목적이 있는 시설·장비나 물건 등을 사용하기 위해 소요되는 비용

(4) 환경관리, 민원 또는 수방대비 등 다른 목적이 포함된 경우

3) 재해예방전문지도기관의 지도를 받아 안전관리비를 사용해야 하는 사업

(1) 공사금액 1억 원 이상 120억 원(토목공사는 150억 원) 미만인 공사를 행하는 자는 산업안전보건관리비를 사용하고자 하는 경우에는 미리 그 사용방법·재해예방조치 등에 관하여 재해예방전문지도기관의 기술지도를 받아야 한다.

(2) 기술지도에서 제외되는 공사

① 공사기간이 1개월 미만인 공사

② 육지와 연결되지 아니한 섬지역(제주특별자치도는 제외)에서 이루어지는 공사

③ 안전관리자 자격을 가진 자를 선임하여 안전관리자의 직무만을 전담하도록 하는 공사

④ 유해·위험방지계획서를 제출하여야 하는 공사

SECTION 01
안전시설 설치 및 관리

1 추락재해 방호 및 방지설비

1) 추락방호망

(1) 추락방호망의 구조

① 방망 : 그물코가 다수 연결된 것
② 그물코 : 사각 또는 마름모로서 크기는 10cm 이하
③ 테두리로프 : 방망 주변을 형성하는 로프
④ 달기로프 : 방망을 지지점에 부착하기 위한 로프

(2) 방망사의 강도

① 추락방호망의 인장강도

( ) : 폐기기준 인장강도

그물코의 크기 (단위 : cm)	방망의 종류(단위 : kgf)	
	매듭 없는 방망	매듭방망
10	240(150)	200(135)
5	–	110(60)

② 지지점의 강도 : 600kg의 외력에 견딜 수 있는 강도로 한다.
③ 테두리로프, 달기로프 인장강도는 1,500kg 이상이어야 한다.

2) 안전난간

(1) 정의

안전난간이란 개구부, 작업발판, 가설계단의 통로 등에서의 추락사고를 방지하기 위해 설치하는 것으로 상부난간, 중간난간, 난간기둥 및 발끝막이판으로 구성된다.

(2) 안전난간의 구성요소

① 상부난간대 · 중간난간대 · 발끝막이판 및 난간기둥으로 구성할 것
② 상부 난간대는 바닥면 · 발판 또는 경사로의 표면(이하 "바닥면등"이라 한다)으로부터 90cm 이상 지점에 설치하고, 상부 난간대를 120cm 이하에 설치하는 경우에는 중간 난간대는 상부 난간대와 바닥면등의 중간에 설치하여야 하며, 120cm 이상 지점에 설치하는 경우에는 중간 난간대를 2단 이상으로 균등하게 설치하고 난간의 상하 간격은 60cm 이하가 되도록 할 것
③ 발끝막이판은 바닥면 등으로부터 10cm 이상의 높이를 유지할 것
④ 난간대는 지름 2.7cm 이상의 금속제파이프나 그 이상의 강도를 가진 재료일 것
⑤ 안전난간은 구조적으로 가장 취약한 지점에서 가장 취약한 방향으로 작용하는 100kg 이상의 하중에 견딜 수 있는 튼튼한 구조일 것

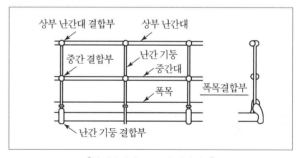

[안전난간의 구조 및 설치기준]

3) 개구부 등의 방호조치

(1) 개요

건설현장에는 추락위험이 있는 중·소형 개구부가 많이 발생되므로 개구부로 근로자가 추락하지 않도록 안전난간, 수직방망, 덮개 등으로 방호조치를 하여야 한다.

(2) 개구부의 분류 및 방호조치

① 바닥 개구부
  - ㉠ 소형 바닥 개구부 : 안전한 구조의 덮개 설치 및 표면에는 개구부임을 표시, 덮개의 재료는 손상·변형·부식이 없는 것, 덮개의 크기는 개구부보다 10cm 정도 여유 있게 설치하고 유동이 없도록 스토퍼(stopper)를 설치
  - ㉡ 대형 바닥 개구부 : 안전난간 설치(상부 90~120cm), 하부에는 발끝막이판 설치(10cm 이상)

② 벽면 개구부
  - ㉠ 슬래브 단부 개구부 : 안전난간은 강관파이프를 설치하고 수평력 100kg 이상 확보
  - ㉡ 엘리베이터 개구부 : 기성제품의 안전난간을 사용하여 설치, 엘리베이터 시공 시 방호막 설치
  - ㉢ 발코니 개구부 : 기성제품 난간기둥을 발코니턱에 체결, 난간은 강관파이프 사용
  - ㉣ 계단실 개구부 : 안전난간은 기성 조립식 제품 사용
  - ㉤ 흙막이(굴착선단) 단부 개구부 : 안전난간 2단 설치 및 추락방호망을 수직으로 설치, 난간 하부에 발끝막이판(높이 10cm 이상) 설치

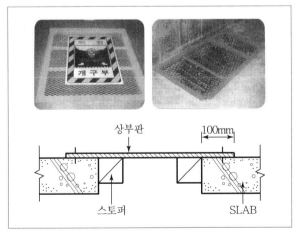

[바닥 개구부 설치 예]

4) 안전대

(1) 안전대의 종류 및 등급

종류	사용구분
벨트식 안전그네식	1개 걸이용
	U자 걸이용
	추락방지대
	안전블록

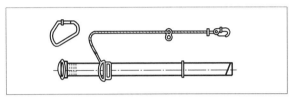

[1개걸이 전용안전대]

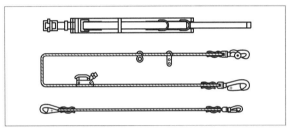

[U자걸이 전용안전대]

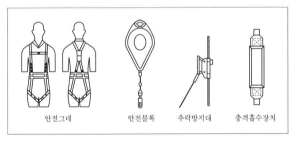

[안전대의 종류 및 부품]

(2) 최하사점

① 정의 : 최하사점이란 1개걸이 안전대를 사용할 때 로프의 길이, 로프의 신장길이, 작업자의 키 등을 고려하여 적정 길이의 로프를 사용해야 추락 시 근로자의 안전을 확보할 수 있다는 이론이다.

② 최하사점 공식

　㉠ H>h=로프의 길이(l)+로프의 신장길이($l \cdot \alpha$)+작

　　업자 키의 $\frac{1}{2}(T/2)$

　㉡ H : 로프지지 위치에서 바닥면까지의 거리

　㉢ h : 추락 시 로프지지 위치에서 신체 최하사점까지의

　　거리

③ 로프 길이에 따른 결과

　㉠ H > h : 안전

　㉡ H=h : 위험

　㉢ H < h : 중상 또는 사망

2 붕괴재해 방호 및 방지설비

1) 토석 붕괴의 위험방지

(1) 개요

굴착작업을 하는 경우에는 지반의 붕괴 또는 토석의 낙하에
의한 근로자의 위험을 방지하기 위하여 관리감독자로 하여금
작업시작 전에 작업장소 및 그 주변의 부석·균열의 유무, 함
수·용수 및 동결상태의 변화를 점검하도록 하여야 한다.

(2) 사면의 붕괴형태

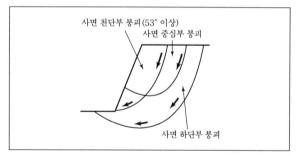

[붕괴 형태]

① 사면 선단 파괴(Toe Failure)

② 사면 내 파괴(Slope Failure)

③ 사면 저부 파괴(Base Failure)

(3) 토석 붕괴의 외적 원인

① 사면, 법면의 경사 및 기울기의 증가

② 절토 및 성토 높이의 증가

③ 공사에 의한 진동 및 반복하중의 증가

④ 지표수 및 지하수의 침투에 의한 토사 중량의 증가

⑤ 지진, 차량, 구조물의 하중작용

⑥ 토사 및 암석의 혼합층 두께

(4) 토석 붕괴의 내적 원인

① 절토 사면의 토질, 암질

② 성토 사면의 토질구성 및 분포

③ 토석의 강도 저하

(5) 토석 붕괴 예방조치

① 적절한 경사면의 기울기 계획(굴착면 기울기 기준 준수)

② 경사면의 기울기가 당초 계획과 차이 발생 시 즉시 재검토
하여 계획변경

③ 활동할 가능성이 있는 토석은 제거

④ 경사면의 하단부에 압성토 등 보강공법으로 활동에 대한
저항대책 강구

⑤ 말뚝(강관, H형강, 철근콘크리트)을 타입하여 지반 강화

⑥ 지표수와 지하수의 침투를 방지

(6) 비탈면 보호공법(억제공)

① 식생공 : 떼붙임공, 식생공, 식수공, 파종공

② 뿜어붙이기공 : Con'c 또는 Cement Mortar를 뿜어 붙임

③ 블록공 : Block을 덮어서 비탈면 보호

④ 돌쌓기공 : 견치석 또는 Con'c Block을 쌓아 보호

⑤ 배수공 : 지반의 강도를 저하시키는 물을 배제

⑥ 표층안정공 : 약액 또는 Cement를 지반에 그라우팅

(7) 비탈면 보강공법(억지공)

① 말뚝공 : 안정지반까지 말뚝을 일렬로 박아 활동 억제

② 앵커공 : 고강도 강재를 앵커재로 하여 비탈면에 삽입

③ 옹벽공 : 비탈면의 활동 토괴를 관통하여 부동지반까지 말
뚝을 박는 공법

④ 절토공 : 활동하려는 토사를 제거하여 활동하중 경감

⑤ 압성토공 : 자연사면의 선단부에 압성토하여 활동에 대한
저항력을 증가

⑥ Soil Nailing 공법 : 강철봉을 타입 또는 천공 후 삽입시켜
지반안정 도모

2) 지반굴착 시 붕괴위험 방지

(1) 사전 지반조사 항목

① 형상 · 지질 및 지층의 상태
② 균열 · 함수(含水) · 용수 및 동결의 유무 또는 상태
③ 매설물 등의 유무 또는 상태
④ 지반의 지하수위 상태

(2) 굴착면의 기울기 기준

지반의 종류	굴착면의 기울기
모래	1 : 1.8
연암 및 풍화암	1 : 1.0
경암	1 : 0.5
그 밖의 흙	1 : 1.2

※ 굴착면의 기울기 기준에 관한 문제는 거의 매회 출제되므로 기울기 기준은 반드시 암기

3) 옹벽의 안정성 조건

(1) 정의

옹벽이란 토사가 무너지는 것을 방지하기 위해 설치하는 토압에 저항하는 구조물로 자연사면의 절취 및 성토사면의 흙막이를 하여 부지의 활용도를 높이고 붕괴의 방지를 위해 설치한다.

(2) 옹벽의 안정조건

① 활동에 대한 안정

$$F_s = \frac{활동에\ 저항하려는\ 힘}{활동하려는\ 힘} \geq 1.5$$

② 전도에 대한 안정

$$F_s = \frac{저항\ 모멘트}{전도\ 모멘트} \geq 2.0$$

③ 기초지반의 지지력(침하)에 대한 안정

$$F_s = \frac{저반의\ 극한지지력}{지반의\ 최대반력} \geq 1.0$$

4) 터널 굴착공사

(1) 터널 굴착공법의 종류

① 재래공법(ASSM ; American Steel Supported Method)
   광산 목재나 Steel Rib로 하중을 지지하는 공법
② NATM공법(New Austrian Tunneling Method) : 산악 터널
   원지반을 주지보재로 하고 숏크리트, 와이어메쉬, 스틸리브, 락볼트 등의 지보재를 사용, 이완된 지반의 하중을 지반자체에 전달하여 시공하는 공법
③ TBM공법(Tunnel Boring Machine) : 암반터널
   폭약을 사용하지 않고 터널보링머신의 회전에 의해 터널 전단면을 굴착하는 공법
④ Shield공법 : 토사구간 터널
   지반 내에 Shield라는 강제 원통 굴삭기를 추진시켜 터널을 구축하는 공법

(2) 터널굴착작업 작업계획서 포함내용

① 굴착의 방법
② 터널지보공 및 복공의 시공방법과 용수의 처리방법
③ 환기 또는 조명시설을 설치할 때에는 그 방법

(3) 자동경보장치의 작업시작 전 점검사항

① 계기의 이상 유무
② 검지부의 이상 유무
③ 경보장치의 작동상태

(4) 터널지보공 수시 점검사항

① 부재의 손상 · 변형 · 부식 · 변위 탈락의 유무 및 상태
② 부재의 긴압 정도
③ 부재의 접속부 및 교차부의 상태
④ 기둥침하의 유무 및 상태

(5) 터널의 뿜어 붙이기 콘크리트 효과(Shotcrete)

① 원지반의 이완방지
② 굴착면의 요철을 줄이고 응력집중방지
③ Rock Bolt의 힘을 지반에 분산시켜 전달
④ 암반의 이동 및 크랙방지
⑤ 아치를 형성 전단저항력 증대
⑥ 굴착면을 덮음으로써 지반의 침식을 방지

(6) 암질판별의 실시

① 암질변화 구간 및 이상 암질 출현 시 반드시 암질판별 실시
② 암질판별의 기준(암질의 판별방식)

  ㉠ R.M.R(Rock Mass Rating)(%)

  ㉡ R.Q.D(Rock Quality Designation)(%)

  ㉢ 일축압축강도(kg/cm^2)

  ㉣ 탄성파 속도(m/sec)

  ㉤ 진동치 속도(진동값 속도 : cm/sec=Kine)

5) 잠함 내 굴착작업 위험방지

(1) 잠함 또는 우물통의 급격한 침하로 인한 위험방지
(「안전보건규칙」 제376조)

① 침하관계도에 따라 굴착방법 및 재하량 등을 정할 것
② 바닥으로부터 천장 또는 보까지의 높이는 1.8m 이상으로 할 것

(2) 잠함 등 내부에서의 작업(「안전보건규칙」 제377조)

① 산소 결핍 우려가 있는 경우에는 산소의 농도를 측정하는 사람을 지명하여 측정하도록 할 것
② 근로자가 안전하게 오르내리기 위한 설비를 설치할 것
③ 굴착 깊이가 20m를 초과하는 경우에는 해당 작업장소와 외부와의 연락을 위한 통신설비 등을 설치할 것
④ 산소농도 측정결과 산소의 결핍이 인정되거나 굴착 깊이가 20m를 초과하는 경우에는 송기를 위한 설비를 설치하여 필요한 양의 공기를 공급할 것

6) 발파 작업 시 위험방지

(1) 발파의 작업기준

① 얼어붙은 다이나마이트는 화기에 접근시키거나 그 밖의 고열물에 직접 접촉시키는 등 위험한 방법으로 융해되지 않도록 할 것
② 화약 또는 폭약을 장전하는 경우에는 그 부근에서 화기의 사용 또는 흡연을 하지 않도록 할 것
③ 장전구는 마찰·충격·정전기 등에 의한 폭발이 발생할 위험이 없는 안전한 것을 사용할 것
④ 발파공의 충진재료는 점토·모래 등 발화성 또는 인화성의 위험이 없는 재료를 사용할 것

⑤ 점화 후 장전된 화약류가 폭발하지 아니한 경우 또는 장전된 화약류의 폭발 여부를 확인하기 곤란한 경우에는 다음 각 목의 사항을 따를 것

  ㉠ 전기뇌관에 의한 경우에는 발파모선을 점화기에서 떼어 그 끝을 단락시켜 놓는 등 재점화되지 않도록 조치하고 그때부터 5분 이상 경과한 후가 아니면 화약류의 장전장소에 접근시키지 않도록 할 것

  ㉡ 전기뇌관 외의 것에 의한 경우에는 점화한 때부터 15분 이상 경과한 후가 아니면 화약류의 장전장소에 접근시키지 않도록 할 것

⑥ 전기뇌관에 의한 발파의 경우에는 점화하기 전에 화약류를 장전한 장소로부터 30m 이상 떨어진 안전한 장소에서 전선에 대하여 저항측정 및 도통시험을 할 것
⑦ 발파모선은 적당한 치수 및 용량의 절연된 도전선을 사용할 것
⑧ 점화는 충분한 용량을 갖는 발파기를 사용하고 규정된 스위치를 반드시 사용할 것
⑨ 발파 후 즉시 발파모선을 발파기로부터 분리하고 그 단부를 절연시킨 후 재점화가 되지 않도록 할 것

(2) 발파허용 진동치

구분	문화재	주택·아파트	상가	철골 콘크리트 빌딩 및 상가
건물기초에서의 허용진동치 (cm/sec)	0.2	0.5	1.0	1.0~4.0

7) 연약지반의 개량공법

(1) 연약지반의 정의

① 연약지반이란 점토나 실트와 같은 미세한 입자의 흙이나 간극이 큰 유기질토 또는 이탄토, 느슨한 모래 능으로 이루어진 토층으로 구성
② 지하수위가 높고 제체 및 구조물의 안정과 침하문제를 발생시키는 지반

(2) 점성토 연약지반 개량공법

① 치환공법 : 연약지반을 양질의 흙으로 치환하는 공법으로 굴착, 활동, 폭파 치환

② 재하공법(압밀공법)

　　㉠ 프리로딩공법(Pre-Loading) : 사전에 성토를 미리하여 흙의 전단강도를 증가

　　㉡ 압성토공법(Surcharge) : 측방에 압성토하여 압밀에 의해 강도증가

　　㉢ 사면선단 재하공법 : 성토한 비탈면 옆부분을 덧붙임하여 비탈면 끝의 전단강도를 증가

③ 탈수공법 : 연약지반에 모래말뚝, 페이퍼드레인, 팩을 설치하여 물을 배제시켜 압밀을 촉진하는 것으로 샌드드레인, 페이퍼드레인, 팩드레인공법

④ 배수공법 : 중력배수(집수정, Deep Well), 강제배수(Well Point, 진공 Deep Well)

⑤ 고결공법 : 생석회 말뚝공법, 동결공법, 소결공법

(3) 사질토 연약지반 개량공법

① 진동다짐공법(Vibro Floatation) : 봉상진동기를 이용, 진동과 물다짐을 병용

② 동다짐(압밀)공법 : 무거운 추를 자유낙하시켜 지반충격으로 다짐효과

③ 약액주입공법 : 지반 내 화학약액(LW, Bentonite, Hydro)을 주입하여 지반고결

④ 폭파다짐공법 : 인공지진을 발생시켜 모래지반을 다짐

⑤ 전기충격공법 : 지반 속에서 고압방전을 일으켜 발생하는 충격력으로 지반 다짐

⑥ 모래다짐말뚝공법 : 충격, 진동 타입에 의해 모래를 압입시켜 모래 말뚝을 형성하여 다짐에 의한 지지력을 향상

3 낙하재해 방호 및 방지시설

1) 낙하물 방지망

(1) 설치기준

① 첫 단은 가능한 한 낮게 설치하고, 설치간격은 매 10m 이내

② 비계 외측으로 2m 이상 내밀어 설치하고 각도는 20~30°

③ 내민 길이는 비계 외측으로부터 수평거리 2.0m 이상

④ 방지망의 가장자리는 테두리 로프를 그물코마다 엮어 긴결하며, 긴결재의 강도는 100kgf 이상

⑤ 방지망과 방지망 사이의 틈이 없도록 방지망의 겹침폭은 30cm 이상

⑥ 최하단의 방지망은 크기가 작은 못·볼트·콘크리트 덩어리 등의 낙하물이 떨어지지 못하도록 방지망 위에 그물코 크기가 0.3cm 이하인 망을 추가로 설치

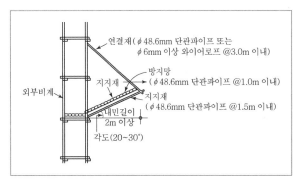

연결재(φ48.6mm 단관파이프 또는 φ6mm 이상 와이어로프 @3.0m 이내)

방지망

지지재(φ48.6mm 단관파이프 @1.0m 이내)

외부비계

지지재(φ48.6mm 단관파이프 @1.5m 이내)

내민길이 2m 이상

각도(20~30°)

[낙하물 방지망 설치 예]

2) 낙하물 방호선반

고소작업 시 재료나 공구 등의 낙하로 인한 피해를 방지하기 위해 합판 또는 철판 등의 재료를 사용하여 비계 내측 및 비계 외측에 설치하는 설비로서 외부 비계용 방호선반, 출입구 방호선반, Lift 주변 방호선반, 가설통로 방호선반 등이 있다.

3) 수직보호망

비계 등 가설구조물의 외측면에 수직으로 설치하여 작업장소에서 낙하물 및 비래 등에 의한 재해를 방지할 목적으로 설치하는 보호망이다.

4) 투하설비

높이 3m 이상인 장소에서 자재 투하 시 재해를 예방하기 위하여 설치하는 설비를 말한다.

SECTION 02
건설공구 및 장비 안전수칙

1 건설공구

1) 석재가공 순서

(1) 혹두기 : 쇠메로 치거나 손잡이 있는 날메로 거칠게 가공하는 단계
(2) 정다듬 : 섬세하게 튀어나온 부분을 정으로 가공하는 단계
(3) 도드락다듬 : 정다듬하고 난 약간 거친면을 고기 다지듯이 도드락 망치로 두드리는 것
(4) 잔다듬 : 정다듬한 면을 양날망치로 쪼아 표면을 더욱 평탄하게 다듬는 것
(5) 물갈기 : 잔다듬한 면을 숫돌 등으로 간 다음, 광택을 내는 것

2) 석재가공 수공구의 종류

(1) 원석할석기   (2) 다이아몬드 원형 절단기
(3) 전동톱   (4) 망치
(5) 정   (6) 양날망치
(7) 도드락망치

3) 철근가공 공구 등

(1) 철선작두 : 철선을 필요로 하는 길이나 크기로 사용하기 위해 철선을 끊는 기구
(2) 철선가위 : 철선을 필요한 치수로 절단하는 것으로 철선을 자르는 기구
(3) 철근절단기 : 철근을 필요한 치수로 절단하는 기계로 핸드형, 이동형 등이 있다.
(4) 철근굽히기 : 철근을 필요한 치수 또는 형태로 굽힐 때 사용하는 기계

2 굴삭장비

1) 파워 셔블(Power Shovel)
(1) 개요

파워 셔블은 셔블계 굴삭기의 기본 장치로서 버킷의 작동이 삽을 사용하는 방법과 같이 굴삭한다.

(2) 특성

① 굴삭기가 위치한 지면보다 높은 곳을 굴삭하는 데 적합하다.
② 비교적 단단한 토질의 굴삭도 가능하며 적재, 석산 작업에 편리하다.
③ 크기는 버킷과 디퍼의 크기에 따라 결정한다.

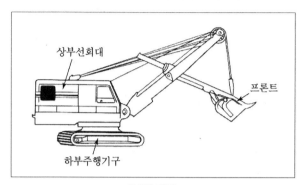

[파워 셔블]

2) 드래그 셔블(Drag Shovel)(백호 : Back Hoe)
(1) 개요

굴삭기가 위치한 지면보다 낮은 곳을 굴삭하는 데 적합하고 단단한 토질의 굴삭이 가능하다. Trench, Ditch, 배관작업 등에 편리하다. 사면절취, 끝손질, 배관작업 등에 편리하다.

(2) 특성

① 동력 전달이 유압 배관으로 되어 있어 구조가 간단하고 정비가 쉽다.
② 비교적 경량, 이동과 운반이 편리하고, 협소한 장소에서 선취와 작업이 가능하다.
③ 우선 조작이 부드럽고 사이클 타임이 짧아서 작업능률이 좋다.
④ 주행 또는 굴삭기에 충격을 받아도 흡수가 되어서 과부하로 인한 기계의 손상이 최소화한다.

3) 드래그라인(Drag Line)
(1) 개요

와이어로프에 의하여 고정된 버킷을 지면에 따라 끌어당기면서 굴삭하는 방식으로서 높은 붐을 이용하므로 작업 반경이 크고 지반이 불량하여 기계 자체가 들어갈 수 없는 장소에서 굴삭작업이 가능하나 단단하게 다져진 토질에는 적합하지 않다.

(2) 특성

① 굴삭기가 위치한 지면보다 낮은 장소를 굴삭하는 데 사용한다.

② 작업 반경이 커서 넓은 지역의 굴삭작업에 용이하다.

③ 정확한 굴삭작업을 기대할 수는 없지만 수중굴삭 및 모래 채취 등에 많이 이용한다.

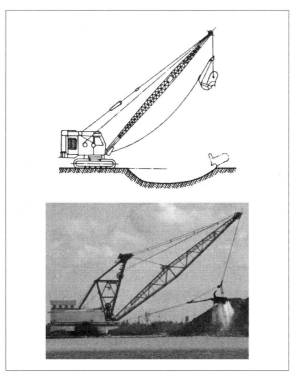

[드래그라인]

4) 클램셸(Clamshell)

(1) 개요

굴삭기가 위치한 지면보다 낮은 곳을 굴삭하는 데 적합하고 좁은 장소의 깊은 굴삭에 효과적이다. 정확한 굴삭과 단단한 지반작업은 어렵지만 수중굴삭, 교량기초, 건축물 지하실 공사 등에 쓰인다. 그래브 버킷(Grab Bucket)은 양개식의 구조로서 와이어로프를 달아서 조작한다.

(2) 특성

① 기계 위치와 굴삭 지반의 높이 등에 관계없이 고저에 대하여 작업이 가능하다.

② 정확한 굴삭이 불가능하다.

③ 능력은 크레인의 기울기 각도의 한계각 중량의 75%가 일반적인 한계이다.

④ 사이클 타임이 길어 작업능률이 떨어진다.

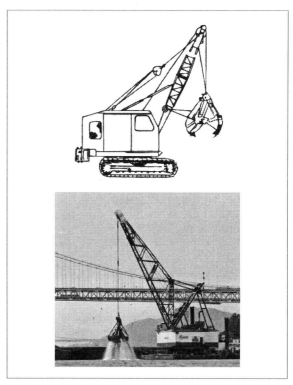

[클램셸]

3 운반장비

1) 스크레이퍼

(1) 개요

대량 토공작업을 위한 기계로서 굴삭, 싣기, 운반, 부설(敷設) 등 4가지 작업을 일관하여 연속작업을 할 수 있을 뿐만 아니라 대단위 대량 운반이 용이하고 운반 속도가 빠르며 비교적 운반 거리가 장거리에도 적합하다. 따라서 댐, 도로 등 대단위 공사에 적합하다.

(2) 분류

① 자주식 : Motor Scraper

② 피견인식 : Towed Scraper(트랙터 또는 불도저에 의하여 견인)

[자주식 모터 스크레이퍼]

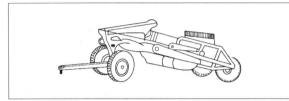

[피견인식 스크레이퍼]

(3) 용도

굴착(Digging), 실기(Loading), 운반(Hauling), 하역(Dumping)

4 다짐장비

1) 롤러(Roller)

(1) 개요

다짐기계는 공극이 있는 토사나 쇄석 등에 진동이나 충격 등으로 힘을 가하여 지지력을 높이기 위한 기계로 도로의 기초나 구조물의 기초 다짐에 사용한다.

(2) 분류

① 탠덤 롤러(Tandem Roller)

2축 탠덤 롤러는 앞쪽에 단일 큰 직경 구동 롤과 뒤쪽에 단일 틸러 롤을 가지고 있다. 3축 탠덤 롤러는 앞쪽에 단일 큰 직경 구동 롤과 뒤쪽에 2개의 작은 직경 틸러 롤을 가지고 있으며 두꺼운 흙을 다지는 데 적합하나 단단한 각재를 다지는 데는 부적당하다.

[2축 탠덤 롤러]　　　[3축 탠덤 롤러]

② 머캐덤 롤러(Macadam Roller)

앞쪽 1개의 조향륜과 뒤쪽 2개의 구동을 가진 자주식이며 아스팔트 포장의 초기 다짐, 함수량이 적은 토사를 얇게 다질 때 유효하다.

[머캐덤 롤러]

③ 타이어 롤러(Tire Roller)

전륜에 3~5개 후륜에 4~6개의 고무 타이어를 달고 자중(15~25톤)으로 자주식 또는 피견인식으로 주행하며 Rockfill Dam, 도로, 비행장 등 대규모의 토공에 적합하다.

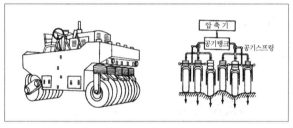

[타이어 롤러]

④ 진동 롤러(Vibration Roller)

자기 추진 진동 롤러는 도로 경사지 기초와 모서리의 건설에 사용하는 진흙, 바위, 부서진 돌 알맹이 등의 다지기 또는 안정된 흙, 자갈, 흙 시멘트와 아스팔트 콘크리트 등의 다지기에 가장 효과적이고 경제적으로 사용할 수 있다.

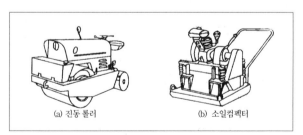

(a) 진동 롤러　　　(b) 소일컴팩터

[진동 롤러]

⑤ 탬핑 롤러(Tamping Roller)

롤러 드럼의 표면에 양의 발굽과 같은 형의 돌기물이 붙어 있어 Sheep Foot Roller라고도 하며 흙속의 과잉 수압은 돌기물의 바깥쪽에 압축, 제거되어 성토 다짐질에 좋다. 종류로는 자주식과 피견인식이 있으며 탬핑 롤러에는 Sheep Foot Roller, Grid Roller가 있다.

[탬핑 롤러]

5 차량계 건설기계의 안전수칙

1) 차량계 건설기계의 종류

(1) 도저형 건설기계(불도저, 스트레이트도저, 틸트도저, 앵글도저, 버킷도저 등)
(2) 모터그레이더
(3) 로더(포크 등 부착물 종류에 따른 용도 변경 형식을 포함한다)
(4) 스크레이퍼
(5) 크레인형 굴착기계(크램쉘, 드래그라인 등)
(6) 굴삭기(브레이커, 크러셔, 드릴 등 부착물 종류에 따른 용도 변경형식을 포함한다.)
(7) 항타기 및 항발기
(8) 천공용 건설기계(어스드릴, 어스오거, 크롤러드릴, 점보드릴 등)
(9) 지반압밀침하용 건설기계(샌드드레인머신, 페이퍼드레인머신, 팩드레인머신 등)
(10) 지반다짐용 건설기계(타이어롤러, 매커덤롤러, 탠덤롤러 등)
(11) 준설용 건설기계(버킷준설선, 그래브준설선, 펌프준설선 등)
(12) 콘크리트 펌프카
(13) 덤프트럭
(14) 콘크리트 믹서 트럭
(15) 도로포장용 건설기계(아스팔트 살포기, 콘크리트 살포기, 아스팔트 피니셔, 콘크리트 피니셔 등)

2) 차량계 건설기계의 작업계획서 내용

(1) 사용하는 차량계 건설기계의 종류 및 성능
(2) 차량계 건설기계의 운행경로
(3) 차량계 건설기계에 의한 작업방법

3) 차량계 건설기계의 안전수칙

(1) 미리 작업장소의 지형 및 지반상태 등에 적합한 제한속도를 정하고(최고속도가 10km/h 이하인 것을 제외) 운전자로 하여금 이를 준수하도록 하여야 한다.
(2) 차량계 건설기계가 넘어지거나 굴러 떨어짐으로써 근로자가 위험해질 우려가 있는 경우에는 유도하는 사람을 배치하고 지반의 부동침하방지, 갓길의 붕괴방지 및 도로 폭의 유지 등 필요한 조치를 하여야 한다.
(3) 운전 중인 당해 차량계 건설기계에 접촉되어 근로자에게 위험을 미칠 우려가 있는 장소에 근로자를 출입시켜서는 아니 된다.
(4) 유도자를 배치한 경우에는 일정한 신호방법을 정하여 신호하도록 하여야 하며, 차량계 건설기계의 운전자는 그 신호에 따라야 한다.
(5) 운전자가 운전위치를 이탈하는 경우에는 당해 운전자로 하여금 버킷·디퍼 등 작업장치를 지면에 내려두고 원동기를 정지시키고 브레이크를 거는 등 이탈을 방지하기 위한 조치를 하여야 한다.
(6) 차량계 건설기계가 넘어지거나 붕괴될 위험 또는 붐(Boom)·암 등 작업장치가 파괴될 위험을 방지하기 위하여 당해 기계에 대한 구조 및 사용상의 안전도 및 최대 사용하중을 준수하여야 한다.
(7) 차량계 건설기계의 붐·암 등을 올리고 그 밑에서 수리·점검작업 등을 하는 경우에는 붐·암 등이 갑자기 내려옴으로써 발생하는 위험을 방지하기 위하여 해당 작업에 종사하는 근로자로에게 안전지지대 또는 안전블록 등을 사용하도록 하여야 한다.

4) 헤드가드

(1) 헤드가드 구비 작업장소

암석이 떨어질 우려가 있는 등 위험한 장소

(2) 헤드가드를 갖추어야 하는 차량계 건설기계

① 불도저
② 트랙터
③ 셔블(Shovel)
④ 로더(Loader)
⑤ 파워 셔블(Power Shovel)
⑥ 드래그 셔블(Darg Shovel)

6 항타기 · 항발기의 안전수칙

1) 무너짐 등의 방지준수사항

(1) 연약한 지반에 설치하는 경우에는 각부나 가대의 침하를 방지하기 위하여 깔판 · 깔목 등을 사용할 것
(2) 시설 또는 가설물 등에 설치하는 경우에는 그 내력을 확인하고 내력이 부족하면 그 내력을 보강할 것
(3) 각부나 가대가 미끄러질 우려가 있는 경우에는 말뚝 또는 쐐기 등을 사용하여 각부나 가대를 고정시킬 것
(4) 궤도 또는 차로 이동하는 항타기 또는 항발기에 대해서는 불시에 이동하는 것을 방지하기 위하여 레일 클램프 및 쐐기 등으로 고정시킬 것
(5) 버팀대만으로 상단부분을 안정시키는 경우에는 버팀대는 3개 이상으로 하고 그 하단부분은 견고한 버팀 · 말뚝 또는 철골 등으로 고정시킬 것
(6) 버팀줄만으로 상단부분을 안정시키는 경우에는 버팀줄을 3개 이상으로 하고 같은 간격으로 배치할 것
(7) 평형추를 사용하여 안정시키는 경우에는 평형추의 이동을 방지하기 위하여 가대에 견고하게 부착시킬 것

2) 권상용 와이어로프의 준수사항

(1) 사용금지조건(「안전보건규칙」 제210조)

① 이음매가 있는 것
② 와이어로프의 한 꼬임(스트랜드)에서 끊어진 소선(素線, 필러(pillar)선은 제외한다)의 수가 10% 이상(비자전로프의 경우에는 끊어진 소선의 수가 와이어로프 호칭지름의 6배 길이 이내에서 4개 이상이거나 호칭지름 30배 길이 이내에서 8개 이상)인 것

③ 지름의 감소가 공칭지름의 7%를 초과하는 것
④ 꼬인 것
⑤ 심하게 변형되거나 부식된 것
⑥ 열과 전기충격에 의해 손상된 것

(2) 안전계수 조건(「안전보건규칙」 제211조)

와이어로프의 안전계수가 5 이상이 아니면 이를 사용해서는 아니 된다.

(3) 사용 시 준수사항(「안전보건규칙」 제212조)

① 권상용 와이어로프는 추 또는 해머가 최저의 위치에 있을 때 또는 널말뚝을 빼내기 시작할 때를 기준으로 권상장치의 드럼에 적어도 2회 감기고 남을 수 있는 충분한 길이일 것
② 권상용 와이어로프는 권상장치의 드럼에 클램프 · 클립 등을 사용하여 견고하게 고정할 것
③ 항타기의 권상용 와이어로프에 있어서 추 · 해머 등과의 연결은 클램프 · 클립 등을 사용하여 견고하게 할 것

(4) 도르래의 부착 등(「안전보건규칙」 제216조)

① 사업주는 항타기나 항발기에 도르래나 도르래 뭉치를 부착하는 경우에는 부착부가 받는 하중에 의하여 파괴될 우려가 없는 브라켓 · 샤클 및 와이어로프 등으로 견고하게 부착하여야 한다.
② 사업주는 항타기 또는 항발기의 권상장치의 드럼축과 권상장치로부터 첫 번째 도르래의 축과의 거리를 권상장치의 드럼폭의 15배 이상으로 하여야 한다.
③ 제2항의 도르래는 권상장치의 드럼의 중심을 지나야 하며 축과 수직면상에 있어야 한다.
④ 항타기나 항발기의 구조상 권상용 와이어로프가 꼬일 우려가 없는 경우에는 제2항과 제3항을 적용하지 아니한다.

(5) 조립 시 점검사항

① 본체 연결부의 풀림 또는 손상의 유무
② 권상용 와이어로프 · 드럼 및 도르래의 부착상태의 이상 유무
③ 권상장치의 브레이크 및 쐐기장치 기능의 이상 유무
④ 권상기의 설치상태의 이상 유무
⑤ 리더(leader)의 버팀 방법 및 고정상태의 이상 유무
⑥ 본체 · 부속장치 및 부속품의 강도가 적합한지 여부
⑦ 본체 · 부속장치 및 부속품에 심한 손상 · 마모 · 변형 또는 부식이 있는지 여부

SECTION 01
비계

1 비계의 종류 및 기준

1) 가설구조물의 특성
(1) 연결재가 적은 구조로 되기 쉽다.
(2) 부재의 결합이 간단하나 불완전 결합이 많다.
(3) 구조물이라는 통상의 개념이 확고하지 않아 조립의 정밀도가 낮다.
(4) 부재는 과소단면이거나 결함이 있는 재료를 사용하기 쉽다.
(5) 전체구조에 대한 구조계산 기준이 부족하다.

2) 비계 설치기준
(1) 강관비계 및 강관틀비계
① 조립 시 준수사항
  ㉠ 비계기둥에는 미끄러지거나 침하하는 것을 방지하기 위하여 밑받침철물을 사용하거나 깔판·깔목 등을 사용하여 밑둥잡이를 설치하는 등의 조치를 할 것
  ㉡ 강관의 접속부 또는 교차부는 적합한 부속철물을 사용하여 접속하거나 단단히 묶을 것
  ㉢ 교차가새로 보강할 것
  ㉣ 외줄비계·쌍줄비계 또는 돌출비계에 대하여는 다음 각목의 정하는 바에 따라 벽이음 및 버팀을 설치할 것. 다만, 창틀의 부착 또는 벽면의 완성 등의 작업을 위하여 벽이음 또는 버팀을 제거하는 경우, 그 밖에 작업의 필요상 부득이한 경우로서 해당 벽이음 또는 버팀 대신 비계기둥 또는 띠장에 사재를 설치하는 등 해당 비계의 무너짐 방지를 위한 조치를 한 경우에는 그러하지 아니하다.

ⓐ 강관비계의 조립간격은 아래의 기준에 적합하도록 할 것

강관비계의 종류	조립간격(단위 : m)	
	수직방향	수평방향
단관비계	5	5
틀비계(높이가 5m 미만의 것을 제외한다)	6	8

ⓑ 강관·통나무 등의 재료를 사용하여 견고한 것으로 할 것
ⓒ 인장재와 압축재로 구성되어 있는 경우에는 인장재와 압축재의 간격을 1m 이내로 할 것
㉯ 가공전로에 근접하여 비계를 설치하는 경우에는 가공전로를 이설하거나 가공전로에 절연용 방호구를 장착하는 등 가공전로와의 접촉을 방지하기 위한 조치를 할 것

② 강관비계의 구조(「안전보건규칙」 제60조)

구분	준수사항
비계기둥의 간격	• 띠장 방향에서 1.85m 이하 • 장선 방향에서 1.5m 이하
띠장간격	2m 이하로 설치
강관보강	비계기둥의 최고부로부터 31m 되는 지점 밑부분의 비계기둥은 2본의 강관으로 묶어 세울 것
적재하중	비계 기둥 간 적재하중 : 400kg 초과하지 않도록 할 것
벽연결	• 수직 방향에서 5m 이하 • 수평 방향에서 5m 이하
장선간격	1.5m 이하
가새	• 기둥간격 10m 이내마다 45° 각도의 처마방향으로 비계기둥 및 띠장에 결속 • 모든 비계기둥은 가새에 결속

③ 강관틀비계의 구조(「안전보건규칙」 제62조)

구분	준수사항
비계기둥의 밑둥	• 밑받침 철물을 사용 • 고저차가 있는 경우에는 조절형 밑받침 철물을 사용하여 수평 및 수직유지
주틀 간 간격	• 높이가 20미터를 초과하거나 중량물의 적재를 수반하는 작업을 할 경우에는 주틀 간의 간격 1.8m 이하
가새 및 수평재	• 주틀 간에 교차가새를 설치하고 최상층 및 5층 이내마다 수평재를 설치할 것
벽이음	• 수직방향에서 6m 이내 • 수평방향에서 8m 이내
버팀기둥	• 길이가 띠장방향에서 4m 이하이고 높이가 10m를 초과하는 경우에는 10m 이내마다 띠장방향으로 버팀기둥을 설치할 것
적재하중	• 비계 기둥 간 적재하중 : 400kg 초과하지 않도록 할 것
높이 제한	• 40m 이하

(2) 달비계

① 정의 : 달비계란 와이어로프, 체인, 강재, 철선 등의 재료로 상부지점에서 작업용 널판을 매다는 형식의 비계이다.

② 곤돌라형 달비계 사용금지 조건

구분	사용금지 조건
달비계의 와이어로프	• 이음매가 있는 것 • 와이어로프의 한 꼬임(스트랜드)에서 끊어진 소선의 수가 10% 이상(비자전로프의 경우에는 끊어진 소선의 수가 와이어로프 호칭지름의 6배 길이 이내에서 4개 이상이거나 호칭지름 30배 길이 이내에서 8개 이상)인 것 • 지름의 감소가 공칭지름의 7%를 초과하는 것 • 꼬인 것 • 심하게 변형되거나 부식된 것 • 열과 전기충격에 의한 손상된 것
달비계의 달기체인	• 달기체인의 길이가 달기체인이 제조된 때의 길이의 5%를 초과한 것 • 링의 단면지름이 달기체인이 제조된 때의 해당 링의 지름의 10%를 초과하여 감소한 것 • 균열이 있거나 심하게 변형된 것
달기강선 및 달기강대	• 심하게 손상변형 또는 부식된 것

(3) 말비계

① 조립 시 준수사항(「안전보건규칙」 제67조)
  ㉠ 지주부재의 하단에는 미끄럼 방지장치를 하고, 근로자가 양측 끝부분에 올라서서 작업하지 않도록 할 것
  ㉡ 지주부재와 수평면과의 기울기를 75° 이하로 하고, 지주부재와 지주부재 사이를 고정시키는 보조부재를 설치할 것
  ㉢ 말비계의 높이가 2m를 초과할 경우에는 작업발판의 폭을 40cm 이상으로 할 것

(4) 이동식 비계

① 조립 시 준수사항
  ㉠ 이동식 비계의 바퀴에는 뜻밖의 갑작스러운 이동 또는 전도를 방지하기 위하여 브레이크ㆍ쐐기 등으로 바퀴를 고정시킨 다음 비계의 일부를 견고한 시설물에 고정하거나 아웃트리거(Outrigger)을 설치하는 등 필요한 조치를 할 것
  ㉡ 승강용 사다리는 견고하게 설치할 것
  ㉢ 비계의 최상부에서 작업을 할 경우에는 안전난간을 설치할 것
  ㉣ 작업발판은 항상 수평을 유지하고 작업발판 위에서 안전난간을 딛고 작업을 하거나 받침대 또는 사다리를 사용하여 작업하지 않도록 할 것
  ㉤ 작업발판의 최대 적재하중은 250kg을 초과하지 않도록 할 것

② 사용 시 준수사항
  ㉠ 관리감독자의 지휘하에 작업을 실시할 것
  ㉡ 비계의 최대높이는 밑변 최소폭의 4배 이하일 것
  ㉢ 작업대의 발판은 전면에 걸쳐 빈틈없이 깔 것
  ㉣ 비계의 일부를 건물에 체결하여 이동, 전도 등을 방지할 것
  ㉤ 승강용 사다리는 견고하게 부착할 것
  ㉥ 최대적재하중을 표시할 것
  ㉦ 부재의 접속부, 교차부는 확실하게 연결
  ㉧ 작업대에는 안전난간을 설치하여야 하며 낙하물 방지조치를 설치
  ㉨ 불의의 이동을 방지하기 위한 제동장치를 반드시 갖출 것
  ㉩ 이동할 경우에는 작업원이 없는 상태

ⓒ 비계의 이동에는 충분한 인원 배치

ⓔ 안전모를 착용하여야 하며 지지로프를 설치

ⓟ 재료, 공구의 오르내리기에는 포대, 로프 등을 이용

ⓗ 작업장 부근에 고압선 등이 있는가를 확인하고 적절한 방호조치

(5) 시스템비계

① 시스템비계의 구조

ⓐ 수직재 · 수평재 · 가새재를 견고하게 연결하는 구조가 되도록 할 것

ⓑ 비계 밑단의 수직재와 받침철물은 밀착되도록 설치하고 수직재와 받침철물의 연결부의 겹침길이는 받침철물 전체길이의 1/3 이상이 되도록 할 것

ⓒ 수평재는 수직재와 직각으로 설치하여야 하며, 체결 후 흔들림이 없도록 견고하게 설치할 것

ⓓ 수직재와 수직재의 연결철물은 이탈되지 않도록 견고한 구조로 할 것

ⓔ 벽 연결재의 설치간격은 제조사가 정한 기준에 따라 설치할 것

② 조립 작업 시 준수사항

ⓐ 비계기둥의 밑둥에는 밑받침철물을 사용하여야 하며, 밑받침에 고저차가 있는 경우에는 조절형 밑받침철물을 사용하여 시스템비계가 항상 수평 및 수직을 유지하도록 할 것

ⓑ 경사진 바닥에 설치하는 경우에는 피벗형 받침철물 또는 쐐기 등을 사용하여 밑받침철물의 바닥면이 수평을 유지하도록 할 것

ⓒ 가공전로에 근접하여 비계를 설치하는 경우에는 가공전로를 이설하거나 가공전로에 절연용 방호구를 설치하는 등 가공전로와의 접촉을 방지하기 위하여 필요한 조치를 할 것

ⓓ 비계 내에서 근로자가 상하 또는 좌우로 이동하는 경우에는 반드시 지정된 통로를 이용하도록 주지시킬 것

ⓔ 비계 작업 근로자는 같은 수직면상의 위와 아래 동시 작업을 금지할 것

ⓕ 작업발판에는 제조사가 정한 최대 적재하중을 초과하여 적재해서는 아니 되며, 최대 적재하중이 표기된 표지판을 부착하고 근로자에게 주지시키도록 할 것

작업통로 및 발판

1 작업통로의 종류 및 설치기준

1) 통로의 구조

(1) 가설통로의 구조

① 견고한 구조로 할 것

② 경사는 30° 이하로 할 것. 단, 계단을 설치하거나 높이 2m 미만의 가설통로로서 튼튼한 손잡이를 설치한 경우에는 그러하지 아니하다.

③ 경사가 15°를 초과하는 경우에는 미끄러지지 아니하는 구조로 할 것

④ 추락의 위험이 있는 장소에는 안전난간을 설치할 것. 다만 작업상 부득이한 경우에는 필요한 부분만 임시로 해체할 수 있다.

⑤ 수직갱에 가설된 통로의 길이가 15m 이상인 경우에는 10m 이내마다 계단참을 설치할 것

⑥ 건설공사에 사용하는 높이 8m 이상인 비계다리에는 7m 이내마다 계단참을 설치할 것

(2) 사다리식 통로의 구조

① 발판과 벽과의 사이는 15cm 이상의 간격을 유지할 것

② 폭은 30cm 이상으로 할 것

③ 사다리의 상단은 걸쳐놓은 지점으로부터 60cm 이상 올라가도록 할 것

④ 사다리식 통로의 길이가 10m 이상인 경우에는 5m 이내마다 계단참을 설치할 것

⑤ 사다리식 통로의 기울기는 75° 이하로 할 것. 다만, 고정식 사다리식 통로의 기울기는 90° 이하로 하고, 그 높이가 7m 이상인 경우 바닥으로부터 높이가 2.5m 되는 지점부터 등받이울을 설치할 것

2) 가설통로의 종류 및 설치기준

(1) 경사로

① 정의 : 경사로란 건설현장에서 상부 또는 하부로 재료운반이나 작업원이 이동할 수 있도록 설치된 통로로 경사가 30° 이내일 때 사용한다.

② 사용 시 준수사항

　㉠ 시공하중 또는 폭풍, 진동 등 외력에 대하여 안전하도록 설계하여야 한다.

　㉡ 경사로는 항상 정비하고 안전통로를 확보하여야 한다.

　㉢ 비탈면의 경사각은 30° 이내로 하고 미끄럼막이 간격은 다음 표에 의한다.

경사각	미끄럼막이 간격	경사각	미끄럼막이 간격
30° 이내	30cm	22°	40cm
29°	33cm	19° 20′	43cm
27°	35cm	17°	45cm
24° 15′	37cm	14° 초과	47cm

　㉣ 경사로의 폭은 최소 90cm 이상이어야 한다.

　㉤ 높이 7m 이내마다 계단참을 설치하여야 한다.

　㉥ 추락방호용 안전난간을 설치하여야 한다.

　㉦ 목재는 미송, 육송 또는 그 이상의 재질을 가진 것이어야 한다.

　㉧ 경사로 지지기둥은 3m 이내마다 설치하여야 한다.

　㉨ 발판은 폭 40cm 이상으로 하고, 틈은 3cm 이내로 설치하여야 한다.

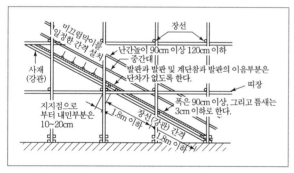

[미끄럼막이 설치 등]

(2) 가설계단

① 정의 : 작업장에서 근로자가 사용하기 위한 계단식 통로로 경사는 35°가 적정하다.

② 설치기준(「안전보건규칙」 제26조~30조)

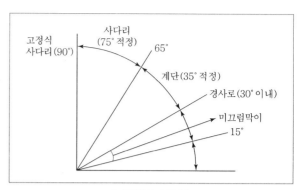

[가설통로의 형태]

구분	설치기준
강도	• 계단 및 계단참을 설치하는 경우에는 500kg/m² 이상의 하중에 견딜 수 있는 강도를 가진 구조 • 안전율 4 이상(안전률 = $\dfrac{재료의\ 파괴응력도}{재료의\ 허용응력도} \geq 4$) • 계단 및 승강구바닥을 구멍이 있는 재료로 만들 경우 렌치 그 밖의 공구 등이 낙하할 위험이 없는 구조
폭	• 계단설치 시 폭은 1m 이상 • 계단에는 손잡이 외의 다른 물건 등을 설치 또는 적재금지
계단참의 높이	• 높이가 3m를 초과하는 계단에는 높이 3m 이내마다 너비 1.2m 이상의 계단참을 설치
천장의 높이	• 바닥면으로부터 높이 2m 이내의 공간에 장애물이 없도록 할 것
계단의 난간	• 높이 1m 이상인 계단의 개방된 측면에 안전난간을 설치

2 작업발판 설치기준

1) 작업발판의 최대적재하중

(1) 비계의 구조 및 재료에 따라 작업발판의 최대적재하중을 정하고 이를 초과하여 싣지 않을 것

(2) 달비계의 안전계수

구분		안전계수
달기와이어로프 및 달기강선		10 이상
달기체인 및 달기훅		5 이상
달기강대와 달비계의 하부 및 상부지점	강재	2.5 이상
	목재	5 이상

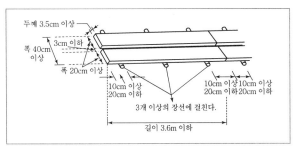

[작업발판의 구조]

2) 작업발판의 구조

(1) 발판재료는 작업할 때의 하중을 견딜 수 있도록 견고한 것으로 할 것

(2) 작업발판의 폭은 40cm 이상으로 하고, 발판재료간의 틈은 3cm 이하로 할 것

(3) (2)에도 불구하고 선박 및 보트 건조작업의 경우 선박블록 또는 엔진실 등의 좁은 작업공간에 작업발판을 설치하기 위하여 필요하면 작업발판의 폭을 30cm 이상으로 할 수 있고, 걸침비계의 경우 강관기둥 때문에 발판재료 간의 틈을 3cm 이하로 유지하기 곤란하면 5cm 이하로 할 수 있다. 이 경우 그 틈 사이로 물체 등이 떨어질 우려가 있는 곳에는 출입금지 등의 조치를 하여야 한다.

SECTION 03
거푸집 및 동바리

1 거푸집동바리 조립 시 안전조치사항

1) 거푸집동바리의 조립도

(1) 거푸집동바리 등을 조립하는 경우에는 그 구조를 검토한 후 조립도를 작성하고 그 조립도에 따라 조립해야 한다.

(2) 조립도에는 동바리 · 멍에 등 부재의 재질 · 단면규격 · 설치간격 및 이음방법 등을 명시해야 한다.

2) 구조검토 시 고려하여야 할 하중

(1) 종류

① 연직방향하중 : 타설 콘크리트 고정하중, 타설 시 충격하중 및 작업원 등의 작업하중

② 횡방향 하중 : 작업 시 진동, 충격, 풍압, 유수압, 지진 등

③ 콘크리트 측압 : 콘크리트가 거푸집을 안쪽에서 밀어내는 압력

④ 특수하중 : 시공 중 예상되는 특수한 하중(콘크리트 편심하중 등)

(2) 거푸집동바리의 연직방향 하중

① 계산식

$$W = 고정하중 + 활하중$$
$$= (콘크리트 + 거푸집)중량 + (충격 + 작업)하중$$
$$= \gamma \cdot t + 40kg/m^2 + 250kg/m^2$$

여기서, γ : 철근콘크리트 단위중량(kg/m^3),
t : 슬래브 두께(m)

② 고정하중 : 철근콘크리트와 거푸집의 중량을 합한 하중이며 거푸집 하중은 최소 $40kg/m^2$ 이상 적용, 특수 거푸집의 경우 실제 중량 적용

③ 활하중 : 작업원, 경량의 장비하중, 기타 콘크리트에 필요한 자재 및 공구 등의 시공하중 및 충격하중을 포함하며 구조물의 수평투영면적(연직방향으로 투영시킨 수평면적)당 최소 $250kg/m^2$ 이상 적용

④ 상기 고정하중과 활하중을 합한 수직하중은 슬래브 두께에 관계없이 $500kg/m^2$ 이상으로 적용

3) 거푸집 동바리 조립 시 준수사항

(1) 깔목의 사용, 콘크리트 타설, 말뚝박기 등 동바리의 침하를 방지하기 위한 조치를 할 것

(2) 개구부 상부에 동바리를 설치하는 경우에는 상부하중을 견딜 수 있는 견고한 받침대를 설치할 것

(3) 동바리의 상하고정 및 미끄러짐 방지조치를 하고, 하중의 지지상태를 유지할 것

(4) 동바리의 이음은 맞댄이음 또는 장부이음으로 하고 같은 품질의 재료를 사용할 것

(5) 강재와 강재의 접속부 및 교차부는 볼트 · 클램프 등 전용 철물을 사용하여 단단히 연결할 것

(6) 거푸집이 곡면인 경우에는 버팀대의 부착 등 그 거푸집의 부상(浮上)을 방지하기 위한 조치를 할 것

(7) 동바리로 사용하는 강관(파이프서포트를 제외한다)에 대하여는 다음 각목의 정하는 바에 의할 것

① 높이 2m 이내마다 수평연결재를 2개 방향으로 만들고 수평연결재의 변위를 방지할 것

② 멍에 등을 상단에 올릴 경우에는 해당 상단에 강재의 단판을 붙여 멍에 등을 고정시킬 것

(8) 동바리로 사용하는 파이프서포트에 대하여는 다음 각목의 정하는 바에 의할 것

① 파이프서포트를 3개 이상 이어서 사용하지 않도록 할 것

② 파이프서포트를 이어서 사용할 경우에는 4개 이상의 볼트 또는 전용철물을 사용하여 이을 것

③ 높이가 3.5m를 초과할 경우에는 제(7)호 ①의 조치를 할 것

(9) 시스템동바리(규격화, 부품화된 수직재, 수평재 및 가새재 등의 부재를 현장에서 조립하여 거푸집으로 지지하는 동바리 형식을 말한다)는 다음 각 목의 방법에 따라 설치할 것

① 수평재는 수직재와 직각으로 설치하여야 하며, 흔들리지 않도록 견고하게 설치할 것

② 연결철물을 사용하여 수직재를 견고하게 연결하고, 연결부위가 탈락 또는 꺾어지지 않도록 할 것

③ 수직 및 수평하중에 의한 동바리 본체의 변위로부터 구조적 안전성이 확보되도록 조립도에 따라 수직재 및 수평재에는 가새재를 견고하게 설치하도록 할 것

④ 동바리 최상단과 최하단의 수직재와 받침철물은 서로 밀착되도록 설치하고, 수직재와 받침철물의 연결부의 겹침길이는 받침철물 전체길이의 3분의 1 이상이 되도록 할 것

2 거푸집 존치기간

1) 콘크리트 압축강도를 시험할 경우(콘크리트표준시방서)

부재	콘크리트의 압축강도(f_{cu})
확대기초, 보 옆, 기둥, 벽 등의 측벽	5MPa 이상
슬래브 및 보의 밑면, 아치 내면	설계기준강도$\times\dfrac{2}{3}(f_{ck} \geq \dfrac{2}{3}f_{ck})$ 다만, 14MPa 이상

2) 콘크리트 압축강도를 시험하지 않을 경우(기초, 보 옆, 기둥 및 보의 측벽)

시멘트의 종류 평균 기온	조강포틀랜드시멘트	보통포틀랜드시멘트 고로슬래그시멘트(특급) 포틀랜드포졸란시멘트(A종) 플라이애시시멘트(A종)	고로슬래그시멘트 포틀랜드포졸란시멘트(B종) 플라이애시시멘트(B종)
20℃ 이상	2일	4일	5일
20℃ 미만 10℃ 이상	3일	6일	8일

3) 동바리의 존치기간

Slab 밑, 보 밑 모두 설계기준강도(f_{ck})의 100% 이상의 콘크리트 압축강도가 얻어질 때까지 존치한다.

흙막이

1 흙막이 설치기준

1) 흙막이 지보공의 재료

흙막이 지보공의 재료로 변형·부식되거나 심하게 손상된 것을 사용 금지한다.

2) 흙막이 지보공의 조립도

(1) 흙막이 지보공을 조립하는 경우에 미리 조립도를 작성하여 그 조립도에 따라 조립해야 한다.

(2) 조립도는 흙막이판·말뚝·버팀대 및 띠장 등 부재의 배치·치수·재질 및 설치방법과 순서가 명시해야 한다.

2 흙막이 공법

1) 공법의 종류

(1) 흙막이 지지방식에 따른 분류

① 경사 Open Cut 공법 : 토질이 양호하고 부지에 여유가 있을 때 지반의 자립성에 의존하는 공법

② 자립공법 : 흙막이벽 벽체의 근입깊이에 의해 흙막이벽을 지지

③ 타이로드공법(Tie Rod Method) : 흙막이벽의 상부를 당김줄로 당겨 흙막이벽의 이동을 방지

④ 버팀대식 공법 : 띠장, 버팀대, 지지말뚝을 설치하여 토압, 수압에 저항

⑤ 어스앵커공법(Earth Anchor) : 흙막이벽을 천공 후 앵커체를 삽입하여 인장력을 가하여 흙막이벽을 잡아매는 공법, 버팀대가 없어 작업공간의 확보가 용이하나 인접한 구조물이 있을 경우 부적합

(2) 흙막이 구조방식에 의한 분류

① H-Pile 공법 : H-Pile을 1~2m 간격으로 박고 굴착과 동시에 토류판을 끼워 흙막이벽을 설치하는 공법

② 널말뚝공법 : 강재널말뚝 또는 강관널말뚝을 연속으로 연결하여 흙막이벽을 설치하여 버팀대로 지지하는 공법

③ 벽식 지하연속벽 공법 : 지중에 연속된 철근콘크리트 벽체를 형성하는 공법으로 진동과 소음이 적어 도심지 공사에 적합, 높은 차수성 및 벽체의 강성이 큼

④ 주열식 지하연속벽 공법 : 현장타설 콘크리트말뚝을 연속으로 연결하여 주열식으로 흙막이벽을 축조

⑤ 탑다운공법(Top Down Method) : 지하연속벽과 기둥을 시공한 후 영구구조물 슬래브를 시공하여 벽체를 지지하면서 위에서 아래로 굴착하면서 동시에 지상층도 시공하는 공법으로 주변지반의 침하가 적고 진동과 소음이 적어 도심지 대심도 굴착에 유리

2) 흙막이 지보공 붕괴위험방지

(1) 정기적 점검사항

흙막이 지보공을 설치하였을 때에는 정기적으로 다음 사항을 점검하고 이상을 발견하면 즉시 보수하여야 한다.

① 부재의 손상·변형·부식·변위 및 탈락의 유무와 상태
② 버팀대의 긴압의 정도
③ 부재의 접속부·부착부 및 교차부의 상태
④ 침하의 정도
⑤ 흙막이 공사의 계측관리

(2) 흙막이에 작용하는 토압의 종류

① 주동토압(P_a) : 벽체의 앞쪽으로 변위를 발생시키는 토압
② 정지토압(P_0) : 벽체에 변위가 없을 때의 토압
③ 수동토압(P_p) : 벽체의 뒤쪽으로 변위를 발생시키는 토압

④ 토압의 크기 : 수동토압(P_p) > 정지토압(P_0) > 주동토압(P_a)

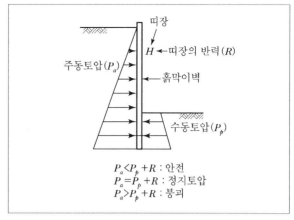

$$P_a < P_p + R : 안전$$
$$P_a = P_p + R : 정지토압$$
$$P_a > P_p + R : 붕괴$$

[토압의 종류]

(3) 붕괴예방 조치사항

① 사전조사 : 지하매설물 종류, 위치, 지반, 지하수 상태 등
② 토압 검토 : 토질에 따른 토압분포를 이용하여 흙막이 지보공의 설계
③ 히빙(Heaving)현상 예방 : 흙막이의 근입깊이를 경질지반까지, 지반개량
④ 보일링(Boiling)현상 예방 : 흙막이의 근입깊이를 경질지반까지, 지하수위 저하
⑤ 지반조사 시 피압수층을 파악하여 배수공법으로 피압수위의 저하
⑥ 차수 배수대책 수립 : Slurry Wall, Sheet Pile 등의 차수성이 우수한 공법 선택
⑦ 구조상 안전한 흙막이공법 선정
⑧ 계측관리계획 수립하여 흙막이의 변형 사전예측 및 보강

3 흙막이 가시설 계측관리

1) 계측의 목적

(1) 지반의 거동을 사전에 파악
(2) 각종 지보재의 지보효과 확인
(3) 구조물의 안전성 확인
(4) 공사의 경제성 도모
(5) 장래 공사에 대한 자료 축적
(6) 주변 구조물의 안전 확보

2) 계측기의 종류 및 사용 목적

(1) 지표침하계 : 흙막이벽 배면에 동결심도보다 깊게 설치하여 지표면 침하량 측정

(2) 지중경사계 : 흙막이벽 배면에 설치하여 토류벽의 기울어짐 측정

(3) 하중계 : Strut, Earth Anchor에 설치하여 축하중 측정으로 부재의 안정성 여부 판단

(4) 간극수압계 : 굴착, 성토에 의한 간극수압의 변화 측정

(5) 균열측정기 : 인접구조물, 지반 등의 균열부위에 설치하여 균열크기와 변화측정

(6) 변형계 : Strut, 띠장 등에 부착하여 굴착작업 시 구조물의 변형을 측정

(7) 지하수위계 : 굴착에 따른 지하수위 변동을 측정

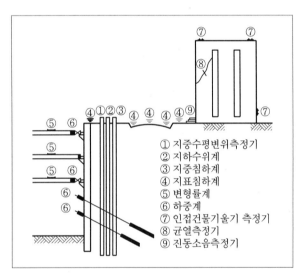

① 지중수평변위측정기
② 지하수위계
③ 지중침하계
④ 지표침하계
⑤ 변형률계
⑥ 하중계
⑦ 인접건물기울기 측정기
⑧ 균열측정기
⑨ 진동소음측정기

[계측기의 종류]

4 지반의 이상현상 및 안전대책

1) 히빙(Heaving)

(1) 정의

연약한 점토지반을 굴착할 때 흙막이벽 배면 흙의 중량이 굴착저면 이하의 흙보다 중량이 클 경우 굴착저면 이하의 지지력보다 크게 되어 흙막이 배면에 있는 흙이 안으로 밀려들어 굴착저면이 솟아오르는 현상이다.

(2) 지반조건

연약한 점토지반, 굴착저면 하부의 피압수

(3) 피해

① 흙막이의 전면적이 파괴된다.

② 흙막이 주변 지반침하로 인한 지하매설물이 파괴된다.

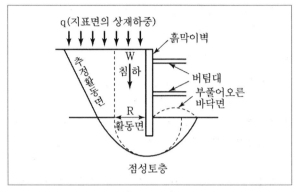

[히빙 현상]

(4) 안전대책

① 흙막이벽의 근입장 깊이를 경질지반까지 연장시킨다.

② 굴착주변의 상재하중을 제거시킨다.

③ 시멘트, 약액주입공법 등으로 Grouting을 실시한다.

④ Well Point, Deep Well 공법으로 지하수위를 저하시킨다.

⑤ 굴착방식을 개선한다(Island Cut, Caisson 공법 등).

2) 보일링(Boiling)

(1) 정의

투수성이 좋은 사질토 지반을 굴착할 때 흙막이벽 배면의 지하수위가 굴착저면보다 높을 때 굴착저면 위로 모래와 지하수가 솟아오르는 현상이다.

(2) 지반조건

투수성이 좋은 사질지반, 굴착저면 하부의 피압수

(3) 피해

① 흙막이의 전면적이 파괴된다.

② 흙막이 주변 지반침하로 인한 지하매설물이 파괴된다.

③ 굴착저면의 지지력이 감소된다.

(4) 안전대책

① 흙막이벽의 근입장 깊이를 경질지반까지 연장시킨다.
② 차수성이 높은 흙막이를 설치한다(지하연속벽, Sheet
   Pile 등).
③ 시멘트, 약액주입공법 등으로 Grouting 실시한다.
④ Well Point, Deep Well 공법으로 지하수위 저하시킨다.
⑤ 굴착토를 즉시 원상태로 매립한다.

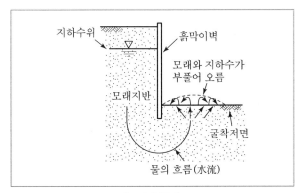

[보일링 현상]

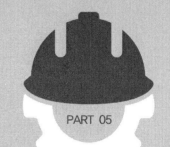

SECTION 01
양중 및 해체공사

1 양중기의 종류

1) 종류

(1) 크레인(호이스트(hoist)를 포함한다.)

(2) 이동식 크레인

(3) 리프트(이삿짐운반용 리프트의 경우에는 적재하중이 0.1톤 이상인 것으로 한정)

(4) 곤돌라

(5) 승강기

2) 양중기

(1) 크레인

① 정의 : 동력을 사용하여 중량물을 매달아 상하 및 좌우(수평 또는 선회를 말한다)로 운반하는 것을 목적으로 하는 기계 또는 기계장치

② 타워크레인 선정 시 사전 검토사항
  ㉠ 작업반경
  ㉡ 입지조건
  ㉢ 건립기계의 소음 영향
  ㉣ 건물형태
  ㉤ 인양능력

(2) 리프트

① 정의 : 동력을 사용하여 사람이나 화물을 운반하는 것을 목적으로 하는 기계설비

② 종류
  ㉠ 건설용 리프트   ㉡ 산업용 리프트
  ㉢ 자동차정비용 리프트   ㉣ 이삿짐운반용 리프트

③ 방호장치
  ㉠ 권과방지장치
  ㉡ 과부하방지장치
  ㉢ 비상정지장치

(3) 곤돌라

달기발판 또는 운반구·승강장치 그 밖의 장치 및 이들에 부속된 기계부품에 의하여 구성되고, 와이어로프 또는 달기강선에 의하여 달기발판 또는 운반구가 전용의 승강장치에 의하여 상승 또는 하강하는 설비이다.

(4) 승강기

① 정의 : 동력을 사용하여 운반하는 것으로서 가이드레일을 따라 상승 또는 하강하는 운반구에 사람이나 화물을 상·하 또는 좌·우로 이동·운반하는 기계·설비로서 탑승장을 가진 설비

② 종류
  ㉠ 승객용 엘리베이터
  ㉡ 승객화물용 엘리베이터
  ㉢ 화물용 엘리베이터
  ㉣ 소형화물용 엘리베이터
  ㉤ 에스컬레이터

③ 승강기의 안전장치
  ㉠ 과부하 방지장치
  ㉡ 파이널 리밋 스위치(Final Limit Switch)
  ㉢ 비상정지장치
  ㉣ 조속기
  ㉤ 출입문 인터록

2 양중기의 안전수칙

1) 정격하중 등의 표시

2) 신호(「안전보건규칙」 제40조)

3) 운전위치의 이탈금지(「안전보건규칙」 제41조)

4) 폭풍에 의한 이탈방지(「안전보건규칙」 제140조)

순간풍속 30m/sec를 초과하는 바람이 불어올 우려가 있는 경우에는 옥외에 설치되어 있는 주행크레인에 대하여 이탈방지장치를 작동시키는 등 그 이탈을 방지하기 위한 조치를 하여야 한다.

5) 크레인의 설치 · 조립 · 수리 · 점검 또는 해체작업 시 조치사항(「안전보건규칙」 제141조)

(1) 작업순서를 정하고 그 순서에 따라 작업을 할 것
(2) 작업을 할 구역에 관계근로자가 아닌 사람의 출입을 금지하고 그 취지를 보기 쉬운 곳에 표시할 것
(3) 비 · 눈 그 밖의 기상상태의 불안정으로 날씨가 몹시 나쁠 경우에는 그 작업을 중지시킬 것
(4) 작업장소는 안전한 작업이 이루어질 수 있도록 충분한 공간을 확보하고 장애물이 없도록 할 것
(5) 들어올리거나 내리는 기자재는 균형을 유지하면서 작업을 하도록 할 것
(6) 크레인의 성능, 사용조건 등에 따라 충분한 응력을 갖는 구조로 기초를 설치하고 침하 등이 일어나지 않도록 할 것
(7) 규격품인 조립용 볼트를 사용하고 대칭되는 곳을 차례로 결합하고 분해할 것

6) 타워크레인의 조립 · 해체 · 사용 시 준수사항

(1) 작업계획서의 내용

① 타워크레인의 종류 및 형식
② 설치 · 조립 및 해체순서
③ 작업도구 · 장비 · 가설설비 및 방호설비
④ 작업인원의 구성 및 작업근로자의 역할 범위
⑤ 타워크레인의 지지방법

(2) 타워크레인의 지지 시 준수사항

① 벽체에 지지하는 경우 준수사항
  ㉠ 서면심사에 관한 서류 또는 제조사의 설치작업설명서 등에 따라 설치할 것
  ㉡ 서면심사 서류 등이 없거나 명확하지 아니한 경우에는 「국가기술자격법」에 의한 건축구조 · 건설기계 · 기계 안전 · 건설안전기술사 또는 건설안전분야 산업안전지도사의 확인을 받아 설치하거나 기종별 · 모델별 공인된 표준방법으로 설치할 것
  ㉢ 콘크리트구조물에 고정시키는 경우에는 매립이나 관통 또는 이와 동등 이상의 방법으로 충분히 지지되도록 할 것
  ㉣ 건축 중인 시설물에 지지하는 경우에는 그 시설물의 구조적 안정성에 영향이 없도록 할 것
② 와이어로프로 지지하는 경우 준수사항
  ㉠ 벽체에 지지하는 경우의 제㉠호 또는 제㉡호의 조치를 취할 것
  ㉡ 와이어로프를 고정하기 위한 전용 지지프레임을 사용할 것
  ㉢ 와이어로프 설치각도는 수평면에서 60도 이내로 하되, 지지점은 4개소 이상으로 하고, 같은 각도로 설치할 것

(3) 강풍 시 타워크레인의 작업중지

순간풍속이 초당 10미터를 초과하는 경우에는 타워크레인의 설치 · 수리 · 점검 또는 해체작업을 중지하여야 하며, 순간풍속이 초당 20미터를 초과하는 경우에는 타워크레인의 운전작업을 중지하여야 한다.

(4) 충돌방지 조치 및 영상 기록관리

타워크레인 사용 중 충돌방지를 위한 조치를 취하도록 하고, 타워크레인을 사용한 작업 시 타워크레인 설치 · 상승 · 해체 작업과정 전반을 영상으로 기록하여 대여기간 동안 보관하여야 한다.

(5) 타워크레인 전담 신호수 배치(「안전보건규칙」 제146조)

타워크레인을 사용하여 작업을 하는 경우 타워크레인마다 근로자와 조종 작업을 하는 사람 간에 신호업무를 담당하는 사람을 각각 두어야 한다.

7) 이동식 크레인 작업의 안전기준

(1) 방호장치의 조정(「안전보건규칙」 제134조)

(2) 안전밸브의 조정(「안전보건규칙」 제148조)

(3) 해지장치의 사용(「안전보건규칙」 제149조)

하물을 운반하는 경우에는 해지장치를 사용해야 한다.

(4) 과부하의 제한(「안전보건규칙」 제135조)

양중기에 그 적재하중을 초과하는 하중을 걸어서 사용금지한다.

(5) 출입의 금지(「안전보건규칙」 제20조)

8) 크레인의 방호장치

(1) 권과방지장치 : 권과를 방지하기 위하여 자동적으로 동력을 차단하고 작동을 제동하는 장치

(2) 과부하방지장치 : 크레인에 있어서 정격하중 이상의 하중이 부하되었을 때 자동적으로 상승이 정지되면서 경보음 발생

(3) 비상정지장치 : 이동 중 이상상태 발생시 급정지시킬 수 있는 장치

(4) 브레이크 장치 : 운동체를 감속하거나 정지상태로 유지하는 기능을 가진 장치

(5) 훅 해지장치 : 훅에서 와이어로프가 이탈하는 것을 방지하는 장치

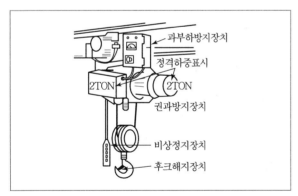

[크레인의 방호장치]

9) 양중기의 와이어로프

(1) 정의 : 와이어로프란 양질의 고탄소강에서 인발한 소선(Wire)를 꼬아서 가닥(Strand)으로 만들고 이 가닥을 심(Core) 주위에 일정한 피치(Pitch)로 감아서 제작한 로프

(2) 안전계수 = $\dfrac{\text{절단하중}}{\text{최대사용하중}}$

(3) 안전계수의 구분

구분	안전계수
근로자가 탑승하는 운반구를 지지하는 경우 (달기와이어로프 또는 달기체인)	10 이상
화물의 하중을 직접 지지하는 경우 (달기와이어로프 또는 달기체인)	5 이상
훅, 샤클, 클램프, 리프팅 빔의 경우	3 이상
그 밖의 경우	4 이상

(4) 부적격한 와이어로프의 사용금지

① 이음매가 있는 것

② 와이어로프의 한 꼬임(스트랜드)에서 끊어진 소선(素線, 필러(pillar)선을 제외한다)의 수가 10% 이상(비자전로프의 경우에는 끊어진 소선의 수가 와이어로프 호칭지름의 6배 길이 이내에서 4개 이상이거나 호칭지름 30배 길이 이내에서 8개 이상인 것)인 것

③ 지름의 감소가 공칭지름의 7%를 초과하는 것

④ 꼬인 것

⑤ 심하게 변형되거나 부식된 것

⑥ 열과 전기충격에 의해 손상된 것

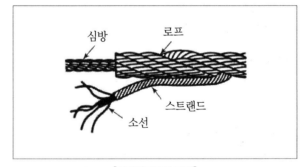

[와이어로프의 구성]

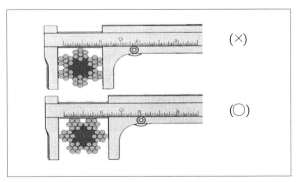

[와이어로프 직경 측정방법]

10) 작업시작 전 점검사항

(1) 개요

① 크레인, 리프트, 곤돌라 등을 사용하는 작업시작 전에 필요한 사항을 점검한다.

② 점검결과 이상이 발견된 경우에는 즉시 보수 그 밖에 필요한 조치 실시한다.

(2) 작업시작 전 점검사항

① 크레인
　㉠ 권과방지장치 · 브레이크 · 클러치 및 운전장치의 기능
　㉡ 주행로의 상측 및 트롤리가 횡행(橫行)하는 레일의 상태
　㉢ 와이어로프가 통하고 있는 곳의 상태

② 이동식 크레인
　㉠ 권과방지장치 그 밖의 경보장치의 기능
　㉡ 브레이크 · 클러치 및 조정장치의 기능
　㉢ 와이어로프가 통하고 있는 곳 및 작업장소의 지반상태

③ 리프트
　㉠ 방호장치 · 브레이크 및 클러치의 기능
　㉡ 와이어로프가 통하고 있는 곳의 상태

④ 곤돌라
　㉠ 방호장치 · 브레이크의 기능
　㉡ 와이어로프 · 슬링와이어 등의 상태

⑤ 양중기의 와이어로프 · 달기체인 · 섬유로프 · 섬유벨트 또는 훅 · 샤클 · 링 등의 철구(이하 "와이어로프 등"이라 한다)를 사용하여 고리걸이작업을 할 때
　㉠ 와이어로프 등의 이상 유무

3 해체용 기구의 종류

1) 압쇄기

(1) 콘크리트 구조물 파쇄 시 굴삭기에 장착하여 유압의 힘으로 압축하여 콘크리트 및 벽돌을 깨거나 절단할 때 사용한다.

(2) 해체 시공 시 소음, 진동 등 공해를 발생시키지 않아 도심 내에서의 시공에 적합하다.

2) 대형 브레이커

(1) 셔블에 설치하여 사용하는 것으로 대형 브레이커는 소음이 많은 결점이 있지만 파쇄력이 커서 해체대상 범위가 넓으며 응용범위도 넓다.

(2) 일반적으로 방음시설을 하고 브레이커를 상층으로 올려 위층으로부터 순차 아래층으로 해체한다.

3) 철제 해머

(1) 크롤러 크레인에 설치하여 구조물에 충격을 주어 파쇄하는 기구이다.

(2) 소규모 건물에 적합, 소음과 진동이 크다.

4) 핸드브레이커

(1) 압축공기, 유압의 급속한 충격력에 의거 콘크리트 등을 해체할 때 사용한다.

(2) 작은 부재에 유리, 소음, 진동 및 분진 발생한다.

5) 팽창제

(1) 광물의 수화반응에 의한 팽창압을 이용하여 파쇄하는 공법이다.

(2) 무소음, 무진동공법으로 팽창재료가 고가이다.

6) 절단기(톱)

(1) 절단톱을 전동기, 가솔린 엔진 등으로 고속회전시켜 절단하는 기구이다.

(2) 진동, 분진이 거의 없다.

4 해체용 기구의 취급안전

1) 기구사용 시 준수사항

(1) 압쇄기

① 중기의 안전성을 확인하고 지반침하 방지를 위한 지반다짐 확인해야 한다.
② 해체물이 비산, 낙하할 위험이 있으므로 수평 낙하물 방호책을 설치해야 한다.
③ 파쇄작업순서는 슬래브, 보, 벽체, 기둥의 순서로 해체해야 한다.

(2) 대형 브레이커

① 소음, 진동기준은 관계법에 의거 처리해야 한다.
② 장비 간 안전거리 확보해야 한다.

(3) 핸드 브레이커

① 소음, 진동 및 분진이 발생하므로 보호구 착용해야 한다.
② 작업원의 작업시간을 제한하여야 한다.
③ 작업자세는 하향 수직 방향이어야 한다(끌의 부러짐을 방지).

(4) 절단기(톱)

① 회전날에는 접촉방지 Cover 부착해야 한다.
② 회전날의 조임상태는 작업 전에 안전점검해야 한다.
③ 절단 중 회전날의 냉각수 점검 및 과열 시 일시 중단해야 한다.

(5) 팽창제

① 팽창제와 물과의 혼합비율을 확인해야 한다.
② 천공간격은 콘크리트 강도에 의해 결정되나 30~70cm 정도가 적당하다.
③ 개봉된 팽창제는 사용금지, 쓰다 남은 팽창제는 처리 시 유의하여야 한다.
④ 팽창제를 저장하는 경우에는 건조한 장소에 보관하고 직접 바닥에 두지 말고 습기를 피하여야 한다.

2) 해체작업의 안전

(1) 건물 등의 해체 작업계획서 내용

① 해체의 방법 및 해체순서 도면
② 가설설비, 방호설비, 환기설비 및 살수·방화설비 등의 방법
③ 사업장 내 연락방법
④ 해체물의 처분계획
⑤ 해체작업용 기계·기구 등의 작업계획서
⑥ 해체작업용 화약류 등의 사용계획서
⑦ 그 밖에 안전·보건에 관련된 사항

(2) 해체공사 시 안전대책

① 작업구역 내에는 관계자 외 출입금지
② 강풍, 폭우, 폭설 등 악천후 시 작업중지
③ 사용기계, 기구 등을 인양하거나 내릴 때 그물망 또는 그물포 등을 사용

SECTION 02

콘크리트 및 철골공사

1 콘크리트 타설작업의 안전

1) 콘크리트 타설작업 시 준수사항

(1) 당일의 작업을 시작하기 전에 해당 작업에 관한 거푸집동바리 등의 변형·변위 및 지반의 침하유무 등을 점검하고 이상이 있으면 보수할 것
(2) 작업 중에는 거푸집동바리 등의 변형·변위 및 침하유무 등을 감시할 수 있는 감시자를 배치하여 이상이 있으면 작업을 중지시키고 근로자를 대피시킬 것
(3) 콘크리트 타설작업 시 거푸집 붕괴의 위험이 발생할 우려가 있으면 충분한 보강조치를 할 것
(4) 설계도서상의 콘크리트 양생기간을 준수하여 거푸집동바리 등을 해체할 것
(5) 콘크리트를 타설하는 경우에는 편심이 발생하지 않도록 골고루 분산하여 타설할 것

2) 콘크리트 펌프 등 사용 시 준수사항

(1) 작업을 시작하기 전에 콘크리트 펌프용 비계를 점검하고 이상을 발견하였으면 즉시 보수할 것
(2) 건축물의 난간 등에서 작업하는 근로자가 호스의 요동·선회로 인하여 추락하는 위험을 방지하기 위하여 안전난간 설치 등 필요한 조치를 할 것

(3) 콘크리트 펌프카의 붐을 조정하는 경우에는 주변의 전선 등에 의한 위험을 예방하기 위한 적절한 조치를 할 것

(4) 작업 중에 지반의 침하, 아웃트리거의 손상 등에 의하여 콘크리트 펌프카가 넘어질 우려가 있는 경우에는 이를 방지하기 위한 적절한 조치를 할 것

3) 콘크리트 타설 시 유의사항

(1) 슈트, 펌프배관, 버킷 등으로 타설 시에는 배출구와 치기면까지의 가능한 높이를 낮게

(2) 비비기로부터 타설 시까지 시간은 25℃ 이상에서는 1.5시간 이하

(3) 타설 시 콘크리트의 재료분리는 가능한 적게 일어나도록 해야 한다.

(4) 최상부의 슬래브는 이어붓기를 되도록 피하고, 일시에 전체를 타설한다.

(5) 슬래브는 먼 곳에서 가까운 곳으로 부어넣기 시작

(6) 보는 양단에서 중앙으로 부어넣기

2 콘크리트 측압

1) 정의

(1) 측압(Lateral Pressure)이란 콘크리트 타설 시 기둥·벽체의 거푸집에 가해지는 콘크리트의 수평방향의 압력이다.

(2) 콘크리트의 타설높이가 증가함에 따라 측압은 증가하나, 일정높이 이상이 되면 측압은 감소한다.

2) 콘크리트 헤드(Concrete Head)

(1) 측압이 최대가 되는 콘크리트의 타설높이

(2) 콘크리트 헤드 및 측압의 최대값

① 콘크리트 헤드 : 벽(0.5m), 기둥(1.0m)

② 측압의 최대값 : 벽(1.0ton/m^2), 기둥(2.5ton/m^2)

3) 측압이 커지는 조건

(1) 거푸집 부재단면이 클수록

(2) 거푸집 수밀성이 클수록

(3) 거푸집의 강성이 클수록

(4) 거푸집 표면이 평활할수록

(5) 시공연도(Workability)가 좋을수록

(6) 철골 또는 철근량이 적을수록

(7) 외기온도가 낮을수록 습도가 높을수록

(8) 콘크리트의 타설속도가 빠를수록

(9) 콘크리트의 다짐이 좋을수록

(10) 콘크리트의 Slump가 클수록

(11) 콘크리트의 비중이 클수록

3 철골공사 작업의 안전

1) 공사 전 검토사항

(1) 설계도 및 공작도의 확인 및 검토사항

① 부재의 형상 및 치수, 접합부의 위치, 브래킷의 내민치수, 건물의 높이

② 철골의 건립형식, 건립상의 문제점, 관련 가설설비

③ 건립기계의 종류선정, 건립공정 검토, 건립기계 대수 결정

(2) 공작도(Shop Drawing)에 포함사항

① 외부비계 및 화물승강설비용 브래킷

② 기둥 승강용 트랩

③ 구명줄 설치용 고리

④ 건립에 필요한 와이어로프 걸이용 고리

⑤ 안전난간 설치용 부재

⑥ 기둥 및 보 중앙의 안전대 설치용 고리

⑦ 방망 설치용 부재

⑧ 비계 연결용 부재

⑨ 방호선반 설치용 부재

⑩ 양중기 설치용 보강재

(3) 철골의 자립도를 위한 대상 건물(강풍 시 철골의 자립도 검토대상 구조물)

① 높이 20m 이상의 구조물

② 구조물의 폭과 높이의 비가 1 : 4 이상인 구조물

③ 단면구조에 현저한 차이가 있는 구조물

④ 연면적당 철골량이 50kg/m^2 이하인 구조물

⑤ 기둥이 타이플레이트(Tie Plate)형인 구조물

⑥ 이음부가 현장용접인 구조물

2) 건립순서 계획 시 검토사항(철골공사 표준안전작업지침)

(1) 철골건립에 있어서는 현장 건립순서와 공장 제작순서가 일치되도록 계획하고 제작검사의 사전 실시, 현장 운반계획 등을 확인하여야 한다.

(2) 어느 한면만을 2절점 이상 동시에 세우는 것은 피해야 하며 1경간(Span) 이상 수평방향으로도 조립이 진행되도록 계획하여 좌굴, 탈락에 의한 무너짐을 방지하여야 한다.

(3) 건립기계의 작업반경과 진행방향을 고려하여 조립순서를 결정하고 조립설치된 부재에 의해 후속작업이 지장을 받지 않도록 계획하여야 한다.

(4) 연속기둥 설치 시 기둥을 2개 세우면 기둥 사이의 보를 동시에 설치하도록 하며 그 다음의 기둥을 세울 경우에는 계속 보를 연결시킴으로써 좌굴 및 편심에 의한 탈락방지 등의 안전성을 확보하면서 건립을 진행시켜야 한다.

(5) 건립 중 무너짐을 방지하기 위하여 가볼트 체결기간을 단축시킬 수 있도록 후속공사를 계획하여야 한다.

3) 작업의 제한 기준

(1) 작업의 제한 기준

구분	내용
강풍	풍속이 초당 10m 이상인 경우
강우	강우량이 시간당 1mm 이상인 경우
강설	강설량이 시간당 1cm 이상인 경우

(2) 강풍 시 조치

① 높은 곳에 있는 부재나 공구류가 낙하, 비래하지 않도록 조치한다.

② 와이어로프, 턴버클, 임시가새 등으로 쓰러지지 않도록 보강한다.

4) 철골세우기용 기계의 종류

(1) 고정식 크레인

① 고정식 타워크레인 : 설치가 용이, 작업범위가 넓으며 철골구조물 공사에 적합

② 이동식 타워크레인 : 이동하면서 작업할 수 있으므로 작업반경을 최소화할 수 있음

(2) 이동식 크레인

① 트럭 크레인 : 타이어 트럭 위에 크레인 본체를 설치한 크레인, 기동성이 우수하고 안전을 확보하기 위해 아웃트리거 장치 설치. 크롤러 크레인보다 흔들림이 적다.

② 크롤러 크레인 : 무한궤도 위에 크레인 본체 설치, 안전성이 우수하고 연약지반에서의 주행성능이 좋으나 기동성 저조

③ 유압 크레인 : 유압식 조작방식으로 안정성 우수, 이동속도가 빠르고 아웃트리거 장치 설치

(3) 데릭(Derrick)

① 가이데릭(Guy Derrick) : 360° 회전 가능, 인양하중 능력이 크나 타워크레인에 비해 선회성 및 안전성이 떨어짐

② 삼각데릭(Stiff Leg Derrick) : 주기둥을 지탱하는 지선 대신에 2본의 다리에 의해 고정, 회전반경은 270°로 가이데릭과 비슷하며 높이가 낮은 건물에 유리함

③ 진폴(Gin Pole) : 철파이프, 철골 등으로 기둥을 세우고 윈치를 이용하여 철골부재를 인상, 경미한 철골건물에 사용함

5) 철골접합방법의 종류

(1) 리벳(Rivet) 접합

① Rivet을 900~1,000℃ 정도로 가열하여 조 리벳터(Jaw Riveter) 또는 뉴매틱 리베터(Pneumatic Riveter) 등의 기계로 타격하여 접합하다.

② 타격 시 소음, 화재의 위험, 시공효율 등이 다른 방법보다 낮다.

(2) 볼트(Bolt) 접합

① 전단, 지압접합 등의 방식으로 접합하며 경미한 구조재나 가설건물에 사용한다.

② 주요 구조재의 접합에는 사용되지 않는다.

(3) 고장력볼트(High Tension Bolt) 접합

① 고탄소강 또는 합금강을 열처리한 항복강도 $7t/cm^2$, 인장강도 $9t/cm^2$ 이상의 고장력볼트를 조여서 부재 간의 마찰력으로 접합하는 방식이다.

② 접합방식 : 마찰접합, 인장접합, 지압접합

(4) 용접(Welding) 접합

① 철골부재의 접합부를 열로 녹여 일체가 되도록 결합시키는 방법이다.

② 용접의 이음형식

    ㉠ 맞대기용접(Butt Welding) : 접합하는 두 부재 사이에 홈을 두고 용착금속을 채워 넣는 방법

    ㉡ 모살용접(Fillet Welding) : 모살을 덧붙이는 용접으로 한쪽의 모재 끝을 다른 모재면에 겹치거나 맞대어 그 접촉부분의 모서리를 용접하는 방법

③ 용접결함의 종류

    ㉠ Blow Hole(기공) : 용접부에 수소+CO_2 Gas의 기공이 발생

    ㉡ Slag 감싸돌기 : 모재와의 융합부에 Slag 부스러기가 잔존하는 현상

    ㉢ Crater(항아리) : Arc 용접 시 Bead 끝이 오목하게 패인 것

    ㉣ Under Cut : 과대전류 또는 용입 부족으로 모재가 파이는 현상

    ㉤ Pit(피트) : 용접부 표면에 생기는 작은 기포구멍

    ㉥ 용입 부족 : 용착금속이 채워지지 않고 홈으로 남게 되는 것

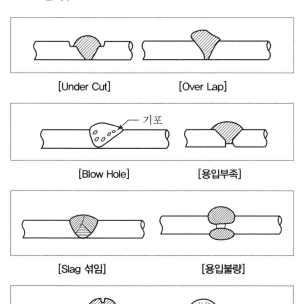

[Under Cut]　　　[Over Lap]

기포

[Blow Hole]　　　[용입부족]

[Slag 섞임]　　　[용입불량]

[Crater]　　　[Crack]

운반작업

1 운반작업의 안전수칙

1) 길이가 긴 장척물 운반 시 준수사항

(1) 운반 가능한 중량인가 파악한다.

(2) 운반경로 및 장애물 유무를 확인한다.

(3) 대상물의 특성에 따라 필요한 보호구를 확인, 착용한다.

(4) 전체 장척물 길이의 1/2 되는 지점에 얇은 각목을 받쳐 놓고 감싸 잡는다.

(5) 허리를 편 상태에서 정강이와 대퇴부 사이의 각도를 90° 이상 유지하면서 다리의 힘으로 일어선다.

(6) 장척물을 60° 이상의 각도로 세우면서 그 사이에 한쪽 다리를 구부려 허벅지에 대어 받침대로 삼는다.

(7) 대상물의 중심에 대칭을 잡고 다리 힘으로 선다.

2) 취급, 운반의 5원칙

(1) 직선운반을 할 것

(2) 연속운반을 할 것

(3) 운반작업을 집중화시킬 것

(4) 생산을 최고로 하는 운반을 생각할 것

(5) 최대한 시간과 경비를 절약할 수 있는 운반방법을 고려할 것

2 중량물 취급운반

1) 작업계획서 내용(「안전보건규칙」 제38조)

(1) 추락위험을 예방할 수 있는 안전대책

(2) 낙하위험을 예방할 수 있는 안전대책

(3) 전도위험을 예방할 수 있는 안전대책

(4) 협착위험을 예방할 수 있는 안전대책

(5) 붕괴위험을 예방할 수 있는 안전대책

2) 중량물 취급 안전기준

(1) 하역운반기계 · 운반용구 사용(「안전보건규칙」 제385조)

(2) 작업지휘자를 지정(「안전보건규칙」 제39조)하여 다음 각 사항을 준수(「안전보건규칙」 제177조)(단위화물의 무게가 100kg 이상인 화물을 싣는 작업 또는 내리는 작업)

① 작업순서 및 그 순서 마다의 작업방법을 정하고 작업을 지휘할 것

② 기구와 공구를 점검하고 불량품을 제거할 것

③ 해당 작업을 하는 장소에 관계근로자가 아닌 사람의 출입을 금지할 것

④ 로프 풀기 작업 또는 덮개 벗기기 작업은 적재함의 화물이 떨어질 위험이 없음을 확인한 후에 하도록 할 것

(3) 중량물을 2명 이상의 근로자가 취급 또는 운반하는 경우에는 일정한 신호방법을 정하고 신호에 따라 작업(「안전보건규칙」 제40조)

SECTION 04
하역작업

1 하역작업의 안전수칙

1) 하역작업장의 조치기준(「안전보건규칙」 제390조)

(1) 작업장 및 통로의 위험한 부분에는 안전하게 작업할 수 있는 조명을 유지할 것

(2) 부두 또는 안벽의 선을 따라 통로를 설치하는 경우에는 폭을 90cm 이상으로 할 것

(3) 육상에서의 통로 및 작업장소로서 다리 또는 선거(船渠)의 갑문을 넘는 보도 등의 위험한 부분에는 안전난간 또는 울타리 등을 설치할 것

2) 항만하역작업 시 안전수칙

(1) 통행설비의 설치

갑판의 윗면에서 선창 밑바닥까지의 깊이가 1.5m를 초과하는 선창의 내부에서 화물취급작업을 하는 경우에 그 작업에 종사하는 근로자가 안전하게 통행할 수 있는 설비를 설치해야 한다.

(2) 선박 승강설비의 설치

① 300톤급 이상의 선박에서 하역작업을 하는 경우에는 근로자들이 안전하게 오르내릴 수 있는 현문사다리를 설치하여야 하며, 이 사다리 밑에 안전망을 설치해야 한다.

② 현문사다리는 견고한 재료로 제작된 것으로 너비는 55cm 이상이어야 하고, 양측에 82cm 이상의 높이로 울타리를 설치하여야 하며, 바닥은 미끄러지지 않도록 적합한 재질로 처리해야 한다.

③ 현문사다리는 근로자의 통행에만 사용하여야 하며 화물용 발판 또는 화물용 보판으로 사용금지한다.

2 화물취급작업 안전수칙

1) 꼬임이 끊어진 섬유로프 등의 사용금지

(1) 꼬임이 끊어진 것

(2) 심하게 손상되거나 부식된 것

2) 화물의 적재 시 준수사항

(1) 침하의 우려가 없는 튼튼한 기반 위에 적재할 것

(2) 건물의 칸막이나 벽 등이 화물의 압력에 견딜 만큼의 강도를 지니지 아니한 경우에는 칸막이나 벽에 기대어 적재하지 않도록 할 것

3 차량계 하역운반기계의 안전수칙

1) 넘어짐 등의 방지

(1) 기계가 넘어지거나 굴러 떨어짐으로써 근로자에게 위험을 미칠 우려가 있는 경우에는 그 기계를 유도하는 유도자를 배치해야 한다.

(2) 지반의 부동침하 방지 조치해야 한다.

(3) 갓길의 붕괴를 방지 조치해야 한다.

2) 운전위치 이탈 시의 조치

(1) 포크, 버킷, 디퍼 등의 장치를 가장 낮은 위치 또는 지면에 내려 두어야 한다.

(2) 원동기를 정지시키고 브레이크를 확실히 거는 등 갑작스러운 주행이나 이탈을 방지하기 위한 조치하여야 한다.

(3) 운전석을 이탈하는 경우에는 시동키를 운전대에서 분리시킬 것. 다만, 운전석에 잠금장치를 하는 등 운전자가 아닌 사람이 운전하지 못하도록 조치한 경우에는 그러하지 아니하다.

3) 단위화물의 무게가 100kg 이상인 화물을 싣는 작업 또는 내리는 작업 시 작업지휘자 준수사항(「안전보건규칙」 제177조)

(1) 작업순서 및 그 순서마다의 작업방법을 정하고 작업을 지휘할 것
(2) 기구 및 공구를 점검하고 불량품을 제거할 것
(3) 해당 작업을 하는 장소에 관계근로자가 아닌 사람의 출입을 금지할 것
(4) 로프 풀기 작업 또는 덮개 벗기기 작업은 적재함의 화물이 떨어질 위험이 없음을 확인한 후에 하도록 할 것

4) 지게차 안전수칙

(1) 지게차의 안전기준

① 전조등 및 후미등을 구비(「안전보건규칙」 제179조)
② 헤드가드(Head Guard)를 구비(「안전보건규칙」 제180조)
③ 백레스트를 구비(「안전보건규칙」 제181조)
④ 적재하는 화물의 중량에 따른 충분한 강도를 가지고 심한 손상·변형 또는 부식이 없는 팔레트(Pallet) 또는 스키드(Skid)를 사용(「안전보건규칙」 제182조)
⑤ 앉아서 조작하는 방식의 지게차의 운전자는 좌석안전띠 착용(「안전보건규칙」 제183조)

(2) 헤드가드의 구비조건

① 강도는 지게차의 최대하중의 2배 값(4Ton을 넘는 값에 대해서는 4Ton으로 한다)의 등분포정하중에 견딜 수 있을 것
② 상부틀의 각 개구의 폭 또는 길이가 16cm 미만일 것
③ 운전자가 앉아서 조작하거나 서서 조작하는 지게차의 헤드가드는 「산업표준화법」 제12조에 따른 한국산업표준에서 정하는 높이 기준 이상일 것
(좌승식 : 좌석기준점(SIP)으로부터 903mm 이상, 입승식 : 조종사가 서 있는 플랫폼으로부터 1,880mm 이상)

(3) 지게차 작업시작 전 점검사항

① 제동장치 및 조종장치 기능의 이상 유무
② 하역장치 및 유압장치 기능의 이상 유무
③ 바퀴의 이상 유무
④ 전조등·후미등·방향지시기 및 경보장치 기능의 이상 유무

5과목 예상문제

01 지반개량공법 중 고결안정공법에 해당하지 않는 것은?

① 생석회 말뚝공법   ② 동결공법
③ 동다짐공법   ④ 소결공법

해설 동다짐공법은 무거운 추를 자유낙하시켜 지반의 충격으로 연약한 사질토 지반을 다짐하는 공법이며, 고결공법에는 생석회 말뚝공법, 동결공법, 소결공법이 있다.

02 해체용 기계·기구의 취급에 대한 설명으로 틀린 것은?

① 해머는 적절한 직경과 종류의 와이어로프로 매달아 사용해야 한다.
② 압쇄기는 셔블(Shovel)에 부착 설치하여 사용한다.
③ 차체에 무리를 초래하는 중량의 압쇄기 부착을 금지한다.
④ 해머 사용 시 충분한 견인력을 갖춘 도저에 부착하여 사용한다.

해설 해머는 크롤러 크레인에 설치하여 사용하는 공법이다.

03 콘크리트 타설 후 물이나 미세한 불순물이 분리 상승하여 콘크리트 표면에 떠오르는 현상을 가리키는 용어와 이때 표면에 발생하는 미세한 물질을 가리키는 용어를 옳게 나열한 것은?

① 블리딩 – 레이턴스   ② 보링 – 샌드드레인
③ 히빙 – 슬라임   ④ 블로우 홀 – 슬래그

해설 블리딩과 레이턴스에 대한 설명이며, 블리딩에 대한 대책은 다음과 같다.
1. 단위 수량을 적게
2. 분말도가 높은 시멘트를 사용
3. 골재 중 먼지와 같은 유해물의 함량 감소
4. AE제, AE감수제, 고성능 감수제 사용
5. 1회 타설 높이를 작게 하고, 과도한 다짐 금지

04 콘크리트 타설작업 시 준수사항으로 옳지 않은 것은?

① 바닥 위에 흘린 콘크리트는 완전히 청소한다.
② 가능한 높은 곳으로부터 자연 낙하시켜 콘크리트를 타설한다.
③ 지나친 진동기 사용은 재료분리를 일으킬 수 있으므로 금해야 한다.
④ 최상부의 슬래브는 이어붓기를 되도록 피하고 일시에 전체를 타설하도록 한다.

해설 가능한 높이를 낮게 하여 재료의 분리를 최소화하여야 한다.

05 주행크레인 및 선회크레인과 건설물 사이에 통로를 설치하는 경우, 그 폭은 최소 얼마 이상으로 하여야 하는가? (단, 건설물의 기둥에 접촉하지 않는 부분인 경우)

① 0.3m   ② 0.4m
③ 0.5m   ④ 0.6m

해설 주행크레인 또는 선회크레인과 건설물 또는 설비와의 사이에 통로를 설치하는 경우 그 폭을 0.6m 이상으로 하여야 한다. 다만, 그 통로 중 건설물의 기둥에 접촉하는 부분에 대해서는 0.4m 이상으로 할 수 있다.

06 화물취급작업 중 화물 적재 시 준수해야 하는 사항에 속하지 않는 것은?

① 침하의 우려가 없는 튼튼한 기반 위에 직재할 것
② 중량의 화물은 건물의 칸막이나 벽에 기대어 적재할 것
③ 불안정할 정도로 높이 쌓아 올리지 말 것
④ 편하중이 생기지 아니하도록 적재할 것

해설 건물의 칸막이나 벽 등이 화물의 압력에 견딜 만큼의 강도를 지니지 아니한 경우에는 칸막이나 벽에 기대어 적재하지 않도록 하여야 한다.

07 크레인의 종류에 해당하지 않는 것은?

① 자주식 트럭크레인　　② 크롤러 크레인
③ 타워크레인　　　　　　④ 가이데릭

해설 데릭은 철골 건립용 기계의 한 종류이며, 종류에는 가이데릭, 삼각데릭, 진폴 등이 있다.

08 철골공사 중 트랩을 이용해 승강할 때 안전과 관련된 항목이 아닌 것은?

① 수평구명줄　　　　　② 수직구명줄
③ 안전벨트　　　　　　④ 추락방지대

해설 수평구명줄은 철골보 위를 이동할 때 필요한 안전대 부착설비이다.

09 작업으로 인하여 물체가 떨어지거나 날아올 위험이 있을 때 위험방지 조치 및 설치 준수사항으로 옳지 않은 것은?

① 수직보호망 또는 방호선반 설치
② 낙하물 방지망의 내민길이는 벽면으로부터 2m 이상 유지
③ 낙하물 방지망의 수평면과의 각도는 20° 내지 30° 유지
④ 낙하물 방지망 설치 높이는 10m 이상마다 설치

해설 낙하물 방지망은 10m 이내마다 설치하여야 한다.

10 철골작업을 실시할 때 작업을 중지하여야 하는 악천후의 기준에 해당하지 않는 것은?

① 풍속이 10m/s 이상인 경우
② 지진이 진도 3 이상인 경우
③ 강우량이 1mm/h 이상의 경우
④ 강설량이 1cm/h 이상의 경우

해설 **철골작업 시 작업중지 기준**

구분	내용
강풍	풍속이 초당 10m 이상인 경우
강우	강우량이 시간당 1mm 이상인 경우
강설	강설량이 시간당 1cm 이상인 경우

11 슬레이트 지붕 위에서 작업을 할 때 산업안전보건법에서 정한 작업발판의 최소 폭은?

① 20cm 이상　　　　② 30cm 이상
③ 40cm 이상　　　　④ 50cm 이상

해설 슬레이트, 선라이트 등 강도가 약한 재료로 덮은 지붕 위에서 작업을 할 때에 발이 빠지는 등 근로자가 위험해질 우려가 있는 경우에는 폭 30cm 이상의 발판을 설치하거나 안전방망을 치는 등 위험을 방지하기 위하여 필요한 조치를 하여야 한다.

12 사다리식 통로의 구조에 대한 설명으로 옳지 않은 것은?

① 견고한 구조로 할 것
② 폭은 20cm 이상의 간격을 유지할 것
③ 심한 손상·부식 등이 없는 재료를 사용할 것
④ 발판과 벽과의 사이는 15cm 이상을 유지할 것

해설 사다리식 통로의 폭은 30cm 이상으로 하여야 한다.

13 구조물 해체 작업용 기계기구와 직접적으로 관계가 없는 것은?

① 대형브레이커　　　② 압쇄기
③ 핸드브레이커　　　④ 착암기

해설 착암기는 굴착작업용 기계이다.

14 사업주가 높이 1m 이상인 계단의 개방된 측면에 안전난간을 설치하고자 할 때 그 설치기준으로 옳지 않은 것은?

① 난간의 높이는 90~120cm가 되도록 할 것
② 난간은 계단참을 포함하여 각층의 계단 전체에 걸쳐서 설치할 것
③ 금속제 파이프로 된 난간은 2.7cm 이상의 지름을 갖는 것일 것
④ 난간은 임의의 점에 있어서 임의의 방향으로 움직이는 80kg 이하의 하중에 견딜 수 있는 튼튼한 구조일 것

해설 안전난간은 구조적으로 가장 취약한 지점에서 가장 취약한 방향으로 작용하는 100kg 이상의 하중에 견딜 수 있는 튼튼한 구조이어야 한다.

정답 | 07 ④ 08 ① 09 ④ 10 ② 11 ② 12 ② 13 ④ 14 ④

15 양중기의 와이어로프 등 달기구의 안전계수 기준으로 옳지 않은 것은?

① 크레인의 고리걸이 용구인 와이어로프는 5 이상
② 화물의 하중을 직접 지지하는 달기 체인은 4 이상
③ 훅, 샤클, 클램프, 리프팅 빔은 3 이상
④ 근로자가 탑승하는 운반구를 지지하는 달기체인은 10 이상

해설 화물의 하중을 직접 지지하는 경우 달기 체인의 안전계수는 5 이상이어야 한다.

16 공사용 가설도로의 일반적으로 허용되는 최고 경사도는 얼마인가?

① 5%   ② 10%
③ 20%   ④ 30%

해설 가설도로의 설치기준에서 부득이한 경우를 제외하는 경우 최고 허용 경사도는 10% 이내로 하여야 한다.

17 추락에 의한 위험방지 조치사항으로 거리가 먼 것은?

① 투하설비 설치   ② 작업발판 설치
③ 추락방호망 설치   ④ 근로자에게 안전대 착용

해설 투하설비는 낙하·비래에 대한 방호설비이다. 추락재해 방지설비의 종류에는 ① 추락방호망, ② 안전난간, ③ 작업발판, ④ 안전대 부착설비, ⑤ 개구부의 추락방지 설비 등이 있다.

18 가설통로의 설치기준으로 옳지 않은 것은?

① 경사는 30° 이하로 할 것
② 경사가 15°를 초과하는 경우에는 미끄러지지 아니하는 구조로 할 것
③ 높이 8m 이상인 비계다리에는 8m 이내마다 계단참을 설치할 것
④ 수직갱에 가설된 통로의 길이가 15m 이상인 경우에는 10m 이내마다 계단참을 설치할 것

해설 높이 8m 이상인 비계다리에는 7m 이내마다 계단참을 설치해야 한다.

19 연약한 점토층을 굴착하는 경우 흙막이 지보공을 견고히 조립하였음에도 불구하고, 흙막이 바깥에 있는 흙이 안으로 밀려들어 불룩하게 융기되는 형상은?

① 보일링(Boiling)   ② 히빙(Heaving)
③ 드레인(Drain)   ④ 펌핑(Pumping)

해설 **히빙(Heaving)**
연약한 점토지반을 굴착하는 경우 흙막이 벽 배면 흙의 중량이 굴착저면 이하의 흙보다 중량이 클 경우, 굴착저면 이하의 지지력보다 크게 되어 흙막이 배면에 있는 흙이 안으로 밀려들어 굴착저면이 솟아오르는 현상이다.

20 콘크리트 거푸집 해체작업 시의 안전 유의사항으로 옳지 않은 것은?

① 해당 작업을 하는 구역에는 관계 근로자가 아닌 사람의 출입을 금지해야 한다.
② 비, 눈, 그 밖의 기상상태의 불안정으로 날씨가 몹시 나쁜 경우에는 그 작업을 중지해야 한다.
③ 안전모, 안전대, 산소마스크 등을 착용하여야 한다.
④ 재료, 기구 또는 공구 등을 올리거나 내리는 경우에는 근로자로 하여금 달줄·달포대 등을 사용하도록 한다.

해설 거푸집 조립 및 해체작업 시 안전수칙은 다음과 같다.
1. 해당 작업을 하는 구역에는 관계근로자가 아닌 사람의 출입을 금지시킬 것
2. 비·눈 그 밖의 기상상태의 불안정으로 인하여 날씨가 몹시 나쁜 경우에는 그 작업을 중지시킬 것
3. 재료·기구 또는 공구 등을 올리거나 내리는 경우에는 근로자로 하여금 달줄·달포대 등을 사용하도록 할 것
4. 보·슬래브 등의 거푸집동바리 등을 해체하는 경우에는 낙하·충격에 의한 돌발적 재해를 방지하기 위하여 버팀목을 설치하는 등 필요한 조치를 할 것

21 유해·위험방지계획서를 작성하여 제출하여야 할 규모의 사업에 대한 기준으로 옳지 않은 것은?

① 연면적 30,000m² 이상인 건축물 공사
② 최대경간 길이가 50m 이상인 교량건설 등 공사
③ 다목적댐·발전용 댐 건설공사
④ 깊이 10m 이상인 굴착공사

해설 최대경간 길이가 아니라 최대지간 길이가 50m 이상인 교량공사가 유해위험방지계획서 제출대상이다.

22 콘크리트 측압에 관한 설명 중 옳지 않은 것은?

① 슬럼프가 클수록 측압은 커진다.
② 벽 두께가 두꺼울수록 측압은 커진다.
③ 부어 넣는 속도가 빠를수록 측압은 커진다.
④ 대기 온도가 높을수록 측압은 커진다.

[해설] 콘크리트의 타설 높이가 증가함에 따라 측압은 증가하나, 일정높이 이상이 되면 측압은 감소한다. 콘크리트 측압은 외기 온도가 낮을수록 커진다.

23 다음은 말비계를 조립하여 사용하는 경우에 관한 준수사항이다. ( )안에 들어갈 내용으로 옳은 것은?

- 지주부재와 수평면의 기울기를 (A)° 이하로 하고 지주부재와 지주부재 사이를 고정시키는 보조부재를 설치할 것
- 말비계의 높이가 2m를 초과하는 경우에는 작업발판의 폭을 (B)cm 이상으로 할 것

① A : 75, B : 30
② A : 75, B : 40
③ A : 85, B : 30
④ A : 85, B : 40

[해설] 말비계를 조립하여 사용하는 경우 지주부재와 수평면의 기울기를 75° 이하로 하고, 지주부재와 지주부재 사이를 고정하는 보조부재를 설치해야 한다. 또한, 말비계의 높이가 2m를 초과할 경우에는 작업발판의 폭을 40cm 이상으로 한다.

24 토석이 붕괴되는 원인에는 외적 요인과 내적 요인이 있으므로 굴착작업 전, 중, 후에 유념하여 토석이 붕괴되지 않도록 조치를 취해야 한다. 다음 중 외적인 요인이 아닌 것은?

① 사면, 법면의 경사 및 기울기의 증가
② 지진, 차량, 구조물의 중량
③ 공사에 의한 진동 및 반복하중의 증가
④ 절토 사면의 토질, 암질

[해설] 절토 사면의 토질, 암질은 토석붕괴의 내적 원인이다.

25 건설공사 중 작업으로 인하여 물체가 떨어지거나 날아올 위험이 있을 때 조치할 사항으로 옳지 않은 것은?

① 안전난간 설치
② 보호구의 착용
③ 출입금지구역의 설정
④ 낙하물방지망의 설치

[해설] 안전난간 설치는 추락방호용 안전시설이다.

26 중량물을 들어올리는 자세에 대한 설명 중 가장 적절한 것은?

① 다리를 곧게 펴고 허리를 굽혀 들어올린다.
② 되도록 자세를 낮추고 허리를 곧게 편 상태에서 들어올린다.
③ 무릎을 굽힌 자세에서 허리를 뒤로 젖히고 들어올린다.
④ 다리를 벌린 상태에서 허리를 숙여서 서서히 들어올린다.

[해설] 허리를 구부린 상태에서 중량물을 취급하면 근골격계질환의 원인이 된다. 따라서, 되도록 자세를 낮추고 허리를 곧게 편 상태에서 들어올려야 한다.

27 양끝이 힌지(Hinge)인 기둥에 수직하중을 가하면 기둥이 수평방향으로 휘게 되는 현상은?

① 피로한계
② 파괴한계
③ 좌굴
④ 부재의 안전도

[해설] **좌굴(Buckling)**
기둥의 길이가 그 횡단면의 치수에 비해 클 때, 기둥의 양단에 압축하중이 가해졌을 경우 하중방향과 직각방향으로 변위가 생기는 현상

28 운반작업을 인력운반작업과 기계운반작업으로 분류할 때 기계운반작업으로 실시하기에 부적당한 대상은?

① 단순하고 반복적인 작업
② 표준화되어 있어 지속적이고 운반량이 많은 작업
③ 취급물의 형상, 성질, 크기 등이 다양한 작업
④ 취급물이 중량인 작업

[해설] 취급물의 형상, 성질, 크기 등이 다양한 작업은 인력운반이 효율적이다.

29 흙을 크게 분류하면 사질토와 점성토로 나눌 수 있는데, 그 차이점으로 옳지 않은 것은?

① 흙의 내부 마찰각은 사질토가 점성토보다 크다.
② 지지력은 사질토가 점성토보다 크다.
③ 점착력은 사질토가 점성토보다 작다.
④ 장기침하량은 사질토가 점성토보다 크다.

[해설] 장기침하량은 점성토가 사질토보다 크다.

정답 | 22 ④ 23 ② 24 ④ 25 ① 26 ② 27 ③ 28 ③ 29 ④

30 콘크리트의 유동성과 묽기를 시험하는 방법은?

① 다짐시험
② 슬럼프시험
③ 압축강도시험
④ 평판시험

해설 슬럼프시험이란 슬럼프 콘에 의한 콘크리트의 유동성 측정시험을 말하며 컨시스턴시(반죽질기)를 측정하는 방법으로서 가장 일반적으로 사용된다.

31 현장에서 양중작업 중 와이어로프의 사용금지 기준이 아닌 것은?

① 이음매가 없는 것
② 와이어로프의 한 꼬임에서 끊어진 소선의 수가 10% 이상인 것
③ 지름의 감소가 공칭지름의 7%를 초과하는 것
④ 심하게 변형 또는 부식된 것

해설 이음매가 있는 것이 사용금지 기준이다.

32 거푸집의 조립순서로 옳은 것은?

① 기둥→보받이 내력벽→큰 보→작은 보→바닥→내벽→외벽
② 기둥→보받이 내력벽→큰 보→작은 보→바닥→외벽→내벽
③ 기둥→보받이 내력벽→작은 보→큰 보→바닥→내벽→외벽
④ 기둥→보받이 내력벽→내벽→외벽→큰 보→작은 보→바닥

해설 거푸집 조립순서는 기둥 → 보받이 내력벽 → 큰보 → 작은보 → 바닥판 → 내벽 → 외벽의 순서로 하여야 한다.

33 타워크레인을 자립고(自立高) 이상의 높이로 설치할 때 지지벽체가 없어 와이어로프 지지하는 경우의 준수사항으로 옳지 않은 것은?

① 와이어로프를 고정하기 위한 전용 지지프레임을 사용할 것
② 와이어로프 설치각도는 수평면에서 60° 이내로 하되, 지지점은 4개소 이상으로 하고, 같은 각도로 설치할 것
③ 와이어로프와 그 고정부위는 충분한 강도와 장력을 갖도록 설치하되, 와이어로프를 클립·샤클(shackle) 등의 기구를 사용하여 고정하지 않도록 유의할 것

④ 와이어로프가 가공전선에 근접하지 않도록 할 것

해설 타워크레인을 와이어로프로 지지하는 경우 준수사항은 다음과 같다.
- 와이어로프를 고정하기 위한 전용 지지프레임을 사용할 것
- 와이어로프 설치각도는 수평면에서 60° 이내로 할 것
- 와이어로프의 고정부위는 충분한 강도와 장력을 갖도록 설치하고, 와이어로프를 클립·샤클 등의 고정기구를 사용하여 견고하게 고정시켜 풀리지 아니 하도록 할 것

34 철골공사에서 부재의 건립용 기계로 거리가 먼 것은?

① 타워크레인
② 가이데릭
③ 삼각데릭
④ 항타기

해설 항타기는 차량계 건설기계의 한 종류이다.

35 철근 콘크리트 해체용 장비가 아닌 것은?

① 철해머
② 압쇄기
③ 래머
④ 핸드브레이커

해설 램머는 다짐용 기계이다.

36 하루의 평균기온이 4℃ 이하로 될 것이 예상되는 기상조건에서 낮에도 콘크리트가 동결의 우려가 있는 경우에 사용되는 콘크리트는?

① 고강도 콘크리트
② 경량 콘크리트
③ 서중 콘크리트
④ 한중 콘크리트

해설 한중 콘크리트란 콘크리트 양생기간 중에 콘크리트가 동결할 염려가 있는 시기나 장소에서 시공하는 경우에 사용하는 콘크리트로 하루의 평균기온이 4℃ 이하가 되는 기상조건에서는 밤중이나 새벽뿐만 아니라 낮에도 콘크리트가 동결할 염려가 있으므로 한중 콘크리트로 시공하여야 한다.

37 본 터널(main tunnel)을 시공하기 전에 터널에서 약간 떨어진 곳에 지질조사, 환기, 배수, 운반 등의 상태를 알아보기 위하여 설치하는 터널은?

① 프리패브(prefab) 터널
② 사이드(side) 터널
③ 쉴드(shield) 터널
④ 파일럿(pilot) 터널

해설 파일럿 터널은 본 터널을 시공하기 전에 지질조사, 환기, 배수, 운반 등의 상태를 알아보기 위하여 설치하는 터널이다.

정답 | 30 ② 31 ① 32 ① 33 ③ 34 ④ 35 ③ 36 ④ 37 ④

38 다음 건설기계 중 360° 회전작업이 불가능한 것은?

① 타워크레인
② 타이어 크레인
③ 가이데릭
④ 삼각데릭

해설 삼각데릭(Stiff–Leg Derrick)은 주기둥을 지탱하는 지선 대신에 2본의 다리에 의해 고정되며 회전반경은 270°로 가이데릭과 비슷하며 높이가 낮은 건물에 유리하다.

39 콘크리트 강도에 가장 큰 영향을 주는 것은?

① 골재의 입도
② 시멘트 량
③ 배합방법
④ 물 · 시멘트비

해설 배합설계란 콘크리트의 소요강도 · 워커빌리티 · 균일성 · 수밀성 · 내구성 등을 가장 경제적으로 얻도록 시멘트, 골재, 물 및 혼화재료의 혼합비율을 결정하는 것으로 콘크리트 강도에 가장 큰 영향을 미치는 것은 물 · 시멘트비이다.

40 다음 중 흙막이 공법에 해당하지 않는 것은?

① Soil Cemnet Wall
② Cast In concrete Pile
③ 지하연속벽공법
④ Sand Compaction Pile

해설 Sand Compaction Pile 공법은 지반에 진동 또는 충격 하중을 이용, 모래를 압입하여 지반 내에 모래 말뚝을 형성, 지반을 안정시키는 공법이다.

41 와이어로프 안전계수 중 화물의 하중을 직접 지지하는 경우에 안전계수 기준으로 옳은 것은?

① 3 이상
② 4 이상
③ 5 이상
④ 6 이상

해설 화물의 하중을 직접 지지하는 경우에는 안전계수가 5 이상이어야 한다.

42 달비계의 발판 위에 설치하는 발끝막이판의 높이는 몇 cm 이상 설치하여야 하는가?

① 10cm 이상
② 8cm 이상
③ 6cm 이상
④ 5cm 이상

해설 발끝막이판의 높이는 10cm 이상으로 하여야 한다.

43 강변 옆에서 아파트 공사를 하기 위해 흙막이를 설치하고 지하공사 중에 바닥에서 물이 솟아오르면서 모래 등이 부풀어 올라 흙막이가 무너졌다. 어떤 현상에 의해 사고가 발생하였는가?

① 보일링 파괴
② 히빙 파괴
③ 파이핑 파괴
④ 지하추 침하 파괴

해설 보일링은 투수성이 좋은 사질토 지반을 굴착하는 경우 흙막이벽 배면의 지하수위가 굴착저면보다 높을 때 굴착저면 위로 모래와 지하수가 솟아오르는 현상이다.

44 유한사면에서 사면기울기가 비교적 완만한 점성토에서 주로 발생되는 사면파괴의 형태는?

① 저부파괴
② 사면선단파괴
③ 사면내파괴
④ 국부전단파괴

해설 사면저부파괴는 사면의 활동면이 사면의 끝보다 아래를 통과하는 경우의 파괴이다.

45 건설업 산업안전보건관리비로 사용할 수 없는 것은?

① 개인보호구 및 안전장구 구입비용
② 추락방호용 안전시설 등 안전시설 비용
③ 경비원, 교통정리원, 자재정리원의 인건비
④ 전담안전관리자의 인건비 및 업무수당

해설 산업안전보건관리비 사용내역 중 안전관리자 등의 인건비 및 각종 업무수당 등 항목에서 경비원, 교통정리원, 자재정리원의 인건비는 산업안전보건관리비로 사용할 수 없다.

46 추락재해를 방지하기 위한 안전대책내용 중 옳지 않은 것은?

① 높이가 2m를 초과하는 장소에는 승강설비를 설치한다.
② 사다리식 통로의 폭은 30cm 이상으로 한다.
③ 사다리식 통로의 기울기는 85° 이상으로 한다.
④ 슬레이트 지붕에서 발이 빠지는 등 추락 위험이 있을 경우 폭 30cm 이상의 발판을 설치한다.

해설 사다리식 통로의 기울기는 75° 이하로 하여야 한다.

정답 | 38 ④ 39 ④ 40 ④ 41 ③ 42 ① 43 ① 44 ① 45 ③ 46 ③

47 다음 중 통로의 설치 기준으로 옳지 않은 것은?

① 근로자가 안전하게 통행할 수 있도록 통로의 조명은 50Lux 이상으로 할 것

② 통로 면으로부터 높이 2m 이내에 장애물이 없도록 할 것

③ 추락의 위험이 있는 곳에는 안전난간을 설치할 것

④ 건설공사에 사용하는 높이 8m 이상인 비계다리는 7m 이내마다 계단참을 설치할 것

해설 통로의 조명은 작업자가 안전하게 통행할 수 있도록 75럭스 이상의 채광 또는 조명시설을 하여야 한다.

48 포화도 80%, 함수비 28%, 흙 입자의 비중 2.7일 때 공극비를 구하면?

① 0.940　　　　　　② 0.945
③ 0.950　　　　　　④ 0.955

해설 포화도, 공극비, 함수비 및 흙의 비중은 다음의 관계가 있다.
$$Se = wG_s$$

따라서, 공극비$(e) = \dfrac{wG_s}{S}$

$$= \dfrac{28 \times 2.7}{80} = 0.945$$

49 비계 등을 조립하는 경우 강재와 강재의 접속부 또는 교차부를 연결시키기 위한 전용철물은?

① 클램프　　　　　　② 가새
③ 턴버클　　　　　　④ 샤클

해설 클램프는 비계기둥과 수평재의 연결부재로 사용된다.

50 거푸집에 작용하는 하중 중에서 연직하중이 아닌 것은?

① 거푸집의 자중　　　② 작업원의 작업하중
③ 가설설비의 충격하중　④ 콘크리트의 측압

해설 콘크리트의 측압은 콘크리트가 거푸집을 안쪽에서 밀어내는 압력으로 연직방향의 하중이 아니다.

51 옹벽의 활동에 대한 저항력은 옹벽에 작용하는 수평력보다 최소 몇 배 이상 되어야 하는가?

① 0.5　　　　　　② 1.0
③ 1.5　　　　　　④ 2.0

해설 옹벽의 안정조건 중 활동에 대한 안정조건은
$$F_s = \dfrac{\text{활동에 저항하려는 힘}}{\text{활동하려는 힘}} \geq 1.5 \text{이다.}$$

52 지반의 종류가 다음과 같을 때 굴착면의 기울기 기준으로 옳은 것은?

모래

① 1 : 0.5　　　　　　② 1 : 1.8
③ 1 : 0.8　　　　　　④ 1 : 1.0

해설 **굴착면의 기울기 기준**

지반의 종류	굴착면의 기울기
모래	1 : 1.8
연암 및 풍화암	1 : 1.0
경암	1 : 0.5
그 밖의 흙	1 : 1.2

53 현장 안전점검 시 흙막이 지보공의 정기점검 사항과 가장 거리가 먼 것은?

① 부재의 손상·변형·부식·변위 및 탈락의 유무와 상태

② 부재의 설치방법과 순서

③ 버팀대의 긴압의 정도

④ 부재의 접속부·부착부 및 교차부의 상태

해설 흙막이 지보공을 설치한 경우에는 정기적으로 다음 사항을 점검하고 이상을 발견한 경우에는 즉시 보수하여야 한다.

　1. 부재의 손상·변형·부식·변위 및 탈락의 유무와 상태
　2. 버팀대의 긴압의 정도
　3. 부재의 접속부·부착부 및 교차부의 상태
　4. 침하의 정도
　5. 흙막이 공사의 계측관리

54 건물 외벽의 도장작업을 위하여 섬유로프 등의 재료로 상부지점에서 작업용 발판을 매다는 형식의 비계는?

① 달비계
② 단관비계
③ 브라켓비계
④ 이동식 비계

해설 달비계란 와이어로프, 체인, 강재, 철선 등의 재료로 상부지점에서 작업용 널판을 매다는 형식의 비계로 건물 외벽 도장이나 청소 등의 작업에 사용된다.

55 강관틀비계를 조립하여 사용하는 경우 벽이음의 수직방향 조립간격은?

① 2m 이내마다
② 5m 이내마다
③ 6m 이내마다
④ 8m 이내마다

해설 강관틀비계의 벽이음은 수직방향 6m, 수평방향 8m 이내로 조립하여야 한다.

56 이동식비계를 조립하여 작업을 하는 경우에 준수해야 할 사항과 거리가 먼 것은?

① 비계의 최상부에서 작업을 할 때에는 안전난간을 설치할 것
② 작업발판의 최대적재하중은 250kg을 초과하지 않도록 할 것
③ 승강용 사다리는 견고하게 설치할 것
④ 지주부재와 수평면과의 기울기를 75° 이하로 하고, 지주부재와 지주부재 사이를 고정시키는 보조부재를 설치할 것

해설 지주부재와 수평면과의 기울기를 75° 이하로 하고, 지주부재와 지주부재 사이를 고정시키는 보조부재를 설치하는 것은 말비계의 조립 시 준수사항이다.

57 흙의 입도분포와 관련한 삼각좌표에 나타나는 흙의 분류에 해당되지 않는 것은?

① 모래
② 점토
③ 자갈
④ 실트

해설 흙은 모래, 점토, 실트로 분류된다.

58 암질 변화 구간 및 이상 암질 출현 시 판별방법과 가장 거리가 먼 것은?

① R.Q.D(%)
② R.M.R
③ 지표침하량(cm)
④ 탄성파속도(cm/sec＝kine)

해설 암질 변화 구간 및 이상 암질 출현 시 반드시 암질판별을 실시하여야 하는데 암질판별의 기준은 다음과 같다.
 • R.M.R(Rock Mass Rating)(%)
 • R.Q.D(Rock Quality Designation)(%)
 • 일축압축강도(kg/cm2)
 • 탄성파 속도(m/sec)
 • 진동치 속도(진동값 속도 : cm/sec＝kine)

59 크레인의 와이어로프가 일정 한계 이상 감기지 않도록 작동을 자동으로 정지시키는 장치는?

① 훅 해지장치
② 권과방지장치
③ 비상정지장치
④ 과부하방지장치

해설 **권과방지장치**
와이어로프의 권과를 방지하기 위하여 자동적으로 동력을 차단하고 작동을 제동하는 장치이다.

60 건설현장에서 근로자가 안전하게 통행할 수 있도록 통로에 설치하는 조명의 조도 기준은?

① 65Lux
② 75Lux
③ 85Lux
④ 95Lux

해설 통로의 조명은 작업자가 안전하게 통행할 수 있도록 75럭스 이상의 채광 또는 조명시설을 하여야 한다.

정답 | 54 ① 55 ③ 56 ④ 57 ③ 58 ③ 59 ② 60 ②

부록

과년도 기출문제

1과목

산업재해 예방 및 안전보건교육

01 산업안전보건법령상 안전·보건표지에 관한 설명으로 틀린 것은?

① 안전·보건표지 속의 그림 또는 부호의 크기는 안전·보건표지의 크기와 비례하여야 하며, 안전·보건표지 전체 규격의 30% 이상이 되어야 한다.

② 안전·보건표지 색채의 물감은 변질되지 아니하는 것에 색채 고정원료를 배합하여 사용하여야 한다.

③ 안전·보건표지는 그 표시내용을 근로자가 빠르고 쉽게 알아볼 수 있는 크기로 제작하여야 한다.

④ 안전·보건표지에는 야광물질을 사용하여서는 아니 된다.

해설 야간에 필요한 안전보건표지는 야광물질을 사용하는 등 쉽게 알아볼 수 있도록 제작해야 한다.

02 무재해 운동의 추진을 위한 3요소에 해당하지 않는 것은?

① 모든 위험잠재요인의 해결

② 최고경영자의 경영자세

③ 관리감독자(Line)의 적극적 추진

④ 직장 소집단의 자주활동 활성화

해설 **무재해 운동의 3요소(3기둥)**
1. 직장의 자율활동의 활성화
2. 라인(관리감독자)화의 철저
3. 최고경영자의 안전경영철학

03 억측판단의 배경이 아닌 것은?

① 생략 행위   ② 초조한 심정

③ 희망적 관측   ④ 과거의 성공한 경험

해설 **억측판단이 발생하는 배경**
- 희망적인 관측 : '그때도 그랬으니까 괜찮겠지' 하는 관측
- 정보나 지식의 불확실 : 위험에 대한 정보의 불확실 및 지식의 부족
- 과거의 선입관 : 과거에 그 행위로 성공한 경험의 선입관
- 초조한 심정 : 일을 빨리 끝내고 싶은 초조한 심정

04 재해의 기본원인 4M에 해당하지 않는 것은?

① Man   ② Machine

③ Media   ④ Measurement

해설 **4M 분석기법**
1. 인간(Man)   2. 기계(Machine)
3. 작업매체(Media)   4. 관리(Management)

05 다음과 같은 스트레스에 대한 반응은 무엇에 해당하는가?

> 여동생이나 남동생을 얻게 되면서 손가락을 빠는 것과 같이 어린 시절의 버릇을 나타낸다.

① 투사   ② 억압

③ 승화   ④ 퇴행

해설 **퇴행**

신체적으로나 정신적으로 정상적으로 발달되어 있으면서도 위협이나 불안을 일으키는 상황에는 생애 초기에 만족했던 시절을 생각하는 것

06 산업안전보건법령상 사업주가 근로자에 대하여 실시하여야 하는 교육 중 특별교육의 대상이 되는 작업이 아닌 것은?

① 화학설비의 탱크 내 작업
② 전압이 30[V]인 정전 및 활선작업
③ 건설용 리프트 · 곤돌라를 이용한 작업
④ 동력에 의하여 작동되는 프레스기계를 5대 이상 보유한 사업장에서 해당 기계로 하는 작업

해설 전압기 75[V] 이상의 정전 및 활선작업이 특별교육 대상이다.

07 인간의 행동 특성에 관한 레빈(Lewin)의 법칙에서 각 인자에 대한 내용으로 틀린 것은?

$$B = f(P \cdot E)$$

① B : 행동
② f : 함수관계
③ P : 개체
④ E : 기술

해설 레빈(Lewin, k)의 법칙 : $B = f(P \cdot E)$
여기서, B : behavior(인간의 행동)
　　f : function(함수관계)
　　P : person(개체 : 연령, 경험, 심신상태, 성격, 지능 등)
　　E : environment(심리적 환경 : 인간관계, 작업환경 등)

08 개인 카운슬링(Counseling) 방법으로 가장 거리가 먼 것은?

① 직접적 충고
② 설득적 방법
③ 설명적 방법
④ 반복적 충고

해설 개인적 카운슬링 방법 : 직접적 충고, 설명적 방법, 설득적 방법
반복적인 충고는 개인적 카운슬링 방법이 아니다.

09 교육의 효과를 높이기 위하여 시청각 교재를 최대한으로 활용하는 시청각적 방법의 필요성이 아닌 것은?

① 교재의 구조화를 기할 수 있다.
② 대량 수업체제가 확립될 수 있다.
③ 교수의 평준화를 기할 수 있다.
④ 개인차를 최대한으로 고려할 수 있다.

해설 시청각 교육의 장점으로 인구 증가에 따른 대량 수업체제가 확립될 수 있으나, 개인차를 최대한 고려할 수 없는 단점이 있다.

10 재해의 원인과 결과를 연계하여 상호 관계를 파악하기 위해 도표화하는 분석방법은?

① 특성요인도
② 파레토도
③ 클로즈 분석도
④ 관리도

해설 **특성요인도**
특성과 요인관계를 도표로 하여 어골상으로 세분화한 분석법(원인과 결과를 연계하여 상호관계를 파악)

11 보호구 안전인증 고시에 따른 안전모의 일반구조 중 턱끈의 최소 폭 기준은?

① 5mm 이상
② 7mm 이상
③ 10mm 이상
④ 12mm 이상

해설 안전도의 턱끈의 폭은 10mm 이상일 것

12 허즈버그(Herzberg)의 동기 · 위생 이론에 대한 설명으로 옳은 것은?

① 위생요인은 직무내용에 관련된 요인이다.
② 동기요인은 직무에 만족을 느끼는 주요인이다.
③ 위생요인은 매슬로 욕구단계 중 존경, 자아실현의 욕구와 유사하다.
④ 동기요인은 매슬로 욕구단계 중 생리적 욕구와 유사하다.

해설 **동기요인(Motivation)**
책임감, 성취 인정, 개인발전 등 일 자체에서 오는 심리적 욕구(충족될 경우 조직의 성과가 향상되며 충족되지 않아도 성과가 떨어지지 않음)

13 연평균 근로자 수가 1,000명인 사업장에서 연간 6건의 재해가 발생한 경우, 이때의 도수율은? (단, 1일 근로시간수는 4시간, 연평균 근로일 수는 150일이다.)

① 1
② 10
③ 100
④ 1,000

해설 도수율 $= \dfrac{\text{재해건수}}{\text{연근로시간수}} \times 10^6$

$= \dfrac{6}{1,000 \times 4 \times 150} \times 10^6 = 10$

14 산업안전보건법령상 일용근로자의 안전·보건교육 과정별 교육시간 기준으로 틀린 것은?

① 채용 시의 교육 : 1시간 이상
② 작업내용 변경 시의 교육 : 2시간 이상
③ 건설업 기초안전·보건교육(건설 일용근로자) : 4시간
④ 특별교육 : 2시간 이상(흙막이 지보공의 보강 또는 동바리를 설치하거나 해체하는 작업에 종사하는 일용근로자)

해설

교육과정	교육대상	교육시간
작업내용 변경 시 교육	일용근로자 및 근로계약기간이 1주일 이하인 기간제근로자	1시간 이상

15 산업안전보건법상 고용노동부장관이 산업재해 예방을 위하여 종합적인 개선조치를 할 필요가 있다고 인정할 때에 안전보건개선계획의 수립·시행을 명할 수 있는 대상 사업장이 아닌 것은?

① 산업재해율이 같은 업종 평균 산업재해율보다 2배 이상 높은 사업장
② 사업주가 안전보건조치의무를 이행하지 아니하여 중대재해가 발생한 사업장
③ 작업환경 불량, 화재·폭발 또는 누출 사고 등으로 사업장 주변까지 피해가 확산된 사업장
④ 경미한 재해가 다발로 발생한 사업장

해설 경미한 재해가 다발로 발생한 사업장은 안전·보건진단을 받아 안전보건개선계획을 수립·제출하도록 명할 수 있는 사업장에 해당하지 않는다.

16 산업안전보건법령상 안전인증대상 기계·기구 등이 아닌 것은?

① 프레스
② 전단기
③ 롤러기
④ 산업용 원심기

해설 **안전인증대상기계등**
1. 프레스
2. 전단기
3. 롤러기 등

17 적응기제(Adjustment Mechanism)의 도피적 행동인 고립에 해당하는 것은?

① 운동시합에서 진 선수가 컨디션이 좋지 않았다고 말한다.
② 키가 작은 사람이 키 큰 친구들과 같이 사진을 찍으려 하지 않는다.
③ 자녀가 없는 여교사가 아동교육에 전념하게 되었다.
④ 동생이 태어나자 형이 된 아이가 말을 더듬는다.

해설 **도피적 기제(Escape Mechanism)**
욕구불만이나 압박으로부터 벗어나기 위해 현실을 벗어나 마음의 안정을 찾으려는 것
1. 고립   2. 퇴행   3. 억압   4. 백일몽

18 조직이 리더에게 부여하는 권한으로 볼 수 없는 것은?

① 보상적 권한
② 강압적 권한
③ 합법적 권한
④ 위임된 권한

해설 **위임된 권한**
부하직원이 지도자의 생각과 목표를 얼마나 잘 따르는지와 관련된 권한

19 안전교육 훈련기법에 있어 태도 개발 측면에서 가장 적합한 기본교육 훈련방식은?

① 실습방식
② 제시방식
③ 참가방식
④ 시뮬레이션방식

해설 **참가방식**
태도 개발 측면에서 적합한 기본교육 훈련방식이다.

20 무재해운동의 추진기법 중 위험예지훈련의 4라운드 중 2라운드 진행 방법에 해당하는 것은?

① 본질추구
② 목표설정
③ 현상파악
④ 대책수립

해설 **제2라운드(본질추구)**
이것이 위험의 포인트이다(브레인 스토밍으로 발견해 낸 위험 중에서 가장 위험한 것을 합의로서 결정하는 라운드).

인간공학 및 위험성 평가 · 관리

21 반복되는 사건이 많이 있는 경우에 FTA의 최소 컷셋을 구하는 알고리즘이 아닌 것은?

① Fussel Algorithm
② Boolean Algorithm
③ Monte Carlo Algorithm
④ Limnios & Ziani Algorithm

해설 **몬테카를로 기법(Monte Carlo method)**
• 수학적 시스템의 행동을 시뮬레이션하기 위한 계산 알고리즘으로 다른 알고리즘과는 달리 통계학적이고, 일반적으로 무작위의 숫자를 사용한 비결정적인 방법이다.
• 스타니스와프 울람이 모나코의 유명한 도박의 도시 몬테카를로의 이름을 본따 명명하였다.

22 1cd의 점광원에서 1m 떨어진 곳에서의 조도가 3lux였다. 동일한 조건에서 5m 떨어진 곳에서의 조도는 약 몇 lux인가?

① 0.12
② 0.22
③ 0.36
④ 0.56

해설 $\text{조도(lux)} = \dfrac{\text{광속(lumen)}}{\text{거리(m)}^2} = \dfrac{\text{광속}}{1^2}$
$\quad\quad = 3\text{lux 광속} = 3[\text{candle}]$
$\therefore \text{조도} = \dfrac{3}{5^2} = 0.12[\text{lux}]$

23 지게차 인장벨트의 수명은 평균이 100,000 시간, 표준편차가 500시간인 정규분포를 따른다. 이 인장벨트의 수명이 101,000시간 이상일 확률은 약 얼마인가? (단, $P(Z \leq 1) =$ 0.8413, $P(Z \leq 2) = 0.9772$, $P(Z \leq 3) = 0.9987$이다.)

① 1.60%
② 2.28%
③ 3.28%
④ 4.28%

해설 정규분포 표준화 공식에 따라
$P_r(X \geq 101,000) = P_r\left(Z \geq \dfrac{101,000 - 100,000}{500}\right)$
$\quad\quad = P_r(Z \geq 2) = 1 - P_r(Z \leq 2) = 1 - Z_2$
$\quad\quad = 1 - 0.9772 = 0.0228 = 2.28\%$가 된다.

24 산업안전보건법령에서 정한 물리적 인자의 분류 기준에 있어서 소음은 소음성 난청을 유발할 수 있는 몇 dB(A) 이상의 시끄러운 소리로 규정하고 있는가?

① 70
② 85
③ 100
④ 115

해설 "소음작업"이라 함은 1일 8시간 작업을 기준으로 85데시벨 이상의 소음이 발생하는 작업을 말한다.

25 모든 시스템 안전 프로그램 중 최초 단계의 분석으로 시스템 내의 위험요소가 어떤 상태에 있는지를 정성적으로 평가하는 방법은?

① CA
② FHA
③ PHA
④ FMEA

해설 **PHA(예비위험 분석)**
시스템 내의 위험요소가 얼마나 위험상태에 있는가를 평가하는 시스템 안전프로그램의 최초단계의 분석방식(정성적)

26 인터페이스 설계 시 고려해야 하는 인간과 기계와의 조화성에 해당되지 않는 것은?

① 지적 조화성
② 신체적 조화성
③ 감성적 조화성
④ 심미적 조화성

해설 인간과 기계의 조화성은 다음 3가지 차원이 고려되어야 한다.
• 지적 조화성
• 감성적 조화성
• 신체적 조화성

27 FTA에 의한 재해사례 연구의 순서를 올바르게 나열한 것은?

| A. 목표사상 선정 |
| B. FT도 작성 |
| C. 사상마다 재해원인 규명 |
| D. 개선계획 작성 |

① A → B → C → D
② A → C → B → D
③ B → C → A → D
④ B → A → C → D

정답 | 21 ③ 22 ① 23 ② 24 ② 25 ③ 26 ④ 27 ②

해설 FTA에 의한 재해사례 연구순서(D.R. Cheriton)

1. Top 사상의 선정
2. 사상마다의 재해원인 규명
3. FT도의 작성
4. 개선계획의 작성

28 청각적 표시장치에서 300m 이상의 장거리용 경보기에 사용하는 진동수로 가장 적절한 것은?

① 800Hz 전후
② 2,200Hz 전후
③ 3,500Hz 전후
④ 4,000Hz 전후

해설 300m 이상의 장거리용으로는 1,000Hz 이하를, 장애물이 있거나 칸막이를 통과해야 할 경우는 500Hz 이하의 진동수를 사용한다.

29 FT도에 사용되는 다음 기호의 명칭으로 맞는 것은?

① 억제 게이트
② 부정 게이트
③ 배타적 OR 게이트
④ 우선적 AND 게이트

기호	명칭	설명
	우선적 AND 게이트	입력사상 중 어떤 현상이 다른 현상보다 먼저 일어날 경우에만 출력사상이 발생

30 작업장 내의 색채조절이 적합하지 못한 경우에 나타나는 상황이 아닌 것은?

① 안전표지가 너무 많아 눈에 거슬린다.
② 현란한 색배합으로 물체 식별이 어렵다.
③ 무채색으로만 구성되어 중압감을 느낀다.
④ 다양한 색채를 사용하면 작업의 집중도가 높아진다.

해설 다양한 색채는 시각의 혼란으로 재해를 유발시킬 수 있다.

31 위험처리 방법에 관한 설명으로 틀린 것은?

① 위험처리 대책 수립 시 비용문제는 제외된다.
② 재정적으로 처리하는 방법에는 보류와 전가 방법이 있다.
③ 위험의 제어 방법에는 회피, 손실제어, 위험분리, 책임 전가 등이 있다.

④ 위험처리 방법에는 위험을 제어하는 방법과 제정적으로 처리하는 방법이 있다.

해설 위험처리 대책 수립 시 재정적인 문제를 제외할 수 없다.

32 인간의 가청주파수 범위는?

① 2~10,000Hz
② 20~20,000Hz
③ 200~30,000Hz
④ 200~40,000Hz

해설 가청주파수 : 20~20,000Hz

33 산업안전보건법에서 규정하는 근골격계 부담작업의 범위에 해당하지 않는 것은?

① 단기간 작업 또는 간헐적인 작업
② 하루에 10회 이상 25kg 이상의 물체를 드는 작업
③ 하루에 총 2시간 이상 쪼그리고 앉거나 무릎을 굽힌 자세에서 이루어지는 작업
④ 하루에 4시간 이상 집중적으로 자료입력 등을 위해 키보드 또는 마우스를 조작하는 작업

해설 근골격계 부담작업 범위에서 단기간 작업 또는 간헐적인 작업은 제외된다.

34 기능식 생산에서 유연생산 시스템 설비의 가장 적합한 배치는?

① 합류(Y)형 배치
② 유자(U)형 배치
③ 일자(一)형 배치
④ 복수라인(=)형 배치

해설 유연생산시스템 U자형 배치의 장점
• U자형 라인은 작업장이 밀집되어 있어 공간이 적게 소요된다.
• 작업자의 이동이나 운반거리가 짧아 운반을 최소화한다.
• 모여서 작업하므로 작업자들의 의사소통을 증가시킨다.

35 인간 – 기계 체계에서 인간의 과오에 기인된 원인 확률을 분석하여 위험성의 예측과 개선을 위한 평가 기법은?

① PHA
② FMEA
③ THERP
④ MORT

36 인체계측자료에서 주로 사용하는 변수가 아닌 것은?

① 평균
② 5 백분위수
③ 최빈값
④ 95 백분위수

해설 **인체계측자료의 응용원칙**

- 최대치수와 최소치수
- 조절 범위(5~95%)
- 평균치를 기준으로 한 설계

37 다음 그림은 C/R비와 시간과의 관계를 나타낸 그림이다. ㉠~㉣에 들어갈 내용이 맞는 것은?

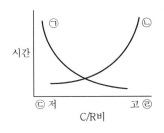

① ㉠ 이동시간 ㉡ 조정시간
   ㉢ 민감   ㉣ 둔감

② ㉠ 이동시간 ㉡ 조정시간
   ㉢ 둔감   ㉣ 민감

③ ㉠ 조정시간 ㉡ 이동시간
   ㉢ 민감   ㉣ 둔감

④ ㉠ 조정시간 ㉡ 이동시간
   ㉢ 둔감   ㉣ 민감

해설

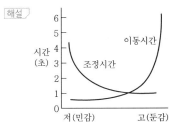

38 어떤 작업자의 배기량을 측정하였더니, 10분간 200L였고, 배기량을 분석한 결과 O_2 : 16%, CO_2 : 4%였다. 분당 산소 소비량은 약 얼마인가?

① 1.05L/분
② 2.05L/분
③ 3.05L/분
④ 4.05L/분

해설 79%×V흡기＝N%×V배기

- V흡기＝V배기×(100−O_2%−CO_2%)/79%
- 산소소비량＝0.21×V흡기−O_2%×V배기
- 분당 배기량＝200/10＝20L
- 분당 흡기량＝(100−16−4)×20/79＝20.253(L/min)
- 산소소비량＝0.21×20.253−0.16×20
  ＝1.05313(L/min)

39 인간공학에 관련된 설명으로 틀린 것은?

① 편리성, 쾌적성, 효율성을 높일 수 있다.
② 사고를 방지하고 안전성과 능률성을 높일 수 있다.
③ 인간의 특성과 한계점을 고려하여 제품을 설계한다.
④ 생산성을 높이기 위해 인간을 작업 특성에 맞추는 것이다.

해설 인간공학은 작업환경 등에서 작업자의 신체적인 특성이나 행동하는 데 받는 제약조건 등이 고려된 시스템을 디자인하여 인간과 기계 및 작업환경과의 조화가 잘 이루어질 수 있도록 하여 작업자의 안전, 작업 능률, 편리성, 쾌적성(만족도)을 향상시키고자 한다.

40 설비나 공법 등에서 나타날 위험에 대하여 정성적 또는 정량적인 평가를 행하고 그 평가에 따른 대책을 강구하는 것은?

① 설비보전
② 동작분석
③ 안전계획
④ 안전성 평가

해설 **사업장 안전성 평가 6단계**

- 제1단계(관계자료의 정비검토)
- 제2단계(정성적 평가)
- 제3단계(정량적 평가)
- 제4단계(안전대책)
- 제5단계(재평가)
- 제6단계(FTA에 의한 평가)

PART
01

PART
02

PART
03

PART
04

PART
05

부록

기계 · 기구 및 설비 안전관리

41 방호장치의 안전기준상 평면연삭기 또는 절단연삭기에서 덮개의 노출각도 기준으로 옳은 것은?

① 80° 이내
② 125° 이내
③ 150° 이내
④ 180° 이내

해설 평면연삭기, 절단연삭기 덮개의 노출각도 : 150° 이내

42 롤러기의 방호장치 중 복부조작식 급정지장치의 설치 위치 기준에 해당하는 것은? (단, 위치는 급정지장치의 조작부의 중심점을 기준으로 한다.)

① 밑면에서 1.8m 이상
② 밑면에서 0.8m 미만
③ 밑면에서 0.8m 이상 1.1m 이내
④ 밑면에서 0.4m 이상 0.8m 이내

해설 **급정지장치 조작부의 위치**

급정지장치 조작부의 종류	위치
손으로 조작(로프식) 하는 것	밑면으로부터 1.8m 이하
복부로 조작하는 것	밑면으로부터 0.8m 이상 1.1m 이하
무릎으로 조작하는 것	밑면으로부터 0.4m 이상 0.6m 이하

43 광전자식 방호장치가 설치된 프레스에서 손이 광선을 차단했을 때부터 급정지기구가 작동을 개시할 때까지의 시간은 0.3초, 급정지기구가 작동을 개시했을 때부터 슬라이드가 정지할 때까지의 시간이 0.4초 걸린다고 할 때 최소 안전거리는 약 몇 mm인가?

① 540
② 760
③ 980
④ 1,120

해설 **양수기동식 안전거리**

$D_m = 1,600 \times T_m \text{(mm)}$

T_m : 양손으로 누름단추를 조작하고 슬라이드가 하사점에 도달하기까지의 소요최대시간(초)

$D_m = 1,600 \times T_m = 1,600 \times (0.3 + 0.4)$
$\quad = 1,120\text{mm}$

44 드릴링 머신의 드릴지름이 10mm이고, 드릴 회전수가 1,000rpm일 때 원주속도는 약 얼마인가?

① 3.14m/min
② 6.28m/min
③ 31.4m/min
④ 62.8m/min

해설 숫돌의 원주속도 : $v = \dfrac{\pi DN}{1,000} \text{(m/min)}$

[여기서, 지름 : D(mm), 회전수 : N(rpm)]

$v = \dfrac{\pi DN}{1,000} = \dfrac{\pi \times 10 \times 1,000}{1,000} = 31.4 \text{(m/min)}$

45 금형 운반에 대한 안전수칙에 관한 설명으로 옳지 않은 것은?

① 상부금형과 하부금형이 닿을 위험이 있을 때는 고정 패드를 이용한 스트랩, 금속재질이나 우레탄 고무의 블록 등을 사용한다.
② 금형을 안전하게 취급하기 위해 아이볼트를 사용할 때는 숄더형으로 사용하는 것이 좋다.
③ 관통 아이볼트가 사용될 때는 조립이 쉽도록 구멍 틈새를 크게 한다.
④ 운반하기 위해 꼭 들어 올려야 할 때는 필요한 높이 이상으로 들어 올려서는 안 된다.

해설 관통 아이볼트가 사용될 때는 구멍 틈새가 최소화되도록 한다(프레스 금형작업의 안전에 관한 기술지침).

46 기계설비 구조의 안전을 위해서 설계 시 고려하여야 할 안전계수(Safety Factor)의 산출 공식으로 틀린 것은?

① 파괴강도 ÷ 허용응력
② 안전하중 ÷ 파단하중
③ 파괴하중 ÷ 허용하중
④ 극한강도 ÷ 최대설계응력

해설 **안전율(Safety Factor), 안전계수**

안전율 $S = \dfrac{\text{극한(기초, 인장) 강도}}{\text{허용응력}} = \dfrac{\text{파단(최대) 하중}}{\text{안전(정격) 하중}}$

$\quad = \dfrac{\text{항복강도}}{\text{사용응력}}$

47 지게차의 안정도 기준으로 틀린 것은?

① 기준부하상태에서 주행 시의 전후 안전도는 8% 이내이다.
② 하역작업 시의 좌우안정도는 최대하중상태에서 포크를 가장 높이 올리고 마스트를 가장 뒤로 기울인 상태에서 6% 이내이다.
③ 하역작업 시의 전후안정도는 최대하중상태에서 포크를 가장 높이 올린 경우 4% 이내이며, 5톤 이상은 3.5% 이내이다.
④ 기준무부하상태에서 주행 시의 좌우안정도는 (15+1.1×V)% 이내이고, V는 구내최고속도(km/h)를 의미한다.

[해설] **지게차 안정도**
1. 하역작업 시의 전후 안정도 : 4%(5톤 이상은 3.5%)
2. 주행 시의 전후 안정도 : 18%
3. 하역작업 시의 좌우 안정도 : 6%
4. 주행 시의 좌우 안정도 : (15+1.1V)%, V는 최고 속도(km/h)

48 선반 등으로부터 돌출하여 회전하고 있는 가공물이 근로자에게 위험을 미칠 우려가 있는 경우 설치할 방호 장치로 가장 적합한 것은?

① 덮개 또는 울   ② 슬리브
③ 건널다리   ④ 체인 블록

[해설] 사업주는 선반 등으로부터 돌출하여 회전하고 있는 가공물이 근로자에게 위험을 미칠 우려가 있는 경우에 덮개 또는 울 등을 설치하여야 한다(「안전보건규칙」 제87조).

49 원심기의 안전대책에 관한 사항에 해당되지 않는 것은?

① 최고사용회전수를 초과하여 사용해서는 아니 된다.
② 내용물이 튀어나오는 것을 방지하도록 덮개를 설치하여야 한다.
③ 폭발을 방지하도록 압력방출장치를 2개 이상 설치하여야 한다.
④ 청소, 검사, 수리 등의 작업 시에는 기계의 운전을 정지하여야 한다.

[해설] • 원동기·회전축 등의 위험 방지(「안전보건규칙」 제87조) : 사업주는 원심기에는 덮개를 설치하여야 한다.
• 운전의 정지(「안전보건규칙」 제111조) : 사업주는 원심기 또는 분쇄기 등으로부터 내용물을 꺼내거나 원심기 또는 분쇄기 등의 정비·청소·검사·수리 또는 그 밖에 이와 유사한 작업을 하는 경우에 그 기계의 운전을 정지하여야 한다.
• 최고사용회전수의 초과 사용 금지(「안전보건규칙」 제112조) : 사업주는 원심기의 최고사용회전수를 초과하여 사용해서는 아니 된다.

50 탁상용 연삭기의 평형 플랜지 바깥지름이 150mm일 때, 숫돌의 바깥지름은 몇 mm 이내이어야 하는가?

① 300mm   ② 450mm
③ 600mm   ④ 750mm

[해설] 플랜지의 지름은 숫돌 직경의 1/3 이상인 것이 적당하다.

• 플랜지 지름 = 연삭숫돌 바깥지름 × $\frac{1}{3}$

• 숫돌 바깥지름 = 플랜지 지름 × 3 = 450mm

51 산업안전보건법령상 고속회전체의 회전시험을 하는 경우 미리 회전축의 재질 및 형상 등에 상응하는 종류의 비파괴검사를 해서 결함 유무를 확인하여야 하는 고속회전체 대상은?

① 회전축의 중량이 0.5톤을 초과하고, 원주속도가 15m/s 이상인 것
② 회전축의 중량이 1톤을 초과하고, 원주속도가 30m/s 이상인 것
③ 회전축의 중량이 0.5톤을 초과하고, 원주속도가 60m/s 이상인 것
④ 회전축의 중량이 1톤을 초과하고, 원주속도가 120m/s 이상인 것

[해설] 고속회전체(회전축의 중량이 1톤을 초과하고 원주속도가 매초당 120미터 이상인 것에 한한다)의 회전시험을 하는 경우에 미리 회전축의 재질 및 형상 등에 상응하는 종류의 비파괴검사를 실시하여 결함 유무를 확인하여야 한다.

52 기계운동 형태에 따른 위험점 분류에 해당되지 않는 것은?

① 접선끼임점   ② 회전말림점
③ 물림점   ④ 절단점

[해설] **기계설비의 위험점 분류**
• 협착점(Squeeze Point)   • 끼임점(Shear Point)
• 절단점   • 물림점
• 접선물림점   • 회전말림점

53 기계를 구성하는 요소에서 피로현상은 안전과 밀접한 관련이 있다. 다음 중 기계요소의 피로 파괴현상과 가장 관련이 적은 것은?

① 소음(Noise)　　　　　② 노치(Notch)
③ 부식(Corrosion)　　　④ 치수효과(Size Effect)

해설 피로파괴에 영향을 주는 인자로는 치수효과(Size Effect), 노치효과(Notch Effect), 부식(Corrosion), 표면효과 등이 있다.

54 위험기계 · 기구 자율안전 확인고시에 의하면 탁상용 연삭기에서 연삭숫돌의 외주면과 가공물 받침대 사이 거리는 몇 mm를 초과하지 않아야 하는가?

① 1　　　　　　② 2
③ 4　　　　　　④ 8

해설 연삭숫돌의 외주면과 받침대 사이의 거리는 2mm를 초과하지 않을 것

55 지게차의 헤드가드 상부틀에 있어서 각 개구부의 폭 또는 길이의 크기는?

① 8cm 미만　　　　② 10cm 미만
③ 16cm 미만　　　④ 20cm 미만

해설 **헤드가드(Head Guard, 「안전보건규칙」 제180조)**
상부틀의 각 개구의 폭 또는 길이가 16cm 미만일 것

56 안전한 상태를 확보할 수 있도록 기계의 작동 부분 상호 간을 기계적, 전기적인 방법으로 연결하여 기계가 정상 작동을 하기 위한 모든 조건이 충족되어야만 작동하며, 그 중 하나라도 정지시키는 충족되지 않으면 자동적으로 정지시키는 방호장치 형식은?

① 자동식 방호장치　　　② 가변식 방호장치
③ 고정식 방호장치　　　④ 인터록식 방호장치

해설 **인터록 장치**
기계의 각 작동부분 상호 간을 전기적, 기구적, 유공압장치 등으로 연결해서 기계의 각 작동부분이 정상으로 작동하기 위한 조건이 만족되지 않을 경우 자동적으로 그 기계를 작동할 수 없도록 하는 것

57 다음 중 목재가공용 둥근톱에 설치해야 하는 분할날의 두께에 관한 설명으로 옳은 것은?

① 톱날 두께의 1.1배 이상이고, 톱날의 치진폭보다 커야 한다.
② 톱날 두께의 1.1배 이상이고, 톱날의 치진폭보다 작아야 한다.
③ 톱날 두께의 1.1배 이내이고, 톱날의 치진폭보다 커야 한다.
④ 톱날 두께의 1.1배 이내이고, 톱날의 치진폭보다 작아야 한다.

해설 **분할날의 두께**
분할날의 두께는 톱날두께 1.1배 이상이고 톱날의 치진폭 미만으로 할 것

58 롤러기의 급정지장치를 작동시켰을 경우에 무부하 운전 시 앞면 롤러의 표면속도가 30m/min 미만일 때의 급정지 거리로 적합한 것은?

① 앞면 롤러 원주의 1/1.5 이내
② 앞면 롤러 원주의 1/2 이내
③ 앞면 롤러 원주의 1/2.5 이내
④ 앞면 롤러 원주의 1/3 이내

해설

앞면 롤의 면속도(m/min)	급정지거리
30 미만	앞면 롤 원주의 1/3
30 이상	앞면 롤 원주의 1/2.5

59 산업용 로봇의 재해 발생에 대한 주된 원인이며, 본체의 외부에 조립되어 인간의 팔에 해당되는 기능을 하는 것은?

① 센서(Sensor)
② 제어 로직(Control logic)
③ 제동장치(Brake system)
④ 매니퓰레이터(Manipulator)

해설 **교시등**
사업주는 산업용 로봇의 작동범위에서 해당 로봇에 대하여 교시등(매니퓰레이터(Manipulator)의 작동순서, 위치 · 속도의 설정 · 변경 또는 그 결과를 확인하는 것을 말한다)의 작업을 하는 경우에는 해당 로봇의 예기치 못한 작동 또는 오(誤)조작에 의한 위험을 방지하여야 한다.

60 산업안전보건법령상 크레인의 직동식 권과방지장치는 훅 · 버킷 등 달기구의 윗면이 드럼, 상부 도르래 등 권상장치의 아랫면과 접촉할 우려가 있을 때 그 간격이 얼마 이상이어야 하는가?

① 0.01m 이상　　　② 0.02m 이상
③ 0.03m 이상　　　④ 0.05m 이상

해설 권과방지장치는 훅 · 버킷 등 달기구의 윗면이 지브 선단의 도르래 등의 아랫면과 접촉할 우려가 있는 때에는 그 간격이 0.25m 이상(직동식 권과방지장치는 0.05m 이상)이 되도록 조정하여야 한다.

4과목
전기 및 화학설비 안전관리

61 교류아크 용접기의 재해방지를 위해 쓰이는 것은?

① 자동전격방지 장치　　　② 리밋 스위치
③ 정전압 장치　　　④ 정전류 장치

해설 아크 발생을 중지하려는 경우 작업자를 보호하기 위해 교류아크 용접기에 자동전격방지기를 부착하여 2차 무부하 전압이 안전전압 25V 이하로 유지할 수 있도록 한다.

62 방폭구조의 종류와 기호가 잘못 연결된 것은?

① 유입방폭구조－o　　　② 압력방폭구조－p
③ 내압방폭구조－d　　　④ 본질안전방폭구조－e

해설 본질안전방폭구조－ia, ib

63 누전에 의한 감전위험을 방지하기 위하여 누전차단기를 설치하여야 하는데 다음 중 누전차단기를 설치하지 않아도 되는 것은?

① 절연대 위에서 사용하는 이중 절연구조의 전동기기
② 임시배선의 전로가 설치되는 장소에서 사용하는 이동형 전기기구
③ 철판 위와 같이 도전성이 높은 장소에서 사용하는 이동형 전기기구

④ 물과 같이 도전성이 높은 액체에 의한 습윤 장소에서 사용하는 이동형 전기기구

해설 **누전차단기의 적용 비대상(「안전보건규칙」 304조)**

절연대 위 등과 같이 감전 위험이 없는 전기기계 · 기구는 누전차단기를 설치하지 않아도 된다.

64 누전차단기의 설치 환경조건에 관한 설명으로 틀린 것은?

① 전원전압은 정격전압의 85~110% 범위로 한다.
② 설치장소가 직사광선을 받을 경우 차폐시설을 설치한다.
③ 정격부동작전류가 정격감도전류의 30% 이상이어야 하고 이들의 차가 가능한 한 큰 것이 좋다.
④ 정격전부하전류가 30A인 이동형 전기기계 · 기구에 접속되어 있는 경우 일반적으로 정격감도전류는 30mA 이하인 것을 사용한다.

해설 정격부동작전류가 정격감도전류의 50% 이상이어야 하고 이들의 전류치가 가능한 한 작을 것

65 위험장소의 분류에 있어 다음 설명에 해당되는 것은?

> 분진운 형태의 가연성 분진이 폭발농도를 형성할 정도로 충분한 양이 정상작동 중에 연속적으로 또는 자주 존재하거나, 제어할 수 없을 정도의 양 및 두께의 분진층이 형성될 수 있는 장소

① 20종 장소　　　② 21종 장소
③ 22종 장소　　　④ 23종 장소

해설 20종 장소로 호퍼 · 분진저장소 · 집진장치 · 필터 등의 내부이다.

66 전기화재의 직접적인 발생 요인과 가장 거리가 먼 것은?

① 피뢰기의 손상
② 누전, 열의 축적
③ 과전류 및 절연의 손상
④ 지락 및 접속불량으로 인한 과열

해설 피뢰기 손상은 전기화재의 직접적인 발생 요인이 아니다.

정답 | 60 ④ 61 ① 62 ④ 63 ① 64 ③ 65 ① 66 ①

67 이온생성 방법에 따라 정전기 제전기의 종류가 아닌 것은?

① 고전압인가식　　　　② 접지제어식
③ 자기방전식　　　　　④ 방사선식

해설 제전기의 종류 : 전압인가식, 자기방전식, 방사선식 제전기

68 피뢰설비 기본 용어에 있어 외부 뇌보호 시스템에 해당되지 않는 구성요소는?

① 수뢰부　　　　　　② 인하도선
③ 접지시스템　　　　④ 등전위 본딩

해설 외부 뇌보호 시스템 : 수뢰부, 인하도선, 접지시스템

69 콘덴서의 단자전압이 1kV, 정전용량이 740pF일 경우 방전에너지는 약 몇 mJ인가?

① 370　　　　　　　② 37
③ 3.7　　　　　　　④ 0.37

해설 $W = \frac{1}{2}CV^2 = \frac{1}{2}QV = \frac{1}{2}\frac{Q^2}{C}$ 에서

$$W = \frac{1}{2} \times 740 \times 10^{-12} \times (1 \times 10^3)^2 = 0.37[\text{mJ}]$$

여기서, C : 인체의 정전용량
　　　　Q : 대전전하량
　　　　V : 대전전위 ⇒ Q=CV

70 송전선의 경우 복도체 방식으로 송전하는데 이는 어떤 방전 손실을 줄이기 위한 것인가?

① 코로나 방전　　　　② 평등방전
③ 불꽃방전　　　　　④ 자기방전

해설 송전선은 코로나 방전 손실을 줄이기 위해 복도체 방식으로 송전한다.

71 다음 중 화학물질 및 물리적 인자의 노출기준에 따른 TWA 노출기준이 가장 낮은 물질은?

① 불소　　　　　　　② 아세톤
③ 니트로벤젠　　　　④ 사염화탄소

해설 불소의 노출기준은 TWA가 0.1ppm으로 가장 낮다.

72 대기 중에 대량의 가연성 가스가 유출되거나 대량의 가연성 액체 유증기가 공기와 혼합해서 가연성 혼합기체를 형성하고, 점화원에 의하여 발생하는 폭발을 무엇이라 하는가?

① UVCE　　　　　　② BLEVE
③ Detonation　　　　④ Boil over

해설 증기운 폭발(UVCE)은 인화성 액체 상태로 저장되어 있던 인화성 물질이 누출되어 증기상태로 존재하다가 정전기와 같은 점화원에 접촉되어 폭발하는 현상이다.

73 화재 발생 시 알코올포(내알코올포) 소화약제의 소화효과가 큰 대상물은?

① 특수인화물
② 물과 친화력이 있는 수용성 용매
③ 인화점이 영하 이하의 인화성 물질
④ 발생하는 증기가 공기보다 무거운 인화성 액체

해설 내알코올포 소화기(소화약제)는 수용성 액체의 화재를 소화할 때 효과적이다.

74 산업안전보건법령에서 정한 위험물질의 종류에서 "물반응성 물질 및 인화성 고체"에 해당하는 것은?

① 니트로화합물　　　　② 과염소산
③ 아조화합물　　　　　④ 칼륨

해설 칼륨은 물반응성 물질 및 인화성 고체에 해당하므로 물과의 접촉을 방지하여야 한다.

75 다음 중 폭발한계의 범위가 가장 넓은 가스는?

① 수소　　　　　　　② 메탄
③ 프로판　　　　　　④ 아세틸렌

해설 아세틸렌의 폭발한계(2.5vol%~81vol%)가 가장 넓고, 위험도 또한 가장 높다.

정답 | 67 ② 68 ④ 69 ④ 70 ① 71 ① 72 ① 73 ② 74 ④ 75 ④

76 20℃, 1기압의 공기를 압축비 3으로 단열 압축하였을 때 온도는 약 몇 ℃가 되겠는가? (단, 공기의 비열비는 1.4이다.)

① 84   ② 128

③ 182   ④ 1,091

해설 **단열변화 공식**

$$\frac{T_2}{T_1} = \left(\frac{V_1}{V_2}\right)^{r-1} = \left(\frac{P_2}{P_1}\right)^{\frac{(r-1)}{r}}$$ 를 이용하면,

$$T_2 = (273+20) \times \left(\frac{3}{1}\right)^{\frac{1.4-1}{1.4}} = 401°K = 128℃$$

77 여러 가지 성분의 액체 혼합물을 각 성분별로 분리하고자 할 때 비점의 차이를 이용하여 분리하는 화학설비를 무엇이라 하는가?

① 건조기   ② 반응기

③ 진공관   ④ 증류탑

해설 문제는 증류탑에 대한 설명이다.

78 프로판(C_3H_8) 가스의 공기 중 완전연소 조성농도는 약 몇 vol%인가?

① 2.02   ② 3.02

③ 4.02   ④ 5.02

해설 • 프로판(C_3H_8)의 연소식

    $C_3H_8 + 5O_2 \rightarrow 3CO_2 + 4H_2O$

• 완전연소 조성농도(C_{st})

$$= \frac{1}{(4.733n + 1.19x - 2.38y) + 1} \times 100$$

$$= \frac{1}{(4.733 \times 3 + 1.19 \times 8 - 2.38 \times 0) + 1} \times 100$$

$$\fallingdotseq 4.02(\%)$$

79 가스를 저장하는 가스용기의 색상이 틀린 것은? (단, 의료용 가스는 제외한다.)

① 암모니아－백색   ② 이산화탄소－황색

③ 산소－녹색   ④ 수소－주황색

해설 **고압가스용기의 도색**

가스의 종류	용기 도색	가스의 종류	용기 도색
액화탄산가스	청색	산소	녹색
수소	주황색	아세틸렌	황색
액화암모니아	백색	액화염소	갈색

80 산업안전보건법령상 위험물질의 종류를 구분할 때 다음 물질들이 해당하는 것은?

리튬, 칼륨·나트륨, 황, 황린, 황화인·적린

① 폭발성 물질 및 유기과산화물

② 산화성 액체 및 산화성 고체

③ 물반응성 물질 및 인화성 고체

④ 급성 독성 물질

해설 보기의 물질들은 물반응성 물질 및 인화성 고체로 위험물질이 구분된다.

5과목
건설공사 안전관리

81 건설업 산업안전보건관리비의 안전시설비로 사용 가능하지 않은 항목은?

① 비계·통로·계단에 추가 설치하는 추락방호용 안전난간

② 공사 수행에 필요한 안전통로

③ 틀비계에 별도로 설치하는 안전난간·사다리

④ 통로의 낙하물 방호선반

해설 공사 수행에 필요한 안전통로는 사용 불가 항목이다.

82 고소작업대가 갖추어야 할 설치조건으로 옳지 않은 것은?

① 작업대를 와이어로프 또는 체인으로 올리거나 내릴 경우에는 와이어로프 또는 체인이 끊어져 작업대가 낙하하지 아니하는 구조여야 하며, 와이어로프 또는 체인의 안전율은 3 이상일 것

정답 | 76 ② 77 ④ 78 ③ 79 ② 80 ③ 81 ② 82 ①

② 작업대를 유압에 의해 올리거나 내릴 경우에는 작업대를 일정한 위치에 유지할 수 있는 장치를 갖추고 압력의 이상저하를 방지할 수 있는 구조일 것

③ 작업대에 정격하중(안전율 5 이상)을 표시할 것

④ 작업대에 끼임·충돌 등 재해를 예방하기 위한 가드 또는 과상승방지장치를 설치할 것

해설 작업대를 와이어로프 또는 체인으로 올리거나 내릴 경우에는 와이어로프 또는 체인의 안전율은 5 이상이어야 한다.

83 콘크리트 타설작업을 하는 경우에 준수해야 할 사항으로 옳지 않은 것은?

① 당일의 작업을 시작하기 전에 해당 작업에 관한 거푸집 동바리 등의 변형·변위 및 지반의 침하 유무 등을 점검하고 이상이 있으면 보수할 것

② 작업 중에는 거푸집 동바리 등의 변형·변위 및 침하 유무 등을 감시할 수 있는 감시자를 배치하여 이상이 있으면 작업을 중지하고 근로자를 대피시킬 것

③ 설계 도서상의 콘크리트 양생기간을 준수하여 거푸집 동바리 등을 해체할 것

④ 콘크리트를 타설하는 경우에는 편심을 유발하여 한쪽 부분부터 밀실하게 타설되도록 유도할 것

해설 콘크리트를 타설하는 경우에는 편심이 발생하지 않도록 골고루 분산하여 타설하여야 한다.

84 건설업에서 사업주의 유해·위험 방지 계획서 제출 대상 사업장이 아닌 것은?

① 지상 높이가 31m 이상인 건축물의 건설, 개조 또는 해체공사

② 연면적 5,000m² 이상 관광숙박시설의 해체공사

③ 저수용량 5,000톤 이하의 지방상수도 전용 댐 건설 등의 공사

④ 깊이 10m 이상인 굴착공사

해설 **유해·위험 방지 계획서 작성대상의 공사**
- 지상높이가 31m 이상인 건축물
- 연면적 5,000m² 이상의 냉동·냉장창고시설의 설비공사 및 단열공사
- 최대지간 길이가 50m 이상인 교량건설 등 공사
- 터널건설 등의 공사
- 다목적 댐, 발전용 댐 및 저수용량 2천만 톤 이상의 용수전용 댐, 지방상수도 전용댐 건설 등의 공사
- 깊이가 10m 이상인 굴착공사

85 이동식 비계를 조립하여 작업을 하는 경우의 준수사항으로 옳지 않은 것은?

① 이동식 비계의 바퀴에는 뜻밖의 갑작스러운 이동 또는 넘어짐을 방지하기 위하여 브레이크·쐐기 등으로 바퀴를 고정시킨 다음 비계의 일부를 견고한 시설물에 고정하거나 아웃트리거(outrigger)를 설치하는 등 필요한 조치를 할 것

② 작업발판은 항상 수평을 유지하고 작업발판 위에서 안전난간을 딛고 작업을 하지 않도록 하며, 대신 받침대 또는 사다리를 사용하여 작업할 것

③ 비계의 최상부에서 작업을 하는 경우에는 안전난간을 설치할 것

④ 작업발판의 최대적재하중은 250kg을 초과하지 않도록 할 것

해설 작업발판은 항상 수평을 유지하고 작업발판 위에서 안전난간을 딛고 작업을 하거나 받침대 또는 사다리를 사용하여 작업하지 않도록 해야 한다.

86 추락방호망의 방망 지지점은 최소 얼마 이상의 외력에 견딜 수 있는 강도를 보유하여야 하는가?

① 500kg ② 600kg
③ 700kg ④ 800kg

해설 방망의 지지점의 강도는 600kg의 외력에 견딜 수 있는 강도이어야 한다.

87 거푸집 동바리 등을 조립하거나 해체하는 작업을 하는 경우 준수사항으로 옳지 않은 것은?

① 해당 작업을 하는 구역에는 관계 근로자가 아닌 사람의 출입을 금지할 것

② 비, 눈, 그 밖의 기상상태의 불안정으로 날씨가 몹시 나쁜 경우에는 그 작업을 중지할 것

③ 낙하·충격에 의한 돌발적 재해를 방지하기 위하여 버팀목을 설치하고 거푸집 동바리 등을 인양장비에 매단 후에 작업을 하도록 하는 등 필요한 조치를 할 것

④ 재료, 기구 또는 공구 등을 올리거나 내리는 경우에는 근로자로 하여금 달줄·달포대 등의 사용을 금지하도록 할 것

해설 재료, 기구 또는 공구 등을 올리거나 내리는 경우에는 근로자로 하여금 달줄·달포대 등을 사용하도록 해야 한다.

정답 | 83 ④ 84 ③ 85 ② 86 ② 87 ④

88 아스팔트 포장도로의 노반의 파쇄 또는 토사 중에 있는 암석 제거에 가장 적당한 장비는?

① 스크레이퍼　　　　　② 롤러
③ 리퍼　　　　　　　　④ 드래그라인

해설 Ripper는 아스팔트 포장도로 등 지반이 단단한 땅이나 연한 암석지반의 파쇄굴착 또는 암석 제거에 적합하다.

89 추락방호망을 건축물의 바깥쪽으로 설치하는 경우 벽면으로부터 망의 내민 길이는 최소 얼마 이상이어야 하는가?

① 2m　　　　　　　　② 3m
③ 5m　　　　　　　　④ 10m

해설 건축물 등의 바깥쪽으로 설치하는 경우 망의 내민 길이는 벽면으로부터 3m 이상이 되도록 해야 한다.

90 다음은 산업안전보건법령에 따른 지붕 위에서의 위험방지에 관한 사항이다. (　　) 안에 알맞은 것은?

슬레이트, 선라이트 등 강도가 약한 재료로 덮은 지붕 위에서 작업을 할 때에 발이 빠지는 등 근로자가 위험해질 우려가 있는 경우 폭 (　　) 센티미터 이상의 발판을 설치하거나 추락방호망을 치는 등 근로자의 위험을 방지하기 위하여 필요한 조치를 하여야 한다.

① 20　　　　　　　　② 25
③ 30　　　　　　　　④ 40

해설 폭 30cm 이상의 발판을 설치하거나 추락방호망을 치는 등 위험을 방지하기 위하여 필요한 조치를 하여야 한다.

91 통나무 비계를 건축물, 공작물 등의 건조·해체 및 조립 등의 작업에 사용하기 위한 지상 높이 기준은?

① 2층 이하 또는 6m 이하　　② 3층 이하 또는 9m 이하
③ 4층 이하 또는 12m 이하　④ 5층 이하 또는 15m 이하

해설 통나무 비계는 지상높이 4층 이하 또는 12m 이하인 건축물·공작물 등의 건조·해체 및 조립 등의 작업에만 사용하도록 해야 한다.

92 터널지보공을 설치한 경우에 수시로 점검하여야 할 사항에 해당하지 않는 것은?

① 기둥침하의 유무 및 상태
② 부재의 긴압 정도
③ 매설물 등의 유무 또는 상태
④ 부재의 접속부 및 교차부의 상태

해설 **터널지보공의 정기점검사항**
　1. 부재의 손상·변형·부식·변위 탈락의 유무 및 상태
　2. 부재의 긴압 정도
　3. 부재의 접속부 및 교차부의 상태
　4. 기둥침하의 유무 및 상태

93 다음에서 설명하고 있는 건설장비의 종류는?

앞뒤 두 개의 차륜이 있으며(2축 2륜), 각각의 차축의 평행으로 배치된 것으로 찰흙, 점성토 등의 두꺼운 흙을 다짐하는 데 적당하나 단단한 각재를 다지는 데는 부적당하며 머캐덤 롤러 다짐 후의 아스팔트 포장에 사용된다.

① 클램셸　　　　　　② 탠덤 롤러
③ 트랙터 셔블　　　　④ 드래그 라인

해설 2축 탠덤 롤러는 앞쪽에 단일 큰 직경 구동 롤과 뒤쪽에 단일 틸러 롤을 가지고 있다.

94 다음은 산업안전보건법령에 따른 말비계를 조립하여 사용하는 경우에 관한 준수사항이다. (　　) 안에 알맞은 숫자는?

말비계의 높이가 2m를 초과할 경우에는 작업발판의 폭을 (　　)cm 이상으로 할 것

① 10　　　　　　　　② 20
③ 30　　　　　　　　④ 40

해설 말비계의 조립 시 기준으로 말비계의 높이가 2m를 초과할 경우에는 작업발판의 폭을 40cm 이상으로 하여야 한다.

95 크레인을 사용하여 작업을 하는 경우 준수해야 할 사항으로 옳지 않은 것은?

① 인양할 화물을 바닥에서 끌어당기거나 밀어 정위치 작업을 할 것
② 유류드럼이나 가스통 등 운반 도중에 떨어져 폭발하거나 누출될 가능성이 있는 위험물용기는 보관함(또는 보관고)에 담아 안전하게 매달아 운반할 것
③ 미리 근로자의 출입을 통제하여 인양 중인 화물이 작업자의 머리 위로 통과하지 않도록 할 것
④ 인양할 화물이 보이지 아니하는 경우에는 어떤 동작도 하지 아니할 것(신호하는 사람에 의하여 작업을 하는 경우는 제외한다)

해설 인양할 화물을 바닥에서 끌어당기거나 밀어내는 작업을 하지 아니하여야 한다.

96 작업으로 인하여 물체가 떨어지거나 날아올 위험이 있는 경우 설치하는 낙하물 방지망의 수평면과의 각도 기준으로 옳은 것은?

① 10° 이상 20° 이하를 유지
② 20° 이상 30° 이하를 유지
③ 30° 이상 40° 이하를 유지
④ 40° 이상 45° 이하를 유지

해설 수평면과의 각도는 20° 이상 30° 이하를 유지해야 한다.

97 굴착작업을 하는 경우 지반의 붕괴 또는 토석의 낙하에 의한 근로자의 위험을 방지하기 위하여 관리감독자로 하여금 작업 시작 전에 점검하도록 해야 하는 사항과 가장 거리가 먼 것은?

① 부석 · 균열의 유무   ② 함수 · 용수
③ 동결상태의 변화   ④ 시계의 상태

해설 관리감독자로 하여금 작업 시작 전에 작업 장소 및 그 주변의 부석 · 균열의 유무, 함수(含水) · 용수(湧水) 및 동결상태의 변화를 점검하도록 하여야 한다.

98 다음은 비계발판용 목재재료의 강도상의 결점에 대한 조사기준이다. (   ) 안에 들어갈 내용으로 옳은 것은?

> 발판의 폭과 동일한 길이 내에 있는 결점치수의 총합이 발판 폭의 (   )를 초과하지 않을 것

① 1/2   ② 1/3
③ 1/4   ④ 1/6

해설 발판의 폭과 동일한 길이 내에 있는 결점치수의 총합이 발판폭의 1/4을 초과하지 않아야 한다.

99 버팀대(Strut)의 축하중 변화 상태를 측정하는 계측기는?

① 경사계(Inclino meter)
② 수위계(Water level meter)
③ 침하계(Extension)
④ 하중계(Load cell)

해설 하중계는 버팀보 어스앵커 등의 실제 축하중 변화를 측정하는 계측기기이다.

100 철골공사에서 나타나는 용접결함의 종류에 해당하지 않는 것은?

① 가우징(Gouging)   ② 오버랩(Overlap)
③ 언더 컷(Under cut)   ④ 블로 홀(Blow hole)

해설 가우징(Gouging)은 용접결함이 아니라 용접한 부위의 결함 제거나 주철의 균열 보수를 하기 위하여 좁은 홈을 파내는 것이다.

1과목
산업재해 예방 및 안전보건교육

01 기업 내 정형교육 중 TWI의 훈련내용이 아닌 것은?

① 작업방법훈련 ② 작업지도훈련
③ 사례연구훈련 ④ 인간관계훈련

해설 **TWI(Training Within Industry) 훈련의 종류**
- 작업지도훈련(JIT ; Job Instruction Training)
- 작업방법훈련(JMT ; Job Method Training)
- 인간관계훈련(JRT ; Job Relations Training)
- 작업안전훈련(JST ; Job Safety Training)

02 강의계획에 있어 학습 목적의 3요소가 아닌 것은?

① 목표 ② 주제
③ 학습 내용 ④ 학습 정도

해설 **학습 목적의 3요소**
1. 주제 2. 학습 정도 3. 목표

03 비통제의 집단행동 중 폭동과 같은 것을 말하며, 군중보다 합의성이 없고, 감정에 의해서만 행동하는 특성은?

① 패닉(Panic)
② 모브(Mob)
③ 모방(Imitation)
④ 심리적 전영(Mental Epidemic)

해설 **모브(Mob)**
폭동과 같은 것을 말하며 군중보다 합의성이 없고 감정에 의해 행동하는 것

04 부주의의 발생원인과 그 대책이 옳게 연결된 것은?

① 의식의 우회―상담
② 소질적 조건―교육
③ 작업환경 조건 불량―작업순서 정비
④ 작업순서의 부적당―작업자 재배치

해설 **부주의 내적 원인과 대책**
- 소질적 문제 : 적성 배치
- 의식의 우회 : 카운슬링(상담)
- 경험, 미경험자 : 안전교육훈련

05 산업안전보건법령상 안전검사 대상 유해·위험 기계 등이 아닌 것은?

① 곤돌라 ② 이동식 국소배기장치
③ 산업용 원심기 ④ 컨베이어

해설 **안전검사 대상 유해·위험기계 등**
1. 곤돌라
2. 국소배기장치(이동식은 제외한다)
3. 원심기(산업용에 한정한다)
4. 컨베이어 등

06 재해 발생의 주요 원인 중 불안전한 상태에 해당하지 않는 것은?

① 기계설비 및 장비의 결함
② 부적절한 조명 및 환기
③ 작업장소의 정리·정돈 불량
④ 보호구 미착용

해설 보호구 미착용은 "불안전한 행동"에 해당된다.

07 산업안전보건법령상 근로자 안전 · 보건 교육의 기준으로 틀린 것은?

① 사무직 종사 근로자의 정기교육 : 매 분기 3시간 이상
② 일용근로자의 작업내용 변경 시의 교육 : 1시간 이상
③ 관리감독자의 지위에 있는 사람의 정기교육 : 연간 16시간 이상
④ 건설 일용 근로자의 건설업 기초안전 · 보건교육 : 2시간 이상

해설 **근로자 안전 · 보건 교육**

교육 과정	교육 대상	교육 시간
건설업 기초안전 · 보건교육	건설 일용근로자	4시간

08 토의법의 유형 중 다음에서 설명하는 것은?

교육과제에 정통한 전문가 4~5명이 피교육자 앞에서 자유로이 토의를 실시한 다음에 피교육자 전원이 참가하여 사회자의 사회에 따라 토의하는 방법

① 포럼(Forum)
② 패널 디스커션(Panel discussion)
③ 심포지엄(Symposium)
④ 버즈 세션(Buzz session)

해설 **패널 디스커션(Panel discussion)**

사회자의 진행에 의해 특정 주제에 대해 구성원 3~6명이 대립된 견해를 가지고 청중 앞에서 논쟁을 벌이는 것

09 학습정도(Level of learning)의 4단계 요소가 아닌 것은?

① 지각
② 적용
③ 인지
④ 정리

해설 **학습정도의 4단계**

인지 → 지각 → 이해 → 적용

10 안전관리조직의 형태 중 라인 · 스태프형에 대한 설명으로 틀린 것은?

① 안전스태프는 안전에 관한 기획, 입안, 조사, 검토 및 연구를 행한다.
② 안전업무를 전문적으로 담당하는 스태프 및 생산라인의 각 계층에도 겸임 또는 전임의 안전담당자를 둔다.
③ 모든 안전관리업무를 생산라인을 통하여 직선적으로 이루어지도록 편성된 조직이다.
④ 대규모 사업장(1,000명 이상)에 효율적이다.

해설 **라인 · 스태프(Line − Staff)형 조직(직계참모조직)**

대규모 사업장에 적합한 조직으로서 라인형과 스태프형의 장점만을 채택한 형태이며 안전업무를 전담하는 스태프를 두고 생산라인의 각 계층에서도 각 부서장으로 하여금 안전업무를 수행케 하여 스태프를 통해 안전에 관한 사항이 결정되면 라인을 통하여 실천하도록 편성된 조직(대규모, 1,000명 이상)

11 맥그리거(McGregor)의 X이론에 따른 관리처방이 아닌 것은?

① 목표에 의한 관리
② 권위주의적 리더십 확립
③ 경제적 보상체제의 강화
④ 면밀한 감독과 엄격한 통제

해설 목표에 의한 관리는 Y이론에 대한 관리 처방이다.

12 어느 공장의 재해율을 조사한 결과 도수율이 20이고, 강도율이 1.2로 나타났다. 이 공장에서 근무하는 근로자가 입사부터 정년퇴직할 때까지 예상되는 재해건수(a)와 이로 인한 근로손실일수(b)는?

① a＝20, b＝1.2
② a＝2, b＝120
③ a＝20, b＝20
④ a＝120, b＝2

해설 1. 평생 근로 시 예상재해건수
(환산도수율 : a)＝도수율×0.1
＝20×0.1＝2[건]
2. 평생 근로 시 예상근로손실일수
(환산강도율 : b)＝강도율×100
＝1.2×100＝120[일]

13 재해손실비의 평가방식 중 시몬즈(R.H.Simonds) 방식에 의한 계산방법으로 옳은 것은?

① 직접비＋간접비
② 공동비용＋개별비용
③ 보험코스트＋비보험코스트
④ (휴업상해건수×관련비용 평균치)＋(통원상해건수×관련비용 평균치)

> 해설 **시몬즈 방식**
>
> 총 재해비용＝산재보험비용＋비보험비용

14 무재해 운동 추진기법 중 지적 확인에 대한 설명으로 옳은 것은?

① 비평을 금지하고, 자유로운 토론을 통하여 독창적인 아이디어를 끌어낼 수 있다.
② 참여자 전원의 스킨십을 통하여 연대감, 일체감을 조성할 수 있고 느낌을 교류한다.
③ 작업 전 5분간의 미팅을 통하여 시나리오상의 역할을 연기하여 체험하는 것을 목적으로 한다.
④ 오관의 감각기관을 총동원하여 작업의 정확성과 안전을 확인한다.

> 해설 **지적 확인**
>
> 작업의 정확성이나 안전을 확인하기 위해 눈, 손, 입 그리고 귀를 이용하여 작업 시작 전에 뇌를 자극시켜 안전을 확보하기 위한 기법으로 작업을 안전하게 오조작 없이 작업공정의 요소에서 자신의 행동을 "…, 좋아!"하고 대상을 지적하여 큰소리로 확인하는 것

15 재해예방의 4원칙에 해당하지 않는 것은?

① 예방가능의 원칙
② 대책선정의 원칙
③ 손실우연의 원칙
④ 원인추정의 원칙

> 해설 **재해예방의 4원칙**
>
> 1. 손실우연의 원칙　　2. 원인연계(계기)의 원칙
> 3. 예방가능의 원칙　　4. 대책선정의 원칙

16 인간의 착각현상 중 버스나 전동차의 움직임으로 인하여 자신이 승차하고 있는 정지된 차량이 움직이는 것 같은 느낌을 받는 현상은?

① 자동운동
② 유도운동
③ 가현운동
④ 플리커현상

> 해설 **유도운동**
>
> 실제로는 움직이지 않는 것이 어느 기준의 이동에 유도되어 움직이는 것처럼 느껴지는 현상이다.

17 안전·보건표지의 기본모형 중 다음 그림의 기본모형의 표시사항으로 옳은 것은?

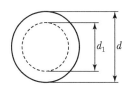

① 지시
② 안내
③ 경고
④ 금지

> 해설
>
> | 기본모형 | 규격비율 | 표시사항 |
> | --- | --- | --- |
> | | $d \geq 0.025L$
 $d_1 = 0.8d$ | 지시 |

18 지도자가 추구하는 계획과 목표를 부하직원이 자신의 것으로 받아들여 자발적으로 참여하게 하는 리더십의 권한은?

① 보상적 권한
② 강압적 권한
③ 위임된 권한
④ 합법적 권한

> 해설 **위임된 권한의 특성**
>
> 진정한 리더십과 흡사한 것으로서 부하직원들이 지도자가 정한 목표를 자신의 것으로 받아들이고 목표를 성취하기 위해 지도자와 함께 일하는 것이다.

19 하인리히의 사고방지 5단계 중 제1단계 안전조직의 내용이 아닌 것은?

① 경영자의 안전목표 설정
② 안전관리자의 선임
③ 안전활동의 방침 및 계획수립
④ 안전회의 및 토의

해설 **하인리히의 사고방지 단계**

제1단계(안전조직)
1. 안전관리조직을 구성
2. 안전활동 방침 및 계획을 수립
3. 전문적 기술을 가진 조직을 통한 안전활동을 전개하여 전 종업원이 자주적으로 참여하여 집단의 안전 목표를 달성
4. 안전관리자를 선임

20 보호구 자율안전확인 고시상 사용 구분에 따른 보안경의 종류가 아닌 것은?

① 차광 보안경
② 유리 보안경
③ 플라스틱 보안경
④ 도수렌즈 보안경

해설 자율안전확인 대상 보안경의 구분 : 유리 보안경, 플라스틱 보안경, 도수렌즈 보안경

2과목
인간공학 및 위험성 평가 · 관리

21 휘도(Luminance)가 10cd/m²이고, 조도(Illuminance)가 100lux일 때 반사율(Reflectance, %)는?

① 0.1π
② 10π
③ 100π
④ $1,000\pi$

해설 반사율(%) $= \dfrac{\text{휘도}(fL)}{\text{조도}(fC)} \times 100$

$= \dfrac{\text{cd/m}^2 \times \pi}{\text{lux}} = \dfrac{10 \times \pi}{100} = 0.1\pi$

22 사람의 감각기관 중 반응속도가 가장 느린 것은?

① 청각
② 시각
③ 미각
④ 촉각

해설 **인간의 감각기관의 자극에 대한 반응속도**

청각(0.17초) > 촉각(0.18초) > 시각(0.20초) > 미각(0.29초) > 통각(0.70초)

23 한 사무실에서 타자기 소리 때문에 말소리가 묻히는 현상을 무엇이라 하는가?

① dBA
② CAS
③ phone
④ masking

해설 **은폐(masking)현상**

dB가 높은 음과 낮은 음이 공존할 때 낮은 음이 강한 음에 가로막혀 숨겨져 들리지 않게 되는 현상

24 1에서 15까지 수의 집합에서 무작위로 선택할 때, 어떤 숫자가 나올지 알려주는 경우의 정보량은 몇 bit인가?

① 2.91bit
② 3.91bit
③ 4.51bit
④ 4.91bit

해설 정보량 $H = \log_2 n = \log_2 15 = \dfrac{\log 15}{\log 2} = 3.90689$bit

25 어떤 전자기기의 수명은 지수분포를 따르며, 그 평균수명이 1,000시간이라고 할 때, 500시간 동안 고장 없이 작동할 확률은 약 얼마인가?

① 0.1353
② 0.3935
③ 0.6065
④ 0.8647

해설 $R = e^{-\lambda t} = e^{-t/t_0} = e^{-500/1,000}$

$= e^{-0.5} = 0.60653$

(λ : 고장률, t : 가동시간, t_0 : 평균수명)

26 체계 분석 및 설계에 있어서 인간공학의 가치와 가장 거리가 먼 것은?

① 성능의 향상
② 훈련비용의 증가
③ 사용자의 수용도 향상
④ 생산 및 보전의 경제성 증대

27 작업기억과 관련된 설명으로 틀린 것은?

① 단기기억이라고도 한다.
② 오랜 기간 정보를 기억하는 것이다.
③ 작업기억 내의 정보는 시간이 흐름에 따라 쇠퇴할 수 있다.
④ 리허설(Rehearsal)은 정보를 작업기억 내에 유지하는 유일한 방법이다.

28 의자의 등받이 설계에 관한 설명으로 가장 적절하지 않은 것은?

① 등받이 폭은 최소 30.5m가 되게 한다.
② 등받이 높이는 최소 50cm가 되게 한다.
③ 의자의 좌판과 등받이 각도는 90~105°를 유지한다.
④ 요부 받침의 높이는 25~35cm로 하고 폭은 30.6cm로 한다.

29 FT도에 의한 컷셋(Cut set)이 다음과 같이 구해졌을 때 최소 컷셋(Minimal cut set)으로 맞는 것은?

$$(X_1, \ X_3)$$
$$(X_1, \ X_2, \ X_3)$$
$$(X_1, \ X_3, \ X_4)$$

① $(X_1, \ X_3)$　　　　② $(X_1, \ X_2, \ X_3)$
③ $(X_1, \ X_3, \ X_4)$　　　　④ $(X_1, \ X_2, \ X_3, \ X_4)$

30 단일 차원의 시각적 암호 중 구성암호, 영문자 암호, 숫자암호에 대하여 암호로서의 성능이 가장 좋은 것부터 배열한 것은?

① 숫자암호 - 영문자암호 - 구성암호
② 구성암호 - 숫자암호 - 영문자암호
③ 영문자암호 - 숫자암호 - 구성암호
④ 영문자암호 - 구성암호 - 숫자암호

31 정보전달용 표시장치에서 청각적 표현이 좋은 경우가 아닌 것은?

① 메시지가 복잡하다.
② 시각장치가 지나치게 많다.
③ 즉각적인 행동이 요구된다.
④ 메시지가 그때의 사건을 다룬다.

32 FTA의 용도와 거리가 먼 것은?

① 고장의 원인을 연역적으로 찾을 수 있다.
② 시스템의 전체적인 구조를 그림으로 나타낼 수 있다.
③ 시스템에서 고장이 발생할 수 있는 부분을 쉽게 찾을 수 있다.
④ 구체적인 초기사건에 대하여 상향식(Bottom-up) 접근방식으로 재해경로를 분석하는 정량적 기법이다.

33 안전가치분석의 특징으로 틀린 것은?

① 기능 위주로 분석한다.
② 왜 비용이 드는가를 분석한다.
③ 특정 위험의 분석을 위주로 한다.
④ 그룹 활동은 전원의 중지를 모은다.

34 일반적인 인간 – 기계 시스템의 형태 중 인간이 사용자나 동력원으로 기능하는 것은?

① 수동체계
② 기계화 체계
③ 자동체계
④ 반자동 체계

해설 수동 시스템에서는 인간이 스스로 동력원을 제공한다.

35 산업안전보건법에 따라 상시 작업에 종사하는 장소에서 보통작업을 하고자 할 때 작업면의 최소 조도(lux)로 맞는 것은?

① 75
② 150
③ 300
④ 750

해설 보통작업 조도기준 : 150lux 이상

36 보전효과 측정을 위해 사용하는 설비고장 강도율의 식으로 맞는 것은?

① 부하시간÷설비가동시간
② 총 수리시간÷설비가동시간
③ 설비고장건수÷설비가동시간
④ 설비고장 정지시간÷설비가동시간

해설 설비고장 강도율＝설비고장 정지시간 / 설비가동시간

37 정보처리기능 중 정보 보관에 해당되는 것과 관계가 가장 먼 것은?

① 감지
② 정보처리
③ 출력
④ 행동기능

해설 **인간－기계 통합시스템의 인간 또는 기계에 의해 수행되는 기본 기능의 유형**

38 인체 측정치 중 기능적 인체치수에 해당되는 것은?

① 표준자세
② 특정작업에 국한
③ 움직이지 않는 피측정자
④ 각 지체는 독립적으로 움직임

해설 **기능적 인체치수** : 특정작업에 국한하여 움직이는 몸의 자세로부터 측정

39 FT도 작성 시 논리게이트에 속하지 않는 것은 무엇인가?

① OR 게이트
② 억제 게이트
③ AND 게이트
④ 동등 게이트

해설 **FT도에 사용되는 논리기호 및 사상기호**

• AND 게이트(논리기호)
• OR 게이트(논리기호)
• 억제 게이트(Inhibit 게이트) 등

40 시스템 안전 분석기법 중 인적 오류와 그로 인한 위험성의 예측과 개선을 위한 기법은 무엇인가?

① FTA
② ETBA
③ THERP
④ MORT

해설 **THERP(인간과오율 추정법, Technique of Human Error Rate Prediction)**

확률론적 안전기법으로서 인간의 과오에 기인된 사고원인을 분석하기 위하여 100만 운전시간당 과오도수를 기본 과오율로 하여 인간의 기본 과오율을 평가하는 기법

3과목
기계 · 기구 및 설비 안전관리

41 산업안전보건법령상 양중기에 사용하지 않아야 하는 달기체인의 기준으로 틀린 것은?

① 변형이 심한 것
② 균열이 있는 것
③ 길이의 증가가 제조 시보다 3%를 초과한 것
④ 링의 단면지름의 감소가 제조 시 링 지름의 10%를 초과한 것

정답 | 34 ① 35 ② 36 ④ 37 ③ 38 ② 39 ④ 40 ③ 41 ③

늘어난 체인 등의 사용금지(「안전보건규칙」 제167조)

1. 달기체인의 길이가 달기체인이 제조된 때의 길이의 5퍼센트를 초과한 것
2. 링의 단면지름이 달기체인이 제조된 때의 해당 링의 지름의 10퍼센트를 초과하여 감소한 것
3. 균열이 있거나 심하게 변형된 것

42 아세틸렌 용접장치의 안전기준과 관련하여 다음 빈칸에 들어갈 용어로 옳은 것은?

> 사업주는 가스용기가 발생기와 분리되어 있는 아세틸렌 용접장치에 대하여는 발생기와 가스용기 사이에 (　　　)을(를) 설치하여야 한다.

① 격납실　　　　　　　② 안전기
③ 안전밸브　　　　　　④ 소화설비

해설 **안전기의 설치(「안전보건규칙」 제289조)**

1. 사업주는 아세틸렌 용접장치의 취관마다 안전기를 설치하여야 한다. 다만, 주관 및 취관에 가장 근접한 분기관마다 안전기를 부착한 경우에는 그러하지 아니하다.
2. 사업주는 가스용기가 발생기와 분리되어 있는 아세틸렌 용접장치에 대하여 발생기와 가스용기 사이에 안전기를 설치하여야 한다.

43 기계설비의 안전조건 중 외관의 안전화에 해당되지 않는 것은?

① 오동작 방지 회로 적용　　② 안전색채 조절
③ 덮개의 설치　　　　　　④ 구획된 장소에 격리

해설 **외형의 안전화**

1. 묻힘형이나 덮개의 설치(「안전보건규칙」 제87조)
2. 별실 또는 구획된 장소에의 격리
3. 안전색채를 사용

44 산업용 로봇 작업 시 안전조치 방법이 아닌 것은?

① 높이 1.8m 이상의 울타리를 설치한다.
② 로봇의 조작방법 및 순서의 지침에 따라 작업한다.
③ 로봇 작업 중 이상상황의 대처를 위해 근로자 이외에도 로봇의 기동스위치를 조작할 수 있도록 한다.
④ 2인 이상의 근로자에게 작업을 시킬 때는 신호 방법의 지침을 정하고 그 지침에 따라 작업한다.

해설 **산업용 로봇 작업 시 안전작업 방법**

작업을 하고 있는 동안 로봇의 기동스위치 등에 작업 중이라는 표시를 하는 등 작업에 종사하고 있는 근로자가 아닌 사람이 그 스위치 등을 조작할 수 없도록 필요한 조치를 할 것

45 다음 중 연삭기의 종류가 아닌 것은?

① 다두 연삭기　　　　　② 원통 연삭기
③ 센터리스 연삭기　　　④ 만능 연삭기

해설 **연삭기의 종류**

1. 원통 연삭기　　　　2. 내면 연삭기
3. 평면 연삭기　　　　4. 센터리스 연삭기

46 프레스의 제작 및 안전기준에 따라 프레스의 각 항목이 표시된 이름판을 부착해야 하는데 이 이름판에 나타내어야 하는 항목이 아닌 것은?

① 압력능력 또는 전단능력　② 제조연월
③ 안전인증의 표시　　　　④ 정격하중

해설 **프레스 표시사항(위험기계 · 기구 안전인증 고시)**

1. 압력능력(전단기는 전단능력)
2. 사용전기설비의 정격
3. 제조자명
4. 제조연월
5. 안전인증의 표시
6. 형식 또는 모델번호
7. 제조번호

47 동력식 수동대패기계의 덮개와 송급 테이블면과의 간격기준은 몇 mm 이하여야 하는가?

① 3　　　　　　　　　② 5
③ 8　　　　　　　　　④ 12

해설 **덮개와 테이블 간의 틈새 : 8mm**

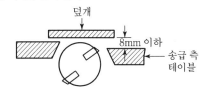

48 기계나 그 부품에 고장이나 기능 불량이 생겨도 항상 안전하게 작동하는 안전화 대책은?

① Fool proof　　　　② Fail safe
③ Risk management　④ Hazard diagnosis

해설 **페일 세이프(Fail safe)**

기계나 그 부품에 고장이나 기능불량이 생겨도 항상 안전하게 작동하는 구조와 기능을 추구하는 본질적 안전

49 다음 중 연삭기의 원주속도(m/s)를 구하는 식으로 옳은 것은? (단, D는 숫돌의 지름(M), n은 회전수(rpm))

① $V = \dfrac{\pi D n}{16}$　　② $V = \dfrac{\pi D n}{32}$

③ $V = \dfrac{\pi D n}{60}$　　④ $V = \dfrac{\pi D n}{1,000}$

해설 **원주속도**

$$v = \frac{\pi D n}{60}\,(\text{m/sec})$$

50 산업안전보건법령에 따라 다음 중 덮개 혹은 울을 설치하여야 하는 경우나 부위에 속하지 않는 것은?

① 목재가공용 띠톱기계를 제외한 띠톱기계에서 절단에 필요한 톱날 부위 외의 위험한 톱날 부위
② 선반으로부터 돌출하여 회전하고 있는 가공물이 근로자에게 위험을 미칠 우려가 있는 경우
③ 보일러에서 과열에 의한 압력상승으로 인해 사용자에게 위험을 미칠 우려가 있는 경우
④ 연삭기 또는 평삭기의 테이블, 형삭기 램 등의 행정 끝이 근로자에게 위험을 미칠 우려가 있는 경우

해설 보일러에는 덮개 혹은 울을 설치하지 않아도 된다.

51 다음 중 컨베이어(Conveyor)의 방호장치로 볼 수 없는 것은?

① 반발예방장치　　② 이탈방지장치
③ 비상정지장치　　④ 덮개 또는 울

해설 **컨베이어 안전장치의 종류**

1. 비상정지장치(「안전보건규칙」 제192조)
2. 덮개 또는 울(「안전보건규칙」 제193조)
3. 건널다리(「안전보건규칙」 제195조)
4. 역전방지장치(「안전보건규칙」 제191조)
반발예방장치는 둥근톱기계의 방호장치임

52 클러치 프레스에 부착된 양수기동식 방호장치에 있어서 확동 클러치의 봉합개소의 수가 4, 분당 행정수가 300 SPM일 때 양수기동식 조작부의 최소 안전거리는? (단, 인간의 손의 기준 속도는 1.6m/s로 한다.)

① 240mm　　② 260mm
③ 340mm　　④ 360mm

해설 **양수기동식 안전거리**

$$D_m = 1,600 \times T_m$$
$$= 1,600 \times \left(\frac{1}{4} + \frac{1}{2}\right) \times \frac{60}{300}$$
$$= 240\text{mm}$$
$$T_m = \left(\frac{1}{\text{클러치개소수}} + \frac{1}{2}\right) \times \frac{60}{\text{매분행정수(SPM)}}$$

53 프레스의 본질적 안전화(No-hand in die 방식) 추진 대책이 아닌 것은?

① 안전금형 설치
② 전용프레스의 사용
③ 방호울이 부착된 프레스 사용
④ 감응식 방호장치 설치

해설 **No-hand in die 방식(금형 안에 손이 들어가지 않는 구조)**

1. 안전울 설치
2. 안전금형 사용
3. 자동화 또는 전용 프레스 사용

54 산업안전보건법령상 크레인의 방호장치에 해당하지 않는 것은?

① 권과방지장치　　② 낙하방지장치
③ 비상정지장치　　④ 과부하방지장치

해설 **크레인의 방호장치(「안전보건규칙」 제134조)**

양중기에 과부하방지장치·권과방지장치·비상정지장치 및 제동장치, 그 밖의 방호장치(승강기의 파이널 리밋 스위치, 조속기, 출입문 인터록 등을 말한다)가 정상적으로 작동될 수 있도록 미리 조정하여 두어야 한다.

55 양수조작식 방호장치에서 누름버튼 상호 간의 내측거리는 얼마 이상이어야 하는가?

① 250mm 이상 ② 300mm 이상
③ 350mm 이상 ④ 400mm 이상

해설 양수조작식 방호장치 누름버튼의 상호 간 내측거리는 300mm 이상으로 한다.

56 작업장 내 운반을 주목적으로 하는 구내운반차가 준수해야 할 사항으로 옳지 않은 것은?

① 주행을 제동하거나 정지상태를 유지하기 위하여 유효한 제동장치를 갖출 것
② 경음기를 갖출 것
③ 핸들의 중심에서 차체 바깥 측까지의 거리가 65m 이내일 것
④ 운전자석이 차 실내에 있는 것은 좌우에 한 개씩 방향지시기를 갖출 것

해설 **구내운반차 구비조건(「안전보건규칙」 제184조)**

사업주는 구내운반차를 사용하는 경우에 다음 각 호의 사항을 준수하여야 한다.
1. 주행을 제동하거나 정지상태를 유지하기 위하여 유효한 제동장치를 갖출 것
2. 경음기를 갖출 것
3. 운전석이 차 실내에 있는 것은 좌우에 한개씩 방향지시기를 갖출 것
4. 전조등과 후미등을 갖출 것

57 기계운동의 형태에 따른 위험점 분류에 해당되지 않는 것은?

① 끼임점 ② 회전물림점
③ 협착점 ④ 절단점

해설 **기계설비의 위험점 분류**

- 협착점(Squeeze Point)
- 끼임점(Shear Point)
- 절단점(Cutting Point)
- 물림점(Nip Point)
- 접선물림점(Tangential Nip Point)
- 회전말림점(Trapping Point)

58 연삭기에서 숫돌의 바깥지름이 180mm 라면, 평형 플랜지의 바깥지름은 몇 mm 이상이어야 하는가?

① 30 ② 36
③ 45 ④ 60

해설 $D = \dfrac{180}{3} = 60(\mathrm{mm})$ 이상

59 롤러기에 사용되는 급정지장치의 종류가 아닌 것은?

① 손 조작식 ② 발 조작식
③ 무릎 조작식 ④ 복부 조작식

해설 **롤러기 급정지장치 조작부의 위치**

급정지장치 조작부의 종류	위치
손 조작식	밑면으로부터 1.8m 이내
복부 조작식	밑면으로부터 0.8m 이상 1.1m 이내
무릎 조작식	밑면으로부터 0.4m 이상 0.6m 이내

60 드릴링 머신을 이용한 작업 시 안전수칙에 관한 설명으로 옳지 않은 것은?

① 일감을 손으로 견고하게 쥐고 작업한다.
② 장갑을 끼고 작업을 하지 않는다.
③ 칩은 기계를 정지시킨 다음에 와이어브러시로 제거한다.
④ 드릴을 끼운 후에는 척 렌치를 반드시 탈거한다.

해설 **드릴링 머신의 안전작업수칙(드릴의 작업안전수칙)**

일감은 견고하게 고정시켜야 하며 손으로 쥐고 구멍을 뚫는 것은 위험하다.

61 다음 중 접지공사의 종류에 해당되지 않는 것은?

① 특별 제1종 접지공사 ② 특별 제3종 접지공사
③ 제1종 접지공사 ④ 제2종 접지공사

해설 법 개정으로 인해 해당 문제는 재출제 되지 않음

62 전기스파크의 최소발화에너지를 구하는 공식은?

① $W = \frac{1}{2}CV^2$ ② $W = \frac{1}{2}CV$

③ $W = 2CV^2$ ④ $W = 2C^2V$

해설 최소발화에너지 $W = \frac{1}{2}CV^2$

63 허용접촉전압이 종별 기준과 서로 다른 것은?

① 제1종 − 2.5[V] 이하 ② 제2종 − 25[V] 이하
③ 제3종 − 75[V] 이하 ④ 제4종 − 제한 없음

해설 **허용접촉전압**

종별	접촉상태	허용 접촉전압
제3종	제1종, 제2종 이외의 경우로서 통상의 인체상태에서 접촉전압이 가해지면 위험성이 높은 상태	50[V] 이하

64 감전을 방지하기 위하여 정전작업 요령을 관계 근로자에 주지시킬 필요가 없는 것은?

① 전원설비 효율에 관한 사항
② 단락접지 실시에 관한 사항
③ 전원 재투입 순서에 관한 사항
④ 작업 책임자의 임명, 정전범위 및 절연용 보호구 작업 등 필요한 사항

해설 전원설비 효율과 감전방지는 무관하다.

65 누전에 의한 감전위험을 방지하기 위하여 감전방지용 누전차단기의 접속에 관한 일반사항으로 틀린 것은?

① 분기회로마다 누전차단기를 설치한다.
② 동작시간은 0.03초 이내이어야 한다.
③ 전기기계 · 기구에 설치되어 있는 누전차단기는 정격감도전류가 30[mA] 이하이어야 한다.
④ 누전차단기는 배전반 또는 분전반 내에 접속하지 않고 별도로 설치한다.

해설 누전차단기는 파손이 되지 않도록 견고한 구조의 배전반 또는 분전반에 설치하는 것을 원칙으로 해야 한다.

66 방폭전기설비의 설치 시 고려하여야 할 환경조건으로 가장 거리가 먼 것은?

① 열 ② 진동
③ 산소량 ④ 수분 및 습기

해설 산소량은 방폭전기설비 설치 시 고려사항과 관계가 없다.

67 다음 중 방폭구조의 종류와 기호가 올바르게 연결된 것은?

① 압력방폭구조 : q ② 유입방폭구조 : m
③ 비점화방폭구조 : n ④ 본질안전방폭구조 : e

해설 **방폭구조의 종류**
1. 압력방폭구조 : p
2. 유입방폭구조 : o
3. 본질안전방폭구조 : ia 또는 ib

68 페인트를 스프레이로 뿌려 도장작업을 하는 작업 중 발생할 수 있는 정전기 대전으로만 이루어진 것은?

① 분출대전, 충돌대전 ② 충돌대전, 마찰대전
③ 유동대전, 충돌대전 ④ 분출대전, 유동대전

해설 도장작업 중에는 충돌대전과 분출대전으로 인해 정전기가 발생할 수 있다.

69 제3종 접지 공사 시 접지선에 흐르는 전류가 0.1[A]일 때 전압강하로 인한 대지 전압의 최대값은 몇 [V] 이하이어야 하는가?

① 10[V]　　　　　　② 20[V]
③ 30[V]　　　　　　④ 50[V]

해설 법 개정으로 인해 해당 문제는 재출제 되지 않음

70 다음 중 대전된 정전기의 제거방법으로 적당하지 않은 것은?

① 작업장 내에서의 습도를 가능한 한 낮춘다.
② 제전기를 이용해 물체에 대전된 정전기를 제거한다.
③ 도전성을 부여하여 대전된 전하를 누설시킨다.
④ 금속 도체와 대지 사이의 전위를 최소화하기 위하여 접지한다.

해설 **정전기 제거방법**
　　작업장 내의 습도를 60~70% 정도로 유지하는 것이 바람직하다.

71 휘발유를 저장하던 이동저장탱크에 등유나 경유를 이동저장탱크의 밑부분으로부터 주입할 때에 액표면의 높이가 주입관의 선단의 높이를 넘을 때까지 주입속도는 몇 m/s 이하로 하여야 하는가?

① 0.5　　　　　　② 1
③ 1.5　　　　　　④ 2.0

해설 가솔린 저장탱크에 등유나 경유를 주입하는 경우 주입속도를 매초당 1미터 이하로 하여야 한다.

72 다음 중 증류탑의 원리로 거리가 먼 것은?

① 끓는점(휘발성) 차이를 이용하여 목적 성분을 분리한다.
② 열이동은 도모하지만 물질이동은 관계하지 않는다.
③ 기－액 두 상의 접촉이 충분히 일어날 수 있는 접촉 면적이 필요하다.
④ 여러 개의 단을 사용하는 다단탑이 사용될 수 있다.

해설 증류탑은 혼합물의 각각의 비점 차이를 이용하여 물리적 방법에 의해 분류하는 화학설비이다.

73 화염의 전파속도가 음속보다 빨라 파면 선단에 충격파가 형성되며 보통 그 속도가 1,000~3,500m/s에 이르는 현상을 무엇이라 하는가?

① 폭발현상　　　　　② 폭굉현상
③ 파괴현상　　　　　④ 발화현상

해설 연소파가 일정 거리를 진행한 후 연소 전파속도가 1,000~3,500m/s 정도에 달할 경우 이를 폭굉현상(Detonation Phenomenon)이라 하며, 이때의 국한된 반응영역을 폭굉파(Detonation Wave)라 한다. 폭굉파의 속도는 음속을 앞지르므로, 진행 후면에는 그에 따른 충격파가 있다.

74 SO_2 20ppm은 약 몇 g/cm^3인가? (단, SO_2의 분자량은 64이고, 온도는 20℃, 압력은 1기압으로 한다.)

① 0.571　　　　　　② 0.531
③ 0.0571　　　　　④ 0.0531

해설 $$[g/m^3] = ppm \times 10^{-3} \times \frac{M(분자량)}{22.4 \times \frac{(T+273)}{273}}$$
$$= 20 \times 10^{-3} \times \frac{64}{22.4 \times \frac{(273+21)K}{273K}}$$
$$= 0.0531[g/m^3]$$

75 다음 중 유해·위험물질이 유출되는 사고가 발생했을 때의 대처요령으로 가장 적절하지 않은 것은?

① 중화 또는 희석을 시킨다.
② 유해·위험물질을 즉시 모두 소각시킨다.
③ 유출부분을 억제 또는 폐쇄시킨다.
④ 유출된 지역의 인원을 대피시킨다.

해설 유해·위험물질을 소각할 경우 화재·폭발 등의 위험이 있으며, 독성 물질의 경우 확산 등에 의해 환경 또는 인체에 유해할 수 있으므로 적절하지 않다.

76 다음 중 가연성 분진의 폭발 메커니즘으로 옳은 것은?

① 퇴적분진 → 비산 → 분산 → 발화원 발생 → 폭발
② 발화원 발생 → 퇴적분진 → 비산 → 분산 → 폭발
③ 퇴적분진 → 발화원 발생 → 분산 → 비산 → 폭발
④ 발화원 발생 → 비산 → 분산 → 퇴적분진 → 폭발

PART 01
PART 02
PART 03
PART 04
PART 05
부록

정답 | 69 ① 70 ① 71 ② 72 ② 73 ② 74 ④ 75 ② 76 ①

77 다음 중 물질의 위험성과 그 시험방법이 올바르게 연결된 것은?

① 인화점 – 태그 밀폐식
② 발화온도 – 산소지수법
③ 연소시험 – 가스크로마토그래피법
④ 최소발화에너지 – 클리브랜드 개방식

해설 **태그 밀폐식 시험기**
인화점 시험기의 일종으로 인화점이 80℃ 이하의 석유제품의 인화점 시험에 사용한다.

78 메탄(CH_4) 100mol이 산소 중에서 완전 연소하였다면 이때 소비된 산소량은 몇 mol인가?

① 50
② 100
③ 150
④ 200

해설 **메탄(CH_4)의 연소식**
$CH_4 + 2O_2 = CO_2 + 2H_2O$
따라서, 메탄(CH_4) : 산소(O_2) = 1 : 2이므로,
산소량은 200mol

79 물반응성 물질에 해당하는 것은?

① 니트로화합물
② 칼륨
③ 염소산나트륨
④ 부탄

해설 칼륨은 물반응성 물질 및 인화성 고체에 해당하므로 물과의 접촉을 방지하여야 한다.

80 가정에서 요리를 할 때 사용하는 가스레인지에서 일어나는 가스의 연소 형태에 해당되는 것은?

① 자기연소
② 분해연소
③ 표면연소
④ 확산연소

해설 **확산연소**
가연성 가스가 공기(산소) 중에 확산되어 연소범위에 도달했을 때 연소하는 현상으로, 기체의 일반적 연소 형태이다.

5과목
건설공사 안전관리

81 건설공사현장에 가설통로를 설치하는 경우 경사는 몇 도 이내를 원칙으로 하는가?

① 15°
② 20°
③ 25°
④ 30°

해설 가설통로의 경사는 30° 이하로 한다.

82 차량계 건설기계의 작업계획서 작성 시 그 내용에 포함되어야 할 사항이 아닌 것은?

① 사용하는 차량계 건설기계의 종류 및 성능
② 차량계 건설기계의 운행 경로
③ 차량계 건설기계에 의한 작업방법
④ 브레이크 및 클러치 등의 기능 점검

해설 차량계건설기계의 작업계획 포함내용은 다음과 같다.
• 사용하는 차량계 건설기계의 종류 및 성능
• 차량계 건설기계의 운행경로
• 차량계 건설기계에 의한 작업방법

83 건설업 산업안전보건관리비 계상 및 사용기준을 적용하는 공사금액 기준으로 옳은 것은? (단, 산업재해보상보험법 제6조에 따라 산업재해보상보험법의 적용을 받는 공사)

① 총 공사금액 2천만 원 이상인 공사
② 총 공사금액 4천만 원 이상인 공사
③ 총 공사금액 6천만 원 이상인 공사
④ 총 공사금액 1억 원 이상인 공사

해설 총 공사금액 2천만 원 이상인 공사가 산업안전보건관리비 계상 대상공사이다.

84 달비계에 사용하는 와이어로프는 지름의 감소가 공칭지름의 몇 %를 초과할 경우에 사용할 수 없도록 규정되어 있는가?

① 5%
② 7%
③ 9%
④ 10%

해설 지름의 감소가 공칭지름의 7%를 초과하는 것은 사용할 수 없다.

정답 | 77 ① 78 ④ 79 ② 80 ④ 81 ④ 82 ④ 83 ① 84 ②

85 사다리식 통로를 설치할 때 사다리의 상단은 걸쳐 놓은 지점으로부터 최소 얼마 이상 올라가도록 하여야 하는가?

① 45cm 이상　　　　② 60cm 이상
③ 75cm 이상　　　　④ 90cm 이상

해설 사다리식 통로를 설치할 때 사다리의 상단은 걸쳐 놓은 지점으로부터 60cm 이상 올라가도록 해야 한다.

86 추락에 의한 위험방지와 관련된 승강설비의 설치에 관한 사항이다. (　　　)에 들어갈 내용으로 옳은 것은?

> 사업주는 높이 또는 깊이가 (　　　)를 초과하는 장소에서 작업하는 경우 해당 작업에 종사하는 근로자가 안전하게 승강하기 위한 건설용 리프트 등의 설비를 설치하여야 한다.

① 1.0m　　　　② 1.5m
③ 2.0m　　　　④ 2.5m

해설 높이 또는 깊이가 2미터를 초과하는 장소에서 작업하는 경우에 해당 작업에 종사하는 근로자가 안전하게 승강하기 위한 건설용 리프트 등의 설비를 설치하여야 한다.

87 추락방호망의 달기로프를 지지점에 부착할 때 지지점의 간격이 1.5m인 경우 지지점의 강도는 최소 얼마 이상이어야 하는가? (단, 연속적인 구조물이 방망, 지지점인 경우이다.)

① 200kg　　　　② 300kg
③ 400kg　　　　④ 500kg

해설 방망의 지지점 강도는 최소 300kg 이상이어야 한다.

88 토류벽에 거치된 어스 앵커의 인장력을 측정하기 위한 계측기는?

① 하중계　　　　② 변형계
③ 지하수위계　　　　④ 지중경사계

해설 하중계는 Strut, Earth Anchor에 설치하여 축하중 측정으로 부재의 안정성 여부를 판단한다.

89 차량계 하역운반기계 등을 이송하기 위하여 자주 또는 견인에 의하여 화물자동차에 싣거나 내리는 작업을 할 때 발판 · 성토 등을 사용하는 경우 기계의 넘어짐 또는 굴러 떨어짐에 의한 위험을 방지하기 위하여 준수하여야 할 사항으로 옳지 않은 것은?

① 싣거나 내리는 작업은 견고한 경사지에서 실시할 것
② 가설대 등을 사용하는 경우에는 충분한 폭 및 강도와 적당한 경사를 확보할 것
③ 발판을 사용하는 경우에는 충분한 길이 · 폭 및 강도를 가진 것을 사용할 것
④ 지정운전자의 성명 · 연락처 등을 보기 쉬운 곳에 표시하고 지정운전자 외에는 운전하지 않도록 할 것

해설 싣거나 내리는 작업은 평탄하고 견고한 장소에서 하여야 한다.

90 거푸집 해체 시 작업자가 이행해야 할 안전수칙으로 옳지 않은 것은?

① 거푸집 해체는 순서에 입각하여 실시한다.
② 상하에서 동시 작업을 할 때는 상하의 작업자가 긴밀하게 연락을 취해야 한다.
③ 거푸집 해체가 용이하지 않을 때에는 큰 힘을 줄 수 있는 지렛대를 사용해야 한다.
④ 해체된 거푸집, 각목 등을 올리거나 내릴 때는 달줄, 달포대 등을 사용한다.

해설 낙하 · 충격에 의한 돌발적 재해를 방지하기 위하여 버팀목을 설치하고 거푸집 동바리 등을 인양장비에 매단 후에 작업을 하도록 하는 등 필요한 조치를 해야 한다.

91 콘크리트 측압에 관한 설명으로 옳지 않은 것은?

① 대기의 온도가 높을수록 크다.
② 콘크리트의 타설속도가 빠를수록 크다.
③ 콘크리트의 타설높이가 높을수록 크다.
④ 배근된 철근량이 적을수록 크다.

해설 대기의 온도가 높을수록 콘크리트 측압은 작아진다.

92 작업에서의 위험요인과 재해 형태가 가장 관련이 적은 것은?

① 무리한 자재적재 및 통로 미확보 → 넘어짐
② 개구부 안전난간 미설치 → 추락
③ 벽돌 등 중량물 취급 작업 → 협착
④ 항만 하역 작업 → 질식

[해설] 항만 하역 작업에서는 추락의 위험요인이 있다.

93 강관비계의 구조에서 비계기둥 간의 최대허용 적재 하중으로 옳은 것은?

① 500kg　　　　　② 400kg
③ 300kg　　　　　④ 200kg

[해설] 강관비계에 있어서 비계기둥 간의 적재하중은 400kg을 초과하지 않아야 한다.

94 개착식 굴착공사(Open cut)에서 설치하는 계측기기와 거리가 먼 것은?

① 수위계　　　　　② 경사계
③ 응력계　　　　　④ 내공변위계

[해설] 내공변위계는 터널계측을 위한 계측기기이다.

95 건설용 리프트에 대하여 바람에 의한 붕괴를 방지하는 조치를 한다고 할 때 그 기준이 되는 풍속은?

① 순간 풍속 30m/sec 초과
② 순간 풍속 35m/sec 초과
③ 순간 풍속 40m/sec 초과
④ 순간 풍속 45m/sec 초과

[해설] 순간 풍속이 초당 35m를 초과하는 바람이 불어올 우려가 있는 경우 건설용 리프트에 대하여 받침의 수를 증가시키는 등 그 붕괴 등을 방지하기 위한 조치를 하여야 한다.

96 철근의 인력 운반 방법에 관한 설명으로 옳지 않은 것은?

① 긴 철근은 두 사람이 1조가 되어 같은 쪽의 어깨에 메고 운반한다.
② 양끝은 묶어서 운반한다.
③ 1회 운반 시 1인당 무게는 50kg 정도로 한다.
④ 공동작업 시 신호에 따라 작업한다.

[해설] 1인당 무게는 25킬로그램 정도가 적절하며, 무리한 운반을 삼가해야 한다.

97 다음 중 차량계 건설기계에 속하지 않는 것은?

① 배처플랜트　　　② 모터그레이더
③ 크롤러드릴　　　④ 탠덤롤러

[해설] 배처플랜트는 차량계 건설기계에 해당하지 않는다.

98 지반의 조사방법 중 지질의 상태를 가장 정확히 파악할 수 있는 보링방법은?

① 충격식 보링　　　② 수세식 보링
③ 회전식 보링　　　④ 오거 보링

[해설] 회전식 보링은 지질의 상태를 가장 정확히 파악할 수 있는 보링방법이다.

99 산업안전보건관리비 중 안전시설비의 항목에서 사용할 수 있는 항목에 해당하는 것은?

① 외부인 출입금지, 공사장 경계표시를 위한 가설울타리
② 작업발판
③ 절토부 및 성토부 등의 토사유실 방지를 위한 설비
④ 사다리 넘어짐방지장치

[해설] 사다리 넘어짐방지장치는 안전시설비로 사용이 가능한 항목이다.

100 다음 셔블계 굴착장비 중 좁고 깊은 굴착에 가장 적합한 장비는?

① 드래그라인　　　② 파워 셔블
③ 백호　　　　　　④ 클램셸

[해설] 클램셸(Clam Shell)은 좁은 곳의 수직굴착에 유리하여 케이스 내 굴삭, 우물통 기초 등에 적합하며, 굴삭깊이가 최대 18m(보통 8m 정도), 버킷용량은 2.45m^{3}이다.

정답 | 92 ④ 93 ② 94 ④ 95 ② 96 ③ 97 ① 98 ③ 99 ④ 100 ④

2017년 3회

1과목
산업재해 예방 및 안전보건교육

01 인사결정 과정에 따른 리더십의 행동유형 중 전제형에 속하는 것은?

① 집단 구성원에게 자유를 준다.
② 지도자가 모든 정책을 결정한다.
③ 집단토론이나 집단결정을 통해서 정책을 결정한다.
④ 명목적인 리더의 자리를 지키고 부하직원들의 의견에 따른다.

해설 전제형 리더십은 주어진 과업을 성취시키는 국면에 역점을 두고 구성원들에게 지시 또는 명령하는 리더십으로 리더가 모든 구성원에 군림하게 되어 지배적인 위치에 서게 되며, 부하의 관리는 공포와 처벌로써 일관한다. 그리하여 전제형 리더들은 과업수행에 필요한 모든 정보를 독점하며 조직 내 의사결정권은 상사 중심적이 된다.

02 안전보건관리조직의 형태 중 라인(Line)형 조직의 특성이 아닌 것은?

① 소규모 사업장(100명 이하)에 적합하다.
② 라인에 과중한 책임을 지우기가 쉽다.
③ 안전관리 전담 요원을 별도로 지정한다.
④ 모든 명령은 생산 계통을 따라 이루어진다.

해설 **라인(Line)형 조직**

소규모기업에 적합한 조직으로서 안전관리에 관한 계획에서부터 실시에 이르기까지 모든 안전업무가 생산라인을 통하여 직선적으로 이루어지도록 편성된 조직(소규모, 100명 이하)

03 조건반사설에 의한 학습이론의 원리에 해당하지 않는 것은?

① 강도의 원리
② 시간의 원리
③ 효과의 원리
④ 계속성의 원리

해설 **파블로프(Pavlov)의 조건반사설**

1. 계속성의 원리(The Continuity Principle)
2. 일관성의 원리(The Consistency Principle)
3. 강도의 원리(The Intensity Principle)
4. 시간의 원리(The Time Principle)

04 안전·보건표지의 색채 및 색도 기준 중 다음 (   ) 안에 알맞은 것은?

색채	색도기준	용도
(㉠)	5Y 8.5/12	경고
(㉡)	2.5PB 4/10	지시

① ㉠ 빨간색　　㉡ 흰색
② ㉠ 검은색　　㉡ 노란색
③ ㉠ 흰색　　㉡ 녹색
④ ㉠ 노란색　　㉡ 파란색

해설 **안전·보건표지의 색도기준 및 용도**

색채	색도기준	용도	사용예
노란색	5Y 8.5/12	경고	화학물질 취급장소에서의 유해·위험 경고, 이외의 위험 경고, 주의표지 또는 기계방호물
파란색	2.5PB 4/10	지시	특정 행위의 지시 및 사실의 고지

05 안전교육방법 중 사례연구법의 장점이 아닌 것은?

① 흥미가 있고, 학습동기를 유발할 수 있다.
② 현실적인 문제의 학습이 가능하다.
③ 관찰력과 분석력을 높일 수 있다.
④ 원칙과 규정의 체계적 습득이 용이하다.

해설 **사례연구법**

여러 가지 사례를 조사하여 결과를 도출하는 방법. 원칙과 규정의 체계적 습득이 어렵다.

06 착시현상 중 그림과 같이 우선 평행의 호를 보고 이어 직선을 본 경우에 직선은 호와의 반대방향에 보이는 현상은?

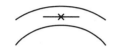

① 동화착오
② 분할착오
③ 윤곽착오
④ 방향착오

해설 **Köhler의 착시(윤곽착오)**

우선 평형의 호를 본 후 즉시 직선을 본 경우에 직선은 호의 반대방향으로 굽어 보인다.

07 무재해 운동 추진기법 중 다음에서 설명하는 것은?

> 작업을 오조작 없이 안전하게 하기 위하여 작업공정의 요소에서 자신의 행동을 하고 대상을 가리킨 후 큰소리로 확인하는 것

① 지적 확인
② TBM
③ 터치 앤드 콜
④ 삼각 위험예지훈련

해설 **지적 확인**

작업의 정확성이나 안전을 확인하기 위해 눈, 손, 입 그리고 귀를 이용하여 작업 시작 전에 뇌를 자극시켜 안전을 확보하기 위한 기법으로 작업을 안전하게 오조작 없이 작업공정의 요소요소에서 자신의 행동을 「…, 좋아!」하고 대상을 지적하여 큰소리로 확인하는 것

08 하인리히(Heinrich)의 사고 발생의 연쇄성 5단계 중 2단계에 해당되는 것은?

① 유전과 환경
② 개인적인 결함
③ 불안전한 행동
④ 사고

해설 2단계 : 개인의 결함(간접원인)

09 TWI(Training Within Industry)의 교육내용이 아닌 것은?

① Job Support Training
② Job Method Training
③ Job Relation Training
④ Job Instruction Training

해설 **TWI(Training Within Industry) 훈련의 종류**

1. 작업지도훈련(JIT ; Job Instruction Training)
2. 작업방법훈련(JMT ; Job Method Training)
3. 인간관계훈련(JRT ; Job Relations Training)
4. 작업안전훈련(JST ; Job Safety Training)

10 무재해 운동의 기본이념 3대 원칙이 아닌 것은?

① 무의 원칙
② 참가의 원칙
③ 선취의 원칙
④ 자주활동의 원칙

해설 **무재해 운동의 3원칙**

1. 무의 원칙
2. 참여의 원칙
3. 안전제일의 원칙(선취의 원칙)

11 허즈버그(Herzberg)의 동기·위생이론 중 위생요인에 해당하지 않는 것은?

① 보수
② 책임감
③ 작업조건
④ 감독

해설 **위생요인(Hygiene)**

작업조건, 급여, 직무환경, 감독 등 일의 조건, 보상에서 오는 욕구(충족되지 않을 경우 조직의 성과가 떨어지나, 충족되었다고 성과가 향상되지 않음)

12 산업안전보건법령상 사업장 내 안전·보건교육 중 근로자의 정기안전·보건교육 내용에 해당하지 않는 것은?

① 산업재해보상보험 제도에 관한 사항
② 산업안전 및 사고 예방에 관한 사항
③ 산업보건 및 직업병 예방에 관한 사항
④ 기계·기구의 위험성과 작업의 순서 및 동선에 관한 사항

해설 ④는 채용 시와 작업내용 변경 시 안전보건 교육내용에 해당한다.

13 교육의 3요소 중 교육의 주체에 해당하는 것은?

① 강사
② 교재
③ 수강자
④ 교육방법

해설 **교육의 3요소**
- 주체 : 강사
- 객체 : 수강자(학생)
- 매개체 : 교재(교육내용)

14 인간의 사회적 행동의 기본 형태가 아닌 것은?

① 대립
② 도피
③ 모방
④ 협력

해설 **사회행동의 기본 형태**
- 협력 : 조력, 분업
- 대립 : 공격, 경쟁
- 도피 : 고립, 정신병, 자살
- 융합 : 강제, 타협, 통합

15 재해원인 분석방법의 통계적 원인분석 중 다음에서 설명하는 것은?

> 사고의 유형, 기인물 등 분류항목을 큰 순서대로 도표화한다.

① 파레토도
② 특성 요인도
③ 크로스도
④ 관리도

해설 **파레토도**

분류 항목을 큰 순서대로 도표화한 분석법

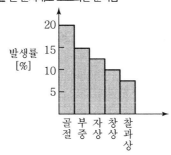

16 산업안전보건법령상 안전검사 대상 유해 · 위험기계가 아닌 것은?

① 선반
② 리프트
③ 압력용기
④ 곤돌라

해설 **안전검사대상기계**
- 리프트
- 압력용기
- 곤돌라 등

17 추락 및 감전 위험방지용 안전모의 난연성 시험 성능기준 중 모체가 불꽃을 내며 최소 몇 초 이상 연소되지 않아야 하는가?

① 3
② 5
③ 7
④ 10

해설 **안전모 시험성능 기준(보호구 안전인증 고시)**

항목	시험성능 기준
난연성	모체가 불꽃을 내며 5초 이상 연소되지 않아야 한다.

18 상황성 누발자의 재해유발원인과 거리가 먼 것은?

① 작업의 어려움
② 기계설비의 결함
③ 심신의 근심
④ 주의력의 산만

해설 **상황성 누발자**

작업이 어렵거나, 기계설비의 결함, 환경상 주의력의 집중이 혼란된 경우, 심신의 근심으로 사고 경향자가 되는 경우(상황이 변하면 안전한 성향으로 바뀜)

19 재해손실비의 평가방식 중 하인리히(Heinrich) 계산방식으로 옳은 것은?

① 총 재해비용＝보험비용＋비보험비용
② 총 재해비용＝직접손실비용＋간접손실비용
③ 총 재해비용＝공동비용＋개별비용
④ 총 재해비용＝노동손실비용＋설비손실비용

해설 **하인리히의 재해 cost**

총 재해 cost＝직접비＋간접비
직접비 : 간접비＝1 : 4

20 50인의 상시 근로자를 가지고 있는 어느 사업장에 1년간 3건의 부상자를 내고 그 휴업일수가 219일이라면 강도율은?

① 1.37　　　　　　　　② 1.50
③ 1.86　　　　　　　　④ 2.21

해설 $강도율 = \dfrac{근로손실일수}{연근로시간수} \times 1,000$

$= \dfrac{219 \times 300/365}{50 \times 8 \times 300} \times 1,000 = 1.5$

2과목

인간공학 및 위험성 평가·관리

21 A요업공장의 근로자 최씨는 작업일 3월 15일에 다음과 같은 소음에 노출되었다. 총 소음 투여량(%)은 약 얼마인가?

- 80dB-A : 2시간 30분
- 90dB-A : 4시간 30분
- 100dB-A : 1시간

① 114.1　　　　　　　② 124.1
③ 134.1　　　　　　　④ 144.1

해설 소음 정도에 따른 허용기준(90dB에 8시간 노출될 때를 허용기준으로 하며, 5dB 증가할 때 허용시간은 1/2로 감소)

소음 음압(dB)	노출시간(시간)
90	8
95	4
100	2
105	1

총 소음량(%) $= \dfrac{실제노출시간}{최대허용시간} \times 100$

$= \left(\dfrac{2.5}{32} + \dfrac{4.5}{8} + \dfrac{1}{2}\right) \times 100 = 114.06$

22 작업장에서 광원으로부터의 직사휘광을 처리하는 방법으로 맞는 것은?

① 광원의 휘도를 늘인다.
② 가리개, 차양을 설치한다.
③ 광원을 시선에서 가까이 위치시킨다.
④ 휘광원 주위를 밝게 하여 광도비를 늘린다.

해설 가리개(Shield), 갓(Hood) 혹은 차양(Visor)을 사용한다.

23 FT도에서 사용되는 다음 기호의 의미로 맞는 것은?

① 결함사상　　　　　　② 통상사상
③ 기본사상　　　　　　④ 제외사상

해설 FTA에 사용되는 논리기호 및 사상기호

번호	기호	명칭	설명
2		기본사상 (사상기호)	더 이상 전개되지 않는 기본사상

24 신호검출 이론의 응용분야가 아닌 것은?

① 품질검사　　　　　　② 의료진단
③ 교통통제　　　　　　④ 시뮬레이션

해설 시뮬레이션은 신호검출 이론의 응용분야에 해당되지 않는다.

25 현장에서 인간공학의 적용분야로 가장 거리가 먼 것은?

① 설비관리　　　　　　② 제품설계
③ 재해·질병 예방　　　④ 장비·공구·설비의 설계

해설 설비관리 분야에서는 인간공학을 적용하기 어렵다.

26 고장의 발생상황 중 부적합품 제조, 생산과정에서의 품질관리 미비, 설계미숙 등으로 일어나는 고장은?

① 초기고장   ② 마모고장
③ 우발고장   ④ 품질관리고장

해설 **초기고장(감소형)**

제조가 불량하거나 생산과정에서 품질관리가 안 돼 생기는 고장

27 기계의 고장률이 일정한 지수분포를 가지며, 고장률이 0.04/시간일 때, 이 기계가 10시간 동안 고장이 나지 않고 작동할 확률은 약 얼마인가?

① 0.40   ② 0.67
③ 0.84   ④ 0.96

해설 $R = e^{-\lambda t} = e^{-0.04 \times 10} = 0.67032$
(λ : 고장률, t : 가동시간)

28 청각적 표시의 원리로 조작자에 대한 입력신호는 꼭 필요한 정보만을 제공한다는 원리는?

① 양립성   ② 분리성
③ 근사성   ④ 검약성

해설 **검약성**

청각적 표시의 원리로 조작자에 대한 입력신호는 꼭 필요한 정보만을 제공

29 불대수(Boolean algebra)의 관계식으로 맞는 것은?

① $A(A \cdot B) = B$
② $A + B = A \cdot B$
③ $A + A \cdot B = A \cdot B$
④ $A + B \cdot C = (A + B)(A + C)$

해설 **불대수 분배법칙**
$A + BC = (A + B)(A + C)$

30 반복되는 사건이 많이 있는 경우, FTA의 최소 컷셋과 관련이 없는 것은?

① Fussel Algorithm
② Boolean Algorithm
③ Monte Carlo Algorithm
④ Limnios & Ziani Algorithm

해설 **몬테 카를로 알고리즘(Monte Carlo Algorithm)**

확률적 알고리즘으로서 단 한 번의 과정으로 정확한 해를 구하기 어려운 경우 무작위로 난수를 반복적으로 발생하여 해를 구하는 절차. 어떤 분석 대상에 대한 완전한 확률 분포가 주어지지 않을 때 유용하다.

31 출력과 반대 방향으로 그 속도에 비례해서 작용하는 힘 때문에 생기는 항력으로 원활한 제어를 도우며, 특히 규정된 변위 속도를 유지하는 효과를 가진 조종 장치의 저항력은?

① 관성   ② 탄성저항
③ 점성저항   ④ 정지 및 미끄럼 마찰

해설 **점성저항(Viscous Resistance)**

액체에는 점성이 있기 때문에 액체가 흐를 때는 마찰 저항이 일어난다. 이것을 점성저항 또는 내부 저항이라 한다. 이 저항은 점성이 클수록, 또 유속이 클수록 커진다.

32 정신적 작업 부하 척도와 가장 거리가 먼 것은?

① 부정맥   ② 혈액성분
③ 점멸융합주파수   ④ 눈 깜박임률(Blink rate)

해설 **정신작업의 생리적 척도**

뇌전도, 부정맥, 심박수의 변화, 동공반응, 호흡률, 체액의 화학적 성질 등

33 MIL−STD−882B에서 시스템 안전 필요사항을 충족시키고 확인된 위험을 해결하기 위한 우선권을 정하는 순서로 맞는 것은?

㉠ 경보장치 설치	㉡ 안전장치 설치
㉢ 절차 및 교육훈련 개발	㉣ 최소 리스크를 위한 설계

① ㉣ → ㉡ → ㉠ → ㉢   ② ㉣ → ㉠ → ㉡ → ㉢
③ ㉢ → ㉣ → ㉠ → ㉡   ④ ㉢ → ㉣ → ㉡ → ㉠

시스템안전우선권(MIL – STD – 882B)

- 최소위험성을 위한 설계
- 경보장치 설계
- 안전장치 설계
- 특수한 절차 제공

34 계수형(Digital) 표시장치를 사용하는 것이 부적합한 것은?

① 수치를 정확히 읽어야 할 경우
② 짧은 판독 시간을 필요로 할 경우
③ 판독 오차가 적은 것을 필요로 할 경우
④ 표시장치에 나타나는 값들이 계속 변하는 경우

해설 계수형의 경우 값이 빨리 변하는 경우 읽기가 곤란할 뿐만 아니라 시각피로를 많이 유발하므로 피해야 한다.

35 누적손상장애(CTDs)의 원인이 아닌 것은?

① 과도한 힘의 사용
② 높은 장소에서의 작업
③ 장시간 진동공구의 사용
④ 부적절한 자세에서의 작업

해설 **누적손상장애(CTDs)의 원인**

- 과도한 힘의 사용
- 장시간 진동공구의 사용
- 부적절한 자세에서의 작업

36 인간 – 기계 시스템을 설계하기 위해 고려해야 할 사항으로 틀린 것은?

① 시스템 설계 시 동작경제의 원칙이 만족되도록 고려하여야 한다.
② 인간과 기계가 모두 복수인 경우, 종합적인 효과보다 기계를 우선적으로 고려한다.
③ 대상이 되는 시스템이 위치할 환경 조건이 인간에 대한 한계치를 만족하는가의 여부를 조사한다.
④ 인간이 수행해야 할 조작이 연속적인가 불연속적인가를 알아보기 위해 특성조사를 실시한다.

해설 인간과 기계가 모두 복수인 경우, 항상 기계가 우선적으로 고려되는 것은 아니다.

37 좌식 평면 작업대에서의 최대작업영역에 관한 설명으로 맞는 것은?

① 각 손의 정상작업영역 경계선이 작업자의 정면에서 교차되는 공통영역
② 위팔과 손목을 중립자세로 유지한 채 손으로 원을 그릴 때, 부채꼴 원호의 내부 영역
③ 어깨로부터 팔을 펴서 어깨를 축으로 하여 수평면 상에 원을 그릴 때, 부채꼴 원호의 내부 지역
④ 자연스러운 자세로 위팔을 몸통에 붙인 채 손으로 수평면 상에 원을 그릴 때, 부채꼴 원호의 내부 지역

해설 **최대 작업영역** : 전완과 상완을 곧게 펴서 파악할 수 있는 구역 (55~65cm)

38 일반적인 조종장치의 경우, 어떤 것을 켤 때 기대되는 운동방향이 아닌 것은?

① 레버를 앞으로 민다.
② 버튼을 우측으로 민다.
③ 스위치를 위로 올린다.
④ 다이얼을 반시계 방향으로 돌린다.

해설 다이얼의 기대되는 운동방향은 시계방향이다.

39 안전성 향상을 위한 시설배치의 예로 적절하지 않은 것은?

① 기계배치는 작업의 흐름에 따른다.
② 작업자가 통로 쪽으로 등을 향하여 일하도록 한다.
③ 기계 설비 주위에 운전 공간, 보수 점검 공간을 확보한다.
④ 통로는 선을 그어 작업장과 명확히 구별하도록 한다.

해설 작업자가 통로 쪽으로 등을 향할 경우 작업 중 통행하는 사람을 볼 수 없어 위험성이 높다.

40 IES(Illuminating Engineering Society)의 권고에 따른 작업장 내부의 추천 반사율이 가장 높아야 하는 곳은?

① 벽
② 바닥
③ 천장
④ 가구

정답 | 34 ④ 35 ② 36 ② 37 ③ 38 ④ 39 ② 40 ③

해설 옥내 추천 반사율
- 천장 : 80~90%
- 벽 : 40~60%
- 가구 : 25~45%
- 바닥 : 20~40%

3과목
기계 · 기구 및 설비 안전관리

41 왕복운동을 하는 기계의 동작부분과 고정부분 사이에 형성되는 위험점으로 프레스, 절단기 등에서 주로 나타나는 것은?

① 끼임점
② 절단점
③ 협착점
④ 접선 물림점

해설 **협착점(Squeeze Point)**

기계의 왕복운동을 하는 운동부와 고정부 사이에 형성되는 위험점(왕복운동+고정부)

42 크레인 작업 시 2,000N의 화물을 걸어 25m/s² 가속도로 감아올릴 때 로프에 걸리는 총 하중은 약 몇 kN인가? (단, 중력가속도는 9.81m/s²이다.)

① 3.1
② 5.1
③ 7.1
④ 9.1

해설 • 동하중 $= \dfrac{정하중}{중력가속도(g)} \times 가속도$

$= \dfrac{2,000}{9.81} \times 25 = 5,096.8\text{N}$

• 총 하중 = 정하중 + 동하중
$= 2,000 + 5,096.8 = 7,096.8\text{N}$
$≒ 7.1\text{kN}$

43 지름이 60cm이고, 20rpm으로 회전하는 롤러기의 무부하 동작에서 급정지 거리 기준으로 옳은 것은?

① 앞면 롤러 원주의 1/1.5 이내 거리에서 급정지
② 앞면 롤러 원주의 1/2 이내 거리에서 급정지
③ 앞면 롤러 원주의 1/2.5 이내 거리에서 급정지
④ 앞면 롤러 원주의 1/3 이내 거리에서 급정지

해설

앞면 롤의 표면속도(m/min)	급정지거리
30 미만	앞면 롤 원주의 1/3
30 이상	앞면 롤 원주의 1/2.5

$V = \dfrac{\pi DN}{1,000} = \dfrac{\pi \times 600 \times 20}{1,000} = 37\text{m/min}$

급정지거리 $= \dfrac{앞면 롤 원주}{2.5} = \dfrac{\pi \times 600}{2.5} = 753\text{mm}$

44 다음 중 원통 보일러의 종류가 아닌 것은?

① 입형 보일러
② 노통 보일러
③ 연관 보일러
④ 관류 보일러

해설 **원통 보일러(Cylindrical Boiler) 종류**
- 입형 보일러 • 노통 보일러 • 연관 보일러

45 숫돌의 지름이 D[mm], 회전수 N[rpm]이라 할 경우 숫돌의 원주속도 V[m/min]를 구하는 식으로 옳은 것은?

① $D \cdot N$
② $\pi \cdot D \cdot N$
③ $\dfrac{D \cdot N}{1,000}$
④ $\dfrac{\pi \cdot D \cdot N}{1,000}$

해설 숫돌의 원주속도 : $v = \dfrac{\pi DN}{1,000}$(m/min)

(여기서, 지름 : D(mm), 회전수 : N(rpm))

46 기계 고장률의 기본모형에 해당하지 않는 것은?

① 예측 고장
② 초기 고장
③ 우발 고장
④ 마모 고장

해설 **고장률의 유형**

1. 초기 고장(제조가 불량하거나 생산과정에서 품질관리가 안 돼 생기는 고장) : 감소형
2. 우발 고장(실제 사용하는 상태에서 발생하는 고장) : 일정형
3. 마모 고장(설비 또는 장치가 수명을 다하여 생기는 고장) : 증가형

47 크레인에 사용하는 방호장치가 아닌 것은?

① 과부하방지장치   ② 가스집합장치

③ 권과방지장치   ④ 제동장치

해설 **크레인의 방호장치**(「안전보건규칙」 제134조)

양중기에 과부하방지장치 · 권과방지장치 · 비상정지장치 및 제동장치, 그 밖의 방호장치(승강기의 파이널 리밋 스위치, 조속기, 출입문 인터록 등을 말한다)가 정상적으로 작동될 수 있도록 미리 조정하여 두어야 한다.

48 통로의 설치기준 중 ( ) 안에 공통적으로 들어갈 숫자로 옳은 것은?

> 사업주는 통로면으로부터 높이 ( )미터 이내에는 장애물이 없도록 하여야 한다. 다만, 부득이하게 통로면으로부터 높이 ( )미터 이내에 장애물을 설치할 수밖에 없거나 통로면으로부터 높이 ( )미터 이내의 장애물을 제거하는 것이 곤란하다고 고용노동부장관이 인정하는 경우에는 근로자에게 발생할 수 있는 부상 등의 위험을 방지하기 위한 안전 조치를 하여야 한다.

① 1   ② 2

③ 1.5   ④ 2.5

해설 **통로의 설치**(「안전보건규칙」 제22조)

사업주는 통로면으로부터 높이 2미터 이내에는 장애물이 없도록 하여야 한다. 다만, 부득이하게 통로면으로부터 높이 2미터 이내에 장애물을 설치할 수밖에 없거나 통로면으로부터 높이 2미터 이내의 장애물을 제거하는 것이 곤란하다고 고용노동부장관이 인정하는 경우에는 근로자에게 발생할 수 있는 부상 등의 위험을 방지하기 위한 안전 조치를 하여야 한다.

49 프레스기에 사용되는 손쳐내기식 방호장치의 일반 구조에 대한 설명으로 틀린 것은?

① 슬라이드 하행정거리의 1/4 위치에서 손을 완전히 밀어내야 한다.

② 방호판의 폭은 금형폭의 1/2 이상이어야 하고, 행정길이가 300mm 이상의 프레스기계에는 방호판 폭을 300mm로 해야 한다.

③ 부착볼트 등의 고정금속부분은 예리하게 돌출되지 않아야 한다.

④ 손쳐내기봉의 행정(Stroke) 길이를 금형의 높이에 따라 조정할 수 있고, 진동폭은 금형폭 이상이어야 한다.

해설 손쳐내기식 방호장치는 슬라이드 하행정거리의 3/4 위치에서 손을 완전히 밀어내야 한다.

50 다음 중 원심기에 적용하는 방호장치는?

① 덮개   ② 권과방지장치

③ 리미트 스위치   ④ 과부하 방지장치

해설 **덮개의 설치**(「안전보건규칙」 제87조)

원심기(원심력을 이용하여 물질을 분리하거나 추출하는 일련의 작업을 행하는 기기를 말한다)에는 덮개를 설치하여야 한다.

51 지게차의 작업과정에서 작업 대상물의 팔레트 폭이 b 라고 할 때 적절한 포크 간격은? (단, 포크의 중심과 팔레트의 중심은 일치한다고 가정한다.)

① $\frac{1}{4}b \sim \frac{1}{2}b$ ② $\frac{1}{4}b \sim \frac{3}{4}b$

③ $\frac{1}{2}b \sim \frac{3}{4}b$ ④ $\frac{3}{4}b \sim \frac{7}{8}b$

해설 포크의 간격은 적재상태 팔레트 폭(b)의 1/2 이상, 3/4 이하 정도 간격을 유지한다.

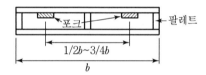

52 롤러에 설치하는 급정지 장치 조작부의 종류와 그 위치로 옳은 것은? (단, 위치는 조작부의 중심점을 기준으로 한다.)

① 발조작식은 밑면으로부터 0.2m 이내

② 손조작식은 밑면으로부터 1.8m 이내

③ 복부조작식은 밑면으로부터 0.6m 이상 1m 이내

④ 무릎조작식은 밑면으로부터 0.2m 이상 0.4m 이내

해설 **급정지장치 조작부의 위치**

급정지장치 조작부의 종류	위치
손조작식	밑면으로부터 1.8m 이내
복부조작식	밑면으로부터 0.8m 이상 1.1m 이내
무릎조작식	밑면으로부터 0.4m 이상 0.6m 이내

53 프레스의 분류 중 동력 프레스에 해당하지 않는 것은?

① 크랭크 프레스   ② 토글 프레스
③ 마찰 프레스   ④ 아버 프레스

해설 아버 프레스는 인력 프레스의 종류이다.

동력 프레스 종류
• 크랭크 프레스   • 토글 프레스
• 마찰 프레스   • 익센트릭 프레스

54 선반 등으로부터 돌출하여 회전하고 있는 가공물에 설치할 방호장치는?

① 클러치   ② 울
③ 슬리브   ④ 베드

해설 **원동기·회전축 등의 위험 방지(「안전보건규칙」제87조)**
사업주는 선반 등으로부터 돌출하여 회전하고 있는 가공물이 근로자에게 위험을 미칠 우려가 있는 경우에 덮개 또는 울 등을 설치하여야 한다.

55 화물 적재 시에 지게차의 안정조건을 옳게 나타낸 것은? (단, W는 화물의 중량, L_W는 앞바퀴에서 화물 중심까지의 최단거리, G는 지게차의 중량, L_G는 앞바퀴에서 지게차 중심까지의 최단거리이다.)

① $G \times L_G \geq W \times L_W$ ② $W \times L_W \geq G \times L_G$
③ $G \times L_W \geq W \times L_G$ ④ $W \times L_G \geq G \times L_W$

해설

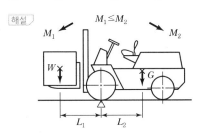

$M_1 < M_2$
화물의 모멘트 $M_1 = W \times L_1$
지게차의 모멘트 $M_2 = W \times L_2$
여기서, W : 화물 중심에서 화물의 중량
        G : 지게차 중심에서의 지게차 중량
        L_1 : 앞바퀴에서 화물 중심까지의 최단거리
        L_2 : 앞바퀴에서 지게차 중심까지의 최단거리

56 작업자의 신체 움직임을 감지하여 프레스의 작동을 급정지시키는 광전자식 안전장치를 부착한 프레스가 있다. 안전거리가 48cm인 경우 급정지에 소요되는 시간은 최대 몇 초 이내일 때 안전한가? (단, 급정지에 소요되는 시간은 손이 광선을 차단한 순간부터 급정지기구가 작동하여 슬라이드가 정지할 때까지의 시간을 의미한다.)

① 0.1초   ② 0.2초
③ 0.3초   ④ 0.5초

해설 **광전자식 방호장치의 설치방법**
$$D = 1,600(T_c + T_s)(\text{mm})$$
$$480 = 1,600(T_c + T_s), \;\; T_c + T_s = \frac{480}{1,600} = 0.3(\text{초})$$

57 프레스 및 전단기에서 양수조작식 방호장치의 일반구조에 대한 설명으로 옳지 않은 것은?

① 누름버튼(레버 포함)은 돌출형 구조로 설치할 것
② 누름버튼의 상호 간 내측거리는 300mm 이상일 것
③ 누름버튼을 양손으로 동시에 조작하지 않으면 작동시킬 수 없는 구조일 것
④ 정상동작표시등은 녹색, 위험표시등은 붉은색으로 하며, 쉽게 근로자가 볼 수 있는 곳에 설치할 것

해설 누름버튼(레버 포함)은 매립형 구조로 설치해야 한다.

58 연삭숫돌을 사용하는 작업 시 해당 기계의 이상 유무를 확인하기 위한 시험운전시간으로 옳은 것은?

① 작업 시작 전 30초 이상, 연삭숫돌 교체 후 5분 이상
② 작업 시작 전 30초 이상, 연삭숫돌 교체 후 3분 이상
③ 작업 시작 전 1분 이상, 연삭숫돌 교체 후 5분 이상
④ 작업 시작 전 1분 이상, 연삭숫돌 교체 후 3분 이상

해설 **연삭숫돌의 덮개 등(「안전보건규칙」제122조)**
연삭숫돌을 사용하는 작업의 경우 작업을 시작하기 전에는 1분 이상, 연삭숫돌을 교체한 후에는 3분 이상 시험운전을 하고 해당 기계에 이상이 있는지를 확인하여야 한다.

59 연삭숫돌의 상부를 사용하는 것을 목적으로 하는 탁상용 연삭기 덮개의 노출각도는?

① 60° 이내
② 65° 이내
③ 80° 이내
④ 125° 이내

해설 **연삭숫돌의 상부를 사용하는 것을 목적으로 하는 탁상용 연삭기**

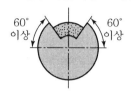

60°
이상

60°
이상

60 드릴 작업 시 유의사항 중 틀린 것은?

① 균열이 심한 드릴은 사용해서는 안 된다.
② 드릴을 장치에서 제거할 경우에는 회전을 완전히 멈추고 한다.
③ 드릴이 밑면에 나왔는지 확인을 위해 가공물 밑면에 손으로 만지면서 확인한다.
④ 가공 중에는 소리에 주의하여 드릴의 날에 이상한 소리가 나면 즉시 드릴을 연마하거나 다른 드릴과 교환한다.

해설 **드릴링 머신의 안전작업수칙(드릴의 작업안전수칙)**
구멍을 뚫을 때 관통된 것을 확인하기 위하여 손을 집어넣지 말 것

4과목
전기 및 화학설비 안전관리

61 절연물은 여러 가지 원인으로 전기저항이 저하되어 이른바 절연불량을 일으켜 위험한 상태가 되는데 절연불량의 주요 원인이 아닌 것은?

① 정전에 의한 전기적 원인
② 온도 상승에 의한 열적 요인
③ 진동, 충격 등에 의한 기계적 요인
④ 높은 이상전압 등에 의한 전기적 요인

해설 정전에 의한 전기적 원인은 무관하며 추가로 화학적 요인이 있다.

62 작업장 내 시설하는 저압전선에는 감전 등의 위험으로 나전선을 사용하지 않고 있지만, 특별한 이유에 의하여 사용할 수 있도록 규정된 곳이 있는데 이에 해당되지 않는 것은?

① 버스덕트 작업에 의한 시설 작업
② 애자 사용 작업에 의한 전기로용 전선
③ 유희용 전차시설의 규정에 준하는 접촉전선을 시설하는 경우
④ 애자 사용 작업에 의한 전선의 피복 절연물이 부식되지 않는 장소에 시설하는 전선

해설 전선의 피복 절연물이 부식하는 장소에는 나전선 사용 가능하다.

63 다음 설명에 해당하는 위험장소의 종류로 옳은 것은?

공기 중에서 가연성 분진운의 형태가 연속적, 또는 장기적 또는 단기적 자주 폭발성 분위기가 존재하는 장소

① 0종 장소
② 1종 장소
③ 20종 장소
④ 21종 장소

해설 **위험장소 구분**

폭발위험 장소 분류	적용
20종 장소	공기 중에서 가연성 분진운의 형태가 연속적, 또는 장기적 또는 단기적 자주 폭발성 분위기가 존재하는 장소

64 제1종, 제2종 접지공사에서 사람이 접촉 할 우려가 있는 경우에 시설하는 방법이 아닌 것은?

① 접지극은 지하 50cm 이상의 깊이로 매설할 것
② 접지극은 금속체로부터 1m 이상 이격시켜 매설할 것
③ 접지선은 절연전선, 케이블, 캡타이어케이블 등을 사용할 것
④ 접지선은 지하 75cm에서 지표 상 2m까지의 합성수지관 또는 몰드로 덮을 것

해설 법 개정으로 인해 해당 문제는 재출제 되지 않음

65 전기기기의 과도한 온도 상승, 아크 또는 불꽃 발생의 위험을 방지하기 위하여 추가적인 안전조치를 통한 안전도를 증가시킨 방폭구조를 무엇이라 하는가?

① 충전 방폭구조
② 안전증 방폭구조
③ 비점화 방폭구조
④ 본질안전 방폭구조

66 다음 중 전선이 연소될 때의 단계별 순서로 가장 적절한 것은?

① 착화단계 → 순시용단 단계 → 발화단계 → 인화단계
② 인화단계 → 착화단계 → 발화단계 → 순시용단 단계
③ 순시용단 단계 → 착화단계 → 인화단계 → 발화단계
④ 발화단계 → 순시용단 단계 → 착화단계 → 인화단계

해설 **과전류 단계**

과전류 단계	인화 단계	착화 단계	발화단계		순시 용단 단계
			발화 후 용단	용단과 동시 발화	
전선전류밀도 [A/mm²]	40~43	43~60	60~70	75~120	120

67 10[Ω]의 저항에 10A의 전류를 1분간 흘렸을 때의 발열량은 몇 cal인가?

① 1,800
② 3,600
③ 7,200
④ 14,400

해설 $H = 0.24I^2RT = 0.24 \times 10^2 \times 10 \times 60 = 14,400\text{cal}$

68 다음 중 정전기의 발생요인으로 적절하지 않은 것은?

① 도전성 재료에 의한 발생
② 박리에 의한 발생
③ 유동에 의한 발생
④ 마찰에 의한 발생

해설 도전성 재료의 사용은 정전기 발생 방지대책이다.

69 정전기 제전기의 분류 방식으로 틀린 것은?

① 고전압인가형
② 자기방전형
③ 면X선형
④ 접지형

해설 제전기의 종류에는 제전에 필요한 이온의 생성방법에 따라 전압인가식 제전기, 자기방전식 제전기, 방사선식 제전기가 있다.

70 다음 중 인입용 비닐 절연전선에 해당하는 약어로 옳은 것은?

① RB
② IV
③ DV
④ OW

해설 인입용 비닐 절연전선 : DV

71 어떤 혼합가스의 구성성분이 공기는 50vol%, 수소는 20vol%, 아세틸렌은 30vol%인 경우 이 혼합가스의 폭발하한계는? (단, 폭발하한값이 수소는 4vol%, 아세틸렌은 2.5vol%이다.)

① 2.50%
② 2.94%
③ 4.76%
④ 5.88%

해설 1. 수소가스의 조성
$$\frac{20}{20+30} \times 100 = 40$$
2. 아세틸렌가스의 조성
$$\frac{30}{20+30} \times 100 = 60$$
3. 혼합가스 폭발하한계
$$\frac{100}{\dfrac{40}{4} + \dfrac{60}{2.5}} = 2.94\%$$

72 응상폭발에 해당되지 않는 것은?

① 수증기폭발
② 전선폭발
③ 증기폭발
④ 분진폭발

해설 수증기폭발은 응상폭발에 해당하며, 분무폭발, 분진폭발, 가스폭발은 기상폭발에 해당한다.

73 LPG에 대한 설명으로 옳지 않은 것은?

① 강한 독성 가스로 분류된다.
② 질식의 우려가 있다.
③ 누설 시 인화, 폭발성이 있다.
④ 가스의 비중은 공기보다 크다.

해설 LPG(액화석유가스)는 비교적 강한 독성이 있는 물질은 아니다.

74 산업안전보건법령에서 규정한 위험물질을 기준량 이상으로 제조 또는 취급하는 특수화학설비에 설치하여야 할 계측장치가 아닌 것은?

① 온도계   ② 유량계

③ 압력계   ④ 경보계

해설   특수화학설비에 설치하여야 할 계측장치는 온도계, 유량계, 압력계이다.

75 다음은 산업안전보건법령에 따른 위험물질의 종류 중 부식성 염기류에 관한 내용이다. ( ) 안에 알맞은 수치는?

> 농도가 (   )퍼센트 이상인 수산화나트륨, 수산화칼륨, 그 밖에 이와 같은 정도 이상의 부식성을 가지는 염기류

① 20   ② 40

③ 60   ④ 80

해설   **부식성 염기류**

농도가 40퍼센트 이상인 수산화나트륨, 수산화칼륨, 그 밖에 이와 같은 정도 이상의 부식성을 가지는 염기류

76 부탄의 연소하한값이 1.6vol%일 경우, 연소에 필요한 최소산소농도는 약 몇 vol%인가?

① 9.4   ② 10.4

③ 11.4   ④ 12.4

해설   • 부탄의 연소 시 화학반응

$$2C_4H_{10} + 13O_2 \rightarrow 8CO_2 + 10H_2O$$

• 최소산소농도 (C_m)

$$= \frac{\text{산소 mol 수}}{\text{연소가스 mol 수}} \times \text{폭발하한(\%)}$$

$$= \frac{13}{2} \times 1.6 = 10.4(\%)$$

77 인화점에 대한 설명으로 옳은 것은?

① 인화점이 높을수록 위험하다.

② 인화점이 낮을수록 위험하다.

③ 인화점과 위험성은 관계없다.

④ 인화점이 0℃ 이상인 경우만 위험하다.

해설   인화점은 액체 또는 고체 표면에서 발생한 증기가 연소하기에 충분한 농도를 발생시키는 최저의 온도를 말한다.

78 다음 중 독성이 강한 순서로 옳게 나열된 것은?

① 일산화탄소 > 염소 > 아세톤

② 일산화탄소 > 아세톤 > 염소

③ 염소 > 일산화탄소 > 아세톤

④ 염소 > 아세톤 > 일산화탄소

해설   **각 물질의 노출기준(TWA)에 따른 독성 세기**

염소(0.5ppm) > 일산화탄소(30ppm) > 아세톤(500ppm)

79 고압가스 용기에 사용되며 화재 등으로 용기의 온도가 상승하였을 때 금속의 일부분을 녹여 가스의 배출구를 만들어 압력을 분출시켜 용기의 폭발을 방지하는 안전장치는?

① 가용합금 안전밸브   ② 방유제

③ 폭압방산공   ④ 폭발억제장치

해설   **가용합금 안전밸브**

일반적으로 200℃ 이하의 낮은 융점을 갖는 합금(비스무트, 카드뮴, 납, 주석 등)을 가용합금이라 하는데, 이 금속은 비교적 낮은 온도에서 유동하는 성질을 이용하여 화재 등으로 인하여 이상적으로 온도가 상승할 때 그속의 일부분을 녹여 가스의 배출구를 만들어 압력을 분출시켜 용기의 폭발을 방지하는 안전장치

80 배관설비 중 유체의 역류를 방지하기 위하여 설치하는 밸브는?

① 글로브밸브   ② 체크밸브

③ 게이트밸브   ④ 시퀀스밸브

해설   체크밸브는 유체의 역류를 방지하여 한쪽 방향으로만 흐르게 하기 위한 밸브이다.

건설공사 안전관리

81 다음 공사규모를 가진 사업장 중 유해위험방지계획서를 제출해야 할 대상사업장은?

① 최대 지간길이가 40m인 교량 건설 공사
② 연면적 4,000m²인 종합병원 공사
③ 연면적 3,000m²인 종교시설 공사
④ 연면적 6,000m²인 지하도상가 공사

해설 최대 지간길이 50m 이상인 교량공사가 해당되며, 종합병원, 종교시설의 경우 연면적 5,000m² 이상인 경우 해당된다.

82 다음은 건설업 산업안전보건관리비 계상 및 사용기준의 적용에 관한 사항이다. 빈칸에 들어갈 내용으로 옳은 것은?

이 고시는 산업재해보상보험법 제6조에 따라 산업재해보상보험법의 적용을 받는 공사 중 총 공사금액 (   ) 이상인 공사에 적용한다.

① 2천만 원
② 4천만 원
③ 8천만 원
④ 1억 원

해설 건설업 산업안전보건관리비는 산업재해보상보험법의 적용을 받는 공사 중 총 공사금액 2천만 원 이상인 공사에 적용한다.

83 굴착공사 표준안전작업지침에 따른 인력굴착 작업 시 굴착면이 높아 계단식 굴착을 할 때 소단의 폭은 수평거리로 얼마 정도 하여야 하는가?

① 1m
② 1.5m
③ 2m
④ 2.5m

해설 인력굴착 시 소단의 폭은 2m 이상을 유지하여야 한다.

84 방호망의 정기시험은 사용 개시 후 몇 년 이내에 실시하는가?

① 1년 이내
② 2년 이내
③ 3년 이내
④ 4년 이내

해설 추락방호망의 정기시험기간은 사용 개시 후 1년 이내로 하고 그 후 6개월마다 정기적으로 실시하여야 한다.

85 지내력 시험을 통하여 다음과 같은 하중 – 침하량 곡선을 얻었을 때 장기하중에 대한 허용지내력도로 옳은 것은? (단, 장기하중에 대한 허용지내력도 = 단기하중에 대한 허용지내력도 $\times \frac{1}{2}$)

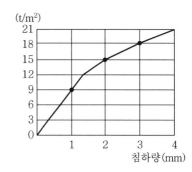

① 6t/m²
② 7t/m²
③ 12t/m²
④ 14t/m²

해설 지내력 시험은 재하판에 하중을 가하여 침하량이 2cm가 될 때까지의 하중을 구하여 지내력도를 계산하는 것으로 재하하중은 매 회 1Ton 이하 또는 예정파괴하중의 1/5 이하로 한다.

86 하루의 평균기온이 4℃ 이하로 될 것이 예상되는 기상조건에서 낮에도 콘크리트가 동결의 우려가 있는 경우에 사용되는 콘크리트는?

① 고강도 콘크리트
② 경량 콘크리트
③ 서중 콘크리트
④ 한중 콘크리트

해설 한중 콘크리트는 일평균 기온 4℃ 이하일 때 타설하는 콘크리트로 물－시멘트비(W/C)를 60% 이하로 가급적 작게 한다. 콘크리트 배합 시 물의 온도를 올리거나 골재를 가열해서 사용하고, AE제를 혼합하여 사용한다.

87 거푸집 해체작업 시 일반적인 안전수칙과 거리가 먼 것은?

① 거푸집 동바리를 해체할 때는 작업책임자를 선임한다.

② 해체된 거푸집 재료를 올리거나 내릴 때는 달줄이나 달포대를 사용한다.

③ 보 밑 또는 슬래브 거푸집을 해체할 때는 동시에 해체하여야 한다.

④ 거푸집의 해체가 곤란한 경우 구조체에 무리한 충격이나 지렛대 사용은 금하여야 한다.

해설 보 밑 또는 슬래브 거푸집 해체 시 한쪽을 먼저 해체한 후 밧줄 등으로 고정하고 다른 쪽을 조심스럽게 해체한다.

88 거푸집 동바리 등을 조립하는 경우의 준수사항으로 옳지 않은 것은?

① 강재와 강재의 접속부 및 교차부는 볼트·클램프 등 전용철물을 사용하여 단단히 연결할 것

② 동바리로 사용하는 강관(파이프 서포트는 제외)은 높이 2m 이내마다 수평연결재를 2개 방향으로 만들고 수평연결재의 변위를 방지할 것

③ 동바리의 이음은 맞댄이음으로 하고 장부이음의 적용은 절대 금할 것

④ 거푸집이 곡면인 경우에는 버팀대의 부착 등 그 거푸집의 부상을 방지하기 위한 조치를 할 것

해설 동바리의 이음은 맞댄이음 또는 장부이음으로 하여야 한다.

89 화물취급작업 중 화물적재 시 준수하여야 할 사항으로 옳지 않은 것은?

① 침하 우려가 없는 튼튼한 기반 위에 적재할 것

② 중량의 화물은 공간의 효율성을 고려하여 건물의 칸막이나 벽에 기대어 적재할 것

③ 불안정할 정도로 높이 쌓아 올리지 말 것

④ 하중이 한쪽으로 치우치지 않도록 쌓을 것

해설 화물을 적재하는 경우에는 편하중이 생기지 아니하도록 적재해야 한다.

90 다음 건설기계 중 360° 회전작업이 불가능한 것은?

① 타워 크레인   ② 크롤러 크레인
③ 가이 데릭   ④ 삼각 데릭

해설 삼각 데릭(Stiff-Leg Derrick)은 주 기둥을 지탱하는 지선 대신에 2본의 다리에 의해 고정, 회전반경은 270°로 가이 데릭과 비슷하며 높이가 낮은 건물에 유리하다.

91 다음 빈칸에 알맞은 숫자를 순서대로 옳게 나타낸 것은?

강관비계의 경우, 띠장간격은 (   )m 이하로 설치한다.

① 1.5   ② 1.8
③ 2   ④ 3

해설 강관비계의 경우, 띠장간격은 2m 이하로 설치한다.

92 다음은 건설현장의 추락재해를 방지하기 위한 사항이다. 빈칸에 들어갈 내용으로 옳은 것은?

사업주는 높이 또는 깊이가 (   )를 초과하는 장소에서 작업하는 경우 해당 작업에 종사하는 근로자가 안전하게 승강하기 위한 건설용 리프트 등의 설비를 설치하여야 한다. 다만, 승강 설비를 설치하는 것이 작업의 성질상 곤란한 경우에는 그러하지 아니하다.

① 2m   ② 3m
③ 4m   ④ 5m

해설 사업주는 높이 또는 깊이가 2m를 초과하는 장소에서 작업하는 경우 해당 작업에 종사하는 근로자가 안전하게 승강하기 위한 건설용 리프트 등의 설비를 설치하여야 한다.

93 비계(달비계, 달대비계 및 말비계 제외)의 높이가 2m 이상인 작업장소에 적합한 작업발판의 폭은 최소 얼마 이상이어야 하는가?

① 10cm   ② 20cm
③ 30cm   ④ 40cm

해설 높이가 2m 이상인 작업장소에 적합한 작업발판의 폭은 최소 40cm 이상이어야 한다.

정답 | 87 ③ 88 ③ 89 ② 90 ④ 91 ③ 92 ① 93 ④

94 다음과 같은 조건에서 방망사의 신품에 대한 최소 인장강도로 옳은 것은? (단, 그물코의 크기는 10cm인 매듭방망이다.)

① 240kg　　　　　② 200kg
③ 150kg　　　　　④ 110kg

해설　그물코의 크기가 10cm인 매듭 없는 방망의 인장강도는 240kg 이상이어야 한다.

95 거푸집 동바리 등을 조립하는 때 동바리로 사용하는 파이프서포트에 대하여는 다음 각 목에서 정하는 바에 의해 설치하여야 한다. 빈칸에 들어갈 내용으로 옳은 것은?

가. 파이프서포트를 (　　)개 이상 이어서 사용하지 않도록 할 것
나. 파이프서포트를 이어서 사용하는 경우에는 (　　)개 이상의 볼트 또는 전용철물을 사용하여 이을 것

① 가 : 1, 나 : 2　　　② 가 : 2, 나 : 3
③ 가 : 3, 나 : 4　　　④ 가 : 4, 나 : 5

해설　동바리로 사용하는 파이프서포트에 대하여 다음 각 목이 정하는 바를 준수해야 한다.
　　1. 파이프서포트를 3본 이상 이어서 사용하지 아니하도록 할 것
　　2. 파이프서포트를 이어서 사용하는 경우에는 4개 이상의 볼트 또는 전용철물을 사용하여 이을 것

96 터널 계측관리 및 이상 발견 시 조치에 관한 설명으로 옳지 않은 것은?

① 숏크리트가 벗겨지면 두께를 감소시키고 뿜어붙이기를 금한다.
② 터널의 계측관리는 일상계측과 대표계측으로 나뉜다.
③ 록볼트의 축력이 증가하여 지압판이 휘게 되면 추가볼트를 시공한다.
④ 지중변위가 크게 되고 이완영역이 이상하게 넓어지면 추가볼트를 시공한다.

해설　숏크리트가 벗겨지면 두께를 유지시키기 위해 뿜어붙이기를 한다.

97 작업장의 바닥, 도로 및 통로 등에서 낙하물이 근로자에게 위험을 미칠 우려가 있는 경우의 필요한 조치 및 준수사항으로 옳지 않은 것은?

① 수직 보호망 및 방호 선반 설치
② 출입금지구역의 설정
③ 낙하물 방지망의 수평면과의 각도는 20° 이상 30° 이하 유지
④ 낙하물 방지망을 높이 15m 이내마다 설치

해설　낙하물 방지망은 높이 10m 이내마다 설치해야 한다.

98 앞 뒤 두 개의 차륜이 있으며(2축 2롤) 각각의 차축이 평행으로 배치된 것으로 찰흙, 점성토 등의 두꺼운 흙을 다짐하는 데는 적당하나 단단한 각재를 다지는 데는 부적당한 기계는?

① 머캐덤 롤러　　　② 탠덤 롤러
③ 래머　　　　　　④ 진동 롤러

해설　2축 탠덤 롤러는 앞쪽에 단일 큰 직경 구동 롤과 뒤쪽에 단일 틸러 롤을 가지고 있다.

99 리프트(Lift)의 안전장치에 해당하지 않는 것은?

① 권과방지장치　　　② 비상정지장치
③ 과부하방지장치　　④ 조속기

해설　조속기는 모터의 회전수를 조절하여 승강기의 속도를 조절하는 승강기의 안전장치이다.

100 건설현장에서 근로자가 안전하게 통행할 수 있도록 통로에 설치하는 조명의 조도 기준은?

① 65lux 이상　　　　② 75lux 이상
③ 85lux 이상　　　　④ 95lux 이상

해설　통로의 조명은 작업자가 안전하게 통행할 수 있도록 75럭스 이상의 채광 또는 조명시설을 하여야 한다.

1과목
산업재해 예방 및 안전보건교육

01 산업안전보건법령상 근로자 안전·보건교육 기준 중 다음 (   ) 안에 알맞은 것은?

교육과정	교육대상	교육시간
채용 시 교육	일용근로자 및 근로계약기간이 1주일 이하인 기간제근로자	(㉠)시간 이상
	근로계약기간이 1주일 초과 1개월 이하인 기간제근로자	(㉡)시간 이상
	그 밖의 근로자	(㉢)시간 이상

① ㉠ 1, ㉡ 4, ㉢ 8
② ㉠ 2, ㉡ 4, ㉢ 8
③ ㉠ 1, ㉡ 2, ㉢ 2
④ ㉠ 3, ㉡ 3, ㉢ 6

해설 **근로자 안전·보건교육**

교육과정	교육대상	교육시간
채용 시 교육	일용근로자 및 근로계약기간이 1주일 이하인 기간제근로자	1시간 이상
	근로계약기간이 1주일 초과 1개월 이하인 기간제근로자	4시간 이상
	그 밖의 근로자	8시간 이상

02 안전심리의 5대 요소에 해당하는 것은?

① 기질(temper)
② 지능(intelligence)
③ 감각(sense)
④ 환경(environment)

해설 산업안전심리의 5대 요소는 습관, 동기, 기질, 감정, 습성이다.

03 학습을 자극에 의한 반응으로 보는 이론에 해당하는 것은?

① 손다이크(Thorndike)의 시행착오설
② 쾰러(Kohler)의 통찰설

③ 톨만(Tolman)의 기호형태설
④ 레빈(Lewin)의 장이론

해설 **손다이크(Thorndike)의 시행착오설**

인간과 동물은 차이가 없다고 보고 동물 연구를 통해 인간심리를 발견하고자 했으며 동물의 행동이 자극 S와 반응 R의 연합에 의해 결정된다고 하는 것

04 학생이 마음속에 생각하고 있는 것을 외부에 구체적으로 실현하고 형상화하기 위하여 자기 스스로 계획을 세워 수행하는 학습활동으로 이루어지는 학습지도의 형태는?

① 케이스 메소드(Case method)
② 패널 디스커션(Panel discussion)
③ 구안법(Project method)
④ 문제법(Problem method)

해설 **구안법(Project method)**

학습자가 마음속에 생각하고 있는 것을 외부로 나타냄으로써 구체적으로 실천하고 객관화시키기 위하여 스스로 계획을 세워 수행하는 학습활동, 즉 문제해결학습이 발전한 형태를 말한다.

05 헤드십(Headship)에 관한 설명으로 틀린 것은?

① 구성원과 사회적 간격이 좁다.
② 지휘의 형태는 권위주의적이다.
③ 권한의 부여는 조직으로부터 위임받는다.
④ 권한귀속은 공식화된 규정에 의한다.

해설 **헤드십 권한**

• 부하직원의 활동을 감독한다.
• 상사와 부하와의 관계가 종속적이다.
• 부하와의 사회적 간격이 넓다.
• 지위형태가 권위적이다.

06 추락 및 감전 위험방지용 안전모의 일반구조가 아닌 것은?

① 착장체　　　　　　② 충격흡수재
③ 선심　　　　　　　④ 모체

해설 안전모의 일반구조는 모체, 착장체(머리고정대, 머리받침고리, 머리받침끈), 충격흡수재 및 턱끈을 가져야 한다.

07 Safe-T-Score에 대한 설명으로 틀린 것은?

① 안전관리의 수행도를 평가하는 데 유용하다.
② 기업의 산업재해에 대한 과거와 현재의 안전성적을 비교 평가한 점수로 단위가 없다.
③ Safe-T-Score가 +2.0 이상인 경우는 안전관리가 과거보다 좋아졌음을 나타낸다.
④ Safe-T-Score가 +2.0 ~ -2.0 사이인 경우는 안전관리가 과거에 비해 심각한 차이가 없음을 나타낸다.

해설 Safe-T-Score가 +2.0 이상인 경우에는 안전관리가 과거보다 나빠졌음을 나타낸다.

08 매슬로(Maslow)의 욕구단계 이론의 요소가 아닌 것은?

① 생리적 욕구　　　　② 안전에 대한 욕구
③ 사회적 욕구　　　　④ 심리적 욕구

해설 **매슬로(Maslow)의 욕구단계이론**
　1. 생리적 욕구　　　　2. 안전의 욕구
　3. 사회적 욕구　　　　4. 자기존경의 욕구
　5. 자아실현의 욕구

09 산업안전보건법령상 안전 · 보건표지 중 지시 표지사항의 기본모형은?

① 사각형　　　　　　② 원형
③ 삼각형　　　　　　④ 마름모형

해설 안전보건표지 중 지시 표시는 원형이다.

10 재해 발생 시 조치사항 중 대책수립의 목적은?

① 재해발생 관련자 문책 및 처벌
② 재해 손실비 산정
③ 재해발생 원인 분석
④ 동종 및 유사재해 방지

해설 재해 발생 시에는 동종 및 유사재해를 방지하기 위하여 대책을 수립한다.

11 기업 내 정형교육 중 대상으로 하는 계층이 한정되어 있지 않고, 한 번 훈련을 받은 관리자는 그 부하인 감독자에 대해 지도원이 될 수 있는 교육방법은?

① TWI(Training Within Industry)
② MTP(Management Training Program)
③ CCS(Civil Communication Section)
④ ATT(American Telephone & Telegram Co)

해설 **ATT(American Telephone & Telegram Co)**
　부하 감독자에 대한 지도원이 되기 위한 교육방법으로 대상층이 한정되어 있지 않고 토의식으로 진행되며 교육시간은 1차 훈련은 1일 8시간씩 2주간, 2차 훈련은 문제 발생 시 하도록 되어 있다.

12 부하의 행동에 영향을 주는 리더십 중 조언, 설명, 보상조건 등의 제시를 통한 적극적인 방법은?

① 강요　　　　　　　② 모범
③ 제언　　　　　　　④ 설득

해설 조언, 설명, 보상조건 등의 제시로 부하의 행동에 영향을 주는 리더십 방법은 설득이다.

13 사고예방대책의 기본원리 5단계 중 제4단계의 내용으로 틀린 것은?

① 인사조정　　　　　② 작업분석
③ 기술의 개선　　　　④ 교육 및 훈련의 개선

해설 **제4단계 : 시정방법의 선정**
　• 기술의 개선
　• 인사조정
　• 교육 및 훈련 개선
　• 안전규정 및 수칙의 개선
　• 이행의 감독과 제재강화

14 주의(Attention)의 특성 중 여러 종류의 자극을 받을 때 소수의 특정한 것에만 반응하는 것은?

① 선택성
② 방향성
③ 단속성
④ 변동성

해설 주의의 선택성 : 한 번에 많은 종류의 자극을 지각 · 수용하기 곤란하다.

15 재해예방의 4원칙이 아닌 것은?

① 원인계기의 원칙
② 예방가능의 원칙
③ 사실보존의 원칙
④ 손실우연의 원칙

해설 **재해예방의 4원칙**
1. 손실우연의 원칙
2. 원인계기의 원칙
3. 예방가능의 원칙
4. 대책선정의 원칙

16 산업안전보건법령상 관리감독자의 업무의 내용이 아닌 것은?

① 해당 작업에 관련되는 기계 · 기구 또는 설비의 안전 · 보건점검 및 이상유무의 확인
② 해당 사업장 산업보건의 지도 · 조언에 대한 협조
③ 위험성평가를 위한 업무에 기인하는 유해 · 위험요인의 파악 및 그 결과에 따라 개선조치의 시행
④ 작성된 물질안전보건자료의 게시 또는 비치에 관한 보좌 및 조언 · 지도

해설 ④는 보건관리자의 업무 내용이다.

17 400명의 근로자가 종사하는 공장에서 휴업일수 127일, 중대재해 1건이 발생한 경우 강도율은? (단, 1일 8시간으로 연 300일 근무조건으로 한다.)

① 10
② 0.1
③ 1.0
④ 0.01

해설 강도율 $= \dfrac{근로손실일수}{근로총시간수} \times 1,000$

$= \dfrac{127 \times \dfrac{300}{365}}{400 \times 8 \times 300} \times 1,000 = 0.1$

18 시행착오설에 의한 학습법칙이 아닌 것은?

① 효과의 법칙
② 준비성의 법칙
③ 연습의 법칙
④ 일관성의 법칙

해설 **시행착오설에 의한 학습법칙**
연습의 법칙, 효과의 법칙, 준비성의 법칙

19 산업안전보건법령상 건설현장에서 사용하는 크레인, 리프트 및 곤돌라의 안전검사의 주기로 옳은 것은? (단, 이동식 크레인, 이삿짐 운반용 리프트는 제외한다.)

① 최초로 설치한 날부터 6개월마다
② 최초로 설치한 날부터 1년마다
③ 최초로 설치한 날부터 2년마다
④ 최초로 설치한 날부터 3년마다

해설 **크레인, 리프트 및 곤돌라의 검사주기**
사업장에 설치가 끝난 날부터 3년 이내에 최초 안전검사를 실시하되, 그 이후부터 2년마다(건설현장에서 사용하는 것은 최초로 설치한 날부터 6개월마다)

20 위험예지훈련 4R 방식 중 각 라운드(Round)별 내용 연결이 옳은 것은?

① 1R - 목표설정
② 2R - 본질추구
③ 3R - 현상파악
④ 4R - 대책수립

해설 **위험예지훈련의 추진을 위한 문제해결 4단계(4라운드)**
• 1라운드 : 현상파악(사실의 파악)
• 2라운드 : 본질추구(원인조사)
• 3라운드 : 대책수립(대책을 세운다.)
• 4라운드 : 목표설정(행동계획 작성)

인간공학 및 위험성 평가 · 관리

21 시작적 표시장치를 사용하는 것이 청각적 표시장치를 사용하는 것보다 좋은 경우는?

① 메시지가 후에 참고되지 않을 때
② 메시지가 공간적인 위치를 다룰 때
③ 메시지가 시간적인 사건을 다룰 때
④ 사람의 일이 연속적인 움직임을 요구할 때

해설 메시지가 공간적인 위치를 다루는 경우는 시각적 표시장치가 유리하다.

22 체계분석 및 설계에 있어서 인간공학의 가치와 가장 거리가 먼 것은?

① 성능의 향상
② 인력 이용률의 감소
③ 사용자의 수용도 향상
④ 사고 및 오용으로부터의 손실 감소

해설 체계 설계과정에서 인간공학의 적용에 의해 인력의 이용률이 향상될 수 있다.

23 휘도(luminance)의 척도 단위(unit)가 아닌 것은?

① fc
② fL
③ mL
④ cd/m^2

해설 fc는 소요조명을 의미한다.

24 신체 반응의 척도 중 생리적 스트레스의 척도로 신체적 변화의 측정 대상에 해당하지 않는 것은?

① 혈압
② 부정맥
③ 혈액성분
④ 심박수

해설 신체적 변화의 측정대상은 혈압, 부정맥, 심박수 등이 있다.

25 안전성의 관점에서 시스템을 분석 평가하는 접근방법과 거리가 먼 것은?

① "이런 일은 금지한다."의 개인 판단에 따른 주관적인 방법
② "어떻게 하면 무슨 일이 발생할 것인가?"의 연역적인 방법
③ "어떤 일은 하면 안 된다."라는 점검표를 사용하는 직관적인 방법
④ "어떤 일이 발생하였을 때 어떻게 처리하여야 안전한가?"의 귀납적인 방법

해설 시스템 분석은 연역적, 직관적, 귀납적 방법으로 접근이 가능하다.

26 다음의 연산표에 해당하는 논리연산은?

입력		출력
X_1	X_2	
0	0	0
0	1	1
1	0	1
1	1	0

① XOR
② AND
③ NOT
④ OR

해설 0이 거짓, 1이 참이라고 하면 거짓이나 참이 같을 때에만 거짓을 출력하고 서로 다른 입력에는 거짓을 출력한다. 따라서, 해당 연산표의 논리연산은 배타적 논리합(XOR)에 해당된다.

27 항공기 위치 표시장치의 설계원칙에 있어, 다음 보기의 설명에 해당하는 것은?

항공기의 경우 일반적으로 이동부분의 영상은 고정된 눈금이나 좌표계에 나타내는 것이 바람직하다.

① 통합
② 양립적 이동
③ 추종표시
④ 표시의 현실성

해설 **양립적 이동**(Principle of Compatibility Motion)
항공기의 경우, 일반적으로 이동 부분의 영상은 고정된 눈금이나 좌표계에 나타내는 것이 바람직하다.

28 근골격계 질환의 인간공학적 주요 위험요인과 가장 거리가 먼 것은?

① 과도한 힘　　　　　　② 부적절한 자세
③ 고온의 환경　　　　　④ 단순 반복작업

해설 **근골격계질환 발생원인**
- 부적절한 작업자세의 반복
- 과도한 힘이 필요한 작업(중량물 취급, 수공구 취급)
- 접촉 스트레스 발생작업
- 진동공구 취급작업
- 반복적인 작업

29 산업현장에서 사용하는 생산설비의 경우 안전장치가 부착되어 있으나 생산성을 위해 제거하고 사용하는 경우가 있다. 이러한 경우를 대비하여 설계 시 안전장치를 제거하면 작동이 안 되는 구조를 채택하고 있다. 이러한 구조는 무엇인가?

① Fail Safe　　　　　　② Fool Proof
③ Lock Out　　　　　　④ Tamper Proof

해설 **Tamper Proof**
'쉽게 변경할 수 없는'이라는 뜻을 가진 형용사로 안전장치 분야에서는 장치 제거 시 기계가 작동하지 않는 형태의 안전장치를 의미한다.

30 FTA의 활용 및 기대효과가 아닌 것은?

① 시스템의 결함 진단　　② 사고원인 규명의 간편화
③ 사고원인 분석의 정량화　④ 시스템의 결함 비용 분석

해설 **FTA의 기대효과**
1. 사고원인 규명의 간편화
2. 사고원인 분석의 일반화
3. 사고원인 분석의 정량화
4. 노력, 시간의 절감
5. 시스템의 결함진단
6. 안전점검 체크리스트 작성

31 인간공학적 부품배치의 원칙에 해당하지 않는 것은?

① 신뢰성의 원칙　　　　② 사용순서의 원칙
③ 중요성의 원칙　　　　④ 사용빈도의 원칙

해설 **부품배치의 원칙**
- 중요성의 원칙　　　• 사용빈도의 원칙
- 기능별 배치의 원칙　• 사용순서의 원칙

32 시스템안전프로그램계획(SSPP)에서 "완성해야 할 시스템 안전업무"에 속하지 않는 것은?

① 정성 해석　　　　　　② 운용 해석
③ 경제성 분석　　　　　④ 프로그램 심사의 참가

해설 시스템안전프로그램계획(SSPP)에서 완성해야 할 시스템안전업무에는 정성 해석, 프로그램 심사의 참가, 운용 해석 등이 있다.

33 선형 조정장치를 16cm 옮겼을 때, 선형 표시장치가 4cm 움직였다면, C/R 비는 얼마인가?

① 0.2　　　　　　　　　② 2.5
③ 4.0　　　　　　　　　④ 5.3

해설 **통제표시비(선형 조정장치)**
$$\frac{X}{Y} = \frac{C}{D} = \frac{\text{통제기기의 변위량}}{\text{표시계기 지침의 변위량}} = \frac{16cm}{4cm} = 4$$

34 자연습구온도가 20℃이고, 흑구온도가 30℃일 때, 실내의 습구흑구온도지수(WBGT ; Wet Bulb Globe Temperature)는 얼마인가?

① 20℃　　　　　　　　② 23℃
③ 25℃　　　　　　　　④ 30℃

해설 **WBGT(옥내 또는 옥외)**
$$WBGT(℃) = (0.7 \times \text{자연습구온도}) + (0.3 \times \text{흑구온도})$$
$$= (0.7 \times 20) + (0.3 \times 30) = 23℃$$

35 소음을 방지하기 위한 대책으로 틀린 것은?

① 소음원 통제　　　　　② 차폐장치 사용
③ 소음원 격리　　　　　④ 연속 소음 노출

해설 **소음방지의 대책**
- 소음원의 제거(통제)
- 소음원의 차단(밀폐, 격리)
- 보호구 지급 및 착용

36 산업안전 분야에서의 인간공학을 위한 제반 언급사항으로 관계가 먼 것은?

① 안전관리자와의 의사소통 원활화
② 인간과오 방지를 위한 구체적 대책
③ 인간행동특성 자료의 정량화 및 축적
④ 인간-기계 체계의 설계 개선을 위한 기금의 축적

해설 기금의 축적은 인간공학을 위한 제반 언급사항에 해당되지 않는다.

37 시스템 안전을 위한 업무 수행 요건이 아닌 것은?

① 안전활동의 계획 및 관리
② 다른 시스템 프로그램과 분리 및 배제
③ 시스템 안전에 필요한 사람의 동일성 식별
④ 시스템 안전에 대한 프로그램 해석 및 평가

해설 **시스템안전관리**

1. 시스템 안전에 필요한 사항의 동일성의 식별(Identification)
2. 안전활동의 계획, 조직과 관리
3. 다른 시스템프로그램 영역과 조정
4. 시스템 안전에 대한 목표를 유효하게 적시에 실현시키기 위한 프로그램의 해석, 검토 및 평가 등의 시스템 안전업무

38 컷셋과 최소 패스셋을 정의한 것으로 맞는 것은?

① 컷셋은 시스템 고장을 유발시키는 필요 최소한의 고장들의 집합이며, 최소 패스셋은 시스템의 신뢰성을 표시한다.
② 컷셋은 시스템 고장을 유발시키는 필요 최소한의 고장들의 집합이며, 최소 패스셋은 시스템의 불신뢰도를 표시한다.
③ 컷셋은 그 속에 포함되어 있는 모든 기본사상이 일어났을 때 톱 사상을 일으키는 기본사상의 집합이며, 최소 패스셋은 시스템의 신뢰성을 표시한다.
④ 컷셋은 그 속에 포함되어 있는 모든 기본사상이 일어났을 때 톱 사상을 일으키는 기본사상의 집합이며, 최소 패스셋은 시스템의 성공을 유발하는 기본사상의 집합이다.

해설 • 컷셋(Cut Set) : 정상사상(고장)을 일으키는 기본사상의 집합
• 최소 패스셋(Minimal Path Set) : 정상사상(고장)을 일으키지 않는 최소한의 집합

39 인체 측정치의 응용원칙과 거리가 먼 것은?

① 극단치를 고려한 설계
② 조절 범위를 고려한 설계
③ 평균치를 기준으로 한 설계
④ 기능적 치수를 이용한 설계

해설 **인체계측자료의 응용원칙**

1. 최대치수와 최소치수
2. 5~95% 조절범위 설계
3. 평균치를 기준으로 한 설계

40 10시간 설비 가동 시 설비 고장으로 1시간 정지하였다면 설비고장 강도율은 얼마인가?

① 0.1%   ② 9%
③ 10%   ④ 11%

해설 설비고장 강도율 $= \dfrac{\text{설비고장 정지시간}}{\text{비가동시간}} \times 100$

$= \dfrac{1}{10} \times 100 = 10\%$

PART 01
PART 02
PART 03
PART 04
PART 05
부록

3과목
기계 · 기구 및 설비 안전관리

41 500rpm으로 회전하는 연삭기의 숫돌지름이 200mm일 때 원주속도(m/min)는?

① 628   ② 62.8
③ 314   ④ 31.4

해설 원주속도$(V) = \dfrac{\pi DN}{1,000} = \dfrac{\pi \times 200 \times 500}{1,000} = 314.16 \, \text{m/sec}$

42 기계의 운동 형태에 따른 위험점의 분류에서 고정부분과 회전하는 동작부분이 함께 만드는 위험점으로 교반기의 날개와 하우스 등에서 발생하는 위험점을 무엇이라 하는가?

① 끼임점   ② 절단점
③ 물림점   ④ 회전말림점

정답 | 36 ④ 37 ② 38 ③ 39 ④ 40 ③ 41 ③ 42 ①

해설 **끼임점(Shear Point)**

기계의 회전 운동하는 부분과 고정부 사이에 위험점이다. 예로서 연삭 숫돌과 작업대, 교반기의 교반날개와 몸체 사이 및 반복되는 링크기구 등이 있다.

43 컨베이어 작업시작 전 점검해야 할 사항으로 거리가 먼 것은?

① 원동기 및 풀리 기능의 이상 유무
② 이탈 등의 방지장치 기능의 이상 유무
③ 비상정지장치의 이상 유무
④ 자동전격방지장치의 이상 유무

해설 **컨베이어 작업시작 전 점검사항**
- 원동기 및 풀리(pulley) 기능의 이상 유무
- 이탈 등의 방지장치 기능의 이상 유무
- 비상정지장치 기능의 이상 유무
- 원동기 · 회전축 · 기어 및 풀리 등의 덮개 또는 울 등의 이상 유무

44 아세틸렌 용접장치에서 아세틸렌 발생기실 설치 위치 기준으로 옳은 것은?

① 건물 지하층에 설치하고 화기 사용설비로부터 3미터 초과 장소에 설치
② 건물 지하층에 설치하고 화기 사용설비로부터 1.5미터 초과 장소에 설치
③ 건물 최상층에 설치하고 화기 사용설비로부터 3미터 초과 장소에 설치
④ 건물 최상층에 설치하고 화기 사용설비로부터 1.5미터 초과 장소에 설치

해설 **발생기실의 설치장소 등(「안전보건규칙」 제286조)**
제1항의 발생기실은 건물의 최상층에 위치하여야 하며, 화기를 사용하는 설비로부터 3미터를 초과하는 장소에 설치하여야 한다.

45 기계설비 방호에서 가드의 설치조건으로 옳지 않은 것은?

① 충분한 강도를 유지할 것
② 구조가 단순하고 위험점 방호가 확실할 것
③ 개구부(틈새)의 간격은 임의로 조정이 가능할 것
④ 작업, 점검, 주유 시 장애가 없을 것

해설 기계설비 방호가드는 개구부의 간격을 임의로 조정할 수 없어야 한다.

46 완전 회전식 클러치 기구가 있는 양수조작식 방호장치에서 확동클러치의 봉합개소가 4개, 분당 행정수가 200SPM일 때, 방호장치의 최소 안전거리는 몇 mm 이상이어야 하는가?

① 80
② 120
③ 240
④ 360

해설 양수조작식의 안전거리(D_m)

$$= 1,600 \times T_m = 1,600 \times \left(\frac{1}{4} + \frac{1}{2}\right) \times \frac{60}{200} = 360mm$$

여기서,

$$T_m = \left(\frac{1}{클러치 개소수} + \frac{1}{2}\right) \times \frac{60}{분당 행정수(SPM)}$$

47 목재가공용 둥근톱의 두께가 3mm일 때, 분할날의 두께는 몇 mm 이상이어야 하는가?

① 3.3mm 이상
② 3.6mm 이상
③ 4.5mm 이상
④ 4.8mm 이상

해설 분할날의 두께는 톱날두께의 1.1배 이상이어야 한다. 따라서, 둥근톱 두께의 1.1배인 3.3mm 이상의 분할날이 필요하다.

48 산업안전보건법령에 따라 타워크레인의 운전 작업을 중지해야 되는 순간풍속의 기준은?

① 초당 10m를 초과하는 경우
② 초당 15m를 초과하는 경우
③ 초당 30m를 초과하는 경우
④ 초당 35m를 초과하는 경우

해설 사업주는 순간풍속이 초당 10미터를 초과하는 경우 타워크레인의 설치 · 수리 · 점검 또는 해체작업을 중지하여야 하며, 순간풍속이 초당 15미터를 초과하는 경우에는 타워크레인의 운전작업을 중지하여야 한다.

49 탁상용 연삭기에서 숫돌을 안전하게 설치하기 위한 방법으로 옳지 않은 것은?

① 숫돌바퀴 구멍은 축 지름보다 0.1mm 정도 작은 것을 선정하여 설치한다.
② 설치 전에는 육안 및 목재 해머로 숫돌의 흠, 균열을 점검한 후 설치한다.

정답 | 43 ④ 44 ③ 45 ③ 46 ④ 47 ① 48 ② 49 ①

③ 축의 턱에 내측 플랜지, 압지 또는 고무판, 숫돌 순으로 끼운 후 외측에 압지 또는 고무판, 플랜지, 너트 순으로 조인다.
④ 가공물 받침대는 숫돌의 중심에 맞추어 연삭기에 견고히 고정한다.

해설 숫돌바퀴 구멍은 축 지름보다 0.1mm 정도 큰 것을 선정해야 한다.

50
다음 중 근로자에게 위험을 미칠 우려가 있을 때 덮개 또는 울을 설치해야 하는 위치와 가장 거리가 먼 것은?

① 연삭기 또는 평삭기의 테이블, 형삭기 램 등의 행정 끝
② 선반으로부터 돌출하여 회전하고 있는 가공물 부근
③ 과열이 예상되는 보일러의 버너 연소실
④ 띠톱기계의 위험한 톱날(절단부분 제외) 부위

해설 버너 연소실에는 온도를 감지하여 가스 공급량을 조절할 수 있는 가스 밸브를 설치하여 과열을 예방하여야 한다.

51
산업안전보건법령상 차량계 하역운반기계를 이용한 화물적재 시의 준수해야 할 사항으로 틀린 것은?

① 최대적재량의 10% 이상 초과하지 않도록 적재한다.
② 운전자의 시야를 가리지 않도록 적재한다.
③ 붕괴, 낙하 방지를 위해 화물에 로프를 거는 등 필요 조치를 한다.
④ 편하중이 생기지 않도록 적재한다.

해설 사업주는 차량계 하역운반기계에 화물을 적재하는 경우에 최대적재량을 초과하여서는 아니 된다.

52
롤러기의 급정지장치 중 복부 조작식과 무릎 조작식의 조작부 위치 기준은? (단, 밑면과의 상대거리를 나타낸다.)

	복부 조작식	무릎 조작식
①	0.5~0.7[m]	0.2~0.4[m]
②	0.8~1.1[m]	0.4~0.6[m]
③	0.8~1.1[m]	0.6~0.8[m]
④	1.1~1.4[m]	0.8~1.0[m]

해설 급정지장치 조작부의 위치

급정지장치조작부의 종류	위치
손으로 조작(로프식)하는 것	밑면으로부터 1.8m 이하
복부로 조작하는 것	밑면으로부터 0.8m 이상 1.1m 이하
무릎으로 조작하는 것	밑면으로부터 0.4m 이상 0.6m 이하

53
양수조작식 방호장치에서 2개의 누름버튼 간의 거리는 300mm 이상으로 정하고 있는데 이 거리의 기준은?

① 2개의 누름버튼 간의 중심거리
② 2개의 누름버튼 간의 외측거리
③ 2개의 누름버튼 간의 내측거리
④ 2개의 누름버튼 간의 평균 이동거리

해설 양수조작식 방호장치의 각 누름버튼 상호 간 내측거리는 300mm 이상이어야 한다.

54
다음 중 프레스에 사용되는 광전자식 방호장치의 일반 구조에 관한 설명으로 틀린 것은?

① 방호장치의 감지기능은 규정한 검출영역 전체에 걸쳐 유효하여야 한다.
② 슬라이드 하강 중 정전 또는 방호장치의 이상 시에는 1회 동작 후 정지할 수 있는 구조이어야 한다.
③ 정상동작표시램프는 녹색, 위험표시램프는 붉은색으로 하며, 쉽게 근로자가 볼 수 있는 곳에 설치해야 한다.
④ 방호장치의 정상작동 중에 감지가 이루어지거나 전원 공급이 중단되는 경우 적어도 두 개 이상의 독립된 출력신호 개폐장치가 꺼진 상태로 돼야 한다.

해설 광전자식 방호장치의 일반사항
슬라이드 하강 중 정전 또는 방호장치의 이상 시에 바로 정지할 수 있는 구조이어야 한다.

정답 | 50 ③ 51 ① 52 ② 53 ③ 54 ②

55 보일러수에 불순물이 많이 포함되어 있을 경우, 보일러수의 비등과 함께 수면부위에 거품을 형성하여 수위가 불안정하게 되는 현상은?

① 프라이밍(Priming)
② 포밍(Foaming)
③ 캐리오버(Carry over)
④ 위터해머(Water hammer)

해설 **포밍(Foaming)**
보일러수에 불순물이 많이 포함되었을 경우 보일러수의 비등과 함께 수면부위에 거품층이 형성되어 수위가 불안정하게 되는 현상을 말한다.

56 다음 중 연삭기의 사용상 안전대책으로 적절하지 않은 것은?

① 방호장치로 덮개를 설치한다.
② 숫돌 교체 후 1분 정도 시운전을 실시한다.
③ 숫돌의 최고사용회전속도를 초과하여 사용하지 않는다.
④ 숫돌 측면을 사용하는 것을 목적으로 하는 연삭숫돌을 제외하고는 측면 연삭을 하지 않도록 한다.

해설 연삭숫돌을 사용하는 작업에 있어서 작업을 시작하기 전에 1분 이상, 연삭숫돌을 교체한 후에 3분 이상 시운전을 하고 해당 기계에 이상이 있는지 여부를 확인하여야 한다.

57 다음 중 드릴 작업 시 가장 안전한 행동에 해당하는 것은?

① 장갑을 끼고 옷 소매가 긴 작업복을 입고 작업한다.
② 작업 중에 브러시로 칩을 털어낸다.
③ 가공할 구멍 지름이 클 경우 작은 구멍을 먼저 뚫고 그 위에 큰 구멍을 뚫는다.
④ 드릴을 먼저 회전시킨 상태에서 공작물을 고정한다.

해설 **드릴링 머신의 안전작업수칙(드릴의 작업안전 수칙)**
- 일감은 견고하게 고정시켜야 하며 손으로 쥐고 구멍을 뚫는 것은 위험하다.
- 드릴을 끼운 후에 척렌치(Chuck Wrench)를 반드시 뺄 것
- 장갑을 끼고 작업을 하지 말 것
- 구멍을 뚫을 때 관통된 것을 확인하기 위하여 손을 집어넣지 말 것
- 드릴작업에서 칩은 회전을 중지시킨 후 솔로 제거하여야 함

58 다음 중 산업안전보건법령에 따라 비파괴 검사를 실시해야 하는 고속회전체의 기준은?

① 회전축 중량 1톤 초과, 원주속도 120m/s 이상
② 회전축 중량 1톤 초과, 원주속도 100m/s 이상
③ 회전축 중량 0.7톤 초과, 원주속도 120m/s 이상
④ 회전축 중량 0.7톤 초과, 원주속도 100m/s 이상

해설 고속회전체(회전축의 중량이 1톤을 초과하고 원주속도가 초당 120미터 이상인 것에 한한다)의 회전시험을 하는 때에는 미리 회전축의 재질 및 형상 등에 상응하는 종류의 비파괴검사를 실시하여 결함 유무를 확인하여야 한다.

59 지게차의 안전장치에 해당하지 않는 것은?

① 후사경
② 헤드가드
③ 백레스트
④ 권과방지장치

해설 지게차의 안전장치로는 전조등 및 후미등, 헤드가드, 백레스트가 있다.

60 다음 중 접근반응형 방호장치에 해당되는 것은?

① 양수조작식 방호장치
② 손쳐내기식 방호장치
③ 덮개식 방호장치
④ 광전자식 방호장치

해설 **접근반응형 방호장치**
작업자의 신체부위가 위험한계로 들어오게 되면 이를 감지하여 작동 중인 기계를 즉시 정지시키거나 스위치가 꺼지도록 하는 기능을 가지고 있다(광전자식 안전장치).

4과목

전기 및 화학설비 안전관리

61 저압 옥내직류 전기설비를 전로보호장치의 확실한 동작의 확보와 이상전압 및 대지전압의 억제를 위하여 접지를 하여야 하나 직류 2선식으로 시설할 때, 접지를 생략할 수 있는 경우로 옳지 않은 것은?

① 접지 검출기를 설치하고, 특정구역 내의 산업용 기계기구에만 공급하는 경우
② 사용전압이 110V 이상인 경우

---

③ 최대전류 30mA 이하의 직류화재경보회로

④ 교류계통으로부터 공급을 받는 정류기에서 인출되는 직류 계통

해설 **저압 옥내류 전기설비의 접지(「전기설비기술기준의 판단기준」 제289조)**

전기설비기술기준의 판단기준 폐지로 해당문제 재출제되지 않음

62 감전에 의한 전격위험을 결정하는 주된 인자와 거리가 먼 것은?

① 통전저항
② 통전전류의 크기
③ 통전경로
④ 통전시간

해설 통전저항은 전격의 위험을 결정하는 주된 인자와 관련 없다.

63 폭발위험장소를 분류할 때 가스폭발위험장소의 종류에 해당하지 않는 것은?

① 0종 장소
② 1종 장소
③ 2종 장소
④ 3종 장소

해설 가스폭발위험장소는 0, 1, 2종 장소로 구분한다.

64 다음 중 정전기 재해의 방지대책으로 가장 적절한 것은?

① 절연도가 높은 플라스틱을 사용한다.
② 대전하기 쉬운 금속은 접지를 실시한다.
③ 작업장 내의 온도를 낮게 해서 방전을 촉진시킨다.
④ (+), (−)전하의 이동을 방해하기 위하여 주위의 습도를 낮춘다.

해설 **정전기 발생의 방지대책**

정전기 발생의 주요 방지대책으로는 정지하고 있는 전하가 잘 흐를 수 있도록 접지를 실시할 것

65 전로의 과전류로 인한 재해를 방지하기 위한 방법으로 과전류 차단장치를 설치할 때에 대한 설명으로 틀린 것은?

① 과전류 차단장치로는 차단기·퓨즈 또는 보호계전기 등이 있다.
② 차단기·퓨즈는 계통에서 발생하는 최대 과전류에 대하여 충분하게 차단할 수 있는 성능을 가져야 한다.

③ 과전류 차단장치는 반드시 접지선에 병렬로 연결하여 과전류 발생 시 전로를 자동으로 차단하도록 설치하여야 한다.

④ 과전류 차단장치가 전기계통상에서 상호 협조·보완되어 과전류를 효과적으로 차단하도록 하여야 한다.

해설 과전류 차단장치는 반드시 접지선이 아닌 전로에 직렬로 연결하여 과전류 발생 시 전로를 자동적으로 차단하도록 설치할 것

66 인체의 저항이 500Ω이고, 440V 회로에 누전차단기(ELB)를 설치할 경우 다음 중 가장 적당한 누전차단기는?

① 30mA 이하, 0.1초 이하에 작동
② 30mA 이하, 0.03초 이하에 작동
③ 15mA 이하, 0.1초 이하에 작동
④ 15mA 이하, 0.03초 이하에 작동

해설 누전차단기는 정격감도전류가 30mA 이하이며 동작시간은 0.03초 이내일 것

67 다음 중 통전경로별 위험도가 가장 높은 경로는?

① 왼손−등
② 오른손−가슴
③ 왼손−가슴
④ 오른손−양발

해설 **통전경로별 위험도**

'왼손−가슴'은 위험도가 1.5로 가장 위험한 통전경로이다.

68 정전기 발생 종류가 아닌 것은?

① 박리
② 마찰
③ 분출
④ 방전

해설 정전기 발생 종류로는 마찰, 박리, 유동, 분출, 대전 등이 있다.

69 다음 중 방폭구조의 종류와 기호를 올바르게 나타낸 것은?

① 안전증방폭구조 : e
② 몰드방폭구조 : n
③ 충전방폭구조 : p
④ 압력방폭구조 : o

해설 몰드방폭구조 : m, 충전방폭구조 : q, 압력방폭구조 : p

정답 | 62 ① 63 ④ 64 ② 65 ③ 66 ② 67 ③ 68 ④ 69 ①

70 전기설비에서 일반적인 제2종 접지공사는 접지저항 값을 몇 [Ω] 이하로 하여야 하는가?

① 10

② 100

③ $\dfrac{150}{1선지락전류}$

④ $\dfrac{400}{1선지락전류}$

해설 법 개정으로 인해 해당 문제는 재출제 되지 않음

71 다음 중 분진폭발의 가능성이 가장 낮은 물질은?

① 소맥분

② 마그네슘

③ 질석가루

④ 석탄

해설 질석가루는 불연성 물질로, 분진폭발이 일어나지 않는다.

72 인화성 가스, 불활성 가스 및 산소를 사용하여 금속의 용접 · 용단 또는 가열작업을 하는 경우 가스 등의 누출 또는 방출로 인한 폭발 · 화재 또는 화상을 예방하기 위하여 준수해야 할 사항으로 옳지 않은 것은?

① 가스 등의 호스와 취관(吹管)은 손상 · 마모 등에 의하여 가스 등이 누출할 우려가 없는 것을 사용할 것

② 비상상황을 제외하고는 가스 등의 공급구의 밸브나 콕을 절대 잠그지 말 것

③ 용단작업을 하는 경우에는 취관으로부터 산소의 과잉방출로 인한 화상을 예방하기 위하여 근로자가 조절밸브를 서서히 조작하도록 주지시킬 것

④ 가스 등의 취관 및 호스의 상호 접촉부분은 호스밴드, 호스클립 등 조임기구를 사용하여 가스 등이 누출되지 않도록 할 것

해설 사용 중인 가스 등을 공급하는 공급구의 밸브나 콕에는 그 밸브나 콕에 접속된 가스 등의 호스를 사용하는 사람의 명찰을 붙이는 등 가스 등의 공급에 대한 오조작을 방지하기 위한 표시를 할 것

73 산업안전보건기준에 관한 규칙상 몇 ℃ 이상인 상태에서 운전되는 설비는 특수화학설비에 해당하는가? (단, 규칙에서 정한 위험물질의 기준량 이상을 제조하거나 취급하는 설비인 경우이다.)

① 150℃

② 250℃

③ 350℃

④ 450℃

해설 특수화학설비

온도가 350℃ 이상이거나 게이지 압력이 980kPa 이상인 상태에서 운전되는 설비

74 점화원 없이 발화를 일으키는 최저온도를 무엇이라 하는가?

① 착화점

② 연소점

③ 용융점

④ 기화점

해설 착화점

점화원 없이 발화를 일으키는 최저온도

75 배관용 부품에 있어 사용되는 용도가 다른 것은?

① 엘보(elbow)

② 티이(T)

③ 크로스(cross)

④ 밸브(valve)

해설 밸브(Valve)는 배관을 흐르는 유체의 흐름을 제어하기 위한 부품이며, 나머지 보기의 부품들은 유체의 방향을 바꾸기 위한 부품들이다.

76 에틸에테르(폭발하한값 1.9vol%)와 에틸알코올(폭발하한값 4.3vol%)이 4 : 1로 혼합된 증기의 폭발하한계(vol%)는 약 얼마인가? (단, 혼합증기는 에틸에테르가 80%, 에틸알코올이 20%로 구성되고, 르샤틀리에 법칙을 이용한다.)

① 2.14vol%

② 3.14vol%

③ 4.14vol%

④ 5.14vol%

해설 $L = \dfrac{100}{\dfrac{V_1}{L_1} + \dfrac{V_2}{L_2}} = \dfrac{100}{\dfrac{80}{1.9} + \dfrac{20}{4.3}} = 2.14\text{vol}\%$

77 다음 중 산업안전보건기준에 관한 규칙에서 규정하는 급성 독성물질에 해당되지 않는 것은?

① 쥐에 대한 경구투입실험에 의하여 실험동물의 50%를 사망시킬 수 있는 물질의 양이 kg당 300mg — (체중) 이하인 화학물질

② 쥐에 대한 경피흡수실험에 의하여 실험동물의 50%를 사망시킬 수 있는 물질의 양이 kg당 1,000mg — (체중) 이하인 화학물질

③ 토끼에 대한 경피흡수실험에 의하여 실험동물의 50%를 사망시킬 수 있는 물질의 양이 kg당 1,000mg — (체중) 이하인 화학물질

정답 | 70 ③ 71 ③ 72 ② 73 ③ 74 ① 75 ④ 76 ① 77 ④

④ 쥐에 대한 4시간 동안의 흡입실험에 의하여 실험동물의 50%를 사망시킬 수 있는 가스의 농도가 3,000ppm 이상인 화학물질

해설 쥐에 대한 4시간 동안의 흡입실험에 의하여 실험동물의 50%를 사망시킬 수 있는 가스의 농도, 즉 LC50이 2,500 이하인 화학물질

78 연소의 3요소 중 1가지에 해당하는 요소가 아닌 것은?

① 메탄   ② 공기
③ 정전기 방전   ④ 이산화탄소

해설 연소의 3요소는 가연물, 점화원, 산소 공급원이다.

79 다음 물질이 물과 반응하였을 때 가스가 발생한다. 위험도 값이 가장 큰 가스를 발생하는 물질은?

① 칼륨   ② 수소화나트륨
③ 탄화칼슘   ④ 트리에틸알루미늄

해설 탄화칼슘은 산업안전보건법상 물반응성 물질 및 인화성 고체에 해당하며, 물과 반응하여 수소를 발생시킨다.

80 다음 중 화재의 분류에서 전기화재에 해당하는 것은?

① A급 화재   ② B급 화재
③ C급 화재   ④ D급 화재

해설 전기화재는 C급 화재로 분류된다.

5과목
건설공사 안전관리

81 달비계(곤돌라의 달비계는 제외)의 최대 적재하중을 정하는 경우 달기와이어로프 및 달기강선의 안전계수 기준으로 옳은 것은?

① 5 이상   ② 7 이상
③ 8 이상   ④ 10 이상

해설 **달비계의 안전계수**

구분		안전계수
달기와이어로프 및 달기강선		10 이상
달기체인 및 달기훅		5 이상
달기강대와 달비계의 하부 및 상부지점	강재	2.5 이상
	목재	5 이상

82 다음은 비계발판용 목재재료의 강도상의 결점에 대한 조사기준이다. ( ) 안에 들어갈 내용으로 옳은 것은?

> 발판의 폭과 동일한 길이 내에 있는 결점치수의 총합이 발판 폭의 ( )을/를 초과하지 않을 것

① 1/2   ② 1/3
③ 1/4   ④ 1/6

해설 발판의 폭과 동일한 길이 내에 있는 결점치수의 총합이 발판폭의 1/4을 초과하지 않아야 한다.

83 사질토 지반에서 보일링(boiling) 현상에 의한 위험성이 예상될 경우의 대책으로 옳지 않은 것은?

① 흙막이 말뚝의 밑둥넣기를 깊게 한다.
② 굴착 저면보다 깊은 지반을 불투수로 개량한다.
③ 굴착 밑 투수층에 만든 피트(pit)를 제거한다.
④ 흙막이벽 주위에서 배수시설을 통해 수두차를 적게 한다.

해설 **보일링 현상에 의한 흙막이공의 붕괴 예방방법**
1. 흙막이벽의 근입장 증가
2. 주변의 지하수위 저하
3. 투수거리를 길게 하기 위한 지수벽 설치
4. 불투수층 설치 등의 방법이 있다.

84 유해·위험 방지계획서 제출 시 첨부서류의 항목이 아닌 것은?

① 보호장비 폐기계획
② 공사개요서
③ 산업안전보건관리비 사용계획
④ 전체공정표

해설 보호구 폐기계획은 해당되지 않는다.

85 다음 중 셔블계 굴착기계에 속하지 않는 것은?

① 파워 셔블(power shovel) ② 크램쉘(clam shell)

③ 스크레이퍼(scraper) ④ 드래그라인(dragline)

해설 스크레이퍼는 대량 토공작업을 위한 토공기계로서 굴삭, 운반, 부설(敷設), 다짐 등 4가지 작업을 일괄하여 연속 작업을 할 수 있다.

86 잠함 또는 우물통의 내부에서 근로자가 굴착작업을 하는 경우의 준수사항으로 옳지 않은 것은?

① 산소결핍 우려가 있는 경우에는 산소의 농도를 측정하는 사람을 지명하여 측정하도록 할 것

② 근로자가 안전하게 오르내리기 위한 설비를 설치할 것

③ 굴착깊이가 20m를 초과하는 경우에는 해당 작업장소와 외부와의 연락을 위한 통신설비 등을 설치할 것

④ 잠함 또는 우물통의 급격한 침하에 의한 위험을 방지하기 위하여 바닥으로부터 천장 또는 보까지의 높이는 2m 이내로 할 것

해설 바닥으로부터 천장 또는 보까지의 높이는 1.8m 이상으로 한다.

87 재료비가 30억 원, 직접노무비가 50억 원인 건설공사의 예정가격상 안전관리비로 옳은 것은? (단, 건축공사에 해당되며 계상기준은 1.97%이다.)

① 56,400,000원 ② 94,000,000원

③ 150,400,000원 ④ 157,600,000원

해설 대상액이 80억(30억 원＋50억 원)이므로
계상액＝80억 원×1.97%＝157,600,000원

[공사종류 및 규모별 안전관리비 계상기준표]

구분 / 공사종류	대상액 5억 원 미만인 경우 적용 비율(%)	대상액 5억 원 이상 50억 원 미만인 경우		대상액 50억 원 이상인 경우 적용 비율(%)	영 별표 5에 따른 보건관리자 선임 대상 건설공사의 적용비율(%)
		적용 비율(%)	기초액		
건축공사	2.93%	1.86%	5,349,000원	1.97%	2.15%
토목공사	3.09%	1.99%	5,499,000원	2.10%	2.29%
중건설공사	3.43%	2.35%	5,400,000원	2.44%	2.66%
특수건설공사	1.85%	1.20%	3,250,000원	1.27%	1.38%

88 철골용접 작업자의 전격 방지를 위한 주의사항으로 옳지 않은 것은?

① 보호구와 복장을 구비하고, 기름기가 묻었거나 젖은 것은 착용하지 않을 것

② 작업 중지의 경우에는 스위치를 떼어 놓을 것

③ 개로 전압이 높은 교류 용접기를 사용할 것

④ 좁은 장소에서의 작업에서는 신체를 노출시키지 않을 것

해설 **개로전압**

아크용접을 할 때, 아크를 발생시키기 전 2차 회로에 걸린 단자 사이의 전압으로 2차 무부하 전압을 안전전압인 25V 이하로 유지하여야 감전의 위험을 줄일 수 있다.

89 근로자의 추락 등의 위험을 방지하기 위하여 안전난간을 설치하는 경우 안전난간은 구조적으로 가장 취약한 지점에서 가장 취약한 방향으로 작용하는 얼마 이상의 하중에 견딜 수 있는 튼튼한 구조이어야 하는가?

① 50kg ② 100kg

③ 150kg ④ 200kg

해설 안전난간은 구조적으로 가장 취약한 지점에서 가장 취약한 방향으로 작용하는 100kg 이상의 하중에 견딜 수 있는 튼튼한 구조이어야 한다.

90 흙의 연경도(Consistency)에서 반고체 상태와 소성 상태의 한계를 무엇이라 하는가?

① 액성한계 ② 소성한계

③ 수축한계 ④ 반수축한계

해설 소성한계는 파괴 없이 변형이 일어날 수 있는 최대함수비로 흙이 소성 상태에서 반고체 상태로 바뀔 때의 함수비를 의미한다.

91 철골작업을 중지하여야 하는 풍속과 강우량 기준으로 옳은 것은?

① 풍속 10m/sec 이상, 강우량 1mm/h 이상

② 풍속 5m/sec 이상, 강우량 1mm/h 이상

③ 풍속 10m/sec 이상, 강우량 2mm/h 이상

④ 풍속 5m/sec 이상, 강우량 2mm/h 이상

구분	내용
강풍	풍속이 초당 10m 이상인 경우
강우	강우량이 시간당 1mm 이상인 경우
강설	강설량이 시간당 1cm 이상인 경우

92 굴착작업 시 근로자의 위험을 방지하기 위하여 해당 작업, 작업장에 대한 사전 조사를 실시하여야 하는데 이 사전 조사 항목에 포함되지 않는 것은?

① 지반의 지하수위 상태
② 형상·지질 및 지층의 상태
③ 굴착기의 이상 유무
④ 매설물 등의 유무 또는 상태

93 항타기 또는 항발기의 권상용 와이어로프의 안전계수 기준으로 옳은 것은?

① 3 이상
② 5 이상
③ 8 이상
④ 10 이상

94 화물을 적재하는 경우 준수하여야 할 사항으로 옳지 않은 것은?

① 침하 우려가 없는 튼튼한 기반 위에 적재할 것
② 화물의 압력 정도와 관계없이 건물의 벽이나 칸막이 등을 이용하여 화물을 기대어 적재할 것
③ 하중이 한쪽으로 치우치지 않도록 쌓을 것
④ 불안정할 정도로 높이 쌓아 올리지 말 것

95 지반 종류에 따른 굴착면의 기울기 기준으로 옳지 않은 것은?

① 모래-1 : 1.8
② 연암-1 : 0.8
③ 경암-1 : 0.5
④ 그 밖의 흙-1 : 1.2

96 다음 (   ) 안에 알맞은 수치는?

슬레이트, 선라이트(sunlight) 등 강도가 약한 재료로 덮은 지붕 위에서 작업을 할 때에 발이 빠지는 등 근로자가 위험해질 우려가 있는 경우 폭 (   ) 이상의 발판을 설치하거나 추락방호망을 치는 등 위험을 방지하기 위하여 필요한 조치를 하여야 한다.

① 30cm
② 40cm
③ 50cm
④ 60cm

97 층고가 높은 슬래브 거푸집 하부에 적용하는 무지주 공법이 아닌 것은?

① 보우빔(bow beam)
② 철근 일체형 데크플레이트(deck plate)
③ 페코빔(peco beam)
④ 솔저시스템(soldier system)

98 도심지에서 주변에 주요 시설물이 있을 때 침하와 변위를 적게 할 수 있는 가장 적당한 흙막이 공법은?

① 동결공법
② 샌드드레인공법
③ 지하연속벽공법
④ 뉴매틱케이슨공법

해설 **지하연속벽(Slurry Wall)공법**
차수성과 강성이 높은 구조체로 거의 모든 지반에 적용 가능한 가장 안정적인 흙막이 구조이다.

99 다음은 산업안전보건법령에 따른 작업장에서의 투하설비 등에 관한 사항이다. 빈칸에 들어갈 내용으로 옳은 것은?

사업주는 높이가 ( ) 이상인 장소로부터 물체를 투하하는 경우 적당한 투하설비를 설치하거나 감시인을 배치하는 등 위험을 방지하기 위하여 필요한 조치를 하여야 한다.

① 2m
② 3m
③ 5m
④ 10m

해설 투하설비는 높이 3m 이상인 곳에서 물체를 투하할 때 설치하여야 한다.

100 토사 붕괴의 내적 요인이 아닌 것은?

① 사면, 법면의 경사 증가
② 절토 사면의 토질구성 이상
③ 성토 사면의 토질구성 이상
④ 토석의 강도 저하

해설 **토사 붕괴의 내적 요인**
• 절토 사면의 토질, 암질
• 성토 사면의 토질구성 및 분포
• 토석의 강도 저하

1과목
산업재해 예방 및 안전보건교육

01 안전모의 시험성능기준 항목이 아닌 것은?

① 내관통성   ② 충격흡수성
③ 내구성   ④ 난연성

해설 **안전모 성능시험 항목**

내관통성, 충격흡수성, 내전압성, 내수성, 난연성, 턱끈 풀림

02 안전교육 방법 중 TWI의 교육과정이 아닌 것은?

① 작업지도 훈련   ② 인간관계 훈련
③ 정책수립 훈련   ④ 작업방법 훈련

해설 **TWI(Training Within Industry) 훈련종류**

- 작업지도훈련(JIT : Job Instruction Training)
- 작업방법훈련(JMT : Job Method Training)
- 인간관계훈련(JRT : Job Relations Training)
- 작업안전훈련(JST : Job Safety Training)

03 재해율 중 재직 근로자 1,000명당 1년간 발생하는 재해자 수를 나타내는 것은?

① 연천인율   ② 도수율
③ 강도율   ④ 종합재해지수

해설 **연천인율(年千人率)**

1년간 발생하는 임금근로자 1,000명당 재해자수

$$연천인율 = \frac{재해자\ 수}{연\ 평균\ 근로자\ 수} \times 1,000$$
$$= 도수율(빈도율) \times 2.4$$

04 모랄 서베이(Morale Survey)의 효용이 아닌 것은?

① 조직 또는 구성원의 성과를 비교·분석한다.
② 종업원의 정화(Catharsis)작용을 촉진시킨다.
③ 경영관리를 개선하는 자료를 얻는다.
④ 근로자의 심리 또는 욕구를 파악하여 불만을 해소하고, 노동 의욕을 높인다.

해설 **모랄 서베이의 효용**

1. 근로자의 심리 요구를 파악하여 불만을 해소하고 노동 의욕을 높인다.
2. 경영관리를 개선하는 데 필요한 자료를 얻는다.
3. 종업원의 정화작용을 촉진시킨다.

05 내전압용 절연장갑의 성능기준상 최대 사용전압에 따른 절연장갑의 구분 중 00등급의 색상으로 옳은 것은?

① 노란색   ② 흰색
③ 녹색   ④ 갈색

해설 **절연장갑의 등급 및 색상**

등급	최대 사용전압		비고
	교류(V, 실효값)	직류(V)	
00	500	750	갈색

06 착오의 요인 중 인지과정의 착오에 해당하지 않는 것은?

① 정서불안정   ② 감각차단현상
③ 정보부족   ④ 생리·심리적 능력의 한계

해설 **인지과정 착오의 요인**

- 심리적 능력한계
- 감각차단현상
- 정보량의 한계
- 정서불안정

07 산업안전보건법령상 안전·보건표지의 색채, 색도기준 및 용도 중 다음 (   ) 안에 들어갈 알맞은 것은?

색채	색도기준	용도	사용 예
( )	5Y 8.5/12	경고	화학물질 취급 장소에서의 유해·위험 경고 이외의 위험 경고, 주의표지 또는 기계방호물

① 파란색   ② 노란색
③ 빨간색   ④ 검은색

해설

색채	색도기준	용도	사용 예
노란색	5Y 8.5/12	경고	화학물질 취급장소에서의 유해·위험 경고 이외의 위험 경고, 주의표지 또는 기계방호물

08 안전교육 훈련의 기법 중 하버드 학파의 5단계 교수법을 순서대로 나열한 것으로 옳은 것은?

① 총괄 → 연합 → 준비 → 교시 → 응용
② 준비 → 교시 → 연합 → 총괄 → 응용
③ 교시 → 준비 → 연합 → 응용 → 총괄
④ 응용 → 연합 → 교시 → 준비 → 총괄

해설 **하버드 학파의 5단계 교수법(사례연구 중심)**

- 1단계 : 준비시킨다(Preparation).
- 2단계 : 교시한다(Presentation).
- 3단계 : 연합한다(Association).
- 4단계 : 총괄한다(Generalization).
- 5단계 : 응용시킨다(Application).

09 보호구 안전인증 고시에 따른 안전화의 정의 중 다음 (   ) 안에 들어갈 내용으로 알맞은 것은?

경작업용 안전화란 (㉠)[mm]의 낙하높이에서 시험했을 때 충격과 (㉡ ± 0.1)[kN]의 압축하중에서 시험했을 때 압박에 대하여 보호해 줄 수 있는 선심을 부착하여, 착용자를 보호하기 위한 안전화를 말한다.

① ㉠ 500, ㉡ 10.0   ② ㉠ 250, ㉡ 10.0
③ ㉠ 500, ㉡ 4.4   ④ ㉠ 250, ㉡ 4.4

해설 **경작업용 안전화**

250밀리미터의 낙하높이에서 시험했을 때 충격과 (4.4±0.1)킬로뉴턴(kN)의 압축하중에서 시험했을 때 압박에 대하여 보호해 줄 수 있는 선심을 부착하여, 착용자를 보호하기 위한 안전화

10 산업재해에 있어 인명이나 물적 등 일체의 피해가 없는 사고를 무엇이라고 하는가?

① Near Accident   ② Good Accident
③ True Accident   ④ Original Accident

해설 **아차사고(Near Miss)**

무(無)인명상해(인적 피해)·무재산손실(물적 피해) 사고

11 산업안전보건법령상 안전관리자가 수행하여야 할 업무가 아닌 것은? (단, 그 밖에 안전에 관한 사항으로서 고용노동부장관이 정하는 사항은 제외한다.)

① 위험성 평가에 관한 보좌 및 조언·지도
② 물질안전보건자료의 게시 또는 비치에 관한 보좌 및 조언·지도
③ 사업장 순회점검·지도 및 조치의 건의
④ 산업재해에 관한 통계의 유지·관리·분석을 위한 보좌 및 조언·지도

해설 물질안전보건자료의 게시 또는 비치에 관한 보좌 및 조언·지도는 보건관리자의 업무에 해당된다.

12 근로자가 작업대 위에서 전기공사 작업 중 감전에 의하여 지면으로 떨어져 다리에 골절상해를 입은 경우의 기인물과 가해물로 옳은 것은?

① 기인물－작업대, 가해물－지면
② 기인물－전기, 가해물－지면
③ 기인물－지면, 가해물－전기
④ 기인물－작업대, 가해물－전기

해설 ﹒ 기인물 : 직접적으로 재해를 유발하거나 영향을 끼친 에너지원(운동, 위치, 열, 전기 등)을 지닌 기계·장치, 구조물, 물체·물질, 사람 또는 환경 등을 말한다.
﹒ 가해물 : 근로자(사람)에게 직접적으로 상해를 입힌 기계, 장치, 구조물, 물체·물질, 사람 또는 환경 등을 말한다.

13 지난 한 해 동안 산업재해로 인하여 직접손실비용이 3조 1,600억 원이 발생한 경우의 총재해코스트는? (단, 하인리히의 재해 손실비 평가방식을 적용한다.)

① 6조 3,200억 원   ② 9조 4,800억 원
③ 12조 6,400억 원   ④ 15조 8,000억 원

14 산업안전보건법령상 특별교육 대상 작업별 교육내용 중 밀폐공간에서의 작업별 교육내용이 아닌 것은? (단, 그 밖에 안전·보건관리에 필요한 사항은 제외한다.)

① 산소농도 측정 및 작업환경에 관한 사항
② 유해물질이 인체에 미치는 영향
③ 보호구 착용 및 사용방법에 관한 사항
④ 사고 시의 응급처치 및 비상시 구출에 관한 사항

해설 ②는 '허가 및 관리대상 유해물질의 제조 또는 취급작업'에 대한 특별교육내용에 해당한다.

15 인간관계의 메커니즘 중 다른 사람으로부터의 판단이나 행동을 무비판적으로 논리적, 사실적 근거 없이 받아들이는 것은?

① 모방(imitation)
② 투사(projection)
③ 동일화(identification)
④ 암시(suggestion)

해설 암시에 관한 설명이다.

16 점검시기에 의한 안전점검의 분류에 해당하지 않는 것은?

① 성능점검
② 정기점검
③ 임시점검
④ 특별점검

해설 **안전점검의 종류**
- 일상점검(수시점검)
- 정기점검
- 특별점검
- 임시점검

17 매슬로(Maslow)의 욕구단계 이론 중 제5단계 욕구로 옳은 것은?

① 안전에 대한 욕구
② 자아실현의 욕구
③ 사회적(애정적) 욕구
④ 존경과 긍지에 대한 욕구

해설 자아실현의 욕구(5단계) : 잠재적인 능력을 실현하고자 하는 욕구(성취욕구)

18 부주의 현상 중 의식의 우회에 대한 예방대책으로 옳은 것은?

① 안전교육
② 표준작업제도 도입
③ 상담
④ 적성 배치

해설 **부주의 발생원인 및 대책**
1. 내적 원인 및 대책
- 소질적 조건 : 적성 배치
- 경험 및 미경험 : 교육
- 의식의 우회 : 상담

19 산업안전보건법령상 근로자 안전·보건교육 중 채용 시의 교육 및 작업내용 변경 시의 교육 사항으로 옳은 것은?

① 물질안전보건자료에 관한 사항
② 건강증진 및 질병 예방에 관한 사항
③ 유해·위험 작업환경 관리에 관한 사항
④ 표준안전작업방법 및 지도 요령에 관한 사항

해설 ②, ③은 근로자 정기교육, ④는 관리감독자 정기교육 내용이다.

20 파블로프(Pavlov)의 조건반사설에 의한 학습이론의 원리에 해당되지 않는 것은?

① 일관성의 원리
② 시간의 원리
③ 강도의 원리
④ 준비성의 원리

해설 **파블로프(Pavlov)의 조건반사설**

훈련을 통해 반응이나 새로운 행동에 적응할 수 있다(종소리를 통해 개의 소화작용에 대한 실험 실시).
- 계속성의 원리(The Continuity Principle)
- 일관성의 원리(The Consistency Principle)
- 강도의 원리(The Intensity Principle)
- 시간의 원리(The Time Principle)

정답 | 14 ② 15 ④ 16 ① 17 ② 18 ③ 19 ① 20 ④

인간공학 및 위험성 평가 · 관리

21 그림과 같은 시스템에서 전체 시스템의 신뢰도는 얼마인가? (단, 네모 안의 숫자는 각 부품의 신뢰도이다.)

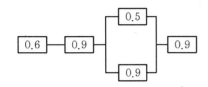

① 0.4104
② 0.4617
③ 0.6314
④ 0.6804

해설 신뢰도 $= 0.6 \times 0.9 \times \{1 - (1 - 0.5) \times (1 - 0.9)\} \times 0.9$
$= 0.4617$

22 건습지수로서 습구온도와 건구온도의 가중평균치를 나타내는 Oxford 지수의 공식으로 맞는 것은?

① WD$=0.65$WB$+0.35$DB
② WD$=0.75$WB$+0.25$DB
③ WD$=0.85$WB$+0.15$DB
④ WD$=0.95$WB$+0.05$DB

해설 옥스퍼드 지수(습건지수) $= 0.85$W(습구온도) $+ 0.15$D(건구온도)

23 시스템의 정의에 포함되는 조건 중 틀린 것은?

① 제약된 조건 없이 수행
② 요소의 집합에 의해 구성
③ 시스템 상호 간에 관계를 유지
④ 어떤 목적을 위하여 작용하는 집합체

해설 **시스템(System)**

그리스어 'Systema'에서 유래된 것으로 "특정한 목적을 달성하기 위하여 여러 가지 관련된 구성요소들이 상호 작용하는 유기적 집합체"를 뜻한다.

24 체계분석 및 설계에 있어서 인간공학적 노력의 효능을 산정하는 척도의 기준에 포함되지 않는 것은?

① 성능의 향상
② 훈련비용의 절감
③ 인력 이용률의 저하
④ 생산 및 보전의 경제성 향상

해설 체계 설계과정에서 인간공학의 적용에 의해 인력의 이용률이 향상될 수 있다.

25 인간이 기대하는 바와 자극 또는 반응들이 일치하는 관계를 무엇이라 하는가?

① 관련성
② 반응성
③ 양립성
④ 자극성

해설 **양립성(Compatibility)**

안전을 근원적으로 확보하기 위한 전략으로서 외부의 자극과 인간의 기대가 서로 모순되지 않아야 하는 것. 제어장치와 표시장치 사이의 연관성이 인간의 예상과 어느 정도 일치하는가 여부

26 FTA에서 어떤 고장이나 실수를 일으키지 않으면 정상사상(Top event)은 일어나지 않는다고 하는 것으로 시스템의 신뢰성을 표시하는 것은?

① Cut set
② Minimal cut set
③ Free event
④ Minimal path set

해설 미니멀 패스셋은 그 정상사상이 일어나지 않는 최소한의 컷을 말한다 (시스템의 신뢰성을 말함).

27 반경 10[cm]인 조종구(ball control)를 30[°] 움직였을 때, 표시장치가 2[cm] 이동하였다면 통제표시비(C/R비)는 약 얼마인가?

① 1.3
② 2.6
③ 5.2
④ 7.8

해설 통제표시비 $= \dfrac{C}{R} = \dfrac{\text{통제기기의 변위량}}{\text{표시계기지침의 변위량}}$

$= \dfrac{\dfrac{\alpha}{360} \times 2\pi D}{\text{표시계기지침의 변위량}}$

$= \dfrac{\dfrac{30}{360} \times 2 \times \pi \times D}{2} = 2.62$

28 결함수 분석법에서 일정 조합 안에 포함되어 있는 기본 사상들이 모두 발생하지 않으면 틀림없이 정상사상(top event)이 발생되지 않는 조합을 무엇이라고 하는가?

① 컷셋(cut set)
② 패스셋(path set)
③ 결함수셋(fault tree set)
④ 부울대수(boolean algebra)

해설 **패스셋(Path Set)**
　　포함되어 있는 모든 기본사상이 일어나지 않을 때 처음으로 정상사상이 일어나지 않는 기본사상의 집합

29 인간의 눈에서 빛이 가장 먼저 접촉하는 부분은?

① 각막
② 망막
③ 초자체
④ 수정체

해설 **각막**
　　빛이 통과하는 곳으로 빛이 가장 먼저 접촉하는 부분

30 FT도에 사용되는 기호 중 "전이기호"를 나타내는 기호는?

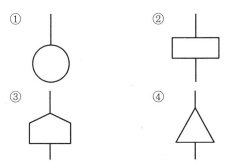

기호	명칭	설명
△ (IN)	전이기호	FT도상에서 부분으로 이행 또는 연결을 나타낸다. 삼각형 정상의 선은 정보의 전입을 뜻한다.
△ (OUT)	전이기호	FT도상에서 다른 부분으로 이행 또는 연결을 나타낸다. 삼각형 옆의 선은 정보의 전출을 뜻한다.

31 인체에서 뼈의 주요 기능으로 볼 수 없는 것은?

① 대사작용
② 신체의 지지
③ 조혈작용
④ 장기의 보호

해설 **뼈의 주요 기능**
　　인체의 지주, 장기 보호, 골수의 조혈기능 등

32 작업기억(Working memory)에서 일어나는 정보 코드화에 속하지 않는 것은?

① 의미 코드화
② 음성 코드화
③ 시각 코드화
④ 다차원 코드화

해설 **작업기억에서 일어나는 정보 코드화**
　　· 의미 코드화
　　· 음성 코드화
　　· 시각 코드화

33 휴먼 에러의 배후 요소 중 작업방법, 작업순서, 작업정보, 작업환경과 가장 관련이 깊은 것은?

① Man
② Machine
③ Media
④ Management

해설 작업매체(Media) : 작업정보 부족 · 부적절, 작업환경 불량

34 소음성 난청 유소견자로 판정하는 구분을 나타내는 것은?

① A
② C
③ D1
④ D2

해설 **소음성 난청 구분**
　　· C, C1, C2 : 관찰 대상자
　　· D1, D2 : 직업병 확진

35 설비의 위험을 예방하기 위한 안전성 평가 단계 중 가장 마지막에 해당하는 것은?

① 재평가
② 정성적 평가
③ 안전대책
④ 정량적 평가

해설 **안전성 평가**
　　· 제6단계 : FTA에 의한 재평가

36 Chapanis의 위험수준에 의한 위험발생률 분석에 대한 설명으로 옳은 것은?

① 자주 발생하는(frequent) $> 10^{-3}$/day

② 자주 발생하는(frequent) $> 10^{-5}$/day

③ 거의 발생하지 않는(remote) $> 10^{-6}$/day

④ 극히 발생하지 않는(impossible) $> 10^{-8}$/day

해설 위험률 수준이 "거의 발생하지 않는다."라는 것은 하루당 발생빈도(P) 10^{-8}/day를 말한다.

37 윤활관리시스템에서 준수해야 하는 4가지 원칙이 아닌 것은?

① 적정량 준수 　　　② 다양한 윤활제의 혼합

③ 올바른 윤활법의 선택 　　④ 윤활기간의 올바른 준수

해설 **윤활관리시스템 4가지 원칙**

1. 기계에 필요한 윤활유를 선정한다.
2. 그 양을 규정한다.
3. 윤활시기를 정확하게 지킨다.
4. 바른 윤활법을 채택하고, 그것에 따른다.

38 인간공학적인 의자설계를 위한 일반적 원칙으로 적절하지 않은 것은?

① 척추의 허리 부분은 요부전만을 유지한다.

② 허리 강화를 위하여 쿠션은 설치하지 않는다.

③ 좌판의 앞 모서리 부분은 5cm 정도 낮아야 한다.

④ 좌판과 등받이 사이의 각도는 90~105°를 유지하도록 한다.

해설 요부전만(腰部前灣)을 유지하기 위해 쿠션 등을 설치할 수 있다.

39 단위 면적당 표면을 나타내는 빛의 양을 설명한 것으로 맞는 것은?

① 휘도 　　　② 조도

③ 광도 　　　④ 반사율

해설 **휘도**

단위 면적당 빛이 반사되어 나오는 양

40 정보를 전송하기 위해 청각적 표시장치를 사용해야 효과적인 경우는?

① 전언이 복잡할 경우

② 전언이 후에 재참조될 경우

③ 전언이 공간적인 위치를 다룰 경우

④ 전언이 즉각적인 행동을 요구할 경우

해설 정보가 즉각적인 행동을 요구하는 경우 청각적 표시장치가 유리하다.

3과목

기계 · 기구 및 설비 안전관리

41 산업안전보건법령에서 규정하는 양중기에 속하지 않는 것은?

① 호이스트 　　　② 이동식 크레인

③ 곤돌라 　　　④ 체인블록

해설 **양중기의 종류**

- 크레인(호이스트 포함)
- 이동식 크레인
- 리프트(이삿짐 운반용 리프트는 적재하중이 0.1톤 이상인 것)
- 곤돌라
- 승강기

42 산업용 로봇에 사용되는 안전매트에 요구되는 일반 구조 및 표시에 관한 설명으로 옳지 않은 것은?

① 단선경보장치가 부착되어 있어야 한다.

② 감응시간을 조절하는 장치는 부착되어 있지 않아야 한다.

③ 자율안전확인의 표시 외에 작동하중, 감응시간, 복귀신호의 자동 또는 수동 여부, 대소인공용 여부를 추가로 표시해야 한다.

④ 감응도 조절장치가 있는 경우 봉인되어 있지 않아야 한다.

해설 **안전매트의 성능기준 일반 구조**

- 단선경보장치가 부착되어 있어야 한다.
- 감응시간을 조절하는 장치는 부착되어 있지 않아야 한다.
- 감응도 조절장치가 있는 경우 봉인되어 있어야 한다.

43 금형 작업의 안전과 관련하여 금형 부품 조립 시의 주의사항으로 틀린 것은?

① 맞춤 핀을 조립할 때에는 헐거운 끼워맞춤으로 한다.
② 파일럿 핀, 직경이 작은 펀치, 핀 게이지 등의 삽입부품은 빠질 위험이 있으므로 플랜지를 설치하는 등 이탈 방지대책을 세워 둔다.
③ 쿠션 핀을 사용할 경우에는 상승 시 누름판의 이탈방지를 위하여 단붙임한 나사로 견고히 조여야 한다.
④ 가이드 포스트, 샹크는 확실하게 고정한다.

해설 맞춤핀을 사용할 때에는 억지 끼워맞춤으로 한다. 상형에 사용할 때에는 낙하방지의 대책을 세워둔다.

44 선반 작업 시 주의사항으로 틀린 것은?

① 회전 중에 가공품을 직접 만지지 않는다.
② 공작물의 설치가 끝나면 척에서 렌치류는 곧바로 제거한다.
③ 칩(chip)이 비산할 때는 보안경을 쓰고 방호판을 설치하여 사용한다.
④ 돌리개는 적정 크기의 것을 선택하고, 심압대 스핀들은 가능한 길게 나오도록 한다.

해설 돌리개는 적당한 것을 선택하고, 심압대 스핀들은 지나치게 길게 나오지 않도록 한다.

45 다음 중 기계 고장률의 기본 모형이 아닌 것은?

① 초기 고장   ② 우발 고장
③ 영구 고장   ④ 마모 고장

해설 **고장률의 유형**
- 초기 고장(감소형)
- 우발 고장(일정형)
- 마모 고장(증가형)

46 연삭숫돌의 덮개 재료 선정 시 최고속도에 따라 허용되는 덮개 두께가 달라지는데, 동일한 최고속도에서 가장 얇은 판을 쓸 수 있는 덮개의 재료로 다음 중 가장 적절한 것은?

① 회주철   ② 압연강판
③ 가단주철   ④ 탄소강주강품

해설 연삭숫돌의 덮개 재료 중 회주철은 압연강판 두께의 값에 4를 곱한 값 이상, 가단주철은 압연강판 두께의 값에 2를 곱한 값 이상, 탄소강주강품은 압연강판 두께에 1.6을 곱한 값 이상이어야 한다. 따라서, 가장 얇은 판은 압연강판이다.

47 프레스의 양수조작식 방호장치에서 누름버튼의 상호 간 내측거리는 몇 [mm] 이상이어야 하는가?

① 200   ② 300
③ 400   ④ 500

해설 **양수조작식 방호장치 설치 및 사용**
누름버튼의 상호 간 내측거리는 300mm 이상으로 한다.

48 와이어로프의 절단하중이 11,160[N]이고, 한줄로 물건을 매달고자 할 때 안전계수를 6으로 하면 몇 [N] 이하의 물건을 매달 수 있는가?

① 1,860   ② 3,720
③ 5,580   ④ 66,960

해설 안전율 $=\dfrac{\text{파단하중}}{\text{안전하중}}=\dfrac{11,160}{\text{안전하중}}=6$

∴ 안전하중 $=1,860$N

49 지게차의 헤드가드가 갖추어야 할 조건에 대한 설명으로 틀린 것은?

① 강도는 지게차 최대하중의 2배 값(4톤을 넘는 값에 대해서는 4톤으로 한다.)의 등분포정하중에 견딜 수 있을 것
② 상부틀의 각 개구의 폭 또는 길이가 26[cm] 미만일 것
③ 운전자가 앉아서 조작하는 방식인 지게차는 운전자 좌석의 윗면에서 헤드가드의 상부틀의 아랫면까지의 높이가 0.903[m] 이상일 것
④ 운전자가 서서 조작하는 방식인 지게차는 운전석의 바닥면에서 헤드가드 상부틀의 하면까지의 높이가 1.88[m] 이상일 것

해설 **헤드가드(Head Guard)**
상부틀의 각 개구의 폭 또는 길이가 16센티미터 미만일 것

50 작업자의 신체 움직임을 감지하여 프레스의 작동을 급정지시키는 광전자식 안전장치를 부착한 프레스가 있다. 안전거리가 32[cm]라면 급정지에 소요되는 시간은 최대 몇 초 이내이어야 하는가? (단, 급정지에 소요되는 시간은 손이 광선을 차단한 순간부터 급정지기구가 작동하여 하강하는 슬라이드가 정지할 때까지의 시간을 의미한다.)

① 0.1초   ② 0.2초
③ 0.5초   ④ 1초

해설 **광전자식 방호장치의 설치방법**
- $D = 1,600(T_c + T_s)$
- $320 = 1,600(T_c + T_s)$
- $\therefore T_c + T_s = 0.2$초

51 위험한 작업점과 작업자 사이의 위험을 차단시키는 격리형 방호장치가 아닌 것은?

① 접촉 반응형 방호장치   ② 완전 차단형 방호장치
③ 덮개형 방호장치   ④ 안전울타리

해설 **격리형 방호장치**
작업자가 작업점에 접촉되어 재해를 당하지 않도록 기계설비 외부에 차단벽이나 방호망을 설치하는 것으로 작업장에서 가장 많이 사용하는 방식
참고 완전 차단형 방호장치, 덮개형 방호장치, 안전울타리

52 동력 프레스를 분류하는 데 있어서 그 종류에 속하지 않는 것은?

① 크랭크 프레스   ② 토글 프레스
③ 마찰 프레스   ④ 터릿 프레스

해설 **동력프레스의 종류**
1. 기계프레스
   - 크랭크 프레스(Crank Press)
   - 익센트릭 프레스(Eccentric Press)
   - 토글 프레스(Toggle Press)
   - 마찰 프레스(Friction Press)
2. 액압 프레스

53 선반에서 절삭가공 중 발생하는 연속적인 칩을 자동적으로 끊어 주는 역할을 하는 것은?

① 칩 브레이커   ② 방진구
③ 보안경   ④ 커버

해설 **칩 브레이커(Chip Breaker)**
칩을 짧게 끊어주는 장치이다.

54 구멍이 있거나 노치(notch) 등이 있는 재료에 외력이 작용할 때 가장 현저하게 나타나는 현상은?

① 가공경화   ② 피로
③ 응력집중   ④ 크리프(creep)

해설 **응력집중**
균일단면에 축하중이 작용하면 응력은 그 단면에 균일하게 분포하는데, Notch나 Hole 등이 있으면 그 단면에 나타나는 응력분포상태는 불규칙하고 국부적으로 큰 응력이 발생되는 것을 말한다.

55 근로자의 추락 등에 의한 위험을 방지하기 위하여 안전난간을 설치하는 경우, 이에 관한 구조 및 설치요건으로 틀린 것은?

① 상부난간대, 중간난간대, 발끝막이판 및 난간기둥으로 구성할 것
② 발끝막이판은 바닥면 등으로부터 5[cm] 이상의 높이를 유지할 것
③ 난간대는 지름 2.7[cm] 이상의 금속제 파이프나 그 이상의 강도를 가진 재료일 것
④ 안전난간은 구조적으로 가장 취약한 지점에서 가장 취약한 방향으로 작용하는 100[kg] 이상의 하중에 견딜 수 있을 것

해설 **안전난간의 구조 및 설치요건(「안전보건규칙」 제13조 제3호)**
발끝막이판은 바닥면등으로부터 10cm 이상의 높이를 유지할 것

56 휴대용 연삭기 덮개의 노출각도 기준은?

① 60[°] 이내   ② 90[°] 이내
③ 150[°] 이내   ④ 180[°] 이내

해설 **안전덮개의 설치방법**
휴대용 연삭기, 스윙(Swing) 연삭기 덮개의 노출각도 : 180° 이내

정답 | 50 ② 51 ① 52 ④ 53 ① 54 ③ 55 ② 56 ④

57 제철공장에서는 주괴(ingot)를 운반하는 데 주로 컨베이어를 사용하고 있다. 이 컨베이어에 대한 방호조치의 설명으로 옳지 않은 것은?

① 근로자의 신체 일부가 말려드는 등 근로자에게 위험을 미칠 우려가 있을 때 및 비상시에는 즉시컨베이어의 운전을 정지시킬 수 있는 장치를 설치하여야 한다.

② 화물의 낙하로 인하여 근로자에게 위험을 미칠 우려가 있는 때에는 컨베이어에 덮개 또는 울을 설치하는 등 낙하방지를 위한 조치를 하여야 한다.

③ 수평상태로만 사용하는 컨베이어의 경우 정전, 전압 강하 등에 의한 화물 또는 운반구의 이탈 및 역주행을 방지하는 장치를 갖추어야 한다.

④ 운전 중인 컨베이어 위로 근로자를 넘어가도록 하는 때에는 근로자의 위험을 방지하기 위하여 건널다리를 설치하는 등 필요한 조치를 하여야 한다.

해설 **역전방지장치**

컨베이어 · 이송용 롤러 등을 사용하는 경우에 정전 · 전압강하 등에 의한 화물 또는 운반구의 이탈 및 역주행을 방지하는 장치로 경사부가 있는 컨베이어에서 사용된다. 역전방지장치 형식으로는 롤러식, 라쳇식, 전기브레이크가 있다.

58 목재가공용 둥근톱에서 둥근톱의 두께가 4[mm]일 때 분할날의 두께는 몇 [mm] 이상이어야 하는가?

① 4.0 　② 4.2

③ 4.4 　④ 4.8

해설 분할날의 두께는 톱날두께의 1.1배 이상으로 한다.
분할날두께≥톱날두께×1.1 = 4×1.1 = 4.4mm

59 롤러기에서 손조작식 급정지장치의 조작부 설치위치로 옳은 것은? (단, 위치는 급정지장치의 조작부의 중심적을 기준으로 한다.)

① 밑면으로부터 0.4[m] 이상, 0.6[m] 이내

② 밑면으로부터 0.8[m] 이상, 1.1[m] 이내

③ 밑면으로부터 0.8[m] 이내

④ 밑면으로부터 1.8[m] 이내

해설 **급정지장치 조작부의 위치**

급정지장치 조작부의 종류	위치
손조작식	밑면에서 1.8m 이내
복부조작식	밑면에서 0.8m 이상 1.1m 이내
무릎조작식	밑면에서 0.4m 이상 0.6m 이내

60 보일러수에 유지류, 고형물 등의 부유물로 인한 거품이 발생하여 수위를 판단하지 못하는 현상은?

① 프라이밍(Priming)　② 캐리오버(Carry over)

③ 포밍(Foaming)　④ 워터해머(Water hammer)

해설 **포밍(Forming)**

보일러수에 불순물이 많이 포함되면 보일러수의 비등과 함께 수면 부위에 거품층을 형성하여 수위가 불안정하게 되는 현상을 말한다.

4과목
전기 및 화학설비 안전관리

61 폭발위험장소의 분류 중 1종 장소에 해당하는 것은?

① 폭발성 가스 분위기가 연속적, 장기간 또는 빈번하게 존재하는 장소

② 폭발성 가스 분위기가 정상작동 중 조성되지 않거나 조성된다 하더라도 짧은 기간에만 존재할 수 있는 장소

③ 폭발성 가스 분위기가 정상작동 중 주기적 또는 빈번하게 생성되는 장소

④ 폭발성 가스 분위기가 장기간 또는 거의 조성되지 않는 장소

해설 **1종 장소**

폭발성 가스 분위기가 정상작동 중 주기적 또는 빈번하게 생성되는 장소

62 인체저항을 5,000[Ω]으로 가정하면 심실세동을 일으키는 전류에서의 전기에너지는? (단, 심실세동전류는 $\frac{165}{\sqrt{T}}$[mA] 이며 통전시간 T는 1초이고 전원은 교류정현파이다.)

① 33[J]　② 130[J]

③ 136[J]　④ 142[J]

해설 $W = I^2 RT = \left(\dfrac{165}{\sqrt{T}} \times 10^{-3}\right)^2 \times 5,000\,T$

$$= (165^2 \times 10^{-6}) \times 5,000$$
$$= 136[\mathrm{W-sec}] = 136[\mathrm{J}]$$

63 전선 간에 가해지는 전압이 어떤 값 이상으로 되면 전선 주위의 전기장이 강하게 되어 전선 표면의 공기가 국부적으로 절연이 파괴되어 빛과 소리를 내는 것은?

① 표피 작용 ② 페란티 효과
③ 코로나 현상 ④ 근접 현상

해설 **코로나 현상**

전선로나 애자 부근에 임계전압 이상의 전압이 가해지면 공기의 절연이 부분적으로 파괴되어 낮은 소리나 엷은 빛을 내면서 방전되는 현상

64 누전에 의한 감전 위험을 방지하기 위하여 반드시 접지를 하여야만 하는 부분에 해당되지 않는 것은?

① 절연대 위 등과 같이 감전 위험이 없는 장소에서 사용하는 전기 기계 · 기구의 금속체
② 전기 기계 · 기구의 금속제 외함, 금속제 외피 및 철대
③ 전기를 사용하지 아니하는 설비 중 전동식 양중기의 프레임과 궤도에 해당하는 금속체
④ 코드와 플러그를 접속하여 사용하는 휴대형 전동 기계 · 기구의 노출된 비충전 금속제

해설 **접지 적용 비대상(「안전보건규칙」 제302조 제2항)**

절연대 위 등과 같이 감전 위험이 없는 전기기계 · 기구에 접속하여 사용되는 전기기계 · 기구에는 접지 적용 비대상이다.

65 정전기 발생에 영향을 주는 요인이 아닌 것은?

① 물체의 특성 ② 물체의 표면상태
③ 접촉면적 및 압력 ④ 응집속도

해설 '응집속도'는 정전기 발생에 영향을 주는 요인이 아니다.

66 전기기계 · 기구에 대하여 누전에 의한 감전위험을 방지하기 위하여 누전차단기를 전기기계 · 기구에 접속할 때 준수하여야 할 사항으로 옳은 것은?

① 누전차단기는 정격감도전류가 60[mA] 이하이고 작동시간은 0.1초 이내일 것
② 누전차단기는 정격감도전류가 50[mA] 이하이고 작동시간은 0.08초 이내일 것
③ 누전차단기는 정격감도전류가 40[mA] 이하이고 작동시간은 0.06초 이내일 것
④ 누전차단기는 정격감도전류가 30[mA] 이하이고 작동시간은 0.03초 이내일 것

해설 **감전보호용 누전차단기**

정격감도전류 30mA 이하, 동작시간 0.03초 이내

67 방폭구조의 종류 중 방진방폭구조를 나타내는 표시로 옳은 것은?

① DDP ② tD
③ XDP ④ DP

해설 "방진방폭구조 tD"는 분진층이나 분진운의 점화를 방지하기 위하여 용기로 보호하는 전기기기에 적용되는 분진침투방지, 표면온도제한 등의 방법을 말한다.

68 고압 또는 특고압의 기계기구 · 모선 등을 옥외에 시설하는 발전소 · 변전소 · 개폐소 또는 이에 준하는 곳에는 구내에 취급자 이외의 자가 들어가지 못하도록 하기 위한 시설의 기준에 대한 설명으로 틀린 것은?

① 울타리 · 담 등의 높이는 1.5[m] 이상으로 시설하여야 한다.
② 출입구에는 출입금지의 표시를 하여야 한다.
③ 출입구에는 자물쇠장치 기타 적당한 장치를 하여야 한다.
④ 지표면과 울타리 · 담 등의 하단 사이의 간격은15[cm] 이하로 하여야 한다.

해설

사용 전압의 구분	울타리 · 담 등의 높이와 울타리 · 담 등에서부터 충전 부분까지의 거리 합계
35kV 이하	5m
35kV 초과, 160kV 이하	6m
160kV 초과	6m에 160kV를 넘는 10kV 또는 그 단수마다 12cm를 더한 값

69 전기기계 · 기구의 조작 부분을 점검하거나 보수하는 경우에는 근로자가 안전하게 작업할 수 있도록 전기기계 · 기구로부터 최소 몇 [cm] 이상의 작업공간 폭을 확보하여야 하는가? (단, 작업공간을 확보하는 것이 곤란하여 절연용 보호구를 착용하도록 한 경우 제외)

① 60[cm]
② 70[cm]
③ 80[cm]
④ 90[cm]

해설 전기기계 · 기구로부터 최소 70 [cm] 이상의 작업공간 폭을 확보해야 한다.

70 과전류차단기로 시설하는 퓨즈 중 고압전로에 사용하는 비포장 퓨즈에 대한 설명으로 옳은 것은?

① 정격전류의 1.25배의 전류에 견디고 또한 2배의 전류로 2분 안에 용단되는 것이어야 한다.
② 정격전류의 1.25배의 전류에 견디고 또한 2배의 전류로 4분 안에 용단되는 것이어야 한다.
③ 정격전류의 2배의 전류에 견디고 또한 2배의 전류로 2분 안에 용단되는 것이어야 한다.
④ 정격전류의 2배의 전류에 견디고 또한 2배의 전류로 4분 안에 용단되는 것이어야 한다.

해설 **고압 및 특고압 전로 중의 과전류차단기의 시설**
과전류차단기로 시설하는 퓨즈 중 고압전로에 사용하는 비포장 퓨즈는 정격전류의 1.25배의 전류에 견디고 또한 2배의 전류로 2분 안에 용단되는 것이어야 한다.

71 다음 중 물리적 공정에 해당되는 것은?

① 유화중합
② 축합중합
③ 산화
④ 증류

해설 **화학반응의 분류**

물리적 공정(단위조작)	화학적 공정
증류, 추출, 건조, 혼합 등	중합, 축합, 산화, 치환 등

증류는 혼합된 물질의 각각의 비점을 이용하여 분리하는 공정으로 물리적 공정에 해당된다.

72 산화성 액체 중 질산의 성질에 관한 설명으로 옳지 않은 것은?

① 피부 및 의복을 부식하는 성질이 있다.
② 쉽게 연소하는 가연성 물질이므로 화기에 극도로 주의한다.
③ 위험물 유출 시 건조사를 뿌리거나 중화제로 중화한다.
④ 물과 반응하면 발열반응을 일으키므로 물과의 접촉을 피한다.

해설 과산화칼륨, 황산, 질산 등은 산화성 물질로, 물과 접촉 시 반응을 일으켜 열이 발생한다.

73 최소 착화에너지가 0.25[mJ], 극간 정전용량이 10[pF]인 부탄가스 버너를 점화시키기 위해서 최소 얼마 이상의 전압을 인가하여야 하는가?

① 0.52×10^2[V]
② 0.74×10^3[V]
③ 7.07×10^3[V]
④ 5.03×10^5[V]

해설 $W = \dfrac{1}{2}CV^2 = \dfrac{1}{2}QV = \dfrac{1}{2}\dfrac{Q^2}{C}$ 에서

$0.25 \times 10^{-3} = \dfrac{1}{2} \times 10 \times 10^{-12} \times V^2$

$\therefore V = 7.07 \times 10^3$[V]
여기서, C : 도체의 정전용량
Q : 대전전하량
V : 대전전위 $\Rightarrow Q = CV$

74 다음 중 유류 화재의 종류에 해당하는 것은?

① A급 화재
② B급 화재
③ C급 화재
④ D급 화재

해설 유류화재는 B급 화재에 해당된다.

75 다음 중 가연성 가스의 폭발범위에 관한 설명으로 틀린 것은?

① 상한과 하한이 있다.
② 압력과 무관하다.
③ 공기와 혼합된 가연성 가스의 체적 농도로 표시된다.
④ 가연성 가스의 종류에 따라 다른 값을 갖는다.

해설 압력은 폭발상한계에 크게 영향을 준다.

76 산업안전보건법령상 관리대상 유해물질의 운반 및 저장 방법으로 적절하지 않은 것은?

① 저장장소에는 관계 근로자가 아닌 사람의 출입을 금지하는 표시를 한다.
② 저장장소에서 관리대상 유해물질의 증기가 실외로 배출되지 않도록 적절한 조치를 한다.
③ 관리대상 유해물질을 저장할 때 일정한 장소를 지정하여 저장하여야 한다.
④ 물질이 새거나 발산될 우려가 없는 뚜껑 또는 마개가 있는 튼튼한 용기를 사용한다.

해설 관리대상 유해물질이 운반 또는 저장과정에서 누출되는 경우 실내 또는 운반용기 내부는 화재·폭발 또는 중독의 위험이 있게 되므로, 누출되었을 경우 적절한 조치를 취하여 배출하여야 한다.

77 어떤 물질 내에서 반응전파속도가 음속보다 빠르게 진행되고 이로 인해 발생된 충격파가 반응을 일으키고 유지하는 발열반응을 무엇이라 하는가?

① 점화(Ignition)
② 폭연(Deflagration)
③ 폭발(Explosion)
④ 폭굉(Detonation)

해설 연소파가 일정 거리를 진행한 후 연소 전파속도가 1,000~3,500m/s 정도에 달할 경우 이를 폭굉현상(Detonation Phenomenon)이라 하며, 이때 국한된 반응영역을 폭굉파(Detonation Wave)라 한다. 폭굉파의 속도는 음속을 앞지르므로, 진행 후면에는 그에 따른 충격파가 있다.

78 산업안전보건법령상의 위험물을 저장·취급하는 화학설비 및 그 부속설비를 설치하는 경우 폭발이나 화재에 따른 피해를 줄이기 위하여 단위공정시설 및 설비로부터 다른 단위공정시설 및 설비 사이의 안전거리는 얼마로 하여야 하는가?

① 설비의 안쪽 면으로부터 10[m] 이상
② 설비의 바깥쪽 면으로부터 10[m] 이상
③ 설비의 안쪽 면으로부터 5[m] 이상
④ 설비의 바깥 면으로부터 5[m] 이상

해설 단위공정시설 및 설비로부터 다른 단위공정시설 및 설비사이의 안전거리는 설비의 외면으로부터 10미터 이상이다.

79 다음 중 산업안전보건법령상 위험물의 종류에서 인화성 가스에 해당하지 않는 것은?

① 수소
② 질산에스테르
③ 아세틸렌
④ 메탄

해설 현행법령상 질산에스테르는 폭발성 물질 및 유기과산화물에 해당한다.

80 산소용기의 압력계가 100[kgf/cm²]일 때 약 몇 psi인가? (단, 대기압은 표준대기압이다.)

① 1,465
② 1,455
③ 1,438
④ 1,423

해설 $1[kgf/cm^2] = 14.223393psi$

5과목
건설공사 안전관리

81 달비계에 사용이 불가한 와이어로프의 기준으로 옳지 않은 것은?

① 이음매가 없는 것
② 지름의 감소가 공칭지름의 7[%]를 초과하는 것
③ 심하게 변형되거나 부식된 것
④ 와이어로프의 한 꼬임에서 끊어진 소선(素線)의 수가 10[%] 이상인 것

해설 **와이어로프의 사용금지기준**
1. 이음매가 있는 것
2. 와이어로프의 한 꼬임에서 끊어진 소선의 수가 10퍼센트 이상인 것
3. 지름의 감소가 공칭지름의 7퍼센트를 초과하는 것
4. 꼬인 것
5. 심하게 변형되거나 부식된 것
6. 열과 전기충격에 의해 손상된 것

정답 | 76 ② 77 ④ 78 ② 79 ② 80 ④ 81 ①

82 다음은 산업안전보건기준에 관한 규칙 중 가설통로의 구조에 관한 사항이다. ( ) 안에 들어갈 내용으로 옳은 것은?

> 수직갱에 가설된 통로의 길이가 15[m] 이상인 경우에는 10[m] 이내마다 ( )을/를 설치할 것

① 손잡이   ② 계단참
③ 클램프   ④ 버팀대

해설 수직갱에 가설된 통로의 길이가 15미터 이상인 때에는 10미터 이내마다 계단참을 설치해야 한다.

83 다음 중 구조물의 해체작업을 위한 기계·기구가 아닌 것은?

① 쇄석기   ② 데릭
③ 압쇄기   ④ 철제 해머

해설 데릭은 양중작업을 위한 도구이다.

84 강풍 시 타워크레인의 설치·수리·점검 또는 해체작업을 중지하여야 하는 순간풍속 기준으로 옳은 것은?

① 순간풍속이 초당 10[m]를 초과하는 경우
② 순간풍속이 초당 15[m]를 초과하는 경우
③ 순간풍속이 초당 20[m]를 초과하는 경우
④ 순간풍속이 초당 30[m]를 초과하는 경우

해설 순간풍속이 매 초당 10m를 초과하는 경우에는 타워크레인의 설치·수리·점검 또는 해체작업을 중지하여야 한다.

85 근로자의 추락 위험이 있는 장소에서 발생하는 추락재해의 원인으로 볼 수 없는 것은?

① 안전대를 부착하지 않았다.
② 덮개를 설치하지 않았다.
③ 투하설비를 설치하지 않았다.
④ 안전난간을 설치하지 않았다.

해설 투하설비는 낙하물에 의한 재해를 예방하기 위한 설비이다.

86 기상상태의 악화로 비계에서의 작업을 중지시킨 후 그 비계에서 작업을 다시 시작하기 전에 점검해야 할 사항에 해당하지 않는 것은?

① 기둥의 침하·변형·변위 또는 흔들림 상태
② 손잡이의 탈락 여부
③ 격벽의 설치 여부
④ 발판재료의 손상 여부 및 부착 또는 걸림 상태

해설 격벽은 위험물 건조설비의 열원으로 직화를 사용할 때 불꽃 등에 의한 화재를 예방하기 위해 설치하는 시설이다.

87 사다리식 통로 등을 설치하는 경우 발판과 벽과의 사이는 최소 얼마 이상의 간격을 유지하여야 하는가?

① 5[cm]   ② 10[cm]
③ 15[cm]   ④ 20[cm]

해설 발판과 벽 사이는 15cm 이상의 간격을 유지해야 한다.

88 드럼에 다수의 돌기를 붙여 놓은 기계로 점토층의 내부를 다지는 데 적합한 것은?

① 탠덤 롤러   ② 타이어 롤러
③ 진동 롤러   ④ 탬핑 롤러

해설 탬핑 롤러는 철륜 표면에 다수의 돌기를 붙여 접지면적을 작게 하여 접지압을 증가시킨 롤러이다.

89 산업안전보건법령에 따른 중량물을 취급하는 작업을 하는 경우의 작업계획서 내용에 포함되지 않는 사항은?

① 추락위험을 예방할 수 있는 안전대책
② 낙하위험을 예방할 수 있는 안전대책
③ 넘어짐위험을 예방할 수 있는 안전대책
④ 위험물 누출위험을 예방할 수 있는 안전대책

해설 중량물 취급 작업계획서에는 추락, 낙하, 넘어짐위험을 예방할 수 있는 안전대책이 포함되어야 한다.

정답 | 82 ② 83 ② 84 ① 85 ③ 86 ③ 87 ③ 88 ④ 89 ④

90 산업안전보건관리비 계상을 위한 대상액이 56억 원인 교량공사의 산업안전보건관리비는 얼마인가? (단, 건축공사에 해당)

① 104,160천 원 ② 110,320천 원
③ 144,800천 원 ④ 150,400천 원

[해설] **산업안전보건관리비**
56억 원×1.97%(건축공사)＝110,320천 원이다.

91 콘크리트 구조물에 적용하는 해체작업 공법의 종류가 아닌 것은?

① 연삭 공법 ② 발파 공법
③ 오픈 컷 공법 ④ 유압 공법

[해설] 오픈 컷 공법은 굴착공법이다.

92 콘크리트 타설작업 시 거푸집에 작용하는 연직하중이 아닌 것은?

① 콘크리트의 측압 ② 거푸집의 중량
③ 굳지 않은 콘크리트의 중량 ④ 작업원의 작업하중

[해설] 콘크리트 측압은 연직하중에 해당되지 않는다.

93 거푸집 공사에 관한 설명으로 옳지 않은 것은?

① 거푸집 조립 시 거푸집이 이동하지 않도록 비계 또는 기타 공작물과 직접 연결한다.
② 거푸집 치수를 정확하게 하여 시멘트 모르타르가 새지 않도록 한다.
③ 거푸집 해체가 쉽게 가능하도록 박리제 사용 등의 조치를 한다.
④ 측압에 대한 안전성을 고려한다.

[해설] 거푸집을 비계 등 가설구조물과 직접 연결하여 영향을 주면 안 된다.

94 개착식 굴착공사에서 버팀보공법을 적용하여 굴착할 때 지반붕괴를 방지하기 위하여 사용하는 계측장치로 거리가 먼 것은?

① 지하수위계 ② 경사계
③ 변형률계 ④ 록볼트 응력계

[해설] 록볼트 응력계는 터널공사 계측기기에 해당된다.

95 다음 중 유해 · 위험방지 계획서 제출 대상 공사에 해당하는 것은?

① 지상높이가 25[m]인 건축물 건설공사
② 최대 지간길이가 45[m]인 교량건설공사
③ 깊이가 8[m]인 굴착공사
④ 제방 높이가 50[m]인 다목적댐 건설공사

[해설] **계획서 제출대상 공사**
1. 지상높이가 31m 이상인 건축물
2. 연면적 5,000m² 이상의 냉동 · 냉장창고시설의 설비공사 및 단열공사
3. 최대 지간길이가 50m 이상인 교량건설 등 공사
4. 터널건설 등의 공사
5. 다목적 댐, 발전용 댐 및 저수용량 2천만 톤 이상의 용수 전용 댐, 지방상수도 전용 댐 건설 등의 공사
6. 깊이 10m 이상인 굴착공사

96 차량계 하역운반기계 등을 사용하는 작업을 할 때, 그 기계가 넘어지거나 굴러떨어짐으로써 근로자에게 위험을 미칠 우려가 있는 경우에 이를 방지하기 위한 조치사항과 거리가 먼 것은?

① 유도자 배치
② 지반의 부동침하 방지
③ 상단 부분의 안정을 위하여 버팀줄 설치
④ 갓길 붕괴 방지

[해설] 유도하는 자를 배치하고 지반의 부동침하 방지, 갓길의 붕괴 방지 및 도로의 폭 유지 등 필요한 조치를 하여야 한다.

97 추락재해 방호용 방망의 신품에 대한 인장강도는 얼마인가? (단, 그물코의 크기가 10[cm]이며, 매듭 없는 방망이다.)

① 220[kgf] ② 240[kgf]
③ 260[kgf] ④ 280[kgf]

[해설] 그물코 10cm, 매듭 없는 방망의 인장강도는 240kgf 이상이어야 한다.

98 발파작업에 종사하는 근로자가 준수하여야 할 사항으로 옳지 않은 것은?

① 장전구는 마찰·충격·정전기 등에 의한 폭발의 위험이 없는 안전한 것을 사용할 것
② 발파공의 충진재료는 점토·모래 등 발화성 또는 인화성의 위험이 없는 재료를 사용할 것
③ 얼어 붙은 다이너마이트는 화기에 접근시키거나 그 밖의 고열물에 직접 접촉시켜 단시간 안에 융해시킬 수 있도록 할 것
④ 전기뇌관에 의한 발파의 경우 점화하기 전에 화약류를 장전한 장소로부터 30[m] 이상 떨어진 안전한 장소에서 전선에 대하여 저항측정 및 도통시험을 할 것

해설 얼어 붙은 다이너마이트는 화기에 접근시키거나 그 밖의 고열물에 직접 접촉시켜서는 안 된다.

99 다음은 산업안전보건법령에 따른 근로자의 추락위험 방지를 위한 추락방호망의 설치기준이다. (   ) 안에 들어갈 내용으로 옳은 것은?

> 추락방호망은 수평으로 설치하고, 망의 처짐은 짧은 변 길이의 (   ) 이상이 되도록 할 것

① 10[%] ② 12[%]
③ 15[%] ④ 18[%]

해설 추락방호망은 수평으로 설치하고 망의 처짐은 짧은 변 길이의 12% 이상이 되도록 설치해야 한다.

100 거푸집 동바리 등을 조립하는 경우의 준수사항으로 옳지 않은 것은?

① 동바리로 사용하는 파이프 서포트는 최소 3개 이상 이어서 사용하도록 할 것
② 동바리의 상하 고정 및 미끄러짐 방지 조치를 하고, 하중의 지지상태를 유지할 것
③ 동바리의 이음은 맞댄이음나 장부이음으로 하고 같은 품질의 재료를 사용할 것
④ 강재와 강재의 접속부 및 교차부는 볼트·클램프 등 전용철물을 사용하여 단단히 연결할 것

해설 동바리로 사용하는 파이프 서포트는 3개 이상 이어서 사용해서는 안 된다.

부록

2018년 3회

1과목
산업재해 예방 및 안전보건교육

01 사고예방대책의 기본원리 5단계 중 사실의 발견 단계에 해당하는 것은?

① 작업환경 측정
② 안전성 진단, 평가
③ 점검, 검사 및 조사실시
④ 안전관리 계획수립

해설 **사고예방대책의 기본원리 5단계 중 2단계 : 사실의 발견**
1. 사고 및 안전활동의 기록 검토
2. 작업분석
3. 안전점검, 안전진단
4. 사고조사
5. 안전평가
6. 각종 안전회의 및 토의
7. 근로자의 건의 및 애로 조사

02 재해예방의 4원칙에 해당하지 않는 것은?

① 손실연계의 원칙
② 대책선정의 원칙
③ 예방가능의 원칙
④ 원인계기의 원칙

해설 **재해예방의 4원칙**
• 손실우연의 원칙
• 원인계기의 원칙
• 예방가능의 원칙
• 대책선정의 원칙

03 산업스트레스의 요인 중 직무특성과 관련된 요인으로 볼 수 없는 것은?

① 조직구조
② 작업속도
③ 근무시간
④ 업무의 반복성

해설 직무특성 스트레스 요인에는 작업속도, 근무시간, 업무의 반복성이 있다.

04 산업심리의 5대 요소에 해당되지 않는 것은?

① 동기
② 지능
③ 감정
④ 습관

해설 **산업안전심리의 5대 요소**
• 동기(Motive)
• 기질(Temper)
• 감정(Emotion)
• 습성(Habits)
• 습관(Custom)

05 사업장의 도수율이 10.83이고, 강도율 7.92일 경우 종합재해지수(FSI)는?

① 4.63
② 6.42
③ 9.26
④ 12.84

해설 종합재해지수(FSI) $= \sqrt{도수율(FR) \times 강도율(SR)}$
$= \sqrt{10.83 \times 7.92} = 9.26$

06 리더십(Leadership)의 특성으로 볼 수 없는 것은?

① 민주주의적 지휘 형태
② 부하와의 넓은 사회적 간격
③ 밑으로부터의 동의에 의한 권한 부여
④ 개인적 영향에 의한 부하와의 관계 유지

해설 리더십은 부하직원 간의 협동과 의사소통을 통한 좁은 사회적 간격 유지의 특성이 있다.

07 매슬로(A.H.Maslow) 욕구단계 이론의 각 단계별 내용으로 틀린 것은?

① 1단계 : 자아실현의 욕구
② 2단계 : 안전에 대한 욕구
③ 3단계 : 사회적(애정적) 욕구
④ 4단계 : 존경과 긍지에 대한 욕구

정답 | 01 ③ 02 ① 03 ① 04 ② 05 ③ 06 ② 07 ①

해설 매슬로(Maslow)의 욕구단계 이론

- 1단계 : 생리적 욕구
- 2단계 : 안전의 욕구
- 3단계 : 사회적 욕구
- 4단계 : 자기존경의 욕구
- 5단계 : 자아실현의 욕구

08 산업안전보건법령에 따른 근로자 안전 · 보건교육 중 채용시의 교육내용이 아닌 것은? (단, 산업안전보건법 및 일반관리에 관한 사항은 제외한다.)

① 사고 발생 시 긴급조치에 관한 사항
② 유해 · 위험 작업환경 관리에 관한 사항
③ 산업보건 및 직업병 예방에 관한 사항
④ 기계 · 기구의 위험성과 작업의 순서 및 동선에 관한 사항

해설 ②는 근로자 정기교육에 대한 내용이다.

09 피로에 의한 정신적 증상과 가장 관련이 깊은 것은?

① 주의력이 감소 또는 경감된다.
② 작업의 효과나 작업량이 감퇴 및 저하된다.
③ 작업에 대한 몸의 자세가 흐트러지고 지치게 된다.
④ 작업에 대하여 무감각 · 무표정 · 경련 등이 일어난다.

해설 주의력 감소 또는 경감은 신체가 정신적으로 피로할 때 나타나는 대표적 증상이다.

10 산업안전보건법령에 따른 안전 · 보건표지에 사용하는 색채기준 중 비상구 및 피난소, 사람 또는 차량의 통행표지의 안내용도로 사용하는 색채는?

① 빨간색   ② 녹색
③ 노란색   ④ 파란색

색채	색도기준	용도	사용 예
녹색	2.5G 4/10	안내	비상구 및 피난소, 사람 또는 차량의 통행표지

11 일반적으로 교육이란 "인간행동의 계획적 변화"로 정의할 수 있다. 여기서 "인간의 행동"이 의미하는 것은?

① 신념과 태도
② 외현적 행동만 포함
③ 내현적 행동만 포함
④ 내현적, 외현적 행동 모두 포함

해설 인간은 교육을 통해 내현적, 외현적 행동을 변화시킬 수 있다.

12 OFF JT의 설명으로 틀린 것은?

① 다수의 근로자에게 조직적 훈련이 가능하다.
② 훈련에만 전념하게 된다.
③ 효과가 곧 업무에 나타나며 훈련의 좋고 나쁨에 따라 개선이 쉽다.
④ 교육훈련목표에 대해 집단적 노력이 흐트러질 수 있다.

해설 ③은 O.J.T(직장 내 교육훈련)의 장점이다.

13 산업안전보건법령에 따른 안전검사 대상 유해 · 위험기계 등의 검사 주기 기준 중 다음 (   ) 안에 들어갈 내용으로 알맞은 것은?

크레인(이동식 크레인은 제외), 리프트(이삿짐 운반용 리프트는 제외) 및 곤돌라는 사업장에 설치가 끝난 날부터 3년 이내에 최초 안전검사를 실시하되, 그 이후부터 (㉠)년마다(건설현장에서 사용하는 것은 최초로 설치한 날부터 (㉡)개월마다)

① ㉠ 1, ㉡ 4   ② ㉠ 1, ㉡ 6
③ ㉠ 2, ㉡ 4   ④ ㉠ 2, ㉡ 6

해설 **안전검사대상 유해 · 위험기계 등의 검사 주기**

크레인, 리프트 및 곤돌라 : 사업장에 설치가 끝난 날부터 3년 이내에 최초 안전검사를 실시하되, 그 이후부터 2년마다(건설현장에서 사용하는 것은 최초로 설치한 날부터 6개월마다)

정답 | 08 ② 09 ① 10 ② 11 ④ 12 ③ 13 ④

14 보호구 안전인증 고시에 따른 방독마스크 중 할로겐용 정화통 외부 측면의 표시 색으로 옳은 것은?

① 갈색　　　　　　　② 회색
③ 녹색　　　　　　　④ 노랑색

해설 **정화통 외부 측면의 표시 색**

종류	표시 색
할로겐용 정화통	회색

15 직접 사람에게 접촉되어 위해를 가한 물체를 무엇이라 하는가?

① 낙하물　　　　　　② 비래물
③ 기인물　　　　　　④ 가해물

해설 가해물은 근로자(사람)에게 직접적으로 상해를 입힌 기계, 장치, 구조물, 물체·물질, 사람 또는 환경 등을 말한다.

16 산업재해보상보험법에 따른 산업재해로 인한 보상비가 아닌 것은?

① 교통비　　　　　　② 장의비
③ 휴업급여　　　　　④ 유족급여

해설 **산업재해보상 보험급여**

요양급여, 휴업급여, 장해급여, 간병급여, 유족급여, 상병 보상연금, 장의비, 직접재활급여

17 기업 내 교육방법 중 작업의 개선 방법 및 사람을 다루는 방법, 작업을 가르치는 방법 등을 주된 교육내용으로 하는 것은?

① CCS(Civil Comminication Section)
② MTP(Management Training Program)
③ TWI(Training Within Industry)
④ ATT(American Telephone & Telegram Co)

해설 **TWI(Training Within Industry)**

주로 관리감독자를 대상으로 하며 전체 교육시간은 10시간(1일 2시간씩 5일 교육)으로 실시한다.

18 다음 중 교육의 3요소에 해당되지 않는 것은?

① 교육의 주체　　　　② 교육의 기간
③ 교육의 매개체　　　④ 교육의 객채

해설 **교육의 3요소**

- 주체 : 강사
- 객체 : 수강자(학생)
- 매개체 : 교재(교육내용)

19 산업안전보건법령에 따른 최소 상시 근로자 50명 이상 규모에 산업안전보건위원회를 설치·운영하여야 할 사업의 종류가 아닌 것은?

① 토사석 광업
② 1차 금속 제조업
③ 자동차 및 트레일러 제조업
④ 정보서비스업

해설 **산업안전보건위원회를 설치·운영해야 할 사업의 종류 및 규모**

사업의 종류	규모
1. 토사석 광업 2. 1차 금속 제조업 3. 자동차 및 트레일러 제조업 등	상시 근로자 50명 이상

20 위험예지훈련의 방법으로 적절하지 않은 것은?

① 반복 훈련한다.
② 사전에 준비한다.
③ 자신의 작업으로 실시한다.
④ 단위 인원수를 많게 한다.

해설 **위험 예지훈련 방법**

- 반복 훈련한다.
- 사전에 준비한다.
- 자신의 작업으로 실시한다.

인간공학 및 위험성 평가 · 관리

21 체계 설계 과정 중 기본설계 단계의 주요활동으로 볼 수 없는 것은?

① 작업설계
② 체계의 정의
③ 기능의 할당
④ 인간 성능 요건 명세

> [해설] 기본설계 : 시스템의 형태를 갖추기 시작하는 단계(직무분석, 작업설계, 기능할당)

22 정보입력에 사용되는 표시장치 중 청각장치보다 시각장치를 사용하는 것이 더 유리한 경우는?

① 정보의 내용이 긴 경우
② 수신자가 직무상 자주 이동하는 경우
③ 정보의 내용이 즉각적인 행동을 요구하는 경우
④ 정보를 나중에 다시 확인하지 않아도 되는 경우

> [해설] 정보의 내용이 긴 경우 시각적 표시장치 사용이 유리하다.

23 FTP 도표에서 사용하는 논리기호 중 기본사상을 나타내는 기호는?

①
②
③
④

> [해설]
>
> | 기호 | 명칭 | 설명 |
> |---|---|---|
> | ◯ | 기본사상
(사상기호) | 더 이상 전개되지 않는 기본사상 |

24 조도가 250럭스인 책상 위에 짙은 색 종이 A와 B가 있다. 종이 A의 반사율은 20%이고, 종이 B의 반사율은 15%이다. 종이 A에는 반사율 80%의 색으로, 종이 B에는 반사율 60%의 색으로 같은 글자를 각각 썼을 때의 설명으로 맞는 것은? (단, 두 글자의 크기, 색, 재질 등은 동일하다.)

① 두 종이에 쓴 글자는 동일한 수준으로 보인다.
② 어느 종이에 쓰인 글자가 더 잘 보이는지 알 수 없다.
③ A 종이에 쓴 글자가 B 종이에 쓴 글자보다 눈에 더 잘 보인다.
④ B 종이에 쓴 글자가 A 종이에 쓴 글자보다 더 잘 보인다.

> [해설] **대비(Luminance Contrast)**
>
> - 대비 $= \dfrac{L_b - L_t}{L_b} \times 100$ 이므로
>
> - A 종이의 대비 $= \dfrac{20 - 80}{20} \times 100 = -30\%$
>
> - B 종이의 대비 $= \dfrac{15 - 60}{15} \times 10 = -30\%$
>
> 따라서, 두 종이에 쓴 글자는 동일한 수준으로 보인다.

25 검사공정의 작업자가 제품의 완성도에 대한 검사를 하고 있다. 어느 날 10,000개의 제품에 대한 검사를 실시하여 200개의 부적합품을 발견하였으나 이 로트에는 실제로 500개의 부적합품이 있었다. 이때 인간과오확률(Human Error Probability)은 얼마인가?

① 0.02
② 0.03
③ 0.04
④ 0.05

> [해설] **인간과오확률(Human Error Probability ; HEP) : 특정 직무에서 하나의 착오가 발생할 확률**
>
> $$\text{HEP} = \frac{\text{인간실수의 수}}{\text{실수발생의 전체 기회 수}} = \frac{500 - 200}{10,000} = 0.03$$

26 제품의 설계단계에서 고유 신뢰성을 증대시키기 위하여 일반적으로 많이 사용되는 방법이 아닌 것은?

① 병렬 및 대기 리던던시의 활용
② 부품과 조립품의 단순화 및 표준화
③ 제조부문과 납품업자에 대한 부품규격의 명세제시
④ 부품의 전기적, 기계적, 열적 및 기타 작동조건의 경감

> [해설] ③은 고유의 신뢰성 증대와 관련이 없다.

27 작업장의 실효온도에 영향을 주는 인자 중 가장 관계가 먼 것은?

① 온도
② 체온
③ 습도
④ 공기유동

실효온도

온도, 습도, 기류 등의 조건에 따라 인간의 감각을 통해 느껴지는 온도

28 인간 – 기계 시스템에 관련된 정의로 틀린 것은?

① 시스템이란 전체 목표를 달성하기 위한 유기적인 결합체이다.
② 인간 – 기계 시스템이란 인간과 물리적 요소가 주어진 입력에 대해 원하는 출력을 내도록 결합되어 상호작용하는 집합체이다.
③ 수동 시스템은 입력된 정보를 근거로 자신의 신체적 에너지를 사용하여 수공구나 보조기구에 힘을 가하여 작업을 제어하는 시스템이다.
④ 자동화 시스템은 기계에 의해 동력과 몇몇 다른 기능들이 제공되며, 인간이 원하는 반응을 얻기 위해 기계의 제어장치를 사용하여 제어기능을 수행하는 시스템이다.

자동화 시스템에서는 인간은 감시, 프로그래밍, 정비 유지 등의 기능만 수행하고 기계의 제어장치는 사용하지 않는다.

29 통제 표시비를 설계할 때 고려해야 할 5가지 요소에 해당하지 않는 것은?

① 공차
② 조작시간
③ 일치성
④ 목측거리

통제 표시비 설계 시 고려사항

- 계기의 크기 : 너무 작으면 오차 발생
- 공차 : 짧은 주행시간 내 오차가 크게 발생하지 않는 계기 설치
- 목시거리 : 목시거리가 클수록 정확도 저하
- 조작시간
- 방향성 : 계기의 방향성

30 결함수 분석(FTA) 결과 다음과 같은 패스셋을 구하였다. X_4가 중복사상인 경우 최소 패스셋(Minimal path sets)으로 맞는 것은?

$$\{X_2,\ X_3,\ X_4\} \quad \{X_1,\ X_3,\ X_4\} \quad \{X_3,\ X_4\}$$

① $\{X_3,\ X_4\}$
② $\{X_1,\ X_3,\ X_4\}$
③ $\{X_2,\ X_3,\ X_4\}$
④ $\{X_2,\ X_3,\ X_4\}$와 $\{X_3,\ X_4\}$

정상사상을 일으키지 않는 최소한의 컷은 중복사상을 포함하여 $\{X_3,\ X_4\}$이다.

31 인간실수의 주원인에 해당하는 것은?

① 기술수준
② 경험수준
③ 훈련수준
④ 인간 고유의 변화성

인간실수의 주원인으로 인간 고유의 변화성에 있다.

32 통신에서 잡음 중의 일부를 제거하기 위해 필터(Filter)를 사용하였다면 어느 것의 성능을 향상시키는 것인가?

① 신호의 양립성
② 신호의 산란성
③ 신호의 표준성
④ 신호의 검출성

신호에 잡음이 섞이지 않도록 여과기를 사용하여 검출성을 향상시켰다.

33 청각적 자극제시와 이에 대한 음성응답과잉에서 갖는 양립성에 해당하는 것은?

① 개념적 양립성
② 운동 양립성
③ 공간적 양립성
④ 양식 양립성

양식 양립성

기계가 특정 음성에 대해 정해진 반응을 하는 것

34 작업공간에서 부품배치의 원칙에 따라 레이아웃을 개선하려 할 때, 부품배치의 원칙에 해당하지 않는 것은?

① 편리성의 원칙
② 사용 빈도의 원칙
③ 사용 순서의 원칙
④ 기능별 배치의 원칙

부품배치의 원칙

- 중요성의 원칙
- 사용 빈도의 원칙
- 기능별 배치의 원칙
- 사용 순서의 원칙

| 27 ② 28 ④ 29 ③ 30 ① 31 ④ 32 ④ 33 ④ 34 ①

35 시스템에 영향을 미치는 모든 요소의 고장을 형태별로 분석하여 그 영향을 검토하는 분석기법은?

① FTA ② CHECK LIST
③ FMEA ④ DECISION TREE

해설 **FMEA(고장형태와 영향분석법)**
시스템에 영향을 미치는 모든 요소의 고장을 유형별로 분석하고 그 고장이 미치는 영향을 분석하는 방법으로 치명도 해석(CA)을 추가할 수 있다(귀납적, 정성적).

36 시력 손상에 가장 크게 영향을 미치는 전신진동의 주파수는?

① 5Hz 미만 ② 5~10Hz
③ 10~25Hz ④ 25Hz 초과

해설 전신진동이 10~25Hz 범위일 때 눈의 망막 위의 상이 흔들리게 되며, 진폭에 비례하여 시력이 손상될 수 있다.

37 화학 설비의 안전성을 평가하는 방법 5단계 중 제 3단계에 해당하는 것은?

① 안전대책 ② 정량적 평가
③ 관계자료 검토 ④ 정성적 평가

해설 **사업장 안전성 평가**
제3단계(정량적 평가) : 물질, 온도, 압력, 용량, 조작 항목 및 화학설비 정량등급 평가

38 사후 보전에 필요한 평균 수리시간을 나타내는 것은?

① MDT ② MTTF
③ MTBF ④ MTTR

해설 **평균 수리시간(MTTR ; Mean Time To Repair)**
총수리시간을 그 기간의 수리횟수로 나눈 시간, 즉 사후 보전에 필요한 수리시간의 평균치를 나타낸다.

39 러닝벨트 위를 일정한 속도로 걷는 사람의 배기가스를 5분간 수집한 표본을 가스성분분석기로 조사한 결과, 산소 16%, 이산화탄소 4%로 나타났다. 배기가스 전량을 가스미터에 통과시킨 결과, 배기량이 90리터였다면 분당 산소 소비량과 에너지(에너지소비량)는 약 얼마인가?

① 0.95리터/분 – 4.75kcal/분
② 0.96리터/분 – 4.80kcal/분
③ 0.97리터/분 – 4.85kcal/분
④ 0.98리터/분 – 4.90kcal/분

해설 $V_{흡기} = V_{배기} \times (100 - O_2\% - CO_2\%)/79\%$
$= (100 - 16 - 4) \times 18/79$
$= 18.228(L/min)$

산소소비량 $= 0.21 \times V_{흡기} - O_2\% \times V_{배기}$
$= 0.21 \times 18.228 - 0.16 \times 18 = 0.9478$
$= 0.95(L/min)$
작업에너지(kcal/min) = 분당산소소비량(L) × 5kcal
$= 0.95 \times 5 = 4.75$

40 톱사상 T를 일으키는 컷셋에 해당하는 것은?

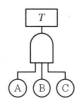

① {A} ② {A, B}
③ {A, B, C} ④ {B, C}

해설 톱사상(T)을 일으키기 위해서는 AND 게이트를 통과해야 하므로 A, B, C 모두가 일어나야 한다.

3과목

기계 · 기구 및 설비 안전관리

41 [보기]는 기계설비의 안전화 중 기능의 안전화와 구조의 안전화를 위해 고려해야 할 사항을 열거한 것이다. [보기] 중 기능의 안전화를 위해 고려해야 할 사항에 속하는 것은?

┤ 보기 ├
ㄱ 재료의 결함 ㄴ 가공상의 잘못
ㄷ 정전 시의 오동작 ㄹ 설계의 잘못

① ㄱ ② ㄴ
③ ㄷ ④ ㄹ

기능상의 안전화

최근 기계는 반자동 또는 자동 제어장치를 갖추고 있어서 에너지 변동에 따라 오동작이 발생하여 주요 문제로 대두되므로 이에 따른 기능의 안전화가 요구되고 있다.

📌 전압 강하 시 기계의 자동정지, 안전장치의 일정방식

42 탁상용 연삭기에서 일반적으로 플랜지의 지름은 숫돌 지름의 얼마 이상이 적정한가?

① $\frac{1}{2}$ ② $\frac{1}{3}$

③ $\frac{1}{5}$ ④ $\frac{1}{10}$

플랜지의 지름은 숫돌 직경의 1/3 이상인 것이 적당하다.

43 공작기계인 밀링작업의 안전사항이 아닌 것은?

① 사용 전에는 기계 기구를 점검하고 시운전을 한다.
② 칩을 제거할 때는 칩 브레이커로 제거한다.
③ 회전하는 커터에 손을 대지 않는다.
④ 커터의 제거 · 설치 시에는 반드시 스위치를 차단하고 한다.

칩은 기계를 정지시킨 다음에 브러시로 제거할 것

44 다음 중 욕조 형태를 갖는 일반적인 기계 고장 곡선에서의 기본적인 3가지 고장 유형에 해당하지 않는 것은?

① 피로고장   ② 우발고장
③ 초기고장   ④ 마모고장

고장률의 유형

• 초기고장(감소형)
• 우발고장(일정형)
• 마모고장(증가형)

45 산업안전보건법령에 따른 안전난간의 구조 및 설치요건에 대한 설명으로 옳은 것은?

① 상부 난간대, 중간 난간대, 발끝막이판 및 난간기둥으로 구성하여야 한다.
② 발끝막이판은 바닥면 등으로부터 5cm 이하의 높이를 유지하여야 한다.
③ 난간대는 지름 1.5cm 이상의 금속제 파이프를 사용하여야 한다.

④ 안전난간은 가장 취약한 지점에서 가장 취약한 방향으로 작용하는 70킬로그램 이상의 하중에 견딜 수 있어야 한다.

• 안전난간은 구조적으로 가장 취약한 지점에서 가장 취약한 방향으로 작용하는 100kg 이상의 하중에 견딜 수 있는 튼튼한 구조이어야 한다.
• 안전난간의 난간대는 지름 2.7cm 이상인 금속제 파이프나 그 이상의 강도를 가진 재료이어야 한다.
• 발끝막이판은 바닥면 등으로부터 10cm 이상의 높이를 유지하여야 한다.

46 보일러의 안전한 가동을 위하여 압력방출장치를 2개 설치한 경우에 작동방법으로 옳은 것은?

① 최고 사용압력 이하에서 2개가 동시 작동
② 최고 사용압력 이하에서 1개가 작동되고 다른 것은 최고 사용압력 1.05배 이하에서 작동
③ 최고 사용압력 이하에서 1개가 작동되고 다른 것은 최고 사용압력 1.1배 이하에서 작동
④ 최고 사용압력의 1.1배 이하에서 2개가 동시 작동

안전밸브 등의 작동요건

안전밸브 등이 이를 통하여 보호하려는 설비의 최고사용압력 이하에서 작동되도록 하여야 한다. 다만, 안전밸브 등이 2개 이상 설치된 경우에 1개는 최고 사용압력의 1.05배(외부화재를 대비한 경우에는 1.1배) 이하에서 작동되도록 설치할 수 있다.

47 크레인에서 훅걸이용 와이어로프 등이 훅으로부터 벗겨지는 것을 방지하기 위해 사용하는 방호장치는?

① 덮개   ② 권과방지장치
③ 비상정지장치   ④ 해지장치

훅 해지장치란 와이어로프가 훅에서 벗겨지는 것을 방지하는 장치이다.

48 프레스 및 전단기에서 양수조작식 방호장치 누름버튼의 상호 간 최소 내측거리로 옳은 것은?

① 100mm   ② 150mm
③ 250mm   ④ 300mm

양수조작식 방호장치 설치 및 사용

누름버튼의 상호 간 내측거리는 300mm 이상으로 한다.

49 다음 중 드릴링 작업에 있어서 공작물을 고정하는 방법으로 가장 적절하지 않은 것은?

① 작은 공작물은 바이스로 고정한다.
② 작고 길쭉한 공작물은 플라이어로 고정한다.
③ 대량 생산과 정밀도를 요구할 때는 지그로 고정한다.
④ 공작물이 크고 복잡할 때는 볼트와 고정구로 고정한다.

[해설] 일감이 작고 길 때는 방진구를 이용하여 공작물을 고정한다.

50 이동식 크레인과 관련된 용어의 설명 중 옳지 않은 것은?

① "정격하중"이라 함은 이동식크레인의 지브나 붐의 경사각 및 길이에 따라 부하할 수 있는 최대 하중에서 인양기구(훅, 그래브 등)의 무게를 뺀 하중을 말한다.
② "정격 총하중"이라 함은 최대 하중(붐 길이 및 작업반경에 따라 결정)과 부가하중(훅과 그 이외의 인양 도구들의 무게)을 합한 하중을 말한다.
③ "작업반경"이라 함은 이동식크레인의 선회 중심선으로부터 훅의 중심선까지의 수평거리를 말하며, 최대 작업반경은 이동식크레인으로 작업이 가능한 최대치를 말한다.
④ "파단하중"이라 함은 줄걸이 용구 1개를 가지고 안전율을 고려하여 수직으로 매달 수 있는 최대 무게를 말한다.

[해설] 파단하중이란 재료의 인장시험, 내압(內壓)시험 등에서 시험편(試驗片)이 절단 또는 파괴될 때의 항장력(抗張力) 또는 하중을 말한다.

51 프레스 금형의 설치 및 조정 시 슬라이드 불시하강을 방지하기 위하여 설치해야 하는 것은?

① 인터록
② 클러치
③ 게이트 가드
④ 안전블록

[해설] **금형조정작업의 위험 방지(「안전보건규칙」 제104조)**
사업주는 프레스 등의 금형을 부착·해체 또는 조정하는 작업을 할 때 해당 작업에 종사하는 근로자의 신체가 위험한계 내에 있는 경우 슬라이드가 갑자기 작동함으로써 근로자에게 발생할 우려가 있는 위험을 방지하기 위하여 안전블록을 사용하는 등 필요한 조치를 하여야 한다.

52 프레스 방호장치 중 가드식 방호장치의 구조 및 선정조건에 대한 설명으로 옳지 않은 것은?

① 미동(Inching) 행정에서는 작업자 안전을 위해 가드를 개방할 수 없는 구조로 한다.
② 1행정, 1정지기구를 갖춘 프레스에 사용한다.
③ 가드 폭이 400mm 이하일 때는 가드 측면을 방호하는 가드를 부착하여 사용한다.
④ 가드 높이는 프레스에 부착되는 금형 높이 이상(최소 180mm)으로 한다.

[해설] **가드식 방호장치**
미동(Inching) 행정에서는 가드를 개방할 수 있는 것이 작업성에 좋다.

53 다음은 지게차의 헤드가드에 관한 기준이다. (　　) 안에 들어갈 내용으로 옳은 것은?

> 지게차 사용 시 화물 낙하 위험의 방호조치 사항으로 헤드가드를 갖추어야 한다. 그 강도는 지게차 최대하중의 (　　) 값의 등분포정하중(等分布靜荷重)에 견딜 수 있어야 한다. 단, 그 값이 4톤을 넘는 것에 대하여서는 4톤으로 한다.

① 2배
② 3배
③ 4배
④ 5배

[해설] 강도는 지게차의 최대 하중의 2배의 값(4톤을 넘는 값에 대해서는 4톤으로 한다.)의 등분포정하중에 견딜 수 있는 것일 것

54 다음 중 보일러의 폭발사고 예방을 위한 장치로 가장 거리가 먼 것은?

① 압력제한 스위치
② 압력방출장치
③ 고저수위 고정장치
④ 화염검출기

[해설] **보일러 안전장치의 종류(「안전보건규칙」 제119조)**
보일러의 폭발 사고를 예방하기 위하여 압력방출장치·압력제한스위치·고저수위조절장치·화염검출기 등의 기능이 정상적으로 작동될 수 있도록 유지·관리하여야 한다.

55 산업안전보건법령상 회전 중인 연삭숫돌 지름이 최소 얼마 이상인 경우로서 근로자에게 위험을 미칠 우려가 있는 경우 해당 부위에 덮개를 설치하여야 하는가?

① 3cm 이상 ② 5cm 이상
③ 10cm 이상 ④ 20cm 이상

56 프레스 작업 시 금형의 파손을 방지하기 위한 조치 내용 중 틀린 것은?

① 금형 맞춤핀은 억지 끼워맞춤으로 한다.
② 쿠션 핀을 사용할 경우에는 상승 시 누름판의 이탈방지를 위하여 단붙임한 나사로 견고히 조여야 한다.
③ 금형에 사용하는 스프링은 인장형을 사용한다.
④ 스프링 등의 파손에 의해 부품이 비산될 우려가 있는 부분에는 덮개를 설치한다.

57 산업용 로봇에 지워지지 않는 방법으로 반드시 표시해야 하는 항목이 있는데 다음 중 이에 속하지 않는 것은?

① 제조자의 이름과 주소, 모델 번호 및 제조일련번호, 제조연월
② 머니퓰레이터 회전반경
③ 중량
④ 이동 및 설치를 위한 인양 지점

58 급정지기구가 있는 1행정 프레스의 광전자식 방호장치에서 광선에 신체의 일부가 감지된 후로부터 급정지기구의 작동 시까지의 시간이 40ms이고, 급정지기구의 작동 직후로부터 프레스기가 정지될 때까지의 시간이 20ms라면 안전거리는 몇 mm 이상이어야 하는가?

① 60 ② 76
③ 80 ④ 96

59 롤러의 위험점 전방에 개구 간격 16.5mm인 가드를 설치하고자 한다면, 개구부에서 위험점까지의 거리는 몇 mm 이상이어야 하는가? (단, 위험점이 전동체는 아니다.)

① 70 ② 80
③ 90 ④ 100

60 산업안전보건법령에 따라 컨베이어의 작업 시작 전 점검사항 중 틀린 것은?

① 원동기 및 풀리 기능의 이상 유무
② 이탈 등의 방지 장치 기능의 이상 유무
③ 과부하 방지장치 기능의 이상 유무
④ 원동기, 회전축, 기어 및 풀리 등의 덮개 또는 울 등의 이상 유무

전기 및 화학설비 안전관리

61 작업장에서 꽂음접속기를 설치 또는 사용하는 때에 작업자의 감전 위험을 방지하기 위하여 필요한 준수사항으로 틀린 것은?

① 서로 다른 전압의 꽂음접속기는 상호 접속되는 구조의 것을 사용할 것
② 습윤한 장소에 사용되는 꽂음접속기는 방수형 등 해당 장소에 적합한 것을 사용할 것
③ 꽂음접속기를 접속시킬 경우 땀 등으로 젖은 손으로 취급하지 않도록 할 것
④ 꽂음접속기에 잠금장치가 있는 때에는 접속 후 잠그고 사용할 것

해설 **꽂음접속기의 설치·사용 시 준수사항(「안전보건규칙」 제316조)**
서로 다른 전압의 꽂음접속기는 서로 접속되지 아니한 구조의 것을 사용할 것

62 전기 기계·기구에 누전에 의한 감전 위험을 방지하기 위하여 설치한 누전차단기에 의한 감전방지의 사항으로 틀린 것은?

① 정격감도전류가 30mA 이하이고 작동시간은 3초 이내일 것
② 분기회로 또는 전기기계·기구마다 누전차단기를 접속할 것
③ 파손이나 감전사고를 방지할 수 있는 장소에 접속할 것
④ 지락보호전용 기능만 있는 누전차단기는 과전류를 차단하는 퓨즈나 차단기 등과 조합하여 접속할 것

해설 작동시간은 0.03초 이내이다.

63 페인트를 스프레이로 뿌려 도장작업을 하는 작업 중 발생할 수 있는 정전기 대전으로만 이루어진 것은?

① 유동대전, 충돌대전
② 유동대전, 마찰대전
③ 분출대전, 충돌대전
④ 분출대전, 유동대전

해설 도장작업 중에는 충돌대전과 분출대전으로 인해 정전기가 발생할 수 있다.

64 정전기에 의한 재해 방지대책으로 틀린 것은?

① 대전방지제 등을 사용한다.
② 공기 중의 습기를 제거한다.
③ 금속 등의 도체를 접지시킨다.
④ 배관 내 액체가 흐를 경우 유속을 제한한다.

해설 가습은 정전기 대전 방지에 유효하다.

65 폭발위험장소 중 1종 장소에 해당하는 것은?

① 폭발성 가스 분위기가 연속적, 장기간 또는 빈번하게 존재하는 장소
② 폭발성 가스 분위기가 정상작동 중 주기적 또는 빈번하게 생성되는 장소
③ 폭발성 가스 분위기가 정상작동 중 조성되지 않거나 조성된다 하더라도 짧은 기간에만 존재할 수 있는 장소
④ 전기설비를 제조, 설치 및 사용함에 있어 특별한 주의를 요하는 정도의 폭발성 가스 분위기가 조성될 우려가 없는 장소

해설 **1종 장소**
폭발성 가스 분위기가 정상작동 중 주기적 또는 빈번하게 생성되는 장소

66 누설전류로 인해 화재가 발생될 수 있는 누전화재의 3요소에 해당하지 않는 것은?

① 누전점
② 인입점
③ 접지점
④ 출화점

해설 **누전화재의 3요소**
누전점, 발화(출화)점, 접지점

67 전기사용장소 사용전압 440인 저압전로의 전선 상호 간 및 전로와 대지 사이의 절연저항은 얼마 이상이어야 하는가?

① 0.1MΩ
② 0.2MΩ
③ 0.3MΩ
④ 0.4MΩ

해설 법 개정으로 인해 해당 문제는 재출제 되지 않음

68 다음 중 전압의 분류가 잘못된 것은?

① 1,000V 이하인 교류전압 : 저압
② 1,500V 이하인 직류전압 : 저압
③ 1,000V 초과 7kV 이하인 교류전압 : 고압
④ 10kV를 초과하는 직류전압 : 초고압

해설 **전압의 구분**

구분	KEC
저압	교류 : 1,000V 이하, 직류 : 1,500V 이하
고압	교류 1,000V 초과 7kV 이하 직류 1,500V 초과 7kV 이하
특고압	7kV 초과

69 방폭구조 중 전폐구조를 하고 있으며, 외부의 폭발성 가스가 내부로 침입하여 내부에서 폭발하더라도 용기는 그 압력에 견디고, 내부의 폭발로 인하여 외부의 폭발성 가스에 착화될 우려가 없도록 만들어진 구조는?

① 안전증방폭구조
② 본질안전방폭구조
③ 유입방폭구조
④ 내압방폭구조

해설 문제는 내압방폭구조에 대한 설명이다.

70 피뢰기의 제한전압이 800kV이고, 충격절연강도가 1,000kV라면, 보호여유도는?

① 12%
② 25%
③ 39%
④ 43%

해설 보호여유도(%) = $\dfrac{1,000-800}{800} \times 100 = 25\%$

71 최소 점화에너지(MIE)와 온도, 압력 관계를 옳게 설명한 것은?

① 압력, 온도에 모두 비례한다.
② 압력, 온도에 모두 반비례한다.
③ 압력에 비례하고, 온도에 반비례한다.
④ 압력에 반비례하고, 온도에 비례한다.

해설 압력이 높고, 온도가 높으면 최소 점화에너지는 낮아진다(반비례).

72 폭발범위가 1.8~8.5vol%인 가스의 위험도를 구하면 얼마인가?

① 0.8
② 3.7
③ 5.7
④ 6.7

해설 위험도(H) = $\dfrac{\text{폭발상한선(U)} - \text{폭발하한선(L)}}{\text{폭발하한선(L)}}$

$= \dfrac{8.5 - 1.8}{1.8} = 3.7$

73 공정별로 폭발을 분류할 때 물리적 폭발이 아닌 것은?

① 분해폭발
② 탱크의 감압폭발
③ 수증기 폭발
④ 고압용기의 폭발

해설 분해폭발은 화학물질이 급격하게 분해됨에 따른 폭발로 화학적 폭발에 해당한다.

74 사업주가 금속의 용접·용단 또는 가열에 사용되는 가스 등의 용기를 취급하는 경우에 준수하여야 하는 사항으로 틀린 것은?

① 용기의 온도를 섭씨 40도 이하로 유지할 것
② 넘어짐의 위험이 없도록 할 것
③ 밸브의 개폐는 빠르게 할 것
④ 용해아세틸렌의 용기는 세워 둘 것

해설 밸브의 개폐는 서서히 해야 한다.

75 관로의 크기를 변경하고자 할 때 사용하는 관부속품은?

① 밸브(Valve)
② 엘보(Elbow)
③ 부싱(Bushing)
④ 플랜지(Flange)

해설 관로의 크기를 변경할 때 사용하는 관 부속품에는 리듀서, 부싱 등이 있다.

76 산업안전보건기준에 관한 규칙상 ( ) 안에 들어갈 내용으로 알맞은 것은?

> 사업주는 급성 독성물질이 지속적으로 외부에 유출될 수 있는 화학설비 및 그 부속설비에 파열판과 안전밸브를 직렬로 설치하고 그 사이에는 (   )를 설치하여야 한다.

① 온도지시계 또는 과열방지장치
② 압력지시계 또는 자동경보장치
③ 유량지시계 또는 유속지시계
④ 액위지시계 또는 과압방지장치

해설 사업주는 급성 독성물질이 지속적으로 외부에 유출될 수 있는 화학설비 및 그 부속설비에 파열판과 안전밸브를 직렬로 설치하고 그 사이에는 압력지시계 또는 자동경보장치를 설치하여야 한다.

77 다음 물질 중 가연성 가스가 아닌 것은?

① 수소   ② 메탄
③ 프로판   ④ 염소

해설 수소, 메탄, 프로판은 가연성 가스이다.

78 산업안전보건기준에 관한 규칙에서 정한 위험물질의 종류에서 인화성 액체에 해당하지 않는 것은?

① 적린   ② 에틸에테르
③ 산화프로필렌   ④ 아세톤

해설 에틸에테르, 산화프로필렌, 아세톤은 인화성 액체이다.

79 산업안전보건법령상 공정안전보고서의 내용 중 공정안전자료에 포함되지 않는 것은?

① 유해 · 위험설비의 목록 및 사양
② 폭발위험장소 구분도 및 전기단선도
③ 안전운전지침서
④ 각종 건물 · 설비의 배치도

해설 안전운전지침서는 안전운전계획에 포함된다.

80 황린의 저장 및 취급방법으로 옳은 것은?

① 강산화제를 첨가하여 중화된 상태로 저장한다.
② 물속에 저장한다.
③ 자연 발화하므로 건조한 상태로 저장한다.
④ 강알칼리 용액 속에 저장한다.

해설 황린은 자연 발화하므로 물속에 보관하여야 한다.

5과목

건설공사 안전관리

81 콘크리트 타설 시 거푸집의 측압에 영향을 미치는 인자들에 관한 설명으로 옳지 않은 것은?

① 슬럼프가 클수록 측압은 크다.
② 거푸집의 강성이 클수록 측압은 크다.
③ 철근량이 많을수록 측압은 작다.
④ 타설 속도가 느릴수록 측압은 크다.

해설 타설속도가 느릴수록 측압은 작아진다.

82 굴착면의 기울기 기준으로 옳은 것은?

① 모래 − 1 : 2.0   ② 연암 − 1 : 0.5
③ 경암 − 1 : 1.0   ④ 그 밖의 흙 − 1 : 1.2

해설 **굴착면의 기울기 기준**

지반의 종류	굴착면의 기울기
모래	1 : 1.8
연암 및 풍화암	1 : 1.0
경암	1 : 0.5
그 밖의 흙	1 : 1.2

83 차량계 하역운반기계의 운전자가 운전위치를 이탈하는 경우의 조치사항으로 부적절한 것은?

① 포크 및 버킷을 가장 높은 위치에 두어 근로자 통행을 방해하지 않도록 하였다.
② 원동기를 정지시키고 브레이크를 걸었다.
③ 시동키를 운전대에서 분리시켰다.
④ 경사지에서 갑작스런 주행이 되지 않도록 하였다.

해설 운전위치 이탈 시에는 포크 및 버킷 등의 하역장치를 가장 낮은 위치에 두어야 한다.

84 작업으로 인하여 물체가 떨어지거나 날아올 위험이 있는 경우에 조치 및 준수하여야 할 사항으로 옳지 않은 것은?

① 낙하물 방지망, 수직보호망 또는 방호선반 등을 설치한다.
② 낙하물 방지망의 내민 길이는 벽면으로부터 2m 이상으로 한다.
③ 낙하물 방지망의 수평면과의 각도는 20° 이상 30° 이하를 유지한다.
④ 낙하물 방지망의 높이는 15m 이내마다 설치한다.

해설 낙하물 방지망의 높이는 10m 이내마다 설치한다.

85 건설업 산업안전보건관리비 항목으로 사용가능한 내역은?

① 경비원, 청소원 및 폐자재처리원의 인건비
② 외부인 출입금지, 공사장 경계표시를 위한 가설울타리 설치 및 해체비용
③ 원활한 공사수행을 위하여 사업장 주변 교통정리를 하는 신호자의 인건비
④ 해열제, 소화제 등 구급약품 및 구급용구 등의 구입비용

해설 해열제, 소화제 등 구급약품 및 구급용구 등의 구입비용은 산업안전보건관리비로 사용 가능하다.

86 산업안전보건법령에 따라 안전관리자와 보건관리자의 직무를 분류할 때 안전관리자의 직무에 해당되지 않는 것은?

① 산업재해에 관한 통계의 유지·관리·분석을 위한 보좌 및 조언·지도
② 산업재해 발생의 원인 조사·분석 및 재발방지를 위한 기술적 보좌 및 조언·지도

③ 해당 사업장 안전교육계획의 수립 및 안전교육 실시에 관한 보좌 및 조언·지도
④ 국소배기장치 등에 관한 설비의 점검과 작업방법의 공학적 개선에 관한 보좌 및 조언·지도

해설 국소배기장치 등에 관한 설비의 점검과 작업방법의 공학적 개선에 관한 보좌 및 조언·지도는 보건관리자의 직무에 해당한다.

87 추락에 의한 위험방지를 위해 해당 장소에서 조치해야 할 사항과 거리가 먼 것은?

① 추락방호망 설치   ② 안전난간 설치
③ 덮개 설치   ④ 투하설비 설치

해설 투하설비는 낙하에 의한 재해를 방지하기 위한 설비에 해당된다.

88 산업안전보건법령에서는 터널건설작업을 하는 경우에 해당 터널 내부의 화기와 아크를 사용하는 장소에는 필히 무엇을 설치하도록 규정하고 있는가?

① 소화설비   ② 대피설비
③ 충전설비   ④ 차단설비

해설 터널 내부의 화기나 아크를 사용하는 장소 또는 배전반, 변압기, 차단기 등을 설치하는 장소에 소화설비를 설치하여야 한다.

89 항타기 또는 항발기의 권상용 와이어로프의 안전계수 기준으로 옳은 것은?

① 3 이상   ② 5 이상
③ 8 이상   ④ 10 이상

해설 사업주는 항타기 또는 항발기의 권상용 와이어로프의 안전계수가 5 이상이 아니면 이를 사용하여서는 아니 된다.

90 높이 2m를 초과하는 말비계를 조립하여 사용하는 경우 작업발판의 최소 폭 기준으로 옳은 것은?

① 20cm 이상   ② 30cm 이상
③ 40cm 이상   ④ 50cm 이상

해설 높이 2m를 초과하는 말비계를 조립하여 사용하는 경우 작업발판의 폭은 40cm 이상이어야 한다.

91 산업안전보건법령에 따른 가설통로의 구조에 관한 설치기준으로 옳지 않은 것은?

① 경사가 25°를 초과하는 경우에는 미끄러지지 아니하는 구조로 할 것
② 경사는 30° 이하로 할 것
③ 수직갱에 가설된 통로의 길이가 15m 이상인 경우에는 10m 이내마다 계단참을 설치할 것
④ 건설공사에 사용하는 높이 8m 이상인 비계다리에는 7m 이내마다 계단참을 설치할 것

해설 경사가 15°를 초과하는 경우에는 미끄러지지 않는 구조로 해야 한다.

92 비탈면 붕괴를 방지하기 위한 방법으로 옳지 않은 것은?

① 비탈면 상부의 토사 제거
② 지하 배수공 시공
③ 비탈면 하부의 성토
④ 비탈면 내부 수압의 증가 유도

해설 비탈면 내부의 수압이 증가할 경우 붕괴위험이 높아진다.

93 철골 작업 시 위험방지를 위하여 철골 작업을 중지하여야 하는 기준으로 옳은 것은?

① 강설량이 시간당 1mm 이상인 경우
② 강우량이 시간당 1mm 이상인 경우
③ 풍속이 초당 20m 이상인 경우
④ 풍속이 시간당 200mm 이상인 경우

해설 **철골작업 시 작업중지 기준**

구분	내용
강풍	풍속이 초당 10m 이상인 경우
강우	강우량이 시간당 1mm 이상인 경우
강설	강설량이 시간당 1cm 이상인 경우

94 발파작업에 종사하는 근로자가 준수해야 할 사항으로 옳지 않은 것은?

① 얼어 붙은 다이너마이트는 화기에 접근시키거나 그 밖의 고열물에 직접 접촉시키는 등 위험한 방법으로 융해되지 않도록 할 것
② 발파공의 충진재료는 점토·모래 등의 사용을 금할 것
③ 장전구(裝塡具)는 마찰·충격·정전기 등에 의한 폭발의 위험이 없는 안전한 것을 사용할 것
④ 전기뇌관에 의한 발파의 경우 점화하기 전에 화약류를 장전한 장소로부터 30m 이상 떨어진 안전한 장소에서 전선에 대하여 저항측정 및 도통(導通)시험을 할 것

해설 발파공의 충진재료는 점토, 모래 등 발화 또는 인화성의 위험이 없는 재료를 사용해야 한다.

95 유해·위험 방지계획서 작성 대상 공사의 기준으로 옳지 않은 것은?

① 지상높이 31m 이상인 건축물 공사
② 저수용량 1천만 톤 이상인 용수 전용 댐
③ 최대 지간길이 50m 이상인 교량 건설 등 공사
④ 깊이 10m 이상인 굴착공사

해설 다목적 댐, 발전용 댐 및 저수용량 2천만 톤 이상인 용수 전용 댐, 지방상수도 전용 댐 건설 등의 공사가 해당된다.

96 앞쪽에 한 개의 조향륜 롤러와 뒤축에 두 개의 롤러가 배치된 것으로(2축 3륜), 하층 노반다지기, 아스팔트 포장에 주로 쓰이는 장비의 이름은?

① 머캐덤 롤러　　　　② 탬핑 롤러
③ 페이 로더　　　　　④ 래머

해설 머캐덤 롤러는 노반 등을 중압하기 위한 기계로 앞바퀴 1개, 뒷바퀴 2개의 롤러를 갖는다.

97 거푸집 동바리에 작용하는 횡하중이 아닌 것은?

① 콘크리트 측압　　　② 풍하중
③ 자중　　　　　　　④ 지진하중

해설 자중은 연직하중에 해당한다.

98 점토공사 중 발생하는 비탈면 붕괴의 원인과 거리가 먼 것은?

① 함수비 고정으로 인한 균일한 흙의 단위중량
② 건조로 인하여 점성토의 점착력 상실
③ 점성토의 수축이나 팽창으로 균열 발생
④ 공사진행으로 비탈면의 높이와 기울기 증가

해설 균일한 단위중량인 흙은 붕괴위험을 감소한다.

99 달비계의 최대 적재하중을 정하는 경우 달기 와이어로프의 최대하중이 50kg일 때 안전계수에 의한 와이어로프의 절단하중은 얼마인가?

① 1,000kg
② 700kg
③ 500kg
④ 300kg

해설 달기 와이어로프의 안전계수가 10 이상이므로 최대하중이 50kg일 때 절단하중은 500kg이다.

100 안전난간의 구조 및 설치요건과 관련하여 발끝막이판은 바닥면으로부터 얼마 이상의 높이를 유지하여야 하는가?

① 10cm 이상
② 15cm 이상
③ 20cm 이상
④ 30cm 이상

해설 발끝막이판은 바닥면에서 10cm 이상이 되도록 설치해야 한다.

1과목
산업재해 예방 및 안전보건교육

01 하인리히의 재해구성 비율에 따라 경상사고가 87건 발생하였다면 무상해사고는 몇 건이 발생하였겠는가?

① 300건
② 600건
③ 900건
④ 1,200건

[해설] **하인리히의 재해구성 비율**

사망 및 중상 : 경상 : 무상해사고 = 1 : 29 : 300
∴ 무상해사고 = 300×(87÷29) = 900건

02 다음 중 O.J.T(On the Job Training) 교육의 특징이 아닌 것은?

① 훈련에 필요한 업무의 계속성이 끊어지지 않는다.
② 교육효과가 업무에 신속히 반영된다.
③ 다수의 근로자들에게 동시에 조직적 훈련이 가능하다.
④ 개개인에게 적절한 지도 훈련이 가능하다.

[해설] **O.J.T(직장 내 교육훈련)**

직속상사가 직장 내에서 작업표준을 가지고 업무상의 개별교육이나 지도훈련을 하는 것(개별교육에 적합)

03 다음 중 재해사례연구에 관한 설명으로 틀린 것은?

① 재해사례연구는 주관적이며 정확성이 있어야 한다.
② 문제점과 재해요인의 분석은 과학적이고, 신뢰성이 있어야 한다.
③ 재해사례를 과제로 하여 그 사고와 배경을 체계적으로 파악한다.
④ 재해요인을 규명하여 분석하고 그에 대한 대책을 세운다.

[해설] 재해사례연구는 주관적이 아니라 객관적이며 정확성이 있어야 한다.

04 다음 중 산업안전보건법상 안전 · 보건표지에서 기본모형의 색상이 빨강이 아닌 것은?

① 산화성물질경고
② 화기금지
③ 탑승금지
④ 고온경고

[해설] 고온경고는 위험경고에 해당되므로 노란색 바탕에 검은색 기본모형으로 표시한다.

05 모랄 서베이(Morale survey)의 효용이 아닌 것은?

① 조직 또는 구성원의 성과를 비교 · 분석한다.
② 종업원의 정화(Catharsis)작용을 촉진시킨다.
③ 경영관리를 개선하는 데에 대한 자료를 얻는다.
④ 근로자의 심리 또는 욕구를 파악하여 불만을 해소하고, 노동의욕을 높인다.

[해설] **모랄 서베이의 효용**

1. 근로자의 심리 요구를 파악하여 불만을 해소하고 노동의욕을 높인다.
2. 경영관리를 개선하는 데 필요한 자료를 얻는다.
3. 종업원의 정화작용을 촉진시킨다.

06 주의(Attention)의 특징 중 여러 종류의 자극을 자각할 때, 소수의 특정한 것에 한하여 주의가 집중되는 것은?

① 선택성
② 방향성
③ 변동성
④ 검출성

[해설] 주의의 선택성 : 소수의 특정한 것에 한한다.

정답 | 01 ③ 02 ③ 03 ① 04 ④ 05 ① 06 ①

07 다음 중 인간의 적응기제(適應機制)에 포함되지 않는 것은?

① 갈등(Conflict)
② 억압(Repression)
③ 공격(Aggression)
④ 합리화(Rationalization)

08 산업안전보건법상 직업병 유소견자가 발생하거나 다수 발생할 우려가 있는 경우에 실시하는 건강진단은?

① 특별건강진단
② 일반건강진단
③ 임시건강진단
④ 채용시건강진단

09 위험예지훈련 중 TBM(Tool Box Meeting)에 관한 설명으로 틀린 것은?

① 작업 장소에서 원형의 형태를 만들어 실시한다.
② 통상 작업시작 전·후 10분 정도 시간으로 미팅한다.
③ 토의는 다수인(30인)이 함께 수행한다.
④ 근로자 모두가 말하고 스스로 생각하고 "이렇게 하자"라고 합의한 내용이 되어야 한다.

10 제조업자는 제조물의 결함으로 인하여 생명·신체 또는 재산에 손해를 입은 자에게 그 손해를 배상하여야 하는데 이를 무엇이라고 하는가? (단, 당해 제조물에 대해서만 발생한 손해는 제외한다.)

① 입증 책임
② 담보 책임
③ 연대 책임
④ 제조물 책임

11 하버드 학파의 5단계 교수법에 해당되지 않는 것은?

① 교시(Presentation)
② 연합(Association)
③ 추론(Reasoning)
④ 총괄(Generalization)

12 객관적인 위험을 자기 나름대로 판정해서 의지결정을 하고 행동에 옮기는 인간의 심리특성을 무엇이라고 하는가?

① 세이프 테이킹(Safe taking)
② 액션 테이킹(Action taking)
③ 리스크 테이킹(Risk taking)
④ 휴먼 테이킹(Human taking)

13 재해예방의 4원칙에 해당되지 않는 것은?

① 예방가능의 원칙
② 손실우연의 원칙
③ 원인계기의 원칙
④ 선취해결의 원칙

14 방독마스크의 정화통 색상으로 틀린 것은?

① 유기화합물용－갈색
② 할로겐용－회색
③ 황화수소용－회색
④ 암모니아용－노란색

15 스트레스(Stress)에 관한 설명으로 가장 적절한 것은?

① 스트레스는 나쁜 일에서만 발생한다.

② 스트레스는 부정적인 측면만 가지고 있다.

③ 스트레스는 직무몰입과 생산성 감소의 직접적인 원인이 된다.

④ 스트레스 상황에 직면하는 기회가 많을수록 스트레스 발생 가능성은 낮아진다.

해설 **스트레스**

적응하기 어려운 환경에 처할 때 느끼는 심리적 · 신체적 긴장 상태로 직무 몰입과 생산성 감소의 직접적인 원인이 된다.

16 누전차단장치 등과 같은 안전장치를 정해진 순서에 따라 작동시키고 동작상황의 양부를 확인하는 점검은?

① 외관점검   ② 작동점검

③ 기술점검   ④ 종합점검

해설 누전차단장치 등과 같은 안전장치를 정해진 순서에 따라 동작시키고 동작상황의 양부를 확인하는 점검을 작동점검이라고 한다.

17 재해발생 형태별 분류 중 물건이 주체가 되어 사람이 상해를 입는 경우에 해당되는 것은?

① 추락   ② 넘어짐

③ 충돌   ④ 낙하 · 비래

해설 낙하 · 비래는 구조물, 기계 등에 고정되어 있던 물체가 중력, 원심력, 관성력 등에 의하여 고정부에서 이탈하거나 또는 설비 등으로부터 물질이 분출되어 사람을 가해하는 경우를 말한다.

18 다음 중 산업안전보건법령상 특별교육의 대상 작업에 해당하지 않는 것은?

① 석면해체 · 제거작업

② 밀폐된 장소에서 하는 용접작업

③ 화학설비 취급품의 검수 · 확인작업

④ 2m 이상의 콘크리트 인공구조물의 해체작업

해설 화학설비 취급품의 검수 · 확인작업은 특별교육 대상에 해당하지 않는다.

19 안전을 위한 동기부여로 옳지 않은 것은?

① 기능을 숙달시킨다.

② 경쟁과 협동을 유도한다.

③ 상벌제도를 합리적으로 시행한다.

④ 안전목표를 명확히 설정하여 주지시킨다.

해설 ①은 생산성을 향상시키는 방법이다.

20 다음 중 안전교육의 3단계에서 생활지도, 작업동작지도 등을 통한 안전의 습관화를 위한 교육을 무엇이라 하는가?

① 지식교육   ② 기능교육

③ 태도교육   ④ 인성교육

해설 태도교육(3단계) : 안전의 습관화(가치관 형성)

2과목
인간공학 및 위험성 평가 · 관리

21 인간 – 기계시스템에 대한 평가에서 평가 척도나 기준(Criteria)으로서 관심의 대상이 되는 변수를 무엇이라 하는가?

① 독립변수   ② 종속변수

③ 확률변수   ④ 통제변수

해설 인간성능의 평가 시 평가의 기준이 되는 것은 종속변수이다.

22 화학설비의 안전성 평가 과정에서 제3단계인 정량적 평가에 해당되는 것은?

① 목록   ② 공정계통도

③ 화학설비용량   ④ 건조물의 도면

해설 **화학설비에 대한 안전성 평가**

제3단계 : 정량적 평가
평가항목(5가지 항목) : 물질, 온도, 압력, 용량, 조작

23 다음 FTA 그림에서 a, b, c의 부품고장률이 각각 0.01일 때, 최소 컷셋(Minimal cut sets)과 신뢰도로 옳은 것은?

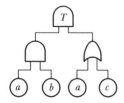

① (a, b), $R(t) = 99.99\%$

② (a, b, c), $R(t) = 98.99\%$

③ (a, c)
(a, b), $R(t) = 96.99\%$

④ (a, c)
(a, b, c), $R(t) = 97.99\%$

해설 • 고장률 $R_T = (a \times b) \times (a + c) = (a \times a \times b) + (a \times b \times c)$ 이라는 식이 성립

• 부울법칙 중 $A \times A = A$와 $1 + A = 1$ 법칙 적용
• $R_T = (a \times b) + (a \times b \times c) = a \times b(1 + c) = a \times b$

• 따라서, 최소 컷셋은 a, b가 되며,
고장률 $R_t = 0.01 \times 0.01 = 0.0001$이 된다.

∴ 고장 나지 않을 확률은 $1 - 0.0001 = 0.9999$가 되므로 99.99%이다.

24 FT도에 사용되는 기호 중 입력현상이 생긴 후, 일정시간이 지속된 후에 출력이 생기는 것을 나타내는 것은?

① OR 게이트

② 위험지속기호

③ 억제 게이트

④ 배타적 OR 게이트

해설 위험지속 AND 게이트 : 입력현상이 생겨서 어떤 일정한 기간이 지속될 때에 출력

25 자동차나 항공기의 앞 유리 혹은 차양판 등에 정보를 중첩 투사하는 표시장치는?

① CRT

② LCD

③ HUD

④ LED

해설 HUD(Head Up Display)

조종사(사용자)가 고개를 숙여 조종석의 계기를 보지 않고도 전방을 주시한 상태에서 원하는 계기의 정보를 볼 수 있도록 전방 시선 높이·방향에 설치한 투명 시현장치

26 다음 중 암호체계 사용상의 일반적인 지침에 해당하지 않는 것은?

① 암호의 검출성

② 부호의 양립성

③ 암호의 표준화

④ 암호의 단일 차원화

해설 암호체계의 일반적인 지침

• 암호의 검출성   • 암호의 변별성
• 암호의 표준화   • 부호의 양립성
• 부호의 의미   • 다차원 암호의 사용

27 다음 중 일반적인 수공구의 설계원칙으로 볼 수 없는 것은?

① 손목을 곧게 유지한다.

② 반복적인 손가락 동작을 피한다.

③ 사용이 용이한 검지만을 주로 사용한다.

④ 손잡이는 접촉면적을 가능하면 크게 한다.

해설 동력공구의 손잡이는 두 손가락 이상으로 작동하도록 설계하는 것이 좋다.

28 광원으로부터의 직사휘광을 줄이기 위한 방법으로 적절하지 않은 것은?

① 휘광원 주위를 어둡게 한다.

② 가리개, 갓, 차양 등을 사용한다.

③ 광원을 시선에서 멀리 위치시킨다.

④ 광원의 수는 늘리고 휘도는 줄인다.

해설 휘광원 주위를 밝게 하여 광도비를 줄인다.

29 신뢰성과 보전성을 효과적으로 개선하기 위해 작성하는 보전기록자료로서 가장 거리가 먼 것은?

① 자재관리표

② MTBF 분석표

③ 설비이력카드

④ 고장원인대책표

해설 보전기록자료의 종류

• 설비이력카드
• MTBF 분석표
• 고장원인대책표

정답 | 23 ① 24 ② 25 ③ 26 ④ 27 ③ 28 ① 29 ①

30 통제표시비(Control/Display ratio)를 설계할 때 고려하는 요소에 관한 설명으로 틀린 것은?

① 통제표시비가 낮다는 것은 민감한 장치라는 것을 의미한다.
② 목시거리(目示距離)가 길면 길수록 조절의 정확도는 떨어진다.
③ 짧은 주행 시간 내에 공차의 인정범위를 초과하지 않는 계기를 마련한다.
④ 계기의 조절시간이 짧게 소요되도록 계기의 크기(Size)는 항상 작게 설계한다.

해설 **통제표시비 설계 시 고려사항**
계기의 크기 : 조절시간이 짧게 소요되는 사이즈를 선택하되 너무 작으면 오차가 커짐

31 다음 중 연마작업장의 가장 소극적인 소음대책은?

① 음향 처리제를 사용할 것
② 방음보호구를 착용할 것
③ 덮개를 씌우거나 창문을 닫을 것
④ 소음원으로부터 적절하게 배치할 것

해설 방음보호구를 이용한 소음대책은 소음의 격리, 소음원의 통제, 차폐장치 등의 조치 후에 최종적으로 작업자 개인에게 보호구를 사용하는 소극적인 대책에 해당된다.

32 다음의 설명에서 ( ) 안의 내용을 맞게 나열한 것은?

40phon은 (㉠)sone을 나타내며, 이는 (㉡)dB의 (㉢)Hz 순음의 크기를 나타낸다.

① ㉠ 1, ㉡ 40, ㉢ 1,000
② ㉠ 1, ㉡ 32, ㉢ 1,000
③ ㉠ 2, ㉡ 40, ㉢ 2,000
④ ㉠ 2, ㉡ 32, ㉢ 2,000

해설 **Sone 음량수준**
다른 음의 상대적인 주관적 크기를 비교한 것으로, 40dB의 1,000Hz 순음 크기(=40Phon)를 1Sone으로 정의한다.

33 위험조정을 위해 필요한 기술은 조직형태에 따라 다양한데, 이를 4가지로 분류하였을 때 이에 속하지 않는 것은?

① 전가(Transfer)
② 보류(Retention)
③ 계속(Continuation)
④ 감축(Reduction)

해설 위험조정을 위한 리스크 처리기술에는 위험의 회피(Avoidance), 위험의 경감(Reduction), 위험의 보류(Retention), 위험의 전가(Transfer)가 있다.

34 체내에서 유기물을 합성하거나 분해하는 데는 반드시 에너지의 전환이 뒤따른다. 이것을 무엇이라 하는가?

① 에너지 변환
② 에너지 합성
③ 에너지 대사
④ 에너지 소비

해설 **에너지 대사**
생물체내에서 일어나고 있는 에너지의 방출, 전환, 저장 및 이용의 모든 과정을 말한다.

35 전통적인 인간-기계(Man-Machine) 체계의 대표적인 유형과 거리가 먼 것은?

① 수동 체계
② 기계화 체계
③ 자동 체계
④ 인공지능 체계

해설 **인간-기계 통합체계의 특성**
• 수동체계
• 기계화 또는 반자동 체계
• 자동체계

36 다음 중 형상 암호화된 조종장치에서 단회전용 조종장치로 가장 적절한 것은?

①
②
③
④

해설 **형상 암호화된 조종장치**

구분	조종장치
단회전용	

37 작업장에서 구성요소를 배치하는 인간공학적 원칙과 가장 거리가 먼 것은?

① 중요도의 원칙
② 선입선출의 원칙
③ 기능성의 원칙
④ 사용빈도의 원칙

해설 **부품배치의 원칙**
- 중요성의 원칙
- 사용빈도의 원칙
- 기능별 배치의 원칙
- 사용순서의 원칙

38 동전던지기에서 앞면이 나올 확률이 0.60이고, 뒷면이 나올 확률이 0.4일 때, 앞면이 나올 사건의 정보량(A)과 뒷면이 나올 사건의 정보량(B)은 각각 얼마인가?

① A : 0.10bit, B : 1.00bit
② A : 0.74bit, B : 1.32bit
③ A : 1.32bit, B : 0.74bit
④ A : 2.00bit, B : 1.00bit

해설 각각의 정보량은 $H_{앞면} = \log_2 \dfrac{1}{0.6} = 0.74\text{bit}$,

$$H_{뒷면} = \log_2 \dfrac{1}{0.4} = 1.32\text{bit}$$

39 어떤 결함수의 쌍대결함수를 구하고, 컷셋을 찾아내어 결함(사고)을 예방할 수 있는 최소의 조합을 의미하는 것은?

① 컷셋
② 패스셋
③ 최소 컷셋
④ 최소 패스셋

해설 최소 패스셋에 대한 설명으로 시스템의 신뢰성을 의미한다.

40 인간 – 기계 시스템에서의 신뢰도 유지 방안으로 가장 거리가 먼 것은?

① Lock system
② Fail – Safe system
③ Fool – Proof system
④ Risk Assessment system

해설 **위험성 평가(Risk Assessment)**
사업주가 스스로 유해 · 위험요인을 파악, 위험성 수준을 결정하여, 위험성을 낮추기 위한 적절한 조치를 마련하고 실행하는 과정이다.

기계 · 기구 및 설비 안전관리

41 금형조정작업 시 슬라이드가 갑자기 작동하는 것으로부터 근로자를 보호하기 위하여 가장 필요한 안전장치는?

① 안전블록
② 클러치
③ 안전 1행정 스위치
④ 광전자식 방호장치

해설 안전블록은 프레스 금형의 조정 및 교체 시 슬라이드 하강을 기계적으로 방지하기 위한 안전장치이다.

42 프레스 작업 중 작업자의 신체 일부가 위험한 작업점으로 들어가면 자동적으로 정지되는 기능이 있는데, 이러한 안전 대책을 무엇이라고 하는가?

① 풀 프루프(Fool Proof)
② 페일 세이프(Fail safe)
③ 인터록(Inter lock)
④ 리미트 스위치(Limit switch)

해설 **Fool Proof**
기계설비의 본질 안전 안전화는 작업자 측에 실수나 잘못이 있어도 기계 설비 측에서 이를 배제하여 안전을 확보할 것

43 다음 중 취급운반 시 준수해야 할 원칙으로 틀린 것은?

① 연속운반으로 할 것
② 직선운반으로 할 것
③ 운반작업을 집중화시킬 것
④ 생산을 최소로 하는 운반을 생각할 것

해설 **취급 · 운반의 5원칙**
1. 직선운반을 할 것
2. 연속운반을 할 것
3. 운반작업을 집중화시킬 것
4. 생산성을 가장 효율적으로 하는 운반을 택할 것
5. 최대한 시간과 경비를 절약할 수 있는 운전방법을 고려할 것

정답 | 37 ② 38 ② 39 ④ 40 ④ 41 ① 42 ① 43 ④

44 프레스기에 사용하는 양수조작식 방호장치의 일반구조에 관한 설명 중 틀린 것은?

① 1행정 1정지 기구에 사용할 수 있어야 한다.

② 누름버튼을 양손으로 동시에 조작하지 않으면 작동시킬 수 없는 구조이어야 한다.

③ 양쪽 버튼의 작동시간 차이는 최대 0.5초 이내일 때 프레스가 동작되도록 해야 한다.

④ 방호장치는 사용전원전압의 ±50%의 변동에 대하여 정상적으로 작동되어야 한다.

해설 **방호장치 안전인증 고시 [별표 1]**
방호장치는 릴레이, 리미트 스위치 등의 전기부품의 고장, 전원전압의 변동 및 정전에 의해 슬라이드가 불시에 동작하지 않아야 하며, 사용전원전압의 ±(100분의 20)의 변동에 대하여 정상으로 작동되어야 한다.

45 피복 아크용접작업 시 생기는 결함에 대한 설명 중 틀린 것은?

① 스패터(Spatter) : 용융된 금속의 작은 입자가 튀어나와 모재에 묻어 있는 것

② 언더컷(Under cut) : 전류가 과대하고 용접속도가 너무 빠르며, 아크를 짧게 유지하기 어려운 경우 모재 및 용접부의 일부가 녹아서 홈 또는 오목하게 생긴 부분

③ 크레이터(Crater) : 용착금속 속에 남아 있는 가스로 인하여 생긴 구멍

④ 오버랩(Over lap) : 용접봉의 운행이 불량하거나 용접봉의 용융 온도가 모재보다 낮을 때 과잉 용착금속이 남아 있는 부분

해설 크레이터(Crater)는 아크를 끊을 때 비드 끝부분이 오목하게 들어가는 것으로 이 부분에 균열이 일어나기 쉽다.

46 다음 중 선반(Lathe)의 방호장치에 해당하는 것은?

① 슬라이드(Slide)
② 심압대(Tail stock)
③ 주축대(Head stock)
④ 척 가드(Chuck guard)

해설 **선반의 안전장치**
• 칩 브레이커(Chip Breaker) : 칩을 짧게 끊어주는 하는 장치
• 덮개(Shield) : 가공재료의 칩이나 절삭유 등이 비산되어 나오는 위험으로 작업자의 보호를 위하여 이동이 가능한 덮개 설치
• 브레이크(Brake) : 가공 작업 중 선반을 급정지시킬 수 있는 장치
• 척 가드(Chuck Guard)

47 안전계수가 5인 로프의 절단하중이 4,000N이라면 이 로프에는 몇 N 이하의 하중을 매달아야 하는가?

① 500
② 800
③ 1,000
④ 1,600

해설 안전하중 $= \dfrac{\text{파단하중}}{\text{안전계수}} = \dfrac{4,000N}{5} = 800N$

48 산업안전보건법령에 따라 아세틸렌 발생기실에 설치해야 할 배기통은 얼마 이상의 단면적을 가져야 하는가?

① 바닥면적의 $\dfrac{1}{16}$
② 바닥면적의 $\dfrac{1}{20}$
③ 바닥면적의 $\dfrac{1}{24}$
④ 바닥면적의 $\dfrac{1}{30}$

해설 **발생기실의 구조**
바닥면적의 16분의 1 이상의 단면적을 가진 배기통을 옥상으로 돌출시키고 그 개구부를 창 또는 출입구로부터 1.5미터 이상 떨어지도록 할 것

49 롤러기에서 앞면 롤러의 지름이 200mm, 회전속도가 30rpm인 롤러의 무부하동작에서의 급정지거리로 옳은 것은?

① 66mm 이내
② 84mm 이내
③ 209mm 이내
④ 248mm 이내

해설 롤러기 표면속도 $V = \dfrac{\pi DN}{1,000} = \dfrac{\pi \times 200 \times 30}{1,000}$
$= 18.85 \text{m/min}$

앞면 롤의 표면속도(m/min)	급정지 거리
30 미만	앞면 롤 원주의 1/3
30 이상	앞면 롤 원주의 1/2.5

롤러기 앞면 롤의 표면속도는 30 미만이므로 급정지거리는 앞면 롤 원주의 1/3 이내이다.

따라서, 급정지거리 $\leq \dfrac{\pi \times D}{3} = \dfrac{\pi \times 200}{3} = 209\text{mm}$

50 정(Chisel) 작업의 일반적인 안전수칙에서 틀린 것은?

① 따내기 및 칩이 튀는 가공에서는 보안경을 착용하여야 한다.
② 절단작업 시 절단된 끝이 튀는 것을 조심하여야 한다.
③ 작업을 시작할 때는 가급적 정을 세게 타격하고 점차 힘을 줄여간다.
④ 담금질된 철강 재료는 정 가공을 하지 않는 것이 좋다.

해설 **정 작업 시 안전수칙**
- 칩이 튀는 작업 시 보호안경 착용
- 처음에는 가볍게 때리고 점차 힘을 가함
- 절단된 가공물의 끝이 튕길 위험의 발생 방지

51 다음과 같은 작업 조건일 경우 와이어로프의 안전율은?

작업대에서 사용된 와이어로프 1줄의 파단하중이 100kN, 인양하중이 40kN, 로프의 줄 수가 2줄

① 2   ② 2.5
③ 4   ④ 5

해설 안전율(안전계수) $= \dfrac{\text{파단하중(극한하중)}}{\text{사용하중(인양하중)}}$

$\qquad = \dfrac{100kN \times 2줄}{40kN}$

$\qquad = 5$

52 컨베이어의 역전방지장치의 형식 중 전기식 장치에 해당하는 것은?

① 라쳇 브레이크   ② 밴드 브레이크
③ 롤러 브레이크   ④ 스러스트 브레이크

해설 **스러스트 브레이크(Thrust Brake)**
브레이크 장치에 전기를 투입하여 유압으로 작동되는 방식의 브레이크

53 공장설비의 배치계획에서 고려할 사항이 아닌 것은?

① 작업의 흐름에 따라 기계 배치
② 기계설비의 주변 공간 최소화
③ 공장 내 안전통로 설정
④ 기계설비의 보수점검 용이성을 고려한 배치

해설 공장설비 배치 시 기계설비의 주변에 수리 및 유지보수를 위한 공간을 확보하여야 한다.

54 다음 중 기계설비에 의해 형성되는 위험점이 아닌 것은?

① 회전 말림점   ② 접선 분리점
③ 협착점   ④ 끼임점

해설 **기계설비의 위험점 분류**
- 협착점(Squeeze Point)   · 끼임점(Shear Point)
- 절단점   · 물림점
- 접선물림점   · 회전말림점

55 가스용접에서 역화의 원인으로 볼 수 없는 것은?

① 토치 성능이 부실한 경우
② 취관이 작업 소재에 너무 가까이 있는 경우
③ 산소 공급량이 부족한 경우
④ 토치 팁에 이물질이 묻은 경우

해설 역화의 발생원인으로는 팁의 막힘, 팁과 모재의 접촉, 토치의 기능불량, 토치 성능이 부실하거나 팁이 과열되었을 때 등이 있다.

56 위험기계에 조작자의 신체부위가 의도적으로 위험점 밖에 있도록 하는 방호장치는?

① 덮개형 방호장치   ② 차단형 방호장치
③ 위치제한형 방호장치   ④ 접근반응형 방호장치

해설 **위치제한형 방호장치**
조작자의 신체부위가 위험한계 밖에 있도록 기계의 조작장치를 위험구역에서 일정거리 이상 떨어지게 한 방호장치

57 선반작업에 대한 안전수칙으로 틀린 것은?

① 척 핸들은 항상 척에 끼워 둔다.
② 베드 위에 공구를 올려 놓지 않아야 한다.
③ 바이트를 교환할 때는 기계를 정지시키고 한다.
④ 일감의 길이가 외경과 비교하여 매우 길 때는 방진구를 사용한다.

해설 **선반작업 시 유의사항**
가공물 장착 후에는 척 렌치를 바로 벗겨 놓는다.

58 양중기에 사용 가능한 와이어로프에 해당하는 것은?

① 와이어로프의 한 꼬임에서 끊어진 소선의 수가 10%를 초과한 것
② 심하게 변형 또는 부식된 것
③ 지름의 감소가 공칭지름의 7% 이내인 것
④ 이음매가 있는 것

해설 **와이어로프의 사용금지기준(「안전보건규칙」 제63조)**

1. 이음매가 있는 것
2. 와이어로프의 한 꼬임(Strand)에서 끊어진 소선의 수가 10퍼센트 이상인 것
3. 지름의 감소가 공칭지름의 7퍼센트를 초과하는 것
4. 꼬인 것
5. 심하게 변형되거나 부식된 것
6. 열과 전기충격에 의해 손상된 것

59 프레스의 방호장치 중 확동식 클러치가 적용된 프레스에 한해서만 적용 가능한 방호장치로만 나열된 것은? (단, 방호장치는 한 가지 종류만 사용한다고 가정한다.)

① 광전자식, 수인식
② 양수조작식, 손쳐내기식
③ 광전자식, 양수조작식
④ 손쳐내기식, 수인식

해설 확동식 클러치에만 적용가능한 방호장치로는 손쳐내기식, 게이트가드식, 수인식 등이 있다.

60 다음 중 산업안전보건법령에 따른 압력용기에 설치하는 안전밸브의 설치 및 작동에 관한 설명으로 틀린 것은?

① 다단형 압축기에는 각 단 또는 각 공기압축기별로 안전밸브 등을 설치하여야 한다.
② 안전밸브는 이를 통하여 보호하려는 설비의 최저사용압력 이하에서 작동되도록 설정하여야 한다.
③ 화학공정 유체와 안전밸브의 디스크 또는 시트가 직접 접촉될 수 있도록 설치된 경우에는 2년에 1회 이상 국가교정기관에서 검사한 후 납으로 봉인하여 사용한다.
④ 공정안전보고서 이행상태 평가결과가 우수한 사업장의 안전밸브의 경우 검사주기는 4년마다 1회 이상이다.

해설 안전밸브는 보호하려는 설비의 최고사용압력 이하에서 작동되도록 설정하여야 한다.

전기 및 화학설비 안전관리

61 다음 정의에 해당하는 방폭구조는?

> 전기기기의 과도한 온도 상승, 아크 또는 스파크 발생의 위험을 방지하기 위해 추가적인 안전조치를 통한 안전도를 증가시킨 방폭구조

① 내압 방폭구조
② 유입 방폭구조
③ 안전증 방폭구조
④ 본질안전 방폭구조

해설 **안전증 방폭구조**

폭발분위기가 형성되지 않도록 기계적·전기적 구조상 또는 온도상승에 대해서 특히 안전도를 증가시킨 구조

62 다음 중 근로자가 활선작업용 기구를 사용하여 작업할 경우 근로자의 신체 등과 충전전로 사이의 사용전압별 접근한계거리가 서로 잘못 연결된 것은?

① 15kV 초과 37kV 이하 : 80cm
② 37kV 초과 88kV 이하 : 110cm
③ 121kV 초과 145kV 이하 : 150cm
④ 242kV 초과 362kV 이하 : 380cm

해설 충전전로의 선간전압이 15kV 초과 37kV 이하 : 접근한계거리 90cm

63 정전기 제거방법으로 가장 거리가 먼 것은?

① 설비 주위를 가습한다.
② 설비의 금속 부분을 접지한다.
③ 설비의 주변에 적외선을 조사한다.
④ 정전기 발생 방지 도장을 실시한다.

해설 적외선을 조사하는 것은 정전기 제거와 무관하다.

64 활선작업 시 사용하는 안전장구가 아닌 것은?

① 절연용 보호구
② 절연용 방호구
③ 활선작업용 기구
④ 절연저항 측정기구

해설 절연저항은 활선 시 측정할 수 없다.

65 정상운전 중의 전기설비가 점화원으로 작용하지 않는 것은?

① 변압기 권선 　　　② 개폐기 접점
③ 직류전동기의 정류자 　　　④ 권선형 전동기의 슬립링

해설　변압기 권선은 잠재적(이상상태에서) 점화원이다.

전기설비의 점화원

현재적(정상상태에서) 점화원	잠재적(이상상태에서) 점화원
• 직류전동기의 정류자, 권선형 유도전동기의 슬립링 등 • 고온부로서 전열기, 저항기, 전동기의 고온부 등 • 개폐기 및 차단기류의 접점, 제어기기 및 보호계전기의 전기접점 등	전동기의 권선, 변압기의 권선, 마그넷 코일, 전기적 광원, 케이블, 기타 배선 등

66 인체가 전격을 당했을 경우 통전시간이 1초라면 심실세동을 일으키는 전룻값(mA)은? (단, 심실세동 전룻값은 Dalziel의 관계식을 이용한다.)

① 100 　　　② 165
③ 180 　　　④ 215

해설　$I = \dfrac{165}{\sqrt{T}}[\mathrm{mA}] = \dfrac{165}{\sqrt{1}}[\mathrm{mA}] = 165\mathrm{mA}$

67 건설현장에서 사용하는 임시배선의 안전대책으로서 거리가 먼 것은?

① 모든 전기기기의 외함은 접지시켜야 한다.
② 임시배선은 다심케이블을 사용하지 않아도 된다.
③ 배선은 반드시 분전반 또는 배전반에서 인출해야 한다.
④ 지상 등에서 금속관으로 방호할 때는 그 금속관을 접지해야 한다.

해설　임시배선은 다심케이블을 사용하여야 기기 등의 외함 접지선으로 사용할 수 있다.

68 제1종 또는 제2종 접지공사에 사용하는 접지선에 사람이 접촉할 우려가 있는 경우 접지공사 방법으로 틀린 것은?

① 접지극은 지하 75cm 이상의 깊이로 묻을 것
② 접지선을 시설한 지지물에는 피뢰침용 지선을 시설하지 않을 것
③ 접지선은 캡타이어케이블, 절연전선 또는 통신용 케이블 이외의 케이블을 사용할 것
④ 접지선은 지하 60cm에서 지표 위 1.5m까지의 부분은 접지선을 합성수지관 또는 몰드로 덮을 것

해설　법 개정으로 인해 해당 문제는 재출제 되지 않음

69 전기화재의 원인을 직접원인과 간접원인으로 구분할 때, 직접원인과 거리가 먼 것은?

① 애자의 오손 　　　② 과전류
③ 누전 　　　④ 절연열화

해설　애자의 오손은 화재의 직접원인과 무관하다(절연성능 저하 시 섬락 발생에 따른 화재 발생).

70 정전기의 발생에 영향을 주는 요인과 가장 거리가 먼 것은?

① 박리속도 　　　② 물체의 표면상태
③ 접촉면적 및 압력 　　　④ 외부공기의 풍속

해설　정전기 발생과 외부공기의 풍속은 무관하다.

71 알루미늄 금속분말에 대한 설명으로 틀린 것은?

① 분진폭발의 위험성이 있다.
② 연소 시 열을 발생한다.
③ 분진폭발을 방지하기 위해 물속에 저장한다.
④ 염산과 반응하여 수소가스를 발생시킨다.

해설　알루미늄 금속분말은 물과 반응하면 폭발하는 금수성 물질이므로 수분과 접촉하지 않도록 밀봉하여 보관하여야 한다.

정답 | 65 ① 66 ② 67 ② 68 ④ 69 ① 70 ④ 71 ③

72 가연성 가스가 아닌 것은?

① 이산화탄소   ② 수소

③ 메탄   ④ 아세틸렌

해설 이산화탄소는 스스로 타지 않는 불연성 가스이다.

73 다음 중 벤젠(C_6H_6)이 공기 중에서 연소될 때의 이론혼합비(화학양론조성)는?

① 0.72vol%   ② 1.22vol%

③ 2.72vol%   ④ 3.22vol%

해설 벤젠(C_6H_6)의 연소식 : $C_6H_6 + 7.5O_2 = 6CO_2 + 3H_2O$

완전연소 조성농도

$$C_{st} = \frac{1}{(4.733n + 1.19x - 2.38y) + 1} \times 100$$
$$= \frac{1}{(4.733 \times 6 + 1.19 \times 6 - 2.38 \times 0) + 1} \times 100$$
$$\fallingdotseq 2.72(\%)$$

74 다음은 산업안전보건법령상 파열판 및 안전밸브의 직렬설치에 관한 내용이다. ( ) 안에 들어갈 알맞은 용어는?

> 사업주는 급성 독성물질이 지속적으로 외부에 유출될 수 있는 화학설비 및 그 부속설비에 파열판과 안전밸브를 직렬로 설치하고 그 사이에는 압력지시계 또는 ( )을(를) 설치하여야 한다.

① 자동경보장치   ② 차단장치

③ 플레어헤드   ④ 콕

해설 사업주는 급성 독성물질이 지속적으로 외부에 유출될 수 있는 화학설비 및 그 부속설비에 파열판과 안전밸브를 직렬로 설치하고 그 사이에 압력지시계 또는 자동경보장치를 설치하여야 한다.

75 산업안전보건법령상 용해아세틸렌의 가스집합용접장치의 배관 및 부속기구에는 구리나 구리 함유량이 몇 퍼센트 이상인 합금을 사용할 수 없는가?

① 40%   ② 50%

③ 60%   ④ 70%

해설 용해아세틸렌의 가스집합용접장치의 배관 및 부속기구는 구리나 구리 함유량이 70퍼센트 이상인 합금을 사용해서는 아니 된다. → 사용 시 아세틸라이드라는 폭발성 물질이 생성된다.

76 다음 중 분진폭발의 발생 위험성을 낮추는 방법으로 적절하지 않은 것은?

① 주변의 점화원을 제거한다.

② 분진이 날리지 않도록 한다.

③ 분진과 그 주변의 온도를 낮춘다.

④ 분진 입자의 표면적을 크게 한다.

해설 입자가 작을수록 표면적이 커지고 표면적이 커지면 폭발위험이 커진다.

77 유해·위험물질 취급 시 보호구의 구비조건이 아닌 것은?

① 방호성능이 충분할 것

② 재료의 품질이 양호할 것

③ 작업에 방해가 되지 않을 것

④ 외관이 화려할 것

해설 외관이 화려할 필요는 없다(외관은 양호할 것).

78 공기 중에 3ppm의 디메틸아민(Deme-thylamine, TLV-TWA : 10ppm)과 20ppm의 시클로헥산올(Cyclohexanol, TLV-TWA : 50ppm)이 있고, 10ppm의 산화프로필렌(Pro-pyleneoxide, TLV-TWA : 20ppm)이 존재한다면 혼합 TLV-TWA는 몇 ppm인가?

① 12.5   ② 22.5

③ 27.5   ④ 32.5

해설 $R = \dfrac{3}{10} + \dfrac{20}{50} + \dfrac{10}{20} = 1.2$

$\therefore \text{TLV-TWA} = \dfrac{3+20+10}{1.2} = 27.5\text{ppm}$

79 건조설비의 사용에 있어 500~800℃ 범위의 온도에 가열된 스테인리스강에서 주로 일어나며, 탄화크롬이 형성되었을 때 결정 경계면의 크롬함유량이 감소하여 발생되는 부식형태는?

① 전면부식
② 층상부식
③ 입계부식
④ 격간부식

해설 500~800℃ 범위의 온도에 의해 가열된 스테인리스강에서, 탄화크롬이 형성되어 결정 경계면의 크롬 함유량이 감소하여 발생되는 부식은 입계부식이다.

80 위험물안전관리법령상 칼륨에 의한 화재에 적응성이 있는 것은?

① 건조사(마른 모래)
② 포소화기
③ 이산화탄소소화기
④ 할로겐화합물소화기

해설 칼륨은 금수성 물질이므로 마른 모래로 소화하는 것이 가장 적합하다(물 사용 시 폭발가능성 있음).

5과목
건설공사 안전관리

81 흙막이 가시설의 버팀대(Strut)의 변형을 측정하는 계측기에 해당하는 것은?

① Water level meter
② Strain gauge
③ Piezometer
④ Load cell

해설 변형률계(Strain gauge)는 버팀대의 변형을 측정하는 계측기이다.

82 사다리식 통로 등을 설치하는 경우 준수해야 할 기준으로 옳지 않은 것은?

① 접이식 사다리 기둥은 사용 시 접히거나 펼쳐지지 않도록 철물 등을 사용하여 견고하게 조치할 것
② 발판과 벽과의 사이는 25cm 이상의 간격을 유지할 것
③ 폭은 30cm 이상으로 할 것
④ 사다리식 통로의 길이가 10m 이상인 경우에는 5m 이내마다 계단참을 설치할 것

해설 사다리식 통로에서 발판과 벽의 사이는 15cm 이상의 간격을 유지해야 한다.

83 추락방호망 달기로프를 지지점에 부착할 때 지지점의 간격이 1.5m인 경우 지지점의 강도는 최소 얼마 이상이어야 하는가?

① 200kg
② 300kg
③ 400kg
④ 500kg

해설 방망의 지지점 강도는 최소 300kg 이상이어야 한다.

84 가설통로를 설치하는 경우 준수해야 할 기준으로 옳지 않은 것은?

① 경사는 45° 이하로 할 것
② 경사가 15°를 초과하는 경우에는 미끄러지지 아니하는 구조로 할 것
③ 추락할 위험이 있는 장소에는 안전난간을 설치할 것
④ 수직갱에 가설된 통로의 길이가 15m 이상인 경우에는 10m 이내마다 계단참을 설치할 것

해설 가설통로의 경사는 30° 이하로 해야 한다. 다만, 계단을 설치하거나 높이 2m 미만의 가설통로로서 튼튼한 손잡이를 설치한 경우에는 그러지 않아도 된다.

85 유해 · 위험방지계획서를 제출해야 하는 공사의 기준으로 옳지 않은 것은?

① 최대 지간길이 30m 이상인 교량 건설 등 공사
② 깊이 10m 이상인 굴착공사
③ 터널 건설 등의 공사
④ 다목적댐, 발전용댐 및 저수용량 2천만톤 이상의 용수 전용 댐, 지방상수도 전용 댐 건설 등의 공사

해설 최대 지간길이가 50m 이상인 교량건설 등 공사가 해당된다.

86 굴착이 곤란하거나 발파가 어려운 암석의 파쇄굴착 또는 제거에 적합한 장비는?

① 리퍼
② 스크레이퍼
③ 롤러
④ 드래그라인

해설 리퍼(Ripper)는 아스팔트 포장도로 등 지반이 단단한 땅이나 연한 암석 지반의 파쇄굴착 또는 암석제거에 적합하다.

87 중량물의 취급작업 시 근로자의 위험을 방지하기 위하여 사전에 작성하여야 하는 작업계획서 내용에 포함되지 않는 것은?

① 추락위험을 예방할 수 있는 안전대책
② 낙하위험을 예방할 수 있는 안전대책
③ 넘어짐위험을 예방할 수 있는 안전대책
④ 침수위험을 예방할 수 있는 안전대책

해설 **중량물 취급 작업계획서 내용**
• 추락위험을 예방할 수 있는 안전대책
• 낙하위험을 예방할 수 있는 안전대책
• 넘어짐위험을 예방할 수 있는 안전대책
• 협착위험을 예방할 수 있는 안전대책
• 붕괴위험을 예방할 수 있는 안전대책

88 콘크리트 타설용 거푸집에 작용하는 외력 중 연직방향 하중이 아닌 것은?

① 고정하중
② 충격하중
③ 작업하중
④ 풍하중

해설 거푸집에 작용하는 연직방향 하중에는 타설 콘크리트의 고정하중, 충격하중, 작업하중, 거푸집 중량 등이 있다.

89 화물을 적재하는 경우에 준수하여야 하는 사항으로 옳지 않은 것은?

① 침하 우려가 없는 튼튼한 기반 위에 적재할 것
② 건물의 칸막이나 벽 등이 화물의 압력에 견딜 만큼의 강도를 지니지 아니한 경우에는 칸막이나 벽에 기대어 적재하지 않도록 할 것
③ 불안정할 정도로 높이 쌓아 올리지 말 것
④ 편하중이 발생하도록 쌓아 적재효율을 높일 것

해설 화물적재 시 편하중이 생기지 아니하도록 적재해야 한다.

90 핸드 브레이커 취급 시 안전에 관한 유의사항으로 옳지 않은 것은?

① 기본적으로 현장 정리가 잘 되어 있어야 한다.
② 작업 자세는 항상 하향 45° 방향으로 유지하여야 한다.
③ 작업 전 기계에 대한 점검을 철저히 하여야 한다.
④ 호스가 교차 및 꼬임 여부를 점검하여야 한다.

해설 핸드 브레이커 취급 시 작업 자세는 끌의 부러짐을 방지하기 위해 하향 수직방향으로 한다.

91 유한사면에서 사면기울기가 비교적 완만한 점성토에서 주로 발생되는 사면파괴의 형태는?

① 저부파괴
② 사면선단파괴
③ 사면내파괴
④ 국부전단파괴

해설 사면저부파괴는 사면의 활동면이 사면의 끝보다 아래를 통과하는 경우의 파괴이다.

92 산업안전보건관리비 중 안전시설비 등의 항목에서 사용 가능한 내역은?

① 외부인 출입금지, 공사장 경계표시를 위한 가설 울타리
② 비계·통로·계단에 추가 설치하는 추락방호용 안전난간
③ 절토부 및 성토부 등의 토사유실 방지를 위한 설비
④ 공사 목적물의 품질 확보 또는 건설장비 자체의 운행감시, 공사 진척사항 확인, 방범 등의 목적을 가진 CCTV 등 감시용 장비

해설 비계, 통로, 계단 등에 추가 설치되는 추락방호용 안전난간은 안전시설비 항목으로 사용 가능하다.

93 추락방호용 방망을 구성하는 그물코의 모양과 크기로 옳은 것은?

① 원형 또는 사각으로서 그 크기는 10cm 이하이어야 한다.
② 원형 또는 사각으로서 그 크기는 20cm 이하이어야 한다.
③ 사각 또는 마름모로서 그 크기는 10cm 이하이어야 한다.
④ 사각 또는 마름모로서 그 크기는 20cm 이하이어야 한다.

해설 그물코는 사각 또는 마름모로서 크기는 10cm 이하여야 한다.

정답 | 86 ① 87 ④ 88 ④ 89 ④ 90 ② 91 ① 92 ② 93 ③

94 지반조사의 방법 중 지반을 강관으로 천공하고 토사를 채취 후 여러 가지 시험을 시행하여 지반의 토질 분포, 흙의 층상과 구성 등을 알 수 있는 것은?

① 보링
② 표준관입시험
③ 베인테스트
④ 평판재하시험

해설 보링은 지중에 구멍을 뚫고 시료를 채취하여 토층의 구성상태 등을 파악하는 지반조사 방법이다.

95 말비계를 조립하여 사용하는 경우의 준수사항으로 옳지 않은 것은?

① 지주부재의 하단에는 미끄럼 방지장치를 할 것
② 지주부재와 수평면과의 기울기를 85° 이하로 할 것
③ 말비계의 높이가 2m를 초과할 경우에는 작업발판의 폭을 40cm 이상으로 할 것
④ 지주부재와 지주부재 사이를 고정시키는 보조부재를 설치할 것

해설 지주부재와 수평면의 기울기를 75° 이하로 하고, 지주부재와 지주부재 사이를 고정시키는 보조부재를 설치해야 한다.

96 철골작업을 중지하여야 하는 제한 기준에 해당되지 않는 것은?

① 풍속이 초당 10m 이상인 경우
② 강우량이 시간당 1mm 이상인 경우
③ 강설량이 시간당 1cm 이상인 경우
④ 소음이 65dB 이상인 경우

해설 **철골작업 시 작업중지 기준**

구분	내용
강풍	풍속이 초당 10m 이상인 경우
강우	강우량이 시간당 1mm 이상인 경우
강설	강설량이 시간당 1cm 이상인 경우

97 강관틀 비계의 높이가 20m를 초과하는 경우 주틀 간의 간격은 최대 얼마 이하로 사용해야 하는가?

① 1.0m
② 1.5m
③ 1.8m
④ 2.0m

해설 높이가 20m를 초과하거나 중량물의 적재를 수반하는 작업을 하는 경우 주틀의 간격을 1.8m 이하로 해야 한다.

98 철골공사에서 용접작업을 실시함에 있어 전격예방을 위한 안전조치 중 옳지 않은 것은?

① 전격방지를 위해 자동전격방지기를 설치한다.
② 우천, 강설 시에는 야외작업을 중단한다.
③ 개로 전압이 낮은 교류 용접기는 사용하지 않는다.
④ 절연 홀더(Holder)를 사용한다.

해설 개로 전압이 낮은 교류 용접기를 사용하여야 작업자의 전격을 방지할 수 있다.

99 타워 크레인의 운전작업을 중지하여야 하는 순간 풍속 기준으로 옳은 것은?

① 초당 10m 초과
② 초당 12m 초과
③ 초당 15m 초과
④ 초당 20m 초과

해설 순간풍속이 매 초당 15m를 초과하는 경우에는 타워크레인의 운전작업을 중지하여야 한다.

100 흙막이 지보공을 설치한 때에 정기적으로 점검하고 이상을 발견한 때에 즉시 보수하여야 하는 사항으로 거리가 먼 것은?

① 부재의 손상 변형, 부식, 변위 및 탈락의 유무와 상태
② 부재의 접속부, 부착부 및 교차부의 상태
③ 침하의 정도
④ 발판의 지지 상태

해설 흙막이 지보공을 설치한 경우에는 정기적으로 다음 사항을 점검하고 이상을 발견한 경우에는 즉시 보수하여야 한다.
- 부재의 손상 · 변형 · 부식 · 변위 및 탈락의 유무와 상태
- 버팀대의 긴압 정도
- 부재의 접속부 · 부착부 및 교차부의 상태
- 침하의 정도
- 흙막이 공사의 계측관리

1과목

산업재해 예방 및 안전보건교육

01 다음 중 무재해운동의 기본이념 3원칙에 포함되지 않는 것은?

① 무의 원칙
② 선취의 원칙
③ 참가의 원칙
④ 라인화의 원칙

해설 **무재해운동의 3원칙**

1. 무의 원칙
2. 참가의 원칙(참여의 원칙)
3. 선취의 원칙(안전제일의 원칙)

02 산업안전보건법령상 상시 근로자 수의 산출내역에 따라, 연간 국내공사 실적액이 50억 원이고 건설업평균임금이 250만 원이며, 노무비율은 0.06인 사업장의 상시 근로자 수는?

① 10인
② 30인
③ 33인
④ 75인

해설 **상시근로자 수 산출**

$$상시근로자 수 = \frac{전년도\ 공사실적액 \times 전년도\ 노무비율}{전년도\ 건설업\ 월평균임금 \times 전년도\ 조업월수}$$

$$※\ 상시근로자\ 수 = \frac{5,000,000,000원 \times 0.06}{2,500,000원 \times 12월} = 10명$$

03 산업안전보건법령상 산업재해 조사표에 기록되어야 할 내용으로 옳지 않은 것은?

① 사업장 정보
② 재해정보
③ 재해발생개요 및 원인
④ 안전교육 계획

해설 안전교육 계획은 산업재해조사표에 기록되어야 할 내용에 해당되지 않는다.

04 하인리히의 재해발생 원인 도미노이론에서 사고의 직접원인으로 옳은 것은?

① 통제의 부족
② 관리 구조의 부적절
③ 불안전한 행동과 상태
④ 유전과 환경적 영향

해설 3단계 : 불안전한 행동 및 불안전한 상태(직접원인) ⇒ 제거(효과적임)

05 매슬로(Maslow)의 욕구단계이론 중 제2단계의 욕구에 해당하는 것은?

① 사회적 욕구
② 안전에 대한 욕구
③ 자아실현의 욕구
④ 존경과 긍지에 대한 욕구

해설 (2단계) 안전의 욕구 : 안전을 기하려는 욕구

06 산업안전보건법령상 안전모의 종류(기호) 중 사용 구분에서 "물체의 낙하 또는 비래에 의한 위험을 방지 또는 경감하고, 머리부위 감전에 의한 위험을 방지하기 위한 것"으로 옳은 것은?

① A
② AB
③ AE
④ ABE

해설 **안전모의 종류 및 사용구분**

종류 (기호)	사용구분	비고
ABE	물체의 낙하 또는 비래에 의한 위험을 방지 또는 경감하고, 머리부위 감전에 의한 위험을 방지하기 위한 것	내전압성

07 다음 중 산업심리의 5대 요소에 해당하지 않는 것은?

① 적성 ② 감정
③ 기질 ④ 동기

해설 산업안전심리의 5대 요소는 습관, 동기, 기질, 감정, 습성이다.

08 주의의 수준에서 중간 수준에 포함되지 않는 것은?

① 다른 곳에 주의를 기울이고 있을 때
② 가시시야 내 부분
③ 수면 중
④ 일상과 같은 조건일 경우

해설 수면 중은 무의식 수준의 상태로서 낮은 수준에 해당한다.

09 다음 중 안전 태도 교육의 원칙으로 적절하지 않은 것은?

① 청취 위주의 대화를 한다.
② 이해하고 납득한다.
③ 항상 모범을 보인다.
④ 지적과 처벌 위주로 한다.

해설 지적과 처벌은 태도교육의 원칙에 해당되지 않는다.
태도교육 : 안전의 습관화(가치관 형성)
① 청취(들어본다) → ② 이해, 납득(이해시킨다) → ③ 모범(시범을 보인다) → ④ 권장(평가한다)

10 레빈(Lewin)은 인간행동과 인간의 조건 및 환경조건의 관계를 다음과 같이 표시하였다. 이때 'f'의 의미는?

$$B = f(P \cdot E)$$

① 행동 ② 조명
③ 지능 ④ 함수

해설 f : Function(함수관계)

11 적응기제(Adjustment Mechanism)의 유형에서 "동일화(identification)"의 사례에 해당하는 것은?

① 운동시합에 진 선수가 컨디션이 좋지 않았다고 한다.
② 결혼에 실패한 사람이 고아들에게 정열을 쏟고 있다.

③ 아버지의 성공을 자신의 성공인 것처럼 자랑하며 거만한 태도를 보인다.
④ 동생이 태어난 후 초등학교에 입학한 큰 아이가 손가락을 빨기 시작했다.

해설 **동일화(Identification)**
다른 사람의 행동양식이나 태도를 투입시키거나 다른 사람 가운데서 자기와 비슷한 점을 발견하는 것

12 특성에 따른 안전교육의 3단계에 포함되지 않는 것은?

① 태도교육 ② 지식교육
③ 직무교육 ④ 기능교육

해설 **안전교육의 3단계**
• 지식교육(1단계)
• 기능교육(2단계)
• 태도교육(3단계)

13 산업안전보건법령상 다음 그림에 해당하는 안전·보건표지의 종류로 옳은 것은?

① 부식성 물질경고 ② 산화성 물질경고
③ 인화성 물질경고 ④ 폭발성 물질경고

해설 인화성 물질경고 표지이다.

14 다음 중 작업표준의 구비조건으로 옳지 않은 것은?

① 작업의 실정에 적합할 것
② 생산성과 품질의 특성에 적합할 것
③ 표현은 추상적으로 나타낼 것
④ 다른 규정 등에 위배되지 않을 것

해설 표현은 구체적으로 나타낼 것

정답 | 07 ① 08 ③ 09 ④ 10 ④ 11 ③ 12 ③ 13 ③ 14 ③

15 다음 중 위험예지훈련 4라운드의 순서가 올바르게 나열된 것은?

① 현상파악 → 본질추구 → 대책수립 → 목표설정
② 현상파악 → 대책수립 → 본질추구 → 목표설정
③ 현상파악 → 본질추구 → 목표설정 → 대책수립
④ 현상파악 → 목표설정 → 본질추구 → 대책수립

해설 **위험예지훈련의 추진을 위한 문제해결 4단계(4라운드)**
• 1라운드 : 현상파악(사실의 파악)
• 2라운드 : 본질추구(원인조사)
• 3라운드 : 대책수립(대책을 세운다)
• 4라운드 : 목표설정(행동계획 작성)

16 산업안전보건법령상 특별교육 대상 작업별 교육내용 중 밀폐공간에서의 작업 시 교육내용에 포함되지 않는 것은? (단, 그 밖에 안전ㆍ보건관리에 필요한 사항은 제외한다.)

① 산소농도측정 및 작업환경에 관한 사항
② 유해물질이 인체에 미치는 영향
③ 보호구 착용 및 사용방법에 관한 사항
④ 사고 시의 응급 처치 및 비상시 구출에 관한 사항

해설 ②는 '허가 및 관리대상 유해물질의 제조 또는 취급작업'에 대한 특별교육내용에 해당한다.

17 안전지식교육 실시 4단계에서 지식을 실제의 상황에 맞추어 문제를 해결해 보고 그 방법을 이해시키는 단계로 옳은 것은?

① 도입   ② 제시
③ 적용   ④ 확인

해설 제3단계 – 적용(응용) : 이해시킨 내용을 활용시키거나 응용시키는 단계

18 다음 중 산업재해 통계에 관한 설명으로 적절하지 않은 것은?

① 산업재해 통계는 구체적으로 표시되어야 한다.
② 산업재해 통계는 안전 활동을 추진하기 위한 기초자료이다.
③ 산업재해 통계만을 기반으로 해당 사업장의 안전수준을 추측한다.

④ 산업재해 통계의 목적은 기업에서 발생한 산업재해에 대하여 효과적인 대책을 강구하기 위함이다.

해설 산업재해 통계만으로 해당 사업장의 안전수준을 추측할 수 없다.

19 French와 Raven이 제시한, 리더가 가지고 있는 세력의 유형이 아닌 것은?

① 전문세력(expert power)
② 보상세력(reward power)
③ 위임세력(entrust power)
④ 합법세력(legitimate power)

해설 **프렌치(J. French)와 레이븐(B. Raven)의 세력의 유형**
• 합법세력(Legitimate Power)
• 보상세력(Reward Power)
• 강압세력(Coercive Power)
• 전문세력(Expert Power)
• 준거세력(Reference Power)

20 산업안전보건법령상 안전검사대상 유해ㆍ위험기계의 종류에 포함되지 않는 것은?

① 전단기   ② 리프트
③ 곤돌라   ④ 교류아크용접기

해설 교류아크용접기는 안전검사 대상 유해ㆍ위험기계에 해당하지 않는다.

2과목
인간공학 및 위험성 평가ㆍ관리

21 체계 설계 과정의 주요 단계 중 가장 먼저 실시되어야 하는 것은?

① 기본설계   ② 계면설계
③ 체계의 정의   ④ 목표 및 성능 명세 결정

해설 **인간 – 기계시스템 설계과정 6가지 단계**
1. 목표 및 성능명세 결정
2. 시스템 정의
3. 기본설계
4. 인터페이스 설계
5. 촉진물 설계
6. 시험 및 평가

정답 | 15 ① 16 ② 17 ③ 18 ③ 19 ③ 20 ④ 21 ④

22 고장형태 및 영향분석(FMEA ; Failure Mode and Effect Analyis)에서 치명도 해석을 포함시킨 분석 방법으로 옳은 것은?

① CA
② ETA
③ FMETA
④ FMECA

해설 **FMECA(Failure Modes Effects and Criticality Analysis)**
설계의 불완전이나 잠재적인 결점을 찾아내기 위해 구성요소의 고장모드와 그 상위 아이템에 대한 영향을 해석하는 기법인 FMEA에서, 특히 영향의 치명(致命)도에 대한 정도를 중요시할 때에는 FMECA라고 한다.

23 그림과 같은 시스템의 신뢰도로 옳은 것은? (단, 그림의 숫자는 각 부품의 신뢰도이다.)

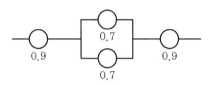

① 0.6261
② 0.7371
③ 0.8481
④ 0.9591

해설 **병렬시스템의 신뢰도**
$$R = 0.9 \times (1 - (1 - 0.7)(1 - 0.7)) \times 0.9 = 0.7371$$

24 인간의 시각특성을 설명한 것으로 옳은 것은?

① 적응은 수정체의 두께가 얇아져 근거리의 물체를 볼 수 있게 되는 것이다.
② 시야는 수정체의 두께 조절로 이루어진다.
③ 망막은 카메라의 렌즈에 해당된다.
④ 암조응에 걸리는 시간은 명조응보다 길다.

해설 명조응(약 1~2분 소요)이 암조응(약 30~35분 소요)보다 걸리는 시간이 짧다.

25 다음 중 생리적 스트레스를 전기적으로 측정하는 방법으로 옳지 않은 것은?

① 뇌전도(EEG)
② 근전도(EMG)
③ 전기 피부 반응(GSR)
④ 안구 반응(EOG)

해설 **EOG(Electrooculogram)**
안전위도, 안구운동을 전기적으로 기록하는 검사이며, 주로 망막질환을 진단하는 데 사용된다.

26 레버를 10° 움직이면 표시장치는 1cm 이동하는 조종장치가 있다. 레버의 길이가 20cm 라고 하면 이 조종장치의 통제표시비(C/D 비)는 약 얼마인가?

① 1.27
② 2.38
③ 3.49
④ 4.51

해설 **조종구의 통제비**
$$\frac{C}{D} = \frac{\left(\frac{a}{360}\right) \times 2\pi L}{\text{표시장치 이동거리}} = \frac{\left(\frac{10}{360}\right) \times 2 \times \pi \times 20}{1} \doteqdot 3.491$$

27 서서 하는 작업의 작업대 높이에 대한 설명으로 옳지 않은 것은?

① 정밀작업의 경우 팔꿈치 높이보다 약간 높게 한다.
② 경작업의 경우 팔꿈치 높이보다 약간 낮게 한다.
③ 중작업의 경우 경작업의 작업대 높이보다 약간 낮게 한다.
④ 작업대의 높이는 기준을 지켜야 하므로 높낮이가 조절되어서는 안 된다.

해설 **입식 작업대 높이**
• 정밀작업 : 팔꿈치 높이보다 5~10cm 높게 설계
• 일반작업 : 팔꿈치 높이보다 5~10cm 낮게 설계
• 힘든 작업(重작업) : 팔꿈치 높이보다 10~20cm 낮게 설계

28 작업장 내부의 추천반사율이 가장 낮아야 하는 곳은?

① 벽
② 천장
③ 바닥
④ 가구

해설 **옥내 추천 반사율**
• 천장 : 80~90%
• 벽 : 40~60%
• 가구 : 25~45%
• 바닥 : 20~40%

29 인간의 정보처리 기능 중 그 용량이 7개 내외로 작아, 순간적 망각 등 인적 오류의 원인이 되는 것은?

① 지각
② 작업기억
③ 주의력
④ 감각보관

해설 작업기억은 시간 흐름에 따라 쇠퇴하여 순간적 망각으로 인한 인적오류의 원인이 된다.

정답 | 22 ④ 23 ② 24 ④ 25 ④ 26 ③ 27 ④ 28 ③ 29 ②

30 인간오류의 분류 중 원인에 의한 분류의 하나로, 작업자 자신으로부터 발생하는 에러로 옳은 것은?

① Command Error　　② Secondary Error
③ Primary Error　　④ Third Error

해설 Primary Error : 작업자 자신으로부터 발생한 에러

31 일반적으로 인체에 가해지는 온·습도 및 기류 등의 외적 변수를 종합적으로 평가하는 데에는 "불쾌지수"라는 지표가 이용된다. 불쾌지수의 계산식이 다음과 같은 경우, 건구온도와 습구온도의 단위로 옳은 것은?

> 불쾌지수＝0.72×(건구온도＋습구온도)＋40.6

① 실효온도　　② 화씨온도
③ 절대온도　　④ 섭씨온도

해설 섭씨온도일 경우 : 불쾌지수＝섭씨(건구온도＋습구온도)×0.72 ±40.6[℃]

32 FT도에 사용되는 논리기호 중 AND 게이트에 해당하는 것은?

① 　　②

③ 　　④

해설 **FTA에 사용되는 논리기호 및 사상기호**

번호	기호	명칭	설명
8	출력 입력	AND 게이트 (n논리기호)	모든 입력사상이 공존할 때 출력사상이 발생한다.

33 위팔은 자연스럽게 수직으로 늘어뜨린 채, 아래팔만을 편하게 뻗어 작업할 수 있는 범위는?

① 정상작업역　　② 최대작업역
③ 최소작업역　　④ 작업포락면

해설 **정상작업역**

위팔(상완)을 자연스럽게 수직으로 늘어뜨린 채, 아래팔(전완)만으로 편하게 뻗어 파악할 수 있는 구역

34 음의 강약을 나타내는 기본 단위는?

① dB　　② pont
③ hertz　　④ diopter

해설 **dB(데시벨)**

소음의 단위, 전화 발명자 벨의 이름을 따서 만든 단위, 데시벨은 음의 관계에서 음의 강도레벨, 유압레벨, 파워레벨의 척도로 사용

35 신뢰성과 보전성 개선을 목적으로 하는 효과적인 보전기록 자료에 해당하지 않는 것은?

① 설비이력카드　　② 자재관리표
③ MTBF 분석표　　④ 고장원인대책표

해설 자재관리표는 신뢰성이나 보전성 개선목적은 아니다.

36 예비위험분석(PHA)에 대한 설명으로 옳은 것은?

① 관련된 과거 안전점검결과의 조사에 적절하다.
② 안전 관련 법규 조항의 준수를 위한 조사방법이다.
③ 시스템 고유의 위험성을 파악하고 예상되는 재해의 위험 수준을 결정한다.
④ 초기 단계에서 시스템 내의 위험요소가 어떠한 위험상태에 있는가를 정성적으로 평가하는 것이다.

해설 **PHA(예비위험분석)**

시스템 내의 위험요소가 얼마나 위험상태에 있는가를 평가하는 시스템 안전프로그램의 최초단계의 분석방식(정성적)

---

37 다음의 FT도에서 몇 개의 미니멀패스셋(Minimal Path Sets)이 존재하는가?

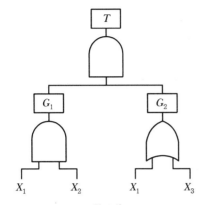

① 1개
② 2개
③ 3개
④ 4개

패스셋은 컷셋 결합 게이트들을 반대로(AND < = >OR) 변환하여 구한다.

$$T = G_1 + G_2 = X_1 + X_2 + X_1 \cdot X_3$$
$$\therefore \text{미니멀 패스셋} : X_1, \ X_2, \ X_1 \cdot X_3 \ \text{총 3개}$$

38 정보를 전송하기 위해 청각적 표시장치를 이용하는 것이 바람직한 경우로 적합한 것은?

① 전언이 복잡한 경우
② 전언이 이후에 재참조되는 경우
③ 전언이 공간적인 사건을 다루는 경우
④ 전언이 즉각적인 행동을 요구하는 경우

정보가 즉각적인 행동을 요구하는 경우 청각적 표시장치가 유리하다.

39 FTA에서 모든 기본사상이 일어났을 때 톱(top)사상을 일으키는 기본사상의 집합을 무엇이라 하는가?

① 컷셋(Cut Set)
② 최소 컷셋(Minimal Cut Set)
③ 패스셋(Path Set)
④ 최소 패스셋(Minamal Path Set)

컷셋(Cut Set)

정상사상을 발생시키는 기본사상의 집합으로 그 안에 포함되는 모든 기본사상이 발생할 때 정상사상을 발생시키는 기본사상의 집합

40 조종장치를 통한 인간의 통제 아래 기계가 동력원을 제공하는 시스템의 형태로 옳은 것은?

① 기계화 시스템
② 수동 시스템
③ 자동화 시스템
④ 컴퓨터 시스템

기계화 또는 반자동체계 : 운전자의 조종장치를 사용하여 통제하며 동력은 전형적으로 기계가 제공

3과목
기계 · 기구 및 설비 안전관리

41 선반에서 냉각재 등에 의한 생물학적 위험을 방지하기 위한 방법으로 틀린 것은?

① 냉각재가 기계에 잔류되지 않고 중력에 의해 수집탱크로 배유되도록 해야 한다.
② 냉각재 저장탱크에는 외부 이물질의 유입을 방지하기 위해 덮개를 설치해야 한다.
③ 특별한 경우를 제외하고는 정상 운전 시 전체 냉각재가 계통 내에서 순환되고 냉각재 탱크에 체류하지 않아야 한다.
④ 배출용 배관의 지름은 대형 이물질이 들어가지 않도록 작아야 하고, 지면과 수평이 되도록 제작해야 한다.

배출용 배관은 냉각제 등 생물학적 위험을 방지하기 위해 위험물질을 기계 외부로 배출하기 위한 부분으로 배관의 지름은 위험물질의 원활한 배출이 가능한 충분한 크기여야 하고 적절한 기울기를 부여해야 한다.

42 산업용 로봇의 작동범위에서 그 로봇에 관하여 교시 등의 작업을 하는 경우 작업시간 전 점검사항에 해당하지 않는 것은? (단, 로봇의 동력원을 차단하고 행하는 것을 제외한다.)

① 회전부의 덮개 또는 울 부착 여부
② 제동장치 및 비상정지장치의 기능
③ 외부전선의 피복 또는 외장의 손상 유무
④ 매니퓰레이터(Manipulator) 작동의 이상 유무

로봇의 작동범위에서 그 로봇에 관하여 교시 등의 작업을 할 때의 작업시작 전 점검사항(「안전보건규칙」 [별표 3])
- 외부전선의 피복 또는 외장의 손상 유무
- 매니퓰레이터(Manipulator) 작동의 이상 유무
- 제동장치 및 비상정지장치의 기능

43 기계장치의 안전설계를 위해 적용하는 안전율 계산식은?

① 안전하중 ÷ 설계하중
② 최대사용하중 ÷ 극한강도
③ 극한강도 ÷ 최대설계응력
④ 극한강도 ÷ 파단하중

해설 **안전율(Safety Factor), 안전계수**

$$안전율(S) = \frac{극한(최대, 인장) 강도}{허용응력} = \frac{파단(최대) 하중}{사용(정격) 하중}$$

44 양수 조작식 방호장치에서 양쪽 누름버튼 간의 내측 거리는 몇 mm 이상이어야 하는가?

① 100
② 200
③ 300
④ 400

해설 **양수조작식 방호장치 설치 및 사용**
누름버튼의 상호 간 내측거리는 300mm 이상으로 한다.

45 "가"와 "나"에 들어갈 내용으로 옳은 것은?

> 순간풍속이 (가)를 초과하는 경우에는 타워크레인의 설치, 수리, 점검 또는 해체작업을 중지하여야 하며, 순간풍속이 (나)를 초과하는 경우에는 타워크레인의 운전 작업을 중지하여야 한다.

① 가 : 10m/s, 나 : 15m/s
② 가 : 10m/s, 나 : 25m/s
③ 가 : 20m/s, 나 : 35m/s
④ 가 : 20m/s, 나 : 45m/s

해설 **강풍 시 타워크레인의 작업중지(「안전보건규칙」 제37조)**
순간풍속이 초당 10미터를 초과하는 경우에는 타워크레인의 설치·수리·점검 또는 해체작업을 중지하여야 하며, 순간풍속이 초당 15미터를 초과하는 경우에는 타워크레인의 운전작업을 중지하여야 한다.

46 드릴 작업 시 올바른 작업안전수칙이 아닌 것은?

① 구멍을 뚫을 때 관통된 것을 확인하기 위해 손으로 만져서는 안 된다.
② 드릴을 끼운 후에 척 렌치(Chuck Wrench)를 부착한 상태에서 드릴 작업을 한다.

③ 작업모를 착용하고 옷소매가 긴 작업복은 입지 않는다.
④ 보호 안경을 쓰거나 안전덮개를 설치한다.

해설 드릴을 끼운 후 척 렌치는 반드시 제거한 후 사용하여야 한다.

47 지게차 헤드가드의 안전기준에 관한 설명으로 틀린 것은?

① 상부 틀의 각 개구의 폭 또는 길이가 20cm 이상일 것
② 강도는 지게차의 최대하중의 2배 값(4톤을 넘는 값에 대해서는 4톤으로 한다.)의 등분포정하중에 견딜 수 있을 것
③ 운전자가 서서 조작하는 방식의 지게차의 경우에는 운전석의 바닥 면에서 헤드가드의 상부 틀 하면까지의 높이가 1.88m 이상일 것
④ 운전자가 앉아서 조작하는 방식의 지게차의 경우에는 운전자의 좌석 윗면에서 헤드가드의 상부틀 아랫면까지의 높이가 0.903m 이상일 것

해설 지게차의 **헤드가드**는 상부 틀의 각 개구의 폭 또는 길이가 16센티미터 미만이어야 한다.

48 프레스 가공품의 이송방법으로 2차 가공용 송급배출 장치가 아닌 것은?

① 다이얼 피더(Dial Feeder)
② 롤 피더(Roll Feeder)
③ 푸셔 피더(Pusher Feeder)
④ 트랜스퍼 피더(Transfer Feeder)

해설 **롤 피더(Roll Feeder)**는 1차 가공용 송급장치이다.

49 다음 중 연삭기를 이용한 작업의 안전대책으로 가장 옳은 것은?

① 연삭숫돌의 최고 원주 속도 이상으로 사용하여야 한다.
② 운전 중 연삭숫돌의 균열 확인을 위해 수시로 충격을 가해 본다.
③ 정밀한 작업을 위해서는 연삭기의 덮개를 벗기고 숫돌의 정면에 서서 작업한다.
④ 작업시작 전에는 1분 이상 시운전을 하고 숫돌의 교체 시에는 3분 이상 시운전을 한다.

PART 01 PART 02 PART 03 PART 04 PART 05 부록

연삭숫돌의 덮개 등(「안전보건규칙」 제122조)

연삭숫돌을 사용하는 작업의 경우 작업을 시작하기 전에는 1분 이상, 연삭숫돌을 교체한 후에는 3분 이상 시험운전을 하고 해당 기계에 이상이 있는지를 확인하여야 한다.

50 압력용기에서 안전밸브를 2개 설치한 경우 그 설치방법으로 옳은 것은? (단, 해당하는 압력용기가 외부 화재에 대한 대비가 필요한 경우로 한정한다.)

① 1개는 최고사용압력 이하에서 작동하고 다른 1개는 최고사용압력의 1.1배 이하에서 작동하도록 한다.

② 1개는 최고사용압력 이하에서 작동하고 다른 1개는 최고사용압력의 1.2배 이하에서 작동하도록 한다.

③ 1개는 최고사용압력의 1.05배 이하에서 작동하고 다른 1개는 최고사용압력의 1.1배 이하에서 작동하도록 한다.

④ 1개는 최고사용압력의 1.05배 이하에서 작동하고 다른 1개는 최고사용압력의 1.2배 이하에서 작동하도록 한다.

해설 **안전밸브 등의 작동요건**

안전밸브 등이 이를 통하여 보호하려는 설비의 최고사용압력 이하에서 작동되도록 하여야 한다. 다만, 안전밸브 등이 2개 이상 설치된 경우에 1개는 최고 사용압력의 1.05배(외부화재를 대비한 경우에는 1.1배) 이하에서 작동되도록 설치할 수 있다.

51 범용 수동 선반의 방호조치에 대한 설명으로 틀린 것은?

① 대형 선반의 후면 칩 가드는 새들의 전체 길이를 방호할 수 있어야 한다.

② 척 가드의 폭은 공작물의 가공작업에 방해되지 않는 범위에서 척 전체 길이를 방호해야 한다.

③ 수동 조작을 위한 제어장치는 정확한 제어를 위해 조작 스위치를 돌출형으로 제작해야 한다.

④ 스핀들 부위를 통한 기어박스에 접촉될 위험이 있는 경우에는 해당부위에 잠금장치가 구비된 가드를 설치하고 스핀들 회전과 연동회로를 구성해야 한다.

해설 수동 조작을 위한 제어장치는 매립형 스위치를 사용하는 등 불시접촉에 의한 기동을 방지하기 위한 조치를 하여야 한다.

52 프레스에 금형 조정 작업 시 슬라이드가 갑자기 작동함으로써 근로자에게 발생할 우려가 있는 위험을 방지하기 위하여 사용하는 것은?

① 안전 블록
② 비상정지장치
③ 감응식 안전장치
④ 양수조작식 안전장치

해설 **금형조정작업의 위험 방지(「안전보건규칙」 제104조)**

프레스 등의 금형을 부착·해체 또는 조정하는 작업을 할 때 해당 작업에 종사하는 근로자의 신체가 위험한계 내에 있는 경우 슬라이드가 갑자기 작동함으로써 근로자에게 발생할 우려가 있는 위험을 방지하기 위하여 안전블록을 사용하는 등 필요한 조치를 하여야 한다.

53 크레인 작업 시 300kg의 질량을 10m/s²의 가속도로 감아올릴 때 로프에 걸리는 총 하중은 약 몇 N인가? (단, 중력가속도는 9.81m/s²로 한다.)

① 2,943
② 3,000
③ 5,943
④ 8,886

해설 크레인 인양 시 로프에 걸리는 하중

= 정하중 + 동하중
$= 2,943N + 3,000N = 5,943N$

정하중 $= 300\text{kg} \times 9.81\text{m/s}^2 = 2,943N$

동하중 = 정하중 × 가속도 $= 300\text{kg} \times 10\text{m/s}^2 = 3,000N$

54 사고 체인의 5요소에 해당하지 않는 것은?

① 함정(Trap)
② 충격(Impact)
③ 접촉(Contact)
④ 결함(Flaw)

해설 **위험점의 5요소**

1. 함정(Trap), 2. 충격(Impact), 3. 접촉(Contact),
4. 말림·얽힘(Entanglement), 5. 튀어나옴(Ejection)

55 프레스 작업 시 왕복 운동하는 부분과 고정 부분 사이에서 형성되는 위험점은?

① 물림점
② 협착점
③ 절단점
④ 회전말림점

해설 **협착점(Squeeze Point)**

기계의 왕복운동을 하는 운동부와 고정부 사이에 형성되는 위험점(왕복운동 + 고정부)

정답 | 50 ① 51 ③ 52 ① 53 ③ 54 ④ 55 ②

56 기계설비의 안전화를 크게 외관의 안전화, 기능의 안전화, 구조적 안전화로 구분할 때, 기능의 안전화에 해당하는 것은?

① 안전율의 확보
② 위험부위 덮개 설치
③ 기계 외관에 안전 색채 사용
④ 전압 강하 시 기계의 자동정지

해설 **기능상의 안전화**

최근 기계는 반자동 또는 자동 제어장치를 갖추고 있어서 에너지 변동에 따라 오동작이 발생하여 주요 문제로 대두되므로 이에 따른 기능의 안전화가 요구되고 있다.
예 전압 강하 시 기계의 자동정지, 안전장치의 일정방식

57 근로자에게 위험을 미칠 우려가 있는 원동기, 축이음, 풀리 등에 설치하여야 하는 것은?

① 덮개
② 압력계
③ 통풍장치
④ 과압방지기

해설 **원동기·회전축 등의 위험 방지**(「안전보건규칙」 제87조)

사업주는 압력용기 및 공기압축기 등에 부속하는 원동기·축이음·벨트·풀리의 회전 부위 등 근로자가 위험에 처할 우려가 있는 부위에 덮개 또는 울 등을 설치하여야 한다.

58 컨베이어(Conveyer)의 역전방지장치 형식이 아닌 것은?

① 램식
② 래칫식
③ 롤러식
④ 전기브레이크식

해설 컨베이어의 역전방지장치 형식으로는 롤러식, 래칫식, 전기브레이크식이 있다.

59 롤러기의 급정지를 위한 방호장치를 설치하고자 한다. 앞면 롤러의 지름이 30cm이고, 회전수가 30rpm일 때 요구되는 급정지거리의 기준은?

① 급정지 거리가 앞면 롤러의 원주의 1/3 이상일 것
② 급정지 거리가 앞면 롤러의 원주의 1/3 이내일 것
③ 급정지 거리가 앞면 롤러의 원주의 1/2.5 이상일 것
④ 급정지 거리가 앞면 롤러의 원주의 1/2.5 이내일 것

해설 **롤러기의 급정지거리**

앞면 롤러의 표면속도(m/min)	급정지거리
30 미만	앞면 롤러 원주의 1/3
30 이상	앞면 롤러 원주의 1/2.5

원주속도(m/min) = $\pi \times$ 롤의 지름 $\times$ 회전속도(rpm)
　　　　　　　 = $\pi \times 0.3\text{m} \times 30\text{rpm} ≒ 28.274\text{m/min}$

28.274m/min < 30,
∴ 급정지거리 = 앞면 롤러 원주의 1/3

60 프레스의 작업 시작 전 점검사항으로 거리가 먼 것은?

① 클러치 및 브레이크의 기능
② 금형 및 고정볼트 상태
③ 전단기(剪斷機)의 칼날 및 테이블의 상태
④ 언로드 밸브의 기능

해설 **프레스 작업시작 전 점검사항**(「안전보건규칙」 [별표 3])

- 클러치 및 브레이크의 기능
- 크랭크축·플라이휠·슬라이드·연결봉 및 연결나사의 풀림 유무
- 1행정 1정지기구·급정지장치 및 비상정지장치의 기능
- 슬라이드 또는 칼날에 의한 위험방지기구의 기능
- 프레스의 금형 및 고정볼트 상태
- 방호장치의 기능
- 전단기의 칼날 및 테이블의 상태

PART 01 PART 02 PART 03 PART 04 PART 05 부록

4과목
전기 및 화학설비 안전관리

61 혼촉방지판이 부착된 변압기를 설치하고 혼촉방지판을 접지시켰다. 이러한 변압기를 사용하는 주요 이유는?

① 2차 측의 전류를 감소시킬 수 있기 때문에
② 누전전류를 감소시킬 수 있기 때문에
③ 2차 측에 비접지 방식을 채택하면 감전 시 위험을 감소시킬 수 있기 때문에
④ 전력의 손실을 감소시킬 수 있기 때문에

해설 변압기의 고저압(1차 측과 2차 측 사이) 권선 사이에 혼촉방지판을 삽입하여 접지하여 사용
→ 2차 측에 비접지 방식을 채택하면 누전 시 폐루프가 형성되지 않기 때문에 감전 시 위험을 감소시킬 수 있음

62 인체가 현저히 젖어 있는 상태 또는 금속성의 전기·기계 장치나 구조물의 인체의 일부가 상시 접촉되어 있는 상태에서의 허용접촉전압으로 옳은 것은?

① 2.4V 이하
② 25V 이하
③ 50V 이하
④ 75V 이하

해설 **허용접촉전압**

종별	접촉상태	허용접촉전압
제2종	• 인체가 현저히 젖어 있는 상태 • 금속성의 전기·기계장치나 구조물에 인체의 일부가 상시 접촉되어 있는 상태	25[V] 이하

63 아크 용접 작업 시 감전재해 방지에 쓰이지 않는 것은?

① 보호면
② 절연장갑
③ 절연용접봉 홀더
④ 자동전격방지장치

해설 **교류아크용접기의 사고방지 대책**

보호면은 감전재해 방지가 아닌 아크에 의한 시각 장애를 예방하기 위해 사용해야 한다.

64 산업안전보건법상 전기기계·기구의 누전에 의한 감전 위험을 방지하기 위하여 접지를 하여야 하는 사항으로 틀린 것은?

① 전기기계·기구의 금속제 내부 충전부
② 전기기계·기구의 금속제 외함
③ 전기기계·기구의 금속제 외피
④ 전기기계·기구의 금속제 철대

해설 누전에 의한 감전의 위험을 방지하기 위해 전기기계·기구의 금속제 외함, 금속제 외피 및 철대 접지
→ 내부 충전부에는 접지를 하여서는 아니 된다.

65 변압기 전로의 1선 지락 전류가 6A일 때 제2종 접지공사의 접지저항 값은? (단, 자동전로차단장치는 설치되지 않았다.)

① 10Ω
② 15Ω
③ 20Ω
④ 25Ω

해설 법 개정으로 인해 해당 문제는 재출제 되지 않음

66 전폐형 방폭구조가 아닌 것은?

① 압력방폭구조
② 내압방폭구조
③ 유입방폭구조
④ 안전증방폭구조

해설 **안전증방폭구조**

폭발분위기가 형성되지 않도록 기계적·전기적 구조상 또는 온도상승에 대해서 특히 안전도를 증가시킨 구조

67 방폭구조의 명칭과 표기기호가 잘못 연결된 것은?

① 안전증 방폭구조 : e
② 유입(油入)방폭구조 : o
③ 내압(耐壓)방폭구조 : p
④ 본질안전방폭구조 : i

해설 내압방폭구조 : d

68 파이프 등에 유체가 흐를 때 발생하는 유동대전에 가장 큰 영향을 미치는 요인은?

① 유체의 이동거리
② 유체의 점도
③ 유체의 속도
④ 유체의 양

해설 **유동대전**

정전기 발생에 가장 크게 영향을 미치는 요인은 유동속도이나 흐름의 상태, 배관의 굴곡, 밸브 등과 관계가 있다.

69 충전전로의 선간전압이 121kV 초과 145kV 이하의 활선 작업 시 충전전로에 대한 접근한계거리(cm)는?

① 130
② 150
③ 170
④ 230

해설 **충전전로에서의 전기작업**(「안전보건규칙」 제321조)

충전전로의 선간전압 (단위 : kV)	충전전로에 대한 접근 한계거리(단위 : cm)
121 초과 145 이하	150

70 정전기 발생의 원인에 해당되지 않는 것은?

① 마찰
② 냉장
③ 박리
④ 충돌

정전기 대전의 종류

마찰, 박리, 유동, 분출, 충돌, 파괴, 교반(진동)이나 침강대전

71 다음 중 분진폭발에 대한 설명으로 틀린 것은?

① 일반적으로 입자의 크기가 클수록 위험이 더 크다.
② 산소의 농도는 분진폭발 위험에 영향을 주는 요인이다.
③ 주위 공기의 난류확산은 위험을 증가시킨다.
④ 가스폭발에 비하여 불완전 연소를 일으키기 쉽다.

해설 **분진폭발에 영향을 주는 인자**

- 분진의 입경이 작을수록 폭발하기 쉽다.
- 일반적으로 부유분진이 퇴적분진에 비해 발화온도가 높다.

72 다음 중 폭굉(Detonation) 현상에 있어서 폭굉파의 진행 전면에 형성되는 것은?

① 증발열 ② 충격파
③ 역화 ④ 화염의 대류

해설 폭굉파의 속도는 음속을 앞지르므로, 진행 전면에는 그에 따른 충격파가 있다.

73 위험물안전관리법령상 제4류 위험물(인화성 액체)이 갖는 일반성질로 가장 거리가 먼 것은?

① 증기는 대부분 공기보다 무겁다.
② 대부분 물보다 가볍고 물에 잘 녹는다.
③ 대부분 유기화합물이다.
④ 발생증기는 연소하기 쉽다.

해설 제4류 위험물인 인화성 액체는 대부분 물보다 가벼우며, 주수소화 시 물 위로 떠오르므로 화재가 더 번질 위험이 있다.

74 아세틸렌(C_2H_2)의 공기 중 완전연소 조성농도(C_{st})는 약 얼마인가?

① 6.7vol% ② 7.0vol%
③ 7.4vol% ④ 7.7vol%

해설 **아세틸렌(C_2H_2)의 연소식**

$C_2H_2 + 2.5O_2 \rightarrow 2CO_2 + H_2O$

$$C_{st} = \frac{1}{(4.77n + 1.19x - 2.38y) + 1} \times 100$$

$$= \frac{1}{(4.77 \times 2 + 1.19 \times 2 - 2.38 \times 0) + 1} \times 100$$
$$= 7.7(\%)$$

75 산업안전보건기준에 관한 규칙에 따라 폭발성 물질을 저장·취급하는 화학설비 및 그 부속설비를 설치할 때, 단위공정시설 및 설비로부터 다른 단위공정시설 및 설비 사이의 안전거리는 설비 바깥면으로부터 몇 m 이상 두어야 하는가? (단, 원칙적인 경우에 한한다.)

① 3 ② 5
③ 10 ④ 20

해설 단위공정시설 및 설비로부터 다른 단위공정시설 및 설비 사이의 안전거리는 설비의 외면으로부터 10미터 이상이다.

76 다음 중 가연성 가스가 아닌 것으로만 나열된 것은?

① 일산화탄소, 프로판 ② 이산화탄소, 프로판
③ 일산화탄소, 산소 ④ 산소, 이산화탄소

해설 이산화탄소는 불연성 가스, 산소는 조연성 가스이다.

77 나트륨은 물과 반응할 때 위험성이 매우 크다. 그 이유로 적합한 것은?

① 물과 반응하여 지연성 가스 및 산소를 발생시키기 때문이다.
② 물과 반응하여 맹독성 가스를 발생시키기 때문이다.
③ 물과 발열반응을 일으키면서 가연성 가스를 발생시키기 때문이다.
④ 물과 반응하여 격렬한 흡열반응을 일으키기 때문이다.

해설 나트륨은 물과 접촉할 경우 발열반응을 일으키면서 가연성 가스를 발생시킨다.

78 다음은 산업안전보건기준에 관한 규칙에서 정한 부식방지와 관련한 내용이다. ( )에 해당하지 않는 것은?

사업주는 화학설비 또는 그 배관(화학설비 또는 그 배관의 밸브나 콕은 제외한다) 중 위험물 또는 인화점이 섭씨 60도 이상인 물질이 접촉하는 부분에 대해서는 위험물질 등에 의하여 위험물질 등의 ( )·( )·( ) 등에 따라 부식이 잘 되지 않는 재료를 사용하거나 도장(塗裝)해야 한다.

① 종류   ② 온도
③ 농도   ④ 색상

해설   사업주는 화학설비 또는 그 배관(화학설비 또는 그 배관의 밸브나 콕은 제외한다) 중 위험물 또는 인화점이 섭씨 60도 이상인 물질(이하 "위험물질 등"이라 한다)이 접촉하는 부분에 대해서는 위험물질 등에 의하여 그 부분이 부식되어 폭발·화재 또는 누출되는 것을 방지하기 위하여 위험물질 등의 종류·온도·농도 등에 따라 부식이 잘 되지 않는 재료를 사용하거나 도장(塗裝) 등의 조치를 하여야 한다.

79 메탄올의 연소반응이 다음과 같을 때 최소산소농도(MOC)는 약 얼마인가? (단, 메탄올의 연소하한값(L)은 6.7vol%이다.)

$$CH_3OH + 1.5O_2 \rightarrow CO_2 + 2H_2O$$

① 1.5vol%   ② 6.7vol%
③ 10vol%   ④ 15vol%

해설   **최소산소농도(C_m)**

$C_m = \dfrac{산소\,mol\,수}{연소가스\,mol\,수} \times 폭발하한(\%)$
$= 1.5 \times 6.7 = 10.05(\%)$

80 산업안전보건기준에 관한 규칙에서 부식성 염기류에 해당하는 것은?

① 농도 30퍼센트인 과염소산
② 농도 30퍼센트인 아세틸렌
③ 농도 40퍼센트인 디아조화합물
④ 농도 40퍼센트인 수산화나트륨

해설   **부식성 염기류**

농도가 40퍼센트 이상인 수산화나트륨, 수산화칼륨, 그 밖에 이와 같은 정도 이상의 부식성을 가지는 염기류

81 근로자가 추락하거나 넘어질 위험이 있는 장소에서 추락방호망의 설치 기준으로 옳지 않은 것은?

① 망의 처짐은 짧은 변 길이의 10% 이상이 되도록 할 것
② 추락방호망은 수평으로 설치할 것
③ 건축물 등의 바깥쪽으로 설치하는 경우 추락방호망의 내민 길이는 벽면으로부터 3m 이상 되도록 할 것
④ 추락방호망의 설치위치는 가능하면 작업면으로부터 가까운 지점에 설치하여야 하며, 작업면으로부터 망의 설치지점까지의 수직거리는 10m를 초과하지 아니할 것

해설   추락방호망은 수평으로 설치하고, 망의 처짐은 짧은 변 길이의 12% 이상이 되도록 해야 한다.

82 산업안전보건관리비에 관한 설명으로 옳지 않은 것은?

① 발주자는 수급인이 안전관리비를 다른 목적으로 사용한 금액에 대해서는 계약금액에서 감액 조정할 수 있다.
② 발주자는 수급인이 안전관리비를 사용하지 아니한 금액에 대하여는 반환을 요구할 수 있다.
③ 자기공사자는 원가계산에 의한 예정가격 작성 시 안전관리비를 계상한다.
④ 발주자는 설계변경 등으로 대상액의 변동이 있는 경우 공사 완료 후 정산하여야 한다.

해설   발주자 또는 자기공사자는 설계변경 등으로 대상액의 변동이 있는 경우에 지체 없이 안전관리비를 조정 계상해야 한다.

83 굴착면 붕괴의 원인과 가장 거리가 먼 것은?

① 사면경사의 증가
② 성토 높이의 감소
③ 공사에 의한 진동하중의 증가
④ 굴착높이의 증가

해설   성토 높이가 작을수록 붕괴위험이 적어진다.

84 다음 중 유해 · 위험방지계획서 작성 및 제출대상에 해당되는 공사는?

① 지상높이가 20m인 건축물의 해체공사
② 깊이 9.5m인 굴착공사
③ 최대지간거리가 50m인 교량건설공사
④ 저수용량 1천만 톤인 용수전용 댐

해설 최대지간 길이가 50m 이상인 교량건설 등의 공사가 제출대상이다.

85 철근콘크리트 슬래브에 발생하는 응력에 대한 설명으로 옳지 않은 것은?

① 전단력은 일반적으로 단부보다 중앙부에서 크게 작용한다.
② 중앙부 하부에는 인장응력이 발생한다.
③ 단부 하부에는 압축응력이 발생한다.
④ 휨응력은 일반적으로 슬래브의 중앙부에서 크게 작용한다.

해설 전단력은 단부에서 크게 작용한다.

86 연약지반을 굴착할 때, 흙막이벽 뒤쪽 흙의 중량이 바닥의 지지력보다 커지면, 굴착저면에서 흙이 부풀어오르는 현상은?

① 슬라이딩(Sliding)
② 보일링(Boiling)
③ 파이핑(Piping)
④ 히빙(Heaving)

해설 히빙이란 연약한 점토지반을 굴착할 때 흙막이벽 배면 흙의 중량이 굴착저면 이하의 흙보다 중량이 클 경우 굴착저면 이하의 지지력보다 크게 되어 흙막이 배면에 있는 흙이 안으로 말려들어 굴착저면이 솟아오르는 현상이다.

87 철근콘크리트 공사 시 활용되는 거푸집의 필요조건이 아닌 것은?

① 콘크리트의 하중에 대해 뒤틀림이 없는 강도를 갖출 것
② 콘크리트 내 수분 등에 대한 물빠짐이 원활한 구조를 갖출 것
③ 최소한의 재료로 여러 번 사용할 수 있는 전용성을 가질 것
④ 거푸집은 조립 · 해체 · 운반이 용이하도록 할 것

해설 거푸집은 수밀성을 갖추어야 한다.

88 말비계를 조립하여 사용하는 경우에 준수해야 하는 사항으로 옳지 않은 것은?

① 지주부재의 하단에는 미끄럼 방지장치를 한다.
② 근로자는 양측 끝부분에 올라서서 작업하도록 한다.
③ 지주부재와 수평면의 기울기를 75° 이하로 한다.
④ 말비계의 높이가 2m를 초과하는 경우에는 작업발판의 폭을 40cm 이상으로 한다.

해설 근로자가 말비계의 양끝에서 작업하지 않도록 해야 한다.

89 슬레이트, 선라이트 등 강도가 약한 재료로 덮은 지붕 위에서 작업을 할 때 발이 빠지는 등 근로자의 위험을 방지하기 위하여 필요한 발판의 폭 기준은?

① 10cm 이상
② 20cm 이상
③ 25cm 이상
④ 30cm 이상

해설 폭 30cm 이상의 발판을 설치하거나 추락방호망을 치는 등 근로자의 위험을 방지하기 위하여 필요한 조치를 하여야 한다.

90 추락방호용 방망 그물코의 모양 및 크기의 기준으로 옳은 것은?

① 원형 또는 사각으로서 그 크기는 5cm 이하이어야 한다.
② 원형 또는 사각으로서 그 크기는 10cm 이하이어야 한다.
③ 사각 또는 마름모로서 그 크기는 5cm 이하이어야 한다.
④ 사각 또는 마름모로서 그 크기는 10cm 이하이어야 한다.

해설 추락방호망의 방망의 그물코는 사각 또는 마름모로서 크기는 10cm 이하이어야 한다.

91 콘크리트를 타설할 때 안전상 유의하여야 할 사항으로 옳지 않은 것은?

① 콘크리트를 치는 도중에는 거푸집, 지보공 등의 이상 유무를 확인한다.
② 진동기 사용 시 지나친 진동은 거푸집 무너짐의 원인이 될 수 있으므로 적절히 사용해야 한다.
③ 최상부의 슬래브는 되도록 이어붓기를 하고 여러 번에 나누어 콘크리트를 타설한다.
④ 타워에 연결되어 있는 슈트의 접속이 확실한지 확인한다.

해설 최상부의 슬래브는 이어붓기를 되도록 피하고 일시에 전체를 타설해야 한다.

92 무한궤도식 장비와 타이어식(차륜식) 장비의 차이점에 관한 설명으로 옳은 것은?

① 무한궤도식은 기동성이 좋다.
② 타이어식은 승차감과 주행성이 좋다.
③ 무한궤도식은 경사지반에서의 작업에 부적당하다.
④ 타이어식은 땅을 다지는 데 효과적이다.

해설 타이어식은 승차감과 주행성이 좋아 이동식 작업에도 적당하다.

93 사다리식 통로 등을 설치하는 경우 발판과 벽과의 사이는 최소 얼마 이상의 간격을 유지하여야 하는가?

① 10cm 이상
② 15cm 이상
③ 20cm 이상
④ 25cm 이상

해설 발판과 벽과의 사이는 15cm 이상의 간격을 유지해야 한다.

94 정기안전점검 결과 건설공사의 물리적·기능적 결함 등이 발견되어 보수·보강 등의 조치를 하기 위하여 필요한 경우에 실시하는 것은?

① 자체안전점검
② 정밀안전점검
③ 상시안전점검
④ 품질관리점검

해설 정밀안전점검은 정기안전점검 결과 결함을 발견하여 보수, 보강 등의 조치가 필요한 경우 실시한다.

95 차량계 하역운반기계에 화물을 적재할 때의 준수사항과 거리가 먼 것은?

① 하중이 한쪽으로 치우치지 않도록 적재할 것
② 구내운반차 또는 화물자동차의 경우 화물의 붕괴 또는 낙하에 의한 위험을 방지하기 위하여 화물에 로프를 거는 등 필요한 조치를 할 것
③ 운전자의 시야를 가리지 않도록 화물을 적재할 것
④ 제동장치 및 조정장치 기능의 이상 유무를 점검할 것

해설 제동장치 및 조종장치 기능의 이상 유무 점검은 작업 시작 전 점검사항이다.

96 시스템 비계를 사용하여 비계를 구성하는 경우에 준수하여야 할 사항으로 옳지 않은 것은?

① 수직재와 수직재의 연결철물은 이탈되지 않도록 견고한 구조로 할 것
② 수직재·수평재·가새재를 견고하게 연결하는 구조가 되도록 할 것
③ 수직재와 받침철물의 연결부 겹침길이는 받침철물 전체 길이의 4분의 1 이상이 되도록 할 것
④ 수평재는 수직재와 직각으로 설치하여야 하며, 체결 후 흔들림이 없도록 견고하게 설치할 것

해설 시스템 비계 밑단의 수직재와 받침철물은 밀착되도록 설치하고 수직재와 받침철물의 연결부의 겹침길이는 받침철물 전체길이의 1/3 이상이 되도록 하여야 한다.

97 공사현장에서 낙하물방지망 또는 방호선반을 설치할 때 설치높이 및 벽면으로부터 내민길이 기준으로 옳은 것은?

① 설치높이 : 10m 이내마다, 내민 길이 2m 이상
② 설치높이 : 15m 이내마다, 내민 길이 2m 이상
③ 설치높이 : 10m 이내마다, 내민 길이 3m 이상
④ 설치높이 : 15m 이내마다, 내민 길이 3m 이상

해설 낙하물방지망의 설치간격은 높이 10m 이내이고, 내민 길이는 벽면으로부터 2m 이상으로 하여야 한다.

98 가설구조물이 갖추어야 할 구비요건과 가장 거리가 먼 것은?

① 영구성
② 경제성
③ 작업성
④ 안전성

해설 가설구조물이 갖추어야 할 3요소는 안전성, 경제성, 작업성이다.

99 가설통로를 설치하는 경우 준수하여야 할 기준으로 옳지 않은 것은?

① 견고한 구조로 할 것
② 경사는 30° 이하로 할 것
③ 경사가 30°를 초과하는 경우에는 미끄러지지 아니하는 구조로 할 것
④ 수직갱에 가설된 통로의 길이가 15m 이상인 경우에는 10m 이내마다 계단참을 설치할 것

해설 경사가 15°를 초과하는 경우에는 미끄러지지 아니하는 구조로 해야 한다.

100 산업안전보건기준에 관한 규칙에 따른 토사굴착 시 굴착면의 기울기 기준으로 옳은 것은?

① 모래−1 : 1.8
② 연암−1 : 1.2
③ 경암−1 : 0.8
④ 그 밖의 흙−1 : 1.0

해설 **굴착면의 기울기 기준**

지반의 종류	굴착면의 기울기
모래	1 : 1.8
연암 및 풍화암	1 : 1.0
경암	1 : 0.5
그 밖의 흙	1 : 1.2

1과목

산업재해 예방 및 안전보건교육

01 산업안전보건법령상 안전 · 보건표지의 종류에 있어 "안전모 착용"은 어떤 표지에 해당하는가?

① 경고표지
② 지시표지
③ 안내표지
④ 관계자 외 출입 금지

해설 안전모 착용은 지시표지에 해당한다.

02 산업안전보건법상 특별교육 대상 작업이 아닌 것은?

① 건설용 리프트 · 곤돌라를 이용한 작업
② 전압이 50볼트(V)인 정전 및 활선작업
③ 화학설비 중 반응기, 교반기 · 추출기의 사용 및 세척작업
④ 액화석유가스 · 수소가스 등 인화성 가스 또는 폭발성 물질 중 가스의 발생장치 취급 작업

해설 특별교육 대상 작업은 전압이 75볼트 이상인 정전 및 활선작업이다.

03 사고의 간접원인이 아닌 것은?

① 물적 원인
② 정신적 원인
③ 관리적 원인
④ 신체적 원인

해설 물적 원인은 직접원인에 해당된다.

04 다음 재해손실 비용 중 직접손실비에 해당하는 것은?

① 진료비
② 입원 중의 잡비
③ 당일 손실 시간손비
④ 구원, 연락으로 인한 부동 임금

해설 진료비는 재해손실 유무를 판단하기 위한 진료에 발생되는 금액으로 직접적인 손실에는 해당되지 않는다.

05 기업조직의 원리 중 지시 일원화의 원리에 대한 설명으로 가장 적절한 것은?

① 지시에 따라 최선을 다해서 주어진 임무나 기능을 수행하는 것
② 책임을 완수하는 데 필요한 수단을 상사로부터 위임받은 것
③ 언제나 직속 상사에게서만 지시를 받고 특정 부하 직원들에게만 지시하는 것
④ 가능한 조직의 각 구성원이 한 가지 특수 직무만을 담당하도록 하는 것

해설 조직체 내의 각 구성원은 1인의 상사(직속상사)로부터 명령을 받아야 하며, 2인 또는 그 이상의 사람으로부터 직접 명령을 받는 일이 있어서는 안 된다는 원리이다.

06 안전모에 관한 내용으로 옳은 것은?

① 안전모의 종류는 안전모의 형태로 구분한다.
② 안전모의 종류는 안전모의 색상으로 구분한다.
③ A형 안전모 : 물체의 낙하, 비래에 의한 위험을 방지, 경감시키는 것으로 내전압성이다.
④ AE형 안전모 : 물체의 낙하, 비래에 의한 위험을 방지 또는 경감하고 머리 부위의 감전에 의한 위험을 방지하기 위한 것으로 내전압성이다.

해설 **안전인증대상 안전모의 종류 및 사용구분**

종류(기호)	사용구분	비고
ABE	물체의 낙하 또는 비래에 의한 위험을 방지 또는 경감하고, 머리 부위 감전에 의한 위험을 방지하기 위한 것	내전압성

※ 내전압성이란 7,000V 이하의 전압에 견디는 것을 말한다.

정답 | 01 ② 02 ② 03 ① 04 ① 05 ③ 06 ④

07 어느 공장의 연평균근로자가 180명이고, 1년간 사상자가 6명 발생했다면, 연천인율은 약 얼마인가? (단, 근로자는 하루 8시간씩 연간 300일을 근무한다.)

① 12.79　　　　　　② 13.89
③ 33.33　　　　　　④ 43.69

해설 **연천인율**

$$=\frac{연간재해자 수}{연평균근로자 수}\times 1,000=\frac{6}{180}\times 1,000=33.33$$

08 교육의 기본 3요소에 해당하지 않는 것은?

① 교육의 형태　　　② 교육의 주체
③ 교육의 객체　　　④ 교육의 매개체

해설 **교육의 3요소**
- 주체 : 강사
- 객체 : 수강자(학생)
- 매개체 : 교재(교육내용)

09 안전교육 방법 중 TWI(Training Within Industry)의 교육과정이 아닌 것은?

① 작업지도훈련　　　② 인간관계훈련
③ 정책수립훈련　　　④ 작업방법훈련

해설 **TWI(Training Within Industry) 훈련종류**

1. 작업지도훈련　　　2. 작업방법훈련
3. 인간관계훈련　　　4. 작업안전훈련

10 안전심리의 5대 요소 중 능동적인 감각에 의한 자극에서 일어난 사고의 결과로서, 사람의 마음을 움직이는 원동력이 되는 것은?

① 기질(Temper)　　　② 동기(Motive)
③ 감정(Emotion)　　　④ 습관(Custom)

해설 **동기(Motive)**
능동력은 감각에 의한 자극에서 일어나는 사고의 결과로서 사람의 마음을 움직이는 원동력

11 지적 확인이란 사람의 눈이나 귀 등 오감의 감각기관을 총동원해서 작업의 정확성과 안전을 확인하는 것이다. 지적 확인과 정확도가 올바르게 짝지어진 것은?

① 지적 확인한 경우 − 0.3%
② 확인만 하는 경우 − 1.25%
③ 지적만 하는 경우 − 1.0%
④ 아무것도 하지 않은 경우 − 1.8%

해설 **지적 확인의 정확도**
확인만 할 때 : 1.25%

12 토의(회의)방식 중 참가자가 다수인 경우에 전원을 토의에 참가시키기 위하여 소집단으로 구분하고, 각각 자유토의를 행하여 의견을 종합하는 방식은?

① 포럼(Forum)
② 심포지엄(Symposium)
③ 버즈 세션(Buzz Session)
④ 패널 디스커션(Panel Discussion)

해설 **버즈 세션(Buzz Session Discussion)**
참가자가 다수인 경우에 전원을 토의에 참가시키기 위한 방법으로 소집단을 구성하여 회의를 진행시키며 일명 6−6회의라고도 한다.

13 매슬로(Maslow)의 욕구이론 5단계를 올바르게 나열한 것은?

① 생리적 욕구 → 안전의 욕구 → 사회적 욕구 → 존경의 욕구 → 자아실현의 욕구
② 생리적 욕구 → 안전의 욕구 → 사회적 욕구 → 자아실현의 욕구 → 존경의 욕구
③ 안전의 욕구 → 생리적 욕구 → 사회적 욕구 → 자아실현의 욕구 → 존경의 욕구
④ 안전의 욕구 → 생리적 욕구 → 사회적 욕구 → 존경의 욕구 → 자아실현의 욕구

해설 **매슬로(Maslow)의 욕구단계이론**
- 생리적 욕구(제1단계)
- 안전의 욕구(제2단계)
- 사회적 욕구(제3단계)
- 자기존경의 욕구(제4단계)
- 자아실현의 욕구(성취욕구)(제5단계)

14 레빈(Lewin)의 법칙에서 환경조건(E)에 포함되는 것은?

$$B = f(P \cdot E)$$

① 지능　　　　　　② 소질
③ 적성　　　　　　④ 인간관계

해설 E : Environment(심리적 환경 : 인간관계, 작업조건, 감독, 직무의 안정 등)

15 기기의 적정한 배치, 변형, 균열, 손상, 부식 등의 유무를 육안, 촉수 등으로 조사한 후 그 설비별로 정해진 점검기준에 따라 양부를 확인하는 점검은?

① 외관점검　　　　② 작동점검
③ 기능점검　　　　④ 종합점검

해설 기기의 적정한 배치, 변형, 균열, 손상, 부식 등의 유무를 육안, 촉수 등으로 조사한 후 그 설비별로 정해진 점검기준에 따라 양부를 확인하는 점검을 외관점검이라고 한다.

16 재해누발자의 유형 중 작업이 어렵고, 기계설비에 결함이 있기 때문에 재해를 일으키는 유형은?

① 상황성 누발자　　② 습관성 누발자
③ 소질성 누발자　　④ 미숙성 누발자

해설 **상황성 누발자**
작업이 어렵거나, 기계설비의 결함, 환경상 주의력의 집중이 혼란된 경우, 심신의 근심으로 사고 경향자가 되는 경우(상황이 변하면 안전한 성향으로 바뀜)

17 무재해운동의 3원칙에 해당되지 않는 것은?

① 참가의 원칙　　　② 무의 원칙
③ 예방의 원칙　　　④ 선취의 원칙

해설 **무재해운동의 3원칙**
1. 무의 원칙
2. 참여의 원칙(참가의 원칙)
3. 안전제일의 원칙(선취의 원칙)

18 적응기제(Adjustment Mechanism) 중 방어적 기제 (Defence Mechanism)에 해당하는 것은?

① 고립(Isolation)　　② 퇴행(Regression)
③ 억압(Suppression)　④ 합리화(Rationalization)

해설 **방어적 기제(Defense Mechanism)**
　• 보상　　　　　　• 합리화(변명)
　• 승화　　　　　　• 동일시

19 안전관리 조직의 형태 중 참모식(Staff) 조직에 대한 설명으로 틀린 것은?

① 이 조직은 분업의 원칙을 고도로 이용한 것이며, 책임 및 권한이 직능적으로 분담되어 있다.
② 생산 및 안전에 관한 명령이 각각 별개의 계통에서 나오는 결함이 있어, 응급처치 및 통제수속이 복잡하다.
③ 참모(Staff)의 특성상 업무관장은 계획안의 작성, 조사, 점검 결과에 따른 조언, 보고에 머무는 것이다.
④ 참모(Staff)는 각 생산라인의 안전 업무를 직접 관장하고 통제한다.

해설 안전관리업무가 직선적으로 편성된 조직은 라인형 조직이다.

20 재해의 근원이 되는 기계장치나 기타의 물(物) 또는 환경을 뜻하는 것은?

① 상해　　　　　　② 가해물
③ 기인물　　　　　④ 사고의 형태

해설 **기인물**
직접적으로 재해를 유발하거나 영향을 끼친 에너지원(운동, 위치,열, 전기 등)을 지닌 기계·장치, 구조물

21 정적 자세 유지 시, 진전(Tremor)을 감소시킬 수 있는 방법으로 틀린 것은?

① 시각적인 참조가 있도록 한다.
② 손이 심장 높이에 있도록 유지한다.
③ 작업대상물에 기계적 마찰이 있도록 한다.
④ 손을 떨지 않으려고 힘을 주어 노력한다.

> **해설** 진전(Tremor : 잔잔한 떨림)을 감소시키는 방법은 손이 심장높이에 있을 때가 손떨림이 적으며, 손을 떨지 않으려고 힘을 주는 경우 진전이 더 심해진다.

22 인간의 과오를 정량적으로 평가하기 위한 기법으로, 인간과오의 분류시스템과 확률을 계산하는 안전성 평가기법은?

① THERP
② FTA
③ ETA
④ HAZOP

> **해설** **THERP(인간과오율 추정법)**
> 확률론적 안전기법으로서 인간의 과오에 기인된 사고원인을 분석하기 위하여 100만 운전시간당 과오도수를 기본 과오율로 하여 인간의 기본 과오율을 평가하는 기법

23 어떤 기기의 고장률이 시간당 0.002로 일정하다고 한다. 이 기기를 100시간 사용했을 때 고장이 발생할 확률은?

① 0.1813
② 0.2214
③ 0.6253
④ 0.8187

> **해설** **기계의 신뢰도**
> $R = e^{-\lambda t}$
> 여기서, λ(고장률) = 0.002, t(가동시간) = 100시간이므로 신뢰도
> $R = e^{(-0.002 \times 100)} = e^{-0.1} = 0.818730 \cdots$
> 고장확률 = $1 - R = 1 - 0.81873 = 0.18127 ≒ 0.1813$

24 시스템의 수명곡선에 고장의 발생형태가 일정하게 나타나는 기간은?

① 초기고장기간
② 우발고장기간
③ 마모고장기간
④ 피로고장기간

> **해설** **기계의 고장률(욕조 곡선, Bathtub Curve)**
>
>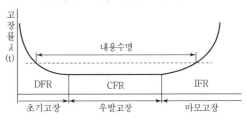

25 작업장에서 발생하는 소음에 대한 대책으로 가장 먼저 고려하여야 할 적극적인 방법은?

① 소음원의 제거
② 소음원의 차단
③ 귀마개 등 보호구의 착용
④ 덮개 등 방호장치의 설치

> **해설** **소음방지의 대책**
> • 소음원의 제거(통제)
> • 소음원의 차단(밀폐, 격리)
> • 보호구 지급 및 착용

26 반복적 노출에 따라 민감성이 가장 쉽게 떨어지는 표시장치는?

① 시각 표시장치
② 청각 표시장치
③ 촉각 표시장치
④ 후각 표시장치

> **해설** **후각적 표시장치**
> 후각은 사람의 감각기관 중 가장 예민하고 빨리 피로해지기 쉬운 기관으로 사람마다 개인차가 크다. 코가 막히면 감도도 떨어지고 냄새에 순응하는 속도가 빠르다.

27 Fussell의 알고리즘으로 최소 컷셋을 구하는 방법에 대한 설명으로 틀린 것은?

① OR 게이트는 항상 컷셋의 수를 증가시킨다.
② AND 게이트는 항상 컷셋의 크기를 증가시킨다.
③ 중복 및 반복되는 사건이 많은 경우에 적용하기 적합하고 매우 간편하다.
④ 톱(top)사상을 일으키기 위해 필요한 최소한의 컷셋이 최소 컷셋이다.

정답 | 21 ④ 22 ① 23 ① 24 ② 25 ① 26 ④ 27 ③

28 FMEA 기법의 장점에 해당하는 것은?

① 서식이 간단하다.
② 논리적으로 완벽하다.
③ 해석의 초점이 인간에 맞추어져 있다.
④ 동시에 복수의 요소가 고장나는 경우의 해석이 용이하다.

해설 **FMEA(고장형태와 영향분석법) 특징**

- 서식이 간단하고 적은 노력으로 분석 가능
- 동시에 두 가지 이상의 요소가 고장 날 경우 분석 곤란
- 요소가 물체로 한정, 인적 원인 분석 곤란

29 60fL의 광도를 요하는 시각 표시장치의 반사율이 75% 일 때, 소요조명은 몇 fc인가?

① 75
② 80
③ 75
④ 90

해설 $\text{조명}(fc) = \dfrac{\text{광산발산도}[fL]}{\text{반사율}[\%]} \times 100 = \dfrac{60}{75} \times 100 = 80(fc)$

30 FT에서 사용되는 사상기호에 대한 설명으로 맞는 것은?

① 위험지속기호 : 정해진 횟수 이상 입력이 될 때 출력이 발생한다.
② 억제게이트 : 조건부 사건이 일어나는 상황하에서 입력이 발생할 때 출력이 발생한다.
③ 우선적 AND 게이트 : 사건이 발생할 때 정해진 순서대로 복수의 출력이 발생한다.
④ 배타적 OR 게이트 : 동시에 2개 이상의 입력이 존재하는 경우에 출력이 발생한다.

해설 억제게이트 : 조건부 사건이 일어나는 상황하에서 입력이 발생할 때 출력이 발생

31 온도가 적정 온도에서 낮은 온도로 내려갈 때의 인체반응으로 옳지 않은 것은?

① 발한 반응
② 직장온도가 상승
③ 피부온도가 하강
④ 혈액은 많은 양이 몸의 중심부를 순환

해설 발한은 땀을 배출하는 것으로 체온이 적정온도보다 높을 경우 체온을 낮추기 위한 인체의 반응이다.

32 인간공학의 연구 방법에서 인간 – 기계 시스템을 평가하는 척도의 요건으로 적합하지 않은 것은?

① 적절성, 타당성
② 무오염성
③ 주관성
④ 신뢰성

해설 직무적성검사 등 인간의 특성에 관한 측정검사에 있어 갖추어야 할 요건으로는 표준화, 타당도(적절성), 신뢰도, 무오염성, 객관도 등이 있다.

33 NIOSH의 연구에 기초하여, 목과 어깨 부위의 근골격계질환 발생과 인과관계가 가장 적은 위험요인은?

① 진동
② 반복작업
③ 과도한 힘
④ 작업자세

해설 근골격계질환의 발생원인은 단순반복작업, 과도한 힘의 사용 및 불안정한 작업자세이다.

34 인간 – 기계 시스템에서의 기본적인 기능에 해당하지 않는 것은?

① 행동 기능
② 정보의 설계
③ 정보의 수용
④ 정보의 저장

해설 **인간 – 기계 시스템의 기본기능**

- 정보 입력
- 감지(정보의 수용)
- 정보처리 및 의사결정
- 행동기능(신체제어 및 통신)
- 정보보관(정보의 저장)

정답 | 28 ① 29 ② 30 ② 31 ① 32 ③ 33 ① 34 ②

35 시력과 대비감도에 영향을 미치는 인자에 해당하지 않는 것은?

① 노출시간   ② 연령
③ 주파수   ④ 휘도 수준

해설   주파수는 소음, 진동으로 인한 청력이나 신체 말단부위(팔, 다리 등)의 감각이상 등에 영향을 미치는 인자에 더 관련이 깊다.

36 조정장치를 3cm 움직였을 때 표시장치의 지침이 5cm 움직였다면, C/R비는 얼마인가?

① 0.25   ② 0.6
③ 1.6   ④ 1.7

해설   **통제표시비(선형조정장치)**

$$\frac{X}{Y} = \frac{C}{D} = \frac{\text{통제기기의 변위량}}{\text{표시계기지침의 변위량}} = \frac{3}{5} = 0.6$$

37 필요한 작업 또는 절차의 잘못된 수행으로 발생하는 과오는?

① 시간적 과오(Time Error)
② 생략적 과오(Omission Error)
③ 순서적 과오(Sequential Error)
④ 수행적 과오(Commission Error)

해설   수행에러(Commission Error) : 작업 내지 절차를 수행했으나 잘못한 실수 – 선택착오, 순서착오, 시간착오

38 일반적인 FTA 기법의 순서로 맞는 것은?

㉠ FT의 작성	㉡ 시스템의 정의
㉢ 정량적 평가	㉣ 정성적 평가

① ㉠ → ㉡ → ㉢ → ㉣
② ㉠ → ㉡ → ㉣ → ㉢
③ ㉡ → ㉠ → ㉢ → ㉣
④ ㉡ → ㉠ → ㉣ → ㉢

해설   **FTA 기법**
시스템의 정의 → FT의 작성 → 정성적 평가 → 정량적 평가

39 인체측정치를 이용한 설계에 관한 설명으로 옳은 것은?

① 평균치를 기준으로 한 설계를 제일 먼저 고려한다.
② 의자의 깊이와 너비는 모두 작은 사람을 기준으로 설계한다.
③ 자세와 동작에 따라 고려해야 할 인체측정치수가 달라진다.
④ 큰 사람을 기준으로 한 설계는 인체측정치의 5%tile을 사용한다.

해설   인체의 자세와 동작에 따라 고려해야 할 인체측정치수가 달라진다.

40 제어장치와 표시장치에 있어 물리적 형태나 배열을 유사하게 설계하는 것은 어떤 양립성(Compatibility)의 원칙에 해당하는가?

① 시각적 양립성(Visual Compatibility)
② 양식 양립성(Modality Compatibility)
③ 공간적 양립성(Spatial Compatibility)
④ 개념적 양립성(Conceptual Compatibility)

해설   공간적 양립성 : 어떤 사물들, 특히 표시장치나 조정장치의 물리적 형태나 공간적인 배치의 양립성을 말한다.

기계 · 기구 및 설비 안전관리

41 프레스기의 방호장치의 종류가 아닌 것은?

① 가드식   ② 초음파식
③ 광전자식   ④ 양수조작식

해설   **프레스의 방호장치**
- 게이트가드식(Gate Guard) 방호장치
- 양수조작식 방호장치
- 손쳐내기식(Push Away, Sweep Guard) 방호장치
- 수인식(Pull Out) 방호장치
- 광전자식(감응식) 방호장치

42 다음 중 프레스의 안전작업을 위하여 활용하는 수공구로 가장 거리가 먼 것은?

① 브러시
② 진공 컵
③ 마그넷 공구
④ 플라이어(집게)

해설 브러시는 선반작업 시 절삭 칩 제거용으로 사용한다.

43 연삭기에서 숫돌의 바깥지름이 180mm라면, 평형 플랜지의 바깥지름은 몇 mm 이상이어야 하는가?

① 30
② 36
③ 45
④ 60

해설 플랜지의 지름은 숫돌 직경의 1/3 이상인 것이 적당하다.

플랜지 지름

$$= 연삭숫돌\ 바깥지름 \times \frac{1}{3} = 180 \times \frac{1}{3} = 60mm\ 이상$$

44 산업안전보건법령에 따라 컨베이어에 부착해야 할 방호장치로 적합하지 않은 것은?

① 비상정지장치
② 과부하방지장치
③ 역주행방지장치
④ 덮개 또는 낙하방지용 울

해설 **컨베이어 안전장치의 종류**

- 비상정지장치
- 덮개 또는 울
- 건널다리
- 역전방지장치

45 보일러의 방호장치로 적절하지 않은 것은?

① 압력방출장치
② 과부하방지장치
③ 압력제한 스위치
④ 고저수위 조절장치

해설 **보일러의 방호장치**

압력방출장치, 압력제한 스위치, 고저수위 조절장치

46 프레스의 손쳐내기식 방호장치에서 방호판의 기준에 대한 설명이다. ( )에 들어갈 내용으로 맞는 것은?

방호판의 폭은 금형 폭의 (㉠) 이상이어야 하고, 행정길이가 (㉡)mm 이상인 프레스 기계에서는 방호판의 폭을 (㉢)mm로 해야 한다.

① ㉠ 1/2, ㉡ 300, ㉢ 200
② ㉠ 1/2, ㉡ 300, ㉢ 300
③ ㉠ 1/3, ㉡ 300, ㉢ 200
④ ㉠ 1/3, ㉡ 300, ㉢ 300

해설 손쳐내기식 방호장치에서 방호판의 폭은 금형폭의 1/2 이상이어야 하고, 행정길이가 300mm 이상의 프레스 기계에는 방호판 폭을 300mm로 해야 한다.

47 선박작업에서 가공물의 길이가 외경에 비하여 과도하게 길 때, 절삭저항에 의한 떨림을 방지하기 위한 장치는?

① 센터
② 심봉
③ 방진구
④ 돌리개

해설 **방진구(Center Rest)**

가늘고 긴 일감은 절삭력과 자중으로 휘거나 처짐이 일어나므로 이를 방지하기 위한 장치. 일감의 길이가 직경의 12배부터 방진구를 사용한다.

48 산업안전보건법령에 따라 목재가공용 기계에 설치하여야 하는 방호장치에 대한 내용으로 틀린 것은?

① 목재가공용 둥근톱기계에는 분할날 등 반발예방장치를 설치하여야 한다.
② 목재가공용 둥근톱기계에는 톱날접촉예방장치를 설치하여야 한다.
③ 모떼기기계에는 가공 중 목재의 회전을 방지하는 회전방지장치를 설치하여야 한다.
④ 작업대상물이 수동으로 공급되는 동력식 수동대패기계에 날접촉예방장치를 설치하여야 한다.

해설 모떼기기계에 날접촉예방장치를 설치하여야 한다. 다만, 작업의 성질상 날접촉예방장치를 설치하는 것이 곤란하여 해당 근로자에게 적절한 작업공구 등을 사용하도록 한 경우에는 그러하지 아니하다.

49 다음 중 산소 – 아세틸렌 가스용접 시 역화의 발생 원인과 가장 거리가 먼 것은?

① 토치의 과열
② 토치 팁의 이물질
③ 산소 공급의 부족
④ 압력조정기의 고장

해설 역화의 발생원인으로는 팁의 막힘, 팁과 모재의 접촉, 토치의 기능불량, 토치의 팁이 과열되었을 때, 압력조정기의 고장 등이 있다.

50 그림과 같은 지게차가 안정적으로 작업할 수 있는 상태의 조건으로 적합한 것은?

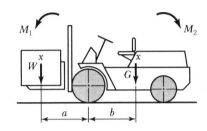

M_1 : 화물의 모멘트
M_2 : 차의 모멘트

① $M_1 < M_2$
② $M_1 > M_2$
③ $M_1 \geqq M_2$
④ $M_1 > 2M_2$

해설 $M_1 < M_2$
화물의 모멘트 $M_1 = W \times a$, 지게차의 모멘트 $M_2 = G \times b$
여기서, W : 화물 중심에서의 화물의 중량(kgf)
  G : 지게차 중량(kgf)
  a : 앞바퀴에서 화물 중심까지의 최단거리(cm)
  b : 앞바퀴에서 지게차 중심까지의 최단거리(cm)

51 그림과 같이 2줄의 와이어로프로 중량물을 달아 올릴 때, 로프에 가장 힘이 적게 걸리는 각도(θ)는?

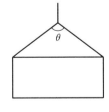

① 30°
② 60°
③ 90°
④ 12°

해설 2줄의 와이어로프에 중량물을 달아 올릴 때 로프에 가장 힘이 적게 걸리는 각도는 30도이다.

52 기계 설비의 안전조건에서 구조적 안전화에 해당하지 않는 것은?

① 가공결함
② 재료결함
③ 설계상의 결함
④ 방호장치의 작동결함

해설 **구조부분의 안전화(강도적 안전화)**
• 재료의 결함
• 설계 시의 잘못
• 가공의 잘못

53 2개의 회전체가 회전운동을 할 때에 물림점이 발생할 수 있는 조건은?

① 두 개의 회전체 모두 시계 방향으로 회전
② 두 개의 회전체 모두 시계 반대 방향으로 회전
③ 하나는 시계 방향으로 회전하고 다른 하나는 정지
④ 하나는 시계 방향으로 회전하고 다른 하나는 시계 반대 방향으로 회전

해설 **물림점(Nip Point)**
반대로 회전하는 두 개의 회전체가 맞닿는 사이에 발생하는 위험점

54 양수조작식 방호장치에서 누름버튼 상호간의 내측 거리는 몇 mm 이상이어야 하는가?

① 250
② 300
③ 350
④ 400

해설 **양수조작식 방호장치의 일반구조**
누름버튼의 상호 간 내측거리는 300mm 이상이어야 한다.

55 기계의 왕복운동을 하는 동작 부분과 움직임이 없는 고정 부분 사이에 형성되는 위험점으로 프레스 등에서 주로 나타나는 것은?

① 물림점
② 협착점
③ 절단점
④ 회전말림점

해설 **협착점**
왕복운동을 하는 동작부분과 움직임이 없는 고정부분 사이에 형성되는 위험점
예 프레스, 전단기

정답 | 49 ③ 50 ① 51 ① 52 ④ 53 ④ 54 ② 55 ②

56 연삭기의 방호장치에 해당하는 것은?

① 주수 장치
② 덮개 장치
③ 제동 장치
④ 소화 장치

해설 **원동기 · 회전축 등의 위험방지 (「안전보건규칙」 제87조)**

사업주는 연삭기(研削機) 또는 평삭기(平削機)의 테이블, 형삭기(形削機) 램 등의 행정 끝이 근로자에게 위험을 미칠 우려가 있는 경우에 해당 부위에 덮개 또는 울 등을 설치하여야 한다.

57 산업안전보건법령에 따라 달기 체인을 달비계에 사용해서는 안 되는 경우가 아닌 것은?

① 균열이 있거나 심하게 변형된 것
② 달기 체인의 한 꼬임에서 끊어진 소선의 수가 10% 이상인 것
③ 달기 체인의 길이가 달기 체인이 제조된 때의 길이의 5%를 초과한 것
④ 링의 단면지름이 달기 체인이 제조된 때의 해당 링의 지름의 10% 초과하여 감소한 것

해설 **달기 체인 사용금지 기준**

- 달기 체인의 길이가 달기 체인이 제조된 때의 길이의 5%를 초과한 것
- 링의 단면 지름이 달기 체인이 제조된 때의 해당 링 지름의 10%를 초과하여 감소한 것
- 균열이 있거나 심하게 변형된 것

58 연삭기의 원주속도 V(m/min)를 구하는 식은? (단, D는 숫돌의 지름(m), n은 회전수(rpm)이다.)

① $V = \dfrac{\pi Dn}{16}$
② $V = \dfrac{\pi Dn}{32}$
③ $V = \dfrac{\pi Dn}{60}$
④ $V = \dfrac{\pi Dn}{1,000}$

해설 **연삭기의 원주속도**

$$v = \frac{\pi DN}{1,000}(\text{m/min}) = \pi DN(\text{mm/min})$$

여기서, 지름 : D(mm), 회전수 : N(rpm)

59 산업용 로봇의 동작 형태별 분류에 해당하지 않는 것은?

① 관절 로봇
② 극좌표 로봇
③ 수치제어 로봇
④ 원통좌표 로봇

해설 산업용 로봇의 동작에 의한 분류로는 직각좌표로봇, 원통작업로봇, 극좌표로봇, 다관절로봇이 있다.

60 기계설비 외형의 안전화 방법이 아닌 것은?

① 덮개
② 안전 색채 조절
③ 가드(Guard)의 설치
④ 페일세이프(Fail Safe)

해설 **기계의 안전조건(외형의 안전화)**

- 묻힘형이나 덮개의 설치
- 별실 또는 구획된 장소에의 격리
- 안전색채를 사용

4과목

전기 및 화학설비 안전관리

61 액체가 관내를 이동할 때에 정전기가 발생하는 현상은?

① 마찰대전
② 박리대전
③ 분출대전
④ 유동대전

해설 액체류가 파이프 등 내부에서 유동할 때 액체와 관벽 사이에 정전기가 발생하는 것을 유동대전이라고 한다.

62 전기기계 · 기구의 누전에 의한 감전의 위험을 방지하기 위하여 코드 및 플러그를 접속하여 사용하는 전기기계 · 기구 중 노출된 비충전 금속체에 접지를 실시하여야 하는 것이 아닌 것은?

① 사용전압이 대지전압 110V인 기구
② 냉장고 · 세탁기 · 컴퓨터 및 주변기기 등과 같은 고정형 전기기계 · 기구
③ 고정형 · 이동형 또는 휴대형 전동기계 · 기구
④ 휴대형 손전등

해설 **접지대상**

사용전압이 대지전압 150볼트를 넘는 것

63 도체의 정전용량 $C = 20\mu F$, 대전전위(방전 시 전압) $V = 3kV$일 때 정전에너지(J)는?

① 45   ② 90
③ 180   ④ 360

[해설] $W = \frac{1}{2}CV^2 = \frac{1}{2} \times 20 \times 10^{-6} \times 3,000^2 \therefore W = 90[J]$

여기서, C : 도체의 정전용량, Q : 대전전하량
V : 대전전위 $\Rightarrow Q = CV$

64 사람이 접촉될 우려가 있는 장소에서 제1종 접지공사의 접지선을 시설할 때 접지극의 최소 매설깊이는?

① 지하 30cm 이상   ② 지하 50cm 이상
③ 지하 75cm 이상   ④ 지하 90cm 이상

[해설] 법 개정으로 인해 해당 문제는 재출제 되지 않음

65 산업안전보건기준에 관한 규칙에 따라 꽂음접속기를 설치 또는 사용하는 경우 준수하여야 할 사항으로 틀린 것은?

① 서로 다른 전압의 꽂음접속기는 서로 접속되지 아니한 구조의 것을 사용할 것
② 습윤한 장소에 사용되는 꽂음접속기는 방수형 등 그 장소에 적합한 것을 사용할 것
③ 근로자가 해당 꽂음접속기를 접속시킬 경우에는 땀 등으로 젖은 손으로 취급하지 않도록 할 것
④ 꽂음접속기에 잠금장치가 있을 때에는 접속 후 개방하여 사용할 것

[해설] 해당 꽂음접속기에 잠금장치가 있을 경우에는 접속 후 잠그고 사용할 것

66 인체가 현저히 젖어 있거나 인체의 일부가 금속성의 전기기구 또는 구조물에 상시 접촉되어 있는 상태의 허용접촉전압(V)은?

① 2.5V 이하   ② 25V 이하
③ 50V 이하   ④ 제한 없음

[해설] 인체가 현저히 젖어 있거나 인체의 일부가 금속성의 전기기구 또는 구조물에 상시 접촉되어 있는 상태의 허용접촉전압 : 25[V] 이하

67 방폭전기설비에서 1종 위험장소에 해당하는 것은?

① 이상상태에서 위험 분위기를 발생할 염려가 있는 장소
② 보통장소에서 위험 분위기를 발생할 염려가 있는 장소
③ 위험분위기가 보통의 상태에서 계속해서 발생하는 장소
④ 위험 분위기가 장기간 또는 거의 조성되지 않는 장소

[해설] **1종 장소**

정상 작동상태에서 인화성 액체의 증기 또는 가연성 가스에 의한 폭발 위험분위기가 존재하기 쉬운 장소

68 과전류차단기로 시설하는 퓨즈 중 고압전로에 사용하는 포장 퓨즈는 정격전류의 몇 배를 견딜 수 있어야 하는가?

① 1.1배   ② 1.3배
③ 1.6배   ④ 2.0배

[해설] **고압용 Fuse(포장퓨즈)**

정격전류의 1.3배에 견디고, 2배의 전류에 120분 안에 용단

69 접지공사의 종류별로 접지선의 굵기 기준이 바르게 연결된 것은?

① 제1종 접지공사 – 공칭단면적 1.6mm² 이상의 연동선
② 제2종 접지공사 – 공칭단면적 2.6mm² 이상의 연동선
③ 제3종 접지공사 – 공칭단면적 2mm² 이상의 연동선
④ 특별 제3종 접지공사 – 공칭단면적 2.5mm² 이상의 연동선

[해설] 법 개정으로 인해 해당 문제는 재출제 되지 않음

70 신선한 공기 또는 불연성 가스 등의 보호기체를 용기의 내부에 압입함으로써 내부의 압력을 유지하여 폭발성 가스가 침입하지 않도록 하는 방폭구조는?

① 내압 방폭구조   ② 압력 방폭구조
③ 안전증 방폭구조   ④ 특수 방진 방폭구조

[해설] 압력 방폭구조에 대한 설명이다.

71 연소의 3요소에 해당되지 않는 것은?

① 가연물　　　　　　② 점화원

③ 연쇄반응　　　　　④ 산소공급원

해설 연소의 3요소는 가연물, 점화원, 산소공급원이다.

72 산업안전보건법령에서 정한 위험물을 기준량 이상으로 제조하거나 취급하는 설비 중 특수화학설비에 해당하지 않는 것은?

① 발열반응이 일어나는 반응장치

② 증류 · 정류 · 증발 · 추출 등 분리를 하는 장치

③ 가열로 또는 가열기

④ 고로 등 점화기를 직접 사용하는 열교환기류

해설 고로 등 점화기를 직접 사용하는 열교환기류는 산업안전보건법상 특수 화학설비가 아닌 화학설비에 해당한다.

73 프로판(C_3H_8)의 완전연소 조성농도는 약 몇 vol%인가?

① 4.02　　　　　　　② 4.19

③ 5.05　　　　　　　④ 5.19

해설 • 프로판(C_3H_8)의 연소식

$C_3H_8 + 5O_2 \rightarrow 3CO_2 + 4H_2O$

• 완전연소 조성농도(C_{st})

$$= \frac{1}{(4.733n + 1.19x - 2.38y) + 1} \times 100$$

$$= \frac{1}{(4.733 \times 3 + 1.19 \times 8 - 2.38 \times 0) + 1} \times 100$$

$$\fallingdotseq 4.02(\%)$$

74 물과의 반응 또는 열에 의해 분해되어 산소를 발생시키는 것은?

① 적린　　　　　　　② 과산화나트륨

③ 유황　　　　　　　④ 이황화탄소

해설 과산화나트륨은 물과 반응하여 산소를 발생시킨다.

반응식 : $2Na_2O_2 + 2H_2O \rightarrow 4NaOH + O_2 +$ 발열

75 위험물안전관리법령상 제3류 위험물이 아닌 것은?

① 황화린　　　　　　② 금속나트륨

③ 황린　　　　　　　④ 금속칼륨

해설 황화린은 위험물안전관리법령상 2류 위험물로, 자연발화성 물질이므로 통풍이 잘되는 냉암소에 보관하며 종류에는 3황화린(P_4S_3), 5황화린(P_4S_5), 7황화린(P_4S_7) 등이 있다.

76 환풍기가 고장난 장소에서 인화성 액체를 취급할 때, 부주의로 마개를 막지 않았다. 여기서 작업자가 담배를 피우기 위해 불을 켜는 순간 인화성 액체에서 불꽃이 일어나는 사고가 발생하였다. 이와 같은 사고의 발생 가능성이 가장 높은 물질은? (단, 작업현장의 온도는 20℃이다.)

① 글리세린　　　　　② 중유

③ 디에틸에테르　　　④ 경유

해설 디에틸에테르는 산업안전보건법상 보기의 인화성 액체 중 인화점 및 초기 끓는점이 가장 낮아 문제에서 설명한 사고의 발생 가능성이 가장 높다고 할 수 있다.

77 유해물질의 농도를 c, 노출시간을 t라 할 때 유해물지수(k)와의 관계인 Haber의 법칙을 바르게 나타낸 것은?

① $k = c + t$　　　　② $k = c/k$

③ $k = c \times t$　　　　④ $k = c - t$

해설 Haber 법칙은 약품(독성) 용량에 관한 것으로, "유효용량은 노출농도 및 노출시간에 정비례한다."는 이론이다.

이를 식으로 나타내면,

$k = c \times t$

여기서, k : 유해물지수, c : 유해물 농도, t : 노출시간

78 20℃인 1기압의 공기를 압축비 3으로 단열압축하였을 때, 온도는 약 몇 ℃가 되겠는가? (단, 공기의 비열비는 1.4이다.)

① 84　　　　　　　　② 128

③ 182　　　　　　　④ 1091

해설 단열변화 공식 $\dfrac{T_2}{T_1} = \left(\dfrac{V_1}{V_2}\right)^{r-1} = \left(\dfrac{P_2}{P_1}\right)^{\frac{(r-1)}{r}}$ 를 이용하면,

$$T_2 = (273 + 20) \times \left(\frac{3}{1}\right)^{\frac{1.4-1}{1.4}} = 401°K = 128℃$$

정답 | 71 ③　72 ④　73 ①　74 ②　75 ①　76 ③　77 ③　78 ②

79 절연성 액체를 운반하는 관에서 정전기로 인해 일어나는 화재 및 폭발을 예방하기 위한 방법으로 가장 거리가 먼 것은?

① 유속을 줄인다.
② 관을 접지시킨다.
③ 도전성이 큰 재료의 관을 사용한다.
④ 관의 안지름을 작게 한다.

해설 화재 폭발을 예방하기 위해서는 관의 안지름을 크게 하여 유속을 줄여야 한다.

80 분진폭발에 대한 안전대책으로 적절하지 않은 것은?

① 분진의 퇴적을 방지한다.
② 점화원을 제거한다.
③ 입자의 크기를 최소화한다.
④ 불활성 분위기를 조성한다.

해설 분진폭발은 일반적으로 분진 입자의 크기가 작을수록 위험성이 더 크다.

5과목
건설공사 안전관리

81 토석이 붕괴되는 원인을 외적 요인과 내적 요인으로 나눌 때 외적 요인으로 볼 수 없는 것은?

① 사면, 법면의 경사 및 기울기의 증가
② 지진발생, 차량 또는 구조물의 중량
③ 공사에 의한 진동 및 반복하중의 증가
④ 절토 사면의 토질, 암질

해설 절토 사면의 토질, 암질은 토석붕괴의 내적 요인에 해당된다.

82 건설용 양중기에 관한 설명으로 옳은 것은?

① 삼각데릭의 인접시설에 장해가 없는 상태에서 360° 회전이 가능하다.
② 이동식 크레인(crane)에는 트럭 크레인, 크롤러 크레인 등이 있다.

③ 휠 크레인에는 무한궤도식과 타이어식이 있으며 장거리 이동에 적당하다.
④ 크롤러 크레인은 휠 크레인보다 기동성이 뛰어나다.

해설 이동식 크레인에는 트럭 크레인, 크롤러 크레인, 유압 크레인 등이 있다.

83 다음은 공사진척에 따른 안전관리비의 사용기준이다. ( )에 들어갈 내용으로 옳은 것은?

공정률	50% 이상 70% 미만	70% 이상 90% 미만	90% 이상
사용기준	( )	70% 이상	90% 이상

① 30% 이상
② 40% 이상
③ 50% 이상
④ 60% 이상

해설 공사진척에 따른 안전관리비의 사용기준에서 공정률이 50% 이상 70% 미만일 경우 50% 이상 사용해야 한다.

84 거푸집 동바리 조립도에 명시해야 할 사항과 거리가 가장 먼 것은?

① 작업 환경 조건
② 부재의 재질
③ 단면규격
④ 설치간격

해설 조립도에는 거푸집 및 동바리를 구성하는 부재의 재질#단면규격#설치간격 및 이음방법 등을 명시해야 한다.

85 산업안전보건기준에 관한 규칙에 따른 토사굴착 시 굴착면의 기울기 기준으로 옳은 것은?

① 모래－1 : 1.0
② 연암－1 : 0.5
③ 경암－1 : 0.8
④ 그 밖의 흙－1 : 1.2

해설 굴착면의 기울기 기준

지반의 종류	굴착면의 기울기
모래	1 : 1.8
연암 및 풍화암	1 : 1.0
경암	1 : 0.5
그 밖의 흙	1 : 1.2

---

86 철골공사 시 무너짐의 위험이 있어 강풍에 대한 안전 여부를 확인해야 할 필요성이 가장 높은 경우는?

① 연면적당 철골량이 일반 건물보다 많은 경우
② 기둥에 H형강을 사용하는 경우
③ 이음부가 공장용접인 경우
④ 단면구조가 현저한 차이가 있으며 높이가 20m 이상인 건물

해설 **철골의 자립도를 위한 대상 건물**
- 높이 20m 이상의 구조물
- 구조물의 폭과 높이의 비가 1 : 4 이상인 구조물
- 단면구조에 현저한 차이가 있는 구조물
- 연면적당 철골량이 50kg/m² 이하인 구조물
- 기둥이 타이플레이트(Tie Plate)형인 구조물
- 이음부가 현장용접인 구조물

87 강관비계를 조립할 때 준수하여야 할 사항으로 옳지 않은 것은?

① 비계기둥의 간격은 띠장방향에서 1.85m 이하로 할 것
② 띠장간격은 1.8m 이하로 설치할 것
③ 비계기둥의 제일 윗부분으로부터 31m 되는 지점 밑부분의 비계기둥은 2개의 강관으로 묶어 세울 것
④ 비계기둥 간의 적재하중은 400kg을 초과하지 않도록 할 것

해설 띠장간격은 2m 이하로 할 것

88 양중기의 와이어로프 등 달기구의 안전계수 기준으로 옳은 것은? (단, 화물의 하중을 직접 지지하는 달기와이어로프 또는 달기체인의 경우이다.)

① 3 이상   ② 4 이상
③ 5 이상   ④ 6 이상

해설 화물의 하중을 직접 지지하는 경우 양중기의 와이어로프 등 달기구의 안전계수는 5 이상이어야 한다.

89 옥내작업장에는 비상시에 근로자에게 신속하게 알리기 위한 경보용 설비 또는 기구를 설치하여야 한다. 그 설치대상 기준으로 옳은 것은?

① 연면적이 400m² 이상이거나 상시 40명 이상의 근로자가 작업하는 옥내작업장

② 연면적이 400m² 이상이거나 상시 50명 이상의 근로자가 작업하는 옥내작업장
③ 연면적이 500m² 이상이거나 상시 40명 이상의 근로자가 작업하는 옥내작업장
④ 연면적이 500m² 이상이거나 상시 50명 이상의 근로자가 작업하는 옥내작업장

해설 연면적이 400제곱미터 이상이거나 상시 50명 이상의 근로자가 작업하는 옥내작업장에는 비상시에 근로자에게 신속하게 알리기 위한 경보용 설비 또는 기구를 설치하여야 한다.

90 비탈면 붕괴 방지를 위한 붕괴방지공법과 가장 거리가 먼 것은?

① 배토공법   ② 압성토공법
③ 공작물의 설치   ④ 언더피닝공법

해설 **언더피닝공법**
기존구조물의 기초 저면보다 깊은 구조물을 시공하거나 기존 구조물의 증축 시 기존구조물을 보호하기 위해 기초하부에 설치하는 기초보강공법이다.

91 거푸집 동바리 등을 조립하거나 해체하는 작업을 하는 경우에 준수해야 할 사항으로 옳지 않은 것은?

① 해당 작업을 하는 구역에는 관계 근로자가 아닌 사람의 출입을 금지할 것
② 비, 눈, 그 밖의 기상상태의 불안정으로 날씨가 몹시 나쁜 경우에는 그 작업을 중지할 것
③ 재료, 기구 또는 공구 등을 올리거나 내리는 경우에는 근로자 간 서로 직접 전달하도록 하고, 달줄·달포대 등의 사용을 금할 것
④ 낙하·충격에 의한 돌발적 재해를 방지하기 위하여 버팀목을 설치하고 거푸집 동바리 등을 인양장비에 매단 후에 작업을 하도록 하는 등 필요한 조치를 할 것

해설 거푸집 동바리 등을 조립하거나 해체하는 작업을 하는 경우 재료·기구 또는 공구 등을 올리거나 내릴 때에는 근로자가 달줄 또는 달포대 등을 사용하게 해야 한다.

92 철근의 가스절단 작업 시 안전상 유의해야 할 사항으로 옳지 않은 것은?

① 작업장에는 소화기를 비치하도록 한다.
② 호스, 전선 등은 다른 작업장을 거치는 곡선상의 배선이어야 한다.
③ 전선의 경우 피복이 손상되어 있는지를 확인하여야 한다.
④ 호스는 작업 중에 겹치거나 밟히지 않도록 한다.

해설　철근의 가스절단 작업 시 호스, 전선 등은 직선상의 배선이어야 한다.

93 터널 등의 건설작업을 하는 경우에 낙반 등에 의하여 근로자가 위험해질 우려가 있는 경우, 그 위험을 방지하기 위하여 취해야 할 조치와 거리가 먼 것은?

① 터널지보공 설치　　② 록볼트 설치
③ 부석의 제거　　　　④ 산소의 측정

해설　낙반 등에 의하여 근로자가 위험해질 우려가 있는 경우에 터널 지보공 및 록볼트의 설치, 부석의 제거 등 위험을 방지하기 위하여 필요한 조치를 하여야 한다.

94 철골공사 중 트랩을 이용해 승강할 때 안전과 관련된 항목이 아닌 것은?

① 수평구명줄　　　　② 수직구명줄
③ 죔줄　　　　　　　④ 추락방지대

해설　수평구명줄은 철골 조립작업 시 안전대 걸이시설로 빔 등에 수평 방향으로 설치한다.

95 거푸집 및 동바리 설계 시 적용하는 연직방향하중에 해당되지 않는 것은?

① 콘크리트의 측압　　② 철근콘크리트의 자중
③ 작업하중　　　　　④ 충격하중

해설　콘크리트 측압은 콘크리트가 거푸집을 옆에서 밀어내려고 하는 수평방향 하중이다.

96 철골작업 시의 위험방지와 관련하여 철골작업을 중지하여야 하는 강설량의 기준은?

① 시간당 1mm 이상인 경우
② 시간당 3mm 이상인 경우
③ 시간당 1cm 이상인 경우
④ 시간당 3cm 이상인 경우

해설　강설량이 시간당 1cm 이상인 경우 철골작업을 중지해야 한다.

97 굴착공사의 경우 유해·위험방지계획서 제출대상의 기준으로 옳은 것은?

① 깊이 5m 이상인 굴착공사
② 깊이 8m 이상인 굴착공사
③ 깊이 10m 이상인 굴착공사
④ 깊이 15m 이상인 굴착공사

해설　깊이 10미터 이상인 굴착공사가 대상이다.

98 비계의 높이가 2m 이상인 작업장소에 설치되는 작업발판의 구조에 관한 기준으로 옳지 않은 것은?

① 작업발판의 폭은 40cm 이상으로 할 것
② 발판재료 간의 틈은 5cm 이하로 할 것
③ 작업발판재료는 뒤집히거나 떨어지지 않도록 둘 이상의 지지물에 연결하거나 고정시킬 것
④ 작업발판을 작업에 따라 이동시킬 경우에는 위험 방지에 필요한 조치를 할 것

해설　비계의 높이가 2m 이상인 작업장소에 설치되는 작업발판의 경우 발판재료 간의 틈은 3cm 이하로 해야 한다.

99 고소작업대를 사용하는 경우 준수해야 할 사항으로 옳지 않은 것은?

① 안전한 작업을 위하여 적정수준의 조도를 유지할 것
② 전로(電路)에 근접하여 작업을 하는 경우에는 작업감시자를 배치하는 등 감전사고를 방지하기 위하여 필요한 조치를 할 것
③ 작업대의 붐대를 상승시킨 상태에서 탑승자는 작업대를 벗어나지 말 것
④ 전환스위치는 다른 물체를 이용하여 고정할 것

정답 | 92 ②　93 ④　94 ①　95 ①　96 ③　97 ③　98 ②　99 ④

고소작업대를 사용하는 경우 전환스위치는 다른 물체를 이용하여 고정
하지 말아야 한다.

100 계단의 개방된 측면에 근로자의 추락 위험을 방지하기
위하여 안전난간을 설치하고자 할 때 그 설치기준으로 옳지
않은 것은?

① 안전난간은 상부 난간대, 중간 난간대, 발끝막이판 및 난간기
둥으로 구성할 것
② 발끝막이판은 바닥면 등으로부터 10cm 이상의 높이를 유지
할 것
③ 난간기둥은 상부 난간대와 중간 난간대를 견고하게 떠받칠 수
있도록 적정한 간격을 유지할 것
④ 난간대는 지름 3.8cm 이상의 금속제 파이프나 그 이상의 강
도가 있는 재료일 것

해설 안전난간의 구조에서 난간대는 지름 2.7센티미터 이상의 금속제 파이
프나 그 이상의 강도가 있는 재료이어야 한다.

2020년 1 · 2회

1과목
산업재해 예방 및 안전보건교육

01 일반적으로 사업장에서 안전관리조직을 구성할 때 고려할 사항과 가장 거리가 먼 것은?

① 조직 구성원의 책임과 권한을 명확하게 한다.
② 회사의 특성과 규모에 부합되게 조직되어야 한다.
③ 생산조직과는 동떨어진 독특한 조직이 되도록 하여 효율성을 높인다.
④ 조직의 기능이 충분히 발휘될 수 있는 제도적 체계가 갖추어져야 한다.

해설 안전관리조직은 생산조직과 밀접한 관련이 있도록 하여 효율성을 높인다.

02 보호구 안전인증 고시에 따른 안전화의 정의 중 ( )에 들어갈 말로 알맞은 것은?

> 경작업용 안전화란 (㉠)mm의 낙하높이에서 시험했을 때 충격과 (㉡±0.1)kN의 압축하중에서 시험했을 때 압박에 대하여 보호해 줄 수 있는 선심을 부착하여, 착용자를 보호하기 위한 안전화를 말한다.

① ㉠ 500, ㉡ 10.0
② ㉠ 250, ㉡ 10.0
③ ㉠ 500, ㉡ 4.4
④ ㉠ 250, ㉡ 4.4

해설 **경작업용 안전화**
250밀리미터의 낙하높이에서 시험했을 때 충격과 (4.4 ±0.1)킬로뉴턴(KN)의 압축하중에서 시험했을 때 압박에 대하여 보호해 줄 수 있는 선심을 부착하여, 착용자를 보호하기 위한 안전화를 말한다.

03 산업안전보건법령상 안전보건표지의 종류와 형태 중 그림과 같은 경고 표지는? (단, 바탕은 무색, 기본모형은 빨간색, 그림은 검은색이다.)

① 부식성물질 경고
② 폭발성물질 경고
③ 산화성물질 경고
④ 인화성물질 경고

해설 인화성물질 경고 표지이다.

04 상시 근로자수가 75명인 사업장에서 1일 8시간씩 연간 320일을 작업하는 동안에 4건의 재해가 발생하였다면 이 사업장의 도수율은 약 얼마인가?

① 17.68
② 19.67
③ 20.83
④ 22.83

해설 $도수율 = \dfrac{재해발생건수}{연근로총시간수} \times 10^6$
$= \dfrac{4}{75 \times 8 \times 320} \times 10^6$
$= 20.83$

05 테크니컬 스킬즈(technical skills)에 관한 설명으로 옳은 것은?

① 모럴(morale)을 앙양시키는 능력
② 인간을 사물에게 적응시키는 능력
③ 사물을 인간에게 유리하게 처리하는 능력
④ 인간과 인간의 의사소통을 원활히 처리하는 능력

해설 테크니컬 스킬즈 : 사물을 인간에 유익하도록 처리하는 능력

정답 | 01 ③ 02 ④ 03 ④ 04 ③ 05 ③

06 주의의 특성으로 볼 수 없는 것은?

① 변동성　　　　　　② 선택성

③ 방향성　　　　　　④ 통합성

해설　**주의의 특성**

1. 선택성(한 번에 많은 종류의 자극을 받을 때 소수의 특정한 것에만 반응하는 성질)
2. 방향성(시선의 초점이 맞았을 때 쉽게 인지된다)
3. 변동성

07 산업재해 예방의 4원칙 중 "재해발생에는 반드시 원인이 있다."라는 원칙은?

① 대책 선정의 원칙　　② 원인 계기의 원칙

③ 손실 우연의 원칙　　④ 예방 가능의 원칙

해설　원인 계기의 원칙 : 재해발생은 반드시 원인이 있음

08 심리검사의 특징 중 "검사의 관리를 위한 조건과 절차의 일관성과 통일성"을 의미하는 것은?

① 규준　　　　　　② 표준화

③ 객관성　　　　　④ 신뢰성

해설　**표준화**

검사의 관리를 위한 조건, 절차의 일관성과 통일성에 대한 심리검사의 표준화가 마련되어야 한다. 검사의 재료, 검사받는 시간, 피검사에게 주어지는 지시, 피검사의 질문에 대한 검사자의 처리, 검사 장소 및 분위기까지도 모두 통일되어 있어야 한다.

09 조직이 리더에게 부여하는 권한으로 볼 수 없는 것은?

① 보상적 권한　　　② 강압적 권한

③ 합법적 권한　　　④ 위임된 권한

해설　**조직이 리더에게 부여한 권한**

1. 합법적 권한 : 군대, 교사, 정부기관 등 법적으로 부여된 권한
2. 보상적 권한 : 부하에게 노력에 대한 보상을 할 수 있는 권한
3. 강압적 권한 : 부하에게 명령할 수 있는 권한

10 하인리히 재해 발생 5단계 중 3단계에 해당하는 것은?

① 불안전한 행동 또는 불안전한 상태

② 사회적 환경 및 유전적 요소

③ 관리의 부재

④ 사고

해설　3단계 : 불안전한 행동 및 불안전한 상태(직접원인)

11 기억의 과정 중 과거의 학습경험을 통해서 학습된 행동이 현재와 미래에 지속되는 것을 무엇이라 하는가?

① 기명(memorizing)　　② 파지(retention)

③ 재생(recall)　　　　④ 재인(recognition)

해설　파지 : 사물, 현상, 정보 등이 보존되는 것

12 다음 중 매슬로우(Masolw)가 제창한 인간의 욕구 5단계 이론을 단계별로 옳게 나열한 것은?

① 생리적 욕구 → 안전 욕구 → 사회적 욕구 → 존경의 욕구 → 자아실현의 욕구

② 안전 욕구 → 생리적 욕구 → 사회적 욕구 → 존경의 욕구 → 자아실현의 욕구

③ 사회적 욕구 → 생리적 욕구 → 안전 욕구 → 존경의 욕구 → 자아실현의 욕구

④ 사회적 욕구 → 안전 욕구 → 생리적 욕구 → 존경의 욕구 → 자아실현의 욕구

해설　**매슬로(Maslow)의 욕구단계이론**

1. 생리적 욕구(제1단계)
2. 안전의 욕구(제2단계)
3. 사회적 욕구(제3단계)
4. 자기존경의 욕구(제4단계)
5. 자아실현의 욕구(제5단계)

13 기계·기구 또는 설비의 신설, 변경 또는 고장 수리 등 부정기적인 점검을 말하며, 기술적 책임자가 시행하는 점검은?

① 정기 점검　　　　② 수시 점검

③ 특별 점검　　　　④ 임시 점검

해설　**특별 점검**

기계 기구의 신설 및 변경 시 고장, 수리 등에 의해 부정기적으로 실시하는 점검, 안전강조기간에 실시하는 점검 등

---

14 재해의 원인 분석법 중 사고의 유형, 기인물 등 분류 항목을 큰 순서대로 도표화하여 문제나 목표의 이해가 편리한 것은?

① 관리도(control chart)
② 파렛토도(pareto diagram)
③ 클로즈분석(close analysis)
④ 특성요인도(cause-reason diagram)

해설 파렛토도 : 분류 항목을 큰 순서대로 도표화한 분석법

15 산업안전보건법령상 특별교육 대상 작업별 교육 작업 기준으로 틀린 것은?

① 전압기 75V 이상인 정전 및 활선작업
② 굴착면의 높이가 2m 이상의 되는 암석의 굴착작업
③ 동력에 의하여 작동되는 프레스기계를 3대 이상 보유한 사업장에서 해당 기계로 하는 작업
④ 1톤 미만의 크레인 또는 호이스트를 5대 이상 보유한 사업장에서 해당 기계로 하는 작업

해설 특별교육 대상 : 동력에 의하여 작동되는 프레스기계를 5대 이상 보유한 사업장에서 해당 기계로 하는 작업

16 교육의 3요소 중 교육의 주체에 해당하는 것은?

① 강사
② 교재
③ 수강자
④ 교육방법

해설 **교육의 3요소**
1. 주체 : 강사
2. 객체 : 수강자(학생)
3. 매개체 : 교재(교육내용)

17 O.J.T(On the Job Training) 교육의 장점과 가장 거리가 먼 것은?

① 훈련에만 전념할 수 있다.
② 직장의 실정에 맞게 실제적 훈련이 가능하다.
③ 개개인의 업무능력에 적합학 자세한 교육이 가능하다.
④ 교육을 통하여 상사와 부하간의 의사소통과 신뢰감이 깊게 된다.

해설 훈련에만 전념할 수 있는 교육은 Off J.T.(직장 외 교육훈련)이다.

18 위험예지훈련 기초 4라운드(4R)에서 라운드별 내용이 바르게 연결된 것은?

① 1라운드 : 현상파악
② 2라운드 : 대책수립
③ 3라운드 : 목표설정
④ 4라운드 : 본질추구

해설 **위험예지훈련의 추진을 위한 문제해결 4단계**
• 1라운드 : 현상파악(사실의 파악)
• 2라운드 : 본질추구(원인조사)
• 3라운드 : 대책수립(대책을 세운다)
• 4라운드 : 목표설정(행동계획 작성)

19 산업안전보건법령상 근로자 안전·보건교육 중 채용 시의 교육 및 작업내용 변경 시의 교육 사항으로 옳은 것은?

① 물질안전보건자료에 관한 사항
② 건강증진 및 질병 예방에 관한 사항
③ 유해·위험 작업환경 관리에 관한 사항
④ 표준안전작업방법 및 지도 요령에 관한 사항

해설 ②, ③은 근로자 정기교육, ④는 관리감독자 정기교육 내용이다.

20 산업 재해의 발생 유형으로 볼 수 없는 것은?

① 지그재그형
② 집중형
③ 연쇄형
④ 복합형

해설 **재해(사고) 발생 시의 유형(모델)**
1. 단순자극형(집중형)
2. 연쇄형(사슬형)
3. 복합형

2과목

인간공학 및 위험성 평가·관리

21 결함수 분석법에서 일정 조합 안에 포함되는 기본사상들이 동시에 발생할 때 반드시 목표사상을 발생시키는 조합을 무엇이라 하는가?

① Cut set
② Decision tree
③ Path set
④ 불대수

정답 | 14 ② 15 ③ 16 ① 17 ① 18 ① 19 ① 20 ① 21 ①

22 시스템의 성능 저하가 인원의 부상이나 시스템 전체에 중대한 손해를 입히지 않고 제어가 가능한 상태의 위험강도는?

① 범주 Ⅰ : 파국적
② 범주 Ⅱ : 위기적
③ 범주 Ⅲ : 한계적
④ 범주 Ⅳ : 무시

해설 **시스템 위험성의 분류**
- 범주(Category) Ⅰ, 파국(Catastrophic)
- 범주(Category) Ⅱ, 위험(Critical)
- 범주(Category) Ⅲ, 한계(Marginal)
- 범주(Category) Ⅳ, 무시(Negligible)

23 모든 시스템 안전 프로그램 중 최초 단계의 분석으로 시스템 내의 위험요소가 어떤 상태에 있는지를 정성적으로 평가하는 방법은?

① CA
② FHA
③ PHA
④ FMEA

해설 **PHA(예비위험분석)**
시스템 내의 위험요소가 얼마나 위험상태에 있는가를 평가하는 시스템 안전프로그램의 최초단계의 분석 방식(정성적)

24 통제표시비(C/D비)를 설계할 때의 고려할 사항으로 가장 거리가 먼 것은?

① 공차
② 운동성
③ 조작시간
④ 계기의 크기

해설 **통제 표시비 설계 시 고려사항**
- 계기의 크기 : 너무 작으면 오차 발생
- 공차 : 짧은 주행시간 내 오차가 크게 발생하지 않는 계기 설치
- 목시거리 : 목시거리가 클수록 정확도 저하
- 조작시간
- 방향성 : 계기의 방향성

25 건구온도 38℃, 습구온도 32℃일 때의 Oxford 지수는 몇 ℃인가?

① 30.2
② 32.9
③ 35.3
④ 37.1

해설 옥스퍼드 지수(습건지수) = 0.85W(습구온도) + 0.15D(건구온도)
$$= 0.85 \times 32 + 0.15 \times 38$$
$$= 32.9(℃)$$

26 건강한 남성이 8시간 동안 특정 작업을 실시하고, 분당 산소 소비량이 1.1L/분으로 나타났다면 8시간 총 작업시간에 포함될 휴식시간은 약 몇 분인가? (단, Murrell의 방법을 적용하며, 휴식 중 에너지소비율은 1.5kcal/min이다.)

① 30분
② 54분
③ 60분
④ 75분

해설 1L당 O_2 소비량은 5kcal이다.
따라서 작업 중에 분당 산소 공급량이 1.1L/min이라면 작업의 평균에너지는 1.1L/min × 5kcal = 5.5kcal가 된다.

$$휴식시간(R) = \frac{(60 \times h) \times (E-5)}{E-1.5}[분]$$
$$= \frac{(60 \times 8) \times (5.5-5)}{5.5-1.5} = 60[분]$$

여기서, E : 작업의 평균에너지(kcal/min)
에너지 값의 상한 : 5(kcal/min)

27 인간공학적 수공구의 설계에 관한 설명으로 옳은 것은?

① 수공구 사용 시 무게 균형이 유지되도록 설계한다.
② 손잡이 크기를 수공구 크기에 맞추어 설계한다.
③ 힘을 요하는 수공구의 손잡이는 직경을 60mm 이상으로 한다.
④ 정밀 작업용 수공구의 손잡이는 직경을 5mm 이하로 한다.

해설 수공구 사용 시 무게 균형이 유지되도록 하며, 손잡이는 손바닥의 접촉면적이 크게 설계하는 것이 좋다.

28 점광원(point source)에서 표면에 비추는 조도(lux)의 크기를 나타내는 식으로 옳은 것은? (단, D는 광원으로부터의 거리를 말한다.)

① $\dfrac{광도(fc)}{D^2(m^2)}$

② $\dfrac{광도(lm)}{D(m)}$

③ $\dfrac{광속(lumen)}{D^2(m^2)}$

④ $\dfrac{광도(fL)}{D(m)}$

해설 **조도(Illuminance)**
어떤 물체나 대상면에 도달하는 빛의 양(단위 : [lux])
$$조도(lux) = \frac{광속(lumen)}{(거리(m))^2}$$

29 인간 - 기계 시스템에서 기계와 비교한 인간의 장점으로 볼 수 없는 것은? (단, 인공지능과 관련된 사항은 제외한다.)

① 완전히 새로운 해결책을 찾아낸다.
② 여러 개의 프로그램된 활동을 동시에 수행한다.
③ 다양한 경험을 토대로 하여 의사결정을 한다.
④ 상황에 따라 변화하는 복잡한 자극 형태를 식별한다.

해설 여러 개의 프로그램된 활동을 동시에 수행하는 것은 기계가 인간보다 우월한 기능이다.

30 글자의 설계 요소 중 검은 바탕에 쓰여진 흰 글자가 번져 보이는 현상과 가장 관련 있는 것은?

① 획폭비   ② 글자체
③ 종이 크기   ④ 글자 두께

해설 **획폭비**
　　문자나 숫자의 높이에 대한 획 굵기의 비율

31 화학공장(석유화학사업장 등)에서 가동문제를 파악하는 데 널리 사용되며, 위험요소를 예측하고, 새로운 공정에 대한 가동문제를 예측하는 데 사용되는 위험성평가방법은?

① SHA   ② EVP
③ CCFA   ④ HAZOP

해설 **위험 및 운전성 검토(HAZOP)**
　　각각의 장비에 대해 잠재된 위험이나 기능저하, 운전, 잘못 등과 전체로서의 시설에 결과적으로 미칠 수 있는 영향 등을 평가하기 위해서 공정이나 설계도 등에 체계적이고 비판적인 검토를 행하는 것을 말한다.

32 다음 중 설비보전관리에서 설비이력카드, MTBF분석표, 고장원인대책표와 관련이 깊은 관리는?

① 보전기록관리   ② 보전자재관리
③ 보전작업관리   ④ 예방보전관리

해설 보전기록관리와 관련한 서류이다.

33 공간 배치의 원칙에 해당되지 않는 것은?

① 중요성의 원칙   ② 다양성의 원칙
③ 사용빈도의 원칙   ④ 기능별 배치의 원칙

해설 **부품배치의 원칙**
　　1. 중요성의 원칙   2. 사용빈도의 원칙
　　3. 기능별 배치의 원칙   4. 사용순서의 원칙

34 반복되는 사건이 많이 있는 경우, FTA의 최소 컷셋과 관련이 없는 것은?

① Fussel Algorithm
② Booolean Algorithm
③ Monte Carlo Algorithm
④ Limnios &Ziani Algorithm

해설 몬테카를로 알고리즘(Monte Carlo Algorithm)은 난수를 이용하여 함수 값을 확률적으로 계산하는 방법이다.

35 다음은 1/100초 동안 발생한 3개의 음파를 나타낸 것이다. 음의 세기가 가장 큰 것과 가장 높은 음은 무엇인가?

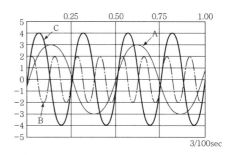

① 가장 큰 음의 세기 : A, 가장 높은 음 : B
② 가장 큰 음의 세기 : C, 가장 높은 음 : B
③ 가장 큰 음의 세기 : C, 가장 높은 음 : A
④ 가장 큰 음의 세기 : B, 가장 높은 음 : C

해설 진폭은 음의 세기를 나타내며, 주파수는 음의 높낮이를 나타내므로 가장 큰 음의 세기는 C, 가장 높은 음은 B이다.

36 인터페이스 설계 시 고려해야 하는 인간과 기계와의 조화성에 해당되지 않는 것은?

① 지적 조화성   ② 신체적 조화성
③ 감성적 조화성   ④ 심미적 조화성

해설 **인간과 기계(환경) 인터페이스 설계 시 고려사항**
　　• 지적 조화성
　　• 감성적 조화성
　　• 신체적 조화성

37 작업자가 100개의 부품을 육안 검사하여 20개의 불량품을 발견하였다. 실제 불량품이 40개라면 인간에러(human error) 확률은 약 얼마인가?

① 0.2 ② 0.3
③ 0.4 ④ 0.5

인간실수 확률 HEP = $\dfrac{\text{인간실수의 수}}{\text{실수발생의 전체 기회수}}$

$= \dfrac{40-20}{100} = 0.2$

38 휴먼 에러(human error)의 분류 중 필요한 임무나 절차의 순서 착오로 인하여 발생하는 오류는?

① ommission error ② sequential error
③ commission error ④ extraneous error

sequential error에 대한 설명이다.

39 가청 주파수 내에서 사람의 귀가 가장 민감하게 반응하는 주파수 대역은?

① 20~20,000Hz ② 50~15,000Hz
③ 100~10,000Hz ④ 500~3,000Hz

가청주파수 20~20,000Hz 범위 중 보통 500Hz 이상에서 대화방해를 받으며, 3,000~6,000Hz 범위에서 청력장해가 발생될 수 있다.

40 FTA에 사용되는 기호 중 다음 기호에 해당하는 것은?

① 생략사상 ② 부정사상
③ 결함사상 ④ 기본사상

기호	명칭	설명
◯	기본사상	더 이상 전개되지 않는 기본사상

3과목
기계 · 기구 및 설비 안전관리

41 작업장 내 운반을 주목적으로 하는 구내운반차가 준수해야 할 사항으로 옳지 않은 것은?

① 주행을 제동하거나 정지상태를 유지하기 위하여 유효한 제동장치를 갖출 것
② 경음기를 갖출 것
③ 구내운반차의 경우 백레스트(backrest)를 갖출 것
④ 운전자석이 차 실내에 있는 것은 좌우에 한 개씩 방향지시기를 갖출 것

구내운반차 구비조건(「안전보건규칙」 제184조)

사업주는 구내운반차(작업장 내 운반을 주목적으로 하는 차량으로 한정한다)를 사용하는 경우에 다음 각 호의 사항을 준수하여야 한다.
1. 주행을 제동하거나 정지상태를 유지하기 위하여 유효한 제동장치를 갖출 것
2. 경음기를 갖출 것
3. 운전석이 차 실내에 있는 것은 좌우에 한개씩 방향지시기를 갖출 것
4. 전조등과 후미등을 갖출 것

42 다음 중 연삭기를 이용한 작업을 할 경우 연삭숫돌을 교체한 후에는 얼마동안 시험운전을 하여야 하는가?

① 1분 이상 ② 3분 이상
③ 10분 이상 ④ 15분 이상

연삭숫돌의 덮개 등(「안전보건규칙」 제122조)

연삭숫돌을 사용하는 작업의 경우 작업을 시작하기 전에는 1분 이상, 연삭숫돌을 교체한 후에는 3분 이상 시험운전을 하고 해당 기계에 이상이 있는지를 확인하여야 한다.

43 산업안전보건법령상 프레스를 사용하여 작업을 할 때 작업시작 전 점검 항목에 해당하지 않는 것은?

① 전선 및 접속부 상태
② 클러치 및 브레이크의 기능
③ 프레스의 금형 및 고정볼트 상태
④ 1행정 1정지기구 · 급정지장치 및 비상정지 장치의 기능

해설 **프레스 작업시작 전 점검사항(「안전보건규칙」 [별표 3])**
- 클러치 및 브레이크의 기능
- 크랭크축 · 플라이휠 · 슬라이드 · 연결봉 및 연결나사의 풀림 유무
- 1행정 1정지기구 · 급정지장치 및 비상정지장치의 기능
- 슬라이드 또는 칼날에 의한 위험방지기구의 기능
- 프레스의 금형 및 고정볼트 상태
- 방호장치의 기능
- 전단기의 칼날 및 테이블의 상태

44 대패기계용 덮개의 시험 방법에서 날접촉 예방장치인 덮개와 송급 테이블 면과의 간격기준은 몇 mm 이하여야 하는가?

① 3
② 5
③ 8
④ 12

해설 덮개와 테이블 간의 틈새 : 8mm

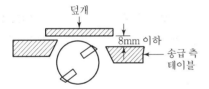

45 선반 작업의 안전사항으로 틀린 것은?

① 베드 위에 공구를 올려놓지 않아야 한다.
② 바이트를 교환할 때는 기계를 정지시키고 한다.
③ 바이트는 끝을 길게 장치한다.
④ 반드시 보안경을 착용한다.

해설 **선반작업 시 유의사항**
바이트는 짧게 장치하고 일감의 길이가 직경의 12배 이상일 때 방진구를 사용해야 한다.

46 프레스기가 작동 후 작업점까지의 도달시간이 0.2초 걸렸다면, 양수기동식 방호장치의 설치거리는 최소 얼마인가?

① 3.2cm
② 32cm
③ 6.4cm
④ 64cm

해설 **양수기동식 안전거리**
$$D_m = 1,600 \times T_m = 1,600 \times 0.2 = 320[mm] = 32[cm]$$
T_m : 양손으로 누름단추를 조작하고 슬라이드가 하사점에 도달하기까지의 소요최대시간(초)

47 프레스 등의 금형을 부착 · 해체 또는 조정 작업 중 슬라이드가 갑자기 작동하여 근로자에게 발생할 수 있는 위험을 방지하기 위하여 설치하는 것은?

① 방호 울
② 안전블록
③ 시건장치
④ 게이트 가드

해설 **금형조정작업의 위험 방지(「안전보건규칙」 제104조)**
사업주는 프레스 등의 금형을 부착 · 해체 또는 조정하는 작업을 할 때 해당 작업에 종사하는 근로자의 신체가 위험한계 내에 있는 경우 슬라이드가 갑자기 작동함으로써 근로자에게 발생할 우려가 있는 위험을 방지하기 위하여 안전블록을 사용하는 등 필요한 조치를 하여야 한다.

48 연삭기 숫돌의 파괴 원인으로 볼 수 없는 것은?

① 숫돌의 회전속도가 너무 빠를 때
② 숫돌 자체에 균열이 있을 때
③ 숫돌의 정면을 사용할 때
④ 숫돌에 과대한 충격을 주게 되는 때

해설 숫돌의 측면을 일감으로써 심하게 가압했을 경우 숫돌이 파괴되어 재해 발생 우려가 있다.

49 기계설비의 방호는 위험장소에 대한 방호와 위험원에 대한 방호로 분류할 때, 다음 위험원에 대한 방호장치에 해당하는 것은?

① 격리형 방호장치
② 포집형 방호장치
③ 접근거부형 방호장치
④ 위치제한형 방호장치

해설 **포집형 방호장치**
목재가공기의 반발예방장치와 같이 위험장소에 설치하여 위험원이 비산하거나 튀는 것을 방지하는 등 작업자로부터 위험원을 차단하는 방호장치

PART 01
PART 02
PART 03
PART 04
PART 05
부록

50 롤러기에 사용되는 급정지장치의 종류가 아닌 것은?

① 손 조작식
② 발 조작식
③ 무릎 조작식
④ 복부 조작식

해설 **롤러기 급정지장치 조작부의 위치**

급정지장치 조작부의 종류	위치
손 조작식	밑면으로부터 1.8m 이내
복부 조작식	밑면에서 0.8m 이상 1.1m 이내
무릎 조작식	밑면으로부터 0.4m 이상 0.6m 이내

51 크레인 작업 시 조치사항 중 틀린 것은?

① 인양할 하물은 바닥에서 끌어당기거나, 밀어내는 작업을 하지 아니할 것
② 유류드럼이나 가스통 등의 위험물 용기는 보관함에 담아 안전하게 매달아 운반할 것
③ 고정된 물체는 직접 분리, 제거하는 작업을 할 것
④ 근로자의 출입을 통제하여 하물이 작업자의 머리 위로 통과하지 않게 할 것

해설 **크레인을 사용하여 양중작업 시 안전준수 사항**

고정된 물체를 직접 분리·제거하는 작업을 하지 아니할 것

52 산업안전보건법령상 양중기에 사용하지 않아야 하는 달기 체인의 기준으로 틀린 것은?

① 심하게 변형된 것
② 균열이 있는 것
③ 달기 체인의 길이가 달기 체인이 제조된 때의 길이 3%를 초과한 것
④ 링의 단면지름이 달기 체인이 제조된 때의 해당 링의 지름의 10%를 초과하여 감소한 것

해설 **달기 체일 사용금지 기준(「안전보건규칙」 제63조)**

1. 달기 체인의 길이가 달기 체인이 제조된 때의 길이의 5퍼센트를 초과한 것
2. 링의 단면 지름이 달기 체인이 제조된 때의 해당 링의 지름의 10퍼센트를 초과하여 감소한 것
3. 균열이 있거나 심하게 변형된 것

53 산업용 로봇 작업 시 안전조치 방법으로 틀린 것은?

① 작업 중의 매니퓰레이터의 속도의 지침에 따라 작업한다.
② 로봇의 조작방법 및 순서의 지침에 따라 작업한다.
③ 작업을 하고 있는 동안 해당 작업 근로자 이외에도 로봇의 기동스위치를 조작할 수 있도록 한다.
④ 2명 이상의 근로자에게 작업을 시킬 때는 신호 방법의 지침을 정하고 그 지침에 따라 작업한다.

해설 **교시 등(「안전보건규칙」 제222조)**

작업을 하고 있는 동안 로봇의 기동스위치 등에 작업 중이라는 표시를 하는 등 작업에 종사하고 있는 근로자가 아닌 사람이 해당 스위치 등을 조작할 수 없도록 필요한 조치를 할 것

54 드릴 작업의 안전조치 사항으로 틀린 것은?

① 칩은 와이어 브러시로 제거한다.
② 드릴 작업에서는 보안경을 쓰거나 안전덮개를 설치한다.
③ 칩에 의한 자상을 방지하기 위해 면장갑을 착용한다.
④ 바이스 등을 사용하여 작업 중 공작물의 유동을 방지한다.

해설 **드릴링 머신의 안전작업수칙(드릴의 작업안전수칙)**

장갑을 끼고 작업을 하지 말 것

55 보일러의 연도(굴뚝)에서 버려지는 여열을 이용하여 보일러에 공급되는 급수를 예열하는 부속장치는?

① 과열기
② 절탄기
③ 공기예열기
④ 연소장치

해설 **절탄기(economizer, 節炭器)**

보일러 전열면(傳熱面)을 가열하고 난 연도(煙道) 가스에 의하여 보일러 급수를 가열하는 장치

56 연삭숫돌과 작업받침대, 교반기의 날개, 하우스 등 기계의 회전 운동하는 부분과 고정부분 사이에 위험이 형성되는 위험점은?

① 물림점
② 끼임점
③ 절단점
④ 접선물림점

기계의 회전운동하는 부분과 고정부 사이의 위험점이다. 예로서 연삭 숫돌과 작업대, 교반기의 교반날개와 몸체 사이 및 반복되는 링크기구 등이 있다.

57 개구부에서 회전하는 롤러의 위험점까지 최단거리가 60mm일 때 개구부 간격은?

① 10mm   ② 12mm

③ 13mm   ④ 15mm

해설 **롤러기 울의 개구부 간격**

$$Y = 6 + 0.15X = 6 + 0.15 \times 60 = 15[\text{mm}]$$

58 선반의 크기를 표시하는 것으로 틀린 것은?

① 양쪽 센터 사이의 최대 거리

② 왕복대 위의 스윙

③ 베드 위의 스윙

④ 주축에 물릴 수 있는 공작물의 최대 지름

해설 선반의 크기 : 베드 위의 스윙, 왕복대 위의 스윙, 양 센터 사이의 최대 거리, 관습상 베드의 길이

59 밀링 머신의 작업 시 안전수칙에 대한 설명으로 틀린 것은?

① 커터의 교환 시는 테이블 위에 목재를 받쳐 놓는다.

② 강력 절삭 시에는 일감을 바이스에 깊게 물린다.

③ 작업 중 면장갑은 착용하지 않는다.

④ 커터는 가능한 칼럼(column)으로부터 멀리 설치한다.

해설 **밀링작업시 안전대책**

커터는 될 수 있는 한 칼럼에 가깝게 설치할 것

60 다음 중 컨베이어의 안전장치가 아닌 것은?

① 이탈 및 역주행방지장치   ② 비상정지장치

③ 덮개 또는 울   ④ 비상난간

해설 **컨베이어 안전장치의 종류**

- 비상정지장치   • 덮개 또는 울
- 건널다리   • 역전방지장치

61 어떤 도체에 20초 동안에 100C의 전하량이 이동하면 이 때 흐르는 전류(A)는?

① 200   ② 50

③ 10   ④ 5

해설 $I = \dfrac{Q}{t} = \dfrac{100}{20} = 5[\text{A}]$

62 피뢰기가 반드시 가져야 할 성능 중 틀린 것은?

① 방전개시 전압이 높을 것

② 뇌전류 방전능력이 클 것

③ 속류 차단을 확실하게 할 수 있을 것

④ 반복 동작이 가능할 것

해설 **피뢰기의 성능**

충격방전개시전압이 충분히 낮고 상용주파 방전개시전압은 회로전압보다 충분히 높아서 상용주파방전을 하지 않을 것

63 선간전압이 6.6kV인 충전전로 인근에서 유자격자가 작업하는 경우, 충전전로에 대한 최소 접근한계거리(cm)는? (단, 충전부에 절연 조치가 되어있지 않고, 작업자는 절연장갑을 착용하지 않았다.)

① 20   ② 30

③ 50   ④ 60

해설

충전전로의 선간전압 (단위 : 킬로볼트)	충전전로에 대한 접근 한계거리 (단위 : 센티미터)
2 초과 15 이하	60

64 최대안전틈새(MESG)의 특성을 적용한 방폭구조는?

① 내압 방폭구조   ② 유입 방폭구조

③ 안전증 방폭구조   ④ 압력 방폭구조

해설 **방폭전기기기별 선정 시 고려사항**

최대안전틈새를 고려한 방폭구조는 내압 방폭구조이다.

정답 | 57 ④ 58 ④ 59 ④ 60 ④ 61 ④ 62 ① 63 ④ 64 ①

65 내전압용절연장갑의 등급에 따른 최대사용전압이 올바르게 연결된 것은?

① 00 등급 : 직류 750V
② 00 등급 : 교류 650V
③ 0 등급 : 직류 1,000V
④ 0 등급 : 교류 800V

해설 **절연장갑의 등급 및 색상**

등급	최대사용전압	
	교류(V, 실효값)	직류(V)
00	500	750
0	1,000	1,500

66 전기설비 등에는 누전에 의한 감전의 위험을 방지하기 위하여 전기기계·기구에 접지를 실시하도록 하고 있다. 전기기계·기구의 접지에 대한 설명 중 틀린 것은?

① 특별고압의 전기를 취급하는 변전소·개폐소 그 밖에 이와 유사한 장소에서는 지락(地絡)사고가 발생할 경우 접지극의 전위 상승에 의한 감전위험을 감소시키기 위한 조치를 하여야 한다.
② 코드 및 플러그를 접속하여 사용하는 전압이 대지전압 110V를 넘는 전기기계·기구가 노출된 비충전 금속체에는 접지를 반드시 실시하여야 한다.
③ 접지설비에 대하여는 상시 적정상태 유지여부를 점검하고 이상을 발견한 때에는 즉시 보수하거나 재설치하여야 한다.
④ 전기기계·기구의 금속제 외함·금속제 외피 및 철대에는 접지를 실시하여야 한다.

해설 코드 및 플러그를 접속하여 사용하는 전압이 대지전압 150V를 넘는 전기기계·기구가 노출된 비충전 금속체에는 접지를 반드시 실시하여야 한다.

67 절연체에 발생한 정전기는 일정 장소에 축적되었다가 점차 소멸되는데 처음 값의 몇 %로 감소되는 시간을 그 물체의 "시정수" 또는 "완화시간"이라고 하는가?

① 25.8
② 36.8
③ 45.8
④ 67.8

해설 정전기 완화시간(시정수) : 발생한 정전기가 처음 값의 36.8%로 감소하는 시간

68 누전차단기의 선정 및 설치에 대한 설명으로 틀린 것은?

① 차단기를 설치한 전로에 과부하 보호장치를 설치하는 경우는 서로 협조가 잘 이루어지도록 한다.
② 정격부동작전류와 정격감도전류와의 차는 가능한 큰 차단기로 선정한다.
③ 감전방지 목적으로 시설하는 누전차단기는 고감도고속형을 선정한다.
④ 전로의 대지정전용량이 크면 차단기가 오동작하는 경우가 있으므로 각 분기회로마다 차단기를 설치한다.

해설 정격부동작전류가 정격감도전류의 50% 이상이어야 하고 이들의 전류 치가 가능한 한 작을 것

69 정전기 발생량과 관련된 내용으로 옳지 않은 것은?

① 분리속도가 빠를수록 정전기 발생량이 많아진다.
② 두 물질간의 대전서열이 가까울수록 정전기 발생량이 많아진다.
③ 접촉면적이 넓을수록, 접촉압력이 증가할수록 정전기 발생량이 많아진다.
④ 물질의 표면이 수분이나 기름 등에 오염되어 있으면 정전기 발생량이 많아진다.

해설 일반적으로 대전량은 접촉이나 분리하는 두 가지 물체가 대전서열 내에서 가까운 위치에 있으면 적고 먼 위치에 있으면 대전량이 큰 경향이 있다.

70 가스 또는 분진폭발위험장소에는 변전실·배전반실·제어실 등을 설치하여서는 아니 된다. 다만, 실내기압이 항상 양압을 유지하도록 하고, 별도의 조치를 한 경우에는 그러하지 않는데 이때 요구되는 조치사항으로 틀린 것은?

① 양압을 유지하기 위한 환기설비의 고장 등으로 양압이 유지되지 아니한 때 정보를 할 수 있는 조치를 한 경우
② 환기설비가 정지된 후 재가동하는 경우 변전실 등에 가스 등이 있는지를 확인할 수 있는 가스검지기 등의 장비를 비치한 경우

③ 환기설비에 의하여 변전실 등에 공급되는 공기는 가스폭발위험장소 또는 분진폭발위험장소가 아닌 곳으로부터 공급되도록 하는 조치를 한 경우
④ 실내기압이 항상 양압 10Pa 이상이 되도록 장치를 한 경우

해설 실내기압이 항상 양압(25파스칼 이상의 압력) 이상으로 유지

71 다음 가스 중 공기 중에서 폭발범위가 넓은 순서로 옳은 것은?

① 아세틸렌>프로판>수소>일산화탄소
② 수소>아세틸렌>프로판>일산화탄소
③ 아세틸렌>수소>일산화탄소>프로판
④ 수소>프로판>일산화탄소>아세틸렌

해설 보기 물질의 폭발범위는 다음과 같고 폭발범위가 넓은 순서로 정렬하면 아세틸렌(2.5~81)>수소(4~75)>일산화탄소(12.5~74)>프로판(2.2~9.5) 순서가 된다.

72 산업안전보건법상 물질안전보건자료 작성 시 포함되어야 하는 항목이 아닌 것은? (단, 참고사항은 제외한다.)

① 화학제품과 회사에 관한 정보
② 제조일자 및 유효기간
③ 운송에 필요한 정보
④ 환경에 미치는 영향

해설 제조일자 및 유효기간은 물질안전보건자료 작성 시 포함되어야 하는 항목이 아니다.

73 물반응성 물질에 해당하는 것은?

① 니트로화합물   ② 칼륨
③ 염소산나트륨   ④ 부탄

해설 칼륨은 물반응성 물질 및 인화성 고체에 해당하므로 물과의 접촉을 방지하여야 한다.

74 어떤 물질 내에서 반응전파속도가 음속보다 빠르게 진행되며 이로 인해 발생된 충격파가 반응을 일으키고 유지하는 발열반응을 무엇이라 하는가?

① 점화(Ignition)   ② 폭연(Deflagration)
③ 폭발(Explosion)   ④ 폭굉(Detonation)

해설 연소파가 일정 거리를 진행한 후 연소 전파속도가 1,000~3,500m/s 정도에 달할 경우 이를 폭굉현상(Detonation Phenomenon)이라 하며, 이때 국한된 반응영역을 폭굉파(Detonation Wave)라 한다. 폭굉파의 속도는 음속을 앞지르므로, 진행 후면에는 그에 따른 충격파가 있다.

75 다음 중 반응기의 운전을 중지할 때 필요한 주의사항으로 가장 적절하지 않은 것은?

① 급격한 유량 변화를 피한다.
② 가연성 물질이 새거나 흘러나올 때의 대책을 사전에 세운다.
③ 급격한 압력 변화 또는 온도 변화를 피한다.
④ 80~90℃의 염산으로 세정을 하면서 수소가스로 잔류가스를 제거한 후 잔류물을 처리한다.

해설 수소가스는 인화성가스로 수소가스로 잔류가스 제거 시 화재 폭발 발생의 위험이 있다.
잔류가스의 제거는 질소나 아르곤 등 불활성 가스를 이용한다.

76 위험물을 건조하는 경우 내용적이 몇 m^3 이상인 건조설비일 때 위험물 건조설비 중 건조실을 설치하는 건축물의 구조를 독립된 단층으로 해야 하는가? (단, 건축물은 내화구조가 아니며, 건조실을 건축물의 최상층에 설치한 경우가 아니다.)

① 0.1   ② 1
③ 10   ④ 100

해설 위험물 또는 위험물이 발생하는 물질을 가열·건조하는 경우 내용적이 1세제곱미터(m^3) 이상인 건조설비 중 건조실을 설치하는 건축물의 구조는 독립된 단층으로 해야 한다.

77 A가스의 폭발하한계가 4.1vol%, 폭발상한계가 62vol%일 때 이 가스의 위험도는 약 얼마인가?

① 8.94   ② 12.75
③ 14.12   ④ 16.12

해설 위험도$(H) = \dfrac{\text{폭발상한계}(U) - \text{폭발하한계}(L)}{\text{폭발하한계}(L)}$

$= \dfrac{62 - 4.1}{4.1} = 14.12$

78 사업장에서 유해·위험물질의 일반적인 보관방법으로 적합하지 않는 것은?

① 질소와 격리하여 저장
② 서늘한 장소에 저장
③ 부식성이 없는 용기에 저장
④ 차광막이 있는 곳에 저장

해설 질소는 가연성기체 등 다른 위험물과 반응하지 않는 불활성 가스로, 질소와 격리하여 저장하는 것은 유해·위험물질의 일반적인 보관방법과는 거리가 멀다.

79 다음 중 분진폭발의 가능성이 가장 낮은 물질은?

① 소맥분
② 마그네슘분
③ 질석가루
④ 석탄가루

해설 질석가루는 불연성 물질로, 분진폭발이 일어나지 않는다.

80 산업안전보건기준에 관한 규칙에서 규정하는 급성 독성 물질의 기준으로 틀린 것은?

① 쥐에 대한 경구투입실험에 의하여 실험동물의 50%를 사망시킬 수 있는 물질의 양이 kg당 300mg-(체중) 이하인 화학물질
② 쥐에 대한 경피흡수실험에 의하여 실험동물의 50%를 사망시킬 수 있는 물질의 양이 kg당 1,000mg-(체중) 이하인 화학물질
③ 토끼에 대한 경피흡수실험에 의하여 실험동물의 50%를 사망시킬 수 있는 물질의 양이 kg당 1,000mg-(체중) 이하인 화학물질
④ 쥐에 대한 4시간 동안의 흡입실험에 의하여 실험동물의 50%를 사망시킬 수 있는 가스의 농도가 3,000ppm 이상인 화학물질

해설 쥐에 대한 4시간 동안의 흡입실험에 의하여 실험동물의 50%를 사망시킬 수 있는 가스의 농도, 즉 LC50이 2,500ppm 이하인 화학물질

건설공사 안전관리

81 포화도 80%, 함수비 28%, 흙 입자의 비중 2.7일 때 공극비를 구하면?

① 0.940
② 0.945
③ 0.950
④ 0.955

해설 포화도, 공극비, 함수비 및 흙의 비중은 다음의 관계가 있다.
$$Se = wG_s$$

따라서, 공극비(e) $= \dfrac{wG_s}{S}$

$$= \frac{28 \times 2.7}{80} = 0.945$$

82 산업안전보건관리비 중 안전시설비의 항목에서 사용할 수 있는 항목에 해당하는 것은?

① 외부인 출입금지, 공사장 경계표시를 위한 가설울타리
② 작업발판
③ 절토부 및 성토부 등의 토사유실 방지를 위한 설비
④ 사다리 전도방지장치

해설 사다리 전도방지장치는 산업안전보건관리비 중 안전시설비의 항목에서 사용할 수 있다.

83 건설현장에서 계단을 설치하는 경우 계단의 높이가 최소 몇 미터 이상일 때 계단의 개방된 측면에 안전난간을 설치하여야 하는가?

① 0.8m
② 1.0m
③ 1.2m
④ 1.5m

해설 높이 1m 이상인 계단의 개방된 측면에 안전난간을 설치한다.

84 다음 터널 공법 중 전단면 기계 굴착에 의한 공법에 속하는 것은?

① ASSM(American Steel Supported Method)
② NATM(New Austrian Tunneling Method)
③ TBM(Tunnel Boring Machine)
④ 개착식 공법

정답 | 78 ① 79 ③ 80 ④ 81 ② 82 ④ 83 ② 84 ③

해설 TBM(Tunnel Boring Machine) 전단면 기계 굴착에 의한 터널굴착 공법이다.

85 가설통로 설치 시 경사가 몇 도를 초과하면 미끄러지지 않는 구조로 설치하여야 하는가?

① 15°   ② 20°
③ 25°   ④ 30°

해설 가설통로 설치 시 경사가 15°를 초과하면 미끄러지지 않는 구조로 설치하여야 한다.

86 크레인 운전실을 통하는 통로의 끝과 건설물 등의 벽체와의 간격은 최대 얼마 이하로 하여야 하는가?

① 0.3m   ② 0.4m
③ 0.5m   ④ 0.6m

해설 크레인의 운전실 또는 운전대를 통하는 통로의 끝과 건설물 등 벽체의 간격은 0.3m 이하로 하여야 한다.

87 옹벽 축조를 위한 굴착작업에 관한 설명으로 옳지 않은 것은?

① 수평 방향으로 연속적으로 시공한다.
② 하나의 구간을 굴착하면 방치하지 말고 기초 및 본체구조물 축조를 마무리 한다.
③ 절취경사면에 전석, 낙석의 우려가 있고 혹은 장기간 방치할 경우에는 숏크리트, 록볼트, 캔버스 및 모르타르 등으로 방호한다.
④ 작업위치 좌우에 만일의 경우에 대비한 대피통로를 확보하여 둔다.

해설 옹벽 축조를 위한 굴착작업 시 수평 방향으로 연속적으로 시공하면 붕괴위험이 높아진다.

88 부두 등의 하역작업장에서 부두 또는 안벽의 선을 따라 설치하는 통로의 최소폭 기준은?

① 30cm 이상   ② 50cm 이상
③ 70cm 이상   ④ 90cm 이상

해설 부두 또는 안벽의 선을 따라 통로를 설치할 때는 폭을 90cm 이상으로 하여야 한다.

89 이동식 비계 작업 시 주의사항으로 옳지 않은 것은?

① 비계의 최상부에서 작업을 하는 경우에는 안전난간을 설치한다.
② 이동 시 작업지휘자가 이동식 비계에 탑승하여 이동하며 안전 여부를 확인하여야 한다.
③ 비계를 이동시키고자 할 때는 바닥의 구멍이나 머리 위의 장애물을 사전에 점검한다.
④ 작업발판은 항상 수평을 유지하고 작업발판 위에서 안전난간을 딛고 작업을 하거나 받침대 또는 사다리를 사용하여 작업하지 않도록 한다.

해설 이동할 경우에는 작업원이 없는 상태로 유지해야 한다.

90 가설구조물의 특징이 아닌 것은?

① 연결재가 적은 구조로 되기 쉽다.
② 부재결합이 불완전 할 수 있다.
③ 영구적인 구조설계의 개념이 확실하게 적용된다.
④ 단면에 결함이 있기 쉽다.

해설 가설구조물은 임시구조물의 설계 개념이 적용된다.

91 운반작업 중 요통을 일으키는 인자와 가장 거리가 먼 것은?

① 물건의 중량   ② 작업 자세
③ 작업 시간   ④ 물건의 표면마감 종류

해설 물건의 표면마감의 종류는 요통을 일으키는 인자와 거리가 멀다.

92 콘크리트용 거푸집의 재료에 해당되지 않는 것은?

① 철재   ② 목재
③ 석면   ④ 경금속

해설 석면은 콘크리트용 거푸집의 재료에 해당되지 않는다.

93 물체가 떨어지거나 날아올 위험 또는 근로자가 추락할 위험이 있는 작업 시 착용하여야 할 보호구는?

① 보안경 ② 안전모
③ 방열복 ④ 방한복

해설 안전모에 대한 설명이다.

94 건설현장에서 사용하는 공구 중 토공용이 아닌 것은?

① 착암기 ② 포장 파괴기
③ 연마기 ④ 점토 굴착기

해설 연마기는 석재 가공용 기계에 해당된다.

95 공사종류 및 규모별 안전관리비 계상 기준표에서 공사종류의 명칭에 해당되지 않는 것은?

① 토목공사 ② 일반건설공사
③ 중건설공사 ④ 특수건설공사

해설 건축공사, 토목공사, 중건설공사, 특수건설공사로 구분한다.

96 콘크리트 타설작업을 하는 경우에 준수해야 할 사항으로 옳지 않은 것은?

① 콘크리트를 타설하는 경우에는 편심을 유발하여 한쪽 부분부터 밀실하게 타설되도록 유도할 것
② 당일의 작업을 시작하기 전에 해당 작업에 관한 거푸집 동바리등의 변형·변위 및 지반의 침하 유무 등을 점검하고 이상이 있으며 보수할 것
③ 작업 중에는 거푸집 동바리등의 변형·변위 및 침하 유무 등을 감시할 수 있는 감시자를 배치하여 이상이 있으면 작업을 중지하고 근로자를 대피시킬 것
④ 설계도서상의 콘크리트 양생기간을 준수하여 거푸집 동바리 등을 해체할 것

해설 콘크리트를 타설하는 경우에는 한쪽으로 편심이 작용하지 않도록 해야 한다.

97 다음 그림은 풍화암에서 토사붕괴를 예방하기 위한 기울기를 나타낸 것이다. X의 값은?

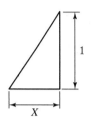

① 1.0 ② 0.8
③ 0.5 ④ 0.3

해설 **굴착면의 기울기 기준**

지반의 종류	굴착면의 기울기
모래	1 : 1.8
연암 및 풍화암	1 : 1.0
경암	1 : 0.5
그 밖의 흙	1 : 1.2

98 지반의 사면파괴 유형 중 유한사면의 종류가 아닌 것은?

① 사면내파괴 ② 사면선단파괴
③ 사면저부파괴 ④ 직립사면파괴

해설 지반의 사면파괴 유형 중 유한사면에 해당되는 형태에는 사면내파괴, 사면선단파괴, 사면저부파괴가 해당된다.

99 건설현장에서의 PC(Precast Concrete) 조립 시 안전대책으로 옳지 않은 것은?

① 달아 올린 부재의 아래에서 정확한 상황을 파악하고 전달하여 작업한다.
② 운전자는 부재를 달아 올린 채 운전대를 이탈해서는 안된다.
③ 신호는 사전 정해진 방법에 의해서만 실시한다.
④ 크레인 사용 시 PC판의 중량을 고려하여 아우트리거를 사용한다.

해설 달아 올린 부재의 아래에는 작업원이 없도록 해야 한다.

100 철근 콘크리트 공사에서 거푸집 동바리의 해체 시기를 결정하는 요인으로 가장 거리가 먼 것은?

① 시방서 상의 거푸집 존치기간의 경과
② 콘크리트 강도시험 결과
③ 동절기일 경우 적산온도
④ 후속공정의 착수시기

해설 후속공정의 착수시기는 거푸집 동바리의 해체 시기와 거리가 멀다.

정답 | 100 ④

1과목
산업재해 예방 및 안전보건교육

01 인간관계의 메커니즘 중 다른 사람의 행동 양식이나 태도를 투입시키거나, 다른 사람 가운데서 자기와 비슷한 것을 발견하는 것을 무엇이라고 하는가?

① 투사(Projection)
② 모방(Imitation)
③ 암시(Suggestion)
④ 동일화(Identification)

해설 동일화(Identification): 다른 사람의 행동양식이나 태도를 투입시키거나 다른 사람 가운데서 자기와 비슷한 점을 발견하는 것

02 산업안전보건법령상 안전보건표시의 종류 중 인화성 물질에 관한 표지에 해당하는 것은?

① 금지표지
② 경고표지
③ 지시표지
④ 안내표지

해설 인화성물질경고 표지는 경고표지에 해당한다.

03 무재해 운동의 이념 가운데 직장의 위험 요인을 행동하기 전에 예지하여 발견, 파악, 해결하는 것을 의미하는 것은?

① 무의 원칙
② 선취의 원칙
③ 참가의 원칙
④ 인간 존중의 원칙

해설 안전제일의 원칙(선취의 원칙) : 직장의 위험요인을 행동하기 전에 발견 · 파악 · 해결하여 재해를 예방한다.

04 산업안전보건법령상 근로자 안전보건교육 대상과 교육시간으로 옳은 것은?

① 정기교육인 경우 : 사무직 종사근로자 – 매반기 6시간 이상
② 정기교육인 경우 : 관리감독자 지위에 있는 사람 – 연간 10시간 이상
③ 채용 시 교육인 경우 : 일용근로자 – 3시간 이상
④ 작업내용 변경 시 교육인 경우 : 일용근로자를 제외한 근로자 – 1시간 이상

해설 **근로자 안전보건교육시간**

교육과정	교육대상	교육시간
정기교육	사무직 종사 근로자	매반기 6시간 이상

05 산업안전보건법령상 안전모의 시험성능기준 항목이 아닌 것은?

① 난연성
② 인장성
③ 내관통성
④ 충격흡수성

해설 **안전인증 대상 안전모의 성능시험방법**

1. 내관통성
2. 충격흡수성
3. 내전압성
4. 내수성
5. 난연성
6. 턱끈풀림

06 위험예지훈련 4라운드 기법의 진행방법에 있어 문제점 발견 및 중요 문제를 결정하는 단계는?

① 대책수립 단계
② 현상파악 단계
③ 본질추구 단계
④ 행동목표설정 단계

해설 **제2라운드(본질추구)**

이것이 위험의 포인트이다(브레인 스토밍으로 발견해 낸 위험 중에서 가장 위험한 것을 합의로서 결정하는 라운드).

정답 | 01 ④ 02 ② 03 ② 04 ① 05 ② 06 ③

07 O.J.T(On the Job Training)의 특징 중 틀린 것은?

① 훈련과 업무의 계속성이 끊어지지 않는다.
② 직장의 실정에 맞게 실제적 훈련이 가능하다.
③ 훈련의 효과가 곧 업무에 나타나며, 훈련의 개선이 용이하다.
④ 다수의 근로자들에게 조직적 훈련이 가능하다.

해설 │ 다수의 근로자에게 조직적 훈련이 가능한 것은 Off J.T.에 대한 설명이다.

08 태풍, 지진 등의 천재지변이 발생한 경우나 이상상태 발생 시 기능상 이상 유무에 대한 안전점검의 종류는?

① 일상점검 　　　② 정기점검
③ 수시점검 　　　④ 특별점검

해설 │ 특별점검 : 기계 기구의 신설 및 변경 시 고장, 수리 등에 의해 부정기적으로 실시하는 점검, 안전강조기간에 실시하는 점검 등

09 학습 성취에 직접적인 영향을 미치는 요인과 가장 거리가 먼 것은?

① 적성 　　　② 준비도
③ 개인차 　　　④ 동기유발

해설 │ **학습 성취에 직접적 영향을 미치는 요인**
　1. 개인차
　2. 준비도
　3. 동기유발

10 인지과정 착오의 요인이 아닌 것은?

① 정서 불안정 　　　② 감각차단 현상
③ 작업자의 기능미숙 　　　④ 생리 · 심리적 능력의 한계

해설 │ **인지과정 착오의 요인**
　1. 생리. 심리적 능력한계
　2. 감각차단현상
　3. 정보량(정보 수용능력)의 한계
　4. 정서불안정

11 연간 근로자수가 300명인 A 공장에서 지난 1년간 1명의 재해자(신체장해등급 : Ⅰ급)가 발생하였다면 이 공장의 강도율은? (단, 근로자 1인당 1일 8시간씩 연간 300일을 근무하였다.)

① 4.27 　　　② 6.42
③ 10.05 　　　④ 10.42

해설 │ 강도율 $= \dfrac{\text{근로손실일수}}{\text{연근로총시간수}} \times 1,000$

$\qquad\quad = \dfrac{7,500}{300 \times 8 \times 300} \times 1,000$

$\qquad\quad = 10.42$

12 재해 원인을 통상적으로 직접원인과 간접원인으로 나눌 때 직접원인에 해당되는 것은?

① 기술적 원인 　　　② 물적 원인
③ 교육적 원인 　　　④ 관리적 원인

해설 │ **직접원인**
　1. 불안전한 행동(인적 원인, 전체 재해발생 원인의 88% 정도)
　2. 불안전한 행동을 일으키는 내적요인과 외적요인의 발생형태 및 대책
　3. 물적 원인(불안전한 상태)

13 알더퍼의 ERG(Existence Relation Growth)이론에서 생리적 욕구, 물리적 측면의 안전욕구 등 저차원적 욕구에 해당하는 것은?

① 관계욕구 　　　② 성장욕구
③ 존재욕구 　　　④ 사회적욕구

해설 │ **E(Existence) : 존재의 욕구**
　생리적 욕구나 안전욕구와 같이 인간이 자신의 존재를 확보하는 데 필요한 욕구이다. 또한 여기에는 급여, 육체적 작업에 대한 욕구 그리고 물질적 욕구가 포함된다.

14 상황성 누발자의 재해유발원인과 거리가 먼 것은?

① 작업의 어려움 　　　② 기계설비의 결함
③ 심신의 근심 　　　④ 주의력의 산만

해설 │ ④은 소질성 누발자의 재해유발원인에 해당한다.
　상황성 누발자 : 작업이 어렵거나, 기계설비의 결함, 환경상 주의력의 집중이 혼란된 경우, 심신의 근심으로 사고 경향자가 되는 경우(상황이 변하면 안전한 성향으로 바뀜)

정답 │ 07 ④　08 ④　09 ①　10 ③　11 ④　12 ②　13 ③　14 ④

15 리더십(leadership)의 특성에 대한 설명으로 옳은 것은?

① 지휘형태는 민주적이다.
② 권한부여는 위에서 위임된다.
③ 구성원과의 관계는 지배적 구조이다.
④ 권한근거는 법적 또는 공식적으로 부여된다.

해설 리더십의 지휘형태는 민주적이다.

16 재해예방의 4원칙에 해당하는 내용이 아닌 것은?

① 예방가능의 원칙
② 원인계기의 원칙
③ 손실우연의 원칙
④ 사고조사의 원칙

해설 **재해예방의 4원칙**

1. 손실우연의 원칙
2. 원인계기의 원칙
3. 예방가능의 원칙
4. 대책선정의 원칙

17 안전교육 계획 수립 시 고려하여야 할 사항과 관계가 가장 먼 것은?

① 필요한 정보를 수집한다.
② 현장의 의견을 충분히 반영한다.
③ 법 규정에 의한 교육에 한정한다.
④ 안전교육 시행 체계와의 관련을 고려한다.

해설 **안전보건교육계획 수립 시 고려사항**

1. 필요한 정보를 수집
2. 현장의 의견을 충분히 반영
3. 안전교육 시행체계와의 관련을 고려
4. 법 규정에 의한 교육에만 그치지 않는다.

18 안전관리조직의 형태 중 라인스탭형에 대한 설명으로 틀린 것은?

① 대규모 사업장(1000명 이상)에 효율적이다.
② 안전과 생산업무가 분리될 우려가 없기 때문에 균형을 유지할 수 있다.
③ 모든 안전관리 업무를 생산라인을 통하여 직선적으로 이루어지도록 편성된 조직이다.
④ 안전업무를 전문적으로 담당하는 스탭 및 생산라인의 각 계층에도 겸임 또는 전임의 안전담당자를 둔다.

해설 **라인 · 스태프(LINE – STAFF)형 조직(직계참모조직)**

대규모 사업장에 적합한 조직으로서 라인형과 스태프형의 장점만을 채택한 형태이며 안전업무를 전담하는 스태프를 두고 생산라인의 각 계층에서도 각 부서장으로 하여금 안전업무를 수행하도록 하여 스태프에서 안전에 관한사항이 결정되면 라인을 통하여 실천하도록 편성된 조직

19 기능(기술)교육의 진행방법 중 하버드 학파의 5단계 교수법의 순서로 옳은 것은?

① 준비 → 연합 → 교시 → 응용 → 총괄
② 준비 → 교시 → 연합 → 총괄 → 응용
③ 준비 → 총괄 → 연합 → 응용 → 교시
④ 준비 → 응용 → 총괄 → 교시 → 연합

해설 **하버드 학파의 5단계 교수법(사례연구 중심)**

- 1단계 : 준비시킨다(Preparation).
- 2단계 : 교시한다(Presentation).
- 3단계 : 연합한다(Association).
- 4단계 : 총괄한다(Generalization).
- 5단계 : 응용시킨다(Application).

20 재해의 원인과 결과를 연계하여 상호 관계를 파악하기 위해 도표화하는 분석방법은?

① 관리도
② 파레토도
③ 특성요인도
④ 크로스분류도

해설 특성요인도 : 특성과 요인관계를 도표로 하여 어골상으로 세분화한 분석법(원인과 결과를 연계하여 상호관계를 파악)

2과목

인간공학 및 위험성 평가 · 관리

21 시스템 수명주기 단계 중 이전 단계들에서 발생되었던 사고 또는 사건으로부터 축적된 자료에 대해 실증을 통한 문제를 규명하고 이를 최소화하기 위한 조치를 마련하는 단계는?

① 구상단계
② 정의단계
③ 생산단계
④ 운전단계

해설 시스템 수명주기 중 가장 마지막 단계인 운전단계에서 실시된다.

시스템 수명주기
구상단계 → 정의단계 → 개발단계 → 생산단계 → 운전단계

22 산업안전보건법령상 정밀작업 시 갖추어져야할 작업면의 조도 기준은? (단, 갱내 작업장과 감광재료를 취급하는 작업장은 제외한다.)

① 75럭스 이상　　　　② 150럭스 이상
③ 300럭스 이상　　　　④ 750럭스 이상

해설　**작업별 조도기준**
　　정밀작업 : 300lux 이상

23 FTA에 의한 재해사례 연구의 순서를 올바르게 나열한 것은?

| A. 목표사상 선정 | B. FT도 작성 |
| C. 사상마다 재해원인 규명 | D. 개선계획 작성 |

① A → B → C → D　　② A → C → B → D
③ B → C → A → D　　④ B → A → C → D

해설　**FTA에 의한 재해사례 연구순서(D. R. Cheriton)**
　　1. Top 사상의 선정
　　2. 사상마다의 재해원인 규명
　　3. FT도의 작성
　　4. 개선계획의 작성

24 반복되는 사건이 많이 있는 경우에 FTA의 최소 컷셋을 구하는 알고리즘이 아닌 것은?

① Fussel Allgorithm
② Boolean Allgorithm
③ Monte Carlo Allgorithm
④ Limnios & Ziani Allgorithm

해설　몬테카를로 알고리즘(Monte Carlo Algorithm)은 난수를 이용하여 함수 값을 확률적으로 계산하는 방법이다.

25 조작자 한 사람의 신뢰도가 0.9일 때 요원을 중복하여 2인 1조가 되어 작업을 진행하는 공정이 있다. 작업 기간 중 항상 요원 지원을 한다면 이 조의 인간 신뢰도는?

① 0.93　　　　② 0.94
③ 0.96　　　　④ 0.99

해설　신뢰도 $= 1 - (1 - 0.9)(1 - 0.9) = 0.99$

26 신뢰도가 0.4인 부품 5개가 병렬결합 모델로 구성된 제품이 있을 때 이 제품의 신뢰도는?

① 0.90　　　　② 0.91
③ 0.92　　　　④ 0.93

해설　신뢰도$(R) = 1 - (1 - 0.4)(1 - 0.4)(1 - 0.4)(1 - 0.4)(1 - 0.4)$
　　　　　　　$= 0.92224 ≒ 0.92$

27 주물공장 A작업자의 작업지속시간과 휴식시간을 열압박지수(HSI)를 활용하여 계산하니 각각 45분, 15분이었다. A작업자의 1일 작업량(TW)은 얼마인가? (단, 휴식시간은 포함하지 않으며, 1일 근무시간은 8시간이다.)

① 4.5시간　　　　② 5시간
③ 5.5시간　　　　④ 6시간

해설　작업시간 $=$ 1일 근무시간 $\times \dfrac{\text{작업지속시간}}{\text{작업지속시간} + \text{휴식시간}}$
　　　　$= 480\text{min} \times \dfrac{45\text{min}}{45\text{min} + 15\text{min}}$
　　　　$= 6\text{H}$

28 다수의 표시장치(디스플레이)를 수평으로 배열할 경우 해당 제어장치를 각각의 표시장치 아래에 배치하면 좋아지는 양립성의 종류는?

① 공간 양립성　　　　② 운동 양립성
③ 개념 양립성　　　　④ 양식 양립성

해설　공간적 양립성이란 어떤 사물들, 특히 표시장치나 조정장치의 물리적 형태나 공간적인 배치의 양립성을 말한다.

29 환경요소의 조합에 의해서 부과되는 스트레스나 노출로 인해서 개인에 유발되는 긴장(strain)을 나타내는 환경요소 복합지수가 아닌 것은?

① 카타온도(kata temperature)
② Oxford 지수(wet−dry index)
③ 실효온도(effective temperature)
④ 열 스트레스 지수(heat stress index)

해설　카타온도(kata temperature)는 덥거나 춥다고 느끼는 체감의 정도를 나타내는 체감온도이다.

정답 | 22 ③　23 ②　24 ③　25 ④　26 ③　27 ④　28 ①　29 ①

30 표시 값의 변화 방향이나 변화 속도를 나타내어 전반적인 추이의 변화를 관측할 필요가 있는 경우에 가장 적합한 표시장치 유형은?

① 계수형(digital)
② 묘사형(descriptive)
③ 동목형(moving scale)
④ 동침형(moving pointer)

해설 **동침형(Moving Pointer)**
고정된 눈금상에서 지침이 움직이면서 값을 나타내는 방법으로 지침의 위치가 일종의 인식상의 단서로 작용하는 이점이 있다.

31 MIL-STD-882E에서 분류한 심각도(severity) 카테고리 범주에 해당하지 않는 것은?

① 재앙수준(catastrophic)
② 임계수준(critical)
③ 경계수준(precautionary)
④ 무시가능수준(negligible)

해설 **시스템 위험성의 분류**
• 범주(Category) Ⅰ, 파국(Catastrophic)
• 범주(Category) Ⅱ, 위험(Critical)
• 범주(Category) Ⅲ, 한계(Marginal)
• 범주(Category) Ⅳ, 무시(Negligible)

32 다음 중 육체적 활동에 대한 생리학적 측정방법과 가장 거리가 먼 것은?

① EMG
② EEG
③ 심박수
④ 에너지소비량

해설 뇌전도(EEG)는 정신적 활동에 대한 측정방법이다.

33 작업기억(working memory)과 관련된 설명으로 옳지 않은 것은?

① 오랜 기간 정보를 기억하는 것이다.
② 작업기억 내의 정보는 시간이 흐름에 따라 쇠퇴할 수 있다.
③ 작업기억의 정보는 일반적으로 시각, 음성, 의미 코드의 3가지로 코드화된다.
④ 리허설(rehearsal)은 정보를 작업기억 내에 유지하는 유일한 방법이다.

해설 작업기억은 단기기억으로써, 작업기억 내의 정보는 시간이 흐름에 따라 쇠퇴할 수 있다.

34 다음 형상 암호화 조종장치 중 이산 멈춤 위치용 조종장치는?

①
②
③
④

해설 **형상 암호화된 조종장치**

구분	조종장치
이산 멈춤 위치용	(형상 암호화된 조종장치 그림)

35 활동이 내용마다 "우·양·가·불가"로 평가하고 이 평가내용을 합하여 다시 종합적으로 정규화하여 평가하는 안전성 평가기법은?

① 평점척도법
② 쌍대비교법
③ 계층적 기법
④ 일관성 검정법

해설 평점척도법은 정량화 하기 어려운 활동 또는 상태에 대해 '수, 우, 미, 양, 가 등으로 미리 정한 범주에 따라 평가하여 정규화하는 평가 척도이다.

36 조종장치의 촉각적 암호화를 위하여 고려하는 특성으로 볼 수 없는 것은?

① 형상
② 무게
③ 크기
④ 표면 촉감

해설 **조정장치의 촉각적 암호화**
1. 표면촉감을 사용하는 경우
2. 형상을 구별하는 경우
3. 크기를 구별하는 경우

37 인간 – 기계 시스템을 설계하기 위해 고려해야 할 사항과 거리가 먼 것은?

① 시스템 설계 시 동작 경제의 원칙이 만족되도록 고려한다.
② 인간과 기계가 모두 복수인 경우, 종합적인 효과 보다 기계를 우선적으로 고려한다.
③ 대상이 되는 시스템이 위치할 환경 조건이 인간에 대한 한계치를 만족하는가의 여부를 고려한다.
④ 인간이 수행해야 할 조작이 연속적인가 불연속적 인가를 알아보기 위해 특성조사를 실시한다.

해설 인간 – 기계시스템의 설계 시 인간이 우선적으로 고려되어야 한다.

38 한국산업표준상 결함 나무 분석(FTA) 시 다음과 같이 사용되는 사상기호가 나타내는 사상은?

① 공사상
② 기본사상
③ 통상사상
④ 심층분석사상

해설

기호	명칭	설명
○	기본사상	더 이상 전개되지 않는 기본사상

39 작업자의 작업공간과 관련된 내용으로 옳지 않은 것은?

① 서서 작업하는 작업공간에서 발바닥을 높이면 뻗침길이가 늘어난다.
② 서서 작업하는 작업공간에서 신체의 균형에 제한을 받으면 뻗침길이가 늘어난다.
③ 앉아서 작업하는 작업공간은 동적 팔뻗침에 의해 포락면(reach envelpoe)의 한계가 결정된다.
④ 앉아서 작업하는 작업공간에서 기능적 팔뻗침에 영향을 주는 제약이 적을수록 뻗침 길이가 늘어난다.

해설 서서 작업하는 작업공간에서 신체의 균형에 제한을 받으면 뻗침길이가 감소한다.

40 사용자의 잘못된 조작 또는 실수로 인해 기계의 고장이 발생하지 않도록 설계하는 방법은?

① EMEA
② HAZOP
③ fail safe
④ fool proof

해설 **풀 프루프(Fool proof)**

기계장치 설계단계에서 안전화를 도모하는 것으로 근로자가 기계 등의 취급을 잘못해도 사고로 연결되는 일이 없도록 하는 안전기구, 즉 인간 과오(Human Error)를 방지하기 위한 것

기계 · 기구 및 설비 안전관리

41 크레인 작업 시 로프에 1톤의 중량을 걸어 20m/s²의 가속도로 감아올릴 때, 로프에 걸리는 총하중(kgf)은 약 얼마인가? (단, 중력가속도는 10m/s²이다.)

① 1,000
② 2,000
③ 3,000
④ 3,500

해설 크레인 인양 시 로프에 걸리는 하중 = 정하중 + 동하중
= 10,000 + 20,000 = 30,000N = 3,000kgf
정하중 = 1,000kg × 10m/s² = 10,000N
동하중 = 정하중 × 가속도 = 1,000kg × 20m/s² = 20,000N

42 다음 중 선반 작업 시 준수하여야 하는 안전사항으로 틀린 것은?

① 작업 중 면장갑 착용을 금한다.
② 작업 시 공구는 항상 정리해 둔다.
③ 운전 중에 백기어를 사용한다.
④ 주유 및 청소를 할 때에는 반드시 기계를 정지시키고 한다.

해설 **선반작업 시 유의사항**

기계 운전 중 백기어 사용금지

43 기계설비의 안전조건 중 구조의 안전화에 대한 설명으로 가장 거리가 먼 것은?

① 기계재료의 선정 시 재료 자체에 결함이 없는지 철저히 확인한다.
② 사용 중 재료의 강도가 열화될 것을 감안하여 설계 시 안전율을 고려한다.
③ 기계작동 시 기계의 오동작을 방지하기 위하여 오동작 방지회로를 적용한다.
④ 가공 경화와 같은 가공결함이 생길 우려가 있는 경우는 열처리 등으로 결함을 방지한다.

[해설] **구조부분의 안전화(강도적 안전화)**

- 재료의 결함
- 설계 시의 잘못
- 가공의 잘못

44 산업안전보건법령상 리프트의 종류로 틀린 것은?

① 건설용 리프트
② 자동차정비용 리프트
③ 이삿짐운반용 리프트
④ 간이 리프트

[해설] **리프트의 종류(「안전보건규칙」 제132조)**

1. 건설용 리프트
2. 산업용 리프트
3. 자동차정비용 리프트
4. 이삿짐운반용 리프트

45 산업안전보건법령상 연삭숫돌의 상부를 사용하는 것을 목적으로 하는 탁상용 연삭기 덮개의 노출각도는?

① 60° 이내
② 65° 이내
③ 80° 이내
④ 125° 이내

[해설] **탁상용 연삭기의 덮개**

- 덮개의 최대 노출각도 : 90° 이내
- 숫돌의 주축에서 수평면 위로 이루는 원주각도 : 65° 이내
- 수평면 이하에서 연삭할 경우의 노출각도 : 125°까지 증가
- 숫돌의 상부사용을 목적으로 할 경우의 노출각도 : 60° 이내

46 보일러수 속에 불순물 농도가 높아지면서 수면에 거품이 형성되어 수위가 불안정하게 되는 현상은?

① 포밍
② 서징
③ 수격현상
④ 공동현상

[해설] **포밍(Foaming)**

보일러수에 불순물이 많이 포함되었을 경우 보일러수의 비등과 함께 수면부위에 거품층이 형성되어 수위가 불안정하게 되는 현상을 말한다.

47 산업안전보건법령상 위험기계·기구별 방호조치로 가장 적절하지 않은 것은?

① 산업용 로봇 – 안전매트
② 보일러 – 급정지장치
③ 목재가공용 둥근톱기계 – 반발예방장치
④ 산업용 로봇 – 광전자식 방호장치

[해설] **보일러 안전장치의 종류(「안전보건규칙」 제119조)**

보일러의 폭발 사고를 예방하기 위하여 압력방출장치·압력제한스위치·고저수위조절장치·화염검출기 등의 기능이 정상적으로 작동될 수 있도록 유지·관리하여야 한다.

48 산업안전보건법령상 연삭숫돌의 시운전에 관한 설명으로 옳은 것은?

① 연삭숫돌의 교체 시에는 바로 사용할 수 있다.
② 연삭숫돌의 교체 시 1분 이상 시운전을 하여야 한다.
③ 연삭숫돌의 교체 시 2분 이상 시운전을 하여야 한다.
④ 연삭숫돌의 교체 시 3분 이상 시운전을 하여야 한다.

[해설] **연삭숫돌의 덮개 등(「안전보건규칙」 제122조)**

사업주는 연삭숫돌을 사용하는 작업의 경우 작업을 시작하기 전에는 1분 이상, 연삭숫돌을 교체한 후에는 3분 이상 시험운전을 하고 해당 기계에 이상이 있는지를 확인하여야 한다.

49 금형의 안전화에 대한 설명 중 틀린 것은?

① 금형의 틈새는 8mm 이상 충분하게 확보한다.
② 금형 사이에 신체일부가 들어가지 않도록 한다.
③ 충격이 반복되어 부가되는 부분에는 완충장치를 설치한다.
④ 금형설치용 홈은 설치된 프레스의 홈에 적합한 현상의 것으로 한다.

50 산업안전보건법령상 양중기에서 절단하중이 100톤인 와이어로프를 사용하여 화물을 직접적으로 지지하는 경우, 화물의 최대허용하중(톤)은?

① 20

② 30

③ 40

④ 50

51 산업안전보건법령상 지게차 방호장치에 해당하는 것은?

① 포크

② 헤드가드

③ 호이스트

④ 힌지드 버킷

52 프레스의 방호장치에 해당되지 않는 것은?

① 가드식 방호장치

② 수인식 방호장치

③ 롤 피드식 방호장치

④ 손쳐내기식 방호장치

53 컨베이어의 종류가 아닌 것은?

① 체인 컨베이어

② 스크류 컨베이어

③ 슬라이딩 컨베이어

④ 유체 컨베이어

54 산업안전보건법령상 기계 기구의 방호조치에 대한 사업주 · 근로자 준수사항으로 가장 적절하지 않은 것은?

① 방호 조치의 기능상실에 대한 신고가 있을 시 사업주는 수리, 보수 및 작업 중지 등 적절한 조치를 할 것

② 방호조치 해체 사유가 소멸된 경우 근로자는 즉시 원상회복 시킬 것

③ 방호조치의 기능상실을 발견 시 사업주에게 신고할 것

④ 방호조치 해체 시 해당 근로자가 판단하여 해체 할 것

55 산업안전보건법령상 프레스를 사용하여 작업을 할 때 작업시작 전 점검 항목에 해당하지 않는 것은?

① 전선 및 접속부 상태

② 클러치 및 브레이크의 기능

③ 프레스의 금형 및 고정볼트 상태

④ 1행정 1정지기구 · 급정지장치 및 비상정지장치의 기능

56 가드(guard)의 종류가 아닌 것은?

① 고정식

② 조정식

③ 자동식

④ 반자동식

57 산업안전보건법령상 롤러기의 무릎조작식 급정지장치의 설치 위치 기준은? (단, 위치는 급정지장치 조작부의 중심점을 기준으로 한다.)

① 밑면에서 0.7~0.8m 이내

② 밑면에서 0.6m 이내

③ 밑면에서 0.8~1.2m 이내

④ 밑면에서 1.5m 이내

정답 | 50 ③ 51 ② 52 ③ 53 ③ 54 ④ 55 ① 56 ④ 57 ②

해설 **급정지장치 조작부의 위치**

급정지장치조작부의 종류	위치
손조작식	밑면으로부터 1.8m 이내
복부 조작식	밑면으로부터 0.8m 이상 1.1m 이내
무릎 조작식	밑면으로부터 0.4m 이상 0.6m 이내

58 산소-아세틸렌가스 용접에서 산소 용기의 취급 시 주의사항으로 틀린 것은?

① 산소 용기의 운반 시 밸브를 닫고 캡을 씌워서 이동할 것
② 기름이 묻은 손이나 장갑을 끼고 취급하지 말 것
③ 원활한 산소 공급을 위하여 산소 용기는 눕혀서 사용할 것
④ 통풍이 잘되고 직사광선이 없는 곳에 보관할 것

해설 **가스 등의 용기**(「안전보건규칙」 제234조 관련)

용해아세틸렌의 용기는 세워 둘 것

59 프레스의 분류 중 동력 프레스에 해당하지 않는 것은?

① 크랭크 프레스
② 토글 프레스
③ 마찰 프레스
④ 아버 프레스

해설 아버 프레스는 인력 프레스의 종류이다.

동력 프레스 종류
- 크랭크 프레스
- 토글 프레스
- 마찰 프레스
- 익센트릭 프레스

60 밀링머신(Milling Machine)의 작업 시 안전수칙에 대한 설명으로 틀린 것은?

① 커터의 교환 시에는 테이블 위에 목재를 받쳐 놓는다.
② 강력절삭 시에는 일감을 바이스에 깊게 물린다.
③ 작업 중 면장갑은 끼지 않는다.
④ 커터는 가능한 칼럼(Column)으로부터 멀리 설치한다.

해설 **밀링작업시 안전대책**

커터는 가능한 컬럼(Column)으로부터 가깝게 설치한다.

4과목

전기 및 화학설비 안전관리

61 대전된 물체가 방전을 일으킬 때에 에너지 E(J)를 구하는 식으로 옳은 것은? (단, 도체의 정전용량을 C(F), 대전전위를 V(V), 대전전하량을 Q(C)라 한다.)

① $E = \sqrt{2CQ}$
② $E = \dfrac{1}{2}CV$
③ $E = \dfrac{Q^2}{2C}$
④ $E = \sqrt{\dfrac{2V}{C}}$

해설 $Q = CV$이므로 $E = \dfrac{Q^2}{2C}$

62 인체의 대부분이 수중에 있는 상태에서의 허용접촉전압으로 옳은 것은?

① 2.5V 이하
② 25V 이하
③ 50V 이하
④ 100V 이하

해설 **허용접촉전압**

종별	접촉상태	허용접촉전압
제1종	인체의 대부분이 수중에 있는 상태	2.5[V] 이하

63 전기설비에서 제1종 접지공사는 접지저항을 몇 Ω 이하로 해야 하는가?

① 5
② 10
③ 50
④ 100

해설 법 개정으로 인해 해당 문제는 재출제 되지 않음

64 방폭구조 전기기계·기구의 선정기준에 있어 가스폭발 위험장소의 제1종 장소에 사용할 수 없는 방폭구조는?

① 내압방폭구조
② 안전증방폭구조
③ 본질안전방폭구조
④ 비점화방폭구조

해설 비점화방폭구조는 2종 장소에서 사용 가능한 방폭기기이다.

65 저압전선로 중 절연 부분의 전선과 대지 간 및 전선의 심선 상호간의 절연저항은 사용전압에 대한 누설전류가 최대 공급전류의 얼마를 넘지 않도록 규정하고 있는가?

① 1/1,000
② 1/1,500
③ 1/2,000
④ 1/2,500

해설 저압전선로 중 절연부분의 전선과 대지 사이 및 전선의 심선 상호 간의 절연저항은 사용전압에 대한 누설전류가 최대 공급전류의 1/2,000을 넘지 않도록 하여야 한다.

66 위험물안전관리법령상 제3류 위험물의 금수성 물질이 아닌 것은?

① 과염소산염
② 금속나트륨
③ 탄화칼슘
④ 탄화알루미늄

해설 과염소산염은 제1류 위험물(산화성고체)에 해당한다.

67 이산화탄소 소화기에 관한 설명으로 옳지 않은 것은?

① 전기화재에 사용할 수 있다.
② 주된 소화 작용은 질식작용이다.
③ 소화약제 자체 압력으로 방출이 가능하다.
④ 전기전도성이 높아 사용 시 감전에 유의해야 한다.

해설 이산화탄소(CO_2) 소화기는 전기전도성이 높지 않다.

68 제전기의 설치 장소로 가장 적절한 것은?

① 대전물체의 뒷면에 접지물체가 있는 경우
② 정전기의 발생원으로부터 5~20cm 정도 떨어진 장소
③ 오물과 이물질이 자주 발생하고 묻기 쉬운 장소
④ 온도가 150℃, 상대습도가 80% 이상인 장소

해설 **제전기설치에 관한 일반사항**
정전기의 발생원으로부터 가능한 가까운 위치로 하며, 일반적으로 정전기의 발생원으로부터 5~20[cm] 이상 떨어진 위치

69 전기적 불꽃 또는 아크에 의한 화상의 우려가 높은 고압 이상의 충전전로작업에 근로자를 종사시키는 경우에는 어떠한 성능을 가진 작업복을 착용시켜야 하는가?

① 방충처리 또는 방수성능을 갖춘 작업복
② 방염처리 또는 난연성능을 갖춘 작업복
③ 방청처리 또는 난연성능을 갖춘 작업복
④ 방수처리 또는 방청성능을 갖춘 작업복

해설 전기적 불꽃 또는 아크에 의한 화상의 우려가 높은 고압 이상의 충전전로작업에 근로자를 종사시키는 경우에는 방염처리 도는 난연성능을 갖춘 작업복을 착용해야 한다.

70 감전을 방지하기 위해 관계근로자에게 반드시 주지시켜야하는 정전작업 사항으로 가장 거리가 먼 것은?

① 전원설비 효율에 관한 사항
② 단락접지 실시에 관한 사항
③ 전원 재투입 순서에 관한 사항
④ 작업 책임자의 임명, 정전범위 및 절연용 보호구 작업 등 필요한 사항

해설 ①은 정전작업 시 감전방지하기 위한 내용과 무관하다.

71 폭발성 가스나 전기기기 내부로 침입하지 못하도록 전기기기의 내부에 불활성가스를 압입하는 방식의 방폭구조는?

① 내압방폭구조
② 압력방폭구조
③ 본질안전방폭구조
④ 유입방폭구조

해설 문제는 압력방폭구조에 대한 설명이다.

72 옥내배선에서 누전으로 인한 화재방지의 대책에 아닌 것은?

① 배선불량 시 재시공할 것
② 배선에 단로기를 설치할 것
③ 정기적으로 절연저항을 측정할 것
④ 정기적으로 배선시공 상태를 확인할 것

해설 ②은 누전에 의한 화재방지대책과 관계없다.

정답 | 65 ③ 66 ① 67 ④ 68 ② 69 ② 70 ① 71 ② 72 ②

PART 01 PART 02 PART 03 PART 04 PART 05 부록

73 낮은 압력에서 물질의 끓는점이 내려가는 현상을 이용하여 시행하는 분리법으로 온도를 높여서 가열할 경우 원료가 분해될 우려가 있는 물질을 증류할 때 사용하는 방법을 무엇이라 하는가?

① 진공증류   ② 추출증류

③ 공비증류   ④ 수증기증류

해설 감압 증류(또는 진공 증류)는 끓는점이 비교적 높은 액체 혼합물을 분리하기 위하여 증류공정의 압력을 감소시켜 증류속도를 빠르게(끓는점을 낮게) 하여 증류하는 방법이다.

74 다음 중 폭발하한농도(vol%)가 가장 높은 것은?

① 일산화탄소   ② 아세틸렌

③ 디에틸에테르   ④ 아세톤

해설 보기 물질 중에서는 일산화탄소가 12.5로 폭발하한농도가 가장 높다.

75 물과 접촉할 경우 화재나 폭발의 위험성이 더욱 증가하는 것은?

① 칼륨   ② 트리니트로톨루엔

③ 황린   ④ 니트로셀룰로오스

해설 칼륨은 물반응성 물질 및 인화성 고체에 해당하므로 물과의 접촉을 방지하여야 한다.

76 염소산칼륨에 관한 설명으로 옳은 것은?

① 탄소, 유기물과 접촉 시에도 분해폭발 위험은 거의 없다.

② 열에 강한 성질이 있어서 500℃의 고온에서도 안정적이다.

③ 찬물이나 에탄올에도 매우 잘 녹는다.

④ 산화성 고체물질이다.

해설 염소산칼륨은 제1류위험물(산화성고체)에 해당한다.

77 메탄 20vol%, 에탄 25vol%, 프로판 55vol%의 조성을 가진 혼합가스의 폭발하한계값(vol%)은 약 얼마인가? (단, 메탄, 에탄 및 프로판가스의 폭발하한값은 각각 5vol%, 3vol%, 2vol%이다.)

① 2.51   ② 3.12

③ 4.26   ④ 5.22

해설 혼합가스의 폭발하한계 구하는 식은 아래와 같다.

V : 기체의 부피조성
LEL : 기체의 폭발하한계

$$LEL = \frac{V_1 + V_2 + \cdots + V_n}{\dfrac{V_1}{LEL_1} + \dfrac{V_2}{LEL_2} + \cdots + \dfrac{V_n}{LEL_n}}$$

$$\therefore LEL = \frac{20 + 25 + 55}{\dfrac{20}{5} + \dfrac{25}{3} + \dfrac{55}{2}} = \frac{100}{4 + 8.333 + 27.5} = 2.51\,\text{vol}\%$$

78 다음 중 증류탑의 원리로 거리가 먼 것은?

① 끓는점(휘발성) 차이를 이용하여 목적 성분을 분리한다.

② 열이동은 도모하지만 물질이동은 관계하지 않는다.

③ 기 – 액 두 상의 접촉이 충분히 일어날 수 있는 접촉 면적이 필요하다.

④ 여러 개의 단을 사용하는 다단탑이 사용될 수 있다.

해설 증류탑은 혼합물의 각각의 비점 차이를 이용하여 물리적 방법에 의해 분류하는 화학설비이다.

79 다음 중 불연성 가스에 해당하는 것은?

① 프로판   ② 탄산가스

③ 아세틸렌   ④ 암모니아

해설 탄산가스는 불연성가스로 스스로 연소하지 못하며 다른물질을 연소시키는 성질도 갖지 않는다.
프로판, 아세틸렌, 암모니아는 가연성가스이다.

80 다음 중 화재의 종류가 옳게 연결된 것은?

① A급 화재 – 유류 화재   ② B급 화재 – 유류 화재

③ C급 화재 – 일반 화재   ④ D급 화재 – 일반 화재

정답 | 73 ①   74 ①   75 ①   76 ④   77 ①   78 ②   79 ②   80 ②

해설 **화재의 종류**

구분	A급 화재	B급 화재	C급 화재	D급 화재
명칭	일반 화재	유류·가스 화재	전기 화재	금속 화재

① 14m   ② 20m
③ 25m   ④ 31m

해설 지상으로부터 14m지점(45 - 31=14m)까지이다.

5과목
건설공사 안전관리

81 흙막이 지보공을 설치하였을 때 붕괴 등의 위험방지를 위하여 정기적으로 점검하고, 이상 발견 시 즉시 보수하여야 하는 사항이 아닌 것은?

① 침하의 정도
② 버팀대의 긴압의 정도
③ 지형·지질 및 지층상태
④ 부재의 손상·변형·변위 및 탈락의 유무와 상태

해설 흙막이 지보공을 설치하였을 때에는 정기적으로 다음 사항을 점검하고 이상을 발견하면 즉시 보수하여야 한다.
  1. 부재의 손상·변형·부식·변위 및 탈락의 유무와 상태
  2. 버팀대의 긴압의 정도
  3. 부재의 접속부·부착부 및 교차부의 상태
  4. 침하의 정도

82 건설공사 유해위험방지계획서 제출 시 공통적으로 제출하여야 할 첨부서류가 아닌 것은?

① 공사개요서
② 전체 공정표
③ 산업안전보건관리비 사용계획서
④ 가설도로계획서

해설 건설공사 유해위험방지계획서 제출 시 공통적으로 제출하는 서류에는 공사개요서, 공정표, 안전관리비 사용계획서 등이 해당된다.

83 신축공사 현장에서 강관으로 외부비계를 설치할 때 비계기둥의 최고 높이가 45m 라면 관련 법령에 따라 비계기둥을 2개의 강관으로 보강하여야 하는 높이는 지상으로부터 얼마까지인가?

84 철근콘크리트 현장타설공법과 비교한 PC(Precast Concrete)공법의 장점으로 볼 수 없는 것은?

① 기후의 영향을 받지 않아 동절기 시공이 가능하고, 공기를 단축할 수 있다.
② 현장작업이 감소되고, 생산성이 향상되어 인력절감이 가능하다.
③ 공사비가 매우 저렴하다.
④ 공장 제작이므로 콘크리트 양생 시 최적조건에 의한 양질의 제품생산이 가능하다.

해설 PC공법은 RC공법에 비해 공사비가 많이 든다.

85 항타기 및 항발기를 조립하는 경우 점검하여야 할 사항이 아닌 것은?

① 과부하장치 및 제동장치의 이상 유무
② 권상장치의 브레이크 및 쐐기장치 기능의 이상 유무
③ 본체 연결부의 풀림 또는 손상의 유무
④ 권상기의 설치상태의 이상 유무

해설 **항타기 및 항발기 조립 시 점검사항**
  1. 본체 연결부의 풀림 또는 손상의 유무
  2. 권상용 와이어로프·드럼 및 도르래의 부착상태의 이상 유무
  3. 권상장치의 브레이크 및 쐐기장치 기능의 이상 유무
  4. 권상기의 설치상태의 이상 유무
  5. 리더(leader)의 버팀 방법 및 고정상태의 이상 유무
  6. 본체·부속장치 및 부속품의 강도가 적합한지 여부
  7. 본체·부속장치 및 부속품에 심한 손상·마모·변형 또는 부식이 있는지 여부

86 작업발판 및 통로의 끝이나 개구부로서 근로자가 추락할 위험이 있는 장소에서의 방호조치로 옳지 않은 것은?

① 안전난간 설치   ② 와이어로프 설치
③ 울타리 설치   ④ 수직형 추락방망 설치

해설 근로자가 추락할 위험이 있는 장소에는 안전난간, 울타리, 수직형 추락방망 등을 설치해야 한다.

87 건물외부에 낙하물 방지망을 설치할 경우 벽면으로부터 돌출되는 거리의 기준은?

① 1m 이상
② 1.5m 이상
③ 1.8m 이상
④ 2m 이상

해설 낙하물방지망의 내민 길이는 벽면으로부터 2m 이상으로 하여야 한다.

88 콘크리트 타설용 거푸집에 작용하는 외력 중 연직방향 비중이 아닌 것은?

① 고정하중
② 충격하중
③ 작업하중
④ 풍하중

해설 거푸집에 작용하는 연직방향 하중에는 타설 콘크리트의 고정하중, 충격하중, 작업하중, 거푸집 중량 등이 있다.

89 콘크리트를 타설할 때 거푸집에 작용하는 콘크리트 측압에 영향을 미치는 요인과 가장 거리가 먼 것은?

① 콘크리트 타설 속도
② 콘크리트 타설 높이
③ 콘크리트의 강도
④ 기온

해설 콘크리트의 강도는 측압에 영향을 미치는 요인으로 볼 수 없다.

90 동바리로 사용하는 파이프 서포트에 관한 설치 기준으로 옳지 않은 것은?

① 파이프 서포트를 3개 이상 이어서 사용하지 않도록 할 것
② 파이프 서포트를 이어서 사용하는 경우에는 4개 이상의 볼트 또는 전용철물을 사용하여 이을 것
③ 높이가 3.5m를 초과하는 경우에는 높이 2m 이내마다 수평연결재를 2개 방향으로 만들고 수평연결재의 변위를 방지할 것
④ 파이프 서포트 사이에 교차가새를 설치하여 수평력에 대하여 보강 조치할 것

해설 파이프 서포트 사이에 수평연결재를 설치하여 수평력에 대하여 보강 조치해야 한다.

91 히빙(heaving)현상이 가장 쉽게 발생하는 토질지반은?

① 연약한 점토 지반
② 연약한 사질토 지반
③ 견고한 점토 지반
④ 견고한 사질토 지반

해설 히빙현상은 연약한 점토지반에서 주로 발생한다.

92 블레이드의 길이가 길고 낮으며 블레이드의 좌우를 전후 25~30° 각도로 회전시킬 수 있어 흙을 측면으로 보낼 수 있는 도저는?

① 레이크 도저
② 스트레이트 도저
③ 앵글도저
④ 틸트도저

해설 앵글도저는 배토판을 좌우로 회전 가능하며 측면절삭 및 제설, 제토작업에 적합하다.

93 다음과 같은 조건에서 추락 시 로프의 지지점에서 최하단까지의 거리 h를 구하면 얼마인가?

```
─ 로프 길이 150cm
─ 로프 신율 30%
─ 근로자 신장 170cm
```

① 2.8m
② 3.0m
③ 3.2m
④ 3.4m

해설 **최하사점 공식**

$h = $ 로프의 길이$(l) + $ 로프의 신장길이$(l \cdot \alpha)$
　　　$+ $ 작업자 키의 $\frac{1}{2}(T/2)$
$= 150cm + 150cm \times 0.3 + 170cm/2 = 280cm$

94 산업안전보건법령에 따른 크레인을 사용하여 작업을 하는 때 작업시작 전 점검사항에 해당되지 않는 것은?

① 권과방지장치 · 브레이크 · 클러치 및 운전장치의 기능
② 주행로의 상측 및 트롤리(trolleyy)가 횡행하는 레일의 상태
③ 원동기 및 풀리(pulley)기능의 이상 유무
④ 와이어로프가 통하고 있는 곳의 상태

크레인의 작업시작전 점검사항

1. 권과방지장치·브레이크·클러치 및 운전장치의 기능
2. 주행로의 상측 및 트롤리가 횡행(橫行)하는 레일의 상태
3. 와이어로프가 통하고 있는 곳의 상태

95 다음은 비계를 조립하여 사용하는 경우 작업발판설치에 관한 기준이다. (   )에 들어갈 내용으로 옳은 것은?

> 사업주는 비계(달비계, 달대비계 및 말비계는 제외한다)의 높이가 (   ) 이상인 작업장소에 다음 각 호의 기준에 맞는 작업발판을 설치하여야 한다.
> 1. 발판재료는 작업할 때의 하중을 견딜 수 있도록 견고한 것으로 할 것
> 2. 작업발판의 폭은 40센티미터 이상으로 하고, 발판재료 간의 틈은 3센티미터 이하로 할 것

① 1m   ② 2m
③ 3m   ④ 4m

해설 높이 2미터 이상인 비계를 조립하여 사용하는 경우 작업발판 설치기준에 해당되는 내용이다.

96 다음은 산업안전보건법령에 따른 승강설비의 설치에 관한 내용이다. (   ) 에 들어갈 내용으로 옳은 것은?

> 사업주는 높이 또는 깊이가 (   )를 초과하는 장소에서 작업하는 경우 해당 작업에 종사하는 근로자가 안전하게 승강하기 위한 건설용 리프트 등의 설비를 설치하여야 한다. 다만, 승강설비를 설치하는 것이 작업의 성질상 곤란한 경우에는 그러하지 아니하다.

① 2m   ② 3m
③ 4m   ④ 5m

해설 높이 또는 깊이가 2m를 초과하는 장소에서 작업하는 경우 해당 작업에 종사하는 근로자가 안전하게 승강하기 위한 건설용 리프트 등의 설비를 설치하여야 한다.

97 부두·안벽 등 하역작업을 하는 장소에서 부두 또는 안벽의 선을 따라 통로를 설치하는 경우 그 폭을 최소 얼마 이상으로 하여야 하는가?

① 60cm   ② 90cm
③ 120cm   ④ 150cm

해설 부두 등의 하역작업장 조치사항으로 부두 또는 안벽의 선을 따라 통로를 설치하는 경우에는 폭을 90cm 이상으로 하여야 한다.

98 리프트(Lift)의 방호장치에 해당하지 않는 것은?

① 권과방지장치   ② 비상정지장치
③ 과부하방지장치   ④ 자동경보장치

해설 **건설용 리프트의 방호장치**

1. 권과방지장치 : 운반구의 이탈 등의 위험방지
2. 과부하 방지장치 : 적재하중 초과 사용금지
3. 비상정지장치, 조작스위치 등 탑승 조작장치
4. 출입문 연동장치 : 운반구의 입구 및 출구문이 열려진 상태에서는 리밋스위치가 작동되어 리프트가 동작하지 않도록 하는 장치

99 강관을 사용하여 비계를 구성하는 경우의 준수사항으로 옳지 않은 것은?

① 비계기둥의 간격은 띠장 방향에서는 1.85m 이하로 할 것
② 비계기둥의 간격은 장선(長線) 방향에서는 1.0m 이하로 할 것
③ 띠장 간격은 2.0m 이하로 할 것
④ 비계기둥 간의 적재하중은 400kg을 초과하지 않도록 할 것

해설 비계기둥의 간격은 장선(長線) 방향에서는 1.5m 이하로 해야 한다.

100 안전관리비의 사용 항목에 해당하지 않는 것은?

① 안전시설비
② 개인보호구 구입비
③ 접대비
④ 사업장의 안전·보건진단비

해설 접대비는 안전관리비의 사용 항목에 해당하지 않는다.

PART 01
PART 02
PART 03
PART 04
PART 05
부록

2021년 1회

산업재해 예방 및 안전보건교육

01 산업안전보건법령상 근로자 안전 · 보건교육 기준 중 다음 (   ) 안에 알맞은 것은?

교육과정	교육대상	교육시간
채용 시의 교육	일용근로자 및 근로계약기간이 1주일 이하인 기간제 근로자	(㉠)시간 이상
	근로계약기간이 1주일 초과 1개월 이하인 기간제 근로자	(㉡)시간 이상
	그 밖의 근로자	8시간 이상

① ㉠ 1, ㉡ 4
② ㉠ 1, ㉡ 2
③ ㉠ 2, ㉡ 2
④ ㉠ 2, ㉡ 4

해설 **근로자 안전 · 보건교육**

교육과정	교육대상	교육시간
채용 시의 교육	일용근로자 및 근로계약기간이 1주일 이하인 기간제 근로자	1시간 이상
	근로계약기간이 1주일 초과 1개월 이하인 기간제 근로자	4시간 이상
	일용근로자를 제외한 근로자	8시간 이상

02 재해예방의 4원칙에 해당하지 않는 것은?

① 손실연계의 원칙
② 대책선정의 원칙
③ 예방가능의 원칙
④ 원인계기의 원칙

해설 **재해예방의 4원칙**

1. 손실우연의 원칙
2. 원인계기의 원칙
3. 예방가능의 원칙
4. 대책선정의 원칙

03 산업안전보건법상 특별교육 대상 작업이 아닌 것은?

① 건설용 리프트 · 곤돌라를 이용한 작업
② 전압이 50볼트(V)인 정전 및 활선작업
③ 화학설비 중 반응기, 교반기 · 추출기의 사용 및 세척작업
④ 액화석유가스 · 수소가스 등 인화성 가스 또는 폭발성 물질 중 가스의 발생장치 취급 작업

해설 특별교육 대상작업은 전압이 75볼트 이상인 정전 및 활선작업이다.

04 억측판단의 배경이 아닌 것은?

① 생략 행위
② 초조한 심정
③ 희망적 관측
④ 과거의 성공한 경험

해설 **억측판단(Risk Taking)**

위험을 부담하고 행동으로 옮김(예 신호등이 녹색에서 적색으로 바뀌어도 차가 움직이기까지 아직 시간이 있다고 생각하여 건널목을 건넜을 경우)

05 조건반사설에 의한 학습이론의 원리에 해당하지 않는 것은?

① 강도의 원리
② 시간의 원리
③ 효과의 원리
④ 계속성의 원리

해설 **파블로프(Pavlov)의 조건반사설**

1. 계속성의 원리(The Continuity Principle)
2. 일관성의 원리(The Consistency Principle)
3. 강도의 원리(The Intensity Principle)
4. 시간의 원리(The Time Principle)

---

06 무재해 운동의 이념 가운데 직장의 위험요인을 행동하기 전에 예지하여 발견, 파악, 해결하는 것을 의미하는 것은?

① 무의 원칙   ② 선취의 원칙
③ 참가의 원칙   ④ 인간존중의 원칙

해설 안전제일의 원칙(선취의 원칙) : 직장의 위험요인을 행동하기 전에 발견 · 파악 · 해결하여 재해를 예방한다.

07 다음 중 산업안전보건법상 안전 · 보건표지에서 기본 모형의 색상이 빨강이 아닌 것은?

① 산화성물질경고   ② 화기금지
③ 탑승금지   ④ 고온경고

해설 고온경고는 위험경고에 해당되므로 노란색 바탕에 검은색 기본모형으로 표시한다.

08 내전압용 절연장갑의 성능기준상 최대 사용전압에 따른 절연장갑의 구분 중 00등급의 색상으로 옳은 것은?

① 노란색   ② 흰색
③ 녹색   ④ 갈색

해설 **절연장갑의 등급 및 색상**

등급	최대 사용전압		비고
	교류(V, 실효값)	직류(V)	
00	500	750	갈색

09 착시현상 중 그림과 같이 우선 평행의 호를 보고 이어 직선을 본 경우에 직선은 호와의 반대방향에 보이는 현상은?

① 동화착오   ② 분할착오
③ 윤곽착오   ④ 방향착오

해설 **Köhler의 착시(윤곽착오)**

우선 평형의 호를 본 후 즉시 직선을 본 경우에 직선은 호의 반대방향으로 굽어 보인다.

10 학습정도(Level of learning)의 4단계 요소가 아닌 것은?

① 지각   ② 적용
③ 인지   ④ 정리

해설 **학습정도의 4단계**

1단계 인지 → 2단계 지각 → 3단계 이해 → 4단계 적용

11 다음 중 안전 태도 교육의 원칙으로 적절하지 않은 것은?

① 청취 위주의 대화를 한다.
② 이해하고 납득한다.
③ 항상 모범을 보인다.
④ 지적과 처벌 위주로 한다.

해설 지적과 처벌은 태도교육의 원칙에 해당되지 않는다.

태도교육 : 안전의 습관화(가치관 형성)
① 청취(들어본다) → ② 이해, 납득(이해시킨다) → ③ 모범(시범을 보인다) → ④ 권장(평가한다)

12 안전심리의 5대 요소 중 능동적인 감각에 의한 자극에서 일어난 사고의 결과로서, 사람의 마음을 움직이는 원동력이 되는 것은?

① 기질(Temper)   ② 동기(Motive)
③ 감정(Emotion)   ④ 습관(Custom)

해설 **동기(Motive)**

능동력은 감각에 의한 자극에서 일어나는 사고의 결과로서 사람의 마음을 움직이는 원동력이다.

13 일반적으로 교육이란 "인간행동의 계획적 변화"로 정의할 수 있다. 여기서 "인간의 행동"이 의미하는 것은?

① 신념과 태도
② 외현적 행동만 포함
③ 내현적 행동만 포함
④ 내현적, 외현적 행동 모두 포함

해설 인간은 교육을 통해 내현적, 외현적 행동을 변화시킬 수 있다.

PART 01 PART 02 PART 03 PART 04 PART 05 부록

14 적응기제(Adjustment Mechanism)의 유형에서 "동일화(identification)"의 사례에 해당하는 것은?

① 운동시합에 진 선수가 컨디션이 좋지 않았다고 한다.
② 결혼에 실패한 사람이 고아들에게 정열을 쏟고 있다.
③ 아버지의 성공을 자신의 성공인 것처럼 자랑하며 거만한 태도를 보인다.
④ 동생이 태어난 후 초등학교에 입학한 큰 아이가 손가락을 빨기 시작했다.

해설 **동일화(Identification)**
다른 사람의 행동양식이나 태도를 투입시키거나 다른 사람 가운데서 자기와 비슷한 점을 발견하는 것

15 객관적인 위험을 자기 나름대로 판정해서 의지 결정을 하고 행동에 옮기는 인간의 심리특성을 무엇이라고 하는가?

① 세이프 테이킹(Safe taking)
② 액션 테이킹(Action taking)
③ 리스크 테이킹(Risk taking)
④ 휴먼 테이킹(Human taking)

해설 **억측 판단(Risk Taking)**
위험을 부담하고 행동으로 옮기는 것

16 주의(Attention)의 특성 중 여러 종류의 자극을 받을 때 소수의 특정한 것에만 반응하는 것은?

① 선택성   ② 방향성
③ 단속성   ④ 변동성

해설 **주의의 선택성**
한 번에 많은 종류의 자극을 지각·수용하기 곤란하다.

17 인간관계의 메커니즘 중 다른 사람으로부터의 판단이나 행동을 무비판적으로 논리적, 사실적 근거 없이 받아들이는 것은?

① 모방(imitation)   ② 투사(projection)
③ 동일화(identification)   ④ 암시(suggestion)

해설 암시에 관한 설명이다.

18 산업안전보건법령상 특별교육 대상 작업별 교육 작업 기준으로 틀린 것은?

① 전압기 75V 이상인 정전 및 활선작업
② 굴착면의 높이가 2m 이상이 되는 암석의 굴착작업
③ 동력에 의하여 작동되는 프레스기계를 3대 이상 보유한 사업장에서 해당 기계로 하는 작업
④ 1톤 미만의 크레인 또는 호이스트를 5대 이상 보유한 사업장에서 해당 기계로 하는 작업

해설 특별교육 대상 : 동력에 의하여 작동되는 프레스기계를 5대 이상 보유한 사업장에서 해당 기계로 하는 작업

19 산업안전보건법령상 안전인증대상 기계·기구 등이 아닌 것은?

① 프레스   ② 전단기
③ 롤러기   ④ 산업용 원심기

해설 **안전인증대상기계등**
1. 프레스
2. 전단기 및 절곡기
3. 롤러기 등

20 지도자가 추구하는 계획과 목표를 부하직원이 자신의 것으로 받아들여 자발적으로 참여하게 하는 리더십의 권한은?

① 보상적 권한   ② 강압적 권한
③ 위임된 권한   ④ 합법적 권한

해설 **위임된 권한의 특성**
진정한 리더십과 흡사한 것으로서 부하직원들이 지도자가 정한 목표를 자신의 것으로 받아들이고 목표를 성취하기 위해 지도자와 함께 일하는 것이다.

인간공학 및 위험성 평가 · 관리

21 시각적 표시장치를 사용하는 것이 청각적 표시장치를 사용하는 것보다 좋은 경우는?

① 메시지가 후에 참고되지 않을 때
② 메시지가 공간적인 위치를 다룰 때
③ 메시지가 시간적인 사건을 다룰 때
④ 사람의 일이 연속적인 움직임을 요구할 때

[해설] 메시지가 공간적인 위치를 다루는 경우 시각적 표시장치의 사용이 유리하다.

22 체계분석 및 설계에 있어서 인간공학적 노력의 효능을 산정하는 척도의 기준에 포함되지 않는 것은?

① 성능의 향상
② 훈련비용의 절감
③ 인력 이용률의 저하
④ 생산 및 보전의 경제성 향상

[해설] 체계 설계과정에서 인간공학의 적용에 의해 인력의 이용률이 향상될 수 있다.

23 모든 시스템안전 프로그램 중 최초 단계의 분석으로 시스템 내의 위험요소가 어떤 상태에 있는지를 정성적으로 평가하는 방법은?

① CA
② FHA
③ PHA
④ FMEA

[해설] **PHA(예비위험 분석)**
시스템 내의 위험요소가 얼마나 위험상태에 있는가를 평가하는 시스템 안전프로그램의 최초단계의 분석방식(정성적)

24 다음의 연산표에 해당하는 논리연산은?

입력		출력
X_1	X_2	
0	0	0
0	1	1
1	0	1
1	1	0

① XOR
② AND
③ NOT
④ OR

[해설] 0이 거짓, 1이 참이라고 하면 거짓이나 참이 같을 때에만 거짓을 출력하고 서로 다른 입력에는 거짓을 출력한다. 따라서, 해당 연산표의 논리연산은 배타적 논리합(XOR)에 해당된다.

25 제품의 설계단계에서 고유 신뢰성을 증대시키기 위하여 일반적으로 많이 사용되는 방법이 아닌 것은?

① 병렬 및 대기 리던던시의 활용
② 부품과 조립품의 단순화 및 표준화
③ 제조부문과 납품업자에 대한 부품규격의 명세제시
④ 부품의 전기적, 기계적, 열적 및 기타 작동조건의 경감

[해설] ③은 고유의 신뢰성 증대와 관련이 없다.

26 신뢰도가 0.4인 부품 5개가 병렬결합 모델로 구성된 제품이 있을 때 이 제품의 신뢰도는?

① 0.90
② 0.91
③ 0.92
④ 0.93

[해설] 신뢰도$(R) = 1 - (1 - 0.4)(1 - 0.4)(1 - 0.4)(1 - 0.4)(1 - 0.4)$
$= 0.92224 ≒ 0.92$

27 서서 하는 작업의 작업대 높이에 대한 설명으로 옳지 않은 것은?

① 정밀작업의 경우 팔꿈치 높이보다 약간 높게 한다.
② 경작업의 경우 팔꿈치 높이보다 약간 낮게 한다.
③ 중작업의 경우 경작업의 작업대 높이보다 약간 낮게 한다.
④ 작업대의 높이는 기준을 지켜야 하므로 높낮이가 조절되어서는 안 된다.

[해설] **입식 작업대 높이**
- 정밀작업 : 팔꿈치 높이보다 5~10cm 높게 설계
- 일반작업 : 팔꿈치 높이보다 5~10cm 낮게 설계
- 힘든 작업(重작업) : 팔꿈치 높이보다 10~20cm 낮게 설계

28 광원으로부터의 직사휘광을 줄이는 방법으로 적절하지 않은 것은?

① 휘광원 주위를 어둡게 한다.
② 가리개, 갓, 차양 등을 사용한다.
③ 광원을 시선에서 멀리 위치시킨다.
④ 광원의 수는 늘리고 휘도는 줄인다.

해설 휘광원 주위를 밝게 하여 광도비를 줄인다.

29 다수의 표시장치(디스플레이)를 수평으로 배열할 경우 해당 제어장치를 각각의 표시장치 아래에 배치하면 좋아지는 양립성의 종류는?

① 공간 양립성　　　② 운동 양립성
③ 개념 양립성　　　④ 양식 양립성

해설 **공간적 양립성**
　어떤 사물들, 특히 표시장치나 조정장치의 물리적 형태나 공간적인 배치의 양립성을 말한다.

30 불대수(Boolean algebra)의 관계식으로 맞는 것은?

① $A(A \cdot B) = B$
② $A + B = A \cdot B$
③ $A + A \cdot B = A \cdot B$
④ $A + B \cdot C = (A + B)(A + C)$

해설 **불대수 분배법칙**
$$A + BC = (A + B)(A + C)$$

31 인간의 정보처리 기능 중 그 용량이 7개 내외로 작아, 순간적 망각 등 인적 오류의 원인이 되는 것은?

① 지각　　　　　② 작업기억
③ 주의력　　　　④ 감각보관

해설 작업기억은 시간 흐름에 따라 쇠퇴하여 순간적 망각으로 인한 인적오류의 원인이 된다.

32 FT에서 사용되는 사상기호에 대한 설명으로 맞는 것은?

① 위험지속기호 : 정해진 횟수 이상 입력이 될 때 출력이 발생한다.
② 억제게이트 : 조건부 사건이 일어나는 상황하에서 입력이 발생할 때 출력이 발생한다.
③ 우선적 AND 게이트 : 사건이 발생할 때 정해진 순서대로 복수의 출력이 발생한다.
④ 배타적 OR 게이트 : 동시에 2개 이상의 입력이 존재하는 경우에 출력이 발생한다.

해설 억제게이트 : 조건부 사건이 일어나는 상황하에서 입력이 발생할 때 출력이 발생

33 인간공학의 연구 방법에서 인간 – 기계 시스템을 평가하는 척도의 요건으로 적합하지 않은 것은?

① 적절성, 타당성　　② 무오염성
③ 주관성　　　　　④ 신뢰성

해설 직무적성검사 등 인간의 특성에 관한 측정검사에 있어 갖추어야 할 요건으로는 표준화, 타당도(적절성), 신뢰도, 무오염성, 객관도 등이 있다.

34 다음 중 설비보전관리에서 설비이력카드, MTBF 분석표, 고장원인 대책표와 관련이 깊은 관리는?

① 보전기록관리　　② 보전자재관리
③ 보전작업관리　　④ 예방보전관리

해설 보전기록관리와 관련한 서류이다.

35 계수형(Digital) 표시장치를 사용하는 것이 부적합한 것은?

① 수치를 정확히 읽어야 할 경우
② 짧은 판독 시간을 필요로 하는 경우
③ 판독 오차가 적은 것을 필요로 할 경우
④ 표시장치에 나타나는 값들이 계속 변하는 경우

해설 계수형의 경우 값이 빨리 변하는 경우 읽기가 곤란할 뿐만 아니라 시각 피로를 많이 유발하므로 피해야 한다.

정답 | 28 ① 　29 ① 　30 ④ 　31 ② 　32 ② 　33 ③ 　34 ① 　35 ④

36 정보처리기능 중 정보 보관에 해당하는 것과 관계가 가장 먼 것은?

① 감지   ② 정보처리

③ 출력   ④ 행동기능

해설 인간-기계 통합시스템의 인간 또는 기계에 의해 수행되는 기본 기능의 유형

37 화학 설비의 안전성을 평가하는 방법 5단계 중 제3단계에 해당하는 것은?

① 안전대책   ② 정량적 평가

③ 관계자료 검토   ④ 정성적 평가

해설 제3단계(정량적 평가) : 물질, 온도, 압력, 용량, 조작 항목 및 화학설비 정량등급 평가

38 휴먼 에러(human error)의 분류 중 필요한 임무나 절차의 순서 착오로 인하여 발생하는 오류는?

① ommission error   ② sequential error

③ commission error   ④ extraneous error

해설 문제는 sequential error에 대한 설명이다.

39 인간공학에 관련된 설명으로 틀린 것은?

① 편리성, 쾌적성, 효율성을 높일 수 있다.

② 사고를 방지하고 안전성과 능률성을 높일 수 있다.

③ 인간의 특성과 한계점을 고려하여 제품을 설계한다.

④ 생산성을 높이기 위해 인간을 작업 특성에 맞추는 것이다.

해설 작업환경 등에서 작업자의 신체적인 특성이나 행동하는 데 받는 제약 조건 등이 고려된 시스템을 디자인하여 인간과 기계 및 작업환경과의 조화가 잘 이루어질 수 있도록 하여 작업자의 안전, 작업능률, 편리성, 쾌적성(만족도)을 향상시키고자 함에 있다.

40 광원의 단위 면적에서 단위 입체각으로 발산하는 빛의 양을 설명한 용어로 맞는 것은?

① 휘도   ② 조도

③ 광도   ④ 반사율

해설 **휘도**

단위 면적당 빛이 반사되어 나오는 양

3과목

기계 · 기구 및 설비 안전관리

41 500rpm으로 회전하는 연삭기의 숫돌지름이 200mm일 때 원주속도(m/min)는?

① 628   ② 62.8

③ 314   ④ 31.4

해설 원주속도$(V) = \dfrac{\pi DN}{1,000} = \dfrac{\pi \times 200 \times 500}{1,000} = 314.16 \, \text{m/sec}$

42 [보기]는 기계설비의 안전화 중 기능의 안전화와 구조의 안전화를 위해 고려해야 할 사항을 열거한 것이다. [보기] 중 기능의 안전화를 위해 고려해야 할 사항에 속하는 것은?

보기
㉠ 재료의 결함   ㉡ 가공상의 잘못
㉢ 정전 시의 오동작   ㉣ 설계의 잘못

① ㉠   ② ㉡

③ ㉢   ④ ㉣

해설 **기능상의 안전화**

최근 기계는 반자동 또는 자동 제어장치를 갖추고 있어서 에너지 변동에 따라 오동작이 발생하여 주요 문제로 대두되므로 이에 따른 기능의 안전화가 요구되고 있다.

예 전압 강하 시 기계의 자동정지, 안전장치의 일정방식

43 산업용 로봇에 사용되는 안전매트에 요구되는 일반 구조 및 표시에 관한 설명으로 옳지 않은 것은?

① 단선경보장치가 부착되어 있어야 한다.
② 감응시간을 조절하는 장치는 부착되어 있지 않아야 한다.
③ 안전인증 표시 외에 작동하중, 감응시간, 복귀신호의 자동 또는 수동 여부, 대소인공용 여부를 추가로 표시해야 한다.
④ 감응도 조절장치가 있는 경우 봉인되어 있지 않아야 한다.

해설 **안전매트의 성능기준 일반구조**
• 단선경보장치가 부착되어 있어야 한다.
• 감응시간을 조절하는 장치는 부착되어 있지 않아야 한다.
• 감응도 조절장치가 있는 경우 봉인되어 있어야 한다.

44 선반 작업 시 주의사항으로 틀린 것은?

① 회전 중에 가공품을 직접 만지지 않는다.
② 공작물의 설치가 끝나면 척에서 렌치류는 곧바로 제거한다.
③ 칩(chip)이 비산할 때는 보안경을 쓰고 방호판을 설치하여 사용한다.
④ 돌리개는 적정 크기의 것을 선택하고, 심압대 스핀들은 가능한 길게 나오도록 한다.

해설 돌리개는 적당한 것을 선택하고, 심압대 스핀들은 지나치게 길게 나오지 않도록 한다.

45 기계설비 방호에서 가드의 설치조건으로 옳지 않은 것은?

① 충분한 강도를 유지할 것
② 구조가 단순하고 위험점 방호가 확실할 것
③ 개구부(틈새)의 간격은 임의로 조정이 가능할 것
④ 작업, 점검, 주유 시 장애가 없을 것

해설 기계설비 방호가드는 개구부의 간격을 임의로 조정할 수 없어야 한다.

46 통로의 설치기준 중 ( ) 안에 공통적으로 들어갈 숫자로 옳은 것은?

사업주는 통로면으로부터 높이 ( )미터 이내에는 장애물이 없도록 하여야 한다. 다만, 부득이하게 통로면으로부터 높이 ( )미터 이내에 장애물을 설치할 수밖에 없거나 통로면으로부터 높이 ( )미터 이내의 장애물을 제거하는 것이 곤란하

다고 고용노동부장관이 인정하는 경우에는 근로자에게 발생할 수 있는 부상 등의 위험을 방지하기 위한 안전 조치를 하여야 한다.

① 1   ② 2
③ 1.5   ④ 2.5

해설 **통로의 설치(「안전보건규칙」 제22조)**
사업주는 통로면으로부터 높이 2미터 이내에는 장애물이 없도록 하여야 한다. 다만, 부득이하게 통로면으로부터 높이 2미터 이내에 장애물을 설치할 수밖에 없거나 통로면으로부터 높이 2미터 이내의 장애물을 제거하는 것이 곤란하다고 고용노동부장관이 인정하는 경우에는 근로자에게 발생할 수 있는 부상 등의 위험을 방지하기 위한 안전 조치를 하여야 한다.

47 산업안전보건법령에 따라 목재가공용 기계에 설치하여야 하는 방호장치에 관한 내용으로 틀린 것은?

① 목재가공용 둥근톱기계에는 분할날 등 반발예방장치를 설치하여야 한다.
② 목재가공용 둥근톱기계에는 톱날접촉예방장치를 설치하여야 한다.
③ 모떼기기계에는 가공 중 목재의 회전을 방지하는 회전방지 장치를 설치하여야 한다.
④ 작업대상물이 수동으로 공급되는 동력식 수동대패기계에 날접촉예방장치를 설치하여야 한다.

해설 모떼기기계에 날접촉예방장치를 설치하여야 한다. 다만, 작업의 성질상 날접촉예방장치를 설치하는 것이 곤란하여 해당 근로자에게 적절한 작업공구 등을 사용하도록 한 경우에는 그러하지 아니하다.

48 산업안전보건법령상 연삭숫돌의 시운전에 관한 설명으로 옳은 것은?

① 연삭숫돌의 교체 시에는 바로 사용할 수 있다.
② 연삭숫돌의 교체 시 1분 이상 시운전을 하여야 한다.
③ 연삭숫돌의 교체 시 2분 이상 시운전을 하여야 한다.
④ 연삭숫돌의 교체 시 3분 이상 시운전을 하여야 한다.

해설 **연삭숫돌의 덮개 등(「안전보건규칙」 제122조)**
사업주는 연삭숫돌을 사용하는 작업의 경우 작업을 시작하기 전에는 1분 이상, 연삭숫돌을 교체한 후에는 3분 이상 시험운전을 하고 해당 기계에 이상이 있는지를 확인하여야 한다.

49 산업안전보건법령에 따라 다음 중 덮개 혹은 울을 설치하여야 하는 경우나 부위에 속하지 않는 것은?

① 목재가공용 띠톱기계를 제외한 띠톱기계에서 절단에 필요한 톱날 부위 외의 위험한 톱날 부위

② 선반으로부터 돌출하여 회전하고 있는 가공물이 근로자에게 위험을 미칠 우려가 있는 경우

③ 보일러에서 과열에 의한 압력상승으로 인해 사용자에게 위험을 미칠 우려가 있는 경우

④ 연삭기 또는 평삭기의 테이블, 형삭기 램 등의 행정 끝이 근로자에게 위험을 미칠 우려가 있는 경우

해설 보일러에는 덮개 혹은 울을 설치하지 않아도 된다.

50 정(Chisel) 작업의 일반적인 안전수칙에서 틀린 것은?

① 따내기 및 칩이 튀는 가공에서는 보안경을 착용하여야 한다.

② 절단작업 시 절단된 끝이 튀는 것을 조심하여야 한다.

③ 작업을 시작할 때는 가급적 정을 세게 타격하고 점차 힘을 줄여간다.

④ 담금질된 철강 재료는 정 가공을 하지 않는 것이 좋다.

해설 **정 작업 시 안전수칙**
- 칩이 튀는 작업 시 보호안경 착용
- 처음에는 가볍게 때리고 점차 힘을 가함
- 절단된 가공물의 끝이 튕길 위험의 발생 방지

51 기계를 구성하는 요소에서 피로현상은 안전과 밀접한 관련이 있다. 다음 중 기계요소의 피로 파괴현상과 가장 관련이 적은 것은?

① 소음(Noise)　　　　② 노치(Notch)

③ 부식(Corrosion)　　④ 치수효과(Size Effect)

해설 피로파괴에 영향을 주는 인자로는 치수효과(Size Effect), 노치효과(Notch Effect), 부식(Corrosion), 표면효과 등이 있다.

52 2개의 회전체가 회전운동을 할 때 물림점이 발생할 수 있는 조건은?

① 두 개의 회전체 모두 시계 방향으로 회전

② 두 개의 회전체 모두 시계 반대 방향으로 회전

③ 하나는 시계 방향으로 회전하고 다른 하나는 정지

④ 하나는 시계 방향으로 회전하고 다른 하나는 시계 반대 방향으로 회전

해설 **물림점(Nip Point)**
반대로 회전하는 두 개의 회전체가 맞닿는 사이에 발생하는 위험점

53 산업용 로봇 작업 시 안전조치 방법으로 틀린 것은?

① 작업 중의 매니퓰레이터의 속도의 지침에 따라 작업한다.

② 로봇의 조작방법 및 순서의 지침에 따라 작업한다.

③ 작업을 하고 있는 동안 해당 작업 근로자 이외에도 로봇의 기동스위치를 조작할 수 있도록 한다.

④ 2명 이상의 근로자에게 작업을 시킬 때는 신호 방법의 지침을 정하고 그 지침에 따라 작업한다.

해설 **교시 등(「안전보건규칙」 제222조)**
작업을 하고 있는 동안 로봇의 기동스위치 등에 작업 중이라는 표시를 하는 등 작업에 종사하고 있는 근로자가 아닌 사람이 해당 스위치 등을 조작할 수 없도록 필요한 조치를 할 것

54 다음 중 기계설비에 의해 형성되는 위험점이 아닌 것은?

① 회전 말림점　　　　② 접선 분리점

③ 협착점　　　　　　④ 끼임점

해설 **기계설비의 위험점 분류**
- 협착점(Squeeze Point)　• 끼임점(Shear Point)
- 절단점　　　　　　　• 물림점
- 접선물림점　　　　　• 회전말림점

55 양수조작식 방호장치에서 누름버튼 상호 간의 내측 거리는 얼마 이상이어야 하는가?

① 250mm 이상　　　② 300mm 이상

③ 350mm 이상　　　④ 400mm 이상

해설 양수조작식 방호장치 누름버튼의 상호 간 내측거리는 300mm 이상으로 한다.

56 프레스 작업 시 왕복 운동하는 부분과 고정 부분 사이에서 형성되는 위험점은?

① 물림점　　　　　　② 협착점

③ 절단점　　　　　　④ 회전말림점

정답 | 49 ③　50 ③　51 ①　52 ④　53 ③　54 ②　55 ②　56 ②

협착점(Squeeze Point)

기계의 왕복운동을 하는 운동부와 고정부 사이에 형성되는 위험점(왕복운동+고정부)

57 연삭숫돌과 작업받침대, 교반기의 날개, 하우스 등 기계의 회전운동하는 부분과 고정부분 사이에 위험이 형성되는 위험점은?

① 물림점
② 끼임점
③ 절단점
④ 접선물림점

해설 **끼임점(Shear Point)**

기계의 회전운동하는 부분과 고정부 사이의 위험점이다. 예로서 연삭숫돌과 작업대, 교반기의 교반날개와 몸체 사이 및 반복되는 링크기구 등이 있다.

58 프레스 및 전단기에서 양수조작식 방호장치의 일반구조에 대한 설명으로 옳지 않은 것은?

① 누름버튼(레버 포함)은 돌출형 구조로 설치할 것
② 누름버튼의 상호 간 내측거리는 300mm 이상일 것
③ 누름버튼을 양손으로 동시에 조작하지 않으면 작동시킬 수 없는 구조일 것
④ 정상동작표시등은 녹색, 위험표시등은 붉은색으로 하며, 쉽게 근로자가 볼 수 있는 곳에 설치할 것

해설 누름버튼(레버 포함)은 매립형 구조로 설치해야 한다.

59 산업용 로봇의 재해 발생에 대한 주된 원인이며, 본체의 외부에 조립되어 인간의 팔에 해당하는 기능을 하는 것은?

① 센서(Sensor)
② 제어 로직(Control logic)
③ 제동장치(Brake system)
④ 매니퓰레이터(Manipulator)

해설 **교시등**

사업주는 산업용 로봇의 작동범위에서 해당 로봇에 대하여 교시 등 (매니퓰레이터(Manipulator)의 작동순서, 위치·속도의 설정·변경 또는 그 결과를 확인하는 것을 말한다. 이하 같다)의 작업을 하는 경우에는 해당 로봇의 예기치 못한 작동 또는 오(誤)조작에 의한 위험을 방지하여야 한다.

60 밀링머신(Milling Machine)의 작업 시 안전수칙에 대한 설명으로 틀린 것은?

① 커터의 교환 시에는 테이블 위에 목재를 받쳐 놓는다.
② 강력절삭 시에는 일감을 바이스에 깊게 물린다.
③ 작업 중 면장갑은 끼지 않는다.
④ 커터는 가능한 칼럼(Column)으로부터 멀리 설치한다.

해설 **밀링작업시 안전대책**

커터는 가능한 칼럼(Column)으로부터 가깝게 설치한다.

4과목

전기 및 화학설비 안전관리

61 다음 정의에 해당하는 방폭구조는?

전기기기의 과도한 온도 상승, 아크 또는 스파크 발생의 위험을 방지하기 위해 추가적인 안전조치를 통한 안전도를 증가시킨 방폭구조

① 내압 방폭구조
② 유입 방폭구조
③ 안전증 방폭구조
④ 본질안전 방폭구조

해설 **안전증 방폭구조**

폭발분위기가 형성되지 않도록 기계적·전기적 구조상 또는 온도상승에 대해서 특히 안전도를 증가시킨 구조

62 전기기계·기구의 누전에 의한 감전의 위험을 방지하기 위하여 코드 및 플러그를 접속하여 사용하는 전기기계·기구 중 노출된 비충전 금속체에 접지를 실시하여야 하는 것이 아닌 것은?

① 사용전압이 대지전압 110V인 기구
② 냉장고·세탁기·컴퓨터 및 주변기기 등과 같은 고정형 전기기계·기구
③ 고정형·이동형 또는 휴대형 전동기계·기구
④ 휴대형 손전등

해설 **접지대상**

사용전압이 대지전압 150볼트를 넘는 것

---

63 허용접촉전압이 종별 기준과 서로 다른 것은?

① 제1종 − 2.5[V] 이하   ② 제2종 − 25[V] 이하

③ 제3종 − 75[V] 이하   ④ 제4종 − 제한 없음

해설 **허용접촉전압**

종별	접촉상태	허용 접촉전압
제3종	제1종, 제2종 이외의 경우로서 통상의 인체상태에서 접촉전압이 가해지면 위험성이 높은 상태	50[V] 이하

64 감전을 방지하기 위하여 정전작업 요령을 관계 근로자에 주지시킬 필요가 없는 것은?

① 전원설비 효율에 관한 사항

② 단락접지 실시에 관한 사항

③ 전원 재투입 순서에 관한 사항

④ 작업 책임자의 임명, 정전범위 및 절연용 보호구 작업 등 필요한 사항

해설 전원설비 효율과 감전방지는 무관하다.

65 저압전선로 중 절연 부분의 전선과 대지 간 및 전선의 심선 상호간의 절연저항은 사용전압에 대한 누설전류가 최대 공급전류의 얼마를 넘지 않도록 규정하고 있는가?

① 1/1,000   ② 1/1,500

③ 1/2,000   ④ 1/2,500

해설 저압전선로 중 절연부분의 전선과 대지 사이 및 전선의 심선 상호 간의 절연저항은 사용전압에 대한 누설전류가 최대 공급전류의 1/2,000을 넘지 않도록 하여야 한다.

66 이온생성 방법에 따라 정전기 제전기의 종류가 아닌 것은?

① 고전압인가식   ② 접지제어식

③ 자기방전식   ④ 방사선식

해설 제전기의 종류 : 전압인가식, 자기방전식, 방사선식 제저기

67 10Ω의 저항에 10A의 전류를 1분간 흘렸을 때의 발열량은 몇 cal인가?

① 1,800   ② 3,600

③ 7,200   ④ 14,400

해설 $H = 0.24I^2RT = 0.24 \times 10^2 \times 10 \times 60 = 14,400\text{cal}$

68 방폭전기설비에서 1종 위험장소에 해당하는 것은?

① 이상상태에서 위험 분위기를 발생할 염려가 있는 장소

② 정상 작동상태에서 위험 분위기를 발생할 염려가 있는 장소

③ 위험 분위기가 보통의 상태에서 계속해서 발생하는 장소

④ 위험 분위기가 장기간 또는 거의 조성되지 않는 장소

해설 **1종 장소**

정상 작동상태에서 인화성 액체의 증기 또는 가연성 가스에 의한 폭발 위험분위기가 존재하기 쉬운 장소

69 정전기 발생 종류가 아닌 것은?

① 박리   ② 마찰

③ 분출   ④ 방전

해설 마찰, 박리, 유동, 분출, 대전 등이 있다.

70 제1종 또는 제2종 접지공사에 사용하는 접지선에 사람이 접촉할 우려가 있는 경우 접지공사 방법으로 틀린 것은?

① 접지극은 지하 75cm 이상의 깊이로 묻을 것

② 접지선을 시설한 지지물에는 피뢰침용 지선을 시설하지 않을 것

③ 접지선은 캡타이어케이블, 절연전선 또는 통신용 케이블 이외의 케이블을 사용할 것

④ 접지선은 지하 60cm에서 지표 위 1.5m까지의 부분은 접지선을 합성수지관 또는 몰드로 덮을 것

해설 법 개정으로 인해 해당 문제는 재출제 되지 않음

71 다음 중 방폭구조의 종류와 기호를 올바르게 나타낸 것은?

① 안전증방폭구조 : e
② 몰드방폭구조 : n
③ 충전방폭구조 : p
④ 압력방폭구조 : o

해설 몰드방폭구조 : m, 충전방폭구조 : q, 압력방폭구조 : p

72 가스 또는 분진폭발위험장소에는 변전실·배전반실·제어실 등을 설치하여서는 아니 된다. 다만, 실내기압이 항상 양압을 유지하도록 하고, 별도의 조치를 한 경우에는 그러하지 않는데 이 때 요구되는 조치사항으로 틀린 것은?

① 양압을 유지하기 위한 환기설비의 고장 등으로 양압이 유지되지 아니할 때 경보를 할 수 있는 조치를 한 경우
② 환기설비가 정지된 후 재가동하는 경우 변전실 등에 가스 등이 있는지를 확인할 수 있는 가스검지기 등의 장비를 비치한 경우
③ 환기설비에 의하여 변전실 등에 공급되는 공기는 가스폭발 위험장소 또는 분진폭발위험장소가 아닌 곳으로부터 공급되도록 하는 조치를 한 경우
④ 실내기압이 항상 양압 10Pa 이상이 되도록 장치를 한 경우

해설 실내기압이 항상 양압(25파스칼 이상의 압력) 이상으로 유지하는 경우에는 가스 또는 분진폭발위험장소에 변전실·배전반실·제어실 등을 설치할 수 있다.

73 아세틸렌(C_2H_2)의 공기 중 완전연소 조성농도(C_{st})는 약 얼마인가?

① 6.7vol%
② 7.0vol%
③ 7.4vol%
④ 7.7vol%

해설 **아세틸렌(C_2H_2)의 연소식**

$C_2H_2 + 2.5O_2 \rightarrow 2CO_2 + H_2O$

$C_{st} = \dfrac{1}{(4.77n + 1.19x - 2.38y) + 1} \times 100$

$= \dfrac{1}{(4.77 \times 2 + 1.19 \times 2 - 2.38 \times 0) + 1} \times 100$

$= 7.7(\%)$

74 다음 중 가연성 가스의 폭발범위에 관한 설명으로 틀린 것은?

① 상한과 하한이 있다.
② 압력과 무관하다.
③ 공기와 혼합된 가연성 가스의 체적 농도로 표시된다.
④ 가연성 가스의 종류에 따라 다른 값을 갖는다.

해설 압력은 폭발상한계에 크게 영향을 준다.

75 나트륨은 물과 반응할 때 위험성이 매우 크다. 그 이유로 적합한 것은?

① 물과 반응하여 지연성 가스 및 산소를 발생시키기 때문이다.
② 물과 반응하여 맹독성 가스를 발생시키기 때문이다.
③ 물과 발열반응을 일으키면서 가연성 가스를 발생시키기 때문이다.
④ 물과 반응하여 격렬한 흡열반응을 일으키기 때문이다.

해설 나트륨은 물과 접촉할 경우 발열반응을 일으키면서 가연성 가스를 발생시킨다.

76 A가스의 폭발하한계가 4.1vol%, 폭발상한계가 62vol% 일 때 이 가스의 위험도는 약 얼마인가?

① 8.94
② 12.75
③ 14.12
④ 16.12

해설 위험도(H) $= \dfrac{폭발상한계(U) - 폭발하한계(L)}{폭발하한계(L)}$

$= \dfrac{62 - 4.1}{4.1} = 14.12$

77 산업안전보건법령상 공정안전보고서의 내용 중 공정안전자료에 포함되지 않는 것은?

① 유해·위험설비의 목록 및 사양
② 폭발위험장소 구분도 및 전기단선도
③ 안전운전지침서
④ 각종 건물·설비의 배치도

해설 안전운전지침서는 안전운전계획에 포함된다.

78 가스를 저장하는 가스용기의 색상이 틀린 것은? (단, 의료용 가스는 제외한다.)

① 암모니아 – 백색
② 이산화탄소 – 황색
③ 산소 – 녹색
④ 수소 – 주황색

해설 **고압가스용기의 도색**

가스의 종류	용기 도색	가스의 종류	용기 도색
액화탄산가스	청색	산소	녹색
수소	주황색	아세틸렌	황색
액화암모니아	백색	액화염소	갈색

79 산소용기의 압력계가 100kgf/cm²일 때 약 몇 psi인가? (단, 대기압은 표준대기압이다.)

① 1,465
② 1,455
③ 1,438
④ 1,423

해설 1kgf/cm² = 14.223393psi

80 황린의 저장 및 취급방법으로 옳은 것은?

① 강산화제를 첨가하여 중화된 상태로 저장한다.
② 물속에 저장한다.
③ 자연 발화하므로 건조한 상태로 저장한다.
④ 강알칼리 용액 속에 저장한다.

해설 황린은 자연 발화하므로 물속에 보관하여야 한다.

5과목
건설공사 안전관리

81 토석이 붕괴되는 원인을 외적 요인과 내적 요인으로 나눌 때 외적 요인으로 볼 수 없는 것은?

① 사면, 법면의 경사 및 기울기의 증가
② 지진발생, 차량 또는 구조물의 중량
③ 공사에 의한 진동 및 반복하중의 증가
④ 절토 사면의 토질, 암질

해설 절토사면의 토질, 암질은 토석붕괴의 내적 요인에 해당된다.

82 사질토 지반에서 보일링(boiling) 현상에 의한 위험성이 예상될 경우의 대책으로 옳지 않은 것은?

① 흙막이 말뚝의 밑둥넣기를 깊게 한다.
② 굴착 저면보다 깊은 지반을 불투수로 개량한다.
③ 굴착 밑 투수층에 만든 피트(pit)를 제거한다.
④ 흙막이벽 주위에서 배수시설을 통해 수두차를 적게 한다.

해설 **보일링 현상에 의한 흙막이공의 붕괴 예방방법**
1. 흙막이벽의 근입깊이 증가
2. 배면 지반 지하수위 저하
3. 차수성이 높은 흙막이벽 설치
4. 배면 지반 그라우팅 실시

83 건설현장에서 계단을 설치하는 경우 계단의 높이가 최소 몇 미터 이상일 때 계단의 개방된 측면에 안전난간을 설치하여야 하는가?

① 0.8m
② 1.0m
③ 1.2m
④ 1.5m

해설 높이 1m 이상인 계단의 개방된 측면에 안전난간을 설치한다.

84 다음 중 유해·위험방지계획서 작성 및 제출대상에 해당하는 공사는?

① 지상높이가 20m인 건축물의 해체공사
② 깊이 9.5m인 굴착공사
③ 최대지간거리가 50m인 교량건설공사
④ 저수용량 1천만 톤인 용수전용 댐

해설 최대지간 길이가 50m 이상인 교량건설 등의 공사가 제출대상이다.

85 다음 터널 공법 중 전단면 기계 굴착에 의한 공법에 속하는 것은?

① ASSM(American Steel Supported Method)
② NATM(New Austrian Tunneling Method)
③ TBM(Tunnel Boring Machine)
④ 개착식 공법

해설 TBM(Tunnel Boring Machine)은 전단면 기계 굴착에 의한 터널굴착 공법이다.

정답 | 78 ② 79 ④ 80 ② 81 ④ 82 ③ 83 ② 84 ③ 85 ③

86 거푸집 동바리 등을 조립하거나 해체하는 작업을 하는 경우 준수사항으로 옳지 않은 것은?

① 해당 작업을 하는 구역에는 관계 근로자가 아닌 사람의 출입을 금지할 것
② 비, 눈, 그 밖의 기상상태의 불안정으로 날씨가 몹시 나쁜 경우에는 그 작업을 중지할 것
③ 낙하·충격에 의한 돌발적 재해를 방지하기 위하여 버팀목을 설치하고 거푸집 동바리 등을 인양장비에 매단 후 작업을 하도록 하는 등 필요한 조치를 할 것
④ 재료, 기구 또는 공구 등을 올리거나 내리는 경우 근로자로 하여금 달줄·달포대 등의 사용을 금지하도록 할 것

[해설] 재료, 기구 또는 공구 등을 올리거나 내리는 경우에는 근로자로 하여금 달줄·달포대 등을 사용하도록 해야 한다.

87 잠함 또는 우물통의 내부에서 근로자가 굴착작업을 하는 경우의 준수사항으로 옳지 않은 것은?

① 산소결핍 우려가 있는 경우에는 산소의 농도를 측정하는 사람을 지명하여 측정하도록 할 것
② 근로자가 안전하게 오르내리기 위한 설비를 설치할 것
③ 굴착깊이가 20m를 초과하는 경우에는 해당 작업장소와 외부와의 연락을 위한 통신설비 등을 설치할 것
④ 잠함 또는 우물통의 급격한 침하에 의한 위험을 방지하기 위하여 바닥으로부터 천장 또는 보까지의 높이는 2m 이내로 할 것

[해설] 바닥으로부터 천장 또는 보까지의 높이는 1.8m 이상으로 해야 한다.

88 거푸집 해체작업 시 일반적인 안전수칙과 거리가 먼 것은?

① 거푸집 동바리를 해체할 때는 작업책임자를 선임한다.
② 해체된 거푸집 재료를 올리거나 내릴 때는 달줄이나 달포대를 사용한다.
③ 보 밑 또는 슬래브 거푸집을 해체할 때는 동시에 해체하여야 한다.
④ 거푸집의 해체가 곤란한 경우 구조체에 무리한 충격이나 지렛대 사용은 금하여야 한다.

[해설] 보 밑 또는 슬래브 거푸집 해체 시 한쪽을 먼지 해체한 후 밧줄 등으로 고정하고 다른 쪽을 조심스럽게 해체한다.

89 추락에 의한 위험방지를 위해 해당 장소에서 조치해야 할 사항과 거리가 먼 것은?

① 추락방호망 설치
② 안전난간 설치
③ 덮개 설치
④ 투하설비 설치

[해설] 투하설비는 낙하에 의한 재해를 방지하기 위한 설비에 해당된다.

90 거푸집 동바리 등을 조립하는 경우의 준수사항으로 옳지 않은 것은?

① 강재와 강재의 접속부 및 교차부는 볼트·클램프 등 전용철물을 사용하여 단단히 연결할 것
② 동바리로 사용하는 강관(파이프 서포트는 제외)은 높이 2m 이내마다 수평연결재를 2개 방향으로 만들고 수평연결재의 변위를 방지할 것
③ 동바리의 이음은 맞댄이음으로 하고 장부이음의 적용은 절대 금할 것
④ 거푸집이 곡면인 경우에는 버팀대의 부착 등 그 거푸집의 부상을 방지하기 위한 조치를 할 것

[해설] 동바리의 이음은 맞댄이음 또는 장부이음으로 하여야 한다.

91 콘크리트 타설용 거푸집에 작용하는 외력 중 연직방향 하중이 아닌 것은?

① 고정하중
② 충격하중
③ 작업하중
④ 풍하중

[해설] 거푸집에 작용하는 연직방향 하중에는 타설 콘크리트의 고정하중, 충격하중, 작업하중, 거푸집 중량 등이 있다.

92 연약지반을 굴착할 때, 흙막이벽 뒤쪽 흙의 중량이 바닥의 지지력보다 커지면, 굴착저면에서 흙이 부풀어 오르는 현상은?

① 슬라이딩(Sliding)
② 보일링(Boiling)
③ 파이핑(Piping)
④ 히빙(Heaving)

[해설] 히빙이란 연약한 점토지반을 굴착할 때 흙막이벽 배면 흙의 중량이 굴착면 이하의 흙보다 중량이 클 경우 굴착면 이하의 지지력보다 크게 되어 흙막이 배면에 있는 흙이 안으로 말려들어 굴착저면이 솟아오르는 현상이다.

93 차량계 하역운반기계 등을 이송하기 위하여 자주 또는 견인에 의하여 화물자동차에 싣거나 내리는 작업을 할 때 발판·성토 등을 사용하는 경우 기계의 넘어짐 또는 굴러떨어짐에 의한 위험을 방지하기 위하여 준수하여야 할 사항으로 옳지 않은 것은?

① 싣거나 내리는 작업은 견고한 경사지에서 실시할 것
② 가설대 등을 사용하는 경우에는 충분한 폭 및 강도와 적당한 경사를 확보할 것
③ 발판을 사용하는 경우에는 충분한 길이·폭 및 강도를 가진 것을 사용할 것
④ 지정운전자의 성명·연락처 등을 보기 쉬운 곳에 표시하고 지정운전자 외에는 운전하지 않도록 할 것

해설 싣거나 내리는 작업은 평탄하고 견고한 장소에서 하여야 한다.

94 무한궤도식 장비와 타이어식(차륜식) 장비의 차이점에 관한 설명으로 옳은 것은?

① 무한궤도식은 기동성이 좋다.
② 타이어식은 승차감과 주행성이 좋다.
③ 무한궤도식은 경사지반에서의 작업에 부적당하다.
④ 타이어식은 땅을 다지는 데 효과적이다.

해설 타이어식은 승차감과 주행성이 좋아 이동식 작업에도 적당하다.

95 지반조사의 방법 중 지반을 강관으로 천공하고 토사를 채취 후 여러 가지 시험을 시행하여 지반의 토질 분포, 흙의 층상과 구성 등을 알 수 있는 것은?

① 보링　　　　　　② 표준관입시험
③ 베인테스트　　　④ 평판재하시험

해설 보링은 지중에 구멍을 뚫고 시료를 채취하여 토층의 구성상태 등을 파악하는 지반조사 방법이다.

96 다음은 비계를 조립하여 사용하는 경우 작업발판설치에 관한 기준이다. (　　)에 들어갈 내용으로 옳은 것은?

사업주는 비계(달비계, 달대비계 및 말비계는 제외한다)의 높이가 (　　) 이상인 작업장소에 다음 각 호의 기준에 맞는 작업발판을 설치하여야 한다.

1. 발판재료는 작업할 때의 하중을 견딜 수 있도록 견고한 것으로 할 것
2. 작업발판의 폭은 40센티미터 이상으로 하고, 발판재료 간의 틈은 3센티미터 이하로 할 것

① 1m　　　　　　② 2m
③ 3m　　　　　　④ 4m

해설 높이가 2미터 이상인 비계를 조립하여 사용하는 경우 작업발판 설치기준에 해당되는 내용이다.

97 다음 중 차량계 건설기계에 속하지 않는 것은?

① 배처플랜트　　　② 모터그레이더
③ 크롤러드릴　　　④ 탠덤롤러

해설 배처플랜트는 차량계 건설기계에 해당하지 않는다.

98 추락재해 방호용 방망의 신품에 대한 인장강도는 얼마인가? (단, 그물코의 크기가 10cm이며, 매듭 없는 방망이다.)

① 220kgf　　　　　② 240kgf
③ 260kgf　　　　　④ 280kgf

해설 그물코 10cm, 매듭 없는 방망의 인장강도는 240kgf 이상이어야 한다.

99 버팀대(Strut)의 축하중 변화 상태를 측정하는 계측기는?

① 경사계(Inclino meter)
② 수위계(Water level meter)
③ 침하계(Extension)
④ 하중계(Load cell)

해설 하중계는 버팀보 어스앵커 등의 실제 축하중 변화를 측정하는 계측기기이다.

100 안전난간의 구조 및 설치요건과 관련하여 발끝막이판은 바닥면으로부터 얼마 이상의 높이를 유지하여야 하는가?

① 10cm 이상　　　② 15cm 이상
③ 20cm 이상　　　④ 30cm 이상

해설 발끝막이판은 바닥면에서 10cm 이상이 되도록 설치해야 한다.

1과목
산업재해 예방 및 안전보건교육

01 산업안전보건법령상 안전·보건표지에 관한 설명으로 틀린 것은?

① 안전·보건표지 속의 그림 또는 부호의 크기는 안전·보건표지의 크기와 비례하여야 하며, 안전·보건표지 전체 규격의 30% 이상이 되어야 한다.
② 안전·보건표지 색채의 물감은 변질되지 아니하는 것에 색채 고정원료를 배합하여 사용하여야 한다.
③ 안전·보건표지는 그 표시내용을 근로자가 빠르고 쉽게 알아볼 수 있는 크기로 제작하여야 한다.
④ 안전·보건표지에는 야광물질을 사용하여서는 아니 된다.

해설 야간에 필요한 안전보건표지는 야광물질을 사용하는 등 쉽게 알아볼 수 있도록 제작해야 한다.

02 하인리히의 재해구성 비율에 따라 경상사고가 87건 발생하였다면 무상해사고는 몇 건이 발생하였겠는가?

① 300건   ② 600건
③ 900건   ④ 1,200건

해설 **하인리히의 재해구성비율**
사망 및 중상 : 경상 : 무상해사고 = 1 : 29 : 300
∴ 무상해사고 = 300 × (87 ÷ 29) = 900건

03 비통제의 집단행동 중 폭동과 같은 것을 말하며, 군중보다 합의성이 없고, 감정에 의해서만 행동하는 특성은?

① 패닉(Panic)
② 모브(Mob)
③ 모방(Imitation)
④ 심리적 전영(Mental Epidemic)

해설 **모브(Mob)**
폭동과 같은 것을 말하며 군중보다 합의성이 없고 감정에 의해 행동하는 것

04 사고의 간접원인이 아닌 것은?

① 물적 원인   ② 정신적 원인
③ 관리적 원인   ④ 신체적 원인

해설 물적 원인은 직접원인에 해당된다.

05 매슬로(Maslow)의 욕구단계이론 중 제2단계의 욕구에 해당하는 것은?

① 사회적 욕구   ② 안전에 대한 욕구
③ 자아실현의 욕구   ④ 존경과 긍지에 대한 욕구

해설 (2단계) 안전의 욕구 : 안전을 기하려는 욕구

06 인간의 행동 특성에 관한 레빈(Lewin)의 법칙에서 각 인자에 관한 내용으로 틀린 것은?

$$B = f(P \cdot E)$$

① B : 행동   ② f : 함수관계
③ P : 개체   ④ E : 기술

정답 | 01 ④ 02 ③ 03 ② 04 ① 05 ② 06 ④

해설 **레빈(Lewin, k)의 법칙 : B=f(P · E)**

여기서, B : behavior(인간의 행동)
f : function(함수관계)
P : person(개체 : 연령, 경험, 심신상태, 성격, 지능 등)
E : environment(심리적 환경 : 인간관계, 작업환경 등)

07 매슬로(A.H.Maslow) 욕구단계 이론의 각 단계별 내용으로 틀린 것은?

① 1단계 : 자아실현의 욕구
② 2단계 : 안전에 대한 욕구
③ 3단계 : 사회적(애정적) 욕구
④ 4단계 : 존경과 긍지에 대한 욕구

해설 **매슬로(Maslow)의 욕구단계 이론**

• 1단계 : 생리적 욕구
• 2단계 : 안전의 욕구
• 3단계 : 사회적 욕구
• 4단계 : 자기존경의 욕구
• 5단계 : 자아실현의 욕구

08 산업재해 예방의 4원칙 중 "재해발생에는 반드시 원인이 있다."라는 원칙은?

① 대책 선정의 원칙
② 원인 계기의 원칙
③ 손실 우연의 원칙
④ 예방 가능의 원칙

해설 원인 계기의 원칙 : 재해발생은 반드시 원인이 있음

09 산업안전보건법령상 사업장 내 안전 · 보건교육 중 근로자의 정기안전 · 보건교육 내용에 해당하지 않는 것은?

① 산업재해보상보험 제도에 관한 사항
② 산업안전 및 사고 예방에 관한 사항
③ 산업보건 및 직업병 예방에 관한 사항
④ 기계 · 기구의 위험성과 작업의 순서 및 동선에 관한 사항

해설 ④는 채용 시와 작업내용 변경 시 안전보건 교육내용에 해당한다.

10 교육의 3요소 중 교육의 주체에 해당하는 것은?

① 강사
② 교재
③ 수강자
④ 교육방법

해설 **교육의 3요소**

• 주체 : 강사
• 객체 : 수강자(학생)
• 매개체 : 교재(교육내용)

11 사고예방대책의 기본원리 5단계 중 제4단계의 내용으로 틀린 것은?

① 인사조정
② 작업분석
③ 기술의 개선
④ 교육 및 훈련의 개선

해설 **제4단계 : 시정방법의 선정**

• 기술의 개선
• 인사조정
• 교육 및 훈련 개선
• 안전규정 및 수칙의 개선
• 이행의 감독과 제재강화

12 보호구 안전인증 고시에 따른 방독마스크 중 할로겐용 정화통 외부 측면의 표시 색으로 옳은 것은?

① 갈색
② 회색
③ 녹색
④ 노랑색

해설 **정화통 외부측면의 표시색**

종류	표시 색
할로겐용 정화통	회색

13 레빈(Lewin)의 법칙에서 환경조건(E)에 포함되는 것은?

$$B=f(P \cdot E)$$

① 지능
② 소질
③ 적성
④ 인간관계

해설 E : Environment(심리적 환경 : 인간관계, 작업조건, 감독, 직무의 안정 등)

14 매슬로(Maslow)의 욕구단계 이론 중 제5단계 욕구로 옳은 것은?

① 안전에 대한 욕구   ② 자아실현의 욕구
③ 사회적(애정적) 욕구   ④ 존경과 긍지에 대한 욕구

해설 자아실현의 욕구(5단계) : 잠재적인 능력을 실현하고자 하는 욕구(성취욕구)

15 재해발생 형태별 분류 중 물건이 주체가 되어 사람이 상해를 입는 경우에 해당되는 것은?

① 추락   ② 넘어짐
③ 충돌   ④ 낙하 · 비래

해설 낙하 · 비래는 구조물, 기계 등에 고정되어 있던 물체가 중력, 원심력, 관성력 등에 의하여 고정부에서 이탈하거나 또는 설비 등으로부터 물질이 분출되어 사람을 가해하는 경우를 말한다.

16 O.J.T(On the Job Training) 교육의 장점과 가장 거리가 먼 것은?

① 훈련에만 전념할 수 있다.
② 직장의 실정에 맞게 실제적 훈련이 가능하다.
③ 개개인의 업무능력에 적합한 자세한 교육이 가능하다.
④ 교육을 통하여 상사와 부하 간의 의사소통과 신뢰감이 깊게 된다.

해설 훈련에만 전념할 수 있는 교육은 Off J.T.(직장 외 교육훈련)이다.

17 지도자가 추구하는 계획과 목표를 부하직원이 자신의 것으로 받아들여 자발적으로 참여하게 하는 리더십의 권한은?

① 보상적 권한   ② 강압적 권한
③ 위임된 권한   ④ 합법적 권한

해설 **위임된 권한의 특성**
진정한 리더십과 흡사한 것으로서 부하직원들이 지도자가 정한 목표를 자신의 것으로 받아들이고 목표를 성취하기 위해 지도자와 함께 일하는 것이다.

18 산업안전보건법령상 근로자 안전 · 보건교육 중 채용 시의 교육 및 작업 내용 변경 시의 교육 사항으로 옳은 것은?

① 물질안전보건자료에 관한 사항
② 건강증진 및 질병 예방에 관한 사항
③ 유해 · 위험 작업환경 관리에 관한 사항
④ 표준안전작업방법 및 지도 요령에 관한 사항

해설 ②, ③은 근로자 정기교육, ④는 관리감독자 정기교육 내용이다.

19 French와 Raven이 제시한, 리더가 가지고 있는 세력의 유형이 아닌 것은?

① 전문세력(expert power)
② 보상세력(reward power)
③ 위임세력(entrust power)
④ 합법세력(legitimate power)

해설 **프렌치(J. French)와 레이븐(B. Raven)의 세력의 유형**
- 합법세력(Legitimate Power)
- 보상세력(Reward Power)
- 강압세력(Coercive Power)
- 전문세력(Expert Power)
- 준거세력(Reference Power)

20 기능(기술)교육의 진행방법 중 하버드 학파의 5단계 교수법의 순서로 옳은 것은?

① 준비 → 연합 → 교시 → 응용 → 총괄
② 준비 → 교시 → 연합 → 총괄 → 응용
③ 준비 → 총괄 → 연합 → 응용 → 교시
④ 준비 → 응용 → 총괄 → 교시 → 연합

해설 **하버드 학파의 5단계 교수법(사례연구 중심)**
- 1단계 : 준비시킨다(Preparation).
- 2단계 : 교시한다(Presentation).
- 3단계 : 연합한다(Association).
- 4단계 : 총괄한다(Generalization).
- 5단계 : 응용시킨다(Application).

인간공학 및 위험성 평가 · 관리

21 정보입력에 사용되는 표시장치 중 청각장치보다 시각장치를 사용하는 것이 더 유리한 경우는?

① 정보의 내용이 긴 경우
② 수신자가 직무상 자주 이동하는 경우
③ 정보의 내용이 즉각적인 행동을 요구하는 경우
④ 정보를 나중에 다시 확인하지 않아도 되는 경우

해설 정보의 내용이 긴 경우 시각적 표시장치 사용이 유리하다.

22 한 사무실에서 타자기 소리 때문에 말소리가 묻히는 현상을 무엇이라 하는가?

① dB(A)   ② CAS
③ phone   ④ masking

해설 **은폐(masking)현상**
dB이 높은 음과 낮은 음이 공존할 때 낮은 음이 강한 음에 가로막혀 숨겨져 들리지 않게 되는 현상이다.

23 FT도에서 사용되는 다음 기호의 의미로 맞는 것은?

① 결함사상   ② 통상사상
③ 기본사상   ④ 제외사상

해설 **FTA에 사용되는 논리기호 및 사상기호**

번호	기호	명칭	설명
2	○	기본사상 (사상기호)	더 이상 전개되지 않는 기본사상

24 FTA에서 어떤 고장이나 실수를 일으키지 않으면 정상사상(Top event)은 일어나지 않는다고 하는 것으로 시스템의 신뢰성을 표시하는 것은?

① Cut set   ② Minimal cut set
③ Free event   ④ Minimal path set

해설 미니멀 패스셋은 그 정상사상이 일어나지 않는 최소한의 컷을 말한다 (시스템의 신뢰성을 말함).

25 건강한 남성이 8시간 동안 특정 작업을 실시하고, 분당 산소 소비량이 1.1L/분으로 나타났다면 8시간 총 작업시간에 포함될 휴식시간은 약 몇 분인가? (단, Murrell의 방법을 적용하며, 휴식 중 에너지 소비율은 1.5kcal/min이다.)

① 30분   ② 54분
③ 60분   ④ 75분

해설 1L당 O_2 소비량은 5kcal이다.
따라서 작업 중에 분당 산소 공급량이 1.1L/min이라면 작업의 평균에너지는 1.1L/min×5kcal=5.5kcal가 된다.

$$\text{휴식시간}(R) = \frac{(60 \times h) \times (E-5)}{E-1.5} \text{[분]}$$
$$= \frac{(60 \times 8) \times (5.5-5)}{5.5-1.5} = 60\text{[분]}$$

여기서, E : 작업의 평균에너지(kcal/min)
에너지 값의 상한 : 5(kcal/min)

26 작업기억과 관련된 설명으로 틀린 것은?

① 단기기억이라고도 한다.
② 오랜 기간 정보를 기억하는 것이다.
③ 작업기억 내의 정보는 시간이 흐름에 따라 쇠퇴할 수 있다.
④ 리허설(Rehearsal)은 정보를 작업기억 내에 유지하는 유일한 방법이다.

해설 작업기억은 단기기억으로써, 작업기억 내의 정보는 시간이 흐름에 따라 쇠퇴할 수 있다.

27 청각적 표시장치에서 300m 이상의 장거리용 경보기에 사용하는 진동수로 가장 적절한 것은?

① 800Hz 전후   ② 2,200Hz 전후
③ 3,500Hz 전후   ④ 4,000Hz 전후

해설 300m 이상의 장거리용으로는 1,000Hz 이하를, 장애물이 있거나 칸막이를 통과해야 할 경우는 500Hz 이하의 진동수를 사용한다.

28 60 fL의 광도를 요하는 시각 표시장치의 반사율이 75%일 때, 소요조명은 몇 fc인가?

① 75 ② 80

③ 75 ④ 90

[해설] 조명(fc) = $\dfrac{광산발산도[fL]}{반사율[\%]} \times 100 = \dfrac{60}{75} \times 100 = 80(fc)$

29 환경요소의 조합에 의해서 부과되는 스트레스나 노출로 인해서 개인에 유발되는 긴장(strain)을 나타내는 환경요소 복합지수가 아닌 것은?

① 카타온도(kata temperature)

② Oxford 지수(wet-dry index)

③ 실효온도(effective temperature)

④ 열 스트레스 지수(heat stress index)

[해설] 카타온도(kata temperature)는 덥거나 춥다고 느끼는 체감의 정도를 나타내는 체감온도이다.

30 일반적으로 인체에 가해지는 온·습도 및 기류 등의 외적 변수를 종합적으로 평가하는 데에는 "불쾌지수"라는 지표가 이용된다. 불쾌지수의 계산식이 다음과 같은 경우, 건구온도와 습구온도의 단위로 옳은 것은?

> 불쾌지수 = 0.72 × (건구온도 + 습구온도) + 40.6

① 실효온도 ② 화씨온도

③ 절대온도 ④ 섭씨온도

[해설] 섭씨온도일 경우 : 불쾌지수 = 섭씨(건구온도 + 습구온도)
×0.72±40.6[℃]

31 반복되는 사건이 많이 있는 경우, FTA의 최소 컷셋과 관련이 없는 것은?

① Fussel Algorithm

② Booolean Algorithm

③ Monte Carlo Algorithm

④ Limnios & Ziani Algorithm

[해설] 몬테카를로 알고리즘(Monte Carlo Algorithm)은 난수를 이용하여 함수 값을 확률적으로 계산하는 방법이다.

32 설비의 위험을 예방하기 위한 안전성 평가 단계 중 가장 마지막에 해당하는 것은?

① 재평가 ② 정성적 평가

③ 안전대책 ④ 정량적 평가

[해설] **안전성 평가**

제6단계 : FTA에 의한 재평가

33 시스템에 영향을 미치는 모든 요소의 고장을 형태별로 분석하여 그 영향을 검토하는 분석기법은?

① FTA ② CHECK LIST

③ FMEA ④ DECISION TREE

[해설] **FMEA(고장형태와 영향분석법)**

시스템에 영향을 미치는 모든 요소의 고장을 유형별로 분석하고 그 고장이 미치는 영향을 분석하는 방법으로 치명도 해석(CA)을 추가할 수 있다(귀납적, 정성적).

34 조정장치를 3cm 움직였을 때 표시장치의 지침이 5cm 움직였다면, C/R 비는 얼마인가?

① 0.25 ② 0.6

③ 1.6 ④ 1.7

[해설] **통제표시비(선형조정장치)**

$\dfrac{X}{Y} = \dfrac{C}{D} = \dfrac{통제기기의\ 변위량}{표시계기지침의\ 변위량} = \dfrac{3}{5} = 0.6$

35 인간-기계 시스템을 설계하기 위해 고려해야 할 사항과 거리가 먼 것은?

① 시스템 설계 시 동작경제의 원칙이 만족 되도록 고려한다.

② 인간과 기계가 모두 복수인 경우, 종합적인 효과보다 기계를 우선적으로 고려한다.

③ 대상이 되는 시스템이 위치할 환경조건이 인간에 대한 한계치를 만족하는가의 여부를 조사한다.

④ 인간이 수행해야 할 조작이 연속적인가 불연속적 인가를 알아보기 위해 특성조사를 실시한다.

[해설] 인간-기계시스템의 설계 시 인간이 우선적으로 고려되어야 한다.

36 동전던지기에서 앞면이 나올 확률이 0.60이고, 뒷면이 나올 확률이 0.4일 때, 앞면이 나올 사건의 정보량(A)과 뒷면이 나올 사건의 정보량(B)은 각각 얼마인가?

① A : 0.10bit, B : 1.00bit
② A : 0.74bit, B : 1.32bit
③ A : 1.32bit, B : 0.74bit
④ A : 2.00bit, B : 1.00bit

해설 정보량은 $H = \log_2 \dfrac{1}{p}$ 로 구할 수 있으므로

각각의 정보량은 $H_{앞면} = \log_2 \dfrac{1}{0.6} = 0.74\,bit$,

$H_{뒷면} = \log_2 \dfrac{1}{0.4} = 1.32\,bit$

37 인체 측정치의 응용원칙과 거리가 먼 것은?

① 극단치를 고려한 설계
② 조절 범위를 고려한 설계
③ 평균치를 기준으로 한 설계
④ 기능적 치수를 이용한 설계

해설 **인체계측자료의 응용원칙**
1. 최대치수와 최소치수
2. 5~95% 조절범위 설계
3. 평균치를 기준으로 한 설계

38 설비나 공법 등에서 나타날 위험에 대하여 정성적 또는 정량적인 평가를 하고 그 평가에 따른 대책을 강구하는 것은?

① 설비보전
② 동작분석
③ 안전계획
④ 안전성 평가

해설 사업장 안전성 평가(6단계)에는 설비나 공법 등에서 나타날 위험에 대한 정성적, 정량적 평가 및 안전대책 수립 등의 내용이 포함된다.

39 10시간 설비 가동 시 설비고장으로 1시간 정지하였다면 설비고장 강도율은 얼마인가?

① 0.1%
② 9%
③ 10%
④ 11%

해설 설비고장강도율 $= \dfrac{설비고장정지시간}{설비가동시간} \times 100$

$= \dfrac{1}{10} \times 100 = 10\%$

40 조종장치를 통한 인간의 통제 아래 기계가 동력원을 제공하는 시스템의 형태로 옳은 것은?

① 기계화 시스템
② 수동 시스템
③ 자동화 시스템
④ 컴퓨터 시스템

해설 기계화 또는 반자동체계 : 운전자의 조종장치를 사용하여 통제하며 동력은 전형적으로 기계가 제공

PART 01
PART 02
PART 03
PART 04
PART 05
부록

3과목
기계 · 기구 및 설비 안전관리

41 탁상용 연삭기에서 일반적으로 플랜지의 지름은 숫돌 지름의 얼마 이상이 적정한가?

① $\dfrac{1}{2}$
② $\dfrac{1}{3}$
③ $\dfrac{1}{5}$
④ $\dfrac{1}{10}$

해설 플랜지의 지름은 숫돌 직경의 1/3 이상인 것이 적당하다.

42 산업용 로봇의 작동범위에서 그 로봇에 관하여 교시 등의 작업을 하는 경우 작업시간 전 점검사항에 해당하지 않는 것은? (단, 로봇의 동력원을 차단하고 행하는 것을 제외한다.)

① 회전부의 덮개 또는 울 부착 여부
② 제동장치 및 비상정지장치의 기능
③ 외부전선의 피복 또는 외장의 손상 유무
④ 머니퓰레이터(Manipulator) 작동의 이상 유무

해설 **로봇의 작동범위에서 그 로봇에 관하여 교시 등의 작업을 할 때의 작업시작 전 점검사항(「안전보건규칙」 [별표 3])**
- 외부전선의 피복 또는 외장의 손상 유무
- 매니퓰레이터(Manipulator) 작동의 이상 유무
- 제동장치 및 비상정지장치의 기능

---

43 공작기계인 밀링작업의 안전사항이 아닌 것은?

① 사용 전에는 기계 기구를 점검하고 시운전을 한다.
② 칩을 제거할 때는 칩 브레이커로 제거한다.
③ 회전하는 커터에 손을 대지 않는다.
④ 커터의 제거·설치 시에는 반드시 스위치를 차단하고 한다.

해설 칩은 기계를 정지시킨 다음에 브러시로 제거할 것

44 드릴링 머신의 드릴지름이 10mm이고, 드릴 회전수가 1,000rpm일 때 원주속도는 약 얼마인가?

① 3.14m/min
② 6.28m/min
③ 31.4m/min
④ 62.8m/min

해설 숫돌의 원주속도 : $v = \dfrac{\pi DN}{1,000}$ (m/min)

[여기서, 지름 : D(mm), 회전수 : N(rpm)]

$v = \dfrac{\pi DN}{1,000} = \dfrac{\pi \times 10 \times 1,000}{1,000} = 31.4$ (m/min)

45 기계 고장률의 기본모형에 해당하지 않는 것은?

① 예측 고장
② 초기 고장
③ 우발 고장
④ 마모 고장

해설 **고장률의 유형**
1. 초기 고장(제조가 불량하거나 생산과정에서 품질관리가 안 돼 생기는 고장) : 감소형
2. 우발 고장(실제 사용하는 상태에서 발생하는 고장) : 일정형
3. 마모 고장(설비 또는 장치가 수명을 다하여 생기는 고장) : 증가형

46 보일러수 속에 불순물 농도가 높아지면서 수면에 거품이 형성되어 수위가 불안정하게 되는 현상은?

① 포밍
② 서징
③ 수격현상
④ 공동현상

해설 **포밍(Foaming)**
보일러수에 불순물이 많이 포함되었을 경우 보일러수의 비등과 함께 수면 부위에 거품층이 형성되어 수위가 불안정하게 되는 현상을 말한다.

47 프레스의 양수조작식 방호장치에서 누름버튼의 상호 간 내측거리는 몇 mm 이상이어야 하는가?

① 200
② 300
③ 400
④ 500

해설 **양수조작식 방호장치 설치 및 사용**
누름버튼의 상호 간 내측거리는 300mm 이상으로 한다.

48 연삭기 숫돌의 파괴 원인으로 볼 수 없는 것은?

① 숫돌의 회전속도가 너무 빠를 때
② 숫돌 자체에 균열이 있을 때
③ 숫돌의 정면을 사용할 때
④ 숫돌에 과대한 충격을 주게 되는 때

해설 숫돌의 측면을 일감으로써 심하게 가압했을 경우 숫돌이 파괴되어 재해 발생 우려가 있다.

49 다음 중 산소－아세틸렌 가스용접 시 역화의 원인과 과장 거리가 먼 것은?

① 토치의 과열
② 토치 팁의 이물질
③ 산소 공급의 부족
④ 압력조정기의 고장

해설 역화의 발생원인으로는 팁의 막힘, 팁과 모재의 접촉, 토치의 기능불량, 토치의 팁이 과열되었을 때, 압력조정기의 고장 등이 있다.

50 금형의 안전화에 대한 설명 중 틀린 것은?

① 금형의 틈새는 8mm 이상 충분하게 확보한다.
② 금형 사이에 신체 일부가 들어가지 않도록 한다.
③ 충격이 반복되어 부가되는 부분에는 완충장치를 설치한다.
④ 금형설치용 홈은 설치된 프레스의 홈에 적합한 현상의 것으로 한다.

해설 **금형 안전화**
금형의 사이에 작업자의 신체의 일부가 들어가지 않도록 틈새는 8mm 이하가 되도록 설치한다.

51 다음 중 근로자에게 위험을 미칠 우려가 있을 때 덮개 또는 울을 설치해야 하는 위치와 가장 거리가 먼 것은?

① 연삭기 또는 평삭기의 테이블, 형삭기 램 등의 행정 끝
② 선반으로부터 돌출하여 회전하고 있는 가공물 부근
③ 과열이 예상되는 보일러의 버너 연소실
④ 띠톱기계의 위험한 톱날(절단부분 제외) 부위

해설 버너 연소실에는 온도를 감지하여 가스 공급량을 조절할 수 있는 가스 밸브를 설치하여 과열을 예방하여야 한다.

52 다음 중 컨베이어(Conveyor)의 방호장치로 볼 수 없는 것은?

① 반발예방장치
② 이탈방지장치
③ 비상정지장치
④ 덮개 또는 울

해설 **컨베이어 안전장치의 종류**
　1. 비상정지장치(「안전보건규칙」 제192조)
　2. 덮개 또는 울(「안전보건규칙」 제193조)
　3. 건널다리(「안전보건규칙」 제195조)
　4. 역전방지장치(「안전보건규칙」 제191조)

53 산업안전보건법령상 크레인의 방호장치에 해당하지 않는 것은?

① 권과방지장치
② 낙하방지장치
③ 비상정지장치
④ 과부하방지장치

해설 **크레인의 방호장치(「안전보건규칙」 제134조)**
　양중기에 과부하방지장치 · 권과방지장치 · 비상정지장치 및 제동장치, 그 밖의 방호장치(승강기의 파이널 리밋 스위치, 조속기, 출입문 인터록 등을 말한다)가 정상적으로 작동될 수 있도록 미리 조정하여 두어야 한다.

54 다음 중 프레스에 사용되는 광전자식 방호장치의 일반 구조에 관한 설명으로 틀린 것은?

① 방호장치의 감지기능은 규정한 검출영역 전체에 걸쳐 유효하여야 한다.
② 슬라이드 하강 중 정전 또는 방호장치의 이상 시에는 1회 동작 후 정지할 수 있는 구조이어야 한다.
③ 정상동작표시램프는 녹색, 위험표시램프는 붉은색으로 하며, 쉽게 근로자가 볼 수 있는 곳에 설치해야 한다.

④ 방호장치의 정상작동 중에 감지가 이루어지거나 전원 공급이 중단되는 경우 적어도 두 개 이상의 독립된 출력신호 개폐 장치가 꺼진 상태로 돼야 한다.

해설 **광전자식 방호장치의 일반사항**
　슬라이드 하강 중 정전 또는 방호장치의 이상 시에 바로 정지할 수 있는 구조이어야 한다.

55 구멍이 있거나 노치(notch) 등이 있는 재료에 외력이 작용할 때 가장 현저하게 나타나는 현상은?

① 가공경화
② 피로
③ 응력집중
④ 크리프(creep)

해설 **응력집중**
　균일단면에 축하중이 작용하면 응력은 그 단면에 균일하게 분포하는데, Notch나 Hole 등이 있으면 그 단면에 나타나는 응력분포상태는 불규칙하고 국부적으로 큰 응력이 발생되는 것을 말한다.

56 가스용접에서 역화의 원인으로 볼 수 없는 것은?

① 토치 성능이 부실한 경우
② 취관이 작업 소재에 너무 가까이 있는 경우
③ 산소 공급량이 부족한 경우
④ 토치 팁에 이물질이 묻은 경우

해설 역화의 발생원인으로는 팁의 막힘, 팁과 모재의 접촉, 토치의 기능불량, 토치 성능이 부실하거나 팁이 과열되었을 때 등이 있다.

57 위험기계에 조작자의 신체부위가 의도적으로 위험점 밖에 있도록 하는 방호장치는?

① 덮개형 방호장치
② 차단형 방호장치
③ 위치제한형 방호장치
④ 접근반응형 방호장치

해설 **위치제한형 방호장치**
　조작자의 신체부위가 위험한계 밖에 있도록 기계의 조작장치를 위험구역에서 일정거리 이상 떨어지게 한 방호장치

58 연삭기의 방호장치에 해당하는 것은?

① 주수 장치
② 덮개 장치
③ 제동 장치
④ 소화 장치

정답 | 51 ③　52 ①　53 ②　54 ②　55 ③　56 ③　57 ③　58 ②

원동기 · 회전축 등의 위험방지(「안전보건규칙」 제87조 제4항)

사업주는 연삭기(研削機) 또는 평삭기(平削機)의 테이블, 형삭기(形削機) 램 등의 행정 끝이 근로자에게 위험을 미칠 우려가 있는 경우에 해당 부위에 덮개 또는 울 등을 설치하여야 한다.

59 개구부에서 회전하는 롤러의 위험점까지 최단거리가 60mm일 때 개구부 간격은?

① 10mm
② 12mm
③ 13mm
④ 15mm

롤러기 울의 개구부 간격

$$Y = 6 + 0.15X = 6 + 0.15 \times 60 = 15[mm]$$

60 산업안전보건법령상 크레인의 직동식 권과방지장치는 훅 · 버킷 등 달기구의 윗면이 드럼, 상부 도르래 등 권상장치의 아랫면과 접촉할 우려가 있을 때 그 간격이 얼마 이상이어야 하는가?

① 0.01m 이상
② 0.02m 이상
③ 0.03m 이상
④ 0.05m 이상

방호장치의 조정

권과방지장치는 훅 · 버킷 등 달기구의 윗면(그 달기구에 권상용 도르래가 설치된 경우에는 권상용 도르래의 윗면)이 지브 선단의 도르래 등의 아랫면과 접촉할 우려가 있는 때에는 그 간격이 0.25m 이상(직동식 권과방지장치는 0.05m 이상)이 되도록 조정하여야 한다.

4과목

전기 및 화학설비 안전관리

61 전선 간에 가해지는 전압이 어떤 값 이상으로 되면 전선 주위의 전기장이 강하게 되어 전선 표면의 공기가 국부적으로 절연이 파괴되어 빛과 소리를 내는 것은?

① 표피 작용
② 페란티 효과
③ 코로나 현상
④ 근접 현상

코로나 현상

전선로나 애자 부근에 임계전압 이상의 전압이 가해지면 공기의 절연이 부분적으로 파괴되어 낮은 소리나 엷은 빛을 내면서 방전되는 현상

62 전기설비에서 제1종 접지공사는 접지저항을 몇 Ω 이하로 해야 하는가?

① 5
② 10
③ 50
④ 100

법 개정으로 인해 해당 문제는 재출제 되지 않음

63 인체의 저항이 500Ω이고, 440V 회로에 누전차단기(ELB)를 설치할 경우 다음 중 가장 적당한 누전차단기는?

① 30mA 이하, 0.1초 이하에 작동
② 30mA 이하, 0.03초 이하에 작동
③ 15mA 이하, 0.1초 이하에 작동
④ 15mA 이하, 0.03초 이하에 작동

누전차단기는 정격감도전류가 30[mA] 이하이며 동작시간은 0.03초 이내일 것

64 전폐형 방폭구조가 아닌 것은?

① 압력방폭구조
② 내압방폭구조
③ 유입방폭구조
④ 안전증방폭구조

안전증방폭구조

폭발분위기가 형성되지 않도록 기계적 · 전기적 구조상 또는 온도상승에 대해서 특히 안전도를 증가시킨 구조

65 전기설비 등에는 누전에 의한 감전의 위험을 방지하기 위하여 전기기계 · 기구에 접지를 실시하도록 하고 있다. 전기기계 · 기구의 접지에 대한 설명 중 틀린 것은?

① 특별고압의 전기를 취급하는 변전소 · 개폐소 그 밖에 이와 유사한 장소에서는 지락(地絡)사고가 발생할 경우 접지극의 전위상승에 의한 감전위험을 감소시키려는 조치를 하여야 한다.
② 코드 및 플러그를 접속하여 사용하는 전압이 대지전압 110V를 넘는 전기기계 · 기구가 노출된 비충전 금속체에는 접지를 반드시 실시하여야 한다.
③ 접지설비에 대하여는 상시 적정상태 유지 여부를 점검하고 이상을 발견한 때에는 즉시 보수하거나 재설치하여야 한다.
④ 전기기계 · 기구의 금속제 외함 · 금속제 외피 및 철대에는 접지를 실시하여야 한다.

정답 | 59 ④ 60 ④ 61 ③ 62 ② 63 ② 64 ④ 65 ②

66 페인트를 스프레이로 뿌려 도장작업을 하는 작업 중 발생할 수 있는 정전기 대전으로만 이루어진 것은?

① 분출대전, 충돌대전　　② 충돌대전, 마찰대전
③ 유동대전, 충돌대전　　④ 분출대전, 유동대전

해설 도장작업 중에는 충돌대전과 분출대전으로 인해 정전기가 발생할 수 있다.

67 과전류차단기로 시설하는 퓨즈 중 고압전로에 사용하는 포장 퓨즈는 정격전류의 몇 배를 견딜 수 있어야 하는가?

① 1.1배　　　　　　　　② 1.3배
③ 1.6배　　　　　　　　④ 2.0배

해설 **고압용 Fuse(포장퓨즈)**
정격전류의 1.3배에 견디고, 2배의 전류에 120분 안에 용단

68 제3종 접지 공사 시 접지선에 흐르는 전류가 0.1A일 때 전압강하로 인한 대지 전압의 최대값은 몇 V 이하이어야 하는가?

① 10V　　　　　　　　② 20V
③ 30V　　　　　　　　④ 50V

해설 법 개정으로 인해 해당 문제는 재출제 되지 않음

69 정전기 제전기의 분류 방식으로 틀린 것은?

① 고전압인가형　　　　② 자기방전형
③ 면X선형　　　　　　④ 접지형

해설 제전기의 종류에는 제전에 필요한 이온의 생성방법에 따라 전압인가식 제전기, 자기방전식 제전기, 방사선식 제전기가 있다.

70 피뢰기의 제한전압이 800kV이고, 충격절연강도가 1,000kV라면, 보호여유도는?

① 12%　　　　　　　　② 25%
③ 39%　　　　　　　　④ 43%

해설 보호여유도(%) $= \dfrac{1,000 - 800}{800} \times 100 = 25\%$

71 정전기 발생의 원인에 해당하지 않는 것은?

① 마찰　　　　　　　　② 냉장
③ 박리　　　　　　　　④ 충돌

해설 **정전기 대전의 종류**
마찰, 박리, 유동, 분출, 충돌, 파괴, 교반(진동)이나 침강대전

72 최소 점화에너지(MIE)와 온도, 압력 관계를 옳게 설명한 것은?

① 압력, 온도에 모두 비례한다.
② 압력, 온도에 모두 반비례한다.
③ 압력에 비례하고, 온도에 반비례한다.
④ 압력에 반비례하고, 온도에 비례한다.

해설 압력이 높고, 온도가 높으면 최소 점화에너지는 낮아짐(반비례)

73 대기 중에 대량의 가연성 가스가 유출되거나 대량의 가연성 액체 유증기가 공기와 혼합해서 가연성 혼합기체를 형성하고, 점화원에 의하여 발생하는 폭발을 무엇이라 하는가?

① UVCE　　　　　　　② BLEVE
③ Detonation　　　　　④ Boil over

해설 증기운 폭발(UVCE)은 인화성 액체 상태로 저장되어 있던 인화성 물질이 누출되어 증기상태로 존재하다가 정전기와 같은 점화원에 접촉되어 폭발하는 현상이다.

정답 | 66 ① 67 ② 68 ① 69 ④ 70 ② 71 ② 72 ② 73 ①

74 LPG에 대한 설명으로 옳지 않은 것은?

① 강한 독성 가스로 분류된다.
② 질식의 우려가 있다.
③ 누설 시 인화, 폭발성이 있다.
④ 가스의 비중은 공기보다 크다.

해설 LPG(액화석유가스)는 비교적 강한 독성이 있는 물질은 아니다.

75 다음 중 분진폭발의 발생 위험성을 낮추는 방법으로 적절하지 않은 것은?

① 주변의 점화원을 제거한다.
② 분진이 날리지 않도록 한다.
③ 분진과 그 주변의 온도를 낮춘다.
④ 분진 입자의 표면적을 크게 한다.

해설 입자가 작을수록 표면적이 커지고 표면적이 커지면 폭발위험이 커진다.

76 위험물을 건조하는 경우 내용적이 몇 m³ 이상인 건조설비일 때 위험물 건조설비 중 건조실을 설치하는 건축물의 구조를 독립된 단층으로 해야 하는가? (단, 건축물은 내화구조가 아니며, 건조실을 건축물의 최상층에 설치한 경우가 아니다.)

① 0.1   ② 1
③ 10   ④ 100

해설 위험물 또는 위험물이 발생하는 물질을 가열 · 건조하는 경우 내용적이 1세제곱미터(m³) 이상인 건조설비 중 건조실을 설치하는 건축물의 구조는 독립된 단층으로 해야 한다.

77 프로판(C₃H₈) 가스의 공기 중 완전연소 조성농도는 약 몇 vol%인가?

① 2.02   ② 3.02
③ 4.02   ④ 5.02

해설
• 프로판(C_3H_8)의 연소식
$$C_3H_8 + 5O_2 \rightarrow 3CO_2 + 4H_2O$$
• 완전연소 조성농도(C_{st})
$$C_{st} = \frac{1}{(4.733n + 1.19x - 2.38y) + 1} \times 100$$

$$= \frac{1}{(4.733 \times 3 + 1.19 \times 8 - 2.38 \times 0) + 1} \times 100$$
$$\fallingdotseq 4.02(\%)$$

78 연소의 3요소 중 1가지에 해당하는 요소가 아닌 것은?

① 메탄   ② 공기
③ 정전기 방전   ④ 이산화탄소

해설 연소의 3요소는 가연물, 점화원, 산소 공급원이다.

79 20℃인 1기압의 공기를 압축비 3으로 단열압축하였을 때, 온도는 약 몇 ℃가 되겠는가? (단, 공기의 비열비는 1.4이다.)

① 84   ② 128
③ 182   ④ 1091

해설 단열변화 공식 $\dfrac{T_2}{T_1} = \left(\dfrac{V_1}{V_2}\right)^{r-1} = \left(\dfrac{P_2}{P_1}\right)^{\frac{(r-1)}{r}}$ 를 이용하면,

$$T_2 = (273 + 20) \times \left(\frac{3}{1}\right)^{\frac{1.4-1}{1.4}} = 401°K = 128℃$$

80 산업안전보건기준에 관한 규칙에서 규정하는 급성 독성 물질의 기준으로 틀린 것은?

① 쥐에 대한 경구투입실험에 의하여 실험동물의 50%를 사망시킬 수 있는 물질의 양이 kg당 300mg-(체중) 이하인 화학물질
② 쥐에 대한 경피흡수실험에 의하여 실험동물의 50%를 사망시킬 수 있는 물질의 양이 kg당 1,000mg-(체중) 이하인 화학물질
③ 토끼에 대한 경피흡수실험에 의하여 실험동물의 50%를 사망시킬 수 있는 물질의 양이 kg당 1,000mg-(체중) 이하인 화학물질
④ 쥐에 대한 4시간 동안의 흡입실험에 의하여 실험동물의 50%를 사망시킬 수 있는 가스의 농도가 3,000ppm 이상인 화학물질

해설 쥐에 대한 4시간 동안의 흡입실험에 의하여 실험동물의 50%를 사망시킬 수 있는 가스의 농도, 즉 LC50이 2,500ppm 이하인 화학물질

건설공사 안전관리

81 근로자가 추락하거나 넘어질 위험이 있는 장소에서 추락방호망의 설치 기준으로 옳지 않은 것은?

① 망의 처짐은 짧은 변 길이의 10% 이상이 되도록 할 것
② 추락방호망은 수평으로 설치할 것
③ 건축물 등의 바깥쪽으로 설치하는 경우 추락방호망의 내민 길이는 벽면으로부터 3m 이상 되도록 할 것
④ 추락방호망의 설치위치는 가능하면 작업면으로부터 가까운 지점에 설치하여야 하며, 작업면으로부터 망의 설치지점까지의 수직거리는 10m를 초과하지 아니할 것

해설 추락방호망은 수평으로 설치하고, 망의 처짐은 짧은 변 길이의 12% 이상이 되도록 해야 한다.

82 콘크리트 타설작업을 하는 경우에 준수해야 할 사항으로 옳지 않은 것은?

① 당일의 작업을 시작하기 전에 해당 작업에 관한 거푸집 동바리 등의 변형·변위 및 지반의 침하 유무 등을 점검하고 이상이 있으면 보수할 것
② 작업 중에는 거푸집 동바리 등의 변형·변위 및 침하 유무 등을 감시할수 있는 감시자를 배치하여 이상이 있으면 작업을 중지하고 근로자를 대피시킬 것
③ 설계 도서상의 콘크리트 양생기간을 준수하여 거푸집 동바리 등을 해체할 것
④ 콘크리트를 타설하는 경우에는 편심을 유발하여 한쪽 부분부터 밀실되게 타설하도록 유도할 것

해설 콘크리트를 타설하는 경우에는 편심이 발생하지 않도록 골고루 분산하여 타설하여야 한다.

83 다음은 비계발판용 목재재료의 강도상의 결점에 대한 조사기준이다. ( ) 안에 들어갈 내용으로 옳은 것은?

> 발판의 폭과 동일한 길이 내에 있는 결점치수의 총합이 발판 폭의 ( )를 초과하지 않을 것

① 1/2
② 1/3
③ 1/4
④ 1/6

해설 발판의 폭과 동일한 길이 내에 있는 결점치수의 총합이 발판폭의 1/4을 초과하지 않아야 한다.

84 거푸집 동바리 조립도에 명시해야 할 사항과 거리가 가장 먼 것은?

① 작업 환경 조건
② 부재의 재질
③ 단면규격
④ 설치간격

해설 조립도에는 거푸집 및 동바리를 구성하는 부재의 재질·단면규격·설치간격 및 이음방법 등을 명시해야 한다.

85 철근콘크리트 현장타설공법과 비교한 PC(Precast Concrete)공법의 장점으로 볼 수 없는 것은?

① 기후의 영향을 받지 않아 동절기 시공이 가능하고, 공기를 단축할 수 있다.
② 현장작업이 감소되고, 생산성이 향상되어 인력절감이 가능하다.
③ 공사비가 매우 저렴하다.
④ 공장 제작이므로 콘크리트 양생 시 최적조건에 의한 양질의 제품생산이 가능하다.

해설 PC공법은 RC공법에 비해 공사비가 많이 든다.

86 강관비계를 조립할 때 준수하여야 할 사항으로 옳지 않은 것은?

① 비계기둥의 간격은 띠장방향에서 1.85m 이하로 할 것
② 띠장간격은 1.8m 이하로 설치할 것
③ 비계기둥의 제일 윗부분으로부터 31m 되는 지점 밑부분의 비계기둥은 2개의 강관으로 묶어 세울 것
④ 비계기둥 간의 적재하중은 400kg을 초과하지 않도록 할 것

해설 띠장간격은 2m 이하로 할 것

정답 | 81 ① 82 ④ 83 ③ 84 ① 85 ③ 86 ②

87 벽 축조를 위한 굴착작업에 관한 설명으로 옳지 않은 것은?

① 수평 방향으로 연속적으로 시공한다.
② 하나의 구간을 굴착하면 방치하지 말고 기초 및 본체구조물 축조를 마무리 한다.
③ 절취경사면에 전석, 낙석의 우려가 있고 혹은 장기간 방치할 경우 숏크리트, 록볼트, 캔버스 및 모르타르 등으로 방호한다.
④ 작업위치 좌우에 만일의 경우에 대비한 대피통로를 확보하여 둔다.

해설 옹벽 축조를 위한 굴착작업 시 수평 방향으로 연속적으로 시공하면 붕괴위험이 높아진다.

88 드럼에 다수의 돌기를 붙여 놓은 기계로 점토층의 내부를 다지는 데 적합한 것은?

① 탠덤 롤러   ② 타이어 롤러
③ 진동 롤러   ④ 탬핑 롤러

해설 탬핑 롤러는 철륜 표면에 다수의 돌기를 붙여 접지면적을 작게 하여 접지압을 증가시킨 롤러이다.

89 산업안전보건법령에서는 터널건설작업을 하는 경우에 해당 터널 내부의 화기와 아크를 사용하는 장소에는 반드시 무엇을 설치하도록 규정하고 있는가?

① 소화설비   ② 대피설비
③ 충전설비   ④ 차단설비

해설 터널 내부의 화기나 아크를 사용하는 장소 또는 배전반, 변압기, 차단기 등을 설치하는 장소에 소화설비를 설치하여야 한다.

90 다음 빈칸에 알맞은 숫자를 순서대로 옳게 나타낸 것은?

강관비계의 경우, 띠장간격은 (   )m 이하로 설치한다.

① 1.5   ② 1.8
③ 2   ④ 3

해설 강관비계의 경우, 띠장간격은 2m 이하로 설치한다.

91 블레이드의 길이가 길고 낮으며 블레이드의 좌우를 전후 25~30° 각도로 회전시킬 수 있어 흙을 측면으로 보낼 수 있는 도저는?

① 레이크 도저   ② 스트레이트 도저
③ 앵글도저   ④ 틸트도저

해설 앵글도저는 배토판을 좌우로 회전 가능하며 측면절삭 및 제설, 제토작업에 적합하다.

92 강관비계의 구조에서 비계기둥 간의 최대허용 적재하중으로 옳은 것은?

① 500kg   ② 400kg
③ 300kg   ④ 200kg

해설 강관비계에 있어서 비계기둥 간의 적재하중은 400kg을 초과하지 않아야 한다.

93 사다리식 통로 등을 설치하는 경우 발판과 벽과의 사이는 최소 얼마 이상의 간격을 유지하여야 하는가?

① 10cm 이상   ② 15cm 이상
③ 20cm 이상   ④ 25cm 이상

해설 발판과 벽과의 사이는 15cm 이상의 간격을 유지해야 한다.

94 거푸집 동바리 등을 조립하는 때 동바리로 사용하는 파이프서포트에 대하여는 다음 각 목에서 정하는 바에 의해 설치하여야 한다. 빈칸에 들어갈 내용으로 옳은 것은?

가. 파이프서포트를 (   )개 이상 이어서 사용하지 않도록 할 것
나. 파이프서포트를 이어서 사용하는 경우에는 (   )개 이상의 볼트 또는 전용철물을 사용하여 이을 것

① 가 : 1, 나 : 2   ② 가 : 2, 나 : 3
③ 가 : 3, 나 : 4   ④ 가 : 4, 나 : 5

해설 동바리로 사용하는 파이프서포트에 대하여 다음 각 목이 정하는 바를 준수해야 한다.
  1. 파이프서포트를 3본 이상 이어서 사용하지 아니하도록 할 것
  2. 파이프서포트를 이어서 사용하는 경우에는 4개 이상의 볼트 또는 전용철물을 사용하여 이을 것

95 다음 ( ) 안에 알맞은 수치는?

> 슬레이트, 선라이트(sunlight) 등 강도가 약한 재료로 덮은 지붕 위에서 작업을 할 때에 발이 빠지는 등 근로자가 위험해질 우려가 있는 경우 폭 ( ) 이상의 발판을 설치하거나 추락방호망을 치는 등 위험을 방지하기 위하여 필요한 조치를 하여야 한다.

① 30cm
② 40cm
③ 50cm
④ 60cm

해설 폭 30cm 이상의 발판을 설치하거나 추락방호망을 치는 등 위험을 방지하기 위하여 필요한 조치를 하여야 한다.

96 철골작업을 중지하여야 하는 제한 기준에 해당하지 않는 것은?

① 풍속이 초당 10m 이상인 경우
② 강우량이 시간당 1mm 이상인 경우
③ 강설량이 시간당 1cm 이상인 경우
④ 소음이 65dB 이상인 경우

해설 **철골작업 시 작업중지 기준**

구분	내용
강풍	풍속이 초당 10m 이상인 경우
강우	강우량이 시간당 1mm 이상인 경우
강설	강설량이 시간당 1cm 이상인 경우

97 버팀대(Strut)의 축하중 변화 상태를 측정하는 계측기는?

① 경사계(Inclino meter)
② 수위계(Water level meter)
③ 침하계(Extension)
④ 하중계(Load cell)

해설 하중계는 버팀보 어스앵커 등의 실제 축하중 변화를 측정하는 계측기기이다.

98 점토공사 중 발생하는 비탈면 붕괴의 원인과 거리가 먼 것은?

① 함수비 고정으로 인한 균일한 흙의 단위중량
② 건조로 인하여 점성토의 점착력 상실
③ 점성토의 수축이나 팽창으로 균열 발생
④ 공사 진행으로 비탈면의 높이와 기울기 증가

해설 균일한 단위중량인 흙은 붕괴위험을 감소한다.

99 지반의 사면파괴 유형 중 유한사면의 종류가 아닌 것은?

① 사면내파괴
② 사면선단파괴
③ 사면저부파괴
④ 직립사면파괴

해설 지반의 사면파괴 유형 중 유한사면에 해당되는 형태에는 사면내파괴, 사면 선단파괴, 사면저부파괴가 해당된다.

100 다음 셔블계 굴착장비 중 좁고 깊은 굴착에 가장 적합한 장비는?

① 드래그라인
② 파워 셔블
③ 백호
④ 클램셸

해설 클램셸(Clam Shell)은 좁은 곳의 수직굴착에 유리하여 케이슨 내 굴삭, 우물통 기초 등에 적합하며, 굴삭깊이가 최대 18m(보통 8m 정도), 버킷용량은 2.45m³이다.

1과목
산업재해 예방 및 안전보건교육

01 무재해 운동의 추진을 위한 3요소에 해당하지 않는 것은?

① 모든 위험잠재요인의 해결
② 최고경영자의 경영자세
③ 관리감독자(Line)의 적극적 추진
④ 직장 소집단의 자주활동 활성화

해설 **무재해 운동의 3요소(3기둥)**

1. 직장의 자율활동의 활성화
   일하는 한 사람 한 사람이 안전보건을 자신의 문제이며 동시에 같은 동료의 문제로 진지하게 받아들여 직장의 팀 멤버와의 협동노력으로 자주적으로 추진해 가는 것이 필요하다.
2. 라인(관리감독자)화의 철저
   안전보건을 추진하는 데는 관리감독자(Line)들이 생산활동 속에 안전보건을 접목시켜 실천하는 것이 꼭 필요하다.
3. 최고경영자의 안전경영철학
   안전보건은 최고경영자의 "무재해, 무질병"에 대한 확고한 경영자세로부터 시작된다. "일하는 한 사람 한 사람이 중요하다"라는 최고 경영자의 인간존중의 결의로 무재해 운동은 출발한다.

02 안전교육 방법 중 TWI의 교육과정이 아닌 것은?

① 작업지도 훈련
② 인간관계 훈련
③ 정책수립 훈련
④ 작업방법 훈련

해설 **TWI(Training Within Industry) 훈련종류**

- 작업지도훈련(JIT ; Job Instruction Training)
- 작업방법훈련(JMT ; Job Method Training)
- 인간관계훈련(JRT ; Job Relations Training)
- 작업안전훈련(JST ; Job Safety Training)

03 산업안전보건법령상 상시 근로자 수의 산출내역에 따라, 연간 국내공사 실적액이 50억 원이고 건설업평균임금이 250만 원이며, 노무비율은 0.06인 사업장의 상시 근로자 수는?

① 10인
② 30인
③ 33인
④ 75인

해설 **상시근로자 수 산출**

$$상시근로자 수 = \frac{전년도 공사실적액 \times 전년도 노무비율}{전년도 건설업 월평균임금 \times 전년도 조업월수}$$

$$= \frac{5,000,000,000원 \times 0.06}{2,500,000원 \times 12월} = 10명$$

04 산업안전보건법령상 안전보건표지의 종류 중 인화성 물질에 관한 표지에 해당하는 것은?

① 금지표지
② 경고표지
③ 지시표지
④ 안내표지

해설 인화성 물질 표지는 경고표지에 해당한다.

05 재해율 중 재직 근로자 1,000명당 1년간 발생하는 재해자 수를 나타내는 것은?

① 연천인율
② 도수율
③ 강도율
④ 종합재해지수

해설 **연천인율(年千人率)**

1년간 발생하는 임금근로자 1,000명당 재해자수

$$연천인율 = \frac{재해자 수}{연평균 근로자 수} \times 1,000$$

$$= 도수율(빈도율) \times 2.4$$

06 다음 중 인간의 적응기제(適應機制)에 포함되지 않는 것은?

① 갈등(Conflict)　　② 억압(Repression)
③ 공격(Aggression)　④ 합리화(Rationalization)

해설 적응기제 중 ②는 도피적 기제, ③은 공격적 기제, ④는 방어적 기제에 해당한다.

07 산업안전보건법령에 따른 근로자 안전·보건교육 중 채용 시의 교육내용이 아닌 것은? (단, 산업안전보건법 및 일반관리에 관한 사항은 제외한다.)

① 사고 발생 시 긴급조치에 관한 사항
② 유해·위험 작업환경 관리에 관한 사항
③ 산업보건 및 직업병 예방에 관한 사항
④ 기계·기구의 위험성과 작업의 순서 및 동선에 관한 사항

해설 ②는 근로자 정기교육에 대한 내용이다.

08 Alderfer의 ERG 이론 중 생존(Existence)욕구에 해당되는 Malow의 욕구단계는?

① 자아실현의 욕구　② 존경의 욕구
③ 사회적 욕구　　　④ 생리적 욕구

해설 **동기이론의 상호 관련성**

매슬로의 욕구 5단계	허즈버그의 2요인 이론	맥그리거의 X, Y이론	알더퍼의 ERG 이론	맥클랜드의 성취동기 이론
1단계 생리적 욕구	위생요인	X이론	생존욕구	
2단계 안전의 욕구				
3단계 사회적 욕구			관계욕구	친화욕구
4단계 인정욕구	동기요인	Y이론	성장욕구	권력욕구
5단계 자아실현의 욕구				성취욕구

09 허즈버그(Herzberg)의 동기·위생이론 중 위생요인에 해당하지 않는 것은?

① 보수　　　② 책임감
③ 작업조건　④ 감독

해설 **위생요인(Hygiene)**

작업조건, 급여, 직무환경, 감독 등 일의 조건, 보상에서 오는 욕구(충족되지 않을 경우 조직의 성과가 떨어지나, 충족되었다고 성과가 향상되지 않음)

10 기업 내 정형교육 중 대상으로 하는 계층이 한정되어 있지 않고, 한 번 훈련을 받은 관리자는 그 부하인 감독자에 대해 지도원이 될 수 있는 교육방법은?

① TWI(Training Within Industry)
② MTP(Management Training Program)
③ CCS(Civil Communication Section)
④ ATT(American Telephone & Telegram Co)

해설 **ATT(American Telephone & Telegram Co)**

부하 감독자에 대한 지도원이 되기 위한 교육방법으로 대상층이 한정되어 있지 않고 토의식으로 진행되며 교육시간은 1차 훈련은 1일 8시간씩 2주간, 2차 훈련은 문제 발생 시 하도록 되어 있다.

11 토의(회의)방식 중 참가자가 다수인 경우 전원을 토의에 참가시키기 위하여 소집단으로 구분하고, 각각 자유토의를 행하여 의견을 종합하는 방식은?

① 포럼(Forum)
② 심포지엄(Symposium)
③ 버즈 세션(Buzz Session)
④ 패널 디스커션(Panel Discussion)

해설 **버즈 세션(Buzz Session Discussion)**

참가자가 다수인 경우에 전원을 토의에 참가시키기 위한 방법으로 소집단을 구성하여 회의를 진행시키며 일명 6-6회의라고도 한다.

12 기계·기구 또는 설비의 신설, 변경 또는 고장 수리 등 부정기적인 점검을 말하며, 기술적 책임자가 시행하는 점검은?

① 정기 점검　　② 수시 점검
③ 특별 점검　　④ 임시 점검

해설 특별 점검 : 기계 기구의 신설 및 변경 시 고장, 수리 등에 의해 부정기적으로 실시하는 점검, 안전강조기간에 실시하는 점검 등

정답 | 06 ① 07 ② 08 ④ 09 ② 10 ④ 11 ③ 12 ③

13 다음 중 작업표준의 구비조건으로 옳지 않은 것은?

① 작업의 실정에 적합할 것
② 생산성과 품질의 특성에 적합할 것
③ 표현은 추상적으로 나타낼 것
④ 다른 규정 등에 위배되지 않을 것

해설 표현은 구체적으로 나타낼 것

14 상황성 누발자의 재해유발원인과 거리가 먼 것은?

① 작업의 어려움　　　② 기계설비의 결함
③ 심신의 근심　　　　④ 주의력의 산만

해설 ④번은 소질성 누발자의 재해유발원인에 해당한다.
상황성 누발자 : 작업이 어렵거나, 기계설비의 결함, 환경상 주의력의 집중이 혼란된 경우, 심신의 근심으로 사고 경향자가 되는 경우(상황이 변하면 안전한 성향으로 바뀜)

15 인간의 착각현상 중 버스나 전동차의 움직임으로 인하여 자신이 승차하고 있는 정지된 차량이 움직이는 것 같은 느낌을 받는 현상은?

① 자동운동　　　　② 유도운동
③ 가현운동　　　　④ 플리커현상

해설 유도운동 : 실제로는 움직이지 않는 것이 어느 기준의 이동에 유도되어 움직이는 것처럼 느껴지는 현상

16 안전 · 보건표지의 기본모형 중 다음 그림의 기본모형의 표시사항으로 옳은 것은?

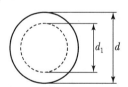

① 지시　　　　② 안내
③ 경고　　　　④ 금지

해설

기본모형	규격비율	표시사항
d_1 d	$d \geq 0.025L$ $d_1 = 0.8d$	지시

17 다음 중 산업안전보건법상 자율안전확인대상 기계 또는 설비에 해당하지 않는 것은?

① 산업용 로봇　　　② 인쇄기
③ 롤러기　　　　　④ 혼합기

해설 자율안전확인대상 기계 또는 설비

1. 연삭기 또는 연마기(휴대형은 제외)
2. 산업용 로봇
3. 혼합기
4. 파쇄기 또는 분쇄기
5. 식품가공용기계(파쇄 · 절단 · 혼합 · 제면기만 해당)
6. 컨베이어
7. 자동차정비용 리프트
8. 공작기계(선반, 드릴기, 평삭 · 형삭기, 밀링만 해당)
9. 고정형 목재가공용 기계(둥근톱, 대패, 루타기, 띠톱, 모떼기 기계만 해당)
10. 인쇄기

18 안전관리조직의 형태 중 라인 · 스탭형에 대한 설명으로 틀린 것은?

① 대규모 사업장(1,000명 이상)에 효율적이다.
② 안전과 생산업무가 분리될 우려가 없기 때문에 균형을 유지할 수 있다.
③ 모든 안전관리 업무를 생산라인을 통하여 직선적으로 이루어지도록 편성된 조직이다.
④ 안전업무를 전문적으로 담당하는 스탭 및 생산라인의 각 계층에도 겸임 또는 전임의 안전담당자를 둔다.

해설 라인 · 스태프(LINE－STAFF)형 조직(직계참모조직)

대규모 사업장에 적합한 조직으로서 라인형과 스태프형의 장점만을 채택한 형태이며 안전업무를 전담하는 스태프를 두고 생산라인의 각 계층에서도 각 부서장으로 하여금 안전업무를 수행하도록 하여 스태프에서 안전에 관한사항이 결정되면 라인을 통하여 실천하도록 편성된 조직

19 무재해운동의 추진기법 중 위험예지훈련의 4라운드 중 2라운드 진행 방법에 해당하는 것은?

① 본질추구　　　　② 목표설정
③ 현상파악　　　　④ 대책수립

해설 제2라운드(본질추구)

이것이 위험의 포인트이다(브레인 스토밍으로 발견해 낸 위험 중에서 가장 위험한 것을 합의로서 결정하는 라운드).

20 위험예지훈련의 방법으로 적절하지 않은 것은?

① 반복 훈련한다.   ② 사전에 준비한다.

③ 자신의 작업으로 실시한다.   ④ 단위 인원수를 많게 한다.

해설 **위험 예지훈련 방법**

- 반복 훈련한다.
- 사전에 준비한다.
- 자신의 작업으로 실시한다.

2과목

인간공학 및 위험성 평가 · 관리

21 휘도(luminance)의 척도 단위(unit)가 아닌 것은?

① fc   ② fL

③ mL   ④ cd/m^2

해설 fc는 소요조명을 의미한다.

22 다음 FTA 그림에서 a, b, c의 부품 고장률이 각각 0.01 일 때, 최소 컷셋(Minimal cut sets)과 신뢰도로 옳은 것은?

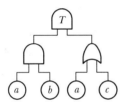

① (a, b), $R(t) = 99.99\%$

② (a, b, c), $R(t) = 98.99\%$

③ (a, c)
(a, b), $R(t) = 96.99\%$

④ (a, c)
(a, b, c), $R(t) = 97.99\%$

해설
- 고장률 $R_T = (a \times b) \times (a + c)$ 이라는 식이 성립된다.
                  $= (a \times a \times b) + (a \times b \times c)$
- 부울법칙 중 $A \times A = A$와 $1 + A = 1$ 법칙으로 위 식을 풀어내면
- $R_T = (a \times b) + (a \times b \times c) = a \times b(1 + c) = a \times b$
- 따라서, 최소 컷셋은 a, b가 되며,
    고장률 $R_t = 0.01 \times 0.01 = 0.0001$이 된다.
- ∴ 고장 나지 않을 확률은 $1 - 0.0001 = 0.9999$가 되므로 99.99% 이다.

23 어떤 전자기기의 수명은 지수분포를 따르며, 그 평균 수명이 1,000시간이라고 할 때, 500시간 동안 고장 없이 작동할 확률은 약 얼마인가?

① 0.1353   ② 0.3935

③ 0.6065   ④ 0.8647

해설 $R = e^{-\lambda t} = e^{-t/t_0} = e^{-500/1,000}$
      $= e^{-0.5} = 0.60653$
      (λ : 고장률, t : 가동시간, t_0 : 평균수명)

24 현장에서 인간공학의 적용분야로 가장 거리가 먼 것은?

① 설비관리

② 제품설계

③ 재해 · 질병 예방

④ 장비 · 공구 · 설비의 설계

해설 설비관리 분야에서는 인간공학을 적용하기 어렵다.

25 체계 분석 및 설계에 있어서 인간공학의 가치와 가장 거리가 먼 것은?

① 성능의 향상

② 훈련비용의 증가

③ 사용자의 수용도 향상

④ 생산 및 보전의 경제성 증대

해설 체계 설계과정에서 인간공학의 적용에 의해 훈련비용이 절감될 수 있다.

26 Fussell의 알고리즘으로 최소 컷셋을 구하는 방법에 대한 설명으로 틀린 것은?

① OR 게이트는 항상 컷셋의 수를 증가시킨다.

② AND 게이트는 항상 컷셋의 크기를 증가시킨다.

③ 중복 및 반복되는 사건이 많은 경우에 적용하기 적합하고 매우 간편하다.

④ 톱(top)사상을 일으키는 데 필요한 최소한의 컷셋이 최소 컷셋이다.

PART 01
PART 02
PART 03
PART 04
PART 05
부록

해설 **Fussell의 알고리즘**
- AND 게이트는 항상 컷의 크기를 증가시키고 OR 게이트는 항상 컷의 수를 증가시킨다는 것을 기초로 하고 있다.
- 해당 알고리즘을 적용하여 기본현상에 도달하면 이것들의 각 행이 최소 컷셋이다.

27 점광원(point source)에서 표면에 비추는 조도(lux)의 크기를 나타내는 식으로 옳은 것은? (단, D는 광원으로부터의 거리를 말한다.)

① $\dfrac{광도(fc)}{D^2(m^2)}$　　　　② $\dfrac{광도(lm)}{D(m)}$

③ $\dfrac{광속(lumen)}{D^2(m^2)}$　　　④ $\dfrac{광도(fL)}{D(m)}$

해설 **조도(Illuminance)**
어떤 물체나 대상면에 도달하는 빛의 양(단위 : [lux])

$$조도(lux) = \dfrac{광속(lumen)}{(거리(m))^2}$$

28 작업장 내의 색채조절이 적합하지 못한 경우에 나타나는 상황이 아닌 것은?

① 안전표지가 너무 많아 눈에 거슬린다.
② 현란한 색배합으로 물체 식별이 어렵다.
③ 무채색으로만 구성되어 중압감을 느낀다.
④ 다양한 색채를 사용하면 작업의 집중도가 높아진다.

해설 다양한 색채는 시각의 혼란으로 재해를 유발시킬 수 있다.

29 FT도에 사용되는 기호 중 "전이기호"를 나타내는 기호는?

①

②

③

④

해설

기호	명칭	설명
△ (IN)	전이기호	FT도상에서 부분으로 이행 또는 연결을 나타낸다. 삼각형 정상의 선은 정보의 전입을 뜻한다.
△ (OUT)	전이기호	FT도상에서 다른 부분으로 이행 또는 연결을 나타낸다. 삼각형 옆의 선은 정보의 전출을 뜻한다.

30 인간실수의 주원인에 해당하는 것은?

① 기술수준　　　　② 경험수준
③ 훈련수준　　　　④ 인간 고유의 변화성

해설 인간실수의 주원인으로 인간 고유의 변화성이 있다.

31 다음 중 육체적 활동에 대한 생리학적 측정방법과 가장 거리가 먼 것은?

① EMG　　　　② EEG
③ 심박수　　　　④ 에너지소비량

해설 뇌전도(EEG)는 정신적 활동에 대한 측정방법이다.

32 산업안전보건법에서 규정하는 근골격계 부담작업의 범위에 해당하지 않는 것은?

① 단기간 작업 또는 간헐적인 작업
② 하루에 10회 이상 25kg 이상의 물체를 드는 작업
③ 하루에 총 2시간 이상 쪼그리고 앉거나 무릎을 굽힌 자세에서 이루어지는 작업
④ 하루에 4시간 이상 집중적으로 자료입력 등을 위해 키보드 또는 마우스를 조작하는 작업

해설 근골격계 부담작업 범위 11호 중 단기간 작업 또는 간헐적인 작업은 제외된다.

33 위험조정을 위해 필요한 기술은 조직형태에 따라 다양한데, 이를 4가지로 분류하였을 때 이에 속하지 않는 것은?

① 전가(Transfer)　　　② 보류(Retention)
③ 계속(Continuation)　④ 감축(Reduction)

해설 위험조정을 위한 리스크 처리기술에는 위험의 회피(Avoidance), 위험의 경감(Reduction), 위험의 보류(Retention), 위험의 전가(Transfer)가 있다.

정답 | 27 ③　28 ④　29 ④　30 ④　31 ②　32 ①　33 ③

34 다음 형상 암호화 조종장치 중 이산 멈춤 위치용 조종장치는?

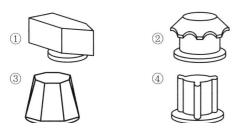

① ② ③ ④

해설 **형상 암호화된 조종장치**

구분	조종장치
이산 멈춤 위치용	

35 소음을 방지하기 위한 대책으로 틀린 것은?

① 소음원 통제
② 차폐장치 사용
③ 소음원 격리
④ 연속 소음 노출

해설 **소음방지의 대책**
- 소음원의 제거(통제)
- 소음원의 차단(밀폐, 격리)
- 보호구 지급 및 착용

36 작업자가 100개의 부품을 육안 검사하여 20개의 불량품을 발견하였다. 실제 불량품이 40개라면 인간에러(human error) 확률은 약 얼마인가?

① 0.2
② 0.3
③ 0.4
④ 0.5

해설 인간실수 확률 HEP = $\dfrac{\text{인간실수의 수}}{\text{실수발생의 전체 기회수}} = \dfrac{40-20}{100} = 0.2$

37 반복적 노출에 따라 민감성이 가장 쉽게 떨어지는 표시장치는?

① 시각 표시장치
② 청각 표시장치
③ 촉각 표시장치
④ 후각 표시장치

해설 **후각적 표시장치를 많이 쓰지 않는 이유**
1. 사람마다 여러 냄새에 대한 민감도의 개인차가 심하고, 코가 막히면 민감도가 떨어진다.

2. 사람은 냄새에 빨리 익숙해져서 노출 후 얼마 이상이 지나면 냄새의 존재를 느끼지 못한다.
3. 냄새의 확산을 통제하기가 힘들다.
4. 어떤 냄새는 메스껍게 하고 사람이 싫어할 수도 있다.

38 IES(Illuminating Engineering Society)의 권고에 따른 작업장 내부의 추천 반사율이 가장 높아야 하는 곳은?

① 벽
② 바닥
③ 천장
④ 가구

해설 **옥내 추천 반사율**
- 천장 : 80~90%
- 벽 : 40~60%
- 가구 : 25~45%
- 바닥 : 20~40%

39 정보를 전송하기 위해 청각적 표시장치를 사용해야 효과적인 경우는?

① 전언이 복잡할 경우
② 전언이 후에 재참조될 경우
③ 전언이 공간적인 위치를 다룰 경우
④ 전언이 즉각적인 행동을 요구할 경우

해설 정보가 즉각적인 행동을 요구하는 경우 청각적 표시장치가 유리하다.

40 제어장치와 표시장치에 있어 물리적 형태나 배열을 유사하게 설계하는 것은 어떤 양립성(Compatibility)의 원칙에 해당하는가?

① 시각적 양립성(Visual Compatibility)
② 양식 양립성(Modality Compatibility)
③ 공간적 양립성(Spatial Compatibility)
④ 개념적 양립성(Conceptual Compatibility)

해설 공간적 양립성 : 어떤 사물들, 특히 표시장치나 조정장치의 물리적 형태나 공간적인 배치의 양립성을 말한다.

기계·기구 및 설비 안전관리

41 롤러기의 방호장치 중 복부조작식 급정지장치의 설치 위치 기준에 해당하는 것은? (단, 위치는 급정지장치의 조작부의 중심점을 기준으로 한다.)

① 밑면에서 1.8m 이상

② 밑면에서 0.8m 미만

③ 밑면에서 0.8m 이상 1.1m 이내

④ 밑면에서 0.4m 이상 0.8m 이내

> 해설 **급정지장치 조작부의 위치**
>
> | 급정지장치 조작부의 종류 | 위치 |
> | --- | --- |
> | 손으로 조작(로프식)
하는 것 | 밑면으로부터 1.8m 이하 |
> | 복부로 조작하는 것 | 밑면으로부터 0.8m 이상 1.1m 이하 |
> | 무릎으로 조작하는 것 | 밑면으로부터 0.4m 이상 0.6m 이하 |

42 기계장치의 안전설계를 위해 적용하는 안전율 계산식은?

① 안전하중÷설계하중

② 최대사용하중÷극한강도

③ 극한강도÷최대설계응력

④ 극한강도÷파단하중

> 해설 **안전율(Safety Factor), 안전계수**
>
> $$안전율(S) = \frac{극한(최대, 인장)강도}{허용응력} = \frac{파단(최대)하중}{사용(정격)하중}$$

43 기계설비의 안전조건 중 구조의 안전화에 대한 설명으로 가장 거리가 먼 것은?

① 기계재료의 선정 시 재료 자체에 결함이 없는지 철저히 확인한다.

② 사용 중 재료의 강도가 열화될 것을 감안하여 설계 시 안전율을 고려한다.

③ 기계작동 시 기계의 오동작을 방지하기 위하여 오동작 방지회로를 적용한다.

④ 가공 경화와 같은 가공결함이 생길 우려가 있는 경우는 열처리 등으로 결함을 방지한다.

> 해설 **구조부분의 안전화(강도적 안전화)**
> - 재료의 결함
> - 설계 시의 잘못
> - 가공의 잘못

44 다음 중 원통 보일러의 종류가 아닌 것은?

① 입형 보일러

② 노통 보일러

③ 연관 보일러

④ 관류 보일러

> 해설 **원통 보일러(Cylindrical Boiler) 종류**
> - 입형 보일러 · 노통 보일러 · 연관 보일러

45 산업안전보건법령에 따른 안전난간의 구조 및 설치요건에 대한 설명으로 옳은 것은?

① 상부 난간대, 중간 난간대, 발끝막이판 및 난간기둥으로 구성하여야 한다.

② 발끝막이판은 바닥면 등으로부터 5cm 이하의 높이를 유지하여야 한다.

③ 난간대는 지름 1.5cm 이상의 금속제 파이프를 사용하여야 한다.

④ 안전난간은 가장 취약한 지점에서 가장 취약한 방향으로 작용하는 70kg 이상의 하중에 견딜 수 있어야 한다.

> 해설 • 안전난간은 구조적으로 가장 취약한 지점에서 가장 취약한 방향으로 작용하는 100kg 이상의 하중에 견딜 수 있는 튼튼한 구조이어야 한다.
> • 안전난간의 난간대는 지름 2.7cm 이상인 금속제 파이프나 그 이상의 강도를 가진 재료이어야 한다.
> • 발끝막이판은 바닥면 등으로부터 10cm 이상의 높이를 유지할 것

46 연삭숫돌의 덮개 재료 선정 시 최고속도에 따라 허용되는 덮개 두께가 달라지는데, 동일한 최고속도에서 가장 얇은 판을 쓸 수 있는 덮개의 재료로 다음 중 가장 적절한 것은?

① 회주철

② 압연강판

③ 가단주철

④ 탄소강주강품

> 해설 연삭숫돌의 덮개재료 중 회주철은 압연강판 두께의 값에 4를 곱한 값 이상, 가단주철은 압연강판 두께의 값에 2를 곱한 값 이상, 탄소강주강품은 압연강판 두께에 1.6을 곱한 값 이상이어야 한다. 따라서, 가장 얇은 판은 압연강판이다.

47 롤러기에서 앞면 롤러의 지름이 200mm, 회전속도가 30rpm인 롤러의 무부하동작에서의 급정지거리로 옳은 것은?

① 66mm 이내   ② 84mm 이내
③ 209mm 이내   ④ 248mm 이내

해설 롤러기 표면속도 $V = \dfrac{\pi D N}{1,000} = \dfrac{\pi \times 200 \times 30}{1,000} = 18.85\text{m/min}$

앞면 롤의 표면속도(m/min)	급정지 거리
30 미만	앞면 롤 원주의 1/3
30 이상	앞면 롤 원주의 1/2.5

롤러기 앞면 롤의 표면속도는 30 미만이므로 급정지거리는 앞면 롤 원주의 1/3 이내이다.

따라서, 급정지거리 $\leq \dfrac{\pi \times D}{3} = \dfrac{\pi \times 200}{3} = 209\text{mm}$

48 작업자의 신체 움직임을 감지하여 프레스의 작동을 급정지시키는 광전자식 안전장치를 부착한 프레스가 있다. 안전거리가 32cm라면 급정지에 소요되는 시간은 최대 몇 초 이내이어야 하는가? (단, 급정지에 소요되는 시간은 손이 광선을 차단한 순간부터 급정지기구가 작동하여 하강하는 슬라이드가 정지할 때까지의 시간을 의미한다.)

① 0.1초   ② 0.2초
③ 0.5초   ④ 1초

해설 **광전자식 방호장치의 설치방법**
- $D = 1,600\,(T_c + T_s)$
- $320 = 1,600\,(T_c + T_s)$
- $\therefore T_c + T_s = 0.2$초

49 이동식 크레인과 관련된 용어의 설명 중 옳지 않는 것은?

① "정격하중"이라 함은 이동식크레인의 지브나 붐의 경사각 및 길이에 따라 부하할 수 있는 최대 하중에서 인양기구(혹, 그래브 등)의 무게를 뺀 하중을 말한다.
② "정격 총하중"이라 함은 최대 하중(붐 길이 및 작업반경에 따라 결정)과 부가하중(혹과 그 이외의 인양 도구들의 무게)을 합한 하중을 말한다.

③ "작업반경"이라 함은 이동식크레인의 선회 중심선으로부터 혹의 중심선까지의 수평거리를 말하며, 최대 작업반경은 이동식크레인으로 작업이 가능한 최대치를 말한다.
④ "파단하중"이라 함은 줄걸이 용구 1개를 가지고 안전율을 고려하여 수직으로 매달 수 있는 최대 무게를 말한다.

해설 파단하중이란 재료의 인장시험, 내압(內壓)시험 등에서 시험편(試驗片)이 절단 또는 파괴될 때의 항장력(抗張力) 또는 하중을 말한다.

50 크레인 작업 시 조치사항 중 틀린 것은?

① 인양할 하물은 바닥에서 끌어당기거나, 밀어내는 작업을 하지 아니할 것
② 유류드럼이나 가스통 등의 위험물 용기는 보관함에 담아 안전하게 매달아 운반할 것
③ 고정된 물체는 직접 분리, 제거하는 작업을 할 것
④ 근로자의 출입을 통제하여 하물이 작업자의 머리 위로 통과하지 않게 할 것

해설 **크레인을 사용하여 양중작업 시 안전준수 사항**
고정된 물체를 직접 분리·제거하는 작업을 하지 아니할 것

51 기계운동 형태에 따른 위험점 분류에 해당하지 않는 것은?

① 접선끼임점   ② 회전말림점
③ 물림점   ④ 절단점

해설 **기계설비의 위험점 분류**
- 협착점
- 끼임점
- 절단점
- 물림점
- 접선물림점
- 회전말림점

52 롤러기의 급정지장치 중 복부 조작식과 무릎 조작식의 조작부 위치 기준은? (단, 밑면과의 상대거리를 나타낸다.)

	복부 조작식	무릎 조작식
①	0.5~0.7[m]	0.2~0.4[m]
②	0.8~1.1[m]	0.4~0.6[m]
③	0.8~1.1[m]	0.6~0.8[m]
④	1.1~1.4[m]	0.8~1.0[m]

정답 | 47 ③   48 ②   49 ④   50 ③   51 ①   52 ②

급정지장치조작부의 종류	위치
손으로 조작(로프식) 하는 것	밑면으로부터 1.8m 이하
복부로 조작하는 것	밑면으로부터 0.8m 이상 1.1m 이하
무릎으로 조작하는 것	밑면으로부터 0.4m 이상 0.6m 이하

53 기계 설비의 안전조건에서 구조적 안전화에 해당하지 않는 것은?

① 가공결함
② 재료결함
③ 설계상의 결함
④ 방호장치의 작동결함

해설 **구조부분의 안전화(강도적 안전화)**
- 재료의 결함
- 설계 시의 잘못
- 가공의 잘못

54 크레인 작업 시 300kg의 질량을 10m/s²의 가속도로 감아올릴 때 로프에 걸리는 총 하중은 약 몇 N인가? (단, 중력 가속도는 9.81m/s²로 한다.)

① 2,943
② 3,000
③ 5,943
④ 8,886

해설 크레인 인양 시 로프에 걸리는 하중 = 정하중 + 동하중
$$= 2,943N + 3,000N = 5,943N$$

정하중 $= 300kg \times 9.81m/s^2 = 2,943N$
동하중 = 정하중 × 가속도 $= 300kg \times 10m/s^2 = 3,000N$

55 기계의 왕복운동을 하는 동작 부분과 움직임이 없는 고정 부분 사이에 형성되는 위험점으로 프레스 등에서 주로 나타나는 것은?

① 물림점
② 협착점
③ 절단점
④ 회전말림점

해설 **협착점**
왕복운동을 하는 동작부분과 움직임이 없는 고정부분 사이에 형성되는 위험점
예 프레스, 전단기

56 가드(guard)의 종류가 아닌 것은?

① 고정식
② 조정식
③ 자동식
④ 반자동식

해설 **가드의 종류**
고정식, 조정식, 자동식

57 다음 중 산업안전보건법령에 따라 비파괴 검사를 해야 하는 고속회전체의 기준은?

① 회전축 중량 1톤 초과, 원주속도 120m/s 이상
② 회전축 중량 1톤 초과, 원주속도 100m/s 이상
③ 회전축 중량 0.7톤 초과, 원주속도 120m/s 이상
④ 회전축 중량 0.7톤 초과, 원주속도 100m/s 이상

해설 고속회전체(회전축의 중량이 1톤을 초과하고 원주속도가 초당 120미터 이상인 것에 한한다)의 회전시험을 하는 때에는 미리 회전축의 재질 및 형상 등에 상응하는 종류의 비파괴검사를 실시하여 결함 유무를 확인하여야 한다.

58 밀링 머신의 작업 시 안전수칙에 대한 설명으로 틀린 것은?

① 커터의 교환 시는 테이블 위에 목재를 받쳐 놓는다.
② 강력 절삭 시에는 일감을 바이스에 깊게 물린다.
③ 작업 중 면장갑은 착용하지 않는다.
④ 커터는 가능한 칼럼(column)으로부터 멀리 설치한다.

해설 **밀링작업시 안전대책**
커터는 될 수 있는 한 칼럼에 가깝게 설치할 것

59 드릴링 머신을 이용한 작업 시 안전수칙에 관한 설명으로 옳지 않은 것은?

① 일감을 손으로 견고하게 쥐고 작업한다.
② 장갑을 끼고 작업을 하지 않는다.
③ 칩은 기계를 정지시킨 다음에 와이어브러시로 제거한다.
④ 드릴을 끼운 후에는 척 렌치를 반드시 탈거한다.

해설 **드릴링 머신의 안전작업수칙(드릴의 작업안전수칙)**
일감은 견고하게 고정시켜야 하며 손으로 쥐고 구멍을 뚫는 것은 위험하다.

60 드릴 작업 시 유의사항 중 틀린 것은?

① 균열이 심한 드릴은 사용해서는 안 된다.
② 드릴을 장치에서 제거할 경우에는 회전을 완전히 멈추고 한다.
③ 드릴이 밑면에 나왔는지 확인을 위해 가공물 밑면에 손으로 만지면서 확인한다.
④ 가공 중에는 소리에 주의하여 드릴의 날에 이상한 소리가 나면 즉시 드릴을 연마하거나 다른 드릴과 교환한다.

해설 **드릴링 머신의 안전작업수칙(드릴의 작업안전수칙)**
구멍을 뚫을 때 관통된 것을 확인하기 위하여 손을 집어넣지 말 것

4과목
전기 및 화학설비 안전관리

61 작업장에서 꽂음접속기를 설치 또는 사용하는 때에 작업자의 감전 위험을 방지하기 위하여 필요한 준수사항으로 틀린 것은?

① 서로 다른 전압의 꽂음접속기는 상호 접속되는 구조의 것을 사용할 것
② 습윤한 장소에 사용되는 꽂음접속기는 방수형 등 해당 장소에 적합한 것을 사용할 것
③ 꽂음접속기를 접속시킬 경우 땀 등으로 젖은 손으로 취급하지 않도록 할 것
④ 꽂음접속기에 잠금장치가 있는 때에는 접속 후 잠그고 사용할 것

해설 **꽂음접속기의 설치·사용 시 준수사항**(「안전보건규칙」 제316조)
서로 다른 전압의 꽂음접속기는 서로 접속되지 아니한 구조의 것을 사용할 것

62 전기스파크의 최소발화에너지를 구하는 공식은?

① $W = \frac{1}{2}CV^2$ ② $W = \frac{1}{2}CV$

② $W = 2CV^2$ ④ $W = 2C^2V$

해설 최소발화에너지 $W = \frac{1}{2}CV^2$

63 인체저항을 5,000[Ω]으로 가정하면 심실세동을 일으키는 전류에서의 전기에너지는? (단, 심실세동전류는 $\frac{165}{\sqrt{T}}$ [mA]이며 통전시간 T는 1초이고 전원은 교류정현파이다.)

① 33[J] ② 130[J]
③ 136[J] ④ 142[J]

해설 $W = I^2RT = \left(\frac{165}{\sqrt{T}} \times 10^{-3}\right)^2 \times 5{,}000\,T$
$= (165^2 \times 10^{-6}) \times 5{,}000$
$= 136[\text{W} \cdot \text{sec}] = 136[\text{J}]$

64 인체가 현저히 젖어 있는 상태 또는 금속성의 전기·기계장치나 구조물의 인체 일부가 상시 접촉된 상태에서의 허용접촉전압으로 옳은 것은?

① 2.4V 이하 ② 25V 이하
③ 50V 이하 ④ 75V 이하

해설 **허용접촉전압**

종별	접촉상태	허용접촉 전압
제2종	• 인체가 현저히 젖어 있는 상태 • 금속성의 전기·기계장치나 구조물에 인체의 일부가 상시 접촉되어 있는 상태	25[V] 이하

65 인체 대부분이 수중에 있는 상태에서의 허용접촉전압으로 옳은 것은?

① 2.5V 이하 ② 25V 이하
③ 50V 이하 ④ 100V 이하

해설 **허용접촉전압**

종별	접촉상태	허용접촉전압
제1종	인체의 대부분이 수중에 있는 상태	2.5[V] 이하

66 전기화재의 원인을 직접원인과 간접원인으로 구분할 때, 직접원인과 거리가 먼 것은?

① 애자의 오손 ② 과전류
③ 누전 ④ 절연열화

해설 애자의 오손은 화재의 직접원인과 무관하다.(절연성능 저하 시 섬락 발생에 따른 화재 발생)

정답| 60 ③ 61 ① 62 ① 63 ③ 64 ② 65 ① 66 ①

67 다음 중 인입용 비닐 절연전선에 해당하는 약어로 옳은 것은?

① RB ② IV
③ DV ④ OW

해설 인입용 비닐 절연전선(DV)

68 정전기의 발생에 영향을 주는 요인과 가장 거리가 먼 것은?

① 박리속도 ② 물체의 표면상태
③ 접촉면적 및 압력 ④ 외부공기의 풍속

해설 정전기 발생과 외부공기의 풍속은 무관하다.

69 대기 중에 대량의 가연성 가스가 유출되거나 대량의 가연성 액체 유증기가 공기와 혼합해서 가연성 혼합기체를 형성하고, 점화원에 의하여 발생하는 폭발을 무엇이라 하는가?

① UVCE ② BLEVE
③ Detonation ④ Boil over

해설 증기운 폭발(UVCE)은 인화성 액체 상태로 저장되어 있던 인화성 물질이 누출되어 증기상태로 존재하다가 정전기와 같은 점화원에 접촉되어 폭발하는 현상이다.

70 화염의 전파속도가 음속보다 빨라 파면 선단에 충격파가 형성되며 보통 그 속도가 1,000~3,500m/s에 이르는 현상을 무엇이라 하는가?

① 폭발현상 ② 폭굉현상
③ 파괴현상 ④ 발화현상

해설 연소파가 일정 거리를 진행한 후 연소 전파속도가 1,000~3,500m/s 정도에 달할 경우 이를 폭굉현상(Detonation Phenomenon)이라 하며, 이때의 국한된 반응영역을 폭굉파(Detonation Wave)라 한다. 폭굉파의 속도는 음속을 앞지르므로, 진행 후면에는 그에 따른 충격파가 있다.

71 위험물안전관리법령상 제4류 위험물(인화성 액체)이 갖는 일반성질로 가장 거리가 먼 것은?

① 증기는 대부분 공기보다 무겁다.
② 대부분 물보다 가볍고 물에 잘 녹는다.
③ 대부분 유기화합물이다.
④ 발생증기는 연소하기 쉽다.

해설 제4류 위험물인 인화성 액체는 대부분 물보다 가벼우며, 주수소화 시 물 위로 떠오르므로 화재가 더 번질 위험이 있다.

72 프로판(C_3H_8)의 완전연소 조성농도는 약 몇 vol% 인가?

① 4.02 ② 4.19
③ 5.05 ④ 5.19

해설 • 프로판(C_3H_8)의 연소식
$$C_3H_8 + 5O_2 \rightarrow 3CO_2 + 4H_2O$$
• 완전연소 조성농도(C_{st})
$$= \frac{1}{(4.733n + 1.19x - 2.38y) + 1} \times 100$$
$$= \frac{1}{(4.733 \times 3 + 1.19 \times 8 - 2.38 \times 0) + 1} \times 100$$
$$\fallingdotseq 4.02(\%)$$

73 위험물안전관리법령상 제3류 위험물이 아닌 것은?

① 황화린 ② 금속나트륨
③ 황린 ④ 금속칼륨

해설 황화린은 위험물안전관리법령상 2류 위험물로, 자연발화성 물질이므로 통풍이 잘되는 냉암소에 보관하며 종류에는 3황화린(P_4S_3), 5황화린(P_4S_5), 7황화린(P_4S_7) 등이 있다.

74 산업안전보건기준에 관한 규칙상 (   ) 안에 들어갈 내용으로 알맞은 것은?

> 사업주는 급성 독성물질이 지속적으로 외부에 유출될 수 있는 화학설비 및 그 부속설비에 파열판과 안전밸브를 직렬로 설치하고 그 사이에는 (   )를 설치하여야 한다.

① 온도지시계 또는 과열방지장치
② 압력지시계 또는 자동경보장치

③ 유량지시계 또는 유속지시계

④ 액위지시계 또는 과압방지장치

해설 사업주는 급성 독성물질이 지속적으로 외부에 유출될 수 있는 화학설비 및 그 부속설비에 파열판과 안전밸브를 직렬로 설치하고 그 사이에는 압력지시계 또는 자동경보장치를 설치하여야 한다.

75 다음 중 산업안전보건기준에 관한 규칙에서 규정하는 급성 독성물질에 해당되지 않는 것은?

① 쥐에 대한 경구투입실험에 의하여 실험동물의 50%를 사망시킬 수 있는 물질의 양이 kg당 300mg−(체중) 이하인 화학물질

② 쥐에 대한 경피흡수실험에 의하여 실험동물의 50%를 사망시킬 수 있는 물질의 양이 kg당 1,000mg−(체중) 이하인 화학물질

③ 토끼에 대한 경피흡수실험에 의하여 실험동물의 50%를 사망시킬 수 있는 물질의 양이 kg당 1,000mg−(체중) 이하인 화학물질

④ 쥐에 대한 4시간 동안의 흡입실험에 의하여 실험동물의 50%를 사망시킬 수 있는 가스의 농도가 3,000ppm 이상인 화학물질

해설 쥐에 대한 4시간 동안의 흡입실험에 의하여 실험동물의 50%를 사망시킬 수 있는 가스의 농도, 즉 LC50이 2,500ppm 이하인 화학물질

76 메탄 20vol%, 에탄 25vol%, 프로판 55vol%의 조성을 가진 혼합가스의 폭발하한계값(vol%)은 약 얼마인가? (단, 메탄, 에탄 및 프로판가스의 폭발하한값은 각각 5vol%, 3vol%, 2vol%이다.)

① 2.51
② 3.12
③ 4.26
④ 5.22

해설 혼합가스의 폭발하한계 구하는 식은 아래와 같다.

V : 기체의 부피조성

LEL : 기체의 폭발하한계

$$LEL = \frac{V_1 + V_2 + \cdots + V_n}{\dfrac{V_1}{LEL_1} + \dfrac{V_2}{LEL_2} + \cdots + \dfrac{V_n}{LEL_n}}$$

$$\therefore LEL = \frac{20 + 25 + 55}{\dfrac{20}{5} + \dfrac{25}{3} + \dfrac{55}{2}} = \frac{100}{4 + 8.333 + 27.5} = 2.51 \text{vol}\%$$

77 산업안전보건법령상의 위험물을 저장·취급하는 화학설비 및 그 부속설비를 설치하는 경우 폭발이나 화재에 따른 피해를 줄이기 위하여 단위공정시설 및 설비로부터 다른 단위공정시설 및 설비 사이의 안전거리는 얼마로 하여야 하는가?

① 설비의 안쪽 면으로부터 10m 이상

② 설비의 바깥쪽 면으로부터 10m 이상

③ 설비의 안쪽 면으로부터 5m 이상

④ 설비의 바깥 면으로부터 5m 이상

해설 단위공정시설 및 설비로부터 다른 단위공정시설 및 설비사이의 안전거리는 설비의 외면으로부터 10미터 이상이다.

78 다음 중 분진폭발의 가능성이 가장 낮은 물질은?

① 소맥분
② 마그네슘분
③ 질석가루
④ 석탄가루

해설 질석가루는 불연성 물질로, 분진폭발이 일어나지 않는다.

79 물반응성 물질에 해당하는 것은?

① 니트로화합물
② 칼륨
③ 염소산나트륨
④ 부탄

해설 칼륨은 물반응성 물질 및 인화성 고체에 해당하므로 물과의 접촉을 방지하여야 한다.

80 배관설비 중 유체의 역류를 방지하기 위하여 설치하는 밸브는?

① 글로브밸브
② 체크밸브
③ 게이트밸브
④ 시퀀스밸브

해설 체크밸브는 유체의 역류를 방지하여 한쪽 방향으로만 흐르게 하기 위한 밸브이다.

건설공사 안전관리

81 콘크리트 타설 시 거푸집의 측압에 영향을 미치는 인자들에 관한 설명으로 옳지 않은 것은?

① 슬럼프가 클수록 측압은 크다.
② 거푸집의 강성이 클수록 측압은 크다.
③ 철근량이 많을수록 측압은 작다.
④ 타설 속도가 느릴수록 측압은 크다.

해설 타설속도가 느릴수록 측압은 작아진다.

82 굴착공사 표준안전작업지침에 따른 인력굴착 작업 시 굴착면이 높아 계단식 굴착을 할 때 소단의 폭은 수평거리로 얼마 정도 하여야 하는가?

① 1m
② 1.5m
③ 2m
④ 2.5m

해설 인력굴착 시 소단의 폭은 2m 이상을 유지하여야 한다.

83 이동식 비계를 조립하여 작업하는 경우의 준수사항으로 옳지 않은 것은?

① 이동식 비계의 바퀴에는 뜻밖의 갑작스러운 이동 또는 넘어짐을 방지하기 위하여 브레이크·쐐기 등으로 바퀴를 고정시킨 다음 비계의 일부를 견고한 시설물에 고정하거나 아웃트리거(outrigger)를 설치하는 등 필요한 조치를 할 것
② 작업발판은 항상 수평을 유지하고 작업발판 위에서 안전난간을 딛고 작업을 하지 않도록 하며, 대신 받침대 또는 사다리를 사용하여 작업할 것
③ 비계의 최상부에서 작업하는 경우에는 안전난간을 설치할 것
④ 작업발판의 최대적재하중은 250kg을 초과하지 않도록 할 것

해설 작업발판은 항상 수평을 유지하고 작업발판 위에서 안전난간을 딛고 작업을 하거나 받침대 또는 사다리를 사용하여 작업하지 않도록 해야 한다.

84 달비계에 사용하는 와이어로프는 지름의 감소가 공칭지름의 몇 %를 초과할 경우에 사용할 수 없도록 규정되어 있는가?

① 5%
② 7%
③ 9%
④ 10%

해설 지름의 감소가 공칭지름의 7%를 초과하는 것은 사용할 수 없다.

85 거푸집 동바리 조립도에 명시해야 할 사항과 거리가 가장 먼 것은?

① 작업 환경 조건
② 부재의 재질
③ 단면규격
④ 설치간격

해설 조립도에는 거푸집 및 동바리를 구성하는 부재의 재질·단면규격·설치간격 및 이음방법 등을 명시해야 한다.

86 재료비가 30억 원, 직접노무비가 50억 원인 건설공사의 예정가격상 안전관리비로 옳은 것은? (단, 건축공사에 해당되며 계상기준은 1.97%임)

① 56,400,000원
② 94,000,000원
③ 150,400,000원
④ 157,600,000원

해설 대상액이 80억 원(30억 원+50억 원)이므로
계상액=80억 원×1.97%=157,600,000원

[공사종류 및 규모별 산업안전보건관리비 계상기준표]

구분 공사종류	대상액 5억 원 미만인 경우 적용 비율(%)	대상액 5억 원 이상 50억 원 미만인 경우		대상액 50억 원 이상인 경우 적용 비율(%)	영 별표 5에 따른 보건관리자 선임 대상 건설공사의 적용비율(%)
		적용 비율(%)	기초액		
건축공사	2.93%	1.86%	5,349,000원	1.97%	2.15%
토목공사	3.09%	1.99%	5,499,000원	2.10%	2.29%
중건설공사	3.43%	2.35%	5,400,000원	2.44%	2.66%
특수건설공사	1.85%	1.20%	3,250,000원	1.27%	1.38%

87 건물외부에 낙하물 방지망을 설치할 경우 벽면으로부터 돌출되는 거리의 기준은?

① 1m 이상
② 1.5m 이상
③ 1.8m 이상
④ 2m 이상

해설 낙하물방지망의 내민 길이는 벽면으로부터 2m 이상으로 하여야 한다.

88 토류벽에 거치된 어스 앵커의 인장력을 측정하기 위한 계측기는?

① 하중계   ② 변형계
③ 지하수위계   ④ 지중경사계

해설 하중계는 Strut, Earth Anchor에 설치하여 축하중 측정으로 부재의 안정성 여부를 판단한다.

89 콘크리트 타설용 거푸집에 작용하는 외력 중 연직방향 하중이 아닌 것은?

① 고정하중   ② 충격하중
③ 작업하중   ④ 풍하중

해설 거푸집에 작용하는 연직방향 하중에는 타설 콘크리트의 고정하중, 충격하중, 작업하중, 거푸집 중량 등이 있다.

90 이동식 비계 작업 시 주의사항으로 옳지 않은 것은?

① 비계의 최상부에서 작업하는 경우에는 안전난간을 설치한다.
② 이동 시 작업지휘자가 이동식 비계에 탑승하여 이동하며 안전 여부를 확인하여야 한다.
③ 비계를 이동시키고자 할 때는 바닥의 구멍이나 머리 위의 장애물을 사전에 점검한다.
④ 작업발판은 항상 수평을 유지하고 작업발판 위에서 안전난간을 딛고 작업을 하거나 받침대 또는 사다리를 사용하여 작업하지 않도록 한다.

해설 이동할 경우에는 작업원이 없는 상태로 유지해야 한다.

91 다음 건설기계 중 360° 회전작업이 불가능한 것은?

① 타워 크레인   ② 크롤러 크레인
③ 가이 데릭   ④ 삼각 데릭

해설 삼각 데릭(Stiff – Leg Derrick)은 주 기둥을 지탱하는 지선 대신에 2본의 다리에 의해 고정, 회전반경은 270°로 가이 데릭과 비슷하며 높이가 낮은 건물에 유리하다.

92 유한사면에서 사면기울기가 비교적 완만한 점성토에서 주로 발생하는 사면파괴의 형태는?

① 저부파괴   ② 사면선단파괴
③ 사면내파괴   ④ 국부전단파괴

해설 사면저부파괴는 사면의 활동면이 사면의 끝보다 아래를 통과하는 경우의 파괴이다.

93 거푸집 공사에 관한 설명으로 옳지 않은 것은?

① 거푸집 조립 시 거푸집이 이동하지 않도록 비계 또는 기타 공작물과 직접 연결한다.
② 거푸집 치수를 정확하게 하여 시멘트 모르타르가 새지 않도록 한다.
③ 거푸집 해체가 쉽게 가능하도록 박리제 사용 등의 조치를 한다.
④ 측압에 대한 안전성을 고려한다.

해설 거푸집을 비계 등 가설구조물과 직접 연결하여 영향을 주면 안 된다.

94 터널 등의 건설작업을 할 경우에 낙반 등에 의하여 근로자가 위험해질 우려가 있는 경우, 그 위험을 방지하기 위하여 취해야 할 조치와 거리가 먼 것은?

① 터널지보공 설치   ② 록볼트 설치
③ 부석의 제거   ④ 산소의 측정

해설 터널 지보공 및 록볼트의 설치, 부석의 제거 등 위험을 방지하기 위하여 필요한 조치를 하여야 한다.

95 크레인을 사용하여 작업하는 경우 준수해야 할 사항으로 옳지 않은 것은?

① 인양할 화물을 바닥에서 끌어당기거나 밀어 정위치 작업을 할 것
② 유류드럼이나 가스통 등 운반 도중에 떨어져 폭발하거나 누출될 가능성이 있는 위험물용기는 보관함(또는 보관고)에 담아 안전하게 매달아 운반할 것
③ 미리 근로자의 출입을 통제하여 인양 중인 화물이 작업자의 머리 위로 통과하지 않도록 할 것
④ 인양할 화물이 보이지 않는 경우에는 어떤 동작도 하지 아니할 것(신호하는 사람에 의하여 작업을 하는 경우는 제외한다)

정답 | 88 ① 89 ④ 90 ② 91 ④ 92 ① 93 ① 94 ④ 95 ①

96 다음 중 유해·위험방지 계획서 제출 대상 공사에 해당하는 것은?

① 지상높이가 25m인 건축물 건설공사
② 최대 지간길이가 45m인 교량건설공사
③ 깊이가 8m인 굴착공사
④ 제방 높이가 50m인 다목적댐 건설공사

97 공사종류 및 규모별 산업안전관리비 계상 기준표에서 공사 종류의 명칭에 해당되지 않는 것은?

① 건축공사
② 소건설공사
③ 중건설공사
④ 특수건설공사

98 부두·안벽 등 하역작업을 하는 장소에서 부두 또는 안벽의 선을 따라 통로를 설치하는 경우 그 폭을 최소 얼마 이상으로 하여야 하는가?

① 60cm
② 90cm
③ 120cm
④ 150cm

99 점토공사 중 발생하는 비탈면 붕괴의 원인과 거리가 먼 것은?

① 함수비 고정으로 인한 균일한 흙의 단위중량
② 건조로 인하여 점성토의 점착력 상실
③ 점성토의 수축이나 팽창으로 균열 발생
④ 공사진행으로 비탈면의 높이와 기울기 증가

100 산업안전보건기준에 관한 규칙에 따른 토사굴착 시 굴착면의 기울기 기준으로 옳지 않은 것은?

① 모래 − 1 : 1.8
② 연암 − 1 : 1.0
③ 경암 − 1 : 0.5
④ 그 밖의 흙 − 1 : 1.0

2022년 1회

1과목
산업재해 예방 및 안전보건교육

01 산업재해 예방의 4원칙 중 "재해발생에는 반드시 원인이 있다."라는 원칙은?

① 대책 선정의 원칙
② 원인 계기의 원칙
③ 손실 우연의 원칙
④ 예방 가능의 원칙

[해설] 원인 계기의 원칙 : 재해발생은 반드시 원인이 있음

02 사고예방대책의 기본원리 5단계 중 제4단계의 내용으로 틀린 것은?

① 인사조정
② 작업분석
③ 기술의 개선
④ 교육 및 훈련의 개선

[해설] **4단계 : 시정방법의 선정**
- 기술의 개선
- 인사조정
- 교육 및 훈련 개선
- 안전규정 및 수칙의 개선
- 이행의 감독과 제재강화

03 매슬로(Maslow)의 욕구단계 이론 중 제5단계 욕구로 옳은 것은?

① 안전에 대한 욕구
② 자아실현의 욕구
③ 사회적(애정적) 욕구
④ 존경과 긍지에 대한 욕구

[해설] 자아실현의 욕구(5단계) : 잠재적인 능력을 실현하고자 하는 욕구(성취욕구)

04 허즈버그(Herzberg)의 동기·위생이론 중 위생요인에 해당하지 않는 것은?

① 보수
② 책임감
③ 작업조건
④ 감독

[해설] **위생요인(Hygiene)**

작업조건, 급여, 직무환경, 감독 등 일의 조건, 보상에서 오는 욕구(충족되지 않을 경우 조직의 성과가 떨어지나, 충족되었다고 성과가 향상되지 않음)

05 기능(기술)교육의 진행방법 중 하버드 학파의 5단계 교수법의 순서로 옳은 것은?

① 준비 → 연합 → 교시 → 응용 → 총괄
② 준비 → 교시 → 연합 → 총괄 → 응용
③ 준비 → 총괄 → 연합 → 응용 → 교시
④ 준비 → 응용 → 총괄 → 교시 → 연합

[해설] **하버드 학파의 5단계 교수법(사례연구 중심)**

- 1단계 : 준비시킨다(Preparation).
- 2단계 : 교시한다(Presentation).
- 3단계 : 연합한다(Association).
- 4단계 : 총괄한다(Generalization).
- 5단계 : 응용시킨다(Application).

06 학습정도(Level of learning)의 4단계 요소가 아닌 것은?

① 지각
② 적용
③ 인지
④ 정리

[해설] **학습정도의 4단계**

1단계 인지 → 2단계 지각 → 3단계 이해 → 4단계 적용

정답 | 01 ② 02 ② 03 ② 04 ② 05 ② 06 ④

07 산업안전보건법령상 상시 근로자 수의 산출내역에 따라, 연간 국내공사 실적액이 50억 원이고 건설업평균임금이 250만 원이며, 노무비율은 0.06인 사업장의 상시 근로자 수는?

① 10인   ② 30인
③ 33인   ④ 75인

해설 **상시근로자 수 산출**

$$상시근로자 수 = \frac{전년도\ 공사실적액 \times 전년도\ 노무비율}{전년도\ 건설업월평균임금 \times 전년도\ 조업월수}$$

$$= \frac{5,000,000,000원 \times 0.06}{2,500,000원 \times 12월} = 10명$$

08 산업안전보건법령상 근로자 안전 · 보건교육 기준 중 다음 ( ) 안에 알맞은 것은?

교육과정	교육대상	교육시간
채용 시 교육	일용근로자 및 근로계약기간이 1주일 이하인 기간제근로자	(㉠)시간 이상
	근로계약기간이 1주일 초과 1개월 이하인 기간제근로자	(㉡)시간 이상
	그 밖의 근로자	(㉢)시간 이상

① ㉠ 1, ㉡ 4, ㉢ 8   ② ㉠ 2, ㉡ 4, ㉢ 8
③ ㉠ 1, ㉡ 2, ㉢ 2   ④ ㉠ 3, ㉡ 3, ㉢ 6

해설 **근로자 안전 · 보건교육**

교육과정	교육대상	교육시간
채용 시 교육	일용근로자 및 근로계약기간이 1주일 이하인 기간제근로자	1시간 이상
	근로계약기간이 1주일 초과 1개월 이하인 기간제근로자	4시간 이상
	그 밖의 근로자	8시간 이상

09 다음 중 인간의 적응기제(適應機制)에 포함되지 않는 것은?

① 갈등(Conflict)   ② 억압(Repression)
③ 공격(Aggression)   ④ 합리화(Rationalization)

해설 적응기제 중 ②는 도피적 기제, ③은 공격적 기제, ④는 방어적 기제에 해당한다.

10 억측판단의 배경이 아닌 것은?

① 생략 행위   ② 초조한 심정
③ 희망적 관측   ④ 과거의 성공한 경험

해설 **억측판단이 발생하는 배경**
- 희망적인 관측 : '그때도 그랬으니까 괜찮겠지'하는 관측
- 정보나 지식의 불확실 : 위험에 대한 정보의 불확실 및 지식의 부족
- 과거의 선입관 : 과거에 그 행위로 성공한 경험의 선입관
- 초조한 심정 : 일을 빨리 끝내고 싶은 초조한 심정

11 산업안전보건법령상 안전인증대상 기계 · 기구 등이 아닌 것은?

① 프레스   ② 전단기
③ 롤러기   ④ 산업용 원심기

해설 **안전인증대상기계등**
1. 프레스
2. 전단기 및 절곡기
3. 롤러기 등

12 매슬로(Maslow)의 욕구단계이론 중 제2단계의 욕구에 해당하는 것은?

① 사회적 욕구
② 안전에 대한 욕구
③ 자아실현의 욕구
④ 존경과 긍지에 대한 욕구

해설 (2단계) 안전의 욕구 : 안전을 기하려는 욕구

13 주의(Attention)의 특성 중 여러 종류의 자극을 받을 때 소수의 특정한 것에만 반응하는 것은?

① 선택성   ② 방향성
③ 단속성   ④ 변동성

해설 주의의 선택성 : 한 번에 많은 종류의 자극을 지각 · 수용하기 곤란하다.

14 인간의 착각현상 중 버스나 전동차의 움직임으로 인하여 자신이 승차하고 있는 정지된 차량이 움직이는 것 같은 느낌을 받는 현상은?

① 자동운동 　　　　　② 유도운동
③ 가현운동 　　　　　④ 플리커현상

해설 유도운동 : 실제로는 움직이지 않는 것이 어느 기준의 이동에 유도되어 움직이는 것처럼 느껴지는 현상

15 지도자가 추구하는 계획과 목표를 부하직원이 자신의 것으로 받아들여 자발적으로 참여하게 하는 리더십의 권한은?

① 보상적 권한 　　　　② 강압적 권한
③ 위임된 권한 　　　　④ 합법적 권한

해설 **위임된 권한의 특성**
　진정한 리더십과 흡사한 것으로서 부하직원들이 지도자가 정한 목표를 자신의 것으로 받아들이고 목표를 성취하기 위해 지도자와 함께 일하는 것이다.

16 일반적으로 교육이란 "인간행동의 계획적 변화"로 정의할 수 있다. 여기서 "인간의 행동"이 의미하는 것은?

① 신념과 태도
② 외현적 행동만 포함
③ 내현적 행동만 포함
④ 내현적, 외현적 행동 모두 포함

해설 인간은 교육을 통해 내현적, 외현적 행동을 변화시킬 수 있다.

17 하인리히의 재해구성 비율에 따라 경상사고가 87건 발생하였다면 무상해사고는 몇 건이 발생하였겠는가?

① 300건 　　　　　　② 600건
③ 900건 　　　　　　④ 1,200건

해설 **하인리히의 재해구성비율**
　사망 및 중상 : 경상 : 무상해사고＝1 : 29 : 300
　∴ 무상해사고＝300×(87÷29)＝900건

18 다음 중 산업안전보건법상 안전 · 보건표지에서 기본모형의 색상이 빨강이 아닌 것은?

① 산화성물질경고 　　② 화기금지
③ 탑승금지 　　　　　④ 고온경고

해설 고온경고는 위험경고에 해당되므로 노란색 바탕에 검은색 기본모형으로 표시한다.

19 기계 · 기구 또는 설비의 신설, 변경 또는 고장 수리 등 부정기적인 점검을 말하며, 기술적 책임자가 시행하는 점검은?

① 정기 점검 　　　　② 수시 점검
③ 특별 점검 　　　　④ 임시 점검

해설 **특별 점검** : 기계 기구의 신설 및 변경 시 고장, 수리 등에 의해 부정기적으로 실시하는 점검, 안전강조기간에 실시하는 점검 등

20 안전관리조직의 형태 중 라인스탭형에 대한 설명으로 틀린 것은?

① 대규모 사업장(1,000명 이상)에 효율적이다.
② 안전과 생산업무가 분리될 우려가 없기 때문에 균형을 유지할 수 있다.
③ 모든 안전관리 업무를 생산라인을 통하여 직선적으로 이루어지도록 편성된 조직이다.
④ 안전업무를 전문적으로 담당하는 스탭 및 생산라인의 각 계층에도 겸임 또는 전임의 안전담당자를 둔다.

해설 **라인 · 스태프(LINE－STAFF)형 조직(직계참모조직)**
　대규모 사업장에 적합한 조직으로서 라인형과 스태프형의 장점만을 채택한 형태이며 안전업무를 전담하는 스태프를 두고 생산라인의 각 계층에서도 각 부서장으로 하여금 안전업무를 수행하도록 하여 스태프에서 안전에 관한사항이 결정되면 라인을 통하여 실천하도록 편성된 조직

인간공학 및 위험성 평가 · 관리

21 현장에서 인간공학의 적용분야로 가장 거리가 먼 것은?

① 설비관리
② 제품설계
③ 재해 · 질병 예방
④ 장비 · 공구 · 설비의 설계

해설 설비관리 분야에서는 인간공학을 적용하기 어렵다.

22 다음 중 설비보전관리에서 설비이력카드, MTBF 분석표, 고장원인 대책표와 관련이 깊은 관리는?

① 보전기록관리
② 보전자재관리
③ 보전작업관리
④ 예방보전관리

해설 보전기록관리와 관련한 서류이다.

23 작업자가 100개의 부품을 육안 검사하여 20개의 불량품을 발견하였다. 실제 불량품이 40개라면 인간에러(human error) 확률은 약 얼마인가?

① 0.2
② 0.3
③ 0.4
④ 0.5

해설 인간실수 확률 HEP = $\dfrac{\text{인간실수의 수}}{\text{실수발생의 전체 기회수}} = \dfrac{40-20}{100} = 0.2$

24 점광원(point source)에서 표면에 비추는 조도(lux)의 크기를 나타내는 식으로 옳은 것은? (단, D는 광원으로부터의 거리를 말한다.)

① $\dfrac{\text{광도}(fc)}{D^2(m^2)}$
② $\dfrac{\text{광도}(lm)}{D(m)}$
③ $\dfrac{\text{광속}(lumen)}{D^2(m^2)}$
④ $\dfrac{\text{광도}(fL)}{D(m)}$

해설 **조도(Illuminance)**

어떤 물체나 대상면에 도달하는 빛의 양(단위 : [lux])

조도(lux) = $\dfrac{\text{광속(lumen)}}{\text{거리(m)}^2}$

25 휘도(luminance)의 척도 단위(unit)가 아닌 것은?

① fc
② fL
③ mL
④ cd/m²

해설 fc는 소요조명을 의미한다.

26 환경요소의 조합에 의해서 부과되는 스트레스나 노출로 인해서 개인에 유발되는 긴장(strain)을 나타내는 환경요소 복합지수가 아닌 것은?

① 카타온도(kata temperature)
② Oxford 지수(wet-dry index)
③ 실효온도(effective temperature)
④ 열 스트레스 지수(heat stress index)

해설 카타온도(kata temperature)는 덥거나 춥다고 느끼는 체감의 정도를 나타내는 체감온도이다.

27 화학 설비의 안전성을 평가하는 방법 5단계 중 제3단계에 해당하는 것은?

① 안전대책
② 정량적 평가
③ 관계자료 검토
④ 정성적 평가

해설 제3단계(정량적 평가) : 물질, 온도, 압력, 용량, 조작 항목 및 화학설비 정량등급 평가

28 체계분석 및 설계에 있어서 인간공학적 노력의 효능을 산정하는 척도의 기준에 포함되지 않는 것은?

① 성능의 향상
② 훈련비용의 절감
③ 인력 이용률의 저하
④ 생산 및 보전의 경제성 향상

해설 체계 설계과정에서 인간공학의 적용에 의해 인력의 이용률이 향상될 수 있다.

정답 | 21 ① 22 ① 23 ① 24 ③ 25 ① 26 ① 27 ② 28 ③

29 설비나 공법 등에서 나타날 위험에 대하여 정성적 또는 정량적인 평가를 하고 그 평가에 따른 대책을 강구하는 것은?

① 설비보전 　　　　② 동작분석
③ 안전계획 　　　　④ 안전성 평가

해설 사업장 안전성 평가(6단계)에는 설비나 공법 등에서 나타날 위험에 대해 정성적, 정량적 평가 및 안전대책 수립 등의 내용이 포함된다.

30 작업기억과 관련된 설명으로 틀린 것은?

① 단기기억이라고도 한다.
② 오랜 기간 정보를 기억하는 것이다.
③ 작업기억 내의 정보는 시간이 흐름에 따라 쇠퇴할 수 있다.
④ 리허설(Rehearsal)은 정보를 작업기억 내에 유지하는 유일한 방법이다.

해설 작업기억은 단기기억으로써, 작업기억 내의 정보는 시간이 흐름에 따라 쇠퇴할 수 있다.

31 광원으로부터의 직사휘광을 줄이는 방법으로 적절하지 않은 것은?

① 휘광원 주위를 어둡게 한다.
② 가리개, 갓, 차양 등을 사용한다.
③ 광원을 시선에서 멀리 위치시킨다.
④ 광원의 수는 늘리고 휘도는 줄인다.

해설 휘광원 주위를 밝게 하여 광도비를 줄인다.

32 인간 – 기계 시스템을 설계하기 위해 고려해야 할 사항과 거리가 먼 것은?

① 시스템 설계 시 동작경제의 원칙이 만족 되도록 고려한다.
② 인간과 기계가 모두 복수인 경우, 종합적인 효과보다 기계를 우선적으로 고려한다.
③ 대상이 되는 시스템이 위치할 환경조건이 인간에 대한 한계치를 만족하는가의 여부를 조사한다.
④ 인간이 수행해야 할 조작이 연속적인가 불연속적 인가를 알아보기 위해 특성조사를 실시한다.

해설 인간 – 기계시스템의 설계 시 인간이 우선적으로 고려되어야 한다.

33 위험조정을 위해 필요한 기술은 조직형태에 따라 다양한데, 이를 4가지로 분류하였을 때 이에 속하지 않는 것은?

① 전가(Transfer) 　　　② 보류(Retention)
③ 계속(Continuation) 　④ 감축(Reduction)

해설 위험조정을 위한 리스크 처리기술에는 위험의 회피(Avoidance), 위험의 경감(Reduction), 위험의 보류(Retention), 위험의 전가(Transfer)가 있다.

34 설비의 위험을 예방하기 위한 안전성 평가 단계 중 가장 마지막에 해당하는 것은?

① 재평가 　　　　② 정성적 평가
③ 안전대책 　　　　④ 정량적 평가

해설 **안전성 평가**
제6단계 : FTA에 의한 재평가

35 인간의 정보처리 기능 중 그 용량이 7개 내외로 작아, 순간적 망각 등 인적 오류의 원인이 되는 것은?

① 지각 　　　　② 작업기억
③ 주의력 　　　　④ 감각보관

해설 작업기억은 시간 흐름에 따라 쇠퇴하여 순간적 망각으로 인한 인적오류의 원인이 된다.

36 FT도에서 사용되는 다음 기호의 의미로 맞는 것은?

① 결함사상 　　　　② 통상사상
③ 기본사상 　　　　④ 제외사상

해설 **FTA에 사용되는 논리기호 및 사상기호**

번호	기호	명칭	설명
2	(기호)	기본사상 (사상기호)	더 이상 전개되지 않는 기본사상

37 광원의 단위 면적에서 단위 입체각으로 발산하는 빛의 양을 설명한 용어로 맞는 것은?

① 휘도
② 조도
③ 광도
④ 반사율

해설 **휘도**

단위 면적당 빛이 반사되어 나오는 양

38 제품의 설계단계에서 고유 신뢰성을 증대시키기 위하여 일반적으로 많이 사용되는 방법이 아닌 것은?

① 병렬 및 대기 리던던시의 활용
② 부품과 조립품의 단순화 및 표준화
③ 제조부문과 납품업자에 대한 부품규격의 명세제시
④ 부품의 전기적, 기계적, 열적 및 기타 작동조건의 경감

해설 ③은 고유의 신뢰성 증대와 관련이 없다.

39 인간실수의 주원인에 해당하는 것은?

① 기술수준
② 경험수준
③ 훈련수준
④ 인간 고유의 변화성

해설 인간실수의 주원인으로 인간 고유의 변화성이 있다.

40 정보를 전송하기 위해 청각적 표시장치를 사용해야 효과적인 경우는?

① 전언이 복잡할 경우
② 전언이 후에 재참조될 경우
③ 전언이 공간적인 위치를 다룰 경우
④ 전언이 즉각적인 행동을 요구할 경우

해설 정보가 즉각적인 행동을 요구하는 경우 청각적 표시장치가 유리하다.

기계 · 기구 및 설비 안전관리

41 드릴링 머신의 드릴지름이 10mm이고, 드릴 회전수가 1,000rpm일 때 원주속도는 약 얼마인가?

① 3.14m/min
② 6.28m/min
③ 31.4m/min
④ 62.8m/min

해설 숫돌의 원주속도 : $v = \dfrac{\pi DN}{1,000}$(m/min)

[여기서, 지름 : D(mm), 회전수 : N(rpm)]

$$v = \frac{\pi DN}{1,000} = \frac{\pi \times 10 \times 1,000}{1,000} = 31.4(\text{m/min})$$

42 크레인 작업 시 300kg의 질량을 10m/s²의 가속도로 감아올릴 때 로프에 걸리는 총 하중은 약 몇 N인가? (단, 중력 가속도는 9.81m/s²로 한다.)

① 2,943
② 3,000
③ 5,943
④ 8,886

해설 크레인 인양 시 로프에 걸리는 하중 = 정하중 + 동하중
= 2,943N + 3,000N = 5,943N

정하중 = 300kg × 9.81m/s² = 2,943N
동하중 = 정하중 × 가속도 = 300kg × 10m/s² = 3,000N

43 프레스의 양수조작식 방호장치에서 누름버튼의 상호 간 내측거리는 몇 [mm] 이상이어야 하는가?

① 200
② 300
③ 400
④ 500

해설 **양수조작식 방호장치 설치 및 사용**

누름버튼의 상호 간 내측거리는 300mm 이상으로 한다.

---

44 개구부에서 회전하는 롤러의 위험점까지 최단거리가 60mm일 때 개구부 간격은?

① 10mm ② 12mm
③ 13mm ④ 15mm

해설 **롤러기 울의 개구부 간격**

$$Y = 6 + 0.15X = 6 + 0.15 \times 60 = 15[mm]$$

45 프레스 및 전단기에서 양수조작식 방호장치의 일반구조에 대한 설명으로 옳지 않은 것은?

① 누름버튼(레버 포함)은 돌출형 구조로 설치할 것
② 누름버튼의 상호 간 내측거리는 300mm 이상일 것
③ 누름버튼을 양손으로 동시에 조작하지 않으면 작동시킬 수 없는 구조일 것
④ 정상동작표시등은 녹색, 위험표시등은 붉은색으로 하며, 쉽게 근로자가 볼 수 있는 곳에 설치할 것

해설 누름버튼(레버 포함)은 매립형 구조로 설치해야 한다.

46 산업안전보건법령에 따른 안전난간의 구조 및 설치요건에 대한 설명으로 옳은 것은?

① 상부 난간대, 중간 난간대, 발끝막이판 및 난간기둥으로 구성하여야 한다.
② 발끝막이판은 바닥면 등으로부터 5cm 이하의 높이를 유지하여야 한다.
③ 난간대는 지름 1.5cm 이상의 금속제 파이프를 사용하여야 한다.
④ 안전난간은 가장 취약한 지점에서 가장 취약한 방향으로 작용하는 70kg 이상의 하중에 견딜 수 있어야 한다.

해설 • 안전난간은 구조적으로 가장 취약한 지점에서 가장 취약한 방향으로 작용하는 100kg 이상의 하중에 견딜 수 있는 튼튼한 구조이어야 한다.
• 안전난간의 난간대는 지름 2.7cm 이상인 금속제 파이프나 그 이상의 강도를 가진 재료이어야 한다.
• 발끝막이판은 바닥면 등으로부터 10cm 이상의 높이를 유지할 것

47 통로의 설치기준 중 ( ) 안에 공통적으로 들어갈 숫자로 옳은 것은?

> 사업주는 통로면으로부터 높이 ( )미터 이내에는 장애물이 없도록 하여야 한다. 다만, 부득이하게 통로면으로부터 높이 ( )미터 이내에 장애물을 설치할 수밖에 없거나 통로면으로부터 높이 ( )미터 이내의 장애물을 제거하는 것이 곤란하다고 고용노동부장관이 인정하는 경우에는 근로자에게 발생할 수 있는 부상 등의 위험을 방지하기 위한 안전 조치를 하여야 한다.

① 1 ② 2
③ 1.5 ④ 2.5

해설 **통로의 설치(「안전보건규칙」 제22조)**

사업주는 통로면으로부터 높이 2미터 이내에는 장애물이 없도록 하여야 한다. 다만, 부득이하게 통로면으로부터 높이 2미터 이내에 장애물을 설치할 수밖에 없거나 통로면으로부터 높이 2미터 이내의 장애물을 제거하는 것이 곤란하다고 고용노동부장관이 인정하는 경우에는 근로자에게 발생할 수 있는 부상 등의 위험을 방지하기 위한 안전 조치를 하여야 한다.

48 기계장치의 안전설계를 위해 적용하는 안전율 계산식은?

① 안전하중÷설계하중 ② 최대사용하중÷극한강도
③ 극한강도÷최대설계응력 ④ 극한강도÷파단하중

해설 **안전율(Safety Factor), 안전계수**

$$안전율(S) = \frac{극한(최대, 인장)강도}{허용응력} = \frac{파단(최대)하중}{사용(정격)하중}$$

49 양수조작식 방호장치에서 누름버튼 상호 간의 내측 거리는 얼마 이상이어야 하는가?

① 250mm 이상 ② 300mm 이상
③ 350mm 이상 ④ 400mm 이상

해설 양수조작식 방호장치 누름버튼의 상호 간 내측거리는 300mm 이상으로 한다.

50 산업안전보건법령상 크레인의 방호장치에 해당하지 않는 것은?

① 권과방지장치 　　② 낙하방지장치

③ 비상정지장치 　　④ 과부하방지장치

해설 **크레인의 방호장치**(「안전보건규칙」 제134조)

　　양중기에 과부하방지장치·권과방지장치·비상정지장치 및 제동장치, 그 밖의 방호장치(승강기의 파이널 리밋 스위치, 조속기, 출입문 인터록 등을 말한다)가 정상적으로 작동될 수 있도록 미리 조정하여 두어야 한다.

51 금형의 안전화에 대한 설명 중 틀린 것은?

① 금형의 틈새는 8mm 이상 충분하게 확보한다.

② 금형 사이에 신체 일부가 들어가지 않도록 한다.

③ 충격이 반복되어 부가되는 부분에는 완충장치를 설치한다.

④ 금형설치용 홈은 설치된 프레스의 홈에 적합한 현상의 것으로 한다.

해설 **금형 안전화**

　　금형의 사이에 작업자의 신체의 일부가 들어가지 않도록 틈새는 8mm 이하가 되도록 설치한다.

52 드릴 작업 시 유의사항 중 틀린 것은?

① 균열이 심한 드릴은 사용해서는 안 된다.

② 드릴을 장치에서 제거할 경우에는 회전을 완전히 멈추고 한다.

③ 드릴이 밑면에 나왔는지 확인을 위해 가공물 밑면에 손으로 만지면서 확인한다.

④ 가공 중에는 소리에 주의하여 드릴의 날에 이상한 소리가 나면 즉시 드릴을 연마하거나 다른 드릴과 교환한다.

해설 **드릴링 머신의 안전작업수칙**(드릴의 작업안전수칙)

1. 일감은 견고하게 고정시켜야 하며 손으로 쥐고 구멍을 뚫는 것은 위험하다.
2. 드릴을 끼운 후에 척 렌치(Chuck Wrench)를 반드시 뺀다.
3. 장갑을 끼고 작업을 하지 말 것
4. 구멍을 뚫을 때 관통된 것을 확인하기 위하여 손을 집어넣지 말 것
5. 드릴작업에서 칩의 제거방법은 회전을 중지시킨 후 솔로 제거하여야 함

53 산업용 로봇에 사용되는 안전매트에 요구되는 일반 구조 및 표시에 관한 설명으로 옳지 않은 것은?

① 단선경보장치가 부착되어 있어야 한다.

② 감응시간을 조절하는 장치는 부착되어 있지 않아야 한다.

③ 안전인증 표시 외에 작동하중, 감응시간, 복귀신호의 자동 또는 수동여부, 대소인공용 여부를 추가로 표시해야 한다.

④ 감응도 조절장치가 있는 경우 봉인되어 있지 않아야 한다.

해설 **안전매트의 성능기준 일반구조**

- 단선경보장치가 부착되어 있어야 한다.
- 감응시간을 조절하는 장치는 부착되어 있지 않아야 한다.
- 감응도 조절장치가 있는 경우 봉인되어 있어야 한다.

54 다음 중 산업안전보건법령에 따라 비파괴 검사를 해야 하는 고속회전체의 기준은?

① 회전축 중량 1톤 초과, 원주속도 120m/s 이상

② 회전축 중량 1톤 초과, 원주속도 100m/s 이상

③ 회전축 중량 0.7톤 초과, 원주속도 120m/s 이상

④ 회전축 중량 0.7톤 초과, 원주속도 100m/s 이상

해설 **고속회전체**(회전축의 중량이 1톤을 초과하고 원주속도가 초당 120미터 이상인 것에 한한다)의 회전시험을 하는 때에는 미리 회전축의 재질 및 형상 등에 상응하는 종류의 비파괴검사를 실시하여 결함 유무를 확인하여야 한다.

55 2개의 회전체가 회전운동을 할 때 물림점이 발생할 수 있는 조건은?

① 두 개의 회전체 모두 시계 방향으로 회전

② 두 개의 회전체 모두 시계 반대 방향으로 회전

③ 하나는 시계 방향으로 회전하고 다른 하나는 정지

④ 하나는 시계 방향으로 회전하고 다른 하나는 시계 반대 방향으로 회전

해설 **물림점**(Nip Point)

　　반대로 회전하는 두 개의 회전체가 맞닿는 사이에 발생하는 위험점

56 기계운동 형태에 따른 위험점 분류에 해당하지 않는 것은?

① 접선끼임점   ② 회전말림점
③ 물림점   ④ 절단점

해설 **기계설비의 위험점 분류**
- 협착점
- 끼임점
- 절단점
- 물림점
- 접선물림점
- 회전말림점

57 작업자의 신체 움직임을 감지하여 프레스의 작동을 급정지시키는 광전자식 안전장치를 부착한 프레스가 있다. 안전거리가 32cm라면 급정지에 소요되는 시간은 최대 몇 초 이내이어야 하는가? (단, 급정지에 소요되는 시간은 손이 광선을 차단한 순간부터 급정지기구가 작동하여 하강하는 슬라이드가 정지할 때까지의 시간을 의미한다.)

① 0.1초   ② 0.2초
③ 0.5초   ④ 1초

해설 **광전자식 방호장치의 설치방법**
- $D = 1,600(T_c + T_s)$
- $320 = 1,600(T_c + T_s)$
- $\therefore T_c + T_s = 0.2$초

58 탁상용 연삭기에서 일반적으로 플랜지의 지름은 숫돌 지름의 얼마 이상이 적정한가?

① $\dfrac{1}{2}$ ② $\dfrac{1}{3}$
③ $\dfrac{1}{5}$ ④ $\dfrac{1}{10}$

해설 플랜지의 지름은 숫돌 직경의 1/3 이상인 것이 적당하다.

59 가스용접에서 역화의 원인으로 볼 수 없는 것은?

① 토치 성능이 부실한 경우
② 취관이 작업 소재에 너무 가까이 있는 경우
③ 산소 공급량이 부족한 경우
④ 토치 팁에 이물질이 묻은 경우

해설 역화의 발생원인으로는 팁의 막힘, 팁과 모재의 접촉, 토치의 기능불량, 토치 성능이 부실하거나 팁이 과열되었을 때 등이 있다.

60 산업안전보건법령에 따라 다음 중 덮개 혹은 울을 설치하여야 하는 경우나 부위에 속하지 않는 것은?

① 목재가공용 띠톱기계를 제외한 띠톱기계에서 절단에 필요한 톱날 부위 외의 위험한 톱날 부위
② 선반으로부터 돌출하여 회전하고 있는 가공물이 근로자에게 위험을 미칠 우려가 있는 경우
③ 보일러에서 과열에 의한 압력상승으로 인해 사용자에게 위험을 미칠 우려가 있는 경우
④ 연삭기 또는 평삭기의 테이블, 형삭기 램 등의 행정 끝이 근로자에게 위험을 미칠 우려가 있는 경우

해설 보일러에는 덮개 혹은 울을 설치하지 않아도 된다.

4과목
전기 및 화학설비 안전관리

61 제3종 접지 공사 시 접지선에 흐르는 전류가 0.1A일 때 전압강하로 인한 대지 전압의 최대값은 몇 V 이하이어야 하는가?

① 10V   ② 20V
③ 30V   ④ 50V

해설 법 개정으로 인해 해당 문제는 재출제 되지 않음

62 전기설비에서 제1종 접지공사는 접지저항을 몇 Ω 이하로 해야 하는가?

① 5   ② 10
③ 50   ④ 100

해설 법 개정으로 인해 해당 문제는 재출제 되지 않음

63 제1종 또는 제2종 접지공사에 사용하는 접지선에 사람이 접촉할 우려가 있는 경우 접지공사 방법으로 틀린 것은?

① 접지극은 지하 75cm 이상의 깊이로 묻을 것
② 접지선을 시설한 지지물에는 피뢰침용 지선을 시설하지 않을 것
③ 접지선은 캡타이어케이블, 절연전선 또는 통신용 케이블 이외의 케이블을 사용할 것
④ 접지선은 지하 60cm에서 지표 위 1.5m까지의 부분은 접지선을 합성수지관 또는 몰드로 덮을 것

해설 ╱ 법 개정으로 인해 해당 문제는 재출제 되지 않음

64 아세틸렌(C_2H_2)의 공기 중 완전연소 조성농도(C_{st})는 약 얼마인가?

① 6.7vol%　　　　② 7.0vol%
③ 7.4vol%　　　　④ 7.7vol%

해설 ╱ **아세틸렌(C_2H_2)의 연소식**

$C_2H_2 + 2.5O_2 \rightarrow 2CO_2 + H_2O$

$$C_{st} = \frac{1}{(4.77n + 1.19x - 2.38y) + 1} \times 100$$
$$= \frac{1}{(4.77 \times 2 + 1.19 \times 2 - 2.38 \times 0) + 1} \times 100$$
$$= 7.7(\%)$$

65 대기 중에 대량의 가연성 가스가 유출되거나 대량의 가연성 액체 유증기가 공기와 혼합해서 가연성 혼합기체를 형성하고, 점화원에 의하여 발생하는 폭발을 무엇이라 하는가?

① UVCE　　　　② BLEVE
③ Detonation　　④ Boil over

해설 ╱ 증기운 폭발(UVCE)은 인화성 액체 상태로 저장되어 있던 인화성 물질이 누출되어 증기상태로 존재하다가 정전기와 같은 점화원에 접촉되어 폭발하는 현상이다.

66 감전을 방지하기 위하여 정전작업 요령을 관계 근로자에 주지시킬 필요가 없는 것은?

① 전원설비 효율에 관한 사항
② 단락접지 실시에 관한 사항
③ 전원 재투입 순서에 관한 사항
④ 작업 책임자의 임명, 정전범위 및 절연용 보호구 작업 등 필요한 사항

해설 ╱ 전원설비 효율과 감전방지는 무관하다.

67 정전기 발생의 원인에 해당하지 않는 것은?

① 마찰　　　　② 냉장
③ 박리　　　　④ 충돌

해설 ╱ **정전기 대전의 종류**

마찰, 박리, 유동, 분출, 충돌, 파괴, 교반(진동)이나 침강대전

68 전기화재의 원인을 직접원인과 간접원인으로 구분할 때, 직접원인과 거리가 먼 것은?

① 애자의 오손　　② 과전류
③ 누전　　　　　④ 절연열화

해설 ╱ 애자의 오손은 화재의 직접원인과 무관하다(절연성능 저하 시 섬락 발생에 따른 화재 발생).

69 프로판(C_3H_8)가스의 공기 중 완전연소 조성농도는 약 몇 vol%인가?

① 2.02　　　　② 3.02
③ 4.02　　　　④ 5.02

해설 ╱ • 프로판(C_3H_8)의 연소식

$C_3H_8 + 5O_2 \rightarrow 3CO_2 + 4H_2O$

• 완전연소 조성농도(C_{st})

$$C_{st} = \frac{1}{(4.733n + 1.19x - 2.38y) + 1} \times 100$$
$$= \frac{1}{(4.733 \times 3 + 1.19 \times 8 - 2.38 \times 0) + 1} \times 100$$
$$\fallingdotseq 4.02(\%)$$

70 산소용기의 압력계가 100kgf/cm²일 때 약 몇 psi인가? (단, 대기압은 표준대기압이다.)

① 1,465　　　　　　② 1,455
③ 1,438　　　　　　④ 1,423

해설　$1kgf/cm^2 = 14.223393psi$

71 인체저항을 5,000[Ω]으로 가정하면 심실세동을 일으키는 전류에서의 전기에너지는? (단, 심실세동전류는 $\dfrac{165}{\sqrt{T}}$ [mA]이며 통전시간 T는 1초이고 전원은 교류정현파이다.)

① 33[J]　　　　　　② 130[J]
③ 136[J]　　　　　　④ 142[J]

해설　$W = I^2 RT = \left(\dfrac{165}{\sqrt{T}} \times 10^{-3}\right)^2 \times 5,000 T$

$= (165^2 \times 10^{-6}) \times 5,000$

$= 136[W \cdot sec] = 136[J]$

72 위험물을 건조하는 경우 내용적이 몇 m³ 이상인 건조설비일 때 위험물 건조설비 중 건조실을 설치하는 건축물의 구조를 독립된 단층으로 해야 하는가? (단, 건축물은 내화구조가 아니며, 건조실을 건축물의 최상층에 설치한 경우가 아니다.)

① 0.1　　　　　　② 1
③ 10　　　　　　④ 100

해설　위험물 또는 위험물이 발생하는 물질을 가열·건조하는 경우 내용적이 1세제곱미터(m³) 이상인 건조설비 중 건조실을 설치하는 건축물의 구조는 독립된 단층으로 해야 한다.

73 다음 정의에 해당하는 방폭구조는?

> 전기기기의 과도한 온도 상승, 아크 또는 스파크 발생의 위험을 방지하기 위해 추가적인 안전조치를 통한 안전도를 증가시킨 방폭구조

① 내압 방폭구조　　　　　② 유입 방폭구조
③ 안전증 방폭구조　　　　④ 본질안전 방폭구조

해설　**안전증 방폭구조**
폭발분위기가 형성되지 않도록 기계적·전기적 구조상 또는 온도상승에 대해서 특히 안전도를 증가시킨 구조이다.

74 LPG에 대한 설명으로 옳지 않은 것은?

① 강한 독성 가스로 분류된다.
② 질식의 우려가 있다.
③ 누설 시 인화, 폭발성이 있다.
④ 가스의 비중은 공기보다 크다.

해설　LPG(액화석유가스)는 비교적 강한 독성이 있는 물질은 아니다.

75 전기설비에서 제1종 접지공사는 접지저항을 몇 Ω 이하로 해야 하는가?

① 5　　　　　　② 10
③ 50　　　　　　④ 100

해설　법 개정으로 인해 해당 문제는 재출제 되지 않음

76 다음 중 분진폭발의 가능성이 가장 낮은 물질은?

① 소맥분　　　　　② 마그네슘분
③ 질석가루　　　　④ 석탄가루

해설　질석가루는 불연성 물질로, 분진폭발이 일어나지 않는다.

77 전기설비 등에는 누전에 의한 감전의 위험을 방지하기 위하여 전기기계·기구에 접지를 실시하도록 하고 있다. 전기기계·기구의 접지에 대한 설명 중 틀린 것은?

① 특별고압의 전기를 취급하는 변전소·개폐소 그 밖에 이와 유사한 장소에서는 지락(地絡)사고가 발생할 경우 접지극의 전위상승에 의한 감전위험을 감소시키려는 조치를 하여야 한다.
② 코드 및 플러그를 접속하여 사용하는 전압이 대지전압 110V를 넘는 전기기계·기구가 노출된 비충전 금속체에는 접지를 반드시 실시하여야 한다.
③ 접지설비에 대하여는 상시 적정상태 유지 여부를 점검하고 이상을 발견한 때에는 즉시 보수하거나 재설치하여야 한다.
④ 전기기계·기구의 금속제 외함·금속제 외피 및 철대에는 접지를 실시하여야 한다.

정답 | 70 ④　71 ③　72 ①　73 ③　74 ①　75 ②　76 ③　77 ②

78 10Ω의 저항에 10A의 전류를 1분간 흘렸을 때의 발열량은 몇 cal인가?

① 1,800
② 3,600
③ 7,200
④ 14,400

해설 $H = 0.24i^2 RT = 14,400cal$

79 A가스의 폭발하한계가 4.1vol%, 폭발상한계가 62vol%일 때 이 가스의 위험도는 약 얼마인가?

① 8.94
② 12.75
③ 14.12
④ 16.12

해설 위험도$(H) = \dfrac{폭발상한계(U) - 폭발하한계(L)}{폭발하한계(L)}$

$= \dfrac{62 - 4.1}{4.1} = 14.12$

80 산업안전보건기준에 관한 규칙에서 규정하는 급성 독성 물질의 기준으로 틀린 것은?

① 쥐에 대한 경구투입실험에 의하여 실험동물의 50%를 사망시킬 수 있는 물질의 양이 kg당 300mg - (체중) 이하인 화학물질
② 쥐에 대한 경피흡수실험에 의하여 실험동물의 50%를 사망시킬 수 있는 물질의 양이 kg당 1,000mg - (체중) 이하인 화학물질
③ 토끼에 대한 경피흡수실험에 의하여 실험동물의 50%를 사망시킬 수 있는 물질의 양이 kg당 1,000mg - (체중) 이하인 화학물질
④ 쥐에 대한 4시간 동안의 흡입실험에 의하여 실험동물의 50%를 사망시킬 수 있는 가스의 농도가 3,000ppm 이상인 화학물질

해설 쥐에 대한 4시간 동안의 흡입실험에 의하여 실험동물의 50%를 사망시킬 수 있는 가스의 농도, 즉 LC50이 2,500ppm 이하인 화학물질

81 이동식 비계 작업 시 주의사항으로 옳지 않은 것은?

① 비계의 최상부에서 작업하는 경우에는 안전난간을 설치한다.
② 이동 시 작업지휘자가 이동식 비계에 탑승하여 이동하며 안전여부를 확인하여야 한다.
③ 비계를 이동시키고자 할 때는 바닥의 구멍이나 머리 위의 장애물을 사전에 점검한다.
④ 작업발판은 항상 수평을 유지하고 작업발판 위에서 안전난간을 딛고 작업을 하거나 받침대 또는 사다리를 사용하여 작업하지 않도록 한다.

해설 이동할 경우에는 작업원이 없는 상태로 유지해야 한다.

82 거푸집 공사에 관한 설명으로 옳지 않은 것은?

① 거푸집 조립 시 거푸집이 이동하지 않도록 비계 또는 기타 공작물과 직접 연결한다.
② 거푸집 치수를 정확하게 하여 시멘트 모르타르가 새지 않도록 한다.
③ 거푸집 해체가 쉽게 가능하도록 박리제 사용 등의 조치를 한다.
④ 측압에 대한 안전성을 고려한다.

해설 거푸집을 비계 등 가설구조물과 직접 연결하여 영향을 주면 안 된다.

83 달비계에 사용하는 와이어로프는 지름의 감소가 공칭지름의 몇 %를 초과할 경우에 사용할 수 없도록 규정되어 있는가?

① 5%
② 7%
③ 9%
④ 10%

해설 지름의 감소가 공칭지름의 7%를 초과하는 것은 사용할 수 없다.

84 거푸집 해체작업 시 일반적인 안전수칙과 거리가 먼 것은?

① 거푸집 동바리를 해체할 때는 작업책임자를 선임한다.
② 해체된 거푸집 재료를 올리거나 내릴 때는 달줄이나 달포대를 사용한다.
③ 보 밑 또는 슬래브 거푸집을 해체할 때는 동시에 해체하여야 한다.
④ 거푸집의 해체가 곤란한 경우 구조체에 무리한 충격이나 지렛대 사용은 금하여야 한다.

해설 보 밑 또는 슬래브 거푸집 해체 시 한쪽을 먼저 해체한 후 밧줄 등으로 고정하고 다른 쪽을 조심스럽게 해체한다.

85 건물외부에 낙하물 방지망을 설치할 경우 벽면으로부터 돌출되는 거리의 기준은?

① 1m 이상
② 1.5m 이상
③ 1.8m 이상
④ 2m 이상

해설 낙하물방지망의 내민 길이는 벽면으로부터 2m 이상으로 하여야 한다.

86 강관비계를 조립할 때 준수하여야 할 사항으로 옳지 않은 것은?

① 비계기둥의 간격은 띠장방향에서 1.85m 이하로 할 것
② 띠장간격은 1.8m 이하로 설치할 것
③ 비계기둥의 제일 윗부분으로부터 31m 되는 지점 밑부분의 비계기둥은 2개의 강관으로 묶어 세울 것
④ 비계기둥 간의 적재하중은 400kg을 초과하지 않도록 할 것

해설 띠장간격은 2m 이하로 할 것

87 다음 터널 공법 중 전단면 기계 굴착에 의한 공법에 속하는 것은?

① ASSM(American Steel Supported Method)
② NATM(New Austrian Tunneling Method)
③ TBM(Tunnel Boring Machine)
④ 개착식 공법

해설 TBM(Tunnel Boring Machine)은 전단면 기계 굴착에 의한 터널굴착 공법이다.

88 안전난간의 구조 및 설치요건과 관련하여 발끝막이판은 바닥면으로부터 얼마 이상의 높이를 유지하여야 하는가?

① 10cm 이상
② 15cm 이상
③ 20cm 이상
④ 30cm 이상

해설 발끝막이판은 바닥면에서 10cm 이상이 되도록 설치해야 한다.

89 강관비계의 구조에서 비계기둥 간의 최대허용 적재하중으로 옳은 것은?

① 500kg
② 400kg
③ 300kg
④ 200kg

해설 강관비계에 있어서 비계기둥 간의 적재하중은 400kg을 초과하지 않아야 한다.

90 다음 중 유해·위험방지 계획서 제출 대상 공사에 해당하는 것은?

① 지상높이가 25m인 건축물 건설공사
② 최대 지간길이가 45m인 교량건설공사
③ 깊이가 8m인 굴착공사
④ 제방 높이가 50m인 다목적댐 건설공사

해설 **계획서 제출·대상 공사**
1. 지상높이가 31m 이상인 건축물
2. 연면적 5,000m² 이상의 냉동·냉장창고시설의 설비공사 및 단열공사
3. 최대 지간길이가 50m 이상인 교량건설 등 공사
4. 터널건설 등의 공사
5. 다목적 댐, 발전용 댐 및 저수용량 2천만 톤 이상의 용수 전용 댐, 지방상수도 전용 댐 건설 등의 공사
6. 깊이 10m 이상인 굴착공사

91 무한궤도식 장비와 타이어식(차륜식) 장비의 차이점에 관한 설명으로 옳은 것은?

① 무한궤도식은 기동성이 좋다.
② 타이어식은 승차감과 주행성이 좋다.
③ 무한궤도식은 경사지반에서의 작업에 부적당하다.
④ 타이어식은 땅을 다지는 데 효과적이다.

해설 타이어식은 승차감과 주행성이 좋아 이동식 작업에도 적당하다.

92 다음 ( ) 안에 알맞은 수치는?

슬레이트, 선라이트(sunlight) 등 강도가 약한 재료로 덮은 지붕 위에서 작업을 할 때에 발이 빠지는 등 근로자가 위험해질 우려가 있는 경우 폭 ( ) 이상의 발판을 설치하거나 추락방호망을 치는 등 위험을 방지하기 위하여 필요한 조치를 하여야 한다.

① 30cm   ② 40cm
③ 50cm   ④ 60cm

해설 폭 30cm 이상의 발판을 설치하거나 추락방호망을 치는 등 위험을 방지하기 위하여 필요한 조치를 하여야 한다.

93 콘크리트 타설용 거푸집에 작용하는 외력 중 연직방향 하중이 아닌 것은?

① 고정하중   ② 충격하중
③ 작업하중   ④ 풍하중

해설 거푸집에 작용하는 연직방향 하중에는 타설 콘크리트의 고정하중, 충격하중, 작업하중, 거푸집 중량 등이 있다.

94 콘크리트 타설 시 거푸집의 측압에 영향을 미치는 인자들에 관한 설명으로 옳지 않은 것은?

① 슬럼프가 클수록 측압은 크다.
② 거푸집의 강성이 클수록 측압은 크다.
③ 철근량이 많을수록 측압은 작다.
④ 타설 속도가 느릴수록 측압은 크다.

해설 타설속도가 느릴수록 측압은 작아진다.

95 다음 중 차량계 건설기계에 속하지 않는 것은?

① 배처플랜트   ② 모터그레이더
③ 크롤러드릴   ④ 탠덤롤러

해설 배처플랜트는 차량계 건설기계에 해당하지 않는다.

96 산업안전보건법령에서는 터널건설작업을 하는 경우에 해당 터널 내부의 화기와 아크를 사용하는 장소에는 반드시 무엇을 설치하도록 규정하고 있는가?

① 소화설비   ② 대피설비
③ 충전설비   ④ 차단설비

해설 터널 내부의 화기나 아크를 사용하는 장소 또는 배전반, 변압기, 차단기 등을 설치하는 장소에 소화설비를 설치하여야 한다.

97 다음은 비계발판용 목재재료의 강도상의 결점에 대한 조사기준이다. ( ) 안에 들어갈 내용으로 옳은 것은?

발판의 폭과 동일한 길이 내에 있는 결점치수의 총합이 발판폭의 ( )를 초과하지 않을 것

① 1/2   ② 1/3
③ 1/4   ④ 1/6

해설 발판의 폭과 동일한 길이 내에 있는 결점치수의 총합이 발판폭의 1/4을 초과하지 않아야 한다.

98 점토공사 중 발생하는 비탈면 붕괴의 원인과 거리가 먼 것은?

① 함수비 고정으로 인한 균일한 흙의 단위중량
② 건조로 인하여 점성토의 점착력 상실
③ 점성토의 수축이나 팽창으로 균열 발생
④ 공사 진행으로 비탈면의 높이와 기울기 증가

해설 균일한 단위중량인 흙은 붕괴위험을 감소한다.

99 사질토 지반에서 보일링(boiling) 현상에 의한 위험성이 예상될 경우의 대책으로 옳지 않은 것은?

① 흙막이 말뚝의 밑둥넣기를 깊게 한다.
② 굴착 저면보다 깊은 지반을 불투수로 개량한다.
③ 굴착 밑 투수층에 만든 피트(pit)를 제거한다.
④ 흙막이벽 주위에서 배수시설을 통해 수두차를 적게 한다.

해설 **보일링 현상에 의한 흙막이공의 붕괴 예방방법**

　　1. 흙막이벽의 근입깊이 증가
　　2. 배면 지반 지하수위 저하
　　3. 차수성이 높은 흙막이벽 설치
　　4. 배면 지반 그라우팅 실시

100 점토공사 중 발생하는 비탈면 붕괴의 원인과 거리가 먼 것은?

① 함수비 고정으로 인한 균일한 흙의 단위중량
② 건조로 인하여 점성토의 점착력 상실
③ 점성토의 수축이나 팽창으로 균열 발생
④ 공사진행으로 비탈면의 높이와 기울기 증가

해설 균일한 단위중량인 흙은 붕괴위험을 감소한다.

1과목
산업재해 예방 및 안전보건교육

01 일반적으로 사업장에서 안전관리조직을 구성할 때 고려할 사항과 가장 거리가 먼 것은?

① 조직 구성원의 책임과 권한을 명확하게 한다.
② 회사의 특성과 규모에 부합되게 조직되어야 한다.
③ 생산조직과는 동떨어진 독특한 조직이 되도록 하여 효율성을 높인다.
④ 조직의 기능이 충분히 발휘될 수 있는 제도적 체계가 갖추어져야 한다.

해설 안전관리조직은 생산조직과 밀접한 관련이 있도록 하여 효율성을 높인다.

02 리더십(leadership)의 특성에 대한 설명으로 옳은 것은?

① 지휘형태는 민주적이다.
② 권한부여는 위에서 위임된다.
③ 구성원과의 관계는 지배적 구조이다.
④ 권한근거는 법적 또는 공식적으로 부여된다.

해설 리더십의 지휘형태는 민주적이다.

03 산업안전보건법령상 특별교육 대상 작업별 교육내용 중 밀폐공간에서의 작업별 교육내용이 아닌 것은? (단, 그 밖에 안전 · 보건관리에 필요한 사항은 제외한다.)

① 산소농도 측정 및 작업환경에 관한 사항
② 유해물질이 인체에 미치는 영향
③ 보호구 착용 및 사용방법에 관한 사항
④ 사고 시의 응급처치 및 비상시 구출에 관한 사항

해설 ②는 '허가 및 관리대상 유해물질의 제조 또는 취급작업'에 대한 특별교육내용에 해당한다.

04 안전교육 훈련의 기법 중 하버드 학파의 5단계 교수법을 순서대로 나열한 것으로 옳은 것은?

① 총괄 → 연합 → 준비 → 교시 → 응용
② 준비 → 교시 → 연합 → 총괄 → 응용
③ 교시 → 준비 → 연합 → 응용 → 총괄
④ 응용 → 연합 → 교시 → 준비 → 총괄

해설 **하버드 학파의 5단계 교수법(사례연구 중심)**

- 1단계 : 준비시킨다(Preparation).
- 2단계 : 교시한다(Presentation).
- 3단계 : 연합한다(Association).
- 4단계 : 총괄한다(Generalization).
- 5단계 : 응용시킨다(Application).

05 파블로프(Pavlov)의 조건반사설에 의한 학습이론의 원리에 해당되지 않는 것은?

① 일관성의 원리   ② 시간의 원리
③ 강도의 원리   ④ 준비성의 원리

해설 **파블로프(Pavlov)의 조건반사설**

- 계속성의 원리(The Continuity Principle)
- 일관성의 원리(The Consistency Principle)
- 강도의 원리(The Intensity Principle)
- 시간의 원리(The Time Principle)

정답 | 01 ③ 02 ① 03 ② 04 ② 05 ④

06 산업안전보건법령상 안전관리자가 수행하여야 할 업무가 아닌 것은? (단, 그 밖에 안전에 관한 사항으로서 고용노동부장관이 정하는 사항은 제외한다.)

① 위험성 평가에 관한 보좌 및 조언 · 지도
② 물질안전보건자료의 게시 또는 비치에 관한 보좌 및 조언 · 지도
③ 사업장 순회점검 · 지도 및 조치의 건의
④ 산업재해에 관한 통계의 유지 · 관리 · 분석을 위한 보좌 및 조언 · 지도

해설 물질안전보건자료의 게시 또는 비치에 관한 보좌 및 조언 · 지도는 보건관리자의 업무에 해당된다.

07 무재해 운동의 이념 가운데 직장의 위험 요인을 행동하기 전에 예지하여 발견, 파악, 해결하는 것을 의미하는 것은?

① 무의 원칙
② 선취의 원칙
③ 참가의 원칙
④ 인간 존중의 원칙

해설 안전제일의 원칙(선취의 원칙) : 직장의 위험요인을 행동하기 전에 발견 · 파악 · 해결하여 재해를 예방한다.

08 산업안전보건법령상 근로자 안전 · 보건교육 중 채용 시의 교육 및 작업내용 변경 시의 교육 사항으로 옳은 것은?

① 물질안전보건자료에 관한 사항
② 건강증진 및 질병 예방에 관한 사항
③ 유해 · 위험 작업환경 관리에 관한 사항
④ 표준안전작업방법 및 지도 요령에 관한 사항

해설 ②, ③은 근로자 정기교육, ④는 관리감독자 정기교육 내용이다.

09 재해 원인을 통상적으로 직접 원인과 간접 원인으로 나눌 때 직접 원인에 해당되는 것은?

① 기술적 원인
② 물적 원인
③ 교육적 원인
④ 관리적 원인

해설 **직접 원인**
1. 불안전한 행동
2. 불안전한 행동을 일으키는 내적요인과 외적요인의 발생형태 및 대책
3. 물적 원인(불안전한 상태)

10 내전압용 절연장갑의 성능기준상 최대 사용전압에 따른 절연장갑의 구분 중 00등급의 색상으로 옳은 것은?

① 노란색
② 흰색
③ 녹색
④ 갈색

해설 **절연장갑의 등급 및 색상**

등급	최대 사용전압		비고
	교류(V, 실효값)	직류(V)	
00	500	750	갈색

11 상시 근로자수가 75명인 사업장에서 1일 8시간씩 연간 320일을 작업하는 동안에 4건의 재해가 발생하였다면 이 사업장의 도수율은 약 얼마인가?

① 17.68
② 19.67
③ 20.83
④ 22.83

해설 $도수율 = \dfrac{재해발생건수}{연근로총시간수} \times 10^6$

$= \dfrac{4}{75 \times 8 \times 320} \times 10^6$

$= 20.83$

12 교육의 3요소 중 교육의 주체에 해당하는 것은?

① 강사
② 교재
③ 수강자
④ 교육방법

해설 **교육의 3요소**
1. 주체 : 강사
2. 객체 : 수강자(학생)
3. 매개체 : 교재(교육내용)

13 매슬로(Maslow)의 욕구단계 이론 중 제5단계 욕구로 옳은 것은?

① 안전에 대한 욕구
② 자아실현의 욕구
③ 사회적(애정적) 욕구
④ 존경과 긍지에 대한 욕구

해설 자아실현의 욕구(5단계) : 잠재적인 능력을 실현하고자 하는 욕구(성취욕구)

14 위험예지훈련 4라운드 기법의 진행방법에 있어 문제점 발견 및 중요 문제를 결정하는 단계는?

① 대책수립 단계
② 현상파악 단계
③ 본질추구 단계
④ 행동목표설정 단계

해설 제2라운드(본질추구)

이것이 위험의 포인트이다(브레인 스토밍으로 발견해 낸 위험 중에서 가장 위험한 것을 합의로서 결정하는 라운드).

15 산업재해 예방의 4원칙 중 "재해발생에는 반드시 원인이 있다."라는 원칙은?

① 대책 선정의 원칙
② 원인 계기의 원칙
③ 손실 우연의 원칙
④ 예방 가능의 원칙

해설 원인 계기의 원칙 : 재해발생은 반드시 원인이 있음

16 안전관리조직의 형태 중 라인스탭형에 대한 설명으로 틀린 것은?

① 대규모 사업장(1,000명 이상)에 효율적이다.
② 안전과 생산업무가 분리될 우려가 없기 때문에 균형을 유지할 수 있다.
③ 모든 안전관리 업무를 생산라인을 통하여 직선적으로 이루어지도록 편성된 조직이다.
④ 안전업무를 전문적으로 담당하는 스탭 및 생산라인의 각 계층에도 겸임 또는 전임의 안전담당자를 둔다.

해설 라인 · 스태프(LINE-STAFF)형 조직(직계참모조직)

대규모 사업장에 적합한 조직으로서 라인형과 스태프형의 장점만을 채택한 형태이며 안전업무를 전담하는 스태프를 두고 생산라인의 각 계층에서도 각 부서장으로 하여금 안전업무를 수행하도록 하여 스태프에서 안전에 관한사항이 결정되면 라인을 통하여 실천하도록 편성된 조직

17 안전교육 방법 중 TWI의 교육과정이 아닌 것은?

① 작업지도 훈련
② 인간관계 훈련
③ 정책수립 훈련
④ 작업방법 훈련

해설 TWI(Training Within Industry) 훈련종류
• 작업지도훈련(JIT ; Job Instruction Training)
• 작업방법훈련(JMT ; Job Method Training)

• 인간관계훈련(JRT ; Job Relations Training)
• 작업안전훈련(JST ; Job Safety Training)

18 하인리히 재해 발생 5단계 중 3단계에 해당하는 것은?

① 불안전한 행동 또는 불안전한 상태
② 사회적 환경 및 유전적 요소
③ 관리의 부재
④ 사고

해설 3단계 : 불안전한 행동 및 불안전한 상태(직접원인) ⇒ 제거

19 학습 성취에 직접적인 영향을 미치는 요인과 가장 거리가 먼 것은?

① 적성
② 준비도
③ 개인차
④ 동기유발

해설 학습 성취에 직접정 영향을 미치는 요인
1. 개인차
2. 준비도
3. 동기유발

20 기계 · 기구 또는 설비의 신설, 변경 또는 고장 수리 등 부정기적인 점검을 말하며, 기술적 책임자가 시행하는 점검은?

① 정기 점검
② 수시 점검
③ 특별 점검
④ 임시 점검

해설 특별 점검 : 기계 기구의 신설 및 변경 시 고장, 수리 등에 의해 부정기적으로 실시하는 점검, 안전강조기간에 실시하는 점검 등

인간공학 및 위험성 평가 · 관리

21 반복되는 사건이 많이 있는 경우, FTA의 최소 컷셋과 관련이 없는 것은?

① Fussel Algorithm
② Booolean Algorithm

③ Monte Carlo Algorithm

④ Limnios & Ziani Algorithm

해설 몬테카를로 알고리즘(Monte Carlo Algorithm)은 난수를 이용하여 함
수 값을 확률적으로 계산하는 방법이다.

22 조종장치의 촉각적 암호화를 위하여 고려하는 특성으로 볼 수 없는 것은?

① 형상 ② 무게

③ 크기 ④ 표면 촉감

해설 **조정장치의 촉각적 암호화**

1. 표면촉감을 사용하는 경우
2. 형상을 구별하는 경우
3. 크기를 구별하는 경우

23 FTA에 사용되는 기호 중 다음 기호에 해당하는 것은?

① 생략사상 ② 부정사상

③ 결함사상 ④ 기본사상

해설

기호	명칭	설명
	기본사상	더 이상 전개되지 않는 기본사상

24 인간공학적인 의자설계를 위한 일반적 원칙으로 적절하지 않은 것은?

① 척추의 허리 부분은 요부전만을 유지한다.

② 허리 강화를 위하여 쿠션은 설치하지 않는다.

③ 좌판의 앞 모서리 부분은 5[cm] 정도 낮아야 한다.

④ 좌판과 등받이 사이의 각도는 90~105[°]를 유지하도록 한다.

해설 요부전만(腰部前灣)을 유지하기 위해 쿠션 등을 설치할 수 있다.

25 인간의 눈에서 빛이 가장 먼저 접촉하는 부분은?

① 각막 ② 망막

③ 초자체 ④ 수정체

해설 **각막**

빛이 통과하는 곳으로 빛이 가장 먼저 접촉하는 부분이다.

26 작업자의 작업공간과 관련된 내용으로 옳지 않은 것은?

① 서서 작업하는 작업공간에서 발바닥을 높이면 뻗침길이가 늘어난다.

② 서서 작업하는 작업공간에서 신체의 균형에 제한을 받으면 뻗침길이가 늘어난다.

③ 앉아서 작업하는 작업공간은 동적 팔뻗침에 의해 포락면(reach envelpoe)의 한계가 결정된다.

④ 앉아서 작업하는 작업공간에서 기능적 팔뻗침에 영향을 주는 제약이 적을수록 뻗침 길이가 늘어난다.

해설 서서 작업하는 작업공간에서 신체의 균형에 제한을 받으면 뻗침길이가 감소한다.

27 작업기억(working memory)과 관련된 설명으로 옳지 않은 것은?

① 오랜 기간 정보를 기억하는 것이다.

② 작업기억 내의 정보는 시간이 흐름에 따라 쇠퇴할 수 있다.

③ 작업기억의 정보는 일반적으로 시각, 음성, 의미 코드의 3가지로 코드화된다.

④ 리허설(rehearsal)은 정보를 작업기억 내에 유지하는 유일한 방법이다.

해설 작업기억은 단기기억으로써, 작업기억 내의 정보는 시간이 흐름에 따라 쇠퇴할 수 있다.

28 시스템 수명주기 단계 중 이전 단계들에서 발생되었던 사고 또는 사건으로부터 축적된 자료에 대해 실증을 통한 문제를 규명하고 이를 최소화하기 위한 조치를 마련하는 단계는?

① 구상단계 ② 정의단계

③ 생산단계 ④ 운전단계

시스템 수명주기

구상단계 → 정의단계 → 개발단계 → 생산단계 → 운전단계

29 광원으로부터의 직사휘광을 줄이는 방법으로 적절하지 않은 것은?

① 휘광원 주위를 어둡게 한다.
② 가리개, 갓, 차양 등을 사용한다.
③ 광원을 시선에서 멀리 위치시킨다.
④ 광원의 수는 늘리고 휘도는 줄인다.

해설 휘광원 주위를 밝게 하여 광도비를 줄인다.

30 화학공장(석유화학사업장 등)에서 가동문제를 파악하는 데 널리 사용되며, 위험요소를 예측하고, 새로운 공정에 대한 가동문제를 예측하는 데 사용되는 위험성평가방법은?

① SHA
② EVP
③ CCFA
④ HAZOP

해설 **위험 및 운전성 검토(HAZOP)**

각각의 장비에 대해 잠재된 위험이나 기능저하, 운전, 잘못 등과 전체로서의 시설에 결과적으로 미칠 수 있는 영향 등을 평가하기 위해서 공정이나 설계도 등에 체계적이고 비판적인 검토를 행하는 것을 말한다.

31 주물공장 A작업자의 작업지속시간과 휴식시간을 열압박지수(HSI)를 활용하여 계산하니 각각 45분, 15분이었다. A작업자의 1일 작업량(TW)은 얼마인가? (단, 휴식시간은 포함하지 않으며, 1일 근무시간은 8시간이다.)

① 4.5시간
② 5시간
③ 5.5시간
④ 6시간

해설 작업시간＝1일 근무시간 × $\dfrac{작업지속시간}{작업지속시간 + 휴식시간}$

$= 480min \times \dfrac{45min}{45min + 15min}$

$= 6H$

32 FTA에서 어떤 고장이나 실수를 일으키지 않으면 정상사상(Top event)은 일어나지 않는다고 하는 것으로 시스템의 신뢰성을 표시하는 것은?

① Cut set
② Minimal cut set
③ Free event
④ Minimal path set

해설 미니멀 패스셋은 그 정상사상이 일어나지 않는 최소한의 컷을 말한다(시스템의 신뢰성을 말함).

33 작업기억(Working memory)에서 일어나는 정보 코드화에 속하지 않는 것은?

① 의미 코드화
② 음성 코드화
③ 시각 코드화
④ 다차원 코드화

해설 **작업기억에서 일어나는 정보 코드화**

- 의미 코드화
- 음성 코드화
- 시각 코드화

34 시스템의 성능 저하가 인원의 부상이나 시스템 전체에 중대한 손해를 입히지 않고 제어가 가능한 상태의 위험강도는?

① 범주 Ⅰ : 파국적
② 범주 Ⅱ : 위기적
③ 범주 Ⅲ : 한계적
④ 범주 Ⅳ : 무시

해설 **시스템 위험성의 분류**

- 범주(Category) Ⅰ, 파국(Catastrophic)
- 범주(Category) Ⅱ, 위험(Critical)
- 범주(Category) Ⅲ, 한계(Marginal)
- 범주(Category) Ⅳ, 무시(Negligible)

35 시스템의 정의에 포함되는 조건 중 틀린 것은?

① 제약된 조건 없이 수행
② 요소의 집합에 의해 구성
③ 시스템 상호 간에 관계를 유지
④ 어떤 목적을 위하여 작용하는 집합체

해설 시스템(System)이란 그리스어 'Systema'에서 유래된 것으로 "특정한 목적을 달성하기 위하여 여러 가지 관련된 구성요소들이 상호 작용하는 유기적 집합체"를 뜻한다.

36 표시 값의 변화 방향이나 변화 속도를 나타내어 전반적인 추이의 변화를 관측할 필요가 있는 경우에 가장 적합한 표시장치 유형은?

① 계수형(digital)
② 묘사형(descriptive)
③ 동목형(moving scale)
④ 동침형(moving pointer)

해설 **동침형(Moving Pointer)**

고정된 눈금상에서 지침이 움직이면서 값을 나타내는 방법으로 지침의 위치가 일종의 인식상의 단서로 작용하는 이점이 있다.

37 설비의 위험을 예방하기 위한 안전성 평가 단계 중 가장 마지막에 해당하는 것은?

① 재평가
② 정성적 평가
③ 안전대책
④ 정량적 평가

해설 **안전성 평가**

• 제6단계 : FTA에 의한 재평가

38 작업자가 100개의 부품을 육안 검사하여 20개의 불량품을 발견하였다. 실제 불량품이 40개라면 인간에러(human error) 확률은 약 얼마인가?

① 0.2
② 0.3
③ 0.4
④ 0.5

해설 인간실수 확률 $HEP = \dfrac{\text{인간실수의 수}}{\text{실수발생의 전체 기회수}}$

$= \dfrac{40-20}{100} = 0.2$

39 점광원(point source)에서 표면에 비추는 조도(lux)의 크기를 나타내는 식으로 옳은 것은? (단, D는 광원으로부터의 거리를 말한다.)

① $\dfrac{\text{광도(fc)}}{D^2(m^2)}$
② $\dfrac{\text{광도(lm)}}{D(m)}$
③ $\dfrac{\text{광속(lumen)}}{D^2(m^2)}$
④ $\dfrac{\text{광도(fL)}}{D(m)}$

해설 **조도(Illuminance)**

어떤 물체나 대상면에 도달하는 빛의 양(단위 : [lux])

조도$(lux) = \dfrac{\text{광속(lumen)}}{\text{거리}(m)^2}$

40 건구온도 38℃, 습구온도 32℃일 때의 Oxford 지수는 몇 ℃인가?

① 30.2
② 32.9
③ 35.3
④ 37.1

해설 옥스퍼드 지수(습건지수) = 0.85W(습구온도) + 0.15D(건구온도)
= 0.85 × 32 + 0.15 × 38
= 32.9(℃)

3과목

기계 · 기구 및 설비 안전관리

41 산업안전보건법령상 프레스를 사용하여 작업을 할 때 작업시작 전 점검 항목에 해당하지 않는 것은?

① 전선 및 접속부 상태
② 클러치 및 브레이크의 기능
③ 프레스의 금형 및 고정볼트 상태
④ 1행정 1정지기구 · 급정지장치 및 비상정지 장치의 기능

해설 **프레스 작업시작 전 점검사항 「안전보건규칙」 [별표 3]**

• 클러치 및 브레이크의 기능
• 크랭크축 · 플라이휠 · 슬라이드 · 연결봉 및 연결나사의 풀림 유무
• 1행정 1정지기구 · 급정지장치 및 비상정지장치의 기능
• 슬라이드 또는 칼날에 의한 위험방지기구의 기능
• 프레스의 금형 및 고정볼트 상태
• 방호장치의 기능
• 전단기의 칼날 및 테이블의 상태

42 프레스의 양수조작식 방호장치에서 누름버튼의 상호 간 내측거리는 몇 [mm] 이상이어야 하는가?

① 200
② 300
③ 400
④ 500

해설 **양수조작식 방호장치 설치 및 사용**

누름버튼의 상호 간 내측거리는 300mm 이상으로 한다.

43 선반의 크기를 표시하는 것으로 틀린 것은?

① 양쪽 센터 사이의 최대 거리
② 왕복대 위의 스윙
③ 베드 위의 스윙
④ 주축에 물릴 수 있는 공작물의 최대 지름

해설) 선반의 크기 : 베드 위의 스윙, 왕복대 위의 스윙, 양 센터 사이의 최대 거리, 관습상 베드의 길이

44 프레스기가 작동 후 작업점까지의 도달시간이 0.2초 걸렸다면, 양수기동식 방호장치의 설치거리는 최소 얼마인가?

① 3.2cm   ② 32cm
③ 6.4cm   ④ 64cm

해설) **양수기동식 안전거리**

$D_m = 1,600 \times T_m = 1,600 \times 0.2 = 320[\text{mm}] = 32[\text{cm}]$

T_m : 양손으로 누름단추를 조작하고 슬라이드가 하사점에 도달하기 까지의 소요최대시간(초)

45 선반 작업 시 주의사항으로 틀린 것은?

① 회전 중에 가공품을 직접 만지지 않는다.
② 공작물의 설치가 끝나면 척에서 렌치류는 곧바로 제거한다.
③ 칩(chip)이 비산할 때는 보안경을 쓰고 방호판을 설치하여 사용한다.
④ 돌리개는 적정 크기의 것을 선택하고, 심압대 스핀들은 가능한 길게 나오도록 한다.

해설) 돌리개는 적당한 것을 선택하고, 심압대 스핀들은 지나치게 길게 나오지 않도록 한다.

46 보일러의 연도(굴뚝)에서 버려지는 여열을 이용하여 보일러에 공급되는 급수를 예열하는 부속장치는?

① 과열기   ② 절탄기
③ 공기예열기   ④ 연소장치

해설) **절탄기**(economizer, 節炭器)

보일러 전열면(傳熱面)을 가열하고 난 연도(煙道) 가스에 의하여 보일러 급수를 가열하는 장치

47 정(Chisel) 작업의 일반적인 안전수칙에서 틀린 것은?

① 따내기 및 칩이 튀는 가공에서는 보안경을 착용하여야 한다.
② 절단작업 시 절단된 끝이 튀는 것을 조심하여야 한다.
③ 담금질된 철강 재료는 정 가공을 하지 않는 것이 좋다.
④ 작업을 시작할 때는 가급적 정을 세게 타격하고 점차 힘을 줄여간다.

해설) **정 작업 시 안전수칙**
  • 칩이 튀는 작업 시 보호안경 착용
  • 처음에는 가볍게 때리고 점차 힘을 가함
  • 절단된 가공물의 끝이 튕길 위험의 발생 방지

48 산업안전보건법령상 지게차 방호장치에 해당하는 것은?

① 포크   ② 헤드가드
③ 호이스트   ④ 힌지드 버킷

해설) 지게차의 안전장치로는 전조등 및 후미등, 헤드가드, 백레스트가 있다.

49 산업안전보건법령상 롤러기의 무릎 조작식 급정지장치의 설치 위치 기준은? (단, 위치는 급정지장치 조작부의 중심점을 기준)

① 밑면에서 0.7~0.8m 이내
② 밑면에서 0.6m 이내
③ 밑면에서 0.8~1.2m 이내
④ 밑면에서 1.5m 이내

해설) **급정지장치 조작부의 위치**

급정지장치조작부의 종류	위치
손 조작식	밑면으로부터 1.8m 이내
복부 조작식	밑면으로부터 0.8m 이상 1.1m 이내
무릎 조작식	밑면으로부터 0.4m 이상 0.6m 이내

50 산업안전보건법령상 연삭숫돌의 시운전에 관한 설명으로 옳은 것은?

① 연삭숫돌의 교체 시에는 바로 사용할 수 있다.
② 연삭숫돌의 교체 시 1분 이상 시운전을 하여야 한다.
③ 연삭숫돌의 교체 시 2분 이상 시운전을 하여야 한다.
④ 연삭숫돌의 교체 시 3분 이상 시운전을 하여야 한다.

> 해설 **연삭숫돌의 덮개 등(「안전보건규칙」 제122조)**
> 사업주는 연삭숫돌을 사용하는 작업의 경우 작업을 시작하기 전에는 1분 이상, 연삭숫돌을 교체한 후에는 3분 이상 시험운전을 하고 해당 기계에 이상이 있는지를 확인하여야 한다.

51 산업안전보건법령에서 규정하는 양중기에 속하지 않는 것은?

① 호이스트
② 이동식 크레인
③ 곤돌라
④ 체인블록

> 해설 **양중기의 종류**
> • 크레인(호이스트 포함)
> • 이동식 크레인
> • 리프트(이삿짐 운반용 리프트는 적재하중이 0.1톤 이상인 것)
> • 곤돌라
> • 승강기

52 기계설비의 방호는 위험장소에 대한 방호와 위험원에 대한 방호로 분류할 때, 다음 위험원에 대한 방호장치에 해당하는 것은?

① 격리형 방호장치
② 포집형 방호장치
③ 접근거부형 방호장치
④ 위치제한형 방호장치

> 해설 **포집형 방호장치**
> 목재가공기의 반발예방장치와 같이 위험장소에 설치하여 위험원이 비산하거나 튀는 것을 방지하는 등 작업자로부터 위험원을 차단하는 방호장치

53 밀링머신(Milling Machine)의 작업 시 안전수칙에 대한 설명으로 틀린 것은?

① 커터의 교환 시에는 테이블 위에 목재를 받쳐 놓는다.
② 강력절삭 시에는 일감을 바이스에 깊게 물린다.
③ 작업 중 면장갑은 끼지 않는다.
④ 커터는 가능한 칼럼(Column)으로부터 멀리 설치한다.

> 해설 **밀링작업 시 안전대책**
> 커터는 가능한 컬럼(Column)으로부터 가깝게 설치한다.

54 휴대용 연삭기 덮개의 노출각도 기준은?

① 60[°] 이내
② 90[°] 이내
③ 150[°] 이내
④ 180[°] 이내

> 해설 **안전덮개의 설치방법**
> 휴대용 연삭기, 스윙(Swing) 연삭기 덮개의 노출각도 : 180° 이내

55 산업안전보건법령상 기계 기구의 방호조치에 대한 사업주·근로자 준수사항으로 가장 적절하지 않은 것은?

① 방호 조치의 기능상실에 대한 신고가 있을 시 사업주는 수리, 보수 및 작업 중지 등 적절한 조치를 할 것
② 방호조치 해체 사유가 소멸된 경우 근로자는 즉시 원상회복시킬 것
③ 방호조치의 기능상실을 발견 시 사업주에게 신고할 것
④ 방호조치 해체 시 해당 근로자가 판단하여 해체 할 것

> 해설 방호조치를 해체하려는 경우 사업주의 허가를 받아 해체할 것(「산업안전보건법 시행규칙」 제99조)

56 산업안전보건법령상 양중기에 사용하지 않아야 하는 달기 체인의 기준으로 틀린 것은?

① 심하게 변형된 것
② 균열이 있는 것
③ 달기 체인의 길이가 달기 체인이 제조된 때의 길이 3%를 초과한 것
④ 링의 단면지름이 달기 체인이 제조된 때의 해당 링의 지름의 10%를 초과하여 감소한 것

> 해설 **달기 체일 사용금지 기준(「안전보건규칙」 제63조)**
> 1. 달기 체인의 길이가 달기 체인이 제조된 때의 길이의 5퍼센트를 초과한 것
> 2. 링의 단면 지름이 달기 체인이 제조된 때의 해당 링의 지름의 10퍼센트를 초과하여 감소한 것
> 3. 균열이 있거나 심하게 변형된 것

57 작업자의 신체 움직임을 감지하여 프레스의 작동을 급정지시키는 광전자식 안전장치를 부착한 프레스가 있다. 안전거리가 32[cm]라면 급정지에 소요되는 시간은 최대 몇 초 이내이어야 하는가? (단, 급정지에 소요되는 시간은 손이 광선을 차단한 순간부터 급정지기구가 작동하여 하강하는 슬라이드가 정지할 때까지의 시간을 의미한다.)

① 0.1초　　　　　　　　② 0.2초
③ 0.5초　　　　　　　　④ 1초

해설　**광전자식 방호장치의 설치방법**
- $D = 1,600(T_c + T_s)$
- $320 = 1,600(T_c + T_s)$
- $\therefore T_c + T_s = 0.2$초

58 선반에서 절삭가공 중 발생하는 연속적인 칩을 자동적으로 끊어 주는 역할을 하는 것은?

① 칩 브레이커　　　　　② 방진구
③ 보안경　　　　　　　　④ 커버

해설　**칩 브레이커(Chip Breaker)**
칩을 짧게 끊어주는 장치이다.

59 다음 중 선반 작업 시 준수하여야 하는 안전사항으로 틀린 것은?

① 작업 중 면장갑 착용을 금한다.
② 작업 시 공구는 항상 정리해 둔다.
③ 운전 중에 백기어를 사용한다.
④ 주유 및 청소를 할 때에는 반드시 기계를 정지시키고 한다.

해설　**선반작업 시 유의사항**
기계 운전 중 백기어 사용금지

60 산업안전보건법령상 연삭숫돌의 상부를 사용하는 것을 목적으로 하는 탁상용 연삭기 덮개의 노출각도는?

① 60° 이내　　　　　　② 65° 이내
③ 80° 이내　　　　　　④ 125° 이내

해설　**탁상용 연삭기의 덮개**
숫돌의 상부사용을 목적으로 할 경우의 노출각도 : 60° 이내

4과목
전기 및 화학설비 안전관리

61 물과 접촉할 경우 화재나 폭발의 위험성이 더욱 증가하는 것은?

① 칼륨　　　　　　　　② 트리니트로톨루엔
③ 황린　　　　　　　　④ 니트로셀룰로오스

해설　칼륨은 물반응성 물질 및 인화성 고체에 해당하므로 물과의 접촉을 방지하여야 한다.

62 어떤 물질 내에서 반응전파속도가 음속보다 빠르게 진행되고 이로 인해 발생된 충격파가 반응을 일으키고 유지하는 발열반응을 무엇이라 하는가?

① 점화(Ignition)　　　② 폭연(Deflagration)
③ 폭발(Explosion)　　　④ 폭굉(Detonation)

해설　연소파가 일정 거리를 진행한 후 연소 전파속도가 1,000~3,500m/s 정도에 달할 경우 이를 폭굉현상(Detonation Phenomenon)이라 하며, 이때 국한된 반응영역을 폭굉파(Detonation Wave)라 한다. 폭굉파의 속도는 음속을 앞지르므로, 진행 후면에는 그에 따른 충격파가 있다.

63 전기설비에서 제1종 접지공사는 접지저항을 몇 Ω 이하로 해야 하는가?

① 5　　　　　　　　　② 10
③ 50　　　　　　　　　④ 100

해설　법 개정으로 인해 해당 문제는 재출제 되지 않음

64 가스 또는 분진폭발위험장소에는 변전실·배전반실·제어실 등을 설치하여서는 아니 된다. 다만, 실내기압이 항상 양압을 유지하도록 하고, 별도의 조치를 한 경우에는 그러하지 않는데 이 때 요구되는 조치사항으로 틀린 것은?

① 양압을 유지하기 위한 환기설비의 고장 등으로 양압이 유지되지 아니한 때 정보를 할 수 있는 조치를 한 경우
② 환기설비가 정지된 후 재가동하는 경우 변전실 등에 가스 등이 있는지를 확인할 수 있는 가스검지기 등의 장비를 비치한 경우

③ 환기설비에 의하여 변전실 등에 공급되는 공기는 가스폭발위험장소 또는 분진폭발위험장소가 아닌 곳으로부터 공급되도록 하는 조치를 한 경우

④ 실내기압이 항상 양압 10Pa 이상이 되도록 장치를 한 경우

해설 실내기압이 항상 양압(25파스칼 이상의 압력) 이상으로 유지

65 정전기 발생에 영향을 주는 요인이 아닌 것은?

① 물체의 특성　　　　② 물체의 표면상태
③ 접촉면적 및 압력　　④ 응집속도

해설 **정전기 발생에 영향을 주는 요인**
'응집속도'는 정전기 발생에 영향을 주는 요인이 아니다.

66 다음 중 물리적 공정에 해당되는 것은?

① 유화중합　　　　　② 축합중합
③ 산화　　　　　　　④ 증류

해설 **화학반응의 분류**

물리적 공정(단위조작)	화학적 공정
증류, 추출, 건조, 혼합 등	중합, 축합, 산화, 치환 등

증류는 혼합된 물질의 각각의 비점을 이용하여 분리하는 공정으로 물리적 공정에 해당된다.

67 위험물안전관리법령상 제3류 위험물의 금수성 물질이 아닌 것은?

① 과염소산염　　　　② 금속나트륨
③ 탄화칼슘　　　　　④ 탄화알루미늄

해설 과염소산염은 제1류 위험물(산화성고체)에 해당한다.

68 절연체에 발생한 정전기는 일정 장소에 축적되었다가 점차 소멸되는데 처음 값의 몇 %로 감소되는 시간을 그 물체의 "시정수" 또는 "완화시간"이라고 하는가?

① 25.8　　　　　　　② 36.8
③ 45.8　　　　　　　④ 67.8

해설 정전기 완화시간(시정수) : 발생한 정전기가 처음 값의 36.8% 로 감소하는 시간

69 최대안전틈새(MESG)의 특성을 적용한 방폭구조는?

① 내압 방폭구조　　　② 유입 방폭구조
③ 안전증 방폭구조　　④ 압력 방폭구조

해설 **방폭전기기기별 선정 시 고려사항**

방폭구조	고려사항
내압 방폭구조	최대안전틈새

70 고압 또는 특고압의 기계기구 · 모선 등을 옥외에 시설하는 발전소 · 변전소 · 개폐소 또는 이에 준하는 곳에는 구내에 취급자 이외의 자가 들어가지 못하도록 하기 위한 시설의 기준에 대한 설명으로 틀린 것은?

① 울타리 · 담 등의 높이는 1.5[m] 이상으로 시설하여야 한다.
② 출입구에는 출입금지의 표시를 하여야 한다.
③ 출입구에는 자물쇠장치 기타 적당한 장치를 하여야 한다.
④ 지표면과 울타리 · 담 등의 하단 사이의 간격은 15[cm] 이하로 하여야 한다.

해설

사용 전압의 구분	울타리 · 담 등의 높이와 울타리 · 담 등에서부터 충전 부분까지의 거리 합계
35kV 이하	5m
35kV 초과, 160kV 이하	6m
160k 초과	6m에 160kV를 넘는 10kV 또는 그 단수마다 12cm를 더한 값

71 물반응성 물질에 해당하는 것은?

① 니트로화합물　　　② 칼륨
③ 염소산나트륨　　　④ 부탄

해설 칼륨은 물반응성 물질 및 인화성 고체에 해당하므로 물과의 접촉을 방지하여야 한다.

72 인체저항을 5,000[Ω]으로 가정하면 심실세동을 일으키는 전류에서의 전기에너지는? (단, 심실세동전류는 $\frac{165}{\sqrt{T}}[\text{mA}]$ 이며 통전시간 T는 1초이고 전원은 교류정현파이다.)

① 33[J]　　　　　　　② 130[J]
③ 136[J]　　　　　　　④ 142[J]

해설 $W = I^2 RT = \left(\dfrac{165}{\sqrt{T}} \times 10^{-3} \right)^2 \times 5,000\,T$

$$= (165^2 \times 10^{-6}) \times 5,000$$

$$= 136[\text{W} \cdot \text{sec}] = 136[\text{J}]$$

73 전기적 불꽃 또는 아크에 의한 화상의 우려가 높은 고압 이상의 충전전로작업에 근로자를 종사시키는 경우에는 어떠한 성능을 가진 작업복을 착용시켜야 하는가?

① 방충처리 또는 방수성능을 갖춘 작업복
② 방염처리 또는 난연성능을 갖춘 작업복
③ 방청처리 또는 난연성능을 갖춘 작업복
④ 방수처리 또는 방청성능을 갖춘 작업복

해설 전기적 불꽃 또는 아크에 의한 화상의 우려가 높은 고압 이상의 충전전로작업에 근로자를 종사시키는 경우에는 방염처리 도는 난연성능을 갖춘 작업복을 착용해야 한다.

74 위험물을 건조하는 경우 내용적이 몇 m³ 이상인 건조설비일 때 위험물 건조설비 중 건조실을 설치하는 건축물의 구조를 독립된 단층으로 해야 하는가? (단, 건축물은 내화구조가 아니며, 건조실을 건축물의 최상층에 설치한 경우가 아니다.)

① 0.1
② 1
③ 10
④ 100

해설 위험물 또는 위험물이 발생하는 물질을 가열·건조하는 경우 내용적이 1세제곱미터(m^3) 이상인 건조설비 중 건조실을 설치하는 건축물의 구조는 독립된 단층으로 해야 한다.

75 옥내배선에서 누전으로 인한 화재방지의 대책에 아닌 것은?

① 배선불량 시 재시공할 것
② 배선에 단로기를 설치할 것
③ 정기적으로 절연저항을 측정할 것
④ 정기적으로 배선시공 상태를 확인할 것

해설 ②는 누전에 의한 화재방지대책과 관계없다.

76 다음 중 유류화재의 종류에 해당하는 것은?

① A급
② B급
③ C급
④ D급

해설 유류화재는 B급화재에 해당된다.

77 다음 중 분진폭발의 가능성이 가장 낮은 물질은?

① 소맥분
② 마그네슘분
③ 질석가루
④ 석탄가루

해설 질석가루는 불연성 물질로, 분진폭발이 일어나지 않는다.

78 어떤 도체에 20초 동안에 100C의 전하량이 이동하면 이 때 흐르는 전류(A)는?

① 200
② 50
③ 10
④ 5

해설 $I = \dfrac{Q}{t} = \dfrac{100}{20} = 5[\text{A}]$

79 다음 중 증류탑의 원리로 거리가 먼 것은?

① 끓는점(휘발성) 차이를 이용하여 목적 성분을 분리한다.
② 열이동은 도모하지만 물질이동은 관계하지 않는다.
③ 기−액 두 상의 접촉이 충분히 일어날 수 있는 접촉 면적이 필요하다.
④ 여러 개의 단을 사용하는 다단탑이 사용될 수 있다.

해설 증류탑은 혼합물의 각각의 비점 차이를 이용하여 물리적 방법에 의해 분류하는 화학설비이다.

80 산소용기의 압력계가 100kgf/cm²일 때 약 몇 psi인가? (단, 대기압은 표준대기압이다.)

① 1,465
② 1,455
③ 1,438
④ 1,423

해설 $1\text{kgf/cm}^2 = 14.223393\text{psi}$

건설공사 안전관리

81 건물 외부에 낙하물 방지망을 설치할 경우 벽면으로부터 돌출되는 거리의 기준은?

① 1m 이상 ② 1.5m 이상
③ 1.8m 이상 ④ 2m 이상

해설 낙하물방지망의 내민 길이는 벽면으로부터 2m 이상으로 하여야 한다.

82 콘크리트 타설작업 시 거푸집에 작용하는 연직하중이 아닌 것은?

① 콘크리트의 측압 ② 거푸집의 중량
③ 굳지 않은 콘크리트의 중량 ④ 작업원의 작업하중

해설 콘크리트 측압은 연직하중에 해당되지 않는다.

83 동바리로 사용하는 파이프 서포트에 관한 설치기준으로 옳지 않은 것은?

① 파이프 서포트를 3개 이상 이어서 사용하지 않도록 할 것
② 파이프 서포트를 이어서 사용하는 경우에는 4개 이상의 볼트 또는 전용철물을 사용하여 이을 것
③ 높이가 3.5m를 초과하는 경우에는 높이 2m 이내마다 수평연결재를 2개 방향으로 만들고 수평연결재의 변위를 방지할 것
④ 파이프 서포트 사이에 교차가새를 설치하여 수평력에 대하여 보강 조치할 것

해설 파이프 서포트 사이에 수평연결재를 설치하여 수평력에 대하여 보강 조치해야 한다.

84 산업안전보건법령에 따른 중량물을 취급하는 작업을 하는 경우의 작업계획서 내용에 포함되지 않는 사항은?

① 추락위험을 예방할 수 있는 안전대책
② 낙하위험을 예방할 수 있는 안전대책
③ 넘어짐위험을 예방할 수 있는 안전대책
④ 위험물 누출위험을 예방할 수 있는 안전대책

해설 중량물 취급 작업계획서에는 추락, 낙하, 넘어짐위험을 예방할 수 있는 안전대책이 포함되어야 한다.

85 산업안전보건관리비 중 안전시설비의 항목에서 사용할 수 있는 항목에 해당하는 것은?

① 외부인 출입금지, 공사장 경계표시를 위한 가설울타리
② 작업발판
③ 절토부 및 성토부 등의 토사유실 방지를 위한 설비
④ 사다리 전도방지장치

해설 사다리 전도방지장치는 산업안전보건관리비 중 안전시설비의 항목에서 사용할 수 있다.

86 건설현장에서 사용하는 공구 중 토공용이 아닌 것은?

① 착암기 ② 포장 파괴기
③ 연마기 ④ 점토 굴착기

해설 연마기는 석재 가공용 기계에 해당된다.

87 다음 그림은 풍화암에서 토사붕괴를 예방하기 위한 기울기를 나타낸 것이다. X의 값은?

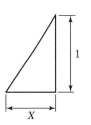

① 1.0 ② 0.8
③ 0.5 ④ 0.3

해설 **굴착면의 기울기 기준**

지반의 종류	굴착면의 기울기
모래	1 : 1.8
연암 및 풍화암	1 : 1.0
경암	1 : 0.5
그 밖의 흙	1 : 1.2

88 다음 중 구조물의 해체작업을 위한 기계 · 기구가 아닌 것은?

① 쇄석기　　　　　　　② 데릭
③ 압쇄기　　　　　　　④ 철제 해머

해설 데릭은 양중작업을 위한 도구이다.

89 강관을 사용하여 비계를 구성하는 경우의 준수사항으로 옳지 않은 것은?

① 비계기둥의 간격은 띠장 방향에서는 1.85m 이하로 할 것
② 비계기둥의 간격은 장선(長線) 방향에서는 1.0m 이하로 할 것
③ 띠장 간격은 2.0m 이하로 할 것
④ 비계기둥 간의 적재하중은 400kg을 초과하지 않도록 할 것

해설 비계기둥의 간격은 장선(長線) 방향에서는 1.5m 이하로 해야 한다.

90 다음은 산업안전보건법령에 따른 승강설비의 설치에 관한 내용이다. (　)에 들어갈 내용으로 옳은 것은?

> 사업주는 높이 또는 깊이가 (　)를 초과하는 장소에서 작업하는 경우 해당 작업에 종사하는 근로자가 안전하게 승강하기 위한 건설용 리프트 등의 설비를 설치하여야 한다. 다만, 승강설비를 설치하는 것이 작업의 성질상 곤란한 경우에는 그러하지 아니하다.

① 2m　　　　　　　　② 3m
③ 4m　　　　　　　　④ 5m

해설 높이 또는 깊이가 2m를 초과하는 장소에서 작업하는 경우 해당 작업에 종사하는 근로자가 안전하게 승강하기 위한 건설용 리프트 등의 설비를 설치하여야 한다.

91 철근콘크리트 현장타설공법과 비교한 PC(Precast Concrete)공법의 장점으로 볼 수 없는 것은?

① 기후의 영향을 받지 않아 동절기 시공이 가능하고, 공기를 단축할 수 있다.
② 현장작업이 감소되고, 생산성이 향상되어 인력절감이 가능하다.
③ 공사비가 매우 저렴하다.

④ 공장 제작이므로 콘크리트 양생 시 최적조건에 의한 양질의 제품생산이 가능하다.

해설 PC공법은 RC공법에 비해 공사비가 많이 든다.

92 발파작업에 종사하는 근로자가 준수하여야 할 사항으로 옳지 않은 것은?

① 장전구는 마찰 · 충격 · 정전기 등에 의한 폭발의 위험이 없는 안전한 것을 사용할 것
② 발파공의 충진재료는 점토 · 모래 등 발화성 또는 인화성의 위험이 없는 재료를 사용할 것
③ 얼어 붙은 다이너마이트는 화기에 접근시키거나 그 밖의 고열물에 직접 접촉시켜 단시간 안에 융해시킬 수 있도록 할 것
④ 전기뇌관에 의한 발파의 경우 점화하기 전에 화약류를 장전한 장소로부터 30[m] 이상 떨어진 안전한 장소에서 전선에 대하여 저항측정 및 도통시험을 할 것

해설 얼어붙은 다이너마이트는 화기에 접근시키거나 그 밖의 고열물에 직접 접촉시켜서는 안 된다.

93 부두 등의 하역작업장에서 부두 또는 안벽의 선을 따라 설치하는 통로의 최소폭 기준은?

① 30cm 이상　　　　　② 50cm 이상
③ 70cm 이상　　　　　④ 90cm 이상

해설 부두 또는 안벽의 선을 따라 통로를 설치할 때는 폭을 90cm 이상으로 하여야 한다.

94 철근 콘크리트 공사에서 거푸집 동바리의 해체 시기를 결정하는 요인으로 가장 거리가 먼 것은?

① 시방서 상의 거푸집 존치기간의 경과
② 콘크리트 강도시험 결과
③ 동절기일 경우 적산온도
④ 후속공정의 착수시기

해설 후속공정의 착수시기는 거푸집 동바리의 해체 시기와 거리가 멀다.

95 기상상태의 악화로 비계에서의 작업을 중지시킨 후 그 비계에서 작업을 다시 시작하기 전에 점검해야 할 사항에 해당하지 않는 것은?

① 기둥의 침하 · 변형 · 변위 또는 흔들림 상태
② 손잡이의 탈락 여부
③ 격벽의 설치 여부
④ 발판재료의 손상 여부 및 부착 또는 걸림 상태

해설 격벽은 위험물 건조설비의 열원으로 직화를 사용할 때 불꽃 등에 의한 화재를 예방하기 위해 설치하는 시설이다.

96 운반작업 중 요통을 일으키는 인자와 가장 거리가 먼 것은?

① 물건의 중량   ② 작업 자세
③ 작업 시간   ④ 물건의 표면마감 종류

해설 물건의 표면마감의 종류는 요통을 일으키는 인자와 거리가 멀다.

97 가설통로 설치 시 경사가 몇 도를 초과하면 미끄러지지 않는 구조로 설치하여야 하는가?

① 15°   ② 20°
③ 25°   ④ 30°

해설 가설통로 설치 시 경사가 15°를 초과하면 미끄러지지 않는 구조로 설치하여야 한다.

98 흙막이 지보공을 설치하였을 때 붕괴 등의 위험방지를 위하여 정기적으로 점검하고, 이상 발견 시 즉시 보수하여야 하는 사항이 아닌 것은?

① 침하의 정도
② 버팀대의 긴압의 정도
③ 지형 · 지질 및 지층상태
④ 부재의 손상 · 변형 · 변위 및 탈락의 유무와 상태

해설 흙막이 지보공을 설치하였을 때에는 정기적으로 다음 사항을 점검하고 이상을 발견하면 즉시 보수하여야 한다.
1. 부재의 손상 · 변형 · 부식 · 변위 및 탈락의 유무와 상태
2. 버팀대의 긴압의 정도
3. 부재의 접속부·부착부 및 교차부의 상태
4. 침하의 정도

99 다음과 같은 조건에서 추락 시 로프의 지지점에서 최하단까지의 거리 h를 구하면 얼마인가?

－로프 길이 150cm
－로프 신율 30%
－근로자 신장 170cm

① 2.8m   ② 3.0m
③ 3.2m   ④ 3.4m

해설 **최하사점 공식**

h = 로프의 길이(l) + 로프의 신장길이($l \cdot \alpha$)

$\qquad + 작업자 키의 \frac{1}{2}(T/2)$

$\qquad = 150cm + 150cm \times 0.3 + 170cm/2 = 280cm$

100 다음 중 유해 · 위험방지 계획서 제출 대상 공사에 해당하는 것은?

① 지상높이가 25[m]인 건축물 건설공사
② 최대 지간길이가 45[m]인 교량건설공사
③ 깊이가 8[m]인 굴착공사
④ 제방 높이가 50[m]인 다목적댐 건설공사

해설 **계획서 제출대상 공사**
1. 지상높이가 31m 이상인 건축물
2. 연면적 5,000m² 이상의 냉동 · 냉장창고시설의 설비공사 및 단열공사
3. 최대 지간길이가 50m 이상인 교량건설 등 공사
4. 터널건설 등의 공사
5. 다목적 댐, 발전용 댐 및 저수용량 2천만 톤 이상의 용수 전용 댐, 지방상수도 전용 댐 건설 등의 공사
6. 깊이 10m 이상인 굴착공사

※ 2022년 2회 이후 CBT로 출제된 기출문제는 개정된 출제기준과 해당 회차의 기출 키워드 등을 분석하여 복원하였습니다.

1과목
산업재해 예방 및 안전보건교육

01 누전차단장치 등과 같은 안전장치를 정해진 순서에 따라 작동시키고 동작상황의 양부를 확인하는 점검은?

① 외관점검　　　　　② 작동점검
③ 기술점검　　　　　④ 종합점검

[해설] 누전차단장치 등과 같은 안전장치를 정해진 순서에 따라 동작시키고 동작상황의 양부를 확인하는 점검을 작동점검이라고 한다.

02 안전모에 관한 내용으로 옳은 것은?

① 안전모의 종류는 안전모의 형태로 구분한다.
② 안전모의 종류는 안전모의 색상으로 구분한다.
③ A형 안전모 : 물체의 낙하, 비래에 의한 위험을 방지, 경감시키는 것으로 내전압성이다.
④ AE형 안전모 : 물체의 낙하, 비래에 의한 위험을 방지 또는 경감하고 머리 부위의 감전에 의한 위험을 방지하기 위한 것으로 내전압성이다.

[해설] **안전인증대상 안전모의 종류 및 사용구분**

종류(기호)	사용구분	비고
ABE	물체의 낙하 또는 비래에 의한 위험을 방지 또는 경감하고, 머리 부위 감전에 의한 위험을 방지하기 위한 것	내전압성

※ 내전압성이란 7,000V 이하의 전압에 견디는 것을 말한다.

03 안전을 위한 동기부여로 옳지 않은 것은?

① 기능을 숙달시킨다.
② 경쟁과 협동을 유도한다.
③ 상벌제도를 합리적으로 시행한다.
④ 안전목표를 명확히 설정하여 주지시킨다.

[해설] ①은 생산성을 향상시키는 방법이다.

04 산업안전보건법령상 상시 근로자 수의 산출내역에 따라, 연간 국내공사 실적액이 50억 원이고 건설업평균임금이 250만 원이며, 노무비율은 0.06인 사업장의 상시 근로자 수는?

① 10인　　　　　　② 30인
③ 33인　　　　　　④ 75인

[해설] **상시근로자 수 산출**

$$\text{상시근로자 수} = \frac{\text{전년도 공사실적액} \times \text{전년도 노무비율}}{\text{전년도 건설업월평균임금} \times \text{전년도 조업월수}}$$

$$= \frac{5,000,000,000원 \times 0.06}{2,500,000원 \times 12월} = 10명$$

05 다음 중 작업표준의 구비조건으로 옳지 않은 것은?

① 작업의 실정에 적합할 것
② 생산성과 품질의 특성에 적합할 것
③ 표현은 추상적으로 나타낼 것
④ 다른 규정 등에 위배되지 않을 것

[해설] 표현은 구체적으로 나타낼 것

---

06 하인리히의 재해구성 비율에 따라 경상사고가 87건 발생하였다면 무상해사고는 몇 건이 발생하였겠는가?

① 300건　　　　　　　② 600건
③ 900건　　　　　　　④ 1,200건

해설 **하인리히의 재해구성비율**

사망 및 중상 : 경상 : 무상해사고 = 1 : 29 : 300
∴ 무상해사고 = 300 × (87 ÷ 29) = 900건

07 다음 중 인간의 적응기제(適應機制)에 포함되지 않는 것은?

① 갈등(Conflict)　　　　② 억압(Repression)
③ 공격(Aggression)　　　④ 합리화(Rationalization)

해설 적응기제 중 ②은 도피적 기제, ③은 공격적 기제, ④은 방어적 기제에 해당한다.

08 안전교육 방법 중 TWI(Training Within Industry)의 교육과정이 아닌 것은?

① 작업지도훈련　　　　② 인간관계훈련
③ 정책수립훈련　　　　④ 작업방법훈련

해설 **TWI(Training Within Industry) 훈련의 종류**

• 작업지도훈련(JIT ; Job Instruction Training)
• 작업방법훈련(JMT ; Job Method Training)
• 인간관계훈련(JRT ; Job Relations Training)
• 작업안전훈련(JST ; Job Safety Training)

09 안전지식교육 실시 4단계에서 지식을 실제의 상황에 맞추어 문제를 해결해 보고 그 방법을 이해시키는 단계로 옳은 것은?

① 도입　　　　　　　　② 제시
③ 적용　　　　　　　　④ 확인

해설 제3단계 – 적용(응용) : 이해시킨 내용을 활용시키거나 응용시키는 단계

10 제조업자는 제조물의 결함으로 인하여 생명·신체 또는 재산에 손해를 입은 자에게 그 손해를 배상하여야 하는데 이를 무엇이라고 하는가? (단, 당해 제조물에 대해서만 발생한 손해는 제외한다.)

① 입증 책임　　　　　② 담보 책임
③ 연대 책임　　　　　④ 제조물 책임

해설 제조물 책임(PL)에 대한 설명이다.

11 매슬로(Maslow)의 욕구단계이론 중 제2단계의 욕구에 해당하는 것은?

① 사회적 욕구　　　　② 안전에 대한 욕구
③ 자아실현의 욕구　　④ 존경과 긍지에 대한 욕구

해설 (2단계) 안전의 욕구 : 안전을 기하려는 욕구

12 재해예방의 4원칙에 해당되지 않는 것은?

① 예방가능의 원칙　　② 손실우연의 원칙
③ 원인계기의 원칙　　④ 선취해결의 원칙

해설 **재해예방의 4원칙**

1. 손실우연의 원칙
2. 원인계기의 원칙
3. 예방가능의 원칙
4. 대책선정의 원칙

13 주의의 수준에서 중간 수준에 포함되지 않는 것은?

① 다른 곳에 주의를 기울이고 있을 때
② 가시시야 내 부분
③ 수면 중
④ 일상과 같은 조건일 경우

해설 수면 중은 무의식 수준의 상태로서 중간 수준에 포함되지 않는다.

인간의 의식 Level의 단계별 신뢰성

단계	의식의 상태	신뢰성	의식의 작용
Phase 0	무의식, 실신	0	없음

14 다음 중 산업안전보건법상 안전·보건표지에서 기본 모형의 색상이 빨강이 아닌 것은?

① 산화성물질경고　　　② 화기금지
③ 탑승금지　　　　　　④ 고온경고

해설　고온경고는 위험경고에 해당되므로 노란색 바탕에 검은색 기본모형으로 표시한다.

15 기기의 적정한 배치, 변형, 균열, 손상, 부식 등의 유무를 육안, 촉수 등으로 조사한 후 그 설비별로 정해진 점검기준에 따라 양부를 확인하는 점검은?

① 외관점검　　　　　　② 작동점검
③ 기능점검　　　　　　④ 종합점검

해설　외관점검에 대한 설명이다.

16 적응기제(Adjustment Mechanism)의 유형에서 "동일화(identification)"의 사례에 해당하는 것은?

① 운동시합에 진 선수가 컨디션이 좋지 않았다고 한다.
② 결혼에 실패한 사람이 고아들에게 정열을 쏟고 있다.
③ 아버지의 성공을 자신의 성공인 것처럼 자랑하며 거만한 태도를 보인다.
④ 동생이 태어난 후 초등학교에 입학한 큰 아이가 손가락을 빨기 시작했다.

해설　**동일화(Identification)**
　　다른 사람의 행동양식이나 태도를 투입시키거나 다른 사람 가운데서 자기와 비슷한 점을 발견하는 것

17 사고의 간접원인이 아닌 것은?

① 물적 원인　　　　　　② 정신적 원인
③ 관리적 원인　　　　　④ 신체적 원인

해설　물적 원인은 직접원인에 해당된다.

18 산업안전보건법령상 안전검사대상 유해·위험기계의 종류에 포함되지 않는 것은?

① 전단기　　　　　　　② 리프트
③ 곤돌라　　　　　　　④ 교류아크용접기

해설　교류아크용접기는 안전검사 대상 유해·위험기계에 해당하지 않는다.

19 토의(회의)방식 중 참가자가 다수인 경우에 전원을 토의에 참가시키기 위하여 소집단으로 구분하고, 각각 자유토의를 행하여 의견을 종합하는 방식은?

① 포럼(Forum)
② 심포지엄(Symposium)
③ 버즈 세션(Buzz Session)
④ 패널 디스커션(Panel Discussion)

해설　**버즈 세션(Buzz Session Discussion)**
　　참가자가 다수인 경우에 전원을 토의에 참가시키기 위한 방법으로 소집단을 구성하여 회의를 진행시키며 일명 6-6회의라고도 한다.

20 적응기제(Adjustment Mechanism) 중 방어적 기제(Defence Mechanism)에 해당하는 것은?

① 고립(Isolation)　　　② 퇴행(Regression)
③ 억압(Suppression)　　④ 합리화(Rationalization)

해설　**방어적 기제(Defense Mechanism)**
　　• 보상　　　　　　• 합리화(변명)
　　• 승화　　　　　　• 동일시

2과목

인간공학 및 위험성 평가·관리

21 정적 자세 유지 시, 진전(Tremor)을 감소시킬 수 있는 방법으로 틀린 것은?

① 시각적인 참조가 있도록 한다.
② 손이 심장 높이에 있도록 유지한다.

③ 작업대상물에 기계적 마찰이 있도록 한다.

④ 손을 떨지 않으려고 힘을 주어 노력한다.

해설 진전(Tremor : 잔잔한 떨림)을 감소시키는 방법은 손이 심장높이에 있을 때 손떨림이 적으며, 손을 떨지 않으려고 힘을 주는 경우 진전이 더 심해진다.

22 화학설비의 안전성 평가 과정에서 제3단계인 정량적 평가 항목에 해당되는 것은?

① 목록 ② 공정계통도

③ 화학설비용량 ④ 건조물의 도면

해설 **제3단계 정량적 평가 항목**

- 물질 · 온도
- 압력 · 용량
- 조작

23 정보를 전송하기 위해 청각적 표시장치를 이용하는 것이 바람직한 경우로 적합한 것은?

① 전언이 복잡한 경우

② 전언이 이후에 재참조되는 경우

③ 전언이 공간적인 사건을 다루는 경우

④ 전언이 즉각적인 행동을 요구하는 경우

해설 정보가 즉각적인 행동을 요구하는 경우 청각적 표시장치가 유리하다.

24 인체측정치를 이용한 설계에 관한 설명으로 옳은 것은?

① 평균치를 기준으로 한 설계를 제일 먼저 고려한다.

② 의자의 깊이와 너비는 모두 작은 사람을 기준으로 설계한다.

③ 자세와 동작에 따라 고려해야 할 인체측정치수가 달라진다.

④ 큰 사람을 기준으로 한 설계는 인체측정치의 5%tile을 사용한다.

해설 인체의 자세와 동작에 따라 고려해야 할 인체측정치수가 달라진다.

25 인간 – 기계 시스템에서의 신뢰도 유지 방안으로 가장 거리가 먼 것은?

① Lock system ② Fail – Safe system

③ Fool – Proof system ④ Risk assessment system

해설 위험성 평가(Risk Assessment)는 사업주가 스스로 유해 · 위험요인을 파악, 위험성 수준을 결정하여, 위험성을 낮추기 위한 적절한 조치를 마련하고 실행하는 과정이다.

26 FT에서 사용되는 사상기호에 대한 설명으로 맞는 것은?

① 위험지속기호 : 정해진 횟수 이상 입력이 될 때 출력이 발생한다.

② 억제게이트 : 조건부 사건이 일어나는 상황하에서 입력이 발생할 때 출력이 발생한다.

③ 우선적 AND 게이트 : 사건이 발생할 때 정해진 순서대로 복수의 출력이 발생한다.

④ 배타적 OR 게이트 : 동시에 2개 이상의 입력이 존재하는 경우에 출력이 발생한다.

해설 억제게이트 : 조건부 사건이 일어나는 상황하에서 입력이 발생할 때 출력이 발생

27 레버를 10° 움직이면 표시장치는 1cm 이동하는 조종장치가 있다. 레버의 길이가 20cm라고 하면 이 조종장치의 통제표시비(C/D 비)는 약 얼마인가?

① 1.27 ② 2.38

③ 3.49 ④ 4.51

해설 **조종구의 통제비**

$$\frac{C}{D} = \frac{\left(\frac{a}{360}\right) \times 2\pi L}{표시장치 \ 이동거리} = \frac{\left(\frac{10}{360}\right) \times 2 \times \pi \times 20}{1} ≒ 3.491$$

28 FT도에 사용되는 논리기호 중 AND 게이트에 해당하는 것은?

①

②

③

④

<table>
<tr><td colspan="4">해설   FTA에 사용되는 논리기호 및 사상기호</td></tr>
<tr><td>번호</td><td>기호</td><td>명칭</td><td>설명</td></tr>
<tr><td>8</td><td>출력
입력</td><td>AND 게이트
(n논리기호)</td><td>모든 입력사상이 공존할 때 출력사상이 발생한다.</td></tr>
</table>

29 시스템의 수명곡선에 고장의 발생형태가 일정하게 나타나는 기간은?

① 초기고장기간　　　② 우발고장기간
③ 마모고장기간　　　④ 피로고장기간

해설   **기계의 고장률(욕조 곡선, Bathtub Curve)**

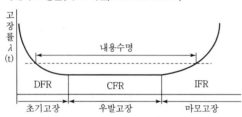

30 다음 중 연마작업장의 가장 소극적인 소음대책은?

① 음향 처리제를 사용할 것
② 방음보호구를 착용할 것
③ 덮개를 씌우거나 창문을 닫을 것
④ 소음원으로부터 적절하게 배치할 것

해설   방음보호구를 이용한 소음대책은 소음의 격리, 소음원의 통제, 차폐장치 등의 조치 후에 최종적으로 작업자 개인에게 보호구를 사용하는 소극적인 대책에 해당된다.

31 NIOSH의 연구에 기초하여, 목과 어깨 부위의 근골격계질환 발생과 인과관계가 가장 적은 위험요인은?

① 진동　　　　　　② 반복작업
③ 과도한 힘　　　　④ 작업자세

해설   근골격계질환의 발생원인은 단순반복작업, 과도한 힘의 사용 및 불안정한 작업자세이다.

32 신뢰성과 보전성 개선을 목적으로 하는 효과적인 보전기록 자료에 해당하지 않는 것은?

① 설비이력카드　　　② 자재관리표
③ MTBF 분석표　　　④ 고장원인대책표

해설   자재관리표는 신뢰성이나 보전성 개선목적은 아니다.

33 Fussell의 알고리즘으로 최소 컷셋을 구하는 방법에 대한 설명으로 틀린 것은?

① OR 게이트는 항상 컷셋의 수를 증가시킨다.
② AND 게이트는 항상 컷셋의 크기를 증가시킨다.
③ 중복 및 반복되는 사건이 많은 경우에 적용하기 적합하고 매우 간편하다.
④ 톱(top)사상을 일으키기 위해 필요한 최소한의 컷셋이 최소 컷셋이다.

해설   Fussell의 알고리즘은 AND 게이트는 항상 컷의 크기를 증가시키고 OR 게이트는 항상 컷의 수를 증가시킨다는 것을 기초로 하고 있다.. 해당 알고리즘을 적용하여 기본현상에 도달하면 이것들의 각 행이 최소 컷셋이다.

34 조정장치를 3cm 움직였을 때 표시장치의 지침이 5cm 움직였다면, C/R비는 얼마인가?

① 0.25　　　　　　② 0.6
③ 1.6　　　　　　　④ 1.7

해설   **통제표시비(선형조정장치)**

$$\frac{X}{Y} = \frac{C}{D} = \frac{\text{통제기기의 변위량}}{\text{표시계기지침의 변위량}} = \frac{3}{5} = 0.6$$

35 광원으로부터의 직사휘광을 줄이기 위한 방법으로 적절하지 않은 것은?

① 휘광원 주위를 어둡게 한다.
② 가리개, 갓, 차양 등을 사용한다.
③ 광원을 시선에서 멀리 위치시킨다.
④ 광원의 수는 늘리고 휘도는 줄인다.

해설   휘광원 주위를 밝게 하여 광도비를 줄인다.

36 그림과 같은 시스템의 신뢰도로 옳은 것은? (단, 그림의 숫자는 각 부품의 신뢰도이다.)

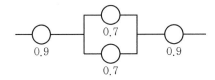

① 0.6261
② 0.7371
③ 0.8481
④ 0.9591

해설 **병렬시스템의 신뢰도**
$$R = 0.9 \times (1 - (1 - 0.7)(1 - 0.7)) \times 0.9 = 0.7371$$

37 인간의 정보처리 기능 중 그 용량이 7개 내외로 작아, 순간적 망각 등 인적 오류의 원인이 되는 것은?

① 지각
② 작업기억
③ 주의력
④ 감각보관

해설 작업기억은 시간 흐름에 따라 쇠퇴하여 순간적 망각으로 인한 인적오류의 원인이 된다.

38 체내에서 유기물을 합성하거나 분해하는 데는 반드시 에너지의 전환이 뒤따른다. 이것을 무엇이라 하는가?

① 에너지 변환
② 에너지 합성
③ 에너지 대사
④ 에너지 소비

해설 **에너지 대사**
생물체내에서 일어나고 있는 에너지의 방출, 전환, 저장 및 이용의 모든 과정을 말한다.

39 작업장에서 구성요소를 배치하는 인간공학적 원칙과 가장 거리가 먼 것은?

① 중요도의 원칙
② 선입선출의 원칙
③ 기능성의 원칙
④ 사용빈도의 원칙

해설 **부품배치의 원칙**
• 중요성의 원칙
• 사용빈도의 원칙
• 기능별 배치의 원칙
• 사용순서의 원칙

40 자동차나 항공기의 앞 유리 혹은 차양판 등에 정보를 중첩 투사하는 표시장치는?

① CRT
② LCD
③ HUD
④ LED

해설 **HUD(Head Up Display)**
조종사(사용자)가 고개를 숙여 조종석의 계기를 보지 않고도 전방을 주시한 상태에서 원하는 계기의 정보를 볼 수 있도록 전방 시선 높이 · 방향에 설치한 투명 시현장치이다.

3과목
기계 · 기구 및 설비 안전관리

41 컨베이어의 역전방지장치의 형식 중 전기식 장치에 해당하는 것은?

① 라쳇 브레이크
② 밴드 브레이크
③ 롤러 브레이크
④ 스러스트 브레이크

해설 **스러스트 브레이크(Thrust Brake)**
브레이크 장치에 전기를 투입하여 유압으로 작동되는 방식의 브레이크

42 기계설비의 안전화를 크게 외관의 안전화, 기능의 안전화, 구조적 안전화로 구분할 때, 기능의 안전화에 해당하는 것은?

① 안전율의 확보
② 위험부위 덮개 설치
③ 기계 외관에 안전 색채 사용
④ 전압 강하 시 기계의 자동정지

해설 **기능상의 안전화**
최근 기계는 반자동 또는 자동 제어장치를 갖추고 있어서 에너지 변동에 따라 오동작이 발생하여 주요 문제로 대두되므로 이에 따른 기능의 안전화가 요구되고 있다.
예 전압 강하 시 기계의 자동정지, 안전장치의 일정방식

43 산업안전보건법령에 따라 달기 체인을 달비계에 사용해서는 안 되는 경우가 아닌 것은?

① 균열이 있거나 심하게 변형된 것
② 달기 체인의 한 꼬임에서 끊어진 소선의 수가 10% 이상인 것
③ 달기 체인의 길이가 달기 체인이 제조된 때의 길이의 5%를 초과한 것
④ 링의 단면지름이 달기 체인이 제조된 때의 해당 링의 지름의 10% 초과하여 감소한 것

해설 **늘어난 체인 등의 사용금지**
- 달기체인의 길이가 달기체인이 제조된 때의 길이의 5%를 초과한 것
- 링의 단면 지름이 달기체인이 제조된 때의 해당 링 지름의 10%를 초과하여 감소한 것
- 균열이 있거나 심하게 변형된 것

44 다음 중 프레스의 안전작업을 위하여 활용하는 수공구로 가장 거리가 먼 것은?

① 브러시
② 진공 컵
③ 마그넷 공구
④ 플라이어(집게)

해설 브러시는 선반작업 시 절삭 칩 제거용으로 사용한다.

45 산업안전보건법령에 따라 목재가공용 기계에 설치하여야 하는 방호장치에 대한 내용으로 틀린 것은?

① 목재가공용 둥근톱기계에는 분할날 등 반발예방장치를 설치하여야 한다.
② 목재가공용 둥근톱기계에는 톱날접촉예방장치를 설치하여야 한다.
③ 모떼기기계에는 가공 중 목재의 회전을 방지하는 회전방지장치를 설치하여야 한다.
④ 작업대상물이 수동으로 공급되는 동력식 수동대패기계에 날접촉예방장치를 설치하여야 한다.

해설 모떼기기계에 날접촉예방장치를 설치하여야 한다. 다만, 작업의 성질상 날접촉예방장치를 설치하는 것이 곤란하여 해당 근로자에게 적절한 작업공구 등을 사용하도록 한 경우에는 그러하지 아니하다.

46 보일러의 방호장치로 적절하지 않은 것은?

① 압력방출장치
② 과부하방지장치
③ 압력제한 스위치
④ 고저수위 조절장치

해설 **보일러의 방호장치**
압력방출장치, 압력제한 스위치, 고저수위 조절장치

47 양수조작식 방호장치에서 누름버튼 상호 간의 내측 거리는 몇 mm 이상이어야 하는가?

① 250
② 300
③ 350
④ 400

해설 **양수조작식 방호장치의 일반구조**
누름버튼의 상호 간 내측거리는 300mm 이상이어야 한다.

48 크레인 작업 시 300kg의 질량을 10m/s²의 가속도로 감아올릴 때 로프에 걸리는 총 하중은 약 몇 N인가? (단, 중력 가속도는 9.81m/s²로 한다.)

① 2,943
② 3,000
③ 5,943
④ 8,886

해설 크레인 인양 시 로프에 걸리는 하중 = 정하중 + 동하중
$= 2,943N + 3,000N = 5,943N$

정하중 $= 300\mathrm{kg} \times 9.81\mathrm{m/s}^2 = 2,943N$
동하중 = 정하중 × 가속도 $= 300\mathrm{kg} \times 10\mathrm{m/s}^2 = 3,000N$

49 산업안전보건법령상 지게차 방호장치에 해당하는 것은?

① 포크
② 헤드가드
③ 호이스트
④ 힌지드 버킷

해설 지게차의 안전장치로는 전조등 및 후미등, 헤드가드, 백레스트가 있다.

50 양중기에 사용 가능한 와이어로프에 해당하는 것은?

① 와이어로프의 한 꼬임에서 끊어진 소선의 수가 10%를 초과 한 것
② 심하게 변형 또는 부식된 것
③ 지름의 감소가 공칭지름의 7% 이내인 것
④ 이음매가 있는 것

해설 | **와이어로프의 사용금지기준(「안전보건규칙」 제63조)**
1. 이음매가 있는 것
2. 와이어로프의 한 꼬임(Strand)에서 끊어진 소선의 수가 10퍼센트 이상인 것
3. 지름의 감소가 공칭지름의 7퍼센트를 초과하는 것
4. 꼬인 것
5. 심하게 변형되거나 부식된 것
6. 열과 전기충격에 의해 손상된 것

51 그림과 같이 2줄의 와이어로프로 중량물을 달아 올릴 때, 로프에 가장 힘이 적게 걸리는 각도(θ)는?

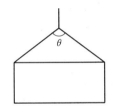

① 30°
② 60°
③ 90°
④ 12°

해설 | 2줄의 와이어로프에 중량물을 달아 올릴 때 로프에 가장 힘이 적게 걸리는 각도는 30도이다.

52 다음 중 취급운반 시 준수해야 할 원칙으로 틀린 것은?

① 연속운반으로 할 것
② 직선운반으로 할 것
③ 운반작업을 집중화시킬 것
④ 생산을 최소로 하는 운반을 생각할 것

해설 | **취급 · 운반의 5원칙**
1. 직선운반을 할 것
2. 연속운반을 할 것
3. 운반작업을 집중화시킬 것
4. 생산성을 가장 효율적으로 하는 운반을 택할 것
5. 최대한 시간과 경비를 절약할 수 있는 운전방법을 고려할 것

53 다음 중 선반(Lathe)의 방호장치에 해당하는 것은?

① 슬라이드(Slide)
② 심압대(Tail stock)
③ 주축대(Head stock)
④ 척 가드(Chuck guard)

해설 | **선반의 안전장치**
- 칩 브레이커(Chip Breaker)
- 덮개(Shield)
- 브레이크(Brake)
- 척 가드(Chuck Guard)

54 지게차 헤드가드의 안전기준에 관한 설명으로 틀린 것은?

① 상부 틀의 각 개구의 폭 또는 길이가 20cm 이상일 것
② 강도는 지게차의 최대하중의 2배 값(4톤을 넘는 값에 대해서는 4톤으로 한다.)의 등분포정하중에 견딜 수 있을 것
③ 운전자가 서서 조작하는 방식의 지게차의 경우에는 운전석의 바닥 면에서 헤드가드의 상부 틀 하면까지의 높이가 1.88m 이상일 것
④ 운전자가 앉아서 조작하는 방식의 지게차의 경우에는 운전자의 좌석 윗면에서 헤드가드의 상부틀 아랫면까지의 높이가 0.903m 이상일 것

해설 | **헤드가드**
상부 틀의 각 개구의 폭 또는 길이가 16센티미터 미만일 것

55 롤러기에서 앞면 롤러의 지름이 200mm, 회전속도가 30rpm인 롤러의 무부하동작에서의 급정지거리로 옳은 것은?

① 66mm 이내
② 84mm 이내
③ 209mm 이내
④ 248mm 이내

해설 |
- 롤러기 표면속도 $V = \dfrac{\pi DN}{1,000} = \dfrac{\pi \times 200 \times 30}{1,000}$
  $= 18.85\text{m/min}$

앞면 롤의 표면속도(m/min)	급정지 거리
30 미만	앞면 롤 원주의 1/3
30 이상	앞면 롤 원주의 1/2.5

- 급정지거리 $= \dfrac{\pi D}{3} = \dfrac{\pi \times 200}{3} = 209\text{mm}$

정답 | 50 ③ 51 ① 52 ④ 53 ④ 54 ① 55 ③

56 선반에서 냉각재 등에 의한 생물학적 위험을 방지하기 위한 방법으로 틀린 것은?

① 냉각재가 기계에 잔류되지 않고 중력에 의해 수집탱크로 배유되도록 해야 한다.
② 냉각재 저장탱크에는 외부 이물질의 유입을 방지하기 위해 덮개를 설치해야 한다.
③ 특별한 경우를 제외하고는 정상 운전 시 전체 냉각재가 계통 내에서 순환되고 냉각재 탱크에 체류하지 않아야 한다.
④ 배출용 배관의 지름은 대형 이물질이 들어가지 않도록 작아야 하고, 지면과 수평이 되도록 제작해야 한다.

해설 배출용 배관은 냉각제 등 생물학적 위험을 방지하기 위해 위험물질을 기계 외부로 배출하기 위한 부분으로 배관의 지름은 위험물질의 원활한 배출이 가능한 충분한 크기여야 하고 적절한 기울기를 부여해야 한다.

57 압력용기에서 안전밸브를 2개 설치한 경우 그 설치방법으로 옳은 것은? (단, 해당하는 압력용기가 외부 화재에 대한 대비가 필요한 경우로 한정한다.)

① 1개는 최고사용압력 이하에서 작동하고 다른 1개는 최고사용압력의 1.1배 이하에서 작동하도록 한다.
② 1개는 최고사용압력 이하에서 작동하고 다른 1개는 최고사용압력의 1.2배 이하에서 작동하도록 한다.
③ 1개는 최고사용압력의 1.05배 이하에서 작동하고 다른 1개는 최고사용압력의 1.1배 이하에서 작동하도록 한다.
④ 1개는 최고사용압력의 1.05배 이하에서 작동하고 다른 1개는 최고사용압력의 1.2배 이하에서 작동하도록 한다.

해설 **안전밸브 등의 작동요건**

안전밸브 등이 이를 통하여 보호하려는 설비의 최고사용압력 이하에서 작동되도록 하여야 한다. 다만, 안전밸브 등이 2개 이상 설치된 경우에 1개는 최고 사용압력의 1.05배(외부화재를 대비한 경우에는 1.1배) 이하에서 작동되도록 설치할 수 있다.

58 가스용접에서 역화의 원인으로 볼 수 없는 것은?

① 토치 성능이 부실한 경우
② 취관이 작업 소재에 너무 가까이 있는 경우
③ 산소 공급량이 부족한 경우
④ 토치 팁에 이물질이 묻은 경우

해설 역화의 발생원인으로는 팁의 막힘, 팁과 모재의 접촉, 토치의 기능불량, 토치 성능이 부실하거나 팁이 과열되었을 때 등이 있다.

59 기계설비 외형의 안전화 방법이 아닌 것은?

① 덮개
② 안전 색채 조절
③ 가드(Guard)의 설치
④ 페일 세이프(Fail Safe)

해설 **기계의 안전조건(외형의 안전화)**

- 묻힘형이나 덮개의 설치
- 별실 또는 구획된 장소에의 격리
- 안전색채를 사용

60 롤러기의 급정지를 위한 방호장치를 설치하고자 한다. 앞면 롤러의 지름이 30cm이고, 회전수가 30rpm일 때 요구되는 급정지거리의 기준은?

① 급정지거리가 앞면 롤러의 원주의 1/3 이상일 것
② 급정지거리가 앞면 롤러의 원주의 1/3 이내일 것
③ 급정지거리가 앞면 롤러의 원주의 1/2.5 이상일 것
④ 급정지거리가 앞면 롤러의 원주의 1/2.5 이내일 것

해설 **롤러기의 급정지거리**

앞면 롤러의 표면속도(m/min)	급정지거리
30 미만	앞면 롤러 원주의 1/3
30 이상	앞면 롤러 원주의 1/2.5

원주속도(m/min) = $\pi \times$ 롤의 지름 $\times$ 회전속도(rpm)
  = $\pi \times 0.3m \times 30rpm ≒ 28.274m/min$

$28.274m/min < 30$,
∴ 급정지거리 = 앞면 롤러 원주의 1/3

4과목

전기 및 화학설비 안전관리

61 위험물안전관리법령상 제3류 위험물이 아닌 것은?

① 황화린
② 금속나트륨
③ 황린
④ 금속칼륨

해설 황화린은 위험물안전관리법령상 2류 위험물로, 자연발화성 물질이므로 통풍이 잘되는 냉암소에 보관하며 종류에는 3황화린(P_4S_3), 5황화린(P_4S_5), 7황화린(P_4S_7) 등이 있다.

62 활선작업 시 사용하는 안전장구가 아닌 것은?

① 절연용 보호구   ② 절연용 방호구
③ 활선작업용 기구   ④ 절연저항 측정기구

해설 절연저항 측정기구는 안전장구가 아니다.

63 정전기의 발생에 영향을 주는 요인과 가장 거리가 먼 것은?

① 박리속도   ② 물체의 표면상태
③ 접촉면적 및 압력   ④ 외부공기의 풍속

해설 정전기 발생과 외부공기의 풍속은 무관하다.

64 변압기 전로의 1선 지락 전류가 6A일 때 제2종 접지공사의 접지저항 값은? (단, 자동전로차단장치는 설치되지 않았다.)

① 10Ω   ② 15Ω
③ 20Ω   ④ 25Ω

해설 법 개정으로 인해 해당 문제는 재출제 되지 않음

65 건설현장에서 사용하는 임시배선의 안전대책으로서 거리가 먼 것은?

① 모든 전기기기의 외함은 접지시켜야 한다.
② 임시배선은 다심케이블을 사용하지 않아도 된다.
③ 배선은 반드시 분전반 또는 배전반에서 인출해야 한다.
④ 지상 등에서 금속관으로 방호할 때는 그 금속관을 접지해야 한다.

해설 임시배선은 다심케이블을 사용하여야 기기 등의 외함 접지선으로 사용할 수 있다.

66 20℃인 1기압의 공기를 압축비 3으로 단열압축하였을 때, 온도는 약 몇 ℃가 되겠는가? (단, 공기의 비열비는 1.4 이다.)

① 84   ② 128
③ 182   ④ 1091

해설 단열변화 공식 $\dfrac{T_2}{T_1} = \left(\dfrac{V_1}{V_2}\right)^{r-1} = \left(\dfrac{P_2}{P_1}\right)^{\frac{(r-1)}{r}}$ 를 이용하면,

$$T_2 = (273+20) \times \left(\frac{3}{1}\right)^{\frac{1.4-1}{1.4}} = 401°K = 128℃$$

67 다음 중 벤젠(C_6H_6)이 공기 중에서 연소될 때의 이론혼합비(화학양론조성)는?

① 0.72vol%   ② 1.22vol%
③ 2.72vol%   ④ 3.22vol%

해설 벤젠(C_6H_6)의 연소식 : $C_6H_6 + 7.5O_2 = 6CO_2 + 3H_2O$

완전연소 조성농도

$$C_{st} = \frac{1}{(4.733n + 1.19x - 2.38y)+1} \times 100$$
$$= \frac{1}{(4.733 \times 6 + 1.19 \times 6 - 2.38 \times 0)+1} \times 100$$
$$\fallingdotseq 2.72(\%)$$

68 나트륨은 물과 반응할 때 위험성이 매우 크다. 그 이유로 적합한 것은?

① 물과 반응하여 지연성 가스 및 산소를 발생시키기 때문이다.
② 물과 반응하여 맹독성 가스를 발생시키기 때문이다.
③ 물과 발열반응을 일으키면서 가연성 가스를 발생시키기 때문이다.
④ 물과 반응하여 격렬한 흡열반응을 일으키기 때문이다.

해설 나트륨은 물과 접촉할 경우 발열반응을 일으키면서 가연성 가스를 발생시킴

69 아세틸렌(C_2H_2)의 공기 중 완전연소 조성농도(C_{st})는 약 얼마인가?

① 6.7vol%   ② 7.0vol%
③ 7.4vol%   ④ 7.7vol%

해설 아세틸렌(C_2H_2)의 연소식
$C_2H_2 + 2.5O_2 \rightarrow 2CO_2 + H_2O$

$$C_{st} = \frac{1}{(4.77n + 1.19x - 2.38y)+1} \times 100$$
$$= \frac{1}{(4.77 \times 2 + 1.19 \times 2 - 2.38 \times 0)+1} \times 100$$
$$= 7.7(\%)$$

정답 | 62 ④   63 ④   64 ④   65 ②   66 ②   67 ③   68 ③   69 ④

70 인체가 현저히 젖어 있는 상태 또는 금속성의 전기·기계 장치나 구조물의 인체의 일부가 상시 접촉되어 있는 상태에서의 허용접촉전압으로 옳은 것은?

① 2.4V 이하　　② 25V 이하
③ 50V 이하　　④ 75V 이하

해설 **허용접촉전압**

종별	접촉상태	허용접촉 전압
제2종	• 인체가 현저히 젖어 있는 상태 • 금속성의 전기·기계장치나 구조물에 인체의 일부가 상시 접촉되어 있는 상태	25[V] 이하

71 다음 중 분진폭발에 대한 설명으로 틀린 것은?

① 일반적으로 입자의 크기가 클수록 위험이 더 크다.
② 산소의 농도는 분진폭발 위험에 영향을 주는 요인이다.
③ 주위 공기의 난류확산은 위험을 증가시킨다.
④ 가스폭발에 비하여 불완전 연소를 일으키기 쉽다.

해설 일반적으로 분진의 입경이 작을수록 폭발하기 쉽다.

72 파이프 등에 유체가 흐를 때 발생하는 유동대전에 가장 큰 영향을 미치는 요인은?

① 유체의 이동거리　　② 유체의 점도
③ 유체의 속도　　④ 유체의 양

해설 **유동대전**

정전기 발생에 가장 크게 영향을 미치는 요인은 유동속도이나 흐름의 상태, 배관의 굴곡, 밸브 등과 관계가 있다.

73 다음 정의에 해당하는 방폭구조는?

전기기기의 과도한 온도 상승, 아크 또는 스파크 발생의 위험을 방지하기 위해 추가적인 안전조치를 통한 안전도를 증가시킨 방폭구조

① 내압 방폭구조　　② 유입 방폭구조
③ 안전증 방폭구조　　④ 본질안전 방폭구조

해설 **안전증 방폭구조**

폭발분위기가 형성되지 않도록 기계적·전기적 구조상 또는 온도상승에 대해서 특히 안전도를 증가시킨 구조이다.

74 도체의 정전용량 $C=20\mu F$, 대전전위(방전 시 전압) $V=3kV$일 때 정전에너지(J)는?

① 45　　② 90
③ 180　　④ 360

해설 $W=\dfrac{1}{2}CV^2=\dfrac{1}{2}\times20\times10^{-6}\times3,000^2 \therefore W=90[J]$

여기서, C : 도체의 정전용량, Q : 대전전하량
V : 대전전위 $\Rightarrow Q=CV$

75 산업안전보건기준에 관한 규칙에서 부식성 염기류에 해당하는 것은?

① 농도 30퍼센트인 과염소산
② 농도 30퍼센트인 아세틸렌
③ 농도 40퍼센트인 디아조화합물
④ 농도 40퍼센트인 수산화나트륨

해설 **부식성 염기류**

농도가 40퍼센트 이상인 수산화나트륨, 수산화칼륨, 그 밖에 이와 같은 정도 이상의 부식성을 가지는 염기류이다.

76 다음 중 분진폭발의 발생 위험성을 낮추는 방법으로 적절하지 않은 것은?

① 주변의 점화원을 제거한다.
② 분진이 날리지 않도록 한다.
③ 분진과 그 주변의 온도를 낮춘다.
④ 분진 입자의 표면적을 크게 한다.

해설 입자가 작을수록 표면적이 커지고 표면적이 커지면 폭발위험이 커진다.

77 접지공사의 종류별로 접지선의 굵기 기준이 바르게 연결된 것은?

① 제1종 접지공사 – 공칭단면적 $1.6mm^2$ 이상의 연동선
② 제2종 접지공사 – 공칭단면적 $2.6mm^2$ 이상의 연동선
③ 제3종 접지공사 – 공칭단면적 $2mm^2$ 이상의 연동선
④ 특별 제3종 접지공사 – 공칭단면적 $2.5mm^2$ 이상의 연동선

해설 법 개정으로 인해 해당 문제는 재출제 되지 않음

정답 | 70 ② 71 ① 72 ③ 73 ③ 74 ② 75 ④ 76 ④ 77 ④

78 산업안전보건법령에서 정한 위험물을 기준량 이상으로 제조하거나 취급하는 설비 중 특수화학설비에 해당하지 않는 것은?

① 발열반응이 일어나는 반응장치
② 증류·정류·증발·추출 등 분리를 하는 장치
③ 가열로 또는 가열기
④ 고로 등 점화기를 직접 사용하는 열교환기류

해설 고로 등 점화기를 직접 사용하는 열교환기류는 산업안전보건법상 특수화학설비가 아닌 화학설비에 해당한다.

79 인체가 현저히 젖어 있거나 인체의 일부가 금속성의 전기기구 또는 구조물에 상시 접촉되어 있는 상태의 허용접촉전압(V)은?

① 2.5V 이하
② 25V 이하
③ 50V 이하
④ 제한 없음

해설 인체가 현저히 젖어 있거나 인체의 일부가 금속성의 전기기구 또는 구조물에 상시 접촉되어 있는 상태의 허용접촉전압 : 25[V] 이하

80 건조설비의 사용에 있어 500~800℃ 범위의 온도에 가열된 스테인리스강에서 주로 일어나며, 탄화크롬이 형성되었을 때 결정 경계면의 크롬함유량이 감소하여 발생되는 부식형태는?

① 전면부식
② 층상부식
③ 입계부식
④ 격간부식

해설 500~800℃ 범위의 온도에 의해 가열된 스테인리스강에서, 탄화크롬이 형성되어 결정 경계면의 크롬 함유량이 감소하여 발생되는 부식은 입계부식이다.

PART 01 PART 02 PART 03 PART 04 PART 05 부록

건설공사 안전관리

81 지반조사의 방법 중 지반을 강관으로 천공하고 토사를 채취 후 여러 가지 시험을 시행하여 지반의 토질 분포, 흙의 층상과 구성 등을 알 수 있는 것은?

① 보링
② 표준관입시험
③ 베인테스트
④ 평판재하시험

해설 보링은 지중에 구멍을 뚫고 시료를 채취하여 토층의 구성상태 등을 파악하는 지반조사 방법이다.

82 토석이 붕괴되는 원인을 외적 요인과 내적 요인으로 나눌 때 외적 요인으로 볼 수 없는 것은?

① 사면, 법면의 경사 및 기울기의 증가
② 지진발생, 차량 또는 구조물의 중량
③ 공사에 의한 진동 및 반복하중의 증가
④ 절토 사면의 토질, 암질

해설 절토사면의 토질, 암질은 토석붕괴의 내적 요인에 해당된다.

83 흙막이 지보공을 설치한 때에 정기적으로 점검하고 이상을 발견한 때에 즉시 보수하여야 하는 사항으로 거리가 먼 것은?

① 부재의 손상 변형, 부식, 변위 및 탈락의 유무와 상태
② 부재의 접속부, 부착부 및 교차부의 상태
③ 침하의 정도
④ 발판의 지지 상태

해설 흙막이 지보공을 설치한 경우에는 정기적으로 다음 사항을 점검하고 이상을 발견한 경우에는 즉시 보수하여야 한다.
• 부재의 손상·변형·부식·변위 및 탈락의 유무와 상태
• 버팀대의 긴압 정도
• 부재의 접속부·부착부 및 교차부의 상태
• 침하의 정도
• 흙막이 공사의 계측관리

84 사다리식 통로 등을 설치하는 경우 준수해야 할 기준으로 옳지 않은 것은?

① 접이식 사다리 기둥은 사용 시 접히거나 펼쳐지지 않도록 철물 등을 사용하여 견고하게 조치할 것
② 발판과 벽과의 사이는 25cm 이상의 간격을 유지할 것
③ 폭은 30cm 이상으로 할 것
④ 사다리식 통로의 길이가 10m 이상인 경우에는 5m 이내마다 계단참을 설치할 것

[해설] 사다리식 통로에서 발판과 벽의 사이는 15cm 이상의 간격을 유지해야 한다.

85 콘크리트 타설용 거푸집에 작용하는 외력 중 연직방향 하중이 아닌 것은?

① 고정하중   ② 충격하중
③ 작업하중   ④ 풍하중

[해설] 거푸집에 작용하는 연직방향 하중에는 타설 콘크리트의 고정하중, 충격하중, 작업하중, 거푸집 중량 등이 있다.

86 비탈면 붕괴 방지를 위한 붕괴방지공법과 가장 거리가 먼 것은?

① 배토공법   ② 압성토공법
③ 공작물의 설치   ④ 언더피닝 공법

[해설] 언더피닝공법이란 기존구조물의 기초 저면보다 깊은 구조물을 시공하거나 기존 구조물의 증축 시 기존구조물을 보호하기 위해 기초하부에 설치하는 기초보강공법이다.

87 거푸집 동바리 조립도에 명시해야 할 사항과 거리가 가장 먼 것은?

① 작업 환경 조건   ② 부재의 재질
③ 단면규격   ④ 설치간격

[해설] 조립도에는 거푸집 및 동바리를 구성하는 부재의 재질·단면규격·설치간격 및 이음방법 등을 명시해야 한다.

88 슬레이트, 선라이트 등 강도가 약한 재료로 덮은 지붕 위에서 작업을 할 때 발이 빠지는 등 근로자의 위험을 방지하기 위하여 필요한 발판의 폭 기준은?

① 10cm 이상   ② 20cm 이상
③ 25cm 이상   ④ 30cm 이상

[해설] 폭 30cm 이상의 발판을 설치하거나 추락방호망을 치는 등 근로자의 위험을 방지하기 위하여 필요한 조치를 하여야 한다.

89 고소작업대를 사용하는 경우 준수해야 할 사항으로 옳지 않은 것은?

① 안전한 작업을 위하여 적정수준의 조도를 유지할 것
② 전로(電路)에 근접하여 작업을 하는 경우에는 작업감시자를 배치하는 등 감전사고를 방지하기 위하여 필요한 조치를 할 것
③ 작업대의 붐대를 상승시킨 상태에서 탑승자는 작업대를 벗어나지 말 것
④ 전환스위치는 다른 물체를 이용하여 고정할 것

[해설] 고소작업대를 사용하는 경우 전환스위치는 다른 물체를 이용하여 고정하지 말아야 한다.

90 유해·위험방지계획서를 제출해야 하는 공사의 기준으로 옳지 않은 것은?

① 최대 지간길이 30m 이상인 교량 건설 등 공사
② 깊이 10m 이상인 굴착공사
③ 터널 건설 등의 공사
④ 다목적댐, 발전용댐 및 저수용량 2천만톤 이상의 용수 전용 댐, 지방상수도 전용 댐 건설 등의 공사

[해설] 최대 지간길이가 50m 이상인 교량건설 등 공사가 해당된다.

91 유한사면에서 사면기울기가 비교적 완만한 점성토에서 주로 발생되는 사면파괴의 형태는?

① 저부파괴   ② 사면선단파괴
③ 사면내파괴   ④ 국부전단파괴

[해설] 사면저부파괴는 사면의 활동면이 사면의 끝보다 아래를 통과하는 경우의 파괴이다.

92 연약지반을 굴착할 때, 흙막이벽 뒤쪽 흙의 중량이 바닥의 지지력보다 커지면, 굴착저면에서 흙이 부풀어 오르는 현상은?

① 슬라이딩(Sliding)
② 보일링(Boiling)
③ 파이핑(Piping)
④ 히빙(Heaving)

해설 히빙이란 연약한 점토지반을 굴착할 때 흙막이벽 배면 흙의 중량이 굴착면 이하의 흙보다 중량이 클 경우 굴착면 이하의 지지력보다 크게 되어 흙막이 배면에 있는 흙이 안으로 말려들어 굴착저면이 솟아오르는 현상이다.

93 굴착면 붕괴의 원인과 가장 거리가 먼 것은?

① 사면경사의 증가
② 성토 높이의 감소
③ 공사에 의한 진동하중의 증가
④ 굴착높이의 증가

해설 성토 높이가 작을수록 붕괴위험이 적어진다.

94 강관비계를 조립할 때 준수하여야 할 사항으로 옳지 않은 것은?

① 비계기둥의 간격은 띠장방향에서 1.85m 이하로 할 것
② 띠장간격은 1.8m 이하로 설치할 것
③ 비계기둥의 제일 윗부분으로부터 31m 되는 지점 밑부분의 비계기둥은 2개의 강관으로 묶어 세울 것
④ 비계기둥 간의 적재하중은 400kg을 초과하지 않도록 할 것

해설 띠장간격은 2m 이하로 할 것

95 강관틀 비계의 높이가 20m를 초과하는 경우 주틀 간의 간격은 최대 얼마 이하로 사용해야 하는가?

① 1.0m
② 1.5m
③ 1.8m
④ 2.0m

해설 높이가 20m를 초과하거나 중량물의 적재를 수반하는 작업을 하는 경우 주틀의 간격을 1.8m 이하로 해야 한다.

96 터널 등의 건설작업을 하는 경우에 낙반 등에 의하여 근로자가 위험해질 우려가 있는 경우, 그 위험을 방지하기 위하여 취해야 할 조치와 거리가 먼 것은?

① 터널지보공 설치
② 록볼트 설치
③ 부석의 제거
④ 산소의 측정

해설 낙반 등에 의하여 근로자가 위험해질 우려가 있는 경우에 터널 지보공 및 록볼트의 설치, 부석의 제거 등 위험을 방지하기 위하여 필요한 조치를 하여야 한다.

97 무한궤도식 장비와 타이어식(차륜식) 장비의 차이점에 관한 설명으로 옳은 것은?

① 무한궤도식은 기동성이 좋다.
② 타이어식은 승차감과 주행성이 좋다.
③ 무한궤도식은 경사지반에서의 작업에 부적당하다.
④ 타이어식은 땅을 다지는 데 효과적이다.

해설 타이어식은 승차감과 주행성이 좋아 이동식 작업에도 적당하다.

98 차량계 하역운반기계에 화물을 적재할 때의 준수사항과 거리가 먼 것은?

① 하중이 한쪽으로 치우지지 않도록 적재할 것
② 구내운반차 또는 화물자동차의 경우 화물의 붕괴 또는 낙하에 의한 위험을 방지하기 위하여 화물에 로프를 거는 등 필요한 조치를 할 것
③ 운전자의 시야를 가리지 않도록 화물을 적재할 것
④ 제동장치 및 조정장치 기능의 이상 유무를 점검할 것

해설 제동장치 및 조종장치 기능의 이상 유무 점검은 작업 시작 전 점검사항이다.

99 가설구조물이 갖추어야 할 구비요건과 가장 거리가 먼 것은?

① 영구성
② 경제성
③ 작업성
④ 안전성

해설 가설구조물이 갖추어야 할 3요소는 안전성, 경제성, 작업성이다

100 철골작업 시의 위험방지와 관련하여 철골작업을 중지하여야 하는 강설량의 기준은?

① 시간당 1mm 이상인 경우
② 시간당 3mm 이상인 경우
③ 시간당 1cm 이상인 경우
④ 시간당 3cm 이상인 경우

해설 강설량이 시간당 1cm 이상인 경우 철골작업을 중지해야 한다.

정답 | 92 ④ 93 ② 94 ② 95 ③ 96 ④ 97 ② 98 ④ 99 ① 100 ③

※ 2022년 2회 이후 CBT로 출제된 기출문제는 개정된 출제기준과 해당 회차의 기출 키워드 등을 분석하여 복원하였습니다.

1과목
산업재해 예방 및 안전보건교육

01 지난 한 해 동안 산업재해로 인하여 직접손실비용이 3조 1,600억 원이 발생한 경우의 총재해코스트는? (단, 하인리히의 재해 손실비 평가방식을 적용한다.)

① 6조 3,200억 원   ② 9조 4,800억 원
③ 12조 6,400억 원   ④ 15조 8,000억 원

> **해설** **재해손실비의 계산**
> 총재해코스트 = 직접비 + 간접비
> • 직접비 : 간접비 = 1 : 4
> • 직접비 = 3조 1600억 원
> • 간접비 = 직접비 × 4 = 3조 1,600억 원 × 4 = 12조 6,400억 원
> ∴ 직접비 + 간접비 = 3조 1,600억 원 + 12조 6,400억 원
>   = 15조 8,000억 원

02 재해의 원인 분석법 중 사고의 유형, 기인물 등 분류 항목을 큰 순서대로 도표화하여 문제나 목표의 이해가 편리한 것은?

① 관리도(control chart)
② 파렛토도(pareto diagram)
③ 클로즈분석(close analysis)
④ 특성요인도(cause−reason diagram)

> **해설** 파렛토도 : 분류 항목을 큰 순서대로 도표화한 분석법

03 산업재해보상보험법에 따른 산업재해로 인한 보상비가 아닌 것은?

① 교통비   ② 장의비
③ 휴업급여   ④ 유족급여

> **해설** **산업재해보상 보험급여**
> 요양급여, 휴업급여, 장해급여, 간병급여, 유족급여, 상병 보상연금, 장의비, 직접재활급여

04 산업안전보건법령상 관리감독자의 업무의 내용이 아닌 것은?

① 해당 작업에 관련되는 기계 · 기구 또는 설비의 안전 · 보건점검 및 이상유무의 확인
② 해당 사업장 산업보건의 지도 · 조언에 대한 협조
③ 위험성평가를 위한 업무에 기인하는 유해 · 위험요인의 파악 및 그 결과에 따라 개선조치의 시행
④ 작성된 물질안전보건자료의 게시 또는 비치에 관한 보좌 및 조언 · 지도

> **해설** ④은 보건관리자의 업무 내용이다.

05 적응기제(Adjustment Mechanism)의 유형에서 "동일화(identification)"의 사례에 해당하는 것은?

① 운동시합에 진 선수가 컨디션이 좋지 않았다고 한다.
② 결혼에 실패한 사람이 고아들에게 정열을 쏟고 있다.
③ 아버지의 성공을 자신의 성공인 것처럼 자랑하며 거만한 태도를 보인다.
④ 동생이 태어난 후 초등학교에 입학한 큰 아이가 손가락을 빨기 시작했다.

> **해설** **동일화(Identification)**
> 다른 사람의 행동양식이나 태도를 투입시키거나 다른 사람 가운데서 자기와 비슷한 점을 발견하는 것

06 다음 중 재해예방의 4원칙에 해당되지 않는 것은?

① 대책 선정의 원칙　　② 손실 우연의 원칙
③ 통계 방법의 원칙　　④ 예방 가능의 원칙

해설 **재해예방의 4원칙**
  1. 손실 우연의 원칙 : 재해손실은 사고발생 시 사고대상의 조건에 따라 달라지므로 한 사고의 결과로서 생긴 재해손실은 우연성에 의해서 결정된다.
  2. 원인 계기의 원칙 : 재해발생은 반드시 원인이 있다.
  3. 예방 가능의 원칙 : 재해는 원칙적으로 원인만 제거하면 예방이 가능하다.
  4. 대책 선정의 원칙 : 재해예방을 위한 가능한 안전대책은 반드시 존재한다.

07 매슬로(Maslow)의 욕구이론 5단계를 올바르게 나열한 것은?

① 생리적 욕구 → 안전의 욕구 → 사회적 욕구 → 존경의 욕구 → 자아실현의 욕구
② 생리적 욕구 → 안전의 욕구 → 사회적 욕구 → 자아실현의 욕구 → 존경의 욕구
③ 안전의 욕구 → 생리적 욕구 → 사회적 욕구 → 자아실현의 욕구 → 존경의 욕구
④ 안전의 욕구 → 생리적 욕구 → 사회적 욕구 → 존경의 욕구 → 자아실현의 욕구

해설 **매슬로(Maslow)의 욕구단계이론**
  • 생리적 욕구(제1단계)
  • 안전의 욕구(제2단계)
  • 사회적 욕구(제3단계)
  • 자기존경의 욕구(제4단계)
  • 자아실현의 욕구(성취욕구)(제5단계)

08 비통제의 집단행동 중 폭동과 같은 것을 말하며, 군중보다 합의성이 없고, 감정에 의해서만 행동하는 특성은?

① 패닉(Panic)
② 모브(Mob)
③ 모방(Imitation)
④ 심리적 전염(Mental Epidemic)

해설 **모브(Mob)**
  폭동과 같은 것을 말하며 군중보다 합의성이 없고 감정에 의해 행동하는 것

09 토의식 교육지도에 있어서 가장 시간이 많이 소요되는 단계는?

① 도입　　　　② 제시
③ 적용　　　　④ 확인

해설 **교육방법에 따른 교육시간**

교육법의 4단계	강의식	토의식
제1단계 - 도입(준비)	5분	5분
제2단계 - 제시(설명)	40분	10분
제3단계 - 적용(응용)	10분	40분
제4단계 - 확인(총괄)	5분	5분

10 ERG(Existence Relation Growth) 이론을 주장한 사람은?

① 매슬로우(Maslow)　　② 맥그리거(McGregor)
③ 테일러(Taylor)　　　④ 알더퍼(Alderfer)

해설 **알더퍼(Alderfer)의 ERG 이론**
  • E(Existence) : 존재의 욕구
  • R(Relation) : 관계 욕구
  • G(Growth) : 성장 욕구

11 인간의 안전교육 형태에서 행위나 난이도가 점차적으로 높아지는 순서를 옳게 표시한 것은?

① 지식 → 태도변형 → 개인행위 → 집단행위
② 태도변형 → 지식 → 집단행위 → 개인행위
③ 개인행위 → 태도변형 → 집단행위 → 지식
④ 개인행위 → 집단행위 → 지식 → 태도변형

해설 **안전교육의 3단계**
  (1) 지식교육(1단계) : 지식의 전달과 이해
  (2) 기능교육(2단계) : 실습, 시범을 통한 이해
  (3) 태도교육(3단계) : 안전의 습관화(가치관 형성)
  안전교육 형태에서 행위나 난이도가 높아지는 순서는 지식 → 태도변형 → 개인행위 → 집단행위이다.
  [행동변화의 4단계]
  (1) 제1단계 : 지식변화
  (2) 제2단계 : 태도변화
  (3) 제3단계 : 개인적 행동변화
  (4) 제4단계 : 집단성취변화

12 파블로프(Pavlov)의 조건반사설에 의한 학습이론의 원리에 해당하지 않는 것은?

① 일관성의 원리   ② 시간의 원리
③ 강도의 원리   ④ 준비성의 원리

해설 **파블로프(Pavlov)의 조건반사설**

훈련을 통해 반응이나 새로운 행동에 적응할 수 있다(종소리를 통해 개의 소화작용에 대한 실험 실시).
- 계속성의 원리(The Continuity Principle)
- 일관성의 원리(The Consistency Principle)
- 강도의 원리(The Intensity Principle)
- 시간의 원리(The Time Principle)

13 하인리히 재해 발생 5단계 중 3단계에 해당하는 것은?

① 불안전한 행동 또는 불안전한 상태
② 사회적 환경 및 유전적 요소
③ 관리의 부재
④ 사고

해설 3단계 : 불안전한 행동 및 불안전한 상태(직접원인)

14 다음 중 적성검사할 때 포함되어야 할 주요요소로 적절하지 않은 것은?

① 감각기능검사
② 근력검사
③ 신경기능검사
④ 크루즈 지수(Kruse's Index)

해설 크루즈 지수는 적성검사에 포함되지 않는다.

15 안전태도교육의 기본과정을 가장 올바르게 나열한 것은?

① 청취한다 → 이해하고 납득한다 → 시범을 보인다 → 평가한다
② 이해하고 납득한다 → 들어본다 → 시범을 보인다 → 평가한다
③ 청취한다 → 시범을 보인다 → 이해하고 납득한다 → 평가한다
④ 대량발언 → 이해하고 납득한다 → 들어본다 → 평가한다

해설 **안전교육의 3단계**

1. 지식교육(1단계) : 지식의 전달과 이해
2. 기능교육(2단계) : 실습, 시범을 통한 이해
   ㉠ 준비 철저
   ㉡ 위험작업의 규제
   ㉢ 안전작업의 표준화
3. 태도교육(3단계) : 안전의 습관화(가치관 형성)
   ㉠ 청취(들어본다) → ㉡ 이해, 납득(이해시킨다) → ㉢ 모범(시범을 보인다) → ㉣ 권장(평가한다)

16 허즈버그(Herzberg)의 동기 · 위생 이론에 대한 설명으로 옳은 것은?

① 위생요인은 직무내용에 관련된 요인이다.
② 동기요인은 직무에 만족을 느끼는 주요인이다.
③ 위생요인은 매슬로 욕구단계 중 존경, 자아실현의 욕구와 유사하다.
④ 동기요인은 매슬로 욕구단계 중 생리적 욕구와 유사하다.

해설 **동기요인(Motivation)**

책임감, 성취 인정, 개인발전 등 일 자체에서 오는 심리적 욕구(충족될 경우 조직의 성과가 향상되며 충족되지 않아도 성과가 떨어지지 않음)

17 Fail Safe의 정의를 가장 올바르게 나타낸 것은?

① 인적 불안전 행위의 통제방법을 말한다.
② 인력으로 예방할 수 없는 불가항력의 사고이다.
③ 인간－기계 시스템의 최적정 설계방안이다.
④ 인간의 실수 또는 기계 · 설비의 결함으로 인하여 사고가 발생치 않도록 설계 시부터 안전하게 하는 것이다.

해설 페일 세이프(Fail Safe) : 기계나 그 부품에 고장이나 기능불량이 생겨도 항상 안전하게 작동하는 구조와 기능을 추구하는 본질적 안전

18 위험예지훈련 4라운드 기법의 진행방법에 있어 문제점 발견 및 중요 문제를 결정하는 단계는?

① 대책수립 단계   ② 현상파악 단계
③ 본질추구 단계   ④ 행동목표설정 단계

해설 **제2라운드(본질추구)**

이것이 위험의 포인트이다(브레인스토밍으로 발견해 낸 위험 중에서 가장 위험한 것을 합의로써 결정하는 라운드).

19 Alderfer의 EGR 이론 중 생존(Existence)욕구에 해당되는 Maslow의 욕구 단계는?

① 자아실현의 욕구　　② 존경의 욕구
③ 사회적 욕구　　　　④ 생리적 욕구

알더퍼(Alderfer)의 ERG 이론

1. E(Existence) : 존재의 욕구
   생리적 욕구나 안전욕구와 같이 인간이 자신의 존재를 확보하는 데 필요한 욕구이다. 또한, 여기에는 급여, 육체적 작업에 대한 욕구 그리고 물질적 욕구가 포함된다.
2. R(Relation) : 관계 욕구
   개인이 주변 사람들(가족, 감독자, 동료작업자, 하위자, 친구 등)과 상호작용을 통하여 만족을 추구하고 싶어하는 욕구로서 매슬로 욕구단계 중 애정의 욕구에 속한다.
3. G(Growth) : 성장욕구
   매슬로의 자존의 욕구와 자아실현의 욕구를 포함하는 것으로서, 개인의 잠재력 개발과 관련되는 욕구이다.

20 토의(회의)방식 중 참가자가 다수인 경우 전원을 토의에 참가시키기 위하여 소집단으로 구분하고, 각각 자유토의를 행하여 의견을 종합하는 방식은?

① 포럼(Forum)
② 심포지엄(Symposium)
③ 버즈 세션(Buzz Session)
④ 패널 디스커션(Panel Discussion)

버즈 세션(Buzz Session Discussion)

참가자가 다수인 경우에 전원을 토의에 참가시키기 위한 방법으로 소집단을 구성하여 회의를 진행시키며 일명 6−6회의라고도 한다.

2과목

인간공학 및 위험성 평가 · 관리

21 자연습구온도가 20℃이고, 흑구온도가 30℃일 때, 실내의 습구흑구온도지수(WBGT ; Wet Bulb Globe Temperature)는 얼마인가?

① 20℃　　　　　② 23℃
③ 25℃　　　　　④ 30℃

WBGT(옥내 또는 옥외)

$$\text{WBGT}(℃) = (0.7 \times \text{자연습구온도}) + (0.3 \times \text{흑구온도})$$
$$= (0.7 \times 20) + (0.3 \times 30) = 23℃$$

22 인터페이스 설계 시 고려해야 하는 인간과 기계와의 조화성에 해당되지 않는 것은?

① 지적 조화성　　　　② 신체적 조화성
③ 감성적 조화성　　　④ 심미적 조화성

인간과 기계(환경) 인터페이스 설계 시 고려사항

- 지적 조화성
- 감성적 조화성
- 신체적 조화성

23 작업공간에서 부품배치의 원칙에 따라 레이아웃을 개선하려 할 때, 부품배치의 원칙에 해당하지 않는 것은?

① 편리성의 원칙　　　② 사용 빈도의 원칙
③ 사용 순서의 원칙　　④ 기능별 배치의 원칙

부품배치의 원칙

- 중요성의 원칙
- 사용 빈도의 원칙
- 기능별 배치의 원칙
- 사용 순서의 원칙

24 어떤 기기의 고장률이 시간당 0.002로 일정하다고 한다. 이 기기를 100시간 사용했을 때 고장이 발생할 확률은?

① 0.1813　　　　② 0.2214
③ 0.6253　　　　④ 0.8187

기계의 신뢰도

$$R = e^{-\lambda t}$$

여기서, λ(고장률) = 0.002, t(가동시간) = 100시간이므로
신뢰도 $R = e^{(-0.002 \times 100)} = e^{-0.1} = 0.818730 \cdots$
고장확률 = $1 - R = 1 - 0.81873 = 0.18127 ≒ 0.1813$

25 근골격계 질환의 인간공학적 주요 위험요인과 가장 거리가 먼 것은?

① 과도한 힘　　　　② 부적절한 자세
③ 고온의 환경　　　④ 단순 반복작업

26
Fussell의 알고리즘으로 최소 컷셋을 구하는 방법에 대한 설명으로 틀린 것은?

① OR 게이트는 항상 컷셋의 수를 증가시킨다.

② AND 게이트는 항상 컷셋의 크기를 증가시킨다.

③ 중복 및 반복되는 사건이 많은 경우에 적용하기 적합하고 매우 간편하다.

④ 톱(top)사상을 일으키기 위해 필요한 최소한의 컷셋이 최소 컷셋이다.

해설 Fussell의 알고리즘은 AND 게이트는 항상 컷의 크기를 증가시키고 OR 게이트는 항상 컷의 수를 증가시킨다는 것을 기초로 하고 있다. 해당 알고리즘을 적용하여 기본현상에 도달하면 이것들의 각 행이 최소 컷셋이다.

27
FT도 작성에서 사용되는 기호 중 "시스템의 정상적인 가동상태에서 일어날 것이 기대되는 사상"을 나타내는 것은?

번호	기호	명칭	설명
1		결함사상 (사상기호)	개별적인 결함사상
2		기본사상 (사상기호)	인간의 실수
3		생략사상 (최후사상)	정보 부족, 해석기술 불충분으로 더 이상 전개할 수 없는 사상
4		통상사상 (사상기호)	통상발생이 예상되는 사상

28
FMEA 기법의 장점에 해당하는 것은?

① 서식이 간단하다.

② 논리적으로 완벽하다.

③ 해석의 초점이 인간에 맞추어져 있다.

④ 동시에 복수의 요소가 고장나는 경우의 해석이 용이하다.

해설 **FMEA(고장형태와 영향분석법) 특징**
- 서식이 간단하고 적은 노력으로 분석 가능
- 동시에 두 가지 이상의 요소가 고장 날 경우 분석 곤란
- 요소가 물체로 한정, 인적 원인 분석 곤란

29
인간 – 기계 체계에서 인간의 과오에 기인된 원인 확률을 분석하여 위험성의 예측과 개선을 위한 평가 기법은?

① PHA   ② FMEA

③ THERP   ④ MORT

해설 **THERP(인간과오율 추정법)**

확률론적 안전기법으로서 인간의 과오에 기인된 사고원인을 분석하기 위하여 100만 운전시간당 과오도수를 기본 과오율로 하여 인간의 기본 과오율을 평가하는 기법

30
다음 중 시스템 안전성 평가의 순서를 가장 올바르게 나열한 것은?

① 자료의 정리 → 정량적 평가 → 정성적 평가 → 대책수립 → 재평가

② 자료의 정리 → 정성적 평가 → 정량적 평가 → 재평가 → 대책수립

③ 자료의 정리 → 정량적 평가 → 정성적 평가 → 재평가 → 대책수립

④ 자료의 정리 → 정성적 평가 → 정량적 평가 → 대책수립 → 재평가

해설 **사업장 안전성 평가 6단계**
- (1) 관계자료의 정비·검토 : 입지조건, 제조공정 개요, 공정계통도 등 관계자료 검토
- (2) 정성적 평가 : 소방설비 등의 설계관계 및 원재료, 운송, 저장 등의 운전관계 평가
- (3) 정량적 평가 : 물질, 온도, 압력, 용량, 조작 항목 및 화학설비 정량등급 평가
- (4) 안전대책 : 도출된 문제점에 대한 대책 수립
- (5) 재평가 : 재해정보에 의한 재평가
- (6) FTA에 의한 평가 : 위험등급 I(16점 이상)에 해당하는 화학설비에 대해 재평가 실시

31 창문을 통해 들어오는 직사 휘광을 처리하는 방법으로 가장 거리가 먼 것은?

① 창문을 높이 단다.
② 간접 조명 수준을 높인다.
③ 차양이나 발(Blind)을 사용한다.
④ 옥외 창 위에 드리우개(Overhang)를 설치한다.

해설 **광원으로부터의 휘광(glare) 처리방법**

 • 광원의 휘도를 줄이고 수를 늘인다.
 • 광원을 시선에서 멀리 위치시킨다.
 • 휘광원 주위를 밝게 하여 광도비를 줄인다.
 • 가리개, 갓 혹은 차양(visor)을 사용한다.

32 시스템의 정의에 포함되는 조건 중 틀린 것은?

① 제약된 조건 없이 수행
② 요소의 집합에 의해 구성
③ 시스템 상호 간에 관계를 유지
④ 어떤 목적을 위하여 작용하는 집합체

해설 **시스템(System)**

 그리스어 'Systema'에서 유래된 것으로 "특정한 목적을 달성하기 위하여 여러 가지 관련된 구성요소들이 상호 작용하는 유기적 집합체"를 뜻한다.

33 점광원(point source)에서 표면에 비추는 조도(lux)의 크기를 나타내는 식으로 옳은 것은? (단, D는 광원으로부터의 거리를 말한다.)

① $\dfrac{광도(fc)}{D^2(m^2)}$ ② $\dfrac{광도(lm)}{D(m)}$

③ $\dfrac{광속(lumen)}{D^2(m^2)}$ ④ $\dfrac{광도(fL)}{D(m)}$

해설 **조도(Illuminance)**

 어떤 물체나 대상면에 도달하는 빛의 양(단위 : [lux])

 $$조도(lux) = \frac{광속(lumen)}{(거리(m))^2}$$

34 인체의 동작 유형 중 굽혔던 팔꿈치를 펴는 동작을 나타내는 용어는?

① 내전(Adduction)   ② 회내(pronation)
③ 굴곡(Flexion)   ④ 신전(Extension)

해설 **신체부위의 운동**

 1. 팔, 다리
  ㉠ 외전(Abduction) : 몸의 중심선으로부터 멀리 떨어지게 하는 동작(예 팔을 옆으로 들기)
  ㉡ 내전(Adduction) : 몸의 중심선으로의 이동(팔을 수평으로 편 상태에서 수직위치로 내리는 것)
 2. 팔꿈치
  ㉠ 굴곡(Flexion) : 관절이 만드는 각도가 감소하는 동작(예 : 팔꿈치 굽히기)
  ㉡ 신전(Extension) : 관절이 만드는 각도가 증가하는 동작(예 : 굽힌 팔꿈치 펴기)
 3. 손
  ㉠ 하향(Pronation) : 손바닥을 아래로 향하도록 하는 회전
  ㉡ 상향(Supination) : 손바닥을 위로 향하도록 하는 회전
 4. 발
  ㉠ 외선(Lateral Rotation) : 몸의 중심선으로부터의 회전
  ㉡ 내선(Medial Rotation) : 몸의 중심선으로 회전

35 동작경제의 원칙에 해당하지 않는 것은?

① 가능하다면 낙하식 운반방법을 사용한다.
② 양손을 동시에 반대방향으로 움직인다.
③ 자연스러운 리듬이 생기지 않도록 동작을 배치한다.
④ 양손으로 동시에 작업을 시작하고 동시에 끝낸다.

해설 **동작경제의 원칙**

 1. 신체 사용에 관한 원칙(동작능력 활용, 작업량 절약, 동작개선)
  ㉠ 양손은 동시에 동작을 시작하여 동시에 끝맺는다.
  ㉡ 양손은 휴식을 제외하고는 동시에 쉬어서는 안 된다.
  ㉢ 팔의 동작은 서로 반대의 대칭적인 방향으로 행하며 동시에 행해야 한다.
  ㉣ 팔, 손, 손가락 그리고 신체의 동작은 일을 만족하게 할 수 있는 최소의 동작으로 한정해야 한다.
  ㉤ 작업에 도움이 되도록 가급적 물체의 관성을 이용하여야 하며 관성을 극복하여야 하는 경우에는 관성을 최소화하여야 한다.
 2. 작업장 배치에 관한 원칙
  ㉠ 모든 공구나 재료는 정해진 위치에 놓도록 한다.
  ㉡ 공구, 재료 및 제어 기구들은 사용 장소에 가깝게 배치해야 한다.
  ㉢ 가급적이면 낙하시켜 전달하는 방법을 따른다.
 3. 공구 및 설비 디자인에 관한 원칙
  ㉠ 물체 고정 장치나 발을 사용함으로써 손의 작업을 보조하고 손은 다른 동작을 담당하도록 한다.
  ㉡ 될 수 있으면 두 개 이상의 공구를 결합하도록 해야 한다.
  ㉢ 공구나 재료는 미리 배치한다.

36 1에서 15까지 수의 집합에서 무작위로 선택할 때, 어떤 숫자가 나올지 알려주는 경우의 정보량은 몇 bit인가?

① 2.91bit
② 3.91bit
③ 4.51bit
④ 4.91bit

해설) 정보량 $H = \log_2 n = \log_2 15 = \dfrac{\log 15}{\log 2} = 3.90689\text{bit}$

37 FTA에 의한 재해사례 연구의 순서를 올바르게 나열한 것은?

> A. 목표사상 선정
> B. FT도 작성
> C. 사상마다 재해원인 규명
> D. 개선계획 작성

① A→B→C→D
② A→C→B→D
③ B→C→A→D
④ B→A→C→D

해설) **FTA에 의한 재해사례 연구순서(D.R. Cheriton)**
1. Top 사상의 선정
2. 사상마다의 재해원인 규명
3. FT도의 작성
4. 개선계획의 작성

38 5,000개의 베어링을 품질검사하여 400개의 불량품을 처리하였으나 실제로는 1,000개의 불량 베어링이 있었다면 이러한 상황의 HEP(Human Error Probability)는?

① 0.04
② 0.08
③ 0.12
④ 0.16

해설) 인간실수 확률(HEP ; Human Error Probability) : 특정 직무에서 하나의 착오가 발생할 확률

$$\text{HEP} = \frac{\text{인간실수의 수}}{\text{실수 발생의 전체기회수}} = \frac{(1,000 - 400)}{5,000} = 0.12$$

39 표시 값의 변화 방향이나 변화 속도를 나타내어 전반적인 추이의 변화를 관측할 필요가 있는 경우에 가장 적합한 표시장치 유형은?

① 계수형(digital)
② 묘사형(descriptive)
③ 동목형(moving scale)
④ 동침형(moving pointer)

해설) **동침형(Moving Pointer)**
고정된 눈금상에서 지침이 움직이면서 값을 나타내는 방법으로 지침의 위치가 일종의 인식상의 단서로 작용하는 이점이 있다.

40 조종장치를 3cm 움직였을 때 표시장치의 지침이 5cm 움직였다면 C/R비는?

① 0.25
② 0.6
③ 1.5
④ 1.7

해설) **통제표시비(선형조정장치)**

$$\frac{X}{Y} = \frac{C}{D} = \frac{\text{통제기기의 변위량}}{\text{표시계기지침의 변위량}} = \frac{3}{5} = 0.6$$

3과목

기계 · 기구 및 설비 안전관리

41 보일러수에 불순물이 많이 포함되어 있을 경우, 보일러수의 비등과 함께 수면부위에 거품을 형성하여 수위가 불안정하게 되는 현상은?

① 프라이밍(Priming)
② 포밍(Foaming)
③ 캐리오버(Carry over)
④ 워터해머(Water hammer)

해설) **포밍(Foaming)**
보일러수에 불순물이 많이 포함되었을 경우 보일러수의 비등과 함께 수면부위에 거품층이 형성되어 수위가 불안정하게 되는 현상을 말한다.

42 드릴 작업의 안전조치 사항으로 틀린 것은?

① 칩은 와이어 브러시로 제거한다.
② 드릴 작업에서는 보안경을 쓰거나 안전덮개를 설치한다.
③ 칩에 의한 자상을 방지하기 위해 면장갑을 착용한다.
④ 바이스 등을 사용하여 작업 중 공작물의 유동을 방지한다.

해설) **드릴링 머신의 안전작업수칙(드릴의 작업안전수칙)**
장갑을 끼고 작업을 하지 말 것

정답 | 36 ② 37 ② 38 ③ 39 ④ 40 ② 41 ② 42 ③

43 공작기계인 밀링작업의 안전사항이 아닌 것은?

① 사용 전에는 기계 기구를 점검하고 시운전을 한다.
② 칩을 제거할 때는 칩 브레이커로 제거한다.
③ 회전하는 커터에 손을 대지 않는다.
④ 커터의 제거·설치 시에는 반드시 스위치를 차단하고 한다.

해설 칩은 기계를 정지시킨 다음에 브러시로 제거할 것

44 목재가공용 둥근톱의 두께가 3mm일 때, 분할날의 두께는 몇 mm 이상이어야 하는가?

① 3.3mm 이상
② 3.6mm 이상
③ 4.5mm 이상
④ 4.8mm 이상

해설 분할날의 두께는 톱날두께의 1.1배 이상이어야 한다. 따라서, 둥근톱 두께의 1.1배인 3.3mm 이상의 분할날이 필요하다.

45 산업안전보건법령상 롤러기 조작부의 설치 위치에 따른 급정지장치의 종류가 아닌 것은?

① 손조작식
② 복부조작식
③ 무릎조작식
④ 발조작식

해설 **급정지장치 조작부의 위치**

급정지장치 조작부의 종류	위치	비고
손으로 조작(로프식)하는 것	밑면으로부터 1.8m 이하	위치는 급정지장치 조작부의 중심점을 기준으로 한다.
복부로 조작하는 것	밑면으로부터 0.8m 이상 1.1m 이하	
무릎으로 조작하는 것	밑면으로부터 0.4m 이상 0.6m 이하	

46 프레스기의 방호장치의 종류가 아닌 것은?

① 가드식
② 초음파식
③ 광전자식
④ 양수조작식

해설 **프레스의 방호장치**

- 게이트가드(Gate Guard)식 방호장치
- 양수조작식 방호장치
- 손쳐내기식(Push Away, Sweep Guard) 방호장치
- 수인식(Pull Out) 방호장치
- 광전자식(감응식) 방호장치

47 산업용 로봇 작업 시 안전조치 방법이 아닌 것은?

① 높이 1.8m 이상의 울타리를 설치한다.
② 로봇의 조작방법 및 순서의 지침에 따라 작업한다.
③ 로봇 작업 중 이상상황의 대처를 위해 근로자 이외에도 로봇의 기동스위치를 조작할 수 있도록 한다.
④ 2인 이상의 근로자에게 작업을 시킬 때는 신호 방법의 지침을 정하고 그 지침에 따라 작업한다.

해설 **산업용 로봇 작업 시 안전작업 방법**

작업을 하고 있는 동안 로봇의 기동스위치 등에 작업 중이라는 표시를 하는 등 작업에 종사하고 있는 근로자가 아닌 사람이 그 스위치 등을 조작할 수 없도록 필요한 조치를 할 것

48 수공구의 재해방지를 위한 일반적인 유의사항이 아닌 것은?

① 사용 전 이상 유무를 점검한다.
② 작업자에게 필요한 보호구를 착용시킨다.
③ 적합한 수공구가 없을 경우 유사한 것을 선택하여 사용한다.
④ 사용 전 충분한 사용법을 숙지하고 익힌다.

해설 수공구는 반드시 작업에 적합한 것만을 사용한다.

49 다음 중 컨베이어(Conveyor)의 방호장치로 볼 수 없는 것은?

① 반발예방장치
② 이탈방지장치
③ 비상정지장치
④ 덮개 또는 울

해설 **컨베이어 안전장치의 종류**

1. 비상정지장치(「안전보건규칙」 제192조)
2. 덮개 또는 울(「안전보건규칙」 제193조)
3. 건널다리(「안전보건규칙」 제195조)
4. 역전방지장치(「안전보건규칙」 제191조)

50 선반의 안전작업 방법 중 틀린 것은?

① 절삭칩의 제거는 반드시 브러시를 사용할 것
② 기계운전 중에는 백기어(Back gear)의 사용을 금할 것
③ 공작물의 길이가 직경의 6배 이상일 때는 반드시 방진구를 사용할 것
④ 시동 전에 척 핸들을 빼둘 것

정답 | 43 ② 44 ① 45 ④ 46 ② 47 ③ 48 ③ 49 ① 50 ③

바이트는 짧게 장치하고 일감의 길이가 직경의 12배 이상일 때 방진구 사용

51 다음 중 기계의 회전 운동하는 부분과 고정부 사이에 위험이 형성되는 위험점으로 예를 들어 연삭숫돌과 작업받침대, 교반기의 날개와 하우스 등에서 발생되는 위험점은?

① 끼임점 ② 접선물림점
③ 협착점 ④ 절단점

해설 **끼임점(Shear Point)**

기계의 회전운동하는 부분과 고정부 사이에 형성되는 위험점이다. 예로서 연삭숫돌과 작업대, 교반기의 교반날개와 몸체 사이 및 반복되는 링크기구 등이 있다.

52 산업용 로봇에 사용되는 안전매트에 요구되는 일반 구조 및 표시에 관한 설명으로 옳지 않은 것은?

① 단선경보장치가 부착되어 있어야 한다.
② 감응시간을 조절하는 장치는 부착되어 있지 않아야 한다.
③ 자율안전확인의 표시 외에 작동하중, 감응시간, 복귀신호의 자동 또는 수동 여부, 대소인공용 여부를 추가로 표시해야 한다.
④ 감응도 조절장치가 있는 경우 봉인되어 있지 않아야 한다.

해설 **안전매트의 성능기준 일반구조**
• 단선경보장치가 부착되어 있어야 한다.
• 감응시간을 조절하는 장치는 부착되어 있지 않아야 한다.
• 감응도 조절장치가 있는 경우 봉인되어 있어야 한다.

53 프레스 등의 금형을 부착·해체 또는 조정 작업 중 슬라이드가 갑자기 작동하여 근로자에게 발생할 수 있는 위험을 방지하기 위하여 설치하는 것은?

① 방호 울 ② 안전블록
③ 시건장치 ④ 게이트 가드

해설 **금형조정작업의 위험 방지(「안전보건규칙」 제104조)**

사업주는 프레스 등의 금형을 부착·해체 또는 조정하는 작업을 할 때 해당 작업에 종사하는 근로자의 신체가 위험한계 내에 있는 경우 슬라이드가 갑자기 작동함으로써 근로자에게 발생할 우려가 있는 위험을 방지하기 위하여 안전블록을 사용하는 등 필요한 조치를 하여야 한다.

54 기계의 동작 상태가 설정한 순서 조건에 따라 진행되어 한 가지 상태의 종료가 끝난 다음 상태를 생성하는 제어시스템을 가진 로봇은?

① 플레이백 로봇 ② 학습제어로봇
③ 시퀀스 로봇 ④ 수치제어로봇

해설 **시퀀스 로봇**

미리 정해진 일정한 순서와 위치에 따라 동작하는 로봇. 동작 순서를 변경할 수 없다.

55 기계설비의 안전조건 중 외관의 안전화에 해당하는 조치는?

① 고장 발생을 최소화하기 위해 정기점검을 실시하였다.
② 전압강하, 정전 시의 오동작을 방지하기 위하여 제어장치를 설치하였다.
③ 기계의 예리한 돌출부 등에 안전 덮개를 설치하였다.
④ 강도를 고려하여 안전율을 최대로 고려하여 설비를 설계하였다.

해설 **기계의 안전조건(외형의 안전화)**
• 묻힘형이나 덮개의 설치
• 별실 또는 구획된 장소에의 격리
• 안전색채를 사용

56 산업안전보건법령에 따라 다음 중 덮개 혹은 울을 설치하여야 하는 경우나 부위에 속하지 않는 것은?

① 목재가공용 띠톱기계를 제외한 띠톱기계에서 절단에 필요한 톱날 부위 외의 위험한 톱날 부위
② 선반으로부터 돌출하여 회전하고 있는 가공물이 근로자에게 위험을 미칠 우려가 있는 경우
③ 보일러에서 과열에 의한 압력상승으로 인해 사용자에게 위험을 미칠 우려가 있는 경우
④ 연삭기 또는 평삭기의 테이블, 형삭기 램 등의 행정 끝이 근로자에게 위험을 미칠 우려가 있는 경우

해설 보일러에는 덮개 혹은 울을 설치하지 않아도 된다.

57 롤러기의 급정지장치를 작동시켰을 경우에 무부하 운전 시 앞면 롤러의 표면속도가 30m/min 미만일 때의 급정지거리로 적합한 것은?

① 앞면 롤러 원주의 1/1.5 이내
② 앞면 롤러 원주의 1/2 이내
③ 앞면 롤러 원주의 1/2.5 이내
④ 앞면 롤러 원주의 1/3 이내

해설

앞면 롤의 면속도(m/min)	급정지거리
30 미만	앞면 롤 원주의 1/3
30 이상	앞면 롤 원주의 1/2.5

58 밀링 머신의 작업 시 안전수칙에 대한 설명으로 틀린 것은?

① 커터의 교환 시는 테이블 위에 목재를 받쳐 놓는다.
② 강력 절삭 시에는 일감을 바이스에 깊게 물린다.
③ 작업 중 면장갑은 착용하지 않는다.
④ 커터는 가능한 칼럼(column)으로부터 멀리 설치한다.

해설 **밀링작업 시 안전대책**
커터는 될 수 있는 한 칼럼에 가깝게 설치할 것

59 프레스 양수조작식 안전거리(D) 계산식으로 적합한 것은? (단, T_L은 누름버튼에서 손을 떼는 순간부터 급정지기구가 작동개시하기까지의 시간, T_S는 급정지기구 작동을 개시할 때부터 슬라이드가 정지할 때까지의 시간이다.)

① $D = 1.6(T_L - T_S)$
② $D = 1.6(T_L + T_S)$
③ $D = 1.6(T_L \div T_S)$
④ $D = 1.6(T_L \times T_S)$

해설 **양수조작식 안전장치의 조작부의 안전거리**
$$D = 1.6 \times (T_c + T_s)\,(\text{cm})$$
여기서, T_c : 누름버튼에서 손이 떨어질 때부터 급정지기구가 작동을 개시하기까지의 시간(초)
T_s : 급정지기구가 작동을 개시할 때부터 슬라이드가 정지할 때까지의 시간(초)

60 기계장치의 안전설계를 위해 적용하는 안전율 계산식은?

① 안전하중 ÷ 설계하중
② 최대사용하중 ÷ 극한강도
③ 극한강도 ÷ 최대설계응력
④ 극한강도 ÷ 파단하중

해설 **안전율(Safety Factor), 안전계수**

$$\text{안전율 } S = \frac{\text{극한(최대, 인장)강도}}{\text{허용응력}} = \frac{\text{파단(최대)하중}}{\text{사용(정격)하중}}$$

4과목
전기 및 화학설비 안전관리

61 산업안전보건기준에 관한 규칙에서 규정하는 급성 독성 물질의 기준으로 틀린 것은?

① 쥐에 대한 경구투입실험에 의하여 실험동물의 50%를 사망시킬 수 있는 물질의 양이 kg당 300mg − (체중) 이하인 화학물질
② 쥐에 대한 경피흡수실험에 의하여 실험동물의 50%를 사망시킬 수 있는 물질의 양이 kg당 1,000mg − (체중) 이하인 화학물질
③ 토끼에 대한 경피흡수실험에 의하여 실험동물의 50%를 사망시킬 수 있는 물질의 양이 kg당 1,000mg − (체중) 이하인 화학물질
④ 쥐에 대한 4시간 동안의 흡입실험에 의하여 실험동물의 50%를 사망시킬 수 있는 가스의 농도가 3,000ppm 이상인 화학물질

해설 쥐에 대한 4시간 동안의 흡입실험에 의하여 실험동물의 50%를 사망시킬 수 있는 물질의 농도, 즉 LC50이 2,500ppm 이하인 화학물질

62 페인트를 스프레이로 뿌려 도장작업을 하는 작업 중 발생할 수 있는 정전기 대전으로만 이루어 진 것은?

① 유동대전, 충돌대전
② 유동대전, 마찰대전
③ 분출대전, 충돌대전
④ 분출대전, 유동대전

해설 도장작업 중에는 충돌대전과 분출대전으로 인해 정전기가 발생할 수 있다.

63 액체가 관내를 이동할 때에 정전기가 발생하는 현상은?

① 마찰대전 ② 박리대전
③ 분출대전 ④ 유동대전

해설 액체류가 파이프 등 내부에서 유동할 때 액체와 관벽 사이에 정전기가 발생하는 것을 유동대전이라고 한다.

64 감전에 의한 전격위험을 결정하는 주된 인자와 거리가 먼 것은?

① 통전저항 ② 통전전류의 크기
③ 통전경로 ④ 통전시간

해설 통전저항은 전격의 위험을 결정하는 주된 인자와 관련 없다.

65 인체가 현저히 젖어 있는 상태 또는 금속성의 전기·기계 장치나 구조물의 인체의 일부가 상시 접촉되어 있는 상태에서의 허용접촉전압으로 옳은 것은?

① 2.4V 이하 ② 25V 이하
③ 50V 이하 ④ 75V 이하

해설 **허용접촉전압**

종별	접촉상태	허용접촉전압
제2종	• 인체가 현저히 젖어 있는 상태 • 금속성의 전기·기계장치나 구조물에 인체의 일부가 상시 접촉되어 있는 상태	25[V] 이하

66 다음 중 만성중독과 가장 관계가 깊은 유독성 지표는?

① LD50(Median lethal dose)
② MLD(Minimum lethal dose)
③ TLV(Threshold limit value)
④ LC50(Median lethal concentration)

해설 TLV는 유해물질을 함유하는 공기 중에서 작업자가 연일 그 공기에 폭로되어도 건강장해를 일으키지 않는 물질 농도를 말하며, 만성적으로 노출되는 것에 대한 지표가 될 수 있다.

67 작업장에서는 근로자의 감전위험을 방지하기 위하여 필요한 조치를 하여야 한다. 맞지 않는 것은?

① 작업장 통행 등으로 인하여 접촉하거나 접촉할 우려가 있는 배선 또는 이동전선에 대하여서는 절연피복이 손상되거나 노화된 경우에는 교체하여 사용하는 것이 바람직하다.
② 전선을 서로 접속하는 때에는 해당 전선의 절연성능 이상으로 절연될 수 있는 것으로 충분히 피복하거나 적합한 접속기구를 사용하여야 한다.
③ 물 등 도전성이 높은 액체가 있는 습윤한 장소에서 근로자의 통행 등으로 인하여 접촉할 우려가 있는 이동전선 및 이에 부속하는 접속기구는 그 도전성이 높은 액체에 대하여 충분한 절연효과가 있는 것을 사용하여야 한다.
④ 차량, 기타 물체의 통과 등으로 인하여 전선의 절연피복이 손상될 우려가 없더라도 통로 바닥에 전선 또는 이동전선을 설치하여 사용하여서는 아니 된다.

해설 통로 바닥에서의 전선 또는 이동전선을 설치 및 사용금지(차량, 기타 물체의 통과 등으로 인하여 전선의 절연피복이 손상될 우려가 없거나 손상되지 않도록 적절한 조치를 한 경우 제외)

68 연소의 3요소에 해당되지 않는 것은?

① 가연물 ② 점화원
③ 연쇄반응 ④ 산소공급원

해설 연소의 3요소는 가연물, 점화원, 산소공급원이다.

69 전기스파크의 최소발화에너지를 구하는 공식은?

① $W = \frac{1}{2}CV^2$ ② $W = \frac{1}{2}CV$

② $W = 2CV^2$ ④ $W = 2C^2V$

해설 최소발화에너지 $W = \frac{1}{2}CV^2$

70 20℃인 1기압의 공기를 압축비 3으로 단열압축하였을 때, 온도는 약 몇 ℃가 되겠는가? (단, 공기의 비열비는 1.4이다.)

① 84 ② 128
③ 182 ④ 1091

해설 단열변화 공식 $\frac{T_2}{T_1} = \left(\frac{V_1}{V_2}\right)^{r-1} = \left(\frac{P_2}{P_1}\right)^{\frac{(r-1)}{r}}$ 를 이용하면,

$$T_2 = (273 + 20) \times \left(\frac{3}{1}\right)^{\frac{1.4-1}{1.4}} = 401°K = 128℃$$

71 다음 중 아세틸렌의 취급 · 관리 시 주의사항으로 틀린 것은?

① 용기는 폭발할 수 있으므로 전도 · 낙하되지 않도록 한다.

② 폭발할 수 있으므로 필요 이상 고압으로 충전하지 않는다.

③ 용기는 밀폐된 장소에 보관하고, 누출 시에는 누출원에 직접 주수하도록 한다.

④ 폭발성 물질을 생성할 수 있으므로 구리나 일정 함량 이상의 구리합금과 접촉하지 않도록 한다.

해설 아세틸렌 용기는 통풍이 충분한 장소에 보관하여야 한다.

72 다음 중 분진폭발의 발생 위험성을 낮추는 방법으로 적절하지 않은 것은?

① 주변의 점화원을 제거한다.

② 분진이 날리지 않도록 한다.

③ 분진과 그 주변의 온도를 낮춘다.

④ 분진 입자의 표면적을 크게 한다.

해설 분진 입자의 표면적을 크게 하면 분진폭발의 위험성이 높아진다.

73 정전기 발생에 영향을 주는 요인이 아닌 것은?

① 물체의 특성　　　　② 물체의 표면상태

③ 접촉면적 및 압력　　④ 응집속도

해설 '응집속도'는 정전기 발생에 영향을 주는 요인이 아니다.

74 전기설비 등에는 누전에 의한 감전의 위험을 방지하기 위하여 전기기계 · 기구에 접지를 실시하도록 하고 있다. 전기기계 · 기구의 접지에 대한 설명 중 틀린 것은?

① 특별고압의 전기를 취급하는 변전소 · 개폐소 그 밖에 이와 유사한 장소에서는 지락(地絡)사고가 발생할 경우 접지극의 전위상승에 의한 감전위험을 감소시키기 위한 조치를 하여야 한다.

② 코드 및 플러그를 접속하여 사용하는 전압이 대지전압 110V를 넘는 전기기계 · 기구가 노출된 비충전 금속체에는 접지를 반드시 실시하여야 한다.

③ 접지설비에 대하여는 상시 적정상태 유지여부를 점검하고 이상을 발견한 때에는 즉시 보수하거나 재설치하여야 한다.

④ 전기기계 · 기구의 금속제 외함 · 금속제 외피 및 철대에는 접지를 실시하여야 한다.

해설 코드 및 플러그를 접속하여 사용하는 전압이 대지전압 150V를 넘는 전기기계 · 기구가 노출된 비충전 금속체에는 접지를 반드시 실시하여야 한다.

75 방폭용 공구류의 제작에 많이 쓰이는 재료는?

① 철제　　　　　　　② 강철합금제

③ 카본제　　　　　　④ 베릴륨 동합금제

해설 방폭공구 : 인화성 또는 가연성 물질과 같은 위험물질이 존재할 수 있는 작업현장에서 마찰, 충격 등의 물리적 요인에 의한 스파크가 발생하지 않는 특수재질로 만든 공구

종류	강도 (HRC)	절단점
AL−bronze(알루미늄 합금 청동)재질	25	750~850 N/mm²
Be−bronze(베릴륨 합금 청동)재질	35	1,100~1,300 N/mm²

76 누전에 의한 감전위험을 방지하기 위하여 감전방지용 누전차단기의 접속에 관한 일반사항으로 틀린 것은?

① 분기회로마다 누전차단기를 설치한다.

② 동작시간은 0.03초 이내이어야 한다.

③ 전기기계 · 기구에 설치되어 있는 누전차단기는 정격감도전류가 30[mA] 이하이어야 한다.

④ 누전차단기는 배전반 또는 분전반 내에 접속하지 않고 별도로 설치한다.

해설 누전차단기는 파손이 되지 않도록 견고한 구조의 배전반 또는 분전반에 설치하는 것을 원칙으로 해야 한다.

정답 | 71 ③　72 ④　73 ④　74 ②　75 ④　76 ④

77 건물의 전기설비로부터 누설전류를 탐지하여 경보를 발하는 누전경보기의 구성으로 옳은 것은?

① 축전기, 변류기, 경보장치
② 변류기, 수신기, 증폭기
③ 수신기, 발신기, 경보장치
④ 비상전원, 수신기, 경보장치

해설 **전기누전화재경보기의 구성**
- 누설전류를 검출하는 변류기(ZCT)
- 누설전류를 증폭하는 증폭기
- 경보를 발하는 음향장치(수신기)

78 저압전선로 중 절연 부분의 전선과 대지 간 및 전선의 심선 상호간의 절연저항은 사용전압에 대한 누설전류가 최대 공급전류의 얼마를 넘지 않도록 규정하고 있는가?

① 1/1,000
② 1/1,500
③ 1/2,000
④ 1/2,500

해설 저압전선로 중 절연부분의 전선과 대지 사이 및 전선의 심선 상호 간의 절연저항은 사용전압에 대한 누설전류가 최대 공급전류의 1/2,000을 넘지 않도록 하여야 한다.

79 다음 중 착화열에 대한 정의로 가장 적절한 것은?

① 연료가 착화해서 발생하는 전열량
② 연료 1kg이 착화해서 연소하여 나오는 총 발열량
③ 외부로부터 열을 받지 않아도 스스로 연소하여 발생하는 열량
④ 연료를 최초의 온도로부터 착화온도까지 가열하는 데 드는 열량

해설 착화열은 연료를 최초의 온도로부터 착화온도까지 가열하는 데 드는 열량이다.

80 위험물안전관리법령상 제4류 위험물(인화성 액체)이 갖는 일반성질로 가장 거리가 먼 것은?

① 증기는 대부분 공기보다 무겁다.
② 대부분 물보다 가볍고 물에 잘 녹는다.
③ 대부분 유기화합물이다.
④ 발생증기는 연소하기 쉽다.

해설 제4류 위험물인 인화성 액체는 대부분 물보다 가벼우며, 주수소화 시 물 위로 떠오르므로 화재가 더 번질 위험이 있다.

5과목
건설공사 안전관리

81 공사종류 및 규모별 안전관리비 계상 기준표에서 공사종류의 명칭에 해당되지 않는 것은?

① 건축공사
② 일반건설공사
③ 철도 · 궤도신설공사
④ 특수건설공사

해설 건축공사, 토목공사, 중건설공사, 특수건설공사로 구분한다.

82 차량계 하역운반기계의 운전자가 운전위치를 이탈하는 경우의 조치사항으로 부적절한 것은?

① 포크 및 버킷을 가장 높은 위치에 두어 근로자 통행을 방해하지 않도록 하였다.
② 원동기를 정지시키고 브레이크를 걸었다.
③ 시동키를 운전대에서 분리시켰다.
④ 경사지에서 갑작스런 주행이 되지 않도록 하였다.

해설 운전위치 이탈 시에는 포크 및 버킷 등의 하역장치를 가장 낮은 위치에 두어야 한다.

83 추락방호용 방망 그물코의 모양 및 크기의 기준으로 옳은 것은?

① 원형 또는 사각으로서 그 크기는 5cm 이하이어야 한다.
② 원형 또는 사각으로서 그 크기는 10cm 이하이어야 한다.
③ 사각 또는 마름모로서 그 크기는 5cm 이하이어야 한다.
④ 사각 또는 마름모로서 그 크기는 10cm 이하이어야 한다.

해설 추락방호망의 방망의 그물코는 사각 또는 마름모로서 크기는 10cm 이하이어야 한다.

84 잠함 또는 우물통의 내부에서 근로자가 굴착작업을 하는 경우의 준수사항으로 옳지 않은 것은?

① 산소결핍 우려가 있는 경우에는 산소의 농도를 측정하는 사람을 지명하여 측정하도록 할 것
② 근로자가 안전하게 오르내리기 위한 설비를 설치할 것
③ 굴착깊이가 20m를 초과하는 경우에는 해당 작업장소와 외부와의 연락을 위한 통신설비 등을 설치할 것

정답 | 77 ② 78 ③ 79 ④ 80 ② 81 ② 82 ① 83 ④ 84 ④

④ 잠함 또는 우물통의 급격한 침하에 의한 위험을 방지하기 위하여 바닥으로부터 천장 또는 보까지의 높이는 2m 이내로 할 것

85 강관비계를 조립할 때 준수하여야 할 사항으로 옳지 않은 것은?

① 비계기둥의 간격은 띠장방향에서 1.85m 이하로 할 것
② 띠장간격은 1.8m 이하로 설치할 것
③ 비계기둥의 제일 윗부분으로부터 31m되는 지점 밑부분의 비계기둥은 2개의 강관으로 묶어 세울 것
④ 비계기둥 간의 적재하중은 400kg을 초과하지 않도록 할 것

86 흙의 동상현상을 지배하는 인자가 아닌 것은?

① 흙의 마찰력
② 동결지속시간
③ 모관 상승고의 크기
④ 흙의 투수성

87 다음 중 옹벽 안정조건의 검토 사항이 아닌 것은?

① 활동(Sliding)에 대한 안전검토
② 전도(Overturning)에 대한 안전검토
③ 보일링(Boiling)에 대한 안전검토
④ 지반 지지력(Settlement)에 대한 안전검토

88 옥내작업장에는 비상시에 근로자에게 신속하게 알리기 위한 경보용 설비 또는 기구를 설치하여야 한다. 그 설치대상 기준으로 옳은 것은?

① 연면적이 400m² 이상이거나 상시 40명 이상의 근로자가 작업하는 옥내작업장
② 연면적이 400m² 이상이거나 상시 50명 이상의 근로자가 작업하는 옥내작업장
③ 연면적이 500m² 이상이거나 상시 40명 이상의 근로자가 작업하는 옥내작업장
④ 연면적이 500m² 이상이거나 상시 50명 이상의 근로자가 작업하는 옥내작업장

89 굴착작업을 하는 경우 지반의 붕괴 또는 토석의 낙하에 의한 근로자의 위험을 방지하기 위하여 관리감독자로 하여금 작업 시작 전에 점검하도록 해야 하는 사항과 가장 거리가 먼 것은?

① 부석·균열의 유무
② 함수·용수
③ 동결상태의 변화
④ 시계의 상태

90 콘크리트 양생작업에 관한 설명 중 옳지 않은 것은?

① 콘크리트 타설 후 소요기간까지 경화에 필요한 조건을 유지시켜주는 작업이다.
② 양생기간 중에 예상되는 진동, 충격, 하중 등의 유해한 작용으로부터 보호하여야 한다.
③ 습윤양생 시 일광을 최대한 도입하여 수화작용을 촉진하도록 한다.
④ 습윤양생 시 거푸집판이 건조될 우려가 있는 경우에는 살수하여야 한다.

91 벽 축조를 위한 굴착작업에 관한 설명으로 옳지 않은 것은?

① 수평 방향으로 연속적으로 시공한다.
② 하나의 구간을 굴착하면 방치하지 말고 기초 및 본체구조물 축조를 마무리한다.
③ 절취경사면에 전석, 낙석의 우려가 있고 혹은 장기간 방치할 경우 숏크리트, 록볼트, 캔버스 및 모르타르 등으로 방호한다.

④ 작업위치 좌우에 만일의 경우에 대비한 대피통로를 확보하여 둔다.

> 해설 옹벽 축조를 위한 굴착작업 시 수평 방향으로 연속적으로 시공하면 붕괴위험이 높아진다.

92 다음은 산업안전보건기준에 관한 규칙 중 조립도에 관한 사항이다. (   ) 안에 알맞은 것은?

> 거푸집동바리 등을 조립할 때에는 그 구조를 검토한 후 조립도를 작성하여 한다. 조립도에는 동바리 멍에 등 부재의 재질, 단면규격, (   ) 및 이음방법 등을 명시하여야 한다.

① 부재강도
② 기울기
③ 안전대책
④ 설치간격

> 해설 안전보건규칙 제331조(조립도)의 내용이다.
> • 거푸집동바리 등을 조립하는 경우에는 그 구조를 검토한 후 조립도를 작성하고 그 조립도에 의하여 조립
> • 조립도에는 동바리 · 멍에 등 부재의 재질 · 단면규격 · 설치간격 및 이음방법 등을 명시

93 굴착면 붕괴의 원인과 가장 관계가 먼 것은?

① 사면경사의 증가
② 성토 높이의 감소
③ 공사에 의한 진동하중의 증가
④ 굴착높이의 증가

> 해설 절토 및 성토 높이가 증가되면 붕괴의 위험성은 높아진다.

94 철골공사 작업 중 작업을 중지해야 하는 기후조건의 기준으로 옳은 것은?

① 풍속 : 10m/sec 이상, 강우량 : 1mm/h 이상
② 풍속 : 5m/sec 이상, 강우량 : 1mm/h 이상
③ 풍속 : 10m/sec 이상, 강우량 : 2mm/h 이상
④ 풍속 : 5m/sec 이상, 강우량 : 2mm/h 이상

> 해설 철골공사 중 작업중지를 해야 하는 악천후 기준은 풍속이 초당 10m 이상인 경우, 강우량이 시간당 1mm 이상인 경우이다.

95 달비계에 사용하는 와이어로프는 지름의 감소가 공칭지름의 몇 %를 초과할 경우에 사용할 수 없도록 규정되어 있는가?

① 5%
② 7%
③ 9%
④ 10%

> 해설 지름의 감소가 공칭지름의 7%를 초과하는 것은 사용할 수 없다.

96 추락방호망을 건축물의 바깥쪽으로 설치하는 경우 벽면으로부터 망의 내민 길이는 최소 얼마 이상이어야 하는가?

① 2m
② 3m
③ 5m
④ 10m

> 해설 건축물 등의 바깥쪽으로 설치하는 경우 망의 내민길이는 벽면으로부터 3m 이상이 되도록 해야 한다.

97 낙하추나 화약의 폭발 등으로 인공진동을 일으켜 지반의 종류, 지층 및 강성도 등을 알아내는 데 활용되는 지반조사 방법은?

① 탄성파탐사
② 전기저항탐사
③ 방사능탐사
④ 유량검층탐사

> 해설 탄성파탐사란 발파나 고압전기의 방전 등의 충격에 의해 어느 한 지점에서 탄성파를 발생시키고 다른 여러 지점에서 이들 탄성파의 전달시간과 세기를 측정, 지반의 구조를 탐사하는 방법이다.

98 작업발판 및 통로의 끝이나 개구부로서 근로자가 추락할 위험이 있는 장소에서의 방호조치로 옳지 않은 것은?

① 안전난간 설치
② 와이어로프 설치
③ 울타리 설치
④ 수직형 추락방망 설치

> 해설 근로자가 추락할 위험이 있는 장소에는 안전난간, 울타리, 수직형 추락방망 등을 설치해야 한다.

99 굴착작업에 있어서 지반의 붕괴 또는 토석의 낙하에 의하여 근로자에게 위험을 미칠 우려가 있는 경우에 사전에 필요한 조치로 거리가 먼 것은?

① 인화성 가스의 농도 측정
② 방호망의 설치
③ 흙막이 지보공의 설치
④ 근로자의 출입금지 조치

해설 굴착작업에 있어서 지반의 붕괴 또는 토석의 낙하에 의하여 근로자에게 위험을 미칠 우려가 있는 경우에는 미리 흙막이 지보공의 설치, 방호망의 설치 및 근로자의 출입 금지 등 그 위험을 방지하기 위하여 필요한 조치를 하여야 한다.

100 토류벽에 거치된 어스 앵커의 인장력을 측정하기 위한 계측기는?

① 하중계   ② 변형계
③ 지하수위계   ④ 지중경사계

해설 하중계는 Strut, Earth Anchor에 설치하여 축하중 측정으로 부재의 안정성 여부를 판단한다.

※ 2022년 2회 이후 CBT로 출제된 기출문제는 개정된 출제기준과 해당 회차의 기출 키워드 등을 분석하여 복원하였습니다.

1과목
산업재해 예방 및 안전보건교육

01 산업안전보건법령상 안전 · 보건표지에 관한 설명으로 틀린 것은?

① 안전 · 보건표지 속의 그림 또는 부호의 크기는 안전 · 보건표지의 크기와 비례하여야 하며, 안전 · 보건표지 전체 규격의 30% 이상이 되어야 한다.
② 안전 · 보건표지 색채의 물감은 변질되지 아니하는 것에 색채 고정원료를 배합하여 사용하여야 한다.
③ 안전 · 보건표지는 그 표시내용을 근로자가 빠르고 쉽게 알아볼 수 있는 크기로 제작하여야 한다.
④ 안전 · 보건표지에는 야광물질을 사용하여서는 아니 된다.

해설 야간에 필요한 안전보건표지는 야광물질을 사용하는 등 쉽게 알아볼 수 있도록 제작해야 한다.

02 산업안전보건법령에 따른 안전 · 보건표지에 사용하는 색채기준 중 비상구 및 피난소, 사람 또는 차량의 통행표지의 안내용도로 사용하는 색채는?

① 빨간색
② 녹색
③ 노란색
④ 파란색

해설

색채	색도기준	용도	사용 예
녹색	2.5G 4/10	안내	비상구 및 피난소, 사람 또는 차량의 통행표지

03 인간관계의 메커니즘 중 다른 사람의 행동 양식이나 태도를 투입시키거나, 다른 사람 가운데서 자기와 비슷한 것을 발견하는 것을 무엇이라고 하는가?

① 투사(Projection)
② 모방(Imitation)
③ 암시(Suggestion)
④ 동일화(Identification)

해설 동일화(Identification) : 다른 사람의 행동양식이나 태도를 투입시키거나 다른 사람 가운데서 자기와 비슷한 점을 발견하는 것

04 인간의 행동 특성에 관한 레빈(Lewin)의 법칙에서 각 인자에 관한 내용으로 틀린 것은?

$$B = f(P \cdot E)$$

① B : 행동
② f : 함수관계
③ P : 개체
④ E : 기술

해설 **레빈(Lewin. k)의 법칙** : $B = f(P \cdot E)$

여기서, B : behavior(인간의 행동)
  f : function(함수관계)
  P : person(개체 : 연령, 경험, 심신상태, 성격, 지능 등)
  E : environment(심리적 환경 : 인간관계, 작업환경 등)

05 다음 중 인간의 적응기제(適應機制)에 포함되지 않는 것은?

① 갈등(Conflict)
② 억압(Repression)
③ 공격(Aggression)
④ 합리화(Rationalization)

해설 적응기제 중 ②은 도피적 기제, ③은 공격적 기제, ④은 방어적 기제에 해당한다.

정답 | 01 ④ 02 ② 03 ④ 04 ④ 05 ①

06 하인리히의 재해손실비용 평가방식에서 총재해손실 비용을 직접비와 간접비로 구분하였을 때 그 비율로 옳은 것은? (단, 순서는 직접비 : 간접비다.)

① 1 : 4
② 4 : 1
③ 3 : 2
④ 2 : 3

해설 **하인리히의 재해 cost**

총재해 cost = 직접비 + 간접비
직접비 : 간접비 = 1 : 4

07 안전 · 보건교육 및 훈련은 인간행동 변화를 안전하게 유지하는 것이 목적이다. 이러한 행동변화의 전개과정 순서로 알맞은 것은?

① 자극 − 욕구 − 판단 − 행동
② 욕구 − 자극 − 판단 − 행동
③ 판단 − 자극 − 욕구 − 행동
④ 행동 − 욕구 − 자극 − 판단

해설 행동변화의 전개과정 순서는 자극 − 욕구 − 판단 − 행동 순이다.

행동변화의 4단계
1. 자극 : 외부, 내부에서 발생하는 자극으로 교육 및 훈련 시 안전 · 보건에 대한 정보가 자극이 됨
2. 욕구 : 자극에 대한 반응으로 나타나는 욕구. 교육 및 훈련 시 안전 · 보건에 대한 지식 습득 또는 안전행동을 하도록 하는 욕구 발생
3. 판단 : 욕구를 충족시키기 위한 방법을 판단. 습득한 정보를 바탕으로 안전 · 보건 행동을 수행할지 여부 판단
4. 행동 : 판단에 따라 실제로 행동을 하는 과정

08 안전심리의 5대 요소 중 능동적인 감각에 의한 자극에서 일어난 사고의 결과로서, 사람의 마음을 움직이는 원동력이 되는 것은?

① 기질(Temper)
② 동기(Motive)
③ 감정(Emotion)
④ 습관(Custom)

해설 **동기(Motive)**

능동력은 감각에 의한 자극에서 일어나는 사고의 결과로서 사람의 마음을 움직이는 원동력이다.

09 하인리히의 사고방지 5단계 중 제1단계 안전조직의 내용이 아닌 것은?

① 경영자의 안전목표 설정
② 안전관리자의 선임
③ 안전활동의 방침 및 계획수립
④ 안전회의 및 토의

해설 **하인리히의 사고방지 단계**

제1단계(안전조직)
1. 안전관리조직을 구성
2. 안전활동 방침 및 계획을 수립
3. 전문적 기술을 가진 조직을 통한 안전활동을 전개하여 전 종업원이 자주적으로 참여하여 집단의 안전 목표를 달성
4. 안전관리자를 선임

10 매슬로(Maslow)의 욕구단계이론 중 제2단계의 욕구에 해당하는 것은?

① 사회적 욕구
② 안전에 대한 욕구
③ 자아실현의 욕구
④ 존경과 긍지에 대한 욕구

해설 (2단계) 안전의 욕구 : 안전을 기하려는 욕구

11 산업안전보건법령상 안전 · 보건표지의 종류에 있어 "안전모 착용"은 어떤 표지에 해당하는가?

① 경고 표지
② 지시 표지
③ 안내 표지
④ 관계자외 출입금지

해설 안전모 착용은 지시 표지에 해당한다.

12 허즈버그(Herzberg)의 동기 · 위생이론 중 위생요인에 해당하지 않는 것은?

① 보수
② 책임감
③ 작업조건
④ 감독

해설 **위생요인(Hygiene)**

작업조건, 급여, 직무환경, 감독 등 일의 조건, 보상에서 오는 욕구(충족되지 않을 경우 조직의 성과가 떨어지나, 충족되었다고 성과가 향상되지 않음)

PART 01 PART 02 PART 03 PART 04 PART 05 부록

13 다음 중 산업재해 통계에 관한 설명으로 적절하지 않은 것은?

① 산업재해 통계는 구체적으로 표시되어야 한다.
② 산업재해 통계는 안전 활동을 추진하기 위한 기초자료이다.
③ 산업재해 통계만을 기반으로 해당 사업장의 안전수준을 추측한다.
④ 산업재해 통계의 목적은 기업에서 발생한 산업재해에 대하여 효과적인 대책을 강구하기 위함이다.

[해설] 산업재해 통계만으로 해당 사업장의 안전수준을 추측할 수 없다.

14 다음 중 리더가 가지고 있는 세력의 유형이 아닌 것은?

① 전문세력(Expert Power)
② 보상세력(Reward Power)
③ 위임세력(Entrust Power)
④ 합법세력(Legitimate Power)

[해설] **사회적 힘의 종류**

1. 강압적 힘(Coersive Power) : 두려움(Fear)에 바탕을 둔 힘이다. 어떤 사람의 의사에 따르지 않으면 부정적 결과를 맞이하게 될 것이라는 두려움을 바탕으로 형성된 힘이다.
2. 보상적 권력(Reward Power) : 바람직한 이익을 줄 수 있는 힘에서 비롯되는 힘이다. 높은 급여나 승진, 보다 좋은 업무, 중요 정보에 접근할 수 있는 기회를 줄 수 있다면 보상적 권력을 행사할 수 있다.
3. 합법적 권력(Legitimate Power) : 지위나 직책에서 비롯되는 힘이다. 강압적 권력과 보상적 권력을 포함한 개념이다.
4. 전문적 권력(Expert Power) : 특정 기술이나 전문지식에서 비롯되는 권력이다.
5. 참조적 권력(Referent Power) : 한 개인의 특징에서 비롯되는 권력으로 카리스마와 비슷한 것이다. 다른 사람으로부터 존경을 받거나 그 사람의 판단 기준에 영향을 미치며 참조되는 사람은 참조적 권력을 갖는다.

15 재해예방의 4원칙에 해당하지 않는 것은?

① 예방가능의 원칙
② 대책선정의 원칙
③ 손실우연의 원칙
④ 원인추정의 원칙

[해설] **재해예방의 4원칙**

1. 손실우연의 원칙
2. 원인연계(계기)의 원칙
3. 예방가능의 원칙
4. 대책선정의 원칙

16 산업안전보건법령상 안전관리자가 수행하여야 할 업무가 아닌 것은? (단, 그 밖에 안전에 관한 사항으로서 고용노동부장관이 정하는 사항은 제외한다.)

① 위험성 평가에 관한 보좌 및 조언·지도
② 물질안전보건자료의 게시 또는 비치에 관한 보좌 및 조언·지도
③ 사업장 순회점검·지도 및 조치의 건의
④ 산업재해에 관한 통계의 유지·관리·분석을 위한 보좌 및 조언·지도

[해설] 물질안전보건자료의 게시 또는 비치에 관한 보좌 및 조언·지도는 보건관리자의 업무에 해당된다.

17 산업안전보건법령에 따른 근로자 안전·보건교육 중 채용 시의 교육내용이 아닌 것은? (단, 산업안전보건법 및 일반관리에 관한 사항은 제외한다.)

① 사고 발생 시 긴급조치에 관한 사항
② 유해·위험 작업환경 관리에 관한 사항
③ 산업보건 및 직업병 예방에 관한 사항
④ 기계·기구의 위험성과 작업의 순서 및 동선에 관한 사항

[해설] ②은 근로자 정기교육에 대한 내용이다.

18 상황성 누발자의 재해유발원인과 거리가 먼 것은?

① 작업의 어려움
② 기계설비의 결함
③ 심신의 근심
④ 주의력의 산만

[해설] ④은 소질성 누발자의 재해유발원인에 해당한다.

상황성 누발자 : 작업이 어렵거나, 기계설비의 결함, 환경상 주의력의 집중이 혼란된 경우, 심신의 근심으로 사고 경향자가 되는 경우(상황이 변하면 안전한 성향으로 바뀜)

19 산업안전보건법령상 특별교육 대상 작업별 교육내용 중 밀폐공간에서의 작업별 교육내용이 아닌 것은? (단, 그 밖에 안전·보건관리에 필요한 사항은 제외한다.)

① 산소농도 측정 및 작업환경에 관한 사항
② 유해물질이 인체에 미치는 영향
③ 보호구 착용 및 사용방법에 관한 사항
④ 사고 시의 응급처치 및 비상시 구출에 관한 사항

20 다음은 안전화의 정의에 관한 설명이다. A와 B에 해당하는 값으로 옳은 것은?

> 중작업용 안전화란 (A)mm의 낙하높이에서 시험했을 때 충격과 (B)kN의 압축하중에서 시험했을 때 압박에 대하여 보호해 줄 수 있는 선심을 부착하여 착용자를 보호하기 위한 안전화를 말한다.

① A : 250mm,　　　　　B : 4.5kN
② A : 500mm,　　　　　B : 5.0kN
③ A : 750mm,　　　　　B : 7.5kN
④ A : 1,000mm,　　　　B : 15.0kN

해설 "중작업용 안전화"란 1,000밀리미터(mm)의 낙하높이에서 시험했을 때 충격과 (15.0±0.1)킬로뉴턴(KN)의 압축하중에서 시험했을 때 압박에 대하여 보호해 줄 수 있는 선심을 부착하여, 착용자를 보호하기 위한 안전화를 말한다.

2과목
인간공학 및 위험성 평가 · 관리

21 검사공정의 작업자가 제품의 완성도에 대한 검사를 하고 있다. 어느 날 10,000개의 제품에 대한 검사를 실시하여 200개의 부적합품을 발견하였으니 이 로트에는 실제로 500개의 부적합품이 있었다. 이때 인간과오확률(Human Error Probability)은 얼마인가?

① 0.02
② 0.03
③ 0.04
④ 0.05

해설 **인간과오확률(Human Error Probability : HEP)**
- 특정 직무에서 하나의 착오가 발생할 확률
- $HEP = \dfrac{인간실수의\ 수}{실수발생의\ 전체기회\ 수} = \dfrac{500-200}{10,000} = 0.03$

22 조작자 한 사람의 신뢰도가 0.9일 때 요원을 중복하여 2인 1조가 되어 작업을 진행하는 공정이 있다. 작업 기간 중 항상 요원 지원을 한다면 이 조의 인간 신뢰도는?

① 0.93
② 0.94
③ 0.96
④ 0.99

해설 신뢰도 $= 1 - (1-0.9)(1-0.9) = 0.99$

23 인간공학에 관련된 설명으로 틀린 것은?

① 편리성, 쾌적성, 효율성을 높일 수 있다.
② 사고를 방지하고 안전성과 능률성을 높일 수 있다.
③ 인간의 특성과 한계점을 고려하여 제품을 설계한다.
④ 생산성을 높이기 위해 인간을 작업 특성에 맞추는 것이다.

해설 작업환경 등에서 작업자의 신체적인 특성이나 행동하는 데 받는 제약조건 등이 고려된 시스템을 디자인하여 인간과 기계 및 작업환경과의 조화가 잘 이루어질 수 있도록 하여 작업자의 안전, 작업능률, 편리성, 쾌적성(만족도)을 향상시키고자 함에 있다.

24 인간계측자료를 응용하여 제품을 설계하고자 할 때 다음 중 제품과 적용기준으로 가장 적절하지 않은 것은?

① 출입문 − 최대 집단치 설계기준
② 안내데스크 − 평균치 설계기준
③ 선반높이 − 최대 집단치 설계기준
④ 공구 − 평균치 설계기준

해설 선반높이는 최소치수설계를 기준으로 한다.

25 FT도에 의한 컷셋(Cut set)이 다음과 같이 구해졌을 때 최소 컷셋(Minimal cut set)으로 옳은 것은?

> $(X_1, X_3)\ (X_1, X_2, X_3)\ (X_1, X_3, X_4)$

① (X_1, X_3)
② (X_1, X_2, X_3)
③ (X_1, X_3, X_4)
④ (X_1, X_2, X_3, X_4)

해설 **컷셋과 미니멀 컷셋**

컷이란 그 속에 포함되어 있는 모든 기본사상이 일어났을 때 정상사상을 일으키는 기본사상의 집합을 말하며 미니멀 컷셋은 정상사상을 일으키기 위한 필요 최소한의 컷을 말한다. 즉 미니멀 컷셋은 컷셋 중에 타 컷셋을 포함하고 있는 것을 배제하고 남은 컷셋들을 의미한다.

26 다음 중 작업장에서 구성요소를 배치하는 인간 공학적 원칙과 가장 거리가 먼 것은?

① 선입선출의 원칙
② 사용빈도의 원칙
③ 중요도의 원칙
④ 기능성의 원칙

해설 **부품배치의 원칙**

• 중요성의 원칙 : 부품의 작동성능이 목표달성에 긴요한 정도에 따라 우선순위를 결정한다.
• 사용빈도의 원칙 : 부품이 사용되는 빈도에 따른 우선순위를 결정한다.
• 기능별 배치의 원칙 : 기능적으로 관련된 부품을 모아서 배치한다.
• 사용순서의 원칙 : 사용순서에 맞게 순차적으로 부품들을 배치한다.

27 시스템의 수명곡선에 고장의 발생형태가 일정하게 나타나는 기간은?

① 초기고장기간
② 우발고장기간
③ 마모고장기간
④ 피로고장기간

해설 **기계의 고장률(욕조 곡선, Bathtub Curve)**

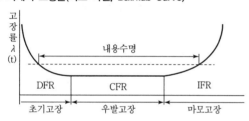

28 FT도 작성 시 논리게이트에 속하지 않는 것은 무엇인가?

① OR 게이트
② 억제 게이트
③ AND 게이트
④ 동등 게이트

해설 **FT도에 사용되는 논리기호 및 사상기호**

• AND 게이트(논리기호)
• OR 게이트(논리기호)
• 억제 게이트(Inhibit 게이트) 등

29 다음의 설명에서 (   ) 의 내용을 맞게 나열한 것은?

40phon은 (㉠)sone을 나타내며, 이는 (㉡)dB의 (㉢)Hz 순음의 크기를 나타낸다.

① ㉠ 1, ㉡ 40, ㉢ 1,000
② ㉠ 1, ㉡ 32, ㉢ 1,000
③ ㉠ 2, ㉡ 40, ㉢ 2,000
④ ㉠ 2, ㉡ 32, ㉢ 2,000

해설 **Sone 음량수준**

다른 음의 상대적인 주관적 크기를 비교한 것으로, 40dB의 1,000Hz 순음 크기(= 40Phon)를 1Sone으로 정의한다.

30 다음 통제용 조종장치의 형태 중 그 성격이 다른 것은?

① 노브(Knob)
② 푸시 버튼(Push Button)
③ 토글 스위치(Toggle Switch)
④ 로터리선택 스위치(Rotary Select Switch)

해설 노브(Knob)는 양에 의한 통제장치이다.

개폐에 의한 제어(On − Off 제어)
1. 수동식 푸시(Push Button)
2. 발(Foot) 푸시
3. 토글 스위치(Toggle Switch)
4. 로터리 스위치(Rotary Switch)

31 조종장치의 촉각적 암호화를 위하여 고려하는 특성으로 볼 수 없는 것은?

① 형상
② 무게
③ 크기
④ 표면 촉감

해설 **조정장치의 촉각적 암호화**

1. 표면촉감을 사용하는 경우
2. 형상을 구별하는 경우
3. 크기를 구별하는 경우

32 조종장치를 통한 인간의 통제 아래 기계가 동력원을 제공하는 시스템의 형태로 옳은 것은?

① 기계화 시스템
② 수동 시스템
③ 자동화 시스템
④ 컴퓨터 시스템

해설 기계화 또는 반자동체계 : 운전자의 조종장치를 사용하여 통제하며 동력은 전형적으로 기계가 제공

---

33 다음 중 얼음과 드라이아이스 등을 취급하는 작업에 대한 대책으로 적절하지 않은 것은?

① 더운 물과 더운 음식을 섭취한다.
② 가능한 한 식염(食鹽)을 많이 섭취한다.
③ 혈액순환을 위해 틈틈이 운동을 한다.
④ 오랫동안 한 장소에 고정하여 작업하지 않는다.

해설 식염은 땀을 많이 흘리는 고온작업 시 섭취한다.

34 산업안전보건법에 따라 상시 작업에 종사하는 장소에서 보통작업을 하고자 할 때 작업면의 최소 조도(lux)로 맞는 것은?

① 75   ② 150
③ 300   ④ 750

해설 보통작업 조도기준 : 150lux 이상

35 인간공학적인 의자설계를 위한 일반적 원칙으로 적절하지 않은 것은?

① 척추의 허리 부분은 요부전만을 유지한다.
② 허리 강화를 위하여 쿠션은 설치하지 않는다.
③ 좌판의 앞 모서리 부분은 5cm 정도 낮아야 한다.
④ 좌판과 등받이 사이의 각도는 90~105°를 유지하도록 한다.

해설 요부전만(腰部前灣)을 유지하기 위해 쿠션 등을 설치할 수 있다.

36 계수형(Digital) 표시장치를 사용하는 것이 부적합한 것은?

① 수치를 정확히 읽어야 할 경우
② 짧은 판독 시간을 필요로 할 경우
③ 판독 오차가 적은 것을 필요로 할 경우
④ 표시장치에 나타나는 값들이 계속 변하는 경우

해설 계수형의 경우 값이 빨리 변하는 경우 읽기가 곤란할 뿐만 아니라 시각피로를 많이 유발하므로 피해야 한다.

37 점광원(point source)에서 표면에 비추는 조도(lux)의 크기를 나타내는 식으로 옳은 것은? (단, D는 광원으로부터의 거리를 말한다.)

① $\dfrac{광도(fc)}{D^2(m^2)}$ ② $\dfrac{광도(lm)}{D(m)}$

③ $\dfrac{광속(lumen)}{D^2(m^2)}$ ④ $\dfrac{광도(fL)}{D(m)}$

해설 **조도(Illuminance)**

어떤 물체나 대상면에 도달하는 빛의 양(단위 : [lux])

$$조도(lux) = \dfrac{광속(lumen)}{(거리(m))^2}$$

38 시스템의 성능 저하가 인원의 부상이나 시스템 전체에 중대한 손해를 입히지 않고 제어가 가능한 상태의 위험강도는?

① 범주 1 : 파국적   ② 범주 2 : 위기적
③ 범주 3 : 한계적   ④ 범주 4 : 무시

해설 **시스템 위험성의 분류**

• 범주(Category) I, 파국(Catastrophic) : 인원의 사망 또는 중상, 완전한 시스템 손상 발생(생명 또는 가옥의 상실)
• 범주(Category) II, 위험(Critical) : 인원의 상해 또는 주요 시스템의 생존을 위해 즉시 시정 필요(사명, 작업 수행 실패)
• 범주(Category) III, 한계(Marginal) : 인원이 상해 또는 중대한 시스템 손상 없이 배제 또는 제어 가능(활동 지연)
• 범주(Category) IV, 무시(Negligible) : 인원의 손상이나 시스템 손상이 일어나지 않음(영향없음)

39 인간 - 기계 시스템에서 자동화 정도에 따라 분류할 때 감시제어(Supervisory Control) 시스템에서 인간의 주요기능과 가장 거리가 먼 것은?

① 간섭(Intervene)   ② 계획(Plan)
③ 교시(Teach)   ④ 추적(Pursuit)

해설 **자동체계**

기계가 감지, 정보처리, 의사결정 등 행동을 포함한 모든 임무를 수행하고 인간은 감시, 프로그래밍, 정비유지 등의 기능을 수행하는 체계. 감시제어 시스템에서 인간의 주요기능은 계획, 교시, 간섭이 있다.

40 정보를 전송하기 위해 청각적 표시장치를 사용해야 효과적인 경우는?

① 전언이 복잡할 경우
② 전언이 후에 재참조될 경우
③ 전언이 공간적인 위치를 다룰 경우
④ 전언이 즉각적인 행동을 요구할 경우

해설 정보가 즉각적인 행동을 요구하는 경우 청각적 표시장치가 유리하다.

3과목
기계 · 기구 및 설비 안전관리

41 다음 중 목재가공용 둥근톱에 설치해야 하는 분할날의 두께에 관한 설명으로 옳은 것은?

① 톱날 두께의 1.1배 이상이고, 톱날의 치진폭보다 커야 한다.
② 톱날 두께의 1.1배 이상이고, 톱날의 치진폭보다 작아야 한다.
③ 톱날 두께의 1.1배 이내이고, 톱날의 치진폭보다 커야 한다.
④ 톱날 두께의 1.1배 이내이고, 톱날의 치진폭보다 작아야 한다.

해설 **분할날의 두께**
분할날의 두께는 톱날두께 1.1배 이상이고 톱날의 치진폭 미만으로 할 것

42 휴대용 연삭기 덮개의 노출각도 기준은?

① 60[°] 이내
② 90[°] 이내
③ 150[°] 이내
④ 180[°] 이내

해설 **안전덮개의 설치방법**
휴대용 연삭기, 스윙(Swing) 연삭기 덮개의 노출각도 : 180° 이내

43 보일러의 연도(굴뚝)에서 버려지는 여열을 이용하여 보일러에 공급되는 급수를 예열하는 부속장치는?

① 과열기
② 절탄기
③ 공기예열기
④ 연소장치

해설 **절탄기(economizer, 節炭器)**
보일러 전열면(傳熱面)을 가열하고 난 연도(煙道) 가스에 의하여 보일러 급수를 가열하는 장치

44 기계 고장률의 기본모형에 해당하지 않는 것은?

① 예측 고장
② 초기 고장
③ 우발 고장
④ 마모 고장

해설 **고장률의 유형**
1. 초기 고장(제조가 불량하거나 생산과정에서 품질관리가 안 돼 생기는 고장) : 감소형
2. 우발 고장(실제 사용하는 상태에서 발생하는 고장) : 일정형
3. 마모 고장(설비 또는 장치가 수명을 다하여 생기는 고장) : 증가형

45 가스용접에서 역화의 원인으로 볼 수 없는 것은?

① 토치 성능이 부실한 경우
② 취관이 작업 소재에 너무 가까이 있는 경우
③ 산소 공급량이 부족한 경우
④ 토치 팁에 이물질이 묻은 경우

해설 역화의 발생원인으로는 팁의 막힘, 팁과 모재의 접촉, 토치의 기능불량, 토치 성능이 부실하거나 팁이 과열되었을 때 등이 있다.

46 지게차가 무부하 상태로 25km/h로 이동 중에 있을 때 좌우 안정도는 약 얼마인가?

① 16.5%
② 25.0%
③ 37.5%
④ 42.5%

해설 **주행 시의 좌우안정도**
$= (15 + 1.1V) = 15 + 1.1 \times 25 = 42.5\%$

47 다음 중 연삭기의 사용상 안전대책으로 적절하지 않은 것은?

① 방호장치로 덮개를 설치한다.
② 숫돌 교체 후 1분 정도 시운전을 실시한다.
③ 숫돌의 최고사용회전속도를 초과하여 사용하지 않는다.
④ 축 회전속도(rpm)는 영구히 지워지지 않도록 표시한다.

해설 **연삭숫돌의 덮개 등**
연삭숫돌을 사용하는 작업의 경우 작업을 시작하기 전에는 1분 이상, 연삭숫돌을 교체한 후에는 3분 이상 시험운전을 하고 해당 기계에 이상이 있는지를 확인하여야 한다.

---

48 4.2ton의 화물을 그림과 같이 60°의 각을 갖는 와이어로프로 매달아 올릴 때 와이어로프 A에 걸리는 장력 W_1은 약 얼마인가?

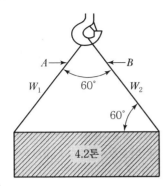

① 2.10ton
② 2.42ton
③ 4.20ton
④ 4.82ton

해설 $장력(W_1) = \dfrac{W/2}{\cos\dfrac{\theta}{2}} = \dfrac{4.2/2}{\cos\dfrac{60}{2}} = 2.424$
$\qquad\qquad = 2.42$

49 프레스 작업 시 왕복 운동하는 부분과 고정 부분 사이에서 형성되는 위험점은?

① 물림점
② 협착점
③ 절단점
④ 회전말림점

해설 **협착점(Squeeze Point)**
기계의 왕복운동을 하는 운동부와 고정부 사이에 형성되는 위험점(왕복운동＋고정부)

50 양수조작식 방호장치에서 누름버튼 상호 간의 내측거리는 얼마 이상이어야 하는가?

① 250mm 이상
② 300mm 이상
③ 350mm 이상
④ 400mm 이상

해설 양수조작식 방호장치 누름버튼의 상호 간 내측거리는 300mm 이상으로 한다.

51 드릴 작업 시 올바른 작업안전수칙이 아닌 것은?

① 구멍을 뚫을 때 관통된 것을 확인하기 위해 손으로 만져서는 안 된다.
② 드릴을 끼운 후에 척 렌치(Chuck Wrench)를 부착한 상태에서 드릴 작업을 한다.
③ 작업모를 착용하고 옷소매가 긴 작업복은 입지 않는다.
④ 보호 안경을 쓰거나 안전덮개를 설치한다.

해설 드릴을 끼운 후 척 렌치는 반드시 제거한 후 사용하여야 한다.

52 다음 중 슬로터(Slotter)의 방호장치로 적합하지 않은 것은?

① 칩받이
② 방책
③ 칸막이
④ 인발블록

해설 슬로터는 구조가 셰이퍼를 수직으로 세워 놓은 것과 비슷하여 '수직셰이퍼'라고도 한다. 슬로터(셰이퍼)의 안전장치로는 방책, 칩받이, 칸막이(방호울)가 있다.

53 산업안전보건법령에 따른 안전난간의 구조 및 설치요건에 대한 설명으로 옳은 것은?

① 상부 난간대, 중간 난간대, 발끝막이판 및 난간기둥으로 구성하여야 한다.
② 발끝막이판은 바닥면 등으로부터 5cm 이하의 높이를 유지하여야 한다.
③ 난간대는 지름 1.5cm 이상의 금속제 파이프를 사용하여야 한다.
④ 안전난간은 가장 취약한 지점에서 가장 취약한 방향으로 작용하는 70kg 이상의 하중에 견딜 수 있어야 한다.

해설 • 안전난간은 구조적으로 가장 취약한 지점에서 가장 취약한 방향으로 작용하는 100kg 이상의 하중에 견딜 수 있는 튼튼한 구조이어야 한다.
• 안전난간의 난간대는 지름 2.7cm 이상인 금속제 파이프나 그 이상의 강도를 가진 재료이어야 한다.
• 발끝막이판은 바닥면 등으로부터 10cm 이상의 높이를 유지할 것

54 기계설비의 안전화를 크게 외관의 안전화, 기능의 안전화, 구조적 안전화로 구분할 때, 기능의 안전화에 해당하는 것은?

① 안전율의 확보
② 위험부위 덮개 설치
③ 기계 외관에 안전 색채 사용
④ 전압 강하 시 기계의 자동정지

해설 **기능상의 안전화**
최근 기계는 반자동 또는 자동 제어장치를 갖추고 있어서 에너지 변동에 따라 오동작이 발생하여 주요 문제로 대두되므로 이에 따른 기능의 안전화가 요구되고 있다.
예 전압 강하 시 기계의 자동정지, 안전장치의 일정방식

55 다음 중 선반 작업 시 준수하여야 하는 안전사항으로 틀린 것은?

① 작업 중 면장갑 착용을 금한다.
② 작업 시 공구는 항상 정리해 둔다.
③ 운전 중에 백기어를 사용한다.
④ 주유 및 청소를 할 때에는 반드시 기계를 정지시키고 한다.

해설 **선반작업 시 유의사항**
기계 운전 중 백기어 사용금지

56 구멍이 있거나 노치(notch) 등이 있는 재료에 외력이 작용할 때 가장 현저하게 나타나는 현상은?

① 가공경화
② 피로
③ 응력집중
④ 크리프(creep)

해설 **응력집중**
균일단면에 축하중이 작용하면 응력은 그 단면에 균일하게 분포하는데, Notch나 Hole 등이 있으면 그 단면에 나타나는 응력분포상태는 불규칙하고 국부적으로 큰 응력이 발생되는 것을 말한다.

57 프레스기에 사용되는 손쳐내기식 방호장치의 일반 구조에 대한 설명으로 틀린 것은?

① 슬라이드 하행정거리의 1/4 위치에서 손을 완전히 밀어내야 한다.
② 방호판의 폭은 금형폭의 1/2 이상이어야 하고, 행정길이가 300mm 이상의 프레스기계에는 방호판 폭을 300mm로 해야 한다.
③ 부착볼트 등의 고정금속부분은 예리하게 돌출되지 않아야 한다.
④ 손쳐내기봉의 행정(Stroke) 길이를 금형의 높이에 따라 조정할 수 있고, 진동폭은 금형폭 이상이어야 한다.

해설 손쳐내기식 방호장치는 슬라이드 하행정거리의 3/4 위치에서 손을 완전히 밀어내야 한다.

58 선반의 크기를 표시하는 것으로 틀린 것은?

① 양쪽 센터 사이의 최대 거리
② 왕복대 위의 스윙
③ 베드 위의 스윙
④ 주축에 물릴 수 있는 공작물의 최대 지름

해설 선반의 크기 : 베드 위의 스윙, 왕복대 위의 스윙, 양 센터 사이의 최대 거리, 관습상 베드의 길이

59 다음 중 산업안전보건법령상 컨베이어에 부착해야 하는 안전장치와 가장 거리가 먼 것은?

① 해지장치
② 비상정지장치
③ 덮개 또는 울
④ 역주행방지장치

해설 **컨베이어 안전장치의 종류**
1) 비상정지장치
2) 덮개 또는 울
3) 건널다리
4) 역전방지장치

60 롤러기에서 앞면 롤러의 지름이 200mm, 회전속도가 30rpm인 롤러의 무부하동작에서의 급정지거리로 옳은 것은?

① 66mm 이내
② 84mm 이내
③ 209mm 이내
④ 248mm 이내

해설 롤러기 표면속도 $V = \dfrac{\pi DN}{1,000} = \dfrac{\pi \times 200 \times 30}{1,000}$
$= 18.85\text{m/min}$

앞면 롤의 표면속도(m/min)	급정지 거리
30 미만	앞면 롤 원주의 1/3
30 이상	앞면 롤 원주의 1/2.5

롤러기 앞면 롤의 표면속도는 30 미만이므로 급정지거리는 앞면 롤 원주의 1/3 이내이다.

따라서, 급정지거리 $\leq \dfrac{\pi \times D}{3} = \dfrac{\pi \times 200}{3} = 209\text{mm}$

4과목

전기 및 화학설비 안전관리

61 방폭구조의 종류와 기호가 잘못 연결된 것은?

① 유입방폭구조 – o
② 압력방폭구조 – p
③ 내압방폭구조 – d
④ 본질안전방폭구조 – e

해설 본질안전방폭구조 – ia, ib

62 어떤 물질 내에서 반응전파속도가 음속보다 빠르게 진행되고 이로 인해 발생된 충격파가 반응을 일으키고 유지하는 발열반응을 무엇이라 하는가?

① 점화(Ignition)
② 폭연(Deflagration)
③ 폭발(Explosion)
④ 폭굉(Detonation)

해설 연소파가 일정 거리를 진행한 후 연소 전파속도가 1,000~3,500m/s 정도에 달할 경우 이를 폭굉현상(Detonation Phenomenon)이라 하며, 이때 국한된 반응영역을 폭굉파(Detonation Wave)라 한다. 폭굉파의 속도는 음속을 앞지르므로, 진행 후면에는 그에 따른 충격파가 있다.

63 대전된 물체가 방전을 일으킬 때에 에너지 E(J)를 구하는 식으로 옳은 것은? (단, 도체의 정전용량을 C(F), 대전전위를 V(V), 대전전하량을 Q(C)라 한다.)

① $E = \sqrt{2CQ}$
② $E = \dfrac{1}{2}CV$
③ $E = \dfrac{Q^2}{2C}$
④ $E = \sqrt{\dfrac{2V}{C}}$

해설 $Q = CV$이므로 $E = \dfrac{Q^2}{2C}$

64 A가스의 폭발하한계가 4.1vol%, 폭발상한계가 62vol%일 때 이 가스의 위험도는 약 얼마인가?

① 8.94
② 12.75
③ 14.12
④ 16.12

해설 위험도$(H) = \dfrac{\text{폭발상한계}(U) - \text{폭발하한계}(L)}{\text{폭발하한계}(L)}$
$= \dfrac{62 - 4.1}{4.1} = 14.12$

65 전기스파크의 최소발화에너지를 구하는 공식은?

① $W = \dfrac{1}{2}CV^2$
② $W = \dfrac{1}{2}CV$
② $W = 2CV^2$
④ $W = 2C^2V$

해설 최소발화에너지 $W = \dfrac{1}{2}CV^2$

66 다음 중 F, Cl, Br 등 산화력이 큰 할로겐 원소의 반응을 이용하여 소화(消火)시키는 방식을 무엇이라 하는가?

① 희석식 소화
② 냉각에 의한 소화
③ 연료 제거에 의한 소화
④ 연소 억제에 의한 소화

해설 할로겐 원소 등을 이용한 할론가스 소화기(소화약제)는 가연물이 산소와 반응하는 부촉매효과로 연소를 억제한다.

67 정전기 방전의 종류 중 부도체의 표면을 따라서 Starcheck 마크를 가지는 나뭇가지 형태의 발광을 수반하는 것은?

① 기중방전
② 불꽃방전
③ 연면방전
④ 고압방전

정답 | 61 ④ 62 ④ 63 ③ 64 ③ 65 ① 66 ④ 67 ③

해설 **연면방전**

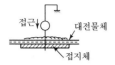

1. 방전현상 및 대상
   - 정전기가 대전되어 있는 부도체에 접지체를 접근한 경우 대전물체와 접지체 사이에서 발생하는 방전과 거의 동시에 부도체 표면을 따라서 발생
   - 별표 마크를 가지는 나뭇가지 형태의 발광을 수반하는 방전
   - 연면방전의 조건
     - 부도체의 대전량이 극히 큰 경우
     - 대전된 부도체의 표면 가까이에 접지체가 있는 경우
   - 드럼이나 사일로의 분진이 높은 전하 보유
2. 영향(위험성)
   - 착화원 및 전격을 일으킬 확률이 대단히 높음
   - 방전에너지가 높음
   - 화재, 폭발의 원인이 됨

68 나트륨은 물과 반응할 때 위험성이 매우 크다. 그 이유로 적합한 것은?

① 물과 반응하여 지연성 가스 및 산소를 발생시키기 때문이다.
② 물과 반응하여 맹독성 가스를 발생시키기 때문이다.
③ 물과 발열반응을 일으키면서 가연성 가스를 발생시키기 때문이다.
④ 물과 반응하여 격렬한 흡열반응을 일으키기 때문이다.

해설 **나트륨**은 물과 접촉할 경우 발열반응을 일으키면서 가연성 가스를 발생시킨다.

69 10Ω의 저항에 10A의 전류를 1분간 흘렸을 때의 발열량은 몇 cal인가?

① 1,800   ② 3,600
③ 7,200   ④ 14,400

해설 $H = 0.24I^2RT = 14,400 cal$

70 인체가 현저히 젖어 있는 상태 또는 금속성의 전기·기계 장치나 구조물의 인체 일부가 상시 접촉되어 있는 상태에서의 허용접촉전압으로 옳은 것은?

① 2.4V 이하   ② 25V 이하
③ 50V 이하   ④ 75V 이하

해설 **허용접촉전압**

종별	접촉상태	허용접촉전압
제2종	• 인체가 현저히 젖어 있는 상태 • 금속성의 전기·기계장치나 구조물에 인체의 일부가 상시 접촉되어 있는 상태	25[V] 이하

71 산업안전보건기준에 관한 규칙에서 부식성 염기류에 해당하는 것은?

① 농도 30퍼센트인 과염소산
② 농도 30퍼센트인 아세틸렌
③ 농도 40퍼센트인 디아조화합물
④ 농도 40퍼센트인 수산화나트륨

해설 **부식성 염기류**
농도가 40퍼센트 이상인 수산화나트륨, 수산화칼륨, 그 밖에 이와 같은 정도 이상의 부식성을 가지는 염기류

72 윤활유를 닦은 기름걸레를 햇빛이 잘 드는 작업장의 구석에 모아 두었을 때 가장 발생가능성이 높은 재해는?

① 분진폭발
② 자연발화에 의한 화재
③ 정전기 불꽃에 의한 화재
④ 기계의 마찰열에 의한 화재

해설 윤활유를 닦은 기름걸레가 햇빛에 열이 축적되어 자연발화할 가능성이 높다.

자연발화의 형태와 해당 물질

자연발화의 형태	해당 물질
산화열에 의한 발열	석탄, 건성유, 기름걸레, 기름찌꺼기 등
분해열에 의한 발열	셀룰로이드, 니트로셀룰로오스(질화면) 등
흡착열에 의한 발열	석탄분, 활성탄, 목탄분, 환원 니켈 등
미생물 발효에 의한 발열	건초, 퇴비, 볏짚 등
중합에 의한 발열	아크릴로니트릴 등

73 휘발유를 저장하던 이동저장탱크에 등유나 경유를 이동저장탱크의 밑부분으로부터 주입할 때에 액표면의 높이가 주입관의 선단의 높이를 넘을 때까지 주입속도는 몇 m/s 이하로 하여야 하는가?

① 0.5   ② 1
③ 1.5   ④ 2.0

정답 | 68 ③ 69 ④ 70 ② 71 ④ 72 ② 73 ①

74 선간전압이 6.6kV인 충전전로 인근에서 유자격자가 작업하는 경우, 충전전로에 대한 최소 접근한계거리(cm)는? (단, 충전부에 절연 조치가 되어있지 않고, 작업자는 절연장갑을 착용하지 않았다.)

① 20 ② 30
③ 50 ④ 60

해설

충전전로의 선간전압 (단위 : 킬로볼트)	충전전로에 대한 접근 한계거리 (단위 : 센티미터)
2 초과 15 이하	60

75 다음 중 유류 화재의 종류에 해당하는 것은?

① A급 ② B급
③ C급 ④ D급

해설 유류화재는 B급 화재에 해당된다.

76 다음 중 일반적으로 인체에 1초 동안 전류가 흘렀을 때 정상적인 심장의 기능을 상실할 수 있는 전류의 크기는 어느 정도인가?

① 50mA ② 75mA
③ 125mA ④ 165mA

해설 **심실세동전류**

통전전류 구분	전격의 영향	통전전류(교류) 값
심실세동전류 (치사전류)	심근의 미세한 진동으로 혈액을 송출하는 펌프의 기능이 장애를 받는 현상을 심실세동이라 하며 이때의 전류	$I = \dfrac{165}{\sqrt{T}}$[mA] I : 심실세동전류(mA) T : 통전 시간(s)

77 인체저항을 5,000[Ω]으로 가정하면 심실세동을 일으키는 전류에서의 전기에너지는? (단, 심실세동전류는 $\dfrac{165}{\sqrt{T}}$[mA]이며 통전시간 T는 1초이고 전원은 교류정현파이다.)

① 33[J] ② 130[J]
③ 136[J] ④ 142[J]

해설 $W = I^2 RT = \left(\dfrac{165}{\sqrt{T}} \times 10^{-3} \right)^2 \times 5,000\,T$

$\quad = (165^2 \times 10^{-6}) \times 5,000$

$\quad = 136[\mathrm{W \cdot sec}] = 136[\mathrm{J}]$

78 착화에너지가 0.1mJ인 가스가 있는 사업장의 전기설비의 정전용량이 0.6nF일 때 방전 시 착화 가능한 최소 대전전위는 약 얼마인가?

① 289V ② 385V
③ 577V ④ 1,154V

해설 $W = \dfrac{1}{2} CV^2 = \dfrac{1}{2} QV = \dfrac{1}{2} \dfrac{Q^2}{C}$ 에서

$0.1 \times 10^{-3} = \dfrac{1}{2} \times 0.6 \times 10^{-9} \times V^2 \quad \therefore V = 577.4[\mathrm{V}]$

여기서, C : 인체의 정전용량
Q : 대전전하량
V : 대전전위 → $Q = CV$

79 다음 중 분해 폭발하는 가스의 폭발방지를 위하여 첨가하는 불활성가스로 가장 적합한 것은?

① 산소 ② 질소
③ 수소 ④ 프로판

해설 질소는 화학공정에서 불활성화를 위해 사용되는 대표적인 불활성가스이다.

80 다음 중 분진폭발의 가능성이 가장 낮은 물질은?

① 소맥분 ② 마그네슘분
③ 질석가루 ④ 석탄가루

해설 질석가루는 불연성 물질로, 분진폭발이 일어나지 않는다.

정답 | **74** ④ **75** ② **76** ④ **77** ③ **78** ③ **79** ② **80** ③

81 고소작업대가 갖추어야 할 설치조건으로 옳지 않은 것은?

① 작업대를 와이어로프 또는 체인으로 올리거나 내릴 경우에는 와이어로프 또는 체인이 끊어져 작업대가 낙하하지 아니하는 구조여야 하며, 와이어로프 또는 체인의 안전율은 3 이상일 것

② 작업대를 유압에 의해 올리거나 내릴 경우에는 작업대를 일정한 위치에 유지할 수 있는 장치를 갖추고 압력의 이상저하를 방지할 수 있는 구조일 것

③ 작업대에 정격하중(안전율 5 이상)을 표시할 것

④ 작업대에 끼임·충돌 등 재해를 예방하기 위한 가드 또는 과상승방지장치를 설치할 것

해설 작업대를 와이어로프 또는 체인으로 올리거나 내릴 경우에는 와이어로프 또는 체인의 안전율은 5 이상이어야 한다.

82 거푸집 공사에 관한 설명으로 옳지 않은 것은?

① 거푸집 조립 시 거푸집이 이동하지 않도록 비계 또는 기타 공작물과 직접 연결한다.

② 거푸집 치수를 정확하게 하여 시멘트 모르타르가 새지 않도록 한다.

③ 거푸집 해체가 쉽게 가능하도록 박리제 사용 등의 조치를 한다.

④ 측압에 대한 안전성을 고려한다.

해설 거푸집을 비계 등 가설구조물과 직접 연결하여 영향을 주면 안 된다.

83 항타기 및 항발기를 조립하는 경우 점검하여야 할 사항이 아닌 것은?

① 과부하장치 및 제동장치의 이상 유무

② 권상장치의 브레이크 및 쐐기장치 기능의 이상 유무

③ 본체 연결부의 풀림 또는 손상의 유무

④ 권상기의 설치상태의 이상 유무

해설 **항타기 및 항발기 조립 시 점검사항**
1. 본체 연결부의 풀림 또는 손상의 유무
2. 권상용 와이어로프·드럼 및 도르래의 부착상태의 이상 유무
3. 권상장치의 브레이크 및 쐐기장치 기능의 이상 유무
4. 권상기의 설치상태의 이상 유무
5. 리더(leader)의 버팀 방법 및 고정상태의 이상 유무
6. 본체·부속장치 및 부속품의 강도가 적합한지 여부
7. 본체·부속장치 및 부속품에 심한 손상·마모·변형 또는 부식이 있는지 여부

84 지반의 사면파괴 유형 중 유한사면의 종류가 아닌 것은?

① 사면내파괴
② 사면선단파괴
③ 사면저부파괴
④ 직립사면파괴

해설 지반의 사면파괴 유형 중 유한사면에 해당되는 형태에는 사면내 파괴, 사면 선단파괴, 사면저부 파괴가 해당된다.

85 물체의 낙하·충격, 물체에의 끼임, 감전 또는 정전기의 대전에 의한 위험이 있는 작업 시 공통으로 근로자가 착용하여야 하는 보호구로 적합한 것은?

① 방열복
② 안전대
③ 안전화
④ 보안경

해설 안전화는 물체의 낙하, 충격, 물체의 찔림, 감전 등을 방지하기 위한 보호구이다.

86 크레인의 와이어로프가 일정 한계 이상 감기지 않도록 작동을 자동으로 정지시키는 장치는?

① 훅 해지장치
② 권과방지장치
③ 비상정지장치
④ 과부하방지장치

해설 **권과방지장치**
와이어로프의 권과를 방지하기 위하여 자동적으로 동력을 차단하고 작동을 제동하는 장치

87 다음 건설기계의 명칭과 각 용도가 옳게 연결된 것은?

① 드래그라인 — 암반굴착
② 드래그쇼벨 — 흙 운반작업
③ 크램쉘 — 정지작업
④ 파워쇼벨 — 지반면보다 높은 곳의 흙파기

해설 파워쇼벨은 지반면보다 높은 곳의 흙파기에 적합하다.

정답 | 81 ① 82 ① 83 ① 84 ④ 85 ③ 86 ② 87 ④

88 토석이 붕괴되는 원인을 외적 요인과 내적 요인으로 나눌 때 외적 요인으로 볼 수 없는 것은?

① 사면, 법면의 경사 및 기울기의 증가
② 지진발생, 차량 또는 구조물의 중량
③ 공사에 의한 진동 및 반복하중의 증가
④ 절토 사면의 토질, 암질

해설 절토사면의 토질, 암질은 토석붕괴의 내적 요인에 해당된다.

89 추락방호용 방망을 구성하는 그물코의 모양과 크기로 옳은 것은?

① 원형 또는 사각으로서 그 크기는 10cm 이하이어야 한다.
② 원형 또는 사각으로서 그 크기는 20cm 이하이어야 한다.
③ 사각 또는 마름모로서 그 크기는 10cm 이하이어야 한다.
④ 사각 또는 마름모로서 그 크기는 20cm 이하이어야 한다.

해설 그물코는 사각 또는 마름모로서 크기는 10cm 이하여야 한다.

90 콘크리트 타설작업 시 거푸집에 작용하는 연직하중이 아닌 것은?

① 콘크리트의 측압
② 거푸집의 중량
③ 굳지 않은 콘크리트의 중량
④ 작업원의 작업하중

해설 콘크리트 측압은 연직하중에 해당되지 않는다.

91 철근콘크리트 슬래브에 발생하는 응력에 대한 설명으로 옳지 않은 것은?

① 전단력은 일반적으로 단부보다 중앙부에서 크게 작용한다.
② 중앙부 하부에는 인장응력이 발생한다.
③ 단부 하부에는 압축응력이 발생한다.
④ 휨응력은 일반적으로 슬래브의 중앙부에서 크게 작용한다.

해설 전단력은 단부에서 크게 작용한다.

92 철골공사에서 나타나는 용접결함의 종류에 해당하지 않는 것은?

① 오버랩
② 언더컷
③ 블로홀
④ 가우징

해설 가우징은 가스용단의 원리를 이용해서 용접부에 깊은 홈을 파는 방법으로 불완전 용접부의 제거방법이다.

93 토류벽에 거치된 어스 앵커의 인장력을 측정하기 위한 계측기는?

① 하중계
② 변형계
③ 지하수위계
④ 지중경사계

해설 하중계는 Strut, Earth Anchor에 설치하여 축하중 측정으로 부재의 안정성 여부를 판단한다.

94 비탈면 붕괴 방지를 위한 붕괴방지공법과 가장 거리가 먼 것은?

① 배토공법
② 압성토공법
③ 공작물의 설치
④ 언더피닝 공법

해설 언더피닝공법이란 기존구조물의 기초 저면보다 깊은 구조물을 시공하거나 기존 구조물의 증축 시 기존구조물을 보호하기 위해 기초하부에 설치하는 기초보강공법이다.

95 기상상태의 악화로 비계에서의 작업을 중지시킨 후 그 비계에서 작업을 다시 시작하기 전에 점검해야 할 사항에 해당하지 않는 것은?

① 기둥의 침하 · 변형 · 변위 또는 흔들림 상태
② 손잡이의 탈락 여부
③ 격벽의 설치 여부
④ 발판재료의 손상 여부 및 부착 또는 걸림 상태

해설 격벽은 위험물 건조설비의 열원으로 직화를 사용할 때 불꽃 등에 의한 화재를 예방하기 위해 설치하는 시설이다.

정답 | 88 ④ 89 ③ 90 ① 91 ① 92 ④ 93 ① 94 ④ 95 ③

96 건설현장에서 근로자가 안전하게 통행할 수 있도록 통로에 설치하는 조명의 조도 기준은?

① 65lux 이상 　　　 ② 75lux 이상
③ 85lux 이상 　　　 ④ 95lux 이상

해설 통로의 조명은 작업자가 안전하게 통행할 수 있도록 75럭스 이상의 채광 또는 조명시설을 하여야 한다.

97 다음 중 유해 · 위험방지 계획서 제출 대상 공사에 해당하는 것은?

① 지상높이가 25[m]인 건축물 건설공사
② 최대 지간길이가 45[m]인 교량건설공사
③ 깊이가 8[m]인 굴착공사
④ 제방 높이가 50[m]인 다목적댐 건설공사

해설 **계획서 제출대상 공사**
　1. 지상높이가 31m 이상인 건축물
　2. 연면적 5,000m² 이상의 냉동 · 냉장창고시설의 설비공사 및 단열공사

98 흙을 크게 분류하면 사질토와 점성토로 나눌 수 있는데 그 차이점으로 옳지 않은 것은?

① 흙의 내부 마찰각은 사질토가 점성토보다 크다.
② 지지력은 사질토가 점성토보다 크다.
③ 점착력은 사질토가 점성토보다 작다.
④ 장기침하량은 사질토가 점성토보다 크다.

해설 장기침하량은 점성토가 사질토보다 크다.

99 양중기의 분류에서 고정식 크레인에 해당되지 않는 것은?

① 천장 크레인 　　　 ② 지브 크레인
③ 타워 크레인 　　　 ④ 트럭 크레인

해설 트럭 크레인은 이동식 크레인의 한 종류이며, 고정식 크레인에는 타워, 지브, 호이스트(천정) 크레인이 있다.

100 이동식 비계 작업 시 주의사항으로 옳지 않은 것은?

① 비계의 최상부에서 작업하는 경우에는 안전난간을 설치한다.
② 이동 시 작업지휘자가 이동식 비계에 탑승하여 이동하며 안전 여부를 확인하여야 한다.
③ 비계를 이동시키고자 할 때는 바닥의 구멍이나 머리 위의 장애물을 사전에 점검한다.
④ 작업발판은 항상 수평을 유지하고 작업발판 위에서 안전난간을 딛고 작업을 하거나 받침대 또는 사다리를 사용하여 작업하지 않도록 한다.

해설 이동할 경우에는 작업원이 없는 상태로 유지해야 한다.

※ 2022년 2회 이후 CBT로 출제된 기출문제는 개정된 출제기준과 해당 회차의 기출 키워드 등을 분석하여 복원하였습니다.

1과목
산업재해 예방 및 안전보건교육

01 교육훈련의 효과는 5관을 최대한 활용하여야 하는데 다음 중 효과가 가장 큰 것은?

① 청각   ② 시각
③ 촉각   ④ 후각

해설 **5관의 효과치**
- 시각효과 60%(미국 75%)
- 청각효과 20%(미국 13%)
- 촉각효과 15%(미국 6%)
- 미각효과 3%(미국 3%)
- 후각효과 2%(미국 3%)

02 산업안전보건법상 바탕은 흰색, 기본모형은 빨간색, 관련 부호 및 그림은 검은색으로 사용하는 안전 · 보건 표지는?

① 안전복착용   ② 출입금지
③ 고온경고   ④ 비상구

해설 **종류 및 색채**
금지표지 : 위험한 행동을 금지하는 데 사용되며 8개 종류가 있다(바탕은 흰색, 기본모형은 빨간색, 관련 부호 및 그림은 검은색).

03 객관적인 위험을 자기 나름대로 판정해서 의지결정을 하고 행동에 옮기는 인간의 심리특성을 무엇이라고 하는가?

① 세이프 테이킹(Safe taking)
② 액션 테이킹(Action taking)
③ 리스크 테이킹(Risk taking)
④ 휴먼 테이킹(Human taking)

해설 **억측 판단(Risk Taking)**
위험을 부담하고 행동으로 옮기는 것

04 인간관계 매커니즘 중에서 다른 사람으로부터의 판단이나 행동을 무비판적으로 논리적 · 사실적 근거 없이 받아들이는 것을 무엇이라 하는가?

① 모방(Imitation)   ② 암시(Suggestion)
③ 투사(Projection)   ④ 동일화(Identification)

해설 **인간관계 메커니즘**
① 모방(Imitation) : 남의 행동이나 판단을 표본으로 하여 그것과 같거나 또는 그것에 가까운 행동 또는 판단을 취하려는 것
② 암시(Suggestion) : 다른 사람으로부터의 판단이나 행동을 무비판적으로 논리적 · 사실적 근거 없이 받아들이는 것
③ 투사(Projection) : 자기 속의 억압된 것을 다른 사람의 것으로 생각하는 것
④ 동일화(Identification) : 다른 사람의 행동양식이나 태도를 투입시키거나 다른 사람 가운데서 자기와 비슷한 점을 발견하는 것

05 다음 중 학습의 연속에 있어 앞(前)의 학습이 뒤(後)의 학습을 방해하는 조건과 가장 관계가 적은 경우는?

① 앞의 학습이 불완전한 경우
② 앞과 뒤의 학습내용이 다른 경우
③ 앞과 뒤의 학습내용이 서로 반대인 경우
④ 앞의 학습내용을 재생하기 직전에 실시하는 경우

해설 앞의 학습내용과 뒤의 학습내용이 다른 경우에는 학습의 전이효과를 기대할 수 없기 때문에 앞에 실시한 학습이 뒤의 학습을 방해하지 않는다.

06 다음 ( ) 안에 들어갈 내용으로 알맞은 것은?

산업안전보건법상 사업주는 안전보건관리 규정을 작성 또는 변경할 때에는 (ⓐ)의 심의 의결을 거쳐야 한다. 다만, (ⓐ)가 설치되어 있지 아니한 사업장에 있어서는 (ⓑ)의 동의를 받아야 한다.

① ⓐ 안전보건관리규정위원회, ⓑ 노사대표
② ⓐ 안전보건관리규정위원회, ⓑ 근로자대표

정답 | 01 ② 02 ② 03 ③ 04 ② 05 ② 06 ④

③ ⓐ 산업안전보건위원회, ⓑ 노사대표

④ ⓐ 산업안전보건위원회, ⓑ 근로자대표

해설 **안전보건관리규정의 작성 · 변경 절차**

사업주는 안전보건관리규정을 작성 또는 변경할 때에는 산업안전보건위원회의 심의 · 의결을 거쳐야 한다. 다만, 산업안전보건위원회가 설치되어 있지 아니한 사업장에 있어서는 근로자대표의 동의를 얻어야 한다.

07 다음 중 매슬로우(Maslow)가 제창한 인간의 욕구 5단계 이론을 단계별로 옳게 나열한 것은?

① 생리적 욕구 → 안전 욕구 → 사회적 욕구 → 존경의 욕구 → 자아실현의 욕구

② 안전 욕구 → 생리적 욕구 → 사회적 욕구 → 존경의 욕구 → 자아실현의 욕구

③ 사회적 욕구 → 생리적 욕구 → 안전 욕구 → 존경의 욕구 → 자아실현의 욕구

④ 사회적 욕구 → 안전 욕구 → 생리적 욕구 → 존경의 욕구 → 자아실현의 욕구

해설 **매슬로(Maslow)의 욕구단계이론**

1. 생리적 욕구(제1단계)
2. 안전의 욕구(제2단계)
3. 사회적 욕구(제3단계)
4. 자기존경의 욕구(제4단계)
5. 자아실현의 욕구(제5단계)

08 산업안전보건법령에 따른 최소 상시 근로자 50명 이상 규모에 산업안전보건위원회를 설치 · 운영하여야 할 사업의 종류가 아닌 것은?

① 토사석 광업

② 1차 금속 제조업

③ 자동차 및 트레일러 제조업

④ 정보서비스업

해설 **산업안전보건위원회를 설치 · 운영해야 할 사업의 종류 및 규모**

사업의 종류	규모
1. 토사석 광업 2. 1차 금속 제조업 3. 자동차 및 트레일러 제조업 등	상시 근로자 50명 이상

09 산업안전보건법령상 안전검사대상 유해 · 위험기계의 종류에 포함되지 않는 것은?

① 전단기

② 리프트

③ 곤돌라

④ 교류아크용접기

해설 교류아크용접기는 안전검사 대상 유해 · 위험기계에 해당하지 않는다.

10 안전지식교육 실시 4단계에서 지식을 실제의 상황에 맞추어 문제를 해결해 보고 그 방법을 이해시키는 단계로 옳은 것은?

① 도입

② 제시

③ 적용

④ 확인

해설 제3단계 – 적용(응용) : 이해시킨 내용을 활용시키거나 응용시키는 단계

11 하인리히의 재해구성 비율에 따라 경상사고가 87건 발생하였다면 무상해사고는 몇 건이 발생하였겠는가?

① 300건

② 600건

③ 900건

④ 1,200건

해설 **하인리히의 재해구성비율**

사망 및 중상 : 경상 : 무상해사고 = 1 : 29 : 300
∴ 무상해사고 = 300 × (87 ÷ 29) = 900건

12 테크니컬 스킬즈(technical skills)에 관한 설명으로 옳은 것은?

① 모럴(morale)을 앙양시키는 능력

② 인간을 사물에게 적응시키는 능력

③ 사물을 인간에게 유리하게 처리하는 능력

④ 인간과 인간의 의사소통을 원활히 처리하는 능력

해설 테크니컬 스킬즈 : 사물을 인간에 유익하도록 처리하는 능력

13 안전교육 방법 중 TWI(Training Within Industry)의 교육과정이 아닌 것은?

① 작업지도훈련

② 인간관계훈련

③ 정책수립훈련

④ 작업방법훈련

해설 TWI(Training Within Industry) 훈련의 종류

- 작업지도훈련(JIT ; Job Instruction Training)
- 작업방법훈련(JMT ; Job Method Training)
- 인간관계훈련(JRT ; Job Relations Training)
- 작업안전훈련(JST ; Job Safety Training)

14 알더퍼의 ERG(Existence Relation Growth)이론에서 생리적 욕구, 물리적 측면의 안전욕구 등 저차원적 욕구에 해당하는 것은?

① 관계욕구
② 성장욕구
③ 존재욕구
④ 사회적욕구

해설 E(Existence) : 존재의 욕구

생리적 욕구나 안전욕구와 같이 인간이 자신의 존재를 확보하는 데 필요한 욕구이다. 또한, 여기에는 급여, 육체적 작업에 대한 욕구 그리고 물질적 욕구가 포함된다.

15 보호구 안전인증 고시에 따른 방독마스크 중 할로겐용 정화통 외부 측면의 표시 색으로 옳은 것은?

① 갈색
② 회색
③ 녹색
④ 노랑색

해설 정화통 외부측면의 표시색

종류	표시 색
할로겐용 정화통	회색

16 다음 중 재해의 기본원인을 4M으로 분류할 때 작업의 정보, 작업방법, 환경 등의 요인이 속하는 것은?

① Man
② Machine
③ Media
④ Method

해설 4M 분석기법

① 인간(Man) : 잘못 사용, 오조작, 착오, 실수, 불안심리
② 기계(Machine) : 설계 · 제작 착오, 재료 피로 · 열화, 고장, 배치 · 공사 착오
③ 작업매체(Media) : 작업정보 부족 · 부적절, 협조 미흡, 작업환경 불량, 불안전한 접촉
④ 관리(Management) : 안전조직 미비, 교육 · 훈련 부족, 오 판단, 계획 불량, 잘못 지시

17 다음 중 사고예방대책의 기본원리 5단계에 있어 3단계에 해당하는 것은?

① 분석
② 안전조직
③ 사실의 발견
④ 시정방법의 선정

해설 하인리히의 사고방지 원리 5단계

(1단계)조직 → (2단계)사실의 발견 → (3단계)분석 → (4단계)시정책의 선정 → (5단계)시정책의 적용

18 인간의 안전교육 형태에서 행위나 난이도가 점차적으로 높아지는 순서를 옳게 표시한 것은?

① 지식 → 태도변형 → 개인행위 → 집단행위
② 태도변형 → 지식 → 집단행위 → 개인행위
③ 개인행위 → 태도변형 → 집단행위 → 지식
④ 개인행위 → 집단행위 → 지식 → 태도변형

해설 안전교육의 3단계

1. 지식교육(1단계) : 지식의 전달과 이해
2. 기능교육(2단계) : 실습, 시범을 통한 이해
3. 태도교육(3단계) : 안전의 습관화(가치관 형성)
안전교육 형태에서 행위나 난이도가 높아지는 순서는 지식 → 태도변형 → 개인행위 → 집단행위이다.

행동변화의 4단계
1. 제1단계 : 지식변화
2. 제2단계 : 태도변화
3. 제3단계 : 개인적 행동변화
4. 제4단계 : 집단성취변화

19 안전교육방법 중 사례연구법의 장점이 아닌 것은?

① 흥미가 있고, 학습동기를 유발할 수 있다.
② 현실적인 문제의 학습이 가능하다.
③ 관찰력과 분석력을 높일 수 있다.
④ 원칙과 규정의 체계적 습득이 용이하다.

해설 사례연구법

여러 가지 사례를 조사하여 결과를 도출하는 방법. 원칙과 규정의 체계적 습득이 어렵다.

20 리더십(leadership)의 특성에 대한 설명으로 옳은 것은?

① 지휘형태는 민주적이다.
② 권한부여는 위에서 위임된다.
③ 구성원과의 관계는 지배적 구조이다.
④ 권한근거는 법적 또는 공식적으로 부여된다.

해설 리더십의 지휘형태는 민주적이다.

2과목
인간공학 및 위험성 평가·관리

21 설비의 위험을 예방하기 위한 안전성 평가 단계 중 가장 마지막에 해당하는 것은?

① 재평가　　　　　② 정성적 평가
③ 안전대책　　　　④ 정량적 평가

해설 **안전성 평가**
- 제6단계 : FTA에 의한 재평가

22 인간-기계 시스템 설계 과정의 주요 6단계를 올바른 순서로 나열한 것은?

> Ⓐ 기본설계
> Ⓑ 시스템 정의
> Ⓒ 목표 및 성능 명세 결정
> Ⓓ 인간-기계 인터페이스(Human-Machine Interface) 설계
> Ⓔ 매뉴얼 및 성능보조자료 작성
> Ⓕ 시험 및 병가

① Ⓒ→Ⓑ→Ⓐ→Ⓓ→Ⓔ→Ⓕ
② Ⓐ→Ⓑ→Ⓒ→Ⓓ→Ⓔ→Ⓕ
③ Ⓑ→Ⓒ→Ⓐ→Ⓔ→Ⓓ→Ⓕ
④ Ⓒ→Ⓐ→Ⓑ→Ⓔ→Ⓓ→Ⓕ

해설 **인간-기계시스템 설계과정 6가지 단계**
- (1) 목표 및 성능명세 결정 : 시스템 설계 전 그 목적이나 존재 이유가 있어야 함
- (2) 시스템 정의 : 목적을 달성하기 위한 특정한 기본기능들이 수행되어야 함

- (3) 기본설계 : 시스템의 형태를 갖추기 시작하는 단계
- (4) 인터페이스 설계 : 사용자 편의와 시스템 성능에 관여
- (5) 촉진물 설계 : 인간의 성능을 증진시킬 보조물 설계
- (6) 시험 및 평가 : 시스템 개발과 관련된 평가와 인간적인 요소 평가 실시

23 FMEA의 위험성 분류 중 'Category II'에 해당되는 것은?

① 영향 없음　　　　② 활동의 지연
③ 사명 수행의 실패　④ 생명 또는 가옥의 상실

해설 **시스템 위험성의 분류**
- 범주(Category)Ⅰ, 파국(Catastrophic) : 인원의 사망 또는 중상, 완전한 시스템 손상 발생(생명 또는 가옥의 상실)
- 범주(Category)Ⅱ, 위험(Critical) : 인원의 상해 또는 주요 시스템의 생존을 위해 즉시 시정 필요(사명, 작업 수행 실패)
- 범주(Category)Ⅲ, 한계(Marginal) : 인원이 상해 또는 중대한 시스템 손상 없이 배제 또는 제어 가능(활동 지연)
- 범주(Category)Ⅳ, 무시(Negligible) : 인원의 손상이나 시스템 손상이 일어나지 않음(영향없음)

24 다음 중 연마작업장의 가장 소극적인 소음대책은?

① 음향 처리제를 사용할 것
② 방음보호구를 착용할 것
③ 덮개를 씌우거나 창문을 닫을 것
④ 소음원으로부터 적절하게 배치할 것

해설 방음보호구를 이용한 소음대책은 소음의 격리, 소음원의 통제, 차폐장치 등의 조치 후에 최종적으로 작업자 개인에게 보호구를 사용하는 소극적인 대책에 해당된다.

25 다음 중 신호의 강도, 진동수에 의한 신호의 상대 식별 등 물리적 자극의 변화 여부를 감지할 수 있는 최소의 자극범위를 의미하는 것은?

① Chunking
② Stimulus Range
③ SDT(Signal Detection Theory)
④ JND(Just Noticeable Difference)

해설 **변화감지역(JND ; Just Noticeable Difference)**
　　신호의 강도, 진동수에 의한 신호의 상대 식별 등 물리적 자극의 변화 여부를 감지할 수 있는 최소의 자극범위를 말한다.

정답 | 20 ① 21 ① 22 ① 23 ③ 24 ② 25 ④

26 FT도에서 두 입력사상 A와 B가 AND 게이트로 결합되어 있을 때 출력사상의 고장발생확률은? (단, A의 고장률은 0.6, B의 고장률은 0.2이다.)

① 0.12　　　　　　　② 0.40
③ 0.68　　　　　　　④ 0.80

[해설] $R_s = A \times B = 0.6 \times 0.2 = 0.12$

27 시스템에 영향을 미치는 모든 요소의 고장을 형태별로 분석하여 그 영향을 검토하는 분석기법은?

① FTA　　　　　　　② CHECK LIST
③ FMEA　　　　　　④ DECISION TREE

[해설] **FMEA(고장형태와 영향분석법)**
　시스템에 영향을 미치는 모든 요소의 고장을 유형별로 분석하고 그 고장이 미치는 영향을 분석하는 방법으로 치명도 해석(CA)을 추가할 수 있다(귀납적, 정성적).

28 인간의 정보처리 기능 중 그 용량이 7개 내외로 작아, 순간적 망각 등 인적 오류의 원인이 되는 것은?

① 지각　　　　　　　② 작업기억
③ 주의력　　　　　　④ 감각보관

[해설] 작업기억은 시간 흐름에 따라 쇠퇴하여 순간적 망각으로 인한 인적오류의 원인이 된다.

29 작업장에서 구성요소를 배치하는 인간공학적 원칙과 가장 거리가 먼 것은?

① 중요도의 원칙　　　② 선입선출의 원칙
③ 기능성의 원칙　　　④ 사용빈도의 원칙

[해설] **부품배치의 원칙**
　• 중요성의 원칙
　• 사용빈도의 원칙
　• 기능별 배치의 원칙
　• 사용순서의 원칙

30 인간오류의 분류 중 원인에 의한 분류의 하나로, 작업자 자신으로부터 발생하는 에러로 옳은 것은?

① Command Error　　② Secondary Error
③ Primary Error　　　④ Third Error

[해설] Primary Error : 작업자 자신으로부터 발생한 에러

31 FT도에 사용되는 기호 중 입력현상이 생긴 후, 일정시간이 지속된 후에 출력이 생기는 것을 나타내는 것은?

① OR 게이트　　　　② 위험지속기호
③ 억제 게이트　　　　④ 배타적 OR 게이트

[해설] 위험지속 AND 게이트 : 입력현상이 생겨서 어떤 일정한 기간이 지속될 때에 출력

32 인간실수의 주원인에 해당하는 것은?

① 기술수준　　　　　② 경험수준
③ 훈련수준　　　　　④ 인간 고유의 변화성

[해설] 인간실수의 주원인으로 인간 고유의 변화성에 있다.

33 다음 중 생리적 스트레스를 전기적으로 측정하는 방법으로 옳지 않은 것은?

① 뇌전도(EEG)　　　② 근전도(EMG)
③ 전기 피부 반응(GSR)　④ 안구 반응(EOG)

[해설] **안구 반응(EOG ; Electrooculogram)**
　안전위도, 안구운동을 전기적으로 기록하는 검사이며, 주로 망막질환을 진단하는 데 사용된다.

34 인간－기계 시스템을 설계하기 위해 고려해야 할 사항과 거리가 먼 것은?

① 시스템 설계 시 동작 경제의 원칙이 만족되도록 고려한다.
② 인간과 기계가 모두 복수인 경우, 종합적인 효과보다 기계를 우선적으로 고려한다.
③ 대상이 되는 시스템이 위치할 환경 조건이 인간에 대한 한계치를 만족하는가의 여부를 고려한다.

④ 인간이 수행해야 할 조작이 연속적인가 불연속적 인가를 알아보기 위해 특성조사를 실시한다.

해설 인간-기계시스템의 설계 시 인간이 우선적으로 고려되어야 한다.

35 시스템의 성능 저하가 인원의 부상이나 시스템 전체에 중대한 손해를 입히지 않고 제어가 가능한 상태의 위험강도는?

① 범주 Ⅰ : 파국적
② 범주 Ⅱ : 위기적
③ 범주 Ⅲ : 한계적
④ 범주 Ⅳ : 무시

해설 **시스템 위험성의 분류**
- 범주(Category) Ⅰ, 파국(Catastrophic)
- 범주(Category) Ⅱ, 위험(Critical)
- 범주(Category) Ⅲ, 한계(Marginal)
- 범주(Category) Ⅳ, 무시(Negligible)

36 FTA에서 어떤 고장이나 실수를 일으키지 않으면 정상사상(Top event)은 일어나지 않는다고 하는 것으로 시스템의 신뢰성을 표시하는 것은?

① Cut set
② Minimal cut set
③ Free event
④ Minimal path set

해설 미니멀 패스셋은 그 정상사상이 일어나지 않는 최소한의 컷을 말한다(시스템의 신뢰성을 말함).

37 다음 중 정보의 전달방법으로 시각적 표시장치보다 청각적 표시방법을 이용하는 것이 적절한 경우는?

① 정보의 내용이 복잡하고 긴 경우
② 정보가 시간적인 사상을 다룰 때
③ 즉각적인 행동을 요구하지 않는 경우
④ 정보가 공간적인 위치를 다루는 경우

해설 정보가 시간적인 사상을 다루는 경우에는 청각적 표시방법을 이용하는 것이 유리하다.

38 통신에서 잡음 중의 일부를 제거하기 위해 필터(Filter)를 사용하였다면 이는 다음 중 어느 것의 성능을 향상 시키는 것인가?

① 신호의 검출성
② 신호의 양립성
③ 신호의 산란성
④ 신호의 표준성

해설 신호에 잡음이 섞이지 않도록 여과기를 사용하여 검출성을 향상시켰다.

39 출력과 반대 방향으로 그 속도에 비례해서 작용하는 힘 때문에 생기는 항력으로 원활한 제어를 도우며, 특히 규정된 변위 속도를 유지하는 효과를 가진 조종 장치의 저항력은?

① 관성
② 탄성저항
③ 점성저항
④ 정지 및 미끄럼 마찰

해설 **점성저항(Viscous Resistance)**
액체에는 점성이 있기 때문에 액체가 흐를 때는 마찰 저항이 일어난다. 이것을 점성저항 또는 내부 저항이라 한다. 이 저항은 점성이 클수록, 또 유속이 클수록 커진다.

40 사용자의 잘못된 조작 또는 실수로 인해 기계의 고장이 발생하지 않도록 설계하는 방법은?

① EMEA
② HAZOP
③ Fail safe
④ Fool proof

해설 **풀 프루프(Fool proof)**
기계장치 설계단계에서 안전화를 도모하는 것으로 근로자가 기계 등의 취급을 잘못해도 사고로 연결되는 일이 없도록 하는 안전기구, 즉 인간 과오(Human Error)를 방지하기 위한 것

3과목
기계 · 기구 및 설비 안전관리

41 밀링머신(Milling Machine)의 작업 시 안전수칙에 대한 설명으로 틀린 것은?

① 커터의 교환 시에는 테이블 위에 목재를 받쳐 놓는다.
② 강력절삭 시에는 일감을 바이스에 깊게 물린다.

③ 작업 중 면장갑은 끼지 않는다.

④ 커터는 가능한 컬럼(Column)으로부터 멀리 설치한다.

해설 커터는 가능한 컬럼(Column)으로부터 가깝게 설치한다.

42 컨베이어의 종류가 아닌 것은?

① 체인 컨베이어
② 스크류 컨베이어
③ 슬라이딩 컨베이어
④ 유체 컨베이어

해설 **컨베이어의 종류 및 용도**

- 롤러(Roller) 컨베이어
- 스크류(Screw) 컨베이어
- 벨트(Belt) 컨베이어
- 체인(Chain) 컨베이어
- 유체 컨베이어

43 양수조작식 방호장치의 누름버튼에서 손을 떼는 순간부터 급정지기구가 작동하여 슬라이드가 정지할 때까지의 시간이 0.2초 걸린다면, 양수조작식 방호장치의 안전거리는 최소한 몇 mm 이상이어야 하는가?

① 160
② 320
③ 480
④ 560

해설 **양수조작식 안전장치의 조작부의 안전거리**

$D = 1,600 \times (T_c + T_s)(\text{mm})$

$= 1,600 \times 0.2 = 320\text{mm}$

여기서, T_c : 누름버튼에서 손이 떨어질 때부터 급정지기구가 작동을 개시하기까지의 시간(초)

T_s : 급정지기구가 작동을 개시할 때부터 슬라이드가 정지할 때까지의 시간(초)

44 보일러수에 유지류, 고형물 등에 의한 거품이 생겨 수위를 판단하지 못하는 현상은?

① 역화
② 포밍
③ 프라이밍
④ 캐리오버

해설 **포밍(Foaming)**

보일러수에 불순물이 많이 포함되었을 경우 보일러수의 비등과 함께 수면부 위에 거품층을 형성하여 수위가 불안정하게 되는 현상을 말한다.

45 산업안전보건법령상 양중기에 사용하지 않아야 하는 달기 체인의 기준으로 틀린 것은?

① 심하게 변형된 것

② 균열이 있는 것

③ 달기 체인의 길이가 달기 체인이 제조된 때의 길이 3%를 초과한 것

④ 링의 단면지름이 달기 체인이 제조된 때의 해당 링의 지름의 10%를 초과하여 감소한 것

해설 **달기 체일 사용금지 기준(「안전보건규칙」 제63조)**

1. 달기 체인의 길이가 달기 체인이 제조된 때의 길이의 5퍼센트를 초과한 것

2. 링의 단면 지름이 달기 체인이 제조된 때의 해당 링의 지름의 10퍼센트를 초과하여 감소한 것

3. 균열이 있거나 심하게 변형된 것

46 프레스 및 전단기에서 양수조작식 방호장치의 일반구조에 대한 설명으로 옳지 않은 것은?

① 누름버튼(레버 포함)은 돌출형 구조로 설치할 것

② 누름버튼의 상호 간 내측거리는 300mm 이상일 것

③ 누름버튼을 양손으로 동시에 조작하지 않으면 작동시킬 수 없는 구조일 것

④ 정상동작표시등은 녹색, 위험표시등은 붉은색으로 하며, 쉽게 근로자가 볼 수 있는 곳에 설치할 것

해설 누름버튼(레버 포함)은 매립형 구조로 설치해야 한다.

47 다음 중 선반(Lathe)의 방호장치에 해당하는 것은?

① 슬라이드(Slide)
② 심압대(Tail stock)
③ 주축대(Head stock)
④ 척 가드(Chuck guard)

해설 **선반의 안전장치**

- 칩 브레이커(Chip Breaker)
- 덮개(Shield)
- 브레이크(Brake)
- 척 가드(Chuck Guard)

48 사고 체인의 5요소에 해당하지 않는 것은?

① 함정(Trap)　　　　② 충격(Impact)
③ 접촉(Contact)　　　④ 결함(Flaw)

> 해설 **위험점의 5요소**
>
> 1. 함정(Trap), 2. 충격(Impact), 3. 접촉(Contact),
> 4. 말림 · 얽힘(Entanglement), 5. 튀어나옴(Ejection)

49 컨베이어(Conveyer)의 역전방지장치 형식이 아닌 것은?

① 램식　　　　　　　② 래칫식
③ 롤러식　　　　　　④ 전기브레이크식

> 해설 컨베이어의 역전방지장치 형식으로는 롤러식, 래칫식, 전기브레이크가 있다.

50 피복 아크용접작업 시 생기는 결함에 대한 설명 중 틀린 것은?

① 스패터(Spatter) : 용융된 금속의 작은 입자가 튀어나와 모재에 묻어 있는 것
② 언더컷(Under cut) : 전류가 과대하고 용접속도가 너무 빠르며, 아크를 짧게 유지하기 어려운 경우 모재 및 용접부의 일부가 녹아서 홈 또는 오목하게 생긴 부분
③ 크레이터(Crater) : 용착금속 속에 남아 있는 가스로 인하여 생긴 구멍
④ 오버랩(Over lap) : 용접봉의 운행이 불량하거나 용접봉의 용융 온도가 모재보다 낮을 때 과잉 용착금속이 남아 있는 부분

> 해설 크레이터(Crater)는 아크를 끊을 때 비드 끝부분이 오목하게 들어가는 것으로 이 부분에 균열이 일어나기 쉽다.

51 위험기계에 조작자의 신체부위가 의도적으로 위험점 밖에 있도록 하는 방호장치는?

① 덮개형 방호장치　　　② 차단형 방호장치
③ 위치제한형 방호장치　④ 접근반응형 방호장치

> 해설 **위치제한형 방호장치**
>
> 조작자의 신체부위가 위험한계 밖에 있도록 기계의 조작장치를 위험구역에서 일정거리 이상 떨어지게 한 방호장치

52 지게차 헤드가드의 안전기준에 관한 설명으로 틀린 것은?

① 상부 틀의 각 개구의 폭 또는 길이가 20cm 이상일 것
② 강도는 지게차의 최대하중의 2배 값(4톤을 넘는 값에 대해서는 4톤으로 한다.)의 등분포정하중에 견딜 수 있을 것
③ 운전자가 서서 조작하는 방식의 지게차의 경우에는 운전석의 바닥 면에서 헤드가드의 상부 틀 하면까지의 높이가 1.88m 이상일 것
④ 운전자가 앉아서 조작하는 방식의 지게차의 경우에는 운전자의 좌석 윗면에서 헤드가드의 상부틀 아랫면까지의 높이가 0.903m 이상일 것

> 해설 지게차의 헤드가드는 상부 틀의 각 개구의 폭 또는 길이가 16센티미터 미만이어야 한다.

53 산업안전보건법령상 연삭숫돌의 시운전에 관한 설명으로 옳은 것은?

① 연삭숫돌의 교체 시에는 바로 사용할 수 있다.
② 연삭숫돌의 교체 시 1분 이상 시운전을 하여야 한다.
③ 연삭숫돌의 교체 시 2분 이상 시운전을 하여야 한다.
④ 연삭숫돌의 교체 시 3분 이상 시운전을 하여야 한다.

> 해설 **연삭숫돌의 덮개 등(「안전보건규칙」 제122조)**
>
> 사업주는 연삭숫돌을 사용하는 작업의 경우 작업을 시작하기 전에는 1분 이상, 연삭숫돌을 교체한 후에는 3분 이상 시험운전을 하고 해당 기계에 이상이 있는지를 확인하여야 한다.

54 탁상용 연삭기에서 일반적으로 플랜지의 지름은 숫돌 지름의 얼마 이상이 적정한가?

① $\frac{1}{2}$　　　　　　　② $\frac{1}{3}$
③ $\frac{1}{5}$　　　　　　　④ $\frac{1}{10}$

> 해설 플랜지의 지름은 숫돌 직경의 1/3 이상인 것이 적당하다.

55 금형의 안전화에 대한 설명 중 틀린 것은?

① 금형의 틈새는 8mm 이상 충분하게 확보한다.
② 금형 사이에 신체 일부가 들어가지 않도록 한다.
③ 충격이 반복되어 부가되는 부분에는 완충장치를 설치한다.
④ 금형설치용 홈은 설치된 프레스의 홈에 적합한 현상의 것으로 한다.

56 산업안전보건법에 따라 순간풍속이 몇 m/s를 초과하는 바람이 불거나 중진(中震) 이상 진도의 지진이 있은 후에 옥외에 설치되어 있는 양중기를 사용하여 작업을 하는 경우에는 미리 기계 각 부위에 이상이 있는지를 점검하여야 하는가?

① 25   ② 30
③ 35   ④ 40

57 다음 중 선반 작업시 주의사항으로 틀린 것은?

① 회전 중에 가공품을 직접 만지지 않는다.
② 공작물의 설치가 끝나면, 척에서 렌치류는 곧바로 제거한다.
③ 칩(Chip)이 비산할 때는 보안경을 쓰고 방호판을 설치하여 사용한다.
④ 돌리개는 적정 크기의 것을 선택하고, 심압대 스핀들은 가능하면 길게 나오도록 한다.

58 다음 중 목재 가공용 둥근톱 기계에서 분할날의 설치에 관한 사항으로 옳지 않은 것은?

① 분할날 조임볼트는 이완방지조치가 되어 있어야 한다.
② 분할날과 톱날 원주면과의 거리는 12mm 이내로 조정, 유지할 수 있어야 한다.
③ 둥근톱의 두께가 1.20mm이라면 분할날의 두께는 1.32mm 이상이어야 한다.
④ 분할날은 표준테이블면(승강반에 있어서도 테이블을 최하로 내릴 때의 면)상의 톱의 후면날의 1/3 이상을 덮도록 하여야 한다.

59 크레인에 사용하는 방호장치가 아닌 것은?

① 과부하방지장치   ② 가스집합장치
③ 권과방지장치   ④ 제동장치

60 프레스의 방호장치에 해당되지 않는 것은?

① 가드식 방호장치   ② 수인식 방호장치
③ 롤 피드식 방호장치   ④ 손쳐내기식 방호장치

4과목
전기 및 화학설비 안전관리

61 고압 또는 특고압의 기계기구·모선 등을 옥외에 시설하는 발전소·변전소·개폐소 또는 이에 준하는 곳에는 구내에 취급자 이외의 자가 들어가지 못하도록 하기 위한 시설의 기준에 대한 설명으로 틀린 것은?

① 울타리·담 등의 높이는 1.5[m] 이상으로 시설하여야 한다.
② 출입구에는 출입금지의 표시를 하여야 한다.

③ 출입구에는 자물쇠장치 기타 적당한 장치를 하여야 한다.

④ 지표면과 울타리 · 담 등의 하단 사이의 간격은15[cm] 이하로 하여야 한다.

해설

사용 전압의 구분	울타리 · 담 등의 높이와 울타리 · 담 등에서부터 충전 부분까지의 거리 합계
35kV 이하	5m
35kV 초과, 160kV 이하	6m
160kV 초과	6m에 160kV를 넘는 10kV 또는 그 단수마다 12cm를 더한 값

62 다음 중 전류밀도, 통전전류, 접촉면적과 피부저항의 관계를 설명한 것으로 옳은 것은?

① 전류밀도와 통전전류는 반비례 관계이다.

② 통전전류와 접촉면적에 관계없이 피부저항은 항상 일정하다.

③ 같은 크기의 통전전류가 흘러도 접촉면적이 커지면 전류밀도는 커진다.

④ 같은 크기의 통전전류가 흘러도 접촉면적이 커지면 피부저항은 작게 된다.

해설 같은 크기의 전류가 흘러도 접촉면적이 커지면 피부저항은 작게 된다.

63 인체가 현저히 젖어 있는 상태 또는 금속성의 전기 · 기계 장치나 구조물의 인체의 일부가 상시 접촉되어 있는 상태에서의 허용접촉전압으로 옳은 것은?

① 2.4V 이하

② 25V 이하

③ 50V 이하

④ 75V 이하

해설 **허용접촉전압**

종별	접촉상태	허용접촉전압
제2종	• 인체가 현저히 젖어 있는 상태 • 금속성의 전기 · 기계장치나 구조물에 인체의 일부가 상시 접촉되어 있는 상태	25[V] 이하

64 다음은 산업안전보건법령상 파열판 및 안전밸브의 직렬설치에 관한 내용이다. (　　) 안에 들어갈 알맞은 용어는?

사업주는 급성 독성물질이 지속적으로 외부에 유출될 수 있는 화학설비 및 그 부속설비에 파열판과 안전밸브를 직렬로 설치하고 그 사이에는 압력지시계 또는 (　　)을(를) 설치하여야 한다.

① 자동경보장치

② 차단장치

③ 플레어헤드

④ 콕

해설 사업주는 급성 독성물질이 지속적으로 외부에 유출될 수 있는 화학설비 및 그 부속설비에 파열판과 안전밸브를 직렬로 설치하고 그 사이에 압력지시계 또는 자동경보장치를 설치하여야 한다.

65 다음 중 방폭전기기기의 선정 시 고려하여야 할 사항과 가장 거리가 먼 것은?

① 압력 방폭구조의 경우 최고표면온도

② 내압 방폭구조의 경우 최대안전틈새

③ 안전증 방폭구조의 경우 최대안전틈새

④ 본질안전 방폭구조의 경우 최소점화전류

해설 **방폭전기기기별 선정 시 고려사항**

내압 방폭구조(최대안전틈새), 본질안전 방폭구조(최소점화전류), 압력 방폭구조(최고표면온도)

66 다음 각 물질의 저장방법에 관한 설명으로 옳은 것은?

① 황린은 저장용기 중에 물을 넣어 보관한다.

② 과산화수소는 장기 보존 시 유리용기에 저장한다.

③ 피크린산은 철 또는 구리로 된 용기에 저장한다.

④ 마그네슘은 다습하고 통풍이 잘 되는 장소에 보관한다.

해설 황린은 자연발화성이 있어 물속에 보관하여야 한다.

황린의 위험성

황린은 보통 인 또는 백린이라고도 불리며, 인화합물의 원료나 쥐약 등으로 쓰이고, 상온에서 증기를 내고, 어두운 곳에서 인광을 발하는 맹독성 물질이다.

67 프로판(C_3H_8) 1몰이 완전연소하기 위한 산소의 화학 양론 계수는 얼마인가?

① 2   ② 3
③ 4   ④ 5

해설 **프로판(C_3H_8)의 연소식**
$C_3H_8 + 5O_2 \rightarrow 3CO_2 + 4H_2O$
∴ 산소의 화학양론계수 : 5

68 다음 중 반응기의 운전을 중지할 때 필요한 주의사항으로 가장 적절하지 않은 것은?

① 급격한 유량 변화를 피한다.
② 가연성 물질이 새거나 흘러나올 때의 대책을 사전에 세운다.
③ 급격한 압력 변화 또는 온도 변화를 피한다.
④ 80~90℃의 염산으로 세정을 하면서 수소가스로 잔류가스를 제거한 후 잔류물을 처리한다.

해설 수소가스는 인화성 가스로 수소가스로 잔류가스 제거 시 화재 폭발 발생의 위험이 있다. 잔류가스의 제거는 질소나 아르곤 등 불활성 가스를 이용한다.

69 LPG에 대한 설명으로 옳지 않은 것은?

① 강한 독성 가스로 분류된다.
② 질식의 우려가 있다.
③ 누설 시 인화, 폭발성이 있다.
④ 가스의 비중은 공기보다 크다.

해설 LPG(액화석유가스)는 비교적 강한 독성이 있는 물질은 아니다.

70 다음 정의에 해당하는 방폭구조는?

전기기기의 과도한 온도 상승, 아크 또는 스파크 발생의 위험을 방지하기 위해 추가적인 안전조치를 통한 안전도를 증가시킨 방폭구조

① 내압 방폭구조   ② 유입 방폭구조
③ 안전증 방폭구조   ④ 본질안전 방폭구조

해설 **안전증 방폭구조**
폭발분위기가 형성되지 않도록 기계적·전기적 구조상 또는 온도상승에 대해서 특히 안전도를 증가시킨 구조이다.

71 나트륨은 물과 반응할 때 위험성이 매우 크다. 그 이유로 적합한 것은?

① 물과 반응하여 지연성 가스 및 산소를 발생시키기 때문이다.
② 물과 반응하여 맹독성 가스를 발생시키기 때문이다.
③ 물과 발열반응을 일으키면서 가연성 가스를 발생시키기 때문이다.
④ 물과 반응하여 격렬한 흡열반응을 일으키기 때문이다.

해설 나트륨은 물과 접촉할 경우 발열반응을 일으키면서 가연성 가스를 발생시킨다.

72 정전기 제거방법으로 가장 거리가 먼 것은?

① 설비 주위를 가습한다.
② 설비의 금속 부분을 접지한다.
③ 설비의 주변에 적외선을 조사한다.
④ 정전기 발생 방지 도장을 실시한다.

해설 적외선을 조사하는 것은 정전기 제거와 무관하다.

73 다음 중 벤젠(C_6H_6)이 공기 중에서 연소될 때의 이론혼합비(화학양론조성)는?

① 0.72vol%   ② 1.22vol%
③ 2.72vol%   ④ 3.22vol%

해설 벤젠(C_6H_6)의 연소식 : $C_6H_6 + 7.5O_2 = 6CO_2 + 3H_2O$

완전연소 조성농도
$$C_{st} = \frac{1}{(4.733n + 1.19x - 2.38y) + 1} \times 100$$
$$= \frac{1}{(4.733 \times 6 + 1.19 \times 6 - 2.38 \times 0) + 1} \times 100$$
$$\fallingdotseq 2.72(\%)$$

74 다음 중 인입용 비닐 절연전선에 해당하는 약어로 옳은 것은?

① RB   ② IV
③ DV   ④ OW

해설 인입용 비닐 절연전선(DV)

정답 | 67 ④ 68 ④ 69 ① 70 ③ 71 ③ 72 ③ 73 ③ 74 ③

75 염소산칼륨에 관한 설명으로 옳은 것은?

① 탄소, 유기물과 접촉 시에도 분해폭발 위험은 거의 없다.
② 열에 강한 성질이 있어서 500℃의 고온에서도 안정적이다.
③ 찬물이나 에탄올에도 매우 잘 녹는다.
④ 산화성 고체물질이다.

해설 염소산칼륨은 제1류 위험물(산화성 고체)에 해당한다.

76 가스 또는 분진폭발위험장소에는 변전실·배전반실·제어실 등을 설치하여서는 아니된다. 다만, 실내기압이 항상 양압을 유지하도록 하고, 별도의 조치를 한 경우에는 그러하지 않는데 이때 요구되는 조치사항으로 틀린 것은?

① 양압을 유지하기 위한 환기설비의 고장 등으로 양압이 유지되지 아니한 때 정보를 할 수 있는 조치를 한 경우
② 환기설비가 정지된 후 재가동하는 경우 변전실 등에 가스 등이 있는지를 확인할 수 있는 가스검지기 등의 장비를 비치한 경우
③ 환기설비에 의하여 변전실 등에 공급되는 공기는 가스폭발위험장소 또는 분진폭발위험장소가 아닌 곳으로부터 공급되도록 하는 조치를 한 경우
④ 실내기압이 항상 양압 10Pa 이상이 되도록 장치를 한 경우

해설 실내기압이 항상 양압(25파스칼 이상의 압력) 이상으로 유지

77 정전기 제전기의 분류 방식으로 틀린 것은?

① 고전압인가형   ② 자기방전형
③ 면X선형   ④ 접지형

해설 제전기의 종류에는 제전에 필요한 이온의 생성방법에 따라 전압인가식 제전기, 자기방전식 제전기, 방사선식 제전기가 있다.

78 다음 중 누전화재라는 것을 입증하기 위한 요건이 아닌 것은?

① 누전점   ② 발화점
③ 접지점   ④ 접속점

해설 누전화재 입증 시 요건 : 누전점, 발화점, 접지점

79 배관설비 중 유체의 역류를 방지하기 위하여 설치하는 밸브는?

① 글로브밸브   ② 체크밸브
③ 게이트밸브   ④ 시퀀스밸브

해설 체크밸브는 유체의 역류를 방지하여 한쪽 방향으로만 흐르게 하기 위한 밸브이다.

80 다음 중 화재의 종류가 옳게 연결된 것은?

① A급 화재－유류 화재   ② B급 화재－유류 화재
③ C급 화재－일반 화재   ④ D급 화재－일반 화재

해설 **화재의 종류**

구분	A급 화재	B급 화재	C급 화재	D급 화재
명칭	일반 화재	유류·가스 화재	전기 화재	금속 화재

5과목
건설공사 안전관리

81 강재거푸집과 비교한 합판거푸집의 특성이 아닌 것은?

① 외기 온도의 영향이 적다.
② 녹이 슬지 않으므로 보관하기가 쉽다.
③ 중량이 무겁다.
④ 보수가 간단하다.

해설 합판거푸집이 강재거푸집보다 중량이 가볍다.

82 흙의 액성한계 $W_L = 48\%$, 소성한계 $W_p = 26\%$일 때 소성지수(I_p)는 얼마인가?

① 18%   ② 22%
③ 26%   ④ 32%

해설 소성지수(I_p)란 흙이 소성상태로 존재할 수 있는 함수비의 범위로 소성지수 $I_p = W_L - W_p$이므로 $I_p = 48 - 26 = 22\%$

83 화물을 적재하는 경우에 준수하여야 하는 사항으로 옳지 않은 것은?

① 침하 우려가 없는 튼튼한 기반 위에 적재할 것
② 건물의 칸막이나 벽 등이 화물의 압력에 견딜 만큼의 강도를 지니지 아니한 경우에는 칸막이나 벽에 기대어 적재하지 않도록 할 것
③ 불안정할 정도로 높이 쌓아 올리지 말 것
④ 편하중이 발생하도록 쌓아 적재효율을 높일 것

해설 화물적재 시 편하중이 생기지 아니하도록 적재해야 한다.

84 추락에 의한 위험 방지 조치사항으로 거리가 먼 것은?

① 근로자에게 안전대 착용 ② 작업발판 설치
③ 추락방지망 설치 ④ 투하설비 설치

해설 투하설비는 낙하·비래에 대한 방호설비이다. 추락재해 방지설비의 종류에는 ㉠ 추락방지망, ㉡ 안전난간, ㉢ 작업발판, ㉣ 안전대 부착설비, ㉤ 개구부의 추락 방지설비 등이 있다.

85 단면적이 800mm²인 와이어로프에 의지하여 체중 800N인 작업자가 공중작업을 하고 있다면 이때 로프에 걸리는 인장응력은 얼마인가?

① 1MPa ② 2MPa
③ 3MPa ④ 4MPa

해설 **인장응력**

$$\sigma_t = \frac{인장하중}{면적} = \frac{P_t}{A} = \frac{800}{800} = 1\text{MPa}$$

86 흙의 함수비 측정시험을 하였다. 먼저 용기의 무게를 잰 결과 10g이었다. 시료를 용기에 넣은 후에 총 무게를 40g 그대로 건조시킨 후 무게는 30g이었다. 함수비는?

① 25% ② 30%
③ 50% ④ 75%

해설 함수비$(w) = \dfrac{W_w}{W_s} \times 100(\%)$ 이므로

$$w = \frac{40-30}{30-10} \times 100(\%) = 50\%$$

여기서, W_w = (젖은 흙+용기)의 무게 − (마른 흙+용기)의 무게
W_s = (마른 흙+용기)의 무게 − 용기의 무게

87 가설구조물의 특징이 아닌 것은?

① 연결재가 적은 구조로 되기 쉽다.
② 부재결합이 불완전할 수 있다.
③ 영구적인 구조설계의 개념이 확실하게 적용된다.
④ 단면에 결함이 있기 쉽다.

해설 가설구조물은 임시구조물의 설계 개념이 적용된다.

88 비탈면 붕괴를 방지하기 위한 방법으로 옳지 않은 것은?

① 비탈면 상부의 토사 제거
② 지하 배수공 시공
③ 비탈면 하부의 성토
④ 비탈면 내부 수압의 증가 유도

해설 비탈면 내부의 수압이 증가할 경우 붕괴위험이 높아진다.

89 안전난간의 구조 및 설치요건과 관련하여 발끝막이판은 바닥면으로부터 얼마 이상의 높이를 유지하여야 하는가?

① 10cm 이상 ② 15cm 이상
③ 20cm 이상 ④ 30cm 이상

해설 발끝막이판은 바닥면에서 10cm 이상이 되도록 설치해야 한다.

90 굴착면 붕괴의 원인과 가장 거리가 먼 것은?

① 사면경사의 증가
② 성토 높이의 감소
③ 공사에 의한 진동하중의 증가
④ 굴착높이의 증가

해설 성토 높이가 작을수록 붕괴위험이 적어진다.

정답 | 83 ④ 84 ④ 85 ① 86 ③ 87 ③ 88 ④ 89 ① 90 ②

91 중량물의 취급작업 시 근로자의 위험을 방지하기 위하여 사전에 작성하여야 하는 작업계획서 내용에 포함되지 않는 것은?

① 추락위험을 예방할 수 있는 안전대책
② 낙하위험을 예방할 수 있는 안전대책
③ 넘어짐위험을 예방할 수 있는 안전대책
④ 침수위험을 예방할 수 있는 안전대책

해설 **중량물 취급 작업계획서 내용**
• 추락위험을 예방할 수 있는 안전대책
• 낙하위험을 예방할 수 있는 안전대책
• 넘어짐위험을 예방할 수 있는 안전대책
• 협착위험을 예방할 수 있는 안전대책
• 붕괴위험을 예방할 수 있는 안전대책

92 포화도 80%, 함수비 28%, 흙 입자의 비중 2.7일 때 공극비를 구하면?

① 0.940
② 0.945
③ 0.950
④ 0.955

해설 포화도, 공극비, 함수비 및 흙의 비중은 다음의 관계가 있다.
$$Se = wG_s$$

따라서, 공극비(e) $= \dfrac{wG_s}{S}$

$$= \dfrac{28 \times 2.7}{80} = 0.945$$

93 다음은 비계를 조립하여 사용하는 경우 작업발판설치에 관한 기준이다. ( )에 들어갈 내용으로 옳은 것은?

> 사업주는 비계(달비계, 달대비계 및 말비계는 제외한다)의 높이가 ( ) 이상인 작업장소에 다음 각 호의 기준에 맞는 작업발판을 설치하여야 한다.
> 1. 발판재료는 작업할 때의 하중을 견딜 수 있도록 견고한 것으로 할 것
> 2. 작업발판의 폭은 40센티미터 이상으로 하고, 발판재료 간의 틈은 3센티미터 이하로 할 것

① 1m
② 2m
③ 3m
④ 4m

해설 높이 2미터 이상인 비계를 조립하여 사용하는 경우 작업발판 설치기준에 해당되는 내용이다.

94 운반작업 중 요통을 일으키는 인자와 가장 거리가 먼 것은?

① 물건의 중량
② 작업 자세
③ 작업 시간
④ 물건의 표면마감 종류

해설 물건의 표면마감의 종류는 요통을 일으키는 인자와 거리가 멀다.

95 버팀대(Strut)의 축하중 변화 상태를 측정하는 계측기는?

① 경사계(Inclino meter)
② 수위계(Water level meter)
③ 침하계(Extension)
④ 하중계(Load cell)

해설 하중계는 버팀보 어스앵커 등의 실제 축하중 변화를 측정하는 계측기기이다.

96 콘크리트 타설 시 안전수칙으로 옳지 않은 것은?

① 콘크리트 콜드 조인트 발생을 억제하기 위하여 한 곳부터 집중타설한다.
② 타설 순서 및 타설 속도를 준수한다.
③ 콘크리트 타설 도중에는 동바리, 거푸집 등의 이상 유무를 확인하고 감시인을 배치한다.
④ 진동기의 지나친 사용은 재료분리를 일으킬 수 있으므로 적절히 사용하여야 한다.

해설 콘크리트 타설 시 한 곳을 집중타설 하면 거푸집의 변형 또는 동바리의 붕괴를 유발할 수 있다.

97 철골보 인양작업시의 준수사항으로 옳지 않은 것은?

① 선회와 인양작업은 가능한 동시에 이루어지도록 한다.
② 인양용 와이어로프의 각도는 양변 60° 정도가 되도록 한다.
③ 유도로프로 방향을 잡으며 이동시킨다.
④ 철골보의 와이어로프 체결지점은 부재의 1/3 지점을 기준으로 한다.

해설 철골보를 인양할 때는 흔들리거나 선회하지 않도록 유도로프로 유도하여야 한다.

98 근로자의 추락 등의 위험을 방지하기 위하여 설치하는 안전난간의 구조 및 설치 기준으로 옳지 않은 것은?

① 상부난간대는 바닥면·발판 또는 경사로의 표면으로부터 90cm 이상 지점에 설치할 것
② 발끝막이판은 바닥면 등으로부터 10cm 이상의 높이를 유지할 것
③ 안전난간은 구조적으로 가장 취약한 지점에서 가장 취약한 방향으로 작용하는 80kg 이상의 하중을 견딜 수 있는 튼튼한 구조일 것
④ 난간대는 지름 2.7cm 이상의 금속제 파이프나 그 이상의 강도가 있는 재료일 것

해설 안전난간은 구조적으로 가장 취약한 지점에서 가장 취약한 방향으로 작용하는 100kg 이상의 하중에 견딜 수 있는 튼튼한 구조이어야 한다.

99 리프트(Lift)의 안전장치에 해당하지 않는 것은?

① 권과방지장치
② 비상정지장치
③ 과부하방지장치
④ 조속기

해설 조속기는 모터의 회전수를 조절하여 승강기의 속도를 조절하는 승강기의 안전장치이다.

100 부두·안벽 등 하역작업을 하는 장소에서 부두 또는 안벽의 선을 따라 통로를 설치하는 경우 그 폭을 최소 얼마 이상으로 하여야 하는가?

① 60cm
② 90cm
③ 120cm
④ 150cm

해설 부두 등의 하역작업장 조치사항으로 부두 또는 안벽의 선을 따라 통로를 설치하는 경우에는 폭을 90cm 이상으로 하여야 한다.

PART 01 PART 02 PART 03 PART 04 PART 05 부록

※ 2022년 2회 이후 CBT로 출제된 기출문제는 개정된 출제기준과 해당 회차의 기출 키워드 등을 분석하여 복원하였습니다.

1과목
산업재해 예방 및 안전보건교육

01 산업안전보건법령상 사업주가 근로자에 대하여 실시하여야 하는 교육 중 특별교육의 대상이 되는 작업이 아닌 것은?

① 화학설비의 탱크 내 작업
② 전압이 30[V]인 정전 및 활선작업
③ 건설용 리프트·곤돌라를 이용한 작업
④ 동력에 의하여 작동되는 프레스기계를 5대 이상 보유한 사업장에서 해당 기계로 하는 작업

[해설] 전압기 75[V] 이상의 정전 및 활선작업이 특별교육 대상이다.

02 다음 중 안전보건기술지침 분류기호가 잘못 연결된 것은?

① 화재보호지침 : F
② 리스크관리지침 : X
③ 작업환경 관리지침 : W
④ 시료 채취 및 분석지침 : E

[해설] 시료 채취 및 분석지침의 분류기호는 'A'이다.

03 다음 설명에 해당하는 교육방법은?

> FEAF(Far East Air Forces)라고도 하며, 10~15명을 한 반으로 2시간씩 20회에 걸쳐 훈련하고, 관리의 기능, 조직의 원칙, 조직의 운영, 시간관리, 훈련의 관리 등을 교육내용으로 한다.

① MTP(Management Training Program)
② CCS(Civil Communication Section)
③ TWI(Traing Within Industry)
④ ATT(American Telephone & Telegram Co)

[해설] **MTP(Management Training Program)**
한 그룹에 10~15명 내외로 전체 교육시간은 40시간(1일 2시간씩 20일 교육)으로 실시한다.

04 다음 중 안전태도교육의 원칙으로 적절하지 않은 것은?

① 적성배치를 한다.
② 이해하고 납득한다.
③ 항상 모범을 보인다.
④ 지적과 처벌 위주로 한다.

[해설] 태도교육(3단계) : 안전의 습관화(가치관 형성)
1. 청취(들어본다) → 2. 이해, 납득(이해시킨다) → 3. 모범(시범을 보인다) → 4. 권장(평가한다)

05 학생이 마음속에 생각하고 있는 것을 외부에 구체적으로 실현하고 형상화하기 위하여 자기 스스로 계획을 세워 수행하는 학습활동으로 이루어지는 학습지도의 형태는?

① 케이스 메소드(Case method)
② 패널 디스커션(Panel discussion)
③ 구안법(Project method)
④ 문제법(Problem method)

[해설] **구안법(Project method)**
학습자가 마음속에 생각하고 있는 것을 외부로 나타냄으로써 구체적으로 실천하고 객관화시키기 위하여 스스로 계획을 세워 수행하는 학습활동, 즉 문제해결학습이 발전한 형태를 말한다.

06 산업안전보건법령에 따라 보건관리자와 안전관리자의 직무를 분류할 때 보건관리자의 업무에 해당되지 않는 것은?

① 물질안전보건자료의 게시 또는 비치에 관한 보좌 및 지도·조언
② 소속된 근로자의 작업복·보호구 및 방호장치의 점검과 그 착용·사용에 관한 교육·지도
③ 사업장 순회점검, 지도 및 조치 건의
④ 위험성평가에 관한 보좌 및 지도·조언

해설 ②은 관리감독자의 업무에 해당한다.

07 주의의 수준에서 중간 수준에 포함되지 않는 것은?

① 다른 곳에 주의를 기울이고 있을 때
② 가시시야 내 부분
③ 수면 중
④ 일상과 같은 조건일 경우

해설 수면 중은 무의식 수준의 상태로서 중간 수준에 포함되지 않는다.

인간의 의식 Level의 단계별 신뢰성

단계	의식의 상태	신뢰성	의식의 작용
Phase 0	무의식, 실신	0	없음

08 토의(회의)방식 중 참가자가 다수인 경우 전원을 토의에 참가시키기 위하여 소집단으로 구분하고, 각각 자유토의를 행하여 의견을 종합하는 방식은?

① 포럼(Forum)
② 심포지엄(Symposium)
③ 버즈 세션(Buzz Session)
④ 패널 디스커션(Panel Discussion)

해설 **버즈 세션(Buzz Session Discussion)**

참가자가 다수인 경우에 전원을 토의에 참가시키기 위한 방법으로 소집단을 구성하여 회의를 진행시키며 일명 6−6회의라고도 한다.

09 OFF JT의 설명으로 틀린 것은?

① 다수의 근로자에게 조직적 훈련이 가능하다.
② 훈련에만 전념하게 된다.
③ 효과가 곧 업무에 나타나며 훈련의 좋고 나쁨에 따라 개선이 쉽다.
④ 교육훈련목표에 대해 집단적 노력이 흐트러질 수 있다.

해설 ③은 O.J.T(직장 내 교육훈련)의 장점이다.

10 안전교육 방법 중 TWI(Training Within Industry)의 교육과정이 아닌 것은?

① 작업지도훈련
② 인간관계훈련
③ 정책수립훈련
④ 작업방법훈련

해설 **TWI(Training Within Industry) 훈련종류**

1. 작업지도훈련
2. 작업방법훈련
3. 인간관계훈련
4. 작업안전훈련

11 산업안전보건법령상 안전·보건표지 중 지시 표지사항의 기본모형은?

① 사각형
② 원형
③ 삼각형
④ 마름모형

해설 안전보건표지 중 지시 표시는 원형이다.

12 인간관계의 메커니즘 중 다른 사람의 행동 양식이나 태도를 투입시키거나, 다른 사람 가운데서 자기와 비슷한 것을 발견하는 것을 무엇이라고 하는가?

① 투사(Projection)
② 모방(Imitation)
③ 암시(Suggestion)
④ 동일화(Identification)

해설 동일화(Identification): 다른 사람의 행동양식이나 태도를 투입시키거나 다른 사람 가운데서 자기와 비슷한 점을 발견하는 것

13 다음 중 산업안전보건법령상 건설현장에서 사용하는 크레인, 리프트 및 곤돌라의 안전검사의 주기로 옳은 것은? (단, 이동식 크레인, 이삿짐운반용 리프트는 제외)

① 최초 설치한 날부터 6개월마다 실시하여야 한다.
② 최초 설치한 날부터 1년마다 실시하여야 한다.
③ 최초 설치한 날부터 2년마다 실시하여야 한다.
④ 최초 설치한 날부터 3년마다 실시하여야 한다.

해설 **크레인, 리프트 및 곤돌라**
사업장에 설치가 끝난 날부터 3년 이내에 최초 안전검사를 실시하되, 그 이후부터 2년마다(건설현장에서 사용하는 것은 최초로 설치한 날부터 6개월마다)

14 산업안전보건법령상 근로자 안전 · 보건교육 중 채용 시의 교육 및 작업내용 변경 시의 교육 사항으로 옳은 것은?

① 물질안전보건자료에 관한 사항
② 건강증진 및 질병 예방에 관한 사항
③ 유해 · 위험 작업환경 관리에 관한 사항
④ 표준안전작업방법 및 지도 요령에 관한 사항

해설 ②, ③은 근로자 정기교육, ④는 관리감독자 정기교육 내용이다.

15 O.J.T(On the Job Training)의 장점과 가장 거리가 먼 것은?

① 훈련에만 전념할 수 있다.
② 직장의 실정에 맞게 실제적 훈련이 가능하다.
③ 개개인의 업무능력에 적합하고 자세한 교육이 가능하다.
④ 교육을 통하여 상사와 부하 간의 의사소통과 신뢰감이 깊게 된다.

해설 훈련에만 전념할 수 있는 교육은 Off J.T.(직장 외 교육훈련)이다.

16 산업안전보건법령상 안전 · 보건표지에 관한 설명으로 틀린 것은?

① 안전 · 보건표지 속의 그림 또는 부호의 크기는 안전 · 보건표지의 크기와 비례하여야 하며, 안전 · 보건표지 전체 규격의 30% 이상이 되어야 한다.
② 안전 · 보건표지 색채의 물감은 변질되지 아니하는 것에 색채 고정원료를 배합하여 사용하여야 한다.

③ 안전 · 보건표지는 그 표시내용을 근로자가 빠르고 쉽게 알아볼 수 있는 크기로 제작하여야 한다.
④ 안전 · 보건표지에는 야광물질을 사용하여서는 아니 된다.

해설 야간에 필요한 안전보건표지는 야광물질을 사용하는 등 쉽게 알아볼 수 있도록 제작해야 한다.

17 다음 중 매슬로우(Masolw)가 제창한 인간의 욕구 5단계 이론을 단계별로 옳게 나열한 것은?

① 생리적 욕구 → 안전 욕구 → 사회적 욕구 → 존경의 욕구 → 자아실현의 욕구
② 안전 욕구 → 생리적 욕구 → 사회적 욕구 → 존경의 욕구 → 자아실현의 욕구
③ 사회적 욕구 → 생리적 욕구 → 안전 욕구 → 존경의 욕구 → 자아실현의 욕구
④ 사회적 욕구 → 안전 욕구 → 생리적 욕구 → 존경의 욕구 → 자아실현의 욕구

해설 **매슬로(Maslow)의 욕구단계이론**
1. 생리적 욕구(제1단계)
2. 안전의 욕구(제2단계)
3. 사회적 욕구(제3단계)
4. 자기존경의 욕구(제4단계)
5. 자아실현의 욕구(제5단계)

18 기기의 적정한 배치, 변형, 균열, 손상, 부식 등의 유무를 육안, 촉수 등으로 조사한 후 그 설비별로 정해진 점검기준에 따라 양부를 확인하는 점검은?

① 외관점검   ② 작동점검
③ 기능점검   ④ 종합점검

해설 외관점검에 대한 설명이다.

19 위험성평가 실시절차 항목이 아닌 것은?

① 유해 · 위험요인 파악
② 위험성평가 비용계산
③ 사전준비
④ 위험성 감소대책 수립 및 실행

해설 | **위험성평가 실시절차**
- 제1단계 사전준비
- 제2단계 유해 · 위험요인 파악
- 제3단계 위험성 결정
- 제4단계 위험성 감소대책 수립 및 실행
- 제5단계 위험성평가의 공유
- 제6단계 기록 및 보존

20 다음 중 안전대의 각 부품(용어)에 관한 설명으로 틀린 것은?

① "안전그네"란 신체지지의 목적으로 전신에 착용하는 띠 모양의 것으로 상체 등 신체 일부분만 지지하는 것은 제외한다.

② "버클"이란 벨트 또는 안전그네와 신축조절기를 연결하기 위한 사각형의 금속 고리를 말한다.

③ "U자 걸이"란 안전대의 죔줄을 구조물 등에 U자 모양으로 돌린 뒤 훅 또는 카라비너를 D링에, 신축조절기를 각 링 등에 연결하는 걸이 방법을 말한다.

④ "1개 걸이"란 죔줄의 한쪽 끝을 D링에 고정시키고 훅 또는 카라비너를 구조물 또는 구명줄에 고정시키는 걸이 방법을 말한다.

해설 | "버클"이란 벨트 또는 안전그네를 신체에 착용하기 위해 그 끝에 부착한 금속장치를 말한다.

2과목
인간공학 및 위험성 평가 · 관리

21 다음 중 인간의 실수(Human Errors)를 감소시킬 수 있는 방법으로 가장 적절하지 않은 것은?

① 직무수행에 필요한 능력과 기량을 가진 사람을 선정함으로써 인간의 실수를 감소시킨다.

② 적절한 교육과 훈련을 통하여 인간의 실수를 감소시킨다.

③ 인간의 과오를 감소시킬 수 있도록 제품이나 시스템을 설계한다.

④ 실수를 발생한 사람에게 주의나 경고를 주어 재발생하지 않도록 한다.

해설 | 실수를 발생한 사람에게 주의나 경고를 주는 경우 실수가 재발할 위험이 있다.

22 FT도에 사용되는 다음 기호의 명칭으로 맞는 것은?

① 억제 게이트
② 부정 게이트
③ 배타적 OR 게이트
④ 우선적 AND 게이트

해설 |

기호	명칭	설명
	우선적 AND 게이트	입력사상 중 어떤 현상이 다른 현상보다 먼저 일어날 경우에만 출력사상이 발생

23 격렬한 육체적 작업의 작업부담 평가 시 활용되는 주요 생리적 척도로만 이루어진 것은?

① 부정맥, 작업량
② 맥박수, 산소 소비량
③ 점멸융합주파수, 폐활량
④ 점멸융합주파수, 근전도

해설 | **생리적 부담의 측정**
작업이 인체에 미치는 생리적 부담은 주로 맥박수(심박수)와 호흡에 의한 산소 소비량으로 측정한다.

24 인간 – 기계 시스템에 관련된 정의로 틀린 것은?

① 시스템이란 전체 목표를 달성하기 위한 유기적인 결합체이다.

② 인간 – 기계 시스템이란 인간과 물리적 요소가 주어진 입력에 대해 원하는 출력을 내도록 결합되어 상호작용하는 집합체이다.

③ 수동 시스템은 입력된 정보를 근거로 자신의 신체적 에너지를 사용하여 수공구나 보조기구에 힘을 가하여 작업을 제어하는 시스템이다.

④ 자동화 시스템은 기계에 의해 동력과 몇몇 다른 기능들이 제공되며, 인간이 원하는 반응을 얻기 위해 기계의 제어장치를 사용하여 제어기능을 수행하는 시스템이다.

해설 | 자동화 시스템에서는 인간은 감시, 프로그래밍, 정비 유지 등의 기능만 수행하고 기계의 제어장치는 사용하지 않는다.

25 정보를 전송하기 위해 청각적 표시장치를 사용해야 효과적인 경우는?

① 전언이 복잡할 경우
② 전언이 후에 재참조될 경우
③ 전언이 공간적인 위치를 다룰 경우
④ 전언이 즉각적인 행동을 요구할 경우

해설 정보가 즉각적인 행동을 요구하는 경우 청각적 표시장치가 유리하다.

26 작업원 2인이 중복하여 작업하는 공정에서 작업자의 신뢰도는 0.85로 동일하며, 작업 중 50%는 작업자 1인이 수행하고 나머지 50%는 중복작업한다면 이 공정의 인간신뢰도는 약 얼마인가?

① 0.6694   ② 0.7225
③ 0.9138   ④ 0.9888

해설 $R = 1 - (1 - r_1)(1 - r_2)$
　　　$= 1 - (1 - 0.85)(1 - 0.85 \times 0.5)$
　　　$= 0.91375$

27 정보를 전송하기 위해 청각적 표시장치를 이용하는 것이 바람직한 경우로 적합한 것은?

① 전언이 복잡한 경우
② 전언이 이후에 재참조되는 경우
③ 전언이 공간적인 사건을 다루는 경우
④ 전언이 즉각적인 행동을 요구하는 경우

해설 정보가 즉각적인 행동을 요구하는 경우 청각적 표시장치가 유리하다.

28 5,000개의 베어링을 품질검사하여 400개의 불량품을 처리하였으나 실제로는 1,000개의 불량 베어링이 있었다면 이러한 상황의 HEP(Human Error Probability)는?

① 0.04   ② 0.08
③ 0.12   ④ 0.16

해설 인간실수 확률(HEP ; Human Error Probability) : 특정 직무에서 하나의 착오가 발생할 확률

$$HEP = \frac{\text{인간실수의 수}}{\text{실수 발생의 전체기회수}} = \frac{(1,000 - 400)}{5,000} = 0.12$$

29 FTA에서 어떤 고장이나 실수를 일으키지 않으면 정상사상(Top event)은 일어나지 않는다고 하는 것으로 시스템의 신뢰성을 표시하는 것은?

① Cut set   ② Minimal cut set
③ Free event   ④ Minimal path set

해설 미니멀 패스셋은 그 정상사상이 일어나지 않는 최소한의 컷을 말한다(시스템의 신뢰성을 말함).

30 다음 중 인체계측에 관한 설명으로 틀린 것은?

① 의자, 피복과 같이 신체모양과 치수와 관련성이 높은 설비의 설계에 중요하게 반영된다.
② 일반적으로 몸의 측정 치수는 구조적 치수(Structural Dimension)와 기능적 치수(Functional Dimension)로 나눌 수 있다.
③ 인체계측치의 활용 시에는 문화적 차이를 고려하여야 한다.
④ 인체계측치를 활용한 설계는 인간의 안락에는 영향을 미치지만, 성능 수행과는 관련성이 없다.

해설 ④ 인체계측치를 활용한 설계는 성능 수행과 관련성이 있다.

31 다음 중 근골격계 질환 예방을 위해 유해요인평가 방법인 OWAS의 평가요소와 가장 거리가 먼 것은?

① 목   ② 손목
③ 다리   ④ 허리/몸통

해설 **OWAS 평가요소**
• 몸통, 팔, 다리, 머리와 목, 무게/힘
• OWAS는 팔목과 팔꿈치에 관한 정보는 반영되지 못한 단점이 있음

32 다음 중 인간공학에 관련된 설명으로 옳지 않은 것은?

① 인간의 특성과 한계점을 고려하여 제품을 변경한다.
② 생산성을 높이기 위해 인간의 특성을 작업에 맞추는 것이다.
③ 사고를 방지하고 안전성·능률성을 높일 수 있다.
④ 편리성·쾌적성·효율성을 높일 수 있다.

해설 인간공학이란 인간의 신체적·심리적 능력 한계를 고려하여 인간에게 적절한 형태로 작업을 맞추는 것으로 개인이 시스템에서 효과적으로 기능을 하지 못하면 시스템의 수행이 변해야 한다.

33 조작자 한 사람의 신뢰도가 0.9일 때 요원을 중복하여 2인 1조가 되어 작업을 진행하는 공정이 있다. 작업 기간 중 항상 요원 지원을 한다면 이 조의 인간 신뢰도는?

① 0.93
② 0.94
③ 0.96
④ 0.99

해설 신뢰도 = $1 - (1 - 0.9)(1 - 0.9) = 0.99$

34 다음 중 산업안전보건법상 안전보건개선계획의 수립 · 시행에 관한 사항으로 틀린 것은?

① 대상 사업장으로는 작업환경이 현저히 불량한 사업장이 해당된다.
② 산업재해율이 같은 업종의 규모별 평균 산업재해율보다 높은 사업장이 해당된다.
③ 수립 · 시행 명령을 받은 사업주는 안전보건개선계획서를 작성하여 그 명령을 받은 날부터 30일 이내에 관할 지방고용노동관서의 장에게 제출하여야 한다.
④ 사업주가 안전 · 보건조치 의무를 이행하지 아니하여 발생한 중대재해가 연간 2건 이상 발생한 사업장이 해당된다.

해설 안전보건개선계획의 수립 · 시행명령을 받은 사업주는 고용노동부장관이 정하는 바에 따라 안전보건개선계획서를 작성하여 그 명령을 받은 날부터 60일 이내에 관할 지방고용노동관서의 장에게 제출하여야 한다.

35 다음 중 육체적 활동에 대한 생리학적 측정방법과 가장 거리가 먼 것은?

① EMG
② EEG
③ 심박수
④ 에너지소비량

해설 뇌전도(EEG)는 정신적 활동에 대한 측정방법이다.

36 광원의 단위 면적에서 단위 입체각으로 발산하는 빛의 양을 설명한 용어로 맞는 것은?

① 휘도
② 조도
③ 광도
④ 반사율

해설 **휘도**
단위 면적당 빛이 반사되어 나오는 양

37 소음을 방지하기 위한 대책으로 틀린 것은?

① 소음원 통제
② 차폐장치 사용
③ 소음원 격리
④ 연속 소음 노출

해설 **소음방지의 대책**
• 소음원의 제거(통제)
• 소음원의 차단(밀폐, 격리)
• 보호구 지급 및 착용

38 광원으로부터 2m 떨어진 곳에서 측정한 조도가 400 럭스이고, 다른 곳에서 동일한 광원에 의한 밝기를 측정하였더니 100럭스였다면, 두 번째로 측정한 지점은 광원으로부터 몇 m 떨어진 곳인가?

① 4
② 6
③ 8
④ 10

해설 광속 = 조도 × (거리)^2
= $400 \times 2^2 = 1,600$럭스
따라서, $100 = \dfrac{1,600}{(거리)^2}$ 식을 풀면 거리가 광원으로부터 4m 떨어진 곳이다.

39 인간 – 기계 체계에서 인간의 과오에 기인된 원인 확률을 분석하여 위험성의 예측과 개선을 위한 평가 기법은?

① PHA
② FMEA
③ THERP
④ MORT

해설 **THERP(인간과오율 추정법)**
확률론적 안전기법으로서 인간의 과오에 기인된 사고원인을 분석하기 위하여 100만 운전시간당 과오도수를 기본 과오율로 하여 인간의 기본 과오율을 평가하는 기법

40 산업안전보건법에 따라 상시 작업에 종사하는 장소에서 보통작업을 하고자 할 때 작업면의 최소 조도(lux)로 맞는 것은?

① 75
② 150
③ 300
④ 750

해설 보통작업 조도기준 : 150lux 이상

정답 | 33 ④ 34 ③ 35 ② 36 ① 37 ④ 38 ① 39 ③ 40 ②

기계 · 기구 및 설비 안전관리

41 선반작업에서 가공물의 길이가 외경에 비하여 과도하게 길 때, 절삭저항에 의한 떨림을 방지하기 위한 장치는?

① 센터 ② 방진구
③ 돌리개 ④ 심봉

해설 **방진구(Center Rest)**
가늘고 긴 일감은 절삭력과 자중으로 휘거나 처짐이 일어나므로 이를 방지하기 위한 장치. 일감의 길이가 직경의 12배부터 방진구를 사용한다. 탁상용 연삭기에서 사용한다.

42 통로의 설치기준 중 (   ) 안에 공통적으로 들어갈 숫자로 옳은 것은?

> 사업주는 통로면으로부터 높이 (   )미터 이내에는 장애물이 없도록 하여야 한다. 다만, 부득이하게 통로면으로부터 높이 (   )미터 이내에 장애물을 설치할 수밖에 없거나 통로면으로부터 높이 (   )미터 이내의 장애물을 제거하는 것이 곤란하다고 고용노동부장관이 인정하는 경우에는 근로자에게 발생할 수 있는 부상 등의 위험을 방지하기 위한 안전 조치를 하여야 한다.

① 1 ② 2
③ 1.5 ④ 2.5

해설 **통로의 설치(「안전보건규칙」 제22조)**
사업주는 통로면으로부터 높이 2미터 이내에는 장애물이 없도록 하여야 한다. 다만, 부득이하게 통로면으로부터 높이 2미터 이내에 장애물을 설치할 수밖에 없거나 통로면으로부터 높이 2미터 이내의 장애물을 제거하는 것이 곤란하다고 고용노동부장관이 인정하는 경우에는 근로자에게 발생할 수 있는 부상 등의 위험을 방지하기 위한 안전 조치를 하여야 한다.

43 아세틸렌 용접시 역화가 일어날 때 가장 먼저 취해야할 행동은?

① 토치에 아세틸렌 밸브를 닫아야 한다.
② 아세틸렌 밸브를 즉시 잠그고 산소밸브를 잠근다.
③ 산소 밸브를 즉시 잠그고 아세틸렌 밸브를 잠근다.
④ 아세틸렌 사용압력을 $1kg/cm^2$ 이하로 낮춘다.

해설 아세틸렌 용접시 역화가 일어나면 산소밸브를 즉시 잠그고 아세틸렌 밸브를 잠근다.

44 프레스 및 전단기에서 양수조작식 방호장치의 일반구조에 대한 설명으로 옳지 않은 것은?

① 누름버튼(레버 포함)은 돌출형 구조로 설치할 것
② 누름버튼의 상호 간 내측거리는 300mm 이상일 것
③ 누름버튼을 양손으로 동시에 조작하지 않으면 작동시킬 수 없는 구조일 것
④ 정상동작표시등은 녹색, 위험표시등은 붉은색으로 하며, 쉽게 근로자가 볼 수 있는 곳에 설치할 것

해설 누름버튼(레버 포함)은 매립형 구조로 설치해야 한다.

45 목재 가공용 기계별 방호장치가 틀린 것은?

① 목재 가공용 둥근톱기계 – 반발예방장치
② 동력시 수동대패기계 – 날접촉예방장치
③ 목재 가공용 띠톱기계 – 날접촉예방장치
④ 모떼기 기계 – 반발예방장치

해설 **모떼기 기계의 날접촉예방장치(「안전보건규칙」 제110조)**
사업주는 모떼기기계에 날접촉예방장치를 설치하여야 한다.

46 크레인에서 훅걸이용 와이어로프 등이 훅으로부터 벗겨지는 것을 방지하기 위해 사용하는 방호장치는?

① 덮개 ② 권과방지장치
③ 비상정지장치 ④ 해지장치

해설 훅 해지장치란 와이어로프가 훅에서 벗겨지는 것을 방지하는 장치이다.

47 다음 중 산업안전보건법령상 컨베이어에 부착해야 하는 안전장치와 가장 거리가 먼 것은?

① 해지장치 ② 비상정지장치
③ 덮개 또는 울 ④ 역주행방지장치

해설 **컨베이어 안전장치의 종류**
1. 비상정지장치 2. 덮개 또는 울
3. 건널다리 4. 역전방지장치

정답 | 41 ② 42 ② 43 ③ 44 ① 45 ④ 46 ④ 47 ①

48 목재 가공용 둥근톱의 자율안전확인 덮개와 분할날에는 자율안전확인의 표시 외 추가로 표시하여야 하는 사항은?

① 둥근톱의 사용 횟수
② 반발 예방장치 상태
③ 제조번호
④ 덮개의 종류

> **해설** 자율안전확인 덮개와 분할날에는 자율안전확인의 표시 외에 다음 사항을 추가로 표시한다.
>   1. 덮개의 종류
>   2. 둥근톱의 사용가능 치수

49 프레스기에 사용하는 양수조작식 방호장치의 일반구조에 관한 설명 중 틀린 것은?

① 1행정 1정지 기구에 사용할 수 있어야 한다.
② 누름버튼을 양손으로 동시에 조작하지 않으면 작동시킬 수 없는 구조이어야 한다.
③ 양쪽 버튼의 작동시간 차이는 최대 0.5초 이내일 때 프레스가 동작되도록 해야 한다.
④ 방호장치는 사용전원전압의 ±50%의 변동에 대하여 정상적으로 작동되어야 한다.

> **해설** **방호장치 안전인증 고시 [별표 1]**
>   방호장치는 릴레이, 리미트 스위치 등의 전기부품의 고장, 전원전압의 변동 및 정전에 의해 슬라이드가 불시에 동작하지 않아야 하며, 사용전원전압의 ±(100분의 20)의 변동에 대하여 정상으로 작동되어야 한다.

50 롤러기 방호장치의 무부하 동작시험 시 앞면 롤러의 지름이 150mm이고, 회전수가 30rpm인 롤러기의 급정지거리는 몇 mm 이내이어야 하는가?

① 157
② 188
③ 207
④ 237

> **해설**
>
> | 앞면 롤의 표면속도(m/min) | 급정지거리 |
> |---|---|
> | 30 미만 | 앞면 롤 원주의 1/3 |
> | 30 이상 | 앞면 롤 원주의 1/2.5 |
>
> $$V = \frac{\pi DN}{1,000} = \frac{\pi \times 150 \times 30}{1,000} = 14.13 \text{m/min}$$
>
> 급정지거리 $= \dfrac{\text{앞면 롤 원주}}{3} = \dfrac{\pi \times 150}{3} = 157\text{mm}$

51 컨베이어의 종류가 아닌 것은?

① 체인 컨베이어
② 스크류 컨베이어
③ 슬라이딩 컨베이어
④ 유체 컨베이어

> **해설** **컨베이어의 종류 및 용도**
>   • 롤러(Roller) 컨베이어   • 스크류(Screw) 컨베이어
>   • 벨트(Belt) 컨베이어   • 체인(Chain) 컨베이어
>   • 유체 컨베이어

52 밀링머신(Milling Machine)의 작업 시 안전수칙에 대한 설명으로 틀린 것은?

① 커터의 교환 시에는 테이블 위에 목재를 받쳐 놓는다.
② 강력절삭 시에는 일감을 바이스에 깊게 물린다.
③ 작업 중 면장갑은 끼지 않는다.
④ 커터는 가능한 칼럼(Column)으로부터 멀리 설치한다.

> **해설** **밀링작업시 안전대책**
>   커터는 가능한 칼럼(Column)으로부터 가깝게 설치한다.

53 산업안전보건법령상 프레스를 사용하여 작업을 할 때 작업시작 전 점검 항목에 해당하지 않는 것은?

① 전선 및 접속부 상태
② 클러치 및 브레이크의 기능
③ 프레스의 금형 및 고정볼트 상태
④ 1행정 1정지기구·급정지장치 및 비상정지 장치의 기능

> **해설** **프레스 작업시작 전 점검사항(「안전보건규칙」[별표 3])**
>   • 클러치 및 브레이크의 기능
>   • 크랭크축·플라이휠·슬라이드·연결봉 및 연결나사의 풀림 유무
>   • 1행정 1정지기구·급정지장치 및 비상정지장치의 기능
>   • 슬라이드 또는 칼날에 의한 위험방지기구의 기능
>   • 프레스의 금형 및 고정볼트 상태
>   • 방호장치의 기능
>   • 전단기의 칼날 및 테이블의 상태

PART 01
PART 02
PART 03
PART 04
PART 05
부록

54 연삭기 숫돌의 파괴 원인으로 볼 수 없는 것은?

① 숫돌의 회전속도가 너무 빠를 때
② 숫돌 자체에 균열이 있을 때
③ 숫돌의 정면을 사용할 때
④ 숫돌에 과대한 충격을 주게 되는 때

해설 숫돌의 측면을 일감으로써 심하게 가압했을 경우 숫돌이 파괴되어 재해 발생 우려가 있다.

55 그림과 같은 지게차가 안정적으로 작업할 수 있는 상태의 조건으로 적합한 것은?

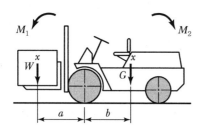

M_1 : 화물의 모멘트
M_2 : 차의 모멘트

① $M_1 < M_2$
② $M_1 > M_2$
③ $M_1 \geqq M_2$
④ $M_1 > 2M_2$

해설 $M_1 < M_2$
화물의 모멘트 $M_1 = W \times a$, 지게차의 모멘트 $M_2 = G \times b$
여기서, W : 화물 중심에서의 화물의 중량(kgf)
　　　　G : 지게차 중량(kgf)
　　　　a : 앞바퀴에서 화물 중심까지의 최단거리(cm)
　　　　b : 앞바퀴에서 지게차 중심까지의 최단거리(cm)

56 그림과 같이 2개의 슬링 와이어로프로 무게 1,000N의 화물을 인양하고 있다. 로프 TAB에 발생하는 장력의 크기는 얼마인가?

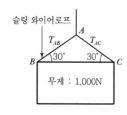

① 500N
② 707N
③ 1,000N
④ 1,414N

해설 슬링 와이어에 걸리는 하중(TAB)을 구하면 평형법칙에 의해서
$$2 \times T_{AB} \times \cos(120/2) = 1,000N,$$
$$T_{AB} = \frac{1,000N}{2 \times \cos(120/2)} = 1,000N$$
여기서, 2는 2줄로 매단 것이 되고, 각도 120/2는 하나의 하중에 걸리는 힘을 계산하기 위해 각도($\angle A = 180° - (30° + 30°) = 120°$)를 반으로 나누는 것이다.

57 정(Chisel) 작업의 일반적인 안전수칙에서 틀린 것은?

① 따내기 및 칩이 튀는 가공에서는 보안경을 착용하여야 한다.
② 절단작업 시 절단된 끝이 튀는 것을 조심하여야 한다.
③ 담금질된 철강 재료는 정 가공을 하지 않는 것이 좋다.
④ 작업을 시작할 때는 가급적 정을 세게 타격하고 점차 힘을 줄여간다.

해설 **정 작업 시 안전수칙**
• 칩이 튀는 작업 시 보호안경 착용
• 처음에는 가볍게 때리고 점차 힘을 가함
• 절단된 가공물의 끝이 튕길 위험의 발생 방지

58 양중기에 사용 가능한 와이어로프에 해당하는 것은?

① 와이어로프의 한 꼬임에서 끊어진 소선의 수가 10%를 초과한 것
② 심하게 변형 또는 부식된 것
③ 지름의 감소가 공칭지름의 7% 이내인 것
④ 이음매가 있는 것

해설 **와이어로프의 사용금지기준(「안전보건규칙」 제63조)**
　1. 이음매가 있는 것
　2. 와이어로프의 한 꼬임(Strand)에서 끊어진 소선의 수가 10퍼센트 이상인 것
　3. 지름의 감소가 공칭지름의 7퍼센트를 초과하는 것
　4. 꼬인 것
　5. 심하게 변형되거나 부식된 것
　6. 열과 전기충격에 의해 손상된 것

59 산업용 로봇 작업 시 안전조치 방법이 아닌 것은?

① 높이 1.8m 이상의 울타리를 설치한다.
② 로봇의 조작방법 및 순서의 지침에 따라 작업한다.
③ 로봇 작업 중 이상상황의 대처를 위해 근로자 이외에도 로봇의 기동스위치를 조작할 수 있도록 한다.
④ 2인 이상의 근로자에게 작업을 시킬 때는 신호 방법의 지침을 정하고 그 지침에 따라 작업한다.

해설 **산업용 로봇 작업 시 안전작업 방법**
작업을 하고 있는 동안 로봇의 기동스위치 등에 작업 중이라는 표시를 하는 등 작업에 종사하고 있는 근로자가 아닌 사람이 그 스위치 등을 조작할 수 없도록 필요한 조치를 할 것

60 산업안전보건법령상 고속회전체의 회전시험을 하는 경우 미리 회전축의 재질 및 형상 등에 상응하는 종류의 비파괴검사를 해서 결함 유무를 확인하여야 하는 고속회전체 대상은?

① 회전축의 중량이 0.5톤을 초과하고, 원주속도가 15m/s 이상인 것
② 회전축의 중량이 1톤을 초과하고, 원주속도가 30m/s 이상인 것
③ 회전축의 중량이 0.5톤을 초과하고, 원주속도가 60m/s 이상인 것
④ 회전축의 중량이 1톤을 초과하고, 원주속도가 120m/s 이상인 것

해설 고속회전체(회전축의 중량이 1톤을 초과하고 원주속도가 매초당 120미터 이상인 것에 한한다)의 회전시험을 하는 경우에 미리 회전축의 재질 및 형상 등에 상응하는 종류의 비파괴검사를 실시하여 결함 유무를 확인하여야 한다.

전기 및 화학설비 안전관리

61 다음 중 유해·위험물질이 유출되는 사고가 발생했을 때의 대처요령으로 적절하지 않은 것은?

① 중화 또는 희석을 시킨다.
② 안전한 장소일 경우 소각시킨다.
③ 유출부분을 억제 또는 폐쇄시킨다.
④ 유출된 지역의 인원을 대피시킨다.

해설 유해·위험물질을 소각할 경우 화재·폭발 등의 위험이 있으며, 독성 물질의 경우 확산 등에 의해 환경 또는 인체에 유해할 수 있으므로 적절하지 않다.

62 프로판(C_3H_8) 가스의 공기 중 완전연소 조성농도는 약 몇 vol%인가?

① 2.02 ② 3.02
③ 4.02 ④ 5.02

해설 • 프로판(C_3H_8)의 연소식
$$C_3H_8 + 5O_2 \rightarrow 3CO_2 + 4H_2O$$
• 완전연소 조성농도(C_{st})
$$C_{st} = \frac{1}{(4.733n + 1.19x - 2.38y) + 1} \times 100$$
$$= \frac{1}{(4.733 \times 3 + 1.19 \times 8 - 2.38 \times 0) + 1} \times 100$$
$$\fallingdotseq 4.02\,(\%)$$

63 다음 중 분진폭발의 가능성이 가장 낮은 물질은?

① 소맥분 ② 마그네슘
③ 질석가루 ④ 석탄

해설 질석가루는 불연성 물질로, 분진폭발이 일어나지 않는다.

PART 01
PART 02
PART 03
PART 04
PART 05
부록

64 절연물은 여러 가지 원인으로 전기저항이 저하되어 이른바 절연불량을 일으켜 위험한 상태가 되는데 절연불량의 주요 원인이 아닌 것은?

① 정전에 의한 전기적 원인
② 온도 상승에 의한 열적 요인
③ 진동, 충격 등에 의한 기계적 요인
④ 높은 이상전압 등에 의한 전기적 요인

해설 > 정전에 의한 전기적 원인은 무관하며 추가로 화학적 요인이 있다.

65 건축물의 설비기준 등에 관한 규칙에 의한 낙뢰의 우려가 있는 건축물의 높이 기준은?

① 10m   ② 20m
③ 30m   ④ 40m

해설 > 건축물의 설비기준 등에 관한 규칙에 의한 낙뢰의 우려가 있는 건축물의 높이 기준 : 20m

66 25℃, 1기압에서 공기 중 벤젠(C_6H_6)의 허용농도가 10ppm 일 때 이를 mg/m³의 단위로 환산하면 약 얼마인가? (단, C, H의 원자량은 각각 12, 1이다)

① 28.7   ② 31.9
③ 34.8   ④ 45.9

해설 > $ppm = mg/m^3 \times \frac{22.4}{M} \times \frac{T+273}{273}$,

$10 = mg/m^3 \times \frac{22.4}{78} \times \frac{25+273}{273}$,

$mg/m^3 = 31.9$

※ M(분자량) $= 6 \times 12 + 6 \times 1 = 78$

67 다음 중 분진폭발에 대한 설명으로 틀린 것은?

① 일반적으로 입자의 크기가 클수록 위험이 더 크다.
② 산소의 농도는 분진폭발 위험에 영향을 주는 요인이다.
③ 주위 공기의 난류확산은 위험을 증가시킨다.
④ 가스폭발에 비하여 불완전 연소를 일으키기 쉽다.

해설 > **분진폭발에 영향을 주는 인자**
• 분진의 입경이 작을수록 폭발하기 쉽다.
• 일반적으로 부유분진이 퇴적분진에 비해 발화온도가 높다.

68 정전기 제거방법으로 가장 거리가 먼 것은?

① 설비 주위를 가습한다.
② 설비의 금속 부분을 접지한다.
③ 설비의 주변에 적외선을 조사한다.
④ 정전기 발생 방지 도장을 실시한다.

해설 > 적외선을 조사하는 것은 정전기 제거와 무관하다.

69 연소의 3요소에 해당되지 않는 것은?

① 가연물   ② 점화원
③ 연쇄반응   ④ 산소공급원

해설 > 연소의 3요소는 가연물, 점화원, 산소공급원이다.

70 페인트를 스프레이로 뿌려 도장작업을 하는 중 발생하는 정전기 대전으로 짝지어진 것은?

① 분출대전 · 충돌대전   ② 충돌대전 · 마찰대전
③ 유동대전 · 충돌대전   ④ 분출대전 · 유동대전

해설 > 1. 충돌대전 : 분체류와 같은 입자상호 간이나 입자와 고체와의 충돌에 의해 빠른 접촉, 분리가 행하여짐으로써 정전기 발생
2. 분출대전 : 분체류, 액체류, 기체류가 단면적이 작은 분출구를 통해 공기 중으로 분출될 때 분출하는 물질과 분출구의 마찰로 정전기 발생

71 안전밸브 등으로부터 배출되는 위험물은 연소 · 흡수 · 세정 · 포집 또는 회수 등의 방법으로 처리할 때 안전한 장소로 유도하여 외부로 직접 배출할 수 있는 경우가 아닌 것은?

① 배출 물질을 연소 · 흡수 · 세정 · 포집 또는 회수 등의 방법으로 처리할 때에 파열판의 기능을 저해할 우려가 있는 경우
② 배출물질을 연소처리 할 때에 유해성가스를 발생시킬 우려가 있는 경우
③ 저압상태의 위험물이 소량으로 배출되어 연소 · 흡수 · 세정 · 포집 또는 회수 등의 방법으로 완전히 처리할 수 없는 경우
④ 공정설비가 있는 지역과 떨어진 인화성 가스 또는 인화성 액체 저장탱크에 안전밸브 등이 설치될 때에 저장탱크에 냉각설비 또는 자동소화설비 등 안전상의 조치를 하였을 경우

해설 > 고압상태의 위험물이 대량으로 배출되어 연소 · 흡수 · 세정 · 포집 또는 회수 등의 방법으로 완전히 처리할 수 없는 경우에 배출되는 위험물을 안전한 장소로 유도하여 외부로 직접 배출할 수 있다.

72 다음 중 폭발하한농도(vol%)가 가장 높은 것은?

① 일산화탄소   ② 아세틸렌

③ 디에틸에테르   ④ 아세톤

해설 보기 물질 중에서는 일산화탄소가 12.5로 폭발하한농도가 가장 높다.

73 A가스의 폭발하한계가 4.1vol%, 폭발상한계가 62vol% 일 때 이 가스의 위험도는 약 얼마인가?

① 8.94   ② 12.75

③ 14.12   ④ 16.12

해설 위험도$(H) = \dfrac{\text{폭발상한계}(U) - \text{폭발하한계}(L)}{\text{폭발하한계}(L)}$

$$= \frac{62 - 4.1}{4.1} = 14.12$$

74 제전기의 설치 장소로 가장 적절한 것은?

① 대전물체의 뒷면에 접지물체가 있는 경우

② 정전기의 발생원으로부터 5~20cm 정도 떨어진 장소

③ 오물과 이물질이 자주 발생하고 묻기 쉬운 장소

④ 온도가 150℃, 상대습도가 80% 이상인 장소

해설 **제전기설치에 관한 일반사항**
정전기의 발생원으로부터 가능한 가까운 위치로 하며, 일반적으로 정전기의 발생원으로부터 5~20[cm] 이상 떨어진 위치

75 다음 중 분진폭발의 발생 위험성을 낮추는 방법으로 적절하지 않은 것은?

① 주변의 점화원을 제거한다.

② 분진이 날리지 않도록 한다.

③ 분진과 그 주변의 온도를 낮춘다.

④ 분진 입자의 표면적을 크게 한다.

해설 입자가 작을수록 표면적이 커지고 표면적이 커지면 폭발위험이 커진다.

76 절연체에 발생한 정전기는 일정 장소에 축적되었다가 점차 소멸되는데 처음 값의 몇 %로 감소되는 시간을 그 물체의 "시정수" 또는 "완화시간"이라고 하는가?

① 25.8   ② 36.8

③ 45.8   ④ 67.8

해설 정전기 완화시간(시정수)은 발생한 정전기가 처음 값의 36.8%로 감소하는 시간을 말한다.

77 다음 가스 중 공기 중에서 폭발범위가 넓은 순서로 옳은 것은?

① 아세틸렌 > 프로판 > 수소 > 일산화탄소

② 수소 > 아세틸렌 > 프로판 > 일산화탄소

③ 아세틸렌 > 수소 > 일산화탄소 > 프로판

④ 수소 > 프로판 > 일산화탄소 > 아세틸렌

해설 보기 물질의 폭발범위는 다음과 같고 폭발범위가 넓은 순서로 정렬하면 아세틸렌(2.5~81) > 수소(4~75) > 일산화탄소(12.5~74) > 프로판 (2.2~9.5) 순서가 된다.

78 위험물안전관리법령상 제3류 위험물이 아닌 것은?

① 황화린   ② 금속나트륨

③ 황린   ④ 금속칼륨

해설 황화린은 위험물안전관리법령상 2류 위험물로, 자연발화성 물질이므로 통풍이 잘되는 냉암소에 보관하며 종류에는 3황화린(P_4S_3), 5황화린(P_4S_5), 7황화린(P_4S_7) 등이 있다.

79 인체가 현저히 젖어 있거나 인체의 일부가 금속성의 전기기구 또는 구조물에 상시 접촉되어 있는 상태의 허용접촉전압(V)은?

① 2.5V 이하   ② 25V 이하

③ 50V 이하   ④ 제한 없음

해설 인체가 현저히 젖어 있거나 인체의 일부가 금속성의 전기기구 또는 구조물에 상시 접촉되어 있는 상태의 허용접촉전압 : 25[V] 이하

정답 | 72 ① 73 ③ 74 ② 75 ④ 76 ② 77 ③ 78 ① 79 ②

80 건물의 전기설비로부터 누설전류를 탐지하여 경보를 발하는 누전경보기의 구성으로 옳은 것은?

① 축전기, 변류기, 경보장치
② 변류기, 수신기, 증폭기
③ 수신기, 발신기, 경보장치
④ 비상전원, 수신기, 경보장치

해설 **전기누전화재경보기의 구성**
- 누설전류를 검출하는 변류기(ZCT)
- 누설전류를 증폭하는 증폭기
- 경보를 발하는 음향장치(수신기)

5과목
건설공사 안전관리

81 사다리식 통로 등을 설치하는 경우 준수해야 할 기준으로 옳지 않은 것은?

① 접이식 사다리 기둥은 사용 시 접히거나 펼쳐지지 않도록 철물 등을 사용하여 견고하게 조치할 것
② 발판과 벽과의 사이는 25cm 이상의 간격을 유지할 것
③ 폭은 30cm 이상으로 할 것
④ 사다리식 통로의 길이가 10m 이상인 경우에는 5m 이내마다 계단참을 설치할 것

해설 사다리식 통로에서 발판과 벽의 사이는 15cm 이상의 간격을 유지해야 한다.

82 높이 2m를 초과하는 말비계를 조립하여 사용하는 경우 작업발판의 최소 폭 기준으로 옳은 것은?

① 20cm 이상　　　② 30cm 이상
③ 40cm 이상　　　④ 50cm 이상

해설 높이 2m를 초과하는 말비계를 조립하여 사용하는 경우 작업발판의 폭은 40cm 이상이어야 한다.

83 크레인의 종류가 아닌 것은?

① 지브크레인　　　② 셔블크레인
③ 천정크레인　　　④ 갠트리크레인

해설 셔블크레인은 굴착기의 한 종류이다.

84 작업발판 및 통로의 끝이나 개구부로서 근로자가 추락할 위험이 있는 장소에서의 방호조치로 옳지 않은 것은?

① 안전난간 설치　　　② 와이어로프 설치
③ 울타리 설치　　　④ 수직형 추락방망 설치

해설 근로자가 추락할 위험이 있는 장소에는 안전난간, 울타리, 수직형 추락방망 등을 설치해야 한다.

85 안전관리비의 사용 항목에 해당하지 않는 것은?

① 안전시설비
② 개인보호구 구입비
③ 접대비
④ 사업장의 안전 · 보건진단비

해설 접대비는 안전관리비의 사용 항목에 해당하지 않는다.

86 다음 그림은 풍화암에서 토사붕괴를 예방하기 위한 기울기를 나타낸 것이다. X의 값은?

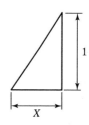

① 1.0　　　② 0.8
③ 0.5　　　④ 0.3

해설 **굴착면의 기울기 기준**

지반의 종류	굴착면의 기울기
모래	1 : 1.8
연암 및 풍화암	1 : 1.0
경암	1 : 0.5
그 밖의 흙	1 : 1.2

정답 | 80 ② 81 ② 82 ③ 83 ② 84 ② 85 ③ 86 ①

87 본 터널(main tunnel)을 시공하기 전에 터널에서 약간 떨어진 곳에 지질조사, 환기, 배수, 운반 등의 상태를 알아보기 위하여 설치하는 터널은?

① 프리패브(prefab) 터널　　② 사이드(side) 터널
③ 쉴드(shield) 터널　　④ 파일럿(pilot) 터널

해설 파일럿 터널은 본 터널을 시공하기 전에 지질조사, 환기, 배수, 운반 등의 상태를 알아보기 위하여 설치하는 터널이다.

88 가설통로의 설치기준으로 옳지 않은 것은?

① 경사는 30° 이하로 할 것
② 경사가 15°를 초과하는 경우에는 미끄러지지 아니하는 구조로 할 것
③ 높이 8m 이상인 비계다리에는 8m 이내마다 계단참을 설치할 것
④ 수직갱에 가설된 통로의 길이가 15m 이상인 경우에는 10m 이내마다 계단참을 설치할 것

해설 높이 8m 이상인 비계다리에는 7m 이내마다 계단참을 설치해야 한다.

89 콘크리트 타설작업 시 거푸집에 작용하는 연직하중이 아닌 것은?

① 콘크리트의 측압　　② 거푸집의 중량
③ 굳지 않은 콘크리트의 중량　　④ 작업원의 작업하중

해설 콘크리트 측압은 연직하중에 해당되지 않는다.

90 다음은 건설현장의 추락재해를 방지하기 위한 사항이다. 빈칸에 들어갈 내용으로 옳은 것은?

사업주는 높이 또는 깊이가 (　　)를 초과하는 장소에서 작업하는 경우 해당 작업에 종사하는 근로자가 안전하게 승강하기 위한 건설용 리프트 등의 설비를 설치하여야 한다. 다만, 승강설비를 설치하는 것이 작업의 성질상 곤란한 경우에는 그러하지 아니하다.

① 2m　　② 3m
③ 4m　　④ 5m

해설 사업주는 높이 또는 깊이가 2m를 초과하는 장소에서 작업하는 경우 해당 작업에 종사하는 근로자가 안전하게 승강하기 위한 건설용 리프트 등의 설비를 설치하여야 한다.

91 철골작업에서의 승강로 설치기준 중 (　　) 안에 알맞은 것은?

사업주는 근로자가 수직방향으로 이동하는 철골부재에는 답단 간격이 (　　) 이내인 고정된 승강로를 설치하여야 한다.

① 20cm　　② 30cm
③ 40cm　　④ 50cm

해설 사업주는 근로자가 수직방향으로 이동하는 철골부재에는 답단 간격이 30cm 이내인 고정된 승강로를 설치하여야 한다.

92 해체용 기계·기구의 취급에 대한 설명으로 틀린 것은?

① 해머는 적절한 직경과 종류의 와이어로프로 매달아 사용해야 한다.
② 압쇄기는 셔블(Shovel)에 부착 설치하여 사용한다.
③ 차체에 무리를 초래하는 중량의 압쇄기 부착을 금지한다.
④ 해머 사용 시 충분한 견인력을 갖춘 도저에 부착하여 사용한다.

해설 해머는 크롤러 크레인에 설치하여 사용하는 공법이다.

93 건설현장에서 계단을 설치하는 경우 계단의 높이가 최소 몇 미터 이상일 때 계단의 개방된 측면에 안전난간을 설치하여야 하는가?

① 0.8m　　② 1.0m
③ 1.2m　　④ 1.5m

해설 높이 1m 이상인 계단의 개방된 측면에 안전난간을 설치한다.

94 건물 외벽의 도장작업을 위하여 섬유로프 등의 재료로 상부지점에서 작업용 발판을 매다는 형식의 비계는?

① 달비계　　② 단관비계
③ 브라켓비계　　④ 이동식 비계

해설 달비계란 와이어로프, 체인, 강재, 철선 등의 재료로 상부지점에서 작업용 널판을 매다는 형식의 비계로 건물 외벽 도장이나 청소 등의 작업에 사용된다.

95 산업안전보건기준에 관한 규칙에 따른 토사굴착 시 굴착면의 기울기 기준으로 옳은 것은?

① 모래-1 : 1.8
② 연암-1 : 1.2
③ 경암-1 : 0.8
④ 그 밖의 흙-1 : 1.0

해설 **굴착면의 기울기 기준**

지반의 종류	굴착면의 기울기
모래	1 : 1.8
연암 및 풍화암	1 : 1.0
경암	1 : 0.5
그 밖의 흙	1 : 1.2

96 버팀대(Strut)의 축하중 변화 상태를 측정하는 계측기는?

① 경사계(Inclino meter)
② 수위계(Water level meter)
③ 침하계(Extension)
④ 하중계(Load cell)

해설 하중계는 버팀보 어스앵커 등의 실제 축하중 변화를 측정하는 계측기기이다.

97 추락에 의한 위험방지 조치사항으로 거리가 먼 것은?

① 투하설비 설치
② 작업발판 설치
③ 추락방호망 설치
④ 근로자에게 안전대 착용

해설 투하설비는 낙하·비래에 대한 방호설비이다. 추락재해 방지설비의 종류에는 ① 추락방호망, ② 안전난간, ③ 작업발판, ④ 안전대 부착설비, ⑤ 개구부의 추락방지 설비 등이 있다.

98 다음 빈칸에 알맞은 숫자를 순서대로 옳게 나타낸 것은?

> 강관비계의 경우, 띠장간격은 (   )m 이하로 설치한다.

① 1.5
② 1.8
③ 2
④ 3

해설 강관비계의 경우, 띠장간격은 2m 이하로 설치한다.

99 블레이드의 길이가 길고 낮으며 블레이드의 좌우를 전후 25~30° 각도로 회전시킬 수 있어 흙을 측면으로 보낼 수 있는 도저는?

① 레이크 도저
② 스트레이트 도저
③ 앵글도저
④ 틸트도저

해설 앵글도저는 배토판을 좌우로 회전 가능하며 측면절삭 및 제설, 제토작업에 적합하다.

100 부두 등의 하역작업장에서 부두 또는 안벽의 선을 따라 설치하는 통로의 최소폭 기준은?

① 30cm 이상
② 50cm 이상
③ 70cm 이상
④ 90cm 이상

해설 부두 또는 안벽의 선을 따라 통로를 설치할 때는 폭을 90cm 이상으로 하여야 한다.

※ 2022년 2회 이후 CBT로 출제된 기출문제는 개정된 출제기준과 해당 회차의 기출 키워드 등을 분석하여 복원하였습니다.

산업재해 예방 및 안전보건교육

01 허즈버그(Herzberg)의 동기 · 위생이론 중 위생요인에 해당하지 않는 것은?

① 보수   ② 책임감
③ 작업조건   ④ 감독

해설 **위생요인(Hygiene)**
작업조건, 급여, 직무환경, 감독 등 일의 조건, 보상에서 오는 욕구(충족되지 않을 경우 조직의 성과가 떨어지나, 충족되었다고 성과가 향상되지 않음)

02 다음 중 사고예방대책의 기본원리를 단계적으로 나열한 것은?

① 조직 → 사실의 발견 → 평가분석 → 시정책의 적용 → 시정책의 선정
② 조직 → 사실의 발견 → 평가분석 → 시정책의 선정 → 시정책의 적용
③ 사실의 발견 → 조직 → 평가분석 → 시정책의 적용 → 시정책의 선정
④ 사실의 발견 → 조직 → 평가분석 → 시정책의 선정 → 시정책의 적용

해설 **하인리히의 사고방지 원리 5단계**
(1단계) 조직 → (2단계) 사실의 발견 → (3단계) 분석 → (4단계) 시정책의 선정 → (5단계) 시정책의 적용

03 산업안전보건법령상 안전 · 보건표지에 관한 설명으로 틀린 것은?

① 안전 · 보건표지 속의 그림 또는 부호의 크기는 안전 · 보건표지의 크기와 비례하여야 하며, 안전 · 보건표지 전체 규격의 30% 이상이 되어야 한다.
② 안전 · 보건표지 색채의 물감은 변질되지 아니하는 것에 색채 고정원료를 배합하여 사용하여야 한다.
③ 안전 · 보건표지는 그 표시내용을 근로자가 빠르고 쉽게 알아볼 수 있는 크기로 제작하여야 한다.
④ 안전 · 보건표지에는 야광물질을 사용하여서는 아니 된다.

해설 야간에 필요한 안전보건표지는 야광물질을 사용하는 등 쉽게 알아볼 수 있도록 제작해야 한다.

04 재해 통계적 원인 분석시 사고의 유형, 기인물 등 분류항목을 큰 순서대로 도표한 것은?

① 파레토도   ② 특성요인도
③ 클로즈도   ④ 관리도

해설 **재해 통계원인 분석방법 4가지**
1. 파레토도 : 분류 항목을 큰 순서대로 도표화한 분석법
2. 특성요인도 : 특성과 요인관계를 도표로 하여 어골상으로 세분화한 분석법(원인과 결과를 연계하여 상호관계를 파악)
3. 클로즈(Close)분석도 : 데이터(Data)를 집계하고 표로 표시하여 요인별 결과 내역을 교차한 클로즈 그림을 작성하여 분석하는 방법
4. 관리도 : 재해발생 건수 등의 추이를 파악하여 목표관리를 행하는 데 필요한 월별 재해발생수를 그래프화하여 관리선을 설정 · 관리하는 방법

05 안전교육의 단계 중 표준작업방법의 습관을 위한 교육은?

① 태도교육　　　　　　② 지식교육
③ 기능교육　　　　　　④ 기술교육

해설 태도교육(3단계) : 안전의 습관화(가치관 형성)

06 사고예방대책의 기본원리 5단계 중 제4단계의 내용으로 틀린 것은?

① 인사조정　　　　　　② 작업분석
③ 기술의 개선　　　　　④ 교육 및 훈련의 개선

해설 **4단계 : 시정방법의 선정**
- 기술의 개선
- 인사조정
- 교육 및 훈련 개선
- 안전규정 및 수칙의 개선
- 이행의 감독과 제재강화

07 안전교육 방법 중 TWI의 교육과정이 아닌 것은?

① 작업지도 훈련　　　　② 인간관계 훈련
③ 정책수립 훈련　　　　④ 작업방법 훈련

해설 **TWI(Training Within Industry) 훈련종류**
- 작업지도훈련(JIT ; Job Instruction Training)
- 작업방법훈련(JMT ; Job Method Training)
- 인간관계훈련(JRT ; Job Relations Training)
- 작업안전훈련(JST ; Job Safety Training)

08 기계·기구 또는 설비의 신설, 변경 또는 고장 수리 등 부정기적인 점검을 말하며, 기술적 책임자가 시행하는 점검은?

① 정기 점검　　　　　　② 수시 점검
③ 특별 점검　　　　　　④ 임시 점검

해설 특별 점검 : 기계 기구의 신설 및 변경 시 고장, 수리 등에 의해 부정기적으로 실시하는 점검, 안전강조기간에 실시하는 점검 등

09 교육훈련의 효과는 5관을 최대한 활용하여야 하는데 다음 중 효과가 가장 큰 것은?

① 청각　　　　　　　　② 시각
③ 촉각　　　　　　　　④ 후각

해설 **5관의 효과치**
- 시각효과 60%(미국 75%)
- 청각효과 20%(미국 13%)
- 촉각효과 15%(미국 6%)
- 미각효과 3%(미국 3%)
- 후각효과 2%(미국 3%)

10 다음 중 산업안전보건법상 안전·보건표지에서 기본모형의 색상이 빨강이 아닌 것은?

① 산화성물질경고　　　② 화기금지
③ 탑승금지　　　　　　④ 고온경고

해설 고온경고는 위험경고에 해당되므로 노란색 바탕에 검은색 기본모형으로 표시한다.

11 안전교육의 방법 중 TWI(Training Within Industry for Supervisor)의 교육내용에 해당하지 않는 것은?

① 작업지도기법(JIT)　　② 작업개선기법(JMT)
③ 작업환경 개선기법(JET)　④ 인간관계 관리기법(JRT)

해설 작업환경 개선기법(JET)은 TWI의 교육내용에 해당하지 않는다.

12 다음 중 O.J.T(On the Job Training) 교육의 특징이 아닌 것은?

① 훈련에 필요한 업무의 계속성이 끊어지지 않는다.
② 교육효과가 업무에 신속히 반영된다.
③ 다수의 근로자들에게 동시에 조직적 훈련이 가능하다.
④ 개개인에게 적절한 지도 훈련이 가능하다.

해설 **O.J.T(직장 내 교육훈련)**
　직속상사가 직장 내에서 작업표준을 가지고 업무상의 개별교육이나 지도훈련을 하는 것(개별교육에 적합)

13 보호구 안전인증 고시에 따른 방독마스크 중 할로겐용 정화통 외부 측면의 표시 색으로 옳은 것은?

① 갈색   ② 회색
③ 녹색   ④ 노랑색

해설 **정화통 외부 측면의 표시 색**

종류	표시 색
할로겐용 정화통	회색

14 학습을 자극에 의한 반응으로 보는 이론에 해당하는 것은?

① 손다이크(Thorndike)의 시행착오설
② 쾰러(Kohler)의 통찰설
③ 톨만(Tolman)의 기호형태설
④ 레빈(Lewin)의 장이론

해설 **손다이크(Thorndike)의 시행착오설**

인간과 동물은 차이가 없다고 보고 동물 연구를 통해 인간심리를 발견하고자 했으며 동물의 행동이 자극(S)과 반응(R)의 연합에 의해 결정된다고 주장했다.

15 스트레스 주요 원인 중 마음속에서 일어나는 내적 자극 요인으로 볼 수 없는 것은?

① 자존심의 손상   ② 업무상 죄책감
③ 현실에서의 부적응   ④ 대인 관계상의 갈등

해설 직장에서의 대인 관계상의 갈등과 대립은 외적요인이다.

16 KOSHA GUIDE를 제·개정하고 있는 기관은?

① 국가법령정보센터
② 한국산업안전보건공단
③ 고용노동부
④ 건설기술인협회

해설 사업장의 자율적 안전보건 수준 향상을 지원하기 위한 기술지침으로써 한국산업안전보건공단에서 제·개정한다.

17 모랄 서베이(Morale Survey)의 효용이 아닌 것은?

① 조직 또는 구성원의 성과를 비교·분석한다.
② 종업원의 정화(Catharsis)작용을 촉진시킨다.
③ 경영관리를 개선하는 자료를 얻는다.
④ 근로자의 심리 또는 욕구를 파악하여 불만을 해소하고, 노동 의욕을 높인다.

해설 **모랄 서베이의 효용**

1. 근로자의 심리 요구를 파악하여 불만을 해소하고 노동 의욕을 높인다.
2. 경영관리를 개선하는 데 필요한 자료를 얻는다.
3. 종업원의 정화작용을 촉진시킨다.

18 산업안전보건법령상 안전검사 대상 유해·위험기계가 아닌 것은?

① 선반   ② 리프트
③ 압력용기   ④ 곤돌라

해설 **안전검사대상기계**

- 리프트
- 압력용기
- 곤돌라 등

19 산업안전보건법령상 다음 그림에 해당하는 안전·보건표지의 종류로 옳은 것은?

① 부식성 물질경고   ② 산화성 물질경고
③ 인화성 물질경고   ④ 폭발성 물질경고

해설 인화성 물질경고 표지이다.

PART 01
PART 02
PART 03
PART 04
PART 05
부록

20 재해누발자의 유형 중 작업이 어렵고, 기계설비에 결함이 있기 때문에 재해를 일으키는 유형은?

① 상황성 누발자
② 습관성 누발자
③ 소질성 누발자
④ 미숙성 누발자

해설 **상황성 누발자**

작업이 어렵거나, 기계설비의 결함, 환경상 주의력의 집중이 혼란된 경우, 심신의 근심으로 사고 경향자가 되는 경우(상황이 변하면 안전한 성향으로 바뀜)

2과목
인간공학 및 위험성 평가 · 관리

21 다음 설명에서 ( ) 안에 들어갈 단어를 순서적으로 올바르게 나타낸 것은?

> ⊙ 필요한 직무 또는 절차를 수행하지 않은 데 기인한 과오
> ⓒ 필요한 직무 또는 절차를 수행하였으나 잘못 수행한 과오

① ⊙ Sequential Error, ⓒ Extraneous Error
② ⊙ Extraneous Error, ⓒ Omission Error
③ ⊙ Omission Error, ⓒ Commission Error
④ ⊙ Commission Error, ⓒ Omission Error

해설 **심리적(행위에 의한) 분류(Swain)**

1. 생략에러(Omission Error) : 작업 내지 필요한 절차를 수행하지 않는 데서 기인하는 에러
2. 수행에러(Commission Error) : 작업 내지 절차를 수행했으나 잘못한 실수 ─ 선택착오, 순서착오, 시간착오

22 안전성 평가의 기본원칙을 6단계로 나누었을 때 다음 중 가장 먼저 수행해야 되는 것은?

① 정성적 평가
② 작업조건 측정
③ 정량적 평가
④ 관계자료의 정비 검토

해설 **사업장 안전성 평가 1단계 ─ 관계자료의 정비 검토** : 입지조건, 제조공정 개요, 공정계통도 등 관계자료 검토

23 인체측정치를 이용한 설계에 관한 설명으로 옳은 것은?

① 평균치를 기준으로 한 설계를 제일 먼저 고려한다.
② 의자의 깊이와 너비는 모두 작은 사람을 기준으로 설계한다.
③ 자세와 동작에 따라 고려해야 할 인체측정치수가 달라진다.
④ 큰 사람을 기준으로 한 설계는 인체측정치의 5%tile을 사용한다.

해설 인체의 자세와 동작에 따라 고려해야 할 인체측정치수가 달라진다.

24 다음 중 암호체계 사용상의 일반적인 지침에 해당하지 않는 것은?

① 암호의 검출성
② 부호의 양립성
③ 암호의 표준화
④ 암호의 단일 차원화

해설 **암호체계의 일반적인 지침**

- 암호의 검출성
- 암호의 변별성
- 암호의 표준화
- 부호의 양립성
- 부호의 의미
- 다차원 암호의 사용

25 인간의 시각특성을 설명한 것으로 옳은 것은?

① 적응은 수정체의 두께가 얇아져 근거리의 물체를 볼 수 있게 되는 것이다.
② 시야는 수정체의 두께 조절로 이루어진다.
③ 망막은 카메라의 렌즈에 해당된다.
④ 암조응에 걸리는 시간은 명조응보다 길다.

해설 명조응(약 1~2분 소요)이 암조응(약 30~35분 소요)보다 걸리는 시간이 짧다.

26 FTP 도표에서 사용하는 논리기호 중 기본사상을 나타내는 기호는?

①
②
③
④

해설	기호	명칭	설명
	◯	기본사상 (사상기호)	더 이상 전개되지 않는 기본사상

---

27 정보처리기능 중 정보 보관에 해당되는 것과 관계가 가장 먼 것은?

① 감지
② 정보처리
③ 출력
④ 행동기능

해설 **인간-기계 통합시스템의 인간 또는 기계에 의해 수행되는 기본 기능의 유형**

28 인터페이스 설계 시 고려해야 하는 인간과 기계와의 조화성에 해당되지 않는 것은?

① 지적 조화성
② 신체적 조화성
③ 감성적 조화성
④ 심미적 조화성

해설 **인간과 기계(환경) 인터페이스 설계 시 고려사항**
- 지적 조화성
- 감성적 조화성
- 신체적 조화성

29 어떤 기기의 고장률이 시간당 0.002로 일정하다고 한다. 이 기기를 100시간 사용했을 때 고장이 발생할 확률은?

① 0.1813
② 0.2214
③ 0.6253
④ 0.8187

해설 **기계의 신뢰도**

$R = e^{-\lambda t}$

여기서, λ(고장률) = 0.002, t(가동시간) = 100시간이므로 신뢰도

$R = e^{(-0.002 \times 100)} = e^{-0.1} = 0.818730 \cdots$

고장확률 $= 1 - R = 1 - 0.81873 = 0.18127 \fallingdotseq 0.1813$

30 다음 중 작업관리의 내용과 거리가 먼 것은?

① 작업관리는 작업시간을 단축하는 것이 주목적이다.
② 작업관리는 방법연구와 작업측정을 주 영역으로 하는 경영기법의 하나이다.
③ 작업관리는 생산과정에서 인간이 관여하는 작업을 주 연구대상으로 한다.

④ 작업관리는 생산성과 함께 작업자의 안전과 건강을 함께 추구한다.

해설 각 생산작업을 가장 합리적이고 효율적으로 개선하여 표준화하여 제품의 품질 균일화, 생산비 절감, 안전성을 향상시키기는 등의 목적이 있으며, 작업시간을 단축하는 것이 주목적은 아니다.

31 서서 하는 작업의 작업대 높이에 대한 설명으로 옳지 않은 것은?

① 정밀작업의 경우 팔꿈치 높이보다 약간 높게 한다.
② 경작업의 경우 팔꿈치 높이보다 약간 낮게 한다.
③ 중작업의 경우 경작업의 작업대 높이보다 약간 낮게 한다.
④ 작업대의 높이는 기준을 지켜야 하므로 높낮이가 조절되어서는 안 된다.

해설 **입식 작업대 높이**
- 정밀작업 : 팔꿈치 높이보다 5~10cm 높게 설계
- 일반작업 : 팔꿈치 높이보다 5~10cm 낮게 설계
- 힘든 작업(重작업) : 팔꿈치 높이보다 10~20cm 낮게 설계

32 1에서 15까지 수의 집합에서 무작위로 선택할 때, 어떤 숫자가 나올지 알려주는 경우의 정보량은 몇 bit인가?

① 2.91bit
② 3.91bit
③ 4.51bit
④ 4.91bit

해설 정보량 $H = \log_2 n = \log_2 15 = \dfrac{\log 15}{\log 2} = 3.90689$bit

33 소음을 방지하기 위한 대책으로 틀린 것은?

① 소음원 통제
② 차폐장치 사용
③ 소음원 격리
④ 연속 소음 노출

해설 **소음방지의 대책**
- 소음원의 제거(통제)
- 소음원의 차단(밀폐, 격리)
- 보호구 지급 및 착용

34 러닝벨트(Treadmill) 위를 일정한 속도로 걷는 사람의 배기가스를 5분간 수집한 표본을 가스성분 분석기로 조사한 결과 산소 16%, 이산화탄소 4%로 나타났다. 배기가스 전부를 가스미터에 통과시킨 결과 배기량이 90L이었다면 분당 산소 소비량과 에너지가(價)는 약 얼마인가?

① 산소소비량 : 0.95L/분, 에너지가(價) : 4.75kcal/분
② 산소소비량 : 0.95L/분, 에너지가(價) : 4.80kcal/분
③ 산소소비량 : 0.95L/분, 에너지가(價) : 4.85kcal/분
④ 산소소비량 : 0.97L/분, 에너지가(價) : 4.90kcal/분

해설) $V_{흡기} = V_{배기} \times (100 - O_2\% - CO_2\%)/79\% = (100 - 16 - 4) \times 18/79$
$= 18.228$(L/min)
산소소비량 $= 0.21 \times V_{흡기} - O_2\% \times V_{배기} = 0.21 \times 18.228 - 0.16 \times 18$
$= 0.9478$
$= 0.95$(L/min)
작업에너지가(kcal/min) = 분당산소소비량(L) × 5kcal = 0.95 × 5
$= 4.75$

35 광도(luminance)는 단위면적당 표면에서 반사되는 광량(光量)을 말한다. 다음 중 광도의 단위가 아닌 것은?

① Lambert(L)
② lux
③ foot-Lambert
④ nit(cd/m²)

해설) lux는 조도단위이다.

광도(Luminance)
단위면적당 표면에서 반사(방출)되는 빛의 양(단위 : Lambert(L), foot-Lambert, nit(cd/m²))

36 작업 시 팔꿈치의 각도로 옳은 것은?

① 30°
② 45°
③ 60°
④ 90°

해설) 팔꿈치는 작업대 높이의 기준이 되는 신체부위로써 작업 시 팔꿈치 각도는 직각 90°, 손목은 직선 180°가 되어야 함

37 체계분석 및 설계에 있어서 인간공학적 노력의 효능을 산정하는 척도의 기준에 포함되지 않는 것은?

① 성능의 향상
② 훈련비용의 절감
③ 인력 이용률의 저하
④ 생산 및 보전의 경제성 향상

해설) 체계 설계과정에서 인간공학의 적용에 의해 인력의 이용률이 향상될 수 있다.

38 점광원(point source)에서 표면에 비추는 조도(lux)의 크기를 나타내는 식으로 옳은 것은? (단, D는 광원으로부터의 거리를 말한다.)

① $\dfrac{광도(fc)}{D^2(m^2)}$
② $\dfrac{광도(lm)}{D(m)}$
③ $\dfrac{광속(lumen)}{D^2(m^2)}$
④ $\dfrac{광도(fL)}{D(m)}$

해설) **조도(Illuminance)**
어떤 물체나 대상면에 도달하는 빛의 양(단위 : [lux])
$$조도(lux) = \frac{광속(lumen)}{거리(m)^2}$$

39 인체 측정치의 응용원칙과 거리가 먼 것은?

① 극단치를 고려한 설계
② 조절 범위를 고려한 설계
③ 평균치를 기준으로 한 설계
④ 기능적 치수를 이용한 설계

해설) **인체계측자료의 응용원칙**
1. 최대치수와 최소치수
2. 5~95% 조절범위 설계
3. 평균치를 기준으로 한 설계

40 다음 중 FTA를 이용하여 사고원인의 분석 등 시스템의 위험을 분석할 경우 기대 효과와 관계없는 것은?

① 사고원인 분석의 정량화 가능
② 사고원인 규명의 귀납적 해석 가능
③ 안전점검을 위한 체크리스트 작성 가능
④ 복잡하고 대형화된 시스템의 신뢰성 분석 및 안전성 분석 가능

해설) 결함수분석(FTA ; Fault Tree Analysis)은 연역적, 정량적 분석법이다.

기계 · 기구 및 설비 안전관리

41 다음 중 기계설비에 의해 형성되는 위험점이 아닌 것은?

① 회전 말림점　　　② 접선 분리점
③ 협착점　　　　　④ 끼임점

[해설] **기계설비의 위험점 분류**
　1. 협착점(Squeeze Point)
　2. 끼임점(Shear Point)
　3. 절단점
　4. 물림점
　5. 접선물림점
　6. 회전말림점

42 드릴링 머신의 드릴지름이 10mm이고, 드릴 회전수가 1,000rpm일 때 원주속도는 약 얼마인가?

① 3.14m/min　　　② 6.28m/min
③ 31.4m/min　　　④ 62.8m/min

[해설] 숫돌의 원주속도 : $v = \dfrac{\pi DN}{1,000}$(m/min)

[여기서, 지름 : D(mm), 회전수 : N(rpm)]

$v = \dfrac{\pi DN}{1,000} = \dfrac{\pi \times 10 \times 1,000}{1,000} = 31.4$(m/min)

43 연삭기 숫돌의 파괴원인으로 볼 수 없는 것은?

① 숫돌의 회전속도가 너무 빠를 때
② 숫돌 자체에 균열이 있을 때
③ 숫돌의 정면을 사용할 때
④ 숫돌에 과대한 충격을 주게 되는 때

[해설] 숫돌의 측면을 일감으로써 심하게 가압했을 경우 숫돌이 파괴되어 재해 발생 우려가 있다.

44 산업안전보건법령에 따라 다음 중 덮개 혹은 울을 설치하여야 하는 경우나 부위에 속하지 않는 것은?

① 목재가공용 띠톱기계를 제외한 띠톱기계에서 절단에 필요한 톱날 부위 외의 위험한 톱날 부위
② 선반으로부터 돌출하여 회전하고 있는 가공물이 근로자에게 위험을 미칠 우려가 있는 경우
③ 보일러에서 과열에 의한 압력상승으로 인해 사용자에게 위험을 미칠 우려가 있는 경우
④ 연삭기 또는 평삭기의 테이블, 형삭기 램 등의 행정 끝이 근로자에게 위험을 미칠 우려가 있는 경우

[해설] 보일러에는 덮개 혹은 울을 설치하지 않아도 된다.

45 지게차에서 통상적으로 갖추고 있어야 하나, 마스트의 후방에서 화물이 낙하함으로써 근로자에게 위험을 미칠 우려가 없는 때에는 갖추지 않아도 되는 것은?

① 전조등　　　　　② 헤드가드
③ 백레스트　　　　④ 포크

[해설] **백레스트**(「안전보건규칙」 제181조)
　사업주는 백레스트를 갖추지 아니한 지게차를 사용하여서는 아니된다. 다만, 마스트의 후방에서 화물이 낙하함으로써 근로자에게 위험을 미칠 우려가 없는 때에는 그러하지 아니하다.

46 위험기계에 조작자의 신체부위가 의도적으로 위험점 밖에 있도록 하는 방호장치는?

① 덮개형 방호장치　　　② 차단형 방호장치
③ 위치제한형 방호장치　④ 접근반응형 방호장치

[해설] **위치제한형 방호장치**
　조작자의 신체부위가 위험한계 밖에 있도록 기계의 조작장치를 위험구역에서 일정거리 이상 떨어지게 한 방호장치

47 크레인 작업 시 300kg의 질량을 10m/s²의 가속도로 감아올릴 때 로프에 걸리는 총 하중은 약 몇 N인가? (단, 중력 가속도는 9.81m/s²로 한다.)

① 2,943 ② 3,000
③ 5,943 ④ 8,886

해설 크레인 인양 시 로프에 걸리는 총 하중 = 정하중 + 동하중
= 2,943N + 3,000N = 5,943N
정하중 = 300kg × 9.81m/s² = 2,943N
동하중 = 정하중 × 가속도 = 300kg × 10m/s² = 3,000N

48 롤러기의 급정지장치 중 복부 조작식과 무릎 조작식의 조작부 위치 기준은? (단, 밑면과의 상대거리를 나타낸다.)

	복부 조작식	무릎 조작식
①	0.5~0.7[m]	0.2~0.4[m]
②	0.8~1.1[m]	0.4~0.6[m]
③	0.8~1.1[m]	0.6~0.8[m]
④	1.1~1.4[m]	0.8~1.0[m]

해설 **급정지장치 조작부의 위치**

급정지장치조작부의 종류	위치
손으로 조작(로프식) 하는 것	밑면으로부터 1.8m 이하
복부로 조작하는 것	밑면으로부터 0.8m 이상 1.1m 이하
무릎으로 조작하는 것	밑면으로부터 0.4m 이상 0.6m 이하

49 프레스의 광전자식 방호장치의 관선에 신체의 일부가 감지된 후로부터 급정지기구 작동시까지의 시간이 30ms이고, 급정지기구의 작동 직후로부터 프레스기가 정지될 때까지의 시간이 20ms라면 광축의 최소 설치거리는?

① 75mm 이상 ② 80mm 이상
③ 100mm 이상 ④ 150mm 이상

해설 **안전거리**
$$D = 1,600 \times (T_c + T_s)(mm)$$
$$= 1,600 \times (0.03 + 0.02) = 80mm \text{ 이상}$$

50 다음 중 접근반응형 방호장치에 해당되는 것은?

① 양수조작식 방호장치 ② 손쳐내기식 방호장치
③ 덮개식 방호장치 ④ 광전자식 방호장치

해설 **접근반응형 방호장치**

작업자의 신체부위가 위험한계로 들어오게 되면 이를 감지하여 작동 중인 기계를 즉시 정지시키거나 스위치가 꺼지도록 하는 기능을 가지고 있다(광전자식 안전장치).

51 프레스 가공품의 이송방법으로 2차 가공용 송급배출 장치가 아닌 것은?

① 다이얼 피더(Dial Feeder)
② 롤 피더(Roll Feeder)
③ 푸셔 피더(Pusher Feeder)
④ 트랜스퍼 피더(Transfer Feeder)

해설 롤 피더(Roll Feeder)는 1차 가공용 송급장치이다.

52 프레스 작업 중 작업자의 신체 일부가 위험한 작업점으로 들어가면 자동적으로 정지되는 기능이 있는데, 이러한 안전 대책을 무엇이라고 하는가?

① 풀 프루프(Fool Proof)
② 페일 세이프(Fail safe)
③ 인터록(Inter lock)
④ 리미트 스위치(Limit switch)

해설 **Fool Proof**

기계설비의 본질 안전 안전화는 작업자 측에 실수나 잘못이 있어도 기계 설비 측에서 이를 배제하여 안전을 확보할 것

53 지게차의 안전장치에 해당하지 않는 것은?

① 후미경 ② 헤드가드
③ 백레스트 ④ 권과방지장치

해설 지게차의 안전장치로는 전조등 및 후미등, 헤드가드, 백레스트가 있다.

54 산업안전보건법령상 회전 중인 연삭숫돌 지름이 최소 얼마 이상인 경우로서 근로자에게 위험을 미칠 우려가 있는 경우 해당 부위에 덮개를 설치하여야 하는가?

① 3cm 이상
② 5cm 이상
③ 10cm 이상
④ 20cm 이상

55 방호장치 안전인증 고시에 따른 보일러 압력관련 용어의 뜻으로 옳지 않은 것은?

① 설정압력(set pressure) : 설계상 정한 안전밸브의 분출압력
② 분출압력(popping pressure) : 배압과 온도에 대한 보정값이 반영된 상온에서의 설정압력
③ 호칭압력 : 압력의 크기를 호칭 수치로 나타내는 것
④ 분출정지압력 : 밸브 입구 쪽 압력이 감소하여 디스크가 밸브 시트에 재접촉하거나 양정이 0이 되었을 때의 압력

56 롤러기에 사용되는 급정지장치의 종류가 아닌 것은?

① 손 조작식
② 발 조작식
③ 무릎 조작식
④ 복부 조작식

57 보일러수 속에 불순물 농도가 높아지면서 수면에 거품이 형성되어 수위가 불안정하게 되는 현상은?

① 포밍
② 서징
③ 수격현상
④ 공동현상

58 기계를 구성하는 요소에서 피로현상은 안전과 밀접한 관련이 있다. 다음 중 기계요소의 피로 파괴현상과 가장 관련이 적은 것은?

① 소음(Noise)
② 노치(Notch)
③ 부식(Corrosion)
④ 치수효과(Size Effect)

59 선반의 크기를 표시하는 것으로 틀린 것은?

① 양쪽 센터 사이의 최대 거리
② 왕복대 위의 스윙
③ 베드 위의 스윙
④ 주축에 물릴 수 있는 공작물의 최대 지름

60 클러치 프레스에 부착된 양수조작식 방호장치에 있어서 클러치의 맞물린 개소 수가 4군데, 매분 행정 수가 300 SPM일 때 양수조작식 조작부의 최소 안전거리는? (단, 인간의 손의 기준속도는 1.6m/s로 한다.)

① 240mm
② 260mm
③ 340mm
④ 360mm

전기 및 화학설비 안전관리

61 정전기의 발생에 영향을 주는 요인과 가장 거리가 먼 것은?

① 박리속도
② 물체의 표면상태
③ 접촉면적 및 압력
④ 외부공기의 풍속

해설 정전기 발생과 외부공기의 풍속은 무관하다.

62 발전소에서 장치를 시설하여 계측하지 않아도 되는 것은?

① 특고압용 변압기의 온도
② 발전기의 베어링 및 고정자의 온도
③ 발전기의 회전자 온도
④ 주요 변압기의 전압 및 전류 또는 전력

해설 발전기의 회전자는 계측기 시설 대상이 아니다.

63 다음 중 일반적으로 인체에 1초 동안 전류가 흘렀을 때 정상적인 심장의 기능을 상실할 수 있는 전류의 크기는 어느 정도인가?

① 50mA
② 75mA
③ 125mA
④ 165mA

해설 **심실세동전류**

통전전류 구분	전격의 영향	통전전류(교류) 값
심실세동전류 (치사전류)	심근의 미세한 진동으로 혈액을 송출하는 펌프의 기능이 장애를 받는 현상을 심실세동이라 하며 이때의 전류	$I = \dfrac{165}{\sqrt{T}}$ [mA] I : 심실세동전류(mA) T : 통전 시간(s)

64 정전기 제전기의 분류 방식으로 틀린 것은?

① 고전압인가형
② 자기방전형
③ 면X선형
④ 접지형

해설 제전기의 종류에는 제전에 필요한 이온의 생성방법에 따라 전압인가식 제전기, 자기방전식 제전기, 방사선식 제전기가 있다.

65 선간전압이 6.6kV인 충전전로 인근에서 유자격자가 작업하는 경우, 충전전로에 대한 최소 접근한계거리(cm)는? (단, 충전부에 절연 조치가 되어있지 않고, 작업자는 절연장갑을 착용하지 않았다.)

① 20
② 30
③ 50
④ 60

해설

충전전로의 선간전압 (단위 : 킬로볼트)	충전전로에 대한 접근 한계거리 (단위 : 센티미터)
2 초과 15 이하	60

66 다음 반응식에서 프로판 가스의 화학양론 농도는 약 얼마인가?

$$C_3H_8 + 5O_2 + 18.8N_2 \rightarrow 3CO_2 + 4H_2O + 18.8N_2$$
$$\underbrace{\qquad}_{\text{공기}}$$

① 8.04vol%
② 4.02vol%
③ 20.4vol%
④ 40.8vol%

해설 **프로판(C_3H_8)의 연소식**

$$C_3H_8 + 5O_2 \rightarrow 3CO_2 + 4H_2O$$

$$C_{st} = \frac{1}{(4.77n + 1.19x - 2.38y) + 1} \times 100$$
$$= \frac{1}{(4.77 \times 3 + 1.19 \times 8 - 2.38 \times 0) + 1} \times 100$$
$$= 4.02(\%)$$

67 폭발위험장소 중 1종 장소에 해당하는 것은?

① 폭발성 가스 분위기가 연속적, 장기간 또는 빈번하게 존재하는 장소
② 폭발성 가스 분위기가 정상작동 중 주기적 또는 빈번하게 생성되는 장소
③ 폭발성 가스 분위기가 정상작동 중 조성되지 않거나 조성된다 하더라도 짧은 기간에만 존재할 수 있는 장소
④ 전기설비를 제조, 설치 및 사용함에 있어 특별한 주의를 요하는 정도의 폭발성 가스 분위기가 조성될 우려가 없는 장소

해설 **1종 장소**
폭발성 가스 분위기가 정상작동 중 주기적 또는 빈번하게 생성되는 장소

정답 | 61 ④ 62 ③ 63 ④ 64 ④ 65 ④ 66 ② 67 ②

68 산화성 액체 중 질산의 성질에 관한 설명으로 옳지 않은 것은?

① 피부 및 의복을 부식하는 성질이 있다.
② 쉽게 연소하는 가연성 물질이므로 화기에 극도로 주의한다.
③ 위험물 유출 시 건조사를 뿌리거나 중화제로 중화한다.
④ 물과 반응하면 발열반응을 일으키므로 물과의 접촉을 피한다.

69 인화성 가스, 불활성 가스 및 산소를 사용하여 금속의 용접·용단 또는 가열작업을 하는 경우에는 가스 등의 누출 또는 방출로 인한 폭발·화재 또는 화상을 예방하기 위한 준수사항으로 옳지 않은 것은?

① 용단작업을 하는 경우에는 취관으로부터 산소의 과잉방출로 인한 화상을 예방하기 위하여 밸브를 여는 행위를 하지 않을 것
② 가스 등의 호스와 취관은 손상·마모 등에 의하여 가스 등이 누출할 우려가 없는 것을 사용할 것
③ 가스 등의 호스에 가스 등을 공급하는 경우에는 미리 그 호스에서 가스 등이 방출되지 않도록 필요한 조치를 할 것
④ 작업을 중단하거나 마치고 작업장소를 떠날 경우에는 가스 등의 공급구의 밸브나 콕을 잠글 것

70 방폭구조의 종류 중 전기기기의 과도한 온도 상승, 아크 또는 불꽃 발생의 위험을 방지하기 위하여 추가적인 안전 조치를 통한 안전도를 증가시킨 방폭구조를 무엇이라 하는가?

① 안전증 방폭구조
② 본질안전 방폭구조
③ 충전 방폭구조
④ 비점화 방폭구조

71 다음 중 기기보호등급(EPL)과 허용장소를 바르게 짝지은 것은?

① ZONE 0 - Ga
② ZONE 20 - Gc
③ ZONE 21 - DC
④ ZONE 22 - Dd

72 다음 중 유해·위험물질이 유출되는 사고가 발생했을 때의 대처요령으로 가장 적절하지 않은 것은?

① 중화 또는 희석을 시킨다.
② 유해·위험물질을 즉시 모두 소각시킨다.
③ 유출부분을 억제 또는 폐쇄시킨다.
④ 유출된 지역의 인원을 대피시킨다.

73 교류아크용접기를 사용하는 경우 자동전격방지기를 설치하여야 하는 장소가 아닌 것은?

① 임시배선의 전로가 설치되는 장소
② 근로자가 물·땀 등으로 인하여 도전성이 높은 습윤 상태에서 작업하는 장소
③ 선박의 이중 선체 내부, 밸러스트 탱크, 보일러 내부 등 도전체에 둘러싸인 장소
④ 추락할 위험이 있는 높이 2m 이상의 장소로 철골 등 도전성이 높은 물체에 근로자가 접촉할 우려가 있는 장소

74 정전기 발생량과 관련된 내용으로 옳지 않은 것은?

① 분리속도가 빠를수록 정전기 발생량이 많아진다.
② 두 물질간의 대전서열이 가까울수록 정전기 발생량이 많아진다.
③ 접촉면적이 넓을수록, 접촉압력이 증가할수록 정전기 발생량이 많아진다.
④ 물질의 표면이 수분이나 기름 등에 오염되어 있으면 정전기 발생량이 많아진다.

해설 일반적으로 대전량은 접촉이나 분리하는 두 가지 물체가 대전서열 내에서 가까운 위치에 있으면 적고 먼 위치에 있으면 대전량이 큰 경향이 있다.

75 가스 또는 분진폭발위험장소에는 변전실·배전반실·제어실 등을 설치하여서는 아니 된다. 다만, 실내기압이 항상 양압을 유지하도록 하고, 별도의 조치를 한 경우에는 그러하지 않는데 이 때 요구되는 조치사항으로 틀린 것은?

① 양압을 유지하기 위한 환기설비의 고장 등으로 양압이 유지되지 아니할 때 경보를 할 수 있는 조치를 한 경우
② 환기설비가 정지된 후 재가동하는 경우 변전실 등에 가스 등이 있는지를 확인할 수 있는 가스검지기 등의 장비를 비치한 경우
③ 환기설비에 의하여 변전실 등에 공급되는 공기는 가스폭발 위험장소 또는 분진폭발위험장소가 아닌 곳으로부터 공급되도록 하는 조치를 한 경우
④ 실내기압이 항상 양압 10Pa 이상이 되도록 장치를 한 경우

해설 실내기압이 항상 양압(25파스칼 이상의 압력) 이상으로 유지하는 경우에는 가스 또는 분진폭발위험장소에 변전실·배전반실·제어실 등을 설치할 수 있다.

76 20℃인 1기압의 공기를 압축비 3으로 단열압축하였을 때, 온도는 약 몇 ℃가 되겠는가? (단, 공기의 비열비는 1.4이다.)

① 84
② 128
③ 182
④ 1091

해설 단열변화 공식 $\frac{T_2}{T_1} = \left(\frac{V_1}{V_2}\right)^{r-1} = \left(\frac{P_2}{P_1}\right)^{\frac{(r-1)}{r}}$ 를 이용하면,

$T_2 = (273 + 20) \times \left(\frac{3}{1}\right)^{\frac{1.4-1}{1.4}} = 401°K = 128℃$

77 충전전로의 선간전압이 121kV 초과 145kV 이하의 활선 작업 시 충전전로에 대한 접근한계거리(cm)는?

① 130
② 150
③ 170
④ 230

해설 **충전전로에서의 전기작업(「안전보건규칙」 제321조)**

충전전로의 선간전압 (단위 : kV)	충전전로에 대한 접근 한계거리(단위 : cm)
121 초과 145 이하	150

78 어떤 물질 내에서 반응전파속도가 음속보다 빠르게 진행되고 이로 인해 발생된 충격파가 반응을 일으키고 유지하는 발열반응을 무엇이라 하는가?

① 점화(Ignition)
② 폭연(Deflagration)
③ 폭발(Explosion)
④ 폭굉(Detonation)

해설 연소파가 일정 거리를 진행한 후 연소 전파속도가 1,000~3,500m/s 정도에 달할 경우 이를 폭굉현상(Detonation Phenomenon)이라 하며, 이때 국한된 반응영역을 폭굉파(Detonation Wave)라 한다. 폭굉파의 속도는 음속을 앞지르므로, 진행 후면에는 그에 따른 충격파가 있다.

79 인체가 현저히 젖어 있는 상태 또는 금속성의 전기·기계장치나 구조물의 인체 일부가 상시 접촉된 상태에서의 허용접촉전압으로 옳은 것은?

① 2.4V 이하
② 25V 이하
③ 50V 이하
④ 75V 이하

해설 **허용접촉전압**

종별	접촉상태	허용접촉 전압
제2종	• 인체가 현저히 젖어 있는 상태 • 금속성의 전기·기계장치나 구조물에 인체의 일부가 상시 접촉되어 있는 상태	25[V] 이하

80 부피 조성이 메탄 65%, 에탄 20%, 프로판 15%인 혼합가스의 공기 중 폭발하한계는 약 몇 vol%인가? (단, 메탄, 에탄, 프로판의 폭발하한계는 약 5.0vol%, 3.0vol%, 2.1vol%이다.)

① 6.3 　　　　　　　　② 3.73
③ 4.83 　　　　　　　　④ 5.93

해설) 폭발하한계 $= \dfrac{100}{\dfrac{V_1}{L_1}+\dfrac{V_2}{L_2}+\cdots+\dfrac{V_n}{L_n}}$

$= \dfrac{100}{\dfrac{65}{5.0}+\dfrac{20}{3.0}+\dfrac{15}{2.1}} = 3.73$

5과목
건설공사 안전관리

81 다음 중 옹벽 안정조건의 검토 사항이 아닌 것은?

① 활동(Sliding)에 대한 안전검토
② 전도(Overturning)에 대한 안전검토
③ 보일링(Boiling)에 대한 안전검토
④ 지반 지지력(Settlement)에 대한 안전검토

해설) 옹벽의 안정조건 검토에는 활동, 전도, 지반 지지력(침하)에 대한 조건이 있다.

82 현장 안전점검 시 흙막이 지보공의 정기점검 사항과 가장 거리가 먼 것은?

① 부재의 손상·변형·부식·변위 및 탈락의 유무와 상태
② 부재의 설치방법과 순서
③ 버팀대의 긴압의 정도
④ 부재의 접속부·부착부 및 교차부의 상태

해설) 흙막이 지보공을 설치한 경우에는 정기적으로 다음 사항을 점검하고 이상을 발견한 경우에는 즉시 보수하여야 한다.
1. 부재의 손상·변형·부식·변위 및 탈락의 유무와 상태
2. 버팀대의 긴압의 정도
3. 부재의 접속부·부착부 및 교차부의 상태
4. 침하의 정도
5. 흙막이 공사의 계측관리

83 강관비계의 구조에서 비계기둥 간의 최대허용 적재하중으로 옳은 것은?

① 500kg 　　　　　　　② 400kg
③ 300kg 　　　　　　　④ 200kg

해설) 강관비계에 있어서 비계기둥 간의 적재하중은 400kg을 초과하지 않아야 한다.

84 굴착작업을 할 때에 토사 등의 붕괴 또는 낙하에 의한 위험을 미리 방지하기 위하여 점검해야 하는 사항은?

① 지반의 지하수위 상태
② 형상·지질 및 지층의 상태
③ 작업장소 및 그 주변의 부석·균열의 유무
④ 매설물 등의 유무 또는 상태

해설) 굴착작업을 할 때에 토사 등의 붕괴 또는 낙하에 의한 위험을 미리 방지하기 위하여 작업장소 및 그 주변의 부석·균열의 유무를 점검하여야 한다.

85 건설공사 중 작업으로 인하여 물체가 떨어지거나 날아올 위험이 있을 때 조치할 사항으로 옳지 않은 것은?

① 안전난간 설치 　　　② 보호구의 착용
③ 출입금지구역의 설정 　④ 낙하물방지망의 설치

해설) 안전난간 설치는 추락방호용 안전시설이다.

86 다음은 산업안전보건기준에 관한 규칙 중 가설통로의 구조에 관한 사항이다. ( ) 안에 들어갈 내용으로 옳은 것은?

> 수직갱에 가설된 통로의 길이가 15[m] 이상인 경우에는 10[m] 이내마다 ( )을/를 설치할 것

① 손잡이 　　　　　　② 계단참
③ 클램프 　　　　　　④ 버팀대

해설 수직갱에 가설된 통로의 길이가 15미터 이상인 때에는 10미터 이내마다 계단참을 설치해야 한다.

87 다음과 같은 조건에서 방망사의 신품에 대한 최소 인장강도로 옳은 것은? (단, 그물코의 크기는 10cm인 매듭방망이다.)

① 240kg ② 200kg
③ 150kg ④ 110kg

해설 그물코의 크기가 10cm인 매듭 없는 방망의 인장강도는 240kg 이상이어야 한다.

88 달비계에 사용하는 와이어로프는 지름의 감소가 공칭지름의 몇 %를 초과할 경우에 사용할 수 없도록 규정되어 있는가?

① 5% ② 7%
③ 9% ④ 10%

해설 지름의 감소가 공칭지름의 7%를 초과하는 것은 사용할 수 없다.

89 지반조사의 방법 중 지반을 강관으로 천공하고 토사를 채취 후 여러 가지 시험을 시행하여 지반의 토질 분포, 흙의 층상과 구성 등을 알 수 있는 것은?

① 보링 ② 표준관입시험
③ 베인테스트 ④ 평판재하시험

해설 보링은 지중에 구멍을 뚫고 시료를 채취하여 토층의 구성상태 등을 파악하는 지반조사 방법이다.

90 철골작업을 실시할 때 작업을 중지하여야 하는 악천후의 기준에 해당하지 않는 것은?

① 풍속이 10m/s 이상인 경우
② 지진이 진도 3 이상인 경우
③ 강우량이 1mm/h 이상의 경우
④ 강설량이 1cm/h 이상의 경우

해설 **철골작업 시 작업중지 기준**

구분	내용
강풍	풍속이 초당 10m 이상인 경우
강우	강우량이 시간당 1mm 이상인 경우
강설	강설량이 시간당 1cm 이상인 경우

91 공사용 가설도로를 설치하는 경우의 준수사항으로 옳지 않은 것은?

① 도로는 장비와 차량이 안전하게 운행할 수 있도록 견고하게 설치할 것
② 도로와 작업장이 접하여 있을 경우에는 울타리 등을 설치할 것
③ 도로는 배수를 위하여 경사지게 설치하거나 배수시설을 설치할 것
④ 차량의 크기 제한 표지를 부착할 것

해설 차량의 크기 제한 표지를 부착하는 것이 아니고, 속도제한 표지를 부착하여야 한다.

92 콘크리트 측압에 관한 설명 중 옳지 않은 것은?

① 슬럼프가 클수록 측압은 커진다.
② 벽 두께가 두꺼울수록 측압은 커진다.
③ 부어 넣는 속도가 빠를수록 측압은 커진다.
④ 대기 온도가 높을수록 측압은 커진다.

해설 콘크리트의 타설 높이가 증가함에 따라 측압은 증가하나, 일정높이 이상이 되면 측압은 감소한다. 콘크리트 측압은 외기 온도가 낮을수록 커진다.

93 지반의 조사방법 중 지질의 상태를 가장 정확히 파악할 수 있는 보링방법은?

① 충격식 보링 ② 수세식 보링
③ 회전식 보링 ④ 오거 보링

해설 회전식 보링은 지질의 상태를 가장 정확히 파악할 수 있는 보링방법이다.

정답 | 87 ① 88 ② 89 ① 90 ② 91 ④ 92 ④ 93 ③

94 다음은 비계발판용 목재재료의 강도상의 결점에 대한 조사기준이다. ( ) 안에 들어갈 내용으로 옳은 것은?

> 발판의 폭과 동일한 길이 내에 있는 결점치수의 총합이 발판폭의 ( )를 초과하지 않을 것

① 1/2 　　　　　　② 1/3
③ 1/4 　　　　　　④ 1/6

해설 〉 발판의 폭과 동일한 길이 내에 있는 결점치수의 총합이 발판폭의 1/4을 초과하지 않아야 한다.

95 옹벽 축조를 위한 굴착작업에 관한 설명으로 옳지 않은 것은?

① 수평 방향으로 연속적으로 시공한다.
② 하나의 구간을 굴착하면 방치하지 말고 기초 및 본체구조물 축조를 마무리 한다.
③ 절취경사면에 전석, 낙석의 우려가 있고 혹은 장기간 방치할 경우에는 숏크리트, 록볼트, 캔버스 및 모르타르 등으로 방호한다.
④ 작업위치 좌우에 만일의 경우에 대비한 대피통로를 확보하여 둔다.

해설 〉 옹벽 축조를 위한 굴착작업 시 수평 방향으로 연속적으로 시공하면 붕괴위험이 높아진다.

96 하루의 평균기온이 4℃ 이하로 될 것이 예상되는 기상조건에서 낮에도 콘크리트가 동결의 우려가 있는 경우에 사용되는 콘크리트는?

① 고강도 콘크리트 　　② 경량 콘크리트
③ 서중 콘크리트 　　　④ 한중 콘크리트

해설 〉 한중 콘크리트란 콘크리트 양생기간 중에 콘크리트가 동결할 염려가 있는 시기나 장소에서 시공하는 경우에 사용하는 콘크리트로 하루의 평균기온이 4℃ 이하가 되는 기상조건에서는 밤중이나 새벽뿐만 아니라 낮에도 콘크리트가 동결할 염려가 있으므로 한중 콘크리트로 시공하여야 한다.

97 거푸집 동바리 등을 조립하거나 해체하는 작업을 하는 경우에 준수해야 할 사항으로 옳지 않은 것은?

① 해당 작업을 하는 구역에는 관계 근로자가 아닌 사람의 출입을 금지할 것
② 비, 눈, 그 밖의 기상상태의 불안정으로 날씨가 몹시 나쁜 경우에는 그 작업을 중지할 것
③ 재료, 기구 또는 공구 등을 올리거나 내리는 경우에는 근로자 간 서로 직접 전달하도록 하고, 달줄·달포대 등의 사용을 금할 것
④ 낙하·충격에 의한 돌발적 재해를 방지하기 위하여 버팀목을 설치하고 거푸집 동바리 등을 인양장비에 매단 후에 작업을 하도록 하는 등 필요한 조치를 할 것

해설 〉 거푸집 동바리 등을 조립하거나 해체하는 작업을 하는 경우 재료·기구 또는 공구 등을 올리거나 내릴 때에는 근로자가 달줄 또는 달포대 등을 사용하게 해야 한다.

98 콘크리트 타설 시 거푸집의 측압에 영향을 미치는 인자들에 관한 설명으로 옳지 않은 것은?

① 슬럼프가 클수록 측압은 크다.
② 거푸집의 강성이 클수록 측압은 크다.
③ 철근량이 많을수록 측압은 작다.
④ 타설 속도가 느릴수록 측압은 크다.

해설 〉 타설속도가 느릴수록 측압은 작아진다.

99 공사현장에서 낙하물방지망 또는 방호선반을 설치할 때 설치높이 및 벽면으로부터 내민길이 기준으로 옳은 것은?

① 설치높이 : 10m 이내마다, 내민 길이 2m 이상
② 설치높이 : 15m 이내마다, 내민 길이 2m 이상
③ 설치높이 : 10m 이내마다, 내민 길이 3m 이상
④ 설치높이 : 15m 이내마다, 내민 길이 3m 이상

해설 〉 낙하물방지망의 설치간격은 높이 10m 이내이고, 내민 길이는 벽면으로부터 2m 이상으로 하여야 한다.

100 무한궤도식 장비와 타이어식(차륜식) 장비의 차이점에 관한 설명으로 옳은 것은?

① 무한궤도식은 기동성이 좋다.
② 타이어식은 승차감과 주행성이 좋다.
③ 무한궤도식은 경사지반에서의 작업에 부적당하다.
④ 타이어식은 땅을 다지는 데 효과적이다.

해설 타이어식은 승차감과 주행성이 좋아 이동식 작업에도 적당하다.

정답 | 100 ②

2024년 3회

※ 2022년 2회 이후 CBT로 출제된 기출문제는 개정된 출제기준과 해당 회차의 기출 키워드 등을 분석하여 복원하였습니다.

1과목
산업재해 예방 및 안전보건교육

01 리더십에 있어서 권한의 역할 중 조직이 지도자에게 부여한 권한이 아닌 것은?

① 보상적 권한　　　　② 강압적 권한
③ 합법적 권한　　　　④ 전문성의 권한

해설 **조직이 지도자에게 부여한 권한**
　　1. 합법적 권한
　　2. 보상적 권한
　　3. 강압적 권한

02 안전·보건표지의 기본모형 중 다음 그림의 기본모형의 표시사항으로 옳은 것은?

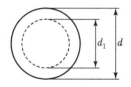

① 지시　　　　② 안내
③ 경고　　　　④ 금지

해설

기본모형	규격비율	표시사항
(원형 그림)	$d \geqq 0.025L$ $d_1 = 0.8d$	지시

03 레빈(Lewin)은 인간행동과 인간의 조건 및 환경조건의 관계를 다음과 같이 표시하였다. 이때 'f'의 의미는?

$$B = f(P \cdot E)$$

① 행동　　　　② 조명
③ 지능　　　　④ 함수

해설 f : Function(함수관계)

04 추락 및 감전 위험방지용 안전모의 난연성 시험 성능기준 중 모체가 불꽃을 내며 최소 몇 초 이상 연소되지 않아야 하는가?

① 3　　　　② 5
③ 7　　　　④ 10

해설 **안전모 시험성능 기준(보호구 안전인증 고시)**

항목	시험성능 기준
난연성	모체가 불꽃을 내며 5초 이상 연소되지 않아야 한다.

05 재해예방의 4원칙에 해당하는 내용이 아닌 것은?

① 예방가능의 원칙　　　　② 원인계기의 원칙
③ 손실우연의 원칙　　　　④ 사고조사의 원칙

해설 **재해예방의 4원칙**

　　1. 손실우연의 원칙　　　2. 원인계기의 원칙
　　3. 예방가능의 원칙　　　4. 대책선정의 원칙

정답 | 01 ④　02 ①　03 ④　04 ②　05 ④

06 자율검사프로그램의 인정을 취소하거나 인정받은 자율검사프로그램의 내용에 따라 검사를 하도록 하는 등 시정을 명할 수 없는 것은?

① 자율검사프로그램을 인정받고도 검사를 하지 아니한 경우
② 인정받은 자율검사프로그램의 내용에 따라 검사를 하지 아니한 경우
③ 고용노동부령으로 정하는 안전에 관한 성능검사와 관련된 자격 및 경험을 가진 사람 또는 자율안전검사기관이 검사를 하지 아니한 경우
④ 임의로 설정한 방법으로 자율검사프로그램을 실시한 경우

해설 거짓이나 그 밖의 부정한 방법(임의로 설정한 방법 등)으로 자율검사프로그램을 인정받은 경우는 인정을 취소한다.

07 무재해 운동의 이념 가운데 직장의 위험 요인을 행동하기 전에 예지하여 발견, 파악, 해결하는 것을 의미하는 것은?

① 무의 원칙
② 선취의 원칙
③ 참가의 원칙
④ 인간 존중의 원칙

해설 안전제일의 원칙(선취의 원칙) : 직장의 위험요인을 행동하기 전에 발견 · 파악 · 해결하여 재해를 예방한다.

08 위험예지훈련 중 TBM(Tool Box Meeting)에 관한 설명으로 틀린 것은?

① 작업 장소에서 원형의 형태를 만들어 실시한다.
② 통상 작업시작 전 · 후 10분 정도 시간으로 미팅한다.
③ 토의는 다수인(30인)이 함께 수행한다.
④ 근로자 모두가 말하고 스스로 생각하고 "이렇게 하자"라고 합의한 내용이 되어야 한다.

해설 TBM(Tool Box Meeting) 위험예지훈련
작업원 5~6명이 리더를 중심으로 둘러앉아(또는 서서) 5~10분에 걸쳐 작업 중 발생할 수 있는 위험을 예측하고 사전에 점검하여 대책을 수립하는 등 단시간 내에 의논하는 문제해결 기법이다.

09 지난 한 해 동안 산업재해로 인하여 직접손실비용이 3조 1,600억 원이 발생한 경우의 총재해코스트는? (단, 하인리히의 재해 손실비 평가방식을 적용한다.)

① 6조 3,200억 원
② 9조 4,800억 원
③ 12조 6,400억 원
④ 15조 8,000억 원

해설 재해손실비의 계산
총재해코스트 = 직접비 + 간접비
• 직접비 : 간접비 = 1 : 4
• 직접비 = 3조 1600억 원
• 간접비 = 직접비 × 4 = 3조 1,600억 원 × 4 = 12조 6,400억 원
∴ 직접비 + 간접비 = 3조 1,600억 원 + 12조 6,400억 원
= 15조 8,000억 원

10 보호구 자율안전확인 고시상 사용 구분에 따른 보안경의 종류가 아닌 것은?

① 차광 보안경
② 유리 보안경
③ 플라스틱 보안경
④ 도수렌즈 보안경

해설 자율안전확인 대상 보안경의 구분 : 유리 보안경, 플라스틱 보안경, 도수렌즈 보안경

11 리더십의 3가지 유형 중 지도자가 모든 정책을 단독으로 결정하기 때문에 부하직원들은 오로지 따르기만 하면 된다는 유형을 무엇이라 하는가?

① 민주형
② 자유방임형
③ 권위형
④ 강제형

해설 리더십의 유형 – 독재형(권위형, 권력형)
1. 지도자가 모든 권한행사를 독단적으로 처리(개인 중심)
2. 부하직원이 정책결정 참여 거부
3. 집단구성원 간의 불신감 및 적대감

12 Line – Staff형 안전보건관리조직에 관한 특징이 아닌 것은?

① 조직원 전원을 자율적으로 안전활동에 참여시킬 수 있다.
② 스탭이 월권행위할 경우가 있으며 라인 · 스태프에 의존 또는 활용치 않는 경우가 있다.
③ 생산부문은 안전에 대한 책임과 권한이 없다.
④ 명령계통과 조언의 권고적 참여가 혼동되기 쉽다.

라인 · 스태프(LINE – STAFF)형 조직(직계참모조직)

대규모사업장 적합한 조직으로서 라인형과 스태프형의 장점만을 채택한 형태이며, 안전업무를 전담하는 스태프를 두고 생산라인의 각 계층의 부서장이 안전업무를 수행하도록 하여 스태프에서 안전에 관한 사항이 결정되면 라인을 통하여 실천하도록 편성된 조직

13 하인리히의 재해구성 비율에 따라 경상사고가 87건 발생하였다면 무상해사고는 몇 건이 발생하였겠는가?

① 300건
② 600건
③ 900건
④ 1,200건

하인리히의 재해구성비율

사망 및 중상 : 경상 : 무상해사고 = 1 : 29 : 300
∴ 무상해사고 = 300 × (87 ÷ 29) = 900건

14 적응기제(Adjustment Mechanism)의 유형에서 "동일화(identification)"의 사례에 해당하는 것은?

① 운동시합에 진 선수가 컨디션이 좋지 않았다고 한다.
② 결혼에 실패한 사람이 고아들에게 정열을 쏟고 있다.
③ 아버지의 성공을 자신의 성공인 것처럼 자랑하며 거만한 태도를 보인다.
④ 동생이 태어난 후 초등학교에 입학한 큰 아이가 손가락을 빨기 시작했다.

동일화(Identification)

다른 사람의 행동양식이나 태도를 투입시키거나 다른 사람 가운데서 자기와 비슷한 점을 발견하는 것

15 도급사업의 합동 안전 · 보건점검 실시횟수가 2개월에 1회 이상인 대상사업은?

① 농업
② 선박 및 보트 건조업
③ 보건업
④ 토사석 광업

합동 정기 안전 · 보건점검의 실시 횟수

• 2개월에 1회 이상 : 건설업, 선박 및 보트 건조업
• 분기에 1회 이상 : 위의 사업을 제외한 사업

16 매슬로(Maslow)의 욕구단계 이론 중 제5단계 욕구로 옳은 것은?

① 안전에 대한 욕구
② 자아실현의 욕구
③ 사회적(애정적) 욕구
④ 존경과 긍지에 대한 욕구

자아실현의 욕구(5단계) : 잠재적인 능력을 실현하고자 하는 욕구(성취욕구)

17 다음 중 산업안전심리의 5대 요소에 해당하는 것은?

① 기질(Temper)
② 지능(Intelligence)
③ 감각(Sense)
④ 환경(Environment)

산업안전심리의 5대 요소는 습관, 동기, 기질, 감정, 습성이다.

18 의식수준 5단계 중 의식수준이 가장 적극적인 상태이며 신뢰성이 가장 높은 상태로 주의집중이 가장 활성화되는 단계는?

① Phase 0
② Phase Ⅰ
③ Phase Ⅱ
④ Phase Ⅲ

인간의 의식 Level의 단계별 신뢰성

단계	의식의 상태	신뢰성	의식의 작용
Phase 0	무의식, 실신	0	없음
Phase Ⅰ	의식의 둔화	0.9 이하	부주의
Phase Ⅱ	이완상태	0.99~0.99999	마음이 안쪽으로 향함(Passive)
Phase Ⅲ	명료한 상태	0.99999 이상	전향적(Active)
Phase Ⅳ	과긴장 상태	0.9 이하	한 점에 집중, 판단 정지

19 산업안전보건법령상 안전 · 보건표지에 관한 설명으로 틀린 것은?

① 안전 · 보건표지 속의 그림 또는 부호의 크기는 안전 · 보건표지의 크기와 비례하여야 하며, 안전 · 보건표지 전체 규격의 30% 이상이 되어야 한다.
② 안전 · 보건표지 색채의 물감은 변질되지 아니하는 것에 색채 고정원료를 배합하여 사용하여야 한다.

정답 | 13 ③ 14 ③ 15 ② 16 ② 17 ① 18 ④ 19 ④

③ 안전·보건표지는 그 표시내용을 근로자가 빠르고 쉽게 알아볼 수 있는 크기로 제작하여야 한다.

④ 안전·보건표지에는 야광물질을 사용하여서는 아니 된다.

해설 야간에 필요한 안전보건표지는 야광물질을 사용하는 등 쉽게 알아볼 수 있도록 제작해야 한다.

20
기업 내 정형교육 중 대상으로 하는 계층이 한정되어 있지 않고, 한 번 훈련을 받은 관리자는 그 부하인 감독자에 대해 지도원이 될 수 있는 교육방법은?

① TWI(Training Within Industry)

② MTP(Management Training Program)

③ CCS(Civil Communication Section)

④ ATT(American Telephone & Telegram Co)

해설 **ATT(American Telephone & Telegram Co)**

부하 감독자에 대한 지도원이 되기 위한 교육방법으로 대상층이 한정되어 있지 않고 토의식으로 진행되며 교육시간은 1차 훈련은 1일 8시간씩 2주간, 2차 훈련은 문제 발생 시 하도록 되어 있다.

2과목
인간공학 및 위험성 평가·관리

21
다음 중 작업대에 관한 설명으로 틀린 것은?

① 경조립작업은 팔꿈치 높이보다 0~10cm 정도 낮게 한다.

② 중조립작업은 팔꿈치 높이보다 10~20cm 정도 낮게 한다.

③ 정밀작업은 팔꿈치 높이보다 0~10cm 정도 높게 한다.

④ 정밀한 작업이나 장기간 수행하여야 하는 작업은 입식 작업대가 바람직하다.

해설 정밀한 작업이나 장기간 수행하여야 하는 작업은 착석식 작업대가 바람직하다.

22
40Phon이 1Sone일 때 60Phon은 몇 Sone인가?

① 2Sone
② 4Sone
③ 6Sone
④ 100Sone

해설 $Sone = 2^{\frac{phon-40}{10}} = 2^{\frac{60-40}{10}}$
$$= 2^2 = 4[Sone]$$

23
기계의 고장률이 일정한 지수분포를 가지며, 고장률이 0.04/시간일 때, 이 기계가 10시간 동안 고장이 나지 않고 작동할 확률은 약 얼마인가?

① 0.40
② 0.67
③ 0.84
④ 0.96

해설 $R = e^{-\lambda t} = e^{-0.04 \times 10} = 0.67032$
(λ : 고장률, t : 가동시간)

24
심폐소생술의 순서로 옳은 것은?

① 인공호흡 → 가슴압박 → 기도유지

② 기도유지 → 인공호흡 → 가슴압박

③ 가슴압박 → 인공호흡 → 기도유지

④ 가슴압박 → 기도유지 → 인공호흡

해설 **심폐소생술 순서**

1. 반응의 확인
2. 119 신고
3. 호흡과 맥박 확인
4. 가슴압박
5. 기도열기(유지)
6. 인공호흡
7. 의식을 회복하거나, 119 도착시까지 4~6 반복

25
동전던지기에서 앞면이 나올 확률이 0.6이고, 뒷면이 나올 확률이 0.4일 때, 앞면이 나올 사건의 정보량(A)과 뒷면이 나올 사건의 정보량(B)은 각각 얼마인가?

① A : 0.10bit, B : 1.00bit

② A : 0.74bit, B : 1.32bit

③ A : 1.32bit, B : 0.74bit

④ A : 2.00bit, B : 1.00bit

해설 각각의 정보량은 $H_{앞면} = \log_2 \frac{1}{0.6} = 0.74\,\text{bit}$,

$$H_{뒷면} = \log_2 \frac{1}{0.4} = 1.32\,\text{bit}$$

26 조정장치를 3cm 움직였을 때 표시장치의 지침이 5cm 움직였다면, C/R비는 얼마인가?

① 0.25   ② 0.6
③ 1.6   ④ 1.7

해설 **통제표시비(선형조정장치)**
$$\frac{X}{Y} = \frac{C}{D} = \frac{\text{통제기기의 변위량}}{\text{표시계기지침의 변위량}} = \frac{3}{5} = 0.6$$

27 다음 중 결함수분석법에 관한 설명으로 틀린 것은?

① 잠재위험을 효율적으로 분석한다.
② 연역적 방법으로 원인을 규명한다.
③ 복잡하고 대형화된 시스템의 분석에 사용한다.
④ 정성적 평가보다 정량적 평가를 먼저 실시한다.

해설 **FTA(결함수분석법)**
기계, 설비 또는 Man-machine 시스템의 고장이나 재해의 발생요인을 논리적 도표에 의하여 분석하는 정량적·연역적 기법이다. FTA의 실시순서는 1. 정상사상의 선정, 2. FT도의 작성과 단순화, 3. 정량적 평가이다.

28 조종장치의 촉각적 암호화를 위하여 고려하는 특성으로 볼 수 없는 것은?

① 형상   ② 무게
③ 크기   ④ 표면 촉감

해설 **조정장치의 촉각적 암호화**
1. 표면촉감을 사용하는 경우
2. 형상을 구별하는 경우
3. 크기를 구별하는 경우

29 정보를 전송하기 위해 청각적 표시장치를 사용해야 효과적인 경우는?

① 전언이 복잡할 경우
② 전언이 후에 재참조될 경우
③ 전언이 공간적인 위치를 다룰 경우
④ 전언이 즉각적인 행동을 요구할 경우

해설 정보가 즉각적인 행동을 요구하는 경우 청각적 표시장치가 유리하다.

30 산업안전보건법령상 위험성평가의 실시내용 및 결과의 기록·보존에 관한 설명으로 옳지 않은 것은?

① 위험성평가 대상의 유해·위험요인이 포함되어야 한다.
② 위험성 결정 및 결정에 따른 조치의 내용이 포함되어야 한다.
③ 위험성평가의 실시내용을 확인하기 위하여 필요한 사항으로서 고용노동부장관이 정하여 고시하는 사항이 포함되어야 한다.
④ 사업주는 위험성평가 실시내용 및 결과의 기록·보존에 따른 자료를 5년간 보존하여야 한다.

해설 위험성평가 실시내용 및 결과에 따른 자료 보존기간은 3년이다.

31 다음 중 연마작업장의 가장 소극적인 소음대책은?

① 음향 처리제를 사용할 것
② 방음보호구를 착용할 것
③ 덮개를 씌우거나 창문을 닫을 것
④ 소음원으로부터 적절하게 배치할 것

해설 방음보호구를 이용한 소음대책은 소음의 격리, 소음원의 통제, 차폐장치 등의 조치 후에 최종적으로 작업자 개인에게 보호구를 사용하는 소극적인 대책에 해당된다.

32 인간의 눈에서 빛이 가장 먼저 접촉하는 부분은?

① 각막   ② 망막
③ 초자체   ④ 수정체

해설 **각막**
빛이 통과하는 곳으로 빛이 가장 먼저 접촉하는 부분이다.

정답 | 26 ② 27 ④ 28 ② 29 ④ 30 ④ 31 ② 32 ①

33 일반적인 조종장치의 경우, 어떤 것을 켤 때 기대되는 운동방향이 아닌 것은?

① 레버를 앞으로 민다.
② 버튼을 우측으로 민다.
③ 스위치를 위로 올린다.
④ 다이얼을 반시계 방향으로 돌린다.

해설 │ 다이얼의 기대되는 운동방향은 시계방향이다.

34 근골격계 질환의 인간공학적 주요 위험요인과 가장 거리가 먼 것은?

① 과도한 힘
② 부적절한 자세
③ 고온의 환경
④ 단순 반복작업

해설 │ **근골격계질환 발생원인**
- 부적절한 작업자세의 반복
- 과도한 힘이 필요한 작업(중량물 취급, 수공구 취급)
- 접촉 스트레스 발생작업
- 진동공구 취급작업
- 반복적인 작업

35 권장무게한계(RWL)에서 작업물의 무게 기준으로 옳은 것은?

① 19kg
② 21kg
③ 23kg
④ 25kg

해설 │ **NIOSH Lifting Guideline**
권장무게한계(RWL)=×23×HM×VM×DM×AM×FM×CM
LC : 작업물의 무게(23kg), HM : 수평계수, VM : 수직계수, DM : 거리계수, AM : 비대칭계수, FM : 빈도계수, CM : 커플링계수

36 인간－기계 시스템에서 기계와 비교한 인간의 장점으로 볼 수 없는 것은? (단, 인공지능과 관련된 사항은 제외한다.)

① 완전히 새로운 해결책을 찾아낸다.
② 여러 개의 프로그램된 활동을 동시에 수행한다.
③ 다양한 경험을 토대로 하여 의사결정을 한다.
④ 상황에 따라 변화하는 복잡한 자극 형태를 식별한다.

해설 │ 여러 개의 프로그램된 활동을 동시에 수행하는 것은 기계가 인간보다 우월한 기능이다.

37 청각적 표시장치에서 300m 이상의 장거리용 경보기에 사용하는 진동수로 가장 적절한 것은?

① 800Hz 전후
② 2,200Hz 전후
③ 3,500Hz 전후
④ 4,000Hz 전후

해설 │ 300m 이상의 장거리용으로는 1,000Hz 이하를, 장애물이 있거나 칸막이를 통과해야 할 경우는 500Hz 이하의 진동수를 사용한다.

38 정보를 전송하기 위해 청각적 표시장치를 이용하는 것이 바람직한 경우로 적합한 것은?

① 전언이 복잡한 경우
② 전언이 이후에 재참조되는 경우
③ 전언이 공간적인 사건을 다루는 경우
④ 전언이 즉각적인 행동을 요구하는 경우

해설 │ 정보가 즉각적인 행동을 요구하는 경우 청각적 표시장치가 유리하다.

39 시각적 표시장치를 사용하는 것이 청각적 표시장치를 사용하는 것보다 좋은 경우는?

① 메시지가 후에 참고되지 않을 때
② 메시지가 공간적인 위치를 다룰 때
③ 메시지가 시간적인 사건을 다룰 때
④ 사람의 일이 연속적인 움직임을 요구할 때

해설 │ 메시지가 공간적인 위치를 다루는 경우 시각적 표시장치의 사용이 유리하다.

40 다음 중 5 TMU(Time Measurement Unit)를 초단위로 환산하면 몇 초인가?

① 1.8초
② 0.18초
③ 0.036초
④ 0.00036초

해설 │
- 1 TMU=0.00001시간=0.0006분=0.036초
- 5 TMU=5×0.036초=0.18초 장치는 필요할 때 정상 동작하는 것으로 간주한다.

기계 · 기구 및 설비 안전관리

41 아세틸렌 용접장치의 안전기준과 관련하여 다음 빈칸에 들어갈 용어로 옳은 것은?

> 사업주는 가스용기가 발생기와 분리되어 있는 아세틸렌 용접장치에 대하여는 발생기와 가스용기 사이에 (　　　)을(를) 설치하여야 한다.

① 격납실　　　　　　② 안전기
③ 안전밸브　　　　　④ 소화설비

해설 **안전기의 설치**(「안전보건규칙」 제289조)

　1. 사업주는 아세틸렌 용접장치의 취관마다 안전기를 설치하여야 한다. 다만, 주관 및 취관에 가장 근접한 분기관마다 안전기를 부착한 경우에는 그러하지 아니하다.
　2. 사업주는 가스용기가 발생기와 분리되어 있는 아세틸렌 용접장치에 대하여 발생기와 가스용기 사이에 안전기를 설치하여야 한다.

42 와이어로프의 올바른 클립 체결법은 무엇인가?

①
②
③
④

해설 **클립 체결법**

　클립의 새들(Saddle)은 와이어로프의 힘이 걸리는 쪽에 있어야 한다

(적합)

43 전단기 개구부의 가드 간격이 12mm일 때 가드와 전단 지점 간의 거리는?

① 30mm 이상　　　　② 40mm 이상
③ 50mm 이상　　　　④ 60mm 이상

해설 **가드의 개구부 간격**

　가드를 설치할 때 일반적인 개구부의 간격은 다음의 식으로 계산한다.
$$Y = 6 + 0.15X (X < 160mm),$$
$$12 = 6 + 0.15 \times X, \quad X = 40mm$$
(단, $X \geqq 160mm$이면 $Y = 30$)

44 다음 중 프레스 및 전단기의 양수조작식 방호장치의 누름버튼의 최소 내측거리로 옳은 것은?

① 100mm　　　　　　② 150mm
③ 300mm　　　　　　④ 500mm

해설 **양수조작식 방호장치 설치 및 사용**

　1. 양수조작식 방호장치는 안전거리를 확보하여 설치하여야 한다.
　2. 누름버튼의 상호 간 내측거리는 300mm 이상으로 한다.
　3. 누름버튼 윗면이 버튼케이스 또는 보호 링의 상면보다 25mm 낮은 매립형으로 한다.
　4. SPM(Stroke Per Minute : 매분 행정수) 120 이상의 것에 사용한다.

45 프레스 및 전단기에서 양수조작식 방호장치의 일반구조에 대한 설명으로 옳지 않은 것은?

① 누름버튼(레버 포함)은 돌출형 구조로 설치할 것
② 누름버튼의 상호 간 내측거리는 300mm 이상일 것
③ 누름버튼을 양손으로 동시에 조작하지 않으면 작동시킬 수 없는 구조일 것
④ 정상동작표시등은 녹색, 위험표시등은 붉은색으로 하며, 쉽게 근로자가 볼 수 있는 곳에 설치할 것

해설 누름버튼(레버 포함)은 매립형 구조로 설치해야 한다.

46 산업안전보건법령에 따른 안전난간의 구조 및 설치요건에 대한 설명으로 옳은 것은?

① 상부 난간대, 중간 난간대, 발끝막이판 및 난간기둥으로 구성하여야 한다.
② 발끝막이판은 바닥면 등으로부터 5cm 이하의 높이를 유지하여야 한다.
③ 난간대는 지름 1.5cm 이상의 금속제 파이프를 사용하여야 한다.
④ 안전난간은 가장 취약한 지점에서 가장 취약한 방향으로 작용하는 70kg 이상의 하중에 견딜 수 있어야 한다.

정답 | 41 ② 42 ② 43 ② 44 ③ 45 ① 46 ①

PART 01 PART 02 PART 03 PART 04 PART 05 부록

• 안전난간은 구조적으로 가장 취약한 지점에서 가장 취약한 방향으로 작용하는 100kg 이상의 하중에 견딜 수 있는 튼튼한 구조이어야 한다.
• 안전난간의 난간대는 지름 2.7cm 이상인 금속제 파이프나 그 이상의 강도를 가진 재료이어야 한다.
• 발끝막이판은 바닥면 등으로부터 10cm 이상의 높이를 유지할 것

47 프레스의 방호장치에 해당되지 않는 것은?

① 가드식 방호장치
② 수인식 방호장치
③ 롤 피드식 방호장치
④ 손쳐내기식 방호장치

해설 **프레스의 방호장치**
• 게이트가드(Gate Guard)식 방호장치
• 양수조작식 방호장치
• 손쳐내기식(Push Away, Sweep Guard) 방호장치
• 수인식(Pull Out) 방호장치
• 광전자식(감응식) 방호장치

48 다음 중 산소-아세틸렌 가스용접 시 역화의 발생 원인과 가장 거리가 먼 것은?

① 토치의 과열
② 토치 팁의 이물질
③ 산소 공급의 부족
④ 압력조정기의 고장

해설 역화의 발생원인으로는 팁의 막힘, 팁과 모재의 접촉, 토치의 기능불량, 토치의 팁이 과열되었을 때, 압력조정기의 고장 등이 있다.

49 기계 고장률의 기본모형에 해당하지 않는 것은?

① 예측 고장
② 초기 고장
③ 우발 고장
④ 마모 고장

해설 **고장률의 유형**
1. 초기 고장(제조가 불량하거나 생산과정에서 품질관리가 안 돼 생기는 고장) : 감소형
2. 우발 고장(실제 사용하는 상태에서 발생하는 고장) : 일정형
3. 마모 고장(설비 또는 장치가 수명을 다하여 생기는 고장) : 증가형

50 수공구의 재해방지를 위한 일반적인 유의사항이 아닌 것은?

① 사용 전 이상 유무를 점검한다.
② 작업자에게 필요한 보호구를 착용시킨다.
③ 적합한 수공구가 없을 경우 유사한 것을 선택하여 사용한다.
④ 사용 전 충분한 사용법을 숙지하고 익힌다.

해설 수공구는 반드시 작업에 적합한 것만을 사용한다.

51 아세틸렌 또는 가스집합 용접장치에 설치하는 역화방지기의 성능시험의 종류로 옳지 않은 것은?

① 내압시험
② 내구성시험
③ 역류방지시험
④ 가스압력손실시험

해설 **아세틸렌 또는 가스집합 용접장치에 설치하는 역화방지기 성능 시험 종류**
• 내압시험
• 가스압력손실시험
• 기밀시험
• 역류방지시험
• 역화방지시험

52 무부하 상태 기준으로 구내 최고속도가 20km/h인 지게차의 주행 시 좌우 안정도 기준은?

① 4% 이내
② 20% 이내
③ 37% 이내
④ 40% 이내

해설 **지게차 안정도**
주행 시의 좌우안정도
$= (15 + 1.1V) = 15 + 1.1 \times 20 = 37\%$

53 다음 중 목재가공용 둥근톱에 설치해야 하는 분할날의 두께에 관한 설명으로 옳은 것은?

① 톱날 두께의 1.1배 이상이고, 톱날의 치진폭보다 커야 한다.
② 톱날 두께의 1.1배 이상이고, 톱날의 치진폭보다 작아야 한다.
③ 톱날 두께의 1.1배 이내이고, 톱날의 치진폭보다 커야 한다.
④ 톱날 두께의 1.1배 이내이고, 톱날의 치진폭보다 작아야 한다.

해설 **분할날의 두께**
분할날의 두께는 톱날두께 1.1배 이상이고, 톱날의 치진폭 미만으로 할 것

54 압력용기에서 안전밸브를 2개 설치한 경우 그 설치방법으로 옳은 것은? (단, 해당하는 압력용기가 외부 화재에 대한 대비가 필요한 경우로 한정한다.)

① 1개는 최고사용압력 이하에서 작동하고 다른 1개는 최고사용압력의 1.1배 이하에서 작동하도록 한다.
② 1개는 최고사용압력 이하에서 작동하고 다른 1개는 최고사용압력의 1.2배 이하에서 작동하도록 한다.
③ 1개는 최고사용압력의 1.05배 이하에서 작동하고 다른 1개는 최고사용압력의 1.1배 이하에서 작동하도록 한다.

④ 1개는 최고사용압력의 1.05배 이하에서 작동하고 다른 1개는 최고사용압력의 1.2배 이하에서 작동하도록 한다.

> 해설 **안전밸브 등의 작동요건**
> 안전밸브 등이 이를 통하여 보호하려는 설비의 최고사용압력 이하에서 작동되도록 하여야 한다. 다만, 안전밸브 등이 2개 이상 설치된 경우에 1개는 최고 사용압력의 1.05배(외부화재를 대비한 경우에는 1.1배) 이하에서 작동되도록 설치할 수 있다.

55 보일러의 방호장치로 적절하지 않은 것은?

① 압력방출장치   ② 과부하방지장치
③ 압력제한 스위치   ④ 고저수위 조절장치

> 해설 **보일러의 방호장치**
> 압력방출장치, 압력제한 스위치, 고저수위 조절장치

56 금형 작업의 안전과 관련하여 금형 부품 조립 시의 주의사항으로 틀린 것은?

① 맞춤 핀을 조립할 때에는 헐거운 끼워맞춤으로 한다.
② 파일럿 핀, 직경이 작은 펀치, 핀 게이지 등의 삽입부품은 빠질 위험이 있으므로 플랜지를 설치하는 등 이탈 방지대책을 세워둔다.
③ 쿠션 핀을 사용할 경우에는 상승 시 누름판의 이탈방지를 위하여 단붙임한 나사로 견고히 조여야 한다.
④ 가이드 포스트, 샹크는 확실하게 고정한다.

> 해설 맞춤핀을 사용할 때에는 억지 끼워맞춤으로 한다. 상형에 사용할 때에는 낙하방지의 대책을 세워둔다.

57 2개의 회전체가 회전운동을 할 때에 물림점이 발생할 수 있는 조건은?

① 두 개의 회전체 모두 시계 방향으로 회전
② 두 개의 회전체 모두 시계 반대 방향으로 회전
③ 하나는 시계 방향으로 회전하고 다른 하나는 정지
④ 하나는 시계 방향으로 회전하고 다른 하나는 시계 반대 방향으로 회전

> 해설 **물림점(Nip Point)**
> 반대로 회전하는 두 개의 회전체가 맞닿는 사이에 발생하는 위험점

58 기계장치의 안전설계를 위해 적용하는 안전율 계산식은?

① 안전하중 ÷ 설계하중
② 최대사용하중 ÷ 극한강도
③ 극한강도 ÷ 최대설계응력
④ 극한강도 ÷ 파단하중

> 해설 **안전율(Safety Factor), 안전계수**
> $$안전율(S) = \frac{극한(최대, 인장)강도}{허용응력} = \frac{파단(최대)하중}{사용(정격)하중}$$

59 다음 중 연삭숫돌 구성의 3요소가 아닌 것은?

① 조직   ② 입자
③ 기공   ④ 결합제

> 해설 연삭숫돌 구성의 3요소는 숫돌입자, 기공, 결합제이다.
> **연삭숫돌의 표시**
> WA   60   K   m   V
> (숫돌입자) (입도) (결합도) (조직) (결합제)

60 다음 중 보일러의 부식원인과 가장 거리가 먼 것은?

① 증기 발생이 과다할 때
② 급수 처리를 하지 않은 물을 사용할 때
③ 급수에 해로운 불순물이 혼입되었을 때
④ 불순물을 사용하여 수관이 부식되었을 때

> 해설 **보일러 부식의 원인**
> 1. 급수 처리를 하지 않은 물을 사용할 때
> 2. 불순물을 사용하여 수관이 부식되었을 때
> 3. 급수에 해로운 불순물이 혼입되었을 때

정답 | 55 ② 56 ① 57 ④ 58 ③ 59 ① 60 ①

전기 및 화학설비 안전관리

61 전기설비의 접지저항을 감소시킬 수 있는 방법으로 가장 거리가 먼 것은?

① 접지극을 깊이 묻는다.
② 접지극을 병렬로 접속한다.
③ 접지극의 길이를 길게 한다.
④ 접지극과 대지 간의 접촉을 좋게 하기 위해서 모래를 사용한다.

해설 **접지저항 저감법**
모래를 사용하는 것은 접지저항을 감소시키는 방법과 관련 없다.

62 한국전기설비규정에 따른 전선색 연결로 알맞은 것은?

① L1 : 흑색
② L2 : 회색
③ L3 : 갈색
④ N : 청색

해설 **전선의 상별 색상 구분**

전선구분	식별색상
L1	갈색
L2	흑색
L3	회색
N(중성선)	청색

63 다음 중 인입용 비닐 절연전선에 해당하는 약어로 옳은 것은?

① RB
② IV
③ DV
④ OW

해설 인입용 비닐 절연전선(DV)

64 다음 중 산화에틸렌의 분해 폭발반응에서 생성되는 가스가 아닌 것은? (단, 연소는 일어나지 않는다.)

① 메탄(CH_4)
② 일산화탄소(CO)
③ 에틸렌(C_2H_4)
④ 이산화탄소(CO_2)

해설 이산화탄소(CO_2)는 산화에틸렌의 분해 폭발반응 중에 생성되지 않는다.

아세틸렌(C_2H_2)의 폭발성
1. 화합폭발 : C_2H_2는 Ag(은), Hg(수은), Cu(구리)와 반응하여 폭발성의 금속 아세틸리드를 생성한다.
2. 분해폭발 : C_2H_2는 1기압 이상으로 가압하는 경우 연소반응 없이 자체 분해하여 폭발하는 현상. 메탄(CH_4), 일산화탄소(CO), 에틸렌(C_2H_4) 등이 생성된다.
3. 산화폭발 : C_2H_2는 공기 중에서 산소와 반응하여 연소폭발을 일으킨다.

65 수시로 밀폐된 공간에서 스프레이 건을 사용하여 인화성 액체로 세척도장 등의 작업을 하는 경우의 조치사항이 아닌 것은?

① 조명 등은 고무, 실리콘 등의 패킹이나 실링 재료를 사용하여 완전히 밀봉할 것
② 가열성 전기기계·기구를 사용하는 경우에는 세척 또는 도장용 스프레이 건과 동시에 작동되지 않도록 연동장치 등의 조치를 할 것
③ 방폭구조 외의 스위치와 콘센트 등의 전기기기는 밀폐공간 외부에 설치되어 있을 것
④ 인화성 액체, 인화성 가스 등으로 폭발위험 분위기가 조성되지 않도록 해당 물질의 공기 중 농도가 인화하한계값의 35%를 넘지 않도록 충분히 환기를 유지할 것

해설 인화성 액체, 인화성 가스 등으로 폭발위험 분위기가 조성되지 않도록 해당 물질의 공기 중 농도가 인화하한계값의 25%를 넘지 않도록 충분히 환기를 유지하여야 한다.

66 전기기계·기구에 대하여 누전에 의한 감전위험을 방지하기 위하여 누전차단기를 전기기계·기구에 접속할 때 준수하여야 할 사항으로 옳은 것은?

① 누전차단기는 정격감도전류가 60[mA] 이하이고 작동시간은 0.1초 이내일 것
② 누전차단기는 정격감도전류가 50[mA] 이하이고 작동시간은 0.08초 이내일 것
③ 누전차단기는 정격감도전류가 40[mA] 이하이고 작동시간은 0.06초 이내일 것
④ 누전차단기는 정격감도전류가 30[mA] 이하이고 작동시간은 0.03초 이내일 것

해설 **감전보호용 누전차단기**
정격감도전류 30mA 이하, 동작시간 0.03초 이내

정답 | 61 ④ 62 ④ 63 ③ 64 ④ 65 ④ 66 ④

67 다음 중 기기보호등급(EPL)과 허용장소를 바르게 짝 지은 것은?

① ZONE 0 – Ga
② ZONE 20 – Gc
③ ZONE 21 – DC
④ ZONE 22 – Dd

기기보호등급(EPL)과 허용장소

종별 장소	기기보호등급(EPL)
0	"Ga"
1	"Ga" 또는 "Gb"
2	"Ga", "Gb" 또는 "Gc"
20	"Da"
21	"Da" 또는 "Db"
22	"Da", "Db" 또는 "Dc"

68 전기스파크의 최소발화에너지를 구하는 공식은?

① $W = \dfrac{1}{2}CV^2$
② $W = \dfrac{1}{2}CV$
② $W = 2CV^2$
④ $W = 2C^2V$

최소발화에너지 $W = \dfrac{1}{2}CV^2$

69 에틸에테르(폭발하한값 1.9vol%)와 에틸알코올(폭발하한값 4.3vol%)이 4 : 1로 혼합된 증기의 폭발하한계(vol%)는 약 얼마인가? (단, 혼합증기는 에틸에테르가 80%, 에틸알코올이 20%로 구성되고, 르샤틀리에 법칙을 이용한다.)

① 2.14vol%
② 3.14vol%
③ 4.14vol%
④ 5.14vol%

$L = \dfrac{100}{\dfrac{V_1}{L_1} + \dfrac{V_2}{L_2}} = \dfrac{100}{\dfrac{80}{1.9} + \dfrac{20}{4.3}} = 2.14\text{vol\%}$

70 다음 중 자기반응성 물질에 관한 설명으로 틀린 것은?

① 가열 · 마찰 · 충격에 의해 폭발하기 쉽다.
② 연소속도가 대단히 빨라서 폭발적으로 반응한다.
③ 소화에는 이산화탄소, 할로겐화합물 소화약제를 사용한다.
④ 가연성 물질이면서 그 자체 산소를 함유하므로 자기 연소를 일으킨다.

자기반응성 물질은 산소를 함유하고 있어 산소의 공급 없이 연소하기 때문에 이산화탄소, 할로겐화합물 소화약제는 유효하지 않다.

71 산업안전보건법령에서 정한 위험물을 기준량 이상으로 제조하거나 취급하는 설비 중 특수화학설비에 해당하지 않는 것은?

① 발열반응이 일어나는 반응장치
② 증류 · 정류 · 증발 · 추출 등 분리를 하는 장치
③ 가열로 또는 가열기
④ 고로 등 점화기를 직접 사용하는 열교환기류

고로 등 점화기를 직접 사용하는 열교환기류는 산업안전보건법상 특수화학설비가 아닌 화학설비에 해당한다.

72 정전기 제전기의 분류 방식으로 틀린 것은?

① 고전압인가형
② 자기방전형
③ 면X선형
④ 접지형

제전기의 종류에는 제전에 필요한 이온의 생성방법에 따라 전압인가식 제전기, 자기방전식 제전기, 방사선식 제전기가 있다.

73 누설전류로 인해 화재가 발생될 수 있는 누전화재의 3요소에 해당하지 않는 것은?

① 누전점
② 인입점
③ 접지점
④ 출화점

누전화재의 3요소
누전점, 발화(출화)점, 접지점

74 다음 중 220V 회로에서 인체 저항이 550[Ω]인 경우 안전 범위에 들어갈 수 있는 누전차단기의 정격으로 가장 적절한 것은?

① 30mA, 0.03초
② 30mA, 0.1초
③ 50mA, 0.2초
④ 50mA, 0.3초

감전보호용 누전차단기 : 정격감도전류 30mA 이하, 동작시간 0.03초 이내

정답 | 67 ① 68 ① 69 ① 70 ③ 71 ④ 72 ④ 73 ② 74 ①

75 건조설비의 사용에 있어 500~800℃ 범위의 온도에 가열된 스테인리스강에서 주로 일어나며, 탄화크롬이 형성되었을 때 결정 경계면의 크롬함유량이 감소하여 발생되는 부식형태는?

① 전면부식   ② 층상부식
③ 입계부식   ④ 격간부식

[해설] 500~800℃ 범위의 온도에 의해 가열된 스테인리스강에서, 탄화크롬이 형성되어 결정 경계면의 크롬 함유량이 감소하여 발생되는 부식은 입계부식이다.

76 아세틸렌(C_2H_2)의 공기 중 완전연소 조성농도(C_{st})는 약 얼마인가?

① 6.7vol%   ② 7.0vol%
③ 7.4vol%   ④ 7.7vol%

[해설] **아세틸렌(C_2H_2)의 연소식**

$C_2H_2 + 2.5O_2 \rightarrow 2CO_2 + H_2O$

$$C_{st} = \frac{1}{(4.77n + 1.19x - 2.38y) + 1} \times 100$$
$$= \frac{1}{(4.77 \times 2 + 1.19 \times 2 - 2.38 \times 0) + 1} \times 100$$
$$= 7.7(\%)$$

77 정전기 발생의 원인에 해당하지 않는 것은?

① 마찰   ② 냉장
③ 박리   ④ 충돌

[해설] **정전기 대전의 종류**

마찰, 박리, 유동, 분출, 충돌, 파괴, 교반(진동)이나 침강대전

78 허용접촉전압이 종별 기준과 서로 다른 것은?

① 제1종 – 2.5[V] 이하   ② 제2종 – 25[V] 이하
③ 제3종 – 75[V] 이하   ④ 제4종 – 제한 없음

[해설] **허용접촉전압**

종별	접촉상태	허용 접촉전압
제3종	제1종, 제2종 이외의 경우로서 통상의 인체상태에서 접촉전압이 가해지면 위험성이 높은 상태	50[V] 이하

79 환풍기가 고장난 장소에서 인화성 액체를 취급할 때, 부주의로 마개를 막지 않았다. 여기서 작업자가 담배를 피우기 위해 불을 켜는 순간 인화성 액체에서 불꽃이 일어나는 사고가 발생하였다. 이와 같은 사고의 발생 가능성이 가장 높은 물질은? (단, 작업현장의 온도는 20℃이다.)

① 글리세린   ② 중유
③ 디에틸에테르   ④ 경유

[해설] 디에틸에테르는 산업안전보건법상 보기의 인화성 액체 중 인화점 및 초기 끓는점이 가장 낮아 문제에서 설명한 사고의 발생 가능성이 가장 높다고 할 수 있다.

80 최대안전틈새(MESG)의 특성을 적용한 방폭구조는?

① 내압 방폭구조   ② 유입 방폭구조
③ 안전증 방폭구조   ④ 압력 방폭구조

[해설] **방폭전기기기별 선정 시 고려사항**

방폭구조	고려사항
내압 방폭구조	최대안전틈새

5과목

건설공사 안전관리

81 다음 건설기계의 명칭과 각 용도가 옳게 연결된 것은?

① 드래그라인 – 암반굴착
② 드래그쇼벨 – 흙 운반작업
③ 크램쉘 – 정지작업
④ 파워쇼벨 – 지반면보다 높은 곳의 흙파기

[해설] 파워쇼벨은 지반면보다 높은 곳의 흙파기에 적합하다.

정답 | 75 ③ 76 ④ 77 ② 78 ③ 79 ③ 80 ① 81 ④

82 다음은 산업안전보건기준에 관한 규칙 중 조립도에 관한 사항이다. (   ) 안에 알맞은 것은?

> 거푸집동바리 등을 조립할 때에는 그 구조를 검토한 후 조립도를 작성하여 한다. 조립도에는 동바리 멍에 등 부재의 재질, 단면규격, (   ) 및 이음방법 등을 명시하여야 한다.

① 부재강도　　　　　② 기울기
③ 안전대책　　　　　④ 설치간격

해설 안전보건규칙 제331조(조립도)의 내용이다.
　　• 거푸집동바리 등을 조립하는 경우에는 그 구조를 검토한 후 조립도를 작성하고 그 조립도에 의하여 조립
　　• 조립도에는 동바리 · 멍에 등 부재의 재질 · 단면규격 · 설치간격 및 이음방법 등을 명시

83 목재 지주식 지보공을 조립하거나 변경하는 경우의 조치사항으로 옳지 않은 것은?

① 주기둥은 변위를 방지하기 위하여 쐐기 등을 사용하여 지반에 고정시킬 것
② 연결볼트 및 띠장 등을 사용하여 주재 상호간을 튼튼하게 연결할 것
③ 양끝에는 받침대를 설치할 것
④ 부재의 접속부는 꺾쇠 등으로 고정시킬 것

해설 **목재 지주식 지보공을 조립하거나 변경하는 경우의 조치사항**
　　1. 주기둥은 변위를 방지하기 위하여 쐐기 등을 사용하여 지반에 고정시킬 것
　　2. 양끝에는 받침대를 설치할 것
　　3. 터널 등의 목재 지주식 지보공에 세로방향의 하중이 걸림으로써 넘어지거나 비틀어질 우려가 있는 경우에는 양끝 외의 부분에도 받침대를 설치할 것
　　4. 부재의 접속부는 꺾쇠 등으로 고정시킬 것

84 포화도 80%, 함수비 28%, 흙 입자의 비중 2.7일 때 공극비를 구하면?

① 0.940　　　　　② 0.945
③ 0.950　　　　　④ 0.955

해설 포화도, 공극비, 함수비 및 흙의 비중은 다음의 관계가 있다.
　　$Se = wG_s$

　　따라서, 공극비$(e) = \dfrac{wG_s}{S}$

　　$= \dfrac{28 \times 2.7}{80} = 0.945$

85 기상상태의 악화로 비계에서의 작업을 중지시킨 후 그 비계에서 작업을 다시 시작하기 전에 점검해야 할 사항에 해당하지 않는 것은?

① 기둥의 침하 · 변형 · 변위 또는 흔들림 상태
② 손잡이의 탈락 여부
③ 격벽의 설치 여부
④ 발판재료의 손상 여부 및 부착 또는 걸림 상태

해설 격벽은 위험물 건조설비의 열원으로 직화를 사용할 때 불꽃 등에 의한 화재를 예방하기 위해 설치하는 시설이다.

86 갱폼의 조립 · 이동 · 양중 · 해체 작업을 하는 경우의 준수사항으로 옳지 않은 것은?

① 조립 등의 범위 및 작업절차를 미리 그 작업에 종사하는 근로자에게 주지시킬 것
② 근로자가 안전하게 구조물 내부에서 갱 폼의 작업발판으로 출입할 수 있는 이동통로를 설치할 것
③ 갱폼의 지지 또는 고정철물의 이상 유무를 수시점검하고 이상이 발견된 경우에는 교체하도록 할 것
④ 갱폼 인양 시 작업발판용 케이지에 근로자가 탑승한 상태에서 갱폼의 인양작업을 할 것

해설 갱폼 인양 시 작업발판용 케이지에 근로자가 탑승한 상태에서 갱폼의 인양작업을 해서는 안 된다.

87 철골보 인양작업시의 준수사항으로 옳지 않은 것은?

① 선회와 인양작업은 가능한 동시에 이루어지도록 한다.
② 인양용 와이어로프의 각도는 양변 60° 정도가 되도록 한다.
③ 유도로프로 방향을 잡으며 이동시킨다.
④ 철골보의 와이어로프 체결지점은 부재의 1/3 지점을 기준으로 한다.

해설 철골보를 인양할 때는 흔들리거나 선회하지 않도록 유도로프로 유도하여야 한다.

정답 | 82 ④　83 ②　84 ②　85 ③　86 ④　87 ①

88 건물 외부에 낙하물 방지망을 설치할 경우 벽면으로부터 돌출되는 거리의 기준은?

① 1m 이상　　　　② 1.5m 이상
③ 1.8m 이상　　　④ 2m 이상

해설 낙하물방지망의 내민 길이는 벽면으로부터 2m 이상으로 하여야 한다.

89 가설구조물이 갖추어야 할 구비요건과 가장 거리가 먼 것은?

① 영구성　　　　② 경제성
③ 작업성　　　　④ 안전성

해설 가설구조물이 갖추어야 할 3요소는 안전성, 경제성, 작업성이다

90 거푸집에 작용하는 하중 중에서 연직하중이 아닌 것은?

① 거푸집의 자중　　② 작업원의 작업하중
③ 가설설비의 충격하중　④ 콘크리트의 측압

해설 콘크리트의 측압은 콘크리트가 거푸집을 안쪽에서 밀어내는 압력으로 연직방향의 하중이 아니다.

91 무한궤도식 장비와 타이어식(차륜식) 장비의 차이점에 관한 설명으로 옳은 것은?

① 무한궤도식은 기동성이 좋다.
② 타이어식은 승차감과 주행성이 좋다.
③ 무한궤도식은 경사지반에서의 작업에 부적당하다.
④ 타이어식은 땅을 다지는 데 효과적이다.

해설 타이어식은 승차감과 주행성이 좋아 이동식 작업에도 적당하다.

92 달비계의 발판 위에 설치하는 발끝막이판의 높이는 몇 cm 이상 설치하여야 하는가?

① 10cm 이상　　② 8cm 이상
③ 6cm 이상　　④ 5cm 이상

해설 발끝막이판의 높이는 10cm 이상으로 하여야 한다.

93 사질토 지반에서 보일링(boiling) 현상에 의한 위험성이 예상될 경우의 대책으로 옳지 않은 것은?

① 흙막이 말뚝의 밑둥넣기를 깊게 한다.
② 굴착 저면보다 깊은 지반을 불투수로 개량한다.
③ 굴착 밑 투수층에 만든 피트(pit)를 제거한다.
④ 흙막이벽 주위에서 배수시설을 통해 수두차를 적게 한다.

해설 **보일링 현상에 의한 흙막이공의 붕괴 예방방법**

1. 흙막이벽의 근입깊이 증가
2. 배면 지반 지하수위 저하
3. 차수성이 높은 흙막이벽 설치
4. 배면 지반 그라우팅 실시

94 층고가 높은 슬래브 거푸집 하부에 적용하는 무지주 공법이 아닌 것은?

① 보우빔(bow beam)
② 철근 일체형 데크플레이트(deck plate)
③ 페코빔(peco beam)
④ 솔저시스템(soldier system)

해설 솔저시스템은 지하층 합벽 지지용 거푸집 동바리 시스템이다.

95 발파작업에 종사하는 근로자가 준수해야 할 사항으로 옳지 않은 것은?

① 얼어 붙은 다이너마이트는 화기에 접근시키거나 그 밖의 고열물에 직접 접촉시키는 등 위험한 방법으로 융해되지 않도록 할 것
② 발파공의 충진재료는 점토·모래 등의 사용을 금할 것
③ 장전구(裝塡具)는 마찰·충격·정전기 등에 의한 폭발의 위험이 없는 안전한 것을 사용할 것
④ 전기뇌관에 의한 발파의 경우 점화하기 전에 화약류를 장전한 장소로부터 30m 이상 떨어진 안전한 장소에서 전선에 대하여 저항측정 및 도통(導通)시험을 할 것

해설 발파공의 충진재료는 점토, 모래 등 발화 또는 인화성의 위험이 없는 재료를 사용해야 한다.

96 근로자의 추락 등의 위험을 방지하기 위하여 안전난간을 설치하는 경우 안전난간은 구조적으로 가장 취약한 지점에서 가장 취약한 방향으로 작용하는 얼마 이상의 하중에 견딜 수 있는 튼튼한 구조이어야 하는가?

① 50kg
② 100kg
③ 150kg
④ 200kg

해설 안전난간은 구조적으로 가장 취약한 지점에서 가장 취약한 방향으로 작용하는 100kg 이상의 하중에 견딜 수 있는 튼튼한 구조이어야 한다.

97 산업안전보건관리비 중 안전시설비의 항목에서 사용할 수 있는 항목에 해당하는 것은?

① 외부인 출입금지, 공사장 경계표시를 위한 가설울타리
② 작업발판
③ 절토부 및 성토부 등의 토사유실 방지를 위한 설비
④ 사다리 넘어짐방지장치

해설 사다리 넘어짐방지장치는 안전시설비로 사용이 가능한 항목이다.

98 철골공사 중 트랩을 이용해 승강할 때 안전과 관련된 항목이 아닌 것은?

① 수평구명줄
② 수직구명줄
③ 죔줄
④ 추락방지대

해설 수평구명줄은 철골 조립작업 시 안전대 걸이시설로 빔 등에 수평 방향으로 설치한다.

99 크레인의 와이어로프가 일정 한계 이상 감기지 않도록 작동을 자동으로 정지시키는 장치는?

① 훅 해지장치
② 권과방지장치
③ 비상정지장치
④ 과부하방지장치

해설 **권과방지장치**
와이어로프의 권과를 방지하기 위하여 자동적으로 동력을 차단하고 작동을 제동하는 장치이다.

100 건설현장에서 근로자가 안전하게 통행할 수 있도록 통로에 설치하는 조명의 조도 기준은?

① 65Lux
② 75Lux
③ 85Lux
④ 95Lux

해설 통로의 조명은 작업자가 안전하게 통행할 수 있도록 75럭스 이상의 채광 또는 조명시설을 하여야 한다.

참고문헌

1. 김동원 「기계공작법」 (청문각, 1998)
2. 서남섭 「표준 공작기계」 (동명사, 1993)
3. 강성두 「산업기계설비기술사」 (예문사, 2008)
4. 강성두 「기계제작기술사」 (예문사, 2008)
5. 박은수 「비파괴검사개론」 (골드, 2005)
6. 원상백 「소성가공학」 (형설출판사, 1996)
7. 김두현 외 「최신전기안전공학」 (신광문화사, 2008)
8. 김두현 외 「정전기안전」 (동화기술, 2001)
9. 송길영 「최신송배전공학」 (동일출판사, 2007)
10. 한경보 「최신 건설안전기술사」 (예문사, 2007)
11. 이호행 「건설안전공학 특론」 (서초수도건축토목학원, 2005)
12. 한국산업안전보건공단 「거푸집동바리 안전작업 매뉴얼」 (대한인쇄사, 2009)
13. 한국산업안전보건공단 「만화로 보는 산업안전 · 보건기준에 관한 규칙」 (안전신문사, 2005)
14. 유철진 「화공안전공학」 (경록, 1999)
15. DANIEL A. CROWL 외 「화공안전공학」 (대영사, 1997)
16. 조성철 「소방기계시설론」 (신광문화사, 2008)
17. 현성호 외 「위험물질론」 (동화기술, 2008)
18. Charles H. Corwin 「기초일반화학」 (탐구당, 2000)
19. 김병석 「산업안전관리」 (형설출판사, 2005)
20. 이진식 「산업안전관리공학론」 (형설출판사, 1996)
21. 김병석 · 성호경 · 남재수 「산업안전보건 현장실무」 (형설출판사, 2000)
22. 정국삼 「산업안전공학개론」 (동화기술, 1985)
23. 김병석 「산업안전교육론」 (형설출판사, 1999)
24. 기도형 「(산업안전보건관리자를 위한)인간공학」 (한경사, 2006)
25. 박경수 「인간공학, 작업경제학」 (영지문화사, 2006)
26. 양성환 「인간공학」 (형설출판사, 2006)
27. 정병용 · 이동경 「(현대)인간공학」 (민영사, 2005)
28. 김병석 · 나승훈 「시스템안전공학」 (형설출판사, 2006)
29. 갈원모 외 「시스템안전공학」 (태성, 2000)

저자소개

▶ 저자

신우균(申宇均)   e－mail : wooguni0905@naver.com

| 약력 |
- 공학박사(안전공학)
- 지도사 · 기술사(화공안전 · 산업보건 · 산업위생관리)
- (전)안전보건공단/산업안전보건연구원
- (전)고용노동부 산업안전보건 근로감독관
- (전)수도권 중대산업사고예방센터 공정안전관리(PSM) 담당 감독관
- (전)환경부 화학재난합동방재센터장
- (전)호서대학교 안전행정공학과/중대재해예방학과 교수

| 저서 |
- 산업안전지도사(예문사), 산업보건지도사(예문사)
- 화공안전기술사(예문사), 산업위생관리기술사(예문사)
- 산업안전기사(예문사), 산업안전산업기사(예문사), 건설안전기사(예문사),
  건설안전산업기사(예문사)
- 산업안전보건법령(예문사)

산업안전산업기사 필기
초간단 핵심완성

초 판 발 행	2024년 02월 05일	
개정1판1쇄	2025년 01월 15일	
편 저	신우균	
발 행 인	정용수	
발 행 처	예문사	
주 소	경기도 파주시 직지길 460(출판도시) 도서출판 예문사	
T E L	031) 955 – 0550	
F A X	031) 955 – 0660	
등 록 번 호	11 – 76호	
정 가	30,000원	

홈페이지 http://www.yeamoonsa.com

ISBN   978 – 89 – 274 – 5611 – 7   [13530]